U0921407

中国测绘地理信息年鉴

China Surveying, Mapping and Geoinformation Yearbook

2017

国家测绘地理信息局

中国地理位置图

中国地图出版社多圆锥投影（1983年）

格陵兰岛
巴芬湾
巴芬岛
北美洲
大西洋
太平洋
南美洲
南极洲
墨西哥湾
加勒比海
亚马孙平原
巴西高原
落基山脉
安第斯山脉
夏威夷群岛
阿留申群岛
阿拉斯加湾
哈得孙湾
拉布拉多高原
大平原
温哥华岛
圣弗朗西斯科（旧金山）
华盛顿
渥太华
墨西哥城
利马
巴西利亚
布宜诺斯艾利斯
惠灵顿
复活节岛
火地岛
合恩角
德雷克海峡
马尔维纳斯群岛（英称福克兰群岛）
南乔治亚岛
南设得兰群岛
长城站（中国）
南极半岛
威德尔海
罗斯海
罗斯冰架
北岛
南岛
新西兰
大安的列斯群岛
巴哈马群岛
古巴岛
百慕大群岛
亚速尔群岛
纽芬兰岛
加拉帕戈斯群岛
社会群岛
土阿莫土群岛
马绍尔群岛
密克罗尼西亚
波利尼西亚
北美洲
南美洲
北京 首都 首府
上海 主要城市
洲界
4786 海深

中国政区图

图例
首都
外国首都、首府
省级行政中心
地级市行政中心
(外国重要城市同)
县级行政中心
(外国一般城市同)
国界
未定国界
省、自治区、直辖市界
特别行政区界
地区界
军事分界线
山峰 关隘
珊瑚礁
长城
沙漠
常年河 时令河
运河 渠道
时令湖
淡水湖 咸水湖
井 泉
铁路
公路
双标准纬线等积圆锥投影 标准纬线25°、47°
新疆维吾尔自治区
西藏自治区
青海
甘肃
四川
云南
乌鲁木齐
拉萨
西宁
兰州
成都
昆明
塔里木盆地
塔克拉玛干沙漠
准噶尔盆地
古尔班通古特沙漠
巴丹吉林沙漠
青藏高原
哈萨克斯坦
吉尔吉斯斯坦
塔吉克斯坦
阿富汗
巴基斯坦
印度
尼泊尔
不丹
孟加拉国
缅甸
老挝
泰国
越南
蒙古
俄
伊斯兰堡
新德里
加德满都
廷布
达卡
内比都
万象
河内
比什凯克
孟加拉湾

比例尺 1：18 000 000

0 180 360 540 720 千米

▲ 2016 年 11 月 22 日，中共中央政治局常委、国务院副总理张高丽（左四）在国家测绘地理信息局调研，调研后主持召开了第一次全国地理国情普查领导小组全体会议并讲话。

▲ 2016 年 11 月 1 日，全国政协副主席罗富和（前中）在国家测绘地理信息局局长库热西·买合苏提（前右一）的陪同下参观中国地理信息产业成果展。

▲ 2016 年 6 月 12 日，全国人大环境与资源保护委员会主任委员陆浩（左二）到中国测绘创新基地调研测绘地理信息工作。

▲ 2016 年 5 月 13 日，国家发展和改革委员会主任徐绍史（前中）、国家测绘地理信息局局长库热西·买合苏提（前左）与湖北省省长王国生（前右）在北京签署省级空间规划“多规合一”试点合作协议。

▲ 2016 年 12 月 27 日，国土资源部党组书记、部长、国家土地总督察姜大明出席全国测绘地理信息工作会议并讲话。

▲ 2016 年 5 月 30 日，高分辨率立体测图卫星资源三号 02 星在太原卫星发射中心成功发射。

▲ 2016 年 1 月 18 日，国家测绘地理信息局局长库热西·买合苏提（左）率代表团访问以色列，并向以色列国家测绘局局长罗恩·雷格夫赠送资源三号卫星影像。

▲ 2016 年 1 月 30 日，国家测绘地理信息局党组书记、局长库热西·买合苏提（左二）代表局党组向定点帮扶的国家级贫困县——黑龙江省海伦市长发村捐赠农机设备等物资。

▲ 2016 年 2 月 25 日，国家测绘地理信息局局长库热西·买合苏提（右四）到宁夏回族自治区调研测绘地理信息工作。

▲ 2016 年 5 月 11 日，国家测绘地理信息局局长库热西·买合苏提（右五）到安徽调研测绘地理信息工作。

▲ 2016 年 7 月 1 日，中共中央授予国家测绘地理信息局第一大地测量队全国先进基层党组织荣誉称号，国家测绘地理信息局党组书记、局长库热西·买合苏提（左三），党组成员、副局长宋超智（左五）在中国测绘创新基地接见国测一大队代表。

▲ 2016 年 7 月 29 日，国家测绘地理信息局局长库热西·买合苏提（前右）与部分局领导班子成员前往中央军委联合参谋部战场环境保障局走访慰问。

▲ 2016 年 8 月 23 日—24 日，国家测绘地理信息局局长库热西·买合苏提（左三）到西藏自治区林芝市慰问 1:5 万数据库更新的外业一线职工。

▲ 2016 年 11 月 15 日—16 日，国家测绘地理信息局局长库热西·买合苏提（右三）、副局长李朋德（右一）出席在解放军信息工程大学举办的“走进信大”活动。

▲ 2016 年 12 月 9 日—10 日，第三届中国地图文化大会在南京举办，国家测绘地理信息局局长库热西·买合苏提（右二）、副局长王春峰（左二）、中国工程院院士王家耀（右一）、中国科学院院士周成虎（左一）共同启动大会开幕式。

▲ 2016 年 12 月 19 日，国家测绘地理信息局局长库热西·买合苏提（右）在中国测绘创新基地会见联合国副秘书长吴红波。

▲ 2016 年 12 月 20 日，国家测绘地理信息局局长库热西·买合苏提（右）在中国测绘创新基地会见来访的老挝国家测绘局局长波索。

▲ 2016 年 5 月 10 日—11 日，国家测绘地理信息局副局长王春峰（右二）到新疆喀什地区调研测绘地理信息工作，并到疏附县塔什米里克乡琼巴格村调研指导扶贫及美丽乡村富民安居房建设工作。

▲ 2016 年 12 月 29 日，国家测绘地理信息局副局长王春峰听取河北省地理信息局 Z-5 无人机操控系统汇报。

▲ 2016 年 9 月 16 日，国家测绘地理信息局副局长李维森在老挝首都万象出席老挝北斗卫星综合服务系统首座基站揭牌仪式并致辞。

▲ 2016 年 10 月 16 日—17 日，国家测绘地理信息局副局长李维森（右四）到贵州检查指导 1:5 万数据库更新外业工作。

▲ 2016 年 6 月 24 日，在习近平总书记给国测一大队老队员老党员回信一周年前夕，国家测绘地理信息局副局长宋超智到基层联系点国测一大队讲“两学一做”专题党课。

▲ 2016年7月14日，国家测绘地理信息局副局长宋超智（右二）到长光卫星技术有限公司调研，实地考察“吉林一号”卫星研发及运行情况。

▲ 2016年1月6日，国家测绘地理信息局副局长闵宜仁（左二）到重庆调研指导测绘地理信息工作。

▲ 2016 年 4 月 26 日，全国测绘地理信息系统第四届“空间信息杯”羽毛球比赛在成都开幕，国家测绘地理信息局副局长闵宜仁致开幕词并宣布比赛开始。

▲ 2016 年 8 月 5 日，国家测绘地理信息局副局长李朋德（主席台左四）率中国代表团赴纽约出席联合国全球地理信息管理专家委员会第 6 次会议，并再次当选为联合国全球地理信息管理专家委员会共同主席。

▲ 2016年10月13日，国家测绘地理信息局副局长李朋德（前左二）到湖北调研测绘地理信息工作。

▲ 2016年1月6日，国家测绘地理信息局在北京召开学习宣传贯彻《地图管理条例》电视电话会议。

▲ 2016 年 1 月 7 日，国家测绘地理信息局与中国人民解放军空军司令部在中国测绘创新基地签署协同发展合作协议。

▲ 2016 年 1 月 11 日—12 日，2016 年全国测绘地理信息工作会议在中国测绘创新基地召开。

▲ 2016 年 1 月 14 日，中共中央宣传部、中央国家机关工委、国土资源部、中共陕西省委、国家测绘地理信息局联合在北京人民大会堂举办国测一大队先进事迹报告会。

▲ 2016 年 5 月 17 日，测绘地理信息宣传工作座谈会在中国测绘创新基地召开。

▲ 2016 年 5 月 29 日，国家测绘地理信息局在山西省太原市举行资源三号卫星影像云服务平台开通仪式。

▲ 2016 年 6 月 29 日，国家测绘地理信息局在中国测绘创新基地举办党组书记讲党课及主题演讲活动，党组书记、局长库热西·买合苏提围绕《中国共产党章程》为广大党员干部讲专题党课。

▲ 2016 年 6 月 30 日，国家测绘地理信息局学习贯彻习近平总书记回信重要指示精神一周年座谈会在中国测绘创新基地召开。

▲ 2016 年 7 月 12 日，国家测绘地理信息局与中国电子科技集团公司、招商局集团有限公司在中国测绘创新基地签署战略合作协议。

▲ 2016 年 7 月 21 日，全国测绘地理信息重点工作交流推进会在中国测绘创新基地召开。

▲ 2016 年 7 月 22 日，第一次全国地理国情普查工作汇报会在中国测绘创新基地召开。

▲ 2016 年 8 月 22 日，全国测绘地理信息援藏工作座谈会在西藏拉萨市召开。

▲ 2016 年 8 月 29 日，国家测绘地理信息局在重庆举办《中华人民共和国测绘法》宣传日主场活动。

▲ 2016 年 9 月 6 日—7 日，国家测绘地理信息局在贵州省贵阳市召开全国地理信息精准扶贫应用现场会。

▲ 2016 年 9 月 8 日，《测绘地理信息事业“十三五”规划》新闻发布会在中国测绘创新基地举行。

▲ 2016 年 9 月 28 日，国家测绘地理信息局在中国测绘创新基地召开建局 60 周年座谈会。

▲ 2016 年 9 月 28 日，全国测绘地理信息系统先进集体和先进工作者表彰大会在中国测绘创新基地召开。

▲ 2016 年 10 月 28 日，第二届感动测绘人物推选活动颁奖仪式在中国测绘创新基地举行。

▲ 2016 年 11 月 3 日—4 日，全国测绘地理信息国际合作工作会议在中国测绘创新基地召开。

▲ 2016 年 11 月 10 日，中国测绘地理信息学会 2016 年学术年会在广西南宁市召开。

▲ 2016 年 12 月 6 日，全国测绘地理信息人事人才工作会议在中国测绘创新基地召开。

▲ 2016 年 12 月 7 日，测绘地理信息服务“丝绸之路经济带”建设西部联盟在陕西省西安市成立。

▲ 2016 年 12 月 27 日—28 日，2017 年全国测绘地理信息工作会议在中国测绘创新基地召开。

▲ 2016年3月7日，吉林省测绘地理信息局向吉林省图书馆捐赠《中国测绘地理信息年鉴》(2006—2015卷)、《吉林省地图集》等一批公开出版的测绘地理信息图书资料。

▲ 2016年7月，河北省地理信息局测绘人员为河北省井陉县抗洪救灾提供地理信息服务。

▲ 2016 年 7 月，铁道第三勘察设计院集团有限公司作业人员在哈尔滨至佳木斯铁路开展铁路现状测绘。

▲ 2016 年 8 月，浙江省第一测绘院工作人员在浙江省舟山市进行海洋测绘。

《中国测绘地理信息年鉴》编纂委员会

《中国测绘地理信息年鉴》协调员

协　　调　　员（按姓氏音序排列）

曹攀锋	陈俊余	陈晓丽	段安林
甘培喜	高建军	韩启香	郝春伟
贺建红	金志东	李建伟	李育松
梁鸿彰	林良光	刘　静	刘晓敏
毛忠民	桑长海	施建勇	施远志
王宽苏	王　涛	王文忠	王玉明
肖　蓓	徐广茂	宣龙华	杨世军
张　红	张治清	朱　敏	左　志

《中国测绘地理信息年鉴》编辑部

编 辑 说 明

《中国测绘地理信息年鉴2017》（以下简称年鉴）由国家测绘地理信息局组织编纂，主要记述测绘地理信息行业2016年内对国家经济建设和社会发展有重大影响的事件、活动、成果和重要统计资料等内容，除部首彩页外，设有综述、特载、综合工作、地方工作、测绘资质单位工作、法律法规、公告、大事记、统计资料、插页、附录等11个栏目。

年鉴内容由国家测绘地理信息局机关各司室，局属各单位，各省、自治区、直辖市及计划单列市、新疆生产建设兵团测绘地理信息主管部门，部分甲级测绘资质单位，有关测绘地理信息社团，有关测绘地理信息院校等提供。部首彩页由国家测绘地理信息局办公室、中国测绘宣传中心和有关测绘地理信息单位提供。年鉴中的地图由中国地图出版集团提供。根据国家有关规定，年鉴未收录我国香港、澳门特别行政区和台湾省的资料。

2017年8月

Acknowledgements

The 2017 Yearbook on Surveying, Mapping and Geoinformation of China, hereinafter referred to as the Yearbook, is produced by the National Administration of Surveying, Mapping and Geoinformation (NASG) of China, which records the major events, activities, outcomes and important statistics in the sector of surveying, mapping and geoinformation that are of significance to the national economic development and social progress in 2016. Besides the front color pages, it includes eleven parts such as summary, highlights, comprehensive work, local work, work of qualified surveying and mapping units, laws and regulations, public announcements, chronicle of events, statistics, insets and appendix.

The contents of the Yearbook are provided by the NASG departments and sub - institutions, surveying, mapping and geoinformation departments of provinces, autonomous regions, municipalities directly under the State Council, cities with independent planning status, and Xinjiang Production and Construction Corps, some Class A licensed surveying and mapping enterprises, relevant societies, and universities of surveying, mapping and geoinformation. The front color pages are provided by the General Office of NASG, China Surveying and Mapping Publicity Center, and other relevant surveying and mapping units. Maps in the Yearbook are provided by SinoMaps Press. Statistics of the Hong Kong and Macao Special Administrative Regions and Taiwan Province of China are not included in the Yearbook in accordance with relevant national regulations.

August, 2017

目 录

特 载

综合工作

地方工作

测绘资质单位工作

法律法规

公 告

大 事 记

统计资料

附 录

Table of Contents

Highlights

Comprehensive Work

Local Work

Work of Qualified Surveying and Mapping Units

Laws and Regulations

Public Announcements

Chronicle of Events

Statistics

Appendix

综　述

2016年，我国测绘地理信息事业改革创新发展迈出了新的步伐，实现了“十三五”良好开局。1月1日，《地图管理条例》正式施行。1月14日，国家测绘地理信息局第一大地测量队（以下简称国测一大队）先进事迹报告会在北京人民大会堂隆重举行。5月30日，资源三号02星成功发射，实现民用立体测绘卫星双星组网运行。8月31日，《测绘地理信息事业“十三五”规划》印发。9月28日，国家测绘地理信息局建局60周年座谈会召开。11月7日，全国人大常委会第二十四次会议第一次审议《中华人民共和国测绘法（修订草案）》。11月22日，中共中央政治局常委、国务院副总理张高丽在国家测绘地理信息局主持召开第一次全国地理国情普查领导小组全体会议，并在会前调研考察测绘地理信息工作。

第一次全国地理国情普查圆满完成

全国5万多名普查人员历时3年，圆满完成第一次全国地理国情普查任务，全面摸清了地理国情家底。首次取得了我国全覆盖、无缝隙、高精度的地理国情普查成果，获取了由10个一级类、58个二级类、135个三级类、2.6亿个图斑构成的海量地理国情信息，建成了普查数据库及管理系统，编制了普查公报和统计数据汇编。普查工作和成果已经第一次全国地理国情普查领导小组全体会议审议，待国务院审批后向社会发布。第一次全国地理国情普查工作坚持“边普查、边监测、边应用”，围绕国土空间开发、生态环境保护、区域总体发展规划和建立生态文明政绩考核制度等方面，累计组织开展100多项地理国情监测示范，监测成果在服务政府科学决策、生态文明建设等工作中发挥重要作用。通过牵头编制《市县空间规划编制技术规程》，联合相关部委和地方政府推进省级空间性规划“多规合一”、精准扶贫、农村土地确权登记、黑臭水体整治、自然资源资产负债表编制、不动产统一登记等重点工作，基本建立地理国情监测部门间协作机制。

科学谋划“十三五”事业发展

国家测绘地理信息局立足国家大局，着眼事业长远，明确发展思路，把握战略重点，描绘了“十三五”事业发展蓝图。《中华人民共和国国民经济和社会发展第十三个五年规划纲要》明确“提升测绘地理信息服务保障能力，开展地理国情常态化监测，推进全球地理信息资源开发”和实施“互联网+地理信息”行动计划等重点任务，测绘地理信息工作纳入国家信息化、突发应急体系、统筹经济建设和国防建设等重点专项规划及促进大数据发展工作方案。编制完成《测绘地理信息事业“十三五”规划》，由国家发展和改革委员会与国家测绘地理信息局联合印发实施，确定“十三五”事业发展的总体思路、发展目标、重点任务和保障措施，统筹布局新型基础测绘、地理国情监测、应急测绘、航空航天遥感测绘、全球地理信息资源开发“五大业务”构成的公益性保障服务体系，明确提出全面提升公共服务有效供给、基础设施装备保障、地理信息产业竞争、创新驱动发展和协调融合发展“五大能力”。先后出台测绘地理信息科技、人才、卫星、标准等专题规划，与“十三五”事业规划形成配套的规划体系。全球地理信息资源建设、国家应急测绘保障能力建设、全球空间基准军民融合、测绘卫星后续星建设等重大项目的立项、实施工作稳步推进。各地测绘地理信息“十三五”规划相继出台，大部分纳入当地政府重点规划序列。

测绘地理信息法治建设取得成效

国家测绘地理信息局深入贯彻落实中央关于加

快法治政府建设的战略部署，依法全面履行政府职能，测绘地理信息法治工作不断加强。在立法工作方面，《中华人民共和国测绘法（修订草案）》通过国务院常务会议审议，已经十二届全国人大常委会第二十四次会议第一次审议。《地图管理条例》于1月1日正式实施。卫星导航定位基准站建设备案和数据密级划分等规定已出台。在“放管服”改革方面，精简优化审批，加大政务公开，行政许可全部实现网上办理。围绕营造公平竞争环境强化事中事后监管，推行测绘资质、质量、成果“双随机”抽查，推进综合执法，行业的守信激励和失信惩戒机制初步建立。社团组织承接政府转移职能效果良好。在地理信息安全监管方面，启动卫星导航定位基准站安全专项整治，联合中共中央网络安全和信息化领导小组办公室规范互联网服务单位使用地图行为，与教育部、外交部建立中小学教学地图审定机制，组织开展地图市场大检查和涉外测绘活动专项检查，依法查处测绘地理信息违法案件，举办国家版图知识网络赛、电视赛和少儿手绘地图大赛。

测绘地理信息保障作用彰显

地理信息资源战略储备更加丰富，获取中巴经济走廊、东盟等地区380万平方千米高精度地理信息数据；成功发射资源三号02星，获取全球影像有效覆盖面积达8100多万平方千米；建成我国高精度、三维、动态测绘基准体系，更新国家基础地理信息数据库，有序推进极地测绘、新农村建设测绘项目。测绘地理信息公共服务保障有力，为“一带一路”建设、京津冀协同发展、长江经济带建设三大战略和“四大板块”战略实施，重大国情国力调查、重点工作以及重大工程提供高效服务，及时为南方洪涝灾害等提供应急测绘保障，国家地理信息公共服务平台“天地图”在国家电子政务建设和公安、农业、林业、气象、地震等26个部门和单位得到应用，数字城市地理空间框架、智慧时空大数据与云平台建设有力支撑城市精细管理和精准治理，全国地理信息资源目录服务系统优化升级，新版标准地图在线服务系统上线，地理信息大数据应用和政府数据开放共享不断深化。测绘地理信息援疆、援藏工作扎实推进。地理信息产业发展更加健康，基于“互联网+”的地理信息新型产品和服务蓬勃兴起，“北斗百城百联百用”行动计划成效显著，体现“中国制造”水平的测绘地理信息装备和技术开始进入国际市场。科技支撑能力更加坚实，信息化测绘技术体系建设快速推进，全球30米分辨率地表覆盖数据在联合国和近120个国家广泛应用，参与全球测绘地理信息事务的影响力持续增强。

党的建设和队伍建设不断加强

国家测绘地理信息局深入学习贯彻习近平总书记给国测一大队老队员老党员回信重要指示精神，在北京人民大会堂和江苏、新疆等地成功举办国测一大队先进事迹报告会，召开学习宣传贯彻习近平总书记回信重要指示精神一周年座谈会并进行再学习再动员再部署，国测一大队党委被中共中央授予“全国先进基层党组织”荣誉称号。“两学一做”学习教育深入开展，通过多种形式扎实推动学习教育有效开展，做好“灯下黑”问题整治、党员组织关系集中排查、党费收缴检查等专项工作，党员党的意识和宗旨观念切实增强。党建工作不断加强，开展建党95周年、长征胜利80周年纪念活动，全面落实从严治党主体责任，切实引导党员干部增强“四个意识”。反腐倡廉建设常抓不懈，出台贯彻落实中央八项规定具体措施、党组巡视工作实施办法、行政事业单位内部控制建设工作方案，执行直属局领导班子定期汇报和谈话制度，巡视工作实现对局属单位全覆盖并进行了“回头看”。干部人才队伍建设取得实效，统筹推进事业单位分类改革，中国地理信息产业协会脱钩试点工作进展顺利。国家测绘地理信息局建局60周年系列活动、全系统先进集体和先进工作者评选表彰、第二届“感动测绘人物”推选等活动主题鲜明、影响重大，测绘地理信息宣传工作成效突出，群团、老干部工作扎实开展。

各地测绘地理信息工作亮点纷呈

2016年，各地测绘地理信息部门开展了富有成效、特色鲜明的工作。在党委、政府重视支持方面，海南测绘地理信息局“多规合一”工作得到中央全面深化改革领导小组和海南省政府充分肯定，河北省政府批准“十三五”基础测绘项目预算25.4亿元，新疆维吾尔自治区测绘地理信息工作首次以专门章节纳入自治区“十三五”规划纲要，黑龙江省政府发布“互联网+地理信息”服务行动计划。在改革转型发展方面，浙江、吉林大力推进空间地理大数据应用，浙江地理信息产业园协议投资额超100亿元，湖北主导北斗产业化应用成效显著，江西遥感影像数据实现统一采购，四川测绘地理信息局推行“一院一品”调整优化生产布局，甘肃省测绘地理信息局推进新型基础测绘改革并取得实效，广东省国土资源厅（测绘局）“放管服”改革有序有力。在公共服务保障方面，贵州、云南、青海、四川、广西、湖南等地测绘地理信息部门服务精准扶贫成效突出，浙江、新疆、内蒙古等地测绘地理信息部门全面开展服务领导干部自然资源资产离任审计工作，广西壮族自治区测绘地理信息局在中国—东盟信息港建设中发挥重要作用，福建、江苏、河北、江西、辽宁等地应急测绘保障及时高效，重庆“每周一图”深受市民喜爱。在完善管理体制方面，大连市在规划局组建成立测绘地理信息局（正局级）并增加内设机构和编制，湖南、青海以测绘地理信息工作示范县为抓手提升基层工作水平。

特 载

重要批示

1月9日和10日，李克强总理、张高丽副总理分别对全国测绘地理信息工作会议作出重要批示。（批示内容略）

12月23日，习近平总书记和张高丽、刘延东副总理对17位院士关于设立全球地理信息资源建设专项工程的建议作出重要批示。（批示内容略）

12月25日和26日，李克强总理、张高丽副总理分别对全国测绘地理信息工作会议作出重要批示。（批示内容略）

重要文献

国家发展和改革委员会 国家测绘地理信息局关于印发《测绘地理信息事业“十三五”规划》的通知

发改地区〔2016〕1907号 2016年8月31日

各省、自治区、直辖市及计划单列市、新疆生产建设兵团发展改革委、测绘地理信息局（测绘地理信息行政主管部门、测绘地理信息主管部门）：

为贯彻落实《中华人民共和国国民经济和社会发展第十三个五年规划纲要》及《全国基础测绘中长期规划纲要（2015—2030年）》有关要求，推动测绘地理信息事业加快发展，不断拓展覆盖领域和空间，全面提升服务保障能力，我们会同有关部门编制了《测绘地理信息事业“十三五”规划》。现印发你们，请遵照实施。

测绘地理信息事业“十三五”规划

目 录

（二）基本原则

（三）发展目标

三、重点任务

（一）推进新型基础测绘建设

（二）开展地理国情常态化监测

（三）加强应急测绘建设

（四）统筹航空航天遥感测绘

（五）推进全球地理信息资源开发

四、能力建设

（一）提升公共服务能力

（二）提升基础设施装备保障能力

（三）提升地理信息产业竞争能力

（四）提升科技自主创新能力

（五）提升协调融合发展能力

五、实施保障

（一）完善管理体制机制

（二）加强法规制度建设

（三）优化生产服务组织结构

（四）强化人才队伍支撑

（五）抓好规划组织实施

测绘地理信息事业是国民经济和社会发展的重要组成部分，是全面小康社会建设的重要基础。"十三五"时期是测绘地理信息事业全面发展的关键时期。为贯彻落实《中华人民共和国国民经济和社会发展第十三个五年规划纲要》及《全国基础测绘中长期规划纲要（2015—2030年）》有关要求，推动测绘地理信息事业加快发展，不断拓展覆盖领域和空间，全面提升服务保障能力，特制定《测绘地理信息事业"十三五"规划》（以下简称《规划》），对新时期全国测绘地理信息事业发展作出总体部署。

本规划所指的测绘地理信息事业，包括基础测绘、地理国情监测、应急测绘、航空航天遥感测绘、全球地理信息资源开发等公益性事业和以地理信息资源开发利用为核心的地理信息产业。

一、发展现状与面临形势

（一）"十二五"主要成就

"十二五"期间，测绘地理信息事业紧密围绕经济社会发展和国家重大战略、重大规划、重大改革、重大政策、重大工程、重大项目实施需要，坚持服务大局、服务社会、服务民生的宗旨，加快转型升级，充分发挥支撑、保障和服务作用，为"十三五"发展奠定了坚实基础。

发展方向更加明确。测绘地理信息事业以习近平总书记重要指示精神为行动指南，围绕国家发展改革大局，确立了"全力做好测绘地理信息服务保障，大力促进地理信息产业发展，尽责维护国家地理信息安全"的发展定位，明确了测绘地理信息总体发展思路，着力建设科学完备的政策法规体系、基础测绘体系、公共服务体系、地理信息产业体系、科技创新体系和人才队伍体系，全面提升运用法治思维和法治方式的管理能力、基础地理信息资源供给能力、公益性服务保障能力、地理信息产业竞争能力、创新驱动发展能力、维护国家地理信息安全能力，测绘地理信息事业发展方向目标更为清晰，有力保障了"十二五"规划任务的全面完成。

发展基础更为坚实。统筹建成2200多个站组成的全国卫星导航定位基准站网，基本形成全国卫星导航定位基准服务系统。实现我国陆地国土1∶5万基础地理信息全部覆盖和重点要素年度更新、全要素每五年更新，基本完成省级1∶1万基础地理信息数据库建设。"资源三号"卫星影像全球有效覆盖达7112万平方千米，后续星研建进展顺利。"天地图"实现30个省级节点、205个市（县）级节点与国家级主节点服务聚合，形成网络化地理信息服务合力。333个地级城市和476个县级城市数字城市建设全面铺开。全国智慧城市试点取得阶段性成果。完成了第一次全国地理国情普查，初步构建起支撑常态化地理国情监测的生产组织、技术装备、人才队伍等体系。信息化测绘基础设施更加健全，形成了天空地一体化的数据获取能力。测绘科技创新能力稳步提升，机载雷达测图系统、大规模集群化遥感数据处理系统、无人飞行器航摄系统等方面建设取得重要突破，研制的30米分辨率全球地表覆盖数据产品在国际上产生重要影响。

全面改革扎实推进。国家测绘地理信息局取消和下放1/3行政审批事项，促进了市场活力释放和激发。各级测绘地理信息管理机构逐步健全，职责职能得到强化，执法力量得到加强。政企分离和事业单位分类改革积极推进，生产服务组织体系进一步优化。积极引导地理信息企业、科研院所、高等院校共建科技创新平台，测绘地理信息科技创新体系更加完善。修订印发《地图管理条例》，推进《中华人民共和国测绘法》修订，法规制度进一步完善。维护国家地理信息安全能力有所提升，国家版图意识宣传教育不断深化，地图市场特别是互联网地图市场更加规范。

服务成效日益彰显。主动服务区域经济发展、主体功能区建设等重要领域，大力开展地理国情普查成果应用和地理国情监测试点示范。形成1000多个基于“天地图”的业务化应用，为公安、水利、海关、邮政等提供了高效的基础服务。累计开发数字城市应用系统超过5600个，取得显著的经济和社会效益。为新疆和田、云南鲁甸、四川芦山等地震灾害救助和恢复重建等提供了及时可靠的应急测绘保障。为APEC会议、第三次经济普查、第一次全国水利普查、不动产登记等重大事项和各级政府决策、环境治理等重要方面提供高效有力的技术支持与产品服务。地理信息产业持续快速健康发展，形成千亿级的产业规模，有力促进了智能交通、电子商务、现代物流、精细农业等相关产业的发展，为人民群众提供了更加丰富的地理信息产品和服务。

（二）“十三五”发展形势

“十三五”时期，国内外发展环境更加错综复杂。世界多极化、经济全球化、社会信息化深入发展，新一轮科技革命和产业变革蓄势待发。我国经济发展进入新常态，向形态更高级、分工更优化、结构更合理阶段深化的趋势更加明显，经济发展前景广阔，但提质增效、转型升级的要求更加紧迫。中央明确了创新、协调、绿色、开放、共享的发展理念，作出了以创新发展新经济、以改革培育新动能的重要部署，新时期测绘地理信息事业发展面临着新机遇和新挑战。

经济社会发展对测绘地理信息提出新需求。到“十三五”末，我国实现全面建成小康社会的总目标，需要充分发挥测绘地理信息的基础支撑和服务保障作用。“一带一路”建设、京津冀协同发展和长江经济带发展等重大战略实施，为创新地理信息资源开发利用模式，全方位做好支撑保障提出更高要求。拓展我国经济发展空间、实施“走出去”战略和促进海洋经济发展，需要进一步拓展测绘地理信息覆盖范围，尽快掌握全球和海洋地理信息资源。加强生态文明建设，优化国土空间开发格局，推进“多规合一”，需要加快提升测绘地理信息工作的深度和广度，形成更为全面有效的基础支撑。落实“互联网+”、《中国制造2025》、“促进大数据发展”等行动计划，为发展地理信息产业提供了更加广阔的舞台。

全面深化改革对测绘地理信息提出新要求。党的十八届三中全会明确提出，要处理好政府和市场关系，使市场在资源配置中起决定性作用，加快转变政府职能，更好发挥政府作用。落实上述要求，测绘地理信息部门需要切实推进行政管理体制改革，进一步简政放权、放管结合、优化服务，转变职能，切实加快政企、政资、政事、政社分开，推动公益性服务和产业化服务协同发展；需要在测绘地理信息公共服务领域有序引入市场竞争机制，探索建立测绘地理信息基础设施建设多元化投入机制，为进一步提升发展质量和效益创造有利环境和条件。更好地服务保障重大改革任务，要求测绘地理信息部门进一步创新工作理念和发展方式，提供更高水平的产品和服务。

总体国家安全观赋予测绘地理信息新使命。2014年，习近平总书记提出要构建国家安全体系。地理信息作为国家重要的基础性、战略性信息资源，在维护国家安全中发挥着重要作用。今后一个时期，为应对地缘政治压力、保障边境地区稳定、维护我国海洋权益和全球战略利益，需要进一步加强海洋、边境地区乃至全球的地理信息资源开发建设。加强测绘地理信息统一监管，强化地理信息安全体系建设，提高公民的安全保密意识和国家版图意识，尽责维护国家地理信息安全。

科学技术快速发展为测绘地理信息发展注入新动力。国际上卫星导航定位系统的现代化建设及卫星导航定位基准站全球化布局加快推进，对地观测系统向全天时、全天候、高精度方向发展，地理信息处理更加自动化、智能化，为我国测绘地理信息发展提供了技术指引。我国测绘地理信息技术与以移动互联网、物联网、大数据、云计算为代表的新一代信息技术加速融合，催生各种地理信息新应用、新产品和新服务。北斗卫星导航系统、现代测绘基准体系、地理信息公共服务平台等基础设施不断完善，机载雷达、无人机、倾斜摄影等新型技术装备在测绘地理信息领域的应用日益广泛，将极大地提升生产服务的质量和效率。

面对国民经济和社会发展的强劲需求以及改革创新发展的内在要求，测绘地理信息事业还存在不少亟待解决的矛盾和问题。主要表现在：适应测绘地理信息事业新格局的政策法规、管理体制和运行机制有待完善；测绘地理信息与经济社会发展的深度融合需要加强，需求与服务有机衔接的长效机制尚未形成；地理国情普查与监测的应用需进一步深化拓展，应急测绘保障服务能力仍显薄弱；全球和海洋地理信息资源开发建设严重滞后；地理信息产业整体水平不高，核心竞争力不强；自主创新能力对测绘地理信息事业发展的支撑作用有待进一步提高。

二、总体要求

（一）指导思想

高举中国特色社会主义伟大旗帜，全面贯彻党的十八大和十八届三中、四中、五中全会精神，深入贯彻习近平总书记系列重要讲话精神，按照“五位一体”总体布局和“四个全面”战略布局，坚持创新、协调、绿色、开放、共享的发展理念，按照“加强基础测绘、监测地理国情、强化公共服务、壮大地信产业、维护国家安全、建设测绘强国”的总体发展思路，着力科技创新，加强能力建设，丰富地理信息资源，拓展服务领域，推进依法行政，创新体制机制，弘扬测绘精神，加强队伍建设，形成业务体系更加完善、保障服务更加有力、经济社会效益更加显著、体制机制更加健全的测绘地理信息事业发展新局面，为全面建成小康社会作出新贡献。

（二）基本原则

——坚持科学发展。坚持测绘地理信息事业总体发展思路，把握时代特征，抓住发展机遇，创新发展理念，破解发展难题，增强发展动力，以优质高效保障服务拓展发展空间，厚植发展优势，促进军地测绘深度融合发展，推动测绘地理信息事业可持续发展。

——坚持深化改革。深化重点领域和关键环节改革，充分发挥市场在资源配置中的决定作用，更好发挥政府在制度设计、规划计划、政策制定等方面的统筹引导作用，稳妥有序地推进传统领域管理体制机制改革，促进新型业务领域创新发展，增强测绘地理信息事业发展动力。

——坚持法治建设。完善法律法规体系，健全依法决策机制。深入推进简政放权、放管结合、优化服务改革，加强测绘基准、地图市场、成果应用等方面的监管，完善综合执法机制，推进依法测绘，为测绘地理信息事业发展提供良好法治环境和有力法治保障。

（三）发展目标

坚持以改革为动力、以创新为驱动、以法治为保障，到2020年，形成适应经济发展新常态的测绘地理信息管理体制机制和国家地理信息安全监管体系，构建新型基础测绘、地理国情监测、应急测绘、航空航天遥感测绘、全球地理信息资源开发等协同发展的公益性保障服务体系，显著提升地理信息产业对国民经济的贡献率，使我国测绘地理信息整体实力达到国际先进水平，开创测绘地理信息事业发展的新格局，为全面建成小康社会、实现“两个一百年”奋斗目标提供坚强有力的保障服务。

——地理信息资源更加丰富。统筹建成2500个以上站点规模的全国卫星导航定位基准站网，陆海一体的现代测绘基准体系进一步完善。获取“一带一路”沿线及重点区域的地理信息资源。海洋地理信息资源开发建设取得阶段性成果。基础地理信息、地理国情信息、应急测绘保障信息等资源实现有效融合。

——公共服务保障更加有力。基础测绘成果供给更加有效。向相关行业和社会公众提供高精度位置服务的能力全面形成。地理国情监测与经济社会发展深度融合，实现监测业务常态化。基本建成4小时抵达80%陆地国土和重点海域、覆盖全国的应急测绘体系。“天地图”具备全球地理信息服务能力。建成一批智慧城市时空信息云平台。

——自主创新能力明显提高。科技体制改革、自主创新和成果转化等取得重大突破，市场导向的技术创新机制更加健全，人才、资本、技术、知识自由流动，企业、科研院所、高校、事业单位协同创新，科技创新资源配置更加优化，自主创新效率显著提升。测绘地理信息标准体系更加科学完善。

——依法行政能力全面提升。测绘地理信息法律规范体系更加完备，职责明确、机构健全、监管有力、运转协调的测绘地理信息行政管理体制和运行机制进一步健全，地理信息安全监管体系更加完善，统一开放、竞争有序的测绘地理信息市场体系基本形成。

——产业竞争能力显著增强。地理信息产业保持较高的增长速度，2020年总产值超过8000亿元，培育一批具有较强国际竞争力的龙头企业和较好成长性的创新型中小企业，形成一批具有国际影响力的自主品牌。

三、重点任务

按照供给侧结构性改革的要求，扩展测绘地理信息业务领域，打造由新型基础测绘、地理国情监测、应急测绘、航空航天遥感测绘、全球地理信息资源开发等“五大业务”构成的公益性保障服务体系。

（一）推进新型基础测绘建设

按照陆海兼顾、联动更新、按需服务、开放共享的要求，构建以北斗卫星以及自主技术装备为主要支撑的现代测绘基准体系，丰富基础地理信息内容，拓展覆盖范围，推进各级各类数据库的建设、优化、整合和更新，形成适应新技术、新产品、新服务的生产组织管理模式，全面提升基础测绘的质量和效益。

1. 加快现代测绘基准体系建设

加快陆海一体的现代测绘基准体系建设。完成卫星导航定位基准站的北斗化升级改造，统筹建成2500个以上站点规模的全国卫星导航定位基准站网，实现我国地心坐标框架的动态维持与更新，形成覆盖全国的分米级实时位置服务能力，全面提升基准和位置服务水平。统筹开展全国似大地水准面精化工作，建成新一代全国统一的厘米级似大地水准面。完善国家重力基准，开展重力空白区航空重力测量，构建新一代高阶重力场模型。建立国家测绘基准数据库，提升测绘基准成果的管理和社会化服务水平。强化国家、行业及地方卫星导航定位基准站的统筹管理、资源整合、数据共享，加强测绘基准服务机构建设，制定相关管理制度、建设标准和技术规范，形成一体化管理和协同服务机制。深入推进北斗卫星导航系统应用，拓展测绘地理信息领域北斗卫星导航系统的业务范围、产品体系和服务模式。

2. 加强基础地理信息资源建设

扩大高精度基础地理信息覆盖范围，实现省级基础地理信息对陆地国土必要覆盖，市县级基础地理信息对全国县级以上城镇建成区全面覆盖。完善基础地理信息数据联动更新机制，持续做好国家级基础地理信息重点要素年度更新，省级基础地理信息按需更新，城市重点区域大比例尺基础地理信息及时更新。进一步加强边疆地区、农村地区、自然灾害频发地区基础测绘工作。持续推进我国海岛（礁）测绘工作。组织开展海洋地理信息资源开发利用战略研究和规划编制工作，沿海地区根据需要组织开展沿海滩涂、近海海域等测绘工作。持续开展极地测绘工作，提升服务极地考察活动能力。继续推进内陆水体水下地形测绘。加快开展地下管线测绘，构建地下管线信息系统。

3. 开展新型基础地理信息数据库建设

优化基础地理信息数据库模型与结构，丰富数据内容，拓展社会、经济、人文、资源、环境等要素，建成综合性强、应用面广、标准化程度高的基础地理信息数据库体系，形成全国基础测绘成果“一个库”。选择合适地区开展新型基础测绘试点。探索建立基于地理实体的成果采集和管理模式，逐步推动现有国家基础地理信息数据库向地理实体数据库的转型，实现基础地理信息数据的集成应用和联动更新。

（二）开展地理国情常态化监测

健全地理国情监测体制机制，构建监测技术支撑体系，提升监测工作服务国家重大战略的能力，形成一批具有影响力的监测成果，为政府、企业和公众提供多样化监测服务。

1. 开展基础性和专题性监测

对我国陆地国土范围的地形地貌、植被覆盖、水域、荒漠与裸露地等自然地理要素以及与人类活动密切相关的交通网络、居民地与设施、地理单元等人文地理要素开展基础性监测。适时开展“一带一路”建设、京津冀协同发展和长江经济带发展等国家重大战略实施及国家级新区建设格局、全国地级以上城市空间格局、生态安全屏障建设、海岸带保护利用状况等专题性监测。开展地理国情监测服务于空间性规划“多规合一”和主体功能区建设，推进地理国情监测服务于生态文明建设目标评价考核、资源环境承载力监测预警评价、领导干部自然资源资产离任审计等生态文明体制改革重点领域。

2. 形成常态化监测支撑体系

充分利用各种对地观测技术手段，建立空天地多方位、立体化的地理国情监测网络。构建地理国情信息时空数据库，建立地理国情信息在线服务平台。开展统计分析、数据挖掘和开发应用，形成多样化的监测成果。完善地理国情监测的内容指标、技术规范、工艺流程，形成地理国情常态化监测能力。逐步完善地理国情监测组织实施、部门协作及信息发布等机制。推动各地将地理国情监测纳入年度计划和部门预算管理。

（三）加强应急测绘建设

建立健全应急测绘保障服务体制机制，形成反应迅速、运转高效、协调有序的专业化应急测绘保障体系，全面提升应急测绘综合保障服务能力。

1. 建立应急测绘业务体系

根据国家应急规划和应急体系建设要求，完善应急测绘体制机制，重点加强联动响应、资源统筹、数据服务以及日常运维等机制建设。按照上下协同、部门协作、军民融合的原则，合理划分保障区域，明确保障职责，布局国家应急测绘业务体系，建立健全应急测绘标准。加强应急测绘业务机构以及专业技术人才队伍建设，重点增强国家和省级应急测绘专业力量。

2. 强化应急测绘综合保障

加强国家航空应急测绘能力，建设12个国家航空应急测绘保障区，重点装备高性能无人机航空测绘应急系统。增强国家应急测绘现场勘测能力，建设3支国家应急测绘保障分队，重点装备多功能、集成化的地面采集与处理设备。提升国家应急测绘数据处理能力，重点加强数据快速处理、制图、存储和服务等系统建设。提高国家应急测绘资源共享能力，建成国家应急测绘资源数据共享网络及平台，丰富国家应急测绘基础底图数据库。各地针对当地特点和需求，开展区域性应急测绘保障能力建设，加强协作，实现军地、部门、区域应急测绘资源的高效共享和协同服务。

（四）统筹航空航天遥感测绘

进一步建立健全国家航空航天测绘遥感影像资料获取的统筹协调和资源共享机制，实现多种类、多分辨率航空航天遥感影像对重点区域的及时覆盖，对陆地国土的全面覆盖，以及对境外区域的有序覆盖。

1. 加强航空航天遥感影像获取和管理

实现优于2.5米分辨率卫星影像每年全面覆盖陆地国土一次。获取我国500万平方千米优于1米分辨率影像。加大城市地区优于0.2米分辨率的航空影像获取力度。推进机载激光雷达、倾斜摄影、航空重力等新技术生产应用。加强航空航天遥感影像获取的统筹规划，建立国家基础航空摄影定期分区更新机制、航天遥感影像数据分级分区获取机制。完善航空航天遥感影像的保管、提供、使用制度以及资料信息定期发布制度。

2. 强化航空航天遥感影像应用服务

建立和完善系列测绘卫星应用系统，提升卫星测绘数据获取、处理、提供的业务能力。完善航空航天遥感影像产品体系，加大立体测绘影像产品、专题应用产品及增值产品的开发力度。推进多传感器、多视角、多时相遥感影像数据的标准化处理，基于倾斜航空摄影测量、卫星立体测绘等技术，建设高识别度、高容量、高现势性的三维实景中国影像数据库及信息服务系统，形成常态化的航空航天遥感影像产品生产和分发服务能力。探索建立测绘卫星用户委员会机制，理顺卫星用户与卫星运营单位之间的关系，促进卫星测绘应用的深度和广度。

（五）推进全球地理信息资源开发

大力开展全球地理信息获取与位置服务，建立全球地理信息数据采集、管理与在线服务一体化的生产技术支持体系，形成全球地理信息综合服务能力。

1. 加快全球地理信息资源建设

加强全球地理信息资源建设的顶层设计，确定建设重点、细化建设内容、明确技术路线。加快形成全球多尺度地理信息数据快速采集与处理能力，逐步拓展全球地理信息资源的覆盖和更新范围。完成“一带一路”沿线及重点区域约4500万平方千米多分辨率数字正射影像、数字地表模型及地理名称等数据生产，开展中巴经济走廊、东盟非盟等重要区域的数字高程模型、核心矢量要素、多时相地表覆盖等数据生产。加快建立多分辨率、多时相的全球地理信息数据库，形成多尺度、多类型、多样式的全球地理信息产品。

2. 强化全球地理信息服务应用

依托国家地理信息公共服务平台，构建境外分布式数据中心，形成全球地理信息服务能力。强化与北斗卫星导航定位系统的集成，完善边境地区卫星导航定位基准站网，形成高精度位置服务能力。构建国产卫星海外接收站及处理系统，提高全球卫星资源接收处理能力。制定全球地理信息数据产品、生产工艺及应用服务标准规范。构建全球地理信息资源快速处理、高效管理、动态更新与实时服务的技术装备体系。

四、能力建设

夯实发展基础，激发服务活力，全面提升公共服务有效供给能力、基础设施装备保障能力、地理信息产业竞争能力、创新驱动发展能力和协调融合发展能力。

（一）提升公共服务能力

紧密结合经济社会发展的需求，加强地理信息资源的开发利用，构建以“五大业务”为支撑的公益性服务体系，建立起保证基本公共需求和增强按需定制服务相协调的服务架构，着力提高网络化服务能力，全面提升测绘地理信息公共服务水平。

1. 加强公共服务的有效供给

面向全社会对测绘地理信息的基本公共需求，深化供给侧改革，强化新型基础测绘和航空航天遥感测绘等普惠性服务的有效供给。扩展基础测绘成果内容，发展以地理实体为主要表现形式的公共产品。推出标准化的三维实景影像产品，拓宽应用领域、提高应用频次。加强服务流程信息化建设，简化成果提供审批程序，提升公共服务效率。开展服务“一带一路”建设、京津冀协同发展和长江经济带发展等重大战略的区域性地图产品、反映国家辉煌成就地图产品、国家大地图集、城市地图集等系列专题地图编制工作。

2. 拓宽公共服务的发展空间

针对经济社会发展对测绘地理信息的多样化需求，拓展定制化专题服务的领域。围绕区域协调发展、国土空间开发、自然资源资产管理、生态环境保护、新型城镇化建设等开展重要地理国情监测，服务国家重大战略的实施和全面深化改革重大事项的落实。强化城市地下、水体水下应急测绘保障能力，做好基于地理空间的孕灾环境分析和监测服务。拓展全球地理信息资源应用服务领域。在继续做好数字城市地理空间框架建设基础上，健全数字城市维护更新和管理应用的长效机制，推进智慧城市时空信息云平台试点示范应用，提升对城市精细化管理的支撑能力。探索建立政府和社会资本合作（PPP）等新型测绘地理信息公共服务供给模式，加强政府与企业在地理信息资源开发服务中的合作。

3. 提升网络化综合服务水平

强化“天地图”公益性服务的战略性地位。建设“天地图”国家数据中心、区域数据中心，融合集成基础地理信息数据库、地理国情信息时空数据库、国家应急测绘基础底图数据库等信息资源，整合政府部门权威信息和全球热点地区重要信息，加强地理信息大数据开放共享和深化应用。加强涉密版、政务版“天地图”的统筹建设，发挥其以地理信息聚合部门数据、促进部门之间信息共享的基础平台作用。充分利用市场机制推动公众版“天地图”建设，惠及群众生产生活。推出覆盖全行业、一站式的地理信息资源目录服务系统。

（二）提升基础设施装备保障能力

以加强重大技术装备建设为重点，进一步完善测绘地理信息基础设施，推动生产、服务技术体系的网络化、信息化和智能化改造，满足“五大业务”协同发展的迫切需要。

1. 加快装备现代化

积极推动“资源三号”后续光学卫星和雷达卫星、重力卫星等的立项、研制和发射，逐步形成多源航天遥感数据获取体系。加快建设多分辨率、多传感器、全天候综合航空遥感体系，大力发展长航时航空遥感平台，促进无人飞机、轻型飞机、浮空器等新型平台和机载激光雷达、重力仪、倾斜摄影仪等新型传感器的推广应用，配套建设数据传输和通信指挥系统。加快推进地理信息地面获取技术装备的更新换代，提高水下、地下测量装备水平。加强数据规模化快速处理系统建设，提高多源海量数据综合处理的自动化、智能化和实时化水平。进一步完善测绘产品质量检验和测绘仪器计量检测体系。探索建立卫星测绘应用系统等基础设施建设的多元化投入机制。

2. 推进生产服务体系信息化

加快生产流程的信息化改造，提升生产服务的信息化、智能化水平。整合核心技术、重大装备、资料数据等方面资源，建设生产管理信息平台，形成生产原始资料数据集中管理、分布式处理、生产质量统一监管和生产成果集中入库管理的信息化测绘地理信息生产布局。加强网络基础设施建设，依托国家电子政务内外网资源，构建国家、省、市三级互联互通的测绘地理信息传输网络。

3. 增强安全防护能力

建设国家互联网地理信息安全监管平台，形成由国家级互联网地图监管中心和省级互联网监管分节点组成、上下联动的监控网络。加强卫星导航定位基准站建设和运行的安全管理，同步规划、设计和建设相关安全基础设施。加快开展网络基础设施核查分类，完成网络基础设施更新改造，大力推进行业等级保护和分级保护工作，加强关键网络基础设施和重要信息系统安全保障。完善地理信息定密和新技术测绘成果公开使用政策，加强新型地理信息成果保密处理技术研究，促进地理信息安全使用。加强国家版图意识宣传教育，提高公民对地理信息安全维护的意识和能力。

（三）提升地理信息产业竞争能力

加强地理信息产业政策引导，优化地理信息资源、技术、管理等要素配置，着力扩大地理信息消费，推动地理信息产业向价值链高端延伸，向精细化和高品质转变。

1. 发展地理信息产业重点领域

大力发展测绘遥感数据服务，开展测绘航空航天遥感数据的商业化获取和增值服务，建成较为完整的测绘航空航天遥感数据获取、处理、服务产业链，培育3—5家测绘遥感数据服务龙头企业。推动地理信息系统通用软件开发应用，推进高性能遥感数据处理软件以及行业领域应用软件的产品化和产业化，培育2—3家以地理信息软件开发和集成为核心业务的龙头企业。引导和推进现代高端测绘地理信息技术装备制造业的资源整合，紧密结合《中国制造2025》行动计划，发展一批拥有自主知识产权的高端遥感技术装备和高端地面测绘装备生产制造企业。推进地理信息与导航定位融合服务类企业兼并重组，促进产业链各环节均衡发展。支持面向中亚—西亚、俄蒙日朝韩、东盟的北斗产业化应用。加快推进地理信息与北斗卫星导航定位的融合，支持发展以移动通信网络、互联网和车联网为支撑，融合实时交通信息、移动通信基站信息等的综合导航定位动态服务。积极发展测绘基准服务业。繁荣地图出版业，发展地图文化创意产业，形成地图文化产业集群。

2. 优化地理信息产业发展环境

适度放宽地理信息成果使用许可和增值开发政策，支持充分利用基础地理信息资源开展社会化应用和增值服务。建立健全地理信息获取、处理、应用以及安全保密监管等相关配套制度措施。加快国产测绘遥感卫星数据有关政策研究制定，推进遥感数据的商业化应用。坚持简政放权、放管结合、优化服务，持续推进行政审批制度改革，健全市场准入和退出机制。继续推进地理信息产业分类标准、产业单位名录库和统计指标体系建设，逐步完善统计工作机制。充分发挥相关学会、协会在促进产业发展中的作用。充分利用产业基金、产业基地等支持企业创新创业。

（四）提升科技自主创新能力

进一步完善测绘地理信息科技体制机制，推进重点领域科技创新，提高测绘地理信息标准化水平，深化国际交流合作，提升科技创新的引领和推动作用。

1. 完善科技创新体系

完善测绘地理信息科研项目管理、科技成果登记与信息公开公示、成果转移转化统计和报告等制度，健全科学研究、信用评价、创新团队认定、科技人才评价等方面的政策。优化测绘地理信息科技创新组织体系布局，加强测绘地理信息领域科研基地（平台）建设，积极开展创新联盟、协同中心、创客或众创空间等新型创新平台建设，支持大众创业、万众创新。强化企业的技术创新主体作用，鼓励参与制定科技规划、政策和标准，支持申报国家和地方人才计划、牵头实施国家科技项目。建立以企业为主体的创新平台，形成一批具有国际竞争力的创新型领军企业和具有较强创新能力的科技型中小型地理信息企业。支持野外观测台站、检校场、大型科研仪器设施等科研条件平台的建设与共享。加强地理信息技术和知识产权交易平台建设。

2. 加强科技攻关和标准化

以支撑重大工程和成果广泛应用为重点，统筹优势科技力量，着力开展地理国情监测、海洋测绘、全球地理信息资源开发、地下空间测绘等关键技术攻关。加强物联网、云计算、大数据以及移动互联网等高新技术在测绘地理信息领域的应用研究，支持对大地测量基准、位置智能感知、遥感机理、数据挖掘与地理信息网络安全等方面的原始创新。加快测绘地理信息新型智库建设，加强发展战略研究。构建新型测绘地理信息标准体系。建立跨部门测绘地理信息标准化协调机制。完善测绘地理信息标准制修订程序，重点研制地理国情监测、卫星导航定位基准站等方面的标准，促进标准制定与科技创新和重大工程的相互转化，发挥标准的技术考核作用。加强科技标准宣传贯彻。开展测绘地理信息标准化综合试点。

3. 深化国际交流合作

推动地理信息技术、装备、标准、服务“走出去”，积极接纳发达国家的地理信息产业外包业务，开拓非洲、南美、东南亚等新兴经济体市场，深度融入全球地理信息产业链、价值链。继续引进、消化、吸收国际先进技术，深化测绘地理信息科技及人才国际交流。积极参与全球及区域性测绘科技合作计划和国际测绘地理信息标准制订，争取主导编制4项国际标准，参与制修订国际标准化组织（ISO/TC 211）主导的30%以上国际标准。根据受援国意愿和我对外战略需要，研究推动向相关国家提供测绘项目、技术、人才等方面的援助。

（五）提升协调融合发展能力

促进各地区测绘地理信息事业协调发展。进一步打破军民测绘地理信息领域技术、标准和行业壁垒，加强军民测绘融合发展。鼓励各有关领域、行业根据需要加强测绘能力建设与数据资源共享，提升全国测绘地理信息协调融合发展水平。

1. 推进区域测绘协调发展

围绕国家区域发展重大战略，推动形成西部、东北、中部、东南沿海和京津冀等五大区域测绘地理信息协调发展格局，支持建立五大区域测绘地理信息发展联盟。加大跨行政区域的测绘地理信息工作统筹力度，通过建立跨行政区域测绘地理信息联席会议制度，推进跨行政区域的基础测绘、地理国情监测、应急测绘等方面合作，促进地理信息产业集群发展。鼓励发达地区对相对落后地区进行帮扶，为贫困地区提供精准测绘地理信息服务。加大对新疆、西藏和四省藏区援助力度，在技术、人才等方面加强对边远地区、少数民族地区测绘地理信息工作的支持。

2. 深化军民融合发展

加强国家层面的宏观统筹与顶层设计，做好规划衔接和项目、需求对接、完善工作协调机制，实现军民力量整合、资源聚合、信息融合。推进国家空间基准、航天遥感测绘、海洋测绘以及高精度位置服务等重点领域的统筹共建，加强测绘基础设施、北斗系统、地理信息、科技资源等方面的共享应用，建立跨部门跨领域地理信息资料成果通报汇交和位置服务站网共享机制，以及应急保障、国防动员等方面平战结合机制，形成军民兼容的测绘技术标准体系。按照国家军民融合示范要求推进测绘地理信息领域的试点示范工作，引导多种力量参与测绘地理信息领域军民深度融合发展，形成富有特色的军民融合发展模式。鼓励地方立足实际推进测绘地理信息军民深度融合发展。

五、实施保障

（一）完善管理体制机制

全力抓好地理国情监测、应急测绘以及不动产测绘、地下管线测绘、海洋地理信息资源开发等方面职责职能的落实。围绕服务于空间性规划“多规合一”、主体功能区建设监测、资源环境承载能力监测预警等新业务工作，完善市县级测绘地理信息行政管理部门职责。根据国家关于中央与地方事权划分的有关要求，科学确立测绘地理信息中央和地方事权，中央层面上，重点围绕国家政治、经济、国防、外交等方面的重大战略需求，做好全球、全国及跨区域重大测绘地理信息工程的顶层设计、统筹协调和组织实施；地方层面上，主要针对本地区范围内经济社会发展需求，开展本地区的测绘地理信息统筹协调和组织实施等工作。

（二）加强法规制度建设

完成《中华人民共和国测绘法》修订，健全地理信息安全、地理国情监测、地理信息共享应用、应急测绘等方面的法规制度。完善测绘地理信息资质、市场监管和信用管理的挂钩政策。研究制定政府购买测绘地理信息公共服务的指导性目录和制度，推动测绘地理信息公共服务承接主体多元化。健全卫星测绘应用政策，推动建立多元投入机制。强化测绘地理信息行政执法队伍建设，完善与国土资源等综合执法工作机制，有效提升测绘地理信息行政执法力量和效能。

（三）优化生产服务组织结构

按照“五大业务”发展需求，改造生产服务工艺流程，优化调整生产事业单位布局。稳妥推进事业单位分类改革，合理控制生产事业单位人员规模。整合国家测绘基准生产服务机构，统筹全国测绘基准服务，提升其对经济社会发展的保障服务能力。强化测绘产品质量监督检验机构的功能定位，建立布局合理的测绘产品质量监督检验体系。进一步简政放权，全面完成测绘地理信息行业协会与行政机关的脱钩改制工作。

（四）强化人才队伍支撑

加强党建工作，认真落实全面从严治党主体责任，坚持党管干部原则，弘扬新时代测绘精神，打造一支作风过硬、业务精湛的测绘地理信息干部队伍。强化高层次人才培养，尤其是注重行业领军人才的接续发展，围绕测绘地理信息事业新格局的需求，加强跨领域复合型人才的引进、培养和使用。继续实施测绘地理信息专业认证，推进注册测绘师职业资格制度实施。

（五）抓好规划组织实施

明确各级测绘地理信息部门主体责任，抓好《规划》实施，并将《规划》指标的落实作为年度绩效考核的重要内容。发展改革部门加强指导支持和统筹衔接。强化与各相关部门沟通衔接，推动落实各项支持举措。做好各级测绘地理信息“十三五”规划之间，以及与国家和地方总体规划、专项规划之间的衔接。统筹安排年度计划，健全规划、计划及项目、资金安排等有效衔接机制，确保《规划》目标和任务得以落实。国家发展改革委会同国家测绘地理信息局适时开展《规划》实施评估。

关于印发《中共国家测绘地理信息局党组进一步贯彻落实中央关于改进工作作风、密切联系群众的八项规定的具体措施》的通知

国测党发〔2016〕29号　2016年5月17日

各省、自治区、直辖市、计划单列市测绘地理信息行政主管部门，新疆生产建设兵团测绘地理信息主管部门，局所属各单位，机关各司室：

为深入贯彻习近平总书记系列重要讲话精神，认真贯彻落实中共中央政治局关于改进工作作风密切联系群众的八项规定，国家局党组对2012年制定的具体措施进行了“回头看”，并按照中央的部署要求，结合实际做了进一步修订完善，现将《中共国家测绘地理信息局党组进一步贯彻落实中央关于改进工作作风、密切联系群众的八项规定的具体措施》印发给你们，请认真遵照执行。

中共国家测绘地理信息局党组进一步贯彻落实中央关于改进工作作风、密切联系群众的八项规定的具体措施

中共中央政治局作出的关于改进工作作风、密切联系群众的八项规定，充分体现了以习近平同志为总书记的中央领导集体以上率下、从严治党的决心，充分体现了执政为民的宗旨和实干兴邦的理念，为党的各级组织和全体党员树立了榜样。测绘地理信息系统各级领导干部要切实增强政治意识、大局意识、核心意识、看齐意识，深刻领会中央政治局八项规定的精神实质和丰富内涵，准确把握中央改进工作作风的新部署新要求，从自身做起，从实处抓起，进一步深入贯彻落实中央八项规定精神。现提出如下具体措施。

一、严守政治纪律。局领导班子成员、全体党员干部要严守政治纪律和组织纪律，坚决在思想上、政治上、行动上同以习近平同志为总书记的党中央保持高度一致，坚决执行党的路线、方针、政策，坚决遵守党章和党内各项法规，在大是大非面前立场坚定、旗帜鲜明，坚决反对“七个有之”指出的问题，坚决维护中央权威，不得在互联网、微博微信等任何媒体发表同中央精神不符的文章或言论，不得在任何场合出现违背中央精神的言行，不得参加违反规定的各种聚会和活动等。

二、改进调查研究。根据测绘地理信息事业发展需要，合理确定调研内容和形式，着力提高调研质量，力戒形式主义。坚持问题导向，继续完善局领导班子成员群众联系点制度，每年至少到基层联系点调研指导工作1次，每次不少于3天时间。制定年度调研计划，明确局领导和各司室调研任务，局领导每年牵头调研课题不少于1个，各司室每年调研课题不少于2个（包括配合局领导调研课题）。局领导班子成员每年深入地方和基层调查研究、指导工作的时间不得少于60天，每年至少撰写一篇质量较高的调研报告。加大工作统筹力度，推行联合调研和综合调研，避免在短期内对同一地区、同一单位的重复调研。严格遵守群众纪律和工作纪律，不得给基层单位和群众增加负担。

三、控制会议活动。严格遵守国家相关管理规定，认真制定年度会议计划，本着务实高效的原则切实减少各类会议活动。国家局召开的本系统全国性会议（一类会议）每年不超过1次；各司室召开的二类会议每年至多1次，三类会议每年不得超过2次。要切实改进会风，着力提高实效，提倡开小会、开短会，力戒空话、套话，坚决克服官僚主义。不得到名胜风景区开会，不得在政府定点采购以外饭店召开会议，严禁提高会议用餐、住宿标准。工作会议一律不摆花草、不制作背景板。不得参加与履行管理职责无关的各类会议和活动。未经批准，不得举办各类庆典、论坛、研讨会等活动。严禁违规发放纪念品、礼品。

四、精简文件简报。凡是国家法律法规和党内法规已作出明确规定的，一律不再发文；凡上级文件已公开发表的，一般不再发贯彻意见；凡通过会议或其他形式已作出安排部署的不再发文；凡通过电话传真网络能够解决问题的不再发文。局机关公文能以局办公室名义发文的，不以局名义印发；能以便函形式印发的，不以文件形式印发。切实改进文风，文件要严格控制篇幅。简报要控制数量，减少一般性工作情况反映。国家局机关保留一种综合性简报，局属单位不得超过 2 种简报（业务比较单一单位只保留 1 种），反映各重大工程情况的临时性简报自项目完成后自行停办。

五、规范出访活动。对因公出国（境）实行量化管理，明确量化规定是对确有必要出国（境）执行公务的最高限量，不是可以享受的待遇。局领导班子成员每年因公出国（境）不得超过 1 次。每个团组出访国家（地区）不超过 3 个（包括经停国家和地区），时间不得超过 10 天（含往返）；出访 2 国不超过 8 天，出访 1 国不超过 5 天；赴拉美、非洲航班衔接不便的国家的团组，出访 2 国不超过 9 天，出访 1 国不超过 6 天。每个团组人员不得超过 6 人。在相关国际测绘地理信息组织担任领导职务的局领导严格根据工作需要安排。每年要制定严格的公务出访计划，按规定对出访人员、出访国家及任务、日程安排、经费等情况进行公示。严格控制国（境）外培训活动。

六、规范办公用房。严格按照《党政机关办公用房建设标准》的规定安排办公用房。办公用房面积超过规定标准的，应予以清理并腾退；领导干部在不同部门同时任职的，应在主要工作部门安排一处办公用房，其他任职部门不再安排办公用房；领导干部工作调动的，原单位的办公用房不再保留；领导干部已办理退休手续的，原单位的办公用房应及时腾退。严格控制办公用房维修改造项目，严禁豪华装修。不得以任何理由安排财政资金用于包括培训中心在内的各类具有住宿、会议、餐饮等接待功能的设施或场所的维修改造。全面停止新建党政机关楼堂馆所。

七、规范公务用车。全面推进公务用车制度改革，严肃公务用车纪律，局机关不得以特殊用途等理由变相超编制、超标准配备公务用车，不得以任何方式换用、借用、占用下属单位或其他单位和个人车辆，不得接受企事业单位和个人赠送的车辆，不得以任何理由违反用途使用或固定给个人使用机要通信公务用车，不得以交通补贴名义变相发放福利。不得既领取公务交通补贴、又违规乘坐公务用车。出差要严格按照规定乘坐交通工具。

八、提高办事效率。规范和改进行政审批，所有行政审批事项实行“一个窗口”受理和网上办理，依法依规明确办理时限，在法定期限内对申请事项作出决定，不得以任何理由自行延长审批时限；依法可延长审批时限的，要按程序办理。进一步转变作风、优化服务，杜绝“生、冷、硬、顶”现象，提升群众满意度。加大督查力度，层层落实责任，实行严格问责，严禁不作为、懒作为。

九、简化接待工作。局领导班子成员到京外调研，严格执行当地接待规定，不得搞层层陪同，不得安排超规格住宿房间，不得参加高消费娱乐和健身活动，系统内不得安排宴请，严禁出入私人会所。除工作需要外，不得公款安排到名胜古迹、风景区参观。局机关工作人员严格执行公务人员出差管理各项规定，不得给基层单位增加负担。

十、改进新闻报道。测绘媒体要多把镜头聚焦一线职工，更好贴近实际、贴近基层、贴近群众。局领导班子成员到基层调研、检查工作，可作综合报道，对单纯程序性、行踪性不作报道。机关各司室和局所属单位负责同志的公务活动，一律不报道。未经批准，不得以国家局或国家局司室名义擅自接受社会媒体采访。未经批准，局机关各司室和局所属各单位不得擅自组织新闻发布会、媒体见面会、通报会等。

十一、改进生活作风。坚持艰苦朴素的优良作风，追求高尚的道德情操和健康的生活情趣，坚决反对享乐主义和奢靡之风，不得出现生活奢靡、贪图享乐等违反生活纪律的问题。

十二、从严节俭用餐。对外来公务人员用餐制定具体规定，实行严格审批制度。公务用餐要切实根据公务需要，本着从严控制、勤俭节约的原则，统一在单位食堂安排，原则规定用自助餐，严格控制用餐标准和陪同用餐人数。

局领导班子成员及机关各司室、所属单位各级领导干部要在落实改进工作作风密切联系群众各项规定上作出表率，以自己的言行影响和带动身边的干部职工。各部门、各单位党组织要把贯彻落实中央八项规定同“两学一做”学习教育结合起来，作为改进党风政风的一项经常性工作来抓，一抓到底，抓出成效，更好地推动测绘地理信息事业改革创新发展。国家局相关司室要根据上述规定要求，逐条制定和完善具体实施办法和措施。局属各单位要严格要求，认真研究制定相应的贯彻落实规范和办法，狠抓落实，确保抓出实效。

关于印发《测绘地理信息人才发展“十三五”规划》的通知

国测党发〔2016〕64号　2016年9月19日

各省、自治区、直辖市、计划单列市测绘地理信息行政主管部门，新疆生产建设兵团测绘地理信息主管部门，局所属各单位：

根据《国家中长期人才发展规划纲要（2010—2020年）》、《关于深化人才发展体制机制改革的意见》及《测绘地理信息事业“十三五”规划》，结合测绘地理信息人才发展实际，我局编制了《测绘地理信息人才发展“十三五”规划》，已经局党组会议审议通过，现予印发。请结合本地区、本单位实际，认真组织实施。

测绘地理信息人才发展“十三五”规划

为深入实施人才强测战略，扎实推进测绘地理信息事业改革创新发展，根据《国家中长期人才发展规划纲要（2010—2020年）》、《关于深化人才发展体制机制改革的意见》以及《测绘地理信息事业“十三五”规划》，结合测绘地理信息人才发展实际，制定本规划。

一、面临的形势

“十二五”期间，测绘地理信息人才发展紧密围绕事业发展改革需要，人才工作机制逐步完善，人才发展环境持续优化，人才规模不断扩大，人才结构趋于合理，人才支撑发展、服务发展的效能充分显现。党政人才队伍年轻化、专业化水平进一步提高，管理能力不断增强。专业技术人才队伍结构进一步优化，综合素质不断提升，造就了一批高层次创新型人才。技能人才队伍进一步壮大，高技能人才占比明显提高。涌现出了一批具有开拓创新精神的优秀企业经营管理人才。

目前，测绘地理信息人才发展还存在与事业发展需求不相适应的问题。党政人才队伍综合素质有待进一步提升，尤其是战略思维和执行能力还有差距。高层次创新型人才不足，跨学科跨专业的复合型人才紧缺。技能人才队伍结构有待优化，高技能人才缺乏。具有国际视野、市场意识和现代管理能力的企业经营管理人才偏少。东西部人才发展不平衡。市县级测绘地理信息人才队伍薄弱。人才发展机制有待进一步创新。

“十三五”时期是全面建成小康社会的决胜阶段，是测绘地理信息事业全面发展的关键时期。随着中国特色社会主义事业“五位一体”的总体布局、“四个全面”战略布局的全面推进，以及创新、协调、绿色、开放、共享发展理念的贯彻落实和“一带一路”、京津冀协同发展、长江经济带建设、《中国制造2025》、创新驱动发展等国家重大战略的部署实施，测绘地理信息事业迫切需要转型升级、加快发展，打造由新型基础测绘、地理国情监测、应急测绘、全球地理信息资源建设、航空航天遥感测绘和地理信息产业构成的“5+1”事业发展新格局。人才作为事业发展的重要支撑，既面临着需求旺盛、舞台广阔的良好机遇，又面临着加快转型、跨越发展的紧迫需求，迫切需要进一步完善人才发展机制，营造人才发展良好环境，壮大人才规模，提升人才质量，充分发挥人才效能。

二、指导思想、基本原则和发展目标

（一）指导思想

深入贯彻落实习近平总书记系列重要讲话精神和中央关于人才工作的各项决策部署，按照“加强基础测绘、监测地理国情、强化公共服务、壮大地信产业、维护国家安全、建设测绘强国”战略要求，以服务和支撑事业发展为目标，以实施重点人才工程为抓手，以创新人才发展机制为保障，统筹推进各类人才发展，广开进贤之路，广纳天下英才，把各方面优秀人才聚集到测绘地理信息事业中来，为事业转型升级、创新发展提供坚强人才保障和智力支撑。

（二）基本原则

服务发展。把服务测绘地理信息改革创新发展作为根本出发点和落脚点，围绕事业发展目标确定人才任务，制定人才措施，用发展成效检验人才工作成效。

人才优先。进一步确立人才优先发展战略布局，力求优先开发人才资源、优先投入人才经费、优先创新人才制度，充分发挥人才的基础性、战略性作用。

以用为本。把人尽其才作为人才发展的价值取向，积极为人才创新创业、实现价值提供机会、条件和舞台，最大限度发挥人才对事业的引领和支撑作用。

高端引领。以培养引进“高精尖缺”人才为重点，充分发挥高层次创新型科技人才和科技创新团队的引领作用，统筹推进各类人才队伍发展。

改革创新。破除束缚人才发展的思想观念，创新人才培养、引进、评价、激励、流动机制，最大限度激发各类人才创新创造创业活力。

（三）发展目标

到2020年，培养造就一支适应事业发展总体要求，规模适度、结构合理、素质优良、作风扎实、善于创新、充满活力的人才队伍。

——形成一支信念坚定、为民服务、勤政务实、敢于担当、清正廉洁的党政人才队伍，素质进一步提升，推进事业改革创新发展的能力进一步增强。

——形成一支适应测绘地理信息高新技术发展、创新能力强的专业技术人才队伍，高层次人才、复合型人才达到一定规模。

——形成一支具有高超技艺、精湛技能和工匠精神的技能人才队伍，高技能人才在技能人才中的比例有所提升。

——形成一支适应地理信息产业快速发展，具有战略眼光、管理创新能力和社会责任感的企业经营管理人才队伍。

人才资源是第一资源的思想更加牢固，人才优先发展的理念进一步落实。人才培养、选用、评价、激励等制度取得突破性创新。人才投入优先保证且逐年增加，人才规模更加宏大。人才结构更趋合理，人才队伍中受过高等教育的比例达到60%以上，各类人才地域层级分布、体制内外人才发展更加均衡。人才素质显著提升，人才比较优势、竞争优势凸现，效能显著增强，创新活力和创新成果不断显现。

三、主要任务

（一）党政人才队伍建设

强化理论武装，加强党政人才思想政治建设。实施党政人才素质能力提升工程，开展大规模干部教育培训。打造干部远程教育培训网络平台。坚持按照中央关于干部工作的新要求选人用人，大力加强各级测绘地理信息单位领导班子和干部队伍建设。统筹各年龄段干部队伍建设，不断优化干部队伍年龄结构。重视发挥好60后干部队伍的骨干作用，加大70后干部队伍培养力度，关注80后干部队伍成长。加强培养选拔优秀年轻干部，积极培养选拔妇女干部、少数民族干部和非中共党员干部，加强各层级后备干部队伍建设。强化干部实践锻炼，通过人才援助、扶贫、挂职等方式，有计划地选派干部人才到艰苦环境和急难险重岗位锻炼。完善领导班子和党政干部考核评价制度，提高识别干部的科学化水平。推动领导干部能上能下。严格落实从严管理干部各项制度规定，实现监督管理干部常态化。

（二）专业技术人才队伍建设

根据事业发展要求和重点工作，依托重大科研和工程专项，培养造就一批测绘地理信息事业转型升级急需的高层次人才。打造一批对事业发展有引领的创新团队。加强高等院校、科研院所、企业产学研协同，搭建专业技术人才创新平台。充分发挥博士后科研工作站、工程技术研究中心、重点实验室等科技创新平台对高端人才的培养功能。有计划地引进海外高层次专业技术人才。加大国际化人才培养力度，支持高层次人才在国际组织任职，加强高层次人才国际学习与交流。加强注册测绘师制度实施，有序推进注册测绘师开展执业，推动与有关国家、地区测绘执业资格互认。制定出台专业技术人员继续教育管理办法，大力推进专业技术人才尤其是一线专业技术人才知识更新。加强测绘地理信息学科建设，持续提高测绘地理信息院校专业人才培养质量。

（三）技能人才队伍建设

完善技能人才培养体系，建立产教融合、校企合作的技能人才培养模式。推动测绘地理信息现代职业教育加快发展。推进顶岗实习以及“订单式”

人才培养。加强技能人才实训基地建设。继续开展面向行业、院校的技能竞赛，组织各种形式的技能比武、岗位练兵和技能培训。加强职业技能鉴定工作。加强对技能人才的激励和奖励，不断提高技能人才经济待遇和社会地位，发挥技能人才在提高生产效率、提升产品质量等方面的重要作用。

（四）企业经营管理人才队伍建设

结合《国务院办公厅关于促进地理信息产业发展的意见》的贯彻实施，加快推进企业经营管理人才职业化、国际化、专业化。支持企业面向海内外公开选拔经营管理人才。搭建测绘地理信息企业经营管理人才成长和交流平台，引导行业社会团体和培训机构对企业经营管理人才开展法律法规、产业政策、经营管理等方面的培训。以“一带一路”战略为契机，支持优秀企业经营管理人才开拓国际测绘地理信息市场。发挥中国地理信息产业百强企业评选等平台的作用，鼓励对做出突出贡献的优秀企业家、职业经理人进行奖励。鼓励企业经营管理人才参与测绘地理信息领域重大决策。

四、重点人才工程

（一）党政人才素质提升工程

以坚定理想信念、提高执政能力为重点，全面提升党政人才素质。有计划地选派党政人才到党校、行政学院等培训机构学习进修。充分发挥现有培训机构的作用，加大测绘地理信息系统干部调训力度，增加局党校（管理干部学院）培训班次。加大对后备干部及基层干部的培训力度。鼓励党政人才参加自主选学、网络学习以及出国留学。贯彻落实中央关于干部教育培训的有关要求，到2020年，县处级以上党政领导干部5年内参加3个月以上培训的比例达到100%。继续举办以地理国情监测、智慧城市建设等重点工作为主题的地方党政领导干部专题研讨班。

（二）科技领军人才培养工程

继续面向海内外选拔培养能够引领测绘地理信息领域重大战略、关键技术发展和产业化应用的科技领军人才。实施科技创新和科技创业领军人才差别培养、动态管理。“十三五”期间，培养科技领军人才30人左右。以科技领军人才为核心，打造一批科技创新团队。领军人才及其团队优先承担重大项目，优先担任重大决策咨询和评审专家，在选题立项、科研条件配备、参加国际学术交流培训等方面给予倾斜。对科技领军人才成果业绩和经济社会效益进行定期考核。

（三）青年学术和技术带头人培养工程

完善青年学术和技术带头人三级培养格局，形成测绘地理信息青年科技人才梯队。“十三五”末，国家测绘地理信息部门选拔培养青年学术和技术带头人200人，各省级测绘地理信息部门和测绘单位选拔培养一定数量的学术和技术带头人。完善带头人考评增选制度，严格实施动态管理。各级各单位安排专项资金对带头人从事科技活动进行资助。对带头人申报项目给予倾斜。有计划地组织带头人参加学术交流和出国进修。

（四）卓越工程师培养计划

加强与国家教育主管部门合作，培养创新能力强、适应测绘地理信息生产实际的高质量工程技术人才。进一步完善测绘地理信息专业高等教育人才培养行业标准。引导测绘地理信息高等院校按照标准调整教学内容、设置课程体系、改进教学方法。支持有关企事业单位参与确定培养目标、制定培养方案。依托科研院所、企事业单位，建立测绘地理信息类专业人才实训基地。加快推进测绘地理信息类专业认证工作。

（五）测绘地理信息“工匠计划”

建立和完善以“工匠精神”为核心，以“品德、知识、能力、业绩”为要素的技能人才评价体系。充分发挥职业技能竞赛在高技能人才培养选拔中的优势作用，开辟技能人才“绿色通道”。对技能精湛、业绩突出、贡献较大的高技能人才，在技师或高级技师考评中给予政策倾斜。探索建立首席技师制度。探索成立高技能专家工作室，给予相关资助。每年培养100名左右的首席技师和技术能手。充分发挥全国测绘地理信息职业教育教学指导委员会的作用，加强对测绘地理信息技能人才培养的指导。

（六）企业人才素质提升计划

根据企业需求，有计划地为企业人才素质能力提升搭建平台。开展面向企业的青年科技创新和创业人才评选。通过双向挂职等方式推动测绘地理信息企业、科研单位与测绘地理信息主管部门之间的人才流动和学术技术交流。为企业人才评价提供支持和帮助。依托国内外著名高校和培训机构，举办面向测绘地理信息经营管理人才和专业技术人才培训班。每年组织30名高层次企业经营管理人才赴有关国家（地区）学习、培训。定期举办测绘地理信息企业家论坛。

（七）西部人才培养工程

结合丝绸之路经济带、西部大开发等战略实施，进一步加大对西部地区的人才援助力度。建立完善西部地区与中东部地区干部人才双向交流机制。加大对西藏、新疆干部人才的对口支援力度。继续组织开展“西部之光”访问学者、博士服务团挂职锻炼、测绘地理信息院士专家西部行等人才援助项目。支持建设西部地区人才集聚地，引导优秀人才向西部地区流动。完善“项目+人才”培养模式，加强西部地区现有人才的培养。在人才项目实施中对西部人才予以倾斜。通过选派专家短期指导、送教上门等方式，加强对西部地区人才的教育培训。

五、保障措施

（一）坚持党管人才原则。充分发挥各级党委（党组）总揽全局、协调各方的领导核心作用。完善党委（党组）统一领导、组织人事部门牵头抓总、有关部门各司其职、测绘地理信息行业单位广泛参与的人才工作新格局，形成人才工作的强大合力。完善党委（党组）联系专家制度。建立重大决策专家咨询制度。

（二）创新选用机制。强化企业成为技术创新人才培养的主体。建立测绘地理信息领域基础理论和战略发展研究人才长期稳定培养机制。通过“项目+人才”方式，加强对人才的培养，做到人才培养与项目实施同步规划、同步部署、同步推进、同步验收。通过重大项目和科研项目加大对青年优秀人才的培养支持力度。建立健全测绘地理信息党政机关、企事业单位之间的人才双向交流机制。鼓励支持通过科技合作、互派挂职和客座研究等方式，促进人才共享、成果共享。鼓励符合条件的科研人员按相关规定到企业开展创新创业工作。

（三）强化考核激励。完善党政人才考核评价办法，研究建立党政人才容错纠错机制和激励机制。根据中央部署要求，研究制定符合基础理论研究、应用研究和战略研究创新规律和特点的人才评价办法，完善专业人才职称评审标准，强化对专业技术人员创新能力的评价。启动社会组织承接全行业专业技术和技能人才评价工作。探索实行充分体现人才创新价值和特点的科研经费使用管理办法。研究制定国家关于科研人员收入分配、股权期权激励等政策在测绘地理信息领域落实的具体措施和办法。赋予创新领军人才更大人财物支配权、技术路线决策权。鼓励科技人才自主选择科研方向、组建科研团队，开展原创性基础研究和面向国家需求的应用研发。

（四）加大经费投入。建立人才发展专项经费，列入财政预算，用于落实人才工作各项任务和人才工程项目以及培养、引进、奖励高层次和急需紧缺人才。鼓励企业和社会组织加大对人才工作的投入。科研和工程项目经费要有一定份额的资金用于人才资源开发。建立完善政府、社会、用人单位和个人多元投入的人才投入机制。各单位依法履行职工教育培训和足额提取教育培训经费的责任，资质单位职工教育经费提取情况纳入测绘地理信息行业单位信用体系管理。

（五）加强基础建设。加强测绘地理信息职业规范和标准建设。建立健全人才统计制度和人才需求发布制度。加强人才工作信息化建设和法制建设。开展人才工作理论研究。建立人才项目管理制度。加强人才工作者队伍建设，加强各级人才工作交流。

（六）加强组织领导。各部门、各单位要加强对本地区、本单位人才工作的组织领导，结合本地区、本单位实际编制人才发展规划。各部门、各单位要成立人才工作专门机构，配备专职人才工作者。各级领导班子定期听取人才工作专项汇报。

（七）强化监督检查。建立人才目标责任制，将人才工作纳入年度目标进行考核。制定规划任务分工落实方案。建立测绘地理信息人才发展规划实施评估、考核机制，分阶段对人才发展规划实施情况进行跟踪、评价和反馈，并根据实施情况进行调查，做到思想落实、任务落实、政策落实、项目落实。

关于印发《中共国家测绘地理信息局党组关于规范现职领导干部在社会团体兼职的意见》的通知

国测党发〔2016〕88 号　2016 年 12 月 12 日

局所属各单位，机关各司室：

《中共国家测绘地理信息局党组关于规范现职领导干部在社会团体兼职的意见》（以下简称《意见》）已经 2016 年 12 月 5 日国家测绘地理信息局党组会议审定，现予印发，请认真贯彻执行，并就有关要求通知如下：

一、规范现职党政领导干部在社会团体兼职问题，是党中央全面从严治党、从严管理干部的一项重要举措，是国家局党组贯彻落实党的十八届六中全会精神的具体措施。各单位各部门要高度重视，充分认识规范现职领导干部在社会团体兼职工作的重要性和必要性，从严加强对本单位本部门现职领导干部在社会团体兼职工作的规范管理。同时，要将《意见》精神原原本本传达到每位领导干部，使每位领导干部知晓文件精神，以及中央和国家局党组的部署要求。

二、各单位各部门要根据《意见》精神，组织对本单位本部门现职领导干部在社会团体兼职情况进行清理规范。凡未经批准在社会团体兼任职务的，符合兼职规定的，须在本《意见》下发后一个月内履行有关审批手续；不符合兼职规定的，由领导干部本人在一个月内辞去所兼任的职务。清理规范工作由现职领导干部所在单位（部门）负责，实行"零"报告，即本单位本部门适用《意见》精神的现职领导干部不论是否有在社会团体兼职情况，均须于 2016 年 12 月底前将《现职领导干部在社会团体兼职有关情况统计表》（附件 1）报国家局人事司汇总。其中，四直属局直属企事业单位领导班子成员清理规范情况，由四直属局汇总后一并上报。

三、各单位要结合此次现职领导干部在社会团体兼职清理规范工作，组织对本单位退（离）休领导干部在社会团体兼职问题进行一次回头看，具体兼职要求按《中共中央组织部关于规范退（离）休领导干部在社会团体兼职问题的通知》（中组发〔2014〕11 号）和国家局党组通知（国测党发〔2014〕41 号）规定执行。对仍违规兼职或兼职取酬的退（离）休领导干部，一律按《中国共产党纪律处分条例》等有关法规制度予以严肃处理。回头看工作仍按原分工进行：国家局机关司处级退（离）休干部，由国家局人事司会同离退休干部处负责；四直属局机关局处级退（离）休干部，国家局和四直属局直属企事业单位退（离）休领导人员，由干部所在单位党委（党组）负责。各单位回头看工作情况及《退（离）休领导干部在社会团体兼职有关情况统计表》（附件 2），请于 2016 年 12 月底前报国家局人事司汇总。

《意见》执行及清理规范和回头看工作中如有问题，请及时与国家局人事司联系。

联 系 人：王尔林　陈熙

联系电话：010－63882009/2029

中共国家测绘地理信息局党组关于规范现职领导干部在社会团体兼职的意见

为深入贯彻党的十八大和十八届六中全会精神，全面落实中央全面从严治党、从严管理干部要求，进一步加强对现职领导干部的管理监督，根据中央有关法规和文件精神，现就规范我局现职领导干部在社会团体兼职提出如下意见。

一、现职领导干部一般不兼任社会团体职务（包括领导职务和名誉职务、常务理事、理事等），确因特殊情况需在社会团体兼任职务的，须按干部管理权限审批后方可兼职。现职和不担任现职但未办理退休手续的公务员，不得在基金会、民办非企业单位和已脱钩的行业协会商会兼职；现职领导干部不得在民办非企业单位兼任职务；除工作特殊需要外，不得兼任社会团体法定代表人，不得牵头成立新的社会团体或兼任境外社会团体职务。

二、本意见所指现职领导干部范围包括：国家测绘地理信息局和陕西、黑龙江、四川、海南测绘地理信息局（以下简称“四直属局”）机关处级以上干部（含不担任现职但未办理退休手续的处级以上干部），以及国家局和四直属局直属企事业单位领导班子成员（含不担任现职但未办理退休手续的领导班子成员）。

三、从严控制现职领导干部在社会团体兼职审批，一般不批准与领导干部本人本职工作无关的社会团体兼职。现职领导干部经批准兼任社会团体职务的，兼职不得超过 1 个；任期届满拟连任的，必须重新履行有关审批手续，兼职不超过两届。

四、局属科研院所领导人员确因学术、专业、业务等实际需要参加本单位科研领域相关的社会团体，作为相关领域知名专家的现职领导干部确因实际需要参加相关领域学术类专业性社会团体，以及现职领导干部确因工作需要同时兼任系统性社团的上下级单位或成员单位相关职务的，可适当放宽兼职数量限制，一般不超过 3 个。

五、从严审批现职领导干部到国际学术组织或有国（境）外背景的社会团体兼职，必要时听取有关主管部门意见，了解其政治倾向和相关背景。

六、现职领导干部职务发生变动，其兼职管理应当按照新任职务的相应规定掌握；职务变动后按规定不得兼任的有关职务，应当在 3 个月内辞去。

七、国家局党组管理的现职领导干部兼任社会团体职务，由领导干部所在单位（部门）于社会团体召开有关会议进行选举或决定任命前 30 日报国家局党组审批。请示材料中需说明以下情况：（1）社会团体的基本情况，包括登记事项、宗旨、业务范围和成立时间等内容；（2）现职领导干部兼职的理由，是否兼任法定代表人；本人是否已在其他社会团体中兼职；社会团体召开有关会议进行选举或决定任命的时间；社会团体出具的邀请函；（3）如现职领导干部已兼任社会团体职务，任期届满拟连任的，需说明干部本人已兼职的时间及任期。

八、经批准兼任社会团体职务的现职领导干部，要切实履行本职岗位职责，把主要精力放在做好本职工作上，不能因兼职影响应履行的岗位职责。兼职期间要发挥好政治把关、经验指导、业务传授等方面的作用，促进社会团体健康有序发展，不得利用个人影响要求机关、企事业单位和社会组织提供办公用房、车辆、资金等；不得以社会团体名义违规从事营利性活动；不得强行要求入会或违规收费、摊派、强制服务、干预会员单位生产经营活动等。

九、兼职期间不得领取社会团体的薪酬、奖金、津贴等报酬和获取其他额外利益，也不得领取各种名目的补贴等，确属需要的工作经费，要从严控制，不得超过规定标准和实际支出。

十、兼职期间的履职情况、是否取酬和报销有关工作费用等，现职领导干部本人应每年年底以书面形式报告所在单位党委（党组）。对领取报酬或履行职责不当的，领导干部所在单位应按相关规定追究责任，并责令其辞去社会团体职务；兼职期间违规领取的报酬，按中央纪委有关规定执行。

十一、国家局和四直属局直属企事业单位工作人员在社会团体兼职，由各单位按照干部管理权限，参照本意见精神从严审批及管理。

附件：1.《现职领导干部在社会团体兼职有关情况统计表》（略）

2.《退（离）休领导干部在社会团体兼职有关情况统计表》（略）

关于印发《测绘地理信息科技发展“十三五”规划》的通知

国测科发〔2016〕5 号 2016 年 10 月 18 日

各省、自治区、直辖市、计划单列市测绘地理信息行政主管部门，新疆生产建设兵团测绘地理信息主管部门，局所属各单位，各有关单位：

根据《中共中央 国务院关于深化体制机制改革加快实施创新驱动发展战略的若干意见》、《中华人民共和国国民经济和社会发展第十三个五年规划》、《“十三五”国家科技创新规划》和《测绘地理信息事业“十三五”规划》，结合测绘地理信息科技发展实际，我局编制了《测绘地理信息科技发展“十三五”规划》，已经局长办公会审议通过。现予印发，请结合实际贯彻落实。

测绘地理信息科技发展“十三五”规划

根据《中共中央 国务院关于深化体制机制改革加快实施创新驱动发展战略的若干意见》、《中华人民共和国国民经济和社会发展第十三个五年规划》和《测绘地理信息事业“十三五”规划》，为深入贯彻实施国家创新驱动发展战略，切实提高测绘地理信息科技创新能力和水平，增强科技创新对事业改革创新发展的支撑和引领作用，制定本规划。

一、形势与需求

（一）现状和趋势

1. 国际测绘地理信息科技发展现状和趋势

大地测量与导航定位方面。GPS、北斗（BDS）、格洛纳斯（GLONASS）和伽利略（Galileo）等全球卫星导航定位系统（GNSS）都在加快建设和完善进程，区域卫星导航定位系统建设加速推进。GNSS数据处理由离线向在线转变，美国等提供了高精度在线GNSS数据处理服务。国际地球参考框架点坐标精度达到毫米级，年变化率的精度优于1毫米/年。全球大地测量观测系统（GGOS）正致力于整合各类大地测量数据，形成一致、可靠的大地测量数据产品。重力测量卫星CHAMP、GRACE和GOCE的成功升空以及GRACE后续星的即将发射昭示着人类将迎来一个前所未有的卫星重力测量时代。室内外无缝导航定位技术发展迅速，形成了无线局域网（WiFi）、超声波、射频识别（RFID）、蓝牙等多手段互为补充的室内导航定位技术体系。英国国防科学与技术实验室正在研制量子导航定位系统，能精确跟踪人体移动的位置，可在水下精确导航定位。

摄影测量与遥感方面。卫星影像正在向高时空分辨率、高光谱分辨率方向发展，WorldView-3卫星0.31米分辨率是目前全球民用遥感卫星的最高水平。航空摄影测量成为三维精细建模主要手段，多角度倾斜航空系统逐渐成为城市精细三维建模的重要数据采集装备。多时相合成孔径雷达（SAR）干涉测量、极化干涉测量和SAR层析建模技术是近年来的研究热点。机载激光雷达（LiDAR）技术已成为复杂地形测量和三维建模的重要手段。地面移动激光扫描系统可以快速获取目标三维和属性信息。基于多源传感器的数据融合与反演服务成为遥感技术应用新趋势。

地理信息与地图制图方面。地图制图更加注重产品的三维表达以及属性信息的精细化，产品内容和产品形式向社会化、三维化、动态化、泛在化和智能化发展。美国地质调查局（USGS）发布了更易于促进地理信息产品快速广泛传播的美国地形图，瑞士正在开发包含10层要素的三维地形景观模型（3DTLM）。地理信息的现势性方面，英国实现了半年现势性的全国多尺度地理信息数据库的动态更新。随着移动互联网、大数据、云计算技术的发展，基于云架构的地理信息数据网络化采集、自动化成图、智能化分析与泛在化服务正在成为热点。

地理国情监测方面。欧美等国家和地区在战略规划、土地覆盖和土地利用、国土疆域、自然灾害等方面开展了大量地理国情监测工作。地理国情监测数据获取技术比较成熟、获取手段多样，涵盖了航天、航空、低空、地面等多个层面和光学、雷达、LiDAR等多种方式，能及时获取不同空间、时间、光谱分辨率的地理国情监测遥感影像数据和地面调查数据，可为地理国情监测提供丰富的数据源。相关研究主要集中在全球变化、土地覆盖、土地利用、生态环境、自然灾害、地表沉降等领域，大多以科学研究为主，还没有形成清晰完整的技术标准。

2. 我国测绘地理信息科技发展现状

（1）科技创新政策环境明显改善

国家先后发布了《中共中央 国务院关于深化科技体制改革加快国家创新体系建设的意见》、《中共中央 国务院关于深化体制机制改革加快实施创新驱动发展战略的若干意见》、《国家创新驱动发展战略纲要》等重大政策，极大地优化了我国测绘地理信息科技发展环境，也提出了新的更高要求。国家测绘地理信息局召开了测绘地理信息科技创新工作会，印发了《关于加强测绘地理信息科技创新的意见》和《信息化测绘体系建设技术大纲》等相关科技政策文件，为科技创新发展指明了方向。建立和完善了国家测绘地理信息局重点实验室管理办法、全国测绘地理信息科普教育基地管理办法等管理制度，为加强科技创新管理工作打下了良好的政策基础。良好的政策有效地保障了测绘地理信息科技经费的投入，据统计，“十二五”期间，测绘地理信息科研经费累计投入达22.40亿元，其中财政投入13.75亿元，较“十一五”增加37.5%。企业加大了科技创新投入力度，部分企业研发投入高达企业年收益20%以上。

（2）科技自主创新能力显著提升

大力推动核心与关键技术攻关，形成了一批重要创新成果，信息化测绘技术体系基本建成。资源三号01、02星成功发射，开启了我国自主航天测绘的新时代。成功研制了北斗卫星导航定位芯片，结束了我国高精度卫星导航定位产品“有机无芯”的历史。北斗导航卫星建立了星间链路，标志着我国掌握了全球导航卫星星座自主运行核心技术。研制了国内首套机载雷达测图系统，达到国际先进水平。自主研发了大规模集群化遥感数据处理系统，生产效率提高5～10倍。基础地理信息大范围快速更新技术实现突破，首次完成了全国范围1∶5万基础地理信息数据库年度更新。在国际上率先开展了地理国情普查与监测，成功打造了自主知识产权的国家地理信息公共服务平台，数字城市地理空间框架向智慧城市时空信息云平台升级。与互联网、云计算、大数据等新技术融合，测绘地理信息正成为大众创业、万众创新的重要领域。自主研发了航空数码相机、倾斜相机、无人飞行器航摄系统、应急监测系统、移动测量系统等一大批技术装备，实现了基于中央处理器、操作系统、数据库的新一代地理信息平台软件的全面国产化，部分性能指标优于国外同类产品。据不完全统计，“十二五”期间，共开展科研项目4300余项，其中国家级科技项目300余项、省部级科技项目800余项，形成科技成果近1000项，在生产中转化应用600余项。多项科技成果获得国家科技进步奖、国家自然科学奖、国家发明奖和国际奖项，获国家创新团队奖1项。

（3）关键技术研发取得重要突破

大地测量与导航定位方面。现代测绘基准关键技术取得突破，基本具备涵盖全部陆海国土、高精度、三维、动态的能力。统筹建成2200多个站组成的全国卫星导航定位基准站（CORS）网，正在加快推进CORS网的北斗升级改造。GNSS多系统组合精密定位理论、方法以及软件研制等方面取得了丰硕成果，实现了精密单点定位（PPP）技术与网络实时动态定位（RTK）技术的统一。研制了中国大陆1°×1°格网速度场模型。国产航空重力仪研制取得突破性进展，开展了系列试验。研制了中国陆地2′×2′重力似大地水准面模型（CNGG2013），精度达到10厘米。自主设计了具备室外亚米级、室内优于3米的室内外无缝导航定位系统。卫星导航与智能终端、互联网融合发展，应用技术水平显著提高，具备了区域服务能力并稳步向全球推进。

摄影测量与遥感方面。资源三号01和02星、高分一号、高分二号、天绘一号、吉林一号等为代表的测绘遥感卫星投入使用，我国卫星遥感数据获取、处理与应用能力显著提升，与国际先进水平的差距不断缩小。数字航摄仪、大面阵航空数码相机、多角度倾斜数码相机、机载LiDAR、机载SAR等航空遥感技术装备研发成功并推广应用，全面提升了我国航空遥感数据获取能力和水平。自主研发的车载移动测量系统、室内同步定位与制图系统、地面三维激光扫描仪等技术装备投入生产应用。研发了与航空航天遥感获取能力配套的遥感数据处理软件，具有影像高精度几何处理、地物地形要素自动识别与快速提取、生态环境遥感反演等功能。

地理信息与地图制图方面。突破了基于倾斜影像的三维城市模型自动提取技术，提高了三维城市建模和可视化效率。矢量瓦片技术促进了地理信息在移动端的广泛使用。突破了基于知识的多尺度地理信息数据自动化制图技术，让制图更加平民化。“图数分离”制图综合数据模型突破了跨尺度缩编问题，为全国多尺度地理信息数据的联动更新奠定了技术基础。基础地理信息动态更新技术体系有力支撑了国家基础地理信息数据库“一年一版”目标的顺利实现。我国首个分布式节点协同、业务化运行的地理信息云服务平台“天地图”投入运营，能够提供全国地理信息资源在线共享与协同服务。世界首套30米分辨率全球地表覆盖数据在国际上产生重要影响。

地理国情普查与监测方面。开展了首次全国地理国情普查，建立了全覆盖多尺度地理空间单元分类体系，形成了多尺度国家省市三级基础地理国情要素与专题要素监测分类指标体系，攻克了信息提取与变化检测、综合统计与分析、地理国情解释与评价等关键技术。全面摸清了我国“山水林田湖”等地表自然资源要素现状和空间分布，查清了我国人工设施空间分布情况，首次全面真实地绘制我国“地情图”，取得了京津冀地区重点大气颗粒物污染源空间分布、首都经济圈20年城市空间格局、三江源生态保护区管理、国家级新区建设变化、沿海滩涂变化、南水北调中线工程水源地环境动态监测等系列监测成果。

（4）科技创新平台布局不断加强

国家测绘工程技术研究中心挂牌成立。航空遥感数据获取与服务等5个产业技术联盟被认定为国家级产业技术联盟，搭建了科技成果转化平台。长江经济带地理信息协同创新联盟、智慧中原地理信息技术协同创新中心、地信梦工场（浙江）等一批区域协同创新中心相继成立，成为区域经济社会发展的重要科技支撑力量。国家测绘地理信息局重点实验室与工程技术研究中心建设有序推进，先后成立了海岸带地理信息环境监测、中亚地理信息开发利用、时空信息感知与融合技术等国家测绘地理信息局重点实验室与工程技术研究中心，强化了军地之间、内地与香港之间、经济发达地区与欠发达地区之间的科技合作与交流。与诺丁汉大学等国外科研机构联合成立了首个国家级国际联合研究中心，推动测绘地理信息科技走向世界。建成目前亚洲唯一且精度和稳定性排在国际前三名的全球GNSS服务（IGS）数据分析中心。

（二）机遇和挑战

1. 创新驱动发展战略对测绘地理信息科技发展提出新使命

党的十八大提出实施创新驱动发展战略，强调科技创新是提高社会生产力和综合国力的战略支撑。创新已经成为引领发展的第一动力。必须将测绘地理信息科技创新摆在事业发展的核心位置，科技创新与制度创新、管理创新和文化创新相结合，推动事业加快转变发展方式。创新驱动是世界大势所趋，全球新一轮科技革命和产业变革加速演进，颠覆性技术不断涌现，对测绘地理信息科技发展带来了新的机遇与挑战。我国经济发展进入新常态，事业发展进入转型升级关键期，必须依靠创新驱动提供发展新动力，支撑事业新的业务体系协调发展，实现以科技创新引领事业发展的全面创新。

2. 国家重大战略实施为测绘地理信息科技发展带来新机遇

党的十八大提出了“两个一百年”的奋斗目标，提出了全面落实“五位一体”总体布局和“四个全面”战略布局，实施“一带一路”、长江经济带、京津冀协同发展等国家重大战略，都对测绘地理信息做好支撑保障提出新的需求，加强生态文明建设，加强自然资源资产管理，优化国土空间开发格局，推进“多规合一”“智慧国土”“生态国土”，支撑“深地探测、深海探测、深空对地观测和土地工程”（简称“三深一土”）等都要求测绘地理信息推进全面创新，夯实科技发展基础，切实发挥引领驱动作用，更好地为提升事业服务保障能力和国家战略实施提供强有力的科技支撑。

3. 科技进步为测绘地理信息科技发展带来新动力

科技创新已经成为全球经济社会发展的主要推动力，发达国家纷纷加大科技投入，通过科技创新驱动发展确保其在科技领域的领先地位。科技创新链条更加灵巧，技术更新和成果转化更加快捷，产业更新换代不断加快。大数据、云计算、物联网、智能机器人等新技术的快速发展，为测绘地理信息科技发展提供了新动力。地理信息应用日益增长、全球时空基准一体化、志愿者地理信息不断发展、经济社会环境统计数据与地理信息不断整合、地理信息安全质量问题更加突出。这些问题的解决需要加快测绘地理信息科技发展。

4. 事业转型发展对测绘地理信息科技发展提出新要求

测绘地理信息事业正处于转型升级的战略机遇期，新型基础测绘、地理国情监测、航空航天遥感测绘、全球地理信息资源开发、应急测绘（以下简称“五大业务”）与地理信息产业发展都迫切需要科技提供有力支撑，切实解决制约传统基础测绘向新型基础测绘转型中遇到的科技问题，突破地理国情监测以及航空航天遥感测绘的技术难关，解决全球测绘和应急测绘的前沿问题，破解地理信息产业发展中遇到的技术障碍，全面推动事业改革创新发展。

我国测绘地理信息科技整体水平已跻身国际先进行列，有着扎实的发展基础、面临着良好发展机遇，同时也存在科技创新投入不足、自主创新能力特别是原创力不够、部分关键核心技术受制于人、支撑事业转型和产业升级技术储备有待加强、重大科技成果不多、成果转化率不高、适应创新驱动的体制机制尚需健全、领军人才和高技能人才亟需充实等一系列问题。

二、总体要求

（一）指导思想

全面贯彻党的十八大和十八届三中、四中、五中全会精神，深入贯彻习近平总书记系列重要讲话精神，按照“四个全面”战略布局总要求和加快实施创新驱动发展战略总部署，深入贯彻创新、协调、绿色、开放、共享发展理念，紧密围绕“加强基础测绘、监测地理国情、强化公共服务、壮大地信产业、维护国家安全、建设测绘强国”发展战略，落实《测绘地理信息事业“十三五”规划》，以支撑“五大业务”为抓手，以创新为动力，以需求为牵引，以问题为导向，以项目为纽带，着力健全创新体制机制，提升科技自主创新能力，培养创新型科技人才队伍，攻克一批核心关键技术难题，全面推进信息化测绘体系技术能力建设。

（二）基本原则

——坚持自主创新。坚定不移地把增强自主创新能力作为科技发展的战略基点，加强应用基础研究和高技术研发，强化应用基础理论、战略性关键技术攻关。注重原始创新、集成创新、引进消化吸收再创新，打破国外对测绘地理信息核心技术与装备的垄断。

——坚持需求导向。紧扣经济社会发展重大需求，围绕测绘地理信息事业核心业务需求，着力完善科技创新体制机制，提升自主创新能力，强化成果转化与产业化，把科技创新能力变成实实在在的生产力。

——坚持人才为先。始终将人才作为科技创新的第一资源，营造尊重知识、尊重人才的浓厚氛围。坚持项目、人才、基地相结合，将创新活动同人才培养紧密结合，创新人才培养模式，使优秀科技人员脱颖而出。

——坚持统筹协调。注重市场主导和政府引导相结合，充分发挥市场配置资源的作用，促进测绘地理信息科技资源的优化配置及成果转化，充分发挥政府的宏观指导和引导作用，为科技创新营造良好政策环境。加强军民测绘地理信息科技统筹，强化协同创新。

（三）发展目标

测绘地理信息科技自主创新能力显著提升，重点领域核心关键技术取得重大突破，市场导向的技术创新机制更加健全，人才、资本、技术、知识自由流动，各类创新主体、军民科技协同发展，科技创新资源配置更加优化，创新效率明显提高，测绘地理信息标准体系更加科学完善，科技竞争力和国际影响力显著增强，信息化测绘技术体系全面建成，为构建“五大业务”协同发展的公益性保障服务体系、促进地理信息产业发展提供有力的科技支撑。

——科技创新机制更加完善。推进《关于加强测绘地理信息科技创新的意见》落实，在测绘地理信息科技体制改革的关键环节取得突破，逐步形成适应创新驱动发展要求的制度环境和体制机制。

——多元投入机制初步建立。初步形成社会资本积极参与测绘地理信息科技创新的机制。测绘地理信息行政主管部门和相关单位预算中科技创新经费投入比例达到本单位生产服务总值的2.5%。基础研究和应用基础研究项目经费在科技经费中所占比例达到10%，企业研发投入强度明显提升。

——自主创新能力显著提升。现代化测绘基准维持能力、实时化地理信息数据获取能力、自动化地理信息数据处理能力、网络化地理信息管理与服务能力以及社会化地理信息应用能力显著提升，形成一批具有国际竞争力的民族品牌软硬件产品，进一步缩小与国际领先水平的差距。

——创新平台建设再上新台阶。积极推进国家（重点）实验室建设，国家测绘地理信息局重点实验室和工程技术研究中心数量按照30个的规模，重组、调整或新建2—3个。新建3—5个创新联盟或协同中心、10个以上科普教育基地。测绘地理信息科技创新平台布局更加合理。

三、重点任务

（一）核心理论与关键技术

1. 测绘基准与导航定位

开展全国厘米级似大地水准面模型、高精度高分辨率地球重力场模型、高精度高分辨率全球平均海面高模型、全球高程基准统一等方面的理论研究。开展全国GNSS基准站网的维持与服务、国家大地坐标系框架更新、国家垂直基准框架维护、国家重力基准更新等关键技术研究。开展高精度、四维大地坐标系统的构建。开展卫星重力、航空重力、磁力、时空基准等方面的技术研究。开展综合定位、导航、授时（PNT）的核心技术开发研究，尤其是量子导航定位、泛在测量、室内外无缝导航定位等新技术研究。集成GNSS与基于位置的学习（LBL）、超短基线（USBL）等系统，开展水下目标分米级导航和厘米级定位识别技术研究。开展深地、深海、深空大地测量技术与保障体系研究。

2. 地理信息数据获取

开展空天地一体化的多源遥感数据快速获取、新型数字摄影测量和遥感机理、地理空间信息网格理论与技术、机器视觉与数字摄影测量技术统一方法等研究。研究泛在模式下的新型地理信息数据采集、地理空间传感网技术等。研究移动传感器的快速网络互联及信息交换接入技术、智能空间传感器网构建及应用，开发移动物联网地理信息采集与应用服务系统。研究激光雷达装备、干涉测量、三维精细重构与摄影测量集成等技术。开展超高速、超精细、超大尺度、超复杂（简称“四超”）状态下的测量技术研究。继续开展无人机数据获取技术研究。研究组合导航、穿戴式设备集成与显示、远程移动目标监控与数据传输等增强现实地理信息技术与系统平台构建。研究地下空间移动测量关键技术。

3. 地理信息数据处理

开展多模多频 GNSS 数据融合和全球多源影像的联合平差关键技术研究。开展超算技术研究，构建超算云平台。研究遥感影像自动去云处理、要素快速自动解译及三维地理信息数据快速表达与更新、传感器时空标签、时空关联、联合语义理解、关联数据快速检索等关键技术，构建时空数据模型和数据库模型。研究地理信息数据的泛在网接入、时空大数据的时空检索、多源异构数据的同步和同化等技术，建立超大规模分布式时空数据管理平台。研发集航空、GNSS/CORS、卫星影像、干涉雷达、激光雷达数据处理于一体的多源对地观测数据处理平台。研究室内外一体化地图快速建模、泛在位置数据的时空特征提取方法。研究极区冰雪演变、全球环境变化耦合机制以及多源数据、跨学科信息融合。

4. 数据管理与服务

开展时空大数据科学理论体系、计算系统、时空大数据驱动的颠覆性应用模型探索等基础研究，构建时空大数据基础理论与方法体系。开展时空地理信息分析与统计、全球变化模拟分析等研究。开展自然资源生态环境评价及可持续发展指标体系研究，推进自然资源资产精细化管理。开展云环境下分布式、多尺度、多时相巨量地理信息的冗余存储、加密互联网传输、并行处理、在线同步、增量更新与泛在服务等方面技术研究。开展泛在网络地理语义挖掘、空间序化、信息融合与可视化技术，建立时空大数据管理系统。开展多源海量综合信息快速集成与融合、分布式多维空间信息高效索引、网络关联地理信息数据挖掘、在线动态地图制图与渲染以及基于众包和自发性地理信息技术的地理信息补充与增值、室内外三维快速建模、大数据环境下的空间知识地图服务等技术产品研发。开展公益性地理信息数据的管理与发布平台、公益性地图服务产品体系与分发平台研发，推进地理信息公共服务平台建设与应用服务。

5. 社会化应用

开展地理信息网络安全监管技术研究，形成国家智慧政务地理信息融合与智能服务能力。开展矿产资源勘查与地质灾害监测、土地资源遥感监测、自然资源综合管理等国土资源领域的测绘技术与地理信息应用服务研究，为“三深一土”提供测绘地理信息科技支撑。开展精准扶贫、智慧城市的精细化管理与动态监测等地理信息应用服务技术研究。开展地理信息系统与建筑信息模型融合（GIS + BIM）关键技术研究。开展大数据环境下的超大规模城市时空模拟过程、实时模拟系统研究，提供面向互联网用户的动态实时数据库系统服务。研发“多规合一”规划信息平台。开展形变监测、智慧矿山、地下管线探测等工程测量、矿山测量、地下水下测绘以及不动产测绘方面的应用研究。开展测绘地理信息系统测试技术研究。

（二）重点科技任务

1. 地理国情动态监测关键技术研究

开展基于多源数据的变化发现、自动分类、地理国情大数据挖掘、质量指标与质量控制模型等关键技术研究。建立地理国情变化信息的快速检测方法与技术流程。开发面向地理国情大数据的数据挖掘平台系统，建立地理国情动态监测数据质量与统计分析评价指标体系、地理国情要素提取原型系统。开展城市关键地类遥感监测、生态环境评价等研究。开展基于地理国情监测数据的空间规划、“多规合一”和自然生态系统服务功能分析评价关键技术研究。开展地理国情监测时空统计与动态建模、信息识别、数据深度挖掘、信息比对以及与经济社会各要素之间的关联度研究。开展地理国情监测在政府、专业部门、公众等领域的工程化应用研究，构建地理国情监测服务产品体系和共享平台。

2. 应急测绘与服务保障关键技术研究

构建网络化、分布式更新数据源的快速发现与处理、数据库动态管理、应急数据产品派生支持等技术系统，研究建立多级联动、跨区域协同更新的业务技术架构，实现对覆盖全国的多尺度基础地理信息数据库的及时更新技术突破。开展环境灾害链空天地协同观测模式与预警模型、环境生态质量评估原理与调控机理等应用理论研究。突破灾害监测预警、灾情侦查、灾害调查与评估等技术，推进基于无线传感网协同感知的环境和灾害监测多源空天地传感器网建设。研究应急现场多源数据的自动提取、快速处理和高效服务等关键技术，构建国家应急测绘服务平台。

3. 全球地理信息资源开发利用关键技术研究

开展全球高精度无控制测图理论与方法研究，解决无控制卫星影像高精度几何定标与跨国境空三区域网平差、基于低轨卫星的北斗全球广域差分增强等问题，形成全球观测能力。研究基于国产高分辨率卫星影像的高精度测图、多源地理信息快速融合、基于在线协同的全球地理信息快速生产与动态更新、全球时空大数据挖掘与知识服务、基于视频卫星的地理世情信息实时与准实时监测、面向全球非均衡并发访问的服务支撑等技术，研制多时相、多尺度、多分辨率全球地理信息数据产品。建立我国全球高精度立体测图基准框架，构建全球地理信息资源建设与更新技术体系，制定我国全球地理信息资源建设与更新技术标准。支持全球多尺度地理信息资源快速采集与动态更新、全球亚米级和重点区域厘米级定位服务、全球高精度地理信息综合服务等。

4. 新型多传感器数据采集与融合处理技术研究

突破传感器内部高精度自标定和多类传感器间的集成检校配准等关键技术，研制高精度的倾斜、大幅面、SAR、LiDAR、多光谱、高光谱等系列航空摄影装备。研制新一代通用型中低空民用无人机遥感系统，增强无人机平台不同传感器载荷的适应性。开展基于北斗/GPRS/3G 航空多平台一体化空管监控、飞行监控、组网和综合管理等技术研究，逐步建立航空遥感局域网络飞控和监管技术体系。开展新型传感器在大规模生产中的应用技术研究，通过应用示范提升新型传感器的产业化应用水平。构建融合多类传感器数据的基础地理信息数据生产体系，逐步形成中低空遥感平台的新型多传感器数据采集、融合处理的生产服务系统。

5. 地理信息安全监管与安全态势服务技术研究

突破互联网地理信息获取技术，实现区域聚焦和主题聚焦的互联网地理大数据快速获取、自动分类和自适应定位。研究敏感内容识别技术，分布式计算、网络协作的地理信息安全保密和安全监管技术，攻克从海量异构网络信息中快速发现敏感地理目标和评估安全威胁的技术难关，实现云计算条件下的地理信息安全服务。研发支持分布式爬行与并行化计算的互联网地理大数据获取与空间安全态势服务系统，形成境内境外网络地理信息持续汇集、涉密信息与地理空间情报自动发现及可视化模拟分析能力，为维护时空信息安全、应对全球安全挑战提供地理信息保障和服务支撑。

6. 测绘卫星后续星关键技术研究

开展超高分辨率立体测绘卫星、激光测高卫星、干涉雷达卫星、重力卫星等后续卫星测绘指标论证与仿真系统研发，对辐射信号传输、相机系统、星上数据处理系统等进行建模和仿真，形成卫星测绘应用指标体系。开展多星组网联合数据获取技术研究。攻克几何检校、激光测高检校和辐射检校技术难关，构建内外参数一体化检校技术平台，形成较为完备的国产卫星测绘检校技术体系、规范与平台。开展多源、多载荷、多时相卫星遥感影像协同处理技术研究并形成测绘能力。研发国产测绘卫星影像实时服务平台，实现最新时效的影像数据服务和面向行业应用的专题信息产品服务等功能。研制测绘卫星数据国际化开发服务平台，构建全球分发服务网络。

7. 现代测绘基准维持与服务关键技术研究

开展基于多种空间大地测量技术的测绘基准自主更新维持方法研究，研制测绘基准集成化大规模数据处理系统、大地基准质量分析与监测评价系统，构建陆海统一、全球统一的空间基准。开展全国范围内新一代陆海统一的、高精度的重力基准研究，建立多种技术手段监测、维持、更新高程基准体系，研制陆海统一的重力数据获取装备与平台，具备提供全国范围内的高精度重力基准服务。构建多源数据的精化融合处理方法、全球/区域高程/深度基准统一体系和平台。构建全国 CORS 站网管理服务系统。研究大地基准服务平台和体系。

8. 海洋及内陆水下地形测绘关键技术研究

开展海洋垂直基准无缝化、海洋重/磁力测量、水深测量、智能浮标感知以及海洋测绘数据快速处理等技术研究，建立海洋垂直基准统一转换模型和海洋基础地理信息数据库，形成融合卫星、船测及重、磁、震等多源数据，探测、反演高分辨率海底地形技术能力。开展海岸带、近海动态监测与预警技术研究，具备海洋地理环境智能决策与服务能力。开展海岸带测绘、海洋测绘、海岛（礁）测绘、水下/海底高精度导航定位、内陆水下地形测绘、多尺度水下地形图编制、陆海时空基准统一、海底基准站网布设、地形数据无缝拼接等关键技术研究与海洋测绘装备研发。

9. 室内外无缝定位与智慧时空技术研究

开展面向多移动终端、多定位平台、多信号源、多传感器的室内外米级协同定位技术研究。开展基于视觉、光源、地磁、声波以及新信号体制无线高精度定位等新技术和新方法研究，开发适用于高精度专业用户的室内定位新技术，研发室内高精度定位终端装备等。开展基于精细化模型的三维可视化导航路径规划、传感器融合导航定位等关键技术研究，实现三维实时无缝导航。开展面向智慧时空的多源信息获取、存储及数据挖掘等技术研究，构建室内外一体化智慧时空服务平台，开展行业应用示范，逐步形成室内外一体化位置服务体系。

10. 时空大数据跨界融合关键技术研究

开展时空大数据存储管理、智能综合与多尺度时空数据库自动生成及增量级联更新、时空大数据清洗、数据分析与挖掘、时空大数据可视化、自然语言理解、人类自然智能与人工智能深度融合、信息安全等方面的技术研究，形成时空大数据技术体系，提升时空大数据分析处理、知识发现和决策支持能力。围绕时空大数据获取、处理、分析、挖掘、管理、应用等环节，研发时空大数据存储与管理、分析与挖掘、可视化等软件产品，智慧城市时空信息云平台及多样化数据产品，提供时空大数据与各行各业大数据、领域业务流程及应用需求深度融合的时空大数据解决方案，形成比较健全实用的时空大数据产品体系。

11. 新型测绘装备研发与检测检校技术研究

开展多类型无人机遥感飞行平台、飞控系统和定姿定位装置、机载传感器等系列无人机遥感技术装备研发，提升无人机遥感应用能力。开展 CORS 软硬件研发和无人驾驶汽车自主导航以及车道级高精度地图研究，实现基于 CORS 站的各类位置服务。开展地下管线探测、水下测量等数据采集装备研发。研制用于高精度工程测量的移动测量系统和地下工程基础设施移动监测系统等。

开展航空传感器类、激光测量类、导航定位/定姿类、特种/专业测量类仪器装备的计量检测技术与标准研究。开展 LiDAR、航空多视角相机、惯性测量单元（IMU）、SAR、导航系统终端、移动测量平台等新型测绘装备测试检测方法研究。

四、保障措施

（一）加强组织领导

各地各单位要切实把测绘地理信息科技创新摆在事业发展全局的核心位置来谋划和推动，明确分工，落实责任，积极争取本级财政预算加大对测绘地理信息科技创新的支持，加强对本规划执行落实的监督指导。加强与各地国土资源等其他行业的对接与融合，支撑地方经济社会发展。完善测绘地理信息科技项目管理制度。健全技术创新与标准化互动支撑机制，及时将先进技术转化为标准。推进科技创新投入、科技成果评价、科技创新奖励、知识产权保护等方面的管理制度建设。鼓励测绘地理信息企业和生产单位加大技术创新投入，促进科技成果转化。

（二）加强人才培养

继续推进新世纪测绘人才培养工程，通过重点学科、重点实验室、博士后科研工作站等平台建设以及重大项目的锻炼，培养造就一支战略科技人才、科技领军人才、企业家和高技能人才、青年科技人才、科技管理人才有机结合的测绘地理信息科技人才队伍。进一步创新人才选拔、培养、使用、评价机制。鼓励科研机构、高校与测绘地理信息企事业单位之间通过相互兼职、联合共建等形式促进人才流动。联合国内高校，加强测绘地理信息相关学科建设。加大高层次人才引进力度，优先引进掌握国际测绘地理信息领先技术的高端人才。

（三）优化创新平台

推进国家（重点）实验室建设和部门重点实验室、工程技术研究中心的分类整合、布局优化，优化中东部、加强西部地区创新平台建设。加强科技创新平台的动态管理，完善国家测绘地理信息局工程技术研究中心管理办法。进一步发挥国家测绘工程技术研究中心转移转化作用，发挥科技产业园区的聚集辐射作用，鼓励各地方省局建立技术创新中心，培育科技中介服务机构。加强创新联盟、众创空间、科普教育基地等新型创新平台建设，积极推进创新平台的部局共建、军民共建等方式的联合共建。支持国内科研机构和企业建立全球（海外）研究院、国际技术转移中心等，加强野外观测台站、检测检校平台、技术转移中心等科研条件平台建设。

（四）深化合作交流

建立测绘地理信息高校、科研机构、企事业单位的合作交流机制。加强军民测绘地理信息科技资源共享和科技人员的交流合作，建立测绘地理信息科技创新成果、标准的军民双向转移机制。强化与国外科研机构、高校的合作交流，争取重要测绘地理信息国际组织秘书机构在我国安家落户，支持科技人员在国际重要组织和机构中任职。支持我国机构和人员承担或参与全球及区域性测绘地理信息科技合作计划。加大内地与港澳台地区测绘地理信息科技交流与合作的力度。

关于印发《测绘地理信息标准化“十三五”规划》的通知

国测科发〔2016〕6号 2016年11月25日

各省、自治区、直辖市、计划单列市测绘地理信息行政主管部门，新疆生产建设兵团测绘地理信息主管部门，局所属各单位，各有关单位：

根据《全国基础测绘中长期规划纲要（2015—2030年）》、《国务院关于印发深化标准化工作改革方案的通知》、《测绘地理信息事业“十三五”规划》和《国家标准化体系建设发展规划（2016—2020年）》，结合测绘地理信息标准化实际，我局编制了《测绘地理信息标准化“十三五”规划》，已经局长办公会议审议通过。现予印发，请结合实际贯彻落实。

测绘地理信息标准化“十三五”规划

“十三五”时期是测绘地理信息事业全面深化改革、开创发展新格局的关键五年。测绘地理信息标准化是测绘地理信息事业的重要组成部分，是测绘地理信息供给侧结构性改革和转型升级发展的重要内容，是实现测绘地理信息公益性服务和产业化服务协同发展的重要保障。为贯彻落实《国务院关于全国基础测绘中长期规划纲要（2015—2030年）的批复》（国函〔2015〕92号）和《国务院关于印发深化标准化工作改革方案的通知》（国发〔2015〕13号）的精神，依据《测绘地理信息事业“十三五”规划》（发改地区〔2016〕1907号）和《国家标准化体系建设发展规划（2016—2020年）》（国办发〔2015〕89号），制定本规划。

一、工作回顾

（一）“十二五”期间工作进展

标准制修订工作卓有成效。围绕技术进步、需求变化以及事业快速发展需要，制修订并发布了27项国家标准、60项行业标准、6项计量检定规程、30余项地方标准。基础地理信息数据和地图产品等数据资源类标准不断丰富，三维地图模型、地下空间测绘和地理信息系统软件与接口等新技术应用类标准相继涌现，测绘地理信息质量检验、仪器检定类标准更加完善，卫星导航定位基准站等一批新领域新技术标准完成立项。初步形成了由114项国家标准、140项行业标准、6项计量检定规程、50余项地方标准等组成的较为完善的测绘地理信息标准体系。

保障支撑作用显著提升。基础地理信息地形要素数据规范、地理信息公共平台基本规定、地理空间框架基本规定和地理国情监测内容框架等多个工程建设亟需标准相继制定，为各类测绘地理信息工程实施提供了有力的标准化支撑，确保了测绘地理信息重大工程的顺利开展。数字表面模型、公开地图产品、导航与位置服务、地下空间测绘、卫星测绘等一批实用型标准成功研制，大幅推动了地理信息资源的市场化开发利用，有力促进了地理信息产业的快速发展。

国际化取得实质性突破。我国主导编制的首个地理信息国际标准《地理信息 影像与格网数据的内容模型及编码规则》（编号：ISO 19163）正式发布，开创了我国参与地理信息国际标准化工作的新局面。国际标准项目提案 ISO 19159－3 的立项工作也由我国主导完成。我国承办地理信息国际标准化活动日益频繁，中国测绘地理信息专家参与国际标准制修订项目逐步增多，在国际标准化组织地理信息技术委员会（ISO/TC 211）中的话语权和影响力明显提升。

标准化工作机制逐步健全。开放型标准制修订机制逐渐形成，企业参与标准化的积极性明显提高。标准化工作更加公开透明。标准化组织体系进一步完善，全国地理信息标准化技术委员会和国家测绘地理信息局测绘标准化工作委员会不断扩大委员覆盖范围，部分省（区、市）建立了地方测绘地理信息标准化技术委员会。标准化与科技创新形成良性互动，公益性科研专项中专门设置标准研究课题，科技创新成果转化为技术标准规范的比例明显提升。

（二）存在的主要问题

快速适应技术和市场需求的标准不全，基础通用、支撑管理和促进跨界融合等方面标准仍然欠缺。标准研制周期相对过长，少数标准之间存在不协调等问题。标准化研究、投入和实施评价机制尚需健全，基层企事业单位主动参与程度不高，部分标准使用者对标准的理解与掌握不够。标准化工作力量长期以来相对薄弱的问题未得到根本改变。

二、发展趋势与需求分析

（一）发展趋势

国际测绘地理信息标准化正在向强化基础、重在实现、促进融合、满足需求等方面推进。测绘地理信息领域传统、基础、共性国际标准制修订项目逐年减少。新立项国际标准更加关注从概念模型到计算机网络互操作的实现，信息技术跨界融合应用国际标准日益得到强化。国际地理信息标准化工作模式从原有专业团队研究向广泛参与、强化实施转变。主要发达国家及相关团体更加注重引导使用者参与标准化活动，并采取标准认证等方式强化标准实施，逐步建立与地理信息标准化相依存的法律法规环境。

根据国家标准化改革的具体要求，未来一段时期，我国标准化工作将呈现以下趋势：标准化将更注重提高质量、增加效益。强制性国家标准正在精简整合，其统一性、权威性将得到强化，形成统一的强制性国家标准体系。推荐性国家、行业和地方标准体系结构将进一步优化，合理界定各级推荐性标准的制定范围，突出其公益属性，逐步缩减数量和规模。在国家标准和行业标准基础上，鼓励地方、社会组织和产业技术联盟等根据各方面尤其是市场需求制定要求更高的地方标准、企业标准或团体标准等。在全面深化改革的大环境下，建立适应新技术发展要求，满足测绘地理信息事业转型发展需要的新型测绘地理信息标准体系，已成为测绘地理信息标准化工作的重中之重。

（二）需求分析

1. 测绘地理信息事业转型发展要求

为全面支撑测绘基准现代化、数据获取实时化、数据处理自动化、数据资源管理智能化、信息服务网络化、信息应用社会化、测绘业务管理信息化的信息化测绘体系建设，构建新型公益性测绘地理信息保障服务体系，保障重大测绘地理信息工程项目实施，促进测绘地理信息技术装备和技术方法快速更新，加快科技创新成果转化、形成地理信息产业规模化效益，需要持续推进标准社会化应用和新技术领域测绘地理信息标准的研制、完善测绘地理信息标准化服务、提升测绘地理信息标准化水平。

2. 全面深化标准化改革要求

贯彻落实国家标准化改革方案和国家测绘地理信息深化改革部署，急需加快推进现行测绘地理信息标准清理和整合，构建符合全面深化改革要求、适应当前市场和技术发展需要的新型测绘地理信息标准体系；不断完善标准形成机制，理顺标准化工作中政府与市场各自定位和相互衔接关系，提升标准的质量和权威性；加强标准的信息化服务，强化标准的贯彻实施。

3. 全球化和信息化发展要求

支撑我国测绘地理信息“走出去”发展战略，应对全球化和信息化纵深发展带来的国际化挑战，需要强化测绘地理信息标准化基础，加快国家测绘地理信息标准体系建设步伐，推进测绘地理信息标准与国际标准的接轨和转化，增强国际标准化的参与程度和影响力。应对互联网、移动通信、大数据和云计算等信息技术快速发展带来的生产模式和服务方式变革，以及新型仪器装备及技术的日益广泛应用，需要及时研制新技术标准，加快技术创新成果向标准成果转化，促进新技术成果的推广应用。

三、总体思路

（一）指导思想

以邓小平理论、“三个代表”重要思想和科学发展观为指导，深入贯彻落实党的十八大和习近平总书记系列讲话精神，坚持“创新、协调、绿色、开放、共享”发展理念，坚持走中国特色自主创新道路，面向世界科技前沿、面向经济主战场、面向国家重大需求，准确把握“加强基础测绘、监测地理国情、强化公共服务、壮大地信产业、维护国家安全、建设测绘强国”的事业发展战略，坚持以科技创新为动力、以社会需求为导向、以应用服务为根本，深化测绘地理信息标准化改革，推进标准化工作由政府单一供给为主向政府主导标准和市场驱动标准平衡发展转变、由以标准制修订为主的工作模式向包括标准制修订、宣贯培训、应用服务、实施评价、标准体系动态更新的全过程工作模式转变，为测绘地理信息事业转型升级发展提供坚实有力支撑。

（二）基本原则

1. 创新引领

坚持把创新引领测绘地理信息标准化工作摆在首要位置，推进标准制修订、宣贯培训、实施评价、标准体系更新等方面创新，加强标准与新技术、新产品、新工艺的协调创新，实现标准化工作机制创新、管理创新、领域创新的有机统一和协同发展。

2. 协调统一

贯彻全面深化标准化改革要求，统筹推进跨部门、跨领域标准合作，加强军民测绘地理信息标准衔接，推进军民标准通用化，促进测绘地理信息各级各类标准的统一和协调，显著提升标准的技术支撑、保障服务能力，提高标准化效益。

3. 开放包容

围绕政产学研用多方协同，扩大标准化工作的参与主体范围，使标准化工作更加公开透明，增强标准化公信力。推动中国地理信息标准“走出去”，加强在测绘地理信息国际标准制定中的参与力度和主导地位，提高测绘地理信息标准国际化水平。

4. 跨界共享

坚持面向生产、保障服务、引领技术，提高测绘地理信息标准兼容性，实现应用服务领域共享的突破，使标准化成为测绘地理信息成果跨部门、跨领域共享的桥梁和纽带。创新标准宣贯方式，扩大标准化服务的覆盖面和影响力。

（三）发展目标

到2020年，政府引导、市场驱动、社会参与、协同推进的测绘地理信息标准化工作体系更加完善，适应测绘地理信息转型升级发展需要的新型测绘地理信息标准体系基本建立，标准的权威性、科学性和适用性显著增强，标准化服务更加高效，标准对事业发展支撑能力显著提升，中国测绘地理信息标准“走出去”取得持续性突破，国际影响力进一步扩大，开创测绘地理信息标准化工作新格局。

工作机制更加健全。开放统一、协调有序的测绘地理信息标准化工作局面初步形成，测绘地理信息标准化管理制度不断完善，各级标准协调配套的工作机制进一步健全，标准使用评价和贯彻实施的监督检查工作体系基本建立。

标准体系更加完善。科学适用、结构合理、重点突出、与时俱进的新型测绘地理信息标准体系基本建立。标准化与科技创新、重大工程、产业发展的有机衔接和相互转化显著增强，制修订完成60项左右国家标准、80项左右行业标准。强化对地方标准、企业标准制修订的指导，探索培育团体标准。

标准服务更加完备。营造测绘地理信息行业懂标准、用标准的良好标准化氛围，加大测绘地理信息标准宣传贯彻与培训力度，形成上下联动、以上带下的标准宣贯新局面，实现国家级标准宣传贯彻与培训5000人次以上，带动地方培训80000人次以上。开展一批测绘地理信息标准化综合试点。完善多媒体网络化测绘地理信息标准服务体系。

国际化水平显著提高。力争主导编制4项以上测绘地理信息国际标准，参与国际标准化组织地理信息技术委员会（ISO/TC 211）30%以上国际标准的制修订。加大国际标准跟踪、评估和转化力度，推动与主要合作国之间的标准互认，促进与国际标准的接轨。

四、重点任务

（一）建立完善新型测绘地理信息标准体系

以国家深化标准化改革方案为指导，以科学适用、层次清晰、结构合理、与时俱进为工作目标，建立新型测绘地理信息标准体系。全面梳理各级测绘地理信息标准的技术内容和层次关系，建立适应信息化测绘体系和新型基础测绘、地理国情监测、应急测绘、航空航天遥感测绘、全球地理信息资源开发五大公益业务体系构建要求的新型测绘地理信息标准体系。开展现行测绘地理信息国家和行业标准的集中复审清理和整合修订，整合确立若干必要、基础、权威的测绘地理信息强制性国家标准，优化现有测绘地理信息标准体系的标准构成。以强化基础通用、支撑公益服务重点工程和引领地理信息产业发展等重点领域重要急需标准研制为重点，加大测绘地理信息公益性成果、技术、服务、新型测绘装备质量评价和管理标准供给，建立和完善配套的具体实施标准，丰富测绘地理信息标准体系内涵。

（二）统筹推进重要急需标准制修订

按照基础通用标准政府主导、重点工程标准以点带面、技术创新标准引领产业、管理标准保驾护航的标准研制策略，对重要标准的制修订加强统筹、协调推进。优先支持以下重要急需领域测绘地理信息标准的制修订：

1. 基础通用领域

测绘地理信息标准化指南，包括测绘地理信息标准制修订程序、编写规则等标准的制定。

术语定义，包括地理国情监测、卫星导航定位基准站、地下空间测绘、多规合一、不动产测绘、海洋测绘、时空政务地理信息等术语标准的制定，以及测绘基本术语、地理信息术语等基础术语定义的修订。

时空基准，包括国家地球参考框架等标准的制定，以及基础时空基准标准的修订。

图示符号，包括系列地理信息产品和成果的图示符号的制修订。

地理实体编码与要素分类代码，包括地理实体、地名地址及其编码标准的制定和地理国情要素、空间规划地理要素（多规合一）、不动产地理要素、地下空间信息要素等分类代码标准的制定，以及基础地理信息要素分类代码标准的修订。

采标及其转化应用，包括地理信息参考模型、本体及语义、地理信息本体、地理信息语义等ISO/TC 211地理信息国际标准的采标及其配套应用标准的制定，以及相关采标标准的修订。

2. 重点工程领域

现代测绘基准体系建设，包括卫星导航定位基准站建设、运维、管理、服务及应用以及航空重力测量等方面标准的制修订。

基础地理信息资源建设，包括海岛（礁）测绘、内陆水下地形测绘、海洋测绘（水深测量、岸线测量、海底地形测量等）、极地测绘、地下空间测绘等方面的标准。

新型基础地理信息数据库建设，包括基础地理信息数据库体系、基础地理信息数据集成应用与联动更新、地理实体数据及数据库建设等标准的制定。

地理国情监测，包括地理国情监测内容、成果、应用服务及技术方法等标准的制定。

应急测绘，包括应急测绘基础底图、应急地理信息专题数据、应急地图分层与标记、应急平台与服务等标准的制定。

航空航天遥感测绘，包括低空（无人机）遥感测绘、倾斜摄影测量、卫星立体测绘、航空航天遥感测绘等标准的制修订。

全球地理信息资源开发，包括全球地理信息数据资源采集、处理、数据库成果与应用、地表覆盖数据产品与信息服务等标准的制定。

智慧城市时空信息基础设施建设，包括时空信息云平台建设、共享与服务、时空信息数据及数据库建设等标准的制定。

不动产测绘，包括不动产测绘基本技术、地理底图编绘、数据整合等标准的制定。

3. 产业发展领域

移动测量，包括车载移动测量、船载移动测量、室内移动测量等相关标准的制定。

导航与位置服务，包括室内外无缝导航、室内外多模式协同定位、室内多维位置信息、位置智能感知、无人驾驶地图服务等标准的制定。

地理信息数据共享与利用，包括地理信息元数据、数据格式与接口协议等标准的制定。

公开地图数据产品与服务，包括公共服务电子地图数据、公开版地图地名表示、公开版地图产品及质量评定等标准的制修订。

信息融合应用，包括大数据挖掘、云计算、物联网、车联网等新一代信息技术与测绘地理信息融合应用标准的制定。

4. 管理类标准

安全管理，包括测绘设备安全、从业单位及人员安全、卫星导航定位基准站网安全以及各类测绘地理信息成果与服务安全等标准的制定。

质量管理，包括测绘地理信息单位质量管理体系、测绘地理信息软件、数据成果（产品）的质量要求与评价、仪器装备校准及检定以及测绘地理信息计量标准的制定。

项目管理，包括测绘工程监理技术、测绘项目文档编制等标准的制定。

成果管理，包括测绘成果编目与标识、基础地理信息数据库备份、测绘成果汇交等标准的制定。

归档管理，包括测绘资料文档归档、测绘数据成果归档等标准的制定。

（三）加大标准宣传贯彻和监督实施力度

加大标准宣传贯彻和培训力度，带动相关人员全面参与，推进测绘地理信息标准基础理论与体系研究著作以及科学普及测绘地理信息标准相关知识图书的出版工作，开展将测绘地理信息标准化纳入高校测绘地理信息专业教育课程等试点。加强标准实施的配套软硬件工具研发和测试环境建设。强化强制性标准的制定和实施监督，强化强制性标准对成果质量和信息安全的“硬约束”地位。建立企业产品和服务标准自我声明公开和监督制度，落实企业标准化主体责任，对企业公开的标准开展比对和评价，强化社会监督。建立测绘地理信息标准应用实施评价机制，组织地方测绘地理信息部门及有关社会团体、科研机构、质检机构、企业共同参与评价，将评价结果作为标准制修订立项的重要依据。

（四）完善标准化管理和服务体系

整合现有国内外标准化资源，建立统一的测绘地理信息标准化网络综合服务平台，实现测绘地理信息标准体系框架内容以及各级标准相关信息的一站式查询获取和在线管理，提升标准网络化管理和服务水平。建立国家标准、行业标准的提案申报、意见建议征询反馈等机制，提升标准制修订质量，缩短标准研制和出版周期，提高标准化工作的公开性和透明度。开展测绘地理信息及相关行业、领域标准一致性、协调性等的测试和比对研究，提高标准适用性。

（五）提高测绘地理信息标准国际化水平

深度发掘国内优势技术和特色产品，将更多具有自主知识产权的技术和产品以标准化手段推向国际舞台，在中国主导编制的国际标准的数量和质量上取得更大突破，使之成为打破国外技术壁垒、保护自主知识产权、保障国家信息安全的重要手段。鼓励企业、社会组织和产业技术联盟积极参与国际标准化活动。坚持引进来与走出去相结合，加强同ISO、IHO、IEEE、IEC、OGC等国际组织的交流与合作，拓宽测绘地理信息标准国际化合作新领域。加大国际标准翻译跟踪、研究评估和转化力度，积极采用国际先进标准，开展全球测绘地理信息标准对比研究，推动与“一带一路”沿线国家和地区及其他主要合作国之间的标准化互利合作，推进标准互认。加快形成推动我国地理信息标准“走出去”的政策措施，带动我国优势地理信息产品、技术、装备、服务“走出去”，积极主动融入全球测绘地理信息标准化格局，为实现测绘强国战略奠定标准化基础。

五、保障措施

（一）完善体制机制

按照国务院深化标准化工作改革的总体要求和统一部署，研究出台深化测绘地理信息标准化工作改革实施方案，修订整合《测绘标准化工作管理办法》和《地理信息标准化工作管理规定》等规范性文件，建立完善政府引导、市场驱动、社会参与、协同推进的标准化管理体制与工作机制。提高企业在标准研究、制定、应用等全过程的参与度，推进标准的全面应用。进一步完善开放型的标准制修订工作机制，健全标准制修订过程中的信息通报和技术协调机制。探索建立军民标准通用化的长效工作机制。推动地方标准化机构建设，力争新组建5—8个省级测绘地理信息标准化技术委员会。深入挖掘社团、联盟及企业团体需求，研究团体标准制修订程序及配套管理办法。引导开展一批测绘地理信息标准化综合试点，通过标准体系建立、标准实施、信息服务、品牌创建等标准化实践，建立具有优势技术和特色产品的标准化示范基地。

（二）加强统筹协调

加强与国土、建设、水利、交通、农业、统计、环保、海洋、林业、质检等部门及相关标准化技术委员会的互动协调，推动重点领域跨行业标准制修订与实施。加强与计算机信息系统、通信网络及新兴产业技术创新联盟等的沟通协调，促进测绘地理信息跨行业、跨领域的深度融合和共享合作。加强与军队有关部门的沟通合作，协调开展测绘地理信息领域军民标准通用化相关研究，推动卫星导航定位、时空基准等重点领域的军民通用标准制定。促进测绘地理信息标准化与科技创新、重大工程、产业发展的有机衔接，将标准测试、配套软硬件研发等标准化科研内容纳入科技创新支持范围，将标准化成果作为科研项目和重大工程项目考核的重要技术指标，促进生产、科研产出的共性技术成果加速向标准转化，使标准化成为科技创新同经济对接、创新成果同产业对接、创新项目同现实生产力对接的桥梁和纽带。

（三）加大投入力度

增加中央财政对测绘地理信息标准化工作的投

入，开设面向地方、社团、企业的标准化奖励性补贴投入渠道，形成稳定增长机制。探索建立测绘地理信息标准制修订工作的多元化投入机制，鼓励企业自筹经费开展标准研制，引导地方政府增加测绘地理信息标准化投入。将具有自主知识产权和行业普遍适用性的地方标准、团体标准及企业标准逐步上升为行业、国家标准，并给予一定的经费补助。加强对工程项目、科技项目设计阶段的标准预研设计，以及标准前期研究和试验验证的经费保障。

（四）强化人才培养

加大标准化人才教育和培训力度，支持更多高校、科研机构开设测绘地理信息方面的标准化课程，逐步建立以实地培训和网络培训互补的覆盖全行业所有测绘资质单位的标准化培训机制。强化对标准化人才队伍的分类培养，逐步形成标委会委员、标准化科研机构人员、科技创新成果转化人员、生产服务单位技术骨干“四位一体”的技术支撑队伍格局。研究建立标准化人才培养激励机制，重点培养高层次、创新型标准化人才，将技术人员参与标准化及取得成就等情况作为测绘地理信息高层次技术人才评选、专业技术资格评审的重要依据。推动我国测绘地理信息标准化人才在国际标准化重要组织和机构中任职，逐步形成专业结构合理、创新能力强、相对稳定的国际标准化人才队伍。

关于印发《卫星测绘“十三五”发展规划》的通知

国测科发〔2016〕7号　2016年12月21日

各省、自治区、直辖市、计划单列市测绘地理信息行政主管部门，新疆生产建设兵团测绘地理信息主管部门，局所属各单位，各有关单位：

根据《中华人民共和国国民经济和社会发展第十三个五年规划纲要》《全国基础测绘中长期规划纲要（2015—2030年）》《国家民用空间基础设施中长期发展规划（2015—2025年）》和《测绘地理信息事业“十三五”规划》，结合卫星测绘发展实际，我局编制了《卫星测绘“十三五”发展规划》，已经局长办公会审议通过。现予印发，请结合实际贯彻落实。

卫星测绘“十三五”发展规划

卫星测绘是基于各类测绘卫星获取地理信息和提供地理信息服务的重要手段，卫星测绘能力和应用水平是国家对地观测能力的直接反映。加强卫星测绘能力建设，提升卫星测绘应用水平，对于抢占对地观测制高点、满足经济社会发展对地理信息技术和应用的迫切需求、推进测绘地理信息事业改革创新发展具有重要意义。当前，国际上卫星测绘快速发展，卫星性能不断提升，空间、时间和光谱分辨率、敏捷机动能力、定位精度等均实现质的飞跃，应用水平和商业模式不断升级创新，与大数据、云计算等技术的深度融合趋势明显。近年来，我国卫星测绘工作取得了长足进展，卫星性能显著提升，应用成效显著，与国际先进水平的差距不断缩小。但是，我国卫星测绘工作仍存在应用系统整体能力不足、制度标准不完善、应用广度深度不够、产业化和国际化进程缓慢等问题。

“十三五”时期，我国卫星测绘工作面临良好发展机遇。“一带一路”建设、京津冀协同发展、长江经济带建设等国家重大战略实施，以及生态文明建设等重大改革事项对卫星测绘工作提出明确需求；推进新型基础测绘、地理国情监测、航空航天遥感测绘、全球地理信息资源开发、应急测绘（以下简称“五大业务”）以及发展地理信息产业、维护国家地理信息安全等对加强卫星测绘工作提出新要求。为进一步加强卫星测绘应用能力建设，完善测绘卫星体系，开创我国卫星测绘工作新局面，根据《中华人民共和国国民经济和社会发展第十三个五年规划纲要》《全国基础测绘中长期规划纲要（2015—2030年）》《国家民用空间基础设施中长期发展规划（2015—2025年）》和《测绘地理信息事业“十三五”规划》，编制本规划。

一、总体思路

（一）指导思想

全面贯彻党的十八大和十八届三中、四中、五中、六中全会精神，以习近平总书记系列重要讲话精神为指导，深入贯彻落实“四个全面”战略布局和创新、协调、绿色、开放、共享的发展理念，紧密围绕“加强基础测绘、监测地理国情、强化公共服务、壮大地信产业、维护国家安全、建设测绘强国”的事业发展战略，主动适应经济发展新常态，坚持自主创新、跨越发展，大力推进测绘卫星体系建设，加强卫星测绘应用和服务，健全卫星测绘应用工作体制机制，推动测绘地理信息事业改革创新发展。

（二）基本原则

1. 创新驱动，自主发展

坚持自主发展，通过创新体制机制，加强产品创新、管理创新、制度创新和服务创新，不断释放卫星测绘应用工作的发展活力，推动高新技术成果尽快转化为现实生产力，增强支撑卫星测绘未来发展的核心竞争力。

2. 立足需求，统筹发展

以服务测绘地理信息行业应用为出发点和落脚点，统筹建立“一星多用、多星组网、多网协同”的测绘卫星体系。面向国家需求，以应用牵引发展，以发展促进应用，最终形成科学、高效的卫星测绘应用体系。

3. 支撑产业，共享发展

紧扣地理信息产业对卫星测绘应用的迫切需求，加快发展高分辨率光学遥感卫星、干涉雷达卫星、激光测高卫星、重力卫星等测绘卫星，推进北斗卫星民用化进程，抢占国产测绘卫星在产业发展中的市场份额，坚持共享发展，服务于地理信息产业的发展壮大。

4. 着眼全球，开放发展

围绕“一带一路”“走出去”等国家重大发展战略对地理信息的需求，推进全球地理信息资源建设，站在保障国家地理信息安全的高度，坚持开放发展，牢固掌握核心关键技术，逐步形成国产测绘卫星服务全球地理信息资源建设的能力，为建设测绘强国打下坚实的基础。

（三）发展目标

以国产高分辨率测绘遥感卫星、北斗卫星为主，推进相关商业遥感卫星发展，大力加强卫星测绘能力建设，构建1:5万—1:1万比例尺多类型多型号自主卫星测绘对地观测体系，形成以0.7米—2米分辨率为主的立体测绘能力，使高分辨率遥感影像自给率达到80%；建立集测绘卫星总体设计、仿真、检校、数据处理、服务和质量控制于一体的卫星测绘技术、产品和标准体系，生产1:5万—1:1万比例尺卫星影像产品和基础地理信息产品；推进商业遥感卫星测绘能力建设，形成多分辨率、多比例尺的地理信息产品生产和应用服务能力，支撑“五大业务”和地理信息产业发展。

二、重点任务

根据测绘地理信息事业发展的实际需要，全面推进，重点保障，合理布局。围绕光学、雷达、激光、重力、导航等系列测绘卫星，开展顶层设计、统筹谋划、技术创新、应用系统建设和应用推广，构建卫星测绘的政策标准体系、对地观测体系、技术体系、产品体系和服务体系。

（一）完善卫星测绘政策标准体系

1. 加强卫星测绘应用政策制定

根据卫星测绘数据类型和应用范围，建立卫星测绘数据使用、分发服务机制。研究建立卫星测绘数据知识产权保护和管理办法。联合有关部门，建立适合于社会、公众以及境外的卫星测绘数据安全应用和密级评价机制，提高市场监督管理能力。进一步优化我国民用遥感卫星测绘数据业务化运营、商业化服务和国际化发展的政策环境。

2. 完善军民融合的卫星测绘发展机制

深入贯彻落实中共中央国务院中央军委印发的《关于经济建设和国防建设融合发展的意见》，形成军民融合的卫星测绘发展机制，逐步建立平时和战时兼容兼顾、军队和地方互利互赢的军民卫星测绘协作框架。加强军民卫星测绘数据资源共享和科技创新协同，建立应急测绘保障协调机制、重大测绘项目协作机制和科技成果军民两用双向转移共享机制。

3. 加强卫星测绘应用标准体系建设

逐步建立完善光学、雷达、激光等多类测绘卫星几何检校、数据处理、产品生产、质量监督检验、产品分发服务的系列标准规范，制定专题应用、信息提取、变化检测等增值产品及其技术标准。制定国产测绘遥感卫星数据获取和技术服务的标准化流程及规范。将北斗应用标准体系建设纳入测绘地理信息标准化建设规划，研究建立北斗应用标准体系框架，着力推进行业应用急需、共性和基础性标准的制修订。

（二）建设卫星测绘对地观测体系

1. 构建0.7米—2米分辨率光学测绘卫星星座

围绕“五大业务”和地理信息产业发展的需求，加快发展1∶5万和1∶1万光学立体测绘卫星，实现长期在轨稳定业务化运行。加快高分七号卫星工程实施，实现全球1∶1万地形测绘能力。积极推进资源三号03和04星、高分七号业务星的立项，为我国1∶5万—1∶1万测绘提供稳定的卫星数据源。

2. 发展干涉雷达卫星

结合我国空间基础设施建设相关规划，加快L波段差分干涉SAR卫星（L-SAR）等卫星测绘应用研究，实现国产卫星的干涉测量和多云多雨地区的影像获取，支撑全球1∶5万数字高程模型数据获取以及区域地表形变监测。

3. 建设其他测绘卫星

加快推进超高分辨率光学、激光测高、重力梯度测量等测绘卫星建设，提高卫星测高和全球重力场模型精度。积极推进我国自主高分光学卫星、高端光学卫星组成的商业遥感卫星系统建设。加快构建种类齐全、功能互补、尺度完整的测绘卫星对地观测体系，逐步形成光学、雷达、激光、重力等合理配置、多种观测技术优化组合的综合高效全球观测数据获取能力。

（三）完善卫星测绘应用技术体系

1. 开展星地一体化指标论证与仿真验证

研究超高分辨率光学、0.3—0.5米分辨率干涉雷达、多波束及单光子激光测高、重力梯度测量等多类型测绘遥感卫星的测绘工作模式，开展星地一体化指标论证研究，建立测绘卫星指标设计与仿真验证系统，加快推进新型测绘遥感卫星的指标论证与立项实施。

2. 开展国产高分辨率遥感卫星几何检校技术研究

开展多类型卫星地面检校技术研究，构建多类型遥感卫星内外参数一体化几何检校技术体系，拓展新型传感器的高精度在轨检校技术，提升高分辨率卫星的业务化几何检校能力。研发新型几何检校装备，开展多类型地面检校场建设。构建卫星检校精度验证技术平台，提高对国产高分辨率遥感卫星业务化检校及几何校正处理能力。

3. 加强多星多载荷遥感数据综合处理技术研究

发展针对超高分辨率光学及敏捷卫星、干涉雷达、激光测高等多类型测绘卫星的摄影测量新理论和新方法。研发多星、多载荷、多时相遥感数据的协同测绘处理技术及其软硬件一体化测图系统。研究高分辨率光学卫星辐射处理技术。研究海量遥感影像数据管理与挖掘技术，开展基于大数据的隐藏信息搜索及地表变化发现技术、基于卫星测高和卫星重力等多种观测技术的全球高程基准构建技术研究。

4. 完善测绘卫星数据产品监管和质量监督检验技术

开展高分辨率光学、干涉雷达、激光测高、重力等各类卫星测绘数据和产品的质量监督检验技术攻关，实现快速、准确及高度自动化的测绘卫星数据质量检查与评价能力，研究构建卫星测绘产品质量认证体系。加强卫星连续运行参考站建设监管、北斗导航与定位服务产品质量检测与监管技术研究，建立权威的地图导航定位产品质量综合测评体系。

5. 加强测绘遥感卫星和北斗导航卫星应用技术研究

开展基于高分辨率测绘遥感的应用技术研究，拓展测绘遥感卫星数据在农林、水利、土地、地矿、环保等领域的应用能力。积极支持开展多领域、跨学科、基于位置的大数据及物联网科技创新和技术攻关。开展基于北斗的动态时空基准构建、动态高精度定位、局域/广域差分定位等技术研究。加快推进高精度高动态时空基准信息应用服务、室内外无缝定位服务和智能位置服务等应用研究。

（四）形成卫星测绘产品体系

1. 完善卫星测绘应用系统建设与运行

加快推进卫星测绘应用系统的规模化、业务化运行，形成面向多星组网的在轨检校、数据处理、产品生产、质量控制、数据管理和分发服务能力，支撑高分七号、L-SAR等测绘遥感卫星的数据产品业务化生产和同期其他在轨测绘遥感卫星的数据生产。

2. 构建面向多星多载荷的卫星测绘产品体系

开展卫星测绘产品分级和分类方法研究，构建卫星测绘产品分级分类体系和面向超高分辨率敏捷光学、干涉雷达、激光测高、重力等多类卫星测绘的标准产品和增值产品，形成多类型卫星的新型基础测绘产品。

3. 建设标准化几何空间信息产品数据库

形成不同精度水平的标准化影像数据库和产品，构建全国2米分辨率正射影像数据库和三维影像数据库、全国重点地区亚米级分辨率正射影像数据库、“一带一路”沿线区域及全球热点地区2米分辨率正射影像数据库、全国及国外重点地区10—15米格网数字表面模型数据库等标准化几何空间信息产品数据库，实现数据库的定期更新。

4. 开发面向测绘及相关行业应用的新型服务产品

研制基准统一的全球多尺度遥感影像控制点数据库，服务多级精度水平的标准化遥感影像几何处理。建立基于激光测高数据的全球广义高程控制点库，支撑国家基础地理信息快速更新和全球三维地理信息的获取。按需构建高分辨率卫星光谱应用数据库、光学遥感影像数据解译样本及专家先验知识库，为遥感影像地物分类识别、变化检测和定量化应用等提供支撑。

5. 研发省级和重点城市卫星测绘应用系统

按照“资源共享、优势互补”的原则，研发建设省级和重点城市卫星测绘应用系统，优化布局卫星测绘生产组织结构，提升各级测绘地理信息部门卫星测绘业务生产和应用服务能力，形成覆盖全链路的专业化、规模化、自动化、网络化卫星测绘产品生产体系和应用服务保障体系。

（五）构建卫星测绘服务体系

1. 推进国产测绘卫星为重大战略和重大工程服务

综合利用多类型测绘遥感卫星数据资源，实现多源遥感信息的持续获取和综合应用，为“一带一路”、生态文明建设等国家重大战略实施，经济社会发展和“五大业务”提供卫星影像以及综合信息服务，推进卫星测绘数据应用。结合“一带一路”沿线国家和地区的实际需求，深度挖掘和推广北斗卫星应用。

2. 推动国产测绘卫星公益性应用和商业化服务

面向政府、行业和公众服务，加强高分辨率测绘遥感卫星影像获取，建立健全卫星数据共建共享与应急服务机制和常态化的高分辨率遥感影像测绘应用效果评价机制。结合“双创”和“互联网+”行动计划，研究主动服务、智能服务和一站式服务等多种服务模式，搭建卫星测绘增值服务平台，推进面向产业和公众的卫星测绘增值服务。

3. 建立新型卫星测绘保障服务模式

打造“1+31+X”测绘卫星影像云服务平台，建设1个国家主中心、31个省级分中心、X个行业部门服务中心及其它企事业服务节点，国家主中心负责统筹数据获取、产品生产与分发服务，实现云服务环境下卫星数据产品全天候不间断自动推送；省级服务分中心开展省级基础测绘、省内各行业各部门的卫星测绘遥感应用服务，实现省级节点部署及运行；行业部门服务中心及其它企事业服务节点开展行业和区域的遥感应用服务。

4. 构建卫星测绘全球化服务网络

开展测绘遥感卫星数据中心、共享网络等平台建设，扩大全球数据覆盖，探索建立国外合作数据节点，推进国产测绘遥感卫星数据的全球化接收与服务。整合国内外资源，建立全球化的卫星测绘遥感数据产品销售与技术服务网络，推进国际合作、全球科学研究和商业化服务，形成卫星测绘全球化应用服务体系。

5. 提高北斗地面应用服务能力

加快推进现有国家卫星导航连续运行基准站网改造，开展“一带一路”沿线国家和地区的北斗导航卫星地面站建设，增强北斗应用和全球化服务能力。研发全国性、高精度的位置数据综合服务系统，为各类用户提供综合性的位置数据综合服务。开展卫星导航领域的国际合作，鼓励在境外合作建立北斗卫星导航研发中心和服务网络，鼓励国外企业开发利用北斗卫星系统，大力开拓国际市场。

三、保障措施

（一）加强组织领导

按照国家公益性遥感卫星用户管理委员会负责制的部署要求，积极主动履行好相关职能。强化卫星测绘应用工作统筹协调，处理好部门之间、系统上下、军地融合的关系，密切协作，形成合力，共同推进卫星测绘应用持续协调快速发展。抓好卫星测绘发展规划的组织实施，把卫星测绘应用能力建设作为本地区测绘地理信息工作的重要内容加快推进。

（二）增加投入力度

在整合现有政策资源、充分利用现有资金渠道的基础上，积极争取多渠道投入，支持业务卫星体系建设、科研卫星研制、关键技术研发及生产性试验，促进成果转化，支持和引导行业与区域的重大应用示范。鼓励创新金融支持方式，拓宽融资渠道，促进民间投资，鼓励商业资本参与测绘卫星发展建设。争取各类科技项目，加大对卫星测绘科技创新的支持力度。

（三）加强人才培养

加强卫星测绘人才队伍建设，充分利用国际国内两个资源，重视高层次人才和创新型人才的培养。充分发挥现有创新团队的优势，培养能够跟踪国际发展前沿、开展国际合作与交流的人才队伍。坚持卫星测绘技术的自主创新，在创新实践中发现人才，在创新活动中培育人才，在创新事业中凝聚人才。重视引进和使用海外优秀人才，确保人才培养进入良性循环。

（四）深化合作交流

全面深化国际国内战略合作，扎实推进部门之间的战略合作，促进技术融合，实现互利共赢发展。推进测绘地理信息高等院校、科研机构和企事业单位的合作交流，倡导产学研用联合共建研发基地和创新平台。完善军民测绘分工协作、信息共享、应急联动等机制。抓好国产卫星测绘应用技术培训工作，提升我国卫星测绘国际影响力。

关于印发《国家测绘地理信息局关于完善国家工作人员学法用法制度的实施意见》的通知

测办〔2016〕72 号　2016 年 9 月 11 日

局所属各单位、机关各司室：

为进一步推动学法用法工作制度化、规范化，切实提高国家工作人员法治素养和依法办事的能力，根据中组部、中宣部、司法部、人社部联合印发的《关于完善国家工作人员学法用法制度的意见》（司发〔2016〕4 号），国家测绘地理信息局结合工作实际，制定了《国家测绘地理信息局关于完善国家工作人员学法用法制度的实施意见》，现印发给你们，请认真贯彻执行。

国家测绘地理信息局关于完善国家工作人员学法用法制度的实施意见

为全面贯彻落实党的十八大和十八届三中、四中、五中全会精神以及习近平总书记系列重要讲话精神，推动学法用法工作进一步制度化、规范化，切实提高国家测绘地理信息局机关及所属单位（以下简称“局机关、局所属单位”）工作人员法治素养和依法办事的能力，根据中央组织部、中央宣传部、司法部、人力资源和社会保障部印发的《关于完善国家工作人员学法用法制度的意见》（司发〔2016〕4 号）精神，结合测绘地理信息工作实际，制定本实施意见。

一、充分认识完善学法用法制度的重要意义

国家工作人员学法用法是全面依法治国的基础性工作，是深入推进社会主义核心价值观建设的重要内容，是切实加强干部队伍建设的有效途径。党的十八大以来，局机关、局所属单位认真贯彻落实全面依法治国要求，高度重视测绘地理信息法治建设，大力推进学法用法工作，持续开展法治宣传教育培训活动，局机关、局所属单位工作人员法律意识和法治素养明显增强，依法决策、依法行政、依法管理的能力普遍提升，学法用法取得显著成效。当前，我国测绘地理信息事业迎来良好的发展机遇，也面临一系列问题和挑战。运用法治思维和法治方式，推进测绘地理信息事业深化改革、转型升级、科学发展，既是全面依法治国的要求，也是推动测绘地理信息事业持续健康发展的要求。局机关、局所属单位要充分认识学法用法的重要性，进一步健全完善学法用法各项制度，大力推动领导干部及工作人员尊法学法守法用法，为全面推进测绘地理信息法治建设做出新的贡献。

二、指导思想和主要内容

（一）指导思想

全面贯彻落实党的十八大和十八届三中、四中、五中全会精神，坚持以马克思列宁主义、毛泽东思想、邓小平理论、“三个代表”重要思想、科学发展观为指导，深入学习贯彻习近平总书记系列重要讲话精神，贯彻落实中央关于法治宣传教育工作的决策部署，适应全面依法治国和全面从严治党的新要求，坚持学法用法相结合，完善学法用法各项制度，健全考核评估机制，创新工作方式方法，推进学法用法工作持续深入开展，努力提高局机关、局所属单位工作人员法治素养，增强运用法治思维和法治方式推动发展的能力水平，为测绘地理信息事业发展创造良好的法治环境。

（二）主要内容

局机关、局所属单位工作人员要做尊法学法守法用法的模范，带头学习宪法和法律，带头厉行法治、依法办事。局机关、局所属单位党员干部要深入学习党章和党内法规，尊崇党章，增强党章党规党纪意识，做党章党规党纪和国家法律的自觉尊崇者、模范遵守者、坚定捍卫者。

1. 突出学习宪法。把学习宪法放在首位，深入学习宪法确立的基本原则、国家的根本制度和根本任务、国体和政体、公民的基本权利和义务等内容，培养宪法意识，树立宪法至上理念，自觉遵守宪法，维护宪法实施。

2. 学习国家基本法律。认真学习宪法相关法、民法商法、行政法、经济法、社会法、刑法、诉讼与非诉讼程序法、国防法以及国际法等方面的法律，认真学习党的十八大以来制定修改的法律，努力掌握法律基本知识，不断提高法律素养。

3. 学习其他相关法律法规。认真学习社会主义市场经济法律法规、文化建设法律法规、生态环境保护法律法规，以及教育、就业、收入分配、社会保障、医疗卫生等保障和改善民生方面的法律法规。

4. 学习测绘地理信息法律法规。有针对性地加强学习与履职相关的测绘地理信息法律知识，着重学习以测绘法为核心的测绘地理信息法律法规规章，切实提高依法办事能力。

5. 深入推进法治实践。学法用法与法治实践相结合，牢固树立社会主义法治理念，努力提高法治素养，不断增强法治能力，在学法的同时结合岗位需求开展用法活动，严格按照法律规定履行职责，提高测绘地理信息法治化水平。

三、落实完善学法用法制度

（一）深入开展法治学习与培训

1. 健全党组（党委）中心组学法制度。局党组中心组及局所属单位党委（总支）要把宪法、法律和党内法规列入年度学习计划，每年安排1次法治专题学习。党组书记、党委（总支）书记要认真履行第一责任人职责，带头讲法治课。坚持重大决策前专题学法，凡是事关测绘地理信息事业发展全局、事关行业发展的重大行政决策事项、重大财政支出、职工群众切身利益等重大问题，局党组中心组及局所属单位党委（总支）决策前应先行学习相关法律法规。

2. 健全集体和个人学法活动制度。局机关、局所属单位要积极开展集体学法活动，每年至少举办1次法治专题讲座，局机关、局所属单位还可根据工作需要，组织法治论坛、法治研讨等其他形式的集体学法活动；要在每年测绘法宣传日组织开展测绘地理信息学法用法、法治宣传活动，并积极利用国家宪法日、宪法宣誓以及其他法律法规颁布实施纪念日等开展学法用法活动。局机关、局所属单位要积极推进个人日常学法，个人学法以自学为主，要联系实际制定各自学习计划，每年学法不得少于40个学时。健全法治培训机制，国家测绘地理信息局每年至少举办1期测绘地理信息行政执法人员培训班。

3. 推进学法形式创新。局机关、局所属单位要充分利用网络组织开展学法用法活动，搭建好学法平台，拓宽学法渠道，有条件的单位要在官网或者内网设立学法用法专栏，并运用微博、微信、微视、移动客户端等新技术、新媒介开展学法用法活动。鼓励个人通过党员干部现代远程教育系统、各级政府网站、专门普法网站等学习法律知识。有条件的单位可以通过参观学习、以案释法、旁听庭审、警示教育等形式，开展丰富多样的学法用法活动。

4. 加强法治教育培训。局机关、局所属单位要把法治教育纳入干部教育培训计划，明确法治教育的内容和要求。在入职培训和晋职培训中要把法治内容列为必训内容，确保法治培训课时数量和培训质量。局机关、局所属单位领取测绘地理信息行政执法证的人员，应当参加测绘地理信息行政执法人员培训班。要积极组织开展专题法治培训，没有条件开展专题法治培训的，要在其他业务培训中加大法治内容的比重，在组织调训中要增加设置法治类课程，把宪法法律列为必修课，明确法治类课程的最低课时要求。

（二）不断推动依法履职和依法行政

1. 坚持依法决策。局机关、局所属单位要落实重大行政决策合法性审查机制，按照“法定职责必须为、法无授权不可为”原则，严格遵守宪法和法律规定进行决策。局机关要设立法律顾问、公职律师，参与决策论证，提高决策质量。局所属单位要积极探索推进设立法律顾问制度，为重大决策提供法律意见，预防和减少违法决策行为的发生。

2. 严格依法履职。局机关、局所属单位工作人员特别是领导干部要牢固树立权由法定、权依法使等基本法治观念，把学到的法律法规知识自觉地转化为依法办事的能力，严格按照法律规定和法定程序履行职责。局机关、局所属单位要落实信息公开制度，以公开为常态、不公开为例外原则，推进决策公开、执行公开、管理公开、服务公开、结果公开，要依法公开职责权限、法律依据、实施主体、流程进度、办理结果等事项，自觉接受社会各方面监督。

3. 坚持严格规范执法。测绘地理信息行政执法人员要以更高的标准和要求学法用法，忠于法律、捍卫法治。执法人员要严格实行持证上岗和资格管理制度，未取得执法资格的，不得从事执法活动。严格执行重大执法决定法制审核制度，不得作出未经法制审核或者审核未通过的重大执法决定。定期开展执法案卷评查、案件质量跟踪评判工作，提高执法质量和执法水平。

四、健全学法用法考核机制

1. 健全考试考核制度。局机关、局所属单位要结合普法规划、年度学法重点内容等，定期组织开展法律考试，推动以考促学、以考促用。对拟从事测绘地理信息行政执法工作的人员，要组织专门的测绘地理信息法律考试，经考试合格方可授予测绘地理信息行政执法资格。加强落实局机关、局所属单位国家工作人员录用、招聘中法律知识的考察测试，增加工作人员录用考试中法律知识的比重。局机关、局所属单位领导班子和工作人员在年度考核述职中要围绕法治学习情况、重大事项依法决策情况、依法履职情况等进行述法。人事部门要把学法用法情况列入年度考核重要内容，把法治观念、法治素养作为干部德才的重要内容，把能不能遵守法律、依法办事作为考察干部的重要依据。

2. 完善测评指标体系。建立集体学法和法治培训考勤制度，由具体组织活动的部门负责落实。局机关、局所属单位要逐步建立学法档案制度，把年度学法情况进行归档登记。探索建立工作人员法治素养和法治能力测评指标体系，将测评结果作为干部提拔使用的重要参考。要把学法用法情况纳入精神文明创建内容，列入创建“学习型党组织”、“学习型机关建设”、“法律进机关（单位）”等考核指标，并增加考核分值权重。法律考试不合格者，年终考核不能评定为优秀等次。积极探索建立激励机制，按照国家有关规定表彰奖励学法用法先进单位和个人，充分调动工作人员学法用法的积极性和自觉性。注重总结宣传学法用法工作的成功经验和做法，充分发挥典型示范作用。对于违法决策以及滥用职权、怠于履职造成重大损失、恶劣影响的，严格依法追究法律责任。

五、加强组织领导

各单位要把学法用法工作作为一项长期性、经常性工作，切实加强组织领导，纳入本单位工作总体布局，细化各项制度措施，体现不同岗位特点，做到与业务工作同部署、同检查、同落实。各单位要由主要领导负总责，分管领导具体抓，积极为学法用法创造条件、提供保障，推动学法用法向纵深发展。各单位党委、党组、总支要对学法用法工作进行指导、监督和检查，法制机构、人事部门、宣传部门以及其他相关部门要按照本实施意见，进一步明确职责分工，加强协调配合，完善学法用法工作机制。局机关各司室要明确专门人员、局所属单位要明确专门机构负责学法用法工作的具体落实。

领导讲话

在全国测绘地理信息工作会议上的讲话

国土资源部部长 姜大明

2016 年 1 月 11 日

同志们：

新年伊始，召开全国测绘地理信息工作会议很有必要。会前，国务院领导同志对测绘地理信息工作作出重要批示，对过去一年取得的成绩给予充分肯定，对测绘战线干部职工致以亲切问候，对进一步做好测绘地理信息工作提出明确要求，我们要认真学习领会、抓好贯彻落实。

会前，我读了库热西同志的工作报告，感到总结工作准确全面、实事求是，部署工作思路清晰、重点突出，我完全赞同。下面，我简要讲四点意见。

一、2015 年测绘地理信息工作取得了显著成绩

2015 年是国土资源和测绘地信事业发展史的重要一年。在建党 94 周年之际，习近平总书记给国测一大队 6 名老队员老党员回信，对国测一大队爱党报国的崇高精神给予充分肯定，对全国广大共产党员提出了“始终在党爱党、在党为党，忠诚一辈子，奉献一辈子”的重要要求。总书记的回信充分体现了党中央对国土资源和测绘地信工作的关心厚爱，是对全国测绘战线和国土资源系统广大党员干部的巨大鼓舞。我们结合开展“三严三实”专题教育，掀起了学习宣传贯彻总书记回信要求和向国测一大队学习的热潮。

2015 年，以库热西同志为班长的测绘地信局党组团结带领全行业广大干部职工，紧紧围绕党和国家中心工作，扎实开展“三严三实”专题教育，圆满完成了 2015 年工作任务和“十二五”规划既定目标。

一是测绘地理信息依法行政能力显著增强。测绘地信立法取得重要成果，《测绘法》修订纳入国家安全立法体系，《地图管理条例》颁布施行，中央办公厅、国务院办公厅、中央军委办公厅联合部署加强卫星导航定位基准站建设和应用管理。持续推进行政审批制度改革，在简政放权的同时着力加强事中事后监管，建立信用约束机制、实施资质巡查制度，依法加强卫星导航定位基准站、互联网地图服务网站、涉密地理信息的监管，有效维护了国家地理信息安全。

二是全国地理国情普查取得重要成果。这次地理国情普查为建国以来的第一次，是一项重大国情国力调查。在国务院普查工作领导小组领导下，测绘地信部门统筹实施，各地各部门协同配合，广大普查人员奋发努力，不到 3 年时间就基本完成了普查任务，摸清了地理国情家底，形成了一批有价值、有分量的普查和监测成果，为政府科学决策、生态文明建设、探索“多规合一”、开展领导干部自然资源资产离任审计试点等提供了重要地理国情信息支撑。

三是测绘地理信息深度融入经济社会发展主战场。《全国基础测绘中长期规划纲要》获国务院批复，现代测绘基准体系建设取得突破，基础地理信息资源日益丰富，测绘地信科技创新水平持续提升。国家地理信息公共服务平台“天地图”应用服务领域不断拓展，数字（智慧）城市建设扎实推进，应急测绘能力显著增强，为“三大战略”、“四大板块”和一系列重大工程建设、重大专项工作提供了有力支撑，经济社会效益和公众认可度显著提升。基于“互联网 +”的地理信息产品和服务持续扩展，地理信息产业保持高速发展，为大众创业万众创新和稳增长调结构作出了积极贡献。

四是数据开放共享与业务协同发展取得实效。认真贯彻《部局业务协作实施方案》，大力推进测绘地理信息与国土资源业务协作，主动融入国土资源改革发展总体部署。测绘地信局与海洋局、地调局签署协同发展合作协议，形成国土资源工作服务国家发展大局的整体合力。与国家有关部门、省级政府签署了一批合作协议，军民深度融合迈出有力步伐，推动了地理信息大数据应用和政府数据开放共享与资源整合。

总的看，2015年测绘地信工作有章有法、有声有色，扎实推进、亮点纷呈，标志着"十二五"圆满收官，为"十三五"顺利开局打下了坚实基础。在此，我代表国土资源部党组，向测绘地信工作取得的成绩表示祝贺，向测绘地信战线广大干部职工致以亲切问候，向关心支持测绘地信工作的有关部门和单位表示衷心感谢！

二、准确把握"十三五"面临的新形势新要求

"十三五"时期是全面建成小康社会的决胜阶段。党的十八届五中全会描绘了未来5年宏伟蓝图，中央系列工作会议对改革发展作出了全面部署。我们要始终坚持"观大势、议大事、懂全局、管本行"，准确把握"十三五"时期测绘地信工作面临的新形势新要求，自觉把思想和行动统一到党中央的重大判断与决策部署上来。

一要主动适应、积极引领经济发展新常态。当前，我国经济发展已经进入"三期叠加"和速度变化、结构优化、动力转换的新常态，这是党中央综合分析世界经济长周期和我国发展阶段性特征及其相互作用作出的重大判断。认识新常态、适应新常态、引领新常态，是当前和今后一个时期我国经济发展的大逻辑。目前，对新常态的认识有三种情况：第一种是认识逐步深入，适应更加主动，引领已经开始，这种情况在不断增加；第二种是认识还不到位，适应不太主动，引领基本无为，流于口号化，这种情况还比较普遍；第三种是很不适应，没有摆脱"速度情结"、"换挡焦虑"的思维定式，行动上自觉不自觉逆向而行。我们要对照这三种情况查找和改进自身思想行动上的不足，紧紧围绕"对新常态怎么看"、"新常态下怎么干"深化认识、统一思想，准确把握新常态下我们工作面临的新变化、新机遇、新挑战，切实增强适应引领新常态的自觉性和坚定性。

二要准确理解我国战略机遇期内涵的深刻变化。我国仍处于发展重要战略机遇期，但其内涵已经发生深刻变化。一方面，外部环境相对稳定的基本情势没有变，中国经济发展长期向好的基本面没有变，经济韧性好、潜力足、回旋余地大的基本特征没有变，经济持续增长的支撑条件没有变，经济结构调整优化的前进态势没有变。另一方面，世情国情不断变化，必须更多依靠内生动力实现发展、更多依靠扩大内需带动经济增长、加快从要素驱动转向创新驱动、积极参与全球经济治理、统筹国际国内事务。我们要辩证把握重要战略机遇期的"变"与"不变"，深入分析"变"与"不变"在测绘地信领域的具体表现，既要咬定青山、保持定力，也要与时俱进、主动作为，不断增强工作的前瞻性和主动性。

三要全面认识五大发展理念的引领作用。十八届五中全会提出了创新、协调、绿色、开放、共享五大发展理念，是关系我国发展全局的一场深刻变革，是"十三五"乃至更长时期我国发展思路、发展方向、发展着力点的集中体现，是我们党发展理论的重大创新。我们要准确把握创新是引领发展的第一动力、协调是持续发展的内在要求、绿色是永续发展的必要条件、开放是国家繁荣发展的必由之路、共享是中国特色社会主义的本质要求，深刻领会五大发展理念相互贯通、内在关联的逻辑关系，把五大理念统一贯彻到测绘地理信息事业发展全过程、各领域，努力开拓事业发展新境界。

四要科学把握推进结构性改革的新要求。中央提出，保持经济中高速增长，迈上中高端水平，必须坚持供需两端发力，在适度扩大总需求的同时，着力加强供给侧结构性改革，实施"宏观政策要稳、产业政策要准、微观政策要活、改革政策要实、社会政策要托底"五大政策支柱，抓好"去产能、去库存、去杠杆、降成本、补短板"五大重点任务。地理信息产业被国务院定位为战略性新兴产业，具有科技含量高、环境污染少、产业链条长、市场前景广阔、吸纳就业能力较强的特点，在结构性改革中应该也完全可以发挥重要作用。我们要按照"战略上坚持持久战、战术上打好歼灭战"的要求，深化认识、加深理解，找准接口、履职尽责，全力服务五大政策支柱实施和五大任务落地，积极助推结构性改革。

三、推动2016年测绘地理信息工作新发展

2016年是全面建成小康社会决胜阶段的开局之年，也是推进结构性改革的攻坚之年，测绘地信工作头绪多、任务重，要重点做好四方面工作。

一是以五大发展理念为引领，科学谋划"十三五”测绘地理信息事业发展。制定并实施好“十三五”规划，事关测绘地信事业全局和长远发展。规划编制要坚持以新的发展理念指导新的发展实践，紧紧围绕测绘地信事业发展的工作定位与核心问题科学谋划，加快构建测绘地信事业发展新格局。规划目标要紧密结合国家“十三五”规划纲要和基础测绘中长期规划纲要，深入分析新常态对测绘地信工作的新需求，聚焦突出矛盾和明显短板，细化指标体系，体现引领性和指导性。重点任务要统筹兼顾、突出重点，着力研究推出一批有利于破解发展难题、增进公平效率的重大政策，研究谋划一批对测绘地信结构调整带动性强、推动结构性改革作用大的重点项目。

二是以维护国家地理信息安全为目的，加快推进测绘地理信息法治建设。测绘地理信息是国家战略性基础信息资源，关乎国家主权、安全和利益。要以推进《测绘法》修订出台为契机，强化维护地理信息安全职能职责，依法开展并不断加强卫星导航定位基准站、互联网地图、测绘成果保密等方面的监管，杜绝因地图或地理信息引起外交争议和涉外事故。要按照国务院统一部署，加快推进简政放权、放管结合、优化服务，切实做到法无授权不可为、法定职责必须为，用行政权力的“减法”换取市场活力的“乘法”。要在强化科学监管、提高监管技术含量和实际能力上下功夫，维护公开公平公正的地理信息市场秩序。

三是以服务领导科学决策为重点，扎实做好地理国情普查和监测。第一次全国地理国情普查工作即将收官，要认真做好普查成果的审查、发布和提供，加强普查成果的转化和应用，充分发挥普查成果的作用和价值。同时，要建立常态化监测的工作机制，做好地理国情监测顶层设计，围绕主体功能区规划、资源环境承载力监测、新型城镇化建设等重点领域开展监测，充分发挥地理国情信息对经济社会发展的公共基底作用。普查是基础，监测是重点，要以点带线、以线促面，尽快形成一批针对性强、实用价值高的监测成果，打造行业品牌和独特优势，加快推动测绘地信事业转型升级，努力满足新常态下各行各业各界对测绘地理信息的旺盛需求。

四是以供给侧结构性改革为动力，持续增强测绘地理信息对经济社会发展的保障服务能力。要围绕服务国计民生，强化需求导向和问题导向，在政策上作出前瞻性安排，补齐补强突出短板，提高供给结构适应性和灵活性，推出更多更好的地理信息产品和服务。要落实创新驱动发展战略，加强测绘地信科技创新，着力发展新型基础测绘，不断提升地理信息获取能力，加快推进全国基础测绘统筹建设、协调发展、资源共享，为经济社会发展提供丰富的基础地理信息数据资源保障。要着力打造地理国情监测、“天地图”、数字（智慧）城市、应急测绘、全球地理信息资源建设、现代测绘基准服务等行业品牌，加快推进业务协同与共享合作，不断拓展测绘地理信息应用领域，为国家重大战略、重大工程、重大工作、脱贫攻坚和应对突发事件提供有力支撑保障。坚持一手抓地理信息规范管理，一手抓促进地理信息产业发展，加快地理信息与“互联网＋”行动计划、《中国制造2025》深度融合，推动大众创业、万众创新，不断提升地理信息产业对国民经济发展的贡献率。

四、深化“三严三实”教育成果，强化干部队伍能力建设

这两年，国土资源系统通过开展群众路线教育实践活动和“三严三实”专题教育，干部队伍作风建设取得明显成效。同时也要看到，在新常态和作风严管形势下，我们一些同志还不同程度存在着不敢为、不会为、不善为问题，缺乏履职担当、善作善为的勇气和能力。为此，部党组决定，今年在持续抓好作风建设的同时，深入开展“能力建设年”活动，加快提升各级领导干部新常态下破解难题、推动工作的能力和水平。

向党中央看齐，着力巩固延伸“三严三实”专题教育成果。“三严三实”专题教育结束后，我们要保持反“四风”、正党风、反腐败、倡清廉的战略定力，把“三严三实”专题教育取得的经验应用到经常性党建工作中去，做到标准不降、要求不松、力度不减。要紧盯党风廉政建设的新情况、新变化，厘清问题症结，及时跟进措施，掌握情况不迟钝、解决问题不拖延、化解矛盾不积压。要深化和延伸专题教育成果，切实把党风廉政建设“两个责任”落实到位，把纪律和规矩挺在前面，推动国土资源和测绘地信战线党员干部努力改进思想作风、学风、工作作风、领导作风、干部生活作风，把好的作风全面树起来。要经常向党中央看齐，向党的理论和路线方针政策看齐，自觉把“三严三实”要求体现到坚持坚定正确的政治方向上，体现到落实党中央的重大决策部署上，体现到干好日常工作上，体现到严格要求自己上。践行“三严三实”，领导干部要做到定位准、标杆高、行之笃，切实发挥表率作用。

加强培训锻炼，着力提高履职担当、善作善为的能力。要通过学习培训、实践锻炼、交流轮岗、调查研究等多种方式，着重增强四种能力。一要提高懂全局、管本行的能力。要把握全局，自觉做到小局服从大局，小道理服从大道理；要做好本职，业务上成为行家里手，工作上做到得心应手。二要提高抓重点、破难题的能力。要坚持目标导向和问题导向、尊重基层首创和加强顶层设计、精准施策和宏观谋划相统一，加快建设一支敢打硬仗、善打硬仗的坚强队伍，锤炼一批敢于担当、不怕困难的攻坚高手，及时破解制约事业发展的突出矛盾和问题。三要提高抓落实、求实效的能力。领导干部要有“功成不必在我”的胸襟和高度自觉的协同意识，凝聚抓落实的合力，发扬“钉钉子”精神，善始善终、善作善成；要完善抓落实责任制，确保各项任务分工明确、责任落实，促进干部在其位谋其政、任其职尽其责。四要提高崇廉洁、拒腐蚀的能力。强化党章党规党纪意识，把纪律和规矩挺起来，为党员干部套上“紧箍咒”、系上“安全带”，永葆共产党人本色。特别是要强化担当意识，注重正面激励引导，完善容错纠错机制，旗帜鲜明地为勇于干事者撑腰、为敢于担当者担当，营造人人都能主动作为、奋发有为的创业环境。

测绘地理信息事业是国土资源事业的重要组成部分。我每次到测绘创新基地来，都能看到新的变化、新的面貌、新的成绩，感到振奋和高兴。国土资源部党组将一如既往地关心支持测绘地理信息工作，让我们齐心协力、共同努力，为“十三五”时期开好局、起好步，走出一条服务更好、质量更高、结构更优、保障更加有力的测绘地理信息事业改革发展新路。

元旦刚过，春节临近，祝愿大家节日愉快、阖家幸福！

在学习宣传贯彻《地图管理条例》电视电话会议上的讲话

国家测绘地理信息局局长　库热西·买合苏提

2016年1月6日

同志们：

下午好！

2015年11月11日，李克强总理主持国务院常务会议，审议通过了《地图管理条例》（以下简称《条例》）草案，11月26日签署国务院令第664号发布。《条例》的出台，充分体现了党中央、国务院对测绘地理信息工作的关心和重视，显示了推动地理信息产业发展、维护地理信息安全的重要性，奠定了地图管理的法治基础，是测绘地理信息工作的重要立法成果。今天我们召开电视电话会议，就是要部署《条例》学习宣传贯彻工作，统一思想和认识，把握《条例》内涵和要义，切实维护地理信息安全，大力促进地理信息产业发展。

一、高度重视，充分认识《条例》颁布实施的重要意义

《条例》是测绘地理信息法律规范体系的重要组成部分，是依法治测的有力抓手，对于保障测绘地理信息事业改革创新发展具有重要意义。

（一）《条例》的颁布实施是加快建设测绘地理信息法治体系的重要举措

自2006年起，国务院法制办、国土资源部、国家测绘地理信息局从维护国家安全和利益、依法有效促进地理信息资源的广泛应用，发挥地图服务大局、服务社会、服务民生的保障作用为出发，开展了《条例》的立法工作。经过10年的努力，《条例》于今年1月1日起施行，从法律的高度规定有关地图活动的基本准则，为地图管理提供基本依据，将测绘地理信息改革的实践和探索纳入了法治轨道，对促进地理信息产业发展作出了明确规定。作为测绘地理信息法治建设的重要成果，《条例》的出台，标志着测绘地理信息法治化迈入了新的阶段，充分反映了测绘地理信息在经济社会发展中的战略地位，充分体现了地图维护国家主权、保障地理信息安全、服务经济社会发展的重要作用。

《条例》的颁布实施，将推动各级人民政府加快制定配套规章和规范性文件，进一步完善以《测绘法》为核心的测绘地理信息法律规范体系；提升各级测绘地理信息主管部门的法治思维、法治方式和履责意识；有利于营造公正公开公平的市场环境，提高测绘地理信息行业单位和从业人员守法意识，从而加快推进测绘地理信息的法治化进程。

（二）《条例》的颁布实施为测绘地理信息事业改革创新发展提供了重要保障

当前，我国测绘地理信息事业正处在改革创新发展的关键时期，事业发展环境进一步优化，基础保障服务能力不断增强，地理国情普查和监测、数字城市建设、“天地图”建设等方面取得显著成效，地理信息产业发展迅速，测绘地理信息事业在经济社会发展中的作用更加凸显。新常态下，党中央、国务院对测绘地理信息工作的要求更高，经济社会发展对测绘地理信息服务保障的需求旺盛。《条例》一方面为我们指明了改革和法治的方向，提供了发挥作用、彰显价值的广阔舞台；另一方面也对转变政府职能、发挥市场在资源配置中的决定性作用、改变服务模式、提升服务水平提出了明确和严格的要求。《条例》的颁布实施必将促进各级政府、部门更加关心和支持测绘地理信息事业，提振广大测绘地理信息工作者和地理信息企业的信心，增强促进地理信息事业改革创新发展的责任感和使命感。

（三）《条例》的颁布实施有利于促进地图市场健康发展

地图涉及国家主权、安全和利益，关系百姓日常生活，广泛服务于社会各个领域。目前，地图的需求极为旺盛，传统纸质地图和各类电子地图、导航地图、互联网地图快速发展，手机地图用户规模已经超过6亿。地图市场繁荣的同时，也出现一些问题，例如，地图上错绘国界线、行政区域界线以及漏绘我国南海诸岛和钓鱼岛的现象屡禁不止，出现违背“一个中国”原则的错误；在互联网地图上标注和上传涉密信息，泄露国家秘密、危害国家安全的问题时有发生，甚至引发外交争议和涉外事故。问题地图引起了党中央、国务院的高度重视，中央领导同志对此多次作出重要批示。国家测绘地理信息局联合其他有关部门，多次开展专项整治活动，查处地图市场的违法违规行为。《条例》完善了地图管理各个环节，首次对互联网地图服务提出要求，规范了地图市场秩序，有力遏制各类地图违法行为。在维护地理信息安全的同时，保障社会大众依法开发、利用各类地图及其衍生产品的权益。

二、加强学习，准确把握《条例》规定的制度措施

《条例》对测绘地理信息工作和地图管理提出了新的更高要求，各地各部门要加强学习，全面深刻领会《条例》各项原则、制度、措施的含义和实质。

一是准确理解《条例》关于促进地理信息产业发展的要求。《条例》在总则中将“促进地理信息产业健康发展”作为立法目的之一，统领整个《条例》；确立促进地理信息产业发展的基本路径，规定采取支持地理信息科学技术创新和产业发展，加快地理信息产业结构调整和优化升级，促进地理信息更深层次应用的方式，推动地理信息产业发展；制定多项促进地理信息产业发展的具体措施，加强政府对市场的引导和服务。《条例》凸显了地理信息产业在经济社会发展中的战略地位，明确了地理信息产业发展的方向，进一步优化了发展环境，拓宽了发展空间，有利于释放和激发市场活力，培育企业创造力和竞争力，将对产业发展起到有力推动作用。

二是准确理解《条例》关于互联网地图的规定。针对近年来互联网地图服务蓬勃发展的实际，《条例》增设了专章，首次将互联网地图纳入法治轨道，明确了“国家鼓励和支持互联网地图服务单位开展地理信息开发利用和增值服务”，规定了县级以上人民政府应当加强政策扶持，充分鼓励互联网地图的发展；建立了完备的互联网地图安全保障制度，加强了对地图用户个人隐私的保护，并对互联网地图服务实施全程监管，既保障了地理信息的安全，又规范和促进了互联网地图行业活动。

三是准确理解《条例》强化地图统一监管制度措施。《条例》按照现行《测绘法》的要求，明确测绘地理信息行政主管部门负责地图的统一监督管理，地图管理体制由中央和省两级延伸到县一级。《条例》提出了增强公民国家版图意识要求，规定应当使用正确表示国家版图的地图，编制地图时应当完整表示我国疆域；明确国家版图意识教育应当纳入中小学教学内容，各级人民政府及其有关部门、新闻媒体应当加强国家版图宣传教育，标志着全民参与国家版图意识教育纳入了法制化轨道。

四是准确理解《条例》简政放权、放管结合、

优化服务的内涵。《条例》严格贯彻落实国务院深化行政审批制度改革精神，没有新设行政许可，对原有的地图审核制度进行了完善。下放行政权力，地图审核权限从国家、省二级审核改为国家、省、市三级审核；优化审批流程，明确地图审核范围，缩短地图审核时间，方便行政许可相对人。重点加强事中事后监管，建立了地图编制、审核、出版以及向社会公开的全过程管理制度。在促进政府职能转变，提供优质公共服务方面，规定测绘地理信息行政主管部门要编制并定期更新公益性地图，向社会无偿提供；要通过地理信息公共服务平台，向社会提供地理信息公共服务；要提升基础地理信息数据的获取、处理、更新能力，实现地理信息数据开放共享等。

三、主动作为，推动测绘地理信息事业发展再上新台阶

有法可依之后，有法必依就成为了关键。各级测绘地理信息行政主管部门要扎实做好《条例》的贯彻落实工作，推动测绘地理信息事业改革创新发展。

一要着力推进地理信息产业发展。随着信息社会的来临，地理信息产业迎来了良好的发展机遇。习近平总书记在中央网络安全和信息化领导小组第一次会议上首次提出建设网络强国的战略，并提出了“壮大互联网产业”的要求。国务院从国家层面明确了地理信息产业为战略性新兴产业，专门印发了《关于促进地理信息产业发展的意见》，此外，连续出台了促进信息消费、国家卫星导航产业、推进大众创业万众创新和“互联网＋”行动计划、大数据战略等一系列重大政策，为我们“壮大地信产业”指明了方向、提出了要求。

地理信息生产与服务去专业化趋势明显，带来了地理信息产业核心要素的重新分配、生产关系的重构和利益格局的调整。地理信息的用户数量以亿计算并不断扩展，用户群体从以政府为主转向政府、企业和大众并重；地理信息产业效益在不断高速增长，规模不断扩大；市场主体日趋多样化，发展的模式也在不断融合新行业、新业态。我们要以《条例》颁布实施为契机，继续贯彻落实好产业意见和相关重大政策，逐步清理和废除妨碍产业发展、制约市场主体活力释放的规定和做法，补充完善有利于产业长远发展的政策法规，构建适应国家改革发展要求和有利于地理信息产业快速健康发展的政策法规环境。要紧跟互联网时代的发展步伐，契合互联网时代的发展方式，加快推进地理信息产业结构调整和转型升级。要落实好《条例》建立的开放、共享理念，在保障地理信息安全的前提下，推动地理信息资源共享，引导和支持企业提供地理信息社会化服务，促进地理信息产业发展。

二要全面加强测绘地理信息法治建设。各级测绘地理信息行政主管部门要加强对全面推进依法治测统一领导、统一部署、统筹协调。党政主要负责人要履行推进法治建设第一责任人职责。坚持法定职责必须为、法无授权不可为，实行权力清单制度，不得法外设定权力，没有法律法规依据不得作出减损公民、法人和其他组织合法权益或者增加其义务的决定，全面推进政务公开；强化国家测绘地理信息局宏观管理、制度设定职责和必要的执法权，强化省级测绘地理信息行政主管部门统筹推进区域内基本公共服务均等化职责，强化市县测绘地理信息行政主管部门执行职责。

工作上，首先是加快推进重点立法项目。要坚持立、改、废、释并举，深入推进科学立法、民主立法，全力推进《测绘法》的修订工作，加快《条例》配套法规体系建设，形成完备的测绘地理信息法律规范体系。其次是规范行政执法行为。要根据市、县测绘地理信息工作实际，按照下移执法重心、下沉执法力量、整合执法队伍、提高执法效率的原则，积极促进推动市县级测绘地理信息行政执法机构建设，合理配置执法力量，着力推进联合执法、综合执法，并通过组织执法培训、加强指导协调、强化监督检查、实施执法人员资格制度等方式，提升基层执法和服务的水平与效能。第三是依法全面履行管理职能。要加强和改善测绘地理信息行政管理、市场监管、公共服务等方面的制度建设，调整弱化事前审批，强化事中事后监管，促进合理竞争，维护公开公平公正的市场秩序。

三要全面强化地理信息公共服务。应用是测绘地理信息核心价值的最大体现，也是测绘地理信息服务和保障经济社会发展的根本目的所在。随着各领域改革的不断深入，测绘地理信息工作与政府管理决策、企业生产运营、人民群众生活的联系将更加紧密，全社会各方面对地理信息服务保障的需求将更加旺盛。我们要紧紧围绕国家改革发展大局，主动服务和保障国家重大战略，加快新型基础测绘体系建设，开展地理国情常态化监测，打造“天地图”

战略性信息平台，推动数字城市向智慧城市升级，加强应急测绘保障，推进全球地理信息资源建设，促进资源共享与业务协同，扩大地理信息有效供给，创新公共产品和公共服务，打造新时期测绘地理信息行业品牌，深度融入和服务经济社会科学发展。

地图作为地理信息最直接、客观的表现形态，是地理信息产业发展中的重要一环，发展无限，生机无限。要创新思维模式，积极探索通讯、网络、信息新技术与地图技术的融合发展和应用，向领导、部门和大众提供丰富适用的地图产品，促进地图市场繁荣发展。

四要切实维护国家地理信息安全。贯彻总体国家安全观，采取切实措施维护国家地理信息安全。一是科学合理定密。要根据《条例》的规定，尽快制定出台定密制度，做好相关规范性文件的立改废工作。二是加强重点环节监管。通过地图审核、保密技术处理、数据安全监管等方式保障地理信息安全，重点加强互联网地图管理。三是加大事中、事后监管力度，不断提升测绘地理信息依法行政水平。

前一个阶段，全国开展互联网地图服务网站摸底清查和日常监管，实现国省两级适时监控检定互联网地理信息，对教辅地图、历史地图进行清查；组织了全国地理信息保密检查，依法责令近1000个单位整改；开展了国家版图意识宣传教育“进媒体”活动，切实维护国家地理信息安全和国家版图尊严。加大了对涉外、涉军、涉密、涉证、涉网测绘活动的监管力度，规范了测绘地理信息市场秩序。后续工作中，我们要重点围绕中央领导关注的卫星导航定位基准站，规定建站、运行、服务的具体要求，明确安全监管的职责；对其他地理信息安全，采取建立防控技术体系，细化监管措施等确保安全。

“十三五”时期，各级测绘地理信息行政主管部门要以《条例》实施为契机，紧密围绕国家改革发展大局，深入贯彻落实创新、协调、绿色、开放、共享五大发展理念，加快实施“加强基础测绘，监测地理国情，强化公共服务，壮大地信产业，维护国家安全，建设测绘强国”的发展战略，全面推进地理信息和地图监管的依法行政，提升基础地理信息获取能力，推进数据开放共享，提高地理信息公共服务水平，扩大地理信息深层次应用，促进地理信息产业发展，切实维护国家地理信息安全，为全面建成小康社会作出新的贡献！

在全国测绘地理信息工作会议上的工作报告

国家测绘地理信息局局长　库热西·买合苏提

2016年1月11日

同志们：

本次会议的主要任务是：深入贯彻落实党的十八大和十八届三中、四中、五中全会和中央经济工作会议、中央城市工作会议精神，认真学习贯彻习近平总书记系列重要讲话和给国测一大队回信重要指示精神，贯彻落实李克强总理、张高丽副总理重要批示精神和国务院对测绘地理信息工作的部署要求，全面总结2015年工作，简要回顾“十二五”事业发展成就，研究提出“十三五”测绘地理信息事业发展总体思路和发展目标，安排部署2016年工作，研判形势、明确任务、凝聚力量，加快测绘地理信息事业改革创新发展。

本次会议得到了国务院领导同志的关心和重视。会前，中共中央政治局常委、国务院总理李克强同志，中共中央政治局常委、国务院副总理张高丽同志审阅了会议工作报告，并分别作出重要批示。

克强总理和高丽副总理的重要批示，充分肯定了测绘地理信息工作取得的成绩，为加快测绘地理信息事业改革创新发展指明了前进方向、提出了明确要求，体现了党中央、国务院对测绘地理信息工作的高度重视和亲切关怀，是对全国广大测绘地理信息工作者的极大鼓舞和激励，是我们做好各项工作的强大动力和重要遵循。我们一定要深入学习贯彻克强总理和高丽副总理重要批示精神，紧紧围绕党和国家中心工作，加快推进测绘地理信息事业改革创新发展，以实际行动、优异成绩回报克强总理和高丽副总理的关怀重视与殷切期望，为全面建成小康社会作出新的更大贡献。

国土资源部党组书记、部长、国家土地总督察姜大明同志一直重视关心和亲自指导测绘地理信息工作，今天专程出席会议并作重要讲话。刚才，大明部长充分肯定了2015年测绘地理信息工作取得的成绩和“十二五”事业发展成就，深刻阐述了我国当前经济社会发展面临的形势，对做好“十三五”测绘地理信息工作提出了殷切希望，我们一定要认真学习领会，抓好贯彻落实。

下面，我向会议作2015年全国测绘地理信息工作报告，请提出意见。

一、2015年工作回顾和“十二五”时期事业发展主要成就

刚刚过去的2015年是测绘地理信息发展进程中不平凡的一年。在党中央、国务院的坚强领导下，在国土资源部的关心指导下，在国家有关部门、地方党委政府和社会各界的大力支持下，国家测绘地理信息局党组团结带领全行业广大干部职工，观大势、谋大事、强基础、拓发展，办成了一系列事关全局和长远的大事要事，圆满完成了2015年各项工作和“十二五”规划确定的目标任务，谱写了改革创新发展的新篇章。

这一年，习近平总书记在“七一”党的生日亲自给国测一大队老队员老党员回信，充分肯定国测一大队爱国报国、勇攀高峰的感人事迹和崇高精神，对全国测绘地理信息工作者和广大共产党员提出殷切希望。这是永载测绘地理信息史册的重要里程碑，充分体现了党中央对测绘地理信息工作的高度重视和亲切关怀，是全行业广大干部职工的无上光荣和崇高荣誉，是激励全国测绘地理信息工作者和全体共产党员的强大思想动力。这一年，《测绘法》修订得到党中央、全国人大、国务院的高度重视，纳入国家安全立法体系和全国人大常委会、国务院年度立法计划，修订工作推进很快、很有成效。经国务院常务会议审议，历时10年进程的《地图管理条例》于今年1月1日起施行，这是测绘地理信息的重要立法成果，既强化了维护国家地理信息安全的监管职责，又为促进地理信息产业发展提供了法律保障。中办、国办、中央军委办公厅专门联合下发通知，要求加强卫星导航定位基准站建设和应用管理，明确了国家和省级测绘地理信息行政主管部门的职责。这一年，国务院批复同意了《全国基础测绘中长期规划纲要（2015—2030年）》，为我们做好新常态下基础测绘工作提供了纲领性文件。中办、国办关于开展领导干部自然资源资产离任审计试点、国家民用空间基础设施中长期发展规划等重大政策对测绘地理信息工作提出了明确要求。可以说，党中央、国务院对测绘地理信息工作给予了高度重视和大力支持，国家各部门、地方党委政府的重视支持力度大幅提高，测绘地理信息部门职能职责显著强化，服务大局、服务社会、服务民生的重要作用更加彰显，我国测绘地理信息事业迈入了新的发展时期。

（一）以学习宣传贯彻习近平总书记回信重要指示精神为指引，全行业干事创业的精神力量更加凝聚。局党组把学习贯彻总书记回信重要指示精神作为首要政治任务，与开展“三严三实”专题教育紧密结合，不断把学习宣传贯彻引向深入。一是及时传达学习。局党组主要负责同志第一时间赴国测一大队，把总书记回信送到邵世坤等6位老队员老党员手中。召开国测一大队座谈会、局“七一”干部大会、全国局长座谈会、纪念珠峰测量座谈会等进行深入学习传达，并印发了学习宣传贯彻意见。二是各方积极支持。中组部结合“三严三实”专题教育大力支持宣传贯彻工作，中宣部把国测一大队宣传列入重点宣传计划。国土资源部部长姜大明同志亲自指导学习宣传贯彻工作的开展，并看望慰问了国测一大队干部职工。陕西省委书记赵正永同志亲自主持部署开展了一系列学习贯彻活动。三是开展大规模宣传。组织中央新闻单位开展了集中深入采访和大规模持续宣传，引起社会强烈反响。组建国测一大队先进事迹报告团，在国土资源系统、测绘地理信息系统和陕西、四川、重庆、江西等省市举行16场报告会。通过深入学习宣传贯彻，极大鼓舞了全行业干部职工干事创业的决心和信心，树立了测绘地理信息队伍优良形象，提升了测绘地理信息社会影响，向全社会传播了正能量，事业发展环境得到明显优化。

（二）以推进立法工作为重点，测绘地理信息法治建设成效显著。我们深入贯彻十八届四中全会精神，出台贯彻落实实施意见和主要任务分工方案，召开了法治工作会议，制定了立法五年规划，加快推进依法行政。一是立法取得重要成果。《测绘法》修正案（草案）已上报国务院，配合全国人大环资委、国务院法制办开展了立法调研。《地图管理条例》颁布实施。江苏、陕西、辽宁、青海、四川等地立法取得新进展。二是进一步简政放权。取消涉及行政审批的中介服务事项，提出了准入负面清单，实现全部审批事项“一个窗口”受理，各地也取消下放了一批审批项目。三是加强事中事后监管。实施了测绘资质年报公示和巡查制度，建立了信用约束机制，推进了联合执法。认真开展卫星导航定位基准站核查，摸清了我国基准站现状和存在问题。覆盖全国的互联网地图监控网络基本建成，实现国省两级监控节点对网上地理信息快速发现、分工研判和协同处理；对教辅地图、历史地图进行了清查；组织了全国地理信息保密检查，依法责令近1000个单位整改；开展了测绘法宣传日和国家版图意识宣传教育“进媒体”活动，切实维护国家地理信息安全和国家版图尊严。

（三）以摸清地理国情家底为使命，第一次全国地理国情普查取得丰硕成果。在张高丽副总理为组长的普查领导小组统一领导和各级政府、有关部门的大力支持下，全国各级普查办恪尽职守、攻坚克难，5万余名普查人员夜以继日、艰辛付出，普查工作即将全面收官。一是普查任务基本完成。全面摸清了地理国情家底，完成了全覆盖、无缝隙、高精度的普查数据生产，普查标准时点核准全部统一数据时相，普查数据库完成建库，基本统计准备就绪，设计制作了普查成果样本，普查工作进入收尾阶段。二是地理国情监测稳步推进。坚持“边普查、边监测、边应用”，初步建立了地理国情监测生产组织和技术体系，完成了“地理国情监测应用系统”国家科技支撑项目，取得了京津冀一体化发展、三江源生态保护区管理、沿海滩涂变化、三峡地区地质环境变化、国家级新区建设变化等一批有分量的监测成果和海南省“多规合一”信息化平台建设等应用成果，浙江率先开展了地理国情监测服务领导干部自然资源资产离任审计试点，在服务政府科学决策、生态文明建设、“多规合一”和反恐维稳等工作中发挥了重要作用。

（四）以服务大局为主旨，测绘地理信息保障服务能力提质增效升级。我们紧紧围绕国家改革发展大局，始终坚持基础测绘的基础地位不动摇，创新地理信息公共产品和服务，主动超前服务，主动保障发展，能力显著提升，影响日益扩大。一是基准建设取得重要突破。国家现代测绘基准体系基础设施建设一期工程即将竣工。统筹建设了1879站规模的全国卫星导航定位基准站网，基本建成了全国卫星导航定位基准服务系统，构成了目前我国支持北斗系统的最大规模基准站网，实现了全国基准服务系统的自主可控。二是基础地理信息数据资源更加丰富。覆盖全国的国家1:5万、1:25万、1:100万基础地理信息数据库完成年度更新；全国1:1万基础地理信息覆盖累计达到560万平方千米，23个省（市）实现了全域覆盖；大比例尺基础地理信息数据覆盖了大部分城镇地区。航空航天影像数据日益丰富，“资源三号”卫星影像全球有效覆盖达到7112万平方千米，拥有各时期、各分辨率其他卫星影像2810万平方千米，国家、省级基础航空摄影达到626万平方千米。全球地表覆盖数据持续更新，极地测绘、新农村建设测绘项目稳步实施。三是着力打造行业品牌。国家地理信息公共服务平台“天地图”汇集了国家、省、市（县）节点408个在线数据，整合了统计、旅游、气象等近百层专题数据，应用服务在国家电子政务、防灾减灾和水利、公安、安监、海关、气象等领域发挥了重要作用。数字城市在全国所有地级市和476个县级市全面铺开，应用系统达5600多个，智慧城市试点取得阶段性成果。创新展览和宣传形式，成功举办首次全国测绘地理信息应用成果和地图网上展览。应急测绘能力显著增强，为新疆皮山地震、尼泊尔地震西藏震灾、天津滨海新区爆炸和陕西山阳、浙江丽水、广东深圳山体滑坡等突发事件提供了高效有力保障。主动做好领导用图服务，为“一带一路”、京津冀协同发展、长江经济带等国家重大战略、南水北调等重大工程和“9·3”阅兵、冬奥会申办等重大工作提供了重要保障。四是共享融合发展成效突出。国家局继续深化与国土资源部的部局业务协作，与国家发展改革委联合印发了《市县经济社会发展总体规划技术规范与编制导则（试行）》，与江西、海南等省级政府和水利部、国家海洋局等有关部门及国防科学技术大学、解放军信息工程大学等军队单位签署合作协议25个，有力推动了地理信息大数据应用、政府数据开放共享与资源整合，军地融合不断深化。援疆援藏和扶贫工作取得扎实成效。

（五）以推进基于地理信息的大众创业、万众创新为着力点，地理信息产业保持强劲发展势头。我们着力推动产业跨界组合、资本融合、技术结合，推进地理信息领域的“双创”，地理信息产业继续保持年均25%的高速增长。一是深入贯彻落实《意见》。持续推进《国务院办公厅关于促进地理信息产业发展的意见》的贯彻落实，推动发改、科技、教育、工信、税务等部门明确提出支持举措，22个省（区）政府出台了配套政策文件，湖北省出台北斗产业发展行动方案，吉林省将“吉林一号”商业卫星应用作为促进产业发展的重要途径。二是搭建产业发展平台。通过放宽准入、数据开放、项目驱动、规范市场等举措促进产业发展，召开地理信息产业企业家座谈会共谋发展良策；浙江、四川、山东、江苏、湖南等地产业园集聚效应显现；中地信地理信息股权投资基金启动运营，智慧四川产业投资基金设立，浙江引入风投基金和信贷投放助推产业发展。三是推动产业高速发展。在国家整体经济下行压力较大的背景下，地理信息产业逆势上扬，规模持续快速增长，质量效益不断提升。北斗“百城百联百用”行动计划成效明显，浙江建设了国家地理信息创客空间“地信梦工场”，部分企业自发设立“双创”中心，基于地理信息的新型应用蓬勃兴起，带动了相关产业行业转型升级。

（六）以加快理顺和完善科技创新体制机制为动力，创新驱动发展成效显著。我们把科技创新摆在事业发展全局的核心位置去考量和谋划，加快推进科技创新体系建设。一是强化科技创新顶层设计。明确提出以科技创新作为核心驱动力提升整体实力，召开了科技创新工作会议，出台了加强科技创新的意见。国家局列入国家科技计划（专项、基金）管理部际联席会议，并承担相应职责。二是抓好科技协同攻关。参与了12个国家重点研发专项和3个专项科技规划编制，3个国家科技计划项目获批。“资源三号”卫星应用系统全面建成，1∶1万测图卫星高分七号和高分遥感测绘应用示范系统（一期）工程获批立项。长江沿线11省市联合成立了长江经济带地理信息协同创新联盟。首个由我国主导编制的地理信息国际标准提交发布，我局主导编制的卫星导航定位基准站、智慧城市时空信息基础设施国家标准立项，发布了管线测绘行业标准。全球地表覆盖制图项目荣获“2015世界地理信息技术创新奖”。三是推动对外合作交流。与联合国合作稳步推进发展中国家地理信息管理能力开发，“联合国全球地理信息管理德清论坛”永久会址开工建设，武汉大学成为联合国全球地理信息教育培训基地。援建巴基斯坦新一代国家测绘基准在商务部立项，“数字湄公河地理空间框架建设”示范项目向湄公河五国推广。成功举办了“国际地图年”中国系列活动。

（七）以“三严三实”专题教育为抓手，从严加强党的建设和干部队伍建设。我们贯彻全面从严治党要求，党的建设、党风廉政建设和干部队伍建设不断加强。一是“三严三实”专题教育取得实效。突出教育主题，制定实施方案，扎实开展了领导干部讲党课和专题学习研讨、成果交流活动。坚持以上率下，各级领导干部深学细照笃行，带头查摆解决“不严不实”问题，对公务员参加评审论证等活动作出严格约束和规定，进一步清退超标准办公用房，清理规范公务用车，严格执行领导干部个人有关事项报告制度。严肃党内生活，认真开好专题民主生活会，抓好整改落实、专项整治和立规执纪。二是党建工作实现新的发展。坚持思想建党和制度治党，严明政治纪律和政治规矩，修订了党组工作规则，制定了意识形态责任制实施细则，建立了直属局领导班子定期汇报和谈话制度。严格落实党风廉政建设党委主体责任、纪委监督责任，加大了巡视和审计监督力度，严肃财经纪律和资金管理。坚持抓早抓小、防微杜渐，对违纪案件依纪查处。三是干部队伍建设成效突出。坚持正确用人导向，严格干部管理监督，注重教育培训实效。大力实施各类人才培养工程，高层次创新型人才梯队建设不断加强。扎实推进事业单位分类改革，社团组织活力不断释放。19个地理信息职业列入新版《国家职业分类大典》，注册测绘师制度不断完善，成功举办了第四届行业职业技能竞赛。加强宣传策划与统筹，宣传工作富有成效，测绘精神得到大力弘扬和传承发展。群团、老干部工作扎实有效。

2015年，我们在感受伟大祖国进步和伟大时代变革的同时，也让全社会感受到测绘地理信息工作者的忠诚与奉献、测绘地理信息事业的作用与贡献，这也标志着“十二五”测绘地理信息工作实现了圆满收官！

回顾过去的五年，党中央、国务院对测绘地理信息工作高度重视和亲切关怀，赋予我们更多职责和更高期待，指引和激励全行业广大干部职工在改革中熔铸辉煌、在发展中彰显成就，镌刻下一个个砥砺前行的奋斗坐标、绘就成一幅幅锐意进取的经纬画卷，为国家富强、民族振兴、人民幸福作出了重要贡献。这五年，国家局党组解放思想，统领全局，破解难题，谋划思路，科学确立了新常态下“加强基础测绘，监测地理国情，强化公共服务，壮大地信产业，维护国家安全，建设测绘强国”发展战略，指导了改革创新发展的生动实践，开创了事业发展崭新局面；这五年，以《测绘法》为核心的法律规范体系基本建立，行政管理体制机制不断完善，在维护国家主权、安全和利益方面的职能职责显著强化，在资源统筹与共享融合发展方面的能力水平显著提升；这五年，中央和地方各级财政大幅增加测绘投入，地理信息资源加快由地上向地下、陆地向海洋、国内向全球的战略拓展和更新，地理国情监测、“天地图”、数字（智慧）城市、应急测绘、现代测绘基准服务系统等新型服务模式深度融入了经济社会发展主战场；这五年，地理信息产业被国务院确定为战略性新兴产业，保持持续快速增长，基于地理信息的新型应用和服务成为大众创业、万众创新的重要领域，为国家稳增长、促改革、调结构、惠民生、防风险发挥了积极作用；这五年，我国信息化测绘技术体系初步建立，科技创新人才培养成效显著，测绘地理信息科技实力整体达到国际先进水平，中国在全球测绘地理信息事务中的话语权和影响力显著提升。这五年，我们坚持全面从严治党，加强领导班子和干部队伍建设，深入推进党风廉政建设，持之以恒执行中央八项规定，扎实开展群众路线教育实践活动和“三严三实”专题教育，党风政风行风为之一新。

成就的取得来之不易，积累的经验弥足珍贵，创造的精神财富影响深远，这得益于党中央、国务院的坚强领导，得益于各部门、各级党委政府的鼎力支持，得益于全行业广大干部职工的顽强拼搏，得益于历届国家局领导班子打下的坚实基础。在此，我代表国家测绘地理信息局党组，向关心支持测绘地理信息工作的各级领导、社会各界表示衷心的感谢，向全行业广大干部职工致以崇高的敬意，向为测绘地理信息事业发展接续奋斗的老领导老同志们表示诚挚的谢意！

二、“十三五”测绘地理信息事业发展面临的形势、指导思想和发展目标

“十三五”时期是全面建成小康社会、实现我们党确定的“两个一百年”奋斗目标的第一个百年奋斗目标的决胜阶段，也是测绘地理信息事业改革创新发展的关键阶段，要准确研判发展形势，牢牢扭住发展方向，科学谋划发展思路。

（一）深刻认识测绘地理信息事业发展面临的形势

当前，我国经济发展进入新常态，与复杂多变的国际形势和新一轮科技革命、产业变革形成历史性交汇。测绘地理信息事业处于大有作为的重要战略机遇期，但同时面临不少困难挑战，需要我们在抢抓机遇中积蓄应对挑战的强大力量、在应对挑战中促进事业持续健康发展。

一方面，测绘地理信息事业发展面临重大机遇。党的十八大以来，以习近平同志为总书记的党中央从实现中华民族伟大复兴“两个一百年”总目标出发，提出“四个全面”战略布局和“五位一体”总体布局，十八届五中全会提出必须牢固树立“创新、协调、绿色、开放、共享”的发展理念，明确了“十三五”乃至更长时期我国发展思路、发展方向、发展着力点，为测绘地理信息事业发展提供了根本遵循、行动指南和奋斗目标。要求我们紧紧围绕党和国家中心工作，用新的发展理念引领发展行动，进一步明确测绘地理信息事业发展的目标任务和政策举措。新常态下，党中央、国务院提出“一带一路”、京津冀协同发展、长江经济带和“互联网+”、《中国制造2025》、大数据行动纲要等重大战略，制定了一系列改革开放新举措，为测绘地理信息工作提供了彰显作用的新时空、大有作为的新舞台。要求我们强化需求导向和供给能力，改革生产方式和服务模式，大力自主创新，加大资源整合，加快全球布局，打造优质公共产品、公共服务和大众创业、万众创新“双引擎”，主动适应新常态、引领新常态、服务新常态。

一方面，测绘地理信息事业发展面临严峻挑战。从维护国家地理信息安全看，随着大众测绘时代的到来，移动互联网、物联网、大数据、云计算等新技术的飞速发展，商业微小遥感卫星、无人机遥感、移动测量、自动驾驶、室内导航、智能感知等新手段和各种基于位置的新应用不断涌现，测绘行为主体多元、构成复杂、技术手段多样，给地理信息安全监管带来严峻挑战，我们维护国家地理信息安全的任务愈加迫切和繁重。从科技和产业发展格局看，发达国家占领全球测绘地理信息科技制高点的格局没有变，继续领跑高端装备制造、对地观测、卫星导航定位、地理信息系统研发等高技术领域，并正在向深空、深海、深地拓进；发达国家将技术优势转化为产业优势的格局没有变，倾斜摄影、激光雷达、高精度卫星影像等高附加值产品占据国内大部分市场份额，长期控制和垄断核心领域，在挤压我产业发展空间的同时，企图掌握地理信息大数据发展主动权。我们加快提升自主创新能力、摆脱长期跟跑滞后局面、有效抗衡国际竞争的任务十分艰巨和紧迫。

除了外部的严峻挑战，我们自身还存在一些需要认真研究解决的问题：一是围绕国家重大战略提供保障、地理国情监测常态化开展、新型基础测绘体系建设、地理信息产业发展、全球地理信息资源建设和管理体制机制建设等前瞻性、战略性、宏观性研究不够、推动不快。二是测绘地理信息成果保密与开放利用政策研究滞后，数据开放和资源统筹整合不够，科技创新能力对事业发展的支撑能力不强，维护国家地理信息安全的监管手段单一。三是高质量、高水平的地理信息资源有效供给不足，围绕国计民生提供保障服务的广度深度不够。四是重要改革、重要部署的落实力和执行力不够；党风廉政建设“两个责任”存在压力递减现象，基层生产单位资金使用、项目管理存在潜在风险。对此，我们必须高度重视，在今后工作中研究解决。

（二）准确把握“十三五”测绘地理信息事业发展指导思想和发展目标

“十三五”测绘地理信息事业发展的指导思想是：高举中国特色社会主义伟大旗帜，全面贯彻党的十八大和十八届三中、四中、五中全会精神，以邓小平理论、“三个代表”重要思想、科学发展观为指导，深入贯彻习近平总书记系列重要讲话精神和给国测一大队老队员老党员回信重要指示精神，按照“四个全面”战略布局，坚持创新、协调、绿色、开放、共享的发展理念，大力实施“加强基础测绘、监测地理国情、强化公共服务、壮大地信产业、维护国家安全、建设测绘强国”事业发展战略，全面深化改革，推进依法行政，丰富数据资源，拓展服务领域，着力科技创新，加强队伍建设，形成法制和体制更加健全、保障和服务更加有力、经济和社会效益更加显著的测绘地理信息事业发展新格局，为全面建成小康社会作出新的贡献。

“十三五”测绘地理信息事业的发展目标是：到2020年，形成适应经济发展新常态的测绘地理信息管理体制机制和国家地理信息安全监管体系，构建新型基础测绘、地理国情监测、应急测绘、航空航天遥感测绘、全球地理信息资源建设协同发展的公益性保障服务体系，显著提升地理信息产业对国民经济的贡献率，我国测绘地理信息整体实力达到国际先进水平，为全面建成小康社会、实现“两个一百年”奋斗目标提供有力的保障服务。

——依法行政能力全面提升。构建基本完善的测绘地理信息法律规范体系，健全职责明确、机构健全、监管有力、运转协调的测绘地理信息行政管理体制和运行机制，建立更加完备的地理信息安全监管体系，形成统一开放、竞争有序的测绘地理信息市场体系。

——地理信息资源更加丰富。统筹建成2500个以上站点规模的全国卫星导航定位基准站网，完善陆海一体的现代测绘基准体系，形成面向行业和社会公众的高精度位置服务能力。全球热点地区和海洋地理信息资源建设取得突破性进展，完成“一带一路”及沿线地区3000万平方千米的地理信息资源开发建设，继续推进海岛（礁）和海洋测绘工作。实现全国1∶100万、1∶25万和1∶5万基础地理信息年度更新，1∶1万基础地理信息按需更新，城市大比例尺基础地理信息实时更新。基本实现基础地理信息、地理国情信息、国家测绘应急保障信息等信息资源的融合共享。

——公共服务保障更加有力。初步建成新型基础测绘体系，形成多种模式的统筹服务能力。地理国情监测与经济社会发展深度融合，形成业务化、常态化服务能力。建成4小时抵达80%陆地国土、覆盖全国的应急测绘体系。“天地图”具备全球地理信息服务能力。建成一批智慧城市时空信息云平台。构建起测绘地理信息公共服务体系，地理信息公共产品更加丰富。

——产业竞争能力显著增强。地理信息产业保持年均20%以上的增长速度，2020年总产值超过8000亿元，培育一批具有较强国际竞争力的龙头企业和具有比较优势的创新型中小企业，拥有一批具有国际影响力的自主品牌。

——自主创新能力明显提高。在科技体制改革、自主创新和成果转化等方面取得重大突破，技术创新的市场导向机制更加健全，人才、资本、技术、知识自由流动，企业、科研院所、高校协同创新，自主创新能力显著增强，科技创新资源配置更加优化，创新效率显著提升。测绘地理信息标准体系更加科学完善。

（三）实现“十三五”发展目标必须遵循的原则

——坚持发展是第一要务。我们必须紧紧扭住发展这个第一要务，遵循五大发展理念，坚定发展的决心和信心、坚定发展的方向和动力，大力实施新常态下测绘地理信息事业发展战略，把握发展新特征，抓住发展新机遇，努力破解发展难题，增强发展动力，厚植发展优势，全面加快推进事业改革创新发展，为实现全面建成小康社会作出应有贡献。

——坚持持续深化改革。我们必须把改革贯穿于测绘地理信息事业发展的各领域各环节，用改革的思路、开放的视野和创新的办法，集中力量解决战略性、关键性、结构性的发展问题，积极稳妥、有序协调地推进管理体制机制和新型基础测绘、公共服务、地理信息产业、科技创新、人才队伍体系等改革落实落地，让政府和市场“两只手”相辅相成、相得益彰，服务保障能力和依法监管水平有效提升、相互促进。

——坚持深入推进法治建设。面对测绘地理信息体制机制的变革、发展方式的转变、利益格局的调整和管理对象的变化，我们必须全面推进法治建设，按照科学立法、严格执法、公正司法、全民守法的要求，转变政府职能，加强事中事后监管，持续推进简政放权、放管结合、优化服务，激发市场活力，保障国家地理信息安全，为事业发展提供良好法治环境和有力法治保障。

——坚持贯彻全面从严治党要求。我们要把抓好党建作为最大的政绩，教育广大党员必须坚定共产主义理想和中国特色社会主义信念，必须坚持全心全意为人民服务根本宗旨，必须继承发扬党的优良传统和作风，必须遵守党的纪律和规矩，全面从严加强思想建设、组织建设、作风建设、反腐倡廉建设、制度建设，在思想上政治上行动上同以习近平同志为总书记的党中央保持高度一致，为事业发展提供坚强的政治保证。

三、2016 年主要工作任务

2016 年，是全面建成小康社会决胜阶段的开局之年，是推进结构性改革的攻坚之年，也是测绘地理信息事业加快改革创新发展的关键之年，国家测绘地理信息局成立 60 周年。做好 2016 年工作，要深入贯彻党的十八大、十八届三中、四中、五中全会和中央经济工作会议、中央城市工作会议精神，继续学习宣传贯彻习近平总书记给国测一大队老队员老党员回信重要指示精神，贯彻落实李克强总理和张高丽副总理重要批示精神，牢固树立五大发展理念，改革创新，主动作为，系统谋划和全面加快测绘地理信息事业发展，努力实现“十三五”良好开局，为服务国计民生提供更加坚实的保障服务和更多更好的地理信息产品。

（一）遵循五大理念，精心谋划“十三五”事业发展

紧紧围绕国家改革发展大局，贯穿五大发展理念主线，坚持新常态下测绘地理信息事业发展战略，突出目标导向、问题导向、需求导向，发挥中央和地方两个积极性，抓紧编制完成“十三五”规划，科学谋划“十三五”事业发展。

一要坚持五大理念。要围绕全面建成小康社会总目标，以五大发展理念为主线谋划事业发展，即：坚持创新发展，着力解决发展动力问题，提升测绘地理信息发展质量和效益；坚持协调发展，着力解决内部结构和外部统筹问题，不断增强事业发展内在活力和整体实力；坚持绿色发展，着力解决自身转型升级问题，充分发挥地理国情监测服务国家重大战略和生态文明建设的作用；坚持开放发展，着力解决提升国际竞争力和影响力问题，加快实施“走出去”战略；坚持共享发展，着力解决地理信息资源共享和有效供给问题，大力提升服务保障能力和水平。

二要科学谋篇布局。紧密结合国家“十三五”国民经济和社会发展规划、《全国基础测绘中长期规划纲要（2015—2030 年）》和国家有关专项规划，在完成“十二五”规划评估的基础上，高标准、高起点、高质量编制“十三五”事业发展总体规划和科技、人才、标准等配套规划，统筹确定今后五年测绘地理信息事业发展的总体思路、发展目标、重点任务和保障措施。规划内容要坚持服务保障与行政管理并重、近期与远期结合、发展与改革统筹、需要与可能兼顾，规划指标要既具有宏观性、战略性、指导性，又突出能检查、易评估、可考核，并增加各级测绘地理信息行政主管部门履行职责的约束性指标，确保规划目标任务落到实处。

三要确定战略重点。在重大测绘工程方面，紧紧围绕国家目标和战略需求，瞄准国际前沿，结合自身实际，凝练提出一批事关全局、意义长远、带动性强的重大项目，通过地理国情监测、资源三号卫星后续星、国家应急测绘保障、地理信息公共服务平台、海岛（礁）测绘、全球地理信息资源建设、国家现代测绘基准体系、高精度北斗卫星位置服务系统建设与应用、国家测绘成果存储与服务设施等项目的立项和实施，进一步提高测绘地理信息对全面建成小康社会的支撑和保障作用。在改革发展政策方面，找准制约事业发展的关键问题，加强

宏观和战略研究，加快新型智库建设，从国家层面研究推出一批重大政策措施，完善地方配套政策，激发测绘地理信息事业发展活力和动力。

四要做好协调衔接。要主动向各级党委政府汇报，加强与发展改革、财政、国土、科技和军队等有关部门的沟通协调，做好与各级各类规划的衔接，争取测绘地理信息工作纳入国家、地方各级“十三五”国民经济和社会发展规划及有关专项规划。要开门编规划，通过各种形式广泛听取有关部门单位、院士专家、广大企业、社会公众和干部职工的意见建议，最大程度地汇聚民智。要加强可行性研究和调研论证，确保规划科学可行。

（二）推进依法行政，加强测绘地理信息法治建设

贯彻总体国家安全观，加快法制建设，转变政府职能，创新管理模式，提升监管水平，全面推进测绘地理信息法治工作。

一要着力健全法制、完善职责、优化机构。配合全国人大全力推进《测绘法》修订出台，制定《测绘法》和《地图管理条例》贯彻落实任务分解方案，抓好宣传解读和贯彻实施。加快地理国情监测、卫星导航定位基准站建设备案、地图审核、不动产测绘、测绘成果保密、测绘监理等配套法规规章、重要规范性文件的立改废释工作，并着力推进解决保密政策对应用的瓶颈制约，在确保国家安全的前提下，充分体现促进地理信息产业发展的举措。依据修订后的《测绘法》，协调有关部门，抓紧落实和完善测绘地理信息行政管理职能职责，调整和优化内设机构设置，进一步完善统一监管体制机制。

二要切实简政放权、放管结合、优化服务。继续深化行政审批制度改革，公布权力清单、责任清单，简化审批流程，把职能转变到加强发展战略、规划、政策、标准等的制定实施和强化对市场活动的监管、公共服务提供上来，切实做到法无授权不可为、法定职责必须为。加强事中事后监管，全面开展测绘地理信息行业信用信息征集和发布，推广实施测绘资质、质量、成果管理“双随机”抽查和联合检查，行政审批事项全部实现网上办理。推进社团组织有序承接政府职能，强化行业自律。

三要坚持依法行政、履职尽责、确保安全。依法开展卫星导航定位基准站专项整治行动，履行备案管理职责，做好安全风险评估和动态监管。依法严格做好地图审核与管理，杜绝涉及国家主权、安全、利益的外交争议和涉外事故发生。加快国家地理信息安全监管平台、国家互联网地图监管中心建设，加强互联网地理信息安全、测绘成果保密监管，组织开展地图市场大检查，积极推进综合执法，依法查处违法行为，切实维护国家地理信息安全。深入开展测绘地理信息法治宣传教育，启动“七五”普法工作。举办第三届全国国家版图知识竞赛和少儿手绘地图大赛。

（三）加快转型升级，着力推进新型基础测绘体系建设

始终坚持基础测绘的基础性、公益性地位，贯彻落实《全国基础测绘中长期规划纲要（2015—2030年）》，加强基础测绘结构性改革，加快推进新型基础测绘体系建设，牢牢把握基础地理信息资源主动权。

一要研究制定新型基础测绘体系改革方案。《全国基础测绘中长期规划纲要》提出了到2020年初步形成新型基础测绘体系的目标，面对新形势、新需求、新技术，要围绕提高供给质量和效率，系统研究和协调部署新型基础测绘体系建设，研究制定新型基础测绘体系改革方案，明确建设目标、重点任务、力量布局和体制机制，明确管理模式、生产方式、产品形式、服务模式的结构性改革任务，明确各部门各单位责任和推进时间表。按照国家供给侧改革要求，力争在补齐突出短板、提高供给结构适应性和灵活性、增加地理信息公共产品有效供给方面取得实质性进展。

二要有序推进基础测绘生产体系转型升级。实施《信息化测绘体系建设技术大纲》，推进以现代测绘基准、陆海天空地一体化的多源数据获取、多源数据处理与更新、数据管理与交换、数据网络服务、社会应用业务为主线的信息化测绘体系，拓展基础地理数据的成果类型和信息内容，建立适应信息化社会需求的成果形式和服务模式，完善相关标准，提升装备水平，提高测绘生产力，为新型基础测绘体系建设提供支撑。

三要稳步实施基础测绘重大项目。全面完成国家现代测绘基准体系基础设施一期工程，完善二期工程项目设计。发布启用全国卫星导航定位基准服务系统，向社会提供高精度、实时动态的导航与位置服务，继续做好支持北斗系统的基准站改造升级。加快卫星测绘体系建设，发射资源三号卫星02星，启动03、04星技术指标优化论证；推进高分七号卫星、L波段差分干涉雷达卫星工程大总体协调工作，

推动高分多模卫星、陆地生态碳监测卫星工程立项与实施。强化各级基础测绘的计划协同和用户需求导向，做好国家基础地理信息数据库持续更新，推动国家库与地方库联动更新。启动全球地理信息资源建设项目，推进海岛（礁）测绘二期工程立项，完成国家测绘成果存储与服务设施建设。继续开展地下管线测绘、极地测绘、新农村建设测绘等工作。

（四）完成普查任务，推进地理国情监测常态化开展

把地理国情普查和监测作为改革测绘地理信息服务模式、促进事业转型升级的重要途径，加强协调，主动作为，推进地理国情在经济社会发展中发挥公共基底作用，为服务绿色发展和领导科学决策提供地理国情支撑。

一要全面完成第一次地理国情普查任务。编制地理国情普查公报、专报、蓝皮书、年鉴和图件等系列成果，基于政府内网、“天地图”和移动网络等构建地理国情普查服务系统，要确保普查成果质量经得起历史和实践检验。在第一次全国地理国情普查领导小组的统一领导下，认真做好普查成果的审查、发布和提供，对在普查工作中有突出表现的集体和个人进行表彰。加强普查成果的及时转化和推广应用，为资源调查、政府决策、国情研究和自然资源资产离任审计试点等提供定制服务，充分发挥普查成果作用和价值。

二要建立地理国情监测技术服务体系和工作机制。做好地理国情监测顶层设计，抓紧编制和实施《2016—2018 年国家地理国情监测总体方案》，在全国范围内组织实施地理国情监测。开展地理国情信息云平台建设，建立综合技术系统、计算与分析应用系统、网络服务系统，为地理国情监测提供技术支撑。加大协调力度，促进业务协作，建立与党委政府、有关部门、军队及行业上下沟通顺畅、运转协调、公正权威、公益服务的地理国情监测常态化工作机制，形成真实客观、形式多样的地理国情信息产品，提供持续、稳定的地理国情信息服务保障。

三要全面打造地理国情监测行业品牌。开展全国基础性地理国情监测，对普查成果进行增量更新和年度更新，建立适应动态监测需求的地理国情时空数据库，发布 2016 年度全国地理国情监测报告。围绕国家重大战略和重点区域、重大项目开展专题性地理国情监测，辅助领导科学决策，为以主体功能区规划为基础统筹各类空间性规划、推进“多规合一”提供保障，为科学合理的城市化格局、农业发展格局、生态安全格局、自然岸线格局的构建提供服务，为建立由空间规划、用途管制、领导干部自然资源资产离任审计、差异化绩效考核等构成的空间治理体系提供支撑，为建立全国统一的实时在线环境监控系统、健全环境信息公布制度、实施山水林田湖生态保护和修复工程提供平台。鼓励各地各单位先行先试、创新模式、形成品牌。

（五）始终围绕大局，强化测绘地理信息公共服务

紧紧围绕服务国计民生，创新公共产品和公共服务，推进数据资源互联共享，更好地服务政府科学管理、保障经济社会发展、方便群众生产生活。

一要主动融入和服务国家重大战略。加强研究与对接，主动为“一带一路”建设、京津冀协同发展、长江经济带建设等国家重大战略和西部大开发、东北地区等老工业基地振兴、中部地区崛起、东部地区率先发展提供坚实的测绘地理信息保障，为新一代信息网络、物流交通、能源开发等重大公共设施和基础设施工程提供服务。

二要加快建设“天地图”战略性信息平台。着眼国家信息化建设和促进大数据发展，坚持和突出公益性定位，推动“天地图”上升为国家战略性信息基础平台。以拓展和深化政府公益性应用为主攻方向，推动“天地图”在国家电子政务建设、不动产统一登记和地调、海洋、水利、公安、林业、地震等各领域应用。加快商业化运营步伐，引入社会资本推动“天地图”公众版优化重组，打造具有较强竞争力的“天地图”企业集团。加快全球布局，进一步扩大全球数据覆盖，建立国外合作数据节点，积极拓展国际服务。

三要推动数字城市向智慧城市升级。贯彻中央城市工作会议精神，基本完成全国地级以上数字城市地理空间框架建设，强化长效机制建设，持续更新数据，完善平台功能，推动广泛应用；加快智慧城市时空信息云平台建设和应用，履行智慧城市建设部际协调工作组成员职责，完善管理、技术、标准体系，开展建设情况年度评价，提升综合效益和影响力，积极服务绿色城市、智慧城市、森林城市建设和城际基础设施互联互通。

四要加强应急测绘保障。实施国家应急测绘保障能力建设项目，大幅提升应急测绘数据获取和处理、应急基地和装备建设、人才队伍能力水平，强化系统上下、行业内外和军地间的信息共享和联动

应急，建立反应迅速、运转高效、协调有序的国家应急测绘保障机制，为自然灾害、突发公共事件、反恐维稳提供快速有力的应急测绘保障。

五要大力推进资源共享与业务协同。以部局业务协作为示范，加快统筹中央与地方、政府与企业、军队与地方、行业内与行业外、国内与国外测绘地理信息资源，在更大范围、更深层次、更高水平上推进战略合作，积极落实相关战略协议，在务实合作中推进应用、增进互信，在广泛应用中深化合作、协同发展。加大对革命老区、民族地区、边疆地区、贫困地区测绘地理信息工作的支持力度，扎实做好援疆援藏工作。发挥行业优势，加大精准扶贫力度，提高脱贫实效。

（六）推动开放共享，促进地理信息产业繁荣发展

紧紧抓住《地图管理条例》颁布实施的重大契机，继续贯彻《国务院办公厅关于促进地理信息产业发展的意见》，推动基于地理信息的大众创业、万众创新，促进地理信息产业持续快速发展，提升在国民经济发展中的贡献率。

一要着力优化政策环境。充分利用和落实国家支持战略性新兴产业发展的政策，实施《国家地理信息产业发展规划》，发挥产业政策导向和促进竞争功能。贯彻国家大数据战略，研究制定地理信息数据开放政策和共享机制，不断提高基础地理信息数据开放程度，让地理信息资源在市场高效配置中成为大众创业、万众创新的数据之源，并在数据开放共享中不断丰富完善自身资源、提升数据统筹能力，从而提供更多更好地理信息公共产品和服务，带动相关产业升级。加强产业运行监测，研判产业发展态势，发挥地理信息社会组织的服务、协调、监督作用，营造良好发展环境。

二要拓展产业发展空间。贯彻“互联网+”行动计划，促进地理信息产业与移动互联网等新型业态深度融合，鼓励地理信息企业在分享经济、信息消费、海绵城市建设、发展生产性服务业、智慧城市、卫星导航、无人驾驶产业等领域发挥作用。加大政府购买公共服务力度，让更多企业参与实施测绘地理信息重大工程。支持符合条件的地理信息企业在资本市场上市，鼓励发展基于地理信息的众创、众包、众扶、众筹空间，鼓励地理信息企业为创客和小微企业提供创新创业平台。发挥好地理信息产业园区的集聚、辐射、带动效应。全力支持打造北斗民族品牌，做好应用示范，引导产业化发展，实施好北斗“百城百联百用行动计划”，规范导航定位市场行为。

三要引导企业创新发展。地理信息产业的繁荣，归根结底靠的是广大企业的内生发展。要引导企业积极应对互联网时代的机遇与挑战，创新经营发展理念，把握行业政策、市场需求和发展趋势，根据自身产品和服务优势，找准目标定位，加快转型升级，提升发展实力、发展层次和竞争力。鼓励大型龙头企业加快培育以技术、装备、品牌、服务为核心的对外新优势，打造民族品牌，在抢占未来发展制高点中争取主动。支持中小型企业发展壮大，扶持初创企业创业创新。

（七）激发创新潜能，大力实施创新驱动发展战略

全面落实《关于加强测绘地理信息科技创新的意见》，着眼建成测绘地理信息创新体系目标，把科技创新工作的基础做实、能力做强，加快“走出去”步伐。

一要加快推进改革。针对科技创新存在的问题和短板，加快科技计划、科研经费、科技服务管理改革，完善创新平台建设、成果推广应用、科研信用评价等制度。加快科研评审、人才评价和机构评估“三评”改革，建立科学的分类评价和激励办法。发挥企业的技术创新主体作用，通过申请财政后补助、间接投入、首购订购等方式，支持企业先行投入开展关键技术研究、装备和标准的研发攻关。开展国家局重点实验室、工程（技术）中心分类整合、优化布局，引导构建协同创新联盟。

二要着力自主创新。做好与测绘地理信息相关的国家重大科技项目和重点研发专项申报和实施。统筹各方面创新力量，对新型基础测绘、地理国情监测、应急测绘、全球地理信息资源建设、卫星测绘与导航定位、地下水下测绘等方面的核心关键技术逐一攻关，加快与大数据、云计算、互联网、物联网等融合创新技术研发，高度重视基础研究、应用基础研究和原始创新，尤其要支持颠覆性创新，对于长期存在的瓶颈问题，要制定系统性技术解决方案。围绕实施《中国制造 2025》，加强国产自主高端装备研发，研究制定使用首台（套）重大自主技术装备的鼓励政策，推进测绘地理信息技术在智能制造工程和穿戴装备中的应用。

三要强化成果转化。把科技成果转化效率纳入

单位绩效考核，强化创新项目同现实生产力对接、创新成果同地理信息产业对接、研发人员创新劳动同其利益收入对接，扭转科技与生产“两张皮”局面。完善科技报告和科技成果登记制度，尽快建立科技成果网络管理信息平台，推进科技资源开放共享。通过制定标准和保护知识产权促进科技成果转化，提升成果和产品核心竞争力。

四要加强国际合作。积极参与国际大科学计划和大科学工程，参与深海、极地、空天等新领域相关国际规则、标准制定，推动测绘地理信息装备、技术、标准、服务和品牌“走出去”。积极参与全球地理信息治理事务，以全球地表覆盖数据项目为基础开展地理世情监测和应用，服务《2030年可持续发展议程》，建好“联合国全球地理信息管理德清论坛”永久会址。加强与“一带一路”沿线和周边国家的务实合作，援助开展巴基斯坦新一代国家测绘基准建设。

（八）严格责任落实，全面从严加强自身建设

各级党组（党委）要贯彻全面从严治党要求，深化“三严三实”专题教育成果，党组（党委）书记要履行第一责任人职责，以坚强的党性、严明的党纪、优良的作风保证测绘地理信息事业改革创新发展。

一要严格落实党建责任。把抓好党建作为最大政绩，把抓班子带队伍作为党建工作的重中之重，发挥领导核心作用，提高领导发展的能力和水平。要强化信念宗旨，坚持用习近平总书记系列重要讲话精神武装头脑、指导实践。要强化政治意识，严肃党内生活，严格组织生活制度，加强党员干部党性锻炼。要建立科学考核指标，采用联述联评联考方式开展党建述职评议考核，层层传导党建责任与压力。要坚持以上率下，加强基层党组织建设，严格党员发展，保持队伍先进性、纯洁性和战斗力。

二要严格落实党风廉政建设“两个责任”。严格落实党组（党委）的主体责任、纪委的监督责任，党组（党委）书记要管好自己、领好班子、带好队伍，领导班子成员按照“一岗双责”要求抓好分管部门单位党风廉政建设，纪检监察机构要对“四风”和腐败问题严抓严管。要把纪律和规矩挺在前面，深入学习贯彻党的《廉洁自律准则》《纪律处分条例》。要加强纪检监察力量，强化内部审计，发挥巡视监督作用，加大对党员干部的日常管理监督力度，全面加强对所属企事业单位的规范管理和严格监督，严肃查办违纪违规案件。要加大资金和项目监管，严格财务管理和监督。

三要严格落实人才队伍建设责任。坚持正确用人导向，注重选拔政治强、懂专业、善治理、作风正的领导干部，完善领导干部及其班子、省级部门绩效考核评价体系和奖惩机制，着力打造信念坚定、为民服务、勤政务实、敢于担当、清正廉洁的新时期干部队伍。突出“高精尖缺”导向，着力发现和培养各类人才。优化调整事业单位布局、功能和规模，稳妥推进事业单位分类改革、收入分配制度改革和行业中介组织脱钩，落实职工野外津贴调整方案。加强和改进群团工作，做好老干部工作。

四要凝心聚力更好干事创业。继续深入学习宣传贯彻习近平总书记给国测一大队老队员老党员回信重要指示精神，为事业发展提供精神激励、文化支撑、舆论推动。引导干部职工自觉践行社会主义核心价值观，传承弘扬测绘精神，加强具有鲜明时代特色和行业特色的测绘文化建设。结合国家局成立60周年，组织测绘地理信息成就展示和“十三五”重要部署宣传，评选表彰全国测绘地理信息先进集体和先进工作者，开展国测一大队先进事迹报告团全国巡讲，组织好第二届全国“感动测绘人物”推选活动。测绘地理信息战线的广大干部职工要时时刻刻铭记习近平总书记对我们的重要指示精神，“不忘初心，方得始终。始终在党爱党、在党为党，忠诚一辈子，奉献一辈子”。

同志们，测绘地理信息工作使命光荣、任务繁重。让我们更加紧密地团结在以习近平同志为总书记的党中央周围，继往开来，务实奋斗，加快测绘地理信息事业改革创新发展，为夺取全面建成小康社会决胜阶段的伟大胜利作出新的贡献！

在全国测绘地理信息系统党风廉政建设工作电视电话会议上的讲话

国家测绘地理信息局党组书记、局长　库热西·买合苏提

2016 年 2 月 23 日

同志们：

今天，我们召开全系统党风廉政建设工作电视电话会议，主要任务是认真学习贯彻习近平总书记在中央纪委六次全会上的重要讲话精神和王岐山同志的工作报告，分析研究形势，安排部署任务，坚定不移地推进党风廉政建设和反腐败工作，为实现测绘地理信息事业“十三五”良好开局提供坚强的政治保证。稍后，贤成同志将作工作报告，报告已经国家局党组会议审定，我完全赞成。下面，我讲三点意见。

一、深入学习贯彻中央纪委六次全会精神，把思想和行动统一到中央关于党风廉政建设和反腐败工作的决策部署上来

习近平总书记在中央纪委六次全会上发表的重要讲话，站在时代发展和战略全局高度，充分肯定了深入推进党风廉政建设和反腐败斗争取得的新成效，深刻分析了依然严峻复杂的形势，明确提出了当前和今后一个时期工作的总体要求和重点任务。总书记的讲话旗帜鲜明、切中时弊、论述深刻、要求明确，为我们坚持不懈抓好党风廉政建设、坚定不移推进反腐败工作指明了方向。我们要深入学习领会，坚决贯彻执行，切实把思想和行动统一到中央关于党风廉政建设和反腐败工作的决策部署上来。

一要深刻理解、准确把握党风廉政建设和反腐败斗争的形势。党的十八大以来，党中央着眼于新的形势任务，把全面从严治党纳入“四个全面”战略布局，把党风廉政建设和反腐败斗争作为全面从严治党的重要内容，着力构建不敢腐、不能腐、不想腐的体制机制，着力解决管党治党失之于宽、失之于松、失之于软的问题。党风廉政建设和反腐败斗争取得新的重大成效，反腐败斗争压倒性态势正在形成，增强了人民群众对党的信任和支持，赢得了国际社会尊重。同时，党风廉政建设和反腐败斗争形势依然严峻复杂，全面从严治党任务依然艰巨。我们要深刻认识到，党中央坚定不移反腐败的决心没有变，坚决遏制腐败现象蔓延势头的目标没有变。我们对党中央在反腐败斗争上的决心要有足够自信，对反腐败斗争取得的成绩要有足够自信，对反腐败斗争带来的正能量要有足够自信，对反腐败斗争的光明前景要有足够自信，坚定不移地把党风廉政建设和反腐败工作不断引向深入。

二要深刻理解、准确把握党风廉政建设和反腐败斗争的重点任务。习近平总书记在提出 2016 年党风廉政建设和反腐败工作总体要求的基础上，强调指出了要把握的 5 项重点任务：一是尊崇党章，严格执行准则和条例。加强对遵守党章、执行党纪情况的监督检查，严肃查处违反党章党规党纪的行为。二是坚持坚持再坚持，把作风建设抓到底。以铁的纪律整治各种违纪行为，让中央八项规定精神落地生根。三是实现不敢腐，坚决遏制腐败现象滋生蔓延势头。惩治腐败这一手必须紧抓不放、利剑高悬，坚持无禁区、全覆盖、零容忍，让腐败分子付出沉重代价。四是推动全面从严治党向基层延伸。要与人民群众感同身受，认真纠正和严肃查处基层贪腐和执法不公问题，让群众更多感受到正风肃纪的实际成效。五是标本兼治，净化政治生态。各级领导干部特别是高级干部要从自身做起，综合施策、协同推进，促进政治生态不断改善。

三要深刻理解、准确把握全面从严治党的新要求。党要管党、从严治党，是党的建设的一贯要求和根本方针。习近平总书记强调指出了 4 点要求：一是各级党组织要肩负起全面从严治党的主体责任。党的建设必须全面从严，各级党组织及其负责人都是责任主体，要牢固树立不管党治党就是严重失职的观念，把抓好党建当作分内之事、必须担当的职责。二是把纪律建设摆在更加突出位置。加强纪律建设是全面从严治党的治本之策，把纪律挺在前面，用纪律管住全体党员，关键是要健全完善制度，深入开展纪律教育，狠抓执纪监督，养成纪律自觉。三是增强领导干部的政治警觉性和政治鉴别力。各

级领导干部要时刻绷紧政治纪律这根弦，始终忠诚于党，始终对组织坦诚，始终正确对待权力，始终牢记政治责任，做政治上的明白人。四是坚持高标准和守底线相结合。既要注重规范惩戒、严明纪律底线，更要引导人向善向上，发挥理想信念和道德情操引领作用，引导党员干部坚定理想信念，坚守共产党人精神追求。

四要深刻理解、准确把握强化党内监督的有效途径。对我们党来说，外部监督是必要的，但从根本上，还在于强化自身监督。习近平总书记强调指出了4个途径：一是完善监督制度。要围绕责任设计制度，围绕制度构建体系，做到责任清晰、主体明确，注重统筹衔接，形成监督合力。二是强化巡视监督。巡视是党内监督的战略性制度安排，要重点检查整治纪律执行情况，着力发现腐败、纪律、作风和选人用人方面的突出问题，推动巡视向纵深发展。三是用好批评和自我批评武器。要让批评和自我批评成为党内的常态，成为每个党员、干部的必修课，成为提高各级领导班子民主生活会质量的重要保障。四是抓住“关键少数”，破解一把手监督难题。各级领导班子一把手是“关键少数”中的“关键少数”，各级党组织要多设置一些“探头”，把一把手置于党组织、党员、群众监督之下。坚持民主集中制是强化党内监督的核心，要坚持、完善、落实好民主集中制。

二、深刻认识测绘地理信息系统党风廉政建设和反腐败工作的形势，切实增强做好工作的责任感和使命感

2015年，全系统深入学习贯彻习近平总书记系列重要讲话和给国测一大队老队员老党员回信重要指示精神，认真贯彻落实中央纪委五次全会和国务院廉政工作会议精神，在国土资源部党组和驻部纪检组的指导下，围绕中心、服务大局，主动作为、善作善成，切实落实“两个责任”，扎实开展“三严三实”专题教育，加强纪律和作风建设，强化廉洁从政教育，发挥巡视和审计监督作用，加大纪律审查力度，党风廉政建设和反腐败工作取得新的进展。一年来，国家局党组纪检组、纪检监察机构以及全系统各级纪检监察部门本着对事业负责、对干部负责的态度，认真履职、勇于担当，完成了繁重的监督执纪问责任务，为推动测绘地理信息事业改革创新发展作出了重要贡献。在此，我代表国家局党组向全系统从事纪检监察工作的同志们致以亲切的问候和衷心的感谢！

长期以来，全国测绘地理信息系统广大干部职工坚持服务大局、服务社会、服务民生，淡泊名利，脚踏实地，积极进取，改革创新，为国民经济和社会发展提供了坚实的测绘地理信息保障。正是我们有着各级党组织的坚强领导和政治保障，有着“热爱祖国、忠诚事业、艰苦奋斗、无私奉献”的优良传统，有着政治坚定、纪律严明、作风过硬、风清气正的职工队伍，才赢得了去年“七一”习近平总书记给国测一大队老队员老党员回信，给予褒奖，寄予期望。从总体上来说，测绘地理信息系统党风廉政建设的情况是好的，但问题依然存在，形势依然严峻。去年，国家局查处了海南局原党组成员、副局长金玉平和国家局直属机关工会原主席刘新英违纪行为，云南省和广西省分别查处了云南局原党组书记、局长耿弘和广西局原党组书记、局长陈仲怀的违法案件，这些违法违纪案件教训非常深刻、令人警醒，我们要举一反三、引以为戒。此外，通过巡视和审计，我们发现在执行民主集中制、贯彻中央八项规定等方面还不同程度地存在问题，在项目分配、政府采购、招标投标、财务管理、项目验收等方面还存在廉政风险，特别是各单位所属的院队等基层企事业单位制度不完善、管理不规范带来的问题也逐渐增多，违规违纪现象时有发生。

分析产生上述问题主要原因有四个：一是理想信念不坚定，思想重视程度不够。理想信念不坚定，“总开关”松动，价值观蜕变，就会导致冲破道德、纪律、规矩和法律防线。同时，有些党组织负责人抓党建工作的意识不强，有些同志认为测绘地理信息系统是“清水衙门”，思想上麻痹大意，放松了警惕。二是责任落实不到位，制度建设不完善。党风廉政建设“两个责任”存在“上紧下松”、压力递减的现象。制度笼子扎得不够严密，尤其是重大项目、重点环节和干部管理的监督制度亟待完善，已有的规章制度没有得到有效执行。三是有利益寻租空间，廉政风险依然存在。随着测绘地理信息工作财政投入、项目资金日益增多，地理信息产业蓬勃发展和地理信息应用的不断深入，测绘地理信息部门和单位与社会联系更加紧密，在市场经济活动中面临的诱惑与考验日益增加。四是纪检监察机构不健全，监督执纪不严格。目前，各单位纪检工作在机构建设、人员配置方面还不能完全满足案件查办的需要，同时各单位专、兼职纪检监察工作人员专业知识不足、业务能力不强，致使执行纪律失之于宽、失之于松、失之于软。

面对测绘地理信息系统党风廉政建设和反腐败工作的严峻形势，我们必须增强忧患感、紧迫感、责任感和使命感，以更大的决心和更有效的举措，推动工作不断取得新进展。

三、狠抓工作任务落实，确保2016年党风廉政建设和反腐败工作取得新成效

贤成同志将在工作报告中对2016年党风廉政建设和反腐败工作作出系统部署，提出明确要求，我们各级党组织和纪检监察机构要紧密结合实际，从严抓好落实。我在这里再强调以下七方面的重点工作。

一要把纪律建设摆在更加突出位置。只有把纪律挺在前面，坚持纪严于法、纪在法前，才能克服“违纪只是小节、违法才去处理”的不正常状况，才能用纪律管住党员、干部。要尊崇党章，加强纪律教育，把党章党规党纪学习作为党组中心组学习和干部教育培训的重要内容，持续深入学习党章和廉洁自律准则、纪律处分条例等党内法规，扎实开展学党章党规、学系列讲话、做合格党员“两学一做”学习教育，巩固延伸“三严三实”专题教育成果，进一步明确党员追求的最高标准和管党治党的戒尺，让“四个必须”、“八条规范”根植于心，用“六项纪律”严格约束和衡量党员干部的行为，教育引导广大党员、干部特别是领导干部知边界、明底线，养成纪律自觉。要增强领导干部政治警觉性和政治鉴别力，增强政治意识、大局意识、核心意识、看齐意识，自觉在思想上政治上行动上同以习近平同志为总书记的党中央保持高度一致，始终做政治上的明白人。要加强执纪监督，坚决纠正上有政策、下有对策，有令不行、有禁不止行为。对违纪问题发现一起就查处一起，提高纪律的执行力，维护纪律的严肃性。

二要切实担负起全面从严治党主体责任。从党风廉政建设主体责任到全面从严治党主体责任，不只是字面上的变化，更是实践的发展、认识的深化，体现了党中央对管党治党的更高标准和更严要求。全面从严治党，核心是加强党的领导，基础在全面，关键在严，要害在治。从国家局党组到各部门各单位党组（党委）再到基层党支部，都要切实肩负起主体责任，做到真管真严、敢管敢严、长管长严。各级党组织及其负责人要紧紧扭住主体责任这个“牛鼻子”，把全面从严治党各项部署要求落实到测绘地理信息改革创新发展全过程，真正把管党治党责任扛在肩上、抓在手中，对本单位的政治生态和干部健康成长全面负起责任。各级党组织主要负责同志要把责任传导给所有班子成员，确保领导班子成员切实肩负起分管责任。要推动全面从严治党向各部门各单位内设机构和所属院队等基层企事业单位延伸，落实好承诺背书、逐级报告、定期约谈、述职述廉等工作措施，把责任和压力层层传导到最基层、最末端，层层压紧压实。关于落实全面从严治党责任，从制度上看，中央今年将整合问责制度，健全问责机制，加大问责力度，实现问责的制度化和程序化；从问责重点看，主要包括党的领导作用不发挥、执行党的路线方针政策不力、管党治党不严不实、选人用人失察、任用干部连续出现问题、发生严重“四风”和腐败现象、巡视整改不力等问题；从追责主体看，坚持“一案双查”，既追究主体责任、监督责任，又上查一级追究领导责任、党组织责任，以问责倒逼主体责任落实。各级党组织负责人要做到心中有数，确保把责任落到实处。各地测绘地理信息行政主管部门要在当地党委、纪委的统一领导下，落实好全面从严治党主体责任。

三要把作风建设一抓到底。要牢固树立作风建设永远在路上的思想，持之以恒执行中央八项规定、国务院“约法三章”和中央纪委一系列禁令，在抓常、抓细、抓长上狠下功夫，在坚持中深化，在深化中坚持。要看住年节、假期等“四风”问题易发多发的重要节点，高度重视隐形变异“四风”问题，驰而不息、久久为功，抓出习惯、抓出实效。要切实改进思想作风、学风、工作作风、生活作风，大力弘扬中华民族优秀传统文化、社会主义核心价值观和测绘精神，把好的作风全面树起来，保持和维护测绘地理信息系统风清气正、干事创业、为民务实的良好行业形象。领导干部要重视家风问题，从严管好家人家事，用心立好家规家风，管好身边工作人员，确保“后院”不出问题。

四要切实强化党内监督。党内监督是全党的任务，第一位的是党委监督，不能一提到监督只想到纪委或推给纪委。强化党内监督，要坚持民主集中制这个核心，把民主基础上的集中和集中指导下的民主有机结合起来，严禁搞家长制、“一言堂”。要突出一把手这个重点，对其落实主体责任、执行民主集中制、廉洁自律等问题要及时发现、及时报告、及时处置，保证一把手正确用权、廉洁用权。要充分发挥巡视监督利器作用，健全巡视工作机制，创新巡视方式方法，实现巡视工作全面覆盖。要加强巡视成果的运用，对发现的问题明确指出、深挖原因，被巡视的单位要抓好整改、处理到位，使巡视监督更严、更实、更聚焦，专项巡视更专、更活、更精准。要用好批评和自我批评有力武器，落实好民主生活会、“三会一课”、民主评议党员、党性定期分析等制度，增强党内生活的政治性、原则性、战斗性。要把住日常监督管理各个关口，注重在考核、审计、信访、个人有关事项报告抽查核实中发现问题，抓早抓小，防微杜渐，特别要加强各直属单位所属院队等基层企事业单位和中层干部的监督管理。今年，各部门各单位要加强对维护党章、执行党的路线方针政策和决议的监督检查，加强对执行政治纪律执行情况的监督检查，重点检查贯彻落实党的十八大和十八届三中、四中、五中全会精神的情况，贯彻落实党中央重大决策部署的情况，贯彻落实国家局党组重点任务的情况，确保政令畅通、步调一致。

五要扎紧扎牢制度笼子。今年，中央将修订《党内监督条例》，制定《中国共产党党内问责条例》，研究修订《行政监察法》，既包括党内法规制度，又包括国家法律，我们要在抓好贯彻落实的同时，着力加强建章立制，立“明规矩”、破“潜规则”，坚持有什么漏洞堵什么漏洞，有什么问题解决什么问题，切实用制度管权管事管人。要继续深化行政审批制度改革，公布权力清单、责任清单，简化审批流程，实现行政审批事项全部网上办理，确保行政审批依法有序进行。要聚焦测绘财务管理、重大项目招投标、干部能上能下、重大事项决策、重要干部任免和大额资金分配使用等重点领域和关键环节，进一步扎紧制度笼子，健全完善权力监督制约和廉政风险防控机制，大力推进政务公开、党务公开、事务公开，使权力在阳光下规范、廉洁、高效运行。要加大制度执行的跟踪问效和监督检查力度，强化制度硬约束，提高制度执行力。

六要高压反腐力度不减。力度不减、节奏不变，持续保持遏制腐败的高压态势，是中央的鲜明立场和坚定决心。各级测绘地理信息纪检监察机构要把握好“四种形态”，严格分类处置问题线索，扩大谈话函询覆盖面，经常使用党纪处分、组织处理。要突出惩治重点，防止带病提拔，中央明确提出以下三类情况同时具备的是重中之重：十八大后不收敛、不收手，问题严重、群众反映强烈，现在重要岗位且可能还要提拔使用的党员领导干部。我们要始终保持政治定力，坚持标本兼治，惩防并举，推动形成“不敢腐、不能腐、不想腐”的长效机制。

七要建设忠诚干净担当的纪检监察队伍。做好党风廉政建设和反腐败工作，各级党组织和纪检监察机构责任重大。要切实加强国家局系统各级党组织、纪检监察机构建设，全力支持驻国土资源部“归口监督”改革。各省局党组要配齐配强纪检监察机构工作力量。要选拔政治过硬、作风扎实、群众公认的优秀干部充实到纪检监察队伍中来，坚持以更高的标准、更严的纪律要求纪检监察干部，打造忠诚、干净、担当的纪检监察队伍。作为党内监督的专门机关，各级测绘地理信息纪检监察机构要全面履行党章赋予的职责，聚焦主责主业，敢于瞪眼黑脸，真正把监督执纪问责主业履行到位。各级党组织要强化担当意识，注重正面激励引导，完善容错纠错机制，旗帜鲜明地为主动干事者撑腰，为敢于担当者担当，为勇于负责者负责，营造人人都能主动作为、奋发有为的干事创业环境；要更加关心爱护纪检监察干部，为他们履职尽责创造更好的环境和条件。

同志们，做好党风廉政建设和反腐败工作是我们的重大责任。让我们紧密团结在以习近平同志为总书记的党中央周围，求真务实、真抓实干，不负重托、不辱使命，不断开创党风廉政建设和反腐败工作新局面，为测绘地理信息事业改革创新发展提供坚强保证。

在测绘地理信息宣传工作座谈会上的讲话

国家测绘地理信息局局长　库热西·买合苏提

2016 年 5 月 17 日

同志们：

召开测绘地理信息工作座谈会，主要任务是学习贯彻落实习近平总书记在党的新闻舆论工作座谈会上的重要讲话精神，同时“以会代训”，通过学习交流提高对宣传工作重要性的认识，明确新形势下测绘地理信息宣传工作方向，把握宣传工作重点。

党的十八大以来，习近平总书记就加强宣传思想和新闻舆论工作发表了一系列重要讲话。2013 年 8 月召开的全国宣传思想工作会议上，习近平总书记深刻阐述了宣传思想工作长远发展的一系列重大理论和重要现实问题。刚才，我们共同学习了习近平总书记今年 2 月 19 日在党的新闻舆论工作座谈会上的重要讲话，这篇讲话丰富和发展了党的新闻舆论工作理论，是指导做好新形势下党宣传思想和新闻舆论工作的纲领性文献，具有里程碑意义。关于党的新闻舆论工作的重要性，总书记强调指出，做好党的新闻舆论工作，事关旗帜和道路、事关贯彻落实党的理论和路线方针政策、事关顺利推进党和国家各项事业、事关全党全国各族人民凝聚力和向心力、事关党和国家前途命运，要求我们履行好“高举旗帜、引领导向，围绕中心、服务大局，团结人民、鼓舞士气，成风化人、凝心聚力，澄清谬误、明辨是非，联接中外、沟通世界”的职责和使命。测绘地理信息系统要从党的工作全局出发、从事业发展大局出发把握和做好宣传工作，做到思想上高度重视、工作上精准有力，为测绘地理信息事业改革创新发展提供思想引领、舆论推动、精神激励和文化支撑。

国家局党组高度重视宣传工作，始终把宣传工作摆在重要议事日程来抓。近年来，在局办公室的协调下，在中国测绘宣传中心、局管信中心和各部门各单位的共同努力下，大力宣传贯彻党中央国务院治国理政的重大决策部署，着力宣传国家局党组工作部署和测绘地理信息事业发展成果成就，精心策划组织了学习贯彻习近平总书记给国测一大队老队员老党员回信重要指示精神系列宣传，成功开展了地理国情普查与监测、《地图管理条例》实施、《全国基础测绘中长期规划纲要（2015—2030 年）》出台、“感动测绘人物”推选等宣传报道，坚持了正确舆论导向，唱响了时代主旋律，凝聚了发展正能量，彰显了测绘地理信息工作重要作用，激发了广大干部职工干事创业的决心和信心。在此，我代表局党组，对辛勤工作在测绘地理信息宣传战线上的广大干部职工表示诚挚的敬意和衷心的感谢！

刚才，超智同志回顾了近年来测绘地理信息宣传工作情况，谈了五个方面的体会，既是我们的经验总结，也是今后继续遵循的原则，并贯穿到今后一个时期宣传工作的部署安排中，我都同意。听了 8 个单位的交流发言，我认为好做法可圈可点、好经验值得借鉴，希望大家取长补短、共同提高。

下面，我就做好新形势下测绘地理信息宣传工作讲三点意见。

一、准确把握测绘地理信息宣传工作面临的形势，切实增强做好宣传工作的责任感和使命感

当前，世情、国情、党情和意识形态领域发生着深刻变化，测绘地理信息工作正处于改革创新发展的关键时期，准确把握测绘地理信息宣传工作面临的形势，对于我们增强主动性、赢得主动权、打好主动仗具有重要意义。

（一）深刻认识意识形态领域的严峻形势。从国际政治局势看，国际思想文化领域斗争深刻复杂，大国博弈的战略重心正趋向意识形态化，并呈现短兵相接、全面交锋的状态。敌对势力越来越重视思想文化、价值观念等软实力的作用，图谋以意识形态为突破口，对我进行牵制遏制和西化分化。有些西方国家刻意矮化、曲解、抹黑“中国梦”，极力“唱衰中国”。新闻舆论处在意识形态斗争最前沿，营造良好发展环境任务越发艰巨。从国内发展情况看，经济社会发展稳中有进、稳中有好，处在爬坡过坎的关键时期，面临跨越中等收入陷阱的艰巨任务，各种矛盾和社会问题相互叠加、集中呈现，人们思想活动的独立性、选择性、多变性、差异性明显增强，新闻舆论的多样性决定了宣传工作的复杂性和严峻性，使宣传工作面临重大挑战和考验。维护好改革发展稳定大局，要求我们必须做好宣传工作。

（二）深刻认识测绘地理信息事业的发展形势。今年是国家测绘地理信息局成立60周年。60年来，在党中央、国务院的高度重视和亲切关怀下，我国测绘地理信息事业从无到有、由小变大、由弱变强，全行业广大干部职工勇于担当、艰苦奋斗，为国家经济社会发展作出了重要贡献。新常态下，协调推进“四个全面”战略布局，贯彻落实五大发展理念，对测绘地理信息工作提出了新的更高要求，提供了发展的广阔舞台。应当看到，测绘地理信息事业发展正处于大有作为的重要战略机遇期，全系统的思想主流、基本面非常好，测绘精神发挥着非常鲜明的思想引领作用。但我们也要清醒地认识到，在全面深化测绘地理信息领域改革过程中，我们不但面临着构建新型基础测绘体系、推进地理国情监测常态化、促进地理信息产业发展、维护地理信息安全等长期任务，还面临着推进服务模式改革、行政审批制度改革、事业单位分类改革、新闻出版单位改革、行业协会与行政机构脱钩等任务。随着改革步伐的加快，必然会带来利益的调整和干部职工的思想波动。越是这个时候，越需要加强宣传工作，通过宣传工作加油鼓劲、凝心聚力、解疑解惑、形成共识，为测绘地理信息事业“十三五”开好局、起好步营造良好环境。

（三）准确把握中央关于宣传工作的部署要求。高度重视宣传工作，是我们党的优良传统和政治优势。好的舆论可以成为发展的“推进器”、民意的“晴雨表”、社会的“黏合剂”、道德的“风向标”，不好的舆论可以成为民众的“迷魂汤”、社会的“分离器”、杀人的“软刀子”、动乱的“催化剂”。近年来，习近平总书记在全国宣传思想工作会议、党的新闻舆论工作座谈会、网络安全和信息化工作座谈会上发表了一系列重要讲话，这是我们做好宣传工作的根本遵循。中央先后就意识形态工作责任制、传统媒体和新兴媒体融合发展以及讲好中国故事、传播好中国声音提出明确要求。我们一定要认真贯彻落实中央对宣传工作的新要求新部署，切实增强做好宣传工作责任感和使命感，为推进事业改革创新发展提供有力思想舆论支持。

二、服务大局大势大事，不断开创宣传工作新局面

做好测绘地理信息宣传工作，一定要胸怀大局、把握大势、着眼大事，围绕“加强基础测绘，监测地理国情，强化公共服务，壮大地信产业，维护国家安全，建设测绘强国”战略，遵循宣传工作和新闻舆论的特点、规律，找准切入点、着力点，创新宣传方法、手段，增强针对性、实效性，开创宣传工作新局面。

（一）牢牢把握正确的政治方向，增强“四个意识”。习近平总书记强调，党的新闻舆论媒体的所有工作，都要体现党的意志、反映党的主张，维护党中央权威、维护党的团结。宣传工作本质上是思想政治工作，坚持正确的政治方向是灵魂和生命线，是第一位要求。做好测绘地理信息宣传工作，必须牢牢把握正确的政治方向，旗帜鲜明地坚持党性原则，切实增强政治意识、大局意识、核心意识、看齐意识，始终保持高度的政治敏锐性和政治鉴别力，在思想上政治上行动上同以习近平同志为总书记的党中央保持高度一致。要组织开展好“两学一做”学习教育，继续深化对习近平总书记系列重要讲话精神的学习教育，组织好党中央治国理政新理念新思想新战略的宣传教育，营造决胜全面建成小康社会的良好氛围。

（二）始终坚持正确舆论导向，凝聚改革创新发展共识。习近平总书记强调，坚持正确的舆论导向，就是要做到所有的工作都有利于坚持中国共产党领导和我国社会主义制度，有利于推动改革发展，有利于增进全国各族人民团结，有利于维护社会和谐稳定，这是最重要、最根本的导向。坚持测绘地理信息领域的正确舆论导向，就是要继续深入宣传贯彻习近平总书记给国测一大队老队员老党员回信重要指示精神，争取党中央国务院和各级党委政府的重视支持，激励干部职工时刻铭记总书记的殷切嘱托，不忘初心，加倍努力，为测绘地理信息事业改革创新发展贡献才智。就是要围绕建党95周年和红军长征胜利80周年，大力宣传党的光辉历程和丰功伟绩，讴歌中国共产党好、社会主义好、改革开放好。就是要把测绘地理信息系统贯彻落实五大发展理念、适应把握引领新常态的重大决策部署和改革举措宣传到位，把测绘地理信息事业发展战略、“十三五”发展目标任务阐释到位，把测绘地理信息法律法规、政策制度解读到位。就是要扎实推进社会主义核心价值观建设，加强测绘地理信息文化建设，及时发现身边先进典型，大力弘扬测绘精神，积极营造见贤思齐、向上向善的良好氛围。总之，要通过多种方式，引导广大干部职工澄清模糊认识，理解参与改革，投身事业发展。

（三）坚持正面宣传为主，讲好测绘地理信息故事。坚持团结稳定鼓劲、正面宣传为主，是宣传工作必须遵循的重要方针。正能量抬不起头，负能量就会横行。我们要以生动的方式讲好故事，既要讲好测绘地理信息发展进程中的大故事，又要讲好基层普通职工的小故事，引导职工多看主流、多看本质、多看光明面，弘扬主旋律，传播正能量，不断提升测绘地理信息工作社会影响力和国际影响力。围绕《测绘法》修订出台、新型基础测绘体系建设、地理国情普查和监测、全球地理信息资源建设、地理信息产业发展、测绘卫星体系建设、测绘应急保障、国家地理信息安全维护等重点工作设置议题，加强策划，讲好故事，大力宣传测绘地理信息工作服务大局、服务社会、服务民生的成果成效。围绕国家局建局60周年系列活动，大力宣传测绘地理信息事业改革发展的奋斗历程和重要成就。围绕参与国际测绘地理信息事务，大力宣传测绘地理信息保障服务“一带一路”和“走出去”战略实施，扩大中国测绘地理信息的国际影响力和话语权。围绕国测一大队先进事迹和“感动测绘人物”推选，大力宣传测绘地理信息行业的良好形象和干部职工的精神风貌。

（四）着力创新宣传方法手段，推动宣传工作上水平。提高宣传工作科学化水平的过程，实质上是把握规律、创新求进的过程。自媒体时代，人人都是新闻发言人。我们既要发挥好报纸、期刊等传统媒体、主流媒体的作用，也要发挥好新媒体、自媒体在互动分享方面的重要作用。宣传工作既要严肃，也要活泼，不去迎合低级趣味，但要满足普通大众的需求。要更多发挥年轻人的优势和作用，以富有时代感的思维和创意提高新闻宣传工作的吸引力和感染力。要加强传统媒体与新兴媒体的融合发展，推动报纸、期刊、网站等媒介资源、生产要素有效整合，实现内容、渠道、平台、管理的深度融合。

三、强化组织领导，提高做好宣传工作的能力和水平

测绘地理信息部门各级党委（党组）、特别是领导干部要高度重视宣传工作，敢抓敢管、敢于担当，善于统筹、善用宣传，不断提高做好宣传工作的能力和水平。

（一）加强宣传工作领导。宣传工作是党的工作的重要组成部分。各级党委（党组）要把宣传工作牢牢放在心上、抓在手上，认真贯彻落实中央关于意识形态责任制的相关要求，严格落实主体责任，落实党委（党组）书记第一责任、分管领导直接责任和班子成员“一岗双责”，建立健全党委统一领导、党政齐抓共管、宣传部门组织协调、有关部门分工负责的工作机制，做到各司其职、各负其责、主动担当、忠诚履责。各级党委（党组）至少每年专题研究一次本部门本单位的宣传工作，主要领导要亲自过问，重大问题亲自把关。要严格执行新闻发布和对外宣传纪律，加大审查把关力度，提高舆情应对能力。要树立大宣传的工作理念，加强建设和管理、理论和舆论、内宣和外宣、网上和网下、时度效等统筹，充分调动各方力量、运用各种资源、形成整体合力，构建全行业一盘棋的大宣传格局。

（二）加强宣传阵地建设。阵地建设是宣传工作的基本依托，建阵地、管阵地，任何时候都不能放松。宣传文化单位要加强自身建设，勇于举旗帜、打头阵、当先锋，当好意识形态的主力军。要坚持谁主管谁负责、谁主办谁负责的原则，加强对测绘地理信息报刊、网站以及新闻出版单位和各类文化阵地的管理，特别要把握网络传播的特点和规律，用好互联网，加强网络内容建设，发挥网络引导舆论、反映民意的作用，做到正能量充沛、主旋律高昂。

（三）加强人才队伍建设。各级党委（党组）要加强测绘地理信息宣传战线上的人才队伍建设，培养造就一支政治过硬、能力过硬、作风过硬的测绘地理信息宣传干部队伍。要把好新闻宣传队伍进人的关，加强日常的学习和培训。广大测绘地理信息宣传工作者要牢固树立马克思主义新闻观，牢记社会责任，善用现代传播手段，会使“十八般兵器”，真正成为宣传工作的行家里手。要深化“走转改”，坚持贴近基层，贴近群众，贴近实际，多用群众耳熟能详的语言、喜闻乐见的形式、普遍认可的道理、有目共睹的事实，推出有思想、有温度、有品质的作品，达到润物细无声的宣传效果。

同志们，新时期测绘地理信息宣传工作使命更为光荣、任务更为繁重。让我们更加紧密地团结在以习近平同志为总书记的党中央周围，以更加昂扬的状态、更加饱满的热情、更加务实的作风，努力开创宣传工作新局面，为加快推动测绘地理信息事业改革创新发展作出新的更大贡献！

在全国卫星测绘应用工作会议上的讲话

国家测绘地理信息局局长 库热西·买合苏提

2016 年 5 月 29 日

尊敬的高建民常务副省长、吴艳华副局长，各位代表，同志们：

上午好！

今天，我们在太原召开全国卫星测绘应用工作会议，主要任务是认真贯彻落实党的十八大和十八届三中、四中、五中全会精神，全面总结我国卫星测绘应用工作取得的成绩，研究部署当前和今后一个时期卫星测绘应用工作的发展方向和重点任务，着力提升卫星测绘保障服务能力和水平，助推测绘地理信息事业改革创新发展，为服务国计民生提供更加坚实的测绘保障和更多更好的地理信息产品。

测绘卫星是国家民用空间基础设施的重要组成部分，是信息化、智能化和现代化社会的战略性基础设施，也是推进科学发展、转变经济发展方式、实现创新驱动的重要手段和维护国家安全的重要支撑。在党中央、国务院的亲切关怀下，在国家发展改革委、财政部、科技部、国防科工局等相关部门和联合参谋部、装备发展部等军队单位的大力支持下，在卫星测绘工作者的不懈奋斗下，经过近 10 年的砥砺发展，我国卫星测绘应用工作实现了从无到有、从小到大、从依赖国外进口到自主可控的发展转变，我国 1:5 万比例尺光学卫星测绘水平进入世界先进行列，资源三号卫星数据全球有效覆盖达到 7200 多万平方千米，推动了测绘地理信息技术创新和进步，提高了测绘地理信息服务保障水平，打破了遥感影像长期受制于国外的被动局面。卫星测绘的快速发展，有力促进了基础测绘、第一次全国地理国情普查与地理国情监测、国家地理信息公共服务平台“天地图”建设、数字（智慧）城市建设、应急测绘保障等测绘地理信息重点工作的开展，成果广泛应用于国土资源、水利、林业、环保等各领域，为维护我国在南海、钓鱼岛等区域的主权、安全和利益提供了数据保障，同时产品推广到美国、德国、巴西等 30 多个国家和地区，提升了国际影响，为经济社会发展作出了重要贡献。

2012 年 1 月 9 日，我国成功发射了自主研制的首颗资源三号测绘卫星。明天，国家民用空间基础设施中长期发展规划明确研制建设的首颗业务星——资源三号 02 星即将发射升空，它将与 01 星实现双星组网运行，这是测绘地理信息工作“十三五”开局之年的一件大事和喜事。刚才，还开通了资源三号卫星影像云服务平台，这对于进一步提升卫星测绘服务能力和应用水平具有重要作用。在此，我代表国家测绘地理信息局，预祝资源三号 02 星发射成功，祝贺卫星影像云服务平台开通运行！向长期以来给予卫星测绘应用工作大力支持的相关部委、山西省委省政府和军队单位表示衷心的感谢！向顽强拼搏、勇攀高峰的卫星测绘科研工作者致以崇高的敬意！

稍后，李朋德同志将作卫星测绘应用工作报告，总结成绩，查找不足，明确思路，部署任务。我会前审阅了这个报告，完全赞同。下面，我讲三点意见。

一、充分认识加强卫星测绘应用工作的重要意义

测绘卫星，既是我国航天科技实力的重要体现，也是我国测绘地理信息能力水平的重要标志。加快建设自主开放、安全可靠、长期连续稳定运行的卫星测绘应用体系，对于服务经济社会发展、维护国家安全、促进测绘地理信息事业改革创新发展具有重要意义。

（一）加强卫星测绘应用工作是贯彻五大发展理念的具体举措。创新、协调、绿色、开放、共享的发展新理念是“十三五”乃至更长时期我国发展思路、发展方向、发展着力点的集中体现。卫星测绘是高技术行业，提升卫星测绘应用能力和水平，对于抢占对地观测科技制高点、提高测绘地理信息科技整体水平十分重要，这是贯彻创新发展理念之举。卫星测绘是新型基础测绘与地理信息产业的基础支撑，加强卫星测绘应用，有利于提升地理信息资源获取能力，促进基于卫星测绘数据的增值开发和新型应用，推进公益性测绘和地理信息产业共同发展，这是贯彻协调发展理念之举。生态空间变化监测、自然资源保护、城市群空间格局变化监测等是卫星测绘应用工作的重要服务领域，加强卫星测绘应用工作将有力保障地理国情监测常态化开展，彰显测绘地理信息工作服务生态文明建设的作用和成效，这是贯彻绿色发展理念之举。加快卫星测绘应用“走出去”，加强全球地理信息资源建设，服务“一带一路”国家战略，提升我国测绘地理信息国际影响力和竞争力，这是贯彻开放发展理念之举。加强卫星测绘应用，有利于增加地理信息公共服务供给，创新公共服务提供方式，推进共享合作与融合发展，并在精准扶贫等民生方面发挥重要作用，这是贯彻共享发展理念之举。

（二）加强卫星测绘应用工作是国家重大战略和重大工程实施的有力保障。卫星遥感影像是国家重大战略和重大工程实施必不可少的基础数据，卫星导航定位系统提供不可或缺的位置基准。实施“一带一路”建设、京津冀协同发展、长江经济带建设国家战略和“四大板块”战略，开展水利、铁路、公路、水运、民航、管道等国家重大公共基础设施工程建设，推进“多规合一”、构建空间治理体系、开展山水林田湖生态保护和修复工程，科学开发海洋资源、保护海洋生态环境，服务应急救灾和突发事件处置，都离不开多样化、精细化、高时效性的卫星测绘保障，这要求我们必须统筹和加强卫星测绘应用工作。

（三）加强卫星测绘应用工作是维护国家安全和发展利益的重要支撑。高分辨率卫星遥感影像、高精度卫星导航定位以及卫星连续运行基准站获取的坐标数据等涉及国家秘密。长期以来，我国高分辨率卫星影像、卫星导航定位系统依赖国外进口，基准站建设缺乏统筹，给国家安全造成重大隐患，对此，中央领导同志多次作出重要批示。打破国外垄断地位，维护国家安全和发展利益，必须贯彻落实总体国家安全观，依靠自主创新，把卫星测绘的关键技术牢牢掌握在自己手里。同时，拓展卫星测绘应用，有利于扩大我国在测绘地理信息领域的国际话语权，提升参与全球地理信息事务的能力。

二、准确把握我国卫星测绘应用工作面临的形势

“十三五”时期是我国全面建成小康社会的决胜阶段，是我国测绘地理信息事业改革创新发展的关键时期，卫星测绘应用工作既面临重大机遇，也面临严峻挑战。我们要在抢抓机遇中积极应对挑战，在应对挑战中加快卫星测绘应用发展。

一是从党中央、国务院的部署要求看，卫星测绘应用工作面临重要发展机遇。李克强总理在视察中国测绘创新基地时指出，测绘地理信息是技术密集型行业，必须加大支持力度，进一步增强自主创新能力，提高高端测绘地理信息装备自主化水平，尤其要强化高分辨率遥感影像等信息资源建设。我国《国民经济和社会发展第十三个五年规划纲要》明确提出，要加快构建以多模遥感、宽带移动通信、全球北斗导航卫星为核心的国家民用空间基础设施，形成位置服务领域系统性技术支撑和产业化应用能力，加速北斗、遥感卫星商业化应用。国家相继出台了《国家卫星导航产业中长期发展规划》、《促进地理信息产业发展的意见》、《全国基础测绘中长期规划纲要（2015—2030年）》、国家民用空间基础设施中长期发展规划和《国家创新驱动发展战略纲要》等一系列重大规划和政策，就加强遥感卫星建设作出了明确部署，到2025年，我国将建成包括4颗资源三号卫星、2颗高分七号卫星、1颗干涉雷达测量卫星等系列高分辨率测绘遥感卫星，北斗卫星导航系统具备为全球用户提供导航定位服务能力，卫星测绘体系向规模化、业务化、产业化发展。党中央、国务院的高度重视和决策部署，对加强卫星测绘应用工作提出了新的更高要求，提供了难得的发展机遇。

二是从国内国际卫星遥感技术和产业化发展看，卫星测绘应用工作面临新动力和新挑战。从国内看，在“一带一路”大背景下，我国正在推进互联互通的“天基丝路”空间基础设施建设，推动航天遥感技术更好地服务“一带一路”沿线国家和地区乃至全球经济发展、科技进步与民生改善。从国际看，发展和完善自主可控的遥感和导航定位空间基础设施，日益成为发达国家和地区追求空间领域领先、抢占经济和科技竞争制高点、发展新兴产业、维护安全利益的战略选择。目前，全球空间基础设施加速升级换代，进入体系化发展和全球化服务的新阶段。光学、雷达、激光、重力、导航等卫星技术快速发展，商用小卫星发展势头迅猛，传感器及卫星平台不断更新，卫星应用和商业运营模式不断创新，空间技术与大数据、云计算等技术深度融合发展，为我国卫星测绘应用工作及其产业化、商业化发展带来了新动力新活力。同时，也要清醒地看到，我们既存在着卫星测绘应用系统整体能力不足、自主创新能力不强、制度标准不完善、应用广度深度不足、产业化进程缓慢等问题，也面临着世界航天强国对我国实行技术封锁和政策、市场挤压的严峻挑战。对此，我们必须增强信心，加快步伐，不断提升卫星测绘应用能力和水平。

三是从测绘地理信息事业改革创新发展看，加强卫星测绘应用工作是推进事业转型升级的必然要求。新常态下，我们提出了建设测绘强国的战略目标。就目前的情况看，要走的路还很长、任务还很艰巨，必须加快事业改革创新发展步伐。在推进新型基础测绘体系建设、地理国情监测、应急测绘、全球地理信息资源建设、地理信息产业发展和维护国家地理信息安全等重点工作中，地理信息数据源不足一直是制约发展的瓶颈问题，现势性强、多要素、多时相的遥感影像数据获取能力不强是我们的短板。这就要求我们不断创新卫星测绘产品种类和服务模式，为测绘地理信息事业改革创新发展提供坚实支撑。

三、努力推动卫星测绘应用工作再上新台阶

“十三五”和今后更长一段时期，卫星测绘应用工作要全面贯彻落实党的十八大和十八届三中、四中、五中全会精神，按照党中央、国务院的决策部署，面向经济社会发展和事业发展的重大需求，把握世界新科技革命和产业革命的机遇，围绕“加强基础测绘、监测地理国情、强化公共服务、壮大地信产业、维护国家安全、建设测绘强国”事业发展战略，以科学规划为引领，以技术创新为动力，以体制机制为保障，以满足经济社会发展和国家安全的重大需求为根本目的，加快建设具有国际先进水平的卫星测绘应用体系，为测绘地理信息事业改革创新发展提供有力支撑，更好地服务国计民生。我在这里强调五个方面的重点工作。

（一）科学谋划卫星测绘长远发展

要坚持五大发展理念，紧紧围绕国家改革发展大局，围绕测绘地理信息事业中心工作，科学谋划卫星测绘长远发展。一要做好顶层设计。紧密结合国家经济建设和社会发展“十三五”规划、《全国基础测绘中长期规划纲要（2015—2030年）》、国家民用空间基础设施中长期发展规划和测绘地理信息事业“十三五”规划，坚持近期与远期结合、公益性和市场化并重、需要与可能兼顾，抓紧编制完成《卫星测绘“十三五”发展规划》，明确总体思路、发展目标、重点任务，既要强调规划的战略性、指导性，又要突出规划的约束力、可操作性，充分发挥规划的引领作用。同时，要加快制定完善卫星测绘应用政策、标准、规范体系，建立绩效评价机制，不断优化卫星测绘发展环境。二要抓好组织实施。协调落实和有序实施《规划》确定的卫星测绘项目，明确任务推进时间和责任主体，加强人力、财力、物力保障，确保各项目标任务落到实处。三要加强战略研究。着眼长远发展，坚持问题导向，紧紧抓住卫星测绘的前瞻性、战略性、关键性问题进行深入研究和科学论证，以不断适应测绘地理信息事业发展的需要，不断适应国民经济与社会发展的需要，不断适应维护国家安全的需要。

（二）大力加强卫星测绘能力建设

要贯彻创新驱动发展战略，立足自身实际，瞄准国际前沿，加强卫星测绘装备、技术、人才能力建设，为卫星测绘应用提供坚实支撑。一要加快测绘卫星体系化建设。在资源三号卫星双星组网的基础上，加快推进03、04星技术指标优化论证和立项建设，实现资源三号多星组网在轨运行；积极推动高分七号卫星及其后续星研制与发射，形成以0.7米—2米分辨率为主的立体观测能力；做好干涉雷达测量、激光测高、重力卫星等卫星的前期设计论证与立项，填补我国在这些领域的空白，加快构建种类齐全、功能互补、尺度完整的测绘卫星体系，逐步形成高、中、低空间分辨率合理配置、多种观测技术优化组合的综合高效全球观测数据获取能力，实现测绘卫星体系化建设与发展。二要大力自主创新。超前部署科研任务，注重原始创新、颠覆性创新，开展空天地一体化卫星测绘前沿关键技术攻关，加速卫星测绘与互联网、物联网、云计算、大数据及其他新技术的融合，力争突破卫星影像仿真和几何检校、卫星数据处理和管理、卫星测图和应用、高精度协同定位导航等关键技术并取得重大成果。三要加强卫星测绘人才建设。大力弘扬测绘精神和科学精神，落实科学研究和成果转化激励政策，充分发挥现有科技创新团队优势，形成择优选拔、量才使用、科学评价、监督有力的卫星测绘人才工作机制，培养、吸引和打造一支高层次、复合型和创新型卫星测绘人才队伍。

（三）着力提升卫星测绘服务水平

要按照中央关于供给侧结构性改革的要求，根据自身业务需求和特定应用目标，构建测绘地理信息领域卫星应用体系，推进卫星测绘应用服务。一要扩大有效供给。创新产品形式，深度挖掘信息，构建面向各类测绘卫星的产品体系，形成高精度、标准化、多时相的系列产品，结合不同应用需求和特点制定多种产品解决方案。搭建卫星测绘公众增值服务平台，建立主动服务、智能服务和一站式服务等新型卫星测绘服务模式。二要拓展服务应用。在基础测绘、地理国情监测、全球地理信息资源建设、“天地图”建设、数字（智慧）城市建设和应急测绘等测绘地理信息重点工作中，优先采用国产测绘卫星影像。着力推进卫星测绘产品在资源环境和生态保护、防灾减灾与应急反应、社会管理和公共服务、新型城镇化与区域可持续发展、国防建设和国家安全等领域的应用，主动服务国家和地方重点工作。加强北斗卫星导航系统社会化应用的深度和广度，发挥好国家卫星导航定位基准站网的重要作用。三要推进产业化发展。面向大众信息消费的多层次需求，探索卫星测绘商业化模式，挖掘、培育和发展遥感影像和位置服务新型应用，为地理信息产业发展拓展新空间。鼓励商业资本参与测绘卫星发展建设，支持相关企业在卫星测绘科技、产品、商业模式创新等方面加大投入，提高自主卫星测绘产品和服务的竞争力。

（四）加快推进卫星测绘全球化战略布局

要树立世界眼光，培养战略思维，适应全球化发展需要，加强国际交流合作，加快卫星测绘“走出去”步伐。一要加快卫星系统全球布局。要在主管部门的统筹协调下，开展卫星测绘数据中心的全球布局，推进境外部分地区卫星接收台站建设，扩大全球数据覆盖，形成卫星数据全球服务能力。二要积极拓展国际服务。建立全球化的卫星测绘数据和产品销售与技术服务网络，鼓励和支持构建国际合作综合服务平台，大力推动卫星、数据及其应用服务出口，积极推进北斗卫星导航系统全球应用，提高国际化服务能力和应用效益，服务“一带一路”战略实施。三要拓宽国际合作交流渠道。紧跟国际卫星测绘前沿技术和应用水平，学习借鉴发达国家先进经验，不断加强卫星数据应用等领域的国际合作，积极开展国产测绘卫星的国际应用技术培训，提升我国卫星测绘国际影响力。

（五）强化卫星测绘应用工作统筹协调

卫星测绘是一项系统工作，要统筹处理好部门之间、系统上下、军地融合的关系，密切协作，形成合力，共同推进卫星测绘应用持续协调快速发展。一要做好部门协调配合。国家将实行公益性遥感卫星用户管理委员会负责制，我们要按照部署要求积极主动履行好相关职能。在已经建立的良好沟通协作基础上，要继续争取发改、财政、科技、国防科工等部门的重视支持，共同推进系列测绘卫星建设。在国家民用空间基础设施管理建设应用、国家卫星遥感数据、北斗系统及其兼容技术与产品等方面的政策标准制定中，要加强与发改、工信、国防科工等相关部门和联合参谋部等单位的配合，参与做好相关工作。这里，也希望有关部门和单位能够一如既往地重视、支持卫星测绘应用发展。二要加强业务合作共享。按照“一星多用、多星组网、多网协同、集成服务”原则，我们将加强与国土资源、农业、林业、水利、气象、减灾等各部门的资源共享，在务实合作中共同推进遥感卫星数据深度应用，在深化应用中实现优势互补、携手共赢。三要深化军民融合发展。贯彻落实中央关于经济建设和国防建设融合发展的战略部署，建立军民融合的卫星测绘发展机制，加强军民测绘卫星规划的协调衔接，推进军民测绘卫星的互用互惠，逐步建立平时和战时兼容兼顾、军队和地方互利互赢的军民卫星测绘协作格局。四要发挥地方应用优势。各地要把卫星测绘应用能力建设作为本地区测绘地理信息工作的重要内容加快推进，以资源三号卫星影像云服务平台开通为契机，认真履行好卫星测绘系统环境建设、成果推广应用和安全监管等职责。

同志们，卫星测绘应用工作任重道远。我们要认真学习贯彻习近平总书记系列重要讲话精神，贯彻五大发展理念，大力自主创新，健全体制机制，加强建设服务，推动卫星测绘应用工作再上新台阶，助推测绘地理信息事业改革创新发展，为全面建成小康社会作出新的更大贡献。

在"两学一做"学习教育暨局党组中心组集中学习研讨会上的讲话

国家测绘地理信息局党组书记、局长 库热西·买合苏提

2016年6月7日

同志们：

按照局党组"两学一做"学习教育实施方案安排，结合局党组中心组2016年学习计划，今天上午，我们利用半天时间，在前期深入自学的基础上，举行"两学一做"学习教育暨局党组中心组2016年第二次集中学习研讨。

中央"两学一做"学习教育以来，以习近平为总书记的党中央率先垂范，尤其是近期总书记在哲学社会科学工作座谈会上、在黑龙江考察调研、在中央政治局集体学习及全国科技创新大会上的讲话，无不贯穿着对"两学一做"学习教育的部署和要求，体现着目标导向、问题导向和实践导向。前不久，宜仁同志代表局党组，组织召开了我局"两学一做"学习教育推进会，了解了各支部"两学一做"学习教育的进展情况，进一步要求各级党组织书记不但要管好干部、带好班子，还要管好党员、带好队伍。节前我们举办了测绘学习大讲堂，邀请中央党校专家围绕"十八大历史意义和中央纪委六次全会精神"为大家作辅导报告，拓宽了视野，提高了认识。6月下旬，我将以学习《党章》为题讲一次党课，各位党组成员也将分别到所在支部、分管单位或基层联系点讲党课。这一系列的学习教育，就是要让全体党员时时刻刻要有党的意识、党员意识，做合格党员，开展"两学一做"学习教育就是要把对"学党章党规、学系列讲话"的学习，贯穿始终，内化于心，外化于行。

这次集中学习研讨主要围绕《中国共产党章程》、《习近平总书记系列重要讲话读本（2016年版）》、十八届中央纪委六次全会精神、《中国共产党党员权利保障条例》四方面内容进行。这些内容是"两学一做"学习教育的规定书目，也是近期理论学习的热点，尤其是《党章》，是党员学习的根本。学习领会好、贯彻落实好这次学习内容的精神，对于促进测绘地理信息事业发展、进一步加强各级领导班子建设都将产生积极的推动作用。

刚才，大家紧紧围绕本次集中学习研讨的主题，结合"两学一做"学习教育的相关要求，紧密联系自己思想、工作实际，从不同角度、不同侧面交流了自己的学习体会、收获，谈的都很好。会前，大家进行了精心的准备和认真的思考，形成了书面材料，我也审阅了各位的发言材料。维森同志在主题发言中在对"两学一做"学习教育深入学习理解的基础上，将五大发展理念融入到测绘地理信息事业及重大项目中，对大家很有启发；有的同志讲到自己作为党支部书记对抓好党章学习教育负第一责任，体现出了对党建第一责任人认识的进一步提高；有的同志在发言中能够从真学真用的角度谈体会，如何学党章、学习党章哪些内容，将学习成果转化为实干动力；有的同志结合全国科技创新大会精神谈本单位如何落实科技创新工作，科技创新大会将会对全国的科技创新工作有一个革命性的推动，要从束缚科技创新的制度上着手突破，真正调动起广大测绘科技工作者的开展科技创新的积极性；有的同志对如何"做遵守党章合格党员"谈了自己的认识，这些发言都体现出了大家对"两学一做"学习教育及本次集中学习研讨的高度重视，反映出了大家求真务实的学习态度。

开展"两学一做"学习教育，学党章党规、学系列讲话，我理解：就是为了做合格党员服务，最终是为了唤醒广大党员党的意识和党员意识。要认同自己共产党员的身份，要时刻牢记自己不同于普通群众，要在测绘地理信息工作中打造共产党员的先锋形象，在关键时候要敢于站出来为党发声。

党员有了强烈的党的意识，才能用党员的标准要求自己，规范自己，维护党的形象和声誉，对党常怀感恩之心，为党的事业而奋斗。当前有的党员干部党的意识淡化了，追求享乐的意识强了，艰苦奋斗的意识淡了；"自由"的意识强了，纪律的意识淡了；当官的意识强了，公仆的意识淡了。这些现象都偏离了党性要求，不能说我们测绘地理信息

局党员干部都有这些现象，但也绝不是一点没有。既然选择志愿加入中国共产党，就必须接受组织的约束。这就要求党员干部必须通过学习党的基本理论增强党的意识的理性自觉，通过落实组织生活制度、认真开展“三会一课”来强化日常教育，通过开展批评与自我批评来净化灵魂，通过党员民主评议和党内监督来帮助党员提高自律意识，真正使党员时刻不忘自己是党的人，做好党要求做的事。

党的意识是组织意识、责任意识和表率意识。每名党员要认识到自己的一言一行不是孤立的个人行为，而是直接体现着党的形象，影响着党的威信。要培养党员高度的“组织荣誉感”，增强组织纪律观念，积极参加组织生活，自觉接受组织教育，做维护党的团结和谐的合格党员；每名党员要时刻牢记党的历史使命，不断增强事业心和责任感，对党的事业自觉认同，自觉践行，自觉奉献，把“党员称号”作为一种光荣而伟大的责任践行之；每名党员要经常想着自己的言行对群众具有直接的示范作用，坚持凡是要求群众做到的，自己首先做到，凡是要求群众不做的，自己坚决不做，做带领群众推动测绘地理信息事业改革发展的表率。

正在开展的党费收缴、管理和使用情况的专项检查及党员信教情况排查就能够说明问题。很多党员甚至记不清自己是何年何月入的党，记不清上次缴纳党费是什么时候，没人来收，就想不起要按月缴纳党费。有的党支部不了解支部党员的思想情况。这说明我们一部分党员党的意识淡薄，部分支部的党建工作不扎实、不到位，部分党组织主要负责人没有认清自己的本职是党务工作，没有真正落实党建主体责任。

接下来，我局各方面的工作要与深入开展“两学一做”学习教育紧密结合起来，有以下几点要求：

一要进一步开展好“两学一做”学习教育。进一步提高对开展“两学一做”学习教育重大意义的认识。开展学习教育对于推动全面从严治党，进一步解决党员队伍在思想、组织、作风、纪律等方面存在的问题，保持发展党的先进性、纯洁性有重要意义，2016已经过半，要根据党组学习教育的方案从时间上、内容上把握学习教育的进度，把规定动作做到位，自选动作做出特色，切实增强开展学习教育的思想自觉和行动自觉。要进一步严格学习教育的各项要求，各党委、总支、支部要根据各自的实际情况，做到经常性教育细水长流不断线，坚持抓在日常、严在经常，要督促各级党组织书记落实好主体责任，充分发挥党支部在这次学习教育中的主体作用，确保学习教育取得实实在在的效果。要严格按照中组部的要求，认真做好党费缴纳和管理工作，持之以恒贯彻落实中央八项规定精神，抓好作风建设。

二要发挥好带动引领作用。要求别人做到的，我们自己首先做到，党组中心组带头学习，为局所属各单位、机关各司室继续开展好学习研讨作出了示范，进一步提高了广大党员干部对“两学一做”学习教育的认识。开展“两学一做”学习教育，核心不仅仅是我们这些党员领导干部学好、做好，更重要的是要带领我们所在单位和部门的广大党员学好、做好。

三要发挥好基层党组织的主动性。中央多次强调，开展“两学一做”学习教育要杜绝形式主义，不搞“一刀切”，把处方权下发，让基层当“小郎中”，把如何开展好学习教育的空间留给基层，国家局党组要求基层党组织要进一步充分发挥主观能动性，创新开展广大党员喜闻乐见的学习教育。

四要学用结合做好测绘地理信息工作。要借助“两学一做”学习教育的成果，在扎扎实实推进测绘地理信息事业改革创新发展过程中，树立合格共产党员的形象，发挥共产党员先锋模范作用和党支部的战斗堡垒作用，真正让党员站出来，组织强起来，真正为加快构建新型基础测绘体系、建立地理国情常态化监测体制机制、推进全球地理信息资源建设，强化测绘地理信息管理职能自觉贡献力量。

在国家测绘地理信息局直属机关“两学一做”学习教育党课上的讲话

国家测绘地理信息局党组书记、局长 库热西·买合苏提

2016 年 6 月 29 日

同志们：

按照中央要求和局党组“两学一做”学习教育实施方案安排，“七一”前，我要给局直属机关的党员干部讲一次党课。前不久，我到我的联系点——四川测绘地理信息局就“两学一做”学习教育进行调研座谈，并与四川局党组成员和基层单位党组织书记一起过组织生活，围绕“两学一做”学习教育的重大意义、部署要求，为与会的各级党组织书记、党员代表讲了一次党课。今年是我们伟大的中国共产党成立 95 周年，今天我和在京的同志们一道欢庆即将到来的党的生日，与同志们分享我对党章的理解和认识。党章的地位十分重要，学习党章是我们的终身任务。下面，结合“两学一做”学习教育要求，就学习贯彻好党章谈几点思考。

一、学习党章就是要不忘初心，忠于党章

95 年前，从嘉兴南湖的一叶扁舟摇橹启航，中国共产党团结和带领全国各族人民，在艰难困苦中顽强奋进，在艰辛探索中负重前行，在坚守信念中发展壮大，攻克了一个又一个难关，夺取了一个又一个胜利，把一个积贫积弱的旧中国建设成为了一个欣欣向荣的新中国，从根本上改变了中国人民的命运，成就今天驶向改革“深水区”的万吨巨轮。中国共产党一路乘风破浪、风雨兼程，始终保持着旺盛的生命力、强大的领导力和高度的凝聚力，绘就了波澜壮阔的历史画卷。是何等伟力，敢叫日月换新天？是怎样的理想信念，激励着一代代中国共产党人前仆后继、奋斗不息？答案就在党章中。

党章是党的总章程，集中体现了党的性质和宗旨、党的理论和路线方针政策、党的重要主张，规定了党的重要制度和体制机制。我们党历来高度重视党章建设，把制定、修改和完善党章作为党的建设的一项基础性工作，认真总结革命、建设、改革各个时期的历史经验和新鲜经验，把党的理论创新、实践创新和制度创新的重要成果及时体现到党章中，充分发挥党章对于党的工作和党的建设的规范和指导作用。从党的一大通过《中国共产党纲领》到二大诞生第一部党章，再到党的十八大根据形势和任务的变化对党章的修改完善，党章记录着党的思想、理论和政治路线与时俱进的发展轨迹，清晰地描绘了我们党解放思想、实事求是、在实践中检验真理和发展真理的全过程，充分反映了我们党从稚嫩走向成熟的历史进程。

党章的历史发展进程大致可划分为三个阶段：

第一阶段：一大至七大党章——在革命战争中逐渐成熟。1921 年 7 月，党的一大通过的《中国共产党纲领》，有 15 条，明确了一些基本的问题，明确我们党的名称为“中国共产党”，并且规定了党的组织原则、组织机构和入党条件等问题。一大宣告了党的成立，但严格地说，一大党纲还不是正式党章。党的二大完成了这一开创性工作。党的二大通过的《中国共产党章程》，是党的历史上第一部党章。它明确规定了党的组织原则，具体规定了党员条件、党的各级组织建设和党的纪律要求，为规范党员行为、促进党组织的巩固和发展发挥了积极作用。从党的三大到六大，党根据革命实践和认识的发展，对二大党章进行了修订完善。党的三大通过《中国共产党第一次修正章程》，决定增设党员候补期。党的四大通过《中国共产党第二次修正章程》，规定党的基层单位为支部，将党的中央执行委员会“委员长”名称改称“总书记”，各级执行委员会“委员长”改称“书记”。五大是在大革命处于危机时刻召开的，会议期间没能通过新的党章。1927 年 6 月，中央政治局会议通过的《中国共产党第三次修正章程决案》，是党的历史上唯一不是由党的代表大会制定和修改的党章。该党章从内容到体例均作了较大修改，对党的组织原则和组织制度作出新规定，要求党员必须参加党的一个组织，决定设立监察委员会和党团（即党组）。1928 年 6 月 18 日至 7 月 11 日，在莫斯科召开的党的六大通过的党章，是唯一在国外修订的党章，首次明确规定党

的组织原则为民主集中制，并在党员管理制度、党的组织结构等方面作出新探索。1945 年 4 至 6 月，抗日战争即将取得胜利前夕，党的七大在延安召开，通过的党章是第一部我们党完全独立自主修改的党章，一大至六大党章，相当程度上有苏联共产党和共产国际的帮助指导，这也充分证明党的成熟和坚强。党的七大党章首次增加了总纲部分，确立毛泽东思想为党的“一切工作的指针”，第一次以条文形式规定党员的义务和权利。党的七大党章是民主革命时期最好、最完备的一部党章，为全党团结一致夺取新民主主义革命的胜利奠定了坚实基础。

第二阶段：八大至十一大党章——在探索中曲折前进。1956 年 9 月召开的党的八大，是新中国成立后召开的第一次党的全国代表大会，制定了党执政后的第一部党章。党的八大党章总结党执政初期的经验，体现了执政党建设的特点，删除了党的七大党章中“党的地下组织”与“经费”两章，增加了全面建设社会主义的任务、实现现代化的目标及党的内政外交政策等内容；对民主集中制作了充分论述，对党的组织机构及组织制度作出重大调整，规定党的各级代表大会实行常任制；对党员特别是党的干部提出更高更严格要求，完善了党的纪律处分的种类。党的八大党章是党探索社会主义建设规律和执政党建设规律的初步成果，为社会主义建设时期党的建设指明了正确方向。“文化大革命”时期，党的九大和十大通过的党章对党的性质、指导思想和根本任务作了错误的和不科学的论述；取消了关于党内民主、党员权利和义务等重要条文，集中反映了“文化大革命”对党的建设的严重破坏。党的十一大党章，在结构上恢复了将总纲和各章分开阐述的做法，对实现党的奋斗目标、发扬优良传统等作出正确规定，但是在一些重要方面，仍然没有摆脱“文化大革命”影响。

第三阶段：十二大到十八大党章——在改革开放新时期不断完善。党的十一届三中全会后，我们党开创的改革开放和社会主义现代化建设事业，对党的领导和党的建设提出新的要求，对党章建设也提出了更高要求。党的十二大总结党执政的经验教训，重新制定了一部体现马克思主义政党原则、中国共产党党情和时代特点的党章。党的十二大党章规定马克思列宁主义、毛泽东思想为党的指导思想，清除了党的十一大党章中的“左”的错误，对党的性质、指导思想、奋斗目标和国际国内政策作出正确论述；对党员和党的干部在思想上、政治上、组织上提出更高标准，对党员的义务和权利作了新的规定；对坚持党的民主集中制、加强基层党组织建设、改善党的各级领导体制、严格党的纪律等提出新的要求。党的十二大党章第一次比较全面而正确地回答了新时期执政党建设的目标、途径和方法等基本问题，是一部至今仍在发挥重要作用的好党章。根据党的理论创新和实践发展，党的十三大、十四大、十五大、十六大、十七大、十八大在保持十二大党章总体稳定的前提下，都对党章作了适当修改。比如，党的十四大党章对总纲和部分条文作出修改，突出邓小平同志关于社会主义本质的论述，把建设有中国特色社会主义理论和党的基本路线以及一系列方针政策写入党章。党的十五大党章将邓小平理论确立为党的指导思想。党的十六大党章将“三个代表”重要思想确立为党的指导思想，对党的性质作了“两个先锋队”的表述，充实了全面建设小康社会等内容，并增写了“党徽党旗”一章。党的十七大党章写入了科学发展观。党的十八大党章修正案将科学发展观确立为党的指导思想，增写了有关中国特色社会主义制度等重要论述，把生态文明建设纳入中国特色社会主义事业总体布局，充实了关于党的建设总体要求的内容。经过修改和完善，党章更加体现时代性、把握规律性、富于创造性。

纵观党章发展基本历程，可以得出这样一个结论：党的事业和党的建设的发展对党章不断提出新的要求，反过来，党章的与时俱进又推动了党的事业和党的建设的新发展。各级党组织和广大党员干部，在“两学一做”学习教育中，要结合学习党的历史、党章发展史，认真理解认识把握党章内容，切实做到不忘初心、忠于党章，为党分忧、为国尽责、为民奉献。

二、学好党章就是要不断强化党的意识和党员意识

党章由党的纲领和党的章程两部分组成。党章总纲共 28 个自然段，党的章程共十一章 53 条。党的章程第一章党员，第二章党的组织制度，第三章党的中央组织，第四章党的地方组织，第五章党的基层组织，第六章党的干部，第七章党的纪律，第八章党的纪律检查机关，第九章党组，第十章党和共产主义青年团的关系，第十一章党徽党旗。下面，我从强化党的意识和党员意识两个方面，谈谈需要认识和把握的党章主要内容。

（一）强化党的意识必须把握的重点。强化党的意识，必须把握党的性质、宗旨、行动指南、历史任务、党在社会主义初级阶段的奋斗目标和基本路线等重点内容。

党章开篇就明确指出了党的性质：中国共产党是中国工人阶级的先锋队，同时是中国人民和中华民族的先锋队，是中国特色社会主义事业的领导核心，代表中国先进生产力的发展要求，代表中国先进文化的前进方向，代表中国最广大人民的根本利益。党的最高理想和最终目标是实现共产主义。党章规定：中国共产党以马克思列宁主义、毛泽东思想、邓小平理论、“三个代表”重要思想和科学发展观作为自己的行动指南。党章强调：改革开放以来我们取得一切成绩和进步的根本原因，归结起来就是：开辟了中国特色社会主义道路，形成了中国特色社会主义理论体系，确立了中国特色社会主义制度。这就是通常我们讲的“三个自信”，即：道路自信、理论自信、制度自信。党章在深入分析我国正处于并将长期处于社会主义初级阶段的基本国情基础上，确定了全面推进经济建设、政治建设、文化建设、社会建设、生态文明建设五位一体的中国特色社会主义事业总体布局，阐明了党的基本路线的科学内涵和基本要求。

党章明确指出了党的宗旨：“中国共产党党员必须全心全意为人民服务”。从党章的历史发展进程来看，无论国内国际形势如何变化，党的阶段性目标如何调整，党章对党的宗旨的规定都是相当明确的，是始终如一、一脉相承的。今年3月至5月，我在中央党校学习的时候，有一次课就讲“党的核心价值观”，大家在讨论的时候一致认为，我们党的核心价值观就是“全心全意为人民服务”，我们党就是一切为了人民，一切造福于人民。希望大家在这一方面，要进行认真系统的思考。十八大以后，习近平总书记一直强调：“我们党的最大政治优势是密切联系群众”，同时也警醒全党，“党执政后的最大危险是脱离群众。党风问题、党同人民群众联系问题是关系党生死存亡的问题。”打铁还需自身硬。我们每一个共产党员特别是党员领导干部都要始终坚持“全心全意为人民服务”的根本宗旨，把践行党的宗旨作为终身追求，不管在什么时候都不能忘记“为了谁、依靠谁、我是谁”。

（二）强化党员意识必须把握的重点。党员意识，通俗地讲，就是一个共产党员，无论在什么时候、什么地方，都要意识到自己是一个共产党员，都能始终按照党员的标准和条件严格要求自己，都能够发挥出先锋模范作用。

党章在第一章，对党员的基本要求作了明确规定，详细阐述了党员必须履行的八项义务和享有的八项权利。这里，我再和同志们一起重温一下，党员的八项义务：一是认真学习马克思列宁主义、毛泽东思想、邓小平理论、“三个代表”重要思想和科学发展观，学习党的路线、方针、政策和决议，学习党的基本知识，学习科学、文化、法律和业务知识，努力提高为人民服务的本领。二是贯彻执行党的基本路线和各项方针、政策，带头参加改革开放和社会主义现代化建设，带动群众为经济发展和社会进步艰苦奋斗，在生产、工作、学习和社会生活中起先锋模范作用。三是坚持党和人民的利益高于一切，个人利益服从党和人民的利益，吃苦在前，享受在后，克己奉公，多做贡献。四是自觉遵守党的纪律，模范遵守国家的法律法规，严格保守党和国家的秘密，执行党的决定，服从组织分配，积极完成党的任务。五是维护党的团结和统一，对党忠诚老实，言行一致，坚决反对一切派别组织和小集团活动，反对阳奉阴违的两面派行为和一切阴谋诡计。六是切实开展批评和自我批评，勇于揭露和纠正工作中的缺点、错误，坚决同消极腐败现象作斗争。七是密切联系群众，向群众宣传党的主张，遇事同群众商量，及时向党反映群众的意见和要求，维护群众的正当利益。八是发扬社会主义新风尚，带头实践社会主义荣辱观，提倡共产主义道德，为了保护国家和人民的利益，在一切困难和危险的时刻挺身而出，英勇斗争，不怕牺牲。

近年来，从群众路线教育实践活动到“三严三实”专题教育再到现在正在开展的“两学一做”学习教育，以及前段时间组织开展的党员组织关系排查和党员信教情况集中排查，这些都是加强党员教育管理，提高党员意识，纯洁党员队伍的具体措施。按照中组部、中央国家机关工委和中纪委驻部纪检组的部署要求，我们正在开展党费收缴情况自查、整改工作，这是贯彻党章要求的具体行动，是强化党员意识的重要举措，广大党员干部要充分认识交纳党费是做合格党员的起码条件，提高认识，自觉、按时、足额交纳党费。

强化党员意识，要增强党的纪律观念。党章规定：“党组织必须严格执行和维护党的纪律，共产党员必须自觉接受党的纪律的约束”。十八届中央纪委历次全会，对于纪律的要求，一次比一次严格。在全面从严治党的要求下，纪律和规矩已经成为了贯穿党风廉政建设的主线。大家都知道，按照全面落实中央纪委向中央一级党和国家机关派驻纪检机构的相关要求，中央纪委驻国土资源部纪检组全面履行对我局的监督责任，监督重点对象是领导班子主要领导、领导班子成员和司局级干部。我们大家要如履薄冰，时刻警醒自己，时刻接受监督，主动支持配合驻部纪检组工作，要充分理解这是爱护干部、保护干部的重要举措。广大党员干部要牢固树立党规党纪意识，以身作则，守住纪律“底线”，自觉做守纪律、讲规矩的模范。

三、遵守党章就是要做一个合格党员

怎样做合格党员，党章有规定，历次党的代表大会和中央纪委都有要求。今天，我着重讲一下，如何按照“两学一做”要求，做“四讲四有”的合格党员。

一要讲政治、有信念。这是对党员的基本要求，强调的是政治合格，就是要对党忠诚、坚定理想信念。习近平总书记强调：“理想信念是共产党人精神上的“钙”，没有理想信念，理想信念不坚定，精神上就会“缺钙”，就会得“软骨病”。”广大党员干部要增强党员意识、牢记党员身份，自觉加强政治理论学习，坚定理想信念，深入贯彻落实习近平总书记给国测一大队老队员老党员回信重要指示精神，增强政治意识、大局意识、核心意识、看齐意识，经常主动向以习近平同志为总书记的党中央看齐，向党的理论和路线方针政策看齐，坚决维护党中央权威，在思想上政治上行动上同党中央保持高度一致，做政治上的明白人。

二要讲规矩、有纪律。这是对党员规矩纪律的具体要求，强调的是守纪合格，就是要严守党的政治纪律和政治规矩。严守党的纪律规矩，贵在经常、重在日常。广大党员干部要牢记入党誓词，认真学习、严格执行党章党规党纪，模范遵守国家法律法规，党员领导干部要带头学、带头做，入心入脑、执行到位，使党的纪律规矩真正成为刚性约束。要自觉维护党的团结统一，严格执行民主集中制，自觉参加组织生活，严肃党内政治生活，认真开展批评和自我批评，带头弘扬正气、抵制歪风邪气。各级党委、纪委要坚持把纪律和规矩挺在前面，加强对遵守纪律规矩情况的督促检查，坚决维护党章的权威性和严肃性。

三要讲道德、有品行。这是党员的重要标准，强调的是品德合格，就是要明大德、守公德、严私德。这里讲的大德即政治品德，公德包括社会公德和职业道德，私德为家庭美德。做一名合格党员，必须努力践行全心全意为人民服务的宗旨，上好道德修养这一人生必修课，传承党的优良作风，弘扬中华民族传统美德，自觉践行社会主义核心价值观，大力传承弘扬“热爱祖国、忠诚事业、艰苦奋斗、无私奉献”的测绘精神，保持严肃的生活作风，带头树立良好家风，心存敬畏、手握戒尺，廉洁从政、从严治家，筑牢拒腐防变的防线。

四要讲奉献、有作为。这是党员必须履行的重要义务，强调的是履职尽责合格，就是要践行党的宗旨、敢于担当、善于作为。当前，一些党员干部乱作为、不作为的问题，引起了党中央高度重视，昨天中央政治局审议通过了《中国共产党问责条例》，就是要把利剑高悬起来，告诫和警示全党，党中央对问责是动真格的，党的领导干部不担当、不负责就要被追责。广大党员干部要树立积极健康向上的世界观、人生观、价值观，坚持好党的群众路线，切实加强责任意识、公仆意识、服务意识。要始终保持干事创业、开拓进取的精气神，坚持立足岗位、履职尽责，按照“四个全面”战略布局，坚持创新、协调、绿色、开放、共享的发展理念，认真做好测绘地理信息各项重点工作，在推进中央各项决策部署在测绘地理信息系统的贯彻落实中争当优秀共产党员，为实现中华民族伟大复兴的中国梦作出应有贡献。

同志们，学习党章、遵守党章、忠于党章是党员一生的坚守。俗话说得好：一个人做一件好事并不难，难的是做一辈子好事。那么作为一个共产党员，做一阵子好党员并不难，难的是做一辈子好党员。希望我们测绘地理信息系统的全体共产党员都能做到一辈子认真学习党章，一辈子严格遵守党章，一辈子模范忠于党章，做一辈子好党员。

谢谢大家。

在学习宣传贯彻习近平总书记回信重要指示精神一周年座谈会上的讲话

国家测绘地理信息局局长 库热西·买合苏提

2016 年 6 月 30 日

同志们：

2015 年 7 月 1 日，是一个永载测绘地理信息发展史册的重要日子。这一天，习近平总书记亲自给国测一大队老队员老党员回信，充分肯定了国测一大队爱国报国、勇攀高峰的感人事迹和崇高精神，向全国测绘地理信息工作者和广大共产党员提出殷切希望、发出伟大号召。同日，张高丽副总理对做好总书记回信重要指示精神的学习宣传贯彻作出重要批示。在中国共产党成立 95 周年之际，我们重温总书记回信重要指示精神，仍然感到无比振奋、激动不已。总书记的指示和号召将永远激励我们奋斗、前行！

一年来，全国测绘地理信息系统各部门各单位按照国家局党组的部署和要求，以高度的政治责任感和使命感，认真学习宣传贯彻习近平总书记回信重要指示精神，在抢抓机遇中谋划发展，在改革创新中提升能力，在保障大局中优化服务，在从严治党中凝聚力量，交出了一份沉甸甸的答卷。刚才，郁期青同志满怀深情地回忆了一年前收到总书记回信时的激动心情和深切体会，联参部战保局张建川副局长、武汉大学测绘学院姚宜斌院长和其他 4 位同志从各自所在部门和岗位，交流了学习宣传贯彻总书记回信重要指示精神的情况，畅谈了思想体会，总结了工作成效，表达了决心和信心，我听了之后，很受启发，也深切感受到总书记回信给测绘地理信息事业发展带来的巨大推动作用和重大深远影响。今天，我们召开座谈会，就是要进一步推动总书记回信重要指示精神的贯彻落实，激励广大党员干部坚定理想信念、永葆爱党情怀、增强宗旨意识、勇于干事创业，不辜负总书记的关怀和期望。

下面，我结合大家的发言谈三点体会。

一、把学习宣传贯彻习近平总书记回信重要指示精神作为政治任务，抓紧抓实抓好

一年来，我们把学习宣传贯彻回信重要指示精神作为全系统重大政治任务，与深入学习总书记系列重要讲话紧密结合，精心部署，扎实推进。

一是深入学习。收到总书记回信后，我们第一时间召开党组会进行传达学习。7 月 1 日当天，我代表局党组赶到西安，把总书记回信送到国测一大队邵世坤等 6 位老队员老党员手中，在国测一大队召开了学习贯彻座谈会。国土资源部党组、陕西省委和国家局党组分别印发了学习宣传贯彻的通知和意见，国家局相继召开全局干部大会、全系统局长座谈会和全国测绘地理信息工作会议进行学习贯彻。各省、自治区、直辖市测绘地理信息部门迅速行动起来，掀起学习贯彻的热潮。

二是广泛宣传。在中组部、中宣部、中央国家机关工委、国土资源部、陕西省委的大力支持下，组织中央新闻单位集中开展多角度、多形式、有深度的宣传报道，深入宣传总书记回信重要指示精神的时代作用、深刻内涵和重大意义，形成了广泛的社会共识，引起了强烈的社会反响。组织了由国测一大队老中青三代职工代表、家属代表和记者代表组成的先进事迹报告团，在人民大会堂、国土资源部等中央国家机关、陕西等省（市）举办了近 40 场报告会，联合陕西省委宣传部编辑出版了《不忘初心——国测一大队艰苦奋斗无私奉献的故事》一书，制作了宣传片，展示测绘英雄群体和个人的先进事迹，传承忠诚与奉献的测绘精神，树立测绘地理信息行业的优良形象，弘扬了主旋律，传播了正能量。

通过一年来的学习宣传贯彻，总书记回信重要指示精神已深深镌刻在测绘地理信息发展的历史上，牢牢铭记在全体测绘地理信息干部职工的心中，成为激励广大党员干部和测绘地理信息干部职工忠诚与奉献的强大精神力量。

二、以习近平总书记回信重要指示精神为指引，大力推动测绘地理信息系统党的建设和事业发展

一年来，在总书记回信重要指示精神指引下，测绘地理信息系统党的建设迈上新台阶，党员和干部队伍建设呈现新气象，测绘地理信息事业改革创新发展取得新成效。

一是牢记忠诚至上，政治信仰更加坚定。我们始终把学习总书记回信重要指示精神作为加强班子思想政治建设和党员干部理论武装的重要内容来抓，与落实全面从严治党责任紧密结合，与开展“三严三实”专题教育、“两学一做”学习教育紧密结合，在领会重大意义上不断有新提高，在把握精神实质上不断有新收获。在总书记回信重要指示精神指引下，广大党员干部把忠诚作为首要的政治品格要求自己，作为重要的党性修养锤炼自己，表里如一、言行一致，维护团结、严守纪律，理想信念更加坚定，政治意识、大局意识、核心意识、看齐意识不断增强。

二是弘扬奉献精神，宗旨意识更加牢固。我们遵循总书记回信重要指示精神加强基层党组织、党员队伍建设，大力弘扬测绘精神，以国测一大队等身边先进典型为标杆，营造见贤思齐、创优争先氛围，不断强化群众观念、公仆情怀和奉献精神。在总书记回信重要指示精神指引下，广大党员干部把吃苦在前、享受在后、克己奉公、无私奉献作为崇高追求，思想境界进一步提升，党性觉悟进一步增强，全心全意为人民服务的宗旨意识更加牢固，在测绘地理信息急难险重等任务中，党员的先锋模范作用、领导干部的表率作用和基层党组织的战斗堡垒作用得到充分发挥。

三是坚持服务大局，能力水平不断提升。我们把贯彻总书记回信重要指示精神与学习贯彻党中央、国务院重大决策部署紧密结合，着力提升各级领导班子和党员干部观大势、谋大事、懂全局、管本行的能力，把学习贯彻成效落实到工作中、体现在行动上，推动测绘地理信息事业不断改革创新发展，取得了实实在在的成效。我们贯彻总体国家安全观，维护国家地理信息安全迈上法治化轨道；强化供给侧结构性改革，基础地理信息资源不断丰富；落实五大发展理念，地理国情普查与监测取得重要成果；围绕国计民生，公共服务能力显著提升；实施创新驱动发展战略，科技创新能力不断增强；围绕“一带一路”战略实施，全球地理信息资源建设稳步推进；贯彻大数据发展战略，地理信息开放共享与军民融合发展取得实效；推进创业创新，地理信息产业保持快速发展。在总书记回信重要指示精神指引下，广大党员干部更加注重谋划长远出思路，更加注重围绕中心强服务，更加注重凝心聚力破难题，更加注重狠抓落实出成效，战略思维、辩证思维、系统思维、法治思维、底线思维能力显著增强，干部职工立足本职、干事创业的劲头更足，测绘地理信息工作服务大局、服务社会、服务民生的重要作用更加彰显。

三、以习近平总书记回信重要指示精神为动力，努力谱写测绘地理信息改革创新发展新篇章

“不忘初心，方得始终。”今年是国家测绘地理信息局成立60周年。回望60年的发展历程，我们砥砺奋斗、主动作为、倍感骄傲。站在新的历史起点上，我们更要坚定信念、乘势而上、奋发有为，以加快推动测绘地理信息事业改革发展的新业绩回报总书记的关怀和重托。

一要进一步认识总书记回信重要指示精神的重大意义。总书记的回信，高瞻远瞩、立意深远、内涵深刻、情真意切，饱含着对国测一大队为代表的新中国建设者、老共产党员的深厚情感和深切牵挂，体现了对测绘地理信息工作的亲切关怀和殷切期望，昭示着对全体共产党员的伟大号召和时代要求，是指导测绘地理信息事业改革创新发展的强大动力和行动指南，是加强党的建设的思想法宝和重要遵循，对于激励全国广大党员、测绘地理信息干部职工为实现中华民族伟大复兴的中国梦而共同奋斗具有十分重大的现实意义和深远的历史意义。明天，党中央将召开纪念中国共产党成立95周年大会，总书记将作重要讲话。我们要把学习贯彻总书记回信重要指示精神作为一项长期的重大政治任务，与学习总书记系列重要讲话精神紧密结合，与学习总书记“七一”重要讲话精神紧密结合，与开展“两学一做”学习教育紧密结合，深入学习、加深理解总书记回信中蕴含的爱党为民情怀和历史担当意识、倡导的对党忠诚品质和无私奉献精神、体现的深刻时代内涵和重大深远意义，做到常学常新、入脑入心、见行见效。

二要进一步把握总书记回信重要指示精神的思想精髓。总书记回信的核心和精髓，是号召广大党员对党和人民忠诚与奉献。这既是总书记洞察党情、国情、世情作出的科学判断，更是总结党的历史经验发出的时代号召和现实要求。忠诚的政治品格是灵魂，这就要求我们必须切实增强政治意识、大局意识、核心意识、看齐意识，始终对党和人民忠诚，自觉在思想上政治上行动上同以习近平同志为总书记的党中央保持高度一致，确保测绘地理信息事业始终坚持正确的政治方向。奉献的精神境界是保障，这就要求广大党员以国家利益为重，以人民利益为本，为国家富强、民族振兴、人民幸福无私奉献、终生奋斗，具体而言，就是要有以国为家、矢志不渝的情怀，有牢记宗旨、为民服务的精神，有服务大局、克己奉公的境界，把奉献精神体现在学习、工作、科研和生产等方方面面。测绘地理信息事业是党和国家的基础性、战略性、先行性事业，60年来的发展历程铸就了行业特有的测绘精神，我们要在总书记回信鼓舞和激励下，进一步凝聚起全体测绘地理信息工作者的智慧与力量，以实际行动诠释“热爱祖国、忠诚事业、艰苦奋斗、无私奉献”的测绘精神，为全面建成小康社会作出应有贡献。

三要进一步遵照总书记回信重要指示精神加强全系统党的建设。我们党走过了95年艰辛而辉煌的风雨历程。实践证明，只有中国共产党才能带领我们实现中华民族伟大复兴的历史使命。测绘地理信息系统党的建设是党的建设事业的组成部分，需要我们团结一心、守土尽责，在党爱党、在党为党，扎实推进全系统党的思想建设、组织建设、作风建设、反腐倡廉建设和制度建设，以坚强的党性、严明的纪律、优良的作风保证事业改革创新发展。我们要把抓好党建作为最大的政绩，把从严治党责任扛在肩上、放在心上、抓在手上，通过认真开展“两学一做”学习教育，引导党员干部加强党的意识和党员意识，争做“讲政治、有信念，讲规矩、有纪律，讲道德、有品行，讲奉献、有作为”的合格党员。我们要认真贯彻《准则》和《条例》，强化政治纪律和政治规矩，驰而不息执行中央八项规定，做到心存敬畏、坚守底线、保持警醒、严格自律，保持思想的干净、生活的干净、家风的干净、用权的干净。中央刚刚出台了《问责条例》，对各级党组织尤其是党员领导干部要担当责任提出严格要求，失责必问、问责必严将成为常态。当前，我们也不同程度地存在“能力不足‘不能为’、动力不足‘不想为’、担当不足‘不敢为’”的情况。面对事业发展机遇和挑战，一方面，我们要把测绘地理信息工作放到国家改革发展全局中去思考、定位和开展，敢为人先、敢闯敢试、敢抓敢管、敢于负责，以有为换有位、以有位促有为；一方面，要建立干部干事担当的容错免责机制和正向激励机制，从制度上压缩“为官不为”的空间，调动和激发广大干部干事创业的积极性和主动性。

四要进一步把总书记回信重要指示精神落到改革创新发展实践中。总书记在回信中充分肯定了测绘地理信息工作的历史性贡献，我们既要为此感到自豪，更要认识到这是总书记对做好新时期测绘地理信息工作提出的殷切期望。新常态下，面对党中央、国务院新的更高要求，面对经济社会发展的旺盛需求，我们必须紧紧围绕党和国家中心工作，加快推进测绘地理信息事业改革创新发展。一是继续强化保障服务。这是我们服务国计民生的根本任务，必须千方百计推出更多更好的地理信息产品和服务。要通过加快构建新型基础测绘体系，不断丰富地理信息资源，为经济社会发展提供基础保障。通过监测地理国情，为领导科学决策、国家重大战略实施、生态文明建设、空间规划管理、区域政策制定、各行业开展调查统计等提供科学依据。通过全球地理信息资源建设，为“一带一路”和“走出去”战略实施、掌握全球资源布局、参与全球治理和维护国家安全提供地理信息支撑。通过“天地图”、数字（智慧）城市建设，加快推进地理信息大数据整合应用与共享合作。通过国家应急测绘保障能力建设，大幅提升应急测绘能力水平，为重大灾害和突发事件提供高效保障。通过引导和促进地理信息产业快速发展，为国家稳增长、促改革、调结构、惠民生、防风险作出贡献。二是坚决维护国家安全。这是我们的职能之本，必须依法履行到位，须臾不可偏废、弱化。要通过加快《测绘法》修订和配套法规的立改废释，加快构建完备的法律规范体系，为事业发展提供坚实的法律保障。通过持续推进简政放权、放管结合、优化服务，健全职责明确、监管有力、运转协调的行政管理体制和运行机制，创新监管手段，加大执法力度，形成统一开放、竞争有序的测绘地理信息市场体系，建立更加完备的国家地理信息安全监管体系，强化国家版图意识宣传教育，切实维护国家地理信息安全。三是大力推进改革创新。无论是保障服务、还是维护安全，都离不开改革与创新，这是我们事业发展的不竭动力，必须以改革创新推动发展动力的转换、方式的转变、结构的调整，服务发展这个第一要务。要通过对现有不适应、不符合改革发展要求的方方面面进行突破和改革，推进新型基础测绘体系、公共服务体系、地理信息产业体系、科技创新体系、人才队伍体系等战略性、关键性改革任务落实落地，特别是通过供给侧结构性改革，解决地理信息有效供给不足的短板问题，扩大高质量、高水平的有效供给。通过贯彻落实全国科技创新大会精神，最大限度地激发测绘地理信息科技创新潜能，更多依靠科技创新塑造引领型发展，抢占世界测绘地理信息科技的制高点，掌握全球测绘地理信息科技竞争的主动权。

“雄关漫道真如铁，而今迈步从头越”。同志们，让我们深入贯彻党的十八大和十八届三中、四中、五中全会精神，认真学习贯彻习近平总书记系列重要讲话和回信重要指示精神，坚决贯彻党中央、国务院的决策部署，按照“四个全面”战略布局，牢固树立五大发展理念，大力实施我国“十三五”规划纲要对测绘地理信息的战略部署，全面实施“加强基础测绘，监测地理国情，强化公共服务，壮大地信产业，维护国家安全，建设测绘强国”事业发展战略，全力提高服务国计民生的能力水平，加快推动测绘地理信息事业改革创新发展，为全面建成小康社会、实现中华民族伟大复兴的中国梦作出应有贡献！

在半年重点工作交流推进会上的讲话

国家测绘地理信息局局长　库热西·买合苏提

2016 年 7 月 21 日

同志们：

在习近平总书记回信重要指示精神指引和鼓舞下，我们深入贯彻李克强总理和张高丽副总理年初对测绘地理信息工作的重要批示精神，按照全国测绘地理信息工作会议部署，有力有序有效地推进了 2016 年各项工作开展。今天，我们以重点工作交流推进会形式召开年中座谈会，总结各地上半年的好做法好经验和阶段性成效，目的是让大家相互学习和借鉴，发现不足和短板，明确思路和举措，共同改进和提高，以保证年初确定的目标任务顺利完成。从上午开始，各省局负责同志都作了工作汇报，重点突出、特点鲜明、亮点纷呈，其中有不少可复制、可推广的做法和经验，体现了各地积极主动、创造性地开展工作的生动实践，展现了测绘地理信息工作服务国计民生的重要作用。这次会议虽然时间不长，但紧张有序、务实高效，既是一次情况交流会，又是一次检查推进会，通过上下互动，总结了工作、凝聚了共识、明确了要求，会议开得很有成效。

今年以来，全国测绘地理信息工作取得了显著成绩，突出体现在：我们始终把学习宣传贯彻习近平总书记回信重要指示精神作为重大政治任务，在人民大会堂举办了国测一大队先进事迹报告会，召开了一周年座谈会，掀起了学习宣传贯彻新的高潮；今年 7 月 1 日建党 95 周年庆祝大会上，国测一大队党委被中共中央授予“全国先进基层党组织”荣誉称号，受到党和国家领导同志的亲切接见，总书记回信成为激励全系统干部职工忠诚与奉献的强大精神力量。国家“十三五”规划从国家发展战略层面对测绘地理信息工作作出了重要部署，《测绘地理信息事业“十三五”规划》即将出台，为开创事业发展新局面奠定了坚实基础。《测绘法》修订草案已正式报送国务院审议，国家局出台了法治政府建设实施方案，完成了卫星导航定位基准站建设调查核查和基准站备案管理办法、数据密级划分规定的制定，测绘地理信息的法治化步伐更加坚实。第一次全国地理国情普查任务将如期完成，地理国情监测进入常态化开展的新阶段。成功发射了资源三号 02 星，首次实现自主民用立体测绘双星组网运行。围绕“一带一路”战略，启动实施了全球地理信息资源建设项目，地理信息资源将实现战略拓展。应急测绘纳入国家突发事件应急体系和综合防灾减灾工作体系，国家应急测绘保障能力项目启动，应急测绘为江西鄱阳湖河堤溃口、江苏盐城龙卷风特大灾害、南方洪涝灾害等提供了及时高效保障。与国家发改委共同推进浙江等 5 省（区）省级空间性规划“多规合一”试点工作，测绘地理信息在不动产统一登记、国土空间用途管制、农村土地确权登记、领导干部自然资源资产离任审计中的作用日益彰显。“两学一做”学习教育扎实开展，党风廉政建设各项工作有序推进，干部队伍的素质能力不断提升。

整体来看，上半年各项工作进展顺利、卓有成效，为全年工作的圆满完成、为实现“十三五”良好开局打下了扎实基础。

关于做好下半年工作，刚才，国家局各位副局长就分管工作发表了很好的意见、作出了详细部署，很有针对性、指导性，体现了党组要求，我完全赞同，请各部门各单位抓好贯彻落实。下面，我结合大家的发言，从宏观方面谈四点意见。

一、增强战略思维，抢抓机遇谋大事

战略思维能力是各级领导干部处理重大复杂问题应具备的基本素质。习近平总书记反复强调，要“观大势、谋大事”，有“登泰山而小天下”的气度和“功成不必在我”的胸襟，才能因势而谋、应势而动、顺势而为。要做到这些，就必须处理好全局与局部、机遇与挑战、重点突破与整体推进的关系。

一要把握大局。不谋全局者不足以谋一域。战略思维的关键是要有全局观念。要充分认识大局，清醒认识中国经济发展进入新常态、世界经济发展进入转型期、世界科技发展酝酿新突破的发展格局，全面理解党中央、国务院协调推进“四个全面”战略布局、牢固树立五大理念、全力推进全面建成小康社会的战略部署，深刻领会加快供给侧结构性改革、加强生态文明建设、加快军民融合发展等新要求，更加明确加强科技创新、深化“放管服”等新任务，从整体、大局的角度思考测绘地理信息改革发展的重大问题，从战略高度提出符合全局需要、有利于事业长远发展的重大措施，真正做到胸怀大局、把握大势、着眼大事。要自觉维护大局，坚持局部利益服从全局利益，部门利益服从整体利益，在思想上政治上行动上始终同以习近平同志为总书记的党中央保持高度一致，坚决贯彻党中央、国务院的重大决策部署，把党的全局意图和要求落实到测绘地理信息工作的方方面面，决不能打折扣、做选择、搞变通，决不能为谋局部而误全局。要主动服务大局，以更高站位、更宽视野、更远眼光去谋划事业发展，找准测绘地理信息服务党和国家中心工作的结合点和着力点，研究推出一批有利于破解事业发展难题、激发产业发展活力的重要政策，谋划实施一批带动性强、保障作用突出的重点项目，为经济社会发展大局提供坚实的保障服务，切实把国务院赋予我们的职能履行好。

二要把握机遇。测绘地理信息工作正处于大有可为的发展机遇期。但如何才能更好把握机遇？首先，要有发现机遇的敏锐性。今年是“十三五”开局之年，各地各部门都在抓紧谋划今后五年的发展方向和重点任务，要紧扣国家“十三五”规划和测绘地理信息事业“十三五”规划，立足各地经济与社会发展的基本定位和发展战略，全面了解新需求，及时掌握新动态，准确判断新形势，提早发现新机遇。其次，要有抢抓机遇的果断性。机不可失，时不再来。发现了机遇，就要当机立断，紧抓在手；抓住了机遇，就可以占据主动，赢得先机。我们要在适应和引领经济发展新常态中抢抓机遇，在供给侧结构性改革中抢抓机遇，在贯彻总体国家安全观中抢抓机遇，在创新驱动中抢抓机遇，在实施“一带一路”、京津冀协同发展和长江经济带等国家重大战略中抢抓机遇。第三，要有用好机遇的主动性。要主动向党委政府汇报工作和思路，加强与各部门沟通和联系，展示我们的能力和成果，进一步争取重视和支持，在“十三五”期间规划新蓝图、明确新目标，在体制机制、项目资金、装备技术等方面取得新突破。

三要把握关键。把握关键就是要正确认识和处理主要矛盾。“十三五”时期，我们需要把握的关键问题，就是如何改变测绘地理信息有效供给不足的现状、加强地理信息公共服务，如何打造“五大业务”体系、提高测绘地理信息公益性保障服务能力，如何推进地理国情监测常态化开展、加快测绘地理信息事业转型升级，如何处理好安全与发展的关系、切实维护国家地理信息安全。在把握关键的同时，要对构成全局的各方面、各环节统筹兼顾，协同推进。

二、树立担当精神，改革创新促发展

“有多大担当才能干多大事业，尽多大责任才会有多大成就。”测绘地理信息与经济社会发展联系日益紧密，与各行业各领域数据和技术加速融合，面对事业发展战略加快实施的关键阶段，唯改革者进，唯创新者强，唯改革创新者胜。我们要以强烈的担当精神锐意改革、不断创新，以新作为开创测绘地理信息事业发展新局面。

（一）通过改革促进事业转型升级。要充分考虑测绘地理信息公益性、基础性、战略性特点，以供给侧结构性改革为动力，破瓶颈、补短板，强基础、提能力，促进事业加快转型升级，为国计民生提供更加坚实的测绘保障和更多更好的地理信息产品。要加快新型基础测绘体系建设。虽然我们对新型基础测绘的发展方向、主体内容进行了初步勾勒，在生产组织模式、产品形式等方面也开展了研究试验，但是目前进展还比较缓慢，要加快改革试点方案的研究论证，力争有实质性进展。关于新型基础测绘体系建立的路径，要从地理信息需求出发，改革基础测绘产品和服务形式，通过产品形式和服务内容的升级倒逼技术手段、生产模式的调整，进而推进生产布局和管理模式的优化，实现基础地理信息资源的高效获取、高效供给、高效利用。有关司室和单位要主动到应用部门、行业、单位和企业调研，精确掌握需求，借鉴省局先行先试有益经验，科学划分基础性产品与定制化产品的边界，探索建立新型基础测绘产品体系，扩大基础测绘保障服务的“公约数”，从而逐步明确后续改革举措，推动基础测绘供给总量、供给结构更好地适应需求总量、需求结构的发展要求。要加快开展地理国情常态化监测。第一次全国地理国情普查工作完成后，除了要做好普查成果的审查发布、总结表彰等工作，更要高度重视普查成果更新和应用，特别是要着手开展我国地理国情综合评价、资源环境承载能力和发展潜力的科学分析，充分发挥普查成果效用。要抓紧完善地理国情监测总体方案和技术体系，加快推进地理国情监测的制度化、规范化、业务化，确保监测工作常态化开展有法律依据、有经费来源、有制度保障、有技术和人才支撑。要通过“多规合一”、领导干部自然资源资产离任审计、国土空间用途管制、精准扶贫等试点和工作，与有关部门和地方政府建立良好的监测协作机制、应用机制和绩效评价机制，把地理国情监测作出权威、作出品牌，为领导科学决策、国家重大战略实施、生态文明建设、区域政策制定等提供地理国情支撑。要强化测绘地理信息公共服务。从服务“一带一路”和“走出去”国家战略的高度，充分利用我国空间基础设施建设中的北斗导航系统和遥感高分系列卫星的优势，积极稳妥地推进全球地理信息资源建设，力争年内在部分重点区域取得一定成果。着眼国家信息化建设和大数据发展，坚持公益性定位和政府部门应用，加快“天地图”和数字（智慧）城市建设。实施好国家应急测绘保障能力建设项目，加快形成反应迅速、统一指挥、协调有序、运转高效的全国应急测绘保障体系。推进地理信息领域的创业创新，提升地理信息产业整体发展实力，促进产业保持快速增长。提升协调融合发展能力，落实好与各地各部门和军队单位签署的协议，确定牵头司室、责任单位和推进计划，以协议有效落实增强测绘地理信息统筹能力，推进数据整合、协同共享、融合发展。

（二）通过创新加快测绘强国建设。当前，我国测绘地理信息科技一些重要领域跻身世界先进行列，某些前沿方向开始进入并行、领跑阶段，正处于从量的积累向质的飞跃、点的突破向系统能力提升的重要时期。要充分认识科技创新是建设测绘强国的必由之路。作为知识、技术、人才密集型行业，地理信息获取手段、处理方式、服务模式都离不开科技支撑，在信息化、大数据时代，科技创新地位愈发重要。我们要深入学习贯彻全国科技创新大会精神和《国家创新驱动发展战略纲要》，最大限度激发测绘地理信息科技创新潜能，更多依靠科技创新塑造引领型发展，这是应对发展环境变化、把握发展主动权、提高核心竞争力的应有之义，是实现测绘大国向强国迈进的必然选择。要全面提升科技创新能力水平。面向世界科技前沿、面向经济主战场、面向国家和行业重大需求，系统梳理我国测绘地理信息科技创新发展国际比较优势和国内领先领域，认真查找发展中的短板和瓶颈，强化科技战略布局，明确科技创新发展目标、重点方向和主要任务，抓紧完善科技创新政策措施。大力加强科技供给，争取和实施国家重大科技专项、“科技创新2030—重大项目”、国家重点实验室和国家技术中心建设，开展关键与核心技术攻关，提升原始创新能力，打造协同创新平台，加强技术成果转化，发挥企业创新主体作用，深度参与国际测绘地理信息创新事务，有力支撑事业发展，抢占未来竞争制高点。要大力激发广大科技人才的创新精神和创造活力。坚持人才优先，创新人才培养、引进、使用等机制，努力培养和造就一批测绘地理信息战略科技人才、科技领军人才和高技能人才，加快培养富有创新精神、具有国际水平的创新人才队伍。完善人才激励和容错机制，极大调动和充分尊重广大科技人员的创造精神，让科技人员依法合理“名利双收”。同时，要着力推进观念、思维、制度、机制等各方面创新，推动事业更加可持续的发展。

（三）通过法治保障事业有序发展。法治是治国理政的基本方式，也是重要的思维方式和工作方式，我们必须坚持立法、执法、监督、保障一体建设，尽职尽责加强测绘地理信息行政管理，尽心尽力维护国家地理信息安全。要构建完备的法律规范体系，做到覆盖全面、相互配套、有机衔接。全力配合国务院、全国人大做好《测绘法》修订工作，开展海洋测绘、地理信息数据开放共享管理、新型基础测绘体系等战略性法律制度前期研究，加快地理国情监测、不动产测绘、测绘成果保密、事中事后监管等配套法规规章、重要规范性文件的立改废释，为事业发展提供坚实的法制基础。要构建高效的法治实施体系，做到简政放权、放管结合、优化服务。加快转变行政职能，明确权力清单、责任清单、负面清单并实行动态管理，实现行政许可全部网上审批，落实国务院降低制度性交易成本和“三个削减”要求，坚持“放管服”三管齐下，用行政权力的“减法”换取市场活力的“乘法”。强化科学监管，创新监管手段，推动综合执法，全面推开和细化“双随机、一公开”，实现行业信用体系与国家信用平台的互联互通，维护公开公平公正的测绘地理信息市场秩序。要建立严密的地理信息安全监管体系，做到责任明确、措施到位、齐抓共管。加快国家地理信息安全监管体系建设，掌握地理信息安全风险发生的规律、动向、趋势，探索划定地理信息领域的安全红线。强化测绘地理信息关键基础设施安全管理，推进互联网地图监控中心和应急处置机制建设。加大日常执法巡查，组织开展专项执法和集中整治行动，会同有关部门依法加强涉外、涉军、涉密、涉网地理信息监管，切实维护国家地理信息安全，履行好《测绘法》赋予我们的重要使命。配合国家安全和外交战略，加强涉及我国主权的地区和岛屿地图研究，收集敏感地区国外地图，按照统一口径提供地图资料或配合做好宣传，避免因地图或地理信息引起外交争议和涉外事故。

三、发扬务实作风，真抓实干求实效

“天下大事必作于细，古今事业须成于实”。我们要发扬求真务实、真抓实干的优良作风，推动各项重点工作出成果、见实效。

一要敢抓敢管。毛泽东同志在《党委会的工作方法》中指出，什么东西只有抓得很紧，毫不放松，才能抓住。抓而不紧，等于不抓。各级领导班子和领导干部要把群众放在心里，把责任扛在肩上，切实增强无私无畏的勇气、敢抓敢管的魄力和一抓到底的决心。要坚持贯彻民主集中制，对于认定的、讨论过的、民主决策的事情，就要大胆实践、抓紧落实，让各项决策部署真正开花结果。要坚决克服明哲保身的“老好人”思想，在大是大非面前，要敢于亮剑，坚持原则；在矛盾困难面前，要敢于碰硬，迎难而上；在危机风险面前，要敢于挑战，勇于担责；在歪风邪气面前，要敢于批评，坚决抵制。

二要真干实干。一个行动胜过一打纲领。世界上的事情都是干出来的，不干，半点马克思主义也没有。各部门各单位要努力营造让实干者有位、让空谈者靠边的氛围，引导干部职工进一步增强责任感和使命感，大力弘扬测绘精神和求真务实的优良作风，始终保持干事创业的激情和劲头。要坚决克服不想为、不会为、不敢为的思想，着力解决身在岗位不作为、拿着俸禄不干事、庸政懒政怠政的现象。要切实增强履职尽责的本领，把真干实干作为行动自觉，把苦干能干作为职业追求，在工作中坚持学习、注重思考，在实践中探索尝试、改进提高，在平常时候踏实肯干、默默奉献，在关键时刻豁得出来、冲得上去。

三要再接再厉。今年，是国家局建局60周年。国家局将本着庄重、节俭、热烈的原则，组织开展建局60周年系列活动，隆重表彰全系统先进集体和先进工作者、劳动模范，召开建局60周年座谈会，举办60周年成就展，举行第二届感动测绘人物颁奖仪式，等等，回顾发展历程，总结辉煌成就，凝聚奋进力量。站在新的历史起点上，要引导广大干部职工以习近平总书记回信重要指示精神为指引，不忘初心、继续前进，乘势而上、再创辉煌，以新的业绩谱写测绘地理信息事业的崭新篇章。

四、强化责任意识，从严治党强队伍

全面从严治党，中央有部署、发展有要求、社会有共识、群众有期待，我们要强化责任意识，以坚强的党性、严明的党纪、优良的作风、过硬的队伍保证测绘地理信息事业改革创新发展。

（一）认真学习贯彻习近平总书记“七一”重要讲话精神。要把学习贯彻习近平总书记在庆祝中国共产党成立95周年大会上的重要讲话精神作为首要政治任务，加强组织领导，精心部署安排。要深刻理解讲话的精髓要义，尤其要深刻理解不忘初心、继续前进的重大意义，进一步增强政治意识、大局意识、核心意识、看齐意识，进一步坚定中国特色社会主义道路自信、理论自信、制度自信、文化自信。要把学习讲话同学习党的理论特别是习近平总书记系列重要讲话精神结合起来，同学习总书记回信重要指示精神结合起来，同学习党史、中华人民共和国史、改革开放史结合起来。各部门各单位党委（党组）中心组要持续学、深入学，各级基层党组织要采取多种形式组织党员干部经常学、反复学，切实把思想和行动统一到讲话精神上来，把智慧和力量凝聚到实现中华民族伟大复兴的具体实践中去。

（二）切实加强干部队伍建设。要坚持新时期好干部标准，坚持正确用人导向，建立领导干部能上能下的具体措施。各级领导班子和广大党员干部要切实加强思想政治建设，拧紧世界观、人生观、价值观这个“总开关”，向身边先进典型学习，做到心中有党、心中有民、心中有责、心中有戒。各级党组织书记要切实承担起“两学一做”学习教育的主体责任，坚持以上率下，层层传导压力，带领全体党员真学真做、学好做好。要在专题学习讨论和领导干部讲党课的基础上，把下半年的集中学习、组织生活会和民主生活会以及民主评议等各项工作抓紧抓牢，加强和规范党内政治生活，不断把学习教育引向深入。要坚持问题导向，认真查找在理想信念、党的意识、宗旨观念、精神状态、道德行为等方面存在的问题，努力做“四讲四有”的合格党员。

（三）大力加强党风廉政建设。要充分认识中央反腐力度不减、节奏不变、尺度不松的信心和决心，认真落实党风廉政建设主体责任和监督责任。近日中央印发了《问责条例》，失责必问、问责必严将成为常态。作风建设永远在路上，要在抓常抓细抓长上下功夫，严格执行八项规定，持之以恒反对“四风”，深入贯彻《廉洁自律准则》《纪律处分条例》，引导党员干部弘扬优良作风，追求道德高线，严守纪律底线。要认真执行诫勉谈话、函询、述职述廉等制度，充分发挥巡视、审计在反腐倡廉建设中的监督作用，对于苗头性、倾向性问题要早发现、早提醒、早纠正，让咬耳扯袖、红脸出汗成为常态。下半年，要完成对局所属单位的第一轮巡视全覆盖，对部分被巡视单位开展巡视整改“回头看”。要坚持标本兼治，惩防并举，坚决查处领导干部违纪违法案件，努力形成“不敢腐、不能腐、不想腐”的长效机制。

同志们，2016年时间过半、任务过半，下半年工作十分繁重紧迫。大家要咬定目标，务实进取，全力以赴完成全年工作，确保顺利实现“十三五”良好开局，推进测绘地理信息事业取得新成就，为实现全面建成小康社会目标作出新贡献。

在全国测绘地理信息援藏工作座谈会上的讲话

国家测绘地理信息局局长　库热西·买合苏提

2016年8月22日

同志们：

下午好！中央第六次西藏工作座谈会一周年之际，我们来到美丽的“日光城”拉萨，召开全国测绘地理信息援藏工作座谈会，就是要深入贯彻落实中央关于西藏的大政方针政策，与西藏自治区党委政府密切合作，动员和凝聚全行业的力量，全面启动和实施《国家测绘地理信息局关于加强西藏和四川云南甘肃青海省藏区测绘地理信息服务保障能力建设实施方案》，共同支持和加强新形势下西藏测绘地理信息工作，为进一步推进西藏经济社会发展和长治久安提供坚实的服务保障。

西藏在全国大局中具有特殊重要战略地位。党中央历来高度重视西藏工作，为经略好西藏，采取了一系列重大方针政策。改革开放以来，先后召开了6次西藏工作座谈会，每次座谈会都出台重大举措，推动西藏经济发展、促进西藏社会稳定。去年召开的第六次西藏工作座谈会，习近平总书记科学分析了西藏工作面临的形势，深刻阐述了一系列重大理论和实践问题，高屋建瓴，内涵深刻，是当前和今后一个时期做好西藏工作的根本遵循。我们要从政治的高度充分认识西藏工作在党和国家全局中的重要地位，切实把中央第六次西藏工作座谈会的精神贯彻好、落实好。

下面，我就做好“十三五”时期全国测绘地理信息援藏工作讲四点意见。

一、近年来测绘地理信息援藏工作取得显著成效

国家测绘地理信息局党组始终讲政治、顾大局，高度重视援藏工作，在项目、资金、人才、数据等方面加大援藏力度，支持西藏测绘地理信息工作快速发展。一是行业援藏机制逐步完善。2009 年，我局召开了测绘援藏座谈会，制定了援藏工作意见，全面部署测绘援藏工作，组织全行业开展了一系列援助活动，测绘援藏机制基本建立。中央对口支援西藏工作 20 周年电视电话会议和中央第六次西藏工作座谈会召开后，我局党组进一步加强测绘地理信息援藏工作的组织领导和统筹协调，深入调研和谋划新时期援藏工作，于近期出台了《关于加强西藏和四川云南甘肃青海省藏区测绘地理信息服务保障能力建设实施方案》，明确了援藏工作的 7 大政策举措和 24 项具体任务，并逐项确定了责任主体，推动西藏测绘地理信息服务保障和自我发展能力的全面提升。二是积极争取中央政策支持。协调推动中央财政将西藏和四省藏区基础测绘工作纳入“十二五”、“十三五”支持西藏和四省藏区经济社会发展规划建设项目；国务院办公厅近期出台了关于进一步支持西藏和四省藏区经济社会发展若干政策和重大项目的意见，明确提出要“加快建立现代测绘基准体系，加强测绘地理信息保障服务能力建设，推进地理国情监测及其成果应用”；协调中央财政边远地区少数民族地区基础测绘专项补助向西藏和四省藏区加大倾斜力度。三是统筹优先安排测绘项目。近年来，我局优先安排和统筹力量实施了一大批西藏测绘项目，相继开展了西部测图工程、现代大地基准工程、1:5 万数据库更新及动态更新项目、航空航天遥感影像获取、地理国情普查和监测、西藏自治区突发事件应急处置基础地理信息平台建设等国家测绘项目，帮助实施了 1:1 万基础测绘和基础地理信息数据库建设，西藏基础地理信息资源短缺和服务保障能力落后问题得到一定程度缓解。四是干部人才援藏成效显著。从 1995 年选派第一名援藏干部到西藏自治区测绘局工作开始，已先后选派九批 26 人次进藏工作，其中连续三批列入中组部援藏计划，目前有 4 名援藏干部在藏工作，还有部分干部主动申请留在西藏长期工作。与此同时，邀请专家和选派技术骨干进藏开展业务培训和技术指导。这些人员给西藏和四省藏区的测绘地理信息工作带来了新的思想观念、思维方式和工作方法，在促进西藏测绘技术革新、开展基本比例尺地形图测制、提高行政管理水平等方面发挥了积极的引领和带动作用。

总体算来，扣除测绘成果数据等难以用资金量化的援助，2009 年至今，通过协调中央支持和国家测绘地理信息局直接拨款、间接投入等方式，共向西藏基础测绘、地理国情普查、基础设施建设等投入约 6 亿元，四省藏区约为 3.5 亿元，动员对口支援省市和行业单位援助资金、设备 3000 余万元。目前，正在积极争取中央约 10.1 亿元的西藏和四省藏区测绘专项投资。

通过与小刚副书记、副主席的亲切交谈，刚才又听了他热情洋溢的讲话，结合我们多次到西藏调研的情况，让我们深切感受到了西藏和平解放 60 多年来的沧桑巨变和辉煌成就，感受到了在西藏自治区党委政府领导下形成了科学发展、和谐稳定、民生改善、民族团结、宗教和睦、生态良好、党建加强、边疆稳固的可喜局面，也感受了到西藏测绘地理工作的发展机遇和良好势头。我们欣喜地看到，在党中央、国务院的坚强领导下，在西藏自治区党委、政府的高度重视下，在全国测绘地理信息行业的无私援助下，在西藏测绘地理信息干部职工的艰苦奋斗下，西藏测绘地理信息事业取得了显著成绩，基础测绘实现较快发展，基础地理信息数据库基本建成，地理国情普查顺利完成，应急测绘保障作用逐步显现，基础设施和人才队伍建设成效显著，测绘地理信息保障服务能力明显提高，为西藏经济发展和社会稳定作出了积极贡献。在这里，我代表国家测绘地理信息局，向西藏自治区党委政府长期以来对测绘地理信息工作的高度重视表示衷心的感谢，向全国测绘地理信息行业对西藏的鼎力相助表示诚挚的谢意，向西藏和四省藏区测绘地理信息干部职工的执着坚守、援藏干部投身第二故乡的无私奉献致以崇高的敬意和亲切的慰问！

二、深刻认识测绘地理信息援藏工作的重要意义

对口支援是中央着眼西藏工作大局作出的战略决策，也是促进西藏经济社会发展和加强民族团结的重要手段。全国测绘地理信息行业要充分认识做好新形势下援藏工作的重大意义，把思想、认识和行动统一到中央的重大决策部署上来，大力支持西藏和四省藏区的测绘地理信息工作，进一步推进西藏和四省藏区经济社会发展和长治久安。

（一）测绘地理信息援藏工作是贯彻落实党中央、国务院决策部署的重要举措。西藏是重要的国家安全屏障、重要的生态安全屏障、重要的战略资源储备基地、重要的中华民族特色文化保护地和面向南亚开放的重要通道，是我国同西方敌对势力和境内外敌对势力、分裂势力斗争的前沿。习近平总书记指出，全党必须深刻认识做好西藏工作的极端重要性。做好西藏工作，不只是西藏和四省的地方性工作，也不只是某个领域的部门性工作，而是全局性工作，需要全党动手、全国支持。党中央国务院印发了一系列文件，对推进西藏和四省藏区经济社会发展和长治久安做出了部署，对测绘地理信息援藏工作也有明确要求。我们要切实增强政治意识、忧患意识和责任意识，认真贯彻落实党中央、国务院的决策部署，深刻认识测绘地理信息工作在西藏发展和稳定大局中的重要作用，把党中央、国务院的要求和西藏人民的期盼转化为工作动力和实际举措。

（二）测绘地理信息援藏工作是贯彻落实五大发展理念的具体体现。五大发展理念是指导“十三五”乃至更长时期经济社会发展的根本遵循，是谋划测绘地理信息事业发展的主线和灵魂。西藏和四省藏区测绘地理信息工作是全国测绘地理信息事业的重要组成部分，没有西藏和四省藏区测绘地理信息工作的发展，就难以实现全国测绘地理信息事业的协调发展。近年来，西藏和四省藏区测绘地理信息工作虽然取得了显著成绩，但是由于特殊的自然环境和历史原因，西藏和四省藏区测绘地理信息工作的初级性、依赖性特征依然明显，地理信息资源保障能力不强、基础设施和技术装备薄弱、人才严重短缺、维护国家地理信息安全能力不足等问题没有得到根本性扭转，总体发展水平长期滞后。进一步加强测绘地理信息援藏工作，就是要补齐西藏和四省藏区测绘地理信息发展短板，将借助外力和激发内力有机结合起来，实现测绘地理信息事业区域性协调发展。同时，要加大测绘技术和人才援藏力度，增强西藏和四省藏区测绘地理信息自我完善、自我造血能力，推动创新发展；实施地理国情监测，支撑西藏和四省藏区保护好生态环境，实现绿色发展；加强测绘地理信息项目、技术和人才的交流与合作，鼓励和引导测绘地理信息企业到西藏和四省藏区投资、创业，促进开放发展；加强基础地理信息资源建设，多出实用、适用的地理信息产品，让西藏和四省藏区的政府和百姓共享地理信息成果。

（三）测绘地理信息援藏工作是更好地服务西藏和四省藏区经济社会发展和长治久安的必然要求。同全国其他地区一样，西藏和四省藏区已经进入全面建成小康社会的决定性阶段，西藏和四省藏区的全面小康，关系全国的全面小康；西藏和四省藏区的安全与稳定，关乎全国的安全与稳定。测绘地理信息是经济活动的重要基础、全面提升信息化水平的重要条件、加快转变经济发展方式的重要支撑、战略性新兴产业的重要内容、维护国家安全利益的重要保障。藏族同胞说：“要织白柔的氆氇，需要好的经纬线”。进一步推进西藏和四省藏区经济社会发展和长治久安，需要测绘地理信息工作绘就的“经纬线”提供先行保障。全行业要紧紧围绕西藏工作维护祖国统一、加强民族团结这个着眼点和着力点，牢牢把握改善民生、凝聚人心这个出发点和落脚点，立足西藏区情边情民情，针对西藏和四省藏区国民经济和社会发展的总体要求以及测绘地理信息自身发展的迫切需求，提高测绘地理信息援藏工作的针对性和实效性，大力提升测绘地理信息服务保障能力和维护国家地理信息安全能力。

三、扎实做好“十三五”测绘地理信息援藏工作

“十三五”时期的测绘地理信息援藏工作，国家局党组思想上高度重视，认识上高度统一，谋划上既立足当前、也着眼长远，既注重全面、也突出重点，经反复研究，制定了《加强西藏和四川云南甘肃青海省藏区测绘地理信息服务保障能力建设实施方案》。局机关有关司室开展了深入调研，对援助需求进行了有效对接，做了大量统筹、协调、组织和发动工作；局属有关单位和测绘地理信息企业给予了大力支持，纷纷献爱心。《实施方案》明确了“十三五”时期的测绘地理信息援藏工作的指导思想、目标任务、职责分工和具体要求，有的工作已经迅速启动，开局良好。要通过大家的共同努力，到2020年实现西藏测绘地理信息服务保障能力显著提升，测绘地理信息整体发展能力接近或达到西部地区平均水平；四省藏区测绘地理信息整体能力和建设水平达到本省平均水平。在此，我对援藏工作七个方面的重点政策举措进行强调和部署。

（一）争取中央专项支持。西藏和四省藏区测绘地理信息发展存在许多特殊困难，协调争取中央支持、给予特殊政策尤为重要。要协调落实国家关于进一步支持西藏和四省藏区经济社会发展的政策和重大项目中提出的现代测绘基准体系建设、测绘地理信息保障能力建设、地理国情监测等内容。加强与发改、财政等部门沟通，落实中央财政“十三五”支持西藏和四省藏区经济社会发展规划建设项目方案中的测绘项目经费。将援藏工作纳入《测绘地理信息事业“十三五”规划》，统筹安排国家局重大项目经费和援助资金，国家局系统援助的各类项目免去配套经费，以解决西藏和四省藏区测绘地理信息工作中的实际困难，推进区域测绘协调发展。

（二）加大重点项目扶持。一要全面加快西藏基础地理信息资源建设。支持基础设施建设是中央对西藏的投资重点，离不开测绘地理信息的基础支撑。要通过在西藏开展新型基础测绘改革试点，实施现代测绘基准体系基础设施建设工程、国家基础地理信息数据库更新等项目，基本建成西藏现代测绘基准体系，实现覆盖西藏全域的1:5万基础地理信息年度更新、1:1万地形图对西藏城市和农村地区的必要覆盖并适时更新，协调对口援藏省市测绘地理信息主管部门援助开展受援地区大比例尺地形图基础测绘，建成西藏多尺度、多类型基础地理信息数据库和数据中心，加快完善地理信息公共服务平台“天地图·西藏”，协调支持开展数字城市地理空间框架建设，基本补齐基础地理信息资源的长期欠账，基本满足西藏和四省藏区交通、能源、水利、城镇、信息化等基础设施建设和民生工程急需。二要扶持开展地理国情监测。按照中央关于构筑高原生态安全屏障的要求和部署，协调帮助西藏全域和青海大部分区域开展基础性地理国情监测，组织开展主体功能区规划、重点生态工程建设等专题性地理国情监测，为开展生态综合补偿机制试点、建立生态环境保护与建设绩效考核和动态监测机制提供支撑，共同保护好青藏高原这片“难得的净土”。三要帮助建设精准扶贫地理信息平台。习近平总书记强调，解决困难群众脱贫问题是西藏和四省藏区实现全面建成小康社会目标最突出的任务。要依托“天地图”建设精准扶贫地理信息平台，反映脱贫攻坚的现状和致贫原因，体现脱贫攻坚的工作部署和任务举措，监测脱贫攻坚的进度和成效，提高扶贫工作针对性，助力解决全国贫困面积最大、贫困程度最深的西藏和藏区脱贫问题。

（三）提升应急保障能力。今后几年，要下大力气补齐应急测绘能力这个短板。依托国家应急测绘保障能力建设项目，在西藏和四省藏区建设国家应急测绘保障分队、基地或节点，显著改善应急测绘装备，大幅提升应急测绘数据获取、处理和服务水平。指导和完善西藏突发事件应急处置地理信息平台建设，有针对性地在反恐维稳、应急管理、防灾救灾等方面开展应用，重点围绕藏区寺庙管理整治工作，把寺庙的空间信息摸清楚，利用空间思维辅助分析管理整治工作存在的问题；针对西藏地质灾害多发的情况，加强地质灾害监测预警和测绘应急资源储备，提高突发事件现场遥感影像快速获取和处理服务能力。

（四）加大成果数据援助。我国自主的民用高分辨率立体测图卫星—资源三号已实现双星组网运行，具备获取全球任一点最新影像数据的能力，要充分发挥这一国家重大空间基础设施优势，每年安排获取并无偿提供覆盖西藏全域和四省藏区的资源三号卫星影像，并通过部署卫星影像云服务平台实现在线服务。优先安排优于1米分辨率立体卫星影像获取或基础航空摄影，满足西藏和四省藏区地理国情监测、基础测绘、数字城市建设等工作需要。开辟绿色通道，每年向西藏和四省藏区无偿提供最新的国家级基本比例尺地图数据、大地控制成果数据和馆藏测绘成果资料。协调相关企业无偿或以优惠价格提供西藏和四省藏区范围所需的遥感影像等地理信息数据。

（五）提高测绘技术能力。测绘地理信息是技术密集型行业，要更加注重科技援藏来提升自我造血能力。指导和支持西藏信息化测绘体系建设，在提升信息化测绘技术水平、装备与设施现代化水平、业务管理信息化水平等方面加大扶持。在科技项目、科技成果转化应用、国际交流与合作等方面对西藏和四省藏区给予特殊支持，提高各类援藏项目中的科技含量和水平，安排当地急需或者具有地域特色的无人区1:1万测图、青藏高原冰川变化监测、高空无人机航空应急测绘等较高水平的科技项目，发挥科技对西藏测绘地理信息发展的驱动作用。

（六）提高依法行政能力。要加强对西藏测绘地理信息工作立法和执法的指导，不断提高西藏测绘地理信息行政管理部门依法行政的能力。要通过适度降低资质门槛、放宽考核要求等措施，激发西藏测绘地理信息市场活力和社会创造力。要切实履行好维护地理信息安全的职责。西藏工作的核心是做好反分裂工作、维护国家安全。测绘地理信息是国家战略性信息资源，地图是国家版图最主要的表现形式，涉及国家主权、安全和利益。“问题地图”和国家地理信息安全问题多次引起中央领导批示和指示，我们一定要警惕利用地图做文章、搞分裂的企图，在“一个中国”大是大非问题上寸步不让。要贯彻总体国家安全观，支持西藏和四省藏区做好互联网地图监管、卫星导航定位基准站管理和涉密、涉网、涉军、涉外测绘地理信息违法案件查处等工作，在国家互联网地图监管系统中增加涉藏信息相关服务功能，同心协力维护好地理信息安全。

（七）加大人才援藏力度。西藏测绘地理信息职工长期坚守在高原，为测绘地理信息事业发展作出了贡献，但人才短缺一直是制约西藏测绘地理信息发展的重要瓶颈。要把对口援藏作为培养干部的重要平台，把“定期选派”和“互动交流”结合起来，多选派后备干部、优秀年轻干部进藏工作，磨炼意志、增长才干，创造条件让藏区干部和技术人员走出来，到国家测绘地理信息局机关和所属单位挂职锻炼，学习管理经验和先进技术。要实施“项目+人才”的培养模式，把“支援急需”与“能力培养”结合起来，在选派专业技术人员不定期援藏的同时，利用好全行业的项目资源和教育培训资源，为西藏和四省藏区培养本地化的专业人才队伍。测绘地理信息援藏干部远离亲人，在雪域高原上克服了常人难以想象的困难，我们要更多地关心援藏干部的工作和生活，为他们积极融入西藏、贡献聪明才智创造条件。援藏干部返回原单位后，要安排好、使用好，表现好的要重用。

四、合力开创测绘地理信息援藏工作新局面

测绘地理信息援藏工作是一项长期而光荣、艰巨的政治任务。全行业要带着对西藏人民的真挚感情，与西藏和四省藏区各级党委政府一起，共同加快推动西藏和四省藏区测绘地理信息事业发展。

（一）切实加强组织领导。全国测绘地理信息各有关单位党委（党组）要牢固树立政治意识、大局意识、核心意识、看齐意识，切实把支援西藏和四省藏区测绘地理信息工作快速发展作为自己的分内之事，进一步加强测绘地理信息援藏工作的领导统筹，认真总结经验，加大援藏力度。国家测绘地理信息局将不断完善援藏机制，加强统筹协调，形成援藏合力，推动形成全方位、多层次、宽领域的援藏工作新格局。各对口援藏省市测绘地理信息主管部门要把援藏工作作为重要任务列入本单位议事日程。广大地理信息企业要积极开展援藏工作。希望西藏和四省藏区受援各地州市把测绘地理信息援藏纳入本地受援整体需求，通盘考虑、整体推进。

（二）确保援藏工作取得实效。国家测绘地理信息局将加强全行业援藏工作的指导和监督考核，机关有关司室要牵头抓好各项援藏任务的实施，对口援藏省市测绘地理信息主管部门和国家局所属单位要形成长效投入机制和常态化工作机制，努力做到领导、组织、人员、资金、服务五个到位。西藏自治区测绘局和四省藏区测绘地理信息行政主管部门要落实主体责任，不等不靠、主动对接、搞好配合，制定受援工作方案，把国家支持、兄弟部门支援与增强自我发展能力相结合，确保援藏各项任务落地生根，开花结果。

（三）大力弘扬测绘精神。在高原上工作，最稀缺的是氧气，最宝贵的是精神。去年7月1日，习近平总书记亲自给参与首次珠峰测绘的国测一大队老队员老党员回信，充分肯定了国测一大队队员勇闯生命禁区、完成珠峰测绘的英雄壮举，和一代代测绘地理信息战线广大干部职工不畏困苦、不怕牺牲作出的突出贡献，也体现了总书记对西藏干部职工工作生活艰苦环境的极大关心和热切关怀。长期以来，测绘地理信息行业凝铸了特有的“热爱祖国、忠诚事业、艰苦奋斗、无私奉献”的测绘精神，而测绘地理信息事业发展中很多里程碑事件和可歌可泣的英勇事迹就发生在西藏这片雪域高原上，首届“感动测绘人物”之一的西藏自治区测绘局外业职工多杰就是测绘精神和老西藏精神的杰出代表。在新的历史时期，做好西藏和四省藏区测绘地理信息工作更需要精神力量和意志品质。希望援受双方大力弘扬测绘精神，增进交流交往交融，相互了解、相互帮助、相互欣赏、相互学习，共同凝聚力量，为西藏经济社会发展和长治久安作出贡献。

同志们，让我们紧密团结在以习近平同志为总书记的党中央周围，统一思想，胸怀全局，不忘初心，继续前进，持之以恒地把测绘地理信息援藏各项任务落到实处，坚信雪域高原必定更加美丽，各族人民必定更加幸福安康！

在国家测绘地理信息局建局60周年座谈会上的讲话

国家测绘地理信息局局长 库热西·买合苏提

2016年9月28日

同志们：

在即将迎来伟大祖国67华诞之际，我们在这里欢聚一堂，庆祝国家测绘地理信息局建局60周年，回顾测绘地理信息事业的光辉历程，展望未来发展的美好前景，动员全行业干部职工更加充满信心地朝着建设测绘地理信息强国、实现全面建成小康社会的目标不懈奋斗。

60年前，在周恩来总理的亲自关怀下，全国人大常委会批准设立国家测绘总局。文革期间，国家测绘总局经历了撤销的磨难，1973年恢复重建。1982年，国家测绘总局更名为国家测绘局。2011年，更名为国家测绘地理信息局，履行国务院测绘地理信息行政主管部门职责。

重温历史，激励前行。刚才，9位同志结合自己的经历，饱含深情地回顾了过去、畅谈了心声，表达了承前启后、砥砺奋斗的信心和决心，让我们深切地感受到了测绘地理信息事业与时代同呼吸的铿锵步伐、与祖国共命运的峥嵘岁月，也让我们坚信测绘地理信息事业的明天会更加美好。我想大家同我一样，深受教育、感动不已、无比振奋。下面，我谈两个方面的体会，与大家共勉。

一、忠诚奉献，60年来测绘地理信息事业取得了辉煌成就

60载风雨兼程，60载春华秋实。测绘地理信息事业从无到有、从小到大、由弱变强，艰辛与荣耀一路同行，忠诚与奉献初心未改，梦想与奋斗铸就辉煌，一代代测绘地理信息工作者为祖国建设和发展作出了重要贡献。

60年来，党和国家高度重视，测绘工作地位不断提升。1965年，毛泽东同志接见了全国测绘管理工作会议全体代表。周恩来同志向全国人大建议成立国家测绘总局，并亲自指导了筹建和恢复重建工作。邓小平同志两次接见测绘工作者。江泽民同志作出加强测绘工作、发展地理信息产业的重要指示。李鹏同志接见了国测一大队代表。胡锦涛同志在山东视察地理信息企业并作出重要指示。温家宝同志强调测绘与地理信息工作的重要性，连续多年在《政府工作报告》中部署测绘工作。习近平同志亲自给国测一大队老队员老党员回信，对全国测绘地理信息工作者和广大共产党员提出殷切希望，多次对测绘地理信息工作作出重要指示。李克强同志亲临中国测绘创新基地视察并发表重要讲话，连续多年对测绘地理工作作出重要指示。党和国家领导同志的高度重视和亲切关怀，为测绘地理信息事业发展注入了强大动力，提供了行动指南。国务院出台了加强测绘工作的意见，作出了维护国家地理信息安全、促进地理信息产业发展、加强全国基础测绘工作、开展第一次全国地理国情普查、加强卫星导航定位基准站管理等一系列重要部署，测绘地理信息工作在经济社会发展大局中的地位不断提升。如今，测绘地理信息事业发展环境喜人、前景广阔，正处于大有可为的战略机遇期。

60年来，思想观念与时俱进，战略谋划引领科学发展。国家局历届领导班子始终在思想解放中探索新路子，在观念转变中推行新改革，在接续继承中实现新发展。建局初期，测绘工作基础薄弱，以满足新中国各项建设急需为首要任务，开展了大量基础性工作。沐浴改革开放的春风，明确了由系统管理向行业管理转变的工作思路，服务领域逐步拓宽，测绘市场开始形成，特别是九十年代，测绘法制、机构、财力三大支撑实现了重大突破，开启了测绘发展的黄金时期。进入新世纪，明确以加强统一监管、完善体制机制推进测绘依法行政，以信息化测绘体系建设提升测绘保障能力，以建设数字中国地理空间框架、发展地理信息产业构建测绘公共服务体系，测绘工作影响力显著提升。“十二五”、特别是党的十八大以来，明确了“服务大局、服务社会、服务民生”的宗旨定位，确立了“加强基础测绘、监测地理国情、强化公共服务、壮大地信产业、维护国家安全、建设测绘强国”的发展战略，实现了“测绘”向“测绘地理信息”的战略转型。从1957年制定第一期施测计划，到1986年第一个真正意义上的五年计划，再到今年出台“十三五”规划，计划规划体系日趋完善，引领发展作用充分显现。测绘地理信息发展思路的与时俱进，无不体现着大局意识和战略思维，无不体现着思想解放和实践探索。如今，我们正在沿着一条中国特色的测绘地理信息改革创新发展之路奋勇前进。

60年来，职能职责显著强化，管理体制机制逐步完善。国家局成立后，迅速整合军事、地质、石油等方面的测绘力量开展工作，地方各省级政府相继成立了测绘局，初步建立了测绘行政管理体制。经过不懈努力，覆盖国家、省、市、县四级的测绘行政管理体制逐步健全，特别是国家局更名为“国家测绘地理信息局”之后，各地迅速更名到位、市县机构全面加强。各级测绘地理信息行政主管部门守土有责、守土尽责，基础先行、服务保障、应急救援、统筹协调、维护安全、促进产业等职能职责显著强化。国家局始终注重测绘生产和服务布局，全系统目前涉及生产、服务、科研等事业单位共有210余个，逐步形成新的事业单位管理和运行机制，优质高效地完成了大量公益性、基础性和急难险重任务；社团组织的桥梁纽带作用也得到很好发挥。如今，测绘地理信息管理体制机制不断完善，形成了政令畅通、步调一致的良好局面。

60年来，法规体系日趋完备，法治工作水平大幅提升。立法是基础，从1965年国务院制定《编制出版我国地图暂行管理办法》开始，到1992年第一部规范测绘活动的基本法——《测绘法》颁布，目前已形成以《测绘法》为核心，4部行政法规、35部地方性法规、6部部门规章、近百部地方政府规章和大量规范性文件组成的测绘地理信息法律规范体系，为事业发展提供了坚实的法制保障。执法是关键，我们联合多部门强化国家版图意识宣传教育，加强“问题地图”、成果保密、质量监督、互联网地理信息、卫星导航定位基准站监管，在全国范围内开展了各类测绘执法检查和重点专项执法行动，依法查处了涉外、涉军、涉密、涉证、涉网测绘违法案件，有效维护了国家地理信息安全和测绘地理信息市场健康发展。管理和服务是重点，各级测绘地理信息部门切实转变政府职能，着力推进简政放权、放管结合、优化服务，建立行业信用体系，大力推行政务公开，创新管理服务手段，测绘地理信息统一监管不断加强，服务水平明显提高。如今，测绘地理信息依法行政全面推进，事业发展迈入了法治化轨道。

60年来，基础测绘快速发展，地理信息资源不断丰富。基础测绘始终是我们的立业之基。从以苏联测绘坐标系为基础建立1954北京坐标系，到建立1980西安坐标系，再到与国际接轨的2000国家大地坐标系；从肩挑背扛、只步为尺建设我国第一代测绘基准网，到建成现代测绘基准体系，我国基准体系实现了完全自主可控，并提供高精度、三维、动态基准服务。从建国之初基本比例尺地形图的“一穷二白”，到1995年国家对基础测绘实行分级管理，基础测绘实现快速发展，目前，1∶5万、1∶25万、1∶100万基础地理信息数据覆盖了我国全部陆地国土并实现了年度更新，1∶1万数据覆盖了全国58%的陆地国土，大比例尺数据覆盖了大部分城镇地区，高分辨率遥感影像覆盖了全国陆地国土，资源三号卫星全球影像有效覆盖7200万余平方千米，还精确测定了珠穆朗玛峰高程，摸清了我国主张管辖海域海岛礁数量和分布，填补了极地测绘空白，开展了界线测绘、长城测量、名山高程测量，一代代测绘人用智慧和汗水积淀了丰富的地理信息资源。如今，我们掌握了国家战略性地理信息资源的主动权，正在推进资源由地上向地下、陆地向海洋、国内向全球的拓展。

60年来，始终围绕国家大局，服务保障作用充分彰显。测绘地理信息部门紧紧围绕各时期党和国家中心工作，勇于担当、主动作为，实现了公共服务从提供单一纸质地图、基础数据到提供地理信息综合服务的深刻变革，服务领域从传统的农业、石油、土地、水利等行业拓展到国家安全、资源管理、环境保护、航空航天、智能交通、电子商务、现代物流等各个领域。通过精心编制各类领导用图，主动提供基础地理信息数据和产品，研制建设国务院综合国情地理信息系统，着力打造数字（智慧）城市、“天地图”、地理国情普查与监测等新型服务业态，大力提升应急测绘保障能力，积极推动“北斗”系统应用，努力推进地理信息大数据共享与军民融合发展，编绘提供丰富多样的精品地图，辅助了领导科学决策、政府精准治理；服务了“一带一路”建设、京津冀协同发展、长江经济带建设和东、中、西、东北“四大板块”建设等国家重大战略，三峡工程、南水北调、西气东输、青藏铁路、“神舟”飞天等重大工程；保障了生态文明、信息化、城镇化等重点建设，北京奥运、“9·3”阅兵等重大工作，唐山大地震、“98”特大洪水、汶川特大地震等应急抢险工作，测绘地理信息重要作用日益彰显。地理信息产业后来居上，保持年均25%的高速增长，拉动效应显著，成为“双创”的重要领域和新的经济增长点，地理信息成果通过分享经济和信息消费惠及社会大众。如今，公益性保障与产业化服务互为补充的公共服务格局基本形成，适应时代需求的公共产品体系基本建立，测绘地理信息工作已由“幕后”走向“台前”，深度融入了经济社会发展主战场。

60年来，测绘科技实现飞跃，整体水平跻身世界先列。从最初的大平板、三脚架、小笔尖，到今天2颗资源三号测绘卫星遨游太空，航空摄影测量飞机、无人机俯瞰大地，各类移动测量系统扫描地面，探地雷达、侧扫声呐等深入地下、水下测绘，我们已经构建了天空地一体化的对地观测体系。从现代测绘基础研究、技术装备艰难起步，到成功攻克天文大地网整体平差计算、全数字化自动测图、地球重力场测量、高分辨率立体测图卫星测绘和应用等核心与关键技术，成功研制全数字摄影测量工作站、高精度定位芯片、大规模集群化遥感数据处理系统、倾斜相机等大批技术装备，一批重大科技成果获得国家科技进步奖、国家自然科学奖、国家发明奖和国际奖项，企业的创新主体作用逐步发挥，我们的自主创新能力实现了跨越，摆脱了发达国家长期封锁和垄断。标准规范从长期严重滞后，到建立114项国家标准、151项行业标准、50余项地方标准构成的标准体系，并开始主导国际标准制定，我们实现了测绘标准与技术变革协同发展。从以光学仪器为标志的传统测绘技术体系，到以航空航天遥感、卫星导航定位、地理信息系统为核心的数字化测绘技术体系，再到初步建立以数据获取实时化、数据处理自动化、数据管理智能化、信息服务网络化、信息应用社会化为特征的信息化测绘技术体系，测绘生产力水平实现了质的飞跃。如今，我国测绘科技整体水平已跻身世界先进行列，一些领域达到国际领先，我们依靠自主创新走出了一条“科技兴测”之路。

60年来，国际交流日益广泛，深化合作彰显大国地位。我们越来越以开放的胸怀增进国际合作与共赢，从早些年仅与少数社会主义国家交流，到目前已与世界上多数国家进行交往、并与70多个国家、地区的测绘部门或机构建立了合作关系，合作格局不断拓展，合作领域不断深化，一批知名专家在国际测绘组织担任重要职务，体现“中国制造”水平的测绘地理信息装备和技术开始进军国际市场。我们越来越积极地参与全球测绘地理信息事务，国家局代表中国政府与联合国共同实施发展中国家地理信息管理能力开发项目，向联合国赠送了30米分辨率全球地表覆盖数据并得到广泛应用，联合国全球地理信息管理论坛在浙江德清设立永久会址，特别是围绕服务“一带一路”国家战略实施，全面启动了全球地理信息资源建设，对外援助巴基斯坦等国和与湄公河五国、东盟等合作项目取得实质性进展。从相对封闭到更加开放、从依赖“引进来”到全面“走出去”、从一般性交流到深层次合作，中国测绘以崭新的姿态呈现在世界面前。如今，我国测绘地理信息在国际舞台发出更强的“中国声音”，讲述更美的“中国故事”，国际影响力和话语权显著提升。

60年来，人才结构持续优化，干部队伍建设卓有成效。国家局历届班子始终把人才工作摆在优先位置，坚持不懈地实施“人才强测”战略，通过各类人才培养工程，不断优化人才结构，统筹推进人才发展，全行业从建局之始的十几个机关工作人员，发展到目前的62万名从业人员，拥有“两院”院士20名、省部级及以上专家350人、各类科技人才达16.8万人，形成了以两院院士、青年学术技术带头人、科技领军人才为主体的科技骨干人才梯队和规模较大的专业技术人才队伍；以原武汉测绘学院、解放军测绘学院、郑州测绘学校为摇篮，全国340多所高等学校、科研机构开设了测绘地理信息类专业，人才的源源不断为事业发展注入了活力。始终高度重视抓班子、带队伍，坚持正确选人用人导向，各级领导班子的年龄结构、知识结构、专业结构更加优化，优秀年轻干部培养选拔力度持续加大，干部队伍积极投身干事创业。如今，我们拥有一支政治坚定、业务精湛、作风过硬、能打硬仗的高素质队伍，为事业发展提供了有力支撑。

60年来，思想建设一以贯之，政治保障始终坚强有力。国家局依托军事测绘力量组建而成，重视思想政治工作的光荣传统始终是我们做好工作的法宝。各级党委（党组）牢记忠诚至上，坚定理想信念，持之以恒抓好班子思想政治建设和党员干部理论武装，始终与党中央保持高度一致。特别是党的十八大以来，深入学习贯彻习近平总书记系列重要讲话精神，认真落实全面从严治党责任，扎实开展党的群众路线教育、“三严三实”专题教育、“两学一做”学习教育，狠抓反腐倡廉建设，党员干部政治意识、大局意识、核心意识、看齐意识不断增强，党风政风行风为之一新。工青妇等群团组织开展了丰富多彩的活动，测绘宣传有声有色，测绘文化彰显生机，很好地发挥了宣传群众、教育群众、引导群众的作用。一代代测绘地理信息人默默丈量着祖国的壮美河山，把心血、智慧甚至宝贵的生命献给了测绘地理信息事业，铸就了“热爱祖国、忠诚事业、艰苦奋斗、无私奉献”的测绘精神，谱写了可歌可泣的感人篇章、树立了一座座精神丰碑。习近平总书记给国测一大队老队员老党员的回信中，充分肯定了测绘地理信息战线长期以来为祖国发展、人民幸福作出的突出贡献。如今，全行业干部职工思想政治坚定，精神状态高昂，形成了忠诚奉献、锐意进取、崇廉尚实、风清气正的良好氛围。

回首60年的发展历程，测绘地理信息工作在不懈探索和实践中积累了宝贵经验，为继续推进测绘地理信息事业改革创新发展提供了重要启示：一是必须坚持解放思想，加强战略思维；二是必须增强大局意识，强化责任担当；三是必须健全体制机制，完善法律法规；四是必须丰富数据资源，实现开放共享；五是必须服务国计民生，积极主动作为；六是必须顺应时代发展，不断改革创新；七是必须着力强基固本，持续提升能力；八是必须加强党的建设，注重精神引领。

新中国测绘地理信息事业60年取得的辉煌成就来之不易，积累的发展经验弥足珍贵，创造的精神财富影响深远，得益于党中央、国务院的坚强领导、高度重视，得益于各部门、各级党委政府的关心关注、鼎力支持，是一代又一代测绘地理信息干部职工团结奉献、接续奋斗的伟大结晶！

在这个庄严而光荣的时刻，我们不会忘记参加中国革命和建设的李青、晨虹等老前辈，不会忘记为测绘地理信息事业建设改革发展作出重要贡献的陈外欧、李廷赞、李人林、王大钧、李曦沐、喻沧、陈俊勇、金祥文、陈邦柱、鹿心社、徐德明等领导同志及历届领导班子，不会忘记为测绘科技创新作出卓越贡献的夏坚白、王之卓、陈永龄等老一辈科学家，不会忘记英勇牺牲的钟亮其、吴昭璞、宋泽盛等英烈，不会忘记国测一大队、武汉大学对地观测与导航技术创新团队和刘先林、杨艳萍等同志为代表的先进模范，我们不会忘记所有为新中国测绘地理信息事业作出贡献的人们，他们的功绩永载测绘地理信息史册！在此，我代表国家局党组，向长期以来关心支持测绘地理信息工作的各部门、各级党委政府和社会各界表示衷心的感谢，向开创和发展测绘地理信息事业的老领导、老专家、老同志和英烈、模范致以崇高的敬意，向奋战在神州大地上的广大干部职工表示亲切的慰问，也向下午将受到表彰的先进工作者和先进集体表示祝贺！

二、继往开来，奋力谱写测绘地理信息改革创新发展新篇章

岁月如歌忆峥嵘，继往开来谱新篇。当前和今后一个时期，中国经济发展进入新常态、世界经济发展进入转型期、世界科技发展正在酝酿新突破，我国正处于实现“两个一百年”奋斗目标的第一个百年奋斗目标的决胜阶段。站在新的历史起点，党中央、国务院对测绘地理信息工作提出更高要求，经济社会发展对测绘地理信息提出更旺需求，干部职工对事业发展寄予更多期待。面对机遇与挑战，我们要牢记使命、乘势而为，全力提高服务国计民生的能力和水平，加快推动测绘地理信息事业改革创新发展。

——面向未来，我们要继续坚持解放思想、与时俱进，用新理念指导新实践。要按照“五位一体”总体布局和“四个全面”战略布局，准确把握新形势新任务，牢牢扭住新常态下的事业发展方向，在测绘地理信息事业的发展进程中始终贯穿创新、协调、绿色、开放、共享五大发展理念，加快实施“加强基础测绘、监测地理国情、强化公共服务、壮大地信产业、维护国家安全、建设测绘强国”的发展战略，形成业务体系更加完善、保障服务更加到位、经济社会效益更加显著、体制机制更加健全、维护安全更加有力的测绘地理信息事业发展新局面，用思想的新境界开辟实践的新空间，使测绘地理信息工作更加符合时代要求和人民期盼。

——面向未来，我们要继续坚持深化改革、完善体制，用新思路开创新格局。要继续深化“放管服”改革，明确权力清单和责任清单，简化审批流程，提高办事效率，强化政务公开，加强事中事后监管，切实做到法无授权不可为、法定职责必须为，加快建设法治政府、服务型政府。要继续深化测绘地理信息领域供给侧结构性改革，按照《全国基础测绘中长期规划纲要（2015—2030年）》和《测绘地理信息事业“十三五”规划》的部署要求，构建新型基础测绘、地理国情监测、应急测绘、航空航天遥感测绘、全球地理信息资源开发“五大业务体系”，大力推进基础地理信息资源建设，既要保证基本公共需求，又要增强按需定制服务，形成相互协调、彼此促进的服务架构，提高供给能力、质量和水平。要全面推进测绘地理信息体制机制改革，遵循问题导向、统筹谋划、职责明晰、开放共享的原则，按照“五大业务体系”架构测绘地理信息事业单位布局，确保事业单位全心全意完成好国家基础性、公益性测绘任务，把微观的、具体的业务放给企业，把市场交还给企业，更加尊重市场规律，发挥市场在资源配置中的决定性作用，形成公益性事业和产业化发展相协调的体制机制。

——面向未来，我们要继续坚持围绕中心、服务大局，用新作为打造新业绩。牢牢把握测绘地理信息工作的本质和宗旨，在大局中彰显作用，在服务中体现价值。要把新型基础测绘做好做实，转变生产组织和服务模式，建立新的产品内容和服务形式，满足经济社会发展对基础测绘的新需求。要把地理国情监测作为转型升级的重要途径，为国家重大战略、生态文明建设、新型城镇化、精准扶贫等提供监测、统计、分析和评价。要把应急测绘作为重要业务形态，履行好国家突发事件应急体系和国家综合防灾减灾工作体系赋予的重要职责，全面加强应急测绘保障能力建设。要把航空航天遥感测绘作为事业发展新格局的重要支撑，建立数据快速获取、处理、服务为一体的新型业务体系，提供优质高效的遥感影像产品和服务。要把全球地理信息资源开发作为“一带一路”建设和参与全球治理的重要基础性工作，全力提升全球地理信息资源获取和服务能力。要以“天地图”和数字（智慧）城市建设为抓手推进地理信息大数据的共享和应用，以促进地理信息产业发展推进“互联网+”地理信息行动，提升融合发展能力，推出更多更好的地理信息产品和服务。要贯彻总体国家安全观，依法加强地理信息安全监管，强化国家版图意识宣传教育，尽职尽责维护好国家地理信息安全。

——面向未来，我们要继续坚持自主创新、科技引领，用新动力促进新发展。要着眼于建设测绘地理信息强国，深入贯彻中央科技创新大会精神和国家创新驱动发展战略，认真落实国家局《关于加强测绘地理信息科技创新的意见》和即将出台的测绘科技、人才、标准、卫星“十三五”规划，围绕事业发展需求，加速测绘地理信息与互联网、物联网、大数据、云计算等新技术融合，加快核心关键技术攻关，注重标准体系建设，加强科技成果转化，强化基础与应用研究，壮大科技创新主体，激发科技创新潜能，切实提升科技创新的引领和推动作用，率先建成符合创新型国家要求的测绘地理信息创新体系，在奋力追赶中缩小与世界技术领先国家的差距。要继续实施“走出去”战略，积极参与全球测绘地理信息事务与治理，服务联合国《2030年可持续发展议程》，深化国际交流与合作，开拓新兴经济体市场，深度融入全球地理信息产业链、价值链，在测绘地理信息国际舞台上彰显负责任大国的实力和形象。

——面向未来，我们要继续坚持不忘初心、忠诚奉献，用新形象体现新要求。各级党委（党组）要深入学习习近平总书记系列重要讲话精神，牢记总书记“在党爱党、在党为党，心系人民、情系人民，忠诚一辈子，奉献一辈子”的嘱托，落实全面从严治党主体责任，坚持把严明党的政治纪律、政治规矩和维护中央权威、确保政令畅通放在首位。要把抓好党建作为最大政绩，按照中央重大决策部署和要求，扎实开展“两学一做”学习教育，进一步加强党建工作与中心工作、业务工作的深度融合，驰而不息强化作风建设和责任担当，建设一支忠诚、干净、担当的党员干部队伍。要切实加强党风廉政建设，认真贯彻《廉洁自律准则》《纪律处分条例》《问责条例》，保持反“四风”、正党风，反腐败、倡清廉的战略定力，构建不敢腐、不能腐、不想腐的体制机制。要教育引导广大干部职工大力传承和弘扬测绘精神，自觉做社会主义核心价值观的践行者和宣传者，培养优良品质，树立优良作风，打造优良形象。

同志们，面对越来越近的强国梦想，面对浩浩荡荡的时代潮流，让我们更加紧密地团结在以习近平同志为总书记的党中央周围，不忘初心、继续前进，再立功勋、续写辉煌，奋力推进测绘地理信息事业在继承中创新、在改革中发展，为全面建成小康社会、实现中华民族伟大复兴的中国梦作出新的更大贡献！

在全国测绘地理信息人事人才工作会议上的讲话

国家测绘地理信息局局长　库热西·买合苏提

2016年12月6日

同志们：

正值全党上下深入学习贯彻党的十八届六中全会精神、全国测绘地理信息系统认真学习贯彻张高丽副总理在第一次全国地理国情普查领导小组全体会议上的重要讲话和在国家测绘地理信息局调研考察时重要指示精神之际，我们在这里召开全国测绘地理信息人事人才工作会议，总结回顾“十二五”时期的主要工作，安排部署当前和今后一个时期的重点任务，具有十分重要的意义。

“十二五”以来，全国测绘地理信息系统认真贯彻落实党中央国务院的决策部署，大力实施“人才强测”战略，狠抓领导班子、干部队伍和人才队伍三项建设，测绘地理信息人事人才工作取得显著成效。在此，我代表国家局党组，对长期以来给予测绘地理信息人事人才工作大力支持的相关部门表示衷心的感谢，对测绘地理信息人事人才战线上的同志们表示亲切的问候！

稍后，宜仁同志将作工作报告。会前，我认真审阅了这个报告，完全赞同。下面，我就做好新形势下测绘地理信息人事人才工作讲几点意见。

一、充分认识和准确把握人事人才工作面临的新形势新要求

做好“十三五”测绘地理信息人事人才工作，必须紧紧围绕测绘地理信息事业“十三五”规划确定的目标和任务，紧跟测绘地理信息事业改革创新发展的节奏和步伐，遵循新时期干部人才成长、培养、开发和使用的内在规律，统揽全局，科学谋划，确保把中央关于人事人才工作的各项要求贯彻好，把局党组的决策部署落实好。

（一）深刻领会中央关于干部人才工作的一系列部署要求。党中央高度重视人事人才工作。十八大以来，习近平总书记就人事人才工作作出了一系列重要论述和重要指示，提出了“办好中国的事情，关键在党、关键在人、关键在人才”、“好干部要做到信念坚定、为民服务、勤政务实、敢于担当、清正廉洁”、“择天下英才而用之”等新思想新理念，指出党要管党首先是管好干部、从严治党关键是从严治吏。中央出台了领导干部能上能下、防止“带病提拔”和深化人才发展体制机制改革等相关制度文件，特别是十八届六中全会通过的《关于新形势下党内政治生活的若干准则》和《中国共产党党内监督条例》，在坚持正确选人用人导向、加强领导干部的教育、管理和监督等方面提出了更高标准，做出了更严要求。中央关于人事人才工作的一系列部署要求，为做好新形势下测绘地理信息人事人才工作指明了方向、提供了基本遵循，我们一定要认真学习，深刻领会，不折不扣地贯彻落实。

（二）充分认识干部人才在测绘地理信息事业发展中的重要作用。国以才立，业以才兴。测绘地理信息事业60年来取得的辉煌成就，既是广大测绘地理信息干部职工艰苦奋斗、挥洒汗水的结果，也是各类测绘地理信息英才不断创新、贡献才智的结果。各部门各单位在搭建创新平台、打造创新团队、以项目培养人、用人才促发展等方面积累了丰富经验，要认真总结，发扬光大。当前，国家正在大力实施创新驱动发展战略，创新驱动实质上是人才驱动。当今世界，各国之间日趋激烈的竞争，说到底就是人才的竞争。要想加快实现测绘强国的发展目标，提高我国测绘地理信息的国际竞争力，核心在创新，关键靠人才。我们必须从战略高度充分认识干部人才在测绘地理信息事业发展中的支撑性关键性作用，牢固树立人才是第一资源、干部是宝贵财富的理念，多为干部职工成长成才创造条件，提供机会，引导和激励大家干事创业、大胆作为，努力形成人才活力竞相迸发、聪明才智充分涌流的良好局面。

（三）准确把握测绘地理信息事业改革创新发展对干部人才的现实需求。测绘地理信息事业“十三五”规划明确提出了打造由新型基础测绘、地理国情监测、应急测绘、航空航天遥感测绘、全球地理信息资源开发等“五大业务”构成的公益性保障服务体系，全面提升公共服务有效供给能力、基础设施装备保障能力、地理信息产业竞争能力、创新驱动发展能力和协调融合发展能力“五大能力”的目标任务，这就要求把人事人才工作放在测绘地理信息事业发展的新格局中去谋划和推动，准确把握事业转型升级时期的干部人才供需情况，有针对性地加强干部人才资源开发和优化配置，加快培养造就一支能够适应“五大业务”发展、促进“五大能力”提升的“高精尖缺”人才队伍，不断满足测绘地理信息事业改革创新发展的需要。

（四）牢牢把握新时期加强干部人才队伍建设的内在规律。干部人才工作有其自身规律，掌握了规律，就能事半功倍。使用人才不是简单的把人放在一个岗位上，用好用活是核心要求。要坚持把以用为本的观念贯穿始终，运用人才评价、流动、激励等综合手段，做到人岗相适、人事相宜，最大限度地发挥人才效能，实现人才价值。从近年干部人才工作的成效来看，我们在人才选拔、培养、评价等方面，更加注重实践、更加注重实际，较好地遵循了干部人才工作的规律，人才支撑事业发展的能力不断提升。同时，我们要清醒地看到干部人才队伍在思想观念、创新能力、知识结构等方面与新形势新要求尚有一定差距，不同年龄阶段、不同学历层次、不同专业背景的干部人才所表现出的特点和优势不尽相同，干部人才的考核评价机制还需进一步完善，这就要求我们进一步把握人才成长规律、培养使用规律、竞争流动规律以及激励奖励规律，努力做到人尽其才、才尽其用、用当其时。

二、准确把握和全面落实“十三五”时期人事人才工作的方向和任务

做好“十三五”测绘地理信息人事人才工作，关键在于把握方向，明确任务，突出重点，抓好落实。

（一）始终把坚持党管干部、党管人才作为人事人才工作的根本原则。要始终坚持党管干部、党管人才原则，牢牢把握正确方向。要明确党管干部、党管人才是党委（党组）发挥总揽全局、协调各方作用的重要内容和途径，加强党对人才工作的统一领导，着重管宏观、管政策、管协调、管服务。要进一步完善党委（党组）统一领导，组织人事部门牵头抓总，有关部门各司其职、密切配合，社会力量发挥作用的党管干部人才工作新格局，形成工作合力。要强化“一把手”抓第一资源的责任，充分发挥党的思想政治优势和组织优势，把各类人才凝聚到事业中来，营造有利于人才发展的良好环境，做到用事业留人、用待遇留人、用感情留人。

（二）始终把推进“人才强测”战略作为人事人才工作的主线。要继续坚持围绕中心、服务大局、服务发展、服务改革，既要用“人才强测”战略统领人事人才工作，又要把“人才强测”战略系统化、具体化，贯穿到人事人才工作的全过程。要坚持需求导向，按照建设“五大业务”、提升“五大能力”的部署要求，统筹抓好人才培养和使用，实施好重点人才工程，统筹区域人才协调发展，促进人才队伍规模、质量和结构与事业发展相适应，逐步培养造就一支规模适度、结构合理、素质优良、作风扎实、善于创新、充满活力的人才队伍。要充分发挥党政人才的组织管理作用，提升测绘地理信息治理能力。要充分发挥专业技术人才和科技创新团队的引领作用，着力提高测绘地理信息自主创新能力。要充分发挥技能人才的基础性作用，提高测绘地理信息产品的质量和效益。要充分发挥经营管理人才的经营管理和市场开拓作用，提升地理信息产业竞争力。

（三）始终把加快干部人才队伍建设作为人事人才工作的重点。要贯彻落实习近平总书记提出的好干部标准，坚持正确选人用人导向，严格标准、健全制度、完善政策、规范程序，大力培养选拔政治强、懂专业、善治理、敢担当、作风正的干部。要统筹使用好各年龄段干部，重视发挥好60后干部队伍的骨干作用，加大培养70后干部队伍，关注80后干部队伍的成长，做好人才储备。要坚持高端引领、整体开发，加快各类人才协同发展，合理优化高中低不同层次专业技术和技能人才结构，发挥各类人才作用。特别要按照高丽副总理的指示要求，加强科技人才队伍建设，关心年轻的测绘科技工作者，积极营造鼓励创新、宽容失败的良好氛围。要落实从严管理和监督干部的各项措施，注重抓早抓小抓常。要注重培养干部人才的政治素养和综合能力，强化理论武装，深入学习习近平总书记系列重要讲话和给国测一大队老队员老党员回信重要指示精神，增强中国特色社会主义道路自信、理论自信、制度自信、文化自信；强化纪律意识，特别要严明党的政治纪律和政治规矩，增强“四个意识”，牢记“四个服从”，自觉在思想上政治上行动上同以习近平同志为核心的党中央保持高度一致；强化能力建设，坚持教育培训和实践锻炼相结合，不断提升干部人才观大势、谋大事、懂全局、管本行的能力和水平。

（四）始终把深化体制机制改革作为人事人才工作的保障。要抓住国家推进事业单位分类改革的契机，抓紧解决制约改革的突出问题，优化调整事业单位布局、功能和规模，加快构建与新技术、新业务、新能力相适应的公益性测绘队伍新体系，积极推动测绘地理信息事业转型升级。要继续深化干部人事制度改革，建立科学合理的选拔任用、考核评价、激励保障、能上能下、容错纠错等机制，激励干部想干事、能干事、干成事。深化人才发展体制机制改革，落实用人单位自主权，着力解决人才评价中唯学历、唯职称、唯论文问题，落实允许科研人员依法依规适度兼职兼薪的相关规定，探索推动知识、技术、管理、技能等要素按贡献参与分配的有效途径，让有真才实学、做出贡献的科技人才有成就感、获得感，实现“名利双收”，不断激发人才的积极性、主动性和创造性。

三、切实加强人事部门自身建设

人事部门肩负着管干部、管人才的重要职责，这就要求人事部门在自身建设上必须有更严的标准、更高的追求，努力成为“讲政治、重公道、业务精、作风好”的模范部门。一是加强思想建设。要注重理论学习，夯实理论功底，锤炼对党绝对忠诚的政治品质，始终向党中央看齐，向党的理论和路线方针政策看齐，向党中央决策部署看齐，做政治上的明白人。二是加强能力建设。要善于学习、肯于钻研，熟练掌握人事人才工作的原则和方针、政策和程序、特点和规律，不断提高把握大局能力、运用政策能力、知人善任能力、分析研究能力、改革创新能力、服务基层能力，努力成为精通业务的行家里手。三是加强作风建设。要带头执行八项规定，带头改进作风，严格执行组织和干部人事纪律。要把公道正派作为核心理念，公道对待干部、公平评价干部、公正使用干部，努力把人事部门建设成为组织信赖、群众满意的干部之家、人才之家。四是抓好廉政建设。要自觉筑牢拒腐防变的思想防线，严格执行廉洁自律准则、党内政治生活若干准则、纪律处分条例、党内监督条例，认真落实组织人事干部行为规范和“十严禁”纪律要求，心存敬畏、手握戒尺，秉公用权、干净担当，确保人事部门风清气正。

同志们，新时期的测绘地理信息人事人才工作任务繁重，使命光荣。让我们更加紧密地团结在以习近平同志为核心的党中央周围，解放思想，勇于创新，开拓进取，扎实工作，不断开创测绘地理信息人事人才工作新局面，为加快推动测绘地理信息事业改革创新发展提供坚强的组织保障和智力支持，为实现“两个一百年”奋斗目标、实现中华民族伟大复兴的中国梦作出新的贡献！

在国家测绘地理信息局全面推进行政事业单位内部控制建设视频会上的讲话

国家测绘地理信息局副局长　王春峰

2016 年 6 月 29 日

同志们：

十八届四中全会通过的《中共中央关于全面推进依法治国若干重大问题的决定》明确提出：“对财政资金分配使用、国有资产监管、政府投资、政府采购、公共资源转让、公共工程建设等权力集中的部门和岗位实行分事行权、分岗设权、分级授权，定期轮岗，强化内部流程控制，防止权力滥用。”为此，财政部印发了《财政部关于全面推进行政事业单位内部控制建设的指导意见》，要求在行政事业单位全面推进内部控制建设工作。为认真贯彻落实十八届四中全会精神和财政部有关要求，全面做好我局行政事业单位内部控制建设，按照局党组的工作部署，今天我们专门召开此次视频会议。下面我讲三点意见：

一、深刻认识内控建设的重要意义

内部控制既是行政事业单位的一项重要管理活动，又是一项重要的制度安排，是推动行政事业单位高效、持续、稳定运行的基础。科学完善的内部控制体系，对于提高单位管理水平，改进公共服务质量和效率，规范财经秩序，惩治和预防腐败都具有重要意义。

一是有利于提高行政事业单位管理水平。行政事业单位有效履行职能，必须具备较高的管理水平。内控建设则是提高行政事业单位管理水平的有效途径。借助信息化手段，将预算管理、资产管理、财务管理等整合到统一的平台，能够高效地保障制度执行，促进行政事业单位规范化、科学化管理，增强行政事业单位的履职能力。

二是有利于改进公共服务的质量和效率。建立完善的内部控制体系，在重要环节建立监督机制，简化办事程序，是加强行政事业单位运行能力，确保在重大决策中少走弯路，更好地发挥公共服务职能，提高公共服务质量和效率以及财政资金使用效益的重要措施。

三是有利于构建廉政“安全网”。构建并完善内部控制体系是规范财务管理，严肃财经纪律，从源头遏制违纪问题的迫切需要。完善的内部控制体系，可以大大减少行政体制上的漏洞，克服工作中的随意性，降低贪污腐败的机率，也有利于保护好我们的各级干部。

二、准确把握内控建设的内在要求

各单位要把握好内控建设的基本原则，明确主要任务，抓住关键环节，积极有效地推进单位内部控制建设。

一要坚持内控建设的基本原则。内控建设的基本原则为：全面推进、科学规划、问题导向和共同治理。

全面推进就是要确保内部控制对单位经济和业务活动的全覆盖，贯穿内部权力运行决策、执行和监督的全过程，规范单位内部各层级的全体人员，实现对全范围、全过程和全体人员的有效监管。

科学规划就是要结合单位自身的业务范围和管理架构，对现有各类工作进行梳理，合理界定岗位职责、业务流程和内部权力运行结构，依托规范的制度和统一的信息系统，将规范内部权力运行的机制嵌入内部控制的各个层级、各个方面、各个环节。

问题导向就是要着重查找资金分配使用、国有资产监管、政府采购、公共工程建设等方面的具体问题，制定可操作、可监督、可检查的措施，合理配置权责，细化权力运行流程，明确关键控制节点和风险评估要求，不断提高内部控制的针对性和有效性。

共同治理就是要充分发挥内部控制与其他内部监督机制的相互促进作用。各单位要切实履行内控建设的主体责任，财务部门要主动争取审计、监察等部门的支持，鼓励中介机构参与单位内控建设和发挥外部监督作用，形成横向与纵向相互监督制约的工作机制，人人处在监督与被监督的双重位置上，有效防控行政风险和廉政风险。

二要落实内控建设的主要任务。内部控制建设的任务主要有四个方面：

一是健全内部控制体系，强化内部流程控制。各单位要全面梳理业务流程，分析风险隐患，完善风险评估机制和应对策略，建立适合本单位实际情况的内控体系。已经实施内部控制的单位，要对照《内控规范》进行自我评价、逐项检查，并针对存在的问题，抓好整改落实，提高执行力；内部控制尚未建立或不健全的单位，必须于 2016 年底前完成。

二是强化内部权力制衡，规范内部权力运行。所谓制衡，就是对单位的岗位设置、权责分配、业务流程等方面进行机制设计，实现决策、执行和监督的相互分离、相互制约，概括起来就是要分事行权、分岗设权、分级授权和定期轮岗。分事行权就是建立议事决策机制，对经济和业务活动的决策、执行、监督，必须明确分工、相互分离、分别行权，防范“一言堂”、“一枝笔”；分岗设权就是对相关岗位必须依职定岗、分岗定权、权责明确，防止岗位职责不清、行权界限混乱；分级授权就是对各管理层级和各工作岗位，必须依法依规分别授权，明确授权范围、授权对象、授权期限、授权与行权责任、一般授权与特殊授权界限，防止授权不当、越权办事；定期轮岗是对重点领域的关键岗位，在健全岗位设置、规范岗位管理、加强岗位胜任能力评估的基础上，通过明确轮岗范围、轮岗条件、轮岗周期、交接流程、责任追溯等要求，建立干部交流和定期轮岗制度，不具备轮岗条件的单位应当采用专项审计等控制措施。对轮岗后发现原工作岗位存在失职或违法违纪行为的，应当按国家有关规定追责。各单位要根据自身特点，科学设置内设机构、管理层级、岗位职责权限和权力运行规程等。

三是建立内控报告制度，促进内控信息公开。针对内控制度建立和实施的实际情况，各单位要按照《内控规范》的要求开展自我评价工作，并作为部门决算报告和财务报告的重要组成内容。要积极推进内控信息公开工作，通过面向单位内部和外部定期公开内控相关信息，逐步建立规范有序、及时可靠的内控信息公开机制，更好发挥信息公开对内控建设的促进和监督作用。

四是加强监督检查工作，加大考评问责力度。监督检查和自我评价，是内控得以有效实施的重要保障。各单位应当建立健全内控的监督检查和自我评价制度，通过日常监督和专项监督，检查内控实施过程中存在的突出问题、管理漏洞和薄弱环节；通过自我评价，评估内部控制的全面性、重要性、制衡性、适应性和有效性。同时，各单位要将内部监督、自我评价、绩效评价与干部考核、追责问责结合起来。国家局将对各单位内部控制建立与实施情况进行监督检查，并将监督检查结果、内控评价情况、审计情况等作为单位领导班子考核、安排财政预算的参考依据。

三要抓住内控建设的关键环节。从我局实际情况来看，《内控规范》强调的六个业务层面中，支出管理、资产管理、政府采购管理和合同管理是内部控制体系建设的重中之重。各单位要重点关注本单位经济活动中的重大风险。

一是加强支出管理。目前，不少单位的会计基础工作比较薄弱，财务部门只单纯地负责“记账”和“付款”，对单位具体业务的详细内容、重大事项的决策、项目的实施过程和结果、合同付款的合理性均不够了解，财务部门只起到了“付款人”和“钱袋子”的作用，使得财务监督与控制流于形式。各单位要对原有的支出控制制度进行细化，明确各支出事项的开支范围及开支标准，对于差旅费、人员经费、会议费等要严格执行国家规定的标准；对于交通费、办公费、水电费等要制定相应的内部标准；对“三公”经费要实行重点管理；严格执行公务卡结算制度；要大力规范委托业务的决策和执行流程。

二是加强资产管理。现阶段，国家局正在开展资产清查工作，各单位要以此次清查为契机，加大对本单位资产的控制力度，不仅包括实物资产，还要加强对货币性资产的管控，加强对往来款的管理。另外，各单位特别要加强对外业生产备用金的管理。财务部门应对测绘外业生产工作有一定了解，设定合适的备用金使用上限；在借用前，要根据工作内容、任务量、生产工期、投入人员、投入仪器设备等，严格审查判断备用金的预算申请是否合理；已经借用的备用金要对其预算执行情况进行动态监控。

三是加强采购管理。各单位要严格执行政府采购预算，未列入政府采购预算的一律不能采购。对于货物的采购要进行充分论证，明确采购程序和采购方法，避免重复盲目购买；对于日常的零星物资采购，应由采购部门统一采购，任何部门和个人不得自行采购；对于大宗服务、工程的采购，应当聘请中介机构进行可行性研究与评价，并由单位领导班子进行决策和审批，避免因决策失误造成损失。

四是加强合同管理。各单位应建立健全经济合同内部管理制度，对所有经济合同进行严格审查，详细登记合同的订立、履行和变更情况，实行对合同的全过程监控管理。同时，应当合理设置岗位，明确合同的授权审批和签署权限，建立合同归口管理部门与财务、纪检部门的沟通协调机制。在合同签订过程，应当组织业务、财务和纪检部门相关工作人员参与，实现合同管理与预算管理、收支管理相结合。

三、扎实做好内控规范的实施工作

内部控制建设是各单位、各部门的共同责任，在实施过程中，要注意把握以下三点：

首先，加强组织领导。内控体系建设的关键是单位领导，特别是一把手。内部控制是一个复杂的体系，需要单位内部的各有关部门和岗位形成联动机制。单位内跨部门的沟通协调和通力合作离不开单位领导的高度重视和大力支持。国家局已经成立了内部控制工作领导小组，由我本人任组长，成员由机关各有关部门的主要负责同志组成。领导小组下设办公室，设在规划财务司。各单位一把手要亲自挂帅，切实加强对单位内部控制建设的组织领导，成立相应的组织领导机构，明确协调机制，协同推进内控建设。

第二，狠抓贯彻落实。各单位要按照总体要求、主要任务和时间表，认真抓好内部控制建设的落实工作，确保制度健全、执行有力、监督到位。要制定详细的工作方案，明确工作分工，配备工作人员，健全工作机制，充分利用信息化手段。

第三，强化督导检查。各级财务部门要加强对单位内控建立与实施情况的监督检查，加强与审计、监察等部门的沟通协调和信息共享，形成监督合力。

同志们，行政事业单位内控管理是一项重大的管理制度创新，制度的生命力贵在执行。我们要深入贯彻落实党的十八届四中全会精神，按照国家局党组的工作部署，精心组织、扎实工作，切实做好内控建设工作，进一步提高单位的管理水平和服务能力，为测绘地理信息事业发展做出新的贡献！

在全国测绘地理信息规划财务工作会议上的讲话

国家测绘地理信息局副局长　王春峰

2016 年 11 月 22 日

同志们：

大家上午好。此时，正值金秋，硕果飘香。在这美好时节，全国测绘地理信息规划财务工作也迎来了结硕果、开新花的重要阶段。“十二五”期间的规划财务工作成绩喜人，重大项目不断立项实施，财政投入稳中有升，财力保障水平不断提高，为测绘地理信息事业的稳步发展提供了强有力的支撑。“十三五”期间的规划财务工作开局良好，谋新篇、布新局，确立新的业务模式，绘就新的发展蓝图，为早日实现测绘强国梦再立新功。

在此，我主要讲三个方面的意见，供大家参考。

一、“十二五”期间的工作回顾

“十二五”以来，在党中央国务院的正确领导下，国家测绘地理信息局党组高度重视战略规划引领事业发展，不断强化项目与经费对事业发展的保障，圆满完成“十二五”既定的目标任务，推动测绘地理信息与经济社会发展深度融合，拓展了事业发展的新空间，为开创“十三五”事业发展新局面奠定了坚实基础。

（一）规划体系逐步健全，引领事业发展能力持续增强

测绘地理信息领域已经初步形成了以国家规划为指导，由事业规划、基础测绘规划、地理信息产业规划以及相关专题规划和地方配套规划组成的规划体系。这一规划体系从整体到局部、从宏观到微观，贯穿着事业发展的思路和重点，引领我国测绘地理信息事业沿着改革创新发展的道路砥砺前行。

事业发展定位更加明确。在局党组的统筹推动下，规划逐步确立了事业发展的定位、战略以及方向。事业的发展定位为“全力做好测绘地理信息服务保障，大力促进地理信息产业发展，尽责维护国家地理信息安全”，总体战略就是要坚持“加强基础测绘、监测地理国情、强化公共服务、壮大地信产业、维护国家安全、建设测绘强国”，重点建设“政策法规体系、基础测绘体系、公共服务体系、地理信息产业体系、科技创新体系和人才队伍体系”等六大体系，着力提升“运用法治思维和法治方式管理的能力、基础地理信息资源供给能力、公益性服务保障能力、地理信息产业竞争能力、创新驱动发展能力、维护国家地理信息安全能力”等六大能力，以此推进测绘地理信息事业的转型升级和改革创新发展。

事业转型方向基本清晰。十八大后，事业发展面临着新形势和新需求。国家局党组审时度势，适时提出了事业转型发展的思路，将按照“四个全面”战略布局，融合创新、协调、绿色、开放、共享的发展理念，加快推动测绘地理信息领域供给侧结构性改革，全面提升公共服务有效供给能力，大力促进公益业务领域创新发展，形成业务体系更加完善、保障服务更加有力、经济社会效益更加显著、体制机制更加健全的事业发展新局面，为经济社会发展提供全方位、多层次、高价值的测绘地理信息保障服务。

总体业务格局初步形成。按照局党组提出的事业发展定位和转型发展思路，“新型基础测绘建设”、“地理国情监测常态化”、“应急测绘建设”、“航空航天遥感测绘”、“全球地理信息资源开发”等一系列发展构想逐步完善，并通过新型基础测绘建设试点、地理国情监测试点、资源三号系列卫星项目、应急测绘保障项目以及全球地理信息资源开发项目等，将规划构想转化为业务实践，奠定了“五大业务”基础。以“五大业务”为核心的公益性服务、以地理信息产业市场化服务双轮驱动的事业发展新格局初步形成。

（二）找准规划着力点，逐步拓展事业发展新空间

测绘地理信息工作主动迎合经济发展新常态，

积极服务国家重大战略、重大政策、重大规划、重大工程，着力延伸服务领域、深化融合工作、拓展服务空间。

服务领域进一步延伸。根据新时期党中央国务院作出的一系列重大战略部署和规划要求，我们努力突破传统基础测绘单一的服务模式，推动测绘地理信息与经济社会发展深度融合。在国家层面，我们完成了第一次全国地理国情普查，开展了服务于“一带一路”建设、京津冀协同发展、长江经济带建设等重大战略的重要地理国情监测、国家级新区空间格局变化监测、全国海岸带开发利用变化监测。监测成果受到国务院领导高度关注，成为国家重大政策规划制定的依据，极大地提升了测绘地理信息的地位与作用。国家局会同国家发展改革委与浙江、广西、贵州、湖北、福建等省（区），合作开展了省级空间性规划“多规合一”试点工作，直接服务于国土空间开发。国家局与国家发展改革委、国土资源部等10余部门，联合开展资源环境承载能力监测预警机制建设工作，服务于国家重大改革工作。在省级层面，浙江、湖南、甘肃、河北、福建等省围绕地区经济发展重点，开展了富有地方特色的监测项目，在领导干部自然资源资产离任审计、丝绸之路经济带生态安全屏障、麦收秸秆禁烧等方面取得了良好效果，得到地方政府的充分肯定。浙江、福建、河北等沿海省份将海洋测绘纳入到规划、法规以及职责中，拓展了测绘地理信息服务职能。

军民融合进一步深化。局党组贯彻落实党中央国务院关于军民深度融合发展的战略部署，积极推进测绘地理信息领域军民融合工作，并将其列为“十二五”规划的重点任务。国家局与军队有关部门联合印发了《关于促进测绘军民融合发展的意见》，着力强化资源共享、项目共建、设施共用。各地也注重加强与本地区军队有关部门的合作，已有23个省（区、市）与军队有关方面签署了合作协议。测绘地理信息军民优势互补、良性互动的发展局面初步形成。

发展空间进一步拓展。“一带一路”建设、“走出去”战略的实施，对海洋乃至全球地理信息资源的需求愈加迫切，要求我们必须推动测绘地理信息发展空间由陆地国土向海洋乃至全球拓展，全球地理信息资源和海洋测绘成为测绘地理信息的重点战略任务。国家局在“十二五”期间组织开展了全球地理信息资源开发的技术攻关，为该项工作的全面推进打好了技术基础。近期，我们已经获取了“一带一路”重点区域的地理信息数据，并为广西东盟信息港建设、“一带一路”环保大数据决策平台建设提供了服务。在海洋地理信息资源开发方面，我们完成了海岛（礁）一期工程，初步满足了经济发展对海洋地理信息资源的需求。现在正在谋划推进海岛（礁）二期工程。有关各方也结合本地区需求，积极开展海洋地理信息资源的开发建设，例如河北省正式成立了渤海测绘管理中心，着力加强海洋测绘的统筹管理；福建省政府批准测绘地理信息部门开展海洋基础测绘工作；山东省推进海岸带测绘等工作。

（三）发挥项目推动作用，构建事业发展新格局

国家局高度重视重大项目在推动事业发展中的重要作用，实施了一系列重大项目，在加快推动测绘地理信息结构性改革，构建业务新格局方面发挥了积极作用。

项目建设成效显著。一是在国务院领导下，全国第一次地理国情普查工作顺利完成，为地理国情监测常态化创造了良好条件。二是资源三号02星成功发射，实现了测绘卫星双星并轨运行，使我国航空航天遥感测绘技术手段有了质的飞跃，奠定了航空航天遥感测绘业务化的基础。三是现代化测绘基准体系基础设施建设一期工程的实施，实现了测绘基准体系现代化。四是完成了“927一期”工程，将基础地理信息覆盖范围由陆地国土拓展到了海洋。五是为新疆、西藏及四省藏区基础测绘建设，争取到项目资金5.98亿元，有力地支持了这些地区基础测绘建设。六是争取到国家产业化项目支持，落实了项目经费2.6亿元，中央直接补助经费6000万元，促进了我国地理信息产业的发展。

项目立项进展顺利。一是“国家空间基准军民融合项目”得到国家发展改革委支持，前期工作进展顺利。该项目的立项实施将极大地推动测绘地理信息领域军民深度融合发展，对于提高我国空间基准的整体水平具有重要意义。二是“国家应急测绘保障能力建设”已获得立项批复，进入到初步设计阶段，这将有力提升测绘地理信息部门的应急保障整体能力，促进全国应急测绘业务的加快发展。三是“927二期”“全球地理信息资源开发”等项目正在积极开展国家立项的前期工作。

各省规划也根据地区实际，谋划并实施了一批

重大项目，例如四川省落实了公共平台建设项目资金2.24亿元，湖南省争取农村集体土地确权登记发证项目经费1.28亿元，福建省争取海洋基础测绘项目经费7300多万元，等等。这些项目的落实有力地促进了地方测绘地理信息事业的发展。

（四）强化财政投入保障，促进事业快速发展

近年来，在各级政府的关心和支持下，测绘地理信息事业的经常性投入及项目经费预算落实取得明显增长，为事业快速发展起到了极大的保障作用。

国家投入稳步增长。“十二五”时期，中央财政对测绘地理信息部门的总投入达到89.50亿元，比“十一五”时期增长32.74亿元，增幅为57.68%。截至“十二五”末期，国家局系统固定资产原值达到72.96亿元，比“十一五”时期增长35.39亿元，增幅达94.20%。自财政部批准我局纳入公益性行业科研专项试点三年来，中央财政已累计投入2.41亿元。尤其值得一提的是，近日经国务院批准，测绘地理信息事业单位职工野外工作津贴标准得到大幅提高，将进一步激发和释放广大测绘地理信息职工的热情和动力。

地方投入大幅增加。全国省级财政对测绘地理信息的总投入达到320.78亿元，比“十一五”时期增长193.28亿元，增幅达151.59%。特别是地理国情普查与监测项目，地方财政投入高达73.7亿元，对于顺利完成第一次全国地理国情普查工作发挥了重要的保障作用。同时，各级测绘地理信息部门也千方百计筹措资金，加强技术装备建设，其中四川局和河北局“十二五”期间在技术装备方面投入均超过2亿元，提高了测绘地理信息生产服务的质量和效率。

（五）加强财务预算管理，保障事业发展稳步推进

“十二五”以来，国家进一步深化财政体制改革，提出了一系列重大举措。我们按照国家统一部署，着力强化财务预算管理，推进部门预算改革，规范政府采购工作，为事业发展提供了有力的支撑和保障。

财务制度和工作机制不断完善。修订了《项目支出预算编制与评审指南》，以财政部的名义印发了《国家地理国情监测专项资金管理办法》《国家海岛（礁）测绘工程专项资金管理办法》，为重大项目实施提供了政策保障。建立了重大项目专项检查、财务决算稽核、绩效考评、资产清查等为主要内容的业务化、常态化财务监管工作机制。通过夯实财务管理基础工作，加大决算审核力度，加强决算数据分析等措施，决算数据质量与决算分析水平不断提升，充分发挥了决算促进预算管理和财务管理的作用。

财务监督管理成效显著提高。一是开展重大项目财务专项检查，规范了“927一期”工程、地理国情普查、现代测绘基准一期工程、公益性行业科研专项等项目经费的使用，提高了资金使用效率和效益。二是圆满完成全国行政事业单位资产清查工作，摸清了“家底”，盘实了资产，提高了资产使用效益。三是政府采购行为更加规范。先后组织开展了现代基准工程、地理国情普查、资源三号卫星应用系统等政府采购工作，发挥了集中采购的规模效益，提高了财政资金的使用效益。这些工作成绩得到了财政部的肯定，国家局已连续四年获得中央部门决算一等奖，预算管理和绩效管理多次获得表彰。

各地积累了许多财务管理的好经验。近年来，各地和单位在强化财务管理方面也取得了很多好经验，形成了各自的特色。如，浙江省率先实现了财务管理的信息化，实现了财务管理的公开透明；天津市健全财务管理制度，建立了行之有效的生产经济责任制；国家基础地理信息中心探索形成了符合自身实际的预算管理体系。这些有效的制度和经验为丰富规划财务管理体系增添了活力。

同志们，回顾“十二五”，我们规划财务工作取得了丰硕成果，无论是在规划编制质量上、规划实施效果上、重大项目争取上，还是在预算编制规范上、预算执行力度上、规章制度建设上都上了一个新台阶。这些成绩的取得，主要得益于党中央国务院以及各级政府对测绘地理信息的高度重视，得益于国家局党组对规划财务工作的高度重视，得益于全国测绘地理信息规划财务工作者的辛勤付出。

在“十二五”以来的规划财务工作实践中，我们总结了一些有益的经验：

一是注重围绕国家重大改革，着力拓展事业发展新空间。“十二五”期间，我们重点围绕“一带一路”建设、京津冀协同发展、长江经济带建设等一系列国家重大战略规划，主动出击，做好服务保障，直接参与到“多规合一”“自然资源承载力评价”等重大改革事项中，得到党中央国务院、各级政府和相关部委的充分肯定。通过直接参与国家重

大改革事项，测绘地理信息主要任务纳入国家和地方重点规划，提升了测绘地理信息的地位与作用，拓展了事业发展空间、延伸了服务领域、深化了服务职能。

二是深化战略规划研究工作，以先进理念引领事业发展。先进的理念是引领事业发展的灯塔。局党组高度重视战略规划研究，先后组织开展了两次战略研究工作。通过战略规划研究，综合研判国际国内发展形势、事业发展态势、技术发展趋势，系统分析国家重大战略规划、政策措施等，科学提出了事业的发展定位、发展战略、发展思路。尤其是“十三五”规划提出的“五大业务”，更是通过战略规划工作，逐步从工作构想凝练成重大项目，并固化为常规业务。

三是坚持规划预算衔接，提升对事业发展的保障支撑能力。“十三五”事业规划明确要求：“完善规划、计划、预算有效衔接机制。”我们也一直坚持并强调规划预算的衔接。现在，这种坚持取得了成果，新型基础测绘、地理国情常态化监测、航空航天遥感测绘、全球地理信息资源开发等业务已经列为中央部门一级预算科目，实现了规划与预算的有效衔接，为相关业务的常态化开展夯实了财政基础，为事业的转型发展提供了坚强保障。

二、面临的形势与问题

当前，我国经济发展进入新常态，迫切要求发展要提质增效，加快转型升级。中央提出了创新、协调、绿色、开放、共享的发展理念，作出了以创新发展新经济、以改革培育新动能的重要部署，对新时期测绘地理信息事业发展提出了新的要求。在这种大背景下，规划财务工作不仅要主动适应经济发展新常态，更要满足测绘地理信息事业转型升级的需要，要着眼长远、科学规划，确保国家需求与测绘地理信息发展相契合；要主动作为、多立项目、立好项目，为事业改革创新发展提供有力支撑；要细致严谨，管好财、理好财，切实保证财政资金的使用效益与效率，为事业发展提供持续保障。

规划约束和指导作用越来越突显。党的十八大要求加强宏观调控目标和政策手段机制化建设。规划作为宏观调控的重要手段，在统筹资源配置方面的制度保障作用越来越显著。因此，规划在项目立项、政策审批等方面的约束性越来越强，主要体现在：一是规划法定地位显著提升。国务院出台了《关于加强国民经济和社会发展规划编制工作的若干意见》，对健全规划体系、规范编制程序、提升编制质量，提出了明确要求。国家的规划立法工作正在积极推进，规划编制实施的权限、程序、责任等更加规范，规划的法定地位和法律约束性将显著增强。二是规划对项目立项的约束性显著增强。国家有关文件要求，规划内项目原则上不再审批项目建议书，直接审批可行性研究报告。三是规划监督实施工作进一步制度化。近日，中共中央办公厅、国务院办公厅印发了《关于建立健全国家“十三五”规划纲要实施机制的意见》，要求“建立年度监测评估机制”，加强对规划实施的监督考核。

财务预算管理越来越严格。十八届三中全会对深化财税体制改革做出了部署，新《预算法》颁布了一系列财政改革政策，要求建立预算跨年度平衡机制，即中期财政规划。这对测绘地理信息预算财务管理提出了新的要求：一是要编制中期财政规划。按照财政部要求，建立跨年度平衡的三年支出规划制度，以三年为期，逐年滚动编制和管理财政规划，实现部门中期财政规划与国民经济和社会发展规划，以及相关规划的有效衔接。二是财务监督管理更加严格。国家加强了财务审计和财政监督的力度，党风廉政建设和反腐工作力度不断加强，对加强财务监督管理提出了新的更高要求。我们要加强财务制度建设，筑好财务监督管理的篱笆。我们财务人员还要加强自律，严格恪守财经纪律红线。三是要学会过紧日子。当前，财政收支矛盾突出，国家对加大资金统筹，优化支出结构，盘活存量资金，提高资金使用效益提出了更加严格的要求。因此，我们在项目立项、经费争取、预算执行等方面都将面临新的难度。

现在及今后一段时期，规划财务的总体形势是：规划工作将更加规范，财政形势将更加严峻，财务工作将更加严格。在这种形势下，测绘地理信息规划财务工作自身还存在许多亟待解决的问题，主要是：规划实施力度需要进一步强化，多元化投入机制亟待研究建立，规划和预算的衔接机制需要进一步加强，财务管理还需要进一步规范化、制度化、信息化。这些问题需要我们加紧研究解决，推动规划财务工作上水平、上台阶。

三、抓好“十三五”规划财务工作

“十三五”时期，测绘地理信息事业处于转型升级的关键阶段，改革发展任务十分繁重。各部门各单位要紧密围绕《测绘地理信息事业“十三五”

规划》，以“五大业务”建设为抓手，以五大能力建设为支撑，落实好各项规划任务，全面提升规划财务支撑保障能力，为推动测绘地理信息事业改革创新发展作出新的更大贡献。

（一）以规划任务落实为基础，开创事业发展新局面

测绘地理信息地位与作用的提升，最直观的反映就是，各级各类规划中关于测绘地理信息内容更加丰富、任务更加饱满、要求更加明确。我们必须认真落实好各级各类规划中明确的各项任务。

一是切实落实好国家“十三五”规划关于“提升测绘地理信息服务保障能力，开展地理国情常态化监测，推进全球地理信息资源开发”“推动互联网+地理信息”的任务要求。国家规划对测绘地理信息工作的明确要求，充分体现了党中央国务院对我们的殷切希望。我们将国家规划的各项任务分解到“十三五”事业规划中，落实到年度计划里，体现在重大项目中，确保国家规划任务得以有效落地。各级测绘地理信息部门要围绕国家规划任务，凝练项目工程，细化政策措施，着力提升测绘地理信息的保障服务能力和水平。

二是认真落实好国家重点专项规划对测绘地理信息工作的要求。国家重点专项规划是国家“十三五”规划的配套实施规划，是保证国家规划提出的目标任务得以有效实施的“牛鼻子”。国家信息化规划、军民融合规划、国家应急规划等重点专项规划，要求推进测绘地理信息领域信息化建设，加强海洋测绘和全球地理信息资源建设统筹，提升应急测绘保障服务能力。当前，国家局正在积极组织落实国家重点专项规划的任务要求。各级测绘地理信息部门要将国家重点专项规划的要求，融入到本地区的规划中，将其转化为推动事业发展的动力，也要谋求省级重点专项规划的支持，推进事业改革创新发展。

三是贯彻落实好《测绘地理信息事业“十三五”规划》。该规划是测绘地理信息事业发展的重要遵循。规划提出的“五大业务”是推动事业发展的重大创新，体现了事业转型发展的方向。要加快构建新型基础测绘，推动基础测绘生产组织模式、服务内容、服务方式转型升级；要推进地理国情监测常态化，为经济社会发展提供全方位的地理国情监测服务，拓展发展空间；要发展航空航天遥感测绘，形成适应事业发展需求的业务支撑能力；要强化应急测绘建设，加快形成全国应急测绘综合保障服务能力；要推进全球地理信息资源开发，为“一带一路”建设、“走出去”战略提供全球地理信息资源服务。要着力提升装备设施、科技创新、公共服务、地理信息产业、区域融合等方面的能力，为事业改革创新发展提供有力支撑。各级测绘地理信息部门要结合本地区实际，开展新型基础测绘探索，推进地理国情（省情）监测的常态化和业务化建设，提升应急测绘保障能力，大力发展遥感测绘装备，形成具有区域特色的业务内容。

（二）以服务改革任务为切入点，拓展事业发展新空间

实践证明，服务国家重大战略规划和改革任务，不仅是彰显测绘地理信息地位与作用的着力点，更是实现事业转型发展的突破口。我们要围绕区域协调发展、国土空间开发、自然资源资产管理、生态环境保护、新型城镇化建设等重要领域，积极开展地理国情监测工作，为国家重大战略的实施和重大改革事项的落实，提供高效、及时、准确的服务保障。

要找准测绘地理信息事业与国家战略规划和改革任务的结合点，持续拓展事业发展新空间。一是继续夯实测绘地理信息在“多规合一”工作中的地位与作用。发挥好测绘地理信息在“多规合一”工作中的服务保障作用，丰富服务内容和方式，创新服务模式，争取将“多规合一”发展成为省市测绘地理信息的常规业务。二是持续发挥测绘地理信息对地表变化的监测作用。发挥测绘地理信息的信息、技术、人才优势，重点做好自然资源离任审计、资源环境承载能力监测预警机制建设等方面的服务保障工作，为资源环境变化监测评价等方面提供准确、客观信息。三是积极参与精准扶贫、新型城镇化建设等发展改革攻坚任务，做好全方位的服务保障，有效拓展测绘地理信息服务领域。

各级测绘地理信息部门要围绕本地战略规划的实施做好测绘地理信息服务工作，提升服务经济社会发展的参与度，推动测绘地理信息事业转型升级。

（三）以重大项目为着力点，加快构建业务新格局

坚持以重点突破带动整体转型升级。充分利用好新型基础测绘、地理国情监测、航空航天遥感测绘、全球地理信息资源开发等已纳入财政中期规划的有利条件，继续抓好重大项目的立项争取工作。

按照重大项目“实施一批、立项一批、谋划一

批”的工作思路，“十三五”期间将继续做好以下工作：一是将实施项目做好做实。主要做好测绘成果档案存储与服务设施项目等工程的实施工作，确保实施进度和质量。二是确保立项项目按期实施。重点抓好国家应急测绘保障工程、国家空间基准军民融合项目以及全球地理信息开发等项目的立项争取工作，为事业的持续发展提供支撑。三是加强重大项目的谋划。按照国家规划要求，针对重大战略、重大政策、重大工程的需求，谋划一批项目。加强海洋地理信息资源开发建设等项目预研工作，为项目立项争取做好储备。

各级测绘地理信息部门要围绕国家宏观政策谋划项目，做好规划项目的立项实施工作。要认真抓好在建项目的建设和管理，确保质量。要注重将项目实施成果及时转化为推动事业发展的生产力，推动将基础性、战略性的项目实现业务化转型，加快完善测绘地理信息业务新格局。

（四）以财务管理为抓手，提高财政资金使用效益

随着国家财政体制改革的深入，以及经济发展新常态下的财政收入增速下降，要求我们要强化财务管理，用钱、管钱的能力和水平要上新台阶，切实提高财政资金的使用效益和效率。

一是要加强财经法规制度的落实。各级领导和财务工作人员，要牢固树立依法理财的理念，建立健全内部财务管理和控制制度，做到有章可循、有规可依，更要注重将各项规章制度落到实处。二是加强内部审计工作。内部审计要全面推进，继续加强预算执行与财政财务收支审计、经济责任审计、决算审计等各方面工作，拓展内部审计的广度和深度。突出重点审计，加大对重大项目审计力度，要注重对审计结果的整改落实。三是推进财务管理信息化建设。利用现代信息技术，以会计信息系统作为基础，整合财务信息资源，推进财务核算规范化、制度化、信息化，在统一核算的基础上强化分级预警管理，以提高财务监管能力与水平。

加强对测绘地理信息重大项目的财务管理，是各级财务管理部门的重要任务，要建立健全项目资金监管的长效机制和内部约束制度，进一步加强资金管理，提高重大项目的经济运行质量和效益。

（五）以预算管理为手段，确保规划预算有效衔接

预算管理关系到国家政策的落实、财政资金使用效益和各部门事业的健康发展。要按照国家财政体制改革的要求，加强规划和预算有效衔接，进一步强化预算约束，提高预算执行管理水平。

一是要进一步完善预算管理制度，加强上下级单位之间、单位财务部门和业务等相关部门之间的沟通协调，提高预算编制的前瞻性、科学性和合理性。二是建立绩效考核机制。根据财政部规定，从2016年开始，所有预算项目都要设定绩效目标，并将其作为项目入库的前置条件。预算评审项目支出数额占项目库中应评审项目支出总额的比例将逐年增加，2019年实现百分之百覆盖。我们要提前谋划，建立起预算与绩效考核挂钩机制，提升预算执行的效率。三是加强预算执行管理。对编入年度预算的项目，要提前做好可行性研究、评审、招投标、政府采购等前期工作，加快预算执行进度，提高资金使用效益。认真贯彻中央八项规定相关要求，厉行勤俭节约，加强预算约束，强化监管问责，严控“三公”经费和会议费。

同志们，“十三五”是全面建成小康社会、实现“两个一百年”宏伟目标的关键时期，也是测绘地理信息转型升级、跨越发展的重要时期，让我们以习近平总书记系列重要讲话精神为指导，坚持创新、协调、绿色、开放、共享的发展理念，锐意改革创新，推动测绘地理信息规划财务工作迈上新台阶，为保障事业发展做出新贡献。

在测绘地理信息援疆工作推进会上的讲话

国家测绘地理信息局副局长　李维森

2016年6月7日

同志们：

国家局党组高度重视援疆工作，会前，库热西·买合苏提局长审阅了新疆局党组关于测绘地理信息援疆工作情况的报告，并作出重要批示：

“一年来的援疆工作取得可喜成绩，各省、各单位、相关企业做了大量工作。要继续努力，取得更大成效。”这既是对援疆工作取得成绩的充分肯定，也是对进一步做好援疆工作提出的明确要求。在第二次中央新疆工作座谈会两周年和全国测绘地理信息援疆工作会议一周年之际，受库热西·买合苏提局长委托，我和国家局有关司室、单位的负责同志参加今天的会议，感到非常高兴，也期待援疆工作取得更加扎实的成效。下面，我讲两个方面意见。

一、坚持守望相助，新一轮测绘地理信息援疆工作实现良好开局

支援新疆是国家局党组贯彻党中央关于新疆工作重大决策部署的重要举措，也是测绘地理信息全行业义不容辞的政治责任。国家局党组出台了援疆工作实施细则，召开了援疆工作会议，与新疆政府签署了战略合作协议，集全行业之力，支持新疆测绘地理信息事业加快发展。

我们欣喜地看到，一年来，全行业支援方和受援方以习近平总书记给国测一大队老队员老党员回信重要指示精神为指引，认真贯彻中央关于新疆的方针政策和国家局援疆工作的部署要求，主动开展互访互通，完善援助工作机制，开展了项目、科技、资金、数据、装备、管理、人才等一系列卓有成效的援助，推动了全国测绘地理信息援疆工作会议精神的贯彻落实。通过测绘地理信息援疆工作的扎实推进，新疆测绘地理信息工作得到自治区各级党委、政府的进一步重视和支持，“十三五”中央支持新疆社会稳定和长治久安测绘地理信息项目申报工作推进顺利，地理国情普查任务圆满完成，绿洲地理区情监测立项实施，1:1万基础测绘投入持续加大，大比例尺地形图基础测绘全面提速，国家局在新疆设立的卫星测绘应用分中心、测绘科学研究院分院运转良好，自治区测绘地理信息创新中心建设项目批准立项，地州市测绘地理信息工作开始朝着协调方向发展，测绘地理信息服务保障能力大幅提升，在反恐维稳、应急救灾、资源开发、环境保护、基础设施建设、信息化建设及“访惠聚”活动等方面发挥了重要作用，为新疆社会稳定和长治久安作出了重要贡献，在全社会树立和彰显了测绘地理信息部门的政治担当、大局意识和优良形象。总体来说，新一轮测绘地理信息援疆工作实现了良好开局，其所带来的政治、经济、社会效益正日益显现。这些成绩的取得，是国家局党组正确领导和统筹协调的结果，是支援方和受援方共同努力的结果，生动诠释了全行业守望相助、大爱无疆的精神和力量。

刚才，听了新来同志、全战同志和部分地州市测绘地理信息行政主管部门负责同志的汇报，深刻感受到新疆测绘地理信息系统各族干部职工在艰苦奋斗戍边守土、立足实际真抓实干的同时，切实发挥主体作用，主动加强沟通对接，完善受援工作机制，全力做好服务配合，争取测绘地理信息援疆纳入对口支援省市援疆“十三五”规划，有力推进了援疆工作的顺利开展，态度非常主动、举措非常扎实、成效非常显著。在此，我代表国家局党组，向你们表示诚挚的敬意！同时，也向投身第二故乡建设的援疆干部表示衷心的感谢！

二、进一步落实主体责任，推动测绘地理信息援疆工作有序有力有效开展

当前，测绘地理信息工作在习近平总书记回信重要指示精神激励鼓舞下，在李克强总理、张高丽副总理的亲切关怀下，正处在改革创新发展的重要发展机遇期，我国《国民经济和社会发展第十三个五年规划纲要》明确提出了“提升测绘地理信息服务保障能力，开展地理国情常态化监测，推进全球地理信息资源开发”的任务部署，国家局党组正在加快推进“加强基础测绘，监测地理国情，强化公共服务，壮大地信产业，维护国家安全，建设测绘强国”战略实施，为国计民生提供更加坚实的测绘保障和更多更好的地理信息产品服务。作为全国测绘地理信息事业的重要组成部分，新疆测绘地理信息工作的发展进步关系全国测绘地理信息事业发展全局，需要全行业的共同援助和支持。

发展仍是解决新疆一切问题的关键，新疆正在深入实施“一带一路”战略，加快丝绸之路经济带核心区建设。围绕新疆社会稳定和长治久安这个总目标，国家局党组明确了新一轮援疆工作的总体目标，提出到2020年，力争实现新疆测绘地理信息工作服务保障能力、自我发展能力、装备水平和创新能力、地理信息安全监管能力、地理信息产业实力“五个显著提升”，使新疆应急测绘保障能力达到全国先进水平、测绘地理信息整体发展达到全国中上水平，为推进新疆社会稳定和长治久安提供坚实测绘地理信息服务保障。要实现这个目标，测绘地理信息援疆工作任务还十分艰巨，还需要新疆各族干部职工进一步发挥主体作用，做到以下几点。

一要抢抓机遇，提升能力。希望新疆测绘地理信息系统各族干部职工倍加珍惜千载难逢的事业发展机遇、新疆发展机遇和援疆历史机遇，依托全国测绘地理信息援疆机制，争取各级党委政府的重视支持，大力补短板、强基础、提能力、促发展，更加主动作为、更加真抓实干，以“只争朝夕、时不我待”的精神，持续抓好测绘地理信息对口受援工作，重点推进大比例尺地形图测制、地理国情监测、数字（智慧）城市建设、应急测绘保障、测绘科技创新和人才培养，进一步夯实基层、特别是南疆测绘地理信息工作基础，促进新疆测绘地理信息工作协调发展，大幅提升测绘地理信息服务保障能力。

二要强化应用，做好保障。紧紧围绕自治区党委政府中心工作，紧密结合新疆丝绸之路经济带核心区建设、重大民生工程建设和反恐维稳需要，充分发挥受援测绘地理信息成果作用，通过开展地理国情监测、数字（智慧）城市、“天地图”建设，开发测绘应急平台和政法委反恐维稳、公安警用、边境管理等地理信息系统，服务“多规合一”、不动产登记、农村土地承包经营权确权登记颁证、地质灾害隐患排查、资源勘探开发、精准扶贫、反恐维稳等，主动为新疆社会稳定和长治久安大局提供坚实的测绘地理信息保障，防止受援成果“束之高阁”。

三要加强协调，搞好对接。希望新疆局继续发挥好联系对口支援方和受援方的桥梁作用，牵线搭桥，提供支持，搞好服务，及时向国家局报告工作、提出需要解决的事宜，协调地州市与对口支援省市的对接，帮助基层协调解决受援工作中遇到的问题。希望各受援地州市测绘地理信息行政主管部门在争取本地党委、政府（行署）主要领导重视和支持测绘地理信息工作方面下功夫，加强与对口支援省市的沟通对接，推动测绘地理信息受援项目纳入本地区对口援疆整体框架、列入对口支援省市“十三五”发展规划。

四要加强交流，增进交融。坚持“请进来、走出去”，促进援受双方的交流交往交融、交友交情交心，实现感情的互嵌、思想的互嵌、发展的互嵌。要推进干部互派、“项目＋人才”和“送教上门”，让援助方多走进新疆、了解真实的新疆、了解真实的新疆人民，从而发自内心地认识新疆、理解新疆、支持新疆。新疆测绘地理信息干部职工也要多走出去，感受发展的潮流、学习发展的经验、坚定发展的信心。要充分发扬测绘精神和新疆精神，把测绘地理信息援疆工作打造成为民族团结工程的典范。

下一步，国家局党组将继续深入贯彻落实第二次中央新疆工作座谈会精神，进一步加强统筹协调，加大援疆工作力度，落实好与自治区政府的战略合作协议，支持新疆测绘地理信息工作加快发展。国家局办公室、国土测绘司要切实发挥好援疆工作领导小组办公室的牵头作用，机关各司室要做好国家局援疆实施细则和各项任务的落实。中国测绘科学研究院、国家基础地理信息中心和国家局卫星测绘应用中心等局属单位也要根据工作实际，发挥自身优势，在测绘地理信息援疆工作中发挥更大作用。

同志们，让我们团结一心、再接再厉、扎实工作，共同推进测绘地理信息援疆工作在“十三五”实现新发展，为新疆社会稳定和长治久安作出更大贡献。

在全国专题性地理国情监测技术研讨会上的讲话

国家测绘地理信息局副局长　李维森

2016年9月8日

同志们：

大家上午好！召开这次专题性地理国情监测技术研讨会，非常及时、非常必要。今天，来自全国各省（区、市）测绘地理信息部门负责监测业务的负责同志和技术骨干人员，与特别邀请的武汉大学李建成院士、中南大学邹峥嵘教授等专家学者，大家齐聚一堂，通过交流讨论的形式，深入探讨、挖掘专题性地理国情监测服务经济社会发展和生态文明建设的作用和价值。我相信，通过大家的深入交流、相互借鉴，一定会形成丰富的研讨成果，为促进常态化地理国情监测工作发挥积极作用。下面，我就开展地理国情监测工作讲几点意见。

一、充分认识常态化监测的必要性和紧迫性

（一）党中央、国务院高度重视地理国情监测工作。当前，我国经济发展进入新常态，开展地理国情监测，持续、全面掌握权威、客观、准确、动态的地理国情信息，是政府和社会大众迫切的需求。《国民经济和社会发展第十三个五年发展规划纲要》、《全国基础测绘中长期规划纲要（2015—2030年）》明确要求“开展地理国情常态化监测”。党和国家领导人多次对地理国情监测做出重要批示。财政部已将地理国情监测列为国家测绘地理信息局部门预算一级项目，从2016年起持续投入。日前，国家发展改革委与国家测绘地理信息局联合印发《测绘地理信息事业“十三五”规划》，将地理国情监测列为测绘地理信息公益性生产服务的“五大业务”之一。这些都为做好常态化监测指明了方向、提供了舞台、营造了环境、注入了动力、提供了保障。

（二）开展常态化监测，是科学管理决策的重要基础。我国经济社会在快速发展的同时，受资源禀赋空间不均衡、环境容量有限、生态系统承载力等方面的约束日益凸显。“一带一路”、京津冀协同发展、长江经济带三大国家战略加快推进，节约资源和保护环境的压力更大。党的十八大将生态文明建设与经济建设、政治建设、文化建设、社会建设一同确立为中国特色社会主义建设事业“五位一体”总体布局，十八届五中全会明确了五大发展理念。实施常态化监测，深入揭示经济社会发展与资源、生态、环境的内在关系、演变规律和发展趋势，是研究、制定、实施发展战略与规划，调整优化空间开发格局，转变经济发展方式，保障可持续发展的重要依据。

（三）开展常态化监测，是测绘地理信息转型升级的重要内容。李克强总理、张高丽副总理多次要求，测绘地理信息部门要以地理国情普查和监测为契机，进一步转变职能，加快转变发展方式，优化调整组织机构，提升服务经济社会发展大局的能力，推动测绘地理信息事业再上新台阶。实施常态化监测，体现新时期测绘地理信息服务方式、生产工艺、组织模式等方面的深刻变革，实现从静态向动态、从被动向主动、从幕后到台前、从测绘数据生产到综合地理国情信息决策服务的转变，有力推动测绘地理信息工作更好地融入经济社会发展全局，促进测绘地理信息部门地位和作用的提升。

二、把握当前形势，明确任务目标

（一）全国地理国情普查顺利收官。在张高丽副总理为组长的普查领导小组统一领导和各级政府、有关部门的大力支持下，经过5万余名普查人员的攻坚克难，历时三年，完成了全国陆地国土范围内全覆盖、多要素、无缝隙、高精度的地理国情普查任务，全面摸清了我国地理国情家底，形成了全国地理国情普查数据库以及普查公报、基本统计数据汇编、专题图件等成果。8月16日，第一次全国地理国情普查总体项目已通过专家验收。部门对接进展顺利，目前已做好向国务院第一次全国地理国情普查领导小组进行汇报的各项准备工作。各地省级普查数据库建设、统计分析等工作也已全面进入收尾阶段，也应抓紧做好向省级普查领导小组汇报的各项准备。

（二）地理国情监测试点示范成效显著。按照“边普查、边监测、边应用”的工作原则，全国在国土空间开发、生态环境保护、资源节约利用、城市空间发展变化、区域总体发展规划等方面，开展了近100个地理国情监测试点示范项目，大力推进地理国情成果应用，探索和研究地理国情监测技术、手段和方法，形成了京津冀协同发展重要地理国情信息监测、国家级新区建设变化监测、全国省会城市城区空间扩展监测、三江源自然保护区生态环境遥感监测、沿海滩涂变化监测、南水北调中线工程水源地环境动态监测、抚顺矿山地面沉降监测等一批监测成果，取得了显著成效。与此同时，我们与发改、环保、统计、审计、农业、国土、住建等部门和地方政府建立了良好的协作应用机制，为省级“多规合一”、自然资源资产负债表编制、领导干部自然资源资产离任审计、精准扶贫、行业开展调查统计等提供信息服务，体现出地理国情信息与经济社会发展高度融合的良好成效。

（三）准确把握常态化监测的任务目标。随着地理国情普查工作的结束，我们圆满完成了国务院部署的第一阶段任务，建立了全国统一技术标准、统一时点要求的地理国情本底数据库。但这仅仅是开始，普查就是为常态化监测打好基础，下一步我们转入第二阶段，就是从2016年起，进行地理国情监测业务化运行建设，形成常态化地理国情监测机制，提供地理国情信息的常态化服务。按照常态化地理国情监测的总体部署，尽快出台基础性监测技术大纲与专题性监测技术指南，并使两者各有侧重、

协调一致、成果互补，形成国家与地方层次分明、上下联动的地理国情监测体系。

常态化监测包括基础性监测与专题性监测两大部分。其中，基础性监测是以地理国情普查成果数据为基础，利用高分辨率航空航天遥感影像，采用“全域监测、突出重点”的原则，每年对地理国情信息进行定期全面更新，维持地理国情信息的现势性。专题性监测是在基础性监测的基础上，紧密围绕国土空间开发利用、资源环境及生态管理、空间规划编制与实施、区域协调发展战略、重大自然灾害防治等方面的重大战略和重大工程建设，紧扣政府关心社会关注的热点难点问题，确定监测重点内容，对监测分类指标进行适当的扩展和丰富，融合经济社会人文等信息，按需开展专题性监测，为经济社会发展和生态文明建设提供针对性服务。

三、有关要求

结合本次研讨会的主题，为扎实做好专题性地理国情监测工作，我提几点希望和要求。

（一）把握需求导向，加强顶层设计。专题性监测是区域性、专题性、针对性、精细化、抽样化、快速化的监测，要想为政府决策、部门管理提供最贴心的服务，就一定要以需求为导向、以用户满意为目标，做到有的放矢。各地要认真总结前期工作经验，深入做好政府及相关部门的需求调研，拓展专题性监测的服务对象和服务领域，合理确定省市级专题性监测任务内容以及监测分类、分级、精度、频度等指标，扎实做好专题性监测顶层设计。中国测绘科学研究院要加快形成《专题性地理国情监测技术指南》及相关技术规范文件，用于指导各地开展相关工作。

（二）强化创新驱动，提升监测能力。专题性监测相对来说难度更大，对在座各位具体管理人员和技术人员提出更高的要求，需要利用技术创新、管理创新、制度创新来提升专题性监测能力和水平。一是要结合试点示范，围绕不同专题方向，开展信息变化发现、统计分析等关键环节的技术创新，加大监测技术装备自主创新，加强高新技术在专题性监测中的应用。二是在现行财政管理体制下，开展组织管理模式创新，探索“全国统筹、分工合作、发挥优势、成果共享”的工作机制，建立专题性监测与基础性监测联合实施模式，提升监测数据生产效率。三是要加强制度创新，推进地理国情监测相关管理文件的出台，逐步形成完备的管理制度体系。

（三）坚持合作共赢，推进融合发展。专题性监测要想做大做强，就必须加强中央与地方、部门间、军地间的业务协作，实现协同效应。一是要进一步加强与相关部门的沟通协调，根据部门职责合理划定监测工作界线、责任分工，建立顺畅的业务对接、数据共享交换等业务协作机制，推进部分专题性监测项目的联合开展。二是要加强与地方政府的业务合作，通过业务指导、项目带动、资金配套等方式，带动地方政府积极开展专题性监测，引导各地做好专题性监测成果在政府管理中的有效应用。三是建立军地协作机制，推进军民融合发展，促进地理国情信息服务国防安全。

（四）注重队伍建设，发挥人才优势。结合专题性监测工作需要，对测绘地理信息事业单位布局、结构、功能和规模进行优化调整，优化人才结构，加大经济、人文、环境、生态等跨学科、跨领域的人才引进和培养，尤其是高级统计分析人员培养，做好人员技术培训，建设与专题性监测相适应的专业队伍。同时，也要做到开门搞监测，通过政府购买服务、委托业务等方式，吸纳科研院校以及地理信息企业参与到专题性监测中来，充分发挥专家学者的智库作用和社会企业的旺盛创造力，深入挖掘监测成果价值，提升服务效果。

（五）抓紧监测立项，确保同步开展。当前是地方编制2017年一上预算的关键时期。各地要落实国务院批复地理国情监测立项时关于“由国家测绘地理信息局牵头组织实施地理国情监测工作，所需经费由中央财政和地方财政按承担的工作任务共同分担”的要求，参照地理国情监测纳入测绘地理信息部门一级预算科目的模式，加强与本地区财政、发改等部门的沟通协调，积极采取有力措施，加快完成地理国情监测立项，争取财政资金的持续支持，确保从2017年起国家和地方监测同步开展，形成全国“一盘棋”。

同志们，全国地理国情普查已初战告捷，在测绘地理信息转型升级进程中迈出了一大步。在我们充满胜利喜悦的同时还应看到，全面实施全国协调一致的地理国情监测并取得成效还任重道远。为了更好地融入和服务经济社会发展主战场，我们要紧紧围绕党和国家发展大局，坚持五大发展理念，贯彻落实党中央、国务院关于生态文明建设和地理国情监测的决策部署，认真总结前期普查和监测试点示范经验，扎实开展好专题性监测，创新模式、做出权威、形成规模、创立品牌。希望各省能够从把握改革大局和服务发展全局的高度出发，建言献策，求真务实。专家学者发挥自身专业优势，为科学扎实开展地理国情监测工作分享真知灼见。中国测绘科学研究院作为国家专题性地理国情监测项目的总体牵头单位，要认真听取意见，及时做好反馈，加紧完善顶层设计和技术体系。各地参会人员要及时汇报会议内容，将交流讨论成果用于指导工作实践。

最后，感谢湖南国土资源厅为筹办会议给予的大力支持，预祝此次研讨会取得圆满成功，谢谢大家!

在测绘地理信息行业管理和发展座谈会上的讲话

国家测绘地理信息局副局长　宋超智

2016 年 5 月 26 日

同志们:

当前，在各级测绘地理信息主管部门深入学习贯彻党的十八届五中全会精神，持续推进简政放权，着力转变政府职能的大背景下，国家局在南宁召开测绘地理信息行业管理和发展座谈会，总结 2015 年以来“放管服”的工作经验，研判形势，部署工作，谋划发展，十分必要。明天上午，大家还要进行分组讨论。下面，我先谈三点意见，供大家参考。

一、测绘地理信息行业管理和服务工作取得突出成绩

去年以来，各级测绘地理信息主管部门全面推进依法行政，坚持“放、管、服”三管齐下，取得了较好成绩，体现在三个方面:

一是在简政放权方面。国家局制定《2015 年推进简政放权放管结合转变政府职能工作实施方案》。在取消和下放 4 项行政审批事项的基础上，进一步“瘦身”，为企业“减负”，取消 ISO9000 认证、测绘质检、测绘仪检等 3 项甲级测绘资质审批中介服务事项。国家局全部行政审批事项纳入行政许可大厅，实行“一个窗口”集中受理，实现网上预受理和网上预审查，推进审批事项全部网上办理。按照国审办要求，就涉及国家局的中央指定地方实施的行政许可事项，提出协调处理意见。省级测绘地理信息主管部门在下放测绘资质受理和初审权限、精简审批流程、公布权责清单等方面做了大量工作，取得良好效果。

简政放权为市场和企业释放好的政策，激发市场活力，助推行业快速发展。2015 年，我国地理信息产业总产值达到 3600 亿元，同比增速达 20% 以上。2015 年有 38 家地理信息企业在新三板挂牌，上市、挂牌企业总数突破百家，兼并重组涉及金额超过百亿。目前，全国共有测绘资质单位 1.64 万家，其中甲级 929 家，乙级 3300 余家，丙级近 6000 家，丁级 6200 余家。测绘资质单位中，民营企业和股份制企业发展迅猛，数量占比超过 57%。

二是在放管结合方面。国家局建立测绘资质年报公示制度，2015 年甲级测绘单位填报率达 99.8%。组织开展测绘资质巡查。向国务院报送《测绘地理信息领域推广随机抽查实施方案》，向各省局发文部署推广双随机抽查工作。开展测绘航空摄影、导航电子地图制作等领域专项检查。印发实施测绘地理信息行业信用管理办法和指标体系，启动信用征集工作。开展综合监管平台建设，建成全国统一的测绘地理信息行业信用管理平台。省级测绘地理信息主管部门均认真开展资质巡查和质量巡检，一些地方利用综合监管平台和大数据手段，加强对市场主体的动态监管。一些地方在加强信用监管、CORS 站监管等方面率先起步，积累了丰富经验。

三是在优化服务方面。国家局组织编制行政审批事项服务指南等材料。针对农村土地确权登记颁证中存在的突出问题，充分发挥社团组织作用，形成调研报告上报高层，得到张高丽副总理批示，促成农业部等四部门联合下发通知予以规范。实施“走出去”战略，组织遴选甲级测绘单位负责人参加中欧测绘地理信息产业发展高级研讨班。在国家局党组的重视下，中地信地理信息股权投资基金启动运营，为地理信息企业发展插上资本的翅膀。目前，全国各地建立的地理信息产业园、北斗导航产业化基地（园区）等已达 46 个。各级测绘地理信息主管部门在出台政策、园区助力、金融支持等方面，采取了有效举措，促进了产业发展。

回顾一年来的测绘地理信息行业管理和服务工作，主要有以下三点体会：

一是必须坚持问题导向，才能实现精准发力。问题是改革的起点。针对行业管理和测绘市场中存在的突出问题，我们在精简审批事项、优化审批流程、提高监管频次、创新监管手段等方面精准发力，找准企业发展的“痛点”，聚焦行业发展的“难点”，破除阻碍发展的“堵点”，使市场主体得以健康地发育、成长、发展。

二是必须坚持主动服务，才能激发双创活力。通过深化“放管服”改革，各级测绘地理信息主管部门进一步转变了服务理念和工作作风。我们着力简政放权，削减审批事项，推行行政审批“标准化”改革，推进网上审批进程，尽快建立起“让信息多跑路，让企业少跑腿”的工作机制，为权力“瘦身”、“塑型”，催生阳光政府。

三是必须坚持深入学习，才能增强履职本领。政府职能转变和市场快速发展，倒逼测绘地理信息行政管理人员增强危机意识，不断加油充电。我们要深入贯彻依法治国方略，注重摸索行业发展规律，认真学习测绘领域知识，勇于尝试新型管理方式，促进测绘市场的规范和发展。

在大家的共同努力下，测绘地理信息行业管理和服务工作取得新进步，市场活力得到激发，市场秩序逐步规范，行业发展企稳向好，我们在加快法治建设、打造服务型政府进程中，迈出了坚实一步。这些成绩的取得，凝聚了各级测绘地理信息主管部门工作人员的心血和汗水。在此，我代表国家测绘地理信息局，向大家表示衷心的感谢！

二、深刻认识测绘地理信息行业管理和服务工作面临的形势和挑战

（一）科学把握定位做好新常态下的监管服务

当前，我国经济进入新常态，同时也面临去产能、去库存、去杠杆、降成本、补短板等一系列突出矛盾和问题。党中央、国务院提出“一带一路”、京津冀协同发展、长江经济带和“互联网+”、《中国制造2025》、大数据行动纲要等重大战略，为测绘地理信息工作大显身手提供了更大舞台。积极转变政府职能，适应新常态，引领新常态，服务新常态，是测绘地理信息事业实现改革创新必须遵循的基本原则。我们必须通过简政放权、放管结合、优化服务，进一步降低供给成本，增加有效供给，培育增长新动能，才能找到结构性改革的突破口，实现“十三五”良好开局。

（二）党中央国务院对依法行政工作提出更高要求

一是深化改革驰而不息。新一届中央政府紧紧扭住转变政府职能这个“牛鼻子”，大刀阔斧削审批，步步为营抓改革。目前，国务院已取消和下放9批共798项行政审批事项，占全部审批事项的36%，全部取消非行政审批。二是制度笼子越扎越紧。国务院围绕“清权、减权、制权、晒权”，出台一系列政策文件，给行政审批戴上了“紧箍咒”，让政府权力更加规范，责任更加明确，运行更加透明，逐步实现“有权不能任性”。三是把“双随机、一公开”作为一项刚性制度予以推进，不断提升监管效能。

（三）市场和行业发展仍存在突出问题和隐患

一是市场活动不规范的问题依然突出。在激烈的市场竞争环境下，有些单位恶性压价、挂靠或借用资质、无资质超资质范围测绘、转包项目、侵权盗版等，扰乱了市场秩序，损害了行业利益。二是安全风险值得关注。近年来，无人驾驶、基准站网（CORS）、无人机航摄等技术发展迅速，手持GPS设备、定位手机、带定位功能的相机等个人设备逐渐普及，极大提升了地理信息采集的精度和效率，也给地理信息安全带来了风险；分支机构异地作业监管存在属地属证两不管的“盲区”。这些现象游走在“灰色地带”，突破了现有的政策规范，凸显监管措施滞后。

（四）行业管理队伍的能力素质面临挑战

一是对放管结合的度把握不准。当前，一些地方和同志片面强调“放”，忽视了“管”，简政放权变成了“自由落体”，存在“执行资质标准缩水，审批测绘资质放水”的现象。还有一些地方和同志怕出问题，怕担责任，不敢审批，不愿放权，管控思维仍然存在，束缚了行业单位的发展。二是工作进展参差不齐。有的地方敢闯敢试，亮点频出，不断创新监管服务方式，法治工作有声有色，行业单位活跃度高，市场发展较快。有的地方守成求稳，习惯于周而复始的“以批代管”，创新意识、改革意识不强，行业管理工作亮点较少。三是能力素质有待提高。行业管理工作辐射面广，政策性强，面临的问题日新月异，与之相对应，行业管理人员的学习能力、专业水平和深入调研还不够，没有完全实现“点穴式监管”和“对症下药”，没有完成从市场主体的“接生婆”到“全科医生”的角色转变。

三、锐意进取开创测绘地理信息行业管理和服务工作新局面

下一步，各级测绘地理信息主管部门要持续在放权上加力，在监管上创新，在服务上提升，重点做好以下工作：

（一）全面提升依法行政能力

一是进一步简政放权。按照李克强总理关于2016年完成再削减国务院部门行政审批事项和中央指定地方实施行政审批事项50项以上，削减国务院部门设置职业资格比例达到70%以上，削减一批生产许可证、经营许可证和资质认定的“三个削减”要求，国家局法规司要会同有关方面，研究提出意见，抓好贯彻落实。省级测绘地理信息主管部门要做好上下衔接，做到放权同步、协调、到位。

二是实施清单管理。国家局和省级测绘地理信息主管部门要加紧制定权力清单和责任清单，给出简政放权的“操作指南”，划定权力边界，种好“责任田”，当好“服务员”。要认真贯彻《国务院关于实行市场准入负面清单制度的意见》（国发〔2015〕55号），探索行政审批的“负面清单”，明确市场主体不能做什么，释放市场主体创业创新空间。

三是推动建立统一监管平台。李克强总理指出，推进综合监管才能做到有效监管。各级测绘地理信息主管部门要推进“互联网＋审批”，贯通资质管理、职业资格、质量管理、成果提供、行政执法等系统，推动信息共享，打通“信息孤岛”，为各类网上审批提供可靠的后台支撑。要总结和借鉴广东等地的“以图管测”、江苏等地的网络实时监管等先进经验做法，充分利用现代信息技术、测绘地理信息数据资源和市场监管服务平台，降低监管成本，增强监管效能。

四是规范测绘资质审批。要牢牢把握“权由法定、权依法使”的原则，依法审批测绘资质，不徇私情，不偏不倚，不谋私利。对经审查发现申报材料弄虚作假的，依法一律不予测绘资质行政许可，计入该单位失信信息。从事测绘资质审批的工作人员，要构建“亲”、“清”的新型政商关系，既同企业家真诚交往，热情服务，又要坚守底线原则，清廉做事。

（二）全面推进行业信用体系建设

信用是市场经济的“压舱石”。随着准入门槛的降低、政府的干预大幅减少，更多市场主体有机会公平参与竞争，但也可能导致“带病入市”，违法违规行为相应增多。这就迫切需要政府部门建立信用体系，完善这一事中事后监管的有力抓手，让守法者一路畅通，让失信者寸步难行。

一要高度重视信用体系建设。国家局2015年修订出台信用管理制度，近期发文部署信用征集和发布工作，这次会议还将进行政策解读。各地要认真学习、准确把握《测绘地理信息行业信用管理办法》和《测绘地理信息行业信用指标体系》，按照国家局的统一部署，抓好这项行业关注度高、社会影响力大的工作，力争打造成今年的一项亮点工程。

二要做好各环节的征信工作。关于信用征集，做到严格依法，确保征集的信息及时、真实、准确、全面，建立反映单位全貌的信用档案。关于信用发布，确保公开披露的信息经得起公众监督和评判，妥善做好异议处理，使发布工作平稳有序、公平公正。关于失信惩戒，将失信行为与资质管理挂钩，设置市场准入限制，加大失信行为处罚力度，提高企业违法成本，增强监管震慑力，形成有效约束，倒逼企业自律。关于信用共享，加强与工商、发展改革等部门协调，推动测绘单位信用信息和有关部门互联互通、实时交换，促进部门间信用信息的开放共享和综合应用。

（三）大力推广“双随机、一公开”工作

“双随机、一公开”是国务院力推的新型监管方式，是加强事中事后监管的重要举措，要从以下四个方面着力做好测绘地理信息领域“双随机、一公开”工作：

一是建立常态化工作机制。把“随机抽取检查对象、随机选派执法检查人员”作为机制固化下来，建立健全随机抽查对象名录库、执法检查人员名录库，从“重批轻管”向“慎批严管”转变。各地每年要制定抽查工作计划，明确抽查重点和比例，主动作为，当好市场监管的“探头”。

二是明确抽查重点。不能“眉毛胡子一把抓”，要结合测绘单位信用状况确定重点抽查对象，聚焦风险较高、投诉举报较多或者有严重违法记录的市场主体，做到“随机不随意”，守法的不打扰，犯规的跑不掉。

三是健全联合抽查机制。各地各部门的抽查内容，要做好统筹协调，提倡联合检查，涵盖资质巡查、质量检查、涉密成果检查等，原则上每年对同一市场主体只检查一次。

四是做好抽查结果运用。抽查结束后，要公开随机抽查的事项、程序、结果等，情节轻微的予以“黄牌警告”，严重犯规的“红牌罚下”。抽查结果要实现全程留痕、责任可追溯，限制自由裁量权，确保抽查活动在阳光下运行。

（四）推进综合行政执法改革

一是推进综合执法。按照总体设计、突出重点、分步实施的原则，落实部局业务协作实施方案，测绘地理信息管理职责设在各级国土资源部门的，积极协调地方机构编制部门，明确国土资源部门内设的执法监察机构履行测绘地理信息行政执法职责。

二是加强市县执法。按照“监管属地管理、执法重心下移”的要求，加强对市县测绘地理信息主管部门开展行政执法的指导和检查。依法扩大执法范围和提高执法频次，加大对测绘地理信息案件的查处和曝光力度，实行重大案件挂牌督办制度。全面落实行政执法责任制。

三是强化执法人员培训。针对执法人员的知识结构、专业能力等与监管执法工作要求不相匹配以及市县执法人员流动性强的问题，加强执法人员培训，提高工作能力和水平。

（五）优化政务服务促进行业发展

一是精简审批利政惠民。国家局适时修订《测绘资质分级标准》，进一步降低制度性交易成本，助推市场主体轻装前行。清理政府指定培训。修订《甲级测绘资质审批程序规定》，减少审批环节，压缩审批时限，提高审批效率。

二是强化优胜劣汰。各地按照“优化存量、引导增量、主动减量”的原则，对优质企业“放水养鱼”，对劣质企业予以核减业务、清理整顿等处理。要分类施策，既要支持大中企业兼并重组，优化资源配置，加快培育大型企业和龙头企业；又要鼓励小微企业创新发展，激发市场活力。

三是优化政策环境。各地要通过扎实调研，了解企业的困难和问题，及时调整行业管理政策的方向、力度和节奏。要引导行业单位创新经营发展理念，找准差异化定位。要指导各地科学规划、合理定位、差异发展各种地理信息产业园区。要增强服务意识，帮助企业获得融资支持。

同志们，简政放权、放管结合、优化服务是民之所望、施政所向，是破解前进中发展难题的一剂良药。让我们统一思想，凝心聚力，按照国务院“推进简政放权放管结合优化服务改革”的要求，把测绘地理信息行业管理和服务工作做得更好。

在中国测绘地理信息年鉴工作会议上的讲话

国家测绘地理信息局副局长　宋超智

2016 年 9 月 13 日

同志们：

大家上午好！

正值全国测绘地理信息行业认真学习贯彻习近平总书记“七一”重要讲话精神和给国测一大队老队员老党员回信重要指示精神之际，我们在美丽的厦门召开中国测绘地理信息年鉴工作会议，既是深入贯彻落实中央重大战略决策的实际行动，也是加强测绘地理信息年鉴工作的重要举措，更是激励广大测绘地理信息年鉴工作者不忘初心、继续前进的动员部署。

《中国测绘地理信息年鉴》是国家测绘地理信息局主持编纂、公开出版发行的集资料、信息、知识于一体的大型综合性、权威性文献。自 2006 年创刊至今，连续出版了 11 卷，2016 卷于今年 8 月正式出版发行。测绘地理信息年鉴记录了测绘地理信息工作为经济建设和社会发展所作的贡献，记载了测绘人与时俱进、开拓创新的奋斗历程，见证了测绘人为实现中国梦努力拼搏的光辉历程，传承了“热爱祖国、忠诚事业、艰苦奋斗、无私奉献”的测绘精神。测绘地理信息年鉴在弘扬测绘地理信息文化、推进测绘地理信息行业精神文明建设中发挥着不可替代的作用。国家局党组历来高度重视年鉴编纂出版工作。今天，我们在这里专门召开中国测绘地理信息年鉴工作会议，其主要任务是：深入贯彻落实党和国家对年鉴史志工作的要求，全面总结近年来测绘地理信息年鉴工作情况，交流经验体会，研究分析问题，进一步统一思想、提高认识、凝聚力量、加快发展，为做好当前和今后一个时期的工作、打造年鉴精品奠定坚实的基础。

刚才，厦门市国土资源与房产管理局余江河局长作了热情洋溢的致辞。在此，我代表国家测绘地理信息局和中国测绘地理信息年鉴编纂委员会，向福建省测绘地理信息局、厦门市国土资源与房产管理局长期以来对年鉴工作的大力支持表示衷心的感谢！向参加会议的各位年鉴编委、协调员和受表扬人员代表表示热烈的欢迎！

下面，我受国家测绘地理信息局局长、中国测绘地理信息年鉴编纂委员会主任委员库热西同志委托谈三点意见。

一、统一思想，充分认识编纂出版年鉴的重要现实意义

年鉴工作是一项综合性系统工程，是承上启下、继往开来、服务当代、惠及后世的事业。各级测绘地理信息年鉴工作者一定要强化思想认识，从国家要求、事业发展、文化建设、提升行政管理水平的高度来认识年鉴编纂出版工作的重要性和必要性，进一步增强做好年鉴工作的使命感，努力把测绘地理信息年鉴打造成全国一流的精品。

从现实意义上看：

（一）编纂出版年鉴是贯彻落实党和国家要求的需要

编纂出版年鉴，是政府部门的一项基础性工作。早在1979年改革开放之初，邓小平同志就指出：编辑出版年鉴，很有必要。这是国家的需要，“四化”建设的需要。习近平总书记在2014年2月25日考察首都博物馆时强调，搞历史博物展览，为的是见证历史、以史鉴今、启迪后人，要在展览的同时高度重视修史修志。李克强总理对2014年4月召开的第五次全国地方志工作会议专门作出重要批示：“修志问道，以启未来。”地方或部门史志是传承中华文明、发掘历史智慧的重要载体，存史、育人、资政，做好编修工作十分重要。2006年，国务院颁布了《地方志工作条例》。2015年，国办印发了《全国地方志事业发展规划纲要（2015—2020年）》。这些都充分体现了党和国家对年鉴史志工作的高度重视和殷切希望。我们必须依照法规和规划要求，认真做好测绘地理信息年鉴编纂出版工作。

（二）编纂出版年鉴是测绘地理信息事业发展的需要

近年来，党和国家对测绘地理信息工作提出了一系列新的更高的要求，测绘地理信息工作者的担子越来越重、责任越来越大。完成党和国家交付的任务和推动事业的发展，离不开对以往经验、教训的总结和借鉴。年鉴不仅是为了记述过去，更重要的是启迪未来。经过多年的发展，测绘地理信息年鉴的信息内容更加丰富，参考作用更加明显，有助于测绘地理信息工作者更准确地把握事业发展规律，汲取智慧和经验，提高业务能力和行政管理水平，推动测绘地理信息事业健康持续快速发展。当前，测绘地理信息事业发展进入重要战略机遇期，每年的工作开展情况及取得的显著成绩，需要年鉴这个平台进行全面系统地反映和展示，让广大测绘地理信息工作者乃至全社会全面了解测绘地理信息事业的发展状况。

（三）编纂出版年鉴是测绘地理信息文化建设的需要

修志编鉴是中华民族的优秀文化传统，是文化建设的基础性工程，对于提升文化内涵、丰富文化底蕴具有极其重要的作用。测绘地理信息年鉴是当代中国文化“宝库”中的一部分，是丰富和发展测绘地理信息文化的一个重要载体，年鉴作为重要的测绘地理信息文化产品，不仅能起到保存和积累史料的作用，还具有总结经验、吸取教训、交流信息的作用；不仅是资料丰富的工具书，决策者制定政策、决策未来的重要依据，还具有独特的史料价值，是进行测绘地理信息文化教育的重要教材，对大力弘扬测绘精神、推进测绘地理信息文化建设和精神文明建设具有重要意义。

二、开拓进取，测绘地理信息年鉴编纂出版工作取得显著成绩

近年来，全国广大测绘地理信息年鉴工作者紧紧围绕测绘地理信息事业发展大局，以完善工作机制为基础，以年鉴编纂工作为中心，以年鉴发行工作为重点，不断创新工作方式，求真务实、扎实工作，年鉴各项工作不断取得新进展。主要体现在以下四个方面：

（一）存史资政效果不断彰显

通过编纂年鉴，系统搜集、整理了新中国成立以来测绘地理信息系统大事记；2005—2015 年测绘地理信息系统年度工作情况及重要的法律法规、公告、统计资料、各类奖励等资料；2008—2015 年部分甲级测绘资质单位年度业务进展情况。年鉴保存了大量翔实、准确的文字、数据和图片资料，为各级领导的科学管理和决策提供了参考。基于测绘地理信息年鉴的资料，先后为《中国年鉴》《中国经济年鉴》《中国国土资源年鉴》《汶川特大地震抗震救灾志》等年鉴、志书提供测绘地理信息相关内容，为有关部门了解测绘地理信息事业发展提供了及时有效的服务。

（二）编纂出版质量不断提高

一是组稿内容不断丰富。测绘地理信息年鉴收录了国家测绘地理信息局系统、省级、计划单列市测绘地理信息行政主管部门、新疆生产建设兵团测绘地理信息主管部门、有关测绘地理信息社团、部分开设测绘地理信息专业的院校，以及部分甲级测绘资质单位和军事测绘主管部门的年度工作内容，门类齐全、内容全面。二是编校和出版质量不断提高。经过十多年的发展，年鉴框架结构不断完善、内容更加丰富、文字更加精炼。2011—2013 年，连续三年获全国年鉴编校质量检查评比一等奖；2015 年，获第五届年鉴编纂出版质量评比综合一等奖及框架设计特等奖、条目编写一等奖、装帧设计特等奖。三是保持了较强的时效性。自创刊以来，年鉴工作在保证质量的前提下始终把时效性放在重要位置，出版时间稳定在当年 8 月，在全国各类年鉴中始终处于领先，保证了数据和内容具有较高应用价值，凸显了年鉴的效能。

（三）社会影响力不断扩大

近年来，测绘地理信息年鉴的发行范围已经覆盖全部省级、部分地市级测绘地理信息行政主管部门，超过 20% 的甲级测绘资质单位和部分乙、丙级测绘资质单位。除此以外，全国各大图书馆、部分院校图书馆也有收藏。吉林等地还向省政府相关部门赠送了全套年鉴。通过加大征订发行和宣传推广的力度，年鉴的知名度越来越高，印量逐年增加，近几年不时出现追加印数的情况。年鉴的发行覆盖面逐年增加，社会影响力不断扩大。

（四）年鉴工作优秀典型不断涌现

刚才，张万峰司长宣读了年鉴编委会《关于表扬 2011—2016 年中国测绘地理信息年鉴工作成绩突出的单位和个人的通报》，对五年来年鉴工作成绩突出的单位和个人进行表扬，同时，年鉴编委会决定对优秀个人给予适当的物质奖励。近年来，在年鉴组稿、编辑、发行工作中，各单位各部门精心组织、协调各方、推进有力，具体工作人员认真负责、积极工作、成效显著，先进单位和优秀个人不断涌现，在推进工作中发挥了模范带头作用。广东省的年鉴工作整体上保持了相当高的水平，供稿及时、稿件质量高，征订发行和彩色宣传插页数量连续多年排名全国第一。陕西、河北、山东、四川等省年鉴整体工作也都保持了较高水准。国家局办公室、人事司以及江苏、浙江、厦门等地稿件规范，文字简洁、准确；山西、吉林、江苏、重庆、新疆等地宣传推广工作组织得力，效果显著；中国测绘科学研究院、国家基础地理信息中心在每卷年鉴上都刊登彩色宣传插页，宣传效果显著，等等。

以上成绩的取得，是测绘地理信息部门各级领导关心支持和广大测绘地理信息年鉴工作者辛勤努力的结果。在此，我代表年鉴编纂委员会对大家多年来的努力工作表示衷心的感谢！

年鉴编制工作之所以取得显著成绩，总结归纳主要有以下几点经验体会：

（一）领导重视是做好年鉴工作的关键

国家局专门成立了年鉴工作决策机构——中国测绘地理信息年鉴编纂委员会。国家局主要领导对年鉴工作越来越重视。自 2009 年起，编委会主任委员就一直由国家局局长担任，成员由各单位各部门主要领导或者分管领导担任。库热西局长不仅担任编委会主任委员，还亲自审定重要文稿。我分管年鉴工作，并担任编委会常务副主任委员兼主编，每年都要听取年鉴工作汇报，一起商讨工作，审定年鉴框架结构，同时对年鉴全部文稿进行审核。在编委会的指导下，还成立了协调员队伍，以加大宣传推广工作。国家局每年都会专门发通知部署年鉴工作，年鉴编辑部每年组织相关工作人员进行业务培训。各单位各部门领导也都很重视年鉴工作，强化统筹协调，按时保质做好年鉴供稿和宣传推广工作。

（二）协作配合是做好年鉴工作的基础

测绘地理信息年鉴工作是一项系统工程，内容涉及面广、专业性强，需要各单位各部门紧密配合，通力协作。各单位各部门都能站在讲政治、讲大局的高度上，树立“一盘棋”思想，在任务重、人手少的情况下，始终把年鉴工作列入重要议事日程，积极配合年鉴编委会和编辑部开展工作。年鉴编辑部也不断加强与各单位各部门的交流，及时沟通，解决问题。通力协作才使得年鉴各项工作任务能够顺利完成。

（三）流程管理是做好年鉴工作的手段

依照年鉴编委会章程和相关配套制度，通过多年的实践，测绘地理信息年鉴无论是组稿供稿、编纂审校，还是印制发行都形成了一套环环相扣、行之有效的工作流程，基本固定了每项工作任务的时间节点。每年都按照工作流程来管理和开展各项工作，责任清晰，各负其责，有条不紊，确保年鉴如期出版。

（四）质量第一是做好年鉴工作的根本

测绘地理信息年鉴从创办伊始，始终坚持质量第一的原则，把不断提高质量、争创一流水平，作为年鉴工作永恒的主题。将质量意识贯穿于年鉴工作全过程，落实相关人员的责任，要求框架结构必须科学合理，撰稿必须求真求实，编辑必须遵循规范，审校必须严格执行三审三校制，层层严把质量关，保证了年鉴编纂出版质量不断提高，年鉴的实用价值不断增强。

在肯定以往成绩、总结经验体会的同时，我们也要清醒地认识到，测绘地理信息年鉴工作仍有一些亟待解决的问题。一是个别单位领导对年鉴工作的认识不到位，思想上重视不够，行动上落实不力，缺乏有效的统筹协调。二是有的单位工作开展不够积极主动，报送稿件不及时；有的单位供稿质量不高，在准确性和规范性方面有待提高；有的单位宣传推广力度还不够，重编纂轻应用问题还比较突出。

三、齐心协力，努力打造年鉴精品

近年来，党和国家高度重视测绘地理信息工作，测绘地理信息事业发展的环境更加优化。习近平总书记给国测一大队老队员老党员回信，给予全国测绘地理信息工作者极大的鼓励和动力。《中华人民共和国测绘法（修订草案）》已经国务院常务会议通过并决定报请全国人大审议，《地图管理条例》已颁布施行；《全国基础测绘中长期规划纲要（2015—2030年）》已经国务院批复同意，《测绘地理信息事业“十三五”规划》已印发实施；测绘地理信息服务大局、服务社会、服务民生的重要作用更加彰显。快速发展的测绘地理信息事业对年鉴工作也提出了新要求，带来了新挑战，更为年鉴工作的发展创造了新的更加广阔的空间。这些都要求我们深刻认识测绘地理信息事业的新形势、新变化，准确把握年鉴工作的新趋势、新任务，站在记载历史、宣传事业、服务决策的高度，推动年鉴工作迈上新台阶。

（一）强化使命意识，把握国家要求

要进一步学习领会习近平总书记和李克强总理对史志工作的指示精神，指导测绘地理信息年鉴工作的开展。要深入学习掌握《地方志工作条例》和《全国地方志事业发展规划纲要（2015—2020年）》，结合测绘地理信息年鉴工作实际，认真贯彻执行，进一步完善制度，明确责任，强化措施，切实做好年鉴各项工作，推进测绘地理信息年鉴工作法制化、规范化。

（二）强化责任意识，加强组织领导

做好年鉴工作，组织领导是关键。各单位各部门要把年鉴工作列入重要议事日程，切实做到领导、机构、人员“三落实”。各位编委是各单位各部门年鉴工作的第一责任人，也是年鉴在本地区宣传推广的组织者，一定要本着对事业负责、对单位负责的态度，认真统筹协调，加强监督审查，确保提供的稿件符合要求，宣传推广有力度。编委同时要加强对协调员和通讯编辑的支持和指导，为他们提供良好的工作条件，督促他们积极开展工作。协调员和通讯编辑要切实担负起责任，组好稿件、做好宣传、抓好发行，协助编委更好地完成年鉴各项工作。

（三）强化质量意识，着力打造精品

质量是年鉴的生命，其使用价值取决于年鉴的质量。要将质量意识贯穿于年鉴编纂出版工作全过程，严把政治关、史实关、体例关、文字关、出版关，编纂出版经得起历史检验、具有鲜明时代特征、行业特色和年度特点的年鉴，真正使年鉴可读、可用、可信，成为精品年鉴。要进一步完善出台年鉴组稿规范，使组稿供稿有章可循、有据可依。要进一步完善年鉴工作考核机制，以考核促进质量的提升。要积极参加年鉴界、出版界的相关评比，在业界大环境中检验和提高年鉴质量。

（四）强化人才意识，加强队伍建设

要注重年鉴人才队伍建设，在明确编委和协调员的基础上，着力建设培养具有扎实专业功底的年鉴编辑队伍。各单位各部门要遴选政治素质好、业务能力强、文字功底好、责任心强的人员从事年鉴编辑工作并保持人员的相对稳定。要在政治上关心年鉴工作人员的成长进步，为他们开展工作和参加相关的学习培训提供良好的条件。年鉴编辑部要加强业务指导，及时组织相关的培训和交流，促进年鉴工作人员业务素质和文字水平的不断提高。

（五）强化应用意识，加大利用力度

测绘地理信息年鉴要以读者为中心，强化服务功能，增强年鉴的针对性和实用性。要进一步加强年鉴的宣传推广力度，让测绘地理信息系统的广大干部职工以及社会各界，熟悉年鉴，主动使用并善于利用年鉴为工作服务，形成编纂与应用的良性循环。要进一步提高年鉴的信息化程度，不断改善用户体验。要尝试开发携带方便、实用性更强的年鉴衍生读物，丰富年鉴成果。各单位各部门要扎实做好测绘地理信息年鉴的征订发行和插页征集工作，不断扩大读者范围，提升社会影响力。

（六）强化交流意识，扩大合作范围

要进一步加强与中国地方志指导小组办公室等年鉴工作指导部门的联系，及时了解党和国家在年鉴工作方面的新政策、新要求，积极参加指导部门举办的各类业务培训会议等活动。要加强与年鉴行业，尤其是各大部委年鉴工作部门的交流与合作，主动向创刊较早、影响力较大的年鉴学习先进的管理运作模式，博采众家之长，推动测绘地理信息年鉴工作取得更好的发展。

同志们，测绘地理信息年鉴工作任务重、责任大、使命光荣。我们一定要团结协作，以高度的责任心、扎实的工作作风、精湛的业务能力，在国家局党组的正确领导下，进一步做好年鉴各项工作，努力打造测绘地理信息年鉴精品，为测绘地理信息事业发展作出新的更大贡献。

谢谢大家！

在国家测绘地理信息局纪检监察干部培训班上的总结讲话

国家测绘地理信息局副局长　闵宜仁

2016 年 6 月 7 日

同志们：

这次为期两天的局纪检监察干部培训班，主题明确、内容充实，有以下几个特点：一是领导重视。本次培训班列入了国家局年度教育培训计划，库热西局长亲自审定了培训方案。各单位各司室对本次培训也非常重视，积极选派人员参加培训。二是内容丰富。这次培训班虽然时间不长，但是课程安排紧凑，既有理论知识讲解，又有现场廉政警示教育，还有个人自学和相互交流研讨，内容丰富，针对性和实用性都很强。三是学风端正。参加培训的各位学员，能够按照培训班的要求，虚心听、认真记、踏实学，表现出了高度的纪律观念。四是成效良好。通过这次培训，大家对全面从严治党的认识进一步加深，做好纪检监察工作的责任感和使命感进一步增强，努力方向和目标进一步明确，工作水平和能力进一步提升。

对于下一步工作，我讲几点意见：

一、统一思想，提高认识，切实增强工作责任感和紧迫感

党的十八大以来，以习近平同志为总书记的党中央把全面从严治党纳入“四个全面”战略布局，把党风廉政建设和反腐败斗争提到新的高度，党风廉政建设取得显著成效，极大凝聚了党心民心。习近平总书记在中央纪委六次全会上，科学判断当前党风廉政建设和反腐败斗争形势，强调党中央坚定不移反对腐败的决心没有变，坚决遏制腐败现象蔓延势头的目标没有变，要求全党同志对党中央在反腐败斗争上的决心要有足够自信，对反腐败斗争取得的成绩要有足够自信，对反腐败斗争带来的正能量要有足够自信，对反腐败斗争的光明前景要有足够自信。习近平总书记指出，党风廉政建设和反腐败斗争形势依然严峻复杂，全面从严治党的任务依旧艰巨，并明确了当前和今后一个时期的总体要求和目标任务。李克强总理在国务院第四次廉政工作会议上强调，要坚持一手抓改革发展，确保经济运行在合理区间；一手抓反腐倡廉，切实把政府系统党风廉政建设和反腐败工作不断推向深入。习近平总书记和李克强总理的重要讲话，为我们进一步做好测绘地理信息系统党风廉政建设工作指明了方向。

近年来，国家局党组坚持把抓好党建作为最大政绩，及时学习贯彻党中央、国务院和中央纪委关于党风廉政建设的决策部署，牢牢抓住主体责任这个“牛鼻子”，采取有力措施，深入推进党风廉政建设。党组书记、局长库热西同志认真履行“第一责任人”职责，自觉把党风廉政建设放在心上、抓在手上。局领导班子其他成员认真履行“一岗双责”，切实加强对分管领域党风廉政建设工作的管理监督。成立了局党组党建工作领导小组、巡视工作领导小组，库热西同志亲自担任组长，每年多次召开党组会议研究部署党风廉政建设工作。制定了《关于落实党风廉政建设主体责任和监督责任的意见》、《贯彻落实〈建立健全惩治和预防腐败体系2013—2017年工作规划〉实施办法》，对党风廉政建设作出了系统部署。每年初组织召开全系统党风廉政建设会议，印发年度党风廉政建设实施意见和责任分工，促进责任层层落实。认真贯彻中央关于巡视的决策部署和《中国共产党巡视工作条例》，2009年以来已完成了对14家所属单位的巡视，有效发挥了巡视监督作用，2016年将完成对局所属单位的巡视全覆盖。开展了形式多样的廉政教育，认真学习贯彻《中国共产党廉洁自律准则》和《中国共产党纪律处分条例》，引导广大党员干部懂纪律、知敬畏、守底线。严肃查处了刘新英、金玉平等违纪违法案件，对党员干部存在的苗头性倾向性问题及时进行谈话提醒。认真贯彻中央八项规定精神，及时印发十项贯彻措施，出台会议管理、公务接待、内部食堂管理、精简简报公文、调查研究、审计监督、财务管理等方面的30余项制度，2016年3月按照中央纪委和中央纪委驻国土资源部纪检组（以下简称驻部纪检组）要求开展了整治“四风”问题回头看，推动作风建设常态化。开展了基层党组织书记“两个责任”轮训，加强对局所属各单位、机关各司室“两个责任”落实情况的监督检查。明确直属机关纪委与直属机关党委合署办公，由直属机关党委专职副书记兼任直属机关纪委书记，下设办公室、纪检监察室2个处承担纪检监察相关工作。在地信中心、卫星中心、质检中心3家单位增设了纪委书记领导职数，对中图集团、地信中心、卫星中心、质检中心、重庆院等单位专职纪委书记进行了补充调整，进一步加强纪检监察工作力量。

今年以来，按照中央部署要求，驻部纪检组开始履行对我局的监督责任。驻部纪检组的监督重点对象是局领导班子及中管干部和司局级干部，我局纪检监察机构的监督对象是处级和处级以下干部。驻部纪检组对党风廉政建设工作抓得很紧很实，赵凤桐同志多次到我局调研了解情况，多次组织我局相关人员学习中央精神，对问题线索进行大起底，部署开展整治“四风”回头看，对巡视工作提出更高要求，日前还印发了规范机关干部和所属单位工作人员参加项目评审论证鉴定和验收等活动、诫勉谈话、任职廉政谈话、党风廉政建设责任追究、信访举报办理、纪检监察干部队伍建设等方面的10多项制度，这些都对我们工作提出了新的更高要求。我们将把这些制度尽快转发下去，各单位各司室要严格贯彻执行。

今年局党组确定由我分管纪检监察工作，我深感责任重大。测绘地理信息系统党风廉政建设的总体情况是好的，但形势依然严峻复杂，还存在一些问题和不足，主要表现在：一是个别党员干部廉洁自律意识不强。少数党员干部对党中央全面从严治党的决心和意志认识不足，纪律和规矩意识不强。有的党员干部认为我们是清水衙门，行政审批权小，权钱交易机会少，存在麻痹心理。二是资金和项目管理存在风险。有的单位财务管理不规范、财务制度执行不严格，擅自改变财政资金用途、超范围开支等违反财经纪律的问题仍时有发生。项目招投标、承包、转包、设备采购、外业经费使用等方面存在漏洞。有的基层单位在争取和承揽市场项目方面纪律和规矩意识不强，存在廉政隐患。三是个别单位对党员干部的管理监督不够严格。个别单位落实全面从严治党责任存在层层衰减的问题，把纪律和规矩挺在前面的力度不强，各项规章制度的严格执行方面还有待进一步加强。

做好当前的测绘地理信息系统党风廉政建设工作，考验着我们每一位纪检监察干部的思想觉悟、政策水平、业务能力和综合素质。我们要深入学习领会中央纪委六次全会和国务院第四次廉政工作会议精神，按照局党组和驻部纪检组的部署要求，进一步增强政治意识、大局意识、核心意识、看齐意识，认清形势任务，强化使命担当，切实把全面从严治党要求落到实处。

二、聚焦主业，挺纪在前，切实履行好监督执纪问责职责

《中国共产党章程》第八章专门规定了党的纪律检查机关的职责权限，其中第四十四条明确规定，党的各级纪律检查委员会的主要任务是维护党的章程和其他党内法规，检查党的路线、方针、政策和决议的执行情况，对党员进行纪律教育，作出关于维护党纪的决定等。局各级纪检监察机构要牢记职责使命，牢记“纪委姓纪”，聚焦主业，敢于担当，把纪律和规矩挺在前面，实践好“四种形态”，集中精力履行好监督执纪问责的职责，发挥好监督“探头”作用。

一要坚决维护党章。党章是管党治党的总规矩，是每个党组织、每名党员的根本行为规范。“两学一做”学习教育明确提出，要以尊崇党章、遵守党规为基本要求，着力解决一些党员党的意识淡化的问题，包括看齐意识不强，组织纪律散漫，不按规定参加党的组织生活，不按时交纳党费，不完成党组织分配的任务，不按党的组织原则办事等。比如党费交纳问题看似事小，实则是党员党性意识的基本体现。纪检监察干部要带头遵守党章，严格自我要求，同时要坚决维护党章，针对突出问题，从健全党内生活、执行组织制度、坚持党员标准、落实纪检机构职责等具体事项入手，切实解决党章意识不够强、执行党章不到位、维护党章不得力的问题，树立起党章的严肃性和权威性。

二要严明政治纪律。在党的纪律中，政治纪律是打头的、管总的，不管违反哪个方面的纪律，说到底都是破坏政治纪律。我们考察干部，评价干部的第一条就是理想信念是否坚定、政治上是否忠诚可靠。新修订的《中国共产党纪律处分条例》，对违反政治纪律行为的处分规定有18条之多，释放出严肃政治纪律的强烈信号。测绘地理信息部门虽然业务性强，但是遵守政治纪律的标准丝毫不能降低。纪检监察机构要时刻绷紧政治纪律这根弦，对违反政治纪律和政治规矩的问题，必须坚定不移、寸步不让，发现一起查处一起，带动其他纪律严起来。

三要贯彻好《准则》和《条例》。《中国共产党廉洁自律准则》和《中国共产党纪律处分条例》，不仅给共产党员树立了道德“高线”，也划出了纪律“底线”。《准则》和《条例》出台后，各单位各部门开展了不同形式的学习宣传贯彻活动，取得了良好成效。按照中央部署要求，当前各单位正在开展“两学一做”学习教育，学党章党规是“两学一做”的重要内容。各单位各司室要结合“两学一做”学习教育，继续深入学习宣传贯彻好《准则》和《条例》，让《准则》和《条例》扎根于广大党员心中，使之知行知止。纪检监察干部要加强学习理解运用，学深悟透《准则》和《条例》的精神实质，严格执行《准则》和《条例》，切实把纪律挺在前面。

四要推动各级党组织落实好主体责任。习近平总书记强调，各级党组织要担负起全面从严治党的主体责任。中央正在制定《中国共产党问责条例》，释放出失责必问的强烈信号。局党组正在制定对落实“两个责任”进行监督检查的制度，每年底将对局所属各单位、机关各司室落实“两个责任”的情况进行监督检查。局各级纪检监察机构必须紧紧围绕党组织履行主体责任这个“牛鼻子”开展监督工作，拿出实招数、硬办法，以监督工作的全面到位促进主体责任的全面落实。要抓住典型问题严肃问责，既追究直接责任、主体责任、监督责任，还要追究领导责任和党组织的责任。

五要运用好“四种形态”。坚持无禁区、全覆盖、零容忍，重点查处“三类人”（问题线索反映集中、群众反映强烈、现在重要岗位且可能还要提拔使用的干部），把“三个时间节点”作为工作重点（党的十八大以来、中央八项规定以来、群众路线教育实践活动以来不收敛不收手的干部），做到有案必查、违纪必究。同时，要在工作中实践好“四种形态”，准确认识常态、大多数、少数和极少数的关系，处理好“面向全体”与“突出重点”的关系，既抓好领导干部这个关键少数，也要管住全体党员。要树立做好预防、使干部不犯错误更是成绩的观念，进一步加强廉政教育，平时要多“吆喝”，多教育、多提醒，多做一些拉衣扯袖、红脸出汗的工作，引导广大党员干部筑牢拒腐防变的思想防线。

六要切实履行好监督责任。各单位出台的贯彻中央八项规定精神的具体规定，制度制定了，一要严格执行，二要在执行中进一步完善。今年3月，按照中央纪委、驻部纪检组要求和局党组部署，各单位各司室都开展了整治“四风”回头看，分别对照检查出一些问题和不足，要切实抓好整改落实。各单位要结合实际，及时修订完善本单位贯彻中央八项规定精神的具体规定，推动作风建设在深化中坚持、在坚持中深化。局各级纪检监察机构要督促抓好回头看发现问题的整改，严肃查处违反作风建设规定的行为。同时，要围绕“六大纪律”，加强监督检查，切实履行好监督执纪问责的职责。

七要配合做好巡视工作。2009年以来，国家局党组已完成了对14家单位的巡视，今年将完成对剩余4家单位的巡视，实现对局所属单位的首轮巡视全覆盖，并对4家单位进行巡视整改情况“回头看”。驻部纪检组明确要求，今后驻部纪检组要派员参加我局巡视动员会、中期汇报会、领导小组会和涉及巡视工作的党组会议，巡视工作方案和发现问题要报驻部纪检组，这些都对我局巡视工作提出了新的更高要求。已被巡视的单位要切实担负起主体责任，先行开展整改情况自查，持续深入抓好整改落实。正被巡视的单位党组要从讲政治的高度，强化自觉接受监督的意识，充分信任、坚决支持、积极配合巡视工作。还没有被巡视的单位，对之前巡视其他单位中发现的带有共性的突出问题，要自觉查找，即知即改。各单位纪检监察机构要配合做好巡视有关工作。

三、忠于职守，敢于担当，切实加强纪检监察队伍建设

一要完善纪检监察组织体系。目前，驻部纪检组对加强纪检监察队伍建设提出了明确要求。按照局党组和驻部纪检组要求，机关各司室要确定一名司局级党员领导干部协助本司室主要负责同志分管纪检监察工作，由各司室领导班子会同本司室支部委员会提出人选，经分管局领导同意后，报直属机关纪委备案。局所属各单位要切实加强纪检监察组织建设：一是设立党委的单位必须设立纪委，党的总支委员会和支部委员会必须设立纪检委员；二是编制在100人（含100人）以上的单位，应当配备专职纪委书记1名；编制在50—100人（含50人）的单位，原则上也要配备专职纪委书记；编制在50人以下的单位，应当明确1名党员领导干部分管纪检监察工作。纪委书记不是一项待遇，而意味着责任。三是编制在100人（含100人）以上的单位，应当设置专门纪检监察办事机构，配备专职纪检监察干部。配备专职纪检监察干部的数量，编制在300人以上（含300人）的，配备不少于3人；编制在200人—300人（含200人）的，配备2—3人；编制在100人—200人（含100人）的，配备2人；编制在50—100人（含50人）的，配备1人。局所属各单位达不到上述要求的，本单位要研究提出方案，尽快落实到位，国家局直属机关纪委要加强督促检查。

二要打造过硬纪检监察队伍。要以开展“两学一做”学习教育为契机，加强纪检监察队伍建设，努力建设一支忠诚干净担当的纪检监察干部队伍。忠诚是对纪检监察干部最根本的政治要求，纪检监察干部要始终保持政治的清醒和坚定，在思想上政治上行动上同以习近平同志为总书记的党中央保持高度一致。干净是纪检监察干部的立身之本和干事创业的保证，纪检监察干部要注重自律，心存敬畏、手握戒尺，知行知止。担当是纪检监察干部的重要职责所在和应有的政治品格，纪委要姓“纪”，敢于担当是关键，要提振敢于担当的勇气，强化善于担当的能力，以坚强的党性原则看待和处理问题，尽职履职、敢于碰硬，不辜负党组织的信任和职工群众的重托。

三要加强纪检监察基础工作。今年，我们组织局机关和所属单位处以上干部填报了廉政信息表，要加强综合研判和信息更新，发挥好廉政档案的作用。要在本单位网站公布纪检监察举报方式，进一步畅通举报渠道。要认真落实查办腐败案件以上级纪委领导为主的要求，实行线索处置和案件查办在向本单位党组织报告的同时必须向上级纪委报告制度。要对十八大以来本单位问题线索处置情况进行大起底，并将结果及时报国家局直属机关纪委。要严格按照“拟立案、初步核实、谈话函询、暂存、了结”五类标准处置问题线索。国家局直属机关纪委向各单位纪委交办并要求报结果的问题线索，各单位纪委要及时将核查情况和相关证据等报送国家局直属机关纪委。

这次培训班的内容和要求，大家回去后要向本单位本司室主要负责同志汇报，争取更大支持，采取有力措施，统筹落实好培训班提出的各项要求，进一步把党风廉政建设的各项任务落到实处。

在全国地理信息精准扶贫应用现场会上的讲话

国家测绘地理信息局副局长　闵宜仁

2016年9月6日

同志们：

今天我们在这里召开全国地理信息精准扶贫应用现场会，主要目的就是推广基于地理信息的精准扶贫应用典型做法和工作经验，着力推动地理信息在精准扶贫工作中的深层次应用。今年7月份，国家局库热西局长到贵州调研，对贵州省国土资源厅开发的精准扶贫地理信息系统给予了高度评价，并要求我们在这里召开现场会，推广贵州等地的好经验和做法。这次会议也得到贵州省委省政府的高度重视，昨晚黄家培副省长会见了我们，刚才周乐职副秘书长致了欢迎辞。这次会议也得到了国务院扶贫办的大力支持，等会儿陆春生副主任将就我国扶贫开发工作形势和信息化建设情况作报告。最后，也对大家在百忙中出席会议表示欢迎。下面，我讲三点意见，供大家参考。

一、充分肯定地理信息服务于精准扶贫取得的成效

去年底中央扶贫开发工作会议召开后，国家局党组高度重视，认真贯彻落实习近平总书记讲话和会议精神，并作为全国测绘地理信息工作会议的重要任务。各级测绘地理信息部门围绕精准扶贫的“精准”二字，大力推动地理信息服务于扶贫开发工作，突出精准定位，整合专业数据，为打赢脱贫攻坚战提供了扎实的技术基础。

（一）主动出击，积极服务于精准扶贫。测绘地理信息部门利用数据和技术优势，找准地理信息服务于扶贫开发工作的结合点和着力点，主动与有关部门沟通，制作了一批扶贫工作挂图，开发了精准扶贫地理信息系统。国家基础地理信息中心为国务院扶贫办先后制作了全国扶贫开发工作重点区域图（2011—2020年）、连片特困地区总图以及贫困片区扶贫工作用图等。广西局以环江县为试验田开展精准扶贫信息系统建设，在试点取得成功后，主动向河池市和自治区推广。山西局与省财政厅合作开展山西省扶贫开发投资信息平台建设，实现了扶贫资金的全过程“一张图”管理。黑龙江局与省委办公厅、扶贫办联合编制扶贫开发政务工作用图、开发政务用图服务平台。新疆局与扶贫办联合开发新疆脱贫攻坚地理信息系统、编制“十三五”脱贫攻坚挂图作战工作图册。

（二）精准服务，彰显测绘地理信息部门优势。各级测绘地理信息部门按照习近平总书记提出的扶贫工作“六个精准”要求，充分发挥地理信息数据优势，实现扶贫信息的精确空间定位。贵州厅实施国土资源大扶贫行动，与扶贫开发、生态移民等部门合作，开发了国土资源云精准扶贫挂图作战系统，实现了“四准”，即精准数据、精致底图、精准施策、精细管理，受到了省领导的肯定和高度评价。云南局以“天地图·云南”为基础，开发建设了云南精准扶贫大数据可视化管理平台。山东厅基于“天地图·山东”绘制了农村贫困人口分布、扶贫措施到户到人、脱贫人口动态管理、第一书记驻村帮扶“四张图”。四川局开发了精准扶贫数据采集系统、精准扶贫地理信息动态管理平台。湖南厅开发的精准扶贫地理信息系统，精确实现扶贫对象、扶贫户占地面积、扶贫举措、扶贫成效等“一张图”管理，大幅提升了当地政府精准扶贫工作效率。

（三）突出重点，推动地理信息深层次应用。各级测绘地理信息部门突出面向政府管理决策应用，特别是面向精准扶贫应用这个重点，主动融入和服务党委政府中心工作，推动地理信息深层次应用。河北局完成了2.3万个村庄1:1000地形图和1:2000数字正射影像图，有效服务于村庄规划编制和美丽乡村建设。广东厅实施的“一村一镇一地图”工程，为每一个行政村、每一个乡镇提供一张卫星影像地形图和高分辨率影像地形图，用于开展贫困村情、自然资源、贫困村基础设施调查。辽宁局、宁夏厅为贫困地区的生态移民、土地整理、旧城改造、光伏发电工程等进行无人机航拍、地形图测绘服务，让地理信息技术在精准扶贫中发挥最大作用。

总体来说，在大家的共同努力下，地理服务于精准扶贫取得了显著成效，但我们也清晰地认识到工作中还存在一些问题，主要表现在：一是地理信息服务于精准扶贫的面还不够广，很多还局限于定点扶贫的某个地区，没有形成整体的信息化要求；二是地理信息服务于精准扶贫的机制尚未建立，还处于各自突破的阶段；三是推进地理信息在精准扶贫深层次应用的思路不够开阔，能力还不足。这些问题，有的是在发展过程中产生的，有的是工作不到位造成的。希望通过这次现场会，大家统一思想、统一认识，加强与扶贫信息化部门的合作，努力推动地理信息在扶贫精准方面的深层次应用。

二、深刻认识地理信息服务于精准扶贫工作的重要性

实现全面建成小康社会的目标有两块短板必须补齐，一个是生态文明建设的短板，另一个是农村贫困人口脱贫的短板。为此，《中共中央 国务院关于打赢脱贫攻坚战的决定》提出，要举全党全社会之力，坚决打赢脱贫攻坚战。习近平总书记指出：脱贫攻坚已经到了啃硬骨头、攻坚拔寨的冲刺阶段，必须以更大的决心、更明确的思路、更精准的举措、超常规的力度，众志成城实现脱贫攻坚目标，决不能落下一个贫困地区、一个贫困群众。测绘地理信息部门参与扶贫开发工作，是党委政府赋予我们的光荣任务，也是我们义不容辞的责任，一方面要参加具体的定点扶贫工作，另一方面要利用地理信息服务于精准扶贫工作。

习近平指出，要坚持精准扶贫、精准脱贫，重在提高脱贫攻坚成效。精准扶贫是为了精准脱贫。关键是要找准路子、构建好的体制机制，在精准施策上出实招、在精准推进上下实功、在精准落地上见实效。地理信息天然与位置有关，精准扶贫的前提和基础是准确定位和精准识贫。推动地理信息服务于精准扶贫，是贯彻落实创新、协调、绿色、开放、共享发展理念的具体体现，是测绘地理信息部门参与打赢脱贫攻坚战的必然要求。各级测绘地理信息部门要充分认识做好新形势下扶贫开发工作的重大意义，切实把思想和行动统一到党中央决策部署上来，主动作为，发挥部门优势，切实为到2020年农村贫困人口实现全部脱贫作出我们应有的贡献。

三、进一步做好精准扶贫等地理信息深层次应用工作

扶贫攻坚是当前最重要的一项政治任务和民生工程，事关全面建成小康社会大局，任务艰巨，形势紧迫，需要各部门共同努力、相互配合、齐抓共管，才能打赢脱贫攻坚战和实现到2020年全面脱贫的目标。测绘地理信息部门应当发挥自身优势，牢固树立五大发展理念，以精准扶贫应用作为切入点和突破口，推动地理信息在精准扶贫中的深层次应用。

（一）把握机遇。精准扶贫与地理信息结合非常紧密，参与精准扶贫是测绘地理信息部门主动融入和服务于党委政府中心工作、积极拓展业务领域的重要举措。中央已决定到2020年要实现全部农村人口脱贫，可以说这次地理信息服务于精准扶贫是测绘地理信息部门服务于国家战略的重要机遇，也体现了测绘地理信息工作服务大局的理念。现在有了这样的机遇，我们要有抢抓机遇的果断性，当机立断，紧抓在手。抓住了机遇，就可以占据主动、赢得先机、彰显作用。同时，我们要有用好机遇的主动性，要主动向当地党委政府汇报服务于精准扶贫的工作和思路，加强与扶贫开发、生态移民等部门的沟通和联络，展示我们的能力和成果，进一步争取重视和支持，在地理信息服务于精准扶贫机制建设、项目争取等方面取得新突破。在供给侧改革的大背景下，测绘地理信息部门也在进行改革，要与应用部门相结合，推动地理信息新型业态发展。

（二）加强领导。国家局将加强与国务院扶贫办的联络沟通，建立协调机制，力争共同发文或者召开会议，推进地理信息在精准扶贫方面的深入应用。有扶贫任务的省市测绘地理信息行政主管部门要高度重视，加强组织领导，把地理信息服务于精准扶贫工作作为重要任务列入本单位议事日程，明确内设职能部门和技术支持单位，积极与当地信息化、扶贫开发、生态移民等部门沟通协调，取得支持，凝聚力量，推动形成多层次、多领域的地理信息精准扶贫应用工作新格局，争取发挥更大的作用。我们可以“先定一个小目标”，在定点扶贫的县或者乡开发精准扶贫地理信息系统，之后再推广到市级或者省级行政区域。精准扶贫地理信息系统建成后，要明确分工，各地扶贫开发等使用部门负责运行维护，测绘地理信息部门负责地理信息数据更新和技术服务。

（三）确保实效。地理信息服务于精准扶贫可以分为专题图、系统和平台，主要发力点在信息化建设方面。因此，我们要在现有地理信息公共服务基础设施的基础上，开展面向精准扶贫的应用和服务。为节省投资，建议各地主要依托地理信息公共服务平台“天地图”、数字城市平台，建设精准扶贫地理信息系统。这些平台要融合最新的基础测绘成果、地理国情普查（监测）成果等，并做好数据更新工作。精准扶贫地理信息系统要反映脱贫攻坚的现状和致贫原因，体现脱贫攻坚的工作部署和任务举措，监测脱贫攻坚的进度和成效，提高扶贫工作针对性，助力解决各地脱贫问题，为精准脱贫提供实实在在的帮助。

（四）加强宣传。会前，中国测绘宣传中心已邀请人民日报、新华社、科技日报到贵州进行了实地采访，近期将发表一系列关于地理信息服务于精准扶贫的新闻报道，扩大社会影响。会后，各地也要加强与新闻媒体的联络，宣传本地区地理信息服务于精准扶贫的情况。国家局将继续收集各地一些好的做法和典型应用，提供给中央新闻媒体进行宣传，彰显测绘地理信息部门的作用，为推动地理信息在精准扶贫工作中深层次应用营造良好环境。

同志们，地理信息在精准扶贫中的应用潜力很大，可做的文章很多，目前只是刚刚开始。大家要抓住机遇、主动服务、开拓创新、扎实工作，大力推动地理信息服务于精准扶贫，切实推进地理信息的深层次应用，为实现全面建成小康社会目标作出新贡献。

在全国卫星测绘应用工作会议上的工作报告

国家测绘地理信息局副局长　李朋德

2016年5月29日

各位代表，同志们：

大家上午好！

受库热西局长委托，下面由我向会议作全国卫星测绘应用工作报告。

一、我国卫星测绘应用工作成绩显著

在党中央、国务院的坚强领导下，在国家有关部门、地方党委政府和社会各界的关心支持下，国家测绘地理信息局贯彻“四个全面”战略布局，聚焦国家战略需求，围绕事业发展大局，攻坚克难，锐意进取，大力推进卫星测绘应用工作，卫星测绘应用能力显著提升，我国1∶5万比例尺光学卫星测绘水平迈入世界先进行列，有力促进了事业转型发展。

（一）国家局党组高度重视卫星测绘应用工作

上世纪末以来，国家局党组审时度势，充分认识到卫星测绘应用工作对于经济社会发展、国防建设、国家安全以及测绘地理信息事业转型发展的重要意义，与国家发展改革委、财政部、国防科工局以及军方等相关部门积极沟通、密切合作、深入谋划、精心组织，着力推动测绘卫星从无到有，推进卫星测绘应用能力由弱到强、从依靠国外到自主可控，促进我国卫星测绘应用工作健康、有序发展。

“十五”、“十一五”期间，国家局牵头组织开展了测绘卫星与卫星测绘发展规划和一系列技术论证。2008年3月，经国务院批准，我国第一颗自主的民用高分辨率立体测绘卫星——资源三号卫星工程正式立项启动，开启了我国自主航天测绘新时代。“十二五”以来，局党组超前谋划、主动作为，与相关部委加强沟通、积极争取，测绘卫星发展规划纳入了国家民用空间基础设施中长期规划，计划到2020年，我局作为牵头主用户的资源三号03星和高分七号科研星成功发射并运行，作为主用户的L波段差分干涉SAR星、高分多模卫星、碳监测卫星发射，资源三号04星、高分七号业务星以及X波段双天线干涉SAR星立项实施，重力梯度测量卫星开展研究论证。

2014年3月，为贯彻党中央、国务院关于军民融合发展的重大战略决策，落实《国务院办公厅关于促进地理信息产业发展的意见》和《国家卫星导航产业中长期发展规划》，我局印发了《关于北斗卫星导航系统推广应用的若干意见》，加快推进北斗卫星导航系统在民用领域的产业化发展。

（二）卫星测绘体系建设实现跨越发展

2012年1月9日，资源三号01星成功发射，将国产卫星几何定位精度从数百米提高到10米，打破了国外技术封锁和数据垄断，国产卫星高精度立体测图实现"零"的突破，测绘地理信息人企盼已久的"飞天梦"终于实现。去年11月，资源三号02星正式立项，但实际研发工作已经开始了四年，为此要感谢航天科技集团公司的担当。现在，资源三号02星即将发射升空，实现我国立体测绘卫星双星组网运行，大幅提升卫星测绘保障能力。目前，高分七号卫星已经立项实施，预计2018年发射。我局作为主用户的高分多模卫星、L波段差分干涉SAR卫星、碳监测卫星正在立项。X波段双天线干涉SAR卫星等进入论证阶段。北斗卫星导航系统已实现了亚太地区高精度定位服务，我国卫星测绘进入自主多类型多分辨多星时代。

与此同时，我国陆续发射了北京一号、资源一号、天绘一号、高分一号、高分二号、北京二号、吉林一号等多颗可用于测绘的光学遥感卫星，其中高分二号卫星的发射运行标志着国产遥感卫星进入亚米级高分时代。随着国家民用空间基础设施中长期发展规划的推进，我国对地观测进入全面发展的新时期，卫星测绘应用工作步入了发展"快车道"。

（三）卫星测绘应用成效显著

在卫星测绘遥感领域，"十二五"以来，尤其是资源三号01星发射以来，国产卫星测绘成果在基础测绘、地理国情普查与监测、重大测绘工程、地理信息产业、应急测绘等领域得到广泛应用，使我国基础地理信息更新能力提高2倍以上，全面实现了国家局提出的"天地图"国内影像服务国产化率90%的目标。为国土、农业、水利、交通、环保和减灾等众多行业1800多家用户提供了覆盖面积累计超过1.92亿平方千米的卫星影像产品与服务。截至2016年4月30日，资源三号卫星在轨飞行1573天，接收原始数据6920轨，原始数据总量达1076.35TB，已实现中国境内陆地国土面积99%的有效覆盖。全球有效覆盖范围7241万平方千米，其中亚洲、大洋洲和南美洲有效覆盖均达到62%以上，具备开展全球测图的数据和技术基础。在第一次全国地理国情普查工作中，获取了覆盖全国核准任务区的全部影像数据。另外，资源三号卫星影像已在土地督察、土地出让审计、林业资源调查、地质环境监测、水土保持监测、防灾减灾、导航地图更新等领域得到了广泛应用。加强卫星测绘军民融合，与天绘系列卫星开展数据共享，累计提供资源三号卫星影像9500景。多次开展资源三号卫星与天绘系列卫星的联合检校工作。

在卫星导航定位领域，北斗卫星导航系统应用飞速发展，北斗芯片相继投入市场。基于北斗卫星导航系统建立的地球参考框架将为我国测绘、航天以及其它行业应用与科学研究提供可靠的地球参考框架。北斗卫星导航服务系统已成功应用于水利水电、海洋渔业、交通运输、气象预报、减灾救灾和公共安全等领域，产生了显著的经济社会效益。为规范卫星导航定位基准站建设与管理，我局积极与军委联合参谋部战场环境保障局、国家保密局等有关部门沟通协调，印发了《卫星导航定位基准站建设备案办法（试行）》，制定了兼容北斗通用要求的《全球导航卫星系统连续运行基准站网技术规范》等标准。北京、天津、广东等16个省（区、直辖市）相继推出了推进北斗导航与位置服务产业发展的方案或规划。上海、武汉、南京、青岛、中山、江门等地方政府建立了北斗卫星产业园高新技术开发区，出台了优惠政策吸引北斗卫星高新企业落户。

在卫星测绘国际合作方面，我国卫星测绘成果已走出国门，并创造显著社会经济效益。资源三号卫星已向澳大利亚、德国、巴西等30多个国家和地区提供了2000余景影像用于森林火灾监测等工作。《美丽地球新视角》裸眼立体影像地图集获得第27届国际地图制图大会最佳作品奖。我局积极参与地球观测组织（GEO）的活动，推进卫星测绘数据共享与科学研究。开发的全球地表覆盖30米分辨率数据，成为全球共享的珍贵数据，由张高丽副总理代表中国政府赠送联合国，服务全球可持续发展。利用资源三号卫星数据开展了湄公河、加勒比地区等多个国外卫星测绘应用服务。中国北斗卫星导航系统已经实现亚太地区的全覆盖，正在形成全球位置服务能力。

（四）卫星测绘技术取得重大突破

国产卫星立体测图和应用关键技术取得重大突破，构建了卫星测绘从理论研究、技术创新到工程应用的创新体系，掌握了航天摄影测量一整套核心技术，使我国一举成为国际上少数几个掌握成套卫星测绘技术的国家。资源三号卫星影像质量和精度达到国际同类领先水平。在激光测高、干涉雷达和重力测量等卫星数据处理方面取得突破，影像去云、超分辨率重建等工程化试验方面取得多项成果。我国的北斗卫星导航系统全面组网，相比美国的GPS

系统，同时具备定位与通讯功能，首次集多种轨道设计于一身，可支持更长的连续观测时间和更高精度。成功研制高精度定位芯片，结束了我国高精度卫星导航定位产品“有机无芯”的历史。据统计，“十二五”以来，我国卫星测绘相关技术成果获得国家科技进步一等奖1项、省部级奖励16项，组织制订2项国家标准、5项测绘地理信息行业标准，授权发明专利20项。

（五）卫星测绘队伍建设取得实效

2009年12月，为加强卫星测绘应用工作，我局在中央编制严格控制的情况下，与中编办积极沟通，专门成立了90人编制的国家局卫星测绘应用中心，形成了一支技术精良、结构合理的卫星测绘人才队伍，其中，卫星测绘关键技术创新团队于2013年入选了国家重点领域创新团队。搭建了卫星测绘技术与应用国家局重点实验室、北京国测星绘信息技术有限公司、博士后科研工作站、卫星测绘技术与应用国际联合研究中心、多个省级分中心等各创新主体有机结合的卫星测绘应用科技创新体系；开展了卫星数据政策及相关法律法规研究并制定多项标准规范，为全面开展卫星测绘应用各项业务奠定了人才、组织和管理基础；各地方省局也在卫星测绘应用方面积极开展了体制机制、人才队伍、数据服务环境和机构建设，湖南、新疆、广西、江苏等多个省（区）成立了卫星测绘应用分中心，大大提升了地方卫星测绘应用服务保障能力。

二、事业转型升级对卫星测绘应用工作的需求空前旺盛

当前，我国测绘地理信息事业正处于改革创新发展的关键时期，现势性强、多要素、多时相的地理信息数据源不足是测绘地理信息事业转型升级的主要短板之一，全面加强卫星测绘应用工作，补齐短板，提升保障服务能力，对于推进事业转型升级具有重要的现实意义和长远的战略意义。

卫星测绘为经济社会发展提供重要途径。卫星测绘产品已逐步应用于国土测绘、资源调查与监测、农林水利、防灾减灾、生态环境、城市规划与建设、交通等国家重大工程领域。全面提升我国卫星测绘应用经济社会效益，必须开展卫星测绘深度融合技术研究，建立新的卫星测绘应用服务体系，完善多源卫星测绘业务系统，拓展新的卫星测绘应用服务模式，大力发展卫星测绘在其他行业的应用服务，提升卫星测绘数据产品综合应用服务能力。

卫星测绘为构建新型基础测绘体系提供重要手段。去年国务院批准的《全国基础测绘中长期规划纲要（2015—2030年）》明确提出，要加强卫星测绘应用能力建设，构建卫星、地面应用系统和生产服务业务体系相互衔接的卫星测绘应用链条，建立与卫星遥感、卫星定位等多种手段互为补充的业务运行体系，拓展服务领域，形成标准化和高精度的测绘遥感影像、立体测绘等系列产品，满足基础测绘及相关行业应用需求，到2020年初，高分辨率遥感影像自给率达到80%。强化基础测绘技术、成果与相关资源的融合，开展地理国情监测，构建新型基础测绘体系，需要卫星测绘实现我国地理信息数据的快速获取，并进行精细化、定量化、空间化的监测。

卫星测绘为应急测绘工作提供重要保障。应急测绘保障是测绘地理信息部门的主要职责，应对自然灾害、事故灾难、社会安全事件等各类重大突发事件的应急处置，都需要利用地理信息数据作为了解灾情、抢险救灾和科学决策的依据，尤其需要利用卫星遥感的全天时和全天候测绘能力，快速、系统获取受灾区域最新基础地理信息，强化遥感影像统筹与对地观测资源共享，实时提供事前和准实时事后测绘地理信息服务，提高测绘应急保障服务能力。

卫星测绘为地理信息产业发展提供重要支撑。《国务院办公厅关于促进地理信息产业发展的意见》对加快我国卫星遥感基础设施建设提出要求，尤其需要开展光学立体测图卫星、干涉雷达卫星、激光测高卫星等建设。大力推进地理信息产业发展，要求提升、完善现有的卫星测绘应用服务体系，不断丰富卫星测绘产品，形成强大的卫星测绘应用产业化能力，依托测绘地理信息行业的“地理信息+”、地理时空大数据与智慧城市建设，建立以地方测绘地理信息部门为主的测绘地理信息产品生产服务体系和以企业为主体的增值服务体系，提升我国地理信息产业竞争力。

在肯定成绩的同时，我们也清醒地认识到，卫星测绘应用工作还存在一些不足，主要表现在：一是顶层设计与统筹协调不足。站在国家层面、着眼宏观战略、谋划长远发展的顶层设计和统筹协调不够。今天提交会议讨论的《卫星测绘“十三五”发展规划》将作为新常态下加强卫星测绘应用工作的重要文件，谋篇布局“十三五”时期乃至今后一段时期的卫星测绘发展目标和重点任务；二是测绘卫星种类较少，技术储备不足。目前测绘卫星种类较少、型谱不完整、数据获取能力有限，后续测绘卫星的预研和技术储备不足，国际领先的自主创新成果不多；三是制度规范标准建设相对滞后。卫星测绘数据统筹不够，生产、分发服务、知识产权保护、成果转化等相关政策法规和标准规范尚未形成；四是卫星测绘国际应用不够、产业化进程较慢。卫星测绘数据境外接收能力不足，未能有效整合国内卫星测绘数据生产能力，制约了我国卫星测绘应用的产业化和国际化进程。

三、加强卫星测绘应用工作的重点任务

加强卫星测绘应用工作，必须全面贯彻党的十八大和十八届三中、四中、五中全会精神，深入学习习近平总书记系列重要讲话精神，贯彻“四个全面”战略布局和创新、协调、绿色、开放、共享发展理念，紧密围绕“加强基础测绘，监测地理国情，强化公共服务，壮大地信产业，维护国家安全，建设测绘强国”的事业发展战略，主动适应经济发展新常态，坚持自主创新，稳步推进测绘卫星体系建设，加强卫星测绘成果应用和服务，健全卫星测绘应用工作体制机制，推进测绘地理信息事业改革创新发展，为经济社会发展和国防建设提供有力支撑。争取到2020年，初步建成1:5万—1:1万比例尺系列多类型多型号卫星测绘对地观测体系，高分辨率遥感影像自给率达到80%；建立集测绘卫星总体设计、仿真、检校、数据处理、服务和质量控制于一体的卫星测绘技术、产品和标准体系，生产1:5万—1:1万卫星影像产品和基础地理信息产品，形成规模化、自动化、网络化的产品生产和应用服务保障能力。要着力做好以下六个方面的工作。

（一）大力推进卫星测绘地球观测体系建设

要加强统筹谋划，建设卫星测绘对地观测体系，确保我国把握航天遥感影像获取自主权。一要构建1:5万—1:1万比例尺光学测绘卫星星座。面向新型基础测绘、地理信息产业发展等重大需求，加快发展1:5万和1:1万光学立体测绘卫星，实现长期在轨稳定业务化运行。加快高分七号卫星发射，实现全球1:1万地形测绘能力。积极推进资源三号03和04星、高分七号业务星的立项，为我国1:5万—1:1万测绘提供稳定的卫星数据源。二要发展干涉雷达卫星。结合我国对地观测体系建设相关规划，加快研制L波段差分干涉SAR等卫星，实现国产卫星的干涉测量和多云多雨地区的影像获取，支撑全球1:5万比例尺数字高程模型数据获取以及区域地表形变监测。三要建设其他测绘卫星。积极发展超高分辨率光学、激光测高、重力梯度测量等其他类型测绘卫星，提高卫星测高和全球重力场模型精度。按照“一星多用、多星组网、多网协同”的发展思路，加快构建种类齐全、功能互补、尺度完整的测绘卫星对地观测体系，逐步形成光学、雷达、激光、重力等合理配置、多种观测技术优化组合的综合高效全球观测数据获取能力。

（二）加快卫星测绘政策与标准体系建设

要加强顶层设计，完善卫星测绘政策和标准体系，优化卫星产业发展环境。一要加强卫星测绘应用政策制定。根据卫星测绘数据类型和应用范围，构建卫星测绘数据使用、分发服务机制，形成卫星测绘数据分发流程，更好地发挥卫星测绘数据的效能。研究建立卫星测绘数据知识产权体系和管理办法，建立适用于传统模式和网络环境下的卫星测绘数据知识产权保护机制。联合有关部门，建立适合于社会、公众以及境外的卫星测绘数据安全应用和密级评价机制，健全市场监督管理机制。进一步优化我国民用遥感卫星测绘数据企业化运营、商业化服务和国际化发展的政策环境。二要完善军民融合的卫星测绘发展机制。深入贯彻落实国家军民融合发展战略，建立军民融合的卫星测绘发展机制，逐步建立平时和战时兼容兼顾、军队和地方互利互赢的军民卫星测绘协作框架。加强军民卫星测绘科技创新协同，建立应急测绘保障协调机制、重大测绘项目协作机制和科技成果军民两用双向转移共享机制。三要加强卫星测绘应用标准体系建设。逐步建立和完善光学、雷达、激光等多类测绘卫星几何检校、数据处理、标准产品生产、产品质量监督检验、产品分发服务的系列标准规范，制定专题应用、信息提取、变化检测等增值产品及其技术标准。制定国产测绘遥感卫星数据获取和技术服务的标准化流程及规范。将“北斗”应用标准体系建设纳入测绘地理信息标准化建设规划，研究建立“北斗”应用标准体系框架，着力推进行业应用急需、共性和基础性标准的制修订，促进“北斗”在测绘地理信息领域的推广应用。

（三）加强卫星测绘技术体系建设

要加强技术研发，创新卫星测绘应用技术体系，为卫星测绘应用打下坚实技术基础。一要开展星地

一体化指标论证与仿真验证。研究高分辨率光学、干涉雷达、激光测高、重力等多类型测绘遥感卫星的测绘体制，开展星地一体化指标论证研究，建立指标优化设计与仿真验证系统。二要拓展国产高分辨率遥感卫星几何检校技术。开展多类型卫星地面检校技术研发，研制并发展新型几何检校装备，构建卫星检校精度验证技术平台，建立国产高分遥感卫星几何检校中心。三要强化多星多载荷遥感数据综合处理技术。发展针对多类型测绘卫星的摄影测量新理论和新方法，研究多星多载荷多时相测绘遥感数据的协同处理技术及其软硬件一体化测图系统。四要完善测绘卫星数据产品监管和质量监督检验技术。开展各类卫星测绘数据和产品的质量监督检验技术攻关，构建卫星测绘产品质量认证体系。加强卫星连续运行参考站建设监管、北斗导航与定位服务产品质量检测与监管，建立权威的地图导航定位产品质量综合测评体系。五要加强北斗应用技术创新。开展多领域、跨学科科技攻关和技术研发，积极支持基于位置的大数据及物联网科技创新和应用服务。开展基于北斗的动态时空基准构建技术、静态/动态高精度定位技术研究。加快推进高精度高动态时空基准信息应用服务、室内外无缝衔接定位服务和智能位置服务等应用技术创新。

（四）加快卫星测绘产品体系建设

要加强应用系统建设，形成卫星测绘产品体系，全面提升卫星测绘业务保障能力和水平。一要完善卫星测绘应用系统建设与运行。对资源三号01星应用系统进行功能扩充和适应性改造，建设卫星测绘地方生产基地和卫星测绘应用分中心，提升整个测绘行业卫星测绘生产技术能力。加快推进资源三号02星应用系统的规模化、业务化运行能力建设，形成面向资源三号双星组网的在轨检校、数据处理、产品生产、质量控制、数据管理和分发服务能力。建设高分七号、L波段差分干涉SAR等多颗卫星测绘应用系统，支撑数据产品业务化生产和同期其他在轨测绘遥感卫星的数据生产。二要构建面向多星多载荷的卫星测绘产品体系。研究卫星测绘产品分级和分类体系，构建面向超高分辨率敏捷光学、干涉雷达、激光测高、重力等多类卫星测绘的标准产品和增值产品，形成多类型卫星的新型基础测绘产品。三要建设标准化几何空间信息产品数据库。形成不同精度水平的标准化影像数据库和产品，建设全国2米分辨率正射影像数据库、全国及国外重点地区10—15米格网数字表面模型数据库等标准化几何空间信息产品数据库，实现数据库的定期更新。四要开发面向测绘及其他行业应用的新型服务产品。研制全球和全国统一基准的多尺度遥感影像控制点数据库，服务多级精度水平的标准化遥感影像几何处理。建立基于激光测高数据的全球广义高程控制点库，支撑全国1∶5万、1∶1万基础地理信息快速更新和全球三维地理信息的获取。按需构建高分辨率卫星光谱应用数据库、光学遥感影像数据解译样本及专家先验知识库，为遥感影像地物分类识别、变化检测和定量化应用等提供支撑。

（五）深化卫星测绘服务体系建设

要加强应用推广，构建卫星测绘服务体系，大幅提升卫星测绘数据产品服务能力和水平。一要推进国产测绘卫星为重大战略和重大工程服务。综合利用多类型遥感卫星数据资源，实现多源遥感信息的持续获取和综合应用，为“一带一路”、“生态文明”等国家重大战略实施，基础测绘、地理国情监测、应急测绘以及其他行业应用提供服务保障，推进卫星测绘数据的专业应用和深度应用。结合“一带一路”沿线国家和地区的实际需求，深度挖掘和推广北斗应用，促进北斗系统的国际化。二要推动国产测绘卫星公益性应用和商业化服务。面向政府、行业和公众，加强高分辨率遥感卫星影像获取统筹，健全卫星数据共建共享与应急服务机制，统筹建设卫星遥感大数据中心，建立常态化的高分辨率遥感影像应用效果评价机制。推进“双创”和“互联网+”行动计划，研究主动服务、智能服务和一站式服务等多种服务模式，搭建卫星测绘增值服务平台，培育面向产业和公众的卫星测绘增值服务“生态系统”。三要落实好新型卫星测绘服务模式。刚才，我们开通了资源三号卫星影像云服务平台，该平台包括1个国家主中心和31个省级分中心，主中心负责统筹数据获取、产品生产与分发服务，实现云服务环境下卫星数据产品全天候不间断自动推送；31个省级分中心实现省级节点部署及运行。这是一种新型卫星测绘服务模式，要抓好统筹落实。四要构建卫星测绘全球化服务网络。统筹建设遥感卫星接收站网、数据中心和共享网络平台，加快全球布局，扩大全球数据覆盖，探索建立国外合作数据节点，形成卫星遥感数据全球接收与服务能力。整合国内外资源，拓展遥感卫星影像商业服务模式，探索在轨卫星提供“参与运营”的“标准运营伙伴”服务模式。建立全球化的卫星测绘遥感数据产品销售与技术服务网络，推进国际合作、全球科学研究和商业化服务，形成卫星测绘全球化服务体系。五要提高北斗系统地面应用服务能力。统筹部署北斗卫星导航地基增强系统，加快推进现有国家卫星导航连续运行基准站网络改造，推进“一带一路”沿线国家和地区的北斗系统地面站建设，提升系统增强服务性能。综合地图与地理信息、遥感数据信息、交通信息、气象信息、环境信息等信息资源，建立全国性、高精度的位置数据综合服务系统，为各类用户提供综合性的位置数据综合服务。开展卫星导航领域的国际合作，鼓励在境外合作建立北斗卫星导航研发中心和营销服务网络，鼓励国外企业开发利用北斗系统，大力开拓国际市场。

（六）加强卫星测绘创新平台和人才建设

要建立测绘地理信息高等院校、科研机构、生产单位和企业的合作交流机制，倡导产学研用联合共建研发基地和创新平台。形成国家局卫星测绘应用中心与省级分中心的分工协作机制，抓好国产卫星测绘应用技术培训工作。加强国家局重点实验室、国际联合研究中心等创新平台建设，拓宽与国外相关科研院所、高校的合作交流渠道。努力推进境外部分地区卫星接收台站的建设。

要加强卫星测绘人才队伍建设，利用好国内国际两个资源，重视高层次人才和创新型人才的培养。充分发挥现有创新团队的优势，培养能够跟踪国际发展前沿、开展国际合作与交流的人才队伍。坚持卫星测绘技术的自主创新，在创新实践中发现人才，在创新活动中培育人才，在创新事业中凝聚人才。创新人才选拔、培养、使用、评价机制，注重各类青年学术技术带头人的选拔、培养和考核，重视引进和使用海外优秀人才，确保人才培养进入良性循环的局面。

同志们，卫星测绘应用工作是新时期测绘地理信息事业发展的重要组成部分，是测绘地理信息事业转型发展的助力器。加强卫星测绘应用工作，使命光荣，任务艰巨。面对新形势下的机遇和挑战，我们要进一步弘扬测绘精神和航天精神，团结奋斗，开拓进取，勇于创新，不辱使命，加快卫星测绘应用体系建设，提升测绘地理信息保障服务能力，为测绘地理信息事业改革创新发展作出新的贡献!!

做好新时期国际合作工作　助推测绘地理信息事业改革创新发展

——在全国测绘地理信息国际合作工作会议上的报告

国家测绘地理信息局副局长　李朋德

2016 年 11 月 3 日

各位代表，同志们：

大家上午好!

受库热西局长委托，下面由我向会议做测绘地理信息国际合作工作报告。

一、测绘地理信息国际合作取得显著成绩

这些年来，测绘地理信息国际合作紧密结合事业发展实际，从“以外为主，被动合作”向“以我为主，主动合作”转变，从一般性交流和技术引进向全方位“引进来”与“走出去”相结合转变，从“以政府和科研机构为主”向“政府引导、多方共同参与”转变，开创出测绘地理信息国际合作的新局面。

（一）不断拓展空间，交流合作广泛深入。改革开放以来，我国测绘地理信息合作已从单方面技术“引进来”，扩展到科技、标准、产品、服务和品牌“走出去”“引进来”的全方位双向合作。国际科技合作日趋紧密。在中欧、中美、中英、中澳、中德、中芬等科技合作框架下，以及在科技部、国家自然科学基金委支持下，开展了国际科技合作项目近 30 项，在现代空间大地测量应用、高精度导航定位、数字摄影测量、卫星测图关键技术及应用、卫星地面几何检校、合成孔径雷达遥感、生态环境遥感监测、地理信息公共服务等领域取得一批重大成果。标准国际化取得突破。首次主导完成了地理信息国际标准《地理信息影像与格网数据的内容模型及编码规则第一部分：内容模型》编制，开展了4项国际标准项目提案申请立项，我国测绘地理信息专家参加国际标准制修订项目不断深入，在国际标准化组织地理信息技术委员会中的话语权和影响力逐步提升。“走出去”成效突出。近百家测绘地理信息企业参与国际竞争，其中一些已经成为技术装备出口的龙头企业。随着中资企业在海外投资建设项目日益增多，大量有实力的工程测绘企业走出国门，承揽国际测绘业务。公共服务平台“天地图”发布了英文版，能够提供覆盖全球信息服务，周边国家信息尤其丰富。以老挝为试点的数字湄公河地理空间框架建设示范项目，在澜沧江—湄公河合作首次领导人会议上，作为澜湄合作早期收获项目向大湄公河次区域各国推广。国际服务日益增多。资源三号卫星全球有效覆盖范围7000多万平方千米，其中亚洲、大洋洲和南美洲有效覆盖达到62%以上，应用覆盖到全球30多个国家，开展了湄公河、加勒比地区等多个卫星测绘国际应用服务。推动北斗卫星导航系统在泰国、老挝、缅甸等亚太地区30多个国家应用。立项实施了全球地理信息资源开发项目，优先研制了中亚、南亚、东盟等“一带一路”重点区域的高分辨率地理信息数据，向全球发布并提供服务。

（二）服务全球事务，国际地位日益彰显。我国测绘地理信息已经活跃在世界舞台，发出“中国声音”，展示“中国实力”。测绘地理信息成就获得国际肯定，国家测绘地理信息局荣获世界杰出国家测绘地理信息管理部门大奖，成为第一个获得此项殊荣的发展中国家测绘地理信息部门。中国作为联合国全球地理信息管理协调机制的发起国之一，推动成立了联合国全球地理信息管理专家委员会，并当选共同主席。与联合国全球地理信息管理亚太、欧洲、美洲、非洲、中东区域委员会建立良好关系，在亚太地区和全球测绘地理信息界发挥重要引领作用。中国政府在联合国建立技术合作信托基金，实施发展中国家地理信息管理能力开发项目，为全球地理信息管理能力提升做出突出贡献。自主研制了30米分辨率全球地表覆盖数据产品，并由中国政府捐赠给联合国，成为中国向国际社会提供的第一个全球性地理信息高科技产品。成功在华举办了第13届联合国亚太区域测绘会议、第20届国际地图制图大会、第21届国际摄影测量与遥感大会、联合国第3次全球地理信息管理高层论坛等一系列重要国际会议。

（三）积极搭建平台，合作内容更加丰富。国际合作平台是开展务实合作的重要抓手和支撑。通过建立不同层次、不同形式的国际合作平台，我国测绘地理信息与国际实现无缝连接，发挥出国际协同优势。成立了国家测绘地理信息局联合国项目管理办公室，与联合国共同实施中国及其他发展中国家地理信息管理能力开发项目，推动全球地理信息管理能力建设。先后承担国际摄影测量与遥感学会秘书处、联合国全球地理信息管理亚太区域委员会秘书处等相关工作，为政府间及非政府间测绘地理信息国际组织提供业务支撑，展现负责任大国良好形象。建立了测绘地理信息国际联合研究中心和卫星测绘技术与应用国际联合研究中心，依托新疆组建了中亚地理信息工程技术研究中心，建成了目前亚洲唯一的国际卫星导航定位服务数据分析中心，成为深化我国与世界各国在测绘领域合作的新起点。创办了《影像与数据融合》国际专业期刊，为全球四十多个国家和地区的测绘地理信息领域科研工作者搭建了学术交流和信息共享的平台，已被国际著名的科技网数据库的新兴资源索引收录。

（四）主动承担责任，对外援助稳步推进。加强了测绘地理信息领域的南南合作，对外援助工作有序推进，为我国测绘地理信息技术、标准、产品、服务“走出去”搭建了广阔舞台。加入对外援助部际协调机制，开启对外援助新篇章。在2016年对外援助部际协调机制领导小组成员单位全体会议上，国家测绘地理信息局正式加入对外援助部际协调机制，为测绘地理信息领域更加积极参与对外援助工作、更好服务于国家外交战略提供了广阔平台。援助巴基斯坦建立新一代国家测绘基准，助力中巴经济走廊建设。在我商务部和巴基斯坦经济部的共同支持下，援助巴基斯坦建立新一代国家测绘基准项目即将立项启动。援助巴基斯坦国家新一代测绘基准项目，不仅能提高巴基斯坦测绘基准现代化水平和服务水平，满足其国内经济社会国防建设需要，同时也能为中巴经济走廊大型基础设施建设的规划、设计、实施提供亟需的基础地理信息成果，满足相关重点工程亟需的现代化测绘地理信息服务。开展老挝北斗卫星综合服务系统建设，促进周边国家共同繁荣。老挝北斗卫星综合服务系统首座基站落成，标志着老挝北斗卫星综合服务系统正式落地。系统建成后，将为老挝提供高精度卫星导航、定位、授时服务，服务于老挝城乡建设、气象与灾害应急、导航与监测等，是北斗导航定位系统更好地服务全球，实现资源共享的具体体现。

（五）注重双向交流，人才培养成效显著。通过双边多边合作培养了一批懂技术、会管理、具有国际视野，与国际接轨的复合型测绘地理信息人才，为我国测绘地理信息全面登上国际舞台创造了条件。现有40余位测绘地理信息专家学者在联合国、地球观测组织等政府间国际组织，以及国际摄影测量与遥感学会、国际地图制图协会、国际测量师联合会等非政府间国际组织中担任职务。派出全国测绘地理信息系统30多人到联合国机构及其他国际组织挂职工作，以及欧美知名院校进修学习。以国家外国专家局引进国外技术、管理人才项目（引智项目）为依托，吸引和支持国外高校或科研机构的知名学者和青年专家近30人次来华工作。通过与联合国合作的“中国及其他发展中国家地理信息管理能力开发”项目，为广大发展中国家地理信息管理和技术人才培养做出杰出贡献，得到国际高度赞赏。

（六）加强外事管理，工作机制更加完善。认真贯彻落实党中央、国务院有关外事管理工作文件精神，先后制订和修订了《国家测绘地理信息局外事和香港澳门台湾事务管理规定》，完善外事管理工作流程，加强外事工作条件建设，进一步增强了外事管理工作的规范性，特别是加强了对出国（境）团组的管理，明确和规范了审批程序，形成了涵盖外事管理工作各个方面和环节的管理制度体系。严格执行中央八项规定的精神和要求，从严、从紧、从高要求，严格控制接待标准，着力抓好外事纪律管理工作。

测绘地理信息国际合作取得的良好成绩，归功于党中央、国务院的坚强领导，得益于相关部委、地方各级党委政府的鼎力支持，离不开全行业广大职工的艰苦奋斗、开拓创新的精神品质。在此，我代表国家测绘地理信息局，向测绘地理信息国际合作取得的成绩表示热烈的祝贺！向社会各界的大力支持表示衷心的感谢！

在看到成绩的同时，我们也要清醒地看到一些不足。一是国际核心竞争力不强。美国、日本、欧洲等国家和地区在技术、装备、人才、标准、经验等方面处于领先地位，我国的测绘地理信息技术标准、优势特点等方面需要得到国际认可。二是政策环境有待进一步优化。缺乏统筹规划和政策引导。企业“走出去”自发行为多，缺乏协调自律，存在相互压价、恶性竞争的现象。三是国际合作的抓手还不多。国际合作平台不够完善，国际合作机制不够健全，国际合作的内容和形式需要进一步丰富和拓展，国际化人才不足。对于这些不足，我们必须高度重视，采取有力措施加以改进和完善，以满足新时期测绘地理信息国际合作发展的需要。

二、今后一段时期测绘地理信息国际合作重点任务

新时期有新挑战，新目标需要新要求。今后一段时期，测绘地理信息国际合作要密切配合国家外交战略，落实中央外事工作要求，贯穿创新、协调、绿色、开放、共享五大发展理念，统筹国内与国外、建设与应用、技术与产业协调发展，建立政府引导、民间参与、机构互动的国际合作架构，以及全方位、多层次、宽领域的国际合作格局，显著提升测绘地理信息国际影响力，推进测绘地理信息强国建设。

（一）丰富全球地理信息数据资源体系。以“全球地理信息资源建设工程”项目为抓手，加快重点地区地理信息数据资源的开发，促进全球地理信息的共享与合作。基于我国自主的全球地理信息资源开发成果，积极向相关国际组织与研究机构开展境外数据验证、资源补充等国际合作。建立以我国为主要支撑、覆盖面广、影响力大的全球地理信息共享国际合作网络。与“一带一路”沿线国家、非洲和拉美重点国家开展合作，面向生态环境监测、农林业务管理、交通路网建设、公共卫生安全、防灾减灾与应急响应、资源能源调查等地理信息应用合作研发。

（二）加快全球地理信息网络服务体系建设。全面提升国际化网络服务能力，推进国际化网络共享。着力推进面向区域及全球提供地理信息网络服务。以国家地理信息公共服务平台“天地图”为基础，建立境外分布式数据中心和服务中心，进一步聚合相关国家和地区经济社会和环境信息，支持中、英及更多语言，提升全球化服务能力。继续推进国家间、区域间、机构间地理信息网络共享。联合相关国家和国际组织，推进基于面向服务体系架构的公共地理信息标准、共享规则的定义与试验。

（三）加快卫星测绘应用国际化体系建设。将应用作为推进国际合作的重要抓手。加快测绘卫星数据中心的全球布局。重点推进金砖国家、非洲、

拉美地区等境外卫星接收台站的建设，形成卫星数据全球接收与服务能力。加快建立全球化的卫星测绘数据和产品销售与技术服务网络，包括建设测绘卫星数据目录及服务体系、测绘卫星数据国际化开发服务平台等。加强测绘卫星体系建设。加快构建种类齐全、功能互补、尺度完整的测绘卫星对地观测体系，加强测绘卫星星座和应用系统建设。促进国际遥感卫星数据的统一体系，实现数据一致化、标准化。

（四）推进基于北斗导航系统的全球大地基准参考框架体系建设应用。要让中国的北斗成为世界的北斗。基于北斗卫星导航系统，联合“一带一路”沿线国家，共同建立覆盖亚、太、欧的大地测量基准，并逐步扩展至全球。建立统一的全球大地基准以及维持该基准的全球卫星定位连续参考站网，开展基于北斗的全球地球形变监测。进一步完善边境地区卫星导航定位基准站网，建立跨区域的大地基准与位置服务网络。通过 PPP 等多种模式推进北斗连续运行基准站和导航定位服务系统建设，并通过市场运作、对外援助、科技合作等方式优先在中亚、南亚、东南亚等地区进行推广。

（五）完善地理信息产业“走出去”支撑体系。通过加强区域地理信息产业合作、支持产业链重点环节国际合作、加强产业“走出去”和“引进来”管理服务等措施，为企业参与国际合作提供坚强支撑，为产业长远发展开拓更大的市场空间。探索“南南合作”新模式，通过技术培训、示范应用、联合研发、科研捐赠等形式，向发展中国家进行测绘地理信息技术输出。积极拓展东盟及南亚国家地理信息服务市场。支持面向中亚、西亚、东北亚、东盟的北斗产业化应用。持续开拓非洲、南美、东南亚等新兴经济体的地理信息市场。鼓励社会资本参与测绘地理信息基础设施建设与运营服务。支持企业与相关国家开展合作，积极接纳发达国家的地理信息产业外包业务，努力打造地理信息服务外包特色品牌，逐步向测绘国际高端市场渗透。支持企业适时开展境外投资业务，收购技术和品牌，带动产品和服务出口，并组建产业联盟。强化外国组织或个人来华测绘和建立测绘企业的相关活动管理。加强同我国驻外的使领馆等机构的联系，提高风险预警和应对突发事件的能力，保护“走出去”测绘地理信息企业合法权益，维护我国测绘地理信息企业良好形象和共同利益。

（六）建设国际合作技术与知识支撑体系。通过技术、标准、人才、服务、平台等方面的多措并举，打造完整、高端、先进的国际技术与知识体系。不断完善不同层次不同形式的国际合作平台。新建一批国际联合研发中心、国际技术转移中心、国际交流培训中心和国际科技合作创新联盟。支持新疆、广西、云南等地方和部门推进与周边国家和地区的服务平台建设。深化国际科技合作，用好全球创新资源，全面提升科技创新的国际化水平。围绕全球热点和技术前沿开展国际合作，积极参与国际大科学工程，适时发起我国主导的测绘地理信息国际大科学计划和大科学工程。继续支持相关科研与示范。以巴基斯坦、老挝、斐济等为试点，实施“一带一路”沿线国家测绘地理信息国际合作示范项目。大力促进我国测绘地理信息标准国际化。加强在国际标准制定中的参与力度和主导地位，力争在“十三五”期间主导编制完成更多国际标准。鼓励企业、社会组织和产业技术联盟积极参与国际测绘地理信息标准化工作。推动与主要合作国之间的标准互认。实现新技术标准与国际标准接轨。将更多具有自主知识产权的技术和产品以标准化手段推向国际，努力提高我国在地理信息国际标准制订中的话语权。

三、加强测绘地理信息国际合作组织机制保障

当前，我们要按照先易后难、循序渐进的原则，一步一个脚印地推进国际合作，重点采取五方面保障措施。

（一）加强组织领导。国际合作是测绘地理信息全球化发展的一个重要组成部分。要充分认识国际合作对推动事业发展，促进我国测绘地理信息全面走出去的重大意义和深远影响。各级测绘地理信息部门、各个相关单位要切实重视国际合作，纳入测绘地理信息工作的重要议事日程，统筹规划，精心组织，认真实施。要结合自身需求和发展重点，制定国际合作规划和行动，争取加入各级政府对外合作协调机制。要进一步完善国际合作工作管理机构，充实力量，强化职能，健全制度。各级领导要切实增强紧迫感和使命感，以高度的责任心扎扎实实做好每一项工作。

（二）完善政策环境。新的形势为测绘地理信息国际合作带来了新的挑战，需要深入研究认真学习国家外交、外事、外资、外经贸工作的方针和政策，努力提高驾驭对外工作的能力和水平。要加强与外交、发改、财政、科技、商务等部门的沟通，争取对测绘地理信息“六大全球化体系”建设的支持力度和自主产品服务在援外大型工程项目中优先使用。要研究制订涉及测绘资质、信用评价、成果共享、科技成果转化等鼓励测绘地理信息“走出去”的保障措施。要通过技术、项目等方面的支持，积极推出和扶持自主创新产品。要加快研究细化外国组织或个人来华测绘管理办法。要努力争取设立测绘地理信息“走出去”专项促进资金，支持测绘地理信息企事业单位争取国际合作项目、开拓国际市场、进行科技创新和成果转化。

（三）健全工作机制。加强与有关国家测绘地理信息管理部门和学术团体的联系。争取重要测绘地理信息国际组织在我国落户或设立分支机构，支持我国专家在重要国际组织和机构中任职。充分发挥在联合国全球地理信息管理专家委员会、地球观测组织以及其他相关国际组织中的作用，发起、实施重大国际合作计划项目。根据边境地区及“一带一路”沿线各地区自然环境、经济基础、技术水平等特点，有针对性地调动地方力量，形成服务国家战略的合力。继续发挥相关学会、行业协会、产业联盟的作用，定期举办国际测绘地理信息技术应用推广、培训和技术交流活动。引导和支持外向型地理信息企业建立产业联盟，强强联合，优势互补，团结协作，避免在国际市场上孤军奋战、不当竞争。通过资金配套、项目示范等方式鼓励测绘地理信息企事业单位、科研机构、高等院校加大国际合作投入。

（四）建设人才队伍。打造一支坚强的测绘地理信息人才队伍是做好国际合作工作的关键。通过争取科技部和国家外国专家局专项支持，以及商务部、教育部、国家留学基金委培训计划支持，培养具有国际视野、通晓测绘地理信息技术、熟知国际商务规则、熟悉其他国家国情的管理人才、科技人才、经营人才。要适应新时期新要求，定期开展教育培训，采取多种措施，提高参与国际合作工作人员的政治理论水平、国际合作工作能力和综合业务素质。所有参与国际合作人员都要保持政治坚定，要与党中央高度一致，将维护国家利益作为至高无上的责任，对诱惑和复杂环境时刻保持清醒头脑。要加强学习，注重经济、科技、外贸、法律等方面知识的更新，熟悉国家外交政策和外事工作规章制度，掌握行政、工程、外资、项目等方面的管理技能。要熟悉业务，从测绘地理信息实际出发，提高业务素质和驾驭工作的能力。

（五）强化外事管理。各级测绘地理信息外事部门要认真学习中央外事管理工作的方针政策，准确把握外事管理工作要求，不折不扣地落实外事管理的有关规定。要加强廉政勤政建设，严格自律，廉洁奉公。我们要继承和发扬外事工作的优良传统，在对外交往中严守国家秘密，自觉遵守外事纪律，加强思想作风建设，经受住各种考验，自觉抵制各种不正之风，坚决维护国家的利益和形象。要加强测绘地理信息外事管理制度建设，理顺工作关系，严格办事程序，完善外事管理和服务体系的建设，实现测绘地理信息外事管理工作的科学化、规范化和制度化。

同志们！当前测绘地理信息改革创新发展进入了关键阶段，我们肩负的责任光荣而重大，测绘地理信息国际合作工作任重而道远。大家要全面贯彻习近平总书记系列重要讲话精神，按照这次会议的部署，立足国内，放眼世界，聚焦“一带一路”，深刻认识做好新形势下测绘地理信息国际合作工作的重要性和紧迫性，扎扎实实地做好测绘地理信息国际合作相关工作，开拓测绘地理信息国际合作的新局面，推动中国测绘地理信息在国际舞台上扮演更重要角色，促进测绘地理信息转型发展，大幅提升测绘地理信息保障服务能力。

谢谢大家！

坚持全面从严治党　强化监督执纪问责
为测绘地理信息事业发展提供坚强保障

——在全国测绘地理信息系统党风廉政建设工作电视电话会议上的工作报告

国家测绘地理信息局党组成员、纪检组组长　于贤成

2016 年 2 月 23 日

同志们：

刚才，库热西同志就学习贯彻习近平总书记在中央纪委六次全会上的重要讲话精神和王岐山同志的工作报告提出了明确要求，并对 2016 年重点工作进行了部署，大家要认真学习领会，并结合本部门本单位实际抓好贯彻落实。下面，我代表国家局党组，就测绘地理信息系统党风廉政建设和反腐败工作作报告。

一、2015 年工作回顾

2015 年，在国家局党组和地方党委的领导下，测绘地理信息系统各部门各单位坚决贯彻全面从严治党要求，严明政治纪律和政治规矩，积极落实“两个责任”，持之以恒纠正“四风”，加强制度建设和廉政教育，加大正风肃纪力度，党风廉政建设和反腐败工作取得新的成效。

（一）“两个责任”得到进一步落实。国家局党组坚持把抓好党建作为最大政绩，及时学习贯彻党中央、国务院和中央纪委关于党风廉政建设的各项决策部署，牢牢抓住主体责任这个“牛鼻子”，采取有力措施，切实抓好落实。成立了国家局党建工作领导小组，2015 年共召开 21 次党组会议研究党建和党风廉政建设。召开了全系统党风廉政建设工作会议，明确了年度工作重点和责任分工，组织签订了党风廉政建设责任书，开展了基层党组织书记“两个责任”轮训，结合巡视、民主生活会、年度考核、党建述职考核评议等对“两个责任”落实情况进行了全面检查，库热西同志亲自对 7 个单位和部门的党风廉政建设进行了专项检查。各部门各单位坚持把党风廉政建设和业务工作同研究、同部署、同落实，建立责任清单，层层传导压力。各级纪检监察机构聚焦主业主责，做好监督执纪问责。浙江省纪委书记专门听取了浙江局党风廉政建设汇报，贵州厅对“两个责任”实行台账式管理，山西局等组织签订了年度责任书，江西局把检查指标细化为 6 大项 20 多个小项，湖南厅、宁波局出台了责任追究办法，这些都有力推动了“两个责任”落实。

（二）“三严三实”专题教育取得明显成效。国家局党组把开展好专题教育作为重大政治任务，党组成员带头示范、以上率下，严格按照中央部署要求，结合学习贯彻习近平总书记给国测一大队老队员老党员回信重要指示精神，精心组织、扎实推动专题教育，取得了显著成效，受到中组部的肯定。各部门各单位把专题教育作为落实全面从严治党的重要抓手，结合实际，扎实开展。党组织负责人带头讲专题党课，带头学习研讨，带头查摆问题。围绕 3 个专题认真开展集中学习研讨，重点学习习近平总书记系列重要讲话精神和党章党规党纪等，对照周永康、薄熙来等反面典型深刻汲取教训，对照焦裕禄、杨善洲和国测一大队、杨艳萍等先进典型检视差距不足。召开了专题民主生活会和组织生活会，开展了严肃认真的批评和自我批评。把发现和解决问题贯穿专题教育始终，强化整改落实和立规执纪，解决了一些不严不实的突出问题。通过开展专题教育，广大党员干部在思想、党性、纪律、作风上进行了“补钙加油”、“强筋健体”。

（三）纪律和作风建设进一步深化。国家局党组把严明政治纪律和政治规矩放在突出位置，坚决维护党的团结统一，进一步加强对党中央、国务院以及国家局党组决策部署落实情况的监督检查，确保各项任务落实。持之以恒纠正“四风”，国家局机关清理腾退超标准办公用房 1200 多平方米，全部用于科研、生产和服务，各直属单位也基本完成了办公用房清理整改。抽查了 137 名处级以上干部的个人报告事项，抽查比例达 23%，对发现的问题，

根据情节轻重对相关人员给予批评教育、限期改正、取消拟提拔考察对象资格等处理。针对群众反映，制定了《关于规范国家测绘地理信息局机关公务员参加评审、论证等活动的通知》，提高了廉政要求，推进了作风转变。各部门各单位在抓常抓细抓长上下功夫，持续抓好“四风”整改。河南局开展了严守政治纪律政治规矩专项治理，天津市规划局、四川局、宁夏厅开展了执行中央八项规定情况检查，福建局处理一起违反公车管理规定的行为，江苏局、辽宁局对公车假日集中停放情况进行了暗访督查，河北局、陕西局对党员干部参加评审论证等活动进行了规范，推进了作风监督常态化。

（四）廉洁从政意识进一步增强。国家局党组把学习党章党规作为党性教育、廉政教育的重要内容，列入党组中心组学习计划、支部理论学习计划，库热西同志带头领读党章，深入学习党章。认真组织学习《廉洁自律准则》和《纪律处分条例》，开展了专题辅导和知识测试。充分发挥正反两方面典型的教育作用，在全国各地举办10余场国测一大队先进事迹报告会，及时对有关违纪案件进行通报，用身边的事教育身边的人。各部门各单位把廉政教育摆在重要位置，通过多种形式，引导广大党员干部懂纪律、知敬畏、守底线。云南局、大连局发送了廉政短信，质检中心组织党员干部参观廉政教育基地，新疆局开展任前廉政知识测试，湖北局开展廉政党课。江西省宜春市等基层测绘地理信息行政主管部门把党风廉政建设作为每次局务会的固定内容，采取在办公场所设立警示标识、组织宣誓活动等方式加强教育。通过全面深入的学习教育，全系统广大党员干部进一步强化了遵规守纪、廉洁从政意识。

（五）巡视和审计监督作用进一步发挥。国家局党组认真贯彻新修订的《中国共产党巡视工作条例》，成立了巡视工作领导小组，聚焦“四个着力”，突出“六大纪律”，在以往每年巡视2家单位的基础上，2015年对5家所属单位进行了巡视，首次将发现问题通过报纸、网站等公开，督促抓好问题整改，有效发挥了巡视的监督作用。对10个局所属单位主要领导干部进行了离任经济责任审计，对存在问题提出了整改要求和时限。对2014年审计整改情况进行了跟踪检查，开展了地理国情普查项目和有关资金管理使用情况延伸审计。黑龙江局实现局属单位内部审计全覆盖，甘肃局定期对所属单位财务情况和重大项目开展审计，研究院制定了内部审计工作办法，吉林局、地信中心开展廉政风险排查防控工作，内蒙古局组织干部签订了廉政风险防控承诺表，北京市勘测办、山东厅、重庆院、卫星中心等完善了多项廉政规章制度。

（六）纪律审查力度进一步加大。国家局党组纪检组严格按照党纪条规妥善处理来信反映的问题，对重要线索进行及时核查，2015年共处置信访举报43件，有的干部被取消提拔考察资格、有的干部受到党纪政纪处分。2015年，国家局党组纪检组按照中央纪委的要求，严肃查处了海南局原党组成员、副局长金玉平违纪案件。经查，金玉平在担任海南基础地理信息中心主任期间，严重违反中央八项规定精神和组织纪律、财经纪律、廉洁纪律，党的十八大后不收敛、不收手，2013年至2015年5月期间，以招待项目甲方单位为由，违规报销100多万元的招待费；2013、2014年共购买55.5万元加油卡，其中大部分被送给工作关系单位的有关人员；将招待个人朋友旅游的支出用公款报销；通过签订虚假合同、虚构经济业务事项的手段套取资金，违反财经纪律私设“小金库”，支出使用由个人决定；违反民主集中制原则，近年来个人擅自决定将合同金额1500多万元的20多个项目外包给多家单位，其中大部分外包给其亲属所在的公司。金玉平受到留党察看一年、行政撤职（降为主任科员）处分。各级纪检监察机构努力实践监督执纪“四种形态”，对党员干部存在的苗头性倾向性问题及时提醒纠正，纪律审查力度持续加大。

在看到成绩的同时，我们也清醒地看到，测绘地理信息系统党风廉政建设形势依然严峻复杂，距离全面从严治党的要求还存在不少差距。主要表现在：一是麻痹思想仍然存在。有些同志认为我们是“清水衙门”，行政审批权小，权钱交易机会少，存在麻痹心理。少数党员干部享乐主义、奢靡之风没有改，违反中央八项规定精神的行为屡有发生。少数党员干部对党中央全面从严治党的决心和意志认识不足，廉洁自律意识不强，个别党员干部依然我行我素、顶风违纪违法。广西局原党组书记、局长陈仲怀，利用职务便利，非法收受他人财物，为他人谋取利益，2015年一审被判处有期徒刑13年6个月。云南局原党组书记、局长耿弘，利用职务便利，非法收受他人财物，为他人谋取利益，滥用职权造成国家采矿权价款重大损失，2015年一审被判处有期徒刑 12 年。二是资金和项目管理存在风险。近年来，随着国家和地方政府对测绘地理信息工作越来越重视，财政投入越来越大，项目资金越来越多，管理不够规范带来的问题也逐渐增多。一些单位财务管理不规范、财务制度执行不严格，擅自改变财政资金用途、超范围开支等违反财经纪律的问题仍有发生，项目招投标、承包、转包、设备采购、外业经费使用等方面存在漏洞。一些院队等基层单位受市场“潜规则”影响，采取违规手段争取和承揽市场项目，存在巨大的隐患和风险。三是责任落实和制度执行不到位。落实全面从严治党责任存在层层衰减的问题，把纪律和规矩挺在前面的力度不强，对党员干部的管理监督不够严格。一些制度规定相对滞后，尤其是一些重大项目、重点环节和关键领域的监督制度尚需完善，制度执行力还有待进一步提高。四是纪检监察机构不够健全。目前，各单位纪检监察机构大多是与相关职能部门合署办公，纪检监察工作人员基本都是兼职，人手少、任务重，不能适应新形势新任务的需求。个别单位纪检监察机构不明确，不少几百人的单位无专职纪检干部，纪检监察工作人员的业务能力急需提升。对于这些问题，必须认真研究，采取有效措施加以解决。

二、2016 年工作任务

2016 年是我国进入全面建成小康社会决胜阶段、实施“十三五”规划的开局之年，是全面从严治党的深化之年，也是《廉洁自律准则》和《纪律处分条例》正式施行的第一年。2016 年测绘地理信息系统党风廉政建设和反腐败工作的总体要求是：深入学习习近平总书记系列重要讲话精神，全面贯彻党的十八大、十八届历次中央全会和中央纪委六次全会精神，坚持全面从严治党、依规治党，加强纪律教育和廉政教育，聚焦监督执纪问责，深化标本兼治，强化党内监督，把纪律挺在前面，持之以恒落实中央八项规定精神，着力解决群众身边的不正之风和腐败问题，为测绘地理信息事业发展营造良好的政治生态。

2016 年重点要做好以下 8 个方面工作：

（一）保持政治定力，切实把纪律和规矩立起来严起来。要把严守纪律、严明规矩放到更加突出的位置，严格执行党章和党内法规制度。扎实开展“学党章党规、学系列讲话、做合格党员”学习教育，做到知边界、明底线，形成尊崇党章、遵守党纪的良好习惯。广大党员干部要时刻绷紧政治纪律这根弦，切实增强政治定力，提高政治敏锐性和政治鉴别力，在政治上思想上行动上与党中央保持高度一致。要抓住“关键少数”，紧紧围绕对党忠诚、履行管党治党政治责任、遵守党的纪律，加强对党员领导干部的监督。要加强对政治纪律执行情况的监督检查，坚决纠正上有政策、下有对策，有令不行、有禁不止行为，确保中央政令畅通。

（二）夯实“两个责任”，把全面从严治党要求落到实处。各级党组织要牢固树立不管党治党就是严重失职、管党治党不力就是渎职的意识，坚决落实全面从严治党主体责任，推进清单式明责、常态式履责、倒逼式追责。党组织书记要当好第一责任人，对党负责，对本单位政治生态负责，对干部健康成长负责，做到真管真严、敢管敢严、长管长严。要健全完善责任体系，级级传导压力，层层压实责任，实现全覆盖、无死角。要把“两个责任”落实情况列入党建述职考核评议的重要内容，完善检查考核制度，加大监督检查力度，督促把责任落实到位。纪检监察机构要敢于瞪眼黑脸，勇于执纪问责，使管党治党真正从宽松软走向严紧硬。今年国家局将针对“两个责任”落实不到位、项目管理和资金使用方面的廉政风险等开展专项整治和监督检查。

（三）坚持入脑入心，抓好两部党内法规的贯彻实施。要加强纪律教育和廉政教育，把《廉洁自律准则》和《纪律处分条例》纳入党委（党组）中心组学习、党支部“三会一课”和党员干部教育培训的重要内容，通过组织党员干部撰写体会文章、开展知识竞赛、学习研讨等形式，把党章党规党纪真正刻印在全体党员心上，坚决克服“清水衙门”思想。要坚持高标准和守底线相结合，对照“四个必须”“八条规范”，树立高尚情操，提高自律意识，筑牢思想防线，以“六项纪律”为尺子，把纪律和规矩挺在前面，坚决维护党规党纪的严肃性。

（四）深化作风建设，持之以恒落实中央八项规定精神。最近中央纪委又部署了整治“四风”问题回头看工作，我们要按照中央纪委的要求，认真开展整治“四风”问题回头看，重点检查我们制订的整治“四风”的措施是否有针对性、各项制度规范是否落实、作风建设成果是否得到干部群众认可、还存在哪些短板和不足，重点检查是否存在公款吃喝、公款旅游、公款报销、滥发津补贴、超编配备车辆、接受下属或私营企业主宴请、参与高消费娱乐活动等问题。密切注意不正之风的新动向新表现，发现一起，处理一起，通报一起，从重处理隐形变异“四风”问题，对不收手、不知止、规避组织监督的一律从严查处，越往后执纪越严，坚决防止“四风”问题反弹。

（五）用好“四种形态”，保持惩治腐败的高压态势。坚持无禁区、全覆盖、零容忍，严格按照五类标准处置问题线索，扩大谈话函询覆盖面，重点查处政治纪律和腐败问题交织，不收敛不收手，问题线索反映集中、群众反映强烈、现在重要岗位且可能还要提拔使用的领导干部，做到有案必查、违纪必究。切实把纪律挺在前面，让咬耳朵、扯袖子、红红脸、出出汗成为常态，党纪轻处分、组织调整成为大多数，重处分、重大职务调整的是少数，而严重违纪涉嫌违法立案审查的只是极极少数，真正体现对党员干部的严格要求和关心爱护。各级纪检监察机构要转变工作理念、创新思路方法，信访受理、线索处置、谈话函询、执纪审理都要坚持纪在法前，主动把监督执纪的关口前移到盯住违反纪律的行为上来，把运用“四种形态”的情况作为检验工作的标准。

（六）深化巡视工作，更好地发挥党内监督制度的作用。认真落实中央对巡视工作的新定位新要求，修订《国家局党组巡视工作暂行办法》，实现对局所属单位的巡视全覆盖，对发现的问题紧盯不舍，确保件件有着落、事事有回音，对责任不落实、整改不到位的要严肃问责。要继续深化内部审计，确保审计发现的问题整改落实到位。进一步健全民主生活会制度，用好批评和自我批评的武器。健全干部经常性管理机制，严格执行谈话谈心、个人有关事项报告、诫勉谈话函询、离任审计、民主集中制和“三重一大”事项集体决策等制度。加强廉政风险防控，进一步深化改革，完善各项规章制度，提高制度的执行力。要畅通监督渠道，创新监督方式，激发群众监督正能量。

（七）层层传导压力，切实加强基层党风廉政建设。各部门各单位要从海南局原副局长金玉平违纪案件中认真吸取教训，有针对性查找问题和不足，加强对院队等基层企事业单位领导干部的日常教育和管理，督促他们切实增强纪律和规矩意识，严格执行财务管理制度，在市场经济活动中守住底线，真正在纪律上、作风上严起来、实起来。要严肃查处项目招投标、资金使用、行政审批、人员招聘等方面的违规问题，注意防范事业单位改制中低估地理信息价值等侵占国有资产的行为。要高度重视侵害群众利益的不正之风和腐败问题，把责任和压力传导到基层企事业单位，传导到各个部门各个岗位，加强防范农村土地确权测绘、房地产测绘等涉及群众切身利益测绘活动中的违纪违法行为。

（八）健全体制机制，打造忠诚干净担当的纪检监察队伍。各单位要进一步健全纪检监察机构，发挥纪委委员作用，增加专兼职纪检监察干部人数。纪检监察机构要进一步落实“三转”，聚焦主业，实现思想观念、体制机制、管理监督、方式方法和工作作风的与时俱进。纪检监察干部要不断提高思想政治水平，培养求真务实作风，提升履职能力，全面履行好党章赋予的监督执纪问责职责。要强化纪检监察干部的日常管理和监督，建设忠诚干净担当的纪检监察队伍。

同志们，做好今年的党风廉政建设和反腐败工作，任务艰巨、责任重大！我们要认真学习贯彻习近平总书记系列重要讲话精神，全面贯彻落实中央纪委六次全会部署，按照国家局党组要求，坚定信心，扎实工作，不断开创测绘地理信息系统党风廉政建设和反腐败工作的新局面，为做好全面建成小康社会决胜阶段的测绘地理信息工作提供坚强保障。

重要会议

学习宣传贯彻《地图管理条例》电视电话会议

主办单位：国家测绘地理信息局

时间：2016 年 1 月 6 日

地点：北京

参加人员：国家测绘地理信息局局长库热西·买合苏提，副局长王春峰、宋超智、李朋德，总工程师李志刚，局机关全体公务员，局所属在京单位有关负责人，北京市规划委员会有关人员和部分行业单位负责人等在北京主会场参加会议。各省、自治区、直辖市测绘地理信息主管部门负责人及机关有关人员、所属单位负责人及有关人员和部分行业单位负责人等在各地分会场参加会议。

议题（主要内容）：部署《地图管理条例》的学习宣传贯彻工作，进一步统一思想，提高认识，推动《地图管理条例》各项制度的落实，维护国家主权、安全和利益，增强地图保障服务能力，繁荣地图市场，促进地理信息产业健康、快速发展。

全国测绘地理信息工作会议

主办单位：国家测绘地理信息局

时间：2016 年 1 月 11 日—12 日

地点：北京

参加人员：国土资源部党组书记、部长、国家土地总督察姜大明，国土资源部党组成员、副部长，国家测绘地理信息局党组书记、局长库热西·买合苏提，中央组织部、国务院办公厅、国家发展和改革委员会、财政部、科技部、审计署、国土资源部、中央军委联合参谋部战场环境保障局有关同志，国家测绘地理信息局在京领导班子成员、总工程师，各省、自治区、直辖市、计划单列市、新疆生产建设兵团测绘地理信息主管部门主要负责人，武汉大学、郑州测绘学校负责人，部分测绘地理信息企事业单位负责人，国家测绘地理信息局在京所属单位领导班子成员，局机关全体公务员，以及中央新闻媒体记者等 260 多人参加会议。陕西、黑龙江、四川、海南测绘地理信息局，国家测绘地理信息局重庆测绘院分会场通过视频系统参加会议。

议题（主要内容）：深入贯彻落实党的十八大和十八届二中、三中、四中、五中全会和中央经济工作会议精神，认真学习贯彻习近平总书记系列重要讲话和给国测一大队老队员老党员回信重要指示精神，深入贯彻落实国务院对测绘地理信息工作的部署，全面总结 2015 年工作，简要回顾“十二五”事业发展成就，研究提出“十三五”测绘地理信息事业发展总体思路、发展目标，安排部署 2016 年工作主要任务，研判形势、统一思想、明确任务、凝聚力量，全面加快测绘地理信息事业改革创新发展。

2016 年国家测绘地理信息局安全生产委员会视频会议

主办单位：国家测绘地理信息局

时间：2016 年 2 月 19 日

地点：北京

参加人员：国家测绘地理信息局副局长李维森，

国家测绘地理信息局安全生产委员会在京成员，局所属在京各单位分管安全生产工作的领导和部门负责人在北京主会场参加会议。局安全生产委员会京外成员，局所属京外单位分管安全生产工作的领导和部门负责人，陕西、黑龙江、四川、海南测绘地理信息局和重庆测绘院安全生产委员会成员在本地分会场参加会议。

议题（主要内容）：传达习近平总书记和李克强总理关于安全生产工作的重要指示批示精神，学习全国安全生产电视电话会议精神；总结国家测绘地理信息局2015年安全生产工作情况，部署2016年安全生产工作任务。

全国测绘地理信息系统党风廉政建设工作电视电话会议

主办单位：国家测绘地理信息局

时间：2016年2月23日

地点：北京

参加人员：国家测绘地理信息局党组书记、局长库热西·买合苏提，国家测绘地理信息局领导班子成员、局机关全体公务员、局所属在京单位领导班子成员和专兼职纪检监察干部，北京市勘察设计和测绘地理信息管理办公室、北京市测绘设计研究院领导班子成员和机关各处室负责人、纪检监察机构人员等在北京主会场参加会议。各省、自治区、直辖市、计划单列市测绘地理信息主管部门、新疆生产建设兵团测绘地理信息主管部门和国家测绘地理信息局所属京外单位领导班子成员、机关各处室负责人、纪检监察机构人员、所属单位负责人等在各地分会场参加会议。

议题（主要内容）：学习宣传、贯彻落实习近平总书记重要讲话和中央纪委六次全会精神，总结2015年工作，部署2016年任务，深刻认识测绘地理信息系统党风廉政建设和反腐败工作的形势，切实增强做好工作的紧迫感、责任感和使命感，以更大的决心和更有效的举措，推动工作不断取得新进展。

地理信息与地图（成果管理）工作座谈会

主办单位：国家测绘地理信息局

时间：2016年3月17日

地点：湖南长沙

参加人员：国家测绘地理信息局副局长闵宜仁，各省、自治区、直辖市测绘地理信息主管部门分管领导和负责成果管理、地图管理、天地图、产业发展、应急保障等工作的处室负责人，国家测绘地理信息局所属有关单位分管领导和有关处室负责人。

议题（主要内容）：贯彻落实全国测绘地理信息工作会议精神，总结2015年工作，部署2016年任务，进一步推动地理信息、地图和成果管理各项工作。

规范互联网地图使用工作座谈会

主办单位：中央网络安全和信息化领导小组办公室、国家测绘地理信息局

时间：2016年4月20日

地点：北京

参加人员：中央网络安全和信息化领导小组办公室网络新闻信息传播局、国家测绘地理信息局地理信息与地图司主要负责人；人民网、新华网、中国网、国际在线等15家中央主要新闻网站和搜狐网、新浪网等6家商业网站的相关负责人。

议题（主要内容）：分析规范互联网地图使用

工作面临的形势和任务，介绍新闻媒体使用地图常见错误及注意事项，就地图使用中存在的问题、需求及相关建议等座谈交流，结合党中央国务院的有关要求及2016年全国国家版图意识宣传教育和地图市场监管工作要点部署有关工作。

全国地理国情普查与常态化监测工作座谈会

主办单位：国务院第一次全国地理国情普查领导小组办公室

时间：2016年4月22日

地点：陕西西安

参加人员：国务院第一次全国地理国情普查领导小组办公室（以下简称国务院普查办）常务副主任、国家测绘地理信息局副局长李维森，国务院普查办副主任、国家测绘地理信息局总工程师李志刚，国务院普查办有关领导，各省、自治区、直辖市测绘地理信息主管部门分管生产工作的领导和主管处室主要负责人；国家测绘地理信息局机关有关司室、局所属单位相关负责人。

议题（主要内容）：介绍地理国情普查工作及常态化监测立项情况、2016年地理国情监测及国家基础地理信息数据库更新工作情况；研讨建立国省互动机制，推动省级地理国情监测立项，推进地理国情监测业务常态化开展和基础地理信息数据库联动更新的思路和措施。

测绘地理信息宣传工作座谈会

主办单位：国家测绘地理信息局

时间：2016年5月17日

地点：北京

参加人员：国家测绘地理信息局局长库热西·买合苏提，副局长宋超智；部分省级测绘地理信息主管部门分管宣传工作的负责人和宣传工作部门负责人、国家测绘地理信息局直属单位分管宣传工作的负责人、机关各司室主要负责人。

议题（主要内容）：学习贯彻习近平总书记在党的新闻舆论工作座谈会上的重要讲话精神，分析测绘地理信息宣传工作面临的形势与任务，座谈交流宣传工作的经验和做法，研究部署今后一个时期重点任务。

测绘地理信息行业管理和发展座谈会

主办单位：国家测绘地理信息局

时间：2016年5月26日

地点：广西南宁

参加人员：国家测绘地理信息局副局长宋超智，各省、自治区、直辖市测绘地理信息主管部门行业管理职能处室主要负责人、信用管理工作经办人和技术人员，国家测绘地理信息局法规与行业管理司有关人员。

议题（主要内容）：研究部署进一步加强行业管理工作，推广双随机抽查工作机制，研讨优化行业服务、促进行业发展的思路和举措；解读测绘地理信息行业信用管理办法和指标体系，部署信用信息征集和发布工作，推广应用信用管理平台。

全国卫星测绘应用工作会议

主办单位：国家测绘地理信息局

时间：2016 年 5 月 29 日

地点：山西太原

参加人员：国家测绘地理信息局局长库热西·买合苏提、副局长宋超智、李朋德，山西省委、外交部、国家发展和改革委员会、科技部、民政部、国土资源部、商务部、国防科技工业局等部门有关负责人，国家测绘地理信息局所属各单位及机关各司室主要负责人，各省、自治区、直辖市、计划单列市、新疆生产建设兵团测绘地理信息主管部门主要负责人，部分高校及用户代表等 200 多人。

议题（主要内容）：贯彻落实国家加快实施创新驱动发展战略的要求，全面总结卫星测绘应用工作取得的成绩，研究部署当前和今后一个时期卫星测绘应用工作的发展方向和重点任务。

学习宣传贯彻习近平总书记回信重要指示精神一周年座谈会

主办单位：国家测绘地理信息局

时间：2016 年 6 月 30 日

地点：北京

参加人员：国家测绘地理信息局党组书记、局长库热西·买合苏提，国家测绘地理信息局领导班子成员、总工程师，国测一大队老队员老党员代表，中央军委联合参谋部战场环境保障局负责人，浙江、河北、江西、江苏、陕西省测绘地理信息主管部门主要负责人，国家测绘地理信息局直属单位主要负责人，局机关副司级以上干部，中国测绘地理信息学会、中国地理信息产业协会、中国卫星导航定位协会秘书长，武汉大学、部分地理信息企业负责人。

议题（主要内容）：进一步学习习近平总书记给国测一大队老队员老党员回信重要指示精神，总结总书记重要回信对加快测绘地理信息事业发展的巨大推动作用和取得的显著成效，交流学习宣传贯彻情况和体会，推进回信重要指示精神深入贯彻落实，鼓舞士气，凝聚力量，激励广大干部职工不辱使命、不负重托，以新作为创造新业绩，为实现“两个一百年”奋斗目标作出新的贡献。

全国测绘地理信息重点工作交流推进会

主办单位：国家测绘地理信息局

时间：2016 年 7 月 21 日

地点：北京

参加人员：国家测绘地理信息局局长库热西·买合苏提，国家测绘地理信息局在京的领导班子成员、总工程师，各省、自治区、直辖市测绘地理信息主管部门、新疆生产建设兵团测绘地理信息主管部门主要负责人，国家测绘地理信息局所属各单位、机关各司室主要负责人。

议题（主要内容）：全面贯彻党的十八大和十八届三中、四中、五中全会精神，以习近平总书记系列重要讲话和给国测一大队老队员老党员回信重要指示精神为指南，深入学习贯彻李克强总理、张高丽副总理关于测绘地理信息工作的重要批示指示精神，总结交流上半年重点工作推进情况，部署落实下半年重点工作任务，努力实现测绘地理信息事业“十三五”良好开局。

第一次全国地理国情普查验收会

主办单位：国务院第一次全国地理国情普查领导小组办公室

时间：2016 年 8 月 16 日

地点：北京

参加人员：国家测绘地理信息局局长、国务院第一次全国地理国情普查领导小组副组长、办公室主任库热西·买合苏提，国家测绘地理信息局副局长、国务院普查办常务副主任李维森，国务院普查办全体成员及各组组长、副组长，各省级普查办主任或副主任；国家测绘地理信息局所属单位相关负责人。

议题（主要内容）：全面验收第一次全国地理国情普查工作及成果。

全国测绘地理信息援藏工作座谈会

主办单位：国家测绘地理信息局

时间：2016 年 8 月 22 日

地点：西藏拉萨

参加人员：国家测绘地理信息局局长库热西·买合苏提，副局长王春峰；西藏自治区党委、人大、政协有关负责人，国家测绘地理信息局机关各司室、所属有关单位主要负责人，对口援藏省（市）、西藏自治区和四川、云南、甘肃、青海省测绘地理信息主管部门主要负责人，部分地理信息企业代表，援藏干部代表；西藏自治区政府有关部门、各地（市）行署（政府）主要负责人，各地（市）测绘地理信息主管部门主要负责人。

议题（主要内容）：贯彻落实中央关于西藏的大政方针政策，动员全国测绘地理信息行业力量，共同支持和加强“十三五”西藏自治区和四川、云南、甘肃、青海省藏区测绘地理信息工作，为推进西藏和四省藏区社会稳定和长治久安提供坚实的测绘地理信息服务保障。

全国地理信息精准扶贫应用现场会

主办单位：国家测绘地理信息局

时间：2016 年 9 月 6 日—7 日

地点：贵州贵阳

参加人员：国家测绘地理信息局副局长闵宜仁，国务院扶贫开发领导小组办公室有关人员，各省、自治区、直辖市测绘地理信息主管部门分管领导、内设职能部门负责人、地理信息应用技术负责人，各计划单列市、新疆生产建设兵团测绘地理信息主管部门相关负责人，国家测绘地理信息局地理信息与地图司相关人员，国家测绘地理信息局所属有关单位分管领导、内设职能部门负责人。

议题（主要内容）：贯彻落实中央扶贫开发工作会议和《国务院办公厅关于促进地理信息产业发展的意见》精神，推动地理信息在精准扶贫方面的深层次应用。

全国专题性地理国情监测技术研讨会

主办单位：国务院第一次全国地理国情普查领导小组办公室

时间：2016 年 9 月 8 日

地点：湖南长沙

参加人员：国务院普查办常务副主任、国家测绘地理信息局副局长李维森，国家测绘地理信息局机关相关司室、局属相关单位负责人；武汉大学、中南大学，各省、自治区、直辖市的专题性地理国情监测相关业务负责人及技术人员；湖南省各相关厅局、省国土资源厅相关直属单位、各市州测绘地理信息负责人。

议题（主要内容）：研讨地理国情监测的理论方法、关键技术、应用服务、成果发布、体制机制等问题，以及专题性地理国情监测在服务生态文明建设、经济社会发展中的作用和价值，促进专题性地理国情监测工作的开展。

中国测绘地理信息年鉴工作会议

主办单位：中国测绘地理信息年鉴编纂委员会

时间：2016 年 9 月 13 日

地点：福建厦门

参加人员：国家测绘地理信息局副局长、中国测绘地理信息年鉴编纂委员会常务副主任委员兼主编宋超智；各省、自治区、直辖市、计划单列市测绘地理信息主管部门，国家测绘地理信息局所属各单位、机关各司室，郑州测绘学校的年鉴编委、协调员和受表扬人员代表共 80 多人。

议题（主要内容）：深入贯彻落实党和国家对年鉴史志工作的要求，全面总结近年来测绘地理信息年鉴工作情况，交流经验体会，研究分析问题，进一步统一思想、提高认识、凝聚力量、加快发展，为做好当前和今后一个时期的测绘地理信息年鉴工作、打造年鉴精品奠定坚实的基础。

国家测绘地理信息局建局 60 周年座谈会

主办单位：国家测绘地理信息局

时间：2016 年 9 月 28 日

地点：北京

参加人员：国家测绘地理信息局局长库热西・买合苏提，中央军委联合参谋部战场环境保障局负责人，国家测绘地理信息局在京的领导班子成员、总工程师，各省、自治区、直辖市及新疆生产建设兵团测绘地理信息主管部门主要负责人，内蒙古自治区测绘地理信息局、安徽省测绘局、北京、天津、上海市测绘院主要负责人，国家测绘地理信息局所属京外各单位主要负责人、局机关全体干部、所属在京单位领导班子成员，国家局老领导代表，测绘地理信息行业有关院士、企业、院校、老职工、青年技术骨干代表，军队测绘地理信息部门代表，国家测绘地理信息局机关离休党支部、退休党支部书记。

议题（主要内容）：进一步学习贯彻习近平总书记回信重要指示精神，深入贯彻落实党中央、国务院对测绘地理信息工作的部署要求，回顾总结国家测绘地理信息局建局 60 周年的发展历程和取得的辉煌成就，表彰全国测绘地理信息系统先进集体和先进工作者，鼓舞和激励全国测绘地理信息战线广大职工不忘初心、发扬传统、开拓创新、再立新功，更好地服务经济社会发展，为实现中华民族伟大复兴的中国梦不懈奋斗。

“天地图”及基础测绘成果用户座谈会

主办单位：国家测绘地理信息局

时间：2016 年 10 月 13 日

地点：北京

参加人员：国务院应急管理办公室、国家发展和改革委员会、公安部等 17 个中央部门用户单位的相关领导和技术负责人，国家测绘地理信息局地理信息与地图司、国土测绘司相关人员，国家测绘地理信息局所属有关单位分管领导及内设职能部门负责人。

议题（主要内容）：发布 2016 版“天地图”和新版全国地理信息资源目录服务系统，介绍最新基础测绘成果（含资源三号卫星影像数据）情况，听取中央部委用户单位对“天地图”、基础测绘成果的意见和建议。

全国测绘地理信息国际合作工作会议

主办单位：国家测绘地理信息局

时间：2016 年 11 月 3 日—4 日

地点：北京

参加人员：国家测绘地理信息局局长库热西·买合苏提、副局长李朋德，外交部、国家发展和改革委员会、科技部、商务部、国土资源部、国防科技工业局等有关人员，武汉大学、中国科学院遥感与数字地球研究所有关院士及测绘地理信息系统内外有关人员 150 多人。

议题（主要内容）：贯彻党中央国务院关于新形势下对外开放工作的要求和中央外事工作会议精神，系统总结近年来中国测绘地理信息国际合作工作经验，全面部署“十三五”时期国际合作工作的主要任务，为切实提高国际合作对测绘地理信息事业创新发展的支撑作用奠定基础。

国务院第一次全国地理国情普查领导小组全体会议

主办单位：国务院第一次全国地理国情普查领导小组

时间：2016 年 11 月 22 日

地点：北京

参加人员：中共中央政治局常委、国务院副总理、国务院第一次全国地理国情普查领导小组组长张高丽，普查领导小组全体成员和联络员，国务院普查办负责人和有关人员，国家测绘地理信息局领导班子和机关、直属单位主要负责人。

议题（主要内容）：总结第一次全国地理国情普查工作，审议地理国情普查成果，研究部署做好地理国情普查成果推广和应用、开展常态化地理国情监测等工作。

全国测绘地理信息规划财务工作会议

主办单位：国家测绘地理信息局

时间：2016 年 11 月 22 日

地点：黑龙江哈尔滨

参加人员：各省、自治区、直辖市、计划单列市测绘地理信息主管部门及新疆生产建设兵团测绘地理信息主管部门负责人，国家测绘地理信息局所属各单位负责人、机关各司室负责人。

议题（主要内容）：深入贯彻落实党的十八大和十八届三中、四中、五中、六中全会精神，回顾总结“十二五”时期测绘地理信息规划财务工作，推动《测绘地理信息事业“十三五”规划》贯彻落实，明确新形势下测绘地理信息规划财务工作重点和任务，全面提升规划财务工作对测绘地理信息事业的保障支撑作用。

智慧城市时空大数据与云平台建设推进工作会

主办单位：国家测绘地理信息局

时间：2016 年 11 月 29 日—30 日

地点：浙江嘉兴

参加人员：国家测绘地理信息局副局长李维森，各省、自治区、直辖市测绘地理信息主管部门、新疆生产建设兵团测绘地理信息主管部门分管智慧/数字城市建设工作相关处室负责人、技术负责人，国家测绘地理信息局所属有关单位和有关司室负责人，纳入国家测绘地理信息局智慧城市建设试点计划的城市分管市领导或分管秘书长、建设单位负责人，有关企业负责人。

议题（主要内容）：总结交流智慧城市时空信息云平台建设试点和数字城市地理空间框架建设推广应用工作，解读时空大数据与云平台建设重点技术思路，研究部署智慧城市建设主要任务。

国家测绘地理信息局地名地址标准化工作座谈会

主办单位：国家测绘地理信息局

时间：2016 年 12 月 3 日

地点：重庆

参加人员：国家测绘地理信息局副局长李朋德，国务院相关部门、部分地方测绘地理信息主管部门，全国地理信息标准化技术委员会秘书处、国家测绘地理信息局测绘标准化工作委员会秘书处有关人员等 40 多人。

议题（主要内容）：围绕测绘地理信息在地名地址标准化中的工作，国家信息中心、公安部科技信息化局、建设综合勘察研究设计院有限公司、中国物品编码中心等单位的专家就地名地址标准化领域相关工作做了进展报告，交流了有关地方、单位地名地址标准研制、应用、宣贯等方面工作进展、取得的经验及相关标准应用成果。

全国地图管理工作会议

主办单位：国家测绘地理信息局

时间：2016 年 12 月 9 日—10 日

地点：江苏南京

参加人员：国家测绘地理信息局局长库热西·买合苏提、副局长王春峰，江苏省人民政府副秘书长陆永泉，中央网络安全和信息化领导小组办公室、外交部、民政部、工商行政管理总局、新闻出版广电总局、海关总署、保密局等全国国家版图意识宣传教育和地图市场监管协调指导小组成员单位相关负责人，各省、自治区、直辖市测绘地理信息主管部门负责人，国家测绘地理信息局所属有关单位负责人，有关地图编制、出版和互联网地图服务单位负责人。

议题（主要内容）：回顾近五年全国地图管理工作，总结贯彻落实《地图管理条例》情况以及2016年地图市场大检查、国家版图意识宣传教育活动取得的成绩和经验；推进地图管理信息化建设，发布和推广应用2016版标准地图服务、互联网地图监管等系统；听取各地对地图管理工作的意见和建议，研究部署“十三五”地图管理工作。

联合国地理空间数据管理与质量控制国际研讨班

主办单位：国家测绘地理信息局、联合国全球地理信息管理专家委员会秘书处

时间：2016年12月12日—16日

地点：天津

参加人员：国家测绘地理信息局副局长李朋德、天津市副市长何树山以及包括柬埔寨规划部助理副部长霍·达里斯、缅甸国家测绘局局长丹·莱恩、尼泊尔国家测绘局副局长什雷斯塔·苏雷什曼在内的20多个国家测绘地理信息部门和单位的90多位代表。

议题（主要内容）：围绕地理空间数据管理与质量控制，举办了国家测绘地理信息质量管理体系及产品质量监督管理、智慧城市时空云平台建设及质量控制、地理国情监测与质量控制等11场讲座，国外代表针对本国在地理空间数据管理与质量控制方面的经验进行了研讨。

全国测绘地理信息工作会议

主办单位：国家测绘地理信息局

时间：2016年12月27日—28日

地点：北京

参加人员：国土资源部党组书记、部长、国家土地总督察姜大明，国土资源部党组成员、副部长，国家测绘地理信息局党组书记、局长库热西·买合苏提，中央组织部、国务院办公厅、国家发展和改革委员会、财政部、科技部、审计署、国土资源部、中央军委联合参谋部战场环境保障局有关同志，国家测绘地理信息局在京领导班子成员、总工程师，各省、自治区、直辖市、计划单列市、新疆生产建设兵团测绘地理信息主管部门主要负责人，武汉大学、郑州测绘学校负责人，部分测绘地理信息企事业单位负责人，国家测绘地理信息局在京所属单位领导班子成员、局机关全体公务员，以及中央新闻媒体记者等260多人参加会议。陕西、黑龙江、四川、海南测绘地理信息局、国家测绘地理信息局重庆测绘院分会场通过视频系统参加会议。

议题（主要内容）：认真贯彻落实党的十八大和十八届三中、四中、五中、六中全会精神，深入学习贯彻习近平总书记系列重要讲话和给国测一大队老队员老党员回信重要指示精神，以及张高丽副总理在国务院第一次全国地理国情普查领导小组全体会议上的重要讲话和考察调研国家测绘地理信息局时的重要指示精神，全面贯彻落实国务院对测绘地理信息工作的部署要求，总结2016年测绘地理信息工作，部署2017年测绘地理信息工作主要任务，研判形势、统一思想、凝聚力量，加快推动测绘地理信息事业改革创新发展。

重大事件

张高丽主持召开国务院第一次全国地理国情普查领导小组全体会议

11 月 22 日，中共中央政治局常委、国务院副总理、国务院第一次全国地理国情普查领导小组组长张高丽主持召开国务院第一次全国地理国情普查领导小组全体会议并讲话。会前，张高丽在国家测绘地理信息局调研，察看了地理国情普查与监测成果展示、行政许可受理大厅，并到国家基础地理信息中心看望一线工作人员。

张高丽表示，摸清地理国情家底，对于了解国情、把握国势、制定国策具有重要意义。习近平总书记去年 7 月 1 日给国测一大队老队员老党员回信中指出，几十年来，国测一大队以及全国测绘战线一代代测绘队员不畏困苦、不怕牺牲，用汗水乃至生命默默丈量着祖国的壮美河山，为祖国发展、人民幸福作出了突出贡献，事迹感人至深。这是对测绘工作和广大测绘地理信息工作者的充分肯定，更是鞭策和鼓励。李克强总理指出，地理国情是重要的基本国情，要围绕服务国计民生，推出更好的地理信息产品和服务。我们要深入学习贯彻习近平总书记系列重要讲话精神和给国测一大队回信重要指示，贯彻落实李克强总理重要指示要求，紧紧围绕党和国家中心工作，加快推进测绘地理信息事业改革发展。

张高丽强调，第一次全国地理国情普查成果十分丰富，要认真做好普查成果数据发布和解读工作，拓展测绘地理信息公共服务的广度和深度，让社会公众和市场主体充分了解和开发应用普查数据。要紧密结合政府决策和管理需要，从宏观和微观、定量和定性、整体和局部等方面，充分挖掘地理国情普查成果蕴含的价值，创造性地做好普查成果分析和应用工作。要抓紧建立普查数据共享机制，打破部门、区域之间的数据壁垒和信息孤岛，向社会提供更好的公共服务。

张高丽表示，地理国情普查完成后，要扎实做好常态化地理国情监测工作。要加强依法监测，建立健全地理国情监测法律法规体系；坚持需求导向，扩大地理国情监测服务领域；建立协作机制，形成地理国情监测常态化工作格局；强化创新引领，提高地理国情监测保障能力；注重绩效评价，促进提升地理国情监测服务水平。

张高丽最后强调，要更加紧密地团结在以习近平同志为核心的党中央周围，牢固树立“四个意识”特别是核心意识、看齐意识，扎实做好测绘地理信息工作，为实现“两个一百年”奋斗目标、实现中华民族伟大复兴的中国梦作出新的贡献。

《地图管理条例》施行

《地图管理条例》自 2016 年 1 月 1 日起施行。《地图管理条例》进一步完善了地图编制、审核、出版、监督检查等各个行政管理环节，确立了增强公民国家版图意识、建立健全地理信息资源共建共享机制、加强互联网地图服务监督管理、强化事中事后监管等多项法律制度。《地图管理条例》的实施，对加强地图管理，促进地理信息产业健康发展，维护国家主权、安全和利益具有重大意义。国家测绘地理信息局通过多种方式和手段全面推动《地图管理条例》的贯彻实施。

资源三号卫星影像云服务平台开通

5 月 29 日，在全国卫星测绘应用工作会议上举行了资源三号卫星影像云服务平台开通仪式。该平台以实时推送、管理、分发资源三号为主的国产遥感卫星影像为主要任务，实现了资源三号等国产高分辨率卫星影像产品在测绘地理信息领域及各行业的即时共享和高效利用，可为政府、企业、社会等相关单位提供最新时相的卫星数据查询、订购及实时推送等服务。

资源三号 02 星发射及在轨交付

5 月 30 日 11 时 17 分，高分辨率立体测绘卫星资源三号卫星 02 星在太原卫星发射中心成功发射。这是我国规划建设的国家民用空间基础设施的首颗业务星。12 月 28 日，国家测绘地理信息局、国家国防科技工业局在中国测绘创新基地联合举行资源三号 02 星在轨交付仪式，资源三号 02 星正式交付主用户国家测绘地理信息局，进入业务化运行阶段，标志着我国成功实现两颗民用立体测绘卫星同时在轨的预期目标。资源三号卫星 01 星、02 星双星组网，形成业务观测星座，可使同一地点的重访周期由原来的 5 天缩短至 3 天之内，全球覆盖的周期缩短一半，可长期、连续、稳定、快速地获取覆盖全国乃至全球高分辨率立体影像和多光谱影像，大幅提升测绘地理信息保障服务水平。

《中华人民共和国测绘法》修订

8 月 13 日，经李克强总理签署，国务院正式向全国人大常委会提出提请审议《中华人民共和国测绘法（修订草案）》的议案。11 月 4 日，十二届全国人大常委会第二十四次会议第一次审议了《中华人民共和国测绘法（修订草案）》。修订草案根据我国地理信息安全面临的严峻形势和地理信息产业发展的迫切需要，强调推进测绘地理信息事业转型升级、改革发展，重点围绕国家地理信息安全监管、卫星导航定位基准站管理、明确地理国情监测职责、履行好不动产测绘和应急测绘职责、推动地理信息资源共享、促进地理信息产业发展等进行了修订完善。

全国测绘法宣传日主场活动

8 月 29 日，全国测绘法宣传日主场活动在重庆举行，活动主题为“贯彻地图管理条例，更好服务国计民生”。国家测绘地理信息局局长库热西·买合苏提与重庆市副市长陈绿平共同出席开幕式并参观主场活动展览。国家测绘地理信息局副局长宋超智出席开幕式并讲话。展览分为展板展示区、企业展示区、仪器展示区、法律咨询区、有奖答题区等区域，从法律法规、地理国情监测、公共服务、时空大数据、新型基础测绘、创新驱动发展、测绘文化、特色地图、高新技术和设备等方面，集中反映测绘地理信息法治建设及行业发展动态。

甲级测绘资质单位信用信息首次公开发布

9月28日，国家测绘地理信息局首次公开发布全国甲级测绘资质单位的信用信息，标志着测绘地理信息行业信用体系建设迈出关键步伐。全国甲级测绘资质单位信用信息首次集中征集，共收到良好信息和不良信息6128条，审核生效3582条，其中良好信息3572条、不良信息10条，涉及全国甲级测绘资质单位中的567家。

国家测绘地理信息局新版网站上线运行

12月25日，全新改版的国家测绘地理信息局网站（www. sbsm. gov. cn）正式上线运行。根据国家对政府网站建设的新要求，本次网站改版立足国家测绘地理信息局网站的主要功能定位，在原有栏目体系的基础上进行了重新规划和设计，设有组织机构、新闻发布、政务公开、在线办事、公共服务、互动交流六大栏目，既贯彻落实了国务院深化“放管服”改革的要求，又充分体现了测绘地理信息部门的特点，能更好地满足国家测绘地理信息局机关各司室、企事业单位、社会公众的需求。改版后的网站，整体设计简洁明快，栏目划分更加科学合理，站内搜索功能进一步完善，细节设计还加入了测绘元素，用户在使用上将会有全新的体验。

综合工作

党的建设与党风廉政建设

“两学一做”学习教育

国家测绘地理信息局党组把“两学一做”学习教育作为一项重要的政治任务，严格按照中央部署的要求，制定学习教育方案，开展各阶段的专题学习研讨、七一前后组织党组成员讲党课及召开专题组织生活会；定期组织召开“两学一做”学习教育推进会，保证学习教育在直属机关各级党组织中稳步推进；定期向中央组织部、中央国家机关工作委员会上报学习教育的情况报告，在局网站开设“两学一做”学习教育专栏，对各级党组织学习教育情况进行广泛宣传；印发《国家测绘地理信息局直属机关党员学习教育“灯下黑”问题专项整治方案》，保证学习教育做实做细，促进全局党员干部争做“四讲四有”合格党员。

一年来，国家测绘地理信息局党组坚持带头示范、以上率下，扎实推动学习教育向基层全面铺开，将学习教育的要求落实到每个支部、每位党员。局直属机关各级党组织把“两学一做”学习教育作为加强基层党建工作的有力抓手，不断落实全面从严治党要求，充分发挥党组织主体作用和主要负责人主体责任，结合测绘地理信息年度重点工作，引导广大党员干部立足本职岗位，提升履职能力。

党建工作

【深入学习贯彻习近平总书记系列重要讲话精神和十八届六中全会精神】

国家测绘地理信息局党组把学习贯彻习近平总书记系列重要讲话精神和十八届六中全会精神列为2016年重要的政治任务，结合纪念中国共产党成立95周年、纪念中国工农红军长征胜利80周年、纪念国家测绘地理信息局建局60周年等重大活动，通过局党组中心组理论学习研讨、组织“测绘学习大讲堂”、印发支部理论学习指导意见、召开专题组织生活会、组织广大党员干部交流研讨、举办专题培训班等形式，认真学习习近平总书记系列重要讲话精神，集中学习《关于新形势下党内政治生活的若干准则》和《中国共产党党内监督条例》，引导党员干部牢记忠诚、干净、担当的政治责任，不断增强党员干部“四个意识”，进一步坚定中国特色社会主义道路自信、理论自信、制度自信、文化自信，不断以马克思主义时代化、中国化、大众化的最新成果武装党员领导干部头脑。

【创建学习型党组织】

国家测绘地理信息局党组中心组率先垂范，带头学习，坚持每月必学。全年进行了党章党史、深入贯彻落实十八届六中全会精神、深入贯彻习近平总书记系列重要讲话精神、党风廉政建设和深化测绘地理信息改革发展5个专题的学习。除保证集体学习研讨的时间外，还及时安排了中央重要会议、中央领导同志重要讲话精神的传达、学习和贯彻活动。

进一步深入推进学习型党组织建设，围绕时事政策、理论热点和局重点工作，坚持举办“测绘学习大讲堂”，邀请有关领导和专家学者做专题辅导报告。充分利用网络平台进行理论宣讲，共发布专题讲座视频46期，为党员、干部学习理论知识和时政热点提供新途径。及时为各支部提供学习资料和学习指导。

【贯彻落实基层党建7项重点任务】

国家测绘地理信息局抓好党员组织关系的集中排查，扎实推进党代会代表和党员违纪违法未给予相应处理情况的排查清理，认真做好基层党组织按期换届检查工作，稳妥开展党费收缴工作专项检查，集中推进非公有制企业和社会组织“两个覆盖”，深入推进抓党建促脱贫攻坚工作，抓严抓实领导机关党员干部学习教育，完成局直属机关党委换届选举工作，推动基层党建各项重点任务落地落实，全面从严治党不断向基层延伸。

【党员干部理想信念教育】

国家测绘地理信息局坚持按季度印发支部理论学习指导意见，指导各支部加强理论学习。不定期举办“测绘学习大讲堂”，针对党员、干部关心的热点问题进行专题辅导。结合国家测绘地理信息局建局60周年纪念，积极做好国家测绘地理信息局第一大地测量队（以下简称国测一大队）和全国“两优一先”先进事迹宣传工作，充分发挥测绘地理信息系统先进模范和身边典型的示范引领作用，进一步弘扬测绘精神。

【落实“三会一课”制度】

国家测绘地理信息局党组认真开好局民主生活会。指导机关各司室、局所属各单位进一步严格民主生活会程序，认真落实征求意见、谈心交心、对照检查、整改落实等环节，深入开展批评与自我批评，切实提高解决自身矛盾和问题的能力，确保专题民主生活会质量高、效果好。

严格执行党员领导干部双重组织生活会制度，局党组成员以普通党员身份参加所在党支部的组织生活会。各基层党组织严格规范基层组织生活会程序，坚持开好“三会一课”，结合“两学一做”专题教育开展主题党日、警示教育等支部活动，确保每名党员都受到党内生活的教育。

【基层党组织建设】

国家测绘地理信息局指导相关党支部进行换届选举和增补委员工作。完善党内激励、关怀、帮扶机制，认真做好老党员、困难党员的服务工作。认真贯彻新修订的《中国共产党发展党员工作细则》，全年共发展预备党员6名，如期转正12名预备党员。印发《关于2015年度国家测绘地理信息局直属机关党费收支情况公示的通知》，对2015年党费收缴情况进行公示。

在局直属机关范围内，采用联述联评联考方式开展党建述职评议考核工作。在坚持基层党组织书记书面述职的同时，开展现场述职、现场评议；突出责任导向、问题导向；总结工作、肯定成绩、查找问题、分析原因、明确方向、细化措施。

【“五型机关”创建活动】

国家测绘地理信息局组织开展2016年度“五型机关”创建活动先进司局、先进处（室）和先进个人评选表彰工作，有2个司室、8个处（室）、26名个人受到表彰。

党风廉政建设

【落实“两个责任”】

国家测绘地理信息局党组认真学习贯彻中央纪委六次全会和国务院第四次廉政工作会议精神。组织召开全国测绘地理信息系统党风廉政建设工作电视电话会议，总结工作、部署任务。印发2016年党风廉洁建设和反腐败工作实施意见和责任分工，进一步细化职责分工。认真学习贯彻《中国共产党问责条例》，采取专题培训、警示教育等形式，推动落实主体责任和监督责任。

【廉政教育】

国家测绘地理信息局党组深入学习贯彻《中国共产党廉洁自律准则》和《中国共产党纪律处分条例》，举行多场专题辅导报告，面向全体党员干部开展知识测试，组织直属机关全体党员参加中央国家机关工作委员会组织的党章党规党纪测试，组织学习违纪违法案件通报，到监狱接受现场警示教育，引导督促广大党员干部强化纪律和规矩意识。

【制度建设】

国家测绘地理信息局转发了中央纪委驻国土资源部纪检组规范工作人员参加项目评审论证鉴定和验收等活动、领导干部任职廉政谈话、党风廉政建设责任追究等制度，制定征求领导干部党风廉政情况书面意见、诫勉谈话等制度。印发《关于落实纪律审查工作以上级纪委领导为主的实施意见》和《加强信访举报办理的暂行办法》。

【作风建设】

国家测绘地理信息局完成整治“四风”问题回头看工作。将贯彻落实中央八项规定精神作为经常性工作，在中秋、国庆等重要时间节点来临前印发通知，对严明纪律、廉洁过节提出明确要求，并及时转载违反中央八项规定精神的典型案例，强化警示教育。

【巡视工作】

国家测绘地理信息局党组对《中国共产党巡视工作条例》贯彻情况进行了自查，抓好中央国家机关纪工委巡视整改专项检查反馈意见的整改工作。印发《中共国家测绘地理信息局党组巡视工作实施办法》，对局党组巡视工作领导小组及办公室组成人员进行了调整、充实。对中国测绘宣传中心、国家测绘地理信息局机关服务中心、中国测绘地理信息学会、国家测绘地理信息局北戴河休养院进行了巡视，对陕西测绘地理信息局、海南测绘地理信息局、中国地图出版集团、中国测绘科学研究院进行了巡视“回头看”。

【监督执纪】

国家测绘地理信息局组织局机关和所属单位处以上干部填报廉政信息表，对反映副司级以上干部问题线索进行清理并移交中央纪委驻国土资源部纪检组，对干部选任拟任人选和基层党组织换届候选人预备人选党风廉政情况提出意见。公布局直属机关纪委举报方式，严格按照五类标准处置问题线索，对有苗头性倾向性问题的干部及时谈话提醒，配合中央纪委驻国土资源部纪检组开展有关情况的核查，做好对党员违纪问题的处分工作，按要求定期上报纪律审查、党风政风监督和信访统计数据。对直属机关党代会代表违纪违法未予相应处理情况进行排查，依规终止有关党员党代会代表资格。

【自身建设】

国家测绘地理信息局党组推动落实好明确分管纪检的班子成员、配备专职纪委书记、设置专门纪检办事机构、配备专职纪检干部、回归监督执纪问责主业等任务。举办局机关和直属单位纪检监察干部培训班。联合中央纪委驻国土资源部纪检组对局所属在京单位和陕西测绘地理信息局党风廉政建设进行了调研，向中央纪委驻国土资源部纪检组报送了深化落实中央八项规定精神、执纪审查、廉政账户、公款存储利益输送、实践“四种形态”等多个调研材料。

文化建设

【精神文明和思想政治建设】

国家测绘地理信息局精神文明建设办公室组织开展了全国测绘地理信息系统羽毛球赛等喜闻乐见的群众文体活动；组织局机关和在京直属单位积极开展精神文明创建活动；组织职工参加国土资源部直属机关工会“当好主力军、践行新理念、建功十三五”公文写作技能大赛。中国测绘职工思想政治工作研究会组织开展了2016年度党建和思想政治工作课题调研和优秀成果评选活动。

【群团工作】

国家测绘地理信息局认真贯彻落实中央群团工作会议精神和局党组《关于加强和改进党的群团工作的意见》，充分发挥群团组织联系和服务群众的作用，支持工青妇组织按照各自章程和职责开展工作。工会积极组织群众性文体活动，开展向困难职工和全国劳模送温暖活动，持续推进建设“职工之家”工作。妇女工作委员会积极开展“巾帼建功”活动，积极参与“最美家庭”评选活动。共青团举办“五四”青年节纪念活动。继续加强同各民主党派和党外高级知识分子的沟通联系。

政策与法规

立法工作

【《中华人民共和国测绘法》修订】

3月，《中华人民共和国测绘法（修订草案）》经过国务院法制办公室审查，由国务院法制办公室、国土资源部、国家测绘地理信息局联合报送国务院。7月27日，国务院第143次常务会议通过《中华人民共和国测绘法（修订草案）》。按照国务院常务会议审议意见，修改完善《中华人民共和国测绘法（修订草案）》部分条款。8月13日，经国务院总理李克强签署，国务院正式向全国人大常委会提请审议《中华人民共和国测绘法（修订草案）》。11月4

日，十二届全国人大常委会第二十四次会议第一次审议了《中华人民共和国测绘法（修订草案）》。在立法过程中，国家测绘地理信息局及时为审议工作提供有关材料、积极协助全国人大开展立法调研、向全国人大进行专题汇报、配合做好草案修改等。

【《地图管理条例》贯彻实施】

国家测绘地理信息局召开学习宣传贯彻《地图管理条例》电视电话会议，制定《国家测绘地理信息局贯彻落实〈地图管理条例〉分工方案》，推动《地图管理条例》的有效贯彻实施。编写出版《〈地图管理条例〉释义》，组织开展省级测绘地理信息主管部门、测绘资质单位贯彻《地图管理条例》培训，举办3期培训班，并把《地图管理条例》的学习贯彻列入国家测绘地理信息局学习贯彻十八届五中全会精神专题培训班和注册测绘师年度培训的内容，对《地图管理条例》的重点内容、制度措施、立法背景及过程等进行解读。

【法制建设】

国家测绘地理信息局印发《国家测绘地理信息局贯彻落实〈法治政府建设实施纲要（2015—2020年）〉实施意见》。完成法规规章和文件清理工作，规范性文件继续有效的236件、失效的15件、废止的44件。推进国家测绘地理信息局建立法律顾问及公职律师制度。依法做好行政复议案件调查处理和行政应诉工作。

【局内立法】

国家测绘地理信息局年初制定2016年立法计划，明确12项立法任务并指导有关司室实施，召开立法工作交流会，出台《国家测绘地理信息局法规制定程序规定》《生产过程成果提供使用管理规定》《卫星导航定位基准站建设备案办法（试行）》《全国测绘地理信息科普教育基地管理办法（试行）》《关于规范卫星导航定位基准站数据密级划分和管理的通知》。对国务院各部门的20多部法律法规研究提出反馈意见。

行政审批制度改革

国家测绘地理信息局印发《国家测绘地理信息局2016年简政放权放管结合优化服务改革工作实施方案》。开展减少中介服务、精简申报材料、优化审批流程等事项的自查工作。按照国务院推进职能转变协调小组办公室的要求开展多项检查。组织机关各司室编制权责清单。起草《国家测绘地理信息局随机抽查事项清单》和《国家测绘地理信息局随机抽查工作细则》，建立市场主体名录库和执法检查人员名录库。制定国家测绘地理信息局推进行政许可标准化工作方案，实现全部行政审批事项网上办理。编制综合监管平台建设的总体方案，完成用户需求确认，年内实现支持“双随机”开展功能。

政府信息公开

国家测绘地理信息局建立测绘地理信息政务公开协调机制，印发《国家测绘地理信息局政务公开2016年工作措施》，将政务公开工作列入全国省级测绘地理信息部门绩效考核内容。建设完成信息公开目录系统，进一步优化发布流程，规范公开内容和形式。统筹发挥新媒体作用，全年主动公开政府信息8173条，其中国家测绘地理信息局门户网站登载新闻类稿件5278篇；发布政务微博1785条、政务微信1110条。召开全国测绘地理信息政府信息与政务公开工作座谈会。首次向全社会公开发布全国甲级测绘资质单位信用信息。开展国家测绘地理信息局内设机构承担职能、法律依据、职责权限、管理流程、监督方式的全面梳理和审核确定，推进权力清单和责任清单公开。公布部门2015年决算和2016年预算、“三公”经费决算，列出因公出国（境）团组数及人数，公务用车购置数及保有量，国内公务接待的批次、人数等信息。公开生产装备、国家航空航天遥感影像获取项目采购、招标信息及中标结果。对外发布政策法规、发展规划、科技标准、监测统计数据等，公开人大建议、政协提案办理工作总结。完成全国卫星导航定位基准服务系统建设，做好地图公共服务工作，强化国家地理信息公共服务平台“天地图”广泛应用，推动地理空间数据和应用系统向公众开放。统筹运用新闻发言人、新闻发布会，国家测绘地理信息局网站、官方微博微信等媒体平台，围绕社会关切加强政策宣传解读。

国家测绘地理信息局全年共收到政府信息公开申请7件。发生针对本部门因政府信息公开事务的行政诉讼1例；未收到各类针对本部门政府信息公开事务有关的申诉案（包括信访、举报）。

行政执法

【综合执法】

国家测绘地理信息局深化与国土资源部的业务

协作，开展全国测绘地理信息综合执法书面调研和实地调研，召开测绘地理信息行政执法工作座谈会，起草《关于推进测绘地理信息行政执法工作的意见》。

【违法案件查处】

国家测绘地理信息局配合国家安全机关，严肃查处2起涉外非法测绘案件。印发测绘地理信息违法典型案件通报，发挥案件警示教育作用。

【执法队伍建设】

国家测绘地理信息局完成新申请全国测绘地理信息行政执法证的审核发证和已持证人员证件注册工作。举办2016年全国测绘地理信息行政执法人员培训班。

法制宣传

【“七五”普法】

国家测绘地理信息局制定《全国测绘地理信息法治宣传教育第七个五年规划（2016—2020年）》，对测绘地理信息“七五”普法作出全面部署。印发《2016年全国测绘地理信息普法依法治理工作要点》和《国家测绘地理信息局关于完善国家工作人员学法用法制度的实施意见》。测绘地理信息系统2家单位和4名个人分获2011—2015年全国法治宣传教育先进单位和先进个人荣誉称号。

【全国测绘法宣传日】

国家测绘地理信息局以“贯彻地图管理条例，更好服务国计民生”为主题，组织开展全国测绘法宣传日系列活动。在重庆举办2016年全国测绘法宣传日主场活动。开展全国测绘法宣传日主题口号、宣传口号、公益短信、宣传画有奖征集活动。组织部分大型互联网地图服务单位利用新媒体手段，推进“互联网+法治宣传”。

政策研究

【新型基础测绘研究】

国家测绘地理信息局测绘发展研究中心（以下简称发展研究中心）组织开展新型基础测绘研究。在《测绘地理信息调查 研究 建议》上开展了17期新型基础测绘笔谈活动；4月举办了100多人参加的新型基础测绘研讨会；开展了《新型基础测绘建设》图书编写工作。

【常态化地理国情监测业务及应用机制建设研究】

发展研究中心组织开展和承担了相关系列课题，包括地理国情监测业务体系建设总体方案研究、地理国情监测服务生态文明建设示范研究，形成了《常态化地理国情监测业务体系建设研究报告》；开展了《地理国情监测常态化业务应用探索》图书编写。

【测绘地理信息科技创新研究】

发展研究中心组织开展测绘地理信息科技创新问卷调查，收集整理全国1万多家测绘资质单位的专利、软件著作权、科技成果获奖情况，以及全行业科技创新平台、博士后科研工作站、高技术企业、高等院校等方面情况，开展相关数据的整理分析，形成了调研报告。

【测绘地理信息军民融合研究】

发展研究中心分析研究测绘地理信息领域军民融合的背景、现有基础、国外军民融合模式，对军民测绘深度融合发展的内容、方式和工作机制提出建议，编写了《测绘领域军民深度融合发展研究报告》。

【海洋地理信息资源开发建设战略研究】

发展研究中心编写完成海洋地理信息资源开发建设战略研究工作方案；召开专家咨询会，研讨构建国家海洋安全地理信息系统的可行性，完善海洋地理信息资源开发建设调研报告。

【地理世情监测战略研究】

发展研究中心开展地理世情监测的法规政策、规划编制、标准规划、组织方式等研究；召开3次课题研讨会，编写了研究报告。

【测绘地理信息公共服务模式改革研究】

发展研究中心就测绘地理信息公共服务模式改革开展2次实地调研，撰写了1万多字的调研报告。

【测绘地理信息全面深化改革若干问题研究】

发展研究中心对测绘地理信息全面深化改革若干问题研究报告进行了全面系统修改，将研究成果与研究报告、工作报告和专题调研报告统一上报国家测绘地理信息局。研究成果获得国家测绘地理信息局局长库热西·买合苏提批示，并根据局长批示精神，开展了相关学习宣贯工作。

【“一带一路”经济带核心区测绘地理信息发展策略研究】

发展研究中心开展了丝绸之路经济带核心区测绘地理信息发展策略研究，进行了测绘地理信息企业“走出去”问卷调研，组织了为期2天的专题研讨活动，确定了研究大纲和研究内容。

【国外测绘地理信息发展调研】

发展研究中心组织完成了《国外测绘地理信息发展汇编（2016 版）》的编写，报告共约 10 万字，涵盖了美国、欧洲、日本等发达国家和联合国地理信息管理委员会、英国地理信息协会等权威组织发布的各类规划文件和研究报告。

【国际地理信息产业发展研究和国际地理信息产业经济效益估算方法研究】

发展研究中心对国际地理信息产业发展现状与趋势进行了系统研究，针对印度、加拿大、英国地理信息产业发展现状进行了研究，相关成果已形成论文发表。继续对国际地理信息产业经济效益评价方法进行研究，通过分析美国、加拿大、英国、澳大利亚、新西兰、印度等国进行地理信息经济效益研究的方法，总结了当前在地理信息产业统计数据缺乏的情况下的几种经济效益定量估算的方法，并对当前我国开展地理信息产业经济效益定量估算提出了有关建议。

规划与计划

测绘地理信息纳入国家规划

国家测绘地理信息局经过积极沟通争取，《中华人民共和国国民经济和社会发展第十三个五年规划纲要》明确了“提升测绘地理信息服务保障能力，开展地理国情常态化监测，推进全球地理信息资源开发”“实施互联网 + 地理信息行动计划”等测绘地理信息领域重点任务，这是近几个国家五年规划体现测绘地理信息任务最为全面的一次。积极参与军民融合规划、国家信息规划、国家应急规划和促进大数据发展工作方案等相关国家重点专项规划的编制，测绘地理信息的战略性地位不断凸显。

测绘地理信息事业“十三五”规划

国家测绘地理信息局多次征求有关部委、各地测绘地理信息部门以及相关专家的意见建议，修改完善后，于 8 月底联合国家发展和改革委员会印发实施《测绘地理信息事业“十三五”规划》，提出了推进新型基础测绘建设、开展地理国情常态化监测、加强应急测绘建设、统筹航空航天遥感测绘、推进全球地理信息资源开发“五大业务”以及提升公共服务能力、提升基础设施装备保障能力、提升地理信息产业竞争能力、提升科技自主创新能力、提升协调融合发展能力“五大能力”等一系列重点任务。组织召开新闻发布会，介绍规划编制总体情况，并就规划的编制过程、编制基础和重点内容进行解读。11 月底，召开全国测绘地理信息规划财务工作会议，对规划实施工作进行全面部署。

测绘地理信息科技发展“十三五”规划

10 月 18 日，国家测绘地理信息局印发《测绘地理信息科技发展“十三五”规划》，提出以支撑“五大业务”为抓手、以创新为动力、以需求为牵引、以问题为导向、以项目为纽带，在“十三五”期间实现科技自主创新能力显著提升，重点领域核心关键技术取得重大突破，市场导向的技术创新机制更加健全，人才、资本、技术、知识自由流动，各类创新主体及军民科技协同发展，科技创新资源配置更加优化，创新效率明显提高，测绘地理信息标准体系更加科学完善，科技竞争力和国际影响力显著增强，信息化测绘技术体系全面建成等目标，为构建“五大业务”协同发展的公益性保障服务体系、促进地理信息产业发展提供有力的科技支撑。

测绘地理信息标准化“十三五”规划

11 月 25 日，国家测绘地理信息局印发《测绘地理信息标准化“十三五”规划》，提出坚持以科技创新为动力、以社会需求为导向、以应用服务为根本，在“十三五”期间深化测绘地理信息标准化改革，推进标准化工作由政府单一供给为主向政府主导标准和市场驱动标准平衡发展转变、由以标准制修订为主的工作模式向包括标准制修订、宣贯培训、应用服务、实施评价、标准体系动态更新的全过程工作模式转变，为测绘地理信息事业转型升级发展提供坚实有力支撑。

卫星测绘“十三五”发展规划

12月21日，国家测绘地理信息局印发《卫星测绘“十三五”发展规划》，提出以国产高分辨率测绘遥感卫星、北斗卫星为主，推进相关商业遥感卫星发展，大力加强卫星测绘能力建设，建立集测绘卫星总体设计、仿真、检校、数据处理、服务和质量控制于一体的卫星测绘技术、产品和标准体系，推进商业遥感卫星测绘能力建设，形成多分辨率、多比例尺的地理信息产品生产和应用服务能力，健全卫星测绘应用工作体制机制，支撑“五大业务”和地理信息产业发展。

基础测绘

经费投入

2016年，国家测绘地理信息局“基础测绘”项目一般公共预算财政拨款2.6亿元。

基础测绘项目

【基础测绘计划】

国家测绘地理信息局印发2016年国家基础测绘生产计划，提出2017年国家基础测绘生产项目“一上”和“二上”计划。每月汇总编制各单位基础测绘项目任务和经费进度表，对执行较慢的单位和项目加强督促。

【基础测绘科技与标准项目】

国家测绘地理信息局完成2016年基础测绘科技与标准项目的实施方案评审及批复工作，下达了2016年国家基础测绘科技与标准计划。紧密围绕国家测绘地理信息局重点工作，结合“十三五”测绘地理信息科技发展与标准化工作，凝练出“新型基础测绘关键技术研究与生产性试验”“地理信息安全保障技术与应用”“智能化测绘关键技术研究”等多个项目。

【国家基础地理信息数据库更新】

国家测绘地理信息局完成2015年度1:5万地形数据库更新成果检验和入库，建成新版1:5万地形数据库并通过验收。完成1:5万、1:25万、1:100万基础地理信息数据库年度更新，数据内容进一步丰富详实，1:5万地形数据库现势性保持在2016年内，1:5万制图数据库和1:25万、1:100万基础地理信息数据库现势性保持在2015年内。

加大在项目管理、资料保障、技术支撑、质量控制等方面的创新实践，优化1:5万数据库全要素更新的技术方法和工艺流程，完善软件功能，提升更新效率。完成1:5万地形更新成果交叉验收，保障更新成果的质量。完成全国1:5万制图数据库、1:25万以及1:100万基础地理信息数据的联动更新。

完成2016年度全国24185幅1:5万地形数据更新生产，对全部区域的重点要素和1/3区域的一般要素进行了更新。利用2015版1:5万地形成果完成全国24185幅1:5万地形图制图数据库快速联动更新，并与1:5万地形数据库一体化管理，实现了数据对全国陆地国土的连续无缝覆盖。利用2015版1:5万地形数据库完成了全国816幅1:25万地形数据库的联动增量更新，利用更新后的1:25万地形数据完成了覆盖全国范围77幅1:100万地形数据库的联动增量更新。初步建立了以1:5万地形数据库为基础，增量联动更新1:25万、1:100万地形数据库和地形图制图数据库的国家基础地理信息数据库更新技术体系。

【新农村建设测绘保障服务示范项目】

国家测绘地理信息局选定江苏等7个省份作为2016年新农村建设测绘保障服务示范项目试点，带动地方在农村地区的测绘保障投入；出版《金色的热土——新农村建设测绘地理信息保障服务》书籍，回顾立项10年来的建设历程并展示测绘地理信息服务于“三农”工作成就；完成山东省诸城市等6个项目验收，实现管理程序闭合；探索新农村建设测绘保障服务向测绘美丽乡村试点建设转型的新机制、新模式、新政策。

【卫星激光测绘与系统维护】

房山人卫站完成卫星激光测距（SLR）总观测1670圈，其中高轨卫星571圈（包含北斗导航卫星72圈）、中轨卫星189圈、低轨卫星910圈，测距精度满足国际激光测距标准要求，卫星激光测距系统无故障率98%，实施资源三号02星的国内激光联测及数据处理，开展失效卫星及空间碎片激光测距技术研究。全球导航卫星系统及国际全球连续监测评估系统（GNSS/iGMAS）观测站数据有效率达100%，数据上传成功率为99%。

【面向国家综合决策的政务地理信息服务】

中国测绘科学研究院采用大数据架构，开发政务地理信息分析服务软件平台，提高海量异构政务地理信息数据的整合分析能力，实现政务地理信息智能检索、自然地理统计分析、基于核密度分析法的人口空间分析、产业空间格局及产业结构分析。在此基础上，整合多源空间信息、国家基础信息资源库信息，围绕国务院需求，提供产业、人口、经济、环境的综合空间分析服务。

【地理信息安全监管能力建设】

中国测绘科学研究院开展地理信息安全监管平台运行维护与应用推广，研制移动位置APP监管原型系统，实现对Android、iOS平台上移动位置APP的信息收录、服务解析和数据抽取；开展互联网监管国家节点功能完善与升级，构建互联网监管集群服务，提升服务性能；建立国家、省区、地市三级地图技术审查平台，实现地图技术审查资源库分级共享和动态扩充，制作2015版全国1∶25万公众版地图。

测绘基准管理

【国家现代测绘基准工程建设】

国家现代测绘基准体系基础设施建设一期工程建设任务全面完成。完成410个国家级卫星导航定位基准站建设、4500个卫星大地控制点观测、12.2万千米一等水准测量及50个绝对重力点观测等，我国高精度、三维、动态的现代测绘基准体系初步形成。

建成测绘基准管理服务系统，包括数据管理、数据处理分析、数据共享、全国卫星导航定位服务4个业务系统。完成测绘基准管理服务系统全部计算机与存储备份、安全系统、网络设备的集成调试，部署了11套自主研发的专业软件，系统已进入试运行阶段，初步实现我国现代测绘基准建立、维持、更新与服务能力。完成国家现代测绘基准工程《成果图集》、展示图集《神州基业》、建设与成果视频以及展板等材料的制作，全面展示现代测绘基准体系建设方面的新成就。

【全国卫星导航定位基准服务系统建设】

国家测绘地理信息局完成全国卫星导航定位基准服务系统建设，形成覆盖全国的高精度导航定位服务能力。制定基准服务系统等级安全保密方案并通过国家保密局审查，组织开发基准站数据处理与服务软件，提升省级基准站服务安全保障水平。开展京津冀一体化基准服务，为重大国家战略实施提供服务保障。

国家基础地理信息中心完成卫星导航定位数据中心和广域精密实时定位服务系统的建设，具备了国家210站、国际IGS 120站的实时数据流的汇集、接入、解码与存储，实现了兼容北斗、GPS、格洛纳斯、伽利略等卫星导航系统信号实时数据处理能力，导航定位产品播发频率达到1秒钟差更新、3小时轨道更新、15分钟电离层更新，可在全国范围内提供米级、亚米级精度的导航和实时定位服务，为推动卫星导航高效应用与产业化奠定了基础。

【卫星导航定位基准站建设和应用管理】

国家测绘地理信息局完成基准站备案系统开发，指导省级部门开展基准站备案工作。开展安全风险点排查工作，制定基准站安全专项整治工作计划，推动基准站规范建设和安全应用。

【现代测绘基准维持和应用服务】

国家基础地理信息中心通过传输网络实时、自动汇集国内外GNSS基准站观测数据至国家数据中心，汇集了410座国家级卫星导航定位基准站和20座IGS站点全年的观测数据1.4TB。经过数据预处理、单日解计算、整体平差等数据处理和分析，获得我国410个国家基准站全年的日、周、年系列坐标成果，生成时间序列和速度，计算并提供精密星历、钟差、电离层模型等 GNSS 基准服务系列产品，持续实现我国 CGCS2000 地心坐标框架的维持更新与应用服务。开展多种新型国家现代测绘基准产品体系概要设计，初步形成了新型基准 GNSS 框架产品、新一代厘米级（似）大地水准面模型产品、新一代国家重力基准产品以及其他新型测绘基准产品等概要设计。

中国测绘科学研究院选择国家现代测绘基准工程中 210 个国家级基准站，开展 2016 年每日观测数据的预处理、单日松弛解计算、时间序列分析、平差计算等，生成基准站站点坐标、速度场、精密星历、钟差、电离层模型等产品；选择部分区域，开展 GNSS（GPS、GLONASS、北斗）广域差分计算，生成精密星历、钟差、电离层等产品，在生产基础上完善升级广域差分软件；开展铁路、林业、海洋、国土等行业部门使用 2000 国家大地坐标系调研，为有需求的部门制定使用 2000 国家大地坐标系技术方案并提供技术支持。

安全生产

国家测绘地理信息局召开局安全生产委员会电视电话会议，传达习近平总书记、李克强总理关于安全生产的重要批示指示和全国安全生产电视电话会议精神，总结 2015 年安全生产工作，研究部署 2016 年工作。印发《国家测绘地理信息局 2016 年安全生产工作要点》，明确全年工作的总体要求和具体任务。印发《关于加强安全生产和汛期安全防范工作的通知》，督促做好相关的应急预案和安全防护工作。印发《关于强化元旦、春节安全生产工作的通知》，要求各单位切实做好节日期间的安全生产防范工作。向局属各单位传达国家测绘地理信息局局长库热西・买合苏提关于安全生产工作的重要批示精神，要求各单位加强安全生产管理，防范事故发生。

地理国情监测

地理国情普查

11 月 22 日，中共中央政治局常委、国务院副总理张高丽主持召开国务院第一次全国地理国情普查领导小组全体会议，审议通过《第一次全国地理国情普查公报》，标志着第一次全国地理国情普查工作圆满完成。

国家测绘地理信息局完成全国地理国情普查数据库及管理系统建设，实现对各类数据集成化高效管理。完成全国地理国情普查基本统计及对算工作，形成了《普查公报》《普查统计数据汇编》以及相关图件成果。完成与相关部门的数据衔接，对普查成果和工作报告进行完善，与普查领导小组成员单位达成一致意见。开展全国地理国情普查综合统计，初步形成 3 个专报材料。加强与发改、国土、住建、统计、审计、林业等相关部门的需求调研和沟通协调，推动普查成果在省级“多规合一”试点、市县空间规划编制、自然资源承载力预警、自然资源资产负债表编制、城市黑臭水体治理、东北重点国有林区调查等工作中的应用。完成普查成果验收，普查成果发布前各项准备工作有序推进。

国家基础地理信息中心参与完成地理国情普查成果与国土资源部、住房和城乡建设部、水利部、农业部、林业局等部门的数据对接工作，完成《第一次全国地理国情普查内容与指标》中相关分类体系的调整与完善。开展普查成果应用服务试点工作，与住房和城乡建设部合作开展了 30 多个大型城市黑臭水体识别定位试验；开展资源环境承载能力辅助预警的技术方法研究，完成河北保定市 20 个区县的相关实验。开展普查成果深化研究，突出专业应用的需要，对地表覆盖数据中一些植被类型细分，形成衍生数据成果，完成全国 30 米格网数据产品试生产。

中国测绘科学研究院研发了地理国情普查最终版统计分析软件，编制了国家级基本统计方案，全面完成了基本统计计算、数据校核、质量控制和提交入库，并通过了质量检验，全面完成第一次全国地理国情普查国家级基本统计任务。编制基本统计成果，修改完善了发布指标、统计单元、发布内容、成果样式，形成了第一次全国地理国情普查公报、统计数据汇编等成果。开展综合统计分析，围绕地表资源分布与利用、生态协调性、基本公共服务均等化、城镇发展等5个主题，开展综合统计分析试点，推动试点成果的跨部门应用；优化综合统计指标指数体系，完善总体技术方案，开展全国综合统计，完成蓝皮书框架内容设计，合作开展4省市的综合统计示范应用。推进数据对比分析，指导完成31个省（自治区、直辖市）基本统计成果与其他普查（调查）成果对比分析。

地理国情监测

国家测绘地理信息局编制《专题性地理国情监测技术指南》，出台《基础性地理国情监测数据技术规定》《地理国情监测生产元数据技术规定》《基础性地理国情监测过程检查与监督抽查规定》《基础性地理国情监测检查验收与质量评定规定》等技术文件，健全地理国情监测技术体系和质量体系。完成2016年基础性地理国情监测生产任务，实现地理国情普查数据年度更新。完成京津冀一体化发展重要地理国情信息监测、国家级新区建设变化监测、全国省会城市空间扩展监测、中国大运河环境景观监测、抚仙湖流域生态环境动态监测、大理海西农田保护与海东城市扩展监测等专题性地理国情监测项目的验收，推动监测成果在发改、规划、文物、环保等相关部门广泛应用。按照中央经济体制和生态文明体制改革专项小组的要求，牵头编写《市县空间规划编制技术规程》，发挥地理国情监测在国土空间治理中的作用。

国家基础地理信息中心组织开展基础性地理国情监测实施工作。制定了《2016年基础性地理国情监测生产总体方案》，开展了基础性地理国情监测生产技术培训和交流，完成全国基础性地理国情监测成果数据库方案设计，开展《地理国情监测数据库与1∶5万基础地理信息数据库的整合方案》设计，完成地理国情普查与监测数据库管理与服务平台研发，实现了国情数据的统计分析和应用服务一体化。

中国测绘科学研究院牵头完成2016年度专题性地理国情监测任务设计，指导开展全国专题性地理国情监测，编制了京津冀协同发展重要地理国情监测等4项项目设计书，牵头开展2016年京津冀协同发展重要地理国情监测和全国海岸带开发利用变化监测。开展常态化地理国情监测技术研究，编制完成全国专题性地理国情监测技术指南，形成了《国家重点生态功能区自然遥感监测技术规定》《海岸带开发利用变化监测技术规定》《基于遥感/GIS的重点大气污染源空间分布提取技术规程》等。

全球地理信息资源建设

《测绘地理信息事业“十三五”规划》将全球地理信息资源开发列为“五大业务”之一，要求加快全球地理信息资源建设，强化全球地理信息服务应用。2013—2015年，国家测绘地理信息局组织科学家团队研究突破了境外无地面控制高精度测图关键技术，使自主开展大规模全球范围测图成为可能。2016年，组织完成了全球地理信息资源数据产品的生产性试验，确定了标准规范与生产工艺，利用国产卫星影像生产了“中巴经济走廊”和“东盟自贸区”9个国家380万平方千米的高精度数据产品，成果已经通过国家地理信息公共服务平台“天地图”向国内外提供相关服务，并在“一带一路”相关项目和全球生态环境研究中发挥了重要作用。

航空航天遥感测绘

基础航空摄影与卫星影像获取

国家测绘地理信息局编制基础航空航天遥感影像获取计划4期，针对重点区域安排倾斜摄影、机载LIDAR、航空重力等新技术影像获取项目，实施政府采购8次。新增摄区54个，连同上年度延续的59个摄区，2016年度在执行的国家航空航天遥感影像获取项目摄区数达到113个，总面积207万平方千米。

修订完善并执行新的项目业绩诚信考核办法，加大对影像获取任务承担单位的筛选和监督力度；完成航摄项目60个、卫星影像项目18个，获取航空航天遥感影像98.8万平方千米，其中航摄影像36.3万平方千米、卫星影像62.5万平方千米。加强国产卫星影像统筹获取，综合利用资源三号、高分系列、天绘系列、北京二号等国产卫星影像保障地理国情监测、数字城市、智慧城市等重大项目建设，全年优于2米分辨率影像数据有效覆盖面积约936万平方千米，对全国监测任务区的有效覆盖率超过99%；优于1米分辨率影像数据有效覆盖面积近150万平方千米，其中高分二号约55万平方千米、北京二号约24万平方千米，对国外商业卫星的利用比例进一步降低。

测绘卫星建设与应用

【测绘卫星建设】

5月29日，国家测绘地理信息局召开了全国卫星测绘应用工作会议，举行了资源三号卫星影像云服务平台开通仪式。5月30日，资源三号卫星02星成功发射，入轨后与01星首次实现了中国自主民用立体测绘双星组网运行，大幅提升中国卫星测绘保障能力。12月28日，在北京举行了在轨交付仪式，资源三号02星正式交付主用户国家测绘地理信息局，进入业务化运行阶段。与国土资源部、国家海洋局形成陆海观测卫星业务应用协调机制，资源三号卫星02星应用系统建设纳入陆海观测卫星业务应用工程项目建议并报国家发展与改革委员会，开展了资源三号后续卫星03星、04星立项准备工作。编制了《高分七号应用共性关键技术项目指南》，完成高分七号卫星初样功能性能测试，参与L波段干涉SAR卫星、高分多模卫星、碳监测卫星等科研卫星背景型号预研，开展卫星测绘需求论证、指标分析和测绘应用技术开发。

【资源三号卫星影像获取】

国家测绘地理信息局卫星测绘应用中心（以下简称卫星应用中心）全年共编制资源三号卫星01星拍摄计划1077轨，接收1072轨，共获取原始数据154TB。中国区域影像获取覆盖面积1139.76万平方千米，云量20%以下有效数据的覆盖面积878.33万平方千米，实现我国陆地区域的无缝覆盖。全球区域影像获取覆盖面积3011.34万平方千米。

5月31日10时57分，资源三号卫星02星首次开机成像并成功获取首批前视、正视、后视全色和多光谱影像图，覆盖黑龙江、河北、内蒙古、天津、山东等地区。5月30日—12月31日，卫星应用中心共编制资源三号卫星02星拍摄计划1220轨。中国区域影像获取覆盖面积1063.17万平方千米，云量20%以下有效数据的覆盖面积682.35万平方千米。全球区域影像获取覆盖面积6702.89万平方千米。

【资源三号卫星影像数据生产】

卫星应用中心全年共完成资源三号卫星01星1072轨257180景数据编目生产和人工云判，生产1072轨155688景传感器校正产品；资源三号卫星02星1031轨223877景数据编目生产和人工云判，生产1031轨164371景传感器校正产品。以资源三号卫星影像为主，其他多源国产遥感卫星影像为补充，全年累计生产全国正射纠正影像21354景，累计有效覆盖面积940万平方千米。

【资源三号卫星影像产品体系建设】

卫星应用中心利用资源三号卫星影像建成覆盖全国的2016版2米分辨率正射影像库，提高了影像时效性；建成覆盖全国的1∶1万高精度影像控制点库，提升了控制点库精度和现势性；持续开展遥感影像机顶盒产品完善与升级，全国影像季度更新率从40%提高到60%以上，重点地区实现季度完整更新；完成全国15米数字表面模型产品补漏与更新。

2016年，资源三号卫星已具备提供传感器校正产品、数字正射影像、数字表面模型、数字高程模型、控制点数据库、影像机顶盒等标准影像产品和服务的能力，可按需求提供专题影像地图、裸眼立体影像地图、变化信息检测服务等定制产品和服务。影像数据产品和技术服务体系已满足国土、林业、农业、水利、海洋、减灾等10多个行业需求。

【卫星影像应用服务】

卫星应用中心建立了资源三号卫星影像云服务平台，形成全自动、不间断运行的卫星影像快速订阅服务机制，实现资源三号卫星等国产卫星影像在各行业的即时共享和高效利用，平台已接入31个省级测绘部门，依托省级节点开展面向省内各行业部门地理信息综合应用服务。在肯尼亚建立非洲区域服务节点，推进多国多地区应用合作。全年通过平台共完成全球79092景、50TB数据量实时推送和服务保障工作。

全年为地理国情监测项目累计提供影像数据41426景，覆盖全国监测任务区99.53%；为国家地理信息公共服务平台“天地图”提供国内覆盖面积超过700万平方千米正射融合影像，境外300万平方千米正射融合影像；为全国基础地理信息数据库更新工程提供21354景覆盖全国98%的数字正射纠正影像成果；为全球地理信息资源建设工程提供5258景，覆盖面积370多万平方千米的立体影像数据，完成任务区高精度区域网平差作业；为国家战略性工程南水北调中线水源地环境动态监测提供相关监测成果。

与资源一号02C卫星、高分系列卫星等卫星业主统筹对接，实现多星联合服务，形成从中分到高分多级分辨率卫星影像获取梯队，提升了影像统筹保障服务能力，提高了国家财政资金的使用效率。

卫星测绘关键技术研究

中国测绘科学研究院利用多源高分辨率卫星影像进行大范围稀少/无控卫星影像区域网平差，完成东南亚地区约131万平方千米和巴基斯坦全境约88万平方千米区域大数据量无控区域网平差处理。研制一系列高效稳健的关键算法，开发高分辨率卫星影像测图系统SAT - Global，实现从大规模影像联合区域网平差到DEM、DOM的快速自动化处理。

应急测绘

国家应急测绘保障能力建设

国家测绘地理信息局组织编制完成《国家应急测绘保障能力建设项目》设计方案，并于12月28日获国家发展和改革委员会批复同意；成立应急项目实施领导小组和应急项目办公室，统筹协调和指导项目组织实施工作。

应急测绘保障服务

国家测绘地理信息局印发《关于进一步加强应急测绘保障能力建设的意见》，指导各地加强应急测绘能力建设。印发《关于做好防汛救灾应急测绘保障工作的通知》，部署汛期应急测绘保障服务。组织相关单位为福建泰宁山体滑坡、江西鄱阳县滨田水库溃口、江苏盐城龙卷风、河北水灾、江西丰城电厂施工平台倒塌事故等重大突发事件，及时获取制作灾区影像图，为指挥决策、应急救援、灾情评估等提供支撑。

国家基础地理信息中心完成突发性紧急任务64批次，为中央办公厅、国务院办公厅、国务院应急管理办公室、公安部等11家部委相关单位提供专题地图348幅1020张，领导办公专用挂图69套。完成领导办公专用挂图《中华人民共和国地图》《世界地图》的更新，完成“县级行政区域应急出图系统”完善和修改工作，并利用该系统输出2000多个县域行政区划地图，为各种应急和政府辅助决策提供地图基础。开展新闻示意底图素材库建设工作，完成A3版《世界地图》《全国地图》和全国分省图的初稿编制工作。编制《习近平总书记赴宁夏考察都去哪了?》《国土资源部通报6起土地违法案件处理结果》和《2016年首批大众创业万众创新示范基地》热点新闻专题图，由中国测绘宣传中心向媒体推广发布。

“天地图”建设与应用

节点建设

“天地图”实现了1个主节点、31个省级节点和261个市县级节点的服务聚合和互联互通。其中，地级市节点已有164个接入主节点，接入率为49.1%，浙江、江苏、河北、四川实现了所有地级市节点的接入。各省级节点的服务水平明显提升，通过综合技术评估，有三分之二的节点达到了五星级水平。

国家基础地理信息中心牵头编制的“国家地理信息公共服务平台“天地图”主节点二期工程建设总体方案与国家级节点数据更新与运行项目设计书”通过评审。完成“天地图”在线服务平台升级与运维，上线2016版“天地图”。新版“天地图”重点对地理信息公共服务需求进行了升级和优化调整，提升多源信息在线集成与共享能力，更新并丰富了数据资源，在线地理信息主体数据现势性达到2015年6月，部分重要地名现势性达到2016年6月。完成“天地图”网站（包括政务、涉密、公众版及相关前置服务）部署，完成运行支持环境维护，以及“天地图”公众版机房搬迁工作。

数据融合

全国所有省级区域都开展了数据融合工作，其中有26个省区完成了年度数据融合任务，江苏、浙江、福建、江西、河南、河北、湖南、湖北、甘肃、新疆、青海、内蒙古、吉林、宁夏、安徽、甘肃、四川等17个省级区域融合数据已在主节点发布。通过数据融合，实现了节点间数据的优势互补，打通了测绘地理信息系统内部共建共享的通道。

推广应用

以“天地图”为基础的应急信息资源“一张图”建设，纳入了国家突发事件应急体系建设“十三五”规划。据不完全统计，已有27个中央部门正在使用“天地图”。同时，积极拓展国际服务，主节点发布了380万平方千米中亚及东盟地区矢量和影像数据。召开“天地图”及基础测绘成果用户座谈会，面向中央部委部门及重点用户推广应用“天地图”。组织编印了《天地图典型应用案例汇编(2016版)》。

中国测绘科学研究院完成基于“天地图”的国情电子地图开发，集成“天地图”基础地理信息、地名搜索、路径搜索等功能；开展基于无人机的新疆塔城草原监测应用示范。

智慧城市、数字城市建设

截至2016年底，数字城市地理空间框架已在全国全部334个地级市和511个县级城市开展建设，其中290个地级市、214个县级城市完成了建设并投入使用，从根本上缓解了城市地理信息资源匮乏的局面，极大地丰富了城市地理信息数据资源；统一了城市测绘基准、数据和标准，搭建了地理信息公共平台，促进了信息资源共享与开发利用；累计开发应用系统6100多个，涉及众多领域。

国家测绘地理信息局履行新型智慧城市建设部际协调工作组职责，参与部际协调工作组工作，配合出台《新型智慧城市建设部际协调工作组2016—2018年任务分工》。开展智慧城市建设的深入研究、探索与试验。巩固国家、省、城市三级共建、城市投入为主的建设模式，推动智慧城市建设试点工作。重庆、武汉、宁波、广州、兰州、咸阳、徐州、嘉兴等40多个城市启动建设试点，武汉、咸阳、潍坊、宁波、重庆、徐州等部分城市在时空大数据建设、时空信息云平台建设、时空大数据挖掘、典型示范应用等方面取得积极成效。

在浙江省嘉兴市召开智慧城市时空大数据与云平台建设推进工作会，分析智慧城市时空大数据与云平台建设的意义与形势，提出智慧城市时空大数据与云平台建设目标。在咸阳市召开智慧城市时空信息建设与城市管理专题研究班。在武汉市召开智慧城市专家委员会咨询会，对智慧武汉、智慧老河口建设试点项目“把脉会诊”，明确后续我国智慧城市时空大数据与云平台发展的思路。在哈尔滨、乌鲁木齐举办智慧城市时空信息云平台技术培训，600多名技术与管理人员参加培训。会同相关部门在北京举办的2016首届新型智慧城市发展高峰论坛上，组织智慧时空分论坛，对智慧时空建设的政策进行深入解读，邀请城市、企业代表进行大会交流，进一步提升智慧城市建设水平。

地理信息产业

产业政策

全国已累计有24个省（区、市）政府出台了促进地理信息产业发展的政策文件；浙江、江苏、云南、广西等地出台了地理信息产业“十三五”规划；黑龙江出台了“互联网+地理信息”服务行动计划。浙江地信梦工场、重庆地理文化众创空间、福建极美众创等一批“双创”基地蓬勃发展，“北斗百城百联百用”行动计划成效显著。

产业监测

国家测绘地理信息局组织各地核查认定地理信息产业单位名录3.4万条，基本建成了全国地理信息产业单位名录库，为摸清产业发展规模底数奠定了基础。积极开展地理信息产业运行监测，重点监测约150家上市企业，形成了2期监测报告。通过监测发现，2016年产业发展继续呈现较好态势。

极地测绘

国家测绘地理信息局完成中国第32次南极科学考察极地重点区域基础测绘任务，选派4人参加第33次南极科学考察。完成北极黄河站北斗卫星导航系统设备升级改造，长城站北斗卫星导航系统连续运行基准站（二期）建设及GPS控制点（6个）联测，实现基准站常年连续运行和数据实时向国内传输，提升北斗卫星导航系统全球精确定轨能力。完成中山站站区8幅1:500地形图测绘及北查尔斯王子山脉30幅1:5万数字线划图、数字正射影像图和数字高程模型生产，为极地科考提供保障服务，为维护我国在南极国家权益储备提供详实的地理信息数据。

质量监督与计量

质量监督

国家测绘地理信息局开展2016年全国测绘地理信息质量监督抽查工作，成立质量监督抽查领导小组，印发质量监督抽查工作通知，制定监督抽查方案。分别对2015年测绘资质单位完成的1:500—1:10000基本比例尺地形图成果项目、变形监测成果项目和甲级测绘资质单位质量管理体系进行监督抽查。

计量工作

国家测绘地理信息局开展以数字航摄仪和数字水准仪等为代表的测绘仪器装备计量检测技术体系建设，完成航空传感器室内检测标准和野外检测场的量值溯源及应用维护、数字水准仪和条码标尺检测设施量值溯源及应用维护工作。参与第二届“我身边的计量人”评选活动，印发《关于做好第二届“我身边的计量人”事迹介绍活动推荐工作的函》，动员测绘地理信息系统的广大干部职工和社会各界参与，经严格筛选，推荐活动评议专家1人、“我身边的计量人”人选9人。

中国测绘科学研究院承担科研专项修购项目“现代GNSS/北斗产品测试评价平台建设”，完成了基于模拟源的北斗卫星信号测试系统建设、GNSS天线绝对相位中心全自动化检测系统建设、室外大长度量传标准监测系统建设和环境及可靠性测试系统建设。承担基础设施建设项目“测绘地理信息仪器（装备）环境与可靠性试验基础平台建设”，以国家标准（GB）为基础，可兼顾国际标准（ISO）、德国工业标准（DIN）、国家军用标准（GJB）及行业标准（测绘）等，运用高低温试验、湿热试验、霉菌试验、盐雾试验、冲击试验等完成对各类产品的环境适应性和可靠性检测，建立适合测绘地理信息仪器（装备）特点的可靠性检测实验室。

中国测绘科学研究院国家光电测距仪检测中心受国家产品质量检验检疫总局委托，作为主导实验室参加全国全站仪检定装置量值比对，共有14家实验室参加比对。受北京市质量技术监督局委托，承担北京市属6家生产企业5类8个批次测绘仪器质量监督抽检任务。

市场监管

测绘资质管理

【资质审批】

国家测绘地理信息局全年共依法审核批准91家单位取得甲级测绘资质，依法审核批准93家甲级测绘单位新增甲级专业范围，在国家测绘地理信息局网站公示27个批次，注销甲级测绘资质7件，受理合资单位资质申请1件并依法转送军方会审。

【放宽资质标准】

国家测绘地理信息局印发《关于在测绘资质审批中将测绘技能人员视同为测绘专业技术人员的批复》，同意在测绘资质审批中将测绘技能人员计入测绘专业技术人员数量。

【下放审批权限】

国家测绘地理信息局批复广西壮族自治区测绘地理信息局，同意试点调整房产测绘资质作业限额适度放宽，减少对市场主体的束缚；批复河南省测绘地理信息局，同意委托县级主管部门受理丙、丁级测绘资质申请，通过下放事权方便群众办事。

市场管理

【企业负责人培训】

国家测绘地理信息局组织部分民营甲级测绘资质企业负责人参加2016年中欧测绘地理信息技术与产业发展高级研讨班。

【服务行业发展】

国家测绘地理信息局在网站登载《关于征求对测绘地理信息行业管理与服务工作意见的函》，向测绘地理信息从业单位征询意见，收到人才、市场、生产、技术等方面的意见建议300多条。

信用管理

【信用系统建设】

国家测绘地理信息局组织开发新版全国测绘地理信息行业信用管理系统，于3月底完成系统验收工作并试运行，5月30日在国家局网站正式上线运行。依托该系统开展全国测绘地理信息行业信用信息的征集和发布。

【宣贯培训】

5月，国家测绘地理信息局对各省级测绘地理信息行政主管部门承担信用管理工作的有关人员进行信用管理政策及系统操作培训。各地也通过多种形式，向本行政区域内市、县级测绘地理信息行政主管部门和各等级测绘资质单位传达信用管理政策，推广使用信用管理平台。

【信用信息征集】

4月，国家测绘地理信息局印发《关于开展全国测绘地理信息行业信用征集和发布工作的通知》，就职责分工、征集对象、征集范围、征集来源、组织实施、工作要求等问题向各省局作出部署。国家测绘地理信息局负责审核、发布全国甲级测绘资质单位的信用信息，各省级测绘地理信息行政主管部门负责审核、发布本行政区域内乙级以下测绘资质单位的信用信息。县级以上测绘地理信息行政主管部门负责测绘资质单位信用信息的征集工作。本次征集2014年8月1日至2015年12月31日期间产生的，反映测绘资质单位信用状况的良好信息和不良信息。

【信用信息发布】

国家测绘地理信息局首次征集到全国甲级测绘资质单位信用的良好信息和不良信息共6128条，审核生效3582条，其中良好信息3572条、不良信息10条。9月28日，通过信用系统首次向社会发布。国家测绘地理信息局首次为全国甲级测绘单位建立了信用档案，制定了信用报告模板，接受公众查询申请。探索失信惩戒措施，将不良记录与资质准入挂钩联动。

日常监管

【测绘资质年报公示】

国家测绘地理信息局在总结首次实施年报公示制度的基础上，组织改版测绘资质年报公示书，对年报公示填报项目进行了调整和细化。截至2015年底，全国共有甲级测绘资质单位898家。其中896家报送了本单位2015年度的测绘资质年度报告并在国家测绘地理信息局网站公示，甲级测绘单位填报率达99.8%。对未按要求报送的2家单位，计入不良信用信息。

【随机抽查工作】

国家测绘地理信息局印发《推广随机抽查工作实施方案》，推广测绘地理信息领域“双随机、一公开”工作，制定发布随机抽查事项清单，建立“双随机”抽查机制，科学确定随机抽查比例和频次，强化随机抽查结果运用。组织开展了导航电子地图制作、测绘航空摄影甲级测绘资质单位专项检查工作，对不符合条件的单位依法处理。

【涉外安全监管调研】

国家测绘地理信息局组织开展测绘地理信息企业涉外安全监管调研，赴相关部委、地方省局和资质单位了解情况，包括对维护地理信息安全的认识、采取的措施和取得的效果，以及合资、外资、协议控制等多种涉外类型的具体表现，提出了七个方面的建议。

【加强涉外测绘安全监管】

国家测绘地理信息局印发《关于进一步加强涉外测绘管理工作的通知》，部署开展涉外测绘活动专项检查，加强事中事后监管，建立健全纵横联动监管工作机制，依法严厉打击涉外非法测绘活动。

地图管理与地图公共服务

地图管理政策机制

【地图管理政策机制建设】

国家测绘地理信息局积极贯彻落实《地图管理条例》，开展《地图审核管理规定》修订工作，在征求多方意见的基础上形成《地图审核管理规定（审议稿）》。进一步优化地图审核行政许可工作流程，通过培训交流等提升各级地图审核人员技术能力与水平，推动国家、省级、设区的市级三级地图审核机制建设，做好简政放权工作。指导各地开展地方地图管理政策法规修订工作。

【互联网地图监管机制建设】

国家测绘地理信息局牵头多部门进一步完善网上地理信息安全监管工作机制，细化工作职责与工作分工。与中央网络安全和信息化领导小组办公室联合印发《关于规范互联网服务单位使用地图的通知》，规范各类新闻媒体网站、商业网站以及移动社交平台等地图的登载、展示活动。会同中央网络安全和信息化领导小组办公室研究强化互联网地图监管，加强与工业和信息化部等部门沟通协调与工作对接，分析总结工作经验、研究探讨监管中的新情况、新问题，进一步完善部门间横向联动和国家与省级间上下联动的监管工作机制。

地图审核

【地图审核管理】

国家测绘地理信息局依法开展地图审核并全面实现网上办理。全年共受理地图审核申请 3825 件，经审核批准 3135 件，不予批准 546 件，协助省级测绘地理信息行政主管部门审核 24 件。

【地图内容审查】

国家测绘地理信息局地图技术审查中心（以下简称审图中心）共完成为行政许可服务的地图审查 3759 件，总计 1211909 幅，包括单张地图 504 件、地图集 139 件、教科书地图 181 件、教辅地图 655 件、公开登载展示地图 9 件、书刊插附地图 395 件、地球仪 103 件、境外引进类地图 182 件、对外加工地图 1310 件、互联网地图 110 件、导航电子地图 171 件。

【地图备案】

国家测绘地理信息局完成 19 个单位、56 批次、996 件样图备案工作，按规定抽查 298 件。编写完成《互联网地图新增内容备案指南》和《互联网地图新增内容备案工作规范》。

地图市场监管

国家测绘地理信息局牵头全国国家版图意识宣传教育和地图市场监管协调指导小组成员单位组织开展 2016 年地图市场监管工作，印发《地图市场大检查工作方案》，指导审图中心及各地对各类纸质地图、地球仪和展览（展会）、纪念馆、博物馆中登载的地图以及互联网地图进行全面检查，对有关“问题”地球仪、教辅地图、互联网地图以及京东、天猫等电子商务平台中有关地图产品的违法违规行为进行查处。针对阿里巴巴、百度等公司有关产品中登载地图存在的问题，及时组织开展调查并约谈有关人员。指导各地查处了湖南卫视“汉语桥”、《桂林晚报》、广西民族博物馆、四川科技馆、海南航空等登载“问题地图”以及联泰印刷有限公司出口地图未经地图审核等一批违法违规案件。国家局及全国各地全年共开展地图市场检查 1660 次，查处地图违法违规行为 615 件，涉及“问题地图”产品 4.3 万多件。

互联网地图日常监管

国家测绘地理信息局组织审图中心加大对境内外大型互联网地图服务网站、社交网站的跟踪力度，及时发现涉密敏感地理信息传输情况并与有关部门进行研判处理。依托互联网地图监管系统，国家、省级互联网地图监控节点对互联网地图服务进行 7

×24 小时不间断搜索、筛查、推送，同时国家主节点还对 14 家中央重点新闻网站、77 家中央行业新闻网站、81 家中央国家机关网站、10 家主要商业网站、104 家中央企业网站、193 家甲级互联网地图服务资质单位网站和部分移动互联网应用程序以及微信公众号开展了重点监控。国家、省级互联网地图监控节点全年共发现服务信息中的“问题地图”900 多条，违规 POI 标注信息 1111 条，“问题地图”图片 2700 多张，对 190 多个涉及“问题地图”的网站依法进行了处置。

地图管理能力建设

国家测绘地理信息局发布互联网地图监管系统 2016 版，地图图片、涉密和敏感 POI 的判别准确率较 2015 版大幅提升。组织研发手机 APP 软件——地图卫士，为各地地图市场检查和取证工作提供技术支持。地图技术审查系统在审图中心试运行，并在江苏省测绘地理信息局开展省级试点测试运行。

组织开展两期全国设区的市级地图审核人员培训班，来自全国 21 个省、直辖市、自治区 218 个地级市的 487 人参加了培训。联合中央网络安全和信息化领导小组办公室等部门开展互联网地图安全审校人员的教育培训，全国 200 多家单位的 688 人参加培训，其中 644 人考试合格取得互联网地图安全审校人员上岗证。

地图导航产品测评

国家测绘地理信息局组织实施地图导航定位产品测评工作。进一步修改完善测评工作方案和测评大纲。组织协调中国卫星导航定位协会、国家测绘产品质量检验测试中心在开展常规产品测评的基础上，对互联网地图产品（包括移动互联网地图导航产品）、车辆定位监控系统等新型产品开展测评，并对外公布 60 种合格产品名单。

国家版图意识宣传教育

【“美丽中国”第三届全国国家版图知识竞赛和少儿手绘地图大赛】

国家测绘地理信息局牵头全国国家版图意识宣传教育和地图市场监管协调指导小组成员单位以推动国家版图知识竞赛走进国内知名电视媒体为核心，统筹推进国家版图知识竞赛网络赛、电视赛和少儿手绘地图大赛的深入开展。国家版图知识竞赛电视赛暨江苏卫视《一站到底》4 期特别节目于 2016 年 12 月录制，2017 年元月播出，普及面超过 1 亿人次；网络赛（含常规赛、挑战赛）在 PC 端、移动端共同进行，参与面覆盖全国各地，近 100 万人答题；少儿手绘地图大赛参赛作品数量和覆盖面再创新高，参赛作品突破 10 万幅，参赛人员覆盖 3596 所学校、幼儿园。

【国家版图意识宣传教育“三进”活动】

国家测绘地理信息局与中央网络安全和信息化领导小组办公室联合召开媒体座谈会，与人民网、新华网、中国网、国际在线等 15 家中央主要新闻网站和搜狐网、新浪网等 6 家商业网站新闻工作负责人进行座谈交流，建立了线上普及国家版图知识和编制新闻地图的沟通交流机制。运用微博、微信、移动端 APP 拓展宣传模式，组织开发了《国家版图知识动漫》《发现美丽中国》在线游戏等。据统计，一年来，各地开展宣传教育活动 1749 次，覆盖 2650 万多人。

地图公共服务

【新版标准地图在线服务】

国家测绘地理信息局组织审图中心、中国地图出版社等单位研发新版标准地图在线服务系统，在提供 150 多幅标准地图供公众浏览下载的基础上，提供中国、世界地图自助制图数据各 1 套，首次实现个性化、定制化服务。自 12 月初系统正式上线至年底，地图浏览量近 3 万次，地图下载量近 2 万次。

【新闻地图】

国家测绘地理信息局组织有关单位为《人民日报》客户端、人民网等媒体提供新闻地图。《一点都不能少》《习近平总书记出访国家》《2016 年首批大众创业万众创新示范基地》等地图被多家媒体转发，为中青在线等有关媒体提供地图使用技术指导。

【地图保障服务】

国家测绘地理信息局全年组织向中共中央办公厅、国务院办公厅等提供领导工作用图服务 42 次，提供世界地图、中国全图、中国分省图、专题图 163 种共计 637 幅，为习近平、李克强等中央领导视察、出访、决策提供了地图服务保障。建设辅助决策用图定制服务平台，并基于平台开展第三次辅助决策用图共享工作，各地共享地图 1190 幅，地图数据约 15GB。

【中国城市地图集】

国家测绘地理信息局组织开展的《中国城市地图集》首批试点编制工作已全部完成。江苏南京、苏州、泰州、连云港，黑龙江哈尔滨、大庆，湖北武汉、鄂州，新疆昌吉、哈密等 10 多种反映城市发展变化、区域地理、人文历史等内容并附有地名索引的街区详图图集出版发行。

【制度保障】

国家测绘地理信息局印发《全国测绘地理信息应用成果和地图网上展览运行维护管理办法》，建成为公众提供多元立体的地图产品展示平台。

测绘地理信息成果管理与应用

成果汇交与资料档案建设

【测绘档案资料收集】

国家测绘档案资料馆为地理国情普查工作收集安徽、福建、河北等 18 个省 100 个地级市 60—70 年代 0.6 米分辨率历史影像数据 1.4TB；收集全国 1:100 万植被数据、全国公里网格气候生产潜力数据（1951—1980 年）、中国 1:100 万生态环境背景数据（水、热要素，1961—1990 年，1970—2000 年）7GB；收集全国 1:50 万、1:100 万、1:200 万等不同尺度航空图 419 幅，共 3GB；收集气象数据 12 类 5.3MB；收集全国学校名录数据 60.8MB；收集 2010 年以来交通运输、城市建设、林业、水利、人口等统计资料；收集日本明治 31 年版日本分区地图集（含分省图 49 幅），国外历史地图 6 幅。

【测绘档案成果归档】

国家测绘档案资料馆完成归档档案 74954 件，数据 326.9TB，较 2015 年归档档案件数增加 591 件，数据量增加 288.1TB。包括 146 个测绘地理信息项目档案接收、检查、整理、组卷及上架工作，归档项目文档 74374 件、数据 16.2TB。归档为地理国情普查收集的植被数据、生态环境背景数据、气候生产潜力数据、100 个地级市历史影像数据、气象数据、学校名录数据等共计 1.4TB。完成 62 个摄区航摄文档及像片接收、整理、归档工作，整理装订文档 580 件，航摄像片 231325 张，归档航摄影像数据 7.3TB；接收、检查、归档存量航天航空影像数据 302TB。

【测绘档案成果资料提供】

国家测绘档案资料馆接待档案索取服务 37 批次，提供各类数据档案复制、纸质档案、航摄底片扫描等服务数据量约为 8.6TB。接待档案查询服务 53 人次，提供归档工作咨询 154 人次。提供航摄成果底片扫描服务 3787 片，提供航摄像片 15331 张。

【测绘档案信息化建设】

国家测绘档案资料馆开发完成档案目录发布系统，建立馆藏大地测量、摄影测量与遥感、地图制图、基础地理数据、标准计量、图书期刊等各类档案目录 100 多万条。研制完成影像数据档案 SD5 真实性检查软件、全属性影像文件完整性检查软件、TIF 影像文件完整性检查软件及目录数据读取、介质管理软件。研究形成历史航片扫描数据像主点制作方法与流程，完成 3 万多片硝酸片基航摄底片像主点坐标录入工作；完成 489 个摄区、3992 桶、921768 张历史航片的经纬度范围、档案号和像片号的整理工作。完成“GNSS 连续运行参考站网数据档案管理系统建设研究”“多源航空遥感影像数字成果资料归档方法研究”2 项国家档案局科技项目工作。

【国家测绘成果档案存储与服务设施建设】

国家测绘成果档案存储与服务设施项目进入全面建设阶段。国家基础地理信息中心承担北京主馆建设，按照国家发展和改革委员会批复的《设备配置工程初步设计方案》开展项目的组织实施。2016 年，完成北京主馆设备采购和合同签订，完成主体设备安装并进入试运行。北京主馆配置了近线和在线云存储系统，在线存储资源增加 1.5PB；近线存储资源增加 10PB，实现了基于本地局域网的生产系统实时在线同步保护，以及基于跨省广域网的在线数据异步保护。牵头组织“3 + 15”省馆开展项目建设工作。对全国 19 个建设单位进行集中培训，并跟踪省级参建单位建设进程，完成山西、江苏、福建、山东、河南、湖南、广西、贵州、甘肃 9 个建设单位的实地检查。

成果共享和应用

【成果提供使用】

国家测绘地理信息局全年办理涉密成果使用申请 705 件，提供数字成果 547.06TB，较 2015 年增长约 735.2%；提供印刷图 7409 幅、13742 张，较 2015 年减少 98.82%。

国家基础地理信息中心为环境保护部、农业部、国家气象局、水利部、国家林业局、中国环境科学研究院等单位提供各比例尺 DLG、DEM、DOM 成果共计 21.07TB。首次将地理国情普查中间成果向空军司令部、国家统计局普查中心、住房和城乡建设部城乡规划管理中心、国家林业局提供共计 130.41TB；首次完成全国 31 个省（自治区、直辖市）最新版 1:25 万、1:5 万印前数据格式转换、水印添加和数据分发工作。

【全国地理信息资源目录服务系统】

国家测绘地理信息局发布新版全国地理信息资源目录服务系统，整合 279 多万条目录数据，形成了 2 个主站点、31 个省级站点和若干个企业站点的布局，实现与中国地质调查局全国地质资料馆资源目录的互联互查，方便了社会公众“一站式”查询、获取地理信息资源。

【共享应用】

国家测绘地理信息局深化部门共享合作，无偿向农业部、环境保护部、国家林业局、中国气象局等 12 个部门提供 1:5 万、1:25 万基础地理信息数据，为相关部门节省经费约 3.57 亿元。落实与相关部门签署的共享合作协议，共享了水利普查、天气预报、高铁线路图、各类学校、航空地图等数据和资料。与公安部联合印发《关于加强地理信息资源共享合作的通知》，推进地理信息与公安业务信息资源整合共享。

涉密测绘成果管理

【地理信息保密政策研究】

国家测绘地理信息局联合军队有关部门印发《关于规范卫星导航定位基准站数据密级划分和管理的通知》。推进《测绘管理工作国家秘密范围的规定》修订工作取得积极成果。研发针对三维数据、倾斜摄影测量成果等新型产品的保密处理技术并取得突破。印发《关于加强自动驾驶地图生产测试与应用管理的通知》，促进新型测绘地理信息产品的安全应用。开展针对自动驾驶地图应用发展情况的调研，形成调研报告。

【涉密成果监管】

国家测绘地理信息局举办第九期涉密测绘成果管理人员培训班，对测绘资质单位和涉密成果用户单位的 800 多人进行了培训。配合国家安全部、保密局等有关部门，完成 350 件测绘成果的密级鉴定。

测量标志管理

国家测绘地理信息局全年办理测量标志迁建审批 5 件。

科技工作

科技体制改革

【测绘地理信息科技发展规划】

国家测绘地理信息局印发《测绘地理信息科技发展“十三五”规划》，对“十三五”时期测绘地理信息科技创新任务进行了系统部署。通过参与国家科技创新规划及相关专项规划编制工作，将测绘地理信息科技发展内容纳入资源、环境、海洋等专项规划。

【测绘地理信息科技发展情况调研】

国家测绘地理信息局系统设计了测绘地理信息

科技创新调查问卷表，面向1000多名业内专家学者开展了测绘地理信息科技发展现状调研摸底工作，梳理分析了国内外测绘地理信息科技发展现状、测绘地理信息科技创新以及成果转化过程中存在的主要技术瓶颈和短板，组织编制了测绘地理信息科技发展情况报告。

【科技创新任务落实】

国家测绘地理信息局加快推进测绘地理信息科技体制改革，印发了《贯彻落实〈关于加强测绘地理信息科技创新的意见〉任务分工方案》，并对落实情况进行了检查督促。

【信息化测绘体系建设】

国家测绘地理信息局印发《信息化测绘体系技术测试与评价大纲（试行）》，并对部分信息化测绘体系技术建设试点单位进行了测评，组织开展信息化测绘体系建设技术培训，提升测绘生产单位的信息化测绘技术水平，推进基础测绘中长期规划纲要中提出的到2020年全面建成信息化测绘体系的目标实现。

【科技资源共享与业务协同】

国家测绘地理信息局落实“国土资源系统科技创新大会”精神，深化与国土资源部的科技合作，积极参与“三深一土”战略，组织局直属单位研讨提出合作内容，与国土资源部科技司进行对接，进一步强化部局科技协同合作。与中国电子科技集团公司、招商局集团签订三方战略合作协议，提出合作需求，尤其在“天地一体化信息网络”重大专项中开展深入合作。

科技创新体系

国家测绘地理信息局深化与解放军信息工程大学战略合作，开展“走进信大”活动，加快地理信息资源共建共享，服务国家国防建设。不断加强测绘地理信息科技创新体系建设管理和督促指导，完成5个局属工程技术研究中心评估，对5个建设期满的局属重点实验室、工程技术研究中心开展了验收。发布了《全国测绘地理信息科普教育基地管理办法（试行）》，开展了首批全国测绘地理信息科普教育基地申报和评审工作。

3月25日，中国测绘科学研究院山东分院在济南成立，该分院依托于山东省国土测绘院。7月26日，国家测绘工程技术研究中心河北中心在河北省地理信息局挂牌，该中心由中国测绘科学研究院和河北省地理信息局共同成立。

科技项目

【国家科技计划项目】

2月中旬，科学技术部陆续发布了优先启动的36项重点研发计划专项指南，面向全社会公开征集项目。国家测绘地理信息局积极组织所属有关单位开展项目申报工作，先后多次组织召开会议协调推进，并组织院士专家对拟申报项目材料进行评审把关。局所属单位作为牵头单位的有3个项目和4个课题/子课题获得立项，获立项的项目及课题均为关系测绘地理信息科技“十三五”发展的重大科技项目。

组织召开了首批测绘地理信息领域国家重点研发计划专项项目启动会，对局直属单位牵头的2016年重点研发计划专项项目进行了集中动员部署。

【科技项目管理】

国家测绘地理信息局推进国家基础测绘科技项目规范化管理。组织研发了测绘地理信息科技项目管理系统并正式上线（包括专家库、成果信息服务平台等）。完成了“海岛礁地理信息监测与生态保护关键技术研究与示范”与“测绘装备国产化及应用示范”2项国家科技支撑计划项目验收。完成了“新世纪版《中华人民共和国国家大地图集》编研”项目中期检查。完成了2014年度公益性行业科技专项项目验收，开展了2015年度公益性行业科技专项项目业务中期检查，并完成了2015年度中期检查报告的编制，下发了中期检查情况通报，并对存在问题的有关项目提出了具体的整改要求。

【国家基础地理信息中心科技项目】

国家基础地理信息中心2016年新立项目11项，其中国家重点研发计划项目2项、自然科学基金项目1项、国家测绘地理信息局基础测绘科技项目4项、其他部委的项目4项。

牵头承担国家科技基础性需求专项“新世纪版《中华人民共和国国家大地图集》编研”项目；完成针对《国家普通地图集》编制的数据库模型设计、数据生产与建库技术方法研究、基于数据库的自动配图技术流程设计、制图综合指标和地图参数系统设计、地图符号库系统设计与建立、地图集可视化表达研究与设计、影像数据处理与建库技术研究等；广泛搜集了全国性专题地理要素数据、最新统计专题数据、境外基础地理信息数据、海域地形地貌数据资料、公开出版的大比例尺城市地图及数据等资料数据，生产建立了我国及周边国家1:100万基础地理信息数据库、全国影像数据库、完成了《国家普通地图集》网络发布系统架构设计，完成《国家1:100万地形图制图数据生产技术规定》的编写，建设了国家普通地图集数据库的基础数据库及制图图形数据库等。

【中国测绘科学研究院科技项目】

中国测绘科学研究院新立各类科技项目100多项，经费超过1.45亿元。牵头承担“海洋大地测量基准与海洋导航新技术”和“一体化综合减灾智能服务研究及应用示范”国家重点研发计划项目2项、“高精度室内外无缝定位技术”等国家重点研发计划项目7项；申报“面向网络媒体事件的自主式地图表达方法”“（非线性）测量平差系统优化及其多GNSS数据融合应用”“构建全球高阶重力场和区域大地水准面模型的谱组合理论与方法”3项国家自然科学基金面上项目。提交“空间大数据分析平台及应用示范”等国家重大项目建议4项。

开展现代测绘基准体系建设关键技术研究，实现了北斗地球参考框架，开展GNSS广域高精度实时精密定位，以及北斗大地基准服务技术平台构建与示范，研究解决全国各省CORS系统脱密难题。开展大范围稀少/无控卫星影像区域网平差研究、基于国产卫星的境外无控精准几何处理技术研究、全球高程基准构建等；开展基于时间序列的InSAR地面沉降监测技术和基于多源数据的地理国情普查城市地物自动分类技术研究等。加强互联网地图监管的技术研究，实现地图聚焦搜索。开展国产InSAR卫星指标论证与仿真、机载干涉SAR大比例尺测绘数据处理技术研究。

【国家测绘地理信息局卫星测绘应用中心科技项目】

国家测绘地理信息局卫星测绘应用中心新立科技项目7项，其中国家国防科技工业局高分辨率对地观测系统重大专项1项、国家科学技术部重点研发计划课题1项、国家自然科学基金项目1项、国家测绘地理信息局基础测绘科技项目4项。

牵头承担国家国防科技工业局高分辨率对地观测系统重大专项“高分遥感测绘应用示范系统（一期）”，开展9项高分测绘遥感应用关键技术研究，研制5种高分数据测绘应用专题产品，开发2套原型软件模块，完成部分应用示范产品生产。

承担国家科学技术部重点研发计划“基于国产遥感卫星的典型要素提取技术”项目的课题“典型地形要素自动识别与快速提取技术”，开展境外众源地理信息挖掘，基于样本迁移、特征推理、机器学习等的信息提取理论与方法研究，取得科研论文、研究报告等阶段性成果。承担国家自然基金项目“国产对地观测卫星激光测高数据与光学影像高精度复合处理研究”。承担“地理信息安全保障技术及应用”“面向新型基础测绘的地理信息动态更新与监测技术研发”“测绘地理信息标准研究与制修订”“国产测绘卫星数据应用合作”4项国家测绘地理信息局基础测绘科技项目。

科技成果

国家测绘地理信息局全面贯彻落实国家加快实施创新驱动发展战略，形成了多项具有较高技术水平和较强应用推广价值的科技成果。突破了大范围稀少/无控卫星影像区域网平差技术、基于国产卫星的境外无控精准几何处理技术等，为全球地理信息资源建设提供支撑；进一步完善基于时间序列的InSAR地面沉降监测技术，工具软件持续升级；突破基准站坐标保密和观测数据实时虚拟化及数据流安全传输的关键技术，研究解决全国各省CORS脱密难题；提出非线性曲面保密处理方法，开发三维地理信息产品保密处理软件；推出2016版互联网地图监管软件，开发“地图卫士”APP，网络地理信息监管保障更加有力。在卫星测绘技术方面，首次提出了基于三线阵卫星影像的立体去云方法，首次建立了光学卫星大范围高精度全国15米分辨率数字表面模型，突破立体相对自动筛选技术。

国家基础地理信息中心完成国家863计划项目“全球地表覆盖精细分类关键技术”，以全球30米分辨率地表覆盖数据成果为基础，研究面向全球范围30米分辨率地表覆盖信息的变化检测、类型细化和动态数据生成技术，开展了全球典型区域30米地表覆盖数据产品变化检测更新技术和类型细化技术的集成应用，生成了多时态的地表覆盖一级类数据、地表覆盖二级类数据及变化信息；研发了地表覆盖信息网络化验证和共享服务关键技术，提高我国在全球地表覆盖遥感监测、更新及共享服务的能力。

在国内外学术期刊发表论文14篇，在国际会议发表论文4篇，其中SCI论文8篇；专利申请受理2项，软件著作权申请3项（其中获取2项）；形成了《基于遥感信息的变化检测与自动化更新技术报告》《基于形状和邻近关系的全球水体分层细分类技术报告》《全球典型区地表覆盖二级类分类方案与策略》《基于web的异质验证资源服务化集成技术设计方案》等5份技术报告；培养博士、硕士研究生16名。

中国测绘科学研究院研发了InSAR地表形变监测系统GDEMSI4.0，实现了线性形变反演模块并行计算，完成了京津冀平原地区2012—2015年、江苏省2012—2015年及东营油田、鸡西煤矿等地面形变监测。研制了地名地址匹配引擎、业务流引擎、三维城市数据管理引擎、空间大数据中心、时空信息云平台等系列软件，在潍坊、聊城、太原、鄂州等地的智慧城市建设中投入应用。全年出版专著9本，编制国家标准2项，授权国家发明专利9项，软件著作权登记32项，发表期刊学术论文130篇、国内外会议论文49篇。

科技成果转化取得实效，中国测绘科学研究院全年累计推广销售PixelGrid软件、FeatureStation软件、Newmap软件、WJ-III软件、扫描车、地理国情软件、无人机航空遥感系统、SWDC航摄系统、JX数字摄影测量系统等129套，销售额约9600万元。

科技奖励

中国测绘地理信息学会推荐的“国家电子政务协同式空间决策服务关键技术与应用”和“国家地理信息公共服务平台（天地图）研发与系统建设”2个项目获2016年度国家科技进步奖二等奖。国家测绘地理信息局推荐“全球30米地表覆盖遥感制图关键技术与产品研发”和“国家海岛礁测绘重大关键技术与应用”2个项目为2017年度国家科学技术进步奖申报项目。

中国测绘地理信息学会评选了测绘科技进步奖，其中特等奖5项、一等奖13项、二等奖45项、三等奖62项；中国地理信息产业协会评选了地理信息科学技术进步奖，其中特等奖1项、一等奖20项、二等奖65项、三等奖87项；中国卫星导航定位协会评选了卫星导航定位科学技术进步奖，其中特等奖5项、一等奖13项、二等奖35项。

测绘地理信息标准化

标准化研究

国家测绘地理信息局组织开展科技部重点研发专项“国家质量基础的共性技术研究与应用”2016年度项目申报工作，完成“国家时空信息基础设施建设和服务关键标准研制”项目、“战略性新兴产业关键国际标准研制”项目1个课题和“信息安全认证认可关键技术研究与应用”项目1个子课题的申报，完成项目和课题任务书签署，并启动项目和课题研究工作；同时组织开展科技部重点研发专项2017年度项目申报工作，争取1个项目、1个课题、1个子课题的立项。组织申报国家标准化管理委员会2016年中国标准创新贡献奖，“IMU/GPS辅助航空摄影技术规范等8项标准”获标准项目奖一等奖，“变形测量成果质量检验技术规程等13项标准”获标准项目奖三等奖。组织申报“农产品质量安全溯源技术标准研究”等2项2017年度国家标准化管理委员会城乡统筹标准化研究项目。推进军民标准通用化，组织编写并向国家标准化管理委员会申报“军民基础地理信息获取与处理标准融合”项目。组织开展中央军委装备发展部和国家标准化管理委员会联合负责的“军民标准通用化工程”项目申报工作。推进国家标准化管理委员会社会管理和公共服务综合标准化试点工作，申报的1项试点列入国家标准化管理委员会第三批试点项目，与国家标准化管理委员会有关部门联合召开测绘地理信息领域标准化试点工作进展汇报会。组织国家测绘地理信息局测绘标准化研究所申报入选国家标准化管理委员会第一批标准化服务业试点项目。

国家标准制修订

国家测绘地理信息局组织完成23项测绘地理信息领域国家标准的发布并开展实施与宣传工作。包括10项卫星导航定位基准站在内的共11项国家标准制定计划下达，部分标准完成编制工作。组织完成智慧城市等10项标准送审稿的编写。完成强制性国家标准整合精简和推荐性国家标准集中复审工作，对5项强制性国家标准、92项推荐性国家标准、1项强制性国家标准计划、92项在研推荐性国家标准计划进行了复审，并将结论上报国家标准化管理委员会。

行业标准制修订

国家测绘地理信息局组织完成《大地测量控制点坐标转换技术规范》等6项行业标准的编制、审查、报批和发布。组织开展不动产测绘等行业标准研制。组织完成8项行业标准送审稿的编制。组织开展2016年测绘标准项目提案的征集工作，完成95项行业标准提案的初审，并下达19项测绘行业标准项目计划。完成行业标准集中复审工作，对1项强制性行业标准、140项行业标准、77项在研行业标准计划进行了复审，并上报国务院标准化协调推进部际联席会议办公室备案。

计量标准化

国家测绘地理信息局组织编制并修订发布部门计量技术规范《数字航摄仪》(JJG(测绘)3401—2016)。完成计量检定标准复审工作，对6项计量检定规程、5项在研计量检定规程计划进行了复审，在公示后均确认继续有效。

国际标准化

测绘地理信息国际标准化工作取得实质性突破，首个中国主导编制、由中国科学院院士龚健雅主编的地理信息国际标准《地理信息影像与格网数据的内容模型及编码规则第1部分：内容模型》(ISO/TS 19163－1)于1月由国际标准化组织(ISO)正式发布；中国牵头编制的第3项国际标准《地理信息服务本体》(ISO 19150－4)于12月通过ISO立项；目前中国主导编制的地理信息国际标准已发布1项、新立项2项。国家测绘地理信息局跟踪测绘地理信息国际标准化工作进展，组织专家参加在挪威举行的第42届和在美国举行的第43届国际标准化组织地理信息委员会(ISO/TC 211)工作组会议和全会；组织开展ISO/TC211主席候选人与秘书处申请承担单位的遴选，正式向ISO技术管理局推荐秘书处申请承担单位和ISO/TC 211主席候选人。

标准宣传贯彻

国家测绘地理信息局与武汉大学联合举办“测绘地理信息标准化进课堂”活动，国家测绘地理信息局副局长李朋德受邀以“测绘地理信息标准化概述”为主题，面向武汉大学测绘地理信息学科相关专业师生，开展课堂教学活动，此次活动是国家测绘地理信息局开展2016年世界标准日主题活动的重要组成部分。举办“新增测绘地理信息行业标准制修订培训及标准编制座谈会”，2015年新增行业标准项目主要执笔人等共40多人参加培训和座谈；举办地名地址标准化工作座谈会，就测绘地理信息领域地名地址标准研制、应用、宣贯等方面工作进展、取得的经验及相关标准应用成果进行交流；举办三次标准化管理及标准编制培训班，累计400多人参加培训。利用“中国测绘标准网”网站、《测绘标准化》期刊、《国际测绘地理信息标准化动态》以及电话咨询、网络邮件等方式推广普及标准化信息。完成4期《测绘标准化》，编译完成12期《国际测绘地理信息标准化动态》，发布10期《测绘地理信息标准化快讯》电子版。组织完成《地理信息国际标准译文集(2016)》的编印工作。

财务工作

财务制度建设

国家测绘地理信息局制定并印发了《测绘地理信息公益性行业科研专项财务验收规程》。

预决算管理

【预算管理】

国家测绘地理信息局完成了对所属 20 个单位 2016 年度各项经费的预算批复工作，共批复财政经费 140504.58 万元，完成了国家测绘地理信息局 2016 年的预算公开工作。

6 月 17 日，印发了《关于编制 2017—2019 年测绘地理信息部门项目支出规划的通知》，对项目预算的编制、项目经费的测算提出具体要求。举办了 2017 年部门预算编制培训班，传达了 2017 年中央部门预算编制工作会议精神，部署了测绘地理信息部门三年支出规划和 2017 年预算编制工作。

汇总编制完成 2017—2019 年财政规划和 2017 年“一上”部门预算并报送财政部。2017—2019 年专用项目财政规划的支出总计 241543.65 万元，三年均为 80514.55 万元；2017 年通用项目的支出规划为 17，611.66 万元。2017—2019 年共编报了 5 个备选二级项目，总计 21106.99 万元，其中 2017 年 6266.42 万元、2018 年 6805.51 万元、2019 年 8035.06 万元。

落实财政部的要求，会同项目归口管理司室指导和协助项目承担单位，准备评审材料、答辩演练和反馈意见，配合财政部预算评审中心、财政部驻北京市财政监察专员办事处开展 2017 年重大项目评审工作，保证评审核减结果低于中央部门平均核减水平。

【决算管理】

国家测绘地理信息局组织完成 2015 年财务决算布置与培训工作。在决算编审中，加强对所属单位决算编制工作的指导，有针对性地解决各单位决算中遇到的问题，对各单位上报的 2015 年部门决算、新闻出版单位企业决算、住房改革支出决算、基本建设决算等四套报表分别进行了集中审核、汇总，保证了各项决算工作的顺利完成。编制完成 2015 年度部门决算、“三公经费”及行政经费支出情况、政府采购情况等公开资料并及时向社会公布。完成对所属各单位 2015 年财务决算批复相关工作。加强对决算数据的分析利用，对局所属单位预算执行和财务状况进行了综合分析，形成了财务决算分析专题报告供管理决策使用。

组织开展了 927 一期工程、测绘创新基地基本建设项目财务竣工决算报告的审核、批复工作。

财务监管

国家测绘地理信息局组织开展了 2016 年内部审计工作，对部分预算单位 2013—2015 年财务收支、政府采购、国有资产管理、“三公经费”、财务决算等方面合法合规性进行了全面审计。开展了地理国情监测资金使用情况专项审计，对 2015 年地理国情监测主要项目承担单位专项资金使用的合法合规性进行了专项审计。对审计中发现的问题进行了梳理和汇总，督促局所属各单位对照自查、整改，进一步提高财务管理水平。组织开展了有关单位领导离任经济责任审计工作。

财务保障

国家测绘地理信息局开展 2016 年部门集中采购工作，完成全站仪、GNSS 设备、地面三维激光扫描系统等专业测绘仪器的采购。加强对购买进口产品及变更政府采购方式等政府采购行为的管理，完成货物和服务进口或变更政府采购方式审核及报批相关工作。加强对政府采购统计工作的指导，组织局所属单位开展 2015 年政府采购统计报表、2016 年政府采购计划和执行编报工作，进一步加强政府采购预算、计划与执行的衔接。

开展国家测绘地理信息局财务管理信息化平台建设工作，完成了财务管理信息化平台账务核算系统、网上报销、财务报表等模块的搭建工作。

国有资产管理

国家测绘地理信息局组织开展了所属行政事业单位国有资产清查工作，并已将清查结果报送财政部。本次清查以 2015 年 12 月 31 日为资产清查基准日，除中国测绘宣传中心外的局属行政事业单位都纳入到了此次资产清查范围。截至 2015 年 12 月 31 日，纳入此次清查范围的行政事业单位资产的账面数为 731544. 87 万元，负债账面数为 105584. 25 万元，资产清查数为 729024. 61 万元，负债清查数为 10254. 50 万元。

行政体制与队伍建设

机构编制

国家测绘地理信息局完成 2016 年度机构编制统计工作。截至 2016 年底，局所属事业单位共 55 家，事业编制人员 5637 名，完成对四直属局事业单位领导职数重新核定工作。组织完成局属相关单位增设专门纪检监察机构、增加专职纪委书记领导职数工作。

事业单位改革

【事业单位分类改革】

国家测绘地理信息局组织完成新型基础测绘体系建设对事业单位布局需求调研工作，四直属局所属公益二类事业单位纳入中央机构编制委员会办公室机构编制备案试点范围；持续推进局所属单位编外人员管理工作；继续落实中央非时政类报刊出版单位改革要求，协调中国测绘宣传中心继续稳妥推进中国测绘报社后续转企改制工作；深入研究中央《关于党政机关和国有企事业单位单位培训疗养机构改革的指导意见》及相关配套文件，为下一步改革工作提前做好谋划。

【人事制度改革】

国家测绘地理信息局贯彻落实中央《事业单位领导人员管理暂行规定》《中央企业领导人员管理暂行规定》，加强和改进测绘地理信息企事业单位领导人员管理，健全选拔任用机制和管理监督机制。总结局属企事业单位领导班子和领导干部队伍建设管理情况，组织起草了《国家测绘地理信息局事业单位领导人员管理暂行办法》和《国家测绘地理信息局所属企业单位领导人员管理暂行办法》。

【收入分配制度改革】

人力资源和社会保障部、财政部于 7 月 1 日联合印发《关于调整测绘地理信息事业单位职工野外工作津贴标准等有关问题的通知》，首次建立了单独的测绘地理信息行业野外津贴制度，改善了野外工作职工的生活条件。国家测绘地理信息局逐步推进局属机关事业单位基本养老保险制度改革，组织在京机关事业单位采集并向中央国家机关养老保险管理中心报送了本单位在职和退休人员的养老保险相关信息的初步数据。贯彻落实机关事业单位工作人员基本工资标准调整、离休人员离休费调整和退休人员基本养老金调整相关精神，组织完成局属局管机关事业单位增加离休人员离休费和增加退休人员基本养老金预发的兑现工作。全面推进局属国有企业负责人薪酬制度改革，审核批复局直属 4 家单位所管理国有企业负责人薪酬制度改革具体实施方案；会同局相关司室完成对中国地图出版集团领导人员 2015 年度经营业绩考核，落实局所属中央企业负责人 2015 年度薪酬备案工作，局属国有企业负责人薪酬制度改革工作全面完成。

人才队伍建设

【总体情况】

国家测绘地理信息局深入贯彻落实习近平总书

记关于人才工作重要批示精神，实施人才强测战略，创新人才培养、评价、选用和激励机制，继续实施科技领军人才工程、青年学术和技术带头人培养工程、卓越工程师培养计划和高技能人才发展计划等重点人才工程，党政人才、专业技术人才和技能人才队伍建设取得成效。编制了《测绘地理信息人才发展“十三五”规划》，召开全国测绘地理信息人事人才工作会议，全面部署了“十三五”测绘地理信息人事人才工作。

【党政人才】

国家测绘地理信息局突出思想建党，坚持把理论武装贯穿领导班子和干部队伍建设始终，坚持抓好领导干部理论学习培训。举办2期学习贯彻党的十八届五中全会精神培训班，集中轮训处级以上干部280多人；选派43名党政领导干部参加“一校五院”（中央党校、国家行政学院、浦东干部学院、井冈山干部学院、延安干部学院、大连高级经理学院）等培训机构组织的脱产培训；选派14名司局级干部参加中央国家机关领导干部专题研修班。深入贯彻中央防止干部“带病提拔”意见，坚持按照好干部标准选人用人，完成局机关和直属单位34名司局级干部、11名处级干部调整补充，办理7名局级干部到龄免职退休手续；加强优秀年轻干部培养锻炼，推进干部双向交流挂职，有计划地安排机关6名干部到基层企事业单位挂职、2名厅局级干部分别到黑龙江和西藏挂职、1名年轻干部赴老工业基地任扶贫村第一书记。强化正面激励，组织开展测绘地理信息系统先进集体和先进工作者评选表彰工作，授予33个集体“全国测绘地理信息系统先进集体”和30名个人“全国测绘地理信息系统先进工作者”荣誉称号，享受省部级劳动模范和先进工作者待遇。7月1日，中共中央授予国家测绘地理信息局第一大地测量队“全国先进基层党组织”荣誉称号。

贯彻中央全面从严治党、从严管理干部要求，坚持把纪律和规矩挺在前面。强化选人用人全过程监督，严格执行《党政领导干部选拔任用工作条例》和局干部选拔任用管理办法等规定，切实落实拟提拔和交流任职个人事项必查和考察对象干部人事档案必查要求，完成160名处级以上干部个人有关事项报告的重点或随机抽查，抽查比例达24%。立足抓早抓小抓预防，及时向领导干部本人函询个人有关事项报告抽查核实中发现的问题。

强化领导干部日常管理监督，严格落实组织人事工作重要事项请示报告、领导干部企业兼职管理、“裸官”任职岗位管理等制度规定，开展干部人事档案专项审核、违规办理和持有因私出国（境）证件专项治理、所属机关事业单位“吃空饷”问题集中治理等工作。强化选人用人工作全过程监督，完成对中国测绘宣传中心、国家测绘地理信息局机关服务中心、国家测绘地理信息局北戴河休养院、中国测绘地理信息学会的巡视及对陕西测绘地理信息局、海南测绘地理信息局的巡视整改情况“回头看”工作，同时开展了有关单位选人用人工作情况专项检查。完成局直属单位干部选拔任用“一报告两评议”工作，经民主评议，直属单位选人用人工作和年内新提拔任用干部的总体满意率均较高。加强领导班子和领导干部考核，修订完善促进测绘地理信息科学发展的领导班子及领导干部年度考核评价指标，完成机关公务员和直属单位领导班子及领导干部年度考核。

修订完善全国省级测绘地理信息主管部门年度测绘地理信息工作绩效考核指标，完成绩效考核工作。评定全国31个省级测绘地理信息主管部门的考核等次，确定优秀单位10家、达标单位21家、突出进步单位4家、特色工作创新单位5家，并在全国测绘地理信息工作会议上予以通报。

【专业技术人才】

国家测绘地理信息局坚持党管人才原则，不断创新集聚人才体制机制，借助国家重大人才工程平台推进测绘地理信息高层次人才培养。组织开展享受国务院政府特殊津贴、万人计划、创新人才推进计划等项目的选拔推荐。继续实施测绘地理信息领域重点人才培养工程，开展了第四批科技领军人才选拔，通过组织境内外培训、科研计划资助、修订管理办法、出版带头人报告文集等方式，不断加强青年学术技术带头人培养。加强后备人才储备，全年局属各单位接收各类专业技术人才208人。

加大西部地区人才援助力度，继续实施测绘地理信息西部人才培养工程，构建中央组织部计划与局自主选派统筹、送进去与走出来相结合、专业援助与党建援助相协同的援助模式，实施年度人才援疆计划。完成了中央组织部第八批和局第九批援藏干部人才的轮换；选派1名正处级干部参加西部博士服务团；在甘肃举办了面向西部地区专业技术人员测绘地理信息新技术培训班。

【技能人才】

国家测绘地理信息局通过组织举办大学生测绘技能竞赛、职业院校测绘技能大赛、技能比武、技能鉴定等方式，弘扬工匠精神，提升技能人才技艺水平。组织开展测绘地理信息行业技师评审，新评审产生59名高级技师和431名技师，截至年底测绘地理信息行业技师和高级技师达3135人。

国家测绘地理信息局职业技能鉴定指导中心指导全国各地开展地理国情普查劳动竞赛评选推优工作。截至年底，共有24个普查集体获得省级“五一劳动奖状”荣誉称号、66名普查工作者获得省级“五一劳动奖章”荣誉称号、62个普查班组获得省级“工人先锋号”荣誉称号。开展劳动竞赛评选表彰工作，授予61个单位“普查劳动竞赛先进单位”荣誉称号、67个班组“普查劳动竞赛先进班组”荣誉称号、101人“普查劳动竞赛先进个人”荣誉称号。向全国总工会有关部门争取2个“全国五一劳动奖状”、4个“全国五一劳动奖章”、10个“全国工人先锋号”共16个全国五一劳动奖的奖励指标。联合中国测绘宣传中心开展普查专题书籍《美丽中国行》的通联组稿和编审工作，该书已出版发行。

干部教育培训

国家测绘地理信息局认真贯彻《2013—2017年全国干部教育培训规划》及《干部教育培训工作条例》，创新教育培训工作机制，加强培训阵地建设，下移干部教育培训工作重心，干部教育培训格局不断完善，测绘地理信息干部人才队伍整体素质不断提升。发挥国家测绘地理信息局党校（管理干部学院）的主阵地作用，指导局职业技能鉴定指导中心、局继续教育中心等培训机构深入开展各类各层次人才知识更新培训，培训规模有所扩大；指导局党校（管理干部学院）举办全国测绘地理信息系统局级、处级、科级干部及生产单位负责人培训班四个主体班次，共培训学员237人次，累计培训学时392小时。支持局职业技能鉴定指导中心、继续教育中心开展注册测绘师继续教育培训，共举办12期注册测绘师继续教育必修课培训班，培训注册测绘师3913人次，累计培训课时360学时。按照年度教育培训计划和领导干部脱产进修选派计划开展工作，年度教育培训计划完成率95%，领导干部脱产进修选派计划落实率90%。推进各类重点班次落实，承办地方党政领导干部专题研究班，来自全国27个省（自治区、直辖市）以及新疆生产建设兵团分管测绘地理信息工作的地市级或县区级党政领导，以及相应省份或地市测绘地理信息主管部门负责人共59名学员参加本期研究班。组织举办两期境外青年学术技术带头人培训班。

离退休干部管理

【离退休干部情况】

截至2016年底，国家测绘地理信息局管理的离退休干部共3156人，其中离休干部121人、退休干部3035人，局机关管理的离退休人员98人。

【组织指导工作】

国家测绘地理信息局党组首次制定《关于进一步加强和改进离退休干部工作的实施意见》，明确了全局离退休干部工作的职能定位、组织领导、价值取向和工作保障等重大问题，为新形势下推动全局离退休干部工作提供了重要指导和依据。组织召开了局直属单位离退休干部工作会，针对新形势下工作现状和存在的问题，对重点工作进行了部署，明确了任务目标。与国土资源部离退休干部局合作，邀请中央党校知名教授、国土资源部领导和中共中央组织部老干部局领导授课，对局直属单位离退休干部工作部门领导和业务骨干进行了业务培训。

【思想政治建设】

国家测绘地理信息局制定了《离退休党支部换届选举工作方案》，通过大力宣传、反复沟通、严格程序、细致工作，组织离退休支部顺利完成了换届选举，加强了离退休干部党的组织建设、思想建设和制度建设。坚持组织离退休干部每季度集中政治学习制度，并针对部分年迈体弱、行动不便的老干部，增加探望频率和内部专刊《夕阳鸿雁》编印期次，增强送学到家实效。组织局机关离退休干部在北戴河集中政治学习，通过局领导亲临作报告、观看形势教育片和分组讨论等多种方式，引导离退休干部更好地理解把握党中央的方针政策。

【离退休干部待遇】

国家测绘地理信息局严格落实中央有关提高离退休干部待遇的规定，完成了离退休费和医疗待遇调整等工作，离休干部“两费”得到全部落实，

"三个机制"运转顺畅。针对离休干部整体进入"双高期"的实际和大部分退休干部居住分散、参加活动难的新变化，加强与离退休干部沟通，全年电话联系、问候达1500多人次；组织报销医药费400多人次。精心组织离退休干部按规定阅文件、听报告、出席会议、参加体检和春、秋游等活动；认真摸排统计失能人员和生活困难人员情况，组织帮扶济困，帮助离退休干部解决生活中的实际困难。

【正能量活动】

国家测绘地理信息局积极开展以"展示阳光心态、体验美好生活、畅谈事业发展"为主题的正能量活动。结合纪念中国共产党成立95周年和国家测绘地理信息局建局60周年活动，在所属单位离退休干部中组织了"国信司南杯"书画摄影展；组织离退休干部积极参加中央国家机关举办的纪念中国工农红军长征胜利80周年活动。注重阵地建设，加强了老干部活动站管理，对车道沟活动站基础设施进行了维护；对各活动站的环境、设备、管理、活动开展等情况进行了调研。

【离退休干部工作部门建设】

国家测绘地理信息局对离退休干部工作部门人员进行了重大调整，由副局级领导干部担任主要负责人，新进2名工作人员。完成了离退休干部办公室党支部换届改选工作，加强各项规章制度建设，强调规则意识和民主集中制原则；在离退休干部办公室组织开展整治"四风"问题和巡视整改落实情况回头看、党员信教情况集中排查、"两学一做"学习教育和"百场支部学习会、千名书记讲党课、万名党员写感言"等活动，全体党员"四个意识"明显增强。

职业资格管理

【执业资格与职称制度】

国家测绘地理信息局立足经济发展新常态、事业改革创新发展新要求，深入推进测绘地理信息职业资格制度建设，自觉服务培养高素质专业技术人员和技术技能人才新需要。联合人力资源和社会保障部组织完成年度全国注册测绘师资格考试，共有25275名测绘地理信息专业技术人员报名参加考试，2882人取得注册测绘师资格。截至年底全国获得注册测绘师资格证书人数13106人，8264人通过审批取得执业资格。完善注册测绘师继续教育工作体系，建设并运行了注册测绘师远程继续教育网络平台，全面开展注册测绘师必修课培训，注册测绘师继续教育制度基本建成。压缩行政审批时限，简化审批材料，不断提升行政许可服务质量。履行职称改革工作领导小组办公室职责，完善测绘专业技术人员职称评价机制，审核批准局直属单位测绘高级专业技术职务任职资格150人，为直属单位及相关部委符合条件的专业技术人员进行了委托评审。

【职业技能鉴定管理】

国家测绘地理信息局与全国31家测绘地理信息职业技能鉴定站签订新质量管理责任书和技术服务协议书。组织各鉴定站面向行业企事业单位、高等学校和职业院校提供技能鉴定服务，32861人获得国家职业资格证书。截至年底行业累计获证人数突破29.5万人，其中高技能人才突破5.9万人。

对外合作与交流

测绘地理信息"走出去"

国家测绘地理信息局组织召开测绘地理信息"走出去"及参与"一带一路"建设座谈会；开展测绘地理信息企事业单位"走出去"调研，形成相关研究报告；建立中国对外援助部际协调机制，为测绘地理信息领域参与对外援助工作、服务国家外交战略提供平台。推进援助巴基斯坦建立新一代国家测绘基准项目立项工作。支持并推动相关单位援助建设老挝北斗卫星综合服务系统，首座基站实现落地。完成亚洲区域合作专项资金项目数字湄公河地理空间框架建设示范项目，在澜沧江—湄公河合作首次领导人会议上为"澜湄合作"早期项目向大湄公河次区域国家推广。组织国内专家和企事业单位参加联合国、国际标准化组织地理信息技术委员会、国际摄影测量与遥感学会、国际测量师联合会等国际组织会议及展览，促进学术技术交流，推动测绘地理信息“走出去”。

双边合作

国家测绘地理信息局组团赴以色列、埃及和肯尼亚测绘地理信息机构访问，商谈落实双边合作事项，测绘地理信息对非洲合作进一步夯实。组团访问尼泊尔、斯里兰卡和斐济测绘地理信息部门，开启与“一带一路”沿线国家测绘地理信息合作的新领域。与英国、挪威国家测绘局开展技术交流。与智利、土耳其测绘地理信息部门双边合作协议内容商定。开通启用北极黄河站北斗卫星导航定位基准站。执行与巴基斯坦政府间双边合作协议，安排巴基斯坦测绘局技术人员来华攻读学位及进行在职培训，组织相关企事业单位赴巴基斯坦进行无人机遥感系统技术培训。与美国、德国、英国的高校合作，组织举办测绘地理信息管理、技术及产业发展培训。

多边合作

国家测绘地理信息局在全球和亚太地理信息管理领域发挥主导作用，中国代表再次当选联合国全球地理信息管理专家委员会共同主席，积极履行联合国全球地理信息管理亚太区域委员会秘书处职责。实施与联合国合作的地理信息管理能力开发项目，围绕地理信息数据管理和质量控制等专题开展培训活动，选派多名技术和管理人员赴联合国相关国际组织挂职工作，加强中国及其他发展中国家地理信息能力建设。与联合国签署关于全球地表覆盖数据捐赠后续合作协议，组织开展面向发展中国家的全球地表覆盖技术与应用培训，通过地球观测组织发起全球地表覆盖数据验证科学计划，共 40 个国家和机构参与。作为联合国地球观测组织工作部际协调小组副组长部门，与科技部共建地球观测组织中国秘书处，积极参与地球观测组织事务，国家测绘地理信息局副局长李朋德当选地球观测组织计划管理委员会共同主席。一批专家当选国际摄影测量与遥感学会相关职务。

港澳台交流

国家测绘地理信息局在厦门举办第八届海峡两岸测绘发展研讨会，进一步加强与港澳台测绘地理信息界之间的交流。在国务院港澳事务办公室统一领导下，与澳门特别行政区政府及相关部门共同开展了澳门特别行政区陆地与水域划界工作。与香港特别行政区政府测绘地理信息部门及香港测量师学会、工程测量师学会保持定期互访交流。在国际测绘地理信息组织中与港澳保持协调。

政务工作

督查督办

按照国务院第三次大督查等中央国务院一系列督查工作部署，对中央八项规定精神、中央经济工作会议、国务院印发文件、国务院常务会议议定事项、《政府工作报告》中涉及国家测绘地理信息局的重大任务，开展督察督办，6 次起草上报中央国务院重点督查报告，狠抓中央和国务院政策措施落地生根。全年共督查落实局重点任务督办事项 37 项、局党组重要工作部署 42 项、各部位来文明确任务 390 项，有力促进了工作落实。

建议提案办理

国家测绘地理信息局全年共承办人大建议 3 件、政协提案 10 件。建议提案内容涉及地理国情普查数据应用共享、陆地边境测绘、地理信息产业发展、“天地图”建设、现代测绘基准、生态环境监测、无人驾驶汽车、参与“一带一路”建设和现代农业发展等多个方面。

文秘档案管理

国家测绘地理信息局开展了局属单位公文式样检查，切实提高机关和局属单位公文规范化水平。积极推动测绘地理信息档案管理制度建设，完成了送审稿起草工作。注重档案在机关政务运行中的查询服务和资政作用，积极推动机关档案开发利用，全年档案查阅利用近1000人次、超2000件次。深化办公自动化系统应用，严格控制发文数量、范围和层级，每月通过办公内网通报机关各司室发文数量，解决“文山会海”问题。

信息编发

国家测绘地理信息局全年共编发《内部情况通报》55期，主要收录了国土资源部、国家测绘地理信息局领导在重要会议和重要活动上的讲话、测绘地理信息重点工作进展情况通报等。围绕国家测绘地理信息局年度工作要点和局重点工作情况，按季度就局机关和在京所属单位工作进展情况进行通报。

全年向中共中央办公厅、国务院办公厅、中央网络安全和信息化领导小组办公室报送政务信息12期。

全年编发《局内要情》49期。主要收录国家测绘地理信息局领导重要批示和参加的重要会议活动、国家测绘地理信息局所发重要文件和测绘地理信息系统重要信息。

保密工作

国家测绘地理信息局认真贯彻落实中央关于保密工作最新决策部署，制定《国家测绘地理信息局党组关于加强和改进测绘地理信息保密工作的实施意见》《国家测绘地理信息局“十三五”保密工作规划》。编制《全国卫星导航定位基准服务系统国家级节点安全保密方案》，通过国家保密局组织的专家评审。

国家基础地理信息中心和中国测绘科学研究院4个涉密信息系统取得国家保密局颁发的投入使用许可证，启动中国测绘网京外4个分节点的安全保密整改及测评，指导直属局（院）开展涉密网络建设整改及测评工作。配合国家保密局开展涉密专用计算机万台规模应用示范。

国家测绘地理信息局完成涉密人员分类确定及审查工作，核定局机关及所属单位涉密人员1749名。局机关全体工作人员签订保密承诺书，严格执行涉密人员因私出国（境）审批、保密行前教育等制度。完成6名中管干部的保密轮训，举办一期局机关及所属单位保密业务培训班，组织21名保密干部参加2016年青岛保密技术交流大会暨产品博览会、14名技术骨干参加国家保密局组织的涉密网络管理人员培训班。

完成2015年保密自查自评督查工作，开展2016年度保密自查自评工作，首次将自查自评结果纳入年度考核考评体系。开展打印类设备、互联网门户网站及信息系统和信息设备等安全保密检查，以及局所属单位全覆盖的保密工作现场检查。

制定了《测绘地理信息领域重要信息系统商用密码应用规划（2016—2020年）》，加强局商用密码在卫星导航定位基准站等方面应用调研工作。

政务信息化建设

国家测绘地理信息局积极贯彻落实《国务院关于加快推进“互联网＋政务服务”工作的指导意见》。构建完成“一站式”网上办事大厅，实现“统一身份认证、按需共享数据”和“单点登录、全网通办”。行政审批全部网上办理，实现审批全流程可查询追溯，并与全国地理信息资源目录服务系统对接，实现涉密成果提供审批的可视化查询和审批，全面开展在线填报、在线提交、在线审查、在线反馈和满意度评价。建成全国统一的信用管理服务平台。编制完成《测绘地理信息综合监管平台建设方案》，启动“双随机”抽查管理系统建设，实现全国测绘资质单位、涉密成果使用单位、执法人员的随机抽取，以及抽查任务制定、抽查报告与反馈等功能。围绕业务行政管理，推进人事人才管理信息系统和国家基础测绘项目管理系统建设。完成京外直属单位基于局视频会议专网访问局财务管理平台的建设工作。开展信息公开目录系统建设。完成局新版办公系统上线工作，完成测绘地理信息公益性行业科研专项管理信息化顶层设计。建立与全国组织机构代码中心信息共享机制，丰富政务资源库的数据支撑。建成数据资源管理平台，初步实现局政务资源的可视化、可管理。修订5个、新编6个电子政务相关标准规范，为业务系统提供数据给予基础支撑保障。推进局虚拟化平台建设，优化升级网络环境，实现双活链路接入，将互联网出口带宽由240MB提升至300MB，保证主要网络设备冗余备份。进一步扩充局虚拟化集群运行环境资源，支撑多个全国性信息系统的运行。依照等级保护建设三级标准，开展资质管理、行政执法现有重要业务管理系统的定级、整改、测评工作。增加部署抗DDOS攻击、网页防篡改等设备，更换相关服务器操作系统，对重要信息系统和网络进行安全加固。

网络安全工作

国家测绘地理信息局组织开展网络核查分类、互联网网站及应用系统建设摸底等工作，首次将统计范围延伸至局属单位下属二级事业单位、国有企业；面向测绘地理信息系统进行网络安全调研工作，全面摸清网络安全工作家底。

建立一支覆盖57家单位共计190多人规模的网络安全联络员队伍，定期向联络员单位转发网络安全情况摘报，在国家测绘地理信息局所属单位范围开展网络安全信息通报机制试点工作。

完成局机关、事业单位和国有企业互联网网站安全专项整治行动、网络安全执法检查、关键信息基础设施网络安全检查、全国“两会”期间网络安全保障、G20峰会期间网络安全保障、十八届六中全会期间网络安全保障等8项专项工作，局机关及直属单位网络安全保障能力明显提升。绝大部分直属单位制定了网络或门户网站应急预案。建立了重大活动期间网络巡检及零报告制度，妥善处置了天地图网站DDOS攻击事件。国家测绘地理信息局及其直属单位网站标识加挂工作完成率由年初的不足30%上升到88%。

举办一期测绘地理信息系统网络安全业务培训班，指导局属相关单位对存在的信息系统安全风险进行整改。全年下发安全风险整改通知单11份。

援疆援藏工作

【全国测绘地理信息援藏工作座谈会】

8月22日，全国测绘地理信息援藏工作座谈会在西藏自治区拉萨市召开。国家测绘地理信息局局长库热西·买合苏提，西藏自治区党委副书记、常务副主席、党委政法委书记邓小刚出席会议并讲话。西藏自治区人大常委会副主任李文汉，西藏自治区副主席、党委政法委副书记何文浩，西藏自治区政协副主席阿旺出席座谈会。会议要求贯彻落实中央关于西藏的大政方针政策，动员全国测绘地理信息行业力量，共同支持和加强“十三五”西藏自治区和四川、云南、甘肃、青海四省藏区测绘地理信息工作，为推进西藏和四省藏区社会稳定和长治久安提供坚实测绘地理信息服务保障。座谈会上，国家测绘地理信息局向西藏自治区政府赠送了西藏区域内基础地理信息数据，向西藏自治区测绘局赠送了500万元援助资金。国家基础地理信息中心与西藏自治区测绘局签订了《西藏自治区测绘局基础地理信息数据中心共建协议》，福建省测绘地理信息局与西藏自治区昌都市签订了《对口支援测绘地理信息工作合作协议书》。部分测绘地理信息企业捐赠了仪器设备和软件。

【援藏实施方案制定】

国家测绘地理信息局党组研究制定了加强西藏和四省藏区测绘地理信息服务保障能力建设实施方案，明确了到2020年测绘地理信息援藏工作的总体目标，提出从争取中央专项支持、加大重点项目扶持、提升应急保障能力、加大成果数据援助、提高测绘技术能力、提高依法行政能力、加大人才援藏力度等7个方面的援藏重点任务。

【资金及政策援助】

国家测绘地理信息局积极争取中央财政资金对新疆、西藏及四省藏区测绘地理信息工作的支持，在国家发展和改革委员会“十三五”支持新疆维吾尔自治区、新疆生产建设兵团、西藏自治区和四省藏区经济社会发展规划建设项目方案中明确，用于测绘地理信息工作的经费为84068万元。其中新疆42196万元，新疆生产建设兵团16500万元，西藏和四省藏区25372万元。援疆、援藏工作纳入《测绘地理信息事业“十三五”规划》；浙江、辽宁、福建、上海测绘地理信息援疆规划方案纳入对口支援省市援疆规划。

【成果、技术及人才援助】

国家测绘地理信息局向西藏自治区测绘局无偿提供国家地理信息公共服务平台“天地图”主节点西藏区域数据。四川省藏区基础测绘项目完成，成果融入藏区各项重要工作。赴西藏指导开展卫星定位基准站建设工作。

选派一名副局级干部作为中共中央组织部第八批援藏干部到西藏工作，担任西藏自治区国土资源厅党组成员、副厅长，兼任西藏自治区测绘局局长。选派3名干部作为国家局第九批援藏干部人才进藏执行任务，选派5名干部赴疆挂职。定期选派优秀技术管理复合型干部进疆、进藏工作，统筹安排局机关及所属单位接收新疆维吾尔自治区测绘地理信息局技术和管理人员挂职锻炼和学习锻炼。不定期选派专家赴新疆和西藏短期讲学和技术指导，通过个别指导、研讨交流、集中培训、技术示范等方式，带动新疆、西藏专业技术人才培养。

【各省对口支援】

河北、辽宁、吉林、福建、河南、湖北、湖南等省测绘地理信息主管部门完成了2016年度测绘援疆工作，推动了大比例尺地形图测制、人才培训、资金设备援助等一批援疆项目落地实施。在全国测绘地理信息援藏工作座谈会期间，专门协调召开了对口援藏省市与受援地市测绘地理信息部门需求对接会，黑龙江、陕西、四川、上海、福建、湖南等部分省市启动对口援藏工作。

精准扶贫工作

【全国地理信息精准扶贫应用现场会】

9月，国家测绘地理信息局在贵州省贵阳市召开全国地理信息精准扶贫应用现场会，推广基于地理信息的精准扶贫应用典型做法和工作经验，推动地理信息在精准扶贫中的应用。国家测绘地理信息局副局长闵宜仁对于做好服务精准扶贫等地理信息深层次应用工作提出明确要求。贵州省国土资源厅、贵阳市政府、咸阳市政府、贵州省水库和生态移民局、广西壮族自治区测绘地理信息局、云南省测绘地理信息局等单位作经验交流发言。

【定点扶贫工作】

国家测绘地理信息局党组多次召开会议对定点扶贫工作进行研究部署，局长库热西·买合苏提两次赴海伦调研指导，定点扶贫工作纳入《测绘地理信息事业“十三五”规划》和年度计划，制定了《2016—2020年定点扶贫开发工作规划》和实施方案，推进定点扶贫工作各项任务落实。

定点帮扶黑龙江省绥化市海伦市取得成效，引进各类资金8115.64万元。投入资金50万元为海伦市建设农业生产可追溯系统；为海伦市争取到总投资近千万元的数字海伦平台建设项目、测绘行业精准扶贫平台建设项目，将海伦三圣宫和海北大教堂数字旅游项目试点纳入2017—2019年基础测绘项目库；向海伦市捐赠了航空摄影无人机、海伦市全境资源三号卫星影像图、海伦市精准扶贫挂图，以及农机及办公设备等；对海伦市规划局技术人员进行了免费业务培训。与中粮集团签订合作框架协议，拓展海伦富硒产品的销售渠道，同时巩固“互联网+”富硒产品销售平台中国有机商城，海伦馆年营业额增幅达13%。推进海伦大米进入北京市朝阳区30多所大中小学食堂和教职工超市。以刊发广告、农产品进京发布会等形式加大宣传力度，提升海伦富硒产品的知名度。

宣传工作

宣传管理

【总体情况】

测绘地理信息宣传工作从党的工作全局出发、从事业发展大局出发，做到思想上高度重视、工作上精准有力，为测绘地理信息事业改革创新发展营造了良好舆论环境。

国家测绘地理信息局党组高度重视宣传工作，召开测绘地理信息宣传工作座谈会，学习贯彻习近平总书记在党的新闻舆论座谈会上的重要讲话精神，明确新形势下测绘地理信息宣传工作目标和重点。在学习宣传贯彻习近平总书记给国测一大队老队员老党员回信重要指示精神、在人民大会堂举行国测一大队先进事迹报告会过程中，局党组多次专题研究部署，严把政治方向和舆论导向，并协调争取中共中央宣传部、中央国家机关工作委员会、国土资源部、陕西省委的大力支持。为做好国务院副总理张高丽调研考察和学习贯彻十八届六中全会精神、国家测绘地理信息局建局60周年、资源三号02星发射、"感动测绘人物"推选等重大宣传活动，分管局领导认真组织、亲自协调宣传工作，并在相关宣传中接受记者采访。

局党组始终把意识形态工作作为一项极端重要的工作抓紧抓好，认真贯彻落实中央关于加强党委（党组）意识形态责任制。按照国务院"4.2.1+N"新闻发布工作要求，组织召开新闻发布会，按月报送新闻发布计划，按季度报送新闻发布工作情况。落实《加强新闻发布主动及时回应社会关切的实施方案》，进一步完善政策解读、突发事件应对、舆情监测与回应等机制。从"时度效"着力，抓住时机、把握节奏、讲究策略，增强宣传的针对性和实效性。

新华社、《人民日报》《光明日报》《经济日报》、中央电视台、中央人民广播电台等中央主流媒体共刊（播）发测绘地理信息新闻247条，其中中央电视台播出34条（新闻联播9条），人民网、新华网、中国政府网、新浪网、腾讯网等网络媒体和各地方媒体刊（转）发有关新闻8万多条。

【报刊宣传】

《中国测绘报》加强了对重大事件的实时报道、追踪报道，推出专栏、专题、专刊和专网，刊发评论、特稿和深度报道，及时传播国家测绘地理信息局党组声音，深化舆论引导职能，发挥局党组喉舌的作用。《中国测绘报》加强"走转改"，采写发表文章150多篇，采写新闻稿件160多万字，推出44个版的"十二五"特刊，20个版的国家测绘地理信息局建局60年纪念特刊，12期文化专刊。《中国测绘》杂志全年出版6期。

【网站宣传】

国家测绘地理信息局门户网站完成改版，改版后形成组织机构、新闻发布、政务公开、在线办事、公共服务、互动交流六大栏目，全年中文网站登载新闻类稿件3371篇，转载媒体有关测绘地理信息工作报道1162篇，发布公文类信息862篇，制作专题15个，点击量超过2亿次，英文网站登载新闻类稿件14篇。中国测绘新闻网每天更新8至12条地方测绘地理信息最新工作动态，配合重大专题、重点专项开展了专题宣传。

【新媒体宣传】

国家测绘地理信息局利用微博、微信及时发布权威政务信息。局官方微博共发布信息1775条，粉丝数19万多；微信发布信息1106条，关注人数2.2万多人。"测绘地理信息"微博发布消息1000多条；微信发布消息2100多条。《中国测绘报》正式开通运行手机报（手机APP）。推动测绘地理信息系统单位和行业单位开通官方微博、微信，省级测绘地理信息行政主管部门中已开通官方微博33家、微信公众号27家。

专题宣传

【党和国家的大政方针政策学习贯彻宣传】

测绘媒体深入宣传习近平总书记系列重要讲话精神，积极宣传党中央治国理政新理念新思想新战略，及时报道国家测绘地理信息局党组学习贯彻中纪委六次全会、国务院第四次廉政工作会议、全国"两会"、中央"两学一做"学习教育工作座谈会、庆祝中国共产党成立95周年大会、党的十八届六中全会、中央经济工作会议等重要会议和重大部署情况。特别是围绕学习贯彻十八届六中全会精神，第一时间制定宣传方案，报纸、杂志、网站及时刊登转载重要理论文章，报道全系统学习宣传贯彻情况。围绕"两学一做"学习教育，及时报道开展专题学习研讨、领导干部讲党课、召开专题组织生活会等情况，国家测绘地理信息局网站开设专题报道各地动态。对局党组加大反"四风"力度、开展巡视工作等进行了有效宣传。

【习近平总书记回信重要指示精神学习宣传】

1月14日，国家测绘地理信息局联合中共中央宣传部、中央国家机关工作委员会、国土资源部、陕西省委在人民大会堂隆重举行国测一大队先进事迹报告会，新华社、中央电视台《新闻联播》刊（播）发消息，其他媒体转载转发千余次；在江苏、新疆、陕西等地巡回报告30场，近万名党员干部参加了报告会。6月30日，召开学习宣传贯彻习近平总书记回信重要指示精神一周年座谈会，对学习贯彻习近平总书记给国测一大队老队员老党员回信重要指示精神进行再动员再部署，对中共中央授予国测一大队党委"全国先进基层党组织"荣誉称号组织大力宣传。联合陕西省委宣传部编辑图书《不忘初心——国测一大队艰苦奋斗无私奉献的故事》，成为测绘地理信息系统和陕西省开展"两学一做"学习教育的生动教材。

【张高丽副总理主持召开第一次全国地理国情普查领导小组全体会议和调研考察测绘地理信息工作宣传】

11 月 22 日，中共中央政治局常委、国务院副总理张高丽在中国测绘创新基地主持召开第一次全国地理国情普查领导小组全体会议并作重要讲话，会前调研考察了测绘地理信息工作。新华社和中央电视台新闻联播播发消息“做好地理国情普查成果推广和应用 认真开展常态化地理国情监测工作”，中央各大媒体纷纷转载。12 月底，全国测绘地理信息工作会议召开之际，新华社等刊发《我国将公布第一次全国地理国情普查成果》，集中报道了普查和监测成果在服务领导决策、重大战略实施、生态文明建设等诸多领域的应用。中央党校《学习时报》头版刊发局长库热西・买合苏提署名文章《开展地理国情监测服务国家改革发展大局》。围绕普查成果助力精准扶贫，《人民日报》、新华社等媒体的记者赴贵州进行翔实深入采访并报道。编辑出版了《美丽中国行》一书，展示全国各地普查人夜以继日、恪尽职守的精神风貌。

【“十二五”成就与“十三五”规划宣传】

各大媒体围绕测绘地理信息“十二五”发展成就展开宣传。《经济日报》刊发《坚持五大发展理念做大做强地理信息产业》；《科技日报》刊发《让创新成为新常态——“十二五”测绘地理信息科技发展综述》；《国土资源报》刊发《找准接口 履职尽责 助推改革》；新华网测绘地信频道上线辉煌“十二五”专题；《中国测绘报》编辑 44 个版的大型“十二五”成就特刊，全面展示测绘地理信息事业辉煌成就。

《测绘地理信息事业“十三五”规划》由国家发展和改革委员会与国家测绘地理信息局联合印发后，组织召开新闻发布会，副局长王春峰接受记者采访；《人民日报》、新华社等各大媒体第一时间报道；《光明日报》发表专访《从“脚步丈量”到“航天遥感”》；局网站发布副局长王春峰答记者问。局网站还对陆续出台的测绘地理信息专题规划和各地规划出台情况进行宣传和解读，发布了副局长闵宜仁就《测绘地理信息人才发展“十三五”规划》答记者问、副局长李朋德就《测绘地理信息科技发展“十三五”规划》《测绘地理信息标准化“十三五”规划》《卫星测绘“十三五”发展规划》的答记者问。

【法治建设宣传】

国家测绘地理信息局组织大力报道《中华人民共和国测绘法》修订进程，中央电视台《新闻联播》同步播发消息，中央各主要媒体予以报道。局长库热西・买合苏提在《中国人大》杂志发表署名文章《凝聚法治共识保障改革发展》。围绕“8・29”测绘法宣传日开展形式多样的宣传。《地图管理条例》正式施行之时，中央电视台同步播发消息；副局长宋超智答记者问；局网站开设贯彻落实专题；中国测绘宣传中心与高德公司在“高德地图”APP推出的闪屏宣传界面浏览量逾 2300 万次。国家测绘地理信息局与中央网络安全和信息化领导小组办公室联合印发《关于规范互联网服务单位使用地图的通知》，中央电视台等媒体予以大力报道。国家版图意识“进学校、进社区、进媒体”活动、“美丽中国”第三届全国国家版图知识竞赛和少儿手绘地图大赛参与人数达到2650 万多人次，各大媒体予以广泛报道。针对地理信息对国家安全的重要性，新华社《瞭望》刊发深度报道《摆脱地理信息安全困境》。

【公共服务保障宣传】

中央各大媒体积极报道国家发展和改革委员会会同国家测绘地理信息局与广西、浙江、贵州、福建、湖北等省（区）政府签署合作协议推进省级空间性规划“多规合一”的消息。中央电视台新闻联播以《“多规合一”——一张蓝图干到底》为题，报道了海南测绘地理信息局建设的信息数字化管理平台在海南省“多规合一”试点工作中发挥的重要作用；广西、浙江等地方媒体分别从自身视角展开报道。围绕“天地图”2016 版上线和应用情况，积极宣传“天地图”功能升级和在推进政府公益性应用中的成果成效。围绕履行新型智慧城市建设部际协调工作组中国家测绘地理信息局职责的情况展开宣传，副局长李维森就相关问题答记者问。对福建泰宁山体滑坡、江苏盐城龙卷风、河北抗洪抢险等测绘应急保障情况进行了大力宣传。积极宣传国家测绘地理信息局与宁夏、四川、重庆、广西等省（区、市）、公安部、空军司令部、中国电子科技集团公司、招商局集团等签署合作协议推进共享融合发展的情况。

【服务社会民生宣传】

围绕《中国卫星导航产业白皮书》的发布、中国地理信息产业大会、中国卫星导航与位置服务年会暨展览会、地理信息开发者大会和北斗“百城百联百用”行动应用成果等重大会议和活动，各大媒体展开宣传，新华社、《经济日报》分别刊发《北斗全面走向大众应用精准服务百姓生活》《北斗：开往春天的产业列车已启动》等消息。国家测绘地理信息局网站刊发局长库热西·买合苏提对推动地理信息产业创新发展提出的要求。宣传人民网与中国地图出版集团共同主办的《中国国家人文地理》丛书首批城市分卷发布会。组织中央媒体记者赴青岛报道地图文化创意产品发展情况；刊发《点赞，地图＋文化创意大放异彩》《传统地图新机会：开发文化创意产品“挖”财富》等深度报道；重庆市各大媒体聚焦走入千家万户的重庆市“每周一图”开展宣传。

【科技创新和“走出去”战略宣传】

围绕资源三号02星成功发射，组织召开新闻吹风会；《人民日报》、新华网等媒体记者赴发射实地采访；中央电视台新闻联播播出消息《我国成功发射资源三号02星》和系列综合报道，《人民日报》、新华社、《光明日报》《经济日报》《科技日报》等多家媒体刊发深度报道；中央电视台新闻联播和新华社及时跟踪报道了卫星成功获取首批影像、首次激光测高在轨检校成功、卫星正式交付国家测绘地理信息局使用等消息。宣传30米分辨率全球地表覆盖数据在国际上的广泛应用、联合国地理信息能力开发项目等国际合作成效，中国国际广播电台、《中国日报》等媒体重点宣传了中国与巴基斯坦、老挝、斐济等国家实施“一带一路”地理信息合作示范项目等成果，《中国测绘报》、国家测绘地理信息局网站分别就国际合作工作成就进行了专版和专题宣传。

【国家测绘地理信息局建局60周年宣传】

国家测绘地理信息局组织开展建局60周年系列宣传活动，宣传我国测绘地理信息60年辉煌成就。举办了建局60年成就展览；拍摄了专题宣传片《经天纬地开路先锋》；局长库热西·买合苏提发表了署名文章《在建设测绘强国的伟大征程中铸就辉煌》。中国测绘宣传中心组织开展了征文、老照片征集、秒拍寄语、微视频大赛等活动；《中国测绘报》推出20个版的建局60周年特刊和社论、成就综述；国家测绘地理信息局网站开设“国家测绘地理信息局建局60周年”专题；中央媒体也给予了高度关注和深入报道。

【先进典型宣传】

围绕全国测绘地理信息系统先进集体和先进工作者表彰大会，中央和地方媒体积极报道，编辑出版图书《鲜花献给他们》，宣传先进典型的感人事迹和优秀品质。围绕第二届“感动测绘人物”推选活动，通过新华网、新浪网刊发人物事迹，在国家测绘地理信息局网站制作投票专题并链接至新华网、新浪网、腾讯网等开展网络投票，首次开启国家测绘地理信息局官方微博微信、测绘地理信息微博微信投票通道，历时半年之久的宣传得到了300多万人次的积极参与，新华网、新浪网、国家测绘地理信息局网站、测绘地理信息微信对评选揭晓颁奖活动进行了现场视频直播。

新闻出版

地图图书出版

【出版总量】

中国地图出版集团全年出版地图、图书共1937种，其中新版（含再版）521种、重印1416种。

【实用参考图出版】

中国地图出版集团推进实用参考地图内容和形式创新，积极融入“互联网＋”理念。全年出版实用参考地图新产品新品种150个、重版品种570个，重版率约83%。其中《中国分省图册系列》《完美旅图系列》《地图上的中国史》（套装）、《青少年探索发现百科丛书系列》《“出国游”城市旅游地图系列》等新品市场反响良好。《地图上的中国史》以中国历史进程为主线，突出中国历史上的疆域版图，图文结合阐述各个时期的重大历史事件及大众感兴趣的历史故事。《“出国游”城市旅游地图系列》通过与全球领先的旅游规划和预订平台 Trip Advisor（猫途鹰）创新合作，是“互联网+”理念在旅游出版业的应用和体现。

完成国家财政项目“全球地理信息资源技术工程（全球测图）”2016年的全部计划工作，包括吉尔吉斯斯坦、塔吉克斯坦、阿富汗、巴基斯坦、缅甸、老挝、泰国、柬埔寨、越南9个国家约380万平方千米生产区域内，二级以上行政区划矢量数据的生产以及60多万条外文地名的罗马化处理及30多万条地名数据的译写。“全球地图数据库建设和数字地图出版应用”项目通过国家新闻出版广电总局遴选及专家评审，成功获评为国家首批35个新闻出版产业示范项目之一。

中国地图出版集团努力开拓实用参考地图的行业应用，完成与北京市商务委员会合作的“北京国际经贸合作网络信息服务平台”建设。

【地图科研项目】

中国地图出版集团组织业务部门申报出版主题，推荐申报了《社会主义核心价值观校园读本》和《红色历程》两种图书。组织向国家新闻出版广电总局申报2016年度新闻出版改革发展项目，推荐的“一带一路地理信息服务平台的建设与应用”项目获批且入库。同时，推荐该项目申报2016年新闻出版业重点项目。

完成“基于地理信息与文化融合的地图文化创意产业路径研究”“中国城市古地图数字化及中国城市历史地理信息数字出版平台建设”等项目的验收工作。完成“全球地图数据库建设和数字地图出版与应用”“地图数字出版资源库及智能化出版平台建设与应用”“中国国界线画法标准样图的更新与服务”“公益性标准地图编制与发布”“‘爱我中华’国家版图意识宣传教育系统建设”等项目的数据存档工作。组织申报的“辅助决策用图保障服务”“全国地理信息成果应用与地图网上展览系统建设与维护”“国家版图意识宣传教育能力建设”和“地图上我国历史疆域及边疆重要地名表示与研究”等2016年国家基础测绘成果应用推广项目获得国家测绘地理信息局财政资金支持。推动测绘公益性行业科研专项“世界大地图集库图一体化编研”的实施，协助做好项目中期检查。完成国家出版基金项目《邓小平光辉历程地图集》的结项工作，《中国抗日战争史地图集》的资助金落实工作。

【教材与教辅图书出版】

中国地图出版集团全年完成教材产品新版（含初版、再版）品种116个、重版品种675个、加印品种331个。

在教材编制、审图、出版、印制过程中，严格落实内部各项质量规定，保障教材出版质量。全年共完成2016春、秋季发稿品种1097个、2166套，为人民教育出版社等合作单位编绘教材地图插图411幅，完成北京、辽宁、贵州、云南、广西、海南、江苏、山西、陕西等地方送审品种333个。研发了为师生预习、教学、复习、自学、探究等课上课下各环节服务的“中图e学堂”APP资源。

重新修订了配中图版教材的同步类产品、寒暑假作业、单元测试卷和中高考辅导材料等产品，进一步优化产品线，强化“金博优”产品的研发。研发涵盖全学科的《金博优寒暑假作业》和《金博优名师单元测试卷》两个系列的品种，完善“金博优”品牌图书体系。对地理地图类教辅的核心产品《高考地理重点地图学习指南》《经典区域地图百问百答》等进行进一步地打磨，策划了《地理学习图典水晶版》地图系列、《历史学习用世界历史》系列桌面图等地理和历史类教辅图书。

【测绘地理信息图书出版】

中国地图出版集团继续推进测绘地理信息辞书项目的实施工作，通过国家测绘地理信息局的项目验收；中标云南省测绘地理信息局的地理国情专著出版项目；与武汉大学等落实了地理国情教材的合作；完成《工程测量》《现代测量学》《误差理论与测量平差基础》等一批本科国家规划教材的出版；完成注册测绘师资格考试辅导教材、测绘地理信息学会和中国卫星导航定位协会的会议用书、国家测绘地理信息局建局60周年庆典用书等以及2个国家出版基金项目。

【综合出版】

旅游类图书出版方面，中国地图出版集团完成《国际旅游指南》《中国旅游指南》《IN》《自驾指南》《城市指南》《旅行读物》六个系列60种新编图书品种的出版工作，推进旅游数字平台建设。大众图书出版方面，《地图里的兴亡》系列初步形成品牌，取得较好的经济效益；《中国房车旅行生活指南》受到社会广泛关注；旅游文学系列中的《有故事的法国》《新丝路之旅——重走玄奘西游路》《欧洲不远：101天行走欧洲》《遇见喜马拉雅》也有较好的市场表现。

组织实施国家项目“面向教育信息化的教学地图资源库建设”，主要完成了6个中图基础地图数据库、6个世界基础地图数据库、1394幅专题地图数据库、1394幅图形库、13段样片、110个视频剪辑。该项目实施任务分为县级城市地图数据库建设和世界主要城市地图数据库建设，县级城市地图数据库建设任务已完成，世界主要城市地图数据库建设共计70个，已完成47个。

【“十三五”国家重点图书出版】

中国地图出版集团重点打造《中国国家人文地理》丛书，为地方政府打造“城市名片”，该丛书已被列入“十三五”国家32项重大出版工程规划，并得到国家新闻出版广电总局和国家测绘地理信息局的高度重视。首批城市分卷《黔西南》《景德镇》《广元》《铜川》《伊春》《大庆》《北京门头沟》已完成编辑出版并发布。

组织策划的《中华文明地图》《中国版图知识》也被列入“十三五”国家重点图书主题出版规划。《中华文明地图》初稿基本完成，《中国版图知识》已于年底启动。

期刊出版

中国地图出版集团完成《测绘学报》和《测绘通报》全年组稿、编辑、出版、发行工作。《测绘学报》13篇论文入选“中国精品科技期刊顶尖学术论文（F5000）”，出版了《地球剖分网格系统及空间大数据相关应用》专题增刊。3月以《测绘学报》的名义在江苏盐城举办了2016中国智慧城市与测绘地理信息发展高层论坛，10月在武汉组织召开了《测绘学报》第十一届编委会第三次工作会议。《测绘通报》参与中国知网“优先出版”的模式，将部分稿件在纸刊刊出之前先在中国知网平台进行优先出版；开拓广告和协办单位业务。《测绘学报》微信关注人数已超过2万人，上榜泰伯网评出的《2016你最值得关注的空间信息微信公众号TOP20》，在内容的原创比例一项中排名第二。《测绘通报》微信关注人数也在稳步增长。《地图》杂志与《中国国家人文地理》丛书实现联动，先后策划黔西南、景德镇、广元、伊春、铜川专题。杂志的新浪微博和微信公众平台更新频率加快，微信公众平台的文章多次获得澎湃新闻网站、国家人文地理公众号等媒体平台的关注与转发，并先后获得了今日头条、企鹅媒体平台的入驻邀请。

中国测绘科学研究院主办的《测绘科学》入选中国知网外文数字出版工程，全年出版12期，发表文章441篇，码洋约438万元；《遥感信息》全年出版6期，发表文章130篇，码洋约15万元；《导航定位学报》全年出版4期，发表文章82篇，码洋约8万元；《影像与数据融合国际期刊（International Journal of Image and Data Fusion）》进入新兴资源索引（ESCI），全年出版4期，发表文章20篇，拒稿率达52%，码洋约108万美元。

统计工作

统计管理

【统计制度建设】

国家测绘地理信息局管理信息中心（以下简称管信中心）开展了《测绘地理信息统计报表制度》为期两年一次的修订工作。通过书面征求国家测绘地理信息局机关各司室对统计报表制度的意见，经过多次沟通讨论、反复修改相关指标，完成统计报表制度修订工作，在2016年年报工作中开始施行。

【统计工作考核】

管信中心组织对测绘地理信息系统各单位2016年的统计工作进行考核评分。

【统计培训】

管信中心组织开展测绘地理信息统计业务培训，对《测绘地理信息统计报表制度》、统计网络直报系统操作、如何审核统计数据、如何撰写统计分析报告进行了培训。指导和协助湖南、江苏和陕西开展了统计业务培训。黑龙江、安徽、河北、河南、广西等地自行组织开展了统计业务培训。

统计信息服务

【常规统计报表】

管信中心在对2015年各项专业统计年报数据收集、审核、汇总的基础上，编制完成了《2015年测绘地理信息统计年报》，经国家测绘地理信息局审批后印发提供使用。完成2016年一、二、三季度统计数据的收集、审核、汇总等工作，并对上半年统计数据进行对比分析，编写了一期《管理信息简报》印发提供使用。

【统计手册编制】

管信中心组织编制了《2016测绘地理信息统计手册》，简要反映我国各省、自治区、直辖市测绘地理信息发展情况，内容包括省（区、市）情况简单介绍、年度测绘地理信息主要工作情况以及重点统计指标数据。

【年度统计分析】

管信中心根据2015年测绘地理信息统计年报数据，系统分析了2015年测绘地理信息事业的发展情况，形成分析报告编入《2015年测绘地理信息统计年报》并提供使用。推动系统各单位开展统计分析工作，全系统共有47家单位提交了2015年统计分析报告，在编辑整理的基础上形成《2015年测绘地理信息统计分析报告汇编》，全册约30万字。

【专题统计分析】

管信中心对“十二五”以来的统计数据进行整理归纳、研究分析，选取重点统计指标深入开展分析，编写了《从统计数据看“十二五”测绘地理信息事业发展》专题统计分析报告，完成后及时提供有关领导参考。

【对外提供统计数据】

管信中心承担《国土资源公报》“测绘地理信息服务”章节的供稿工作，撰写了测绘地理信息的重点工作，并提供相关数据和图片资料，稿件经国家测绘地理信息局办公室审核后按时报送国土资源部。完成向北京市海淀区统计局报送国家测绘地理信息局机关年度有关统计数据的工作。分别向《国土资源公报》《中国统计年鉴》《中国第三产业统计年鉴》《中国科技统计年鉴》《中国测绘地理信息年鉴》《国土资源统计年鉴》等提供测绘地理信息工作开展情况的统计数据，向国家测绘地理信息局机关各司室、系统内有关单位提供各类测绘地理信息统计数据。

统计信息化

【完善信息化服务内容】

管信中心组织对统计网络直报系统的相关报表进行了升级改造，并与国家测绘地理信息局网上办事大厅实现对接。编写了行业管理部门和资质单位版本的直报系统使用手册。及时解答用户关于统计指标、统计工作流程和统计直报系统、网上办事大厅登录的相关咨询。

【历史数据电子化】

管信中心将1949—2016年的统计数据资料进行了扫描，并汇编成PDF格式的电子文档以光盘形式储存，实现了统计历史数据的电子化。数据以光盘形式提供使用。

统计研究

管信中心通过深入分析测绘资质单位统计现状和存在问题，认真研究开展测绘资质单位抽样调查的必要性和可行性，全面考虑开展测绘资质单位抽样调查亟待解决的问题，提出了开展测绘资质单位抽样调查专项研究的建议。

测绘地理信息教育

教育指导

国家测绘地理信息局继续发挥行业主管部门作用，通过测绘类专业（含地理信息专业）教学指导委员会、全国测绘地理信息职业教育教学指导委员会2个教育教学指导机构，进一步加强测绘地理信息教育教学指导，推进测绘地理信息院校协同创新协同育人，实现产学研相结合。指导中国测绘地理信息学会继续开展测绘工程专业认证工作，推进测绘地理信息高职高专专业目录修订、测绘类专业国家标准制订等工作。组织开展全国测绘地理信息行业职业技能竞赛，确定工程测量和地图制图两个竞赛项目。联合教育部、水利部主办的全国职业院校技能大赛高职院校“科力达”杯测绘竞赛在河南省开封市举办，全国30个省（自治区、直辖市）的79支参赛队和1支留学生队共320名选手参加，竞赛包括二等水准测量、一级导线测量和1:500数字测图3个赛项。联合有关部门举办第四届全国普通高校大学生测绘技能大赛、第八届全国高校GIS技能大赛和2016年全国GIS应用水平考试。

武汉大学

【科研情况】

2016年，武汉大学测绘学科获国家科技进步奖2项、省部级奖27项。发表科研论文近850篇，高引论文49篇。其中SCI 393篇（其中二区以上SCI 176篇）、EI 472篇、CPCI - S 5篇。出版专著15部，制定行业标准2项，获授权发明专利129项、实用新型专利8项，申请软件著作权103项。在研项目786项，经费总额近3亿元。

1月，获批国家级遥感信息工程实验教学示范中心。4月，在教育部2015年度数理和地学领域教育部重点实验室评估中，武汉大学地球空间环境与大地测量教育部重点实验室获评优秀。

【学科专业建设】

根据基本科学指标数据库（Essential Science Indicators，简称ESI）11月的数据显示，武汉大学地球科学（GEOSCIENCES）在进入ESI全球学科排名前1%的607个上榜机构中排名第369位。1月—11月发文量为1825篇，同比增加381篇；总被引次数达到10334次，同比增加2559次；篇均被引次数为5.66。其中顶级论文26篇、热点论文3篇、高被引论文26篇。

武汉大学参与欧盟联合教育项目GeoServices - 4 - Sustainability（GeoS4S）建设。该项目的建设单位由欧亚6个国家的10个院校组成，主持单位为奥地利的University of Salzburg，项目建设周期为三年，培养具有先进专业知识和技术能力的国际型专业人才。

【获奖情况】

武汉大学参与完成的“国家地理信息公共服务平台（天地图）研发与系统建设”“国家电子政务协同式空间决策服务关键技术与应用”获2016年度国家科技进步奖二等奖。牵头完成的“卫星大地测量反演地壳和断层精细变形的理论和方法”获2016年度高等学校自然科学奖一等奖；“对地观测传感网实时动态GIS及长江流域典型应用”获2016年度高等学校科技进步奖一等奖；“空间信息智能分析与服务的理论与方法”获2016年度湖北省自然科学奖一等奖；“高分辨率光学遥感卫星影像高精度快速处理关键技术及应用”获2016年度湖北省技术发明奖一等奖；“‘出行地图＋’动态服务计算关键技术及应用”获2016年度湖北省科技进步奖一等奖。参与完成的“地磁场水下导航与探测关键技术及应用”获2016年度湖北省科技进步奖三等奖；“基于多旋翼无人机的输电线路航测及智能建模研究与综合应用”获2016年度中国电力创新奖。获2016年世界机器人大赛“无人驾驶挑战赛”优秀贡献奖。

【南极科考】

武汉大学派出5名师生参加南极科考，其中1

人参与东南极伊丽莎白公主地区（PEL）航空综合科学考察；1 人参加南极大洋考察，执行地球物理相关观测任务；2 人执行中山站越冬任务，负责中山站常年 GNSS 跟踪站观测和验潮及高空大气物理观测；1 人在长城站进行极地生物考察。

【领导视察】

10 月 14 日，中央政治局委员、国务院副总理刘延东视察武汉大学，并专程来到大学生创新实践中心了解创新创业情况，参观创新创业成果展。珞珈俊德学生创业团队等向刘延东作了汇报和展示。创业团队通过电脑屏幕向刘延东及相关领导进行演示，实时展示团队开发的“光谷 VR 综合管理系统”的功能效果。刘延东仔细聆听讲解，对团队目前发展情况表示满意，并与大家进行亲切交谈，详细了解 VR 技术在地理信息领域的应用情况，对团队的日后发展寄予厚望。

【世界一流学科建设高端论坛暨武汉大学测绘学科创建 60 年发展回顾大会】

10 月 22 日，武汉大学举行世界一流学科建设高端论坛暨武汉大学测绘学科创建 60 年发展回顾大会。国土资源部党组成员、副部长、国家测绘地理信息局党组书记、局长库热西·买合苏提，湖北省副省长郭生练，中国工程院院士、武汉大学校长李晓红，陈俊勇、许厚泽、李德仁、宁津生、魏子卿、高俊、姚振兴、刘经南、王家耀、杨元喜、龚健雅、李建成、郭仁忠等院士，国际大地测量协会（IAG）主席哈拉尔德·舒（Harald Schuh），国际摄影测量与遥感学会（ISPRS）主席克里斯坦·佩克（Christian Heipke），国际制图协会（ICA）主席门诺·简·克拉克（Menno - Jan Kraak），瑞士皇家科学院院士阿明·格伦（Armin Gruen），加拿大工程院院士热拉尔·拉夏贝尔（Gerard Lachapelle），瑞典皇家科学院院士金·约翰·霍尔曼（Kim Johan Holmen）以及相关行业单位、国际知名专家、海内外校友、兄弟院校代表、学校老领导和师生代表等 1500 多人参加大会。

【合作与交流】

4 月 29 日—30 日，与解放军信息工程大学联合举办第一届嵩山遥感论坛。李德仁、张祖勋、王家耀、龚健雅院士，以及全国 40 多家高校、科研院所及企事业单位的 200 多名专家学者参加论坛。6 月 27 日—30 日，首届 IFly 国际航空航天产业发展大会在深圳举行。测绘遥感信息工程国家重点实验室深圳研发中心与深圳宝安区政府、顺丰航空签订战略合作协议，大力推广测绘遥感技术在物流行业的应用。7 月 7 日，第六届国际数字地球高峰会议在北京举行。中国、美国、德国、意大利、澳大利亚等 30 多个国家及国际组织的 300 多位代表参加会议。武汉大学的中国科学院、中国工程院院士李德仁作《展望大数据时代的地球空间信息学》英文主题报告，并获国际数字地球学会科技贡献奖。7 月 11 日—19 日，第 23 届国际摄影测量与遥感大会（The XXIII ISPRS Congress）在捷克布拉格召开。李德仁、龚健雅院士领衔的武汉大学师生代表团近百人参加会议。李德仁作题为“Big Data in Photogrammetry, Remote Sensing and GeoInformatics”的特邀报告；资源与环境科学学院博士生刘欣鑫作题为“遥感影像中密集条带的一种新型去除方法”的口头报告，并获青年论坛最佳论文奖；测绘学院博士生康俊华获最佳张贴论文奖。7 月 21 日，中德测绘日活动在柏林工业大学举办，来自相关领域的留德、旅欧专家学者，中德双方博士生等 50 多人参加活动。10 月 21 日，极地冰雪环境变化与公共治理国际学术研讨会在武汉大学举办，美国、加拿大、挪威、澳大利亚、丹麦、比利时等 10 多个国家和地区的 100 多名国内外专家学者，围绕极地冰雪环境变化与公共治理展开探讨，总结交流国内外在极地测绘遥感、极地海冰变化、极地冰盖物质平衡、极地气候与全球变化、极地治理和国家参与等方面的成果和最新进展。11 月 8 日，由中国工程院主办，武汉大学和中国工程院土木、水利和建筑工程学部承办的第 238 场中国工程科技论坛在武汉举办，13 位院士和 150 多名专家学者聚焦“精确时空信息技术与应用”专题，交流思想，探讨学术，共话测绘地理信息学科创新发展与工程技术应用。12 月 9 日，武汉大学与河北省地理信息局签署测绘地理信息科技合作框架协议，双方将充分发挥各自人才、技术和业务优势，推动“十三五”期间河北省地理信息事业改革创新发展。12 月 17 日—18 日，2016 年地理国情监测国际研讨会在武汉大学召开，国内外 120 多家科研院所、企业的 300 多名专家学者聚焦地理国情监测相关理论、方法与技术开展研讨。

【重要成果】

2 月，武汉大学卫星导航定位技术研究中心被正式接纳为国际全球卫星导航系统服务组织（IGS）电离层分析中心。其计算生成 GNSS 卫星厘米级超快速精密轨道与钟差产品，提供给 IGS 组合生成官方产品。据 IGS 官方评测，其产品质量在全球 9 家同类分析中心中排名前三。3 月 8 日，科学技术部公布了 22 家全国科技服务业行业试点单位名单，武汉大学国家卫星定位系统工程技术研究中心榜上有名。该中心在未来的 3—5 年内，将主要围绕为导航与位置服务行业提供核心技术服务、人才教育服务、标准认证服务以及创新创业服务四个方面开展工作。7 月，李德仁院士等撰写的英文专著《Spatial Data Mining：Theory and Application（空间数据挖掘理论与应用）》，由世界著名出版公司 Springer（斯普林格）出版。出版不到一月，全球下载量就达 1140 次。7 月，遥感信息工程学院水利遥感团队利用高分系列卫星影像、雷达数据、堤坝矢量数据，对武汉市、洞庭湖等地进行实时监控分析，制作大量长江中下游地区洪涝分布数据及专题图。8 月 14 日，由武汉大学电子信息学院教授李松团队研制的用于探测地面激光足印的探测器在资源三号 02 星激光测高在轨检校中首次使用，取得圆满成功。11 月 1 日，第 18 届中国国际工业博览会在上海开幕，武汉大学携 20 多项高新科技成果参展，其中国家卫星导航定位技术研究中心研发的“基于高精度北斗感知的车辆保险 UBI 的应用”首次亮相。11 月 22 日，《2016 中国学术期刊国际引证年报》发布“2016 中国国际影响力优秀学术期刊”，由武汉大学主办的期刊《武汉大学学报信息科学版》和《地球空间信息科学学报》（英文版）榜上有名。

【队伍建设】

3 月，武汉大学电子信息学院教师黄狮勇获欧洲地球科学学会（European Geosciences Union）颁发的“杰出青年科学家奖”（Division Outstanding Young Scientist Award），成为 2016 年度该学会行星和太阳系统领域唯一获奖人，也是第二位获得该奖项的华人学者。5 月 1 日，武汉大学测绘学院导航工程系主任、教授张小红获第十四届中国青年科技奖荣誉称号。10 月 21 日，何梁何利基金 2016 年度颁奖大会召开，武汉大学李建成院士获“科学与技术进步奖”。12 月，武汉大学测绘学院副院长、教授许才军荣获宝钢教育奖“优秀教师奖”。

【招生情况】

2016 年，武汉大学测绘学院、遥感信息工程学院、资源与环境科学学院、测绘遥感信息工程国家重点实验室、卫星定位技术研究中心、中国南极测绘研究中心共招收测绘相关专业本科生 1100 多人，研究生 718 人，其中博士研究生 159 人、硕士研究生 559 人。本科生、研究生就业率均在 95% 以上，在武汉大学各学科专业毕业生中就业率中处于前列。

同济大学

【概况】

同济大学测绘学科成立于 1932 年，是“211”“985”工程重点建设学科。测绘学科专业包括大地测量学与测量工程、摄影测量与遥感、地图制图学与地理信息工程二级学科。1998 年获得大地测量学与测量工程二级学科博士点授予权；2003 年获得测绘科学与技术一级学科博士点授予权和博士后流动站；2007 年大地测量学与测量工程获得国家重点学科。

2012 年 5 月 20 日，测绘与地理信息学院（以下简称测绘学院）成立，并列为同济大学首批两个试点改革学院之一，投入经费 5000 多万元建设测绘科研教学平台。2012 年，同济大学测绘学科入选上海高校一流学科（B 类）建设计划。在 2012 年教育部学位中心评估中，同济大学测绘学科在国内排名第四。2013、2014 年测绘学院人均绩效排名同济大学第一。2004 年，成立现代工程测量国家测绘地理信息局重点实验室；2007 年，成立教育部中国大陆构造环境监测网络联合研究中心同济大学分中心；2010 年，建立空间信息科学及可持续发展应用中心；2013 年，成立上海高校测绘与空间信息科学重点实验室；2013 年，现代工程测量国家测绘地理信息局重点实验室评估为“优秀”。

【学科建设】

2012 年，同济大学测绘工程专业与武汉大学测绘工程专业一起成为全国首批工程教育专业认证试点，通过了全国工程教育专业认证。经过持续改进与不断完善 2015 年接受工程教育认证专家现场考查，再次通过了工程教育认证，有效期为 6 年。

测绘学院为博士研究生开设的主要课程有：测绘科学与技术发展前沿、卫星大地测量、地球动力学概论、现代测量数据处理理论与方法、大型工程精密测量理论与方法、现代摄影测量与遥感信息工程、地理信息科学理论与方法、高等物理大地测量、测量误差分析与近代测量平差、工业测量、组合导航与定位、地球参考框架与坐标系、新型遥感传感器与现代摄影测量、空间分析、多源遥感与数据融合理论、地图学与地图分析等。测绘学院为硕士研究生开设的主要课程有：测绘科学与技术进展、测量误差分析与近代测量平差、地理信息系统工程、数字摄影测量与遥感信息处理、精密工程测量、卫星导航与定位、面向对象程序设计、空间数据处理与质量控制、遥感图像处理与分析、组合导航与定位、现代大地测量数据处理、地球物理与地球动力学概论、近景摄影测量学、空间分析与建模、图像处理和分析、地学计算概论、遥感数据处理和信息模型等。测绘学院拥有测绘工程本科专业，第三学期后分为测绘工程和地理信息系统两个专业方向。开设的主要课程有：测量学 A、数字测图原理与方法、误差理论与测量平差、控制测量学、摄影测量学、遥感原理与应用、数字图像处理、地理信息系统、GNSS 定位原理与应用、地球形状及外部重力场、工程测量、土地与测绘法、地图制图基础、空间数据库原理、计算机图形学、GIS 空间数据处理与空间分析、地理信息系统、3S 项目管理、城市遥感等。测绘学院还承担土木工程、城市规划、建筑学、交通运输、海洋科学、环境工程、交通工程、工程管理、景观学等专业 1200 多名学生的测量学理论教学以及测量实习。

教学成果先后获得国家测绘地理信息局首届测绘地理信息教学成果奖一等奖，国家精品课程 1 门，省部级教学成果一等奖 3 项，全国优秀测绘教材 2 本，“十一五”“十二五”国家级规划教材 4 本以及全国大学生科技论文一等奖 3 项、二等奖 5 项，获得全国优博提名 1 名，上海市优博 6 名，上海市优秀硕士学位论文奖 6 名。本、硕、博就业率达 99% 以上。培养博士生 43 人、硕士生 172 人，研究生中有 30 多人次有 3 个月以上国际交流经历。2016 年，由测绘学院本科生谢琛等组成的参赛队获得了第四届全国普通高等学校大学生测绘技能大赛测量程序设计竞赛特等奖。《测量实习教程》《误差理论与测量平差》分获 2016 年同济大学优秀本科教材奖二、三等奖。

截至年底，测绘学院共有教授 20 人，博士生导师 18 人。其中国家千人计划（含青年千人计划）4 人、万人计划 1 人、国家杰出青年科学基金（含海外青年学者合作研究基金）获得者 2 人、长江学者特聘（讲座）教授 2 人、国家优秀青年科学基金获得者 1 人、国家测绘地理信息局科技领军人才 1 人、科技部中青年科技创新领军人才 1 人、上海千人计划 1 人，及其他人才计划支持 20 多人次。近 20% 的教师拥有国外博士学位，70% 的教师有出国学习、进修和合作科研的经历。2016 年，1 人入选国家万人计划科技创新领军人才、1 人入选国家青年千人计划、1 人获得国家优秀青年科学基金。

【科研情况】

测绘学院教授童小华领衔完成的“航天重大工程的遥感空间信息可信度理论与关键技术”项目获得 2016 年度国家科技进步奖一等奖。获批国家自然科学基金重点基金项目 1 项、面上等项目 8 项。承担的国家重大科学研究计划项目、国家测绘地理信息局行业公益项目、以及参与的国家 863 重大项目课题通过验收。多名教授担任了 973、863、重点研发计划子课题负责人。国际本领域高水平 SCI 论文持续增长。

测绘学院共派出 50 多人次学生前往国（境）外知名大学交流，其中参加暑期学校交流 20 多人。教师赴国外进行学术交流及参加国际学术会议近 20 人次，10 多人次在国际主要学术组织担任职务，170 多人次担任国际学术期刊特刊编辑、编委、审稿人等职务。国内外专家学者来访共计 26 人次，邀请院士作讲座报告 8 次。举办基于位置的社会化媒体大数据应用等国际会议及研讨会 3 次。主办 600 多人参加的 2016 第六届高校 GIS 论坛。主办为期 7 天的第七届国际地理信息科学学生暑期学校（3S - 2016）活动，来自同济大学、武汉大学、俄罗斯新西伯利亚测绘学院、俄罗斯莫斯科测绘大学和蒙古科技大学的 60 多位师生参加了活动。

【招生与就业】

2016 年，测绘学院共招生本科生 72 人、硕士研究生 45 人、博士研究生 14 人；毕业 109 人，其中本科生 60 人、硕士研究生 42 人、博生研究生 7 人，就业率均为 100%。

吉林大学

【概况】

吉林大学测绘工程系隶属于吉林大学地球探测科学与技术学院，拥有测绘科学与技术一级学科硕士学位授权点。1994 年 11 月设立测量工程专业，1996 年 9 月成立测绘工程系，1997 年测量工程专业更名为测绘工程专业。1998 年设立地图制图学与地理信息工程二级学科硕士点，2005年设立大地测量与测量工程二级学科硕士点，2010年设立测绘科学与技术一级学科硕士点。

【学科建设】

测绘科学与技术学科的核心课程有：测绘学概论、地球科学概论、测量学、误差理论与测量平差基础、大地与控制测量学、地图学、GPS测量与数据处理、数字摄影测量学、遥感原理方法与应用、地理信息系统原理、工程测量学、变形监测数据处理等。

截至年底，测绘科学与技术学科共有专任教师35人，其中教授10人、博士生导师4人、享受国务院特殊津贴专家1人、教育部新世纪人才1人、长白山学者特聘教授1人、长白山讲座教授1人。具有博士学位的20人，在职教师中先后有10位教师到美国、加拿大、日本、俄罗斯、韩国等大学、科研机构学习交流访问。每年有教师到国外相关大学进行学习交流和开展研究工作，还有多位国内外学者来进行访问交流研讨和科研合作。聘请多名学者兼职任教。参与中国科学院院士高俊主编的《地图制图基础》教材编写，该教材为高等学校测绘工程专业核心课程规划教材。

测绘科学与技术一级硕士点建设，使学校的测绘科学研究与地学其它学科互为补充、交叉融合，解决地质工程、资源勘探与开发、环境监测、地球板块运动监测、月球探测中遇到的问题。

【科研情况】

测绘科学与技术学科拥有国家国防科技工业局高分辨率对地观测系统吉林数据与应用中心、吉林省测绘与遥感信息重点实验室、吉林省卫星综合应用工程实验室、吉林省卫星应用产业公共技术研发中心、吉林省地下空间探测工程实验室、国家地质资源立体探测虚拟仿真中心、测绘工程省级实践教学示范中心。

学院近三年主持国家科技支撑项目、国家重点基础研发973项目、国家高技术发展研究863项目、国家自然科学基金、中国地质调查局等科研项目100多项；出版教材和专著13部；建成吉林省精品课遥感信息科学。发表学术论文100多篇，SCI/EI论文40多篇；获得专利/软件著作权16项；获得省部级科研奖励10多项；获得第四届全国高等学校大学生测绘技能大赛单项一等奖2项和团体二等奖。

【招生与就业】

2016年，测绘工程专业招收本科生64人，是历年招生规模最大的一年；本科生毕业44人，实现就业40人，就业率达91%。招收硕士研究生9人，其中外校考入4人，生源数量有所提高；硕士研究生毕业8人，就业率100%。

山东科技大学

【概况】

山东科技大学测绘科学与工程学院（以下简称测绘学院）成立于2007年12月，其前身是地球信息科学与工程学院，已有40多年办学历史。截至年底，设有6个系、1个中心、3个办公室，有教职工80人，专任教师63人，博士生导师26人（含客座14人），教授19人，副教授22人，具有博士学位的52人（博士后13人），已形成一支学历层次高、年龄结构合理、发展潜力较大的师资队伍。测绘学院还聘请4名特聘院士、2名特聘教授和20多名兼职教授指导或参与学科专业建设与教学工作。

拥有国家第二批特色专业1个、山东省品牌建设专业1个，国家级实验教学示范中心1个，省部级特色重点学科1个、省部级重点实验室3个、省级工程技术研究中心1个、博士后流动站1个，一级学科博士点1个、二级学科博士点6个、硕士点9个、本科专业6个。在测绘工程领域具有工程硕士授予权。截至年底，测绘相关专业在校本科生1604人、硕士生383人、博士生58人、在站博士后2人。

【学科及实验室建设】

测绘学院完成测绘科学与技术一级学科博士点全国第四轮学科评估的材料整理上报工作；完成测绘科学与技术、地理学、测绘工程三个学位授权点合格评估工作；承办海岛（礁）测绘技术重点实验室学术委员会会议，完成省部级重点实验室“十三五”规划编制；完成2015年度山东省基础地理重点实验室年度考核，并取得优秀成绩；与计算机学院共同完成青岛市重点学科软件工程终期验收，并取得优秀成绩。

测绘学院申报并获批测绘工程专业（群）山东省高水平应用型重点建设专业，并编制专业（群）建设目标任务书。

1月，教育部公布获批2015年国家级实验教学示范中心名单，山东科技大学测绘工程实验教学中心成功入选。完成示范中心的建设内容规划及经费

预算，设置12项实验教改项目及5项虚拟仿真实验项目的立项建设。

【科研情况】

测绘类学科获批项目28项，其中科技类7项（省部级4项）、计划经费199万元，横向课题21项、计划经费525万元。获省部级科技进步特等奖1项、一等奖1项、二等奖4项、三等奖1项；发表科研论文118篇，其中SCI29篇、EI16篇；获得授权发明专利4项。1篇论文获省级优秀硕士学位论文，1篇论文获省级优秀学士学位论文；2项成果获省级研究生优秀科技创新成果奖。

【交流与合作】

测绘学院承办海岛（礁）测绘技术重点实验室学术委员会会议，与海洋工程研究院联合承办全国垂直基准与海岸带测绘技术研讨会；邀请宁津生、陈俊勇、李建成、李德仁、龚健雅和宋振骐6名院士及其他国内外知名专家学者19人次来校做学术报告与交流；6人次出国参加国际学术会议或科研合作交流，50多人次参加国内学术会议；与山东新汇建设集团有限公司、北京北科天绘科技有限公司、山东省圣达地理信息测绘工程有限公司等建立教学实践就业基地和就业创业实践基地。

【学生科技创新工作】

测绘学院举办研究生讲坛、天地蓝图论坛研究生学术交流活动等；举办山东科技大学第一届大学生科技节之第十三届“中海达杯”测量技能大赛、地理科学展示大赛和软件设计大赛、第一届GIS应用技能大赛等；组织学生参加第四届全国大学生测量技能大赛、第五届全国大学生GIS应用技能大赛等各类科技竞赛，共获国家级奖项44项、省级奖项28项、市级奖项4项；获批国家级大学生创新创业项目6项。

【招生与就业】

2016年，测绘学院共招收测绘相关专业本科生434人，研究生191人，其中博士研究生9人、硕士研究生182人。本科毕业生一次就业率为91.03%。授予博士学位4人、硕士学位101人、学士学位368人。

信息工程大学

【概况】

信息工程大学地理空间信息学院始建于1946年5月5日，前身为东北民主联军测绘学校。先后迁址于长春、沈阳、北京、武汉等地，1976年7月，迁至河南省郑州市。1999年7月，根据军委决定，解放军测绘学院与原解放军信息工程学院、解放军电子技术学院合并组建解放军信息工程大学。2012年8月，学院更名为地理空间信息学院。70多年来，为国防和军队建设培养了4万名军事测绘人才。

【学科建设】

地理空间信息学院举办了军事测绘学科70周年历史回顾与发展报告会、学科建设研讨会，组织编撰了《经纬荣光》图集和《七秩弦歌》文集。推动“2110工程”三期建设，完成了领域实验室和教学改革、教员队伍等185个项目建设任务，组织了项目成果检查验收。“教材建设跃升工程”取得丰硕成果，全年公开出版14本教材。组织参加了国家第四轮学科评估工作。时空信息感知与融合技术实验室被认定为国家测绘地理信息局重点实验室。

地理空间信息学院1名教授被确定为军队科技领军人才，2名教授分别被推选为第四批军队科技领军人才培养对象和军队学科拔尖人才培养对象；7名教员获评教授资格，13名教员获评副教授资格，其中“80后”青年骨干占比达54%；拔尖人才培养工程取得突出成效，9名培养对象中7名被任为副教授，2名提前调整专业技术等级，4名被遴选为国家公派出国留学对象，1名荣获教育部高等学校科学研究技术发明二等奖。

【科研情况】

地理空间信息学院成功申报“全空间信息系统与智能设施管理”国家重点研发计划专项，5个项目通过“十三五”装备预研项目会审，多项成果通过军队科技进步奖评选。在研国家自然科学基金项目45项、863项目7项、973项目6项、国家重大专项6项，年度签订合同总额1.3亿元。

联合武汉大学成功举办首届嵩山遥感论坛；主办第八届全国地图学与地理信息系统学术大会、第三届新型智慧城市产业创新发展高峰论坛；承办高精度重力测量技术与应用研讨会、航空航天精密测量学术研讨会等高层次学术活动。组织参加中国测绘地理信息学会2016年学术年会、第三届地图文化节等30多场国内学术活动。邀请德国慕尼黑工业大学教授孟立秋、加拿大卡尔加里大学教授高扬以及中国科学院院士龚健雅和周成虎等30多位国内外著名专家学者来院讲学；安排6批次13名教员分赴美国等7个国家交流访问。发表论文300多篇，其中刊载于国内核心期刊145篇、SCI检索收录10篇、EI检索收录62篇、ISTP检索收录2篇。

【学员综合素质培养】

地理空间信息学院组织参加全国大学生GIS应用大赛、全国大学生测绘技能大赛、全国定向越野比赛等活动，举办地球空间信息与海洋测绘暑期学校。持续开展“经纬梦工场”学员科技创新训练基金活动，组织“经纬精兵”测绘参谋业务大比武和“文斌杯”测绘技能竞赛。荣获第四届全国大学生测绘技能大赛3个单项特等奖、1个单项二等奖和1个团体一等奖，1名学员获国家发明专利，2篇博士论文、3篇硕士论文入选全军优秀学位论文，1篇博士论文、1篇硕士论文入选河南省优秀学位论文。

【重要活动】

11月，国家测绘地理信息局在校组织了“中国测绘走进信大”调研交流活动。国家测绘地理信息局局长库热西·买合苏提参观了测绘仪器馆、军事测绘国家级实验教学示范中心等教学科研设施，为学院“时空信息感知与融合技术国家测绘地理信息局重点实验室”授牌，并赠送了无极地图工作站、SAR高性能处理解译软件等多项科研急需软件和数据产品。

【招生与培训】

2016年，地理空间信息学院共招收测绘相关专业学员298人，其中本科生97人、研究生61人、职业技术教育专科生140人。承训19个班次的现职干部任职培训、技术轮训任务，共培训学员708人。

昆明冶金高等专科学校

【概况】

昆明冶金高等专科学校测绘地理信息类专业办学历史悠久，专业教学改革起步早，成果丰硕。1955年开设矿山测量中专专业，1978开始招收矿山测量大专班。1993年将原矿山测量专业更名为测量工程专业。1994年开始第一轮教学改革。1998年，测量工程专业被教育部确定为产学结合（第四批）教学改革试点专业，开始第二轮教学改革，提出并实践“一平台、两体系、多方向灵活办学”的人才培养模式。2008年，测量工程专业被列入高职示范院校建设项目中央财政支持的重点建设专业，开展了第三轮教学改革，探索“学做相融、全真训练”工学结合的人才培养模式。2011年列入云南省人才培养模式创新实验区。2003年开办地理信息系统与地图制图技术专业（2016年更名为测绘地理信息技术），2011年开办工程测量与监理专业（2016年更名为工程测量技术），2013年开办摄影测量与遥感技术专业，形成了面向多种岗位需求的测绘地理信息类专业群。设置现代测绘技术实训中心，下设13个专业实训室，实训仪器设备和软件总值1300万元，拥有乙级测绘资质。实训中心先后获云南省教育厅“双基合格实验室”“云南省普通高校示范性实验室”和“云南省示范性实训基地”等荣誉称号。

【学科建设】

截至年底，测绘地理信息类专业共有教师31人，其中教授4人，副教授和高级工程师7人，讲师、实验师及工程师16人；硕士18人，博士2人；注册测绘师7人；“云岭教学名师”2人，云南省高校教学名师2人，昆明市中青年学术和技术带头人后备人才1人。学院设有“赵文亮名师工作室”“张东明名师工作室”，是云南省高职高专测绘地理信息专业的教学研究基地和教师培训中心。1名教师担任全国测绘地理信息职业教育教学指导委员会副主任委员，1名教师担任全国测绘地理信息职业教育教学指导委员会委员和中国测绘地理信息学会教育指导委员会委员，测绘工程技术专业教学团队于2008年被云南省教育厅列为省级教学团队。

已建成国家精品课程2门、国家精品资源共享课程1门、省级精品课程2门、省级精品视频公开课程1门、教指委精品课程1门、校级精品课程6门，形成“国家级－省级－校级”三级精品课程体系。编著出版了一批符合高等职业教育发展规律理实一体化教材。近年来，主编国家级规划教材5部、省级规划教材3部，开发工学结合系列教材21部。主持编制了《教育部高等职业学校测绘类专业教学标准》《教育部高职院校测绘地理信息类专业顶岗实习标准》和《中高职衔接工程测量技术专业教学标准》。获云南省优秀教材奖1项、第六届全国高等学校优秀测绘教材二等奖2项、三等奖1项。

获首届卡西欧工程计算器测量编程大赛职业组二等奖、三等奖各1项，云南省信息化教学比赛一等奖1项、二等奖1项、三等奖3项，云南省高等学校学生职业技能大赛优秀指导教师3人次、云南省教育系统先进集体1项，云南省高等学校学生职业技能大赛一等奖2项、二等奖1项，全国职业院校学生技能大赛高职组二等奖2项、三等奖1项。

【科研情况】

学校测绘地理信息类专业教师主持教育部“中高职衔接工程测量技术专业教学标准”、云南省教育厅“基于GIS空间分布的高职生源研究”课题；主持“云南省高水平高职院校建设测绘工程技术专业及其专业群建设”和“云南省示范性实训教学基地建设测绘实训基地建设”课题；主持测绘地理信息专业教学标准和实验实训装备技术标准制（修）订、测绘地理信息技术骨干专业建设、与南方测绘共建测绘地理信息生产性实训基地建设、测绘地理信息类专业现代学徒制试点等4个教育部创新发展行动计划项目和任务。

获云南省测绘科技进步奖二等奖1项；发表科研、教研论文20篇，其中核心期刊8篇；获计算机软件著作权3项；获国家科技成果登记1项。

【招生与就业】

2016年，测绘地理信息类专业招收6个班共339人。其中测绘工程技术专业2个班106人、工程测量技术专业2个班120人、测绘地理信息技术专业1个班53人、摄影测量与遥感技术专业1个班60人；汉族学生248人、少数民族学生91人；省外学生10人、省内学生329人；男生244人、女生95人。

2016年，毕业学生共计351人。其中测绘工程技术专业180人、工程测量技术专业91人、测绘地理信息技术专业56人、摄影测量与遥感技术专业24人。一次性就业342人，就业率97.44%。毕业生岗位分布除测绘地理信息行业外，还涉及建筑、道桥、水利水电、城市建设、林业、农业等多个行业，就业形势总体稳定，工作具有很强的行业、专业性，工作对口度和职业吻合度高，专业对口率达96.8%。专升本报考28人，考取21人，升学率达75%。

郑州测绘学校

【教学管理与教研科研工作】

郑州测绘学校围绕“全面提升教育教学质量”这一主题，从教研活动、教师备课、教师听课评课、教学过程监督检查、教学例会召开等方面，对原有的教学管理制度进行梳理，废旧增新，进一步规范日常教学管理。采取教师自查、教学部检查和教学管理部门抽查相结合的方式，检查教师授课效果、学生听课情况，并通过教师评学、学生评教活动，强化对教学过程的监控。召开师生代表座谈会，收集教师对专业课的教学模式、教材选用、教学设备保障等方面的意见和建议，征询学生对教师授课方式、教学进度等方面的意见，增强教学针对性。

组织教师申报和承担河南省职业教育教学改革研究等项目。申报的“测绘地理信息类中高职人才培养衔接研究”等5个项目获批；“中等测绘类示范校专业课程建设研究”等4个项目结项并通过评审。1名教师获2016年度河南省职业教育优秀教学论文一等奖，7名教师分获二、三等奖。在2016年度河南省职业教育优秀教学成果、2016年度河南省信息技术教育优秀成果奖评选中，有14个项目获奖。组织完成教育部立项课题“中等职业学校工程测量专业顶岗实习标准”研究，已通过教育部行业职业教育教学指导委员会工作办公室验收。教学部教师在CN类刊物（我国境内注册、国内公开发行的刊物）发表论文81篇。

【师资队伍建设】

郑州测绘学校把“双师型”教师队伍建设作为师资队伍建设的重点，通过选派教师参加河南省第二届测绘与地理信息教育高层论坛、第一届嵩山遥感论坛等学术交流活动，派出教师参加相关培训及测绘地理信息生产实践等方式，开阔教师的理论视野，提高专业技能。组织教师30多人次参加河南省中等职业学校骨干教师培训班、河南省中等职业教育师资培训专家能力提升培训班等。选送2名教师到本科院校挂职学习，与河南省测绘工程院商定和实施教师实践计划，并组织试用期的专业教师到河南省测绘工程院参加生产实践。组织专业教师参加2016年河南省中等职业教育技能大赛，其中2名教师分获建筑CAD赛项一、二等奖，3名教师组成的团队获工程测量赛项一等奖（第一名）。安排专业骨干教师利用暑假对青年教师进行测绘技能培训，帮助青年教师提高业务素质和教学能力。

【实践性教学与对外培训】

郑州测绘学校进一步完善“校企合作、工学结合、顶岗实习”人才培养模式。3月下旬，举办2016年顶岗实习洽谈会，与会的211家测绘地理信息用人单位为该校1009名顶岗实习学生提供5314个实习岗位，供需比例超过1∶5，除自主择岗的学生外，顶岗实习岗位推荐签约率达到100%。11月，组织7个回访调研组，分赴24个省（自治区、直辖市）的86家测绘地理信息单位进行顶岗实习回访调研。以“工学交替”的形式，组织师生参与晋江1:500基础地理信息数据建库等生产项目。

组织师生开展工程测量和建筑CAD两项技能竞赛。组队代表河南省参加由教育部联合天津市人民政府、国家发展和改革委员会、科学技术部、工业和信息化部、人力资源和社会保障部、国家测绘地理信息局等37家单位举办的2016年全国职业院校技能大赛中职组工程测量比赛，并获得团体一等奖。组织学生参加2016年河南省中等职业教育技能大赛建筑CAD赛项和工程测量赛项，2名学生在建筑CAD赛项中分获二、三等奖，4名学生在工程测量赛项中获团队一等奖（第一名）。

全年开办测绘实用人才培训班7期，承担国家测绘地理信息局安排的4期培训工作。与国家测绘地理信息局职业技能鉴定指导中心合作举办第八期注册测绘师继续教育培训班，培训学员392人。与河南省拓普天地测绘有限公司合作举办倾斜摄影技术培训班，培训学员49人。

做好专职班主任选拔和新聘班主任的培训工作。开展优秀班主任、优秀辅导员评比表彰活动，举办学生教育管理工作研讨会和辅导员工作经验交流会。做好享受国家助学金及免学费政策学生的资料审查与上报等工作，落实好国家惠民政策。

组织开展“弘扬测绘精神，学习感动测绘人物之刘先林”等主题团日活动，组织学生学习《中等职业学校学生公约》《信任不存，何谈教育》《学风就是质量》等，对学生进行思想品德教育。在全体学生中实施综合素质拓展证书制度；举办校园文化周、田径运动会等文体活动；利用暑假组织学生参加“三下乡”社会实践。

【新校区建设】

1月29日，郑州测绘学校与中国有色金属工业第六冶金建设有限公司签订新校区施工总承包合同，合同总价1.6828亿元。学校设定2017年秋季开学入住800—1000名学生的工作目标，建立例会制度，加快新校区建设进程。截至年底，新校区一期工程计划动工的8栋楼已有6栋动工，其中食堂、实训楼的主体接近封顶。

【河南测绘职业学院设置】

郑州测绘学校就设置河南测绘职业学院进行论证，形成《关于设置河南测绘职业学院的论证报告》，起草《河南测绘职业学院章程》。12月27日，河南省高校设置评议委员会专家考察组来校，对拟设置的河南测绘职业学院进行实地考察，并形成《关于设置河南测绘职业学院的考察意见》，该考察意见于12月30日获河南省高等学校设置评议委员会通过。

【河南省中等职业学校管理强校建设】

郑州测绘学校按照河南省教育厅《关于开展河南省中等职业学校管理强校评选工作的通知》有关要求，对2011—2016年（主要是“十二五”期间）学校在强化各项管理、提高办学水平方面的主要做法进行总结，并按河南省中等职业学校管理强校评价表所列10个项目准备佐证材料。12月16日，河南省中等职业学校管理强校考察组到校实地考察。12月29日，河南省教育厅印发《关于公布首批河南省中等职业学校管理强校和中等职业学校校园文化建设示范学校名单的通知》，郑州测绘学校被评为首批“河南省中等职业学校管理强校”。

【招生与就业】

郑州测绘学校加强与河南省外招生主管部门的沟通协调，组织教师分赴河南省14个地市45个县区所属学校进行招生宣传；完善网上报名和录取措施，安排人员赴有关省份开展工作，落实学校在当地的招生计划；全年共招收全日制学生1015人。武汉大学郑州测绘学校函授站，共招收函授生145人；截至年底，武汉大学郑州测绘学校函授站在站网络教育学生124人。

2016届毕业生继续保持供不应求的势头。4月，被河南省人力资源和社会保障厅、河南省教育厅联合表彰为“河南省普通大中专毕业生就业创业工作先进单位”。

中国测绘科学研究院

【师资队伍建设】

截至2016年底，中国测绘科学研究院共有硕士生导师33人、博士生导师18人。

【人才培养】

中国测绘科学研究院全年招收全日制硕士研究生11人，联合培养的硕士研究生、博士研究生144人，毕业的硕士研究生11人，就业率100%。

【获奖情况】

中国测绘科学研究院 1 人获得 2015—2016 学年度陈永龄院士优秀学生科技创新奖博士研究生二等奖、2 人获得硕士研究生二等奖。

社团组织

中国测绘地理信息学会

【组织建设】

3 月 30 日，中国测绘地理信息学会工作会议暨团体会员工作会议在长沙召开，各分支机构、省级测绘（地理信息）学会，及部分团体会员单位的代表 200 多人参加会议。会议通报测绘地理信息事业发展的新形势、新要求，以及关于学会改革发展的新政策、新思路，全面总结 2015 年工作情况，研究部署 2016 年各项任务，进行了分组讨论并交流工作经验。会议表彰了 2015 年学术年会和全国测绘地理信息技术装备展览会的有关单位。

完善团体会员服务管理机制，2016 年新发展团体会员 127 家，团体会员规模达到 500 多家。成立地图大数据创新工作委员会。

1 月 20 日，在中国测绘创新基地召开部分团体会员及理事单位座谈会。

参与甲级测绘资质单位的信用信息管理工作。5 月 26 日，在广西南宁举办测绘地理信息行业管理与发展座谈会。会议进行了相关政策解读，讲解演示测绘地理信息行业信用管理平台的使用。各省、自治区、直辖市测绘地理信息行政主管部门行业管理职能处室主要负责人、工作经办人和技术人员 100 多人参加会议。

【标准制定】

中国测绘地理信息学会组织完成 7 所高校测绘工程专业的认证工作，在 2 所高校开展遥感科学与技术专业试点工作，修、制订遥感科学与技术补充标准。先后遴选教育、生产与企业方面的 29 名专家分别参加中国工程教育认证协会 2016 年工程教育认证专业的 2 次培训；新增认证专家 4 名，已建立起由 52 名专家及秘书等组成的认证工作队伍。6 月 2 日，我国成为国际本科工程学位互认协议《华盛顿协议》的正式会员。

【科技成果鉴定与测评】

中国测绘地理信息学会开展测绘地理信息创新产品认定工作，受理申报产品 45 项，经形式审查、材料补正，全部参加认定。经评审会议专家主审、分专业组评审、专家组汇总，共有 26 项上报测绘地理信息创新产品认定委员会。经审议批准，认定“基础测绘数字调绘系统”等 26 项产品为 2016 年测绘地理信息创新产品。

所属的科技成果测试评价国家测绘地理信息局工程中心组织实施国家测绘地理信息局工程技术研究中心评估工作。制定了《国家测绘地理信息局工程技术研究中心评估方案》《国家测绘地理信息局工程技术研究中心评估指标体系》《国家测绘地理信息局工程技术研究中心评估申请书》《十二五总结及十三五规划报告》等。组织专家对 5 家国家测绘地理信息局工程技术研究中心进行评估。

【业务培训】

中国测绘地理信息学会承担了智慧城市时空信息云平台建设技术大纲编写和无人机测绘航空摄影专业培训工作。与国家测绘地理信息局职业技能鉴定指导中心分别在沈阳和武汉共同开展了两期民用无人驾驶航空器系统驾驶员培训。截至年底，有 174 人取得由国家测绘地理信息局国土测绘司监制、中国测绘地理信息学会颁发的无人机测绘航空摄影专业培训合格证书。

成立无人机测绘航空摄影培训及管理办公室，牵头组织专家编写完成无人机测绘航空摄影业务培训大纲，遴选、指定、组织编写出版无人机测绘航空摄影业务培训教材，制定无人机测绘航空摄影业务考试大纲，编写题库，制定无人机测绘航空摄影业务理论教员、实操教员、考官相关条件及管理办法等。与中国航空器拥有者及驾驶员协会签署战略合作协议，在无人机法规制度建立、人员培训、信息共享、技术交流等方面进行全方位对接与无缝合作。中国科学技术学会将“全国无人机航空摄影测量培训管理体系建设及其团体标准的制定”列为承接政府转移职能与科技公共服务类工程项目，给予经费支持，促进无人机航空摄影测量培训与标准制定工作深入开展。

【会议和活动】

11 月 10 日，中国测绘地理信息学会 2016 年学术年会及第六届全国测绘地理信息技术装备展览会暨全国测绘地理信息博览会在广西南宁召开。会议以“互联网 + 测绘地理信息”为主题，颁发 2016 年测绘科技进步奖、全国优秀测绘工程奖、优秀地图作品裴秀奖、夏坚白院士测绘事业创业与科技创新奖、“吉威时代杯”青年优秀论文、《测绘学报》优秀论文等 9 个奖项。展会首次由学会分支机构——仪器装备专业委员会承办，集中展出了测绘地理信息高科技装备，从不同层次、不同角度全面展现了测绘地理信息发展的新动态、新理论、新技术，办成集产品展示、业务洽谈、技术推广、学术交流、成果转化于一体的综合平台。大会安排多场特邀报告，并举办卫星导航定位、无人机遥感组网观测、智慧城市跨界融合、现代海洋测绘发展等 10 多场分论坛、专题技术论坛。年会展会首次同期举办，形成“展”中有“会”、“会”中有“展”的互动模式，3800 多人参加会议。会议期间召开中国测绘地理信息学会十一届四次理事会议。

3 月 16 日，与江苏省测绘地理信息局、中国矿业大学和盐城市政府联合主办的中国智慧城市与测绘地理信息发展高层论坛在盐城举办。论坛设置 6 个主题报告，并设立了主题为“智慧城市与测绘地理信息发展”高端对话环节，共 9 位学者进行高端对话，并与参会人员进行互动。

5 月 10 日，在中国测绘创新基地举办主题为“‘互联网 +’时代的测绘地理信息”的 2016 中国测绘地理信息高端论坛。中国科学院、中国工程院院士李德仁，中国工程院院士李建成，中国科学院院士周成虎作主题报告。论坛设立倾斜摄影驱动新三维、全真模式共绘大智慧；数据推动发展、智慧图画未来；无人驾驶、谁主沉浮 3 个分论坛，举办了自主创新产品及装备展览，500 多名测绘地理信息科技工作者参加论坛的活动。

联合有关单位主办、“中国知网”承办的首届资源与环境网络知识大赛，以“生态文明，我知我行，创新驱动，我们先行”为主题，推进测绘地理信息行业知识的科普宣传工作，内容包括生态文明知识与科技创新知识在线学习、行业创新知识在线答题、行业创新实践主题征文、创新知识遴选汇编等不同类型的网络竞赛项目，设置优秀组织奖、网络竞赛奖、创新设计奖等奖项。

5 月 14 日，联合中国海洋学会共同主办的“首届全国青少年海洋测绘地理信息文化科技周”启动仪式在青岛中华人民共和国水准零点广场举行。该活动是结合海洋、测绘地理信息科学知识为一体的大型青少年科普教育活动。

在贵州省黔西南布依族苗族自治州兴义市举办 2016 年全国学生定向锦标赛暨“中国四维杯”第十二届全国测绘地理信息职工定向越野赛。比赛分短距离赛、中距离赛、长距离赛、百米定向赛、积分赛、接力赛、团队赛 7 个项目 10 个组别，2500 多名运动员、教练员、裁判员参加比赛，其中参赛的测绘职工 700 多名、来自 56 家测绘地理信息行业单位，学生来自全国 136 所学校。

【交流与合作】

中国测绘地理信息学会建立与皇家特许测量师学会（RICS）、香港测量师学会等国际组织的联络机制，就双方测绘地理信息及相关领域最新进展、学术年会交流活动、会员及资格互认等情况进行探讨。

组织国内学术科研人员参加国际摄影测量与遥感学会、国际测量师联合会、国际地图制图协会、国际大地测量协会、地球观测组织、国际标准化组织地理信息标准化技术委员会等国际组织的重要活动。

承办了第 20 届国际地图制图大会，第 21 届国际摄影测量与遥感大会，第 8 届亚太全球综合地球观测系统研讨会等国际会议。参加德国测绘、地理信息和土地管理协会主办的 2016 年国际测绘地理信息技术与装备展览（InterGEO 2016），专设中国测绘地理信息企业专区，并与其探讨两会在专业展会方面开展机制性合作。

【学科发展研究】

4 月 6 日，中国测绘地理信息学会编著的白皮书《2014—2015 测绘科学与技术学科发展报告》在中国科学技术协会学术建设发布会上与读者见面。通过综合报告、专题报告、索引与英文摘要三方面内容，回顾了传统测绘学演变为包括全球导航卫星系统、航天航空遥感、地理信息系统、网络与通信等多种科技手段的新兴学科——地球空间信息科学的历程，阐述了2014—2015年我国测绘地理信息学科在新理论与技术研究、重大应用与服务方面的进展。

组织编著出版《中国测绘学科发展蓝皮书(2015—2016卷)》。

与中国测绘科学研究院负责组织协调《中国大百科全书》第三版测绘学科编写工作，依托学会测绘学名词审定工作委员会具体开展，由包括综论、大地测量学、导航定位、摄影测量学、遥感、地图学、地理信息工程、工程测量学、海洋测绘学等学科的专家分组、分阶段共同完成。

牵头承担国家测绘地理信息局科技与国际合作司下达的《信息化测绘体系技术测试与评价大纲》编写任务。学会组成专家组在对4家单位进行深入调研的基础上，先后召开4次编写工作会议，完成测评大纲初稿并征求了专家意见，对甘肃、山东两省所属的4个测绘院及地理信息中心进行试验性测评打分。在此基础上，对测评大纲进行修改补充，形成送审稿并通过科技与国际合作司组织的专家评审。

【奖项推荐和评奖】

经组织考察和初步评审，中国测绘地理信息学会向中国科学技术协会推荐同济大学测绘与地理信息学院教授童小华、武汉大学测绘遥感信息工程国家重点实验室教授邵振峰参加第七届全国优秀科技工作者评选，结果2位专家均当选。

组织评选出测绘科技进步奖特等奖5项、一等奖13项、二等奖45项、三等奖62项；全国优秀测绘工程奖白金奖10项、金奖21项、银奖86项、铜奖168项；优秀地图作品裴秀奖金奖16项、银奖30项、铜奖59项。推荐的“国家电子政务协同式空间决策服务关键技术与应用”和“国家地理信息公共服务平台（天地图）研发与系统建设”2个项目获国家科技进步奖二等奖，连续两年直推的国家奖项目中奖率100%。

中国地理信息产业协会

【组织建设】

中国地理信息产业协会制定了脱钩试点工作方案，并得到民政部批准。清产核资审计工作已经完成，有关材料已报财政部；党员组织关系已向中央国家机关党工委转接完毕；外事关系接转函件和房产使用函件经国家测绘地理信息局有关部门审核后已分别报送北京市人民政府外事办公室和国务院机关事务管理局；脱钩情况报告已经报送国家测绘地理信息局。

成立了换届工作选举委员会；开展了第六届会员申请、登记工作。9月9日，召开了全国会员代表大会，来自全国各地的500名代表参加会议。会议审议通过了第五届理事会工作报告和财务报告；审议通过了修改后的《中国地理信息产业协会章程》和《中国地理信息产业协会会费标准》；选举产生了第六届理事会理事、监事会监事，以及常务理事、会长、副会长、秘书长。

12月23日，在北京成立了中国地理信息产业协会空间大数据技术与应用工作委员会。截至2016年底，中国地理信息产业协会下设的工作委员会总数达到31家。

与上海、黑龙江、河南、吉林、福建等省级协会共同组织召开座谈会和开展专题调研，了解地理信息企业发展遇到的问题和困难，协助向有关部门反映情况。

【会议和活动】

10月31日—11月2日，中国地理信息产业协会召开了2016中国地理信息产业大会。国家测绘地理信息局局长库热西·买合苏提、副局长宋超智，湖南省常务副省长陈向群、长沙市委书记易炼红、湖南省政协副主席葛洪元，中国工程院院士刘先林、刘经南，中国科学院院士童庆禧，以及国家测绘地理信息局、湖南省、长沙市有关领导出席会议。2000多人参加会议并参观展览。会议颁发了中国地理信息产业百强企业、地理信息科技进步奖、中国地理信息产业优秀工程奖，举办了高端论坛、专题论坛、地理信息产业成果展。

中国地理信息产业协会开展中地信地理信息股权投资基金募资、投资工作。与知名金融机构及媒体建立了战略合作关系，对部分极具发展前景的项目进行了投资。

通过组织地理信息总裁圈活动，走进微景天下、阿里巴巴移动事业群总部（高德软件）、天下图、正元地理信息等企业，学习代表性企业的发展特点、创新之路；开展以“地信产业转型+PPP战略布局”为主题的同游论道等活动。

推动农业部、财政部、国土资源部、国家测绘地理信息局联合发出《关于进一步做好农村土地承包经营权确权登记颁证有关工作的通知》。召开专题座谈会，号召地理信息企业积极贯彻落实《通知》精神。参加农业部开展的有关工作调研；接受内蒙古自治区敖汉旗政府邀请，组织专家对当地农村土地承包经营权确权登记工作成本进行测算，为确保招标公正提供标准。

在北京主持召开了云南省地理信息产业园入园邀请座谈会、浙江省地理信息产业园北京投资洽谈推介会；在长沙举办湖南省地理信息产业园推介会。

中国地理信息产业协会综合业务系统初步建成，地理信息科技进步奖、优秀工程奖在线申报系统上线，会员管理系统上线。

4 月 16 日，举办了地理信息产业界第一次运动会——“春风万里飞扬你——2016 地信运动会”，来自北京 19 家地理信息企事业单位的 600 多人组队，参加了健走、田径、球类等项目。

【分支机构工作】

4 月 22 日，中国地理信息产业协会理论与方法工作委员会组织召开了第 3 届地图学发展高层论坛，来自全国各地的百余名地图学研究者参加了此次论坛。9 月 23 日—25 日，主办了中国地理信息科学 2016 学术年会，大会注册人数达 1260 人，举行了 6 场特邀报告、12 个专题分会、12 个小组报告，共有 9 个分会场，276 场报告。会议期间通过微博、微信等对 9 个分会场进行了全程直播，微信直接推送 4700 多人次，转发 329 人次，阅读量超过 30 万人次，微博互动量超过 11 万次。举办了丝绸之路经济带资源环境数据共享技术国际培训班、第 17 届国际空间数据处理研讨会、第四届空间信息智能服务研讨会等活动。

11 月 3 日—5 日，教育与科普工作委员会与教育部高等学校地理科学教学指导委员会共同组织举办了第五届全国大学生 GIS 应用技能大赛，共有来自全国 110 所高校代表队 480 名师生参赛，参赛队伍规模较上年增加了近一倍，并首次吸纳了台湾地区的两支参赛队伍。11 月 4 日—6 日，在中国石油大学（华东）召开了全国地理信息系统教育研讨会，共有来自全国各地 100 多所高校 200 多名教学负责人和专业教师参加研讨会。11 月 23 日—25 日，在南京师范大学举办第七届全国地理信息系统博士生论坛，共有来自全国 48 所高校和科研院所的 200 多位博士生做了口头报告，参与人数与参与单位均创历届新高，论坛安排了学术报告、联欢晚会、茶话沙龙等多种形式的交流活动。7 月 11 日—17 日，在安徽省滁州学院举办全国高校青年教师 GIS 教学研修班，来自全国 37 所高校的 GIS、测绘、遥感、地理科学等专业的 70 多名青年骨干教师参加了培训。

11 月 2 日，空间大数据技术与应用工作委员会在长沙举办了空间大数据应用论坛，来自高校的知名专家以及区域经济研究、城市研究、地理国情监测、测绘、电信等行业的专家学者分享了在各自领域中的空间大数据应用经验和思考。

5 月 10 日，地理信息应用国家安全工作委员会与警用地理信息技术（PGIS）公安部重点实验室联合在常州召开了 2016 年度学术委员会年会。

11 月 25 日—28 日，地图工作委员会联合中国测绘地理信息学会地图学与 GIS 专业委员会、中国地理学会地图学与 GIS 专业委员会、中国地质学会地质制图与地理信息专业委员会、中国自然资源学会资源制图专业委员会在南京师范大学举办了主题为“智慧地球 · 智慧城市”的第八届全国地图学与地理信息系统学术大会，来自高校、研究院、测绘主管部门等 100 家单位的 500 多位代表参加会议。

12 月 17 日—19 日，地理信息公共服务工作委员会与武汉大学测绘遥感信息工程国家重点实验室、地球空间信息技术协同创新中心、武大吉奥信息技术有限公司、厦门硅田系统工程有限公司联合举办了第四届空间信息智能服务研讨会。会议采取特邀报告和主题分会场报告的形式，设立了物联网时空信息感知、室内地图与定位、时空大数据建模与处理、时空大数据模拟与服务、地理空间计算与模型服务、时空大数据分析与挖掘、时空轨迹数据建模与挖掘、三维点云处理与应用、地理信息公共服务平台及应用和遥感信息智能服务等 10 个主题，共计 6 个特邀报告和 58 个主题报告。

11 月 24 日—25 日，地质矿产信息工作委员会组织召开了以“地质大数据体系建设实施与进展”为主题的 2016 地质信息技术发展论坛，来自国家发展和改革委员会、国土资源部、工业和信息化部、国家地理信息系统工程技术研究中心、清华大学、中国地质大学（武汉）、中国科学院计算所、国家超级计算无锡中心等部门、单位的知名信息化专家，中国地质调查局系统从事信息化建设的技术人员以及有关合作单位代表约 100 人参加了会议。

8 月 21 日—25 日，云计算与物联网工作委员会承办了 IGC2016 国际地理学术年会分论坛“IT 新技术对地理学的影响”，展示了地理信息技术与云计算、大数据、虚拟现实（VR）、物联网等的最新成果。11 月 1 日，承办了中国地理信息产业大会“云 GIS 与大数据”分论坛，组织北京超图软件股份有限公司、京东云等单位分享了《当 GIS 遇上云和大数据》《GIS 云在国土资源信息化中的应用与思考》等报告。

12 月 11 日，精准农林业工作委员会联合北京林业大学精准林业北京市重点实验室、北京林业大学林学院、北京绿源智林科技院、北京林业大学测绘 3S 技术和空间信息智能感知国家测绘地理信息局工程技术研究中心在北京召开 2016 年精准林（农）业经营关键技术论坛，展示了北京林业大学北京市重点实验室及其他企事业单位研发的精准农林业装备，主要包括无人机、手机/平板摄影系统、陆地 CCD 全站/任意摄影、MINI 超站仪等。论坛期间召开了委员会全体会议，总结 2016 年工作，规划 2017 年工作。

地信企业管理与咨询工作委员会定期组织企业沙龙活动，推出“地信企业价值发现与提升系列沙龙活动”。走进国遥新天地，与业界精英共同探讨如何进行企业内部分享机制以及地信企业如何做强做大。

2 月 17 日—18 日、24 日—25 日，地下空间信息工作委员会分别在成都、厦门举办了地下空间普查与信息系统建设专题研讨班，聘请有关专家、一线技术人员讲解地下空间普查与信息系统建设有关标准，介绍相关技术应用经验，并进行交流和研讨。来自全国各地的行业有关管理、技术人员约 120 人参加培训。

【交流与合作】

中国地理信息产业协会编辑印刷了《全国测绘地理信息产业协会 2015 年工作总结和 2016 年工作思路》，收录了中国地理信息产业协会（含 22 个工作委员会）及 18 个省、自治区、直辖市地理信息产业协会的工作总结和工作思路。

3 月 29 日，在四川成都召开了测绘地理信息产业协会工作座谈会，18 个省、自治区、直辖市测绘地理信息产业协会负责人出席会议。

10 月 19 日—21 日，协助组织并参加第九届海峡两岸 GIS 发展研讨会，邀请多名院士、教授在研讨会上作报告，组织了 50 名科技人员参会。

【学科发展研究】

中国地理信息产业协会组织完成 6 期《地理信息世界》杂志的编辑、出版、发行工作，共刊发学术论文近 200 篇。将电子版上传到邮政阅读网、知网、重庆维普和万方数据 4 个数据库平台。通过中国科技核心期刊年检。

组织编著《中国地理信息产业发展报告（2016）》。该报告从国内外综述、政策解读、相关区域发展、企业发展以及热点领域等方面，综合反映了当前地理信息产业发展状况、存在问题以及发展趋势。

【奖项推荐和评奖】

中国地理信息产业协会开展 2016 中国地理信息产业百强企业评选，最终评选出广州南方测绘仪器有限公司等 100 家百强企业，并在 2016 中国地理信息产业大会上予以表彰。

开展地理信息科学技术奖评选。地理信息科技进步奖申报数量比上年增长 25%，最终评选出特等奖 1 项、一等奖 20 项、二等奖 65 项、三等奖 87 项。地理信息产业优秀工程奖申报数量比上年增长近一倍，最终评选出金奖 87 项、银奖 178 项、铜奖 144 项。

中国卫星导航定位协会

【组织建设】

中国卫星导航定位协会 4 月 28 日在北京成立了中国卫星导航定位协会大数据专业委员会。

7 月 20 日，召开第五届九次常务理事会。会议表决批准了新会员入会申请；决定成立中国卫星导航定位协会江苏区域工作委员会；介绍了“北斗‘百城百联百用’行动计划”项目进展、国家北斗精准服务网建设、北斗 + 众创空间沈阳分院和深圳分院建立、国际合作等情况；说明《卫星导航定位科学技术奖奖励条例》及其实施细则修订和“北斗奖”的设置。

9 月 27 日，在成都召开第五届六次理事会。会议报告了 2016 年的重点工作，表决通过了新会员入会申请，介绍了 2016 年协会基本情况及协会换届工作安排，举行了西部地理信息科技产业园项目推介会暨项目签约仪式。

【标准制定】

中国卫星导航定位协会承担《地图导航定位产

品通用技术条件》《导航型应用软件基本功能及技术要求》《卫星导航定位基准站服务管理系统规范》的编写工作，已完成初稿的编写。

【科技成果鉴定与测评】

中国卫星导航定位协会多次组织召开了科技成果鉴定会。涉及“北斗/GNSS 高精度 OEM 板卡关键技术研究与产业化应用”“‘慧农’北斗导航农机自动驾驶系统”“轨道机动状态下北斗卫星动力学与运动学定轨方法研究”“CATON 9001 RBN - DGNSS 差分台站系统关键技术研发与应用”等项目，对企业的科研成果项目进行技术、应用和市场发展前景进行全面鉴定。

受国家基础地理信息中心委托，中国卫星导航定位协会组织对“广域差分软件测试方案”进行评审，并撰写了《广域实时精密定位服务软件测试报告》《全国卫星导航定位应用发展报告》等。

完成了2016年度地图导航定位产品测评，向社会推荐了5家导航电子地图产品、3家互联网地图服务产品、26家导航定位产品。与国家测绘产品质量检验测试中心共同召开了2016年度地图导航定位产品测评技术交流会，与主要参评企业直接交流，为企业提高产品质量提出建议。

【业务培训】

中国卫星导航定位协会举办了北斗+测绘地理信息技术应用培训班、北斗精确导航与无人机移动测量数据快速获取培训班、北斗高精度探空系统与气象预警探测数据传输应用技术培训班、北斗高精度定位系统在林业应用及森林防火管理培训班、北斗地基增强系统建设及导航与位置服务应用培训班、北斗高精度建筑变形位移监测技术培训班等。

【会议和活动】

4月28日，中国卫星导航定位协会在北京召开北斗“百城百联百用”行动计划——精准农业项目示范推广会。中国科学院院士孙家栋、中国工程院院士沈荣骏、刘经南、陈学庚等专家出席会议。展示了“慧农”北斗导航自动驾驶系统，该系统是“百城百联百用”行动计划在精准农业领域的示范项目。与中国农业机械工业协会、中国境外农业开发产业联盟分别签署了《北斗卫星导航系统在农机行业深化应用的战略合作协议》。

8月12日，在哈尔滨召开北斗+天基信息应用峰会，推动北斗在黑龙江的推广应用。中国科学院院士孙家栋参加会议并讲话。会议期间，黑龙江省副省长胡亚枫接见了孙家栋和协会领导。

9月28日—29日，第五届中国卫星导航与位置服务年会暨展览会在成都举行。中国科学院院士孙家栋，中国工程院院士戚发轫刘经南、李建成，中国科学院院士、中国工程院院士李德仁，业内相关领导和专家杨长风、冉承其、李志刚、袁树友、李向志、张荣久等，以及来自欧洲、东南亚等国家和地区的共2000多名代表参加了主题为“星参北斗、位联世界”的高端论坛。会议表彰了2016年度卫星导航定位科技进步奖和优秀工程产品奖、“高德杯”优秀论文奖，宣布了2016年度地图导航定位产品推荐名单，授予在我国卫星导航定位领域做出年度性突出成绩的单位和个人“北斗奖”。展览会同期举行，有近百家企事业单位参展。展品涵盖天线、芯片、模组、板卡、接收机、应用终端、运营服务、导航产品、授时产品、解决方案等全产业链，展区举办了北斗知识竞赛、抽奖、北斗导航电动车试驾等互动活动。

1月29日，中国卫星导航定位协会在北京召开北斗“百城百联百用”行动计划推进会。国家测绘地理信息局副局长闵宜仁，中国科学院院士孙家栋出席会议并讲话。负责项目实施的中国位置网服务联盟成员单位参加了会议。会议讨论通过了北斗“百城百联百用”行动宣言。

3月7日，在北京召开北斗“百城百联百用”行动计划管网应用交流会。中国城镇燃气协会理事长王天锡，中国城镇供热协会副理事长兼秘书长郑立均，中国城镇供水排水协会副秘书长韩伟出席会议。协会秘书长苗前军介绍了北斗“百城百联百用”行动计划及推广模式，希望能够通过行业间的交流合作，服务供热、供水和排水等管网的精准管理。

6月13日，在西昌召开北斗“百城百联百用”行动计划推进会。中国科学院院士孙家栋和中国位置网服务联盟成员单位参加会议。会议对上半年开展的“百城百联百用”行动计划进行了小结，举行了国家北斗精准服务网正式运营启动仪式。

7月12日，与中国城镇供热协会在北京正式签署应用北斗战略合作协议。国家测绘地理信息局、中国卫星导航定位协会、中国位置网服务联盟、中国城镇供热协会相关领导出席签约仪式。

12月16日，在北京召开北斗“百城百联百用”行动计划工作总结会暨国家北斗精准服务网应用汇报会。北斗“百城百联百用”行动计划中“百城百联”已经实现，已在城市燃气、城镇供热、电力电网、供水排水、智慧交通、养老关爱等诸多民生领域实现跨界融合，遴选出的上百个成熟的北斗服务应用项目均有进展。

向民政部申请了2016年中央财政支持社会组织参与社会服务项目——基于北斗+居家智慧养老服务项目，分别在西安、太原市举行了智慧养老设备捐赠仪式，完成了项目在两地的落地实施。1月，北斗“百城百联百用”行动之“百万北斗敬老卡免费送”项目启动，免费为上海老知青派发了百万“北斗敬老卡”。

9月27日—29日，举办“江淮汽车杯”卫星导航定位科普知识竞赛。该竞赛是第五届中国卫星导航与位置服务年会暨展览会的一部分，竞赛题目涉及北斗系统和GNSS系统以及应用等方面知识，趣味性强，具有科普宣传意义。

【学科发展研究】

7月20日，中国卫星导航定位协会发布《2015年度中国卫星导航与位置服务产业发展白皮书》，该书对2015年产业发展现状、格局、市场规模和前景进行了整体介绍和分析。

发起编写《国家北斗精准服务网应用指南（2016版）》，该书介绍了国家精准服务网成立的背景及在燃气、电力、供热、排水、市政、智慧养老、交通、建筑物监测、地质灾害监测、工程建设等各方面的应用。

9月28日，发布《百城百联百用“北斗+”发展指数简报》，简报内容分为企业篇、城市篇、技术篇、市场篇四大篇共九项指数，是针对协会“百城百联百用”行动按期发布研究性指数的资料。

编制出版《卫星导航定位与北斗系统应用论文集》。该论文集分为我国卫星导航技术和产业的总体发展、CORS系统建设和高精度定位应用、导航与位置服务技术研究和行业应用成果、北斗卫星导航系统核心技术研究成果四部分。内容涉及国家卫星导航产业政策解读与建议、导航定位系统理论研究、学术研究新成果、技术应用创新、新型商业模式讨论等，覆盖国土资源、汽车电子、移动互联网、智能交通、新能源、海洋运输、导航卫星等领域。

编制出版《中国卫星导航与位置服务产业年鉴2015》。该年鉴记录了2015年度中国卫星导航与位置服务产业政策、规划和文件，重要会议、重大事件、重要应用，以及一大批卫星导航与位置服务的优秀软、硬件企、事业单位及产品等资料。

编印完成《中国卫星导航定位协会——追星逐梦二十年》。该纪念册记录了协会成立20年以来的历程。

【交流与合作】

2月11日—12日，全球航天科技大会（GSTC2016）在新加坡举行。中国卫星导航定位协会作为支持单位参加大会，协会秘书长苗前军通过录像讲话，介绍了协会情况，阐明了协会国际合作的重点领域和意愿，得到国际代表积极响应。6月下旬，苗前军前往新加坡、印度尼西亚就中国卫星导航定位协会新加坡卓越中心与东盟国家合作分别进行了双边会谈。

【奖项推荐和评奖】

中国卫星导航定位协会推荐北京星网宇达科技股份有限公司和北京卫星导航中心两个单位的项目参与2016年度国家科技奖项目评选。

在国家知识产权局2016年第十八届中国专利奖评选中，所推荐的泰斗微电子科技有限公司的“一种缩短GNSS接收装置首次定位时间的方法和系统”、西安航天华迅科技有限公司的“一种捕获北斗D1卫星导航系统弱信号的方法”荣获中国优秀专利奖。

评选出2016年卫星导航定位科学技术进步奖获奖项目53项，其中特等奖5项、一等奖13项、二等奖35项；2016年卫星导航定位优秀工程和产品奖获奖项目31项，其中特等奖3项、一等奖8项、二等奖20项。

文件目录

综　合

领导批示

李克强总理关于2015年测绘地理信息工作的批示（2016年1月9日）

张高丽副总理关于2015年测绘地理信息工作的批示（2016年1月10日）

张高丽副总理在全国地理国情普查领导小组全体会议上的讲话（新华社新闻通稿）（2016年11月22日）

李克强总理关于2016年测绘地理信息工作的批示（2016年12月25日）

张高丽副总理关于2016年测绘地理信息工作的批示（2016年12月26日）

综合文件

关于印发《中共国家测绘地理信息局党组进一步贯彻落实中央关于改进工作作风、密切联系群众的八项规定的具体措施》的通知（国测党发〔2016〕29号　2016年5月17日）

中共国家测绘地理信息局党组关于认真学习宣传党的十八届六中全会精神的通知（国测党发〔2016〕74号　2016年10月29日）

关于学习贯彻李克强总理 张高丽副总理重要批示精神和贯彻落实全国测绘地理信息工作会议上姜大明部长重要讲话 库热西局长工作报告王春峰副局长总结讲话的通知（国测办发〔2016〕1号　2016年1月15日）

关于印发2016年测绘地理信息工作要点的通知（国测办发〔2016〕5号　2016年2月18日）

关于认真学习贯彻张高丽副总理在第一次全国地理信息普查领导小组全体会议上的重要讲话和在国家测绘地理信息局调研考察时重要指示精神的意见（国测办发〔2016〕15号　2016年12月6日）

政务管理

关于印发《中共国家测绘地理信息局党组关于进一步加强和改进离退休干部工作的实施意见》的通知（国测党发〔2016〕72号　2016年10月10日）

关于印发《国家测绘地理信息局机关办公自动化设备管理规定》的通知（国测办发〔2016〕14号　2016年11月18日）

关于印发《国家测绘地理信息局“互联网+政务服务”工作实施方案》的通知（国测办发〔2016〕16号　2016年12月22日）

关于印发《测绘地理信息领域重要信息系统商用密码应用规划（2016—2020年）》的通知（国测办发〔2016〕18号　2016年12月30日）

关于强化充实我局扶贫开发工作领导小组的通知（测办〔2016〕10号　2016年2月15日）

关于启用国家测绘地理信息局全球地理信息资源建设工程办公室印章的通知（测办〔2016〕43号　2016年6月3日）

关于印发国家测绘地理信息局2016—2020年定点扶贫开发工作规划的通知（测办〔2016〕47号　2016年6月12日）

市场监管与执法

2014年8月至2015年12月审核批准的甲级测绘资质单位名单（公告〔2016〕5号 2016年3月2日）

2015年12月31日前制定发布的规范性文件清理结果公告（公告〔2016〕14号 2016年5月24日）

关于印发《生产过程成果提供使用管理规定》的通知（国测法发〔2016〕1号 2016年3月2日）

关于印发《国家测绘地理信息局法规制定程序规定》的通知（国测法发〔2016〕2号 2016年3月8日）

关于印发《卫星导航定位基准站建设备案办法（试行）》的通知（国测法发〔2016〕4号 2016年4月9日）

关于印发《国家测绘地理信息局推广随机抽查工作实施方案》的通知（国测法发〔2016〕6号 2016年4月29日）

关于印发《国家测绘地理信息局贯彻落实〈法治政府建设实施纲要（2015—2020年）〉实施意见》的通知（国测法发〔2016〕10号 2016年7月11日）

关于印发《全国测绘地理信息法治宣传教育第七个五年规划（2016—2020年）》的通知（国测法发〔2016〕12号 2016年8月16日）

关于在测绘资质审批中将测绘技能人员视同为测绘专业技术人员的批复（测办〔2016〕5号 2016年1月6日）

关于开展全国测绘地理信息行业信用征集和发布工作的通知（测办〔2016〕33号 2016年4月29日）

关于印发《国家测绘地理信息局贯彻落实〈地图管理条例〉分工方案》的通知（测办〔2016〕51号 2016年6月22日）

关于印发《国家测绘地理信息局关于完善国家工作人员学法用法制度的实施意见》的通知（测办〔2016〕72号 2016年9月11日）

关于进一步加强涉外测绘管理工作的通知（测办〔2016〕87号 2016年11月14日）

机构设置与人事管理

机构设置

关于国家测绘地理信息局地图技术审查中心部分内设机构调整的批复（国测人发〔2016〕5号 2016年3月20日）

关于国家测绘地理信息局重庆测绘院部分内设机构调整的批复（国测人发〔2016〕7号 2016年3月20日）

关于调整局机关部分机构设置及工作职责的通知（国测人发〔2016〕10号 2016年4月18日）

关于中国测绘科学研究院部分内设机构调整的批复（国测人发〔2016〕22号 2016年10月21日）

关于国家测绘地理信息局重庆测绘院部分内设机构调整的批复（国测人发〔2016〕23号 2016年10月21日）

关于调整核定黑龙江测绘地理信息局所属事业单位领导职数的通知（国测人发〔2016〕24号 2016年10月21日）

关于国家基础地理信息中心部分内设机构调整的批复（国测人发〔2016〕25号 2016年10月21日）

关于调整核定四川测绘地理信息局所属事业单位领导职数的通知（国测人发〔2016〕26号 2016年10月21日）

关于调整核定陕西测绘地理信息局所属事业单位领导职数的通知（国测人发〔2016〕27号 2016年10月21日）

关于国家测绘地理信息局卫星测绘应用中心部分内设机构调整的批复（国测人发〔2016〕29号 2016年11月22日）

人事管理

关于印发《测绘地理信息人才发展“十三五”规划》的通知（国测党发〔2016〕64号 2016年9

月 19 日）

关于印发《国家测绘地理信息局机关借调人员管理办法》的通知（国测党发〔2016〕79 号 2016 年 11 月 10 日）

关于印发《中共国家测绘地理信息局党组关于规范现职领导干部在社会团体兼职的意见》的通知（国测党发〔2016〕88 号 2016 年 12 月 12 日）

关于印发《国家测绘地理信息局司局级、处级国家工作人员宪法宣誓组织办法》的通知（国测党发〔2016〕89 号 2016 年 12 月 12 日）

关于局属事业单位新一轮专业技术二级岗位聘用的通知（国测人发〔2016〕4 号 2016 年 2 月 18 日）

关于全国省级测绘地理信息行政主管部门 2016 年度测绘地理信息工作绩效考核结果的通报（国测人发〔2016〕34 号 2016 年 12 月 22 日）

规划与财务工作

国家发展改革委 国家测绘地理信息局关于印发《测绘地理信息事业“十三五”规划》的通知（发改地区〔2016〕1907 号 2016 年 8 月 31 日）

关于成立国家测绘地理信息局全球地理信息资源建设工程办公室的通知（国测规发〔2016〕6 号 2016 年 5 月 5 日）

关于加快推进常态化地理国情监测工作的通知（国测规发〔2016〕7 号 2016 年 6 月 6 日）

关于印发《国家测绘地理信息局全面推进行政事业单位内部控制建设工作方案》的通知（国测财发〔2016〕10 号 2016 年 7 月 6 日）

基础测绘与地理国情普查

关于做好数字城市地理空间框架推广有关工作的通知（国测国发〔2016〕17 号 2016 年 6 月 12 日）

关于第一次全国地理国情普查成果使用有关问题的通知（国地普办〔2016〕2 号 2016 年 2 月 4 日）

关于做好省级地理国情普查数据库建设及基本统计等工作的通知（国地普办〔2016〕41 号 2016 年 7 月 29 日）

关于贯彻落实张高丽副总理重要讲话精神扎实做好省级地理国情普查后续工作的通知（国地普办〔2016〕48 号 2016 年 12 月 12 日）

测绘成果管理与地理信息服务

正式启用“天地图”2016 版公告（公告〔2016〕第 22 号 2016 年 10 月 11 日）

关于规范卫星导航定位基准站数据密级划分和管理的通知（国测成发〔2016〕1 号 2016 年 1 月 27 日）

关于加强自动驾驶地图生产测试与应用管理的通知（国测成发〔2016〕2 号 2016 年 2 月 3 日）

关于进一步加强应急测绘保障服务能力建设的意见（国测成发〔2016〕7 号 2016 年 9 月 19 日）

关于规范互联网服务单位使用地图的通知（国测图发〔2016〕2 号 2016 年 7 月 26 日）

关于开展《中国城市地图集》编制工作的通知（国测图发〔2016〕3 号 2016 年 8 月 19 日）

关于印发《全国测绘地理信息应用成果和地图网上展览运行维护管理办法》的通知（国测图发〔2016〕4 号 2016 年 12 月 2 日）

国家测绘地理信息局 公安部关于加强地理信息资源共享合作的通知（国测信发〔2016〕3 号 2016 年 4 月 11 日）

关于公布“美丽中国”第三届全国国家版图知识竞赛和少儿手绘地图大赛优秀组织奖获奖名单的通知（国图宣教管〔2016〕6 号 2016 年 12 月 30 日）

关于公布“美丽中国”第三届全国少儿手绘地图大赛获奖结果的通知（国图宣教管〔2016〕7 号 2016 年 12 月 30 日）

关于成立国家应急测绘保障能力建设项目组织实施机构的通知（测办〔2016〕14 号 2016 年 2 月 22 日）

关于建立地理信息产业单位名录库的通知（测办〔2016〕16 号 2016 年 2 月 27 日）

科技与国际合作

国家测绘地理信息局批准实施测绘地理信息计量检定规程《数字航摄仪》公告（公告〔2016〕12 号 2016 年 5 月 17 日）

国家测绘地理信息局批准实施《测量标志数据库建设规范》等 6 项测绘地理信息行业标准公告（公告〔2016〕29 号 2016 年 12 月 29 日）

关于印发《国家测绘地理信息局科学技术委员会工作章程》的通知（国测科发〔2016〕1 号 2016 年 1 月 14 日）

关于印发《全国测绘地理信息科普教育基地管理办法（试行）》的通知（国测科发〔2016〕2 号 2016 年 5 月 6 日）

关于印发《贯彻落实〈关于加强测绘地理信息科技创新的意见〉任务分工方案》的通知（国测科发〔2016〕3 号 2016 年 5 月 16 日）

关于印发《信息化测绘体系建设技术测试与评价大纲（试行）》的通知（国测科发〔2016〕4 号 2016 年 7 月 25 日）

关于印发《测绘地理信息科技发展“十三五”规划》的通知（国测科发〔2016〕5 号 2016 年 10 月 18 日）

关于印发《测绘地理信息标准化“十三五”规划》的通知（国测科发〔2016〕6 号 2016 年 11 月 25 日）

关于印发《卫星测绘“十三五”发展规划》的通知（国测科发〔2016〕7 号 2016 年 12 月 21 日）

党的建设

思想建设

中共国家测绘地理信息局党组关于加强和改进党的群团工作的意见（国测党发〔2016〕1 号 2016 年 1 月 8 日）

关于印发《中共国家测绘地理信息局党组开展“学党章党规、学系列讲话，做合格党员”学习教育方案》的通知（国测党发〔2016〕15 号 2016 年 3 月 14 日）

关于贯彻落实《中共中央关于学习〈胡锦涛文选〉的决定》的意见（国测党发〔2016〕70 号 2016 年 10 月 10 日）

党风廉政建设

关于转发《中央纪委驻国土资源部纪检组关于落实全面从严治党 党风廉政建设责任追究办法（试行）》的通知（国测党发〔2016〕38 号 2016 年 6 月 28 日）

关于转发《中央纪委驻国土资源部纪检组关于加强各司局纪检干部建设的意见》的通知（国测党发〔2016〕39 号 2016 年 6 月 28 日）

关于转发《中央纪委驻国土资源部纪检组关于专职纪委书记、副书记提名考察办法（试行）》的通知（国测党发〔2016〕40 号 2016 年 6 月 28 日）

关于转发《中央纪委驻国土资源部纪检组关于进一步规范机关干部和所属单位工作人员参加项目评审论证鉴定和验收等活动的通知》的通知（国测党发〔2016〕41 号 2016 年 6 月 28 日）

关于转发《中央纪委驻国土资源部纪检组关于领导干部任职廉政谈话暂行办法》的通知（国测党发〔2016〕42 号 2016 年 6 月 28 日）

中共国家测绘地理信息局党组关于学习贯彻习近平总书记“七一”重要讲话精神的通知（国测党

发〔2016〕45 号　2016 年 7 月 6 日）

关于印发《中共国家测绘地理信息局党组巡视工作实施办法》的通知（国测党发〔2016〕47 号　2016 年 7 月 13 日）

关于转发《中央纪委驻国土资源部纪检组关于规范对党员领导干部进行诫勉谈话的暂行办法》的通知（国测党发〔2016〕51 号　2016 年 7 月 14 日）

关于转发《中央纪委驻国土资源部纪检组关于征求领导干部党风廉政情况书面意见暂行办法》的通知（国测党发〔2016〕53 号　2016 年 7 月 26 日）

关于转发《中央纪委驻国土资源部纪检组关于加强各单位纪检监察干部队伍建设的意见（试行)》的通知（国测党发〔2016〕54 号　2016 年 7 月 26 日）

中共国家测绘地理信息局党组关于深入学习贯彻《中国共产党问责条例》的通知（国测党发〔2016〕59 号　2016 年 8 月 18 日）

关于调整局党组巡视工作领导小组及办公室组成人员的通知（国测党发〔2016〕76 号　2016 年 11 月 2 日）

中共国家测绘地理信息局党组关于印发《国家测绘地理信息局党员干部及工作人员上交礼品礼金登记管理暂行办法》的通知（国测党发〔2016〕81 号　2016 年 11 月 10 日）

地方工作

北京市

概况

2016年，北京市规划和国土资源管理委员会编制完成《北京市测绘地理信息“十三五”发展规划》并印发。完成地理国情普查数据建库、统计分析、报告编制及图件制作。推进北京市常态化地理国情监测立项。完成北京市地理信息公共服务平台建设，通过政务外网向市政府各部门提供在线地理信息数据服务。按照市政府要求，将测绘地理信息行政许可和审批服务事项全部纳入市行政服务中心窗口统一受理，简化审批流程，实现电子化申报。对行业单位开展“双随机”抽查，推进简政放权、放管结合、优化服务。

党的建设与人才队伍建设

【党的建设】

北京市规划和国土资源管理委员会以开展“两学一做”学习教育为抓手，扎实推进党建工作，加强对党员的教育、管理、监督和服务。全体党员共同学习研讨习近平总书记系列重要讲话、《中国共产党问责条例》等内容，进一步统一思想、明确方向。组织党员赴华为北京会展中心、首都博物馆、首都机场地面指挥中心等地参观。开展全体党员“学党史，讲党史”活动，学习历史经验教训。严肃党内政治生活，坚持贯彻执行好民主集中制，坚持“三会一课”制度，组织好领导班子民主生活会和党员组织生活会，教育引导党员干部牢固树立纪律和规矩意识。

【党风廉政建设】

北京市规划和国土资源管理委员会全面贯彻落实中央和市委“两个责任”工作要求，研究制定落实“两个责任”的实施意见和党风廉政建设责任制检查考核办法。开展落实“两个责任”的检查考核，约谈得分靠后的单位和领导干部，出现严重问题的单位和个人被问责。落实中央八项规定、国家测绘地理信息局党组十项措施和北京市委实施意见，以推进惩治和预防腐败体系建设为重点，全面加强反腐倡廉建设，引导党员干部严格执行廉政准则，筑牢拒腐防变的思想道德防线。利用专题栏目、网站、微博平台，充分发挥群众监督作用，探索建立反腐倡廉网络舆情收集、研判和处置工作机制。

【精神文明建设】

北京市规划和国土资源管理委员会开展纪念建党95周年和长征胜利80周年主题系列活动，举办庆祝建党95周年、纪念长征胜利80周年歌咏会、党史党章党规和长征知识竞赛，组织党员参观纪念长征胜利80周年主题展览。北京市测绘设计研究院推进职工之家建设，开展“创建学习型组织，争做知识型职工”活动。举办第九届职工运动会，开展职工健康体能测试，成立17个职工兴趣小组，开展各类文体比赛和活动。

【人才队伍建设】

北京市规划和国土资源管理委员会贯彻落实《国家中长期人才发展规划纲要（2010—2020年）》《测绘地理信息人才发展“十三五”规划》，推进领导班子、干部队伍和人才队伍建设，完善干部选拔任用、人才培养等相关机制。加强对党政领导干部的培养和管理，有针对性地进行岗位轮换与交流，拓宽了领导干部的视野，提升了综合管理能力。实施专业素质能力提升计划，组织局处级干部参加市委组织部举办的专题班、中青班。北京市测绘设计研究院杨伯钢荣获北京市有突出贡献的科学技术管理人才和全国工程勘察设计大师称号。扎实推进人才引进工程，做好应届毕业生招录、基层公务员遴选和军转干部安置工作，有计划、有步骤、有针对性地培养干部，开展干部交流、对口援建、“人才京郊行”等工作。

法制建设与市场监管

【法制建设】

北京市规划和国土资源管理委员会配合相关部门对《中华人民共和国测绘法》、国家测绘行业五年立法计划等重要法规、政策文件进行深入研究，结合北京市实际情况提出意见建议。修改完善《城市设计管理办法（征求意见稿）》《城市地下空间规划管理办法》等地方性法规、政策文件，做好地方性法规清理工作的相关调研论证。

【法制宣传】

北京市规划和国土资源管理委员会加强测绘地理信息法律法规的宣传，引导全社会更加关注、理解、支持测绘地理信息事业，为测绘地理信息事业发展营造良好的法治环境。结合业务培训抓好《地图管理条例》学习，并利用网络、发放宣传手册等方式做好宣传工作。开展“8・29”测绘法宣传，采用在网站开设宣传专栏、现场悬挂主题口号横幅、张贴宣传画、发放宣传地图册等形式，深入宣传以《测绘法》为核心的测绘地理信息法律法规，向市民介绍国家版图相关知识，提高大众维护地理信息安全意识和国家版图意识，增强依法行政、依法测绘的法治观念。

【综合执法】

北京市规划和国土资源管理委员会开展测绘地理信息行政执法证换发和申领后期培训工作，对全市96名测绘执法人员进行培训。建立“纵横联动”的市场监管机制，围绕资质、地图、保密等违法行为，加强综合执法联动，对7家单位进行现场保密检查，对5个地图市场进行地图检查，对1264家地图网站进行筛查。组织开展专项执法检查，依法查处测绘违法案件，对有较大影响的首都机场无人机非法测绘案件，在前期调查收集证据基础上，调取法院判决书，对违法单位进行行政处罚并结案。

【依法行政】

北京市规划和国土资源管理委员会对行政职权进行梳理，明确了行政职权的类型、名称、依据、行使主体。深化行政审批改革，将注册测绘师初审等事项下放，在依法不改变行政许可实施主体的前提下（即受理和决定仍由北京市规划和国土资源管理委员会负责），将中间审查环节委托北京市工程勘察设计行业协会负责，充分发挥行业协会在行业管理中的作用。通过资质、资格审查工作的下放，在依法行政的前提下，先行培育行业协会的管理能力，为进一步推进简政放权奠定基础。依据相关法规、规章、规范规定，制定立案审批表、询问笔录、听证告知书、送达回证、结案报告等规范性表格，对工作人员进行执法培训，不断提升工作人员依法行政能力。

【“放管服”改革】

北京市规划和国土资源管理委员会继续深化行政审批制度改革，推动资质资格管理工作由“重批轻管”向“放管并重”转变。对涉及行业资质、资格审批的14项权力清单进行梳理，明确责任清单，细化行政权力运行各环节对应的责任事项，简化审批流程。针对年度监督检查合格企业，分2批次换发了图纸报审专用章。将每周二下午固定为服务咨询接待日，采取网上预约、定点接待的方式提供咨询，及时了解、研究和解决行业单位的迫切需求。开发电子申报、动态核查系统，搭建信息共享平台和行业自律监督，有效推进事中、事后监管的实施与创新。

【测绘资质管理】

北京市规划和国土资源管理委员会全年受理测绘资质行政许可319项，报国家测绘地理信息局甲级资质47项；受理乙级及以下资质行政许可206项（含证书变更事项），自行撤件66项，在规定时间内完成审查并网上公示审查结果，批准后由窗口发放测绘资质证书。

【信用管理】

北京市规划和国土资源管理委员会认真贯彻执行《测绘地理信息行业信用管理办法》和《测绘地理信息行业信用指标体系》，按照要求开展测绘地理信息行业信用征集和发布相关工作。采用网上发布和手机短信的形式，向测绘资质单位征集信用状况良好信息和不良信息共1000多条，审核涉及71家甲级测绘资质单位的信用信息并上报至测绘地理信息行业信用管理平台。配合北京市工商局、北京市经济和信息化委员会完成行政处罚、资质许可等信息采集工作，通过北京市企业信用信息服务系统公示发布。

【日常监管】

北京市规划和国土资源管理委员会依法对市场违法违规行为进行查处，营造了诚实守信、公平有序的测绘地理信息市场环境。推进“双随机一公开”工作，制定监管实施方案，建立检查对象名库录和执法检查人员名库录，采用摇号的方式抽取检查对象和执法检查人员，对行业单位开展“双随机”抽查15次。根据全国地理信息保密检查要求，设立专项检查工作组，采取单位自查和现场抽查相结合的方式，对7家单位进行了现场保密检查。对147家测绘单位开展成果质量监督抽查，对全市卫星导航定位基准站风险点进行排查。

基础测绘

【基础测绘】

北京市完成沉降区一、二等水准复测1050千米以及中心城区600点网络RTK平面复测、1020千米高程复测。完成四环范围1:500地形图更新8450幅，六环范围1:2000地形图航测更新3376幅，六环外平原地区1:2000地形图要素更新5540幅，平原地区1:1万地形图更新457幅。采用一体化技术与地形图更新同步完成1:500和1:2000地形图数据入库。开展新型基础测绘研究，提出北京市新型基础测绘建设方向、目标和重点任务，形成《发展研究报告》《专题研究报告》和《生产试验报告》。

【航空航天遥感影像获取与应用】

北京市规划和国土资源管理委员会获取地面分辨率0.19米航空影像用于更新平原区1:2000地形图，获取地面分辨率0.48米更新山区1:1万地形图。获取SPOT6卫星影像，用于“以图管地”工作。获取WorldView2、资源三号、高分二号、北京二号、高分一号等卫星影像用于北京城市副中心建设、地理国情普查、违法建设查处等工作。

【智慧城市、数字城市建设】

北京市完成数字亦庄、数字平谷建设，开展数字石景山、丰台、中关村二期建设。数字亦庄在“一库一平台”的基础上，建设综合管线管理等5个应用系统。启动智慧西城时空信息云平台建设试点项目，探索建设、共享、服务模式，开展智慧西城地下管网地理信息系统、资源环境与城市空间实体的“一张图”规划信息库项目建设

【质量管理】

北京市开展2016年测绘资质单位成果质量监督抽查工作，重点对地形测量、变形形变与精密测量、规划测量相关项目进行抽检，共抽取60个项目。其中发现3个项目成果不合格，要求其进行限期整改。对地形图更新测绘等基础测绘项目进行第三方验收，均一次验收合格。完成地理国情普查信息化建设相关质量检查验收工作，完成城市下垫面监测、重点区域沉降监测、环首都经济圈重要地理等国情监测项目的检查验收工作。配合国家测绘产品质量检验测试中心质量监督抽查工作，北京市测绘设计研究院质量管理体系经监督抽查，质量体系建立完备，成果质量良好，体系运行顺利。

【安全生产】

北京市规划和国土资源管理委员会印发了《关于加强测绘地理信息安全生产工作的通知》，要求各行业单位认真组织开展自查整改，做到横向到边、纵向到底，不留死角、不留盲区，提高安全生产责任意识，落实安全生产责任制，紧抓野外作业生产安全，加强安全生产管理工作。北京市测绘设计研究院建立安全管理机构，制定年度工作计划，召开年度安全部署会议，定期开展培训和日常检查，安全装备发放到位，定期维护更新，全年安全无事故。

地理国情监测

【地理国情普查】

北京市完成地理国情普查数据建库、统计分析、报告编制及图件制作、普查成果建设及开发工作。完成了2000国家大地坐标系和北京市坐标2套坐标系数据库建设，健全普查数据库管理系统，持续优化普查数据成果。完成了基本统计汇总、综合统计分析和专题统计评价“三位一体”的地理国情普查统计分析工作。开展了包括普查公报、普查专报、普查白皮书、普查工作总报告、普查成果总报告、统计分析报告等在内的报告编制，以及具有北京地方特色的图集图册挂图制作。探索北京市地理国情普查成果的审核、发布、提供、应用和宣传工作。

推进普查成果深化应用，开展城乡规划用地演变分析、下垫面监测、地表形变监测与研究、首都经济圈重要地理国情信息监测等应用。开展包括新闻报道、工作简报、宣传橱窗、普查专刊、普查征集活动、普查竞赛、劳动竞赛等形式多样的普查宣传工作。

【地理国情监测】

北京市开展省级监测试点示范，探索地理国情监测服务领域。开展海绵城市下垫面变化监测、城乡规划用地监测、排水管网监测、地表形变监测和浅层地下水监测等典型监测示范。将普查成果进行服务共享，为北京市城市总体规划修改、城市副中心规划建设、海绵城市建设、查处违法建筑等提供技术服务和数据支撑。完成所承担的国家级专题性监测任务，开展京津冀协同发展重要地理国情监测项目、全国地级以上城市及典型城市群空间格局变化监测的数据资料收集、数据采集、数据检查和汇交，配合中国测绘科学研究院做好数据的统计分析、成果验收、成果发布等工作。

推进北京市常态化地理国情监测立项，申请开展2017年常态化地理国情监测，从方案编制、数据收集处理、外业调查核查、系统更新维护、统计分析、成果审核与发布等方面开展监测工作。与市财政局沟通，参考基础测绘模式，推进地理国情监测的稳定投入机制。开展地理国情普查监测规范技术流程、技术标准、成果体系和相关管理制度建设，形成业务化、常态化的地理国情监测服务能力。

不动产测绘

【地籍测绘】

北京市规划和国土资源管理委员会根据国土资源部《关于做好不动产权籍调查工作的通知》要求，制定工作方案，明确权籍调查职责分工、调查程序及相关衔接工作。6月29日至30日，组织召开全市不动产权籍调查工作培训会议，对不动产测量等专题进行讲解和培训。及时跟踪指导北京市各区开展不动产权籍调查工作。以服务国土资源管理为中心，以农村村庄地籍调查工作为重点，推进村庄地籍调查工作，全市除东城、西城、石景山以外的13个区的村庄地籍调查试点工作全部完成。

【行政区域界线测绘】

北京市测绘设计研究院完成北京市西城区15个街道、朝阳区43个街道及乡镇、大兴区6个街道及乡镇、延庆区17个街道及乡镇、昌平区3个街道及乡镇、通州区3个街道及乡镇的界线勘界及二次联检工作。协助各区民政局完成界线测绘地形图成果资料的扫描入库工作。

【地下管线测绘】

北京市测绘设计研究院完成北京市184平方千米范围6000多千米地下管线外业普查，完成4万千米地下管线数据整合、权属调查和全市1300多千米长输管线普查。完成北京市地理国情普查城六区地下排水管线项目的检查验收工作。开展北京市地下管线基础信息综合管理系统建设工作，完成地下管线数据管理维护系统、地下管线共享应用系统、地下管线竣工测量数据采集软件、地下管线普查数据质量监理软件等的开发工作。

地图管理与地图服务

【地图审核】

北京市规划和国土资源管理委员会依法严把地图审核关，全年共受理公开出版、展示地图审核35件，其中审核通过29件、自行撤件6件；完成地图备案29件。审核的地图主要涉及交通旅游图、城市地图、城市旅游图、公交地铁换乘图、人文地理，以及第33届国际地理大会所用城市地图、文物地图、第一次地理国情普查遥感解释样本图等。

【地图编制与出版】

北京市测绘设计研究院编制完成《北京历史地图集》《北京市交通基础设施图集》《北京市行政区域界线系列基础地理底图》《北京市水务十三五规划图集》《华北电网图集》等。完成北京市政府办公厅、石景山区、丰台区、密云区领导工作用图编制，为市发展和改革委员会、市文物局、市轨道交通有限公司等十多家单位提供制图数据加工服务。与中国地图出版集团合作编制出版《北京人文地理·朝阳卷》。参与承办第三届中国地图文化大会。

【地图市场监管】

北京市规划和国土资源管理委员会按照“单位自查、网上巡查、执法检查、监督检查”相结合的方式开展北京市地图市场大检查。4月，向111家地图出版、互联网地图服务单位下发开展北京地区地图市场大检查工作通知，要求单位自查。对外公布举报电话和电子邮箱，发动社会力量发现和举报地图市场中存在的违法违规行为。联合国家测绘地理信息局地图技术审查中心对北京王府井书店、西单图书大厦等5处图书市场进行地理类教辅教材现场核查，对发现的存在未送审、国界线错误、南海问题等问题的地图产品进行立即下架处理。落实国家测绘地理信息局的核查函，针对北京市27家出版社、网站、电子商务平台存在的问题地图，约谈出版单位，要求停止发行和销售未经送审的图书。利用互联网地图监管系统开展监管工作，对1264家涉及地图服务、地图图片的网站进行筛查，对于发现的问题地图，要求有关网站立即撤销登载。

【地图服务】

北京市规划和国土资源管理委员会与北京市民政局联合研究自然地理、行政区划管理的界线确定工作，开展北京市行政区域界线基础地理地图修编，完成全市域、城六区、中心城区、通州区等22幅样图编制，向社会公众提供免费下载使用。建立北京市地理信息公共服务平台，整合基础地理信息资源，完成全市范围内地方和国家2000大地坐标系两套坐标系的政务版电子地图、影像地图、地名地址、线划地图以及专题数据建设，向政府部门提供“一站式”在线地图共享服务。更新“天地图·北京”数据。

【“美丽中国”第三届全国国家版图知识竞赛和少儿手绘地图大赛】

北京市规划和国土资源管理委员会与北京市教育委员会共同组织举办“美丽中国”第三届全国国家版图知识竞赛和少儿手绘地图大赛北京地区选拔赛。北京市共4500多人参与国家版图知识竞赛网络答题，最终推荐30名选手参加“一战到底”电视大赛选拔活动。少儿手绘地图参赛人员覆盖32所中小学，共收到143幅手绘地图作品，经过评审选送52幅作品参加全国决赛。

测绘地理信息成果管理与应用

【“天地图·北京”建设与应用】

北京市规划和国土资源管理委员会加强“天地图·北京”建设和应用，开展“天地图·北京”与国家主节点间的数据融合，完成“天地图·北京”节点数据更新2次，完成了技术架构升级，增加四环内19、20级的精细数据，完成与国家主节点的数据融合。保障“天地图”网站全年零故障不间断运行，开展网站升级改版工作，从功能和界面两方面对原网站进行升级。拓展应用领域，推动“天地图”在地理国情普查、地名普查、管线普查、历史文化名城保护等领域和公安、国土、交通等部门的应用。完成北京市地理信息公共服务平台建设并通过验收，采用“政务网+地理信息”的共享模式，通过整合基础地理信息资源，向市政府各部门提供在线地理信息数据服务。

【成果汇交与分发】

北京市规划和国土资源管理委员会全年完成涉密测绘成果提供审批268项，其中涉及北京的110项、涉及外省市开具证明函的158项；其中6项不符合保密规定不予办理。提供北京市各种格式电子地形图数据24710幅，各种比例尺地形图6266幅，各种比例尺影像数据5826幅。做好测绘成果使用申请单位的服务工作，促进成果广泛应用。开展测绘成果及副本的汇交工作，完成全国地理信息资源目录服务系统省级站点成果目录整理发布。配合相关部门为北京城市副中心建设、新机场建设、京张城际铁路建设、2022年冬奥会筹办、2019年世界园艺博览会筹备、三大普查（地理国情普查、地下管线普查、地名普查）、智慧西城、智慧顺义建设等工作提供地形图、影像图、控制点等数据成果服务。

【涉密成果管理】

北京市规划和国土资源管理委员会采取事前材料审查、事中现场核查、事后追踪检查的方式，围绕涉密测绘成果加工、处理、存储、保管、提供、使用六个环节，对132家单位申请利用涉密测绘成果单位进行审查，对7家单位进行现场核查，提升涉密成果管理水平。完善测绘成果安全保密监管机制，对涉密地理信息成果涉及专业信息的，联合相关部门共同判定和处理；对总部在北京、实际工作在外地的公司，加强属地化管理联动。加强与外事、通信、公安、保密等部门的联系，健全情况互通、部门协作的联合监管机制。北京市测绘设计研究院与陕西测绘地理信息局基础地理信息中心签署异地备份协议，完成了第一批数据备份，实现测绘资料长距离异地备份。

【测量标志管理】

北京市测绘设计研究院对全市测量标志进行定期巡查和维护。巡查平原地区以及怀柔、门头沟2个山区水准点1300个，其中损失115个，完好率91%；北京GPS网点201个，其中损失13个，完好率94%；网络RTK点1470个，其中损失129个，完好率91%；控制一二级导线点损失139个，现存1243个。补选埋测量标志53个，其中水准点39个、GPS点14个，维修测量标志6个。新绘点之记53个，更新点之记81个。注销74个水准点、12个GPS点、129个网络RTK点的资料。完成北京市卫星导航定位基准站服务系统的建设工作。

【应急保障】

北京市规划和国土资源管理委员会按照国家应急测绘保障能力建设项目实施总体部署，开展应急测绘保障能力建设。开展北京市政府应急用图编制，提供相关政府部门使用。落实航空应急体系和突发事件体系规划，建立健全测绘应急保障机制，制定《测绘应急保障预案》，推进应急协作和信息共享。开展日常应急测绘保障服务，应急指挥能力不断提升，应急队伍和装备不断充实，做到职责明确、信息畅通、反应快速、运转高效。

地理信息产业

【发展地理信息重点领域】

北京市贯彻落实《国务院办公厅关于促进地理信息产业发展的意见》，以促进行业转型升级、跨越发展，不断拓宽服务领域，提高服务效益为行业发展的根本目的，有效引导产业向高端转型。2016年，北京市测绘企业产值持续提高，高新技术企业云集，其中多家具有高成长性、持续创新能力强、具有领先优势的企业入选中关村战略性新兴产业集群创新引领工程。全年新增测绘资质单位27家，主要分布在地理信息软件、互联网地图服务等领域。据统计，全年全市测绘资质单位完成测绘服务总值135.2亿元，其中民营测绘单位完成服务总值74.86亿元，同比增长38.22%，占全市测绘服务总值的55.37%。

【优化产业发展环境】

北京市规划和国土资源管理委员会完善产业相关政策，按照国家测绘地理信息局《关于建立地理信息产业单位名录库的通知》要求，与工商、统计部门合作，逐一核查、全面补充1705家产业单位信息，建立北京市地理信息产业单位名录库，摸清产业家底。优化行业准入、成果提供等审批流程，针对测绘资质行政审批，不再要求测绘资质申请人提供ISO9000质量管理体系认证材料、测绘工程项目质量检验合格证明、测绘计量器具检定证书，进一步清理规范行政审批中介服务事项，简化企业申报资质的材料要求。加强保密管理和市场监管，开展双随机动态抽查，营造公平竞争、规范有序的产业发展环境。

科技、标准化与国际合作

【科技创新体系建设】

北京市规划和国土资源管理委员会贯彻落实《关于加强测绘地理信息科技创新的意见》，提出落实科技创新工作的意见和措施，推动企业在科技创新中的主体作用，促进核心技术攻关和技术成果转化。北京市测绘设计研究院修订完成《科技项目管理办法》，开展2016年度国家自然科学基金、北京市自然科学基金、北京市科委科技项目的申报、立项工作。城市空间信息工程北京市重点实验室组织召开第三次学术委员会会议，完成年度开放研究课题申报评审工作，与项目负责人签订课题任务书。推进产学研用结合，与北京工业大学共同推进北京地理国（市）情监测与城市评估研究中心建设，开展城市体检相关研究工作。

【科技项目与科技奖励】

北京市测绘设计研究院完成时空信息云平台应用服务标准研制、2016年度首都设计提升计划—北京市城市手绘地图系列产品、北京市新型基础测绘发展研究3项科技项目立项工作。参与完成的“国产倾斜航空摄影测量装备和系统关键技术研究与应用”项目获中国测绘地理信息学会2016年测绘科技进步奖一等奖。完成的“昌平区制止和查处违法用地违法建设信息平台”获2016年全国优秀测绘工程奖白金奖。

【标准化工作】

北京市规划和国土资源管理委员会完成测绘地理信息国家标准《工程测绘基本技术要求》、北京市地方标准《北京市工程测绘技术规程》的审查，完成住房和城乡建设部行业标准《卫星定位城市测量技术标准》、北京市地方标准《地理国情信息内容与指标（制定）》《基础测绘技术规程（修订）》等5项标准的送审稿编制。北京市地方标准《基础地理信息系统技术规程（修订）》通过立项审批。

【对外合作与交流】

4月，北京市测绘设计研究院1人随国家测绘地理信息局团组赴埃塞俄比亚参加联合国第四次全球地理信息管理高层论坛。8月，北京市规划和国土资源管理委员会5人赴俄罗斯参加2016城市地下空间联合研究中心大会。9月，北京市测绘设计研究院1人随国家测绘地理信息局团组赴美国参加地理国情监测与分析技术培训班。11月，北京市测绘设计研究院1人随国家测绘地理信息局团组赴美国、加拿大参加技术交流并洽谈合作。

地方社团工作

【北京测绘学会】

北京测绘学会成立党建工作小组，深入开展“两学一做”学习教育，召开3次理事长与党建工作小组联席会及党建工作小组专题学习会议。举办2016年学术年会暨会员日活动、智慧城市中的测绘地理信息技术应用综合论坛。承办2016年北京科技周活动，主办测绘地理信息技术及新产品研讨会，组织北京市地方标准《地下管线探测技术规程》宣贯培训，组织注册测绘师考前培训。主办北京市“职工技协杯”地下管线测绘职业技能竞赛，联合北京城市规划学会组织青年学术演讲比赛初赛，承办市科协主办的青年演讲比赛复赛，举办北京市普通高等学校大学生测绘实践创新能力大赛。召开《北京测绘》编委会换届会议，全年出版6期《北京测绘》，收稿746篇，发稿231篇。主编行业标准《建筑施工测量规范》，参编国家标准《工程测绘基本技术要求》。组织评出北京市测绘地理信息科技进步奖特等奖1项、一等奖5项、二等奖5项、三等奖8项；优秀测绘地理信息工程奖一等奖12项、二等奖18项、三等奖26项。

【中国城市规划协会城市勘测专业委员会】

中国城市规划协会城市勘测专业委员会召开第五次会员代表大会暨学术报告会。开展2015年度全国优秀城乡规划设计奖（城市勘测类）评选工作，提名一等奖3项、二等奖9项、三等奖16项、表扬奖9项。《城市勘测》杂志社出版《2015年度全国优秀城乡规划设计奖（城市勘测类）获奖项目成果集》。11月29日，召开中国城市规划协会城市勘测专业委员会年会。修订完成《城市基础地理信息系统技术规范》。

天津市

概况

2016年，天津市全面完成地理国情普查任务。完成了国家基本统计试算工作，全市和16个区市情基本统计分析工作。编制专题图300多幅，撰写了各区县基本统计报告。开展4个专题性监测项目，完成天津市16个区的地理市情预验收工作。编制完成测绘地理信息发展“十三五”规划，并由天津市发展和改革委员会正式印发执行。完成年度天津市基础测绘计划各项任务。开展“双随机”检查和地图市场检查，完成天津市测绘资质单位资质巡查、质量监督检查和行业信用信息征集发布工作。

党的建设与人才队伍建设

【“两学一做”学习教育】

天津市规划局开展“两学一做”学习教育，督导落实“三会一课”制度。七一前夕组织开展“强化党员意识，做合格党员”为主题的党员佩戴党徽、重温入党誓词活动。组织开展“五好党支部”创建活动。举办2期局系统“两学一做”学习教育党务干部示范培训班，培训支部书记96人次，组织开展1次党务知识专题研讨。组织观看红色主题影片，参观“家风耀中华”主题展览。累计印发《局“两学一做”学习教育情况通报》8期。

【党风廉政建设】

天津市规划局起草《2016年度党风廉政建设责任书》，局党政主要领导与局属22个单位党政“一把手”签署责任书。局党组书记与26名党员领导干部进行主体责任谈话。印发《关于强化规划局系统党风廉政建设组织开展专项整治工作方案》，全面开展专项整治，对局系统办公用房特别是副处级以上领导干部办公用房配备和使用情况进行监督检查。

【人才队伍建设】

天津市规划局系统测绘专业4名拔尖人才入选第一层次库，新增1名国务院特殊津贴专家。工程咨询大数据服务平台创新团队和地理信息工程创新团队入选2016年天津市“131”创新型人才团队。组织测绘行业专业技术人员开展继续教育3个班次，参加培训917人。

法制建设与市场监管

【法制宣传】

天津市规划局组织开展2016年测绘法宣传日活动，主会场设在天津市规划展览馆门前广场，组织各区分局和部分甲级测绘单位集中宣传。共发放宣传材料近3万份，接待群众1万多人次。人民网、北方网、天津电视台、天津广播电台、《中国测绘报》等报道了活动情况。

【“放管服”改革】

天津市规划局将测绘资质（乙、丙、丁级）审批、对外提供测绘成果审批、地图审核、测量标志迁建审批、建立相对独立的平面坐标系统审批5个事项，采取委托授权的方式，由滨海新区测绘地理信息行政主管部门行使市级事权。国家基础测绘成果资料提供审批事项中涉及军事设施的审批下放新区测绘行政主管部门。按照规范标准编制了7项测绘地理信息行政许可事项操作规程，修订了业务管理指导手册。

【测绘资质管理】

天津市规划局对全市120多家乙、丙、丁级测绘资质单位2015年度报告进行了公示。开展了“双随机”抽查，对24家资质单位进行巡查，对34家资质单位的102个项目进行质量抽查。建立了测绘地理信息中介机构名录，纳入天津市行政许可与绩效管理系统进行管理，出台《天津市测绘地理信息中介机构管理及评价办法》，将中介机构履行职责情况纳入测绘地理信息市场信用体系。

【信用管理】

天津市规划局制定了工作方案，印发了《市规划局关于开展测绘地理信息行业信用征集和发布工作的通知》，举办了天津市测绘地理信息行业信用征集和发布工作部署暨培训。天津市共征集20家甲级测绘资质单位良好信息421条，并通过测绘地理信息行业信用管理平台提交国家测绘地理信息局审批，完成乙丙丁级测绘资质单位信用信息的审核和发布工作。

基础测绘

【基础测绘】

天津市规划局完成天津市重点地区1:2000地形图更新维护、全市域航空摄影和1:2000正射影像图（DOM）制作及重点地区实景影像三维（A3）制作等项目。对12家卫星导航定位基准站建设单位进行了安全风险点排查。天津市现代测绘基准升级改造工程总体方案通过评审，完成“天津市现代测绘基准升级改造工程”技术设计。建立了2000国家大地坐标系与1990年天津市任意直角坐标系、1990年天津市任意直角坐标系滨海坐标、1980西安坐标系、1954年北京坐标系间相互转换关系，完成市级测绘成果转换。

【航空航天遥感影像获取与应用】

天津市规划局完成天津全市域14637平方千米优于0.2米地面分辨率航空摄影，天津全市域15967幅1:2000正射影像图（DOM）制作，天津市重点区域1200平方千米实景影像三维航空摄影及制作任务。全部影像资料按期向国家测绘地理信息局汇交共享，成果资料应用于天津市城市规划审批和监督管理、国土资源利用管理、城市建设重大项目，以及天津市地理国情监测、政务版电子地图更新、“天地图·天津”节点项目。

【质量管理】

天津市规划局组织天津市测绘产品质量监督检验站和测绘专家开展2016年天津市测绘地理信息质量监督抽查工作，制定了工作方案，按照《测绘地理信息质量管理办法》规定，抽取了34家单位102个项目进行检验。经检验，不合格项目2项，责令不合格单位整改。

【安全生产】

天津市规划局制定了2016年度局安全生产工作计划，下发工作要点，对局机关和局系统重点要害和事故隐患集中部位、消防设备配置使用情况、施工场所安全情况进行了抽查。

天津市测绘院全年购置并配发了防护坎肩200多件、安全帽40顶、安全绳安全带15条。开展外业检查、办公环境检查、安全档案检查54次，制定了党政同责、一岗双责规定。天津市勘察院为施工人员统一配置了反光背心、安全警示彩带、安全警示墩、安全带、救生衣特殊安全防护保障用品、应急救援器材和药品。

地理国情监测

【地理国情普查】

天津市规划局完成天津国家版和天津市情版地理国情普查数据入库，编制了专题图300多幅，撰写了各区县基本统计报告和天津市第一次全国地理国情普查公报。取得了普查“四个一”成果，即一批数据成果、一套统计分析报告、一个地理国情平台服务系统和一系列地理国情监测成果。在国家指标的基础上，采集空间粒度提升了一个量级，同时增加了1个大类（专题要素）、10个中类（基础设施、城市建设、环境保护等）、68个小类。生产过程中外业调绘核查1585737处，汇交地理要素1680624个，遥感解译样本5836个，采集地表覆盖图斑1433001个。11月19日，天津市全国地理国情普查成果通过了验收。

【地理国情监测】

天津市全国地理国情普查领导小组办公室组织编制了天津市常态化地理国情监测工作方案。组织开展了国家级新区空间格局变化监测、沿海滩涂变化监测深化时点、京津冀协同发展重要地理国情监测、全国地级以上城市及典型城市群空间格局变化监测等4个重要监测任务，编制完成了监测报告。

海洋测绘与不动产测绘

【海洋测绘】

天津市测绘院与天津海事测绘中心签订战略合作协议，与市海洋局、临港经济区管委会、南港经济区管委会、天津港、滨海旅游区等部门积极沟通，完成多项海洋测绘项目。

【地籍测绘】

天津市测绘院开展西青、宝坻、静海、津南及滨海新区共426平方千米的农村宅基地调查测绘工作，完成静海县2015年西翟庄镇高标准基本农田整理项目。

地图管理与地图服务

【地图审核】

天津市规划局全年受理地图审核4件次，其中地图（集、册）1件次、图书报纸期刊插附地图3件次。

【地图市场监管】

天津市规划局印发2016年天津市地图市场大检查工作方案，对具有地图编制和互联网地图服务作业范围的14家测绘单位开展了地图市场检查工作。其中7家测绘单位未有纸质地图和互联网地图产品；6家测绘单位有地图产品，并已办理审批手续，未发现违法违规行为；1家测绘单位已申请取消测绘资质。

组织天津市市场和质量监督管理委员会、新闻出版局、通信管理局、教育委员会、天津海关等有关单位，对天津市长江道图书批发市场的地图挂图、地图集（册）、教辅地图、地球仪、对外加工地图、进出口地图等地图产品进行全面检查。

利用国家测绘地理信息局配发的互联网地理信息监管系统软件持续开展互联网地图监管工作。全年检查网站37个，处理地图服务记录122条，其中属于天津节点的37条、排除61条、移交外省市24条。处理地图图片记录2228条，其中属于天津节点的459条，已全部完成鉴定；排除1732条；移交外省市36条。

【地图服务】

天津市规划局制作完成《天津市市内六区公共服务设施调查用图》图集，包括140张图；《北辰区民政图册》包括23张图；《天津市国情图册》包括180张图。为领导决策编制《天津市市域图》《天津市市区图》《滨海新区行政区划图》《宝坻行政区划图》《西青区委汇报用图》。为规划、市容、房屋管理、林业、民政、公安等部门，编制《地表水水质监测站网图》《地下水水质监测站网图》《天津市中心城区桥梁分布图》《滨海民政公务出行示意图》《南开区公安分局巡视图》、和平区和河东区年鉴插图、《蓟县地质资料二次开发成果图集》插图、达沃斯路线图、生态城三区统筹规划图、天津市北大港湿地自然保护区功能区划图。

【“美丽中国”第三届全国国家版图知识竞赛和少儿手绘地图大赛】

天津市规划局组织开展天津市2016年“美丽中国”第三届全国国家版图知识竞赛和少儿手绘地图大赛，版图知识竞赛参赛范围覆盖16个区41家单位（学校），390人参赛，46人获得满分。与天津市教育委员会联合组织网上答题和测绘行业选拔，推荐15名参赛选手参加全国竞赛。少儿手绘地图大赛参赛范围覆盖16个区28所学校，243人参赛，共收到参赛作品245幅，遴选推荐78幅参加全国大赛。

测绘地理信息成果管理与应用

【“天地图·天津”建设与应用】

天津市规划局制定2016年“天地图”建设工作方案，开展以母库为核心的数据体系研究工作，基本完成数据库系统建设和数据更新工作。重点开展影像数据及天津市全市域交通、水系、居民地、境界、绿地、地名地址与兴趣点（POI）等15层矢量数据的融合工作。编写《天地图天津节点数据融合技术设计方案》，完成门户网站改版及信息集成工作。推出惠安大港三维数字社区管理服务平台、北辰区规划分局综合业务管理平台、滨海新区网格化民生管理服务平台、津南区国土资源分局综合业务平台、天津能源集团供热地理信息系统、天津市环境保护大检查信息管理系统、天津市物业管理行政监管信息系统等典型应用成果。

【成果汇交与分发】

天津市133家测绘单位共汇交5191个项目成果。编制成果汇交目录，建立数据库，用于随机抽取质量监督检查项目。

【应急保障】

天津市规划局制定完善天津市防汛测绘应急保障工作方案，测绘地理信息应急保障工作纳入天津市测绘地理信息发展“十三五”规划和天津市突发事件应急体系建设“十三五”规划。

科技与标准化工作

【科技项目与科技奖励】

7月14日，天津市测绘院在国家测绘地理信息局立项的公益性行业科研项目《天津市陆海一体化地理信息服务平台建设研究》通过验收。

天津市测绘院开展的基于A3摄影测量系统三维成果生产与应用技术的研究、基于空间数据库的管线数据检查方法研究、天津市1∶2000地形图测绘成果时空数据库建设等课题研究成果应用于管线测绘、天津市基础地理信息时空数据库建设中。

天津市勘察院研究完成的基于北斗地基增强的天津市测绘三维基准体系建设项目，包含北斗地基增强系统及天津市似大地水准面建设，已在测绘、地铁保护区巡查、燃气巡查等领域投入应用。

【标准化工作】

天津市测绘院编写的地方标准《天津市基础地理信息 矢量数据要素分类与代码》通过审查。参与编写国家标准《工程测绘基本技术要求》《跨座式单轨交通工程测量标准》、行业标准《古建筑测绘规范》《卫星定位城市测量技术标准》，参与修编行业标准《城市地理信息系统建设技术规范》。

地方社团工作

【天津市测绘学会】

截至2016年底，天津市测绘学会共有个人会员1369名，团体会员57个。组织召开七届四次理事会、七届五次理事会和七届第三次会员代表大会，完成法人治理结构整改、理事任职调整工作。完成2016年度年检、审计工作。

组织召开地理国情普查与监测专题学术年会。邀请专家做学术报告，向获得“2016年度天津市优秀测绘工程奖”的单位和个人颁发了证书。评选出2016年度天津市优秀测绘工程奖58项，以及优秀测绘工程奖评选工作先进组织单位5家、先进组织个人10人。

【天津市测绘与地理信息协会】

天津市测绘与地理信息协会召开第一届二次理事会和第一届二次会员大会，完善协会秘书处组织机构，成立各区县联络组，建立会员互通交流平台，吸收新的会员单位。开展地理信息产业单位名录核查认定工作，对国家测绘地理信息局下发的511家产业单位名录，删除205家，核查认定306家，编制核查认定情况汇总表。完成各级测绘资质单位信用信息征集上报工作，协助中国地理信息产业协会开展地理信息产业调研。

河北省

概况

2016年，河北省测绘地理信息行业单位完成测绘服务总值34.14亿元。河北省地理信息局在全国省级测绘地理信息行政主管部门2016年度测绘地理信息工作绩效考核中名列全国第三。

《河北省地理信息事业发展“十三五”规划》《河北省基础测绘“十三五”规划》《河北省地理信息科技发展“十三五”规划》《河北省地理信息人才发展“十三五”规划》印发实施，明确了未来五年河北省测绘地理信息事业发展的目标和主要任务。河北省贯彻落实《全国基础测绘中长期规划纲要(2015—2030年)》，秦皇岛、保定、唐山等市印发实施基础测绘规划，其他各市已启动规划编制工作。

第一次全国地理国情普查工作全面完成，并通过专家验收。地理国情监测规划纳入《河北省基础测绘“十三五”规划》。设区市级数字城市地理空间框架建设全部完成并通过竣工验收，所有县（市、区）完成数字城市地理空间框架建设项目立项工作，其中20个县（市）完成建设任务并通过竣工验收。推进“天地图·河北”建设，全省11个设区市市级节点全部接入国家主节点。

河北省财政列支省级基础测绘经费3440万元，省、市、县基础测绘年度计划全面完成。省级测绘地理信息成果全部完成2000国家大地坐标系转换并通过国家测绘地理信息局的质量检验。完成全省8100多幅1:1万数字线划图专题要素更新和1:1万数字正射影像图更新制作。利用2015—2016年获取的市县级大比例尺数字线划图成果联动更新1:1万数字线划图。完成4023个美丽乡村建设测图任务，夏秋季秸秆焚烧、禁种铲毒应急监测工作；开展“7·19”应急防汛救灾地理信息保障服务。

全年共办理涉密测绘成果提供使用审批374项，开具证明函101项，提供基础测绘成果21449幅、航摄数据成果8146片（景）。引进贝尔206L4型直升机、无人直升机、无人机、快速成图系统等设备，逐步完善现代化应急装备体系建设。推动国家应急测绘保障能力建设项目落地及河北省政府应急平台对接工作。

全省各级地理信息机构建设进一步得到加强，逐步形成覆盖省、市、县、乡四级的地理信息行政管理系统，领导职数、人员编制、工作经费和具体职责得到落实。依托局属事业单位在11个设区市成立测绘分院。

河北省地理信息局共有享受国务院特殊津贴专家2人、国家测绘地理信息局青年学术和技术带头人3人、省有突出贡献中青年专家2人。全年全省12项成果获得国家测绘地理信息科技奖励。

党的建设与人才队伍建设

【党建工作】

河北省地理信息局开展“两学一做”学习教育，积极部署开展学习习近平总书记“七一”讲话，8次组织参加省委暨省直中心组理论学习大讲堂报告会。开展基层党组织调查工作，完善党员基础信息，全年发展党员13人。重新核定党费收缴标准，完成全局系统党费收缴工作专项检查。

【党风廉政建设】

河北省地理信息局组织全局系统科级以上干部参加全国测绘地理信息系统党风廉政建设工作电视电话会议。组织开展《局属单位党风廉政建设责任书》《局领导班子成员党风廉政建设承诺书》《局党员干部廉洁从政承诺书》签订工作，层层落实廉政责任。印发《进一步贯彻落实中央关于改进工作作风密切联系群众八项规定的具体措施》，配合河北省国土资源厅党组、省纪委驻厅纪检组开展专项资金、行政审批、事业单位巡查工作。

【精神文明建设】

河北省地理信息局组织开展各种工青妇活动，弘扬测绘精神，营造干事创业氛围，组队参加全国测绘地理信息系统第四届“空间信息杯”羽毛球比赛，取得团体第一名；组队参加河北省直运动会、省直机关干部职工健步走活动；联合河北省总工会开展河北省第一次全国地理国情普查劳动竞赛表彰工作，5人获“河北省五一劳动奖章”，5个部门获“河北省工人先锋号”称号。

【人才队伍建设】

河北省地理信息局印发实施《河北省地理信息人才发展“十三五”规划》，明确“十三五”时期全省地理信息人才发展的指导思想、基本原则、发展目标、重点任务和保障措施。认真落实《关于加强人事人才工作服务地理信息事业转型升级发展的意见》，1人增选为国家测绘地理信息局青年学术和技术带头人，22人被评为2016—2017年度省、局级青年科技带头人，1人被评为享受国务院特贴专家。全省共有396人通过注册测绘师资格考试。举办2期全省地理信息行政管理干部培训班，全年共培训各类人员500多人，1100多人参加职业技能鉴定培训并通过鉴定。

法制建设与市场监管

【制度建设】

河北省地理信息局制修订《河北省地理信息局法律顾问工作制度》《河北省地理信息局行政执法公开制度》《河北省地理信息局行政执法与刑事司法衔接工作制度规定》等依法行政工作制度，健全行政执法工作机制。协助国家测绘地理信息局做好《中华人民共和国测绘法》修订工作。起草完成《河北省地图管理办法（草稿征求意见稿）》，该办法列入2017年河北省政府立法工作计划。配合全国人大常委会法制工作委员会调研组在河北省开展《中华人民共和国测绘法》修订草案调研工作。

【法制宣传】

河北省地理信息局印发《关于开展2016年测绘法宣传日活动的通知》，部署开展以“贯彻地图管理条例，更好服务国计民生”为主题的测绘法系列宣传活动。河北省地理信息局和邯郸市政府、国土资源局相关负责人参加邯郸市主会场活动，现场发放宣传材料、宣传地图、宣传画册1.1万多张（册），纪念品400份，解答群众咨询100多人次。悬挂横幅30多幅，布置展板70多块，发送普及测绘法公益短信20多万条。河北省广播电台连续6天播放测绘地理信息相关知识。活动期间，全省各地共设立宣传站点300多个，悬挂横幅标语1100多条，制作宣传展板900多块，印制宣传品10万多张。

【综合执法】

河北省换发《测绘地理信息行政执法证》587本。按国家测绘地理信息局和河北省政府法制办公室的要求，组织市、县级行政执法人员、甲级测绘资质单位负责人50多人参加行政执法人员培训。深入开展“五位一体”综合执法检查，检查18家甲级、50家乙级、15家丙级测绘资质单位，根据检查结果向15家单位发出整改通知书，责令限期整改。

【依法行政】

河北省地理信息局贯彻落实《法治政府建设实施纲要（2015—2020年）》和《中央宣传部、司法部关于在公民中开展法治宣传教育的第七个五年规划（2016—2020年）》，印发《河北省地理信息法治宣传教育第七个五年规划（2016—2020年）》《关于进一步加强地理信息依法行政推进法治政府建设的实施意见》，出台《关于完善国家工作人员学法用法制度的实施方案》。推进网上审批，所有行政审批事项均通过网上办理。印发《关于学习宣传贯彻〈地图管理条例〉的实施意见》，召开学习贯彻《地图管理条例》暨《河北省地图管理办法》修订座谈会。

【“放管服”改革】

河北省地理信息局完成测绘地理信息行政权力清单、罚没事项清单的修订、清理工作，共取消行政许可1项、其他行政权力1项，合并取消行政处罚2项。清理后确立了5类共61项行政权力事项，并形成目录上报河北省机构编制委员会办公室。对照测绘地理信息法律、法规和规章中的涉企收费、行政处罚条款，逐条检查、梳理出3项涉企收费事项和33项罚没事项，厘清涉企收费和罚没的法定依据、种类和幅度；落实公开承诺、首问首办、限时办结等工作制度。

【测绘资质管理】

河北省地理信息局全年受理完成测绘资质申请101项，其中新批资质43项、资质升级22项、增加业务范围26项、不予许可10项；名称、法人、地址等事项变更101项；注销乙、丙、丁级测绘资质单位23家。上报审批新申请甲级测绘资质单位3家、增加甲级业务范围3项。完成《河北省测绘资质建设规划》修订工作。

【信用管理】

河北省地理信息局配合国家测绘地理信息局完成全省甲级测绘资质单位信用信息征集工作、乙级及以下测绘资质单位信用信息审核发布工作。在信用信息管理系统中如实记录天津中科遥感信息技术有限公司未经备案登记从事无人机航摄的不良信息。

【日常监管】

河北省地理信息局组织完成2016年度测绘资质年度报告公示工作，对8家未参加或未按时参加年度报告的单位予以公示。配合国家测绘地理信息局完成对河北省4家甲级测绘资质单位的检查工作。将涉及相对人、符合“双随机”抽查的14项检查事项全部纳入随机抽查事项清单，11项执法检查事项纳入“五位一体”综合执法检查，3项执法事项列为专项检查。

基础测绘

【基础测绘规划】

经河北省政府审定批准，《河北省基础测绘“十三五”规划》印发实施，提出了“十三五”期间河北省基础测绘的指导思想、基本原则、发展目标和六大主要任务。

【基础测绘】

河北省地理信息局建成河北省北斗导航定位网，实现京津冀地区卫星导航定位基准站数据资源共享和定位导航服务系统协同服务，形成区域协同服务机制。印发《关于贯彻落实省政府启用和推广2000国家大地坐标系文件精神的通知》，省级测绘地理信息成果全部完成2000国家大地坐标系转换并通过国家测绘地理信息局的质量检验。完成全省8100多幅1∶1万数字线划图专题要素、全省1∶1万数字正射影像图更新制作；完成近10万平方千米全省高精度数字地面模型测制工作；更新省级基础地理信息数据库；启动多尺度基础地理信息数据联动更新试验。

【航空航天遥感影像获取与应用】

河北省地理信息局认真落实河北省政府办公厅《关于加强全省航空摄影和遥感资料统一管理的通知》要求，统筹使用每年740万元航空摄影购置及处理专项经费，按计划向组织实施单位划拨影像数据。与国家测绘地理信息局卫星测绘应用中心签订卫星影像获取合作协议，河北省卫星影像二米级数据每季度一推送，亚米级数据一年一推送。及时向国家测绘地理信息局报送航空航天遥感影像获取计划，按照要求汇交相关数据。

【智慧城市、数字城市建设】

河北省11个设区市和141个县（市、区）全部立项启动数字城市建设，各设区市和20个县（市）完成建设任务并通过竣工验收，成果在政府决策、应急救援、防灾减灾、部门管理、百姓生活等多个领域得到应用。河北省地理信息局印发《关于推进数字城市向智慧城市转型升级的通知》，石家庄市获国家测绘地理信息局批准成为全国智慧城市时空信息云平台建设试点城市，落实建设经费5958万元。

【质量管理】

河北省各类测绘项目全部由河北省地理信息局委托省测绘产品质量监督检查站检验，均为一次验收合格。河北省地理信息局配合国家测绘地理信息局质量监督检查工作，及时统计全省基本比例尺地形图和变形监测项目目录，并上报国家测绘地理信息局。组织开展省级质量监督抽查工作。

【安全生产】

河北省地理信息局出台《安全生产责任制》《安全生产领导责任追究处罚规定》《安全生产管理考核办法》《河北省地理信息局安全生产应急预案》等制度，2次印发文件部署全局系统年度安全生产工作。在“安全生产月”期间，开展专题培训宣传、各类演习预警、安全隐患排查、专项整治检查等工作，提高安全生产意识。

地理国情监测

【地理国情普查】

河北省地理信息局按时完成省级地理国情普查数据库及信息系统建设，普查统计分析及报告、成果编制工作，完成省级普查系列图件、部分县（市）普查系列图件及部分监测专题图件的制作，主动与国土、环保、气象、水利、安监等相关部门做好数据衔接，确保普查成果的社会效用。河北省第一次全国地理国情普查项目通过专家验收。按要求做好省级普查成果审查、发布和提供的相关准备工作，积极推进普查成果深化应用。开展河北省养老资源分布综合统计分析、地理国情普查数据与土地调查数据综合对比分析、重点大气颗粒物污染源空间分布统计与分析、张家口地区农村居民地土地占用情况与道路通达性分析、唐山市地理国情普查数据与其他专题数据对比分析等综合分析项目。

【地理国情监测】

河北省地理信息局将地理国情监测纳入经济、社会发展规划，政府财政预算，部门职责范围。完成京津冀协调发展重要地理国情监测、海岸带开发利用变化监测、全省11个设区市城市空间格局变化监测。利用2015年地理国情普查成果对全省境内的耕地、园地、林地、草地、道路、水域进行分类统计、汇总等。

海洋测绘

河北省地理信息局组织完成河北省沿海及沿海区域控制网建设及应用、河北省近海海底地形基础地理信息数据采集北戴河示范项目、河北省滦河口海岛周边海底地形测绘等项目的外业踏勘、实地测量和数据编辑整理工作。

地图管理与地图服务

【地图审核】

河北省地理信息局全年共受理地图审核行政许可35项，严格执行地图审核质量检验、地图审核结果网上公告、地图出版样本备案等制度。

【地图编制与出版】

河北省地理信息局开展“一月一图”工作，针对社会大众需求制作古村落地图、采摘地图等，并在“天地图·河北”免费发布。

【地图市场监管】

河北省地理信息局全年共检查市县地图市场77次，实现全省各设区市地图市场检查全覆盖，发现并处理无资质单位出版的违规地图出版物、“问题地图”制品等4000多份；发现2家出版社的教育辅导用书中的地图未经审核，通过约谈教育，2家单位对问题图书全部进行下架处理和召回。持续开展互联网地图和地理信息服务违法违规行为治理，共检定静态地图图片18277张，发现“问题地图”图片676张；共鉴定地图服务网站43个，发现存在问题的地图服务网站5个；共检定POI信息390条，发现存在问题的POI信息147条，均按规定进行了处理。

【地图服务】

河北省地理信息局全年共制作领导工作用图50多次，与河北经贸大学签署战略合作协议，建立河北省经济社会发展地理信息大数据平台，为河北省领导持续提供和更新省产业分布相关的电子版领导用图；按时完成第三次国家、省级间领导用图共享工作，共享京津冀一体化等领导用图6000多张；编制生产全省28个精准扶贫村县域地图等300多幅。

【国家版图意识宣传教育】

河北省地理信息局联合省委宣传部、省教育厅、团省委开展“美丽中国”第三届国家版图知识竞赛和少儿手绘地图大赛活动，制作印发宣传海报2000张，用“校讯通”向全省420个用户推送活动消息，通过河北省电视台、省广播电台、燕赵都市报、河北青年报等多家媒体，多种形式扩大活动的影响力和参与度。组织参加国家版图知识竞赛电视赛的人员选拔、培训、录制等工作。

【“美丽中国”第三届全国少儿手绘地图大赛】

河北省地理信息局组织全省各市县中小学积极参与全国少儿手绘地图竞赛活动，共收到1000多件素描、国画、水彩画、工笔画等作品，最终评选出各年龄组一、二、三等奖和优秀奖作品100多幅，推荐参加全国少儿手绘地图大赛。

测绘地理信息成果管理与应用

【“天地图·河北”建设与应用】

河北省地理信息局与省公安厅、省水利厅、省机关事务管理局、省移动总公司、河北经贸大学等单位开展基于“天地图”应用的交流互访，与河北省机关事务管理局、省移动总公司、省水利厅等单位签署战略共建协议。邢台、衡水、承德、保定节点先后接入“天地图”国家主节点，实现河北省11个设区市市级节点全部接入国家主节点。

【成果汇交与分发】

河北省地理信息局加强测绘资质单位成果汇交管理，全年汇交地理信息成果副本410套，利用测绘资料档案管理系统，定期向社会发布；受理测绘成果使用申请322项，服务产值500万元；编发《地理信息成果快报》17期。

【涉密成果管理】

河北省地理信息局完善测绘成果安全保密监管机制，结合“五位一体”综合执法检查，对全省66

家测绘单位进行保密检查。印发《关于进一步加强涉密地理信息成果安全保密管理的通知》，推进涉密测绘成果管理信息化建设，印发《关于协助检查有关单位在我省领取涉密测绘成果使用情况的函》，全面梳理省外单位领取涉密测绘成果情况。举办2016年度河北省测绘成果核心涉密人员岗位培训班，培训300多家测绘单位的700多名核心涉密人员。

【测量标志管理】

河北省各级地理信息行政主管部门全年完成40座重点测量标志维护工作，开发了测量标志保护与地理信息资源发布系统。

【应急保障】

河北省地理信息局引进贝尔206L4型直升机、无人直升飞机、无人机、快速成图系统等设备，逐步完善现代化应急装备体系建设。河北省地理信息局应急测绘保障体系纳入全省地震、水利应急预案。推动国家应急测绘保障能力建设项目落地及河北省政府应急平台对接相关工作，该项目落地河北石家庄得到河北省政府和国家测绘地理信息局的支持。加载机载激光扫描仪系统的贝尔206L4型直升机成功试飞，设计存储量为8PB的承德地理信息异地备份基地建成投入使用。

开展禁种铲毒监测，监测区域17805平方千米，提取疑似点1392个。完成夏秋季秸秆禁烧监测。开展“7·19”应急防汛救灾，第一时间赶到救灾现场，共出动人员261人次、车辆52台次、Z5直升机1架、各型号无人机16架、三角翼4架，航拍面积2400平方千米，制作提供受灾区域地图300多幅，完成361个受灾村测图任务，省长张庆伟、副省长张杰辉专门作出批示予以肯定。

地理信息产业

【发展地理信息重点领域】

河北省地理信息产业发展重点领域在北斗导航芯片与其他器件集成、遥感影像数据应用、地理信息资源开发应用，2016年总体产值约300亿元。保定金迪地下管线探测工程有限公司、河北恒华信息技术有限公司入围2016年中国地理信息产业百强企业，石家庄博宇科技股份有限公司在新三板挂牌上市。

【优化产业发展环境】

河北省地理信息局围绕河北省政府《关于促进地理信息产业发展的实施意见》确定的目标任务，修订了《河北省测绘资质建设规划》，鼓励测绘单位通过采取合并、重组等方式实现测绘资质升级，逐步实现由测绘地理信息大省向强省转变。完成测绘地理信息产业单位名录库建设，收录产业单位1814家，其中测绘资质单位813家、非测绘资质单位1001家，地理信息产业年增速超过25%。

科技、标准化与国际合作

【事业发展规划】

《河北省地理信息事业发展“十三五”规划》发布实施，明确“十三五”时期河北省地理信息事业发展七大主要任务：健全地理信息管理体系，建立新型基础测绘体系，发展地理国情监测体系，完善地理信息应急保障体系，提升地理信息公共服务体系，建设信息化测绘装备体系，优化地理信息产业体系。

【科技创新体系建设】

河北省地理信息局贯彻落实国家测绘地理信息局《关于加强测绘地理信息科技创新的意见》，将“十三五”测绘地理信息科技发展内容列入《河北省地理信息事业发展“十三五”规划》。印发《河北省地理信息科技创新的意见》，落实《信息化测绘体系建设技术大纲》，全面开展信息化测绘体系技术能力建设与示范基地建设。加强国土环境与灾害监测国家测绘地理信息局重点实验室建设，与河北经贸大学联合建立河北省经济社会发展地理信息大数据平台，积极筹备河北省空间地理数据工程技术研究中心建设，取得阶段性成果。

【科技项目与科技奖励】

河北省地理信息局发挥国家、省、局青年科技带头人作用，每年设立不低于100万元专项资金，鼓励科技人员进行科技创新，开展《利用卫星定位技术监测高层建筑物方法研究》《疑似罂粟种植区域判断实验技术研究》等科研项目立项研究工作。向河北省科技厅等部门申请科技支撑计划项目经费40万元，开展《基于GIS的Creat Map时空信息共享服务云平台研究》等科技项目研究。建立河北省地理信息行业专家库，评选确定专家库成员170人。

【标准化工作】

河北省地理信息局组织参与国家和行业标准制修订，推动地方标准化工作，开展标准宣贯与执行监督检查。参与国家测绘地理信息局组织的《无人船浅水区水下地形测量技术规程》制定工作。培训张家口、承德、唐山、秦皇岛4市测绘单位的质量和标准技术负责人200多人。完成河北省全站仪、GNSS接收机综合鉴定场升级改造并投入使用。

【对外合作与交流】

河北省地理信息局派人员随国家测绘地理信息局代表团访问英国和挪威测绘主管部门及北极黄河站；向河北省外国专家局申请"2016年省级引进国外智力项目"，组织12名测绘地理信息技术专家到法国空中客车空间与防务公司图卢兹总部和空客索菲亚数据处理研究院培训学习。

地市级测绘地理信息工作

【石家庄市】

石家庄市国土资源局（地理信息局）全年共受理60家单位的测绘资质初审（审核），全市共有测绘资质单位191家。全年共受理11家测绘单位提交的测绘项目备案事项，受理31家测绘单位测绘作业证业务，测绘项目备案和测绘作业证办理（延期）工作全部实现网上报备审批。

完成《石家庄市基础测绘"十三五"规划》编制工作，完成本年度基础地理信息数据更新工作。加强数字城市运行维护及应用推广工作，对地形图修测补测成果数据进行入库处理。进一步完善"天地图·石家庄"门户网站，为社会公众提供7×24小时不间断的"一站式"地图服务，在石家庄市政府网站添加链接，全年新增3家单位的服务推广，制作"春夏秋冬"四季旅游专题图。

借助测绘资质管理平台、QQ群等网络平台，将全市测绘资质单位具体管理人员和县级行政管理具体负责人统一纳入"QQ群管理模式"，在保证相关行业信息安全的前提下，日常管理工作效率明显提升。

《石家庄市地理信息产业发展规划》列入石家庄市"十三五"市级专项规划编制目录。石家庄市智慧城市时空信息云平台建设列入《石家庄市国民经济和社会发展第十三个五年规划纲要》，是石家庄市2016年重点建设的部门信息化项目之一，被国家测绘地理信息局批复为试点项目。

【唐山市】

唐山市国土资源局（地理信息局）累计投资3020万元，全面完成数字唐山建设，形成三维规划上会系统、市情系统、永不落幕世园会系统等拓展应用项目；全年共筹资4400万元，全面推进县（市）数字城市节点建设；在全市21个县（市、区、管委会、开发区）开展地理信息资源共建共享工作。

按时完成测绘单位基本信用信息、良好信用信息的录入工作，录入率100%。开展"天地图"市级节点建设，落实与国家和省级节点的融合互通，完成与唐山市政府门户网站和世园会网站的对接工作，开发建设"市民办事一张图"。

唐山市地理信息产业协会正式成立，"产学研管"一体的保障机制初步构建；承接河北省地理信息局下放的4项行政审批事项并入驻唐山市行政服务中心；印发《唐山市基础测绘"十三五"规划》；基本建立联合省、市、县（市）"五位一体"综合执法检查机制，出台"唐山市测绘项目卷宗标准"，规范测绘项目质量体系建设。

【沧州市】

截至2016年底，沧州市共有测绘资质单位56家，其中甲级1家、乙级5家、丙级14家、丁级36家。按照《河北省测绘资质管理办法》和《河北省测绘资质分级标准》的相关规定，全年注销测绘资质单位2家，新办测绘资质单位1家，升级1家，增加业务范围1家，法人变更8家。沧州市测绘资质单位按照要求录入基本信用信息、良好信用信息，录入率100%。

沧州市国土资源局（地理信息局）筹措资金1000多万元，开展数字沧州基础地理信息数据成果更新、应用和维护。完成主城区85平方千米三维数据采集，地理信息成果推广—典型示范应用对接等工作，设立数字城市成果展示厅。

申请财政专项资金2300万元用于县级数字城市建设。针对数字城市建设较慢的县（市），采取与政府主要领导沟通协调、现场督导、约谈主管局长等方式推进，对各县（市）数字城市建设进度采取月通报制度。

地方社团工作

【河北省地理信息产业协会】

河北省地理信息产业协会完成换届改选，产生第四届理事会及其领导机构，7月，取得河北省民政厅颁发的社会团体法人登记"三证合一"证书。

召开协会四届二次理事会议暨实景三维数据生产与应用技术研讨会，审议通过2016年工作要点、《河北省地理信息产业协会会员公约（修正案）》《河北省地理信息行业服务质量标准（修正案）》，提出协会第四届理事会理事议案和常务理事议案、增补协会第四届监事会副主席的议案、增补协会第四届理事会副秘书长的议案，增补9名理事、2名常务理事、3名监事会副主席、1名理事会副秘书长。

组织开展行业评奖评优活动，评选出“十佳单位”11家、“优秀测绘单位”14家。

【河北省测绘学会】

河北省测绘学会召开2次理事会会议，审议通过河北省测绘学会各专业委员会、工作委员会设立及组成人员名单及《河北省测绘学会会员管理办法》。联合国家测绘地理信息局管理干部学院，举办2016年注册测绘师资格考试重点难点强化培训班，270多人参加培训。牵头举办实景三维数据生产与应用技术研讨会、京津冀CORS系统建设与应用研讨会、地理信息学科建设与技术交流会、海洋测绘科技发展与技术交流会。

组织完成河北省优秀地理信息工程奖评审工作，评出一等奖21项、二等奖42项、三等奖46项。组织完成河北省测绘学会科学技术奖评审，评出一等奖14项、二等奖24项、三等奖18项。编制出版4期《河北测绘》杂志，免费向会员单位发放2800多册。

山西省

概况

山西省测绘地理信息局稳步推进省级基础测绘，依法实施全省1∶1万基础地理信息数据更新。扎实开展地理国情普查后续工作，完成普查成果建库、省地理国情普查数据库管理系统和成果展示系统建设；完成全省各市、县（市）普查基本统计报告和普查公报编写。与省发展和改革委员会联合印发实施《山西省基础测绘“十三五”规划》。

积极开展地理国情监测，完成山西省地级以上城市及太原市城市群空间格局变化监测项目，提取11个地级城市5个时间段城市边界和城市内部结构。完成数字吕梁、数字高平、数字右玉项目验收，全省地级以上数字城市地理空间框架建设工作全面完成。

完成“天地图”省级节点与国家主节点的数据融合；实施晋城市、长治市的省市节点数据融合和太原市、晋中市的省市节点数据融合更新。推进科技创新和科技成果转化应用，荣获省科技进步奖二等奖1项、其他科技奖励5项，向省科学技术厅申报科技创新成果转化项目16项。

持续加强测绘市场统一监管，在全省开展地图市场大检查，共抽查300多家网站、100多家单位，检查各类地图2000多件，其中查处违法违规地图产品500多件。强化质量统一监管，制定出台《山西省测绘地理信息质量管理实施办法》，组织开展全省测绘地理信息质量监督检查。开展测绘成果检查、地图技术审查和测绘仪器检验。加强测量标志管理，组织开展朔州市测量标志普查，审核批复迁建测量标志10座，建设完成大同云冈石窟景区和运城市芮城县永乐宫景区2处景观型测量标志。

积极服务保障社会经济发展，参加省政府组织的应急演练，参加“6·18”清徐县李家楼村滑坡崩塌应急救援。服务精准扶贫，按照全省扶贫攻坚工作总体安排，编制完成《全省扶贫攻坚任务图》，为国家级贫困县和顺县编制《和顺县扶贫攻坚任务图》。开发完成山西省精准扶贫地理信息管理系统，将全省45万建档立卡贫困人口信息空间化，建立覆盖232万建档立卡贫困人口精准识别、精准帮扶和精准退出全过程的管理信息系统。

完成全省地理信息产业单位名录库的核查、认定及补充完善工作，共核查测绘地理信息单位1447家，认定386家，建立单位名录库。与山西长娥北斗导航数据服务有限公司签署合作协议。

与省审计厅、省民政厅、省扶贫开发办公室签订合作协议。配合国家审计署驻太原特派员办事处、省文物局、省环境保护厅、省地震局合作开展相关工作。向各级各部门提供1:1万、1:5万、1:10万比例尺地形图9602幅，提供GPS点、三角点、水准点等各种控制点1093个。

严格依法行政，大力推进法治建设，继续深化行政审批制度改革。行政许可申请限时办结率100%。

党的建设与人才队伍建设

【党的建设】

山西省测绘地理信息局进一步落实党建工作责任制，印发《2016年党建工作要点》及《关于2016年度局党组中心组和干部理论学习计划》，对全年党的工作及学习进行安排部署。组织局属单位党务干部专题学习《机关基层组织工作条例》，督促局属单位及时整改党费收缴工作中存在的问题。向全局各党支部发放支部会议记录本，要求抓好党支部规范建设。在全局范围开展党员组织关系排查，强化各级党组织党费管理工作，进一步提升各级基层党组织和党员干部巩固“三严三实”专题教育成果的自觉性。

【党风廉政建设】

山西省测绘地理信息局各级党组织建立完善“三个清单”，修订完善《落实党风廉政建设机关纪委监督责任清单》，制定《落实党风廉政建设机关纪委监督责任问题清单》和《落实党风廉政建设机关纪委监督责任整改清单》，层层传导压力，层层压实责任。进一步细化领导班子、领导干部执行党风廉政建设责任制，落实“两个责任”，落实中央八项规定精神，执行《中国共产党廉洁自律准则》和《中国共产党纪律处分条例》情况的目标责任考核。为全局57名处级以上领导干部及10名离退休处级干部建立《领导干部廉洁档案》。按照中央纪委和省纪委“转职能、转方式、转作风”要求，继续强化纪检部门的监督职能，全面落实《党风廉政建设机关纪委监督责任清单》。加强对党的纪律执行情况的督促检查；加强对省委、省政府领导关于对山西测绘地理信息工作的重要指示以及省委、省政府、局党组重要部署和重大项目贯彻落实情况的监督检查；加强对执行中央“八项规定”精神、省委实施办法和局党组具体措施情况的督促检查。

加强对政治纪律执行情况的监督检查，严肃查处和纠正落实不力，阳奉阴违，“上有政策、下有对策”，有令不行、有禁不止的问题。坚持不懈纠正“四风”问题。按照省纪委驻省国土资源厅纪检组《关于进一步规范津补贴、奖金和福利从严财经纪律的建议书》要求，进一步建立健全规章制度。进一步规范公务接待和财务管理。与省纪委驻省国土资源厅纪检组建立联动机制，加强执纪监督工作。

【“两学一做”学习教育】

山西省测绘地理信息局党组印发《关于在全体党员中开展“学党章党规、学系列讲话，做合格党员”学习教育实施方案的通知》，明确全局“两学一做”学习教育总体要求、主要内容、方法措施，并成立领导机构，下设综合组、协调组、学习督导组，组织协调学习教育的深入开展。5月9日，召开“两学一做”学习教育动员部署大会，对全局“两学一做”学习教育进行全面动员部署。召开“两学一做”学习教育推进会，要求各单位加强领导，制定学习计划，支部书记讲党课，同时创新载体，扩大学习教育覆盖面。局党组中心组召开学习习近平总书记给国测一大队老队员老党员回信座谈会，要求局机关和局属单位要结合实际学习总书记回信，将学习成果落实在行动上，转化到实践中，全力推进各项工作。局督导组采取不打招呼、不约时间、不发督导内容的方式，分别深入到省基础地理信息院、省遥感中心、省综合地理信息中心、省测绘宣传中心等单位，通过查阅资料、听取汇报、座谈交流等形式，了解学习教育情况。结合行业特点，为全局党员征订《温家宝地质笔记》，为各级基层党组织订购《不忘初心—国测一大队艰苦奋斗无私奉献的故事》，引导全局广大党员树立正确的人生观、价值观和事业观，刻苦学习，努力工作。为局机关党员制作“党员意识牌”，并指导局属各单位开展党员挂牌上岗活动。

【精神文明建设】

2016年春节前夕，山西省测绘地理信息局领导到局定点扶贫单位——忻州市宁武县迭台寺乡的6户困难家庭中，送去慰问品和慰问金；“三八”妇女节前，组织女职工到刘胡兰纪念馆参观学习，组队参加省直机关庆祝“三八”节健身活动。组队参加全国测绘地理信息系统第四届“空间信息杯”羽毛球比赛。开展“博爱一日捐”活动，共募集捐款1.49万元。“七一”前，局领导走访慰问离退休老干部，并为生活困难的5名党员和建国前入党的老党员发放慰问金。8 月下旬，举办“山西省第三届遥感杯华牌大赛”，来自全省测绘地理信息行业的 12 支代表队 70 多名运动员参赛。印发《2016 年度山西省测绘地理信息局精神文明建设工作要点》。

【人才队伍建设】

山西省测绘地理信息局编制完成“十三五”人才发展规划，提出“十三五”期间重点任务以及加强人才培养的具体举措。印发山西省测绘地理信息局培训计划表，从干部轮训、任职培训、专业技术培训、综合业务培训和能力提升培训 6 个方面做出安排。2 名局领导参加省管干部省委党校培训学习，2 名处级干部参加长训班学习。局机关全体人员及下属单位副处级以上干部按计划完成干部培训网络在线学习。在全局范围开展技术专题培训 55 期，培训 1373 人次。完成国家测绘地理信息局干部调训工作，1 名局领导、4 名处级干部和 2 名科级干部参加国家测绘地理信息局党校学习培训。组织 2 期能力提升培训班，培训干部近 90 人。完成局机关和局属事业单位工程测量和地图清绘工种技师考试审核申报工作，组织全省工程测量和地图清绘工种技师考前培训。

法制建设与市场监管

【法制建设】

山西省测绘地理信息局加强测绘地理信息立法工作，成立局党组法治建设领导组，明确办事机构和具体职责分工，健全局推动法治建设的领导体制和工作机制。积极与省人大、省政府法制办公室联系，建议将《山西省测绘管理条例》修订列入省人大五年立法规划。建议将《山西省地理空间数据交换和共享管理办法》（制定）列入 2017 年政府规章立法计划。开展政府规章清理工作。全面修订《山西省测绘地理信息局规范性文件制定程序规定》，进一步明确细化规范性文件的制定、合法性审查、备案等内容。完成《山西省测绘地理信息局测绘地理信息质量管理实施办法》合法性审查和备案工作。印发《山西省测绘地理信息局推广随机抽查规范事中事后监管工作实施方案》，在测绘地理信息市场监管、测绘资质巡查、测绘成果质量监管、测绘成果保密管理及地图市场监管等方面探索开展“双随机”监督检查。组织开展制定测绘地理信息行政处罚裁量权基准规范行政处罚裁量权工作，经省政府法制办公室审查，印发《山西省测绘地理信息局测绘地理信息行政处罚裁量权适用规则》和《山西省测绘地理信息局测绘地理信息行政处罚裁量权细化标准》。

【法制宣传】

山西省测绘地理信息局按照《2016 年法治山西建设工作要点》《2016 年全国测绘地理信息普法依法治理工作要点》等，制定印发《2016 年山西省测绘地理信息普法依法治理工作要点》。开展《国家安全法》和知识产权法律法规宣传教育活动。在全省范围开展 2016 年测绘法宣传日主题口号、宣传口号、公益短信、宣传画有奖征集活动，经国家测绘地理信息局评选，报送的 1 条公益短信获得优秀奖。在“8・29”测绘法宣传日活动中，共编印《地图管理条例》宣传页 1000 多份，全省各市、县测绘地理信息管理部门组织开展形式多样、内容丰富的宣传活动，《山西日报》、山西广播电台等主要媒体进行了采访报道。

组织局机关行政执法人员 12 人参加省政府法制办公室组织的 4 期“强化法治思维、提高执法能力”法律知识更新培训班。组织太原、长治 2 市测绘地理信息管理人员参加国家测绘地理信息局举办的 2016 年全国测绘地理信息行政执法人员培训班。举办《地图管理条例》学习宣传贯彻培训会议，征订《地图管理条例释义》，集中开展《地图管理条例》的学习宣传。组织开展市级测绘地理信息行政主管部门地图审核人员培训，并进行上岗考试。

印发《山西省测绘地理信息法治宣传教育第七个五年规划（2016—2020 年）》，成立“七五”法治宣传教育工作领导小组，全面启动测绘地理信息“七五”普法工作。山西省测绘地理信息局“六五”普法依法治理工作取得优异成绩，被评选为 2011—2015 年全省法治宣传教育先进集体，1 人被评选为 2011—2015 年全国法治宣传教育先进工作者。

【综合执法】

山西省测绘地理信息局落实《国土资源部 国家测绘地理信息局深化部局业务协作实施方案》，加强部门间联合执法，配合省国家安全厅多次开展涉嫌违法行为排查；委托各市对涉嫌无测绘资质从事测绘地理信息活动的 26 家单位进行核实。按照省委、省政府综合执法体制改革的部署和省国土资源厅的要求，对近几年测绘地理信息行政执法情况进行总结，为国土、环保、测绘综合执法改革提供依据。开展2016年行政执法证件审核注册工作，申请注册行政执法证40个，换发行政执法证10个，注销行政执法证8个，新申领行政执法证2个。组织测绘地理信息行政执法证件年度注册工作，对应予注册的20多人进行注册。

配合国家测绘地理信息局做好综合执法有关工作，调整执法体制，推动执法重心下移。除法律法规明确规定由省级行使的行政处罚外，将12项行政处罚调整为“属地管理”，5项行政处罚明确为“省市县分级行使”。

按照国家测绘地理信息局的部署和要求，组织开展测绘航空摄影资质单位调研工作，对东方通用航空摄影有限公司、省测绘工程院进行专题调研。组织开展测绘资质单位定密授权工作，对山西迪奥普科技有限公司等测绘资质单位进行定密授权。

【依法行政】

山西省测绘地理信息局贯彻落实省委“六权治本”各项决策部署，成立局党组推进“六权治本”工作领导组，明确办事机构及工作职责。加强制度建设，组织编印《山西省测绘地理信息局推进“六权治本”工作制度汇编》。编制依法承担行政职能事业单位权力清单和行政职权责任清单，经省机构编制委员会办公室审核，调整变更后山西省测绘地理信息局行政职权共46项，其中行政许可8项、行政确认1项、行政处罚25项、行政强制1项、行政征收征用2项、行政奖励4项、其他行政权力5项。

结合省政务服务中心集中进驻工作的开展，修订《山西省测绘地理信息局行政审批办事指南》，转发《山西省人民政府办公厅关于深化行政审批制度改革加强事中事后监管的意见》，加强行政审批后续监管。

【“放管服”改革】

山西省测绘地理信息局继续深化行政审批制度改革，取消中央指定地方实施的行政审批事项1项，即“测绘计量检定人员资格认定”。结合《地图管理条例》的贯彻实施，进一步简政放权，部分下放行政许可1项，即“地图审核”；取消其他权力1项，即“地图及地图产品样图、样品备案”。

自7月13日起，省政务服务中心测绘地理信息局窗口正式运行，山西省测绘地理信息局依法行使的7项许可事项、2项征收事项和5项其他权力事项全部在省政务服务中心集中办理。组织开展深化行政审批制度改革和推行权力清单制度“回头看”工作。指导市县行政审批制度改革，推行权力清单、责任清单制度等工作的开展。

【测绘资质管理】

山西省测绘地理信息局依法做好测绘资质审查工作，截至12月底，共审查批准测绘资质申请45家。办理测绘资质升级20家、延期10家、注销6家。

【信用管理】

山西省测绘地理信息局制定印发《关于开展全省测绘地理信息行业信用征集和发布工作的通知》，推广使用新上线的测绘地理信息行业信用管理平台。按时完成全省甲级测绘资质单位信用信息征集和上报工作；组织开展全省乙、丙、丁级测绘资质单位信用信息征集和发布工作。按照全省社会信用体系建设工作会议要求，配合开展“信用山西”建设，做好信用信息“双公示”工作，及时上报行政许可和行政处罚信用信息。妥善做好信用信息异议处理和信用报告查询服务。全年无信用信息异议处理。

【日常监管】

山西省测绘地理信息局开展2015年度测绘资质年度报告公示工作，共公示全省乙、丙、丁级测绘资质单位551家，3家单位未报送年度报告。测绘资质年度报告公示情况在“信用山西”网站和山西省测绘地理信息局门户网站进行公开。全年共办理测绘项目登记9件。

印发《关于开展2016年测绘资质巡查工作的通知》，开展全省测绘资质巡查，分别对太原、大同、忻州、临汾4个市及山西亚太数字遥感新技术有限公司等8家乙级测绘资质单位进行巡查。协助国家测绘地理信息局对太原、阳泉、临汾的4家甲级测绘资质单位进行“双随机”检查。放宽市场准入，在测绘资质审查中落实《山西省人民政府关于落实和承接国务院第一批清理规范89项国务院部门行政审批中介服务事项的通知》，不再将ISO9000质量管理体系认证、测绘工程项目质量检验合格证明、测绘计量器具检定等3项中介服务事项作为各等级测绘资质审批的受理条件。贯彻落实《全省万名干部入企服务工作方案》的精神，结合测绘资质巡查、测绘航空摄影专题调研等工作的开展，及时掌握测绘资质单位发展现状、存在的困难等情况，有效地把企业诉求“带上来”，把解决问题的办法“带下去”，尽可能帮助企业解决制约发展的突出问题。完成测绘行业统计年报、测绘行政执法统计年报和测绘统计季报等统计工作。

基础测绘

【基础测绘】

根据国家测绘地理信息局《关于开展卫星导航定位基准站安全风险点排查工作的通知》要求，山西省测绘地理信息局开展单位自查和实地检查。自查阶段，向11个地市测绘地理信息行政主管部门及23家相关单位下发通知及《山西省卫星导航定位基准站安全自查表》，对各单位反馈情况汇总分析；实地检查阶段，成立山西省卫星导航定位基准站安全风险点排查工作联合检查组，对太原、阳泉、长治、晋城、临汾、吕梁、朔州、大同8个地级市的22家有关单位开展基准站安全风险点排查。通过座谈、交流、问题分析，形成《山西省卫星导航定位基准站安全风险点排查工作报告》，上报国家测绘地理信息局。向各地市测绘地理信息行政主管部门及有关单位转发《关于印发〈卫星导航定位基准站建设备案办法（试行）〉的通知》。

推进2000国家大地坐标系在全省范围内的使用，省级基础地理信息数据库已完成2000国家大地坐标系的转换，新的基础测绘生产、建库及系统建设已使用2000国家大地坐标系。

组织实施1:1万基础地理信息数据更新工作，编制完成《山西省1:1万基础测绘项目管理办法》，成立局基础测绘生产技术委员会，加强项目实施管理工作。组织实施晋北、晋西测区1:1万数字正射影像图（DOM）更新及晋北测区部分区域数字线划图（DLG）的更新制作任务。

协助黑龙江测绘地理信息局开展2016年山西省范围内国家1:5万基础地理信息数据库更新工作。

【航空航天遥感影像获取与应用】

山西省测绘地理信息局按照基础航空影像获取计划安排，沟通协调晋北及晋西摄区的影像获取工作，向国家基础地理信息中心申领陕北摄区74幅航摄影像资料（属于晋北作业范围），并选派省内专家参与航摄项目验收工作，完成晋北摄区航摄项目。与国家测绘地理信息局卫星测绘应用中心建立遥感影像资料推送机制，成立山西省遥感影像分中心，为今后卫星遥感影像统筹管理奠定基础。

【智慧城市、数字城市建设】

太原市国土资源局立项实施“智慧太原”时空信息云平台建设试点项目以来，市财政局通过公开招标方式确定山西省遥感中心承担“智慧太原”时空信息政务云平台建设，并按年度拨付项目经费；山西省测绘地理信息局配套100万元经费，支持“智慧太原”时空信息政务云平台建设。

数字城市建设方面，山西省11个地级市全部列入国家测绘地理信息局试点或推广立项计划，除吕梁市，其余10个地级市已完成数字城市地理空间框架建设任务。21个县（市）开展数字县区工作，其中12个完成验收。

7月12日—13日，山西省测绘地理信息局组织全省11个地级市测绘地理信息行政主管部门领导和负责人召开培训会议，对数字城市地理空间框架建设推广应用4个方面指标进行详细说明，要求各市测绘行政主管部门开展数字城市建设及推广应用自查，形成自查报告。9月，配合国家测绘地理信息局对数字太原、数字阳泉运行维护和应用情况进行实地检查、调研。

【质量管理】

山西省测绘地理信息局贯彻落实国家测绘地理信息局《测绘地理信息质量管理办法》，印发《山西省测绘地理信息局测绘地理信息质量管理实施办法》。

2月16日—3月31日，开展1:5万数据库动态更新成果质量外业抽检，按时向国家测绘地理信息局上报抽检报告。7月17日—22日，协助国家监督抽查第五小组对山西华晋岩土工程勘察有限公司完成的中化二建集团技术研发楼沉降观测项目进行监督检查；8月11日—12日，配合国家监督抽查第一小组对山西省地质测绘院的质量管理体系和运行情况开展监督检查。2家被抽检单位成果质量良好。

印发《关于开展2016年全省测绘地理信息质量监督检查的通知》，对监督检查进行部署，成立质量监督检查领导小组，省级监督检查从5月启动，11月上旬结束。质量体系建立和运行监督检查涉及太原、晋中、阳泉、运城4个市的40家测绘资质单位，其中乙级20家、丙级12家、丁级8家。各设区市成立市级监督检查领导小组，制定本市监督检查计划或实施方案，开展本区域监督检查工作，共检查40家测绘单位，其中32家单位“符合”、8家单位“基本符合”；共检查20个项目成果质量，其中17个“合格”、3个“不合格”。

【安全生产】

山西省测绘地理信息局年初编制印发《山西省

测绘地理信息局2016年安全生产工作要点》，对全年安全生产工作进行部署。1月，印发《关于开展冬季安全生产自查工作的通知》，要求局属各单位仔细排查安全隐患，并将自查整改情况报告上报省局；5月，印发《关于开展安全生产大检查工作的通知》，进行局属单位自查和检查组实地检查；国庆节期间，对各单位的网络安全、车辆交通安全、灭火设备配备及用电安全等进行专项检查。

局属各单位定期对供电、供热、消防、避雷、防盗等基础设施进行重点排查，发现隐患及时予以治理；对重要设备和各种在用交通工具进行全面检修保养，确保正常运行；野外作业中，配备必要的交通、通讯、医疗和防护应急设备，确保外业职工人身安全。

地理国情监测

【地理国情普查】

山西省测绘地理信息局完成普查成果建库、省地理国情普查数据库管理系统和成果展示系统；完成117个县市的基本统计对算工作；编写117个县市、11个地级市以及全省共129个地理国情普查基本统计报告、普查统计数据汇编和普查公报。

【地理国情监测】

山西省测绘地理信息局完成山西省地级以上城市及太原市城市群空间格局变化监测项目，包括11个地级城市5个时间段城市边界提取和城市内部结构提取工作及太原市城市群空间分布格局和内部结构信息提取和分析工作。

向省政府上报《关于开展2017年度山西省地理国情基础性监测项目的请示》。开展省级专题性监测试点示范，与省生态环境研究中心合作，利用地理国情普查成果完成山西省119个县市区生态红线范围内地表覆盖情况统计分析工作。

地图管理与地图服务

【地图审核】

山西省测绘地理信息局全年完成《山西省廉政文化地图》《山西省脱贫攻坚任务图》《和顺县“十三五”脱贫攻坚任务图》等14项地图审核。

【地图编制与出版】

山西省地图集编纂委员会办公室完成《山西省百镇地图》编制工作。推进《山西省国土资源地图集》编制工作。山西省地图院完成《山西省县域经济发展地图集》（临汾卷、吕梁卷）的印刷出版工作。

【地图市场监管】

山西省各市全面检查本地区各类地图市场、文化用品市场、展览（展会）、纪念馆、博物馆、有关互联网地图服务网站等，对违法违规行为依法予以查处。山西省测绘地理信息局印发《2016年山西省地图市场大检查工作方案》并下发到各市协调指导机构，4月—9月，在全省开展地图市场大检查，共抽查各类网站近300个；检查单位100多家，检查地图2000多件，查处违法违规地图产品500多件。

利用互联网地图监管系统开展全省互联网地图监管工作，对几十家互联网地图网站进行检查。

【地图服务】

山西省地图集编纂委员会办公室完成2016版省领导工作用图编制工作。为省领导外出考察、调研提供紧急公务用图；为新入晋省领导提供全方位介绍山西的系列地图集共9种；为省领导提供山西省立体地图。

【国家版图意识宣传教育】

山西省测绘地理信息局在《今日山西测绘》报纸和《经纬天地》杂志连续刊登国家版图知识小常识，充分利用“4·22”世界地球日、“6·25”全国土地日、“8·29”测绘法宣传日，普及国家版图知识和地图知识。全省共设立街头宣传站点100多个，在主要街道、公共场所悬挂条幅标语、摆放展板等；发放各类宣传材料3万多份；发送手机短信宣传信息13万多条，多个市国土资源局在当地电视台黄金时段连续播出测绘法宣传流水字幕。

【“美丽中国”第三届全国国家版图知识竞赛和少儿手绘地图大赛】

山西省测绘地理信息局组织国家版图知识竞赛山西省选拔赛，全省11个市代表队共选拔出33名队员参加比赛，获奖选手代表山西省参加“美丽中国”第三届全国国家版图知识竞赛电视赛暨江苏卫视《一站到底》特别节目的录制工作。

举办“美丽中国”山西省第三届国家版图知识竞赛和少儿手绘地图大赛，组织参赛者通过国家测绘地理信息局竞赛官方网站及微信平台进行网络注册、答题，答题人数共4582人。在《今日山西测绘》报纸和《经纬天地》期刊印发比赛试题，组织无法参加网络答题的单位及个人进行纸质答题，答题人数共7000多人。组织开展全省少儿手绘地图大赛，共收到参赛作品1000多幅，其中95幅作品确定为入围作品。9月22日，组织专家评委对入围省级赛的作品进行评选，最终评选出四个年龄组一等奖各1名、二等奖各5名、三等奖各10名及优秀奖若干名。评选出优秀组织奖7个、优秀指导教师奖24个。评选出的优秀作品报送至全国竞赛组委会参加全国评选并陆续在该局竞赛专网和《今日山西测绘》报纸和《经纬天地》期刊登载。

测绘地理信息成果管理与应用

【“天地图·山西”建设与应用】

山西省测绘地理信息局完成“天地图·山西”2016年山西省级节点与国家主节点的数据融合工作，开展省级节点与太原市、晋中市的省市节点数据融合更新工作，开展省级节点与晋城市、长治市的省市节点数据融合工作。按照国家测绘地理信息局的要求，制定市级节点考核方案，推进市级节点的建设和考核工作。

拓展“天地图·山西”应用领域，重点推动面向应急、精准扶贫、不动产登记等各级政府和专业部门的应用。完成山西省生态红线采集核查系统、太原市小学学区划片查询系统的研发；全力服务全省精准扶贫工作，将45万建档立卡贫困人口信息空间化，开发完成山西省精准扶贫地理信息管理系统，为省扶贫开发投资公司进行的易地扶贫搬迁工作提供了有效的技术手段。

根据国家测绘地理信息局《关于做好2016年天地图建设与应用工作的通知》和《关于开展2016年天地图省市级节点综合技术评估工作的通知》要求，制定印发《2016年山西省天地图市县级节点建设与技术评估工作方案》。

【成果汇交与分发】

山西省测绘资料档案馆向社会各级各部门提供1:1万地形图2179幅2744张，1:5万地形图327幅480张，其他比例尺地形图11幅11张；1:5万地形图数据62幅；三角点49个，水准点480个，GPS点564个。山西省综合地理信息中心向用户提供1:1万基础地理信息数据865幅，专题地图1365张。

【涉密成果管理】

山西省测绘地理信息局对太原、长治、大同等市卫星导航定位基准站涉密测绘成果的保管和使用情况进行排查。在全省测绘资质单位巡查工作中，重点对各抽查单位的涉密测绘成果保管和使用情况进行检查，对发现的问题提出整改意见，限期整改。

【测绘保密培训】

山西省测绘地理信息局落实测绘成果核心涉密人员管理制度，全省共举办涉密测绘成果管理人员岗位培训班2期，培训人员共341人，通过考试并取得证书339人。组织有关单位参加国家测绘地理信息局举办的全国第九期涉密测绘成果管理人员培训班。

【测量标志管理】

山西省测绘地理信息局完成芮城县西陌乡上庄村D级GPS点上庄村迁建、大同市矿区房地产开发公司三等水准点Ⅲ－007迁建、太原市城市建设管理中心三等三角点马练营迁建等测量标志迁建行政审批9件，共迁建测量标志10座。按照山西省发展和改革委员会《关于印发〈山西省行政许可和行政处罚等信用信息公示工作实施方案〉的通知》规定，录入山西省信用信息共享平台。

完成大同市云冈石窟景区（5A级景区）和运城市芮城县永乐宫景区（4A级景区）景观型测量标志建设。完成朔州市测量标志普查和警示牌维修工作。

【应急保障】

5月12日，山西省测绘地理信息局参与省国土资源厅在晋中市平遥县赵家山村组织开展的突发滑坡应急演练。6月18日凌晨，太原市清徐县李家楼村一废弃采石场发生山体滑坡险情，根据省应急测绘预案快速响应要求，山西省测绘地理信息局立即派出应急监测人员、监测型无人机、应急监测车赶赴现场，圆满完成险情处置工作。

地理信息产业

【发展地理信息重点领域】

11月3日，在山西省发展和改革委员会的牵头组织下，山西省测绘地理信息局和山西长娥北斗导航数据服务有限公司签署开展山西省北斗地基增强系统建设战略合作框架协议。根据协议，山西省测绘地理信息局积极推进山西省连续运行基准站网改造，实现对北斗的兼容，统筹规划省级北斗地基增强系统基准站的选址和建设，构建省级北斗地基基准站（网），为各类用户提供位置服务数据。统筹指导企业参与北斗地基增强系统建设，积极推动北斗应用产业化。依据《国家测绘地理信息局关于规范卫星导航定位基准站数据密级划分和管理的通知》及有关建设、服务的技术标准与规范，指导、监督企业开展卫星导航数据服务，健全市场监督管理机制。

【优化产业发展环境】

为贯彻落实《国务院办公厅关于促进地理信息产业发展的意见》和山西省人民政府办公厅《关于促进地理信息产业发展的实施意见》（晋政办发〔2014〕69号）提出的“建立地理信息及相关产业单位名录库”要求，山西省测绘地理信息局于3月下旬至5月上旬开展全省地理信息产业单位名录库的核查认定及补充完善工作。最终核查认定单位数为386家，其中测绘地理信息服务类335家、测绘地理信息硬件制造与软件开发类5家、测绘地理信息产业配套服务类46家。

科技与标准化工作

【科技项目与科技奖励】

山西省测绘地理信息局参与完成的“国家数字城市地理空间框架技术体系构建与应用”获国家科学技术进步奖二等奖；山西省测绘工程院完成的“高精度数字高程模型技术体系构建及其规模化应用”项目获山西省科技进步奖二等奖；山西省基础地理信息院完成的“高动态公路移动测量关键技术及工程示范”获中国测绘地理信息学会2016年测绘科技进步奖二等奖；山西省测绘工程院完成的“大规模卫星导航定位基准站网精密数据处理方法及其应用”项目获2016年卫星导航定位科技进步奖特等奖；山西省测绘工程院完成的“山西省地理国情普查技术体系研究”项目、山西省遥感中心完成的“数字长治地理空间框架建设”项目均获2016年中国地理信息科技进步奖三等奖；山西省测绘工程院完成的“数字大同地理空间框架建设”项目、山西省基础地理信息院完成的“山西省吕梁市第一次全国地理国情普查”项目均获2016年中国地理信息产业优秀工程奖金奖；山西省地图院完成的“朔州市在线触控式领导工作用图信息系统”项目获2016年全国优秀测绘工程奖银奖；山西省综合地理信息中心编制的《山西省森林资源地图集》获2016年优秀地图作品裴秀奖金奖；山西省地图集编纂委员会办公室编制的《山西省能源地图集》、山西省地图院编制的《山西省县域经济发展地图集（11地市卷）》均获2016年优秀地图作品裴秀奖银奖；山西省地图集编纂委员会办公室编制的《山西省民俗地图集》、山西省地图院编制的《山西省三个文化地图（廉政、法治、红色）》均获2016年优秀地图作品裴秀奖铜奖。

【标准化工作】

山西省测绘地理信息局参与国家和行业标准修订工作。向国家测绘地理信息局报送山西省测绘计量“十二五”工作成果汇报材料。多次组织局属单位技术骨干研究讨论，对《1∶2.5万、1∶5万光学测绘卫星遥感影像产品（征求意见稿）》《数字城市地理信息公共平台服务接口规范（征求意见稿）》《时空政务地理信息术语（征求意见稿）》和《时空政务地理信息应用服务接口技术规范（征求意见稿）》等多项国家和行业标准征求意见，并及时进行反馈。在全省测绘地理信息质量监督检查中，将测绘标准执行情况作为专项，对测绘业务范围现行标准配备、标准受控情况、标准培训、项目引用技术标准、技术设计书、技术总结、检查报告与标准符合情况等进行全面检查。

地市级测绘地理信息工作

【太原市】

太原市国土资源局积极推进重点工作。数字太原成果已在全市36个部门得到应用，开发地理信息应用系统36个。按照国家测绘地理信息局“智慧城市”时空信息云平台建设实施方案要求，争取市财政资金1500万元，完成政务网、公众网“智慧太原”时空信息云平台建设项目软件体系及智慧城市管理、智慧公共交通2个应用示范建设，完成阶段性验收。购买街景采集设备，对太原市街景进行360°实景影像数据采集工作。

完成市、县“十三五”基础测绘规划编制及组织落实工作。编制年度基础测绘计划，加快市、县基础测绘更新。编制的《太原市基础测绘“十三五”规划》于9月10日通过专家组评审，已上报市政府。落实基础测绘经费400万元，对市区20平方千米1∶500地形图进行修补测。全年为太原市城市规划、道路改造、地名普查、城中村改造等重点工程项目提供地形图、影像图等测绘地理信息数据约1.1万平方千米，服务产值近3680万元。

实施太原市现代测量控制基准建设及似大地水准面精化项目。在太原市原有平面成果资料和水准、重力资料等传统测绘成果基础上，布设覆盖全市域集平面、高程、重力场信息于一体的综合性基础控制网。建设并维护覆盖全市域的测量控制网以及坐标系统，建立统一的太原市现代测绘基准体系。完成太原市基础地理信息数字成果在1980西安坐标系与2000国家大地坐标系、太原市2006独立坐标系的相互转换。

会同市国家保密局等部门成立联合检查组，在全市范围内开展国家秘密测绘地理信息成果生产、保管情况检查。检查成果使用单位75家，发现存在的保密问题8项，对检查中发现问题的7家单位进行现场整改，督促完善测绘地理信息成果保密管理制度，对问题较为严重的1家单位下发整改通知书，责令限期整改，明确整改重点内容和整改目标进一步规范保密管理工作。

加强测绘地理信息应急保障能力建设，以太原市国土资源勘测中心、太原市基础地理数据中心为主，成立太原测绘应急保障队伍，购买无人机、地面操控站、快速出图设备。组织地质灾害及突发事件测绘应急演练2次，出动测绘应急保障人员43人次。

【晋城市】

晋城市共有测绘地理信息管理人员20人。晋城市国土资源局紧紧围绕全省测绘地理信息工作要点和山西省测绘地理信息局下达的目标任务，认真安排部署，全力推进各项目标任务的实施。

市、县测绘地理信息工作统一纳入国土资源管理工作目标考核，实行同部署、同检查、同考核。全年对各县测绘地理信息工作进行4次督促检查，在地图市场检查、测绘资质巡查、测绘成果质量监督检查、测量标志巡查中，加强监督指导，促进各项工作规范运行。联合市工商行政管理局、市国家保密局等部门，全年开展12次测绘行政执法专项检查。

组织参加国家测绘地理信息局举办的2期地图审核培训，智慧城市建设培训和山西省测绘地理信息局举办的地图审核培训。举办全市测绘地理信息行政执法人员培训班，对市、县（市、区）国土资源局的测绘地理信息行政执法人员共30多人进行培训。

全市1∶1万基础测绘成果实现全覆盖，C、D级GPS基础控制网覆盖全市。制订印发应急保障预案。

向有关部门无偿提供GPS控制点60个，1∶500基础测绘成果3000多幅，主要用于城市规划和省、市重点工程建设。

地方社团工作

【山西省测绘学会】

根据《关于在全省范围内开展山西省青少年科技创新大赛指导专家推荐工作的通知》，山西省测绘学会向省科学技术协会推荐8位专家，进入山西省青少年科技创新大赛专家库。12月10日—20日，组织“‘家’的温馨，节日的问候”为主题的2016年中国科学技术协会会员日活动，受到省科学技术协会5000元奖励。

【山西省地理信息系统协会】

4月27日，山西省地理信息系统协会和北京吉威时代软件股份有限公司在太原联合举办“测绘地理信息新动向、新需求、新技术”交流会，180多人参加。9月29日，联合举办“2016年徕卡监测解决方案研讨会”，60多人参加会议。

【山西省测绘行业协会】

3月25日，山西省测绘行业协会协助广州南方测绘科技股份有限公司举办题为“地理信息+南方新生态”的测绘用户大会，来自各测绘部门、企事业单位的600多人参加会议；5月12日，与北京超图软件股份有限公司在太原市联合举办2016山西智慧城市建设与应用技术研讨会，300多人参加会议；9月28日，与上海华测导航技术股份有限公司联合举办2016测绘行业设备应用及解决方案研讨会；12月17日—18日，协助中国测绘地理信息学会工程测量分会举办测绘项目管理实务操作培训班。

内蒙古自治区

概况

2016年，内蒙古自治区测绘地理信息工作深入贯彻党的十八大和十八届三中、四中、五中、六中全会精神，按照国家测绘地理信息局的部署和局长库热西·买合苏提提出的“全力做好测绘地理信息服务保障，大力促进地理信息产业发展，尽责维护国家地理信息安全”的总要求和“围绕中心、服务大局”的总体工作思路，继续投入测绘地理信息工作经费1亿元，大力推进“构建数字内蒙古、监测地理国情、壮大测绘地理信息产业、建设测绘强区”等各项业务工作。

科学编制“十三五”事业发展规划，起草《内蒙古自治区测绘地理信息事业发展第十三个五年规划（2016—2020年）》，充实了行业监管、行业审批、产业发展等相关内容。制定出台了《内蒙古自治区测绘地理信息局项目库建设方案》和《内蒙古自治区测绘地理信息局测绘项目预算评审方案》，筛选入库项目105个，项目资金预算10亿多元。为自治区“一带一路”、中俄蒙经济走廊、国家向北开放桥头堡、生态文明建设等重大发展战略，提供测绘地理信息服务。

党的建设与人才队伍建设

【党的建设】

内蒙古自治区国土资源厅深入开展“两学一做”学习教育，制定了实施方案和学习计划，全面加强全系统各级领导班子和干部队伍建设，加强基层党组织建设，突出厅党组中心组的引领作用，全面开展党员干部学习教育活动，对全系统科级以上干部及专业技术人员进行轮训。组织赴井冈山、延安、韶山等教育基地接受革命传统教育。结合工作学习实际撰写体会文章，研讨交流。厅系统处级以上干部完成了110学时的学习任务，其他干部完成了90学时的脱产培训。自治区测绘地理信息局班子成员每人负责一个基层党支部，指导基层党建工作，并以普通党员身份参加支部学习讨论。开辟了新媒体学习阵地，建立了不同主题的微信群，让正能量占领新媒体阵地。7月1日，内蒙古自治区测绘地理信息局召开了纪念建党95周年暨先进事迹报告会，贯彻落实中央、自治区党委纪念建党95周年大会的会议精神。组织出版了《回顾党的光辉历程——内蒙古发展建设成就系列地图》，向中国共产党成立95周年献礼。组织局属各单位召开2016年上半年党建工作“联述联评联考”述职报告会。十一前夕，举办了“迎国庆不忘初心”“两学一做”学习教育读书心得交流会和“中国梦·劳动美”2016年全区首届地图制图职工职业技能比赛。举办了“不忘初心、坚定信念、振兴国土、继续前进”演讲比赛。

【党风廉政建设】

内蒙古自治区国土资源厅贯彻全面从严治党要求，严格落实主体责任、纪检的监督责任，认真履行“一岗双责”，抓好中心组学习工作，全年召开多次党组、党委（扩大）会议，专题研究党建和党风廉政建设工作，传达学习习近平总书记等领导的讲话精神和各类规章制度，并提出具体落实要求。召开全系统党建和党风廉政建设工作会议，与所属单位党组、党委（总支）签订了党风廉政建设责任书，推动党风廉政建设主体责任和监督责任落实。开展系统内部审计工作，严格规范财务管理。同时，认真开展国有资产清查工作，进行调查摸底，并对国有资产现状，特别是对仪器设备完好程度、利用水平作出评估，提出加强管理、充分发挥作用的具体措施；对因职能调整、使用效率不高的国有资产进行合理调配使用。

【精神文明建设】

内蒙古自治区国土资源厅、自治区测绘地理信息局积极落实帮扶举措，深入帮扶点进行调查研究，参与制定脱贫项目规划，帮助嘎查农牧民改善生产生活条件。召开脱贫专题会议，研究制定脱贫工作方案，建立扶贫工作机制，确定了帮扶资金和帮扶项目，运用测绘地理信息职能和行业资源做好延伸帮扶工作。自治区测绘地理信息局全年累计投入帮扶资金近50万元，派出专业队伍对厅、局帮扶点分别进行信息采集，建立了一个完整的扶贫地理信息平台。

【人才队伍建设】

内蒙古自治区航空遥感测绘院航测一室和测绘院柴玉坤分别获得“全国测绘地理信息系统先进集体”“全国测绘地理信息系统先进工作者”称号，柴玉坤还作为全区国土资源系统优秀职工代表参加了自治区第十次党代会；基础地理信息中心档案资料科被自治区总工会授予“全区五一巾帼标兵岗”称号；局系统2名科技人员分别获得国家测绘地理信息局青年学术和技术带头人、第十届内蒙古自治区青年科技奖、“草原英才”工程后备人选等荣誉；1人入选全国第二届感动测绘人物候选人；在自治区地理国情普查竞赛中，测绘院、地图院获得内蒙古“五一劳动奖状”，3人获得内蒙古“五一劳动奖章”。

严格按照民主推荐、组织考察、集体讨论决定等程序，提任了测绘地理信息系统8名副处级以上干部。自治区测绘地理信息局公开招聘了18名工作人员，引进了1名博士研究生。

法制建设与市场监管

【法制宣传】

借助“4·22”世界地球日，内蒙古自治区国土资源厅组织开展了为期一周的世界地球日科普宣传活动，在内蒙古师范大学设置测绘地理信息科普宣传点以宣传栏、传单等多种形式，宣传测绘地理信息知识。

8月29日，内蒙古自治区测绘地理信息系统所有单位，以摆放展板、悬挂横幅、张贴海报、发放材料等多种宣传方式，开展2016年测绘法宣传日活动。围绕宣传主题扩大宣传声势，向过往市民发放《呼和浩特城区图》《20世纪70年代前呼和浩特（旧城）街区图》等宣传材料，向市民宣传测绘法并提供咨询服务。共发放材料400多份。

【市场监管】

内蒙古自治区国土资源厅安排专项经费对全区143家甲、乙级测绘资质单位开展质量监督检查；对全区范围的测绘资质单位开展信用信息征集工作；开展全区测绘地理信息资质巡查工作，共完成523家测绘资质单位的自查，355家测绘资质单位的抽查。开展了行政许可审批双公示工作，及时公布审批结果。

【“放管服”改革】

内蒙古自治区国土资源厅简化了厅属事业单位和长期合作单位索取涉密测绘成果资料的程序。在测绘成果资料提供过程中认真遵守保密规定并做好跟踪管理工作，首次提供9项材料经过审核后，再申请使用成果时只需提供4项材料即可办理。同时开通了网上测绘成果审批系统，让“用户少跑腿，数据多跑路”。

基础测绘

【基础测绘】

内蒙古自治区全年投入基础测绘经费10770万元，安排1:1万地形图测绘1497幅，1:1万地形图更新200幅，新增1:1万地形图覆盖3.2万平方千米。

【航空航天遥感影像获取与应用】

内蒙古自治区测绘地理信息局完成阿日哈沙特、额布都格口岸6026平方千米卫星立体影像获取项目，兴安盟科右前旗1.5万平方千米航空彩色数码航摄项目，察哈尔右翼中旗、乌海市海南经济开发区、巴彦淖尔市（临河区）、牙克石市、扎兰屯市、阿荣旗、鄂尔多斯市（康巴什）、乌兰察布市（集宁区）、翁牛特旗（乌丹镇）、克什克腾旗（经棚镇）、莫力达瓦达斡尔族自治旗、土默特左旗的倾斜摄影工作，摄影面积达615平方千米。

【智慧城市、数字城市建设】

数字二连浩特、呼伦贝尔、阿拉善、兴安盟地理空间框架和建设项目通过验收，实现了多部门信息的共享交换，为当地政府决策提供了测绘地理信息技术支持。数字翁牛特旗建设完成，建立了多尺度地理信息空间数据库和地名地址数据库，搭建了翁牛特旗地理信息公共平台，开发了地籍管理信息系统、国土执法监察信息系统、城市规划三维管线管理信息系统、数字城管信息系统、旅游地理信息系统和“天地图·翁牛特旗”。

智慧察哈尔右翼中旗建设项目完成了调研、技术设计、倾斜航空摄影、中小比例尺地理信息数据库建设和影像数据的切片工作，以及城市三维建模、大比例尺地理信息数据库建设、服务平台建设完成智慧四子王旗、智慧土默特左旗建设工作，为政府科学管理奠定基础。

【质量管理】

内蒙古自治区测绘地理信息局局属各单位开展质量检查培训，要求在项目实施前针对技术质量要求对项目制定全面、详细、严密的质量检查方案。严格执行“两级检查、一级验收”制度，实行在生产过程中按项打分评定质量的方法，并在项目进行中实时监督检查，随时掌握生产质量动态，确保项目质量按计划有效落实。

【安全生产】

内蒙古自治区测绘地理信息局召开了 2 次保密工作专题会议；成立了安全生产工作领导小组和专项检查组，制定了《安全生产检查工作方案》，开展了 2 次保密和安全生产大检查，编制了《测绘安全手册》；印发了《2016 年“安全生产月”活动方案》，以“安全生产月”活动为契机，组织开展了安全生产主题讲座、安全知识教育培训和应急演练。将保密和安全生产工作作为“一把手”工程，局领导多次深入测区一线，检查指导保密和安全生产工作，把工作任务层层分解落实到岗，建立了安全员制度，强化监督检查，严格把关，杜绝事故发生。

地理国情监测

内蒙古自治区测绘地理信息局利用地理国情普查数据，开展自治区主体功能区试点、呼伦贝尔草原北部沙带生态、呼和浩特市城市形态变化、大青山南坡生态、鄂尔多斯市露天煤矿生态环境和河套—土默川平原农业发展等 7 个监测试点项目，编制了成果研究分析报告。

不动产测绘

【地籍测绘】

内蒙古自治区测绘地理信息局完成武川县 1:2000 地形图测绘工作；完成林西县 1:1000、翁牛特旗 1:2000 地形图控制测量任务；完成“气化赤峰”南线输气管道工程 1:1000 地形图测绘约 180 千米；完成呼伦贝尔市阿荣旗 42 万亩农村土地承包经营权确权登记发证项目；完成呼和浩特市玉泉区、赛罕区、回民区，乌兰察布市察哈尔右翼前旗，额尔古纳市等地区的第二次地名普查任务；完成磴口县不动产登记发证工作，建立了地籍档案管理数据库。

【行政区域界线测绘】

内蒙古自治区测绘地理信息局配合自治区民政厅，与黑龙江省测绘地理信息部门共同完成蒙黑界碑调查更换放样测绘任务，完成蒙甘争议界线内的地面附着物调查工作及成果整理工作。

【地下管线测绘】

内蒙古自治区测绘地理信息局完成科尔沁右翼中旗地下管线成果资料整理工作，完成翁牛特旗新区 120 千米的地下管线探测和三维管理信息系统建设任务，完成扎赉特旗约 500 千米管线探测，开展三维地下管线系统建设任务。

地图管理与地图服务

【地图管理】

内蒙古自治区国土资源厅组织 12 个盟市国土资源局对全区 32 个地图市场进行了专项检查。全年审核发放审图号 27 个。

【地图编制与出版】

内蒙古自治区测绘地理信息局编制完成《内蒙古建设国家向北开放桥头堡和沿边经济带规划工作用图》和《中国“一带一路”中的内蒙古丝绸之路经济带》，编制了“一带一路”系列工作地图，主要展示“一带一路”当前工作的重点方向、重点项目、主要国别和地区，反映“六大走廊”“六大路网”等信息，突出表现中蒙俄经济走廊规划建设项目中与自治区相关的重点线路和重点项目。研发了“十个全覆盖”工作用图，编制完成全区 103 个旗县地图，首次将 4.8 万个行政村和自然村标注在地图上，编制了使用图件的分析报告。编制了《回顾党的光辉历程内蒙古发展建设成就系列地图》《呼伦贝尔市交通旅游图》和《锡林郭勒盟交通旅游图》，丰富了《内蒙古历史沿革图集》和《内蒙古自治区地势图》内容。

【地图服务】

内蒙古自治区测绘地理信息局为自治区党委政府提供了 100 多次专项测绘地理信息服务。与自治区住建、司法、环保、农牧业、气象、审计等部门签订了地理信息数据共建共享协议。编印和提供了自治区 12 个盟市、各旗县区 120 多幅地图以及政区、矿产分布、交通等各类工作用图。

测绘地理信息成果管理与应用

【测绘服务保障】

内蒙古自治区测绘地理信息局编写了 34 份测绘地理信息服务保障成果研究分析报告，报告内容涉及自治区“一带一路”、中俄蒙经济走廊、国家向北开放桥头堡、“十个全覆盖”工作、主体功能区、脱贫攻坚、生态文明建设等重大发展战略。为党委农牧办制作了《内蒙古自治区党委农牧办重点工作电子手册》；为司法厅开发了内蒙古司法厅应急指挥一体化平台，建立司法厅行政信息综合数据库，形成内蒙古自治区司法厅应急指挥电子地图支撑平台。为开展自然资源审计、中俄东线天然气管道向我区东部地区供气建设、第二次全国地名普查、内蒙古农村土地承包经营权确权登记、呼和浩特轨道交通、呼和浩特新机场迁建、赛罕区断头路贯通、扎赉特旗地下管网建设等工程提供了测绘地理信息保障服务。

【“天地图·内蒙古”建设与应用】

新版“天地图·内蒙古”整合了内蒙古自治区最新、最全的基础地理信息数据，更新了部分影像数据、地名地址。在数据服务上，实现了公众所需的矢量地图、影像地图浏览、POI 分类查询、旅游景点查询、周边查询等常用功能。向社会公众提供了地理信息浏览查询等服务和开发接口，发布了开放的 SDK，用户可结合自身需求，快速开发本行业的业务系统。在服务发布方式上，新增了自治区新农村建设展示系统及测绘成果检索系统 2 个应用平台；完善了新闻动态、资源服务、资料下载等系统功能；增加了更多兴趣点标注，更新了公交线路计算方法，优化了电子地图搜索方法；针对个性化需求，定制了图层内容，用户可自行选择分层显示。

【成果汇交与分发】

内蒙古自治区测绘地理信息局全年完成 2128 幅数据处理工作，接收资源三号卫星影像数据 9260 景。向社会各界提供航摄影像数据 2.6 万多片、航摄相片 4000 多片；各类比例尺地形图近 7000 张；水准点 1 万多个。

【测量标志管理】

内蒙古自治区测绘地理信息局完成呼伦贝尔地区 100 个 CGPS 级点、4000 千米三等水准测量，为中俄东线天然气管道建设提供了有效的测绘保障。完成 161 个全球导航卫星连续运行参考站综合服务网站点的维护工作。

【应急保障】

内蒙古自治区测绘地理信息局印发了《内蒙古自治区测绘地理信息局应急测绘保障服务工作预案》。继续开发内蒙古自治区应急地理信息平台，在一期工作的基础上，开发了数据更新维护和三维应用子系统，利用地理国情普查数据丰富了应急资源专题数据和全区卫星影像；更新了平台的二期数据，完成自治区主要道路的地理实体制作等，为自治区防灾减灾、应对突发事件、抢险救援提供了测绘地理信息保障，该平台已在自治区政府办公厅运行。积极开展应急无人机演练，全年共完成 55 架次的航拍飞行任务，总飞行距离约 1500 千米，飞行时间 15 小时，覆盖面积约 511 平方千米，成果影像数据 1.2 万多张，总数据量近 200GB。

科技、标准化与共建共享

【科技创新体系建设】

内蒙古自治区测绘地理信息局分层级召开了多次座谈会，分析局系统科技创新工作的优势和短板，提出了具体工作建议，积极探索研究科研人员奖励机制、统筹科技资源配置机制、深化创新平台机制，进一步打通成果转化通道，激发科研人员创新积极性，营造宽松的科技创新环境。

【科技项目与科技奖励】

内蒙古自治区测绘地理信息局制定了测绘地理信息科技创新发展意见，以院士专家工作站为科技创新平台，推进基础性和应用性测绘地理信息技术服务攻关，研究制定了院士专家工作站工作方案，列出 14 项研究专题，其中利用合成孔径雷达干涉测量（InSAR）技术完成包头市地面沉降监测数据处理及分析工作，填补了自治区在该领域的研究应用工作空白；呼伦贝尔市自然资源数据库管理系统建设试点研究、全区生态环境监测与应用研究和内蒙古“智慧城市”建设研究项目，第一次列入自治区科技重大专项和科技创新引导项目，申请财政支持的科研专项经费 340 万元。“内蒙古高精度空间定位和数字高程基准建立的技术及其应用”项获 2016 年地理信息科技进步奖一等奖；“内蒙古自治区 68 个旗县政府所在地高分辨率航空摄影”项目获2016年全国优秀测绘工程银奖。

【标准化工作】

内蒙古自治区测绘地理信息局积极推动自治区测绘地理信息标准化建设，成立了测绘地理信息标准化技术委员会，开展了《高精度全站仪精密三角高程代替二等水准操作规程》等地方标准编制工作。

【合作与共建共享】

内蒙古自治区测绘地理信息局与陕西测绘地理信息局、国家测绘地理信息局重庆测绘院签署了协同发展战略合作协议，制定了组织实施的具体措施；与中国测绘科学研究院签署战略合作协议；与内蒙古师范大学、内蒙古农业大学建立了合作意向，积极与自治区各委办厅局、地勘单位、盟市国土局进行测绘地理信息基础项目和服务对接。

地方社团工作

【内蒙古测绘学会】

内蒙古测绘学会被自治区民政厅评为5A级学会，被自治区科协评为年度承接政府转移职能试点和服务创新能力提升专项示范学会，并获得专项奖励。申报的内蒙古自治区测绘地理信息局院士专家工作站，被中国科协评为示范性院士专家工作站，是内蒙古自治区唯一一家院士专家工作站示范单位。

积极组织开展多种形式的学术交流活动，举办了测绘地理信息新产品、新技术成果推广应用交流会、2016测绘地理信息高峰论坛等活动。组织部分会员单位代表参加了2016年海峡两岸测绘技术交流与学术研讨会。

积极承接政府转移职能，《内蒙古“智慧城市”建设研究课题》获批立项。与内蒙古农业大学、内蒙古师范大学就“巴彦淖尔市乌梁素海实地水禽自治区自然保护区实地环境动态检测”“呼和浩特市城市形态变化监测”两个项目签署地理信息共享合作框架协议。组织评选出2016年内蒙古测绘科技进步奖和优秀测绘工程奖，获奖项目33项。与内蒙古农业大学在呼和浩特市承办了全国高等院校大学生“天宇杯”测量技能竞赛，来自全国各院校师生共1000多人参加了竞赛。组织会员单位参加由中国水利学会、中国测绘地理信息学会等9个全国学会开展的“生态文明，我知我行，创新驱动，我们先行——第二届资源环境与生命科技创新网络大赛”系列活动，并获优秀组织单位三等奖。

更新了测绘专家数据库、评审专家库，完成新一轮智库建设。按照学科分类，细化了专家数据库分类，为自治区在测绘机构评价与政府采购、决策咨询等方面提供了人才资源。

全年召开理事长会议两次，常务理事会议1次、理事会议1次。

办好《内蒙古测绘》期刊，积极组织稿件，不断更新栏目内容，新增了“测绘大讲坛”栏目，连续选编反映上一年度测绘学科发展前沿的报告。

辽宁省

概况

2016年，辽宁省测绘地理信息局在全国省级测绘地理信息行政主管部门2016年度测绘地理信息工作绩效考核中，连续第二年被评为特色工作创新单位。以“两学一做”学习教育为契机，认真落实“四个全面”的要求，从严加强党的建设和廉政建设，发挥党组织的核心作用，强化“四个意识”的理念，严格贯彻落实党建工作责任制，发挥党建工作的核心作用，大力推进党风廉政建设工作，局机关被辽宁省省直机关工委评为2014—2016年度省直文明机关，局机关党委被评为辽宁省省直机关2012—2015年度先进党委。

开展《测绘法》及相关法律法规宣传活动。开展测绘产品质量抽检、地图市场大检查，独立设置行政审批处，进驻省政府行政审批大厅，按期完成测绘资质申请业务审查、报批和公示工作。

落实重点建设项目，全面推进辽宁省测绘地理信息发展“十三五”规划实施，组织开展调研论证和实施方案的细化分解工作，为辽宁省“十三五”期间的测绘地理信息工作做好全面准备。

基础测绘工作稳步推进。按期完成辽西测区1240幅1:1万地形图更新与入库，开展倾斜航空摄影及三维影像模型制作生产，利用机载Lidar获取三维激光点云数据并进行高精度数字高程模型生产，开展1:2000水下测量和1:5000沿海潮间带滩涂地形图测绘工作，建成辽宁省国产卫星快速接收系统。完成辽宁省14个地级市数字城市地理空间框架建设工作，建成专题应用系统157个。

地理国情普查数据库建设圆满完成，推进地理国情监测工作常态化。全年开展辽宁省海域现状监测与沿海经济带开发空间潜力分析评估等10个地理国情监测项目，推进地理国情监测工作“进法律、进职责、进预算”。

加强地图市场监管，强化版图意识教育。成功举办辽宁赛区“美丽中国”第三届全国国家版图知识竞赛和少儿手绘地图大赛，多次组织开展国家版图意识“进学校、进社区、进媒体”活动，被国家测绘地理信息局评为全国版图知识大赛优秀组织单位。

推进“天地图”节点间的数据融合和母库建设，开展“天地图·辽宁”2016版和移动版建设，推动“天地图”面向辽宁省政府和专业部门的应用。完善测绘成果安全保密监管机制，严格进行测绘档案保密考核，组织建设数据加密系统。开展辽宁省应急测绘保障能力建设，完善应急测绘保障体制机制，成立辽宁省应急测绘保障领导小组和辽宁省应急测绘保障办公室。

推进辽宁测绘地理信息科技发展纳入地方规划、北斗卫星系统导航定位服务等测绘地理信息技术研究、测绘地理信息科学技术市场化应用。

党的建设与人才队伍建设

【党的建设】

辽宁省测绘地理信息局制定《2016年直属机关党建工作要点》和《局党建工作考核责任制方案》，部署全年党建工作。组织开展党员党组织关系排查工作，完成全局400多名党员党费交纳检查和补交工作，部署党支部建设规范年活动，完成全局36个基层党组织换届选举工作，组织局系统党员发展工作和党支部书记述职述廉民主评议工作。

认真组织开展“两学一做”学习教育，制定全局学习计划、中心组学习计划和学习教育活动实施方案。组织局系统全体党员学习习近平总书记系列重要讲话精神、《中国共产党章程》《中国共产党纪律处分条例》和有关文件，组织开展党组书记讲党课，班子成员到所在支部讲党课，机关处长和直属单位领导按要求完成党课教育，深刻领会“两学一做”学习教育的重大意义，把思想统一到中央和省委省政府的决策部署上来。

【党风廉政建设】

辽宁省测绘地理信息局加大党风廉政建设工作的落实力度，制定《省测绘地理信息局基层党组织落实党风廉政建设主体责任和监督责任实施细则(试行)》《党风廉政建设工作考核责任制》等规则，分解细化党风廉政建设工作，主要领导是第一责任人，领导班子成员根据工作分工对职责范围内的党风廉政建设负领导责任，全面推动局系统党风廉政建设工作。切实履行廉政教育责任，组织局机关各支部学习《习近平关于严明党的纪律和规矩论述摘编》，撰写心得体会文章，组织局系统党员干部开展《中国共产党廉洁自律准则》和《中国共产党纪律处分条例》答题活动，通过廉政教育，提高党员干部拒腐防变能力，增强廉政意识。积极履行严明纪律、监督执纪责任，按照监督执纪“四种形态”的要求，加强对党员干部严守党的政治纪律和政治规矩执行情况的监督检查，主动约谈下级党组织和纪检机构主要负责人，不定期对直属单位履行监督责任情况进行监督检查。

【精神文明建设】

辽宁省测绘地理信息局高度重视政务信息宣传工作。在习近平总书记给国测一大队老队员老党员回信一周年之际，及时向辽宁省委报送贯彻落实习近平总书记回信精神的报告，以及关于加强国家版图意识宣传教育工作情况，均被省委《辽宁今日重要信息》采纳，并转报至中共中央办公厅秘书局。全年向辽宁省委、省政府报送政务信息200多条，获得省委、省政府信息处的高度评价，其中在报送省委主要领导的刊物上发布政务信息6条，在省政府《每日信息》刊物上发表政务信息3条。全年在电视台、报刊、网站等新闻媒体上，宣传报道地理国情普查、国家测绘地理信息局60周年宣传活动、“两学一做”学习教育等900多篇（次）。在辽宁电视台播出地理国情普查系列宣传报道水资源篇、耕地篇、森林篇、湿地篇、地理国情监测篇等专题节目。

【人才队伍建设】

辽宁省测绘地理信息局及时向国家测绘地理信息局反馈辽宁省人才调研情况。贯彻落实《测绘地理信息人才发展“十三五”规划》指导思想，开展编制辽宁“十三五”测绘地理信息人才发展规划的年度任务分解落实工作。制定培训计划并报辽宁省委组织部、省人力资源和社会保障厅、省公务员局备案，推进将测绘专业培训纳入辽宁省公务员局、省行政学院培训体系。按培训计划统一抽调全省各部门、市县测绘地理信息工作者参加培训，为人才队伍建设提供政策保障。通过挂职锻练等方式，多方面培养人才。依托国家测绘地理信息局党校、辽宁省委党校等培训机构，加强局管干部教育培训工作，组织局管干部参加各类培训，开展在线学习，每人全年学习不少于40课时。开展职业技能鉴定工作，举办2期中级工程测量员技能鉴定培训班，鉴定189人。完成注册并及时发放注册测绘师证件和签章87个，及时更新注册测绘师相关信息。截至2016年底，局系统有国家测绘地理信息局青年学术和技术带头人2人，辽宁省“百千万人才工程”百层次级别人才1人、千层次级别人才3人、万层次级别人才12人，享受国务院特殊津贴人才3人。

法制建设与市场监管

【法制建设】

辽宁省测绘地理信息局起草《辽宁省遥感影像资料管理规定》(草案)，在辽宁省直各厅局、各市级测绘地理信息主管部门、局系统内完成2次意见征求，并报送至辽宁省人民政府法制办公室。成立《辽宁省测绘条例》修订工作小组，起草《辽宁省测绘条例》修改的必要性和可行性情况说明，起草并印发3个规范性文件。协助国家测绘地理信息局做好《中华人民共和国测绘法》(以下简称《测绘法》)修订的论证和调研工作，向辽宁省人民代表大会常务委员会环资城建委、省政府法制办公室等部门汇报《测绘法》修订进展情况。

【法制宣传】

8月29日，辽宁省测绘地理信息局在辽宁省委、省政府、局测绘基地以及企事业单位等多个地点设立宣传点，并通过悬挂宣传横幅、张贴宣传海报、搭设宣传展板、发送印有测绘地理信息法律知识的交通旅游地图和法律法规宣传材料等形式向市民进行宣传，在局门户网站、官方微博、官方微信平台等登载测绘法律法规条款、宣传主题口号等宣传内容。直属单位以及各市测管部门均按照统一安排部署在政府机关、企事业单位以及乡镇街道等宣传点开展宣传活动。全省共设宣传点300个，发放测绘法律法规规章2万本、地图1.5万张、宣传手提袋1万个，悬挂宣传横幅100个，搭设宣传展板300块。开展《地图管理条例》学习，培训测绘地理信息行政管理人员180多人。

【综合执法】

辽宁省测绘地理信息局与省国土资源部门探讨研究建立联合执法机制，联合举办执法培训，针对特定案件开展联合执法。组织开展全省测绘地理信息执法人员资格考试，确保执法人员合法性，落实执法职责，明确省、市级测绘地理信息行政主管部门行政处罚的分类范围。与国家安全、保密、工商等相关部门建立健全信息共享、案情通报、案情移送制度，整合执法资源，发挥执法合力。开展测绘产品质量抽检、地图市场大检查，建立违法、失信行为记录跟踪，通过市场巡查和质量抽查，发现1起涉嫌测绘违法案件，并及时进行查处。

【依法行政】

《辽宁省测绘地理信息局贯彻落实〈法治政府建设实施纲要(2015—2020年)〉实施方案》出台，提出依法规范行政审批行为等31个方面的主要工作任务和具体措施，明确各项任务时间节点。辽宁省测绘地理信息局受理法人或其他组织需要利用属于国家秘密的基础测绘成果审批195项，办结194项；受理地图审核76项，办结40项；受理拆迁永久性测量标志或者使永久性测量标志失去效能审批1项，办结1项；受理全省重要地理信息数据发布审核2项，办结1项。

【“放管服”改革】

按照辽宁省政府要求，辽宁省测绘地理信息局独立设置行政审批处，将7项行政审批职能全部归集到行政审批处集中办理，进驻省政府行政审批大厅，在省政务服务网向社会公开权力清单。完成局网上审批平台与省政务服务中心网上审批平台对接，实现网上审批和审批大厅外无审批，缩短审批时间。与辽宁省工商等部门联系，将测绘监管有关事项列入全省对市场主体事前、事后监管目录。

【测绘资质管理】

辽宁省测绘地理信息局受理完成58家单位测绘资质申请业务审查、报批和公示工作，按要求向国家测绘地理信息局转报8家申请甲级测绘资质业务单位的材料。4月起，根据“双随机一公开”的有关要求，对全省测绘单位测绘资质、质量体系、成果质量、项目备案、市场活动等情况展开检查，注销不符合要求的测绘资质单位16家、降低测绘资质等级2家、核减业务范围5家，28家单位对检查中发现的问题进行了整改。

【信用管理】

7月，辽宁省测绘地理信息局将全省甲级测绘资质单位信用信息情况上报国家测绘地理信息局，向社会公布。开展全省乙、丙、丁级测绘资质单位信用信息征集和发布工作，对各市级测绘地理信息行政主管部门主要负责人进行信用信息管理业务培训。与辽宁省工商部门签署涉企信息公示数据归集共享确认书，完成涉企信息录入数据交换。全年共受理9家单位信用信息查询申请，按规定为其提供信用报告查询服务。

【日常监管】

4月起，辽宁省测绘地理信息局对大连、锦州、阜新、盘锦市的53家甲、乙级测绘资质单位质量体系情况进行检查，要求检查中发现问题的2家资质单位进行整改。组织地图市场执法检查，由各级测绘地理信息行政主管部门会同新闻出版、工商等相关部门对本地区各类地图市场、文化用品市场、纪念馆、博物馆等进行全面实地检查。开展地图市场检查70次，检查常规地图产品10种。

基础测绘

【基础测绘】

2016年，辽宁省省级基础测绘经费投入4624万元。辽宁省测绘地理信息局完成对省测绘地理信息发展“十三五”规划各项工作的调研论证和实施方案的细化分解，确定27个省本级重点建设项目，启动大中型水库及河流水下地形测量等18个项目的生产工作。开展辽宁省北斗地基增强系统定位能力测试和运行状态评估，完成北斗地基增强系统建设（二期）实施方案编制，组织58座卫星导航定位基准站的巡查和运行维护工作。完成辽宁省西部地区1240幅1:1万地形图生产任务，开展抚顺、阜新、营口等地区共423.6平方千米地面分辨率优于0.1米的倾斜航空摄影及三维影像模型制作生产。利用机载Lidar获取抚顺、本溪地区5000平方千米地面格网间距优于2米的三维激光点云数据，并进行高精度数字高程模型生产。完成辽河入海口至盖州段1:5000沿海潮间带滩涂260平方千米地形图测图，开展大伙房水库及浑河水下测量工作，对辽宁省现有似大地水准面模型进行精度检测，验证模型精度。

【航空航天遥感影像获取与应用】

辽宁省测绘地理信息局获取辽西测区3.08万平方千米地面分辨率优于2.5米的卫星影像数据，获取沈阳、本溪地区4700平方千米地面分辨率优于0.5米的卫星影像数据。建成辽宁省国产卫星快速接收系统，全年共接收卫星影像数据63批次，数据量1517.06GB，全省覆盖率达99.51%。按照《2016—2020年辽宁省基础测绘1:1万地形图更新与建库项目工作方案》，开展资源三号、高分二号卫星影像用于1:1万地形图更新精度测试工作，论证国产卫星数据用于辽宁省1:1万地形图重要要素平面更新的可行性。

【智慧城市、数字城市建设】

辽宁省测绘地理信息局继续做好数字城市建设工作，扩大服务应用领域。全部完成14个地级市数字城市地理空间框架建设工作，建成专题应用系统157个，涉及国土、旅游、城管、房产等数十个领域，涉及近80%的政府部门。沈阳、大连等10市人民政府出台数字城市地理信息公共平台运行、维护、推广管理办法，每年均投入配套资金，辽宁省14个市均成立了负责平台运行的管理机构，保证数字城市持续高效稳定运行。启动智慧本溪时空信息云平台建设项目，基本完成本溪市城市运行管理扁平化决策系统建设。沈阳市、抚顺市正在开展智慧城市时空信息云平台建设试点申请工作。

【质量管理】

3月—11月，辽宁省测绘地理信息局开展测绘成果质量监督检验工作，完成省内122家测绘单位质量检查，要求24家资质单位实施整改。按时完成1:5万地形数据库动态更新成果的外业抽检工作。加强基础测绘项目质量管理，严格执行“两级检查、一级验收”制度，坚持“质量目标不变、要求不松、标准不降”的总体要求，实行基础测绘质量责任终身制，落实责任追究制度，2016年基础测绘成果质量合格率100%。辽宁省测绘产品质量监督检验站全年累计完成仪器检定5168台。

【安全生产】

辽宁省测绘地理信息局印发《关于开展2016年局直属单位基础测绘安全生产工作的通知》，部署基础测绘安全生产工作。组成安全检查组对局直属各单位的外业安全生产进行检查，共检查4个单位、6个测区的安全生产工作，逐项记录检查情况，及时反馈各受检单位，组织防火讲座及防火演习，强化消防安全宣传教育，提高全局广大干部、职工消防安全意识，增强安全防范能力，全年安全生产无任何事故发生。

地理国情监测

【地理国情普查】

9月，辽宁省第一次全国地理国情普查数据库建设项目通过专家验收。完成环渤海经济区经济潜能、阜新和抚顺资源枯竭型城市2个国家级综合统计分析试点，开展抚顺资源枯竭型城市综合统计分析工作，为辽宁省资源枯竭型城市转型发展提供参考依据。全年完成6527幅标准分幅和114幅按行政区划单元分幅（市、县）基本图、地理底图、普查专题地图制作和地理国情普查图册的制作。经辽宁省财政厅考核，辽宁省第一次全国地理国情普查工作综合绩效评级为“优秀”。辽宁省测绘地理信息局与各有关部门进行沟通，推进普查成果的深化应用，服务辽宁省政府决策和部门管理。

【地理国情监测】

按照“边普查、边监测、边应用”的原则，辽宁省测绘地理信息局组织开展辽宁省海域现状监测与沿海经济带开发空间潜力分析评估、基于InSAR的南票煤矿开采沉陷区地面沉降监测等10个地理国情监测项目，完成抚顺市地理国情监测等4个国家级专题监测项目，并通过省级预验收。在全省重点区域自然和人文要素基础性监测、空间格局变化、森林覆盖、土地沙化、生态环境、自然资源审计等领域进行探索，完善适合辽宁省实际的基础性和专题性监测的指标体系，编制可行性研究报告。持续推进地理国情监测“进法律、进职责、进预算”。

地图管理与地图服务

【地图审核】

辽宁省测绘地理信息局实现地图审核网上审批和行政审批大厅以外无审批的目标。全年受理地图审核申请80项，办结41项，其中审批通过38项、不予通过3项。

【地图编制与出版】

辽宁省测绘地理信息局组织编制《为智慧城市建设提供精准时空定位信息 服务国计民生共促东北工业基础振兴发展》的专题地图，利用“5·15政务公开日”和“8·29测绘法宣传日”，免费向市民发放5000多套。

【地图市场监管】

辽宁省测绘地理信息局通过局官方网站设立“问题地图”举报电话和电子邮箱，部署动员辽宁省地图市场大检查工作，组织地图编制、出版、对外加工单位和互联网地图服务单位进行各类地图的自查，共填写地图市场检查自查表95份，全年共开展地图市场检查70次，检查常规地图产品10种。对2015年以来审核通过并对外公开的地图产品送交样本情况和地图新增内容备案情况共70例进行检查，对未按照规定送交样本的辽宁万朋测绘地理信息科技开发有限公司的《沈阳楼市图》《沈阳美食地图》《本溪满族自治县区划地图名》进行处罚。对沈阳、大连、本溪、锦州等7市的地图市场进行抽查，对发现的“问题地图”下达整改通知书7份，全部按要求整改到位。全年检定地图服务网站63个，其中判定为非地图服务网站42个、无问题的地图服务网站14个、存在问题的地图服务网站7个。完成内容检定的地图服务网站21个；检定静态地图图片931张，其中判定为非地图图片924张、无问题的地图图片4张、存在问题图片3张，完成内容检定的“问题地图”图片7张。检定POI信息344条，其中无问题的POI信息41条、存在问题的POI信息303条，主要涉及涉军单位与设施等敏感信息。

【地图服务】

辽宁省测绘地理信息局积极开展辅助决策用图的编制与服务工作，按时将辽宁省14个市、2个省管县的最新地图上传到国家测绘地理信息局辅助决策用图服务系统。全年提供辅助决策用图178幅，其中向辽宁省委、省政府有关部门提供地图105幅；7月20日，向省政府应急管理办公室提供防御强降雨工作用图46幅；为省委书记李希到建昌调研提供工作用图4幅；为省委领导到新疆调研提供新疆地区地图23幅。

【国家版图意识宣传教育】

辽宁省测绘地理信息局多次组织国家版图意识“进学校、进社区、进媒体”活动，1月和6月分别到沈阳市和平区中山社区、民族社区，8月到沈阳市杏坛中学和沈阳市大东区教师进修学校，10月到辽宁省新闻出版广电局及辽宁日报、辽宁电视台等新闻媒体单位进行国家版图意识宣传。向学校、社区和媒体赠送国家版图知识类图书和地图等近1000份，讲解国家版图基础知识，通过向学生、社区公民、媒体工作者宣传国家版图知识并进行爱国主义教育，推动社会公众正确认识和使用地图。

【“美丽中国”第三届全国国家版图知识竞赛和少儿手绘地图大赛】

辽宁省测绘地理信息局与省教育厅共同成立“美丽中国”第三届全国国家版图知识竞赛和少儿手绘地图大赛（辽宁赛区）组委会，确定辽宁省基础地理信息中心和辽宁文化共享频道为承办单位。通过网络、电视、报纸等多种媒体宣传，在全省范围内征集参赛选手。辽宁赛区国家版图知识竞赛分团体赛和个人赛，由预赛和决赛两个阶段组成，预赛采用笔试形式进行，决赛为电视录播的形式，决赛在本溪电视台举办，由辽宁文化共享频道制作播出。预赛近200人参赛、决赛64人参赛，其中年龄最大的选手64岁，年龄最小的选手年仅9岁，前8名的参赛团队和选手分获团体赛和个人赛一、二、三等奖，前30名的选手推荐参加全国国家版图知识竞赛总决赛。

辽宁赛区少儿手绘地图大赛共征集少儿手绘地图作品12392幅，覆盖全省14个市44个县。通过地图、教育、美术等领域的专家评审，最终评选出100幅作品获辽宁赛区少儿手绘地图一、二、三等奖，获奖作品均被推荐参加全国少儿手绘地图大赛。

测绘地理信息成果管理与应用

【“天地图·辽宁”建设与应用】

辽宁省测绘地理信息局开展了“天地图·辽宁”2016版和移动版建设，增强了面向政府和专业部门的移动应用服务能力，为辽宁省各厅局信息化建设提供有力支撑。开展国、省数据融合工作，完成省级节点与锦州、葫芦岛、朝阳3个市级节点的数据融合，整合2015年完成的1514幅1∶1万数字线划图成果，实现辽宁省全覆盖。开展辽宁省交通要素、重要地名及POI数据、居民地要素、行政区划及界线更新，完成导航数据与“天地图·辽宁”路网数据的融合处理。开展云服务和云GIS建设。积极拓展“天地图”应用领域，与交通、民政、林业、海洋、文化等行业部门合作开发7个专业应用管理信息系统。

【成果汇交与分发】

辽宁省测绘地理信息局完成全国地理信息资源目录服务系统辽宁省分站点页面的制作上传、元数据预交以及正式汇交工作，共上传控制点、模拟地形图、“4D”数据、影像数据总计元数据55783条。推进辽宁省测绘地理信息数字档案馆建设，做好测绘成果数据加密系统的推广应用工作及辽宁省测绘成果档案数据库管理系统二期建设。全年完成537家单位的测绘成果汇交，累计汇交成果目录3970条。及时通过辽宁省测绘成果网络化分发服务系统向全社会发布最新测绘成果目录。

【涉密成果管理】

辽宁省测绘地理信息局对全省606家测绘资质单位进行档案保密考核，考核合格后颁发合格证书，确保领取涉密测绘成果资料的资质单位有合法用途和保密能力。建成辽宁省测绘成果网络化分发服务系统和辽宁省影像数据库管理系统，推进涉密测绘成果管理信息化建设。组织建设数据加密系统，从技术上加强涉密资料的安全性。组织全省测绘资质单位和涉密测绘成果保管和使用单位进行自查，会同辽宁省国家保密局对全省涉密测绘成果生产、保管、使用单位进行抽查38次，组织各市、县级测绘地理信息行政主管部门对辖区内的测绘资质单位、涉密测绘成果保管和使用单位进行抽查150次，下发《涉密测绘成果保密检查整改通知书》17份。组织开展2016年度辽宁省涉密测绘成果管理人员培训班，培训全省300多家涉密测绘成果生产、保管和使用单位管理人员356人次。

【测量标志管理】

辽宁省测绘地理信息局对大连、鞍山、营口、本溪、丹东5市1512个测量标志点开展巡查，及时剔除数据库中损坏、丢失的测量标志点。对辽宁省现代测绘基准体系建设项目中新建的1118个高等级测量标志点，采用专人委托保管的方式进行看护，对31个受损的测量标志点进行维修，恢复正常使用功能。在本溪市铁刹山、锦州市笔架山和抚顺市儿童公园组织建设3座测量标志景观点，加强测量标志保护的宣传工作。完成辽宁省58座卫星导航定位基准站的巡查，全面开展省内基准站建设备案和安全风险排查工作。

【应急保障】

辽宁省测绘地理信息局开展应急测绘保障能力建设，完善应急测绘保障体制机制，成立辽宁省应急测绘保障领导小组和辽宁省应急测绘保障办公室。6月，与省政府应急管理办公室在抚顺大伙房水库地区共同举办应急测绘保障综合演练，组织4支应急测绘保障队伍近100人参与演练。首次在全省开展地质灾害、洪涝灾害应急专题数据试生产工作，对全省近800平方千米的地质、洪涝灾害高易发区制作专题数据，为应急测绘保障指挥、救援与灾后评估做好数据准备。7月，为应对辽宁强降雨，按照省政府应急管理办公室的要求启动Ⅰ级应急响应，向辽宁省委、省政府提供46套应急保障用图。

地理信息产业

【发展地理信息重点领域】

《辽宁省测绘地理信息发展“十三五”规划》（辽政办发〔2016〕76号）明确提出积极推动地理信息技术装备制造业发展、开发地图文化产品等内容。

【优化产业发展环境】

辽宁省测绘地理信息局组织全省14个地级市测绘地理信息行政主管部门明确人员、落实责任，逐条核对地理信息产业单位信息，主动与辖区内工商、统计部门联系，详细核对当地地理信息产业单位，核查认定完成全省地理信息产业单位名录库信息，确认830条单位名录数，其中测绘资质单位599个、非测绘资质单位231个。

科技、标准化与国际合作

【科技创新体系建设】

辽宁省测绘地理信息局将测绘地理信息科技工作纳入《辽宁省测绘地理信息发展“十三五”规划》，研究开展建立以需求为导向，产、学、研、用相结合，分工协作的测绘地理信息科技创新体系，开展辽宁省北斗卫星系统导航定位服务、区域“空、天、地”集成对地观测技术应用研究、中低空遥感数据获取及应用、地理信息大数据、基础地理信息数据联动更新，通过科技创新，提高测绘成果应用服务水平；开展市县经济社会发展总体规划空间规划底图制作技术研究，推进基础测绘成果在“多规合一”方面的应用；加快测绘地理信息科学技术的市场化应用和科技服务业的发展，推动先进技术成果和装备广泛应用于辽宁省经济社会相关领域。鼓励局直属单位引导支持职工开展多种形式的理论与技术学习活动，有效促进测绘地理信息科技人员的知识和技术更新。发挥省测绘地理信息学会专家群体的咨询作用，加强测绘地理信息科技发展战略研究与技术发展预测，设立年度自主科研经费，在地理信息获取、处理、服务和地理国情监测等方面开展技术攻关，取得多项科技成果。

【科技项目与科技奖励】

辽宁省测绘地理信息局严格规范科技创新项目的范围、申报要求以及项目实施的管理和奖罚。结合基础测绘和地理国情监测工作，对14个地理国情监测项目予以成果转化，在相关领域得到广泛应用。辽宁省多个科技项目成果获得国家、省厅奖项，“地理国情普查综合处理平台研发与应用”“辽西北土地沙化遥感监测技术方法及应用”“地理国情普查成果应用于林业资源动态监测关键技术研究”“城市地上地下三维多源数据一体化集成关键技术与应用”获中国测绘地理信息学会2016年测绘科技进步奖三等奖，“辽宁省国土资源遥感监测执法检查”获中国测绘地理信息学会2016年全国优秀测绘工程奖。

【标准化工作】

辽宁省测绘地理信息局推广和使用国家行业新标准和新规范，配合国家和行业标准制定、修订，完成多项国家标准意见反馈。组织局内有关人员认真学习有关标准化规范、文件，开展学习、调研。在测绘项目实施中，严格监督新标准和新规范的使用。在基础测绘和地理国情普查、地理国情监测等重大项目实施过程中，采用最新版规范和标准，保证成果质量的规范和统一。

【对外合作与交流】

辽宁省测绘地理信息局高度重视测绘地理信息“走出去”战略，加强测绘地理信息的国际交流，严格按照规定管理出国（境）团体及人员。2016年派出6人，赴法国参加街景工厂专业技术培训。

地市级测绘地理信息工作

【沈阳市】

沈阳市扎实推进基础测绘工作。完成沈阳市现代测绘基准体系建设，在辽宁省内首次实现省、市测绘基准之间的统一与无缝衔接。开展沈阳全球导航卫星系统连续运行参考站运行维护工作。完成沈阳市三环以内120平方千米1∶500地形图数据的整体更新。开展2016年度沈阳市测量标志普查维护工作，全年普查测量标志350个，维护测量标志80个。

完成数字沈阳地理空间框架年度运维，重新采集和整理地名地址数据，更新数字沈阳地理空间框架实体数据，完成平台升级以及应急保障平台搭建。推进数字沈阳地理空间框架应用拓展工作，与沈阳市发展和改革委员会、公安局、地税局等多部门合作，提供应用服务，开发移动端业务系统，提升移动办公能力。智慧沈阳时空信息云平台立项工作稳步推进，完成立项材料评审。

开展2016年度地理市情监测工作，对沈阳四环为中心区域3037平方千米国土范围开展监测，建立监测成果数据库，进行地理市情统计分析，形成监测报告和监测成果。

【抚顺市】

抚顺市测绘地理信息局履行测绘管理职责，发挥测绘服务保障作用。开展抚顺“智慧城市”项目建设及运维工作，全面完成基层医疗卫生机构管理信息系统等10个信息化子项目建设，探索“智慧城市”建设领导机构、集约开展智慧城市建设及应用方式。完成“天地图·抚顺”2016年度数据的更新和维护工作。

抚顺市委市政府领导赴国家测绘地理信息局汇报抚顺市地理国情监测工作进展情况，争取国家测绘地理信息局对抚顺市地理国情监测工作的支持。完成《区域性（抚顺）地理国情监测中心建设方案》编制工作，配合国家测绘地理信息局编制《区域性地理国情监测及应用示范项目设计书》，完成抚顺市矿山、采沉区、露天矿200平方千米范围0.06米分辨率倾斜摄像数据采集工作。

完成2家外埠测绘地理信息企业来抚顺测绘项目备案及全市测绘资质单位测绘成果汇交工作，完成2016年测绘资质单位年度报告初审、上报工作，对存在问题的6家测绘资质单位督促其整改。开展抚顺市测绘资质单位的档案和保密管理、测绘资质单位质量管理考核。

地方社团工作

【辽宁省测绘学会】

辽宁省测绘学会通过省民政厅组织的2015年度社会团体年度检查，完成学会组织代码证年检等“三证合一”工作，组织召开学会常务理事会、理事会。邀请辽宁省科学技术协会学会部研究学会活动工作，与盘锦、葫芦岛等市研究地理信息项目申报工作。组织参加全国测绘地理信息学会秘书长工作会议、中国测绘地理信息学会理事大会各类会议。向中国测绘地理信息学会、中国地理信息产业协会及省科学技术协会等推荐申报各类奖项22项，完成2016年辽宁省测绘科技进步奖评选工作。举办“第六届辽宁省普通高校测绘之星大赛”，25个代表队近200人参加。

吉林省

概况

2016年，吉林省测绘地理信息局明确发展目标、重点任务及服务保障措施，印发《吉林省测绘地理信息事业发展“十三五”规划》《吉林省地理信息产业发展“十三五”规划》。促进测绘地理信息产业集群发展，吉林省地理信息科技产业孵化基地落户长春北湖科技园。围绕吉林省新一轮振兴，打造重点平台建设，“吉林省地理空间大数据工程”列入《吉林省促进大数据发展行动计划（2016—

2020年)》十一大工程。地理信息科技产业园建设、吉林省地理空间大数据云平台被列入省政府重点工作。吉林省测绘地理信息局被省委、省政府、省军区纳入经济建设与国防建设融合发展的重要部门。

吉林省地理信息重点项目纳入《吉林省国民经济和社会发展第十三个五年规划纲要》,该纲要提出推进省地理信息大数据中心项目建设,推进智慧政府、智慧城市、智慧社保、智慧教育等工程建设。稳步推进市县“多规合一”,依托空间地理信息数据,科学划定县(市)的城镇、农业和生态三类空间,明确不同的主体功能定位。省测绘地理信息局与长光卫星技术有限公司签署“吉林一号”卫星影像应用合作协议,共同打造吉林省卫星研制应用产业链。印发《吉林省测绘地理信息应用成果和地图网上展览运行维护管理办法》。开展“天地图”国家和省级节点的数据融合工作,完成梅河口市等5个试点县市“多规合一”底图编制和市县产业布局工作。

吉林省测绘地理信息局、省机构编制委员会办公室联合长春市测绘管理办公室对长春市辖德惠、九台等5个县、市、区的工作情况进行调研,推进长春市各区测绘地理信息行政管理机构建设工作。省测绘地理信息局与省审计厅签署战略合作协议,建立以测绘地理信息为基础的审计方法,完善审计数据库建设。组织涉密成果常态化销毁工作。开展2016年全省测绘地理信息资质巡查和质量巡检。完成测绘地理信息项目备案175项,测绘投标预备案373项。全省九市(州)及长白山保护开发区开展地图市场大检查工作。

吉林省开展九大地市及哈长城市群空间格局地理国情监测项目试点,完成资料收集与整合、数字正射影像生产和城区边界提取工作。全省九市州及长白山保护开发区全部完成2000国家大地坐标系建设。吉林省地理信息公共服务平台通过省科技厅验收评估。完成《地质雷达探测测绘技术规程》等4项地方标准制定任务。公主岭市、梅河口市等4个县市完成2000国家大地坐标系下的城市坐标系统建设。吉林省测绘地理信息局共有国家测绘地理信息局青年学术和技术带头人3人,吉林省第五批拔尖创新人才第二层次1人、第三层次2人,享受省政府特殊津贴专家3人。2家企业入选2016年中国地理信息产业百强企业。省基础测绘院获“全国测绘地理信息系统先进集体”称号,1人获“全国测绘地理信息系统先进工作者”称号。省测绘地理信息局在全省政府部门绩效考核中连续5年被确定为良好等次。完成2016年度全省测绘行业高、中级职称评审工作。与省人力资源和社会保障厅共同举办1期国家级高级研修班。全年开展12个批次的职业技能鉴定,鉴定人数1625人。

党的建设与人才队伍建设

【党的建设】

吉林省测绘地理信息局印发《吉林省测绘地理信息局直属机关党委2016年党建工作要点》《关于2016年全局干部理论学习的安排意见》。组织局机关全体人员及局属事业单位负责人集体学习党章、党规、习近平总书记系列重要讲话等。举办中国共产党成立95周年纪念活动。全年召开4次党组理论中心组学习扩大会议。开展局机关党员干部学习党史,进行党史知识测试。组织局系统党员干部多批次参加“红色的印记——纪念中国共产党成立95周年吉林省博物院藏文物特展”和“丹青颂党——纪念中国共产党成立95周年吉林省美术作品展”,接受爱党爱国教育。

【“两学一做”学习教育】

吉林省测绘地理信息局开展“两学一做”学习教育,局党组召开“两学一做”学习教育动员会,推进专题学习教育。印发《吉林省测绘地理信息局“两学一做”学习教育的通知》,专题学习了《毛泽东同志谈共产党员的标准》、邓小平《论忠诚与老实》和陈云《党员对党要忠实》,以及习近平总书记“七一”重要讲话精神等内容,为全体党员干部配备相关学习材料和党员学习笔记1000多册。局直属机关党委印发“两学一做”学习教育方案,向省委第五督导组上报“两学一做”学习教育情况报告。

各级党委和党支部召开“两学一做”学习教育动员会、理论学习座谈会及“转型发展管理工作大家谈”研讨会等,开展“两学一做”学习教育。组织党员干部到省档案局参观“不忘初心,继续前进——‘两学一做’学习教育主题展览”等。开展全局党员理论学习集中考试4次,各级领导班子成员讲党课49次,基层支部专题讨论126次,建立党支部学习教育微信群34个,推送微信党课200多个。召开“两学一做”专题民主生活会和组织生活会。基层党组织结合“两学一做”上党课、参观烈士纪念馆、重温入党誓词及召开交流座谈会等各种方式纪念党的生日，强化党员意识、为民服务的信念。

【党风廉政建设】

吉林省测绘地理信息局制定《党风廉政建设责任管理规定》，印发《开展“为官不为”专项整治工作实施方案的通知》《进一步深化“四风”整治工作实施方案的通知》。巩固“三严三实”专题教育和贯彻“两部党内法规”系列活动成果，落实“两个责任”，局直属机关纪律检查委员会印发《关于严明纪律强化监督执纪问责确保廉洁过节的通知》。加强组织纪律建设，开展“纪律教育有奖答题”活动。加强廉政风险点防控，局直属机关纪律检查委员会对重点领域和关键环节廉政风险点进行全程防控监督，印发《关于严明党的纪律确保中秋国庆廉洁过节的通知》。

开展党风廉政建设及落实纪检工作情况等调研，针对基层调研中发现的问题，向各单位进行反馈，明确提出整改意见。局直属机关纪律检查委员会制定《纪检监察工作要点》，修订各基层单位纪检主要工作职责，层层签订《党风廉政建设责任承诺书》，细化全面从严治党主体责任和党风廉政建设监督责任清单。开展集体约谈、重点约谈和调研约谈，全年共约谈 258 人次。组织局系统 160 多人到省廉政教育基地参观“党风廉政建设和反腐败斗争永远在路上”主题展览。开展作风纪律检查，进行 3 次明察暗访，处理违规违纪党员干部 20 人次。针对省委巡视组提出的问题，明确责任人和整改时限，制定整改措施 72 项，完善或建立规章制度 15 项。参加省直党风廉政建设和纪检培训 36 人次。

【创先争优】

吉林省测绘地理信息局开展创先争优活动，召开纪念中国共产党成立 95 周年和创先争优表彰大会，评选表彰先进基层党组织、优秀共产党员和党务工作者。局系统 1 个基层党委被省直机关党工委评为先进基层党组织标兵，2 人分别被评为优秀党员、优秀党务工作者。局系统 2 个单位、2 个基层部门和 3 人被第一次全国地理国情普查劳动竞赛委员会分别授予先进单位、先进班组和先进个人。吉林省测绘地理信息局开展建功“十三五”主题实践活动，突出行业特色和岗位特点，创造建功“十三五”突出业绩。申报 7 个项目参加建功“十三五”主题实践活动，其中 3 个项目申报建功“十三五”突出业绩。

【精神文明建设】

吉林省测绘地理信息局制定《精神文明对口帮扶工作方案》，帮扶新农村建设村伊通满族自治县靠山镇靠山村电脑 10 台。局系统 4 个省级文明单位开展与贫困村共建精神文明主题活动，在全国第三个扶贫日活动中专程慰问贫困户。参加省直机关开展的“母亲邮包”捐赠活动。局系统各单位与精神文明共建单位对接，共捐赠 7900 元。代省直机关党工委发放困难职工慰问金 1.7 万元。

开展思想政治工作、精神文明与测绘文化建设课题研究，组织局系统 3 个单位向中国测绘职工思想政治工作研究会申报优秀课题。派员参加省委党校调研能力研讨培训班和国家党建研究会组织召开的吉林省直机关干部思想教育工作机制课题调研座谈会。局系统女职工参加省直属机关妇女工作委员会开展的“中国梦，巾帼情”宣传教育活动，省航测遥感院作为先进集体代表在“世界因你而精彩——省直机关女干部职工建功十三五工作故事分享会”做主题演讲。局团委组织青年志愿者走进升阳社区，开展青年志愿者进社区活动。基层团委组织“五四”团员青年参观吉林省科技馆、四平市战役纪念馆，开展“跳动的青春”踢毽子、跳绳团体比赛等活动。局系统推荐 13 篇作品参加省直机关妇女工作委员会组织的第四届“书香三八”读书征文评选活动，获一等奖 2 篇、二等奖 2 篇、三等奖 3 篇。

【精准扶贫】

吉林省测绘地理信息局开展包保（包村包户保障脱贫）对接工作，局机关相关处室工作人员到图们市月晴镇杰满村落实脱贫攻坚任务。全年组成 14 个小组，局处以上领导干部与贫困户结对包保，至年底，22 户实现脱贫目标，占全部贫困户的 53.7%。参与黄牛养殖扶贫项目，全局职工捐款 8.7 万元用于购置养牛设备，为农民增加收入 4.5 万元，受益贫困群众 62 人。协调资金一万多元用于慰问贫困户和解决贫困户生活困难等问题。选派 1 人任驻村第一书记，驻村第一书记个人捐款 3000 元，为困难群众解决实际问题。为省人大常委会包保的长岭县三团乡六十八村测制 1∶500 地形图，得到省人大常委会党组认可。全年投入测绘技术支持和扶贫资金折合人民币 23 万多元。

【基层组织建设】

吉林省测绘地理信息局直属机关党委给基层党委、党支部配备《党建文汇》《党支部书记》《党课参考》等党建党务工作图书杂志。强化基层组织制度建设，建立《发展党员基本制度》，修订局基层党委、党支部工作职责。完善基层党委书记、委员及基层党支部书记、委员工作职责。制定《党费收缴使用和管理规定》，规范党费收缴使用和管理。加强基层党组织书记和党务工作者能力建设，举办基层党支部书记培训班，培训党支部书记和党务工作者46人。8人参加省直机关党工委组织的理论骨干、党支部书记培训。局系统各级党委、党支部结合专题学习教育和各项工作对入党积极分子加强教育管理，选派8名入党积极分子参加省直属机关工委党校培训班，发展新党员8名。局属各单位党支部分别召开党委、党支部委员学习会、党员理论学习会和研讨会。落实基层党委、党支部第一责任人，坚持党委书记、支部书记为普通党员上党课制度。

【人才队伍建设】

《吉林省测绘地理信息局"十三五"测绘地理信息人才发展规划》印发。全省启用职称管理系统，测绘工程系列专业技术职称评审首次实行网上申报，高、中级专业技术职称评审报名405人，通过高级工程师评审48人、中级工程师评审184人。受理全省注册测绘师登记备案120多人。完成局机关及8个局属事业单位的分类改革相关工作。吉林省测绘地理信息局公开招聘工作人员24人。对17名全省测绘地理信息行业青年学术和技术带头人进行考评，3人通过省人力资源和社会保障厅组织的吉林省第五批拔尖创新人才人选评审，其中第二层次1人、第三层次2人。

与省人力资源和社会保障厅联合举办农村土地确权数据库建设关键技术高级研修班，共培训87人。印发《吉林省测绘地理信息局2016年度教育培训计划》，举办全省测绘地理信息行业继续教育培训班。完成56名局管领导干部个人事项报告表的信息录入工作。全年随机抽查7名处级干部的个人事项报告。建立全省测绘地理信息工程系列专家库，制定《吉林省测绘地理信息工程系列专家库管理暂行办法》。全年开展12个批次的职业技能鉴定，鉴定人数达1625人。开展领导干部教育培训选派工作，培训75人，其中正处级干部25人。举办局属单位人事干部业务培训班、局系统纪检干部工作业务培训班。修订《吉林省测绘地理信息局直属事业单位选拔任用中层干部实施细则》。

【政务及宣传工作】

吉林省测绘地理信息局建立政务公开长效管理机制，成立局政务公开工作领导小组，制定《2016年政务公开工作实施方案》。按照省政府的工作部署，完成国企改革调查摸底、国企移交等工作。通过"十二五"公共机构节能绩效考核。全年共向省政府督查室上报12期督查报告，2期专项总结报告；向省委、省政府报送政务信息17篇，被省委《吉林信息》和省政府《每日要情》采用10篇。印发《2016年吉林省测绘地理信息宣传工作要点》，修订《局党组决策重大事项议事规则》。

7月，中国测绘宣传中心吉林工作站正式成立。推动全省测绘地理信息行业宣传工作，举办纪念国家测绘地理信息局建局60周年征文、摄影、秒拍视频等5项吉林赛区选拔赛，并于9月在全省测绘地理信息行业宣传工作会议上，对获奖选手进行了表彰。推荐"吉林省测量标志保护群体"作为全省唯一候选人，参加"感动测绘人物"推选，制作完成吉林省测量标志保护群体祝福国家测绘地理信息局建局60周年"秒拍视频"。依托微信群扩大测绘宣传工作影响力，及时在群内发布全省重要测绘地理信息新闻，为行业单位交流沟通搭建平台。

全年吉林卫视《吉林新闻联播》栏目播出地理信息类新闻时长18分钟。在人民网、新华网、吉林日报、中国测绘报、国家测绘地理信息局网站刊发测绘地理信息类报道170多篇，局公共微信、微博粉丝总量达到3万多人，微信关注人数400多人，受众群体达到10万多人。1人被吉林年鉴编纂委员会评为《吉林年鉴》（2016）优秀撰稿人。1人获2011—2016年中国测绘地理信息年鉴工作优秀个人一等奖。

法制建设与市场监管

【法制建设】

吉林省测绘地理信息局完成《吉林省测绘地理信息项目监理管理办法》送审稿，报送省政府法制办公室，列入《吉林省政府2016年度法规规章草案制定计划》。启动《吉林省地图管理办法》的修订工作，到陕西测绘地理信息局和山西省测绘地理信息局开展调研。吉林省人大常委会法制委员会、省测绘地理信息局、省政府法制办公室共同筹备《吉林省测绘条例》的修订工作，建议将《吉林省测绘条例》的修订工作列入2017年立法计划。开展规范性文件清理工作，提出关于地方性法规、省政府规范性文件的清理意见，完成《关于清理阻碍市场一体化的规范性文件工作汇报》。提高规范性文件合法性审查质量，制定《吉林省测绘地理信息局规范性文件合法性审查制度》。

【法制宣传】

吉林省以宣传贯彻《地图管理条例》为主题，组织全省“8·29”测绘法宣传活动。召开《地图管理条例》学习交流座谈会，省内具有地图编制资质的行业单位专家学者代表从地图编制、法律责任等方面建言献策。印发《吉林省测绘地理信息局关于开展2016年全省测绘法宣传日活动的通知》，要求各地测绘地理信息行政管理部门和测绘资质单位广泛深入开展测绘法制宣传，确保测绘法宣传日广播有声、电视有影、报刊有字、网络有文。全省各市（州）、县（市）共设置测绘法宣传固定及流动点70多个，布置制作各类测绘法宣传展板800多块、悬挂条幅200多幅，省基础地理信息中心免费提供长白山立体地图和手绘地图各200幅。发放《地图管理条例》宣传彩页和PVC版《吉林省地图》等宣传材料2万多份。

【综合执法】

吉林省开展测绘地理信息项目备案行政执法专项检查，依法对14家未做项目备案的外省测绘资质单位进行集体约谈。规范测绘地理信息市场秩序，加强对测绘资质单位的动态监管，下发《关于开展2016年测绘地理信息资质巡查和成果质量巡检工作的通知》。在全省范围内组织开展测绘资质巡查和成果质量巡检联合执法检查。对抽检的55家测绘资质单位情况进行总结并印发《关于2016年全省测绘资质巡查和成果质量巡检工作情况的通报》，对14家巡查巡检不合格单位予以通报批评。

【依法行政】

吉林省测绘地理信息局落实省委、省政府依法治省、依法行政的工作部署，向省政府法制办公室报送关于行政处罚裁量权基准制度建设方案，完成需要细化的1部法律、5部法规、7部规章。规范全省测绘地理信息行政执法工作，印发《吉林省测绘地理信息行政处罚自由裁量权适用规定》，报省政府法制办公室备案。起草《吉林省测绘地理信息监理工程师考核办法（草稿）》，印发《关于建立吉林省测绘地理信息市场义务监督员制度的通知》，进一步完善测绘地理信息监督管理体制机制建设。全年完成测绘项目备案175项。

【“放管服”改革】

吉林省测绘地理信息局落实“放、管、服”改革，梳理21项公共服务事项目录，制定公共服务清单，完成市、县测绘地理信息行政事项清单核查。向省政府政务公开协调办公室报送省测绘地理信息局行政审批、公共服务事项信息化、非涉密业务系统建设及应用等情况。配合吉林政务服务“一张网”（以下简称“一张网”）建设，启动“一张网”对接的项目，制定《吉林省测绘地理信息局“一张网”一期建设工作任务实施方案》。强化省、市、县三级测绘地理信息行政管理。细化“吉林省测绘地理信息局服务与管理平台”建设，平台项目增加到51项，同步建设“双随机一公开”系统平台。完成随机抽查事项清单、市场主体名录库、执法检查人员名录库和抽查细则建设。

【测绘资质管理】

吉林省开展测绘资质单位涉外情况专项检查，印发《关于开展测绘资质单位涉外情况专项检查工作的通知》。落实“双随机一公开”监管模式，建立“一单两库一细则”和结果公开制度。开发吉林省测绘地理信息服务与管理平台，建立资质分级管理模式，实施网络日常行政监管。完成2016年测绘资质材料审查与实地审核工作，全年批准新申请乙、丙级测绘资质单位14家、资质升级31家、增加业务范围25家。受理4家甲级测绘资质申请并向国家测绘地理信息局提出初步审查意见。

【行政管理】

吉林省加强测绘地理信息行政执法队伍建设，举办全省测绘地理信息行政执法人员培训班，全省近100人参加培训。印发《2016年吉林省测绘地理信息行政管理重点工作的通知》，加强测绘地理信息行政管理人员综合素质和依法行政能力，全年组织召开2次全省测绘地理信息行政管理工作会议。联合省机构编制委员会办公室、长春市测绘管理办公室专门对市辖德惠、九台等5个县、市、区的工作情况进行调研，促进长春市各区成立测绘地理信息行政管理机构，完成机构人员配备。政务大厅审批窗口全年受理报件688件，接待来访和电话咨询

300多次，群众满意率100%，省测绘地理信息局行政审批办公室被省政府政务公开协调办公室评为2016年第一季度“优秀窗口单位”，1人被评为省政务大厅2016年度窗口服务标兵。

基础测绘

【基础测绘】

2016年，吉林省省级基础测绘经费投入4500万元。吉林省测绘地理信息局召开“十三五”基础地理信息数据更新设计研讨会，完成《吉林省基础地理信息数据更新“十三五”项目设计书》等项目专业技术设计书的编写。与基础测绘生产单位签订包含基础测绘生产、地理国情普查和科技创新项目等内容的目标责任书。召开基础测绘“十三五”规划专家评审会，完成《吉林省省级基础测绘“十三五”规划》送审稿并上报省政府。组织召开2016年基础测绘生产协调会。修订《吉林省基础测绘中长期规划纲要（2016—2030年）》。开展基础测绘信息化装备业务合作，出台《吉林省测绘地理信息局信息化装备业务合作管理办法》。加强基础测绘协作资格入围招标工作的制度化、规范化，制定《吉林省测绘地理信息局测绘项目协作管理办法》。完成数字通化、白山、公主岭、梅河口、珲春、集安2000国家大地坐标系下的城市坐标系统建设和吉林省1:1万数据库白城测区数据整合。更新长吉松测区1:1万DLG、DOM基础地理信息数据1803幅。开展阿勒泰地区1:500地形图测绘7.88平方千米的测绘地理信息援疆项目。支持地方经济建设，完成图们、珲春等7个市县边境口岸重点城镇地形图测绘82.3平方千米。更新iPad版吉林省领导工作用图等基础测绘项目。

【航空航天遥感影像获取与应用】

吉林省测绘地理信息局与河北翔通信息技术有限公司签约，完成四通白测区0.5米分辨率航空影像阶段性获取。四通白航摄通过空域审批3.3万平方千米，全年完成航摄2.7万平方千米，通过验收1.4万平方千米。山东正元航空遥感技术有限公司利用ALS70—HP机载激光雷达扫描系统，完成吉林省中部地区2.1万平方千米雷达航摄及数据预处理。吉林省测绘地理信息局与长光卫星技术有限公司签署“吉林一号”卫星影像应用合作协议，共同打造卫星研制应用产业链，开展“吉林一号”卫星影像在基础测绘中的应用试验。省测绘地理信息局召开技术合作交流会，完成长春平原、梅河口丘陵、汪清山地3个典型区域的卫星影像测试工作。吉林省航测遥感院研发“激光点云生成高符合等高线软件”获得国家版权局计算机软件著作权。

【智慧城市、数字城市建设】

吉林省推进数字松原地理空间框架建设项目、智慧临江地理空间框架建设项目，完成松原、临江等数字（智慧）城市在建地区的基础数据成果提供及相关数据的脱密处理。完善数字汪清地理空间框架建设项目成果。完成数字榆树地理空间框架项目建设项目数据获取、建库及应用示范项目建设，成果通过验收。公主岭市、梨树县开展数字城市二期工程建设。加快数字城市向智慧城市转型升级，印发《吉林省已验收数字城市向智慧城市转型实施意见》。协助在建数字城市的市（州）、县（市）完成项目验收，数字梨树升级扩展应用示范项目设计书通过评审。起草《吉林省数字（智慧）城市建设规划和管理办法》，扩大数字（智慧）城市应用范围，吉林省测绘地理信息局与辽源市政府签署《空间地理大数据合作协议》，搭建“智慧辽源”时空信息云平台。向国家测绘地理信息局推荐辽源、通化作为吉林省智慧城市建设试点城市。为不完全具备开展数字（智慧）城市建设的城市提供地理信息共享解决方案。

【质量管理】

吉林省测绘地理信息局印发《关于加强2016年度基础测绘项目质量管理工作的通知》，制定《2016年基础测绘项目过程质量监督检查实施方案》，召开2013—2015年度质量工作会议。完成吉林省控制点数据库、白城测区1:1万DLG基础地理信息数据更新等基础测绘项目的产品检验收尾工作。实施开工、生产和验收阶段分批次、分工序的监督检查，印发《吉林省测绘地理信息局2016年基础测绘项目检验计划》。全年完成20个基础测绘项目验收。对全省55家测绘资质单位开展质量管理体系监督检查，抽取8家测绘资质单位进行项目质量实地抽检，对存在问题的11家单位予以通报。组织开展全省甲级资质单位测绘地理信息成果质量监督检查，完成全省12家甲级测绘资质单位的检查工作。吉林省测绘产品质量监督检查站全年完成检定测绘仪器2632台（次）。全年无质量事故发生。

【安全生产】

吉林省测绘地理信息局印发《关于切实做好2016年安全生产工作的通知》，要求各生产单位切实做好各项安全生产防范保障措施，完善安全生产管理规定和生产应急预案。全年组织3次基础测绘安全生产督导检查。开展基础测绘生产单位网络安全建设，确保涉密网络安全，省测绘档案资料馆试运行吉林省涉密地理信息安全防护系统，安装升级版吉印数字水印软件，对外提供基础地理信息数据添加升级版数字水印。加强安全生产管理工作，现场督查指导安全生产工作，各个测区根据实际情况制定相应的安全预案，定期召开安全会议，落实安全措施。全年实现安全生产零事故。

地理国情监测

【地理国情普查】

吉林省第一次地理国情普查领导小组办公室（以下简称省普办）制定《2016年地理国情普查与监测生产计划》。完成地理国情普查数据库建设、基本统计分析、统计分析报告编制及地理国情普查制图工作。地理国情普查成果包括省、市、县（区）地理国情普查基本统计报告71份，地理国情普查成果图集11本及普查专题图件8张。省普办部署开展地理国情普查数据与应用服务系统招标工作，完成地理国情数据库运行支持环境的软硬件布设与安装，地理国情普查数据入库预处理，实现全省地理国情普查中地形地貌数据、遥感影像数据、遥感解译样本数据、专题成果等数据的入库管理。完成吉林省地理国情普查成果应用服务系统和吉林省地理国情成果展示系统集成布设与测试。

【地理国情监测】

吉林省开展全省九大地市及哈长城市群空间格局监测，完成资料收集与整合、数字正射影像生产和城区边界提取工作。吉林省测绘地理信息局起草完成《吉林省常态化地理国情监测》立项文件，开展常态化地理国情监测立项，完成地理国情监测建设方案和地理国情监测总体技术设计书。修订完成2017—2020年地理国情常态化监测经费预算，并上报省政府。吉林省省委常委、常务副省长高广滨作出批示：要扎实做好全省常态化地理国情监测工作，推动“吉林省中、东、西部三大板块”协调发展和主体功能区建设。

不动产测绘

【地籍测绘与房产测绘】

吉林省制定《房产面积计算》地方标准。公开征集2017年省级测绘地方标准项目提案4项，其中《吉林省建筑日照测量技术规程》作为2017年地方标准制定项目，获吉林省质量技术监督局批准。吉林省测绘地理信息局举办2016年农村土地承包经营权确权和不动产登记项目（地籍测绘、房产测量）职业技能鉴定班。全省完成地籍测绘7573平方千米，房产测绘10595万平方米。8月17日，吉林省举办地籍与房产测绘技术经交流会，来自吉林省的专家学者及行业单位代表参加交流研讨。

【地下管线测绘】

吉林省地下综合管廊分地区分阶段推进实施，有效地整合城市建筑、景观、社会与经济发展、道路交通等基础设施。四平市完成地下管线普查2188千米，获全国地下综合管廊建设试点城市竞争性评审第三名。通化市完成地下管廊建设11千米。梅河口市完成地下管网外业普查工作，管线普查1020千米，排查管线点3.6万点，包括给水、排水、燃气、供电、信号、监控、热力等多种类型。

地图管理与地图服务

【地图审核】

吉林省测绘地理信息局完成对吉林省人民广播电台、省林业调查规划院、伊通满族自治县地方志编纂委员会办公室等部门送审《长春历史文化遗址地图》《珲春领导工作用图》《伊通年鉴》（2016卷）插图等编印、出版、展示地图及其示意图的审查、核准、发放地图审图号工作。全年共受理编印、出版、展示地图及其示意图的审批报件98件（含审核不予批准23件），办理地图审批件75件，核发审图号75个。吉林省地图技术审核中心依据地图审核管理规定，严格执行质量验收标准、地图审核结果网上公示、地图出版样本备案等制度。完成各类地图产品技术审查共98件，折合16开标准图幅4832幅。核发71个图件，完成39个图件的备案及复检工作，其他32个图件未超过备案规定时限。

【地图服务】

吉林省支持地方旅游事业发展，省航测遥感院编印完成《吉林省旅游地图集》，出版《吉林省点读地图》。立足服务民生、服务政府、服务社会的需求，吉林省有关测绘资质单位编印出版《吉林省水路交通图》《松原市旅游图》《梨树县城区图》等各类纸质地图及插图。省地矿测绘院服务基层及边疆少数民族地区编印出版《乾安县城区图》《长岭县城区图》《珲春市城区图》（双语版）等。吉林教育出版社有限责任公司、吉林大学出版社有限责任公司、长春东北师范大学出版社有限责任公司编印出版《一线课堂学业测评地理八年级上册 》（商务星球版）、《校园作业本—地理》《北大绿卡 · 课时同步训练八年级地理》（上册）（人教版）等教辅书刊插图。

【互联网地图监管】

吉林省实现互联网地图监管常态化，省地图技术审核中心完成互联网地理信息安全监管系统更新升级。制定互联网地图监管管理办法，每周不少于3个工作日对全省各级党政机关、高校、各大型企业等网站进行排查，按季度向国家测绘地理信息局提交监管情况报告。全年共检定静态地图图片2037张，排除非地图图片7281张，发现存在问题的地图图片45张，主要涉及省界绘制错误等问题，责令停止刊登。

【地图市场监管】

吉林省印发《关于开展2016年吉林省地图市场大检查工作方案的通知》，督促指导各市（州）、县（市）测绘地理信息行政主管部门对辖区内“问题地图”进行查处，完成全省九市（州）及长白山保护开发区地图市场大检查工作。检查发现违法地图1幅，现场予以收缴。未按规定送审的地理教辅书30多本，其内附插图存在漏绘钓鱼岛、赤尾屿、南海诸岛及范围线等问题，要求市场管理人员将“问题地图”地理教辅教材及时下架。涉及11个省份22家出版社，已将“问题地图”样本报送国家测绘地理信息局和各省测绘地理信息行政主管部门登记备案。

【“美丽中国”第三届全国国家版图知识竞赛和少儿手绘地图大赛】

吉林省测绘地理信息局和省教育厅联合印发《吉林省“美丽中国”第三届国家版图知识竞赛和少儿手绘地图大赛活动实施方案》。省测绘地理信息局召开专题会议，部署“美丽中国”第三届国家版图知识竞赛和少儿手绘地图大赛各项事宜。局管理信息中心与省地图技术审核中心联合举办第三届全国国家版图知识竞赛（吉林赛区）预选培训会。吉林省测绘与地理信息行业协会下发《关于开展“美丽中国”第三届全国国家版图知识竞赛的通知》，组织长春市10多家甲级单位、4所高等院校参赛。举办全省第三届国家版图知识竞赛网络赛和电视赛，近1800人参加预选比赛，30名选手晋级参加国家级遴选。组织全省少儿手绘地图的技术指导和参赛作品的评选，17幅少儿手绘地图大赛作品入围。

测绘地理信息成果管理与应用

【“天地图 · 吉林”建设与应用】

吉林省测绘地理信息局制定《“天地图 · 吉林”2016—2020年规划》。编制《“天地图 · 吉林”服务器前置管理办法》《2016年“天地图 · 吉林”建设实施方案》。开展国家和省级节点数据融合，完成吉林省1:1万白城测区1924幅DLG数据与国家主节点数据融合。结合地理国情普查和专业部门专题成果，对全省地名、交通和水系地理要素进行加工整理，形成面向“天地图”应用的2016版吉林省地理信息框架数据集。构建全省县级以上道路网络数据集，完成5个市、县级数据与省级节点融合及更新。整理全省最新影像数据，发布2016年成果影像服务。

完成省级节点门户网站的升级改造，制定吉林省《省、市、县级节点星级技术评估实施方案》。完成“天地图 · 吉林”（地理信息公共服务平台）的体系架构整体升级，满足省级、市县级和前置服务级3个层次的地理信息公共服务需求。扩展“天地图 · 吉林”应用服务领域，向乾安县城市管理指挥系统、乾安县公安指挥系统、吉林省企业安全生产基础信息管理系统等应用项目提供“天地图”地理信息服务。完成“天地图 · 吉林”公众版网络环境改造建设，增加服务器设备和网络安全设备，扩充电信、联通网络带宽双链路各100MB。

【地理空间大数据云平台建设】

吉林省测绘地理信息局与中国测绘科学研究院结成战略合作伙伴，推进吉林省空间地理大数据云平台建设，起草《吉林省空间地理大数据云平台建设项目可行性研究报告》《吉林省空间地理大数据云平台建设项目初步设计方案》《吉林省空间地理大数据云平台项目预算细化方案》。向省政府提交吉林省空间地理大数据云平台立项申请。省航测遥感院研发的“地理空间数据拼接软件”获得国家版权局计算机软件著作权。利用测绘地理信息大数据助力扶贫工程，完成大安市月亮泡镇先进村整体规划设计。

【成果汇交与分发】

吉林省全年共受理利用涉及国家秘密测绘成果508件，出具《国家秘密基础测绘成果资料使用证明函》38份。组织开展2015年度测绘成果目录（副本）汇交，共418家测绘单位汇交2963条测绘成果目录。在局门户网站发布测绘成果汇总目录和公告。

吉林省测绘档案资料馆完成全国地理信息资源目录服务系统元数据整理工作。接收各基础测绘生产单位上交的局计划内生产任务数据成果18项，数据量1227GB。提供各种比例尺地形图共3769张；各类控制成果资料共6201点；各类数据成果共743幅，数据量14220GB。提供各类专题地图共2146幅（册）。使用脱密机房、脱密设备及软件处理涉密数据15项，数据量795GB。向国家测绘地理信息局免费申请2项数据成果。领取《全国地级以上城市及典型城市群空间格局变化检测项目》所需的地理国情数据和数字正射影像数据。

【厅局合作】

吉林省测绘地理信息局推动地理信息数据共享与应用，与省安监局、省交通厅、省审计厅、省公安厅签署地理信息共享合作框架协议，在资源共享与应用、数据处理与技术服务、应急协作等方面开展合作。与省旅游局和省环境保护厅合作编制旅游地图集和生态环保地图集。

【涉密成果管理】

吉林省加强涉密地理信息管理，防范涉密测绘成果资料失泄密隐患和风险，将电子数据成果纳入销毁范围，制定《2016年全省涉密地理信息数据清理销毁工作方案》，印发《关于开展清理销毁涉密地理信息数据的通知》，督促各市（州）、县（市）测绘地理信息管理部门开展清理销毁工作。开展测绘成果管理保密检查，对不接受检查、整改不到位的单位，暂缓提供涉密测绘成果，记入测绘地理信息市场不良信用信息，依法予以处理。对因工作需要申请保留测绘成果的，确定保留时间不得超过三年。吉林省测绘地理信息局到局属事业单位实地调研测绘生产保密网络建设项目建设情况，推进涉密测绘生产保密网络安全项目建设。举办第七期测绘成果核心涉密人员岗位培训班，全省涉密测绘成果使用单位及部分测绘资质单位共193人参加培训。

【测量标志管理】

吉林省测量标志管理站对6个市、县开展测量标志普查维护工作，共普查维护各类测量标志点739点。撰写《2000国家大地坐标系下的城市坐标系统建设选点埋石专业技术设计书》。完成榆树、农安等13个县（市、区）的2000国家大地坐标系下的城市坐标系统建设选点埋石工作127点。全年巡查图们、龙井等6个市、县三等以上水准点319点。完成珲春、敦化等3个县市的景观型测量标志建设。落实全省测量标志保管人员经费，2016年度测量标志保管津贴全部发放到市、县测绘地理信息行政主管部门。

【应急保障】

吉林省测绘地理信息局修订《吉林省测绘地理信息应急保障预案》《吉林省测绘地理信息局突发公共事件应急预案》。提前准备防汛抗旱专用地图、高分辨率影像数据，应急无人机等，为防灾减灾做好测绘地理信息保障。吉林省航测遥感院完成无人机应急演练，完成13幅《吉林省系列防洪工程图》更新及全省防洪影像制作拼接。开展测绘地理信息应急服务基础数据库建设试点工作，完成乾安县应急联动测绘地理信息服务建设项目。9月1日，受台风“狮子山”影响，珲春市春化镇4名群众因灾失联，延边朝鲜族自治州测绘管理办公室紧急协调无人机生产测绘企业提供无人机参与抢险救灾，经过53分钟74千米的连续飞行，发现被困群众的位置，为成功解救被困群众提供保障。

地理信息产业

【发展地理信息重点领域】

吉林省测绘地理信息局与省发展和改革委员会联合制定《吉林省市县经济社会发展总体规划试点底图编制技术方案》。开展公主岭、梅河口等5个试点市县的摸底调研，完成5个试点县市“多规合一”底图编制和市县产业布局工作，形成市县规划文本和规划图集，并提出可复制、易推广的工作方案。国家发展和改革委员会确定吉林省为全国9个省级空间规划试点省份之一。

促进地理信息产业集群化发展，打造地理信息产业集聚发展示范基地。吉林省测绘地理信息局与长春新区管理委员会、长春北湖科技园发展有限责任公司签署协议，合作建设吉林省地理信息科技产业孵化基地，规划总建筑面积超过1.2万平方米。重点引进30户各类测绘地理信息企业，形成测绘地理信息产业链孵化基地，提供物业补贴、税收减免、贷款扶持等政策优惠。孵化基地为入孵企业搭建地理信息产业公共服务平台，提供咨询、商务、中介等各类服务，帮助企业进行项目申报、科技开发和宣传策划等事务，为企业提供“一站式”服务。

【优化产业发展环境】

吉林省扶持地理信息企业发展，优化产业发展环境。吉林省测绘地理信息局和省测绘与地理信息行业协会到中国水利水电第一工程局有限公司、中铁津桥工程检测有限公司等4家企业调研发展情况。举办测绘地理信息项目投标书制作培训班，帮助企业解决制作标书不规范影响企业投标、中标的实际问题

12月9日，为优化地理信息产业发展环境，省测绘与地理信息行业协会协同吉林省思拓力测绘科技有限公司举办新形势测绘前言技术研讨会，探讨学习三维激光扫描新技术、中国精度服务高精度定位增强服务、无人机三维建模整体结局方案、不动产权籍调查生产解决方案等新技术内容，300多名专业技术人员参加研讨。9月，省测绘与地理信息行业协会举办无人机产品展示推介会，展示国内先进的无人机生产链条，讲解当前无人机技术的发展和未来应用。

科技、标准化与国际合作

【科技创新体系建设】

吉林省制定《吉林省测绘地理信息局科技发展“十三五”规划》，将科技创新等相关内容纳入“十三五”测绘地理信息地方规划。修订《吉林省测绘地理信息局科技创新项目管理办法（试行）》，规范科技创新项目的立项申报、组织实施、管理监督、评审验收、应用推广等项目要求。“基于非关系型数据库的海量测绘地理信息档案数据高效存储与快速检索技术的研究”“吉林省西部土地盐碱化动态监测研究”2项课题通过专家评审。“基于PS－INSAR技术的长春市地面沉降监测研究”通过省级验收。开展地理国情普查数据库建设，研发国情数据库管理与应用系统，通过关键技术成果的转化，推动全省地理省情监测工作。

【科技项目与科技奖励】

吉林省整理完成历年有关单位申报的测绘地理信息科技创新项目，建立科技创新项目库，完成项目申报时间、项目承担单位、项目完成时间及项目主要负责人等信息汇总。召开2015年科技创新项目验收评审会，6个科技成果项目全部通过验收。修订《吉林省测绘地理信息局科技创新项目管理办法（试行）》。吉林省测绘地理信息局印发《关于征集2016年测绘科技创新项目的通知》，征集19个科技创新项目，7个项目通过立项评审。获中国地理信息产业协会2016年中国地理信息科技进步奖二等奖1项，中国地理信息产业协会2016年中国地理信息产业优秀工程奖银奖6项、铜奖11项。评选出2016年吉林省测绘地理信息科技进步奖获奖项目16项，其中一等奖2项、二等奖5项、三等奖7项、鼓励奖2项。评选出2016年吉林省熹光测绘科学技术奖鼓励奖2人。

【标准化工作】

吉林省测绘地理信息局编制《吉林省测绘地理信息地方标准制修订工作程序》开展制定2016年地方标准，组织各项目承担单位制定地方标准编制工作计划和经费预算，召开专题研讨会对标准内容进行完善补充，完成《地质雷达探测测绘技术规程》《卫星导航定位基准站数据处理规范》等4项地方标准制定。

制定《吉林省测绘地理信息推荐性地方标准复审工作实施方案》。组织吉林省测绘地理信息推荐性地方标准4项进行集中复审，经复审委员会审议，4项地方标准复审结论均为“继续有效”。开展标准推广应用、地方标准体系和综合标准化研究，确定测绘地理信息标准的推广应用体系研究、吉林省测绘地理信息标准体系研究等4个研究项目，向省质量技术监督局提出立项申请。参与推荐性的国家标准《卫星导航定位基准站数据传输和接口协议》，经由国家标准化技术委员会批准立项。

【对外合作与交流】

吉林省测绘地理信息局选派1人参加国际测量师联合会（FIG）2016年度工作周会议。开展海峡两岸GIS理论和应用研究，组织3名省内测绘资质单位管理人员和行业技术骨干赴澳门特别行政区参

加第九届海峡两岸 GIS 发展研讨会。全年共组织出国及学习交流 2 批 4 人次。

地市级测绘地理信息工作

【长春市】

长春市规划局测绘行业管理办公室承接省级下放的丁级测绘资质审批、审核发放测绘作业证等测绘地理信息行政审批工作，调整组织机构，配备专职人员。完成 2016 年全市测绘资质单位年度报告和测绘资质单位的成果目录汇交。全面梳理 2012 年以来市辖区申领涉密测绘成果使用单位的涉密测绘成果使用和保管情况。对 10 家测绘资质单位的档案管理、测绘成果保密规定、质量体系管理规定和涉密测绘成果销毁工作进行抽查。开展市辖 49 家测绘资质单位资质巡查、质量巡检工作，其中甲级 4 家、乙级 12 家、丙级 17 家、丁级 16 家，占全市测绘资质单位总数的 30.6%，对长春建工工程勘测有限公司下发整改通知书，限期整改。梳理测绘地理信息行政职权，完成《长春市政府部门随机抽查事项清单统计表》填报。编制“申请丁级测绘资质的指引”和“审核发放测绘作业证的指引”。将丁级测绘资质审批和审核发放测绘作业证纳入“一门式，一张网”的工作流程，规范行政权力的运行。开展现场办公，提高办事效率，简化办事程序，把省、市两级分别资质审核变一次性审核。全年受理测绘资质业务申请共 121 家。

【吉林市】

吉林市测绘管理办公室落实测绘统计、测绘资质单位年度报告、测绘成果目录年度汇交等工作，完成吉林市 62 家测绘资质单位的测绘统计、年报、汇总上报工作。开展吉林市、永吉县、舒兰市测量标志普查维护工作，完成 114 个永久性测量标志普查维护和标志数据更新，签订 76 个测量标志委托协议。强化机构职能，依法行使行政权力。全年审批丁级测绘资质单位 1 家，受理审核测绘地理信息项目登记备案 13 件，审核发放测绘作业证 26 本，受理涉密测绘成果使用申请初审 40 件。全年完成 2 家资质单位涉密测绘成果陈旧图的销毁工作，共销毁 182 幅 191 张地形图、控制点 42 个。开展资质巡查和成果质量巡检工作，抽查 15 家测绘资质单位，对发现的问题登记注册并责令限期整改。吉林市规划局获 2015 年度测绘管理工作先进单位。

【通化市】

通化市测绘管理办公室加强全市测绘地理信息管理机构建设，健全测绘地理信息管理的职责和职能，实施测绘管理工作的统一监管。开展涉密测绘成果销毁工作，销毁地理信息电子版地形图 4 幅 16 张；销毁纸质地形图 377 幅 2876 张。未销毁涉密地理信息数据的单位上报了未销毁情况说明。全年完成辖区测绘资质初审 1 家，测绘资质业务范围变更初审 3 家，通过丁级测绘资质审批 1 家。督促辖区内资质单位完成 2015 年度测绘统计和测绘成果目录汇交工作，出具 11 张汇交凭证。受理审核测绘地理信息项目登记备案 35 件。审核发放测绘作业证 6 本。绘制新建 52 个测量标志点的点之记。完善基础测绘成果，全年补测、更新 1∶500 数字线划图 8 平方千米。全面掌握测绘资质单位人员、仪器、单位地址等信息，实施测绘资质动态管理，开展测绘资质监督检查，抽查的 6 家测绘单位全部合格。为通化大道改造、石鹏子棚户区改造、通化内陆港建设等政府重点工程，提供基础测绘地理信息服务。

【松原市】

松原市规划局测绘管理办公室开展测绘资质巡查、成果质量巡检及地图市场综合执法检查，完成松原市地理信息中心和前郭县经度测绘有限公司整改工作。受理丙级测绘资质初审 2 家，受理吉林省涉密测绘成果使用申请初审 8 件和办理测绘地理信息项目登记备案 5 件。向松原市企事业单位提供使用 1∶500 松原市地形图共 32 件。完成松原市旅游局报批松原市旅游图的初审。完成松原哈达山生态农业旅游示范区生态农业局农村土地确权测绘项目等 5 项测绘工程项目招标行业监督工作。开展数字松原“一库、一平台、一环境、五个应用、一中心”建设项目，完成基础地理信息数据库、地理信息公共平台及 4 个应用项目。

【白城市】

白城市测绘管理办公室加强测绘管理机构建设，落实承接行政许可审批相关文件，制定行政审批工作流程和相关制度，设专人负责测绘管理和日常协调工作。开展测绘法制宣传工作，向国土、规划、住建、水利、农业等有关部门和测绘资质单位传达《吉林省测绘项目招标投标管理办法》等有关法律法规。完成对市区内 10 家丙、丁级测绘单位测绘成果目录（副本）汇交工作。全市开展涉密地理信息数据清理销毁工作，督促指导测绘地理信息生产单位和涉密测绘成果使用单位组织开展自查，对涉密测绘成果使用进行动态监管。受理完成乙、丙级测绘资质初审12家，办理丁级测绘资质审批2家。审核发放测绘作业证1本。完成地下管线全面普查工作。与省基础地理信息中心合作完成1:1万、1:5万基础地理信息数据成果；完成建成区补测已核1:1000基础地理信息数据生产和加工。利用测绘地理信息成果为海绵城市、老城区综合提升改造、城市综合管廊等白城市重点工程项目提供测绘地理信息服务保障。

【长白山保护开发区】

长白山保护开发区管理委员会测绘管理办公室完善测绘地理信息行政审批工作管理制度，承接省级下放的丁级测绘资质行政许可审批，建立健全行政审批管理流程。完成长白山保护开发区2000国家大地坐标系成果接收、转换及推广使用工作。年内开展2次测绘资质巡查、测绘成果质量及涉密成果综合检查，对缺乏专业的中级测绘技术人才单位下发整改通知书。完成长白山地区测量标志点全面普查工作。

地方社团工作

【吉林省测绘与地理信息行业协会】

3月18日，吉林省测绘与地理信息行业协会二届二次理事工作会在长春召开，表彰2015年度协会工作先进单位和先进工作者，表决通过增选副会长、变更副会长、增选常务理事和理事人员名单，全省各市、州会员单位代表140多人参加会议。组织全省16家行业单位参加中国地理信息产业协会换届大会，14人当选理事，2家行业单位当选会员单位。开展2016年吉林省优秀测绘地理信息工程评选，共征集53项测绘地理信息工程项目，评出特等奖1项、金奖10项、银奖12项、铜奖14项。

8月，举办第二届吉林省测绘地理信息行业篮球赛，12支代表队130名队员参赛。组织参加2016年中国地理信息产业百强企业评选，2家民营企业入选百强企业。吉林省测绘与地理信息行业协会、全国倾斜摄影技术联盟联合主办“倾斜摄影智绘世界”2016全国倾斜摄影技术联盟百城巡展（吉林站）活动，全省300多人参加会议。

【吉林省测绘地理信息学会】

3月，吉林省测绘地理信息学会在长春召开九届二次理事工作会议，表彰2015年度学会先进单位和先进工作者，审议增补学会理事、常务理事、副理事长的提案和学会2016年工作计划。5月，召开2016年理事长办公会议，审议增补理事、常务理事和专业委员会主任委员调整议案。制定《吉林省测绘地理信息学会财务管理规定》。促进行业科技学术交流，组织16家会员单位参加中国测绘地理信息学术年会。

7月，吉林省科学技术协会、省教育厅、省测绘地理信息局、省测绘地理信息学会主办的第五届吉林省高等学校大学生测绘技能竞赛在长春工程学院召开，来自吉林大学、东北师范大学、延边大学等12所高校的代表队参加比赛。竞赛分为测绘专业组、非测绘专业组。评选出专业组总成绩一等奖1项、二等奖2项、三等奖8项，非专业组总成绩一等奖1项、二等奖2项、三等奖6项。“吉林省高等学校大学生测绘技能竞赛”正式列入省教育厅的常规竞赛项目。

黑龙江省

概况

2016年，黑龙江省测绘地理信息行业单位完成测绘服务总值18.66亿元。黑龙江测绘地理信息局在全国省级测绘地理信息行政主管部门2016年度测绘地理信息工作绩效考核中被评为优秀等次。

黑龙江省政府办公厅相继印发《黑龙江省基础测绘“十三五”规划》和《黑龙江省地理信息产业发展规划（2016—2020年）》。经省政府同意，《黑龙江省“互联网+地理信息”服务行动计划（2016

年版)》印发。《黑龙江省测绘地理信息数据交换和共享管理办法》列入省政府立法计划。测绘地理信息工作首次列入黑龙江省国民经济和社会发展第十三个五年规划纲要;“空间地理信息大数据应用”作为重点任务列入省促进大数据发展行动计划;测绘地理信息重点工作纳入省经济建设和国防建设融合发展工作方案。测绘地理信息工作更加深刻地融入省委省政府中心工作。

黑龙江省第一次全国地理国情普查完成,全面查清了全省自然和人文地理要素现状及空间分布情况,建成普查数据库及管理系统。国家基础地理信息数据库更新、地理国情监测、全球地理信息资源建设等国家基础测绘和专项测绘工程有序开展。全年,黑龙江省各级财政共投入基础测绘经费4921万元。数字龙江地理空间框架建设一期工程、黑龙江省卫星定位连续运行综合服务系统和似大地水准面精化、黑龙江省农村土地承包经营权确权登记影像底图制作等省基础测绘和重大专项任务基本完成,“智慧伊春”“智慧讷河”和“数字嘉荫”“数字友谊”建设步伐加快。

数字龙江地理空间框架建设一期工程首批成果由黑龙江省政府发布,全省1:1万基础地理信息数据实现全覆盖。黑龙江省卫星定位连续运行综合服务系统试运行并提供服务。“天地图·黑龙江”接入省政府政务网,为社会公众提供便民空间位置信息服务。地理国情普查成果服务生态文明制度体系建设应用研究与探索取得新进展,在生态保护红线划定、“多规合一”、领导干部自然资源资产离任审计等工作中为黑龙江省发展和改革委员会、省环境保护厅、省审计厅等多个政府部门提供测绘地理信息保障服务。完成海伦市精准扶贫三年规划实施方案编制,开展地理信息精准扶贫服务平台建设试点数据采集和系统开发等。编制出版《黑龙江省地图集》等一系列地图公共服务产品,测绘地理信息服务全省经济社会发展的能力不断提升。

黑龙江省转变测绘地理信息行政管理方式,放宽行政许可准入条件,加强事中事后监管,印发《关于加强测绘地理信息事中事后监管的通知》。开展全省测绘地理信息行业信用信息征集和发布工作,明确信用信息异议处理程序制度。开展地市测绘地理信息行政主管部门工作绩效考核、测绘综合行政执法检查、地图市场检查、测绘资质巡查、地理信息安全和测绘成果管理检查、测绘产品质量监督检查,全省测绘地理信息市场秩序进一步规范。

“互联网+地理信息”关键技术研究院士工作站经省科技厅批准设立。经省质量技术监督局同意,黑龙江省测绘地理信息标准化技术委员会成立。2项测绘地理信息标准列入黑龙江省2016年地方标准制修订计划并通过审定,填补了黑龙江省测绘地理信息地方标准制修订空白。全省3项测绘地理信息成果获得省部级以上科技奖励,28项成果获得软件著作权。

党的建设与人才队伍建设

【党的建设】

黑龙江测绘地理信息局深入学习贯彻习近平总书记系列重要讲话精神,委托中共黑龙江省委党校举办2期十八届五中全会精神专题培训班,教育引领党员干部树立“五大发展”理念。对“两学一做”学习教育做出系列部署,为全局党员包括离退休党员配发《新形势下党内政治生活若干准则》单行本、六中全会辅导书籍,组织观看电视专题片《永远在路上》,开展“两学一做”微型党课大赛,实现学习宣传全覆盖。采取党组中心组学习扩大会议、务虚会、直属单位和机关处室负责人座谈会等形式,分层次深入学习贯彻落实六中全会精神,推进改革转型升级发展。召开中共黑龙江测绘地理信息局直属机关第八次代表大会,选举产生第八届直属机关委员会和纪律检查委员会。加强离退休党组织建设,离退休干部党总支完成换届。完成党员组织关系排查、党费收缴专项检查等。

【党风廉政建设】

黑龙江测绘地理信息局牢固树立“四个意识”,坚持将学习贯彻《中国共产党廉洁自律准则》和《中国共产党纪律处分条例》作为落实全面从严治党主体责任的重要内容。制定印发《黑龙江测绘地理信息局2016年党风廉政建设和反腐败工作任务和责任分工》《领导干部任职廉政谈话暂行办法》《征求领导干部党风廉政情况书面意见暂行办法》等;转发国土资源部有关文件,规范机关干部和局属单位工作人员参加项目评审论证、鉴定和验收等活动。召开2016年局党风廉政建设工作会议,局属单位、机关处室33名主要负责人向党组递交党风廉政建设责任承诺书。对局属11家单位开展党风廉政建设专项监督检查和作风建设民主测评。针对贯彻落实中央八项规定精神情况，开展局属11家单位财务专项监督检查并完成整改落实。完成局94名处级以上干部廉政信息建档工作。加强对资质审批、政府采购、工程项目招标和人员招聘等关键环节监督。围绕重要时间节点，设置和公布作风建设专项举报电话和电子邮箱，将党员领导干部作风建设置于职工群众监督之下。

【精神文明建设】

黑龙江测绘地理信息局围绕建党95周年、红军长征胜利80周年、国家测绘地理信息局建局60周年等主题开展多种形式的活动，以参加过抗战的老党员为主角，拍摄制作党课视频课件，展现老党员、老一辈测绘工作者的理想信念和精神风采；在四平市测区开展机关青年干部“走基层，转作风，强服务”主题党日活动；在海伦市东林乡中心小学开展“关爱留守儿童，助力精准扶贫”主题活动；在哈尔滨市松北区对青山镇道北小学、巴彦县新光小学开展青年志愿服务活动。黑龙江测绘地理信息局极地测绘工程中心入选第二届全国“感动测绘团队”。

黑龙江测绘地理信息局工会七届五次委员会会议召开，1家局属单位工会完成换届改选。2人作为代表，参加黑龙江省工会第十一次代表大会，1人当选黑龙江省总工会第十一届委员会委员。组织开展局工会干部业务培训。配合中国能源化学地质工会首次开展测绘地理信息行业工会组织建设情况调研。开展多种形式的文体活动，举办以“迎十一团结拼搏·创新奉献”为主题的职工趣味运动会，组织开展职工羽毛球、长跑、拔河比赛等文体活动；组织参加全国测绘地理信息系统羽毛球比赛和黑龙江省直机关干部职工球类比赛，并在省直机关球类比赛中联创佳绩，获得厅局级乒乓球单打亚军和女子乙组羽毛球团体亚军。开展“面对面、心贴心、实打实服务职工在基层”活动，继续开展关爱职工送温暖活动，重大节日慰问一线职工1000多人次，慰问困难和重病职工240人次，慰问有特殊困难职工及劳动模范先进人物45人。开展兴海村定点驻村扶贫工作，投入专项帮扶资金，实施光伏亮化工程建设等，节日期间慰问贫困村民10户，送去慰问金和生活用品总价值近1万元。黑龙江地理信息工程院、国家测绘地理信息局第二航测遥感院摄影部和黑龙江第三测绘工程院工会分别被黑龙江省总工会授予“黑龙江省五一劳动奖状”“黑龙江省工人先锋号”和“模范职工之家”称号。

【人才队伍建设】

截至2016年底，黑龙江测绘地理信息局拥有百千万人才工程国家级人选1人；享受政府特殊津贴专家13人，其中享受国务院政府特殊津贴专家11人、享受黑龙江省政府特殊津贴专家2人，省部级专家4人。提拔正处级干部3名，从局属事业单位调任公务员1名，6名副处级干部任职试用期满转正。开展干部培训工作，组织全局处级以上干部、机关干部及局属各单位后备干部参加黑龙江省委党校十八届五中全会精神培训班；选派21名干部参加国家行政学院、国家测绘地理信息局党校、黑龙江省直机关党校学习。选派3名机关干部到局属事业单位挂职锻炼，3名局属事业单位干部到机关挂职锻炼。全年，举办各类专项培训近20次，累计培训近4000人次。

法制建设与市场监管

【法制建设】

《黑龙江省地理信息数据交换和共享管理办法》列入省政府立法计划，完成行业内意见征集。黑龙江测绘地理信息局制定印发《黑龙江省测绘地理信息立法规划（2015—2020年）》《黑龙江省测绘地理信息局贯彻落实法治政府建设实施纲要（2015—2020年）实施方案》《黑龙江省测绘地理信息法治宣传教育第七个五年规划（2016—2020年）》等。黑龙江测绘地理信息局聘请法律顾问团队，为重大决策提供法律支持。

【法制宣传】

黑龙江测绘地理信息局认真组织开展全省“8·29”测绘法宣传日活动。全省共发放宣传单及各类宣传材料3万多份，数百家测绘单位踊跃参与，形成省、市、县三级统一联动的测绘法宣传格局。鸡西市等地市主管测绘地理信息工作的副市长到活动现场参与宣传。齐齐哈尔、双鸭山、牡丹江、佳木斯、鸡西、伊春、黑河、绥化等地市通过在办公楼前、繁华街道和主要街区同时设立宣传站点，印刷或购买宣传材料，召开贯彻实施《地图管理条例》专题会议，与当地电信部门合作向市民及政府部门推送测绘地理信息公益短信等形式，开展丰富多彩的宣传活动。部分地市利用报纸、网站专栏、微信、微博、QQ等平台宣传测绘法及《地图管理条例》。黑龙江测绘地理信息局对在全省宣传活动中表现突出的114家测绘资质单位予以通报表扬，并记入良好信用信息记录，营造了良好的法治宣传氛围。

【综合执法】

9月，黑龙江省测绘地理信息综合行政执法检查工作启动。黑龙江测绘地理信息局组成3个检查组，对全省各地市测绘地理信息行政主管部门和70家测绘资质单位进行实地检查。在各地市，检查组分别召开测绘地理信息行政主管部门座谈会，听取测绘地理信息行政主管部门工作绩效考核、数字城市建设推广应用以及本辖区测绘资质单位检查情况汇报，并以仪器检定证书、测绘资质一致性、涉密成果管理、项目质量验收等内容为重点对测绘资质单位进行实地检查。检查结果显示，全省各地市测绘地理信息行政主管部门履职和测绘资质单位管理能力持续增强。11月，针对测绘地理信息综合行政执法检查中发现的测绘资质单位对国家有关测绘仪器政策调整认识误区，开展省内测绘计量器具检定专项检查。

【依法行政】

黑龙江测绘地理信息局配合省政府办公厅、省政府法制办公室、省商务厅等部门完成2017年立法计划上报、现行法规清理、全省信用信息平台对接、“双告知”制度落实、跨境服务负面清单制定等工作。按照省政府要求，向信用黑龙江网报送行政许可和行政处罚“双公示”目录及信息，并指导地市开展工作。开展测绘资质审批，受理完成涉密测绘成果行政审批465件，完成地图审核105件，开展项目备案36件，换发作业证530个，汇交测绘成果目录2200多条，开展综合统计填报工作。

【“放管服”改革】

黑龙江省测绘地理信息行政主管部门转变行政管理方式，放宽行政许可准入条件，加强事中事后监管，印发《关于加强测绘地理信息事中事后监管的通知》，规范测绘监管工作。继续优化全省行业发展环境，开展测绘资质审批改革，简化丙、丁级测绘资质审批流程，将其调整为在经地市测绘地理信息行政主管部门审核后直接公示，不再提交省测绘地理信息测绘资质审查委员会批准，提高了行政审批效率。

【测绘资质管理】

截至2016年底，黑龙江省共有测绘资质单位666家，其中甲级35家、乙级125家、丙级218家、丁级288家。新增资质单位116家，升级30家，业务范围变更65家，注销20家。黑龙江测绘地理信息局严格核实测绘资质申请单位技术人员信息，对于严重不符合测绘资质管理规定的，作出1项不予行政许可决定。

【信用管理】

黑龙江测绘地理信息局开展全省测绘地理信息行业信用信息征集和发布工作，明确信用信息异议处理程序制度，为促进行业自律、倡导诚信守法经营、营造有序市场环境提供法律依据。7月，召开全省测绘地理信息行业信用信息征集发布工作会议。完成甲级资质单位信用信息初审转报工作。

【日常监管】

黑龙江省开展2016年度地市和省直管县测绘地理信息行政主管部门工作绩效考评工作。全年，通过对新申请、升级测绘资质单位实地考察和资质巡查实施事中监管；通过全省测绘地理信息综合行政执法检查等开展事后监管。部署和督促测绘资质单位填报2015年测绘资质年度报告。6月，开展“第三届中国—俄罗斯博览会”驻会地图监管服务；9月，开展全省地图市场检查；6月—9月，开展全省测绘地理信息产品质量监督检查等。

基础测绘

【国家基础测绘】

黑龙江测绘地理信息局组织完成黑龙江、吉林、辽宁等10个省（自治区、直辖市）7211幅1∶5万地形数据库动态更新和制图数据更新任务。其中，黑龙江、山西、内蒙古3个省（自治区）完成全要素更新，其余7个省（直辖市）完成重点要素更新。完成上述区域246幅1∶25万、23幅1∶100万地形数据库更新及制图数据更新任务。组织完成哈尔滨全球定位系统跟踪站每日GPS数据采集下传、整理、汇交上传及跟踪站日常维护与管理等工作，数据有效率100%。完成省级基础地理信息数据库日常维护与管理等工作。

【国家重大专项测绘】

黑龙江测绘地理信息局组织完成全球地理信息资源建设工程相关国家约100万平方千米数据生产，包括数字正射影像、数字表面模型及二级核心矢量要素数据。

【省级基础测绘】

黑龙江测绘地理信息局组织编制《黑龙江省基

础测绘“十三五”规划》，向21个省政府（部门）直属单位征求意见。9月30日，省政府办公厅印发《黑龙江省基础测绘“十三五”规划》（黑政办发〔2016〕104号）。全年，黑龙江省各级财政共投入基础测绘经费4921万元。至年底，全省基础测绘成果实现省域全覆盖。数字龙江地理空间框架建设一期工程继续推进，完成哈尔滨测区1577幅、绥化测区1529幅、黑乌测区896幅、黑乌北部测区372幅、牡丹江测区1671幅、黑瞎子岛测区61幅数据生产及入库。7月，黑龙江省卫星定位连续运行综合服务系统开通试运行。开展“绥芬河—东宁重点开发开放试验区基础测绘工程”等9个地形图测绘和服务平台建设项目。

【航空航天遥感影像获取与应用】

黑龙江测绘地理信息局组织获取伊春市0.08米地面分辨率倾斜航空摄影数据150.4平方千米，大兴安岭边境地区0.5米地面分辨率全色与多光谱同轨立体卫星影像约2万平方千米，鸡西、宾县、宁安等区域0.2米地面分辨率数字航空影像10.6万平方千米，为智慧城市时空信息云平台建设、省级基础测绘和省农村土地承包经营权确权登记等提供基础数据保障。以资源三号等国产卫星影像资源为依托，应用高分辨率航天遥感影像为全省测绘地理信息数据服务、技术研发和项目建设提供有力保障。遥感影像在黑龙江省自然保护区遥感监测应用平台建设、“天地图·黑龙江”政务版建设、领导干部自然资源资产离任审计、兴凯湖自然保护区界线调整、黑龙江省全国第三次农业普查等工作中发挥基础性作用。

【智慧城市、数字城市建设】

黑龙江省市（地）级数字城市地理空间框架建设全面完成并投入应用，数字县区地理空间框架建设有序开展。4月，黑龙江测绘地理信息局组织召开全省数字城市和智慧城市建设工作座谈会，推进数字城市向智慧城市转型升级。数字嘉荫地理空间框架建设全面完成，数字绥芬河、数字海伦、数字友谊等县级数字城市地理空间框架建设试点稳步推进。“智慧讷河”县级智慧城市时空信息云平台完成主体工程建设，国家测绘地理信息局试点项目“智慧哈尔滨”时空信息云平台建设顺利开展，“智慧伊春”时空信息云平台建设启动实施。

【农村土地承包经营权确权登记】

黑龙江测绘地理信息局组织完成黑龙江省农村土地承包经营权确权登记影像底图制作任务，获取全省航摄影像近30万平方千米，完成全省1∶2000正射影像图（DOM）37.4万幅。影像底图成果分发至各县（市、区）农业主管部门。

【质量管理】

黑龙江测绘地理信息局组织开展2016年度全省测绘地理信息成果质量监督检查工作，完成全省行政区域内160家测绘资质单位承担的160项成果质量检查工作，项目类型包括控制测量、地形图（带状图、现状图）测量、工程（图）测量、地籍测量、房产测量、数据库建设等，检查范围覆盖全省13个地市和农垦总局。加强对局属单位指令性任务质量管理，完成检查员培训、资格复审和发证，下达检验委托141批次。

【安全生产】

黑龙江测绘地理信息局印发《2016年度安全生产工作要点》，部署安全生产工作。全年，局机关及直属单位共组织安全生产专题讲座及安全生产演练（消防演练、防火疏散演练等）60多次，参与人员达2000多人次。完善落实“党政同责、一岗双责、齐抓共管”的安全生产责任体系。保证安全生产基础设施投入，加快安全设备更新和改造步伐，提高安全生产保障水平。严格落实督查制度，开展经常性安全检查，排查事故隐患，督促及时整改。完善车辆卫星定位安全监管系统，提高监管效率，全局170多台外业车辆（包括雇佣车辆）配置升级后的安全生产车辆监测系统。年内，未发生安全生产责任事故。

地理国情监测

【地理国情普查】

黑龙江省第一次全国地理国情普查共获取12个一级类、58个二级类和135个三级类地理国情信息，以2015年6月30日为标准时点的全省全覆盖、无缝隙、高精度地理国情普查成果。全面查清全省45.4万平方千米行政辖区范围内自然地表与人文地理要素空间分布状况及其相互关系。建成以地形地貌数据、遥感影像数据、地表覆盖数据、统计分析数据等7个子库为主体的省级地理国情普查数据库和管理系统；完成黑龙江省省级、13个市级及128个县级行政区域地理普查图编制153幅；完成全省地理国情普查信息基本统计分析，形成部分县

（市）国情普查数据与国土第二次土地利用调查、水利、林业、交通等专业数据的对比分析报告；编制完成《黑龙江省地理国情普查图集》和《黑龙江省第一次全国地理国情普查公报》。普查成果通过省级质检机构成果检验及国务院第一次全国地理国情普查领导小组办公室复核，合格率100%，优良品率99.8%。向大庆市政府、牡丹江市政府、国家统计局黑龙江调查总队、省民航管理局、省气象局等政府和行业单位提供地理国情普查成果，用于城市总体规划、地名普查、农作物调查、气象站点选址布设等。

【地理国情监测】

黑龙江测绘地理信息局完成2016年度第一次全国地理国情监测黑龙江、吉林、辽宁、内蒙古、山东、山西、河北、天津、北京、江苏10个省（自治区、直辖市）共259万平方千米监测任务，监测成果通过国家测绘产品质量检验测试中心组织的交叉验收。形成2016年度地理国情监测上述区域增量数据、版本数据。完成黑龙江省13个地级市及"哈长城市群"空间格局变化监测，东北森林带、北方防沙带自然生态状况变化监测，丝绸之路经济带重要地理国情监测和服务生态文明建设试点示范地理国情监测分析项目。开展地理国情普查成果监测应用，结合黑龙江省"五大规划"和"龙江丝路带"战略实施，与省发展和改革委员会开展市县"多规合一"试点；与省环境保护厅开展全省生态保护红线划定；与省审计厅开展领导干部自然资源资产离任审计；与国家统计局黑龙江调查总队开展黑龙江省主要农产品种植面积普查等应用工作。

海洋测绘与不动产测绘

【海洋测绘】

全省共有3家测绘资质单位开展海洋测绘工作，完成海洋测绘成果248平方千米。

【地籍测绘】

全省共有126家测绘资质单位开展地籍测绘工作，完成地籍测绘成果230万平方千米。

【房产测绘】

全省共有163家测绘资质单位开展房产测绘工作，完成房产测绘成果3266万平方米。

地图管理与地图服务

【地图审核】

黑龙江测绘地理信息局严格依据新颁布实施的《地图管理条例》进行地图审核。2016年，共核发地图审核号105个，其中地图（集、册、幅）审批102件，互联网地图审批3件。

【地图编制与出版】

2016年，黑龙江省地图出版以新版、重版纸质地图地理类图书和新版一般出版物为主。共出版图书250种，其中地图地理类图书164种（含新版59种、重版105种）；一般出版物（图书）86种。哈尔滨地图出版社编制出版京津冀都市圈、长江中游、长三角系列城市群地图；更新完成《黑龙江省市县政府工作用图》；编制出版《哈尔滨市城市地图集》《大庆市城市地图集》等；创新推出世界、中国系列裸视三维地势图；编制爱国主义教育系列红色地图、海伦市精准扶贫图、省非物质文化遗产分布图、哈尔滨新区图等特色地图产品。

【地图市场监管】

黑龙江测绘地理信息局印发《2016年黑龙江省国家版图意识宣传教育和地图市场监管工作方案》。与黑龙江省新闻出版广电局印发《关于联合开展黑龙江省2016年地图市场大检查的通知》，部署各市（地）测绘地理信息行政主管部门和新闻出版主管部门共同开展全省地图市场检查行动。其中，齐齐哈尔、七台河、绥化市测管部门与当地新闻出版主管部门联合印发文件并开展地图市场检查，其余市（地）测管部门开展了互联网地图和地图集中销售场所检查。联合行动共检查地图产品市场90多家，实地登记检查地图类产品近200件。利用互联网地理信息监管系统，依据属地化管理原则，开展互联网地图服务网站监管。共检测互联网地图静态图片802幅，其中638幅自动排查为安全图片、其余164幅经人工排查后确认为安全图片。

【地图服务】

黑龙江测绘地理信息局为习近平总书记视察黑龙江、中央第二环保督查组进驻黑龙江开展工作、哈尔滨国际马拉松赛提供系列地图保障服务；为省委领导研发基于平板电脑的新型政务电子地图平台。与黑龙江省发展和改革委员会合作，推出《龙江陆海丝绸之路经济带图》4种外语版本。完成网上全国测绘地理信息应用成果和地图展览黑龙江省展馆建设更新工作。哈尔滨地图出版社全年为省、市、县各级政府部门提供地图定制服务5.19万册（幅）。

【国家版图意识宣传教育】

依托黑龙江省国家版图意识宣传教育和地理信息市场监管工作联席会议制度，黑龙江测绘地理信息局联合哈尔滨市测绘地理信息局、哈尔滨市教育局共同监制，由哈尔滨地图出版社编制完成“美丽中国”国家版图意识宣传教育专项工程——《中华人民共和国爱国主义教育示范基地分布图》《黑龙江省爱国主义教育示范基地分布图》。10月28日，“美丽中国”爱国主义教育基地分布图（红色地图）发布会在哈尔滨召开，会议发布了《中华人民共和国爱国主义教育示范基地分布图》《黑龙江省爱国主义教育示范基地分布图》。该系列图在哈尔滨全市域1511所中小学校、20646个班级免费发放，近80万学生受益，形成了广泛的宣传效应和社会影响。

【“美丽中国”第三届全国国家版图知识竞赛和少儿手绘地图大赛】

黑龙江测绘地理信息局开展“美丽中国”第三届全国国家版图知识竞赛电视赛黑龙江省参赛选手选拔工作。成立筹备小组，通过报纸、网络、微信等媒体与平台积极宣传，联合东北网在黑龙江省图书馆、黑龙江科技大学举办国家版图知识公益讲座，600多名市民和师生聆听讲座。全省近400人报名参加“美丽中国”第三届全国国家版图知识竞赛电视赛黑龙江省选拔赛，2人代表黑龙江省参加“美丽中国”第三届全国国家版图知识竞赛电视赛。黑龙江测绘地理信息局与省教育厅联合组织开展国家版图知识竞赛和少儿手绘地图大赛。全省参加全国国家版图知识竞赛总人数为7904人，覆盖13个市（地），全国排名第7位。黑龙江省共收到少儿手绘地图大赛参赛作品1023幅，评选出不同年龄段获奖作品24幅，并给予奖励，7幅作品在“美丽中国”第三届全国少儿手绘地图大赛中获奖。

测绘地理信息成果管理与应用

【数字龙江地理空间框架建设】

4月19日，黑龙江省政府在哈尔滨召开数字龙江地理空间框架建设一期工程首批成果发布会。省政府办公厅、省发展和改革委员会、省工业和信息化委员会、省教育厅等40个厅局负责人，全省各地市、省直管县测绘地理信息行政主管部门负责人等160多人参加发布会。共发布1∶1万DLG成果7548幅，DOM成果15595幅，DEM成果7487幅，数字影像地图8047幅，成果数据量近10TB。面积覆盖黑龙江省约34.03万平方千米，省基础测绘成果覆盖率由52%提高至92%，极大地丰富了省基础地理信息资源。人民网黑龙江频道、黑龙江日报、黑龙江电视台等中央及省内12家媒体对发布会进行报道。

【“天地图·黑龙江”建设与应用】

“天地图·黑龙江”省级节点建设有序开展，完成牡丹江、伊春、哈尔滨、绥化、黑乌、黑乌北部、黑瞎子岛等测区9920幅公众版矢量和影像数据生产。完成“天地图·黑龙江”三江平原、黑河区域数据融合11.9万平方千米。完成“天地图·黑龙江”市级节点评估。9月，“天地图·绥化”接入省级节点；11月，“天地图·齐齐哈尔”接入国家主节点。至年底，全省9个地市级节点接入国家主节点，10个地市级节点接入省级节点，1个县级节点接入省级节点和国家主节点。

黑龙江测绘地理信息局基于“天地图·黑龙江”地图API接口及数据资源，开发Web版和手机App版贫困户定位信息采集系统，为海伦市地理信息精准扶贫服务平台建设提供信息采集支撑服务，完成海伦市2个试点乡镇（长发镇，东林乡）共22个行政村贫困户位置信息、帮扶人员、帮扶措施、家庭年收入、贫困户照片等信息采集。10月，“天地图·黑龙江”地理信息专题服务资源接入黑龙江省政府政务服务中心网站（http://www.hljzwzx.gov.cn/），为社会公众提供便民空间位置信息。

【成果汇交与分发】

黑龙江测绘地理信息局全年受理涉密测绘成果行政审批465件，为省行业单位提供地形图6500幅，控制点7000多点。升级“测绘成果目录汇交系统”，实现全省测绘成果网上汇交，完成2015年度测绘成果汇交工作，350家测绘资质单位汇交测绘成果目录2200多条。

【涉密成果管理】

黑龙江测绘地理信息局组织开展2016年度全省测绘地理信息成果保密检查。10月，对全省70家测绘资质单位进行抽查。举办涉密测绘成果管理人员岗位培训班，全省测绘资质单位及涉密测绘成果用户共370多人参加培训，为培训合格人员颁发涉密测绘成果管理人员岗位证书。

【应急保障】

4月—6月，黑龙江测绘地理信息局根据汛情预测，开展防汛应急基础地理信息资料准备工作。针对松干、嫩干河道外扩20千米约30个县域范围对全省1:5万全要素DLG数据、最新资源三号和高分一号等高分辨率卫星影像数据开展前期处理与资料整合。为“黑龙江省政府应急指挥平台”建设提供基础地理信息数据服务。基于“天地图·黑龙江”政务版为应急平台提供相应API接口和高效、稳定的在线地理信息服务，数据类型包括矢量、影像、三维和地名地址等，为黑龙江省应急服务保障提供有效数据、技术支撑。

地理信息产业

黑龙江测绘地理信息局认真贯彻落实《黑龙江省人民政府办公厅关于促进地理信息产业发展的实施意见》以及副省长李海涛调研黑龙江测绘地理信息局时的讲话精神，组织编制《黑龙江省地理信息产业发展规划（2016—2020年）》，并向黑龙江省发展和改革委员会、省财政厅等22个省政府相关部门征求意见。11月3日，黑龙江省人民政府办公厅印发《黑龙江省地理信息产业发展规划（2016—2020年）》（黑政办发〔2016〕122号），明确了全省地理信息产业发展的指导思想、发展目标、重点工作和主要任务。组织开展调研活动，就地理信息产业园运营、局属企业经营方式及促进地理信息产业发展经验和做法进行学习交流，为推动全省地理信息产业发展拓展思路，提供支持。全年，2家地理信息企业上市新三板。黑龙江省地理信息产业园组织企业参加第二十七届哈尔滨国际经济贸易洽谈会、“2016太阳岛论坛·哈尔滨大数据产业推介会”等全国及省、市招商和项目推介会，为地理信息企业加快发展提供平台和支撑。

科技、标准化与国际合作

【科技创新体系建设】

12月9日，黑龙江测绘地理信息局与武汉大学龚健雅院士团队联合筹建的“互联网+地理信息”关键技术研究院士工作站获黑龙江省科技厅批准，列入2016年黑龙江省第二批新设企业院士工作站名单。该院士工作站的建立，标志着黑龙江测绘地理信息局联合黑龙江文图测绘地理信息有限责任公司与武汉大学龚健雅院士团队携手推动黑龙江省“互联网+地理信息”产业技术发展。10月，筹建黑龙江省对地观测与导航工程技术研究中心。

【科技项目与科技奖励】

黑龙江测绘地理信息局承担“基于国产遥感卫星的典型要素提取技术”等国家重点研发计划专项子课题3项；承担国家发展和改革委员会关于开展北斗卫星导航产业重大应用示范发展专项1项（哈尔滨北斗精准农业综合服务示范）；开展“常态化地理国情监测与分析技术研发”等国家测绘地理信息局基础测绘科技项目研究5项；确立“基于HLJ-CORS和实时PPP的高精度移动定位终端软件研发及与位置服务平台的集成应用研究”等局级基础测绘科技项目14项。其中，“地理国情普查服务于自然生态空间监测的研究与示范”“南极测绘地理信息应用服务关键技术研究”2个项目通过国家测绘地理信息局验收。获得“可定位安全马甲”专利1项，获得“数字南极地理信息公共服务平台”等软件著作权8项；获中国测绘地理信息学会、中国地理信息产业协会颁发的科技进步奖、优秀工程奖等9项。

【标准化工作】

2月29日，黑龙江省测绘地理信息标准化技术委员会获黑龙江省质量技术监督局批准成立。《地理信息公共服务平台地方节点数据处理技术规程》和《黑龙江省测绘成果质量检查与验收 第1部分：大比例尺地形图》2项标准列入黑龙江省2016年地方标准制修订计划并通过审定。黑龙江测绘地理信息局组织申报国家测绘地理信息局测绘地理信息标准制修订提案3项；承担制订《极地地区 1∶5万 1∶10万遥感影像平面图制作规范》等行业标准2项；完成的《南极测绘基本技术规定》和《南极区域低空数字航空摄影规范》2项标准通过国家测绘地理信息局测绘标准化工作委员会审查；反馈《1∶25000 1∶50000测绘卫星遥感影像产品元数据》等行业标准意见、建议征集24项；承担国家社会管理和公共服务综合标准化试点项目《地理信息公共服务标准化省级试点》1项；组织参加标准培训9人次。

【对外合作与交流】

黑龙江测绘地理信息局选派22人分赴香港、新西兰、捷克、美国、英国、澳大利亚、老挝、柬埔寨、北极、南极等国家和地区参加技术管理培训与研讨，执行资源三号卫星联合检校、全球地理信息资源建设工程境外踏勘、黄河站GNSS连续运行基准站升级改造和南极第33次科学考察等专项测绘任务。组织赴捷克参加第23届国际摄影测量与遥感大会成果展、第八届海峡两岸测绘发展研讨会测绘地理信息发展成就展及全国测绘地理信息国际合作工作会议展览等。

【科技成果转化】

黑龙江测绘地理信息局开展的“地理国情普查服务于自然生态空间监测的研究与示范”项目形成的技术规程、生产工具、服务平台及探索建立的部门间合作机制等已转化为科技成果，在全国范围内推广应用，推动国家测绘地理信息局、国家发展和改革委员会与部分省（自治区）实施“多规合一”战略。黑龙江测绘地理信息局以“专家团队进驻、技术指导、项目合作”等模式，为浙江、福建、吉林、新疆等10多个省（自治区）开展“多规合一”提供技术支持与服务。8月，与省环境保护厅联合印发《黑龙江省生态保护红线划定实施方案》（黑环办〔2016〕157号），明确测绘地理信息工作在全省生态保护红线划定及监测中的职责。黑龙江测绘地理信息局被列入省生态文明改革领导小组成员单位。自主研发的倾斜摄影应用平台——“科思地图”（KYSMAP）等科技成果已应用于生产。

地市级测绘地理信息工作

【绥化市】

“智慧绥化”列入绥化市民生工程，在完成数字绥化建设基础上，引入BT（建设－经营－转让）商务模式建设。绥化市政府与中兴软创科技股份有限公司（简称中兴公司）签订合同，由中兴公司垫付资金，对项目中设备、工程、网络、服务总包，并负责项目运行维护；绥化市政府按照5年分期支付建设资金。“智慧绥化”分三期建设，一期工程搭建城市云数据中心、政府公共数据交换平台和平安城市、智能交通、城市应急指挥、数字化城管等应用系统，二、三期工程涉及民生和政府服务项目。2016年，完成一期工程建设，总预算1.01亿元，工程通过验收并投入使用。

地方社团工作

【黑龙江省测绘地理信息学会】

1月—3月，黑龙江省测绘地理信息学会协助中国测绘地理信息学会、中国卫星导航定位协会在哈尔滨举办“新形势下不动产统一登记——不动产权籍调查技术方案解读与不动产测绘新技术应用培训班”和“北斗地基增强系统建设与高精度位置服务应用培训班”。6月，与省教育厅联合举办黑龙江省高校大学生测绘技能大赛，省内20所高校33支代表队参加比赛，评选出单项奖63项、团体奖21项、优秀指导教师奖21项。与黑龙江工程学院共同组织测绘科技月活动，参与主办东北林业大学土木工程学院校园测绘技能大赛。3月—9月，开展黑龙江省优秀测绘地理信息工程奖评选，共评选出优秀工程奖27项。

【黑龙江省地理信息产业协会】

黑龙江省地理信息产业协会组织召开2016年黑龙江省地理信息产业大会。开展黑龙江省地理信息产业发展调查，编制《黑龙江省地理信息产业发展调查报告（2015）》。出台《黑龙江省地理信息行业自律公约（试行）》。根据会员需求，组织200多人参加测绘内、外业生产技术培训班和测绘地理信息企业管理培训班。组织会员赴北京参观学习、参加中国地理信息产业协会第六次全国会员代表大会及研讨班等。推荐省内优秀工程项目参加国家、省级测绘地理信息奖项评选。面向全省民营企业开展测绘专业助理工程师任职资格评审工作，401 人获得任职资格。配合黑龙江省测绘地理信息行业管理部门建立黑龙江省地理信息产业单位名录库，开展行业信用信息征集工作。举办黑龙江省地理信息行业单位春日健行徒步活动。

上海市

概况

2016 年，上海市规划和国土资源管理局继续深化测绘管理体制机制改革，通过建立长效协同工作机制，逐步构建了局测绘管理处、上海市测绘产品质量监督检验站、上海市测绘院和上海市测绘地理信息产业协会“3 + 1”的测绘管理体系，为上海市测绘地理信息事业改革创新发展提供了有力保障。

上海测绘地理信息工作得到国家测绘地理信息局的关心和认可，8 月 9 日—10 日，国家测绘地理信息局局长库热西・买合苏提到上海市规划和国土资源管理局调研，并高度肯定了上海的测绘地理信息工作。上海认真组织学习库热西局长在上海考察期间的讲话精神，推进地理国情监测等重点工作开展。

经上海市人民政府同意，12 月 27 日，上海市规划和国土资源管理局正式印发《上海市基础测绘“十三五”规划》，提出“十三五”期间上海市基础测绘要以“创新引领、需求推动、服务增能、开放共享、保障安全”为原则，基本形成与上海规划建设卓越的全球城市阶段目标相适应的基础地理信息管理体制和运行机制，着力推进现代测绘基准体系、基础地理信息资源体系、地理国情常态化监测体系、地理信息公共服务体系、应急测绘服务保障体系、地理信息科技创新体系六大体系建设。

全面推进依法行政，完成测绘管理行政权力事项、行政责任事项的梳理和确认工作。深化行政审批制度改革，推进测绘管理审批信息系统开发工作，测绘类行政审批事项已正式在网上政务大厅受理。加强事中事后监管，开展资质巡查、质量监督检查和地理信息保密检查工作。做好测绘地理信息行业信用信息的征集、审核和发布工作。加强全市卫星导航定位基准站建设和应用的监督管理，组织开展卫星导航定位基准站安全风险点排查工作。2016 年上海测绘地理信息行业单位完成测绘服务总值 30.51 亿元。

初步建立地理国情长效监测机制，完成地理国情普查成果统计、图件编制等工作，基本完成浦东新区空间格局变化监测、全国海岸带开发利用变化监测等 4 个国家专项的数据生产。上海市地理信息公共服务平台（“天地图・上海”）按要求完成综合技术评估和与国家主节点数据融合等工作。完成政务版改版，推出公众版 3.0 升级版。政务版和公众版通过实时在线、前置服务等方式，已取得广泛应用。

党的建设与人才队伍建设

【党的建设】

按照中央和上海市委部署要求，上海市规划和国土资源管理局坚持思想引领、尊崇党章，把学习贯彻习近平总书记系列重要讲话精神作为理论武装的首要任务，不忘初心、继续前进，扎实推动“两学一做”学习教育。坚持制度治党、落实责任，建立层层抓落实的党建工作责任体系，制定领导班子和党组织责任清单，全面落实党建工作责任制。坚持问题导向、结果导向，把党建工作融入到业务工作，深入开展“破瓶颈、解难题、补短板”活动，按照“严”和“实”的要求狠抓工作落实。机关业务处室与测绘行业单位加强定点联系，听取对测绘管理工作的意见和建议，长效推进党建工作。坚持常态管理，强化基层党组织政治功能，以落实党员管理教育为依托，加强和规范党内政治生活，推动全面治党向基层延伸，破解新常态下党建工作面临的问题和挑战，全面推进局系统党的建设，为各项工作推进提供有力的思想政治和组织保证。

【党风廉政建设】

上海市规划和国土资源管理局持续推进党风廉政建设，认真落实党组织的主体责任、纪检组织的监督责任和“一岗双责”，做好党风廉政建设责任书签约，完善党风廉政建设责任制考核办法，压实“两个责任”。坚持把守纪律讲规矩摆在突出位置，抓好《中国共产党廉洁自律准则》《中国共产党纪律处分条例》等党纪条规的学习和宣贯，严明纪律规矩。按照纪检体制改革后党风廉政建设的新形势新要求，细化完善《巡察工作办法》等相关制度，推进信息化管理系统完善升级，实现全业务、全流程的信息化监管。以廉政文化“六个一”活动为载体，开展党风党纪和廉洁自律教育，筑牢拒腐防变思想道德防线，形成了“制度 + 科技 + 文化”的监管体系。

【人才队伍建设】

上海市规划和国土资源管理局推进“三支队伍”（党政领导、领军人才和后备干部队伍）建设，举办处级干部参加的学习贯彻“五大理念”专题培训班，安排 2 名局级干部和 1 名处级干部参加上海市委党校培训。选派 1 名处级干部、1 名科级干部和 2 名单位负责人参加国家测绘地理信息局组织的干部培训。全年共选派 9 人赴新西兰、英国、美国、澳门等国家和地区进行技术交流、培训、参加国际会议等。上海市测绘院制定了《“三支队伍”人才发展规划》，强调要以提高管理水平为核心建设党政人才队伍，以提升创新能力为核心建设领军人才队伍，以提高发展后劲为核心建设后备干部队伍。上海市测绘院全年共举办测绘上岗证、初级工、中级工、高级工和高级技师培训鉴定 7 期 240 人次，其中高级及以上的高技能人才培训 84 人次。

法制建设与市场监管

【法制建设】

上海市规划和国土资源管理局不断强化法制建设，夯实管理基础。配合国家测绘地理信息局做好《中华人民共和国测绘法》修订工作，按要求做好基层情况调查研究并及时予以上报；开展《上海市地图编制出版管理若干规定》修订调研和相关技术储备；起草了《上海市测绘地理信息行政处罚裁量基准实施办法（征求意见稿）》；开展了测绘地理信息政府规章、规范性文件即时清理工作，共清理政府规章、规范性文件 9 件。

【法制宣传】

上海市规划和国土资源管理局积极开展“8·29”测绘法宣传日活动，围绕“贯彻地图管理条例，更好服务国计民生”主题，策划、研究制定了宣传活动方案，开展了形式多样、丰富多彩的活动，取得了良好的宣传效果和社会效应。局官网制作了专题，并放置在网站首页醒目位置，及时发布测绘法宣传工作动态。通过局政务微博“上海规土发布”和局微信公众号“上海规土”对外发布测绘法宣传日专题信息。上海市测绘院会同浦东新区测绘管理部门在轨道交通 11 号线迪士尼站联合开展了“测绘法宣传进迪士尼”宣传活动，与金山区测绘管理部门开展“测绘法宣讲”进部队活动。浦东新区、杨浦区、金山区、闵行区、静安区等区测绘管理部门，组织开展了系列宣传活动，设立宣传点，张贴宣传画，悬挂宣传横幅，发放测绘法律法规宣传资料，形成联动宣传效应。

【综合执法】

上海市规划和国土资源管理局整合执法队伍资源，对测绘类行政处罚移交局执法总队进行专题研究，并逐步过渡。加强测绘执法队伍建设，建立健全综合执法体制，在执法总队综合执法科室设置测绘执法岗位，配备测绘执法人员，通过“请进来、走出去”的培训方式，邀请测绘管理执法专家授课，参加国家测绘地理信息局组织的测绘执法人员培训。加强执法巡查，及时发现一处工地围墙宣传的问题地图并督促整改。加大联合执法力度，建立与海关、安全、公安、保密等部门的协作机制，密切配合，对 2 起海关查获的问题地图案件，联合相关部门进行立案查处。

【依法行政】

上海市规划和国土资源管理局深入贯彻党的十八届四中、五中、六中全会精神，全面落实《国家测绘地理信息局贯彻落实〈法治政府实施纲要〉（2015—2020 年）实施意见》相关精神。将《实施意见》作为编制《上海市规划和国土资源管理局法治政府建设“十三五”规划（草案）》的重要依据，对《实施意见》明确的各项任务和要求逐一落实，扎实推进依法行政。按照中央和上海市行政审批制度改革的统一要求，完成了行政权力事项、行政责任事项的梳理和确认工作，测绘管理共梳理行政处罚 51 项、行政确认 5 项、行政备案 1 项等行政权力事项，并报经审批确认后向社会公开发布。推进测绘管理网上审批，测绘管理审批信息系统已投入使用，公开出版地图审批和永久性测量标志拆迁审批已正式在网上政务大厅受理。部署《地图管理条例》贯彻落实工作，制定了《上海市宣传贯彻地图管理条例工作方案》，并组织推进落实。做好地图审核工作，全年共审核各类地图 98 件。

【“放管服”改革】

上海市规划和国土资源管理局加强测绘行业事中事后监管，加强对重点测绘活动的指导和监督。针对地理信息产业特点，充分研判市场监管面临的新形势、新特点，针对地理信息市场中存在的无序竞争、问题地图、非法测绘、成果质量不合格、侵权盗版以及测绘成果泄密等问题，创新监管机制和方式方法，提高监管的针对性、有效性和科学性。局分管领导带队赴行业单位走访调研，了解地理信息企业发展情况，解决企业困难和问题，优化产业发展环境。建立全市地理信息产业单位名录库，共梳理核实全市地理信息产业单位名录 400 多家。组织做好测绘资质巡查、质量监督检查和地理信息保密检查。配合国家测绘地理信息局开展了测绘地理信息企业涉外安全监管调研。

【测绘资质管理】

上海市规划和国土资源管理局严格资质准入把关，全年完成 6 家甲级测绘资质申请的初审工作（含基本信息变更）、8 家甲级资质单位补充修改数据的初审工作，完成乙级以下测绘资质申请 19 件（含初次申请、升级、扩项）、基本信息变更 40 件（含单位名称、注册地址和法定代表人变更）、资质降级 2 件、资质注销 2 件，审批意见均在局外网公示，批准后及时将证书送达单位。

【信用管理】

上海市规划和国土资源管理局开展测绘地理信息行业信用信息的征集、评价、发布工作，向行业单位下发通知，明确有关要求，并指导各行业单位学习信用管理政策，推广使用信用管理平台。对征集到的 229 条甲级测绘资质单位信用信息进行严格初审并及时上报，对乙级以下（含乙级）测绘资质单位的 179 条信用信息进行认真审核。做好市“法人库”测绘资质类公共信用信息的上报工作。

【日常监管】

上海市规划和国土资源管理局加强对测绘资质单位的日常监督管理，落实国家测绘地理信息局关于年度报告公示制度和测绘资质巡查制度的有关要求。及时下发通知，做好测绘资质单位年度报告组织工作。建立了测绘资质巡查相关工作制度，制订了 2016 年上海测绘资质巡查工作计划，组织开展巡查工作。全年共巡查测绘资质单位 10 家，其中甲级 2 家、乙级 3 家、丙级 4 家、丁级 1 家，占全市测绘资质单位总数的 5%。测绘资质单位执行《测绘资质管理规定》《测绘资质分级标准》等相关规定的总体情况良好。

基础测绘

【基础测绘】

上海市规划和国土资源管理局组织开展卫星导航定位基准站安全风险点排查工作，经过新一轮核查，上海市共有卫星导航定位基准站 79 个、基准站网 10 个。上海市测绘院完成陆域卫星导航定位基准站建设，全市连续运行参考站网系统（SHCORS）与国家现代测绘基准体系进行了联接。完成青浦站重建和崇明站高程属性测定工作，并向国家测绘地理信息局提交了观测数据及基站建设验收报告。进一步规范全市连续运行参考站数据密级划分和管理工作，继续优化上海市测绘基准服务平台服务功能，向注册用户提供自助查询和实时在线的空间三维坐标、大地成果数据服务。完成全市基础地理信息数据等成果转换，并通过国家测绘地理信息局组织的质量检验。完成 2016 年度全市域 481 幅 1:1 万数据库更新维护工作，涉及 16 个区陆地范围、部分岛屿及东海大桥、大小洋山区域等 6700 平方千米。协助完成国家 1:5 万基础地理信息数据库动态更新，并及时提供电力管线、道路名称及道路边线等更新要素。

【航空航天遥感影像获取与应用】

上海已建立全市域覆盖的航空影像获取机制，并保障每年至少一次的航飞生产。上海市测绘院形成了成熟的生产技术体系，航摄影像处理周期从 6 个月缩减到 3—4 个月。上海的航空摄影测量项目由市级财政投入，2016 年投入专项经费 1360 万元。及时向国家测绘地理信息局报送影像获取计划及实施情况，并积极汇交影像成果资料。生产的全市域航空数字正射影像数据等成果已广泛应用于地理国情普查和监测、“天地图·上海”、上海城市总体规划编制等重大项目，并提供上海市住建、农业、水务、绿化市容等政府部门使用。2016 年完成的全市域航空影像几何分辨率达到 0.1 米，是迄今为止上海市最高清的航空影像，已逐步应用于低效用地减量化和土地综合整治等规划国土资源管理工作，并为全市基础地理信息更新工作提供辅助信息支撑。

【智慧城市建设】

上海采取全市范围统一标准集中建设管理模式推进上海智慧城市地理空间框架建设，上海市测绘院已基本建成“天地图·上海”和政务版地理信息公共服务平台。通过实时在线、前置服务等方式，平台已广泛应用于上海的规划国土资源、水务、文物、消防、安保、应急服务等领域，并在迪士尼国际旅游度假区等开发区，浦东、崇明等区县和岳阳、五角场等街道得到广泛应用，为上海的智慧城市建设提供了优质高效的基础地理信息服务。智慧城市时空信息云平台建设在经费落实、数据资源、技术攻关、应用方式等方面取得积极进展。2016 年市级财政落实地理信息公共服务平台数据更新经费 199.5 万元。

【质量管理】

上海的基础测绘、测绘专项成果由上海市测绘产品质量监督检验站统一负责验收。全年完成全市 53 批次 1:500、1:1000 和 1:2000 数字地形图、正射影像图成果验收，归档数据 21871 幅；完成数字航空摄影、正射影像图检验 9975 幅；完成上海市地下管线数据库更新 3109 幅；完成数字表面模型（DSM）变化检测 2345 幅；完成上海市城市三维模型更新、区县图修编绘、上海市地理信息公共服务平台数据更新等验收工作，一次验收合格率 100%。开展上海市水准网复测、地理国情监测等项目检验工作。完成地下管线跟踪测量项目 1908 项，长度 2984.8 千米。配合国家测绘地理信息局开展全国测绘地理信息质量监督抽查工作，对上海市城市建设设计研究总院承担完成的变形测量成果和中铁上海设计院集团有限公司的质量管理体系建立情况进行监督抽查，被检单位的质量体系建立完备，被检成果质量良好。上海市规划和国土资源管理局组织开展 2016 年上海市测绘质量监督检查工作，对 53 家行业单位的测绘地理信息成果和质量管理体系进行年度例行检查，对 15 家单位进行地理信息系统测绘产品检查，对 14 家单位进行市政工程测绘产品检查，对 17 家单位进行变形监测测绘产品检查。

【安全生产】

上海市规划和国土资源管理局与相关单位签订安全保密等工作责任书，在台风多发季节和极端天气期间，及时向各单位发出安全警示。8 月底，对所有局属单位和测绘现场开展了事故隐患专项排查活动，进一步强化了安全工作。在对行业单位日常监管中，注重从劳防用品配备和使用、测绘仪器设备检定和校准、消防设备配备和消防演练等方面提出安全生产要求。上海市测绘院领导班子每年带队到生产现场和驻地慰问一线作业人员，开展安全检查，监督安全规范执行情况。全年未出现安全生产责任事故。

地理国情监测

上海市规划和国土资源管理局完成全市地理国情普查数据库的建设、统计分析、报告编制、图件制作等普查成果，开展与相关部门的数据衔接和普查验收工作。组织召开 2 次成果交接会，全市第一次地理国情普查和监测领导小组的 18 家成员单位进行了数据交接。组织召开 2 次专家咨询会，有关专家对监测成果的对象内容、分类标准、数据共享和应用前景等提出建议。在全市域地理国（市）情监测基础上，组织开展了新一轮监测，完成基础性地理国情监测数据采集，完善了上海市域沿海岛屿的地理国情要素，开展国家级新区浦东新区空间格局变化监测、全国海岸带开发利用变化监测、全国地级以上城市及典型城市群空间格局变化监测、长江经济带国家投资基础设施建设监测等专项数据生产工作。配合国家测绘地理信息局，补充增加长江口崇明岛、长兴岛、横沙岛的江海岸带作为监测范围。在质量控制方面严格执行“两级检查、一级验收”制度。监测过程中每周召开例会，组织相关人员进行监督指导和定期检查，及时沟通反馈问题。在资金使用方面严格按照已发布的《上海市第一次普查和监测专项管理制度》执行，配合市财政局组织的绩效评价、绩效跟踪等工作，做到资金使用合规、安全、节约和高效。按照“边普查、边监测、边利用”的原则，推进监测成果利用，完成全市土地使用现状分类地表覆盖，并为《上海市城市总体规划（2016—2040）》编制提供数据。

地图管理与地图服务

【地图市场监管】

上海市规划和国土资源管理局建立完善国家版图意识宣传教育和地图市场监管协调小组联合查处制度，实现了部门监管、多方协作，进一步提高地图市场监管能力。组织开展地图市场大检查工作，制定工作方案，组织全市所有涉及地图编制、互联网地图服务的13家单位进行自查，并对存在的问题提出整改要求和具体措施。对涉及地图违法违规行为的2家单位进行约谈，并监督整改。加强地图市场和互联网地图监管工作，推广使用“地图卫士”软件。依法开展测绘行政监督和执法检查，联合上海市海关、浙江省测绘与地理信息局等单位对2起违法违规出口地图和印刷品案件进行严格查处。协同国家测绘地理信息局地图技术审查中心到上海外文书店、上海书城等地进行实地检查。

【地图服务】

上海市测绘院做好基本地形图提供服务，全年累计对外提供晒图超过10万张，提供基础地理信息数据达到206GB，航空影像数据达到13.2TB。主动为政府管理决策提供服务，“两会”期间向上海市人大代表和政协委员提供了1950年《最新上海市街图》和2016年《上海道路交通管理信息图》。搭建了基于GIS平台的督察工作环境，为上海市、浙江省、福建省的土地督察工作提供地理信息技术服务。推进地理国（市）情普查成果等应用，为《上海市城市总体规划（2016—2040）》编制、城市BRT快速公交、第三次全市农业普查、上海国际旅游度假区、市发展和改革委员会、市经济和信息化委员会、市住房和城乡建设管理委员会、市农业委员会、市水务局等提供了地理信息服务。

【国家版图意识宣传教育】

上海市规划和国土资源管理局利用《中华人民共和国测绘法》宣传、“地图文化之旅”等活动深化国家版图意识宣传“三进”活动。上海市测绘院依托青年志愿者队伍，为曹杨新村、石泉路等街镇的爱心暑托班、社区居民开展集知识性、趣味性于一体的国家版图意识宣传活动。组织“测绘法宣讲进部队”活动，为73176部队教导队官兵及当地百姓开展了一次集实地体验、现场讲课于一体的测绘法和国家版图意识宣传活动。

【“美丽中国”第三届全国国家版图知识竞赛和少儿手绘地图大赛】

上海市规划和国土资源管理局积极参与“美丽中国”第三届全国国家版图知识竞赛和少儿手绘地图大赛，广泛向各大高校和中小学校进行宣传和交流，共有55名参赛选手参加知识竞答，并筛选上报了8幅少儿手绘地图参赛作品。

测绘地理信息成果管理与应用

【“天地图·上海”建设与应用】

上海市地理信息公共服务平台（“天地图·上海”）按要求完成综合技术评估和与国家主节点数据融合等工作。上海市地理信息公共服务平台政务版在3月完成改版，新增城市用地变化在线遥感监管、多源大数据影像管理与共享服务等功能。6月，为配合上海迪士尼乐园开园，“天地图·上海”公众版3.0版同步上线，累计发布数据近300GB。政务版和公众版通过实时在线、前置服务等方式，广泛应用于上海的规划国土资源、水务、文物、消防、安保、应急服务等领域。政务版现有政府部门用户41家，公众版有应用系统39个，注册用户750个，为上海的智慧城市建设提供了优质的基础地理信息服务。

【涉密成果与测量标志管理】

上海市规划和国土资源管理局建立健全保密检查长效机制，维护国家地理信息安全。联合市国家保密局开展了2016年上海市地理信息保密检查工作，组织开展涉密地理信息成果使用单位的自查和抽查工作。共有15家单位进行了自查，并对其中5家单位进行了现场检查，发出整改通知书5份。落实测绘成果核心涉密人员管理制度，组织各行业单位相关人员参加国家测绘地理信息局举办的核心涉密人员岗位培训并取得证书，与核心保密部门和人员签订了《安全、保密、综合治理工作责任书》。全年完成利用属于国家秘密的基础测绘成果审批7件，向外省市测绘管理部门申领测绘成果证明52件，永久性测量标志拆迁审批4件。

【应急保障】

上海市规划和国土资源管理局推进应急测绘保障能力建设。上海市测绘院制定了《测绘地理信息应急保障管理办法》，逐步健全测绘应急保障工作机制。为保障“12345”市民服务热线等用户单位7

×24 小时使用地理信息公共服务平台，多次组织演练，不断深化平台应急联动机制。推进新版公共服务平台的统一部署，组织对张江机房和测绘院机房的 30 多台物理机、200 多台虚拟机和交换机、存储设备等网络软硬件环境进行全面梳理。9 月，启动 2 次公共服务平台应急预案，完成平台应急保障工作，做到新旧版本平台的平稳过渡。继续做好台风期间的防汛应急测绘保障工作。承接了上海市防雷中心委托的《极端性暴雨内涝决策支持示范应用平台》建设，为提升上海城市暴雨内涝防灾减灾能力提供了技术保障。与部队开展军地融合工作，在 G20 峰会召开前向武警上海市总队提供地理信息应急保障服务等。

地理信息产业

贯彻落实《国务院办公厅关于促进地理信息产业发展的意见》，上海市规划和国土资源管理局分管领导带队赴上海航遥信息技术有限公司、上海安吉星信息服务有限公司等单位走访调研，了解地理信息企业发展情况，解决企业困难和问题，研究促进产业发展政策。认真组织做好全市地理信息产业单位名录库的核实认定工作，与市工商、统计等部门沟通协调，梳理和完善全市地理信息产业单位名录库信息，共核实统计全市地理信息产业名录 400 多家。上海市测绘院制作完成全国地理信息资源目录服务系统上海市分站点页面，7 月完成 1∶500、1∶1000、1∶2000、1∶1 万地形图、1∶2000 航空数字正射影像数据元数据处理并提交国家测绘地理信息局。上海市测绘地理信息产业协会已有 121 家会员单位、20 位个人会员，设立了工程与不动产测绘、海洋与水务测绘、地理信息与航测遥感、地图导航与仪器设备、持续发展能力建设 5 个专业委员会。

科技与国际合作

【科技创新体系建设】

在总结评估“十二五”科技发展规划贯彻落实情况的基础上，上海市规划和国土资源管理局制定了“十三五”科技创新发展规划编制工作方案。起草了《上海市规划和国土资源管理局科研项目和科技成果管理规定》，鼓励开展跨部门、跨单位、跨学科综合研究。上海市测绘院编制了《上海市测绘院测绘科技发展第十三个五年规划》。根据现代工程测量国家测绘局重点实验室确定的研究方向，完善配备了重点实验室科技研究人员和开放基金项目管理细则，参与了 2016 年重点实验室工作会议，进行了有关地理信息公共服务的学术汇报交流。制定了《一种可配置的前端开发框架研究》等 10 项年度科研计划，并投入专项科研经费。市测绘院举办创新论坛，9 个项目入围决赛。

【科技项目与科技奖励】

上海市测绘院认真组织开展国家测绘地理信息局公益性行业科研专项项目特大城市公共设施安全监测技术体系与应急服务研究工作，并通过验收。“上海市地理信息公共服务平台关键技术研究”获 2015 年度上海市科技进步奖二等奖，“上海迪士尼空间信息集成的关键技术与应用”“地理信息专题数据变化检测和提取研究”分获 2016 年中国地理信息科技进步奖一等奖 、三等奖。参与《城市地下空间数据测绘规范》《卫星定位城市测量技术标准》等国家标准和行业标准编写。策划编制了《上海市科创地图》，实现了基于地理信息的涵盖“产、学、研、融、创”等科创资源的导览。

【对外合作与交流】

上海市规划和国土资源管理局全面落实国家测绘地理信息局和上海市关于外事管理的方针政策，科学合理安排外事出访。贯彻测绘地理信息“走出去”战略，全年共选派 9 人赴新西兰、英国、美国、澳门等国家和地区进行技术交流、培训、参加国际会议等。

援疆援藏工作

上海市规划和国土资源管理局扎实有效推进“十三五”测绘地理信息援疆、援藏工作和经费的落实。在援疆工作上，经过多方努力，上海市援疆指挥部已将测绘地理信息援疆工作内容纳入了《上海市对口支援新疆喀什四县“十三五”时期综合规划》中，受援方喀什地区的泽普、叶城、巴楚和莎车四县合计项目经费约 2000 万元。其中，叶城县已经启动了大比例尺数字地形图测绘项目的招标工作，项目经费共计 100 万元。在援藏工作上，主动联系西藏日喀则国土资源局、云南省测绘地理信息局、青海省测绘地理信息局及云南迪庆、青海果洛国土测绘部门，商讨制订了测绘地理信息援助项目计划。

江苏省

概况

2016年，江苏省测绘地理信息局认真贯彻落实国家测绘地理信息局和省委省政府的部署要求，主动适应经济发展新常态，以改革创新思路推进各项工作，实现了“十三五”测绘地理信息工作良好开局，在全国省级测绘地理信息行政主管部门2016年度测绘地理信息工作绩效考核中，综合考评得分位列第四，连续7年被评为优秀单位。测绘地理信息行政审批制度改革不断深化，简政放权放管结合优化服务成效显著。全省市县测管机构建设又有新的加强，扬州市国土资源局单设测绘管理办公室，睢宁县、常州市金坛区和钟楼区、苏州市吴江区、涟水县国土资源局均单设测绘管理科。江苏省政府办公厅印发《“十三五”省级基础测绘规划》，落实经费并全面启动“十三五”省级基础测绘工作，先行开展测绘基准、航空摄影等基础性项目生产。智慧城市建设加快推进，有2个设区市、2个县被国家测绘地理信息局列为试点市县，智慧江苏时空信息云平台和大数据服务项目被列为江苏省“十三五”国民经济和社会发展规划重点建设内容。全省涉及国土、规划等领域的300多个测绘地理信息应用系统通过政务网、互联网、移动APP等为社会提供服务。加快推进地理国情常态化监测，开展省级专题监测5项，市级专项监测13项，初步形成基础性监测与专题性监测相结合，省级和设区市层次分明、上下联动的地理国情监测业务体系。应对江苏盐城特大突发龙卷风自然灾害，江苏局快速启动测绘应急服务，为抢险救灾、灾情评估、恢复重建提供及时可靠的测绘地理信息保障，盐城市委市政府专门送来感谢信。组织开展国家版图意识宣传教育，国家版图知识“三进”活动丰富多彩，国家版图知识竞赛参加人数多，示范学校创建面广，版图知识电子课件质量高，承办的电视竞赛效果好。组织《城市地图集》编制试点工作，有5个城市完成编制，其中《南京城市地图集》以现势性强、编制精美成为全国标杆。

党的建设与人才队伍建设

【党的建设】

江苏省测绘地理信息局认真开展“三会一课”“党组织统一活动日”和12项主题活动。重视长效建设，巩固落实省委专项巡视整改成果，制定和修订完善制度24项。开展处级以上领导干部“三解三促”活动，由局领导带队分6个调研小组，针对局属事业单位改革、地理信息产业转型升级、基层纪检部门监督责任履行、加强测绘地理信息宣传、测绘地理信息市场统一监管、进一步提升市县质量监管水平等深入基层调研，形成调研报告6篇、民情日记5篇。开展党员“亮身份、树形象”活动，在江苏盐城“6·23”特大突发龙卷风自然灾害救灾保障中，迅速动员200多名党员职工投身抢险救灾和灾后重建应急测绘保障工作，为救灾决策、灾害评估和灾后重建提供了重要的数据基础和决策分析依据；局系统党员干部积极为灾区捐款11.7万多元。开展在职党员社区志愿服务活动。组织局机关党员赴新四军纪念馆、常州市金坛区薛埠镇致和村和雨花台烈士陵园，开展“爱党爱国爱社会主义”主题教育。

【“两学一做”学习教育】

江苏省测绘地理信息局印发《关于在局系统全体党员中开展“学党章党规、学系列讲话，做合格党员”学习教育的实施方案》，明确学习教育的主要内容和具体要求。举办“两学一做”学习教育党务干部培训班，培训局系统党支部书记、党务骨干40多人。制定完善“两学一做”学习教育重点工作相关流程图，就“五查摆五强化”“七查摆七强化”分别罗列25条和35条具体内容，供基层党组织和党员对照查找问题参考。以基层党支部为单位，开展新时期共产党员思想行为规范等四个专题讨论。编制“两学一做”学习教育情况通报11期，召开推进会3次。把“两学一做”学习教育与学习贯彻习近平总书记给国测一大队老党员老队员的回信重要指示精神相结合，联合省级机关工委和省国土资源厅举办国测一大队先进事迹报告会，省级机关各部门、单位处以上党员干部代表，全省国土资源系统和测绘地理信息行业干部代表，企业代表及新闻媒体记者共760多人聆听报告。

【党风廉政建设】

江苏省测绘地理信息局把党风廉政建设纳入测绘地理信息事业发展和全面从严治党的总体布局，一并部署、检查和考核。局系统各级党组织担负起从严治党主体责任，认真落实党风廉政建设责任目标内容，推动全面从严治党向党的基层组织延伸。贯彻落实中央和省委要求，抓好意识形态工作。开展以“树立淳正家风、倡导家庭助廉”为主题的家庭助廉教育活动。制定印发《江苏省测绘地理信息局督促检查工作管理办法》，切实履行监督责任，开展警示教育，加强监督检查，把纪律和规矩挺在前面，进一步营造风清气正的政治生态。

【精神文明建设】

江苏省测绘地理信息局深入开展各类主题活动，推动测绘地理信息文化建设和精神文明建设。在局系统继续开展“经纬讲堂”系列活动，通过邀请专家专业讲、领导干部带头讲、普通党员大家讲，举办“在党爱党，在岗有为”“提升能力，强测兴业”“传承苏区精神”等主题演讲会8场，听众700多人次。开展以“情系困难群众，爱心回报社会”爱心奉献日活动。在《江苏工人报》《扬子晚报》等媒体宣传先进典型和测绘地理信息工作。组织开展乡情微调研活动，鼓励广大职工利用节假日回乡探亲休假、因公出差或在家乡附近工作的机会，深入基层，深入群众开展微型社会调查。组织开展季度之星座谈会、青年能力建设座谈会、帮扶工作座谈会、话剧《雨花台》观后感交流会等活动。开展以“冬送温暖，夏送清凉”为主题的冬夏看望慰问职工活动，结合春节、建党95周年等时机，走访慰问局系统老党员和生活困难党员。组织看望奋斗在生产一线的局系统部分先进集体和个人，进一步弘扬劳模精神和工匠精神。局工会举办第二届“迎春杯”趣味定向越野赛、关爱女职工女性健康知识讲座、局系统第六届职工球赛，丰富职工业余生活。

局团委组织团员向六合区竹镇泉水小学和北京西路社区献爱心，向困难学生捐献护眼灯和学习用品；向社区居民宣传测绘知识，发放最新版《南京市交通图》；在局系统开展爱心捐助活动，共募集衣物、学习用品等1000多件寄往西藏地区，表达江苏测绘人对边远地区儿童的关爱之情。2016年，局系统1家单位被评为全国测绘地理信息系统先进集体和省文明单位；1家单位被评为“江苏省五一巾帼标兵岗”；1人被评为“江苏省五一巾帼标兵”，1人获“江苏省五一劳动奖章”。徐州市国土资源局1人被评为全国测绘地理信息系统先进工作者。

【人才队伍建设】

江苏省测绘地理信息局党组印发《关于开展“能力建设年”活动的实施意见》，对2016年在局系统干部中开展“能力建设年”活动作出部署，从三个方面着力开展能力建设。一是加强学习教育，通过组织开展系列学习教育活动，提升干部基本能力素质；二是通过明确岗位职责，修订完善岗位职位说明书，开展岗位能力标准讨论，以及对标找差整改提升等措施，提高干部履行岗位职责能力；三是通过开展调查研究，查找重点难点问题，组织分工认领并破解难题等步骤，提高干部抓重点、破难题的能力。2016年，局系统交流提拔13名副处以上干部，引进26名优秀人才。举办地理国情统计分析、信息化测绘体系建设和省级基础测绘技术质量等专题培训，开展全省行政执法人员、涉密人员、监理人员、通讯员等业务培训。徐州、泰州、淮安市和沭阳县举办行业单位技术质量、转型升级等培训班。继续推进全省注册测绘师注册工作。全年开展职业技能鉴定6007人次，通过4985人。全省测绘地理信息系统5人入选国家测绘地理信息局青年学术和技术带头人，局系统7人新入选省第五期“333高层次人才工程”第三层次培养对象。

法制建设与市场监管

【法制建设】

《江苏省测绘条例》修订列入省人大常委会2016年调研项目，省人大环境与资源保护委员会专题调研测绘地理信息立法工作。《江苏省测绘地理信息条例（草案）》已上报省政府审查。江苏省测绘地理信息局与省法制办公室共同组织第三方完成政府规章《江苏省测绘地理信息成果管理规定》立法后评估工作。修订发布《江苏省测绘地理信息市场巡查办法》。《泰州市地理信息资源共享管理办法

（草案）》已上报泰州市政府审议，扬州市国土资源局制定《扬州市地图审核管理办法》。

【法制宣传】

江苏省测绘地理信息局完成全省测绘地理信息“六五”普法工作总结，制定印发“七五”普法规划。组织全省测绘地理信息行政管理人员开展《地图管理条例》《江苏省测绘地理信息基础设施管理规定》培训。根据国家测绘地理信息局“8·29”测绘法宣传的统一部署，全省各级测绘地理信息行政主管部门，深入开展宣传日活动，邀请国家测绘地理信息局法规与行业管理司负责人在“经纬讲堂”做《中华人民共和国测绘法》专题讲解；省国土资源厅、省人大环境与资源保护委员会领导亲临测绘法宣传站点指导宣传；全省设宣传站点100多个，首次发布公益视频广告，传统和新媒介广泛报道；组织举办专题法制讲堂，“三进”送法活动深得民心。组织机关全体人员参加全省机关第五届“万人学法”竞赛活动。参加省政府《在线访谈》节目，与网友进行互动。

【综合执法】

江苏省测绘地理信息局依法查处某公司擅自建设卫星导航定位基准站（以下简称CORS）无测绘资质从事测绘活动的违法行为，并予以全省通报，不良信用信息予以曝光；立案调查某中韩合资企业在挖掘机上安装GPS接收设备无资质测绘案件，对界定特殊测绘行为，厘清监管界限产生积极影响。泰州市国土资源局依法查处某测绘单位涉外违法提供涉密测绘成果的案件。根据行业单位举报，依法协调处理10多起地下管线普查、农村土地承包经营权确权登记、水利管理权划界等项目违规招标事件。组织测绘地理信息行政处罚案卷评查活动。完成全省近400张《测绘地理信息行政执法证》注册和清理工作。在泰州市组织召开测绘地理信息行政执法现场会，以案说法，开展行政执法培训。

【“放管服”改革】

江苏省测绘地理信息行政权力清单、公共服务事项目录清单、双随机抽查事项清单通过省政府常务会议审议。江苏省测绘地理信息局逐项制定行政权力事项办事指南，及时整理省“12345”政务服务热线信息，向社会公开。完成省、市、县行政权力清理，依法将市、县级地图审核权下放到设区市，发文明确并指导市、省管县级测绘地理信息行政主管部门于7月1日起依法开展本辖区不涉及国界线的地图审核工作。根据省行政审批“三集中三到位”要求，自2016年5月5日起，所有行政审批事项全流程工作职责集中到行政审批处，真正做到一个窗口受理、一个处室办结。全年完成行政审批事项650项，其中测绘资质审查342项、地图审核69项、涉密测绘成果提供审批232项、测量标志迁建审批7项，解答各类咨询397件，事项办结率、服务满意率均达100%。出具到外省的国家秘密基础测绘成果资料使用证明函96件。

【测绘资质管理】

江苏省测绘地理信息局首次组织市测绘资质审查人员交叉核查全省测绘资质信息，针对存在问题进行专题培训，进一步规范测绘资质审查工作。依法公告全省乙丙丁级测绘单位测绘资质年度报告，并将未依法填报测绘资质年度报告的不良信用信息进行曝光。发布全省建设工程质检机构依法取得沉降观测资质的单位信息。全年完成资质申请228项、增加业务范围90项、测绘单位基本信息变更315项、初审转报24项甲级材料和发放测绘作业证819份。

【信用管理】

江苏省测绘地理信息局组织全省测绘地理信息单位申报信用信息，下放乙丙丁级测绘单位信用信息审核权限，统一在测绘地理信息行业信用管理平台进行发布。指导行业协会开展诚信单位评审工作。开展行政许可和行政处罚信用信息“双公示”工作，发布信用信息465条。

【日常监管】

江苏省测绘地理信息市场监控平台升级建设完成并投入运行。江苏省测绘地理信息局制定推广“双随机”抽查工作实施方案，组织开展全省测绘地理信息市场巡查，及时公告随机产生的被抽查单位、行政执法人员和市场巡查结果。南通市国土资源局建立工作机制，强化测绘地理信息市场监督检查。宿迁市国土资源局开展测绘地理信息市场巡查，问题整改到位。

基础测绘

【基础测绘】

江苏省投入省级基础测绘经费9900万元。江苏省政府办公厅印发《江苏省“十三五”省级基础测绘规划》，同意印发《江苏省关于贯彻落实全国基础测绘中长期规划纲要（2015—2030 年）的实施意见》。全省 13 个设区市均完成“十三五”基础测绘规划编制工作，其中镇江、南通、常州、连云港、无锡、扬州等市规划印发。“十二五”省级基础测绘成果通过省发展和改革委员会组织的验收。完善省级现代测绘基准体系，新建江苏 CORS 站点 4 个、升级改造站点 40 个，完成一等水准测量 1200 千米，二等水准测量 700 千米，完成 10 个基本重力点、100 个加密重力点的测量计算工作。全省启用 2000 国家大地坐标系基准服务，并通过江苏 CORS 向用户发布。开展“十三五”第一轮 1∶1 万基础地理信息数据更新，整合升级 1∶1 万基础地理信息数据库，完成 1∶1 万数字线制图（DLG）采集 730 幅、调绘 610 幅。组织开展 1∶30 万、1∶50 万、1∶70 万、1∶100 万政区系列图更新。完成新疆伊犁哈萨克自治州霍尔果斯市、新疆生产建设兵团第四师、第七师共 8 个测区的援助任务，包含新布设 D 级 GPS 控制点 36 个，约 132 平方千米的数字正射影像、90 平方千米的 1∶1000 航测数字化地形图。完成拉萨市 2000 国家大地坐标系转换，并应用于拉萨市不动产登记工作。涟水、睢宁两县新农村建设测绘服务保障示范项目通过国家测绘地理信息局的验收。

【航空航天遥感影像获取与应用】

江苏省测绘地理信息局完成全省 90% 的 0.3 米分辨率航空摄影。完成连云港、南京、盐城部分地区数字正射影像图（DOM）生产约 2600 幅。更新全省 1∶5 万 DOM 322 幅。

【智慧城市、数字城市建设】

江苏省测绘地理信息局印发《关于加快推进智慧城市时空信息云平台建设的意见》，推动智慧城市时空信息云平台建设试点。大丰、洪泽获国家测绘地理信息局智慧城市县级试点立项。启动泰州、新沂、泰兴等智慧城市时空信息云平台建设省级试点。编制完成无锡、大丰、洪泽的时空信息云平台建设试点项目设计书并通过国家测绘地理信息局评审。智慧徐州建设项目接近尾声，相关建设成果已在不动产登记、地税等方面取得了良好的示范应用效果。开展省一级智慧江苏时空信息云平台及大数据服务建设，完成初步方案设计。全面完成全省 13 个设区市的数字城市建设。数字靖江获批立项，数字丹阳、数字赣榆、数字太仓、数字张家港等数字县（市、区）建设项目分别通过验收，全省数字城市建设通过验收的县（市、区）达到 10 个。

【质量管理】

江苏省测绘地理信息局组建江苏省测绘地理信息质量监督检验专家库，首批遴选 100 名专家入库。开展年度全省测绘地理信息质量监督检查，共抽检 60 家单位 60 个项目，成果抽查结果为批合格 57 项、批不合格 3 项；质量管理体系抽查结果为“批合格”59 项、“批不合格”1 项，批合格率为 98.3%。指导单位加强质量管理体系建设，完成 12 家测绘单位体系考核。完成 2 家测绘单位质量不合格项目的监督复查工作。组织年度江苏省优秀测绘地理信息工程奖的项目评审工作，评选一等奖 11 个、二等奖 26 个、三等奖 62 个。全省 38 个项目获得国家级年度优秀测绘工程奖或地图作品裴秀奖，2 家甲级测绘资质单位通过国家测绘地理信息局质量监督检查。江苏省测绘产品质量监督检验站全年完成测绘成果质量检验 148 项，检定测绘仪器 5760 台（次）。

【安全生产】

江苏省测绘地理信息局修订《局安全生产管理规定》。开展安全生产教育和安全生产大检查，全面排查隐患。印发《关于加强测绘地理信息安全生产工作的通知》，重点针对外业生产和应对高温、多雨、台风的夏季气候，对加强测绘地理信息安全生产工作提出全面要求。

地理国情监测

【地理国情普查】

江苏省全面完成第一次地理国情普查任务，获取约 1200 万个图斑、20 多万张解译样本、约 22TB 的地理国情信息数据，首次取得江苏省全覆盖、无缝隙、高精度的地理国情普查成果，全面查清江苏省陆地、沿海滩涂范围内地表自然和人文地理要素的空间分布状况及其相互关系。完成沿海滩涂调查、海岛（礁）调查、海岸线和海域界线调查、地面沉降调查、城市建成区范围调查、城市绿化覆盖调查等省级普查拓展任务。全省 5 个设区市开展 31 项市级普查扩展内容，常州市区、溧阳市和太仓市完成城市原点建设，淮安市完成普查图集编制。完成省级地理国情普查数据库、管理系统建设和基本统计分析，制作省、市、县三级多种类国情普查成果专题图，完成普查成果与相关行业专题数据对接，编制完成基本统计分析报告、技术与工作报告和质量检验报告，普查成果通过省普查办验收。

【地理国情监测】

江苏省测绘地理信息局将地理国情数据更新工作纳入“十三五”省级基础测绘规划，利用2016年度0.3米分辨率的航摄数据，开展地理国情成果数据库的年度更新维护。推进江苏海岸带开发利用变化监测、设区市以上城市及典型城市群空间格局变化监测等4项国家级监测项目。江苏省主体功能区监测项目设计书通过评审。开展沿海防护林监测、沿海滩涂开发利用监测、典型区域精细化地面沉降监测、全省范围干涉合成孔径雷达地面沉降监测等省级监测项目。各设区市围绕经济、民生等重点领域开展地理国情监测，大丰麋鹿自然保护区生态红线监测、泰州重大污染源企业监测等13个项目立项实施。常州市国土资源局落实监测经费，针对养老、医疗、低效用地三项专题数据开展监测。

地图管理与地图服务

【地图审核】

江苏省测绘地理信息局全年共审核地图101件，其中地图（集、册、幅）77件、图书报纸期刊插附地图10件、互联网地图9件；发放审图号96个。从7月1日起，江苏省各市测绘地理信息行政主管部门负责本市行政区域范围内不涉及国界线的地图审核工作；昆山市、泰兴市、沭阳县国土资源局负责本市（县）行政区域范围内不涉及国界线的地图审核工作。

【地图编制与服务】

江苏省所有设区市开展城市地图集编制工作，南京、苏州、连云港、扬州、泰州5个设区市完成城市地图集编制试点，《南京城市地图集》被国家测绘地理信息局选树为全国示范，国家测绘地理信息局局长库热西·买合苏提亲自为该地图集作序。江苏省完成全省县以上辅助决策用图全覆盖。江苏省测绘地理信息局优化公益性地图编制与服务，建立应急测绘、辅助决策用图共享交换机制，主动为省党代会和省“两会”编制专题政务地图，全年为省委省政府领导和相关部门编制多种类辅助决策用图，累计服务38次。

【地图市场监管】

江苏省测绘地理信息局采取省市县联动、部门协同开展全省地图市场拉网式大检查，在市县自查自纠的基础上，联合对全省各类地图市场、文化用品超市、大型展览场所、图书博物馆、互联网站等进行省级抽查，共检查地图产品40多处、互联网地图网站123家，查获涉嫌违法违规地图和教辅教材75件，勒令下架和封存的地图和教辅教材500多件，责成12家单位整改互联网地图，问题地图得到有效清理。利用监管系统开展互联网地图监管工作，一批违规互联网地图得到纠正，基于地理信息安全监管平台互联网监管示范项目取得初步成果。

【国家版图意识宣传教育】

江苏省测绘地理信息局开展“国家版图知识进校园、进媒体、进社区”活动，组织开发制作国家版图知识低年级电子课件。召开媒体记者国家版图知识专题座谈会，与在南京的高校联合开展国家版图知识微信闯关竞赛等活动，全年组织开展国家版图知识“三进”活动达50多场（次）。

【“美丽中国”第三届全国国家版图知识竞赛和少儿手绘地图大赛】

江苏省测绘地理信息局会同省教育厅等部门广泛发动中小学生参加“美丽中国”第三届全国国家版图知识竞赛和少儿手绘地图大赛，参赛人数8万多人，收到少儿书画作品6400多幅。承办全国国家版图知识电视大赛，会同江苏卫视《一站到底》节目组，在策划方案、设计赛制、推荐选手、组织赛题、落实经费、保障活动等方面开展了卓有成效的工作。江苏选手荣获第二名。

测绘地理信息成果管理与应用

【“天地图·江苏”建设与应用】

江苏省在完成省节点与国家主节点、部分市节点数据融合的基础上，启动南京、无锡、盐城、镇江“天地图”数据融合工作。持续开展“天地图”建设和数据更新，完成12个县级“天地图”建设。全省有10个设区市“天地图”测评结果达到五星级。编制地理信息公共服务平台接入省政务外网的软硬件配置方案，为政务版“天地图”接入省市县乡四级政府部门提供技术支撑。完成“天地图·江苏”移动端服务和导航平台的开发并上线运行。“天地图·扬州”服务不动产登记被市政府列为示范项目。在江苏盐城“6·23”特大突发龙卷风自然灾害应急保障中，“天地图·江苏”发挥了重要作用。

【成果汇交与分发】

江苏省测绘地理信息局全年共汇交省“十二

五”基础测绘五大湖泊1:1万水下地形测量、《江苏省旅游地图册》（两会图册）、江苏省二等水准点选（补）埋点之记等数据和江苏省“十二五”基础测绘宿迁、盐城、南京测区1:1万DLG第二轮纸质回放图4044幅、更新数据9408幅、2013年数字航空摄影资料（0.3米）及1:1万数字正射影像图数据4163幅。对外提供控制点成果2583个、地形图2272张、地形图数据34719幅约21468.7GB、航摄数据128.38GB。

【涉密成果管理】

江苏省测绘地理信息局印发《关于进一步加强测绘地理信息成果安全管理的意见》和《江苏省测绘地理信息局涉密信息系统管理职责》。开展地理信息保密检查，强化全球卫星综合定位、互联网地图和地理信息服务、涉密涉军涉外测绘、无人机航空摄影、倾斜航摄影像和三维、街景、全景数据等新型测绘地理信息数据产品和技术服务的安全监管。结合全省地理信息市场检查，对重点领域和相关单位测绘成果保密工作进行抽查。组织2期500人（次）的测绘成果涉密人员培训，落实核心涉密人员持证上岗制度。查处违法违规案件，对公司涉嫌非法持有国家秘密和无证测绘案立案调查。完成国家测绘地理信息安全监管平台示范项目——地图审查、互联网地图监管建设。

【测量标志管理】

江苏省测绘地理信息局启动“十三五”新一轮省管测量标志普查维护，编制工作方案，做到普查点位、成果、保管员、津贴关联一致性，注重对失去效能的钢标处置、未经审批拆除或人为破坏的责任追究和测量标志信息系统完善等环节的管理。开展常州溧阳、盐城阜宁、泰州市3座景观测量标志建设工作。

【应急保障】

江苏省测绘地理信息局制定《江苏省测绘应急装备管理规定》，组建应急测绘保障中心，按照“全省覆盖、高度集中、快速响应、平战结合”的测绘应急保障体系，依托现有社会资源，配备无人机等应急软硬件装备，完成南京、盐城测绘应急保障基地建设试点。按照国家应急测绘保障能力建设项目实施总体部署，落实无人机起降机场、项目保障单位和运维经费，为国家测绘应急南京基地的建设提供保障。江苏盐城“6·23”特大突发龙卷风自然灾害发生后，立即启动应急预案，当晚提供基础测绘成果和灾区相关地图资料，局领导带队连夜赶赴灾区，先后抽调7架无人机、1架运12飞机、2辆移动测量车等装备，获取200多平方千米的灾区影像、视频和高分航片，及时向国家测绘地理信息局、省政府和当地应急部门提供灾区二、三维成果，为抢险救灾、灾情评估、恢复重建提供测绘地理信息保障，受到省、市政府和应急部门的肯定。

地理信息产业

江苏省测绘地理信息局联合省发展和改革委员会印发《江苏省“十三五”地理信息产业发展规划》。完成全国地理信息资源目录服务系统江苏站点的设计与制作，打造基于云平台的地理信息资源目录服务系统省级站点，推动各地实时发布、在线集成地理信息资源目录。通过省市县分工协作，完成全省3700多家地理信息企业核查工作。具有地域特点、专业特色的各类地理信息产业园和产业基地快速发展，软件开发、装备制造、北斗服务、导航与电子地图加工、互联网应用技术和产品服务规模化能力正在形成，全省地理信息产业产值继续保持较好的增长态势，对国民经济相关行业的作用日益明显、影响不断扩大。

科技、标准化与国际合作

【科技创新体系建设】

江苏省测绘地理信息局印发《江苏省“十三五”测绘地理信息科技发展规划》。贯彻落实国家测绘地理信息局《关于加强测绘地理信息科技创新的意见》，对科研项目管理建立“黑名单”。参与发起组建“长江经济带测绘地理信息协同创新联盟”。全年资助23个省级测绘地理信息科研项目，验收完成18项。指导省测绘地理信息学会开展年度江苏省测绘地理信息科技进步奖评选，共评出获奖项目26个，其中一等奖5个、二等奖10个、三等奖11个。开展培训，向全省市、县测绘地理信息行政主管部门及甲、乙级测绘单位有关人员解读《信息化测绘体系建设技术大纲》。推进科技成果转化，建立省测绘地理信息科研项目和获奖项目查询平台，汇总科技成果信息并定期更新，向社会提供咨询目录。开展成果示范应用，对车载移动测量技术、基于船载动态三维激光扫描的滩涂测量系统、基于CORS

的车道级导航与监控关键技术研究等具有实用价值的成果进行生产转化。推进产学研合作，鼓励高校、科研机构与企业开展科技合作，签订技术开发、技术咨询、技术服务合同，共建研究开发和培养人才。

【科技项目与科技奖励】

江苏省测绘地理信息局继续开展国家测绘地理信息局公益性科研项目“多方法海岸带地形遥感监测关键技术研究”“面向大比例尺测图的并行激光雷达技术及其应用”；省水利科技项目“基于无人机航空影像的水域变化自动监测研究”等项目的研究。新承担国家测绘地理信息局高分专项“江苏省SAR控制点影像库建设”“开放基金面向地理国情的卷积神经网络遥感影像分类研究”“SAR卫星DEM及形变测量误差来源分析”和国家测绘地理信息局地理国情监测项目“长江经济带国家投资基础设施建设监测（江苏省监测任务区）”。2016年，江苏省测绘地理信息局承担参与多项国家和省科研项目，25个项目获国家及省部级科技奖项。其中，“卫星测绘遥感影像深化处理与应用技术”“省级水利地理信息服务平台构建与应用”“常州市县一体化地理空间框架关键技术研究与应用示范”项目分获2016年中国地理信息科技进步奖特等奖、一等奖、二等奖；“国产倾斜航空摄影测量装备和系统关键技术研究与应用”项目获中国测绘地理信息学会2016年测绘科技进步奖一等奖；“数字淮安地理空间框架建设”“数字丰县地理空间框架建设”项目分获2016年中国地理信息产业优秀工程奖金奖、银奖。

【标准化工作】

江苏省测绘地理信息局参与国家和行业标准制修订，5项国家标准获得立项，其中牵头编制《卫星导航定位基准站服务管理系统规范》，参与《卫星导航定位基准站网运行维护技术规范》《卫星导航定位基准站网基本产品规范》《卫星导航定位基准站网服务规范》《卫星导航定位基准站网测试技术规范》4项标准编制。《基础地理信息系统安全风险评估规范》《地理信息公共服务平台电子地图处理规范》获得省质量技术监督局正式立项，下达编制任务。南京市规划局牵头负责的《南京市地名地址数据标准》《南京市大比例尺数字地形图数据标准》《南京城市三维地理信息模型数据标准》获得南京市质量技术监督局立项。协助国家测绘地理信息局开展测绘地理信息标准化工作，承办全国性标准化工作培训班2期。全年组织近50人（次）分三批参加国家测绘地理信息局组织的标准工作培训。

【对外合作与交流】

江苏省测绘地理信息局修订《因公临时出国（境）管理规定》，进一步规范因公临时出国（境）管理工作。开展国际合作交流，全年自组出访团1个，参团7人次。组织局系统3人参加国家测绘地理信息局中美地理国情普查和监测研讨班，3人参加国家测绘地理信息局青年学术和技术带头人大地测量参考框架建设应用培训班（英国），1人参加中国测绘地理信息学会赴新西兰国际测量师联合会2016年工作周会议。

地市级测绘地理信息工作

【徐州市】

徐州市是国家智慧城市时空信息云平台首批三个试点城市之一，平台基本建成并开始试运行。下辖县（市、区）全面完成村镇以上区域的基础测绘工作。新沂市利用数字城市建设全面完成覆盖全市的1:2000基础测绘工作。下辖县（市、区）全部开展数字县区建设，新沂市和丰县通过省级验收，睢宁县和沛县进入试运行阶段。相继完成徐州城市建成区演变调查、地质灾害隐患调查、重点区域水土环境人口经济调查、城市绿化覆盖调查、经济技术开发区工业企业单位用地调查等多项地理国情市级扩展内容并建立相关数据库。其中市区工业用地调查项目被中国地理信息产业协会评为优质工程金奖。申请地理国情监测财政专项资金，全面开展地理国情监测工作。首次采用地形测量与地籍测量相结合的基础测绘更新维护技术，达到一次测量满足多种用图需求。基于移动测量技术和3S技术研发工业用地管理信息系统，快速进行工业用地效益、用地强度、产业分布统计分析，直观展现工业用地现状，为工业用地监管和辅助决策提供重要技术保障。建设完成徐州市不动产登记系统，开展基于同一平台的土地、房屋等各类不动产的登记工作。完成智慧徐州时空信息云平台、云计算中心的搭建。时空一体化数据管理、地图空间统计和可视化分析等取得阶段性成果。智慧徐州时空信息云平台作为全市通用、唯一、权威的空间定位基础，为全市政府部门、企事业单位提供多时空、多尺度、多种类的高效智能定制服务和应用。建成面向社会公众的“天地图·徐州”，可以详细查询徐州的风土人情、餐饮食宿、购物娱乐、旅游景点、医疗教育等信息。建成“智慧地质”灾害预警系统，形成气象预报、灾害预报预警服务一体化平台。

【常州市】

常州市按照“以普查带监测促转型”的核心理念，采取“市县统筹、整体推进”的工作模式，“全市一张图、一个标准、一个方案、一支队伍”，开展综合分析和专题监测，拓展普查成果在经济社会发展和生态文明建设中的深度应用。编印《常州市第一次地理国情普查宣传册》，多渠道开展宣传发动，充分利用报刊、电视、网络等媒体做宣传，普及地理国情普查知识。开展专题调研，重点研究普查数据与现状调查数据、基本农田保护区、工业用地调查成果等数据比对分析的流程方法，探讨成果应用机制。探讨普查数据在土地监管等方面的应用方向和服务点，充分挖掘普查成果蕴含的价值，促进成果在国情监测、政府决策、社会管理中的应用。加快建立地理国情普查数据库。增加工业用地调查、城市原点建设及地面沉降监测等内容。11月，常州市城市原点、溧阳市城市原点正式落成，常州市成为江苏省首个“城市原点”市县一体化建设市。选取养老、医疗、低效用地三项专题数据开展监测，与相关部门积极对接，加强集成整合与统计分析，总结内在联系、推演发展演化规律，大力拓展地理国情监测成果的应用范围。

【泰州市】

年初，泰州市委书记蓝绍敏、市长史立军分别对全市测绘地理信息管理工作作出批示。4月，泰州市起草政府规章《泰州市地理信息资源共享管理办法》。6月，市政府办公室出台《泰州市地理空间信息资源共享平台建设实施方案》和《泰州市地理空间信息资源共享目录》，通过一系列规章制度有效地推动了测绘地理信息的共建共享。泰州市国土资源局探索不动产测绘管理新路径，在不动产登记顶层设计时就把房屋测绘成果审核职能划归国土资源部门。制定《泰州市区不动产调查测绘管理制度》，统一规范不动产测绘成果审核的范围、形式、内容、标准；印发《关于开展不动产测绘质量提高年活动的通知》，通过不动产测绘质量专项检查、质量系列培训、市场诚信自律的“组合拳”，为不动产登记质量保驾护航。发布《泰州市区2016年度不动产调查测绘单位名录公告》，逐步放开市场。完成行政权力清单标准化编制。开发测绘地理信息管理系统，加快推行“互联网 + 政务服务”。认真推行测绘资质、质量成果“双随机”抽查，印发《关于公布市级机关部门随机抽查事项清单的通知》，明确包括测绘地理信息多项随机抽查事项。泰州市国土资源局与省测绘质量监督检验站签订《测绘地理信息成果质量监管合作框架协议书》，建立测绘成果质量监管联合工作机制。与市国家安全局、市公安局、市信用办联合下发《关于开展2016年全市不动产测绘地理信息市场巡查工作的通知》，对全市不动产市场开展巡查，多部门联合查办了泰州首例未经审批，擅自复制、转让涉密测绘成果的案件。

地方社团工作

【江苏省测绘地理信息学会】

4月9日，江苏省测绘地理信息学会在南京召开十届五次常务理事扩大会议；11月25日，召开十届六次常务理事会议和十届理事会第四次会议。6月17日，组团参加第十八届华东六省一市测绘学会学术交流会暨海峡两岸测绘技术与学术研讨会。10月17日，受台湾测量技师公会邀请，组团赴台参加2016年海峡测绘技术交流学术研讨会。10月23日，与江苏省遥感与地理信息系统学会、省地理信息资源开发与利用协同中心、南京师范大学虚拟地理环境教育部重点实验室、地理环境演化国家重点实验室培育建设点共同承办第七届全国地理信息科学博士生学术论坛。全年各专业委员会承办12项学术交流活动。承接并完成省测绘地理信息科技进步奖评审、省测绘地理信息优秀工程奖评审和测绘标准化3项政府职能转移工作。主办的《现代测绘》杂志正式出版6期、增刊2期，刊登学术论文192篇。向省科协申报的科技服务站项目、首席专家项目、承接政府职能转移项目和学术创新项目获得审批。荣获省科协“综合示范学会”称号。

【江苏省测绘地理信息行业协会】

江苏省测绘地理信息行业协会加强行业自律管理，发挥监管协作机制作用。市场自律公约组织针对4种违约情形约定3项惩戒措施。根据举报，转交省测绘市场管理中心调查某市工业用地测量、某县河道和水利工程管理范围确权划界等项目招投标情况，告知省外单位不得在江苏低价竞争。组织开展诚信单位评审活动。参加“8·29”测绘法宣传日活动，省地质工程勘察院承办驻宁省部属甲级测绘单位南京站点活动。邀请江苏省测绘地理信息局、物价局、工商局、法制办公室和南京市勘察协会的专家，专题研究测绘地理信息市场价格管理问题。常务理事会审议决定给予市联络处开展活动经费补助，要求各联络处严格按照有关法律法规和中央八项规定精神，组织或者参与组织面向本市行业单位的活动。4 月 1 日，召开三届四次理事大会，会议增补了 1 名常务理事；成立协会监事小组，选举 3 人担任监事。

【江苏省测绘地理信息思想政治工作研究会】 江苏省测绘地理信息思想政治工作研究会印发《关于做好 2016 年思想政治工作重点课题调研的通知》，部署全省测绘地理信息行业开展思想政治工作重点课题研究工作。召开江苏省测绘地理信息思想政治工作研究会 2016 年度重点课题研讨会。分区分专题举办思想政治工作专题研讨活动。加强党建工作调研，针对局属单位党建工作、组织机构等问题，局党组书记亲自带领分管联系点局领导、局直属机关党委负责人深入到江苏省测绘工程院、省基础地理信息中心、省测绘研究所、省测绘资料档案馆、省测绘产品质量监督检验站等单位调研，及时解决存在问题。

浙江省

概况

2016 年，浙江省测绘与地理信息局在全国省级测绘地理信息行政主管部门年度测绘地理信息工作绩效考核中连续七年名列全国第一。印发了《浙江省测绘与地理信息事业“十三五”规划》。全省测绘资质单位全年完成测绘服务总值 50.4 亿元，实现了稳步增长。

测绘地理信息统一监管工作成效明显。完成深化市县测绘地理信息行政管理改革试点工作，在全省铺开市县测绘地理信息行政管理改革工作。推进行政审批制度改革，重点推进行政权力清单在浙江政务服务网上公开工作，除涉密事项外，实现所有权力事项在浙江政务服务网上办理，进一步简化审批流程，缩短审批时限 20% 以上。推行“先照后证”的改革，对乙、丙、丁级测绘资质认定实行先工商登记后测绘资质审批。组织开展了测绘资质巡查、地图市场、测绘质量、涉密测绘成果保密专项检查，加强测绘市场事中事后监管，进一步规范测绘地理信息市场秩序。

地理信息资源更加丰富。发布了《浙江省基础测绘中长期规划纲要（2016—2030 年）》《浙江省基础测绘“十三五”规划》等规划。2016 年浙江省基础测绘计划列入省国民经济和社会发展专项计划，由省发展和改革委员会印发通知统一下达。全省基础测绘经费投入 6.79 亿元，省、市、县基础测绘年度计划全面完成。完成 1:1 万基础地理信息数据快速更新、1:2000、1:500 基础地理信息数据必要覆盖更新等项目。采购了覆盖浙江省陆域及沿海地区的 2.1 米资源三号影像、优于 0.2 米的数码航空影像 3.2 万平方千米、优于 0.4 米的数码航空影像 1.2 万平方千米。完成浙江省第一次地理国情普查工作，普查成果在全国率先通过专家验收，开展地理国情常态化监测。

测绘地理信息成果应用不断深入。浙江省测绘与地理信息局向社会各界提供各种比例尺地形图 4.88 万幅（数据量 9.1TB）、纸质地形图 686 张、大地控制点 1475 个。基于“天地图·浙江”（公众版）省级节点的政府部门、公众用户注册量 1647 个，二次开发用户 598 个，服务申请 427 个；基于政务版（专网版）的用户注册量 119 个，应用示范 147 个。

地理信息产业健康快速发展。全省地理信息及相关产业年总产值已超过 310 亿元，浙江省测绘与地理信息局、省发展和改革委员会联合印发《浙江省地理信息产业发展“十三五”规划》。浙江省地理信息产业园建设加快推进，累计引进地理信息及相关企业 108 家，协议投资金额超 100 亿元，入园企业累计完成产值50亿元，实现税收近4亿元，联合国全球地理信息管理论坛永久会址建设稳步推进。

科技和人才工作稳步推进。制定《浙江省测绘与地理信息局科技发展“十三五”规划》《浙江省测绘与地理信息局“十三五”人才发展规划》，评选出20名省级“十二五”测绘地理信息科技工作先进个人。实现了倾斜影像自动建构模型和结合地面影像、全景影像的模型快速修复，研究了激光点云和全景影像的自动配准算法，研究了基于倾斜摄影的实景真三维模型结合地面可量测全景的增强现实系统的构建。开展了移动外业调绘系统、市县地质灾害管理信息平台等成果转化和应用工作。浙江省测绘地理信息行业3人获“浙江省五一劳动奖章”，1家单位荣获“浙江省工人先锋号”。

党的建设与人才队伍建设

【党的建设】

浙江省测绘与地理信息局党委组织学习贯彻落实习近平总书记“七一”重要讲话和党的十八届六中全会精神。开展了建党95周年纪念活动、“我为高水平全面小康做贡献”大讨论、局系统干部理论文章竞赛、“不忘初心”学习国测一大队先进事迹读书笔谈、局系统基层党组织“深改革强规范提能效”作风建设专项行动、机关干部思想状况调查等活动。开展“两学一做”学习教育，制定党支部、党员责任清单、问题清单和整改清单，编印、发放学习资料（书籍）1200多册，局领导讲专题党课，开展“我学我做我奉献”专题活动，举办全省测绘地理信息系统党员干部先进事迹报告会。浙江省地理信息中心“微心愿服务平台”获全国党建信息化优秀案例。

【党风廉政建设】

落实纪律检查体制改革的各项任务，浙江省测绘与地理信息局党委出台并严格执行《关于自觉接受派驻监督的若干规定》。局党委履行党风廉政建设主体责任，将党风廉政建设工作列入党委重要议事日程，把落实党风廉政建设责任制与落实工作目标责任制相结合，与工作同研究、同部署、同细化、同检查、同落实。局党委与局直属单位党委（总支、支部）签订《2016年度党风廉政建设责任书》，印发《2016年党风廉政建设和反腐败工作意见》和《2016年党风廉政建设责任分解和工作任务分工》。开展党风廉政建设主体责任落实情况自查，认真落实“三书两报告”制度。直属机关纪委切实履行党风廉政建设监督责任，建立党风廉政建设工作例会和工作纪实制度。加强对财经纪律执行情况、重大项目运行、干部选拔任用等“三重一大”事项的监督，认真处理来信来访，及时反馈。全年未发生党员干部违规违纪受到党纪政纪处理的情况，也未发生党风廉政建设方面的有效举报投诉案件。

【精神文明建设】

浙江省测绘与地理信息局党委制定《关于加强和改进新形势下意识形态工作的意见》，加强对意识形态工作的统一领导和分析研判。组织开展了纪念国家测绘地理信息局建局60周年系列活动，收集推荐秒拍视频10个、老照片20幅、微电影2篇，征文近30多篇。组织团员青年和志愿者服务队参加杭州G20峰会活动，有2人获得省委省政府通令嘉奖，浙江省第一测绘院G20“爱心定位”测绘服务先锋队被中国青年志愿者协会授予先进集体荣誉，4名青年团员被浙江省青年志愿者协会评为“浙江省G20杭州峰会城市志愿服务优秀志愿者”。共青团浙江省测绘与地理信息局委员会举办了“激扬青春、唱响五四”青年歌手比赛，组织参加“全国青年文明号”评比活动，浙江省第一测绘院导航分院青年团队以全省第二名的成绩通过“全国青年文明号”竞标答辩，航测与遥感二分院团支部被共青团浙江省委评为“浙江省先进团支部”。组织参加浙江省直单位广播操比赛并获二等奖。组织参加省直机关家庭羽毛球比赛并获最佳组织奖。

【人才队伍建设】

浙江省测绘与地理信息局完成“十二五”人才规划总结评估并印发了《浙江省测绘与地理信息局“十三五”人才发展规划》。局内产生正厅级领导干部1名，选拔任用处级领导干部1名、晋升管理六级职员1名。选送1名副处级干部到县级政府挂职锻炼，选送1名干部任农村工作指导员，选派局系统13名年轻干部到市测绘地理信息管理部门任工作指导员。省市县联合公开招聘专业技术人才31人。举办了市、县（市、区）测绘与地理信息局长培训班和全省测绘地理信息新上岗人员法律法规培训班，组织全省400多人次参加涉密测绘成果管理、地图审核、数字城市、“天地图”建设等专题培训。浙江省测绘地理信息行业3人获“浙江省五一劳动奖章”，1 家单位获“浙江省工人先锋号”。

法制建设与市场监管

【法制建设】

浙江省测绘与地理信息局完成深化市县测绘地理信息行政管理改革试点工作，印发《关于深化市县测绘与地理信息行政管理改革的指导意见》，在全省全面铺开市县测绘地理信息行政管理改革工作。制定了《浙江省测绘与地理信息守信“红名单”管理暂行办法》，修订《浙江省测绘与地理信息行政处罚自由裁量权标准》，修改完善《浙江省地理国情监测管理办法（草案）》。

【法制宣传】

浙江省测绘与地理信息局开展《地图管理条例》和国家版图知识宣传教育，组织开展“8·29”测绘法宣传日活动，全省共组织了集中宣传活动 90 多场，印发各类宣传材料 20 多万份，发送公益短信 50 多万条。联合浙江省普法办、浙江法制报社举办了以“贯彻地图管理条例 更好服务国计民生”为主题的测绘法宣传日微信知识竞赛活动；联合温州市测绘与地理信息局举办了国家版图知识讲堂、国家版图知识竞答、“我爱中华”地图拼图比赛、少儿手绘地图体验等系列宣传教育活动。获得全国 2016 年“星月科技杯”测绘法宣传有奖征集活动优秀组织奖。

【综合执法】

浙江省测绘与地理信息局推进执法重心下移，经浙江省机构编制委员会办公室审核后将 11 项行政处罚事项交市、县（市、区）测绘与地理信息局局行使。在日常监管中发现违法案件线索，以案件督办形式交市、县（市、区）测绘与地理信息局局承办，要求限期反馈调查情况和查处结果。全省开展了测绘资质巡查、地图市场、测绘质量、涉密测绘成果保密专项检查，对检查中发现的问题依法责令整改，对违法违规行为依法作出处罚，全省共计责令整改 180 家单位，查处行政处罚案件 13 起。

【依法行政】

浙江省测绘与地理信息局制定《浙江省测绘与地理信息依法行政工作实施意见》，明确了 2015—2020 年依法行政工作目标和具体工作任务，印发了《2016 年浙江省测绘与地理信息普法依法治理工作要点》。在 2015 年度浙江省法治政府建设（依法行政）考评中被评为先进单位。

【“放管服”改革】

浙江省测绘与地理信息行政权力清单在浙江政务服务网上公开，除涉密事项外，实现所有权力事项在浙江政务服务网上办理。进一步简化审批流程，缩短审批时限 20% 以上，申请人可随时上网查询行政审批事项办理情况，行政审批事项全程接受浙江省监察厅行政审批电子监察。推进涉及行政审批项目的测绘中介服务市场化改革，所涉测绘项目实施联合测绘；推行“先照后证”改革，对乙、丙、丁级测绘资质认定实行先工商登记后测绘资质审批。在位于湖州市德清县的浙江省地理信息产业园设置行政审批服务窗口，为园区企业提供行政审批“一站式”服务，行政审批事项做到一个窗口受理和送达行政许可决定。深化简政放权、放管结合，把信用信息审核和开具信用证明等工作转移至行业协会、学会承担。

【测绘资质管理】

浙江省全年新增测绘资质单位（含资质等级升级）114 家，其中甲级 4 家、乙级 26 家、丙级 50 家、丁级 44 家；注销测绘资质单位 20 家，其中乙级 1 家、丙级 2 家、丁级 17 家。截至 2016 年底，浙江省共有测绘资质单位 674 家，其中甲级 36 家、乙级 131 家、丙级 208 家、丁级 299 家；民营测绘企业 444 家，占全省测绘资质单位总数的 65.88%，比 2015 年底增加 59 家，增长 9.59%。

【信用管理】

浙江省测绘与地理信息局完成甲级测绘资质单位的信用信息征集和初审工作并上报国家测绘地理信息局。完成乙、丙、丁级测绘资质单位的信用信息申报、征集、审核、公布工作。举办了 5 期测绘地理信息行业信用管理培训班，培训各级测绘地理信息管理部门、测绘资质单位相关人员 1500 多人，共出具信用证明 86 份。

【日常监管】

浙江省测绘与地理信息局制定下发《浙江省测绘与地理信息行政执法“双随机”抽查工作方案》和《浙江省测绘与地理信息市场“双随机”抽查监管制度》，建立随机抽查事项目录、执法检查人员名录库和检查对象名录库，并在局网站设立“双随机抽查”专栏对外公开。按照“双随机”抽查要求统筹测绘资质、地图市场、测绘质量、成果保密等各项行政执法工作，共检查测绘资质单位 272 家，其中省级 23 家、市县级 249 家。

基础测绘

【基础测绘】

浙江省发布《浙江省基础测绘中长期规划纲要（2016—2030 年）》《浙江省基础测绘“十三五”规划》等规划。基础测绘计划列入省国民经济和社会发展专项计划，由省发展和改革委员会印发通知统一下达。全省基础测绘经费投入 6.79 亿元，省、市、县基础测绘年度计划全面完成。省政府办公厅下发文件明确了浙江省测绘与地理信息局对卫星导航定位基准站建设和应用的管理职责，并要求充分利用现有设施，避免重复投资，原则上不再进行新的基准站建设，规定对有特殊需求确需单独建设基准站的单位要在建设前征求浙江省测绘与地理信息局的意见。全年备案单基准站 44 座，组成站网 7 家，有 2 家准备建设基准站的单位在建设前征求浙江省测绘与地理信息局意见后，共享了浙江省 ZJ-CORS。完成浙江省北斗地基增强系统改造工作，建成覆盖全省的高精度北斗地基增强系统。完成省级基础地理信息数据库 2000 国家大地坐标系转换，基础测绘成果全部使用 2000 国家大地坐标系，完成以设区市行政区域为单位的 2000 坐标系转换工作。1:1 万地形图已覆盖浙江全省区域，按照“3613”准实时更新机制生产数字正射影像图 3.38 万平方千米、基本比例尺数字地形图 1446 幅。在绍兴市、嘉兴市开展了省市县基础测绘联动更新试点，组织完成了全省域 1:5 万动态更新成果的外业抽检。

【航空航天遥感影像获取与应用】

浙江省测绘与地理信息局建立遥感影像定期获取机制，优于 0.2 米的数码航空影像省市实现联动获取，并全部与市县测绘地理信息管理部门免费共享。采购了覆盖浙江省陆域及沿海地区的 2.1 米资源三号影像、优于 0.2 米的数码航空影像 3.2 万平方千米、优于 0.4 米的数码航空影像 1.2 万平方千米，影像资料使用率 100%，经费全部列入财政预算。影像数据应用于农村土地承包经营权确权登记、森林覆盖调查、地质灾害防治监测等多个省级部门 10 多项专项工作。

【智慧城市、数字城市建设】

智慧宁波时空信息云平台试点项目完成在宁波市发展和改革委员会立项、项目招投标和原型设计等工作。智慧德清总体设计书通过评审，智慧长兴和智慧嘉兴时空信息云平台建设试点项目获国家测绘地理信息局立项并完成总体设计书的评审。9 月 11 日，经省政府同意，《浙江省数字城市地理信息公共服务平台推广应用行动计划（2016—2020 年）》印发全省各市、县（市、区）人民政府、省级有关部门实施。完成浙江省各地的数字城市应用评价工作。

【质量管理】

浙江省测绘与地理信息局全年抽查了 45 家测绘资质单位的测绘成果质量，基础测绘、专项测绘成果一次验收合格率 100%。配合国家测绘地理信息局做好质量监督抽检工作，被抽检的 2 家单位质量管理体系建设完备、成果质量总体良好。设区市测绘地理信息管理部门对辖区内测绘资质单位的质量监督抽查面不少于 1/3。

【安全生产】

浙江省测绘与地理信息局印发《浙江省测绘与地理信息局 2016 年安全生产工作要点》，组织召开安全生产工作会议，开展安全生产工作日常巡查。经常开展安全生产教育和安全技能培训，加强生产设备装置的日常维护维修，及时购置更新生产设备和装备，提升安全水平。全年无安全责任事故发生。

地理国情监测

【地理国情普查】

浙江省测绘与地理信息局完成浙江省第一次地理国情普查工作，普查成果于 9 月 19 日通过专家验收。普查成果包括：地表覆盖数据库等 8 个数据库成果，浙江省地理国情基本统计报告、分析评价报告等 16 份报告成果，浙江省第一次地理国情普查工作与技术报告，浙江省第一次地理国情普查成果地图集及系列图，遥感影像提取与解译、普查数据处理等 5 个专题信息系统，城市建成区、美丽乡村等 13 项浙江省增加的地理国情普查内容，形成项目设计等 40 多份文档成果。完成与省发展与改革委员会、省国土资源厅、省住房与城乡建设厅等 12 个省级部门就产业集聚区、生态功能区、耕地、一区两率等地理国情普查与监测数据的对接并达成共识。市县地理国情普查基本统计成果通过市县普查办与市县相关政府部门进行了沟通与对接，普查数据衔接工作顺利完成。明确普查成果的密级划分，规定了普查成果汇交、审核、提供、发布、应用等内容。

编制了11个地市和90个县（市、区）的地理国情分析评价报告，普查成果广泛应用于城市公共设施与防灾设施调查、文物及历史建筑保护、旅游资源调查、地下空间与地下管线调查等方面。

【地理国情监测】

地理国情常态化监测纳入《浙江省基础测绘“十三五”规划》，省财政安排地理国情监测年度经费共计2150万元。《浙江省地理国情监测管理办法》列入省政府立法计划。

浙江省测绘与地理信息局推进监测信息共享，基本形成省、市、县三级联动的常态化监测机制，初步形成地理国情监测目录，制定了《浙江省城镇建成区调查技术规程》《浙江省城市建成区绿化覆盖率及绿地率调查技术规程（试行）》《浙江省大陆海岸线监测技术规程》等近20个省级监测技术规范。指导制定《宁波市地理国情统计分析技术规程》《宁波市地理国情监测技术规程》等市县级监测技术规程。地理国情监测成果常态化发布，初步建立了地理国情监测、分析、评价、审核、报告、发布等机制，业务运行体系基本完善。地理国情监测服务金华市磐安县和衢州市开化县等地方的领导干部自然资源资产离任审计工作效果显著。

海洋测绘

浙江省“十三五”海洋测绘项目列入浙江省基础测绘规划计划，省财政同意将海洋测绘纳入省级基础测绘内容并作为经常性项目，由浙江省测绘与地理信息局组织实施，2016年落实财政资金903万元，用于海洋测绘水下地形更新测绘和开展领海基线内尚未覆盖海域的水下地形测绘。10月31日，浙江省“十二五”海洋测绘项目通过验收，项目建成了浙江省陆海统一的三维测绘基准，开展了水下地形测绘、滩涂地形测绘、海岛地形测绘，完成深水岸线调查测绘，建成了陆海一体的地理信息系统，编制了《浙江省海洋地图集》。项目成果在区域战略研究、港口规划编制、海洋灾害分析、海洋工程建设、海上定位服务、海洋综合管理等方面得到广泛应用。

地图管理与地图服务

【地图审核】

浙江省测绘与地理信息局深入开展国家版图意识宣传教育，加强对地图产品和互联网地图的监管。2016年，全省各级测绘地理信息管理部门共审核发放地图审核号302个；审核地图集、地图册144件1019幅，图书报纸期刊插图53件254幅，互联网地图66件；发放国家测绘地理信息局委托审核的地图产品审核号84个。针对网络地图、新型地图（集）等加强保密审核，处理测绘成果脱密315批次，数据总量达7.15TB。

【地图服务】

浙江省测绘与地理信息局编制出版2016年版《浙江省政务用图》，向国家测绘地理信息局辅助决策用图服务系统上传了各类辅助决策用图200幅（册），汇交辅助决策用图系统1套。为G20杭州峰会编制的中英文《韵味杭州》地图放入峰会会议包。编制了《台州城区绿色出行图》《金华市文化地图》《平湖市绿道地图》《图说浙江系列》《嘉兴市城市地图集》《温州市医疗地图》等文化休闲类地图。浙江省测绘地理信息应用成果和地图展览安全等级保护达到二级要求。

【地图市场监管】

浙江省测绘与地理信息局印发了《浙江省国家版图意识宣传教育和地图市场监管2016年工作要点》和《浙江省地图市场大检查工作方案》，对省内地图文化市场、地图产品生产企业、互联网地图服务网站等重点区域进行巡查，开展G20杭州峰会服务场馆地图使用专项检查，依法查处并销毁问题地图（地球仪）3673份、撤换问题地图图片894幅。

【国家版图意识宣传教育】

浙江省测绘与地理信息局推进国家版图意识宣传教育“进学校、进社区、进媒体”活动，通过党团员进社区、展板巡回展出等活动形式向群众宣传国家版图知识，受众人数超过2万人次。8月3日，在杭州日报社举办了国家版图意识宣传教育专题现场会，有100多人参会。

【“美丽中国”第三届全国国家版图知识竞赛和少儿手绘地图大赛】

“美丽中国”第三届全国国家版图知识竞赛网络赛浙江省参赛人数超过2.5万人，9月30日，在浙江电视台教育科技频道举办了浙江省国家版图知识竞赛电视赛，来自省内企事业单位和高校的55名选手参加了角逐，推荐43名优秀选手参加“美丽中国”第三届全国国家版图知识竞赛电视赛。少儿手绘地图大赛浙江省参赛人数达6250人，参赛范围涵盖省内462所中小学和幼儿园，共收集少儿手绘作品6055幅，选送212幅作品参加全国比赛。

测绘地理信息成果管理与应用

【"天地图·浙江"建设与应用】

浙江省测绘与地理信息局完成"天地图"省市县节点间数据融合成果整合发布，并继续在全省推进省市县数据更新融合工作。编制《天地图·浙江省级节点母库技术设计书》，对"天地图"省级节点数据进行了改造。拓展应用领域，基于"天地图·浙江"（公众版）省级节点的政府部门、公众用户注册量达1647个，二次开发用户598个，服务申请427个；基于政务版（专网版）的用户量达119个，应用示范147个。浙江省地理信息应用服务与浙江政务服务网建设紧密结合，在浙江政务服务网地图栏目、政务地理信息资源采集共享平台、省突发事件应急地理信息云平台、浙江省海洋灾害应急指挥平台、大战乡结对帮扶项目管理系统等建设中发挥了作用。浙江省级节点在国家测绘地理信息局技术评估中获得"五星级"，并连续4年位列全国第一。举办了浙江"天地图"市、县节点建设与应用业务培训班。

【成果汇交与分发】

浙江省测绘与地理信息局完成浙江省地理信息资源目录分站点建设和各类基础测绘成果资料处理，汇交各类测绘成果共计11类8万多条。全年共向社会各界提供各种比例尺地形图4.88万幅（数据量9.1TB），提供纸质地形图686张，提供大地控制点1475个。

【涉密成果管理】

浙江省测绘与地理信息局建立浙江省基础地理信息综合服务平台，用于分发涉密测绘成果，并对用户单位基本情况、测绘成果提供使用情况等进行管理。升级改造了浙江省基础测绘信息网上发布系统，优化完善发布系统功能。指导1000多家涉密地理信息生产或使用单位完成自查工作，组织抽查487家，发放整改通知书83份。建立掌握核心涉密人员数据库，全年举办核心涉密人员培训班4期，培训800多人。

【测量标志管理】

浙江省测绘与地理信息局督促和指导市县开展测量标志动态巡查，开展了省级测量标志巡查工作。完成浙江省测量标志保护专项资金指标的网上公示工作。指导温州市瑞安市、绍兴市上虞区完成测量标志景观点建设。

【应急保障】

浙江省应急测绘保障管理纳入省政府应急管理体系，建立省、市、县联动的应急测绘保障机制。浙江省政府制定了《浙江省测绘与地理信息应急保障预案》，明确由浙江省测绘与地理信息局负责管理，要求各市、县（市、区）政府成立相应组织协调机构并制定相应预案。将"浙江省突发事件应急管理地理信息系统"升级改造为"浙江省突发事件应急地理信息云平台"。浙江省测绘与地理信息局为浙江省丽水市遂昌县北界镇苏村山体滑坡、建德市新安江街道横路村山体滑坡等灾害事件提供应急测绘保障服务，为浙江省委省政府救灾指挥提供重要数据和分析报告。

【地理信息资源共建共享】

浙江省测绘与地理信息局与省农业厅、省发展和改革委员会、省水利厅、省海洋与渔业局等部门就农村土地承包经营权调查、军民融合"十三五"规划编制、标准共建、成果共享等开展合作。截至2016年底，已与44个部门、单位签订共建共享合作协议，通过浙江省地理空间数据交换和共享平台集成整合41个省级部门单位的258大类、2459个图层专题数据，数据总量达48.95TB，共发布服务5007个，有4600多个省市县各级政府部门参与地理信息资源的采集共享，数据量达30多万条。12月，浙江省地理空间信息协调委员会召开第六次全体会议和联络员会议。

地理信息产业

【发展地理信息重点领域】

2016年，浙江省地理信息及相关产业总产值已超过310亿元。浙江省政府召开促进地理信息产业发展第二次联席会议，进一步协调落实创投基金、扶持资金、项目支持等各项优惠政策。浙江省发展和改革委员会、省测绘与地理信息局联合印发《浙江省地理信息产业发展"十三五"规划》。11月16日，中央政治局常委、中央书记处书记刘云山在浙江调研时参观考察了浙江省地理信息产业园。9月11日，代省长车俊专门到浙江省地理信息产业园调研视察。全国首家地理信息专业展馆顺利开馆，国家级湖州莫干山高新技术开发区正式成立。航天科技集团商业遥感卫星项目落户杭州市；台州市引进彩虹无人机项目打造无人机特色小镇；“丽水一号”商业遥感微小卫星成功发射并提供应用。湖州市德清县推动政府产业基金与社会资本合作支持地理信息产业发展，成立德清龙庆长合股权投资基金，规模2.5亿元。省地理信息产业园新增25家企业落户，累计引进地理信息及相关企业108家，协议投资金额超100亿元，入园企业累计完成产值50亿元，实现税收近4亿元。建立浙江省地理信息产业单位名录库，收录了1892家地理信息及相关企业单位信息。

【优化产业发展环境】

浙江省测绘与地理信息局修订《浙江省测绘资质管理实施细则》和《浙江省测绘资质标准（调整部分)》，简化乙、丙、丁级测绘资质认定行政许可事项的申请材料，取消了ISO9000质量管理体系认证、测绘工程项目质量检验合格证明、测绘计量器具检定3项内容。开通绿色通道为浙江省地理信息产业园入园企业提供行政审批“一站式”服务。推进“互联网+政务服务”，除涉密事项外的所有权力事项都实现在浙江政务服务网办理，申请人可以上网实时查询办理情况，服务对象上门次数不超过1次，提供免费快递送达测绘资质证书服务。主动对接各大高校和科研院所，协助解决地理信息企业人才引进问题。成立浙江省北斗卫星应用产业协会，开展北斗卫星应用示范项目建设，推动北斗技术产品及服务的应用。

科技、标准化与国际合作

【科技工作】

浙江省测绘与地理信息局制定《浙江省测绘与地理信息局科技发展“十三五”规划》，组织召开了全省测绘与地理信息科技工作会议。评选出20名浙江省级测绘地理信息科技工作先进个人。组织举办“地信小镇杯”全国GIS+创新创业大赛。开展了基础测绘“3613”库体成果增量更新研究、多尺度地理信息协同更新技术试验、地理实体编码研究和增量更新成果质量评价体系与质量检查软件研究。实现了倾斜影像自动建构模型和结合地面影像、全景影像的模型快速修复，研究了激光点云和全景影像的自动配准算法，研究了基于倾斜摄影的实景真三维模型结合地面可量测全景的增强现实系统的构建。开展了移动外业调绘系统、市县地质灾害管理信息平台等成果转化和应用工作。承担了国家测绘地理信息局科研项目3个，浙江省科技厅科研项目2个。获得中国测绘地理信息学会测绘科技进步奖3项；中国地理信息科技进步奖7项。

【标准化工作】

浙江省测绘与地理信息标准化技术委员会成功申报“国家质量基础的共性技术研究与应用”重点专项下的3个子课题。编制完成《地理空间数据交换基本规范》送审稿并提交浙江省质量技术监督局审核；《地理信息交换基本要求》等3项国家标准、《地理空间数据交换基本规范》等5项地方标准的编制工作稳步推进；《基于语义模型的地理实体谱系标识与标准研究》和《基于增强现实的便携式信息化测绘终端技术与标准研究》完成中期检查。组织开展标准的宣贯与培训2期共300人参加。

【对外合作与交流】

联合国全球地理信息管理德清论坛永久会址建设顺利推进。浙江省测绘与地理信息局推荐3名专业技术人员赴国外参加培训，组织局系统9名技术骨干和管理干部赴台湾开展学术交流活动。

地市级测绘地理信息工作

【杭州市】

2016年，杭州市测绘地理信息财政投入8000万元，较2015年增长300万元。杭州市测绘与地理信息局印发了《杭州市基础测绘发展“十三五”规划》《杭州市测绘行业“黑名单”制度管理办法(试行)》，制定了《杭州市建设工程项目“多测合一”试点工作方案》及操作办法。基础测绘工作方面，杭州市城区1∶500地形图实现一月一更新，2016年更新700平方千米；完成杭州市市域范围的地理空间框架数据生产，在已建成400平方千米城市三维数据的基础上，增加了300平方千米的倾斜摄影三维模型。做好G20国际峰会的测绘地理信息保障工作，编制了《浙江省地图》《杭州市域地图》《杭州市中心城区地图》3种中英文双语G20特别版地图，为峰会安保演练等工作提供了杭州市大比例尺地形图、卫星影像图、三维城市模型等基础测绘地理信息成果数据。建立杭州市测绘地理信息专项指挥中心，构建视联网应急指挥平台和地理信息应急平台，全面提升测绘地理信息应急保障能力。地理国情普查监测方面，组织开展了杭州市八区范围的“一区两率”数据更新工作，完成了第一版《杭州市地理市情手册》的制作和宣传使用工作。与电力、城投、建设等部门签订了地理信息资源共建共享协议，截至2016年底，杭州市共享使用测绘地理信息数据的单位数量达81家，共计126个系统。开展测绘资质单位巡查和成果质量监督检验工作，全年检查测绘资质单位45家。

【嘉兴市】

2016年，嘉兴市本级测绘地理信息财政投入2094万元，同比增长11.17%。编制完成《嘉兴市基础测绘“十三五”规划》并正式印发。开展测绘新技术应用尝试，采用无人机航测技术手段实现1:2000 3D产品更新。完成嘉兴真三维项目建设，实现968平方千米真三维数据采集入库及系统平台建设。推进地理信息共享平台的应用，与公安、财政、工商等29个政府部门利用共享平台实现了75个业务管理系统的应用，与10家部门（单位）签订信息资源共享交换合作协议，建立长期稳定的数据交换和更新机制。“天地图·嘉兴”参展第三届乌镇互联网峰会互联网之光博览会。启动智慧嘉兴时空信息云平台建设试点项目。完成地理国情普查并探索了常态化监测机制，完成了“一区两率”及部分市情专题监测，开发普查成果管理与服务发布系统，形成了地理国情普查公报、图集等成果，开展了普查成果统计分析，普查成果已在多规合一、海绵城市等方面得到应用。

推进行政审批制度改革，嘉兴市本级全年共受理审核行政审批事项136件，其中完成使用国家基础测绘成果对外提供审批116件，乙、丙、丁级测绘资质认定4件，地图审核13件，测量标志点迁建3件。在测绘地理信息市场监管方面，加强资质日常管理，分别审核批准8家测绘企业的业务变更、信息变更和注销申请；完成2家市外单位在嘉兴设立分公司的报备；完成项目备案审核1029件；在全市32家丙、丁级企业开展资质巡查及抽查工作；组织开展全市成果质量监督检查，重点检查涉及中介服务测绘项目；联合嘉兴市保密局，对全市涉密测绘成果生产、使用、保管单位进行检查，对存在问题的5家单位发出整改通知书；联合工商、文化等部门开展做好测绘地理信息安全、地图市场及互联网地图服务等各类专项监督检查。开展测绘地理信息宣传活动，召开《地图管理条例》专题宣贯培训会，100多人参加培训；组织做好“美丽中国”第三届全国国家版图知识竞赛和少儿手绘地图嘉兴赛区的活动，收到少儿手绘地图参赛作品400多份。结合“8·29”测绘法宣传日和全国法制宣传日活动，在嘉兴市区图书馆发放《浙江省交通旅游图》、地球仪等宣传资料1000多份。

【绍兴市】

2016年，绍兴市测绘地理信息财政投入7509万元，较2015年增加2142万元。绍兴市测绘和地理信息局印发了《绍兴市基础测绘“十三五”规划》；修订《绍兴市测绘与地理信息应急保障预案》，并由绍兴市人民政府办公室印发实施。数字城市地理空间框架建设全面进入更新维护阶段。基础测绘方面，按计划开展基础地理信息数据库采集更新、卫星遥感影像数据更新、1:2000航空摄影测量数据更新、地下管线普查年度更新、规划与地理信息一张图二期工程等项目；绍兴市上虞区作为全省测绘地理信息行政管理改革5个试点之一，完成基础测绘城乡统筹试点工作；顺利推进绍兴坐标系（CGCS2000框架）转换工作。开展了重点测量标志巡查，对3处测量标志进行了维护加固。地理国情普查监测方面，完成绍兴市第一次地理国情普查任务，并开展地理国情监测工作。公共服务方面，组织召开了市地理空间信息协调委员会年度会议，不断推进数字城市框架建设成果深度应用，编制出版了《绍兴市社区地图册（越城区）》《绍兴市社区地图册（柯桥区）》《绍兴市区地图》《上虞区影像图集》等公共地图产品。办理涉密测绘成果提供使用审批18项，提供1:500地形图3738幅、1:2000地形图2637幅、1:2000数字正射影像图66幅。监管执法方面，开展测绘资质单位巡查、成果质量监督检查，会同保密部门开展地理信息成果保密检查，查处项目备案违规案件1件。

【台州市】

2016年，台州市机构编制委员会正式批复同意台州市测绘与地理信息局增设测绘与地理信息处，成立台州市空间地理信息中心，增加3名全额事业编制。台州市测绘与地理信息局印发了《台州市测绘与地理信息事业发展和基础测绘“十三五”规划》。基础测绘实施经费、地理信息公共服务平台运维推广经费均列入台州市政府财政预算。台州市测绘与地理信息局与中国航天科技集团公司第十一研究院签订合作协议启动台州无人机小镇建设项目。

台州市出台关于加强台州市地下管线管理的通知，全年共完成2000千米的地下管线普查任务。台州市政务地理信息资源采集共享试点先进经验得到全省推广，全市共采集3.4万多条共享数据，涉及15个大类、104个小类。开展与部门业务协同及数据双向交换共享，实现与部门业务协同的深入应用7个，县（市）深入应用12个；台州市测绘与地理信息局与台州市海洋与渔业局、市“五水共治”领导小组办公室签订共建共享合作协议，为协议单位应用系统提供基础数据及服务支撑，共享公安地名地址、海域行政界线勘界点、应急专题、紧急救援中心点以及治水专题数据等资源。2016年，台州市完成了市本级及下辖各县（市）的“一区两率”普查任务，完成了市、县情专项数据普查任务；地理国情普查成果数据管理及发布系统通过评审。《台州市测绘与地理信息应急预案》列入市政府专项预案，在全省首创了市县纵向联动、行业部门横向协同的测绘应急机制。台州市测绘与地理信息局与浙江省测绘质量监督检验站签署了测绘地理信息成果监管合作框架协议，组建了测绘质检专家库。开展了农村土地承包经营权测绘市场行为专项检查；联合台州市教育局组织中小学生国家版图知识讲座，举办台州市“美丽中国”第三届全国国家版图知识竞赛和少儿手绘地图大赛。

地方社团工作

【浙江省测绘与地理信息学会】

浙江省测绘与地理信息学会新发展个人会员250名、单位（团体）会员25家。编辑出版了《2016年度浙江省测绘与地理信息学会优秀论文集》。6月5日，举办第三届全省测绘与地理信息职工暨全省测绘大学生定向越野赛，33家会员单位的300多人参赛。6月16日，组团参加第十八届华东六省一市测绘学会学术交流会，10篇论文获优秀论文奖。7月18日，组团参加“中国四维杯”第十二届全国测绘地理信息职工定向越野赛，获得18个奖项。11月8日，组团赴台湾参加了2016年海峡测绘技术交流与学术研讨会。组织首届浙江省测绘与地理信息优秀科技工作者评选工作，9人被评为省级测绘地理信息优秀科技工作者。

【浙江省测绘与地理信息行业协会】

浙江省测绘与地理信息行业协会评选出浙江省优秀测绘与地理信息工程奖48项，其中金奖10项、银奖17项、铜奖21项。5月23日—27日，在湖州市德清县举办浙江省第九届测绘与地理信息行业职工篮球联赛，16支队伍256人参赛。全年举办注册测绘师考前辅导、房产测绘上岗培训、涉密测绘成果培训、地图内容审查上岗培训、农村土地承包经营权确权技术培训等培训班16期，共3163人次参加。完成注册测绘师注册省级审核388人。新增会员单位18家，会员总数达483家。

【浙江省测绘职工思想政治工作研究会】

6月6日，浙江省测绘职工思想政治工作研究会召开第六届第三次理事会暨第十七次年会，参会理事单位44家，交流政研成果29篇，评选出优秀政研成果19篇。10月18日，在2016年浙江省思想政治工作重点课题研讨交流会上作经验交流。

安徽省

概况

2016年，安徽测绘地理信息事业稳步发展，测绘资质管理、行政执法、地图市场监管、行业信用管理、测量标志管护等进一步加强，市场秩序进一步规范。基础测绘稳步实施，完成国家基本比例尺地形图生产与更新31614幅，转换大地成果点5.8万个。地理国情普查成果统计工作顺利开展，建库与统计项目通过检查验收，成果发布系统建设完成，地理国情监测列入常态监测计划。数字城市建设进展顺利，数字县域建设稳步推进，黄山、淮北市智慧城市时空信息云平台建设试点工作正式启动，“天地图·安徽”数据更新43.82GB。加强卫星定位综合服务系统管理，更新维护框架网坐标，完成全省卫星导航基准站风险点排查工作，升级兼容北斗接收机和天线60套。加强涉密测绘成果管理，完成涉密测绘地理信息培训管理系统和测绘地理信息项目备案系统，完成安徽省测绘局所属5个单位涉密信息系统升级改造工作。强化测绘产品质量管理，开展安徽省测绘地理信息成果质量监督检查工作，制定《安徽省测绘局地理信息质量管理规定》。测绘自主创新能力得到提升，外业调绘、地理国情普查、测绘地理信息成果质检等应用软件研究方面取得新成果。测绘地理信息服务保障深度和广度进一步扩大，围绕安徽经济社会发展，编制中央领导视察安徽、安徽省防汛、扶贫攻坚等各类专题地图60多幅，并向社会各界提供各种比例尺地形图22612幅、测绘基准成果点2299点（次），航空航天遥感数据6060GB，全省测绘系统全年完成测绘服务总值达18.06亿元。

党的建设与人才队伍建设

【党的建设】

安徽省测绘局开展“两学一做”学习教育，制定印发实施方案，全年共组织17次党委理论学习中心组学习活动，专题学习党的十八大和十八届五中、六中全会精神，党章党规和习近平总书记系列重要讲话等，开展“管党治党宽松软问题”专项治理和“讲看齐，见行动”学习讨论。举办沈浩同志先进事迹报告会，开展支部结对共建和“万堂党课下基层”，召开纪念建党95周年暨“两优一先”表彰大会。

【党风廉政建设】

安徽省测绘局制定印发《安徽省测绘局2016年党风廉政建设与反腐败工作要点》，落实领导干部述职述廉、诫勉谈话、报告个人有关事项等制度。严查“酒桌办公”，组织机关全体工作人员开展党风廉政警示教育活动。结合单位目标管理责任制考核，召开基层班子成员测评会，发现问题，限期整改。全年共处理7件群众来信（来访）和上级纪检部门的专函，配合安徽省纪律检查委员会和安徽省国土资源厅纪检组对部分局属单位违规发放生产承包费问题进行调查处理。

【精神文明建设】

安徽省测绘局组队参加全国测绘地理信息系统第四届“空间信息杯”羽毛球比赛和“美丽中国”第三届全国国家版图知识竞赛。参加“8·29”测绘法宣传日活动，举办老干部重阳节游园、春节文体活动及三八妇女节活动等。

【人才队伍建设】

安徽省测绘局开展人事管理突出问题专项整治和全局在册正式工作人员核查工作。强化涉密人员管理，完成全局涉密岗位和665名涉密人员分类登记、审查归档工作。全年组织专业技术人员培训1343人次。选拔任用局内相关岗位负责人4人，面向社会公开招录公务员与局属事业单位工作人员12名。2015年度安徽省测绘局领导班子党建和发展工作在全省国土资源系统考核、测评中获得较好等次。

法制建设与市场监管

【法制建设】

安徽省国土资源厅加快测绘地理信息立法步伐，组织全省测绘地理信息行政管理部门、测绘资质单位、有关部门和高校等座谈，听取对《中华人民共和国测绘法》修订的意见和建议，梳理汇总后上报国家测绘地理信息局并通过省政府法制办公室上报国务院法制办。《地图管理条例》出台以后，制定地图审批有关规定。研究制定针对三维地图、街景地图等新型地图服务管理政策，完善对互联网地图监管等有关规定。启动《安徽省测绘条例》修订调研工作。

【法制宣传】

安徽省国土资源厅统筹安排对《中国人民共和国测绘法》《基础测绘条例》《测绘成果管理条例》《地图管理条例》等相关法律法规的宣传学习和培训工作。联合安徽省测绘局、合肥市国土资源局以及甲乙级测绘资质单位开展“8·29”测绘法宣传日活动，共摆设宣传展板60块，免费向市民赠送印有宣传口号的茶杯、雨伞、U盘、鼠标垫、手机架、抽纸等各类特色宣传品6万多件，发放各类商业地图、宣传材料4000多份。

【综合执法】

安徽省国土资源厅贯彻落实《国土资源部、国家测绘地理信息局深化部局业务协作实施方案》的有关要求，加强市场监管，提高执法水平，完善部门协作、上下联动的日常监管工作机制。开展地图市场检查。加强行政执法工作，配合安全部门查处境外人员涉嫌非法测绘案，配合保密部门查处相关单位涉嫌互联网使用涉密测绘成果案，指导淮南市查处安徽图联科技有限公司非法测绘案等。

【依法行政】

安徽省国土资源厅组织2批测绘行政管理人员参加国家测绘地理信息局举办的测绘地理信息管理人员培训班。依据新出台的《地图管理条例》，明确了省、市测绘地理信息行政主管部门关于地图审核的职能和权限。规范行政审批行为，测绘资质审批、地图审批等纳入厅政务中心窗口，并将行政权力清单通过省政府向全社会公布。制定了安徽省《推广随机抽查测绘地理信息工作省级实施方案》。

【“放管服”改革】

安徽省国土资源厅贯彻落实简政放权、放管结合、优化服务的工作要求，依据《地图管理条例》，出台相关文件将设区市行政区域范围内的地图审核权和市场监管职责下放给设区市测绘行政主管部门负责，并对各级国土资源部门从事地图审核和管理的人员、从事地图编制和互联网地图服务的单位相关人员等开展了培训。继续加强测绘作业证管理，在测绘作业证的受理、审核、发放、注册核准等工作委托市（地）级测绘地理信息行政主管部门承担的基础上，组织研发了测绘作业证审批系统，为各地办理测绘作业证和日常监督管理提供了工作便利。

【测绘资质管理】

安徽省国土资源厅全年共受理96家单位测绘资质的申请，审查批准测绘资质单位84家，初审并上报甲级测绘资质申请12家，并为133家测绘资质单位办理了法人代表、单位名称和单位地址变更等。开展测绘资质单位2015年测绘资质年度报告工作，534家测绘资质单位按要求报送了年度报告，32家未报送，依法对各单位报送的年度报告进行审查、公示，对15家应报送而未报送的单位，依据《测绘地理信息行业信用管理办法》计入单位不良信用信息。根据单位申请依法注销了3家单位测绘资质。

【信用管理】

安徽省国土资源厅加强测绘地理信息行业信用管理平台应用与测绘资质单位信用信息征集工作，完成了全省23家甲级测绘资质单位信用信息初审和上报及部分乙级以下测绘资质单位信用信息审核发布工作。做好信用信息异议处理和信息报告查询服务工作。

【日常监管】

安徽省国土资源厅在开展测绘资质、地理信息市场、地图市场、成果质量、成果保密等专项检查的基础上，加强对全省测绘地理信息日常监督管理，加大对各市、县（市、区）的业务指导。加强与安全、保密、公安、新闻出版、工商等部门的协作，开展地理信息相关案件查处，有效地维护了测绘地理信息市场秩序，营造了统一、公平、竞争有序的发展环境。

基础测绘

【基础测绘】

安徽省国土资源厅组织落实基础测绘2016年度计划，制定《2016年基础测绘更新经费预算指标分解表》，细化基础测绘专项经费。安徽省测绘局印发《安徽省1:1万基础测绘更新工程技术规程（一般地区）》，开展2015年度基础测绘项目绩效考核工作。全年共完成国家基本比例尺地形图生产与更新31614幅。进一步推广使用基础地理信息坐标转换软件，转换大地成果点5.8万个。加强安徽省卫星定位综合服务系统管理，完成望江、五河、灵璧3个基准站的搬迁与设备安装调试工作，更新维护框架网坐标。完成全省卫星导航基准站风险点排查工作，开展安徽省卫星定位综合服务系统兼容北斗的升级改造，升级兼容北斗接收机和天线60套。截至2016年底，安徽省卫星定位综合服务系统为220多家单位和2200多个流动站用户注册入网并提供技术服务。

【航空航天遥感影像获取与应用】

安徽省测绘局完成省内5个摄区4万多平方千米的数码航空摄影和覆盖安徽省全域（2次）28.5万平方千米的航天遥感卫星数据获取工作。

【智慧城市、数字城市建设】

安徽省国土资源厅推进智慧城市和数字城市建设，截至2016年底，共完成省内6个地级市的数字城市建设，17个县的数字县域地理空间框架建设立项实施，黄山、淮北市启动智慧城市时空信息云平台建设试点工作，其中黄山市进入方案设计阶段。安徽省测绘局开展数字城市公共服务平台建设技术培训，协助对接省内部分地级市示范应用系统建设，数字滁州完成公共服务平台升级改造、地图服务更新及有关示范应用系统升级。

【质量管理】

安徽省国土资源厅开展测绘地理信息成果质量

监督检查工作，全年共监督检查150家行业单位，对发现问题的及时反馈，落实整改，并对批不合格单位进行了全省通报。安徽省测绘局印发《安徽省测绘局地理信息质量管理规定》，开展安徽省1:1万基础测绘项目质量检查、互联网地图审查和地图审查。完成安徽省测绘仪器计量检定站复核换证考核工作。全年共完成测绘检验项目91项，检定各类仪器2300多台（套）。

【安全生产】

安徽省测绘局在节假日、重要时间节点召开局安全工作会议，部署安全保卫工作，严格执行应急响应和应急值守制度，组织开展全局安全保卫巡视工作。

地理国情监测

【地理国情普查】

安徽省地理国情普查领导小组开展第一次地理国情普查统计工作，编写《安徽省地理国情普查基本统计报告编写方案》《安徽省第一次地理国情普查基本统计技术设计书》，制作省、市、县（区）级基本统计数据集和省内105个县（市、区）基本统计报告，国情普查建库与统计项目通过检查验收。完成安徽省第一次地理国情普查成果发布系统建设。组织开展表彰普查标准时点核准百日大会战主题竞赛活动先进单位、先进班组、先进个人和安徽省第一次全国地理国情普查劳动竞赛评选活动。

推进普查成果应用，对比分析安徽省第一次地理国情普查成果与第二次土地调查成果，编制省内金寨、歙县等10个典型地区的配套对比分析报告，研究以安徽采煤塌陷区综合治理、矿山复绿为主题的国情监测、综合统计分析技术路线。

【地理国情监测】

安徽省国土资源厅推进常态化地理国情监测立项，把省地理国情监测工作纳入“十三五”测绘地理信息发展规划，并列入部门预算。2016—2018年，在全省范围开展基础性地理国情监测，每年投入经费2700万元。配合国家测绘地理信息局实施全国地级以上城市及典型城市群空间格局变化监测、长江经济带国家投资基础设施建设监测项目，开展全省16个市2016年度基础性地理国情监测2次，组织实施合肥市地面沉降监测、安徽省矿山恢复整治监测、安徽省2016年地理国情监测数据库汇总等项目。

不动产测绘

安徽省测绘局完成黄山市、六安市、淮南市、铜陵市等地区划调整后的界线测绘工作，配合省直相关部门开展农村土地承包经营权确权颁证和安徽省第二次地名普查工作，承担北京平谷区国有土地登记发证和日常变更发证、常熟市和上海市部分地区农村地籍测绘、苏州市部分地区房产测绘等项目。

地图管理与地图服务

【地图审核】

安徽省国土资源厅严格审核程序，全年共完成互联网地理信息审核700多条；审查批准《霍山县旅游交通图》《安徽省行政区划图》《安徽省矿产资源与地质环境图集》等地图8件。安徽省测绘局针对新出台的《地图管理条例》，举办审图员培训班，提高各市审图能力和水平。

【地图编制与出版】

安徽省测绘局编制《安徽省地图集》《安徽省行政区划图集》《安徽省长江防洪工程图》《安徽省淮河防洪工程图》等各类专题地图（集）60幅。

【地图市场监管】

安徽省国土资源厅部署地图市场大检查工作，组织清查了2015年以来审核批准的地图产品和互联网地图新增内容备案情况，并对各地的地图市场、文化用品市场、展览馆、纪念馆、博物馆等进行了实地检查，依法查处各种违法违规行为。加强网络地图和互联网地理信息服务活动的日常监管，以在互联网上传标注敏感和涉密信息为重点，规范互联网地图和网上地理信息服务行为，对无互联网地图服务测绘资质从事相关活动、登载的地图无审图号等问题予以查处，督促33家登载无审图号地图的互联网地图服务单位进行整改。

【地图服务】

安徽省测绘局为省扶贫攻坚制作《安徽省“十三五”脱贫攻坚任务分布图》和《安徽省“十三五”脱贫攻坚作战图》专题地图，开展精准扶贫地理信息系统研究与建设。

【国家版图意识宣传教育】

安徽省国土资源厅继续开展国家版图意识宣传教育“进学校、进社区、进媒体”活动。组织召开媒体座谈会，通报媒体出现的“问题地图”情况，向媒体工作者普及国家版图知识；在中小学开展形式多样、富有特色的国家版图意识宣传教育“进学校”活动，深化中小学生的国家版图意识宣传教育；组织省内具有地图编制、互联网地图服务测绘资质的单位及各级测绘行政管理人员、地图技术审查人员等，参加国家测绘地理信息局组织开展的《地图管理条例》培训班；利用测绘法宣传日等，向学校、社区和广大群众赠送地图和地图产品，普及国家版图知识，曝光典型违法案件，增强全民的国家版图意识和地理信息安全意识。

【“美丽中国”第三届全国国家版图知识竞赛和少儿手绘地图大赛】

安徽省国土资源厅组织有关人员参加全国国家版图知识竞赛和国家测绘地理信息局官方网站微信平台答题，并组织中、小学生以及海外华人中符合年龄的青少年参加全国少儿手绘地图大赛。组织开展“美丽中国”第三届全国国家版图知识竞赛安徽省区选拔并组队参加全国竞赛。

测绘地理信息成果管理与应用

【“天地图·安徽”建设与应用】

安徽省测绘局积极开展“天地图·安徽”门户网站维护和升级工作，搭建“天地图”安徽地图发布云平台，发布“天地图”政务版矢量、影像、矢量注记和影像注记电子地图在线服务。完成淮北市、滁州市等8个地级市“天地图”省级与国家级节点数据融合工作。

【成果汇交与分发】

安徽省测绘局完成局属单位2000国家大地坐标系1∶1万基础测绘成果汇交，包括DOM 4108幅、DLG 2786幅、DRG 1493幅，1∶1万基础地理信息数据库整合升级数据2225幅。

全年向国土、交通、规划、农业、水利等多个行业部门提供各种比例尺地形图22612幅、测绘基准成果点2299点（次），航空航天遥感数据6060GB，主动为各级政府和有关部门规划、科学决策提供地理信息与技术支持。

【涉密成果管理】

安徽省测绘局完成测绘资料归档114卷，整理馆藏历史航片2524幅并制作航片索引。完善全国测绘地理信息资源目录服务系统安徽子网站建设和元数据发布工作。

制定印发《安徽省测绘局2016年保密工作要点》，局保密委全年召开专题会议4次，完成局涉密网络分级保护建设整改工作，局属5个单位涉密信息系统获得安徽省国家保密局颁发的使用许可证。组织召开全局保密工作会议，总结2015年度保密工作；举办5期保密技能、保密法律法规、测绘成果保密等专题培训。加强涉密人员分类分岗管理，开展全局涉密岗位和涉密人员的审查、登记、备案工作，与涉密人员签订保密承诺书，组织涉密人员参加保密警示教育活动。配合安徽省国家保密局等单位完成相关保密督查、密级鉴定等工作。

【测量标志管理】

安徽省国土资源厅进一步加强测量标志管理，完成马鞍山市第二轮测量标志普查工作。按照普查完成入库、分步分批、统一标准的原则，对已完成普查工作的市下达190万元用于高等标志点维护修缮工作。全年依法迁建测量标志5座。

【应急保障】

安徽省测绘局不断完善应急保障快速响应机制，主动服务全省防汛、抗洪救灾等应急工作和习近平总书记、李克强总理视察安徽重要接待工作，制作、提供各类专题示意图和地理信息数据。

科技、标准化与国际合作

【科技创新体系建设】

安徽省测绘局印发《安徽省测绘局地理信息科技创新实施细则》。强化关键技术自主研发能力，完成移动端外业调绘系统、安徽省卫星定位综合服务系统数据下载和推送系统、测绘成果质检综合服务系统建设工作。开发满足多领域需求的服务系统，研发安徽省灾民安置点管理信息系统，推进滁州土地管理委员会决策支持系统、农村土地承包经营权查询、安徽省测绘单位保密培训系统等多个应用系统建设。

【科技项目与科技奖励】

安徽省测绘局加强对2015年度立项的科研项目的跟踪管理，完成2015年度7个科研项目的结题评审工作。组织召开2016年度全局科研项目立项评审会议，8个科研项目通过评审。

【标准化工作】

安徽省测绘局编写完成《安徽省1∶1万基础地理信息数据更新技术规程》。

【对外合作与交流】

安徽省测绘局与安徽理工大学签订关于人才培养、科技创新等战略合作协议。就共同推进跨部门的人才培养、科学研究、技术咨询、地理信息资源的整合服务和实用性人才培训等开展合作。

地方社团工作

【安徽省测绘地理信息学会】

安徽省测绘地理信息学会参加第十八届华东六省一市测绘学术交流会，共10篇论文获奖。组织召开安徽省国土资源厅科技奖励（测绘地理信息领域）评审会，共评出科技进步奖二等奖4项（一等奖空缺），项目质量优秀奖一等奖3项、二等奖5项、三等奖20项。参加中国测绘地理信息学会组织的2016年全国测绘科技进步奖评选工作，2个项目获得三等奖。与6家科技公司联合举办测绘巡展，摄影测量与遥感、测绘工程等专业委员会组织开展专题学术交流会。《安徽测绘》杂志通过年检，全年编辑印刷3期，发行3600册。

福建省

概况

2016年，国家测绘地理信息局副局长王春峰、宋超智、李朋德先后到福建调研考察。福建省委常委、常务副省长张志南到省招标采购集团调研，对测绘地理信息工作作出重要指示，要求企业充分利用遥感影像数据和导航定位技术，开展公共安全、灾害监测方面应用，提高测绘保障服务水平；利用“天地图·福建”平台，加快推进测绘地理信息在各行业的应用。副省长洪捷序在全省国土资源工作会议上对第一次全国地理国情普查工作、“天地图·福建”平台建设与应用、测绘无人机队伍建设等工作提出具体要求。

福建省政府与国家发展和改革委员会、国家测绘地理信息局签订开展省级空间规划“多规合一”合作协议，福建省政府印发《福建省级空间规划试点工作实施方案》。《福建省国民经济和社会发展第十三个五年规划纲要》提出：要推进“多规合一”，加强海域、海底、岸线、海岛等测绘工作，培育发展地理信息产业等重点任务。《福建省“十三五”数字福建专项规划》提出：要统筹建设遥感数据平台、位置信息服务平台、北斗地基增强系统，建设卫星应用工程研究中心、高分辨率对地观测系统分中心和北斗数据分中心等工作。福建省政府办公厅印发《福建省“十三五”国土资源开发利用专项规划》（含基础测绘规划）。福建省测绘地理信息局编制了《福建省测绘地理信息事业“十三五”规划》，配套出台“十三五”地理信息产业发展、科技、人才、法治宣传教育等规划，各设区市政府先后出台“十三五”基础测绘专项规划。福建省测绘地理信息局按时完成第一次全国地理国情普查工作，建成普查数据库及管理系统，完成普查统计分析和普查数据汇编；加强测绘地理信息公共服务，无偿提供“4D”测绘成果约2.8万幅、卫星影像98.2万平方千米，完成全省农村土地承包经营权确权登记颁证12.4万平方千米影像航摄工作；联合企业、高校，参与2项国家科技项目、1项省级科技项目研究。福建省委机构编制委员会办公室批复同意在福建省基础地理信息中心加挂“高分辨率对地观测系统福建数据与应用中心”牌子。

党的建设与人才队伍建设

【党的建设】

福建省测绘地理信息局加强政治理论学习，召开党组中心组学习会12次。抓好领导班子民主生活会，落实“三会一课”制度。开展2016年度基层党组织书记抓党建工作述职评议考核。集中排查390名党员组织关系。完成15个基层党组织的换届。开展党费收缴专项检查，补缴党费132.6万元。

【党风廉政建设】

福建省测绘地理信息局结合“两学一做”学习教育，组织党员学习《中国共产党廉洁自律准则》

《中国共产党纪律处分条例》《习近平关于党风廉政建设与反腐败斗争论述摘编》等，观看《镜鉴》《永远在路上》等廉政教育片，通报违法违纪典型案例9次。完善党风廉政建设等制度，出台《公务接待实施细则》《机关党员、干部“十不准”》《关于规范工作人员参加考试评审、培训活动的通知》《关于加强局属单位项目对外委托管理的通知》《考试评审和培训劳务费管理办法》等制度。对7名在职党员干部进行廉政提醒谈话，对2名主要领导干部给予党纪处分。落实中央八项规定，累计支出“三公经费”98.5万元，占全年财政预算53.8%。

【“两学一做”学习教育】

福建省测绘地理信息局年初制订“两学一做”学习教育方案，成立“两学一做”学习教育督导小组。局领导带头学习，带头上党课6场次，参加研讨交流6次。邀请党建专家专题辅导3次，组织党员干部参观王荷波生平事迹展和廉政警示教育等活动4次。各级党组织开展专题研讨交流93场次，组织党员观看警示教育片30多次。

【精神文明建设】

福建省测绘地理信息局参加省直机关、国家测绘地理信息局有关活动，获得省直机关第三届歌手赛优秀组织奖、省直机关80分扑克团体一等奖、省直机关太极拳比赛团体三等奖；组织在职党员252人次进社区服务，帮扶社区困难群众15户，送去帮扶资金5.4万元；组织干部职工参加义务植树活动，组织43人参加无偿献血活动；慰问离退休老同志、老党员、困难职工150多人次，送去慰问金12.6万元。福建省测绘院应急保障分院和遥感分院被评为“省工人先锋号”。

【人才队伍建设】

福建省测绘地理信息局将测绘行业特有工种职业技能鉴定福建站挂靠到福建省测绘产品质量监督检验站。开通2016年度专业技术人员继续教育平台，有757人次参加平台的教育培训。全年有13人次因私出国（境）、2人次因公出国（境）。福建省测绘院和福建基础地理信息中心举办了继续教育培训现场培训班。

法制建设与市场监管

【法制建设】

福建省测绘地理信息局制订《贯彻落实〈法治政府建设实施纲要（2015—2020年）实施方案〉》，组织开展《地图管理条例》宣传培训。《福建省地图编制出版管理办法》被福建省政府法制办公室列入2017年立法工作计划预备选项。福建省测绘地理信息局开展省级地方性法规政府规章评估清理，对《福建省测绘条例》《福建省测量标志管理办法》《福建省地图编制出版管理办法》进行评估。

【法制宣传】

福建省测绘地理信息局对“六五”普法工作进行总结，制定了《福建省测绘地理信息法治宣传教育第七个五年规划》。组织全省测绘地理信息系统单位开展以“贯彻地图管理条例，更好服务国计民生”为主题的测绘法宣传日活动。8月29日，和部分福州测绘资质单位联合举办测绘法宣传活动，活动举行了中国地图少儿拼图比赛，现场发放《中华人民共和国测绘法》《国家版图小知识》《地图管理条例》等宣传材料1.5万份，当天发送手机宣传短信10万多条。各市、县测绘地理信息行政主管部门和测绘资质单位也在当地以不同形式开展宣传活动。

【依法行政】

福建省测绘地理信息局推进测绘地理信息领域“双随机”抽查工作，制定《推广随机抽查工作实施方案》，开发了福建省测绘地理信息局随机抽查信息管理系统，利用开发的软件随机抽出2016年甲、乙级测绘资质巡查的检查组人员和测绘资质巡查单位。组织3人参加国家测绘地理信息局举办的行政执法人员培训班。完成全省测绘地理信息行政执法证注册，截至2016年底，全省行政执法持证人员161人。

【“放管服”改革】

福建省测绘地理信息局编制了《福建省测绘地理信息系统行政审批和服务事项纵向清单参考目录》，完善了行政权力清单、公共服务清单、责任清单。下放福州新区行政审批事项1项，取消行政权力和公共服务事项1项，增列4项、调整2项。推进行政审批服务标准化管理，修订了行政审批和服务事项指南。

【测绘资质管理】

福建省测绘地理信息局受理审批64家单位测绘资质申请，其中乙级6家、丙级39家、丁级19家。审批测绘资质单位基本信息及业务范围变更申请事项183件。截至2016年底，全省共有测绘资质单位532家，其中甲级32家、乙级85家、丙级218家、丁级 197 家。完成测绘资质复审换证工作，通过复审换证测绘资质单位 493 家、注销 15 家。

【信用管理】

福建省测绘地理信息局开展全省测绘地理信息行业信用信息征集和发布工作，完成全部 32 家甲级测绘资质单位信用信息的填报、审核和上报，推进乙、丙、丁级测绘资质单位信用信息征集审核工作。开展测绘资质单位不良信息征集，将 4 家抽检测绘项目不合格测绘资质单位录入测绘地理信息信用信息管理系统。

【日常监管】

福建省测绘地理信息局加强对外地来福建从事测绘地理信息工作的单位监管，对 36 家外地测绘资质单位来福建作业进行备案。开展测绘资质单位约谈工作，约谈 2 家测绘资质单位，督促测绘资质单位遵守相关法律法规和制度，履行招标合同。

基础测绘

【规划编制】

《福建省国民经济和社会发展第十三个五年规划纲要》，对测绘地理信息工作提出：要推进“多规合一”，统一编制市县空间规划；要加强海域、海底、岸线、海岛等的测绘工作；培育发展地理信息产业等重点任务。《福建省“十三五”数字福建专项规划》提出：要统筹建设遥感数据平台、位置信息服务平台、北斗地基增强系统，建设卫星应用工程研究中心、高分辨率对地观测系统分中心和北斗数据分中心。3 月，福建省政府办公厅印发《福建省“十三五”国土资源开发利用专项规划》（含基础测绘）。福建省测绘地理信息局先后编制出台了“十三五”测绘地理信息事业、地理信息产业、科技、人才、法治宣传教育“十三五”规划。各设区市政府出台“十三五”基础测绘规划。

【基础测绘】

福建省测绘地理信息局利用国家测绘地理信息局老少边基础测绘专项补助经费 300 万元，安排补助老少边地区基础测绘项目 7 个。完成 1∶1 万数字线划图全要素更新 717 幅、重要要素更新 3874 幅，测制 1∶1 万数字高程模型 2.18 万平方千米、1∶1 万数字正射影像图 1.5 万平方千米。新建连续运行卫星定位基准站 31 个，完成 22 个连续运行卫星定位基准站点北斗化改造。应用全景移动测量系统采集泉州、厦门、龙岩、漳州等地街景数据 1875 千米。

【航空航天遥感影像获取与应用】

福建省测绘地理信息局获取泉州市、厦门市、漳州市机载激光雷达影像数据 2.55 万平方千米；购置与处理 2—2.5 米分辨率卫星影像 10.6 万平方千米；完成卫星影像快速分发系统部署，实现与国家测绘地理信息局信息实时共享和数据自动推送。开展历史航空摄影底片扫描工作，完成历史航片清点和项目招标。

【数字城市建设】

福建省测绘地理信息局加快数字城市应用与数字县域建设，印发《关于加快推进数字城市地理空间框架建设及应用的通知》，在宁德市霞浦县举办数字城市地理空间框架建设技术讲座和技术研讨会。批复 3 个县开展数字县域建设，数字明溪、数字晋江、数字武平、数字尤溪通过验收。截至 2016 年底，立项数字县域项目 18 个，其中通过验收 6 个。

【省级空间规划工作】

5 月 4 日，福建省政府和国家发展和改革委员会、国家测绘地理信息局签订合作协议，共同开展省级空间规划“多规合一”试点工作。福建省测绘地理信息局收集整理了永春、永安、霞浦 3 个试点县专题数据，完成数据格式转换、坐标转换等预处理工作和各数据矛盾叠加分析，完成 3 个县的三类空间初步划分和空间规划工作底图、开发适宜性评价数据的初步生产。

【质量管理】

福建省测绘地理信息局对 40 家测绘资质单位进行质量监督检验，其中 3 家不合格。福建测绘产品质量监督检验站完成市场委托测绘产品检验 122 项、省基础测绘验收项目 15 个，检定各类仪器约 3300 台。

【安全生产】

福建省测绘地理信息局与直属各单位签订 2016 年度安全生产管理责任书，实行安全生产一票否决制。组织召开安全生产工作会议，对全局安全生产工作进行部署。开展安全生产体系和制度建设、安全生产措施以及宣传和教育检查，要求各单位对有关问题立即整改。

【测绘援疆援藏】

福建省测绘地理信息局完成新疆昌吉高新区 45 平方千米大比例尺地形图测制更新；完成航摄资料获取、控制测量、外业调查核查等工作；指导受援各县（市）落实大比例尺基础测绘实施计划，昌吉市、呼图壁县有关项目已立项实施。

与西藏昌都市政府签订《对口支援测绘地理信息工作合作协议书》，确定援助建立完善城镇基础控制网、测制更新大比例尺数字地形图和地籍图、编制乡镇专题地图、编制昌都实景地图4项工作。完成援藏调研和对接，编制了对口援助项目实施方案。

地理国情监测

【地理国情普查】

福建省测绘地理信息局利用最新航摄正射影像成果，完成28个县（区）地理国情普查成果的核查；完成省级数据库建设、普查统计分析和报告编制及图件制作工作；完成地理国情普查成果与其他部门数据的比对分析和衔接；编制了地理国情普查工作报告。

【地理国情监测】

福建省测绘地理信息局坚持“边普查、边监测、边应用”原则，完成福州新区空间格局变化监测、全国海岸开发利用监测、全国地级以上城市及典型城市群空间格局变化监测3项专题性地理国情监测项目。

海洋测绘与不动产测绘

【海洋测绘】

福建省测绘地理信息局完成兴化湾1:1万水下地形图测量。福建省基础地理信息中心基于927成果数据，对福建省海岸线进行确认更新，并完善了相关海岛数据。

【地籍测绘】

福建省国土资源厅、福建省测绘地理信息局联合在莆田市开展不动产权籍调查与登记“一张图”建设省级试点工作，明确试点工作为期3年。

【农村土地承包经营权确权登记颁证工作】

福建省测绘地理信息局主动服务全省农村土地承包经营权确权登记颁证工作，获取全省12.4万平方千米航摄影像成果。福建省测绘产品质量监督检验站完成55个县航片及正射影像图成果的检验。

【国土资源服务】

福建省测绘地理信息局应用测绘无人机分5期对武夷新区“二违”（即违法用地、违章建修）清查航摄132.4平方千米，服务12个露天采矿山越界开采执法监测工作。进一步完善旧村复垦开发项目远程监管系统，进行了系统的试运行和培训推广工作；建设“国土一张图遥感影像库”，完成数据对接与技术支持；建设快速反应系统，完成辅助决策移动端系统原型开发。

地图管理与地图服务

【地图审核】

福建省测绘地理信息局审核各类地图126项，其中互联网电子地图21项、微信地图16项、地图集（册）2项、其他各开本单张地图及书刊插图87项，有9个项目不合格。

【地图编制与出版】

福建省制图院全年发行各类地图20多万册（幅），为市县政府部门编制行政区划图、影像挂图、防汛决策指挥图等50多种。编制的《福建省情地图集》《莆田市行政区划图地图集》《福建省精神文明建设地图集》分别获得2016年优秀地图作品裴秀奖金奖、银奖、铜奖。

【互联网地图监管】

福建省测绘地理信息局对福建省政府网站以及省内各设区市政府网站、新闻网站、地图网站以及其他主要商业网站等76个网站开展日常监控，签收鉴定地图7718项，其中存在“问题地图”1208项。开展福建省地图市场大检查，对省级机关及其所属单位122个网站进行检查，发现24个网站含有“问题地图”。

【地图市场监管】

福建省测绘地理信息局对2015年来审核批准的地图产品样本进行检查，检查53项，其中纸质地图45项、互联网地图8项，发现21项纸质地图、8项互联网地图存在问题。

【地图服务】

福建省测绘地理信息局全年提供地图服务200项，为省委、人大、政府、政协、纪委提供省“两会”用图、省领导拉练用图及其他各类定制地图6000册（幅），为省直20多个部门提供公务用图5000多册（幅）。

【“美丽中国”第三届全国国家版图知识竞赛和少儿手绘地图大赛】

福建省测绘地理信息局联合福建省教育厅举办

"美丽中国"第三届国家版图知识竞赛和少儿手绘地图大赛，有70多所学校、约4000人参加知识竞赛。收到近400幅少儿手绘地图作品，共有25幅作品获奖，其中1幅作品获6—8岁组一等奖。有156人参加全国国家版图知识竞赛电视赛省级选拔赛，遴选21名选手代表福建参加全国国家版图知识竞赛电视赛，有2名选手入围决赛。

测绘地理信息成果管理与应用

【"天地图·福建"建设与应用】

福建省基础地理信息中心更新"天地图·福建"线划电子地图2次、影像电子地图4次、中分辨率影像10.8万平方千米（现势性达2016年6月）、高分辨率影像5万平方千米（现势性达2016年7月）；完成特色乡村、博物馆等每月一图制作；对接福建省农业厅福建省畜牧业信息管理系统、福建省教育厅福建省示范性现代职业院校建设工程信息管理平台等7个系统，完成2个前置节点服务数据更新。举办"天地图·福建"成果应用推广会，推介会全程网络直播，被新华网、新浪网、今日头条等媒体广泛报道。

【成果汇交与分发】

福建省基础地理信息中心收集国土、测绘地理信息、规划等行业汇交成果资料数据量约56.6 TB，接收资料文档226本、航摄相片2766张、"4D"成果13.36万幅、航空影像数据5.81万片、卫星影像1248景。

向189家单位提供测绘成果分发服务，向1300多人次提供咨询服务，交付687单次，借阅影像档案280单次，签订数据使用协议210份，提供纸质地形图4117幅、"4D"成果3.44万幅、村庄规划大比例成果1.55万幅、大地控制点1020点、各类卫星影像98.6万平方千米、其他专题数据50.2万平方千米。其中无偿提供"4D"成果2.79万幅、卫星影像98.2万平方千米、纸质地形图2816幅。

【福建省连续运行卫星定位基准站应用】

福建省测绘地理信息局审批福建省连续运行卫星定位基准站使用用户292家，发放注册账号1970个。福建省测绘院为实时定位用户等提供技术服务，全年为用户解答各类问题950多次。

【涉密成果管理】

福建省测绘地理信息局开展涉密成果专管员培训，共有364人参加网络培训，其中312人完成学习任务，267人通过网络考试。组织全省甲级测绘资质单位人员参加国家测绘地理信息局举办的第九期涉密测绘成果管理人员培训班。

【应急保障】

福建省测绘地理信息局应用测绘无人机为三明市泰宁县"5·8"泥石流灾害提供应急测绘航摄服务。福建省测绘院参加省环境保护厅核应急综合演练、省武警消防总队服务G20峰会反恐联合演练、省地震局"闽动—2016"市级灾害紧急救援队演练。

【自然资源资产离任审计】

福建省测绘地理信息局配合福建省审计厅完成自然资源资产离任审计莆田试点工作，收集莆田市20种行业专题数据，与地理国情普查数据、公共地理框架数据等叠加分析，形成6份分析报告。协助福建省审计厅编制《福建省自然资源资产审计大数据平台项目实施方案》。

地理信息产业

【地理信息产业发展规划编制】

福建省测绘地理信息局印发《福建省地理信息产业发展规划（2016—2020年）》，提出要提升遥感数据获取与服务能力、发展北斗导航定位和位置服务、繁荣地图及地理信息文化产品市场等10项主要任务。

【高分辨率对地观测系统福建数据与应用中心建设】

福建省委机构编制委员会办公室批复同意福建省基础地理信息中心加挂"高分辨率对地观测系统福建数据与应用中心"牌子。福建省基础地理信息中心完成高分辨率对地观测系统福建数据与应用中心可行性研究报告暨初步设计方案编制，获得福建省数字福建建设领导小组办公室经费资助361万元。

【福建省地理信息产业技术平台建设】

福建省地理信息产业技术平台完成测绘地理信息生产服务基地建设、地理信息工程检测中心、测绘地理信息技术培训中心和地理信息资源共享服务平台建设等指标任务，完成项目全部建设内容，按要求向福建省科学技术厅在线提交验收材料。

【众创空间建设】

福建省测绘地理信息局与厦门市集美区政府和厦门市极美空间科技有限公司合作建设"极美众创"

空间。“极美众创”空间以地理信息开发利用为主题，面积4400多平方米，并配套相应的设备设施。

科技、标准化与国际合作

【科技创新体系建设】

福建省测绘地理信息局出台《福建省测绘地理信息科技“十三五”发展规划》和《福建省测绘地理信息局贯彻落实〈关于加强测绘地理信息科技创新的意见〉任务分工方案》。开展信息化测绘体系建设，成立信息化建设领导小组，召开信息化测绘体系建设工作会议，编制了《信息化测绘体系建设总体设计方案》。

【科技项目与科技奖励】

福建省测绘地理信息局参与3项国家自然基金项目研究、1项省科技重大专项，承担2项省科技引导性项目、1项省自然科学基金计划项目。联合厦门大学申报的“闽三角城市群生态安全保障及海岸带生态修复技术”获得国家重点研发计划项目立项；“基于地理模型的交通气象灾害监测预警技术研究”获得省科技计划项目立项。“省市县地理空间框架一体化关键技术研究与应用”获得2015年福建省科技进步二等奖，“福建省应急地理信息公共平台”“闽图交通规划移动平台”获软件著作权。

【标准化工作】

福建省测绘地理信息局组织编制的《公开版电子地图数据规范》经福建省质量技术监督局发布实施。组织起草的《连续运行卫星定位服务系统网络RTK高程测量技术规范》通过专家审定。参加3项国家标准的编写工作。

【对外合作与交流】

福建省测绘地理信息局协助国家测绘地理信息局在厦门召开第八届海峡两岸测绘发展研讨会。联合厦门市集美区政府、集美大学主办第一届中国地理信息技术创新创业大赛，收到作品约100件。

地市级测绘地理信息工作

【福州市】

数字福州应用示范系统由验收时的13个增加到28个，“天地图·福州”实现22个部门77类专题数据融合。数字福清通过验收，在原有应用示范系统的基础上增加了福清视频共享平台等3个应用系统；数字连江完成项目设计书的编制；闽侯县数字县域建设项目完成项目可研报告编制并申报立项。更新福州建成区450平方千米正射影像数据；2016年航空摄影与数据处理方案通过评审。

【泉州市】

7月，泉州市政府办公室印发《泉州市“十三五”基础测绘专项规划》。泉州市投入50万元开展二等水准路线标石20点埋设及二等水准路线180千米的铺设工作。数字晋江通过竣工验收，实现区内大比例尺数字线划图全覆盖，建成基础地理信息、政务版地理空间框架、公众版地理空间框架三大数据库，搭建涉密版、政务版、公众版地理信息平台，对接国土、公安、城管等8个应用示范项目；数字泉港通过预验收，地理信息公共服务平台及各应用示范系统进行试运行；数字德化项目设计书通过评审，完成全县数字县划图核心要素更新，完成数字德化管理办法的初稿编制；永春县牵头开展的市县地理空间信息数据与服务融合共享关键技术的研究与应用项目获得2016年泉州市科技进步三等奖。泉州市主动与“海上丝绸之路”申遗办公室对接，协助完成成果领用、“海上丝绸之路”景区地形图航拍和申遗图件脱密工作。开展“双随机”抽查工作，抽查6家测绘资质单位，其中1家抽查项目不合格。

【南平市】

南平市开展智慧南平时空信息云平台试点工作，完成项目设计书编制、云平台一期400万元工程招标工作。数字南平扩充了各类基础地理信息数据，拓展部门及社会应用，收集22个应用案例，形成《“天地图·南平”典型应用案例汇编》。数字武夷山、数字南平项目完成各项建设任务。完成3座连续运行卫星定位服务系统基准站加密，155个C级、99个D级控制点，63个一等水准点、91个二等水准点、181个三等水准点和22个四等水准点，覆盖全市2.63万平方千米，更新大比例尺数据47.2平方千米，完成《南平市市情地图集编制》初稿编制。开展“双随机”抽查工作，抽取6家受检测绘资质单位，提出整改意见32条，要求全市32家测绘资质单位开展自查自纠。

地方社团工作

【福建省测绘地理信息学会】

福建省测绘地理信息学会制定《福建省测绘地理信息学会经费管理暂行规定》。召开第八届三次常务理事会议及第八届二次理事会。开展福建省测绘地理信息科学技术奖评选，评出省测绘地理信息科技进步奖项目15项、优秀工程奖项目12项。在龙岩学院举办2016年福建省高等院校大学生测绘技能大赛，有11所院校、23支代表队参赛。

【福建省测绘与地理信息协会】

福建省测绘与地理信息协会召开第四届三次理事会，选举新会长、副会长、秘书长、增补常务理事、理事等，完成协会脱钩工作，业务主管单位由福建省住房和城乡建设厅变更为福建省民政厅，挂靠单位由省测绘院变更为福州市勘测院。与福建省地质测绘院共同举办全国倾斜摄影·百城巡展福州站活动。

江西省

概况

2016年，江西省测绘地理信息干部职工求真务实、开拓创新，圆满完成各项工作任务，实现了“十三五”良好开局。江西省测绘地理信息局在全国测绘地理信息行政主管部门2016年度测绘地理信息工作绩效考核中排名第六。

江西省测绘地理信息局以“优服务、深应用”为着力点，开展了以“智绘江西情，服务绿富美”为主题的地理信息应用服务年活动。依托普查成果、基础测绘、数字城市、“天地图”等数据，为综合治理、公安、民政、税务等部门制作行业系统，深化测绘成果应用服务。经江西省政府同意，与省发展和改革委员会印发了《江西省测绘地理信息发展与应用“十三五”规划》，是全省16个重点专项规划之一。优质高效完成全省第一次地理国情普查任务，全面摸清了“家底”，在圆满完成国家布置的普查任务同时，开展了鄱阳湖生态经济区、红色旅游和地质灾害防治三个省情专题普查，以及全省11个设区市空间格局变化监测，取得较好效果。数字（智慧）城市建设稳步推进，“天地图”数据资源不断丰富。下放了一批行政审批权，开展了联合行政执法，测绘地理信息统一监管不断加强。建立起应急保障体系，在处置“6·19”鄱阳县河堤溃口测绘应急中，第一时间制作出灾区前后对比图、灾情分析图、三维飞行演示视频等成果，为有效控制险情发挥了重要作用，受到省委书记鹿心社和江西省防汛抗旱总指挥部领导等的充分肯定和高度赞扬。

党的建设与人才队伍建设

【党的建设】

江西省测绘地理信息局党委着力推行“党建+”工作理念，坚持把理论学习贯穿始终，制定2016年理论学习计划，以开展“两学一做”学习教育为契机，发挥党委中心组学习示范带动作用，将局机关副处以上党员干部和局属单位班子成员纳入中心组的学习范围，全年共组织中心组学习15次，上党课32次。局党委按照省直机关工委要求做好党员组织关系集中排查、党费收缴工作专项检查等7项工作。并结合纪念建党95周年，开展了“两优一先”“三评一树”评选活动和“红色七月·党的生日”道德讲堂活动。

【党风廉政建设】

江西省测绘地理信息局党委定期召开党风廉政工作会议，与局属各单位签订党风廉政建设责任书；调整局领导班子成员党风廉政建设责任分工，细化主体责任清单35项，形成一级抓一级，层层抓落实的良好氛围；开展“把纪律挺在前面，强化制度建设年”活动，重新修订、完善各项廉政制度、规定共计120项；加强监督执纪问责，紧盯公款吃喝、公款旅游、公车私用、婚丧喜庆等，深化作风建设。

【精神文明建设】

江西省测绘地理信息局党委组织开展了“道德讲堂”进定点包扶村小学、“测绘好人——敬业奉献（三八专题）”评选、学雷锋志愿服务月、无偿献血等活动。举行“弘扬国测一大队精神，建功测绘青年在行动”——纪念“五四运动”97周年综合知识竞答活动，组织职工参加省直机关纪念建党95周年摄影大赛、歌咏比赛和登山比赛、省总工会第五届全民健身运动会的各类比赛以及全国测绘地理信息系统第三届“空间信息杯”羽毛球赛。江西省测绘地理信息局被评为省直机关党的工作特别优秀奖单位、第十四届省级文明单位、省直机关第十二届文明单位，研究成果荣获全省机关党员干部春节回乡调研报告二等奖和三等奖、江西省机关党建理论研究研讨论文优秀奖。

【人才队伍建设】

江西省测绘地理信息局制定了江西省测绘地理信息人才发展“十三五”规划。加快实施人才强测战略，统筹推进各类人才队伍建设；继续做好本局及国家测绘地理信息局青年学术和技术带头人的培养工作；组织推荐2016年享受省政府特殊津贴人员，1人入选江西省2016年享受省政府特殊津贴人员名单；组织举办智慧城市时空信息云平台建设及应用高级研修班。做好职称评审工作，全年共受理申报高级专业技术人员材料77份。大力引进高层次人才，全年面向社会招聘专业技术人员30名，其中研究生学历及以上人员15名。江西省遥感信息系统中心成建制划归江西省测绘地理信息局管理，该中心全额拨款事业编制20名，拥有专业技术人员16名，其中研究员5名、副研究员4名、博士4名、硕士6名。完成江西省测绘职业技能鉴定8批次，共鉴定1610人，取得职业资格证书1578人，合格率达98%。

法制建设与市场监管

【法制建设】

江西省测绘地理信息局印发《江西省测绘地理信息局2016年立法工作计划》。完成《江西省测绘地理信息质量管理办法（修订稿）》（征求意见稿）及《江西省测绘地理信息局行政执法工作规定》《江西省测绘地理信息局行政执法过错与错案责任追究办法》初稿。协助做好《中华人民共和国测绘法》修订工作。向省法制办公室报送了2017年立法建议项目，建议将《江西省地理信息公共服务管理办法》作为省政府2017年立法工作计划建议项目。对近10年制定的31件局规范性文件进行逐件清理，保留23件、修改1件、废止2件、失效5件，清理结果通过局网站向社会公布。

【法制宣传】

江西省测绘地理信息局组织动员各级测绘地理信息行政主管部门、行业单位参加“星月科技杯”2016年全国测绘法宣传日主题口号、宣传口号、公益短信、宣传画有奖征集活动。联合九江市政府共同举办2016年江西省测绘法宣传日主场活动，首次利用微信公众平台、掌中九江APP等方式对活动进行宣传。荣获“2011—2015年全国法治宣传教育先进普法办公室”称号。

【综合执法】

江西省测绘地理信息局完成测绘地理信息行政执法证注册工作，对2015年、2016年参加了国家测绘地理信息局和江西省测绘地理信息局举办的行政执法人员岗位培训班的152人申办了测绘地理信息行政执法证。开展测绘质量监督检查、测绘资质申请材料核查、测绘地理信息安全保密检查、地图市场专项监管、测绘资质巡查等多项专项执法检查并依法查处测绘违法案件。督促指导宜春市国土资源局对江西宜春安帮安全事务有限公司非法挂靠个人进行调查处理，在查明事实的基础上责令整改。对测绘资质审查中发现的江西省赣湘建筑服务有限公司提供虚假测绘资质申请材料情况，督促指导萍乡市国土资源局依法调查处理。对上述两单位的违法失信行为均依据《测绘地理信息行业信用管理办法》作出相应处理决定。

【依法行政】

江西省测绘地理信息局成立了局法治建设领导小组及其办公室，制定《2016年江西省测绘地理信息普法依法治理工作要点》，印发《江西省测绘地理信息局2016年法治建设工作要点》《江西省测绘地理信息局关于在全局普遍建立法律顾问制度的意见》，征订《地图管理条例释义》500本。局机关及局属各单位均聘请了常年法律顾问。两次组织江西省具有地图编制及互联网地图服务业务范围的30多家甲、乙级测绘资质单位参加《地图管理条例》学习培训。印发《贯彻落实〈地图管理条例〉的实施意见》。

【“放管服”改革】

江西省测绘地理信息局对国务院、江西省政府取消下放的两项涉及测绘地理信息行政审批事项的衔接落实情况进行了梳理自查。永久性测量标志拆迁审批事项下放至设区市测绘地理信息行政主管部门，且已全部承接到位。测绘计量检定人员资格认定事项根据省政府决定下放至设区市测绘地理信息行政主管部门，因国务院取消该行政审批事项，向江西省行政审批制度改革工作领导小组办公室提出取消该行政审批事项建议。向江西省行政审批制度改革工作领导小组办公室提出建议，将从事测绘活动的单位丙、丁级测绘资质审批下放至设区市测绘地理信息行政主管部门实施，新增卫星导航定位基准站建设备案行政权力事项，11 月底通过江西省机构编制委员会办公室审核，拟报省政府发布。开展了行政权力事项自查工作，经省政府审议通过江西省测绘地理信息局保留权力事项 79 项。根据公布的权力事项，完成了各项行政权力流程图的制定和责任清单编制工作，责任清单已经省政府审议通过。11 月底，权力清单、责任清单已分别在局网站、省机构编制委员会办公室网站及省政府门户网站公布。

【测绘资质管理】

江西省测绘地理信息局完成 2 家乙级测绘资质单位申请甲级测绘资质初审，审查 9 家甲级测绘资质单位增加或变更业务范围、34 家甲级测绘资质单位修改变更资质信息。完成乙、丙、丁级测绘资质审批工作。出台《关于做好取消测绘资质审批中介服务事项后续工作的通知》，保障审批工作顺利过渡；加强对委托设区市承担丙、丁级测绘资质审批的监督指导，在局网站公示资质审批结果，并根据测绘资质单位要求直接送达或者邮寄送达测绘资质证书。完成 9 家乙级、32 家丙级、36 家丁级测绘资质审批。截至 2016 年底，江西省共有测绘资质单位 604 家，其中甲级 30 家、乙级 77 家、丙级 170 家、丁级 327 家。办理 51 家测绘单位测绘作业证 561 份。

【信用管理】

江西省测绘地理信息局印发《关于开展全省测绘地理信息行业信用征集和发布工作的通知》；举办全省测绘地理信息行业信用管理培训班。共接到全省 30 家甲级测绘资质单位良好信用信息申报 110 条，其中符合要求的 24 家甲级测绘资质单位的 42 条信息，已全部上报国家测绘地理信息局并发布。发布全省行业单位信用信息。采用日常监管记录及信用平台公共查询功能相结合的方式，为有需要的测绘资质单位开具信用证明 40 多份，并做好信用记录。

【日常监管】

江西省测绘地理信息局发布了《2015 年度测绘资质年度报告公告》。507 家乙、丙、丁级测绘资质单位中 492 家报送了本单位 2015 年度测绘资质年度报告并在局网站公示，完成率为 97%。对未报送年度报告的 15 家单位计入不良信用信息。开展测绘资质双随机抽查，印发了《江西省测绘地理信息局推进行政检查随机抽查工作实施办法》。开展 2016 年度全省测绘资质巡查工作，结合地理信息成果保密检查工作一并进行。

基础测绘

【基础测绘】

江西省测绘地理信息局及时向国家测绘地理信息局汇交观测数据；全面完成全省卫星导航定位服务系统升级改造，在国内省级 CORS 中率先采用三星系统（BDS、GPS、GLONASS）定位技术。形成了覆盖全省的由 70 个基准站、1 个系统控制中心、2 个数据中心组成的江西省卫星导航定位服务系统，填补了江西省在北斗高精度位置服务领域的空白。联合省发展和改革委员会出台了《关于加强卫星导航定位基准站建设和应用管理的通知》。积极指导行业部门和市县使用 2000 国家大地坐标系，并作为资质巡查的一项重要内容。开展数字城市地理空间框架建设的 11 个市 8 个县全部采用 2000 国家大地坐标系。江西省形成由大地基准、高程基准和重力基准等组成的高精度、三维地心、实用的江西省现代测绘基准体系，为数字江西的建设奠定统一的空间定位基准。进一步精化似大地水准面，将精度提高到平面优于 3 厘米、丘陵山地优于 5 厘米。

江西省测绘地理信息局安排 875 幅 1∶1 万 “3D” 产品测制与更新，开展行政区域内多尺度基础地理信息数据联动更新生产。1∶1 万基础地理信息数据库实现全省覆盖。向各市县（区）政府、省直单位和部门下发《关于协助做好国家 1∶50000 基础地理信息数据库动态更新有关工作的通知》，按时完成 1∶5 万动态更新成果的外业抽查。

【航空航天遥感影像获取与应用】

江西省测绘地理信息局成立了国家测绘地理信息局卫星测绘应用中心江西分中心，并于 10 月 27 日正式挂牌。江西分中心已收到推送的本年度国产卫星影像，覆盖全省 90% 以上国土面积。与中科遥感科技集团有限公司签订了《关于加强江西省遥感支撑服务战略合作协议》。

【智慧城市、数字城市建设】

江西省推进智慧城市时空信息云平台建设试点。南昌、新余、吉安被国家测绘地理信息局确立为智慧城市时空信息云平台建设试点城市，其中新余、吉安完成了设计书评审，申报了航空摄影计划，落实了年度建设经费，开展了部分项目建设。南昌市完成了设计书的编写，申报了航空摄影计划。江西省11个设区市除南昌市直接开展智慧城市建设外，其余10个设区市全部完成了数字城市建设。井冈山市、婺源县、瑞金市、万安县、铅山县、永新县、泰和县、万年县等8个市县开展了县级数字城市建设，其中井冈山市、婺源县完成项目验收。

【质量管理】

江西省测绘地理信息局组织开展全省质量监督抽查工作；研发了测绘项目成果质量监管系统；印发了《江西省测绘地理信息质量监督检查实施办法(试行)》《关于开展2016年全省测绘地理信息质量监督检查工作的通知》。配合国家测绘地理信息局对江西核工业测绘院“流坑古村1:2000地形图测绘”项目成果质量进行内外业监督抽查，对江西省基础地理信息中心的质量管理体系建立及运行情况进行了监督抽查。完成对全省40家测绘资质单位质量监督抽查。

【安全生产】

江西省测绘地理信息局实行安全生产一票否决制，建立了“党政同责、一岗双责、齐抓共管”的安全生产责任体系。全年未发生安全事故。

地理国情监测

【地理国情普查】

江西省5月完成地理国情普查省级数据库建设，7月完成市级数据库建设，9月完成县级数据库建设，10月完成数据库平台管理软件的开发工作。截至11月底，完成省、市、县三级基本统计，开始编制基本统计报告和图件制作。发布江西省、市、县的四至东西南北的跨度、地貌海拔坡度的分布、地表覆盖、水系流域、立体交通、红色旅游、鄱阳湖监测等地理国情监测成果。在完成国家普查任务的基础上，增加了鄱阳湖生态经济区、红色旅游和领导干部自然资源资产离任审计3个省情专题普查，编制了《江西省基础地理省情白皮书》。

江西省测绘地理信息局开展了普查标准时点核准百日大会战主题劳动竞赛、全国地理国情普查劳动竞赛，并与省总工会联合开展了江西省地理国情普查劳动竞赛。江西省地理国情普查劳动竞赛评选出7家省级先进单位、8家省级先进班组、23名先进个人，6人荣获“江西省五一劳动奖章”称号。

【地理国情监测】

江西省测绘地理信息局承担了江西省11个地级市空间格局变化监测、长江经济带国家投资基础设施建设监测等国家级专题监测任务。在彭泽县、广昌县开展了江西省基础性地理国情监测与1:1万“3D”产品测制更新项目2个基础性地理国情监测试点；并利用普查成果提取万安县农村土坯房的空间分布，为当地农村土坯房改造提供依据，探索地理国情监测模式与拓宽服务领域。

地图管理与地图服务

【地图审核】

江西省测绘地理信息局全年审核地图51件，其中电子地图10件。建立与江西省通信管理局、省政府新闻办公室、省国家安全厅等单位的联合办案机制，进一步规范互联网地图和网上地理信息服务行为，及时发现并做好敏感信息内容的认定或鉴定，联合做好案件查处。通过互联网地理信息监管系统，重点对九大地图门户网站的POI信息开展搜索，涉及全省POI信息共有1.88万个，对其中86个有疑点的POI信息进行检定分析、排除。对互联网地理信息监管系统推送的其他涉及地图服务、发布地图图片及地图交易信息的网站的相关内容进行检定、排查，总计检定地图服务网站38个，排除272个；检定网上地图图片2566个，排除2563个；检定POI兴趣点86个。对本省的100多个地理信息服务网站进行了排查，重点对75个地图信息网站进行了研判，并对存在涉密信息、政治问题及未载明审图号的地图网站通过去函或去电等方式通知其整改纠正。

【地图市场监管】

江西省测绘地理信息局联合南昌市国土资源局对南昌市红谷滩新华书店、洪城大市场图书批发城、北方图书城的地图类产品进行了检查。上饶市国土资源局会同市新闻出版局、商务局、工商局联合检查市区范围商贸城、市中心广场、宝泽楼附近的图书经营场所，对其涉及地图方面的刊物、图片、画册进行检查；同时对中国上饶、上饶旅游网、上饶之窗等相关网站涉及电子地图进行抽查。

【地图服务】

江西省测绘地理信息局做好辅助决策用图编制与服务和国家、省级间共享工作。更新制作了《江西区域经济分布图》《江西省地图》《江西省交通图》《南昌市地图》等。为省有关部门制作了《五河一湖一江水系图》《江西融入“一带一路”战略走向示意图》《江西融入“一带一路”参与国际合作示意图》《赣江新区影像图》《江西公路交通图》《江西省105、320国道沿线农村地图》等专题地图。推出新版江西省系列地图，并在局政务信息网站进行更新发布，供社会各界下载使用。重点推出《南昌城区图》（双全开）、1∶75万《江西省地图》、《江西省交通图》《江西省地势图》以及地形版地图。全省11个设区市地图上线发布。利用无人机低空摄影系统获取的高清彩色影像，编制完成《南昌西站周边交通地图》。

【国家版图意识宣传教育】

江西省测绘地理信息局与省教育厅在江西育华学校联合举办国家版图意识宣传教育“进学校”主题活动，授予江西育华学校“国家版图教育示范学校”奖牌。

【“美丽中国”第三届全国国家版图知识竞赛和少儿手绘地图大赛】

江西省测绘地理信息局印发了《江西省2016年国家版图意识宣传教育和地图市场监管工作要点》《关于组织参加全国国家版图知识竞赛和少儿手绘地图大赛的通知》。全省30419人参加国家版图知识竞赛个人赛网络答题，共收集个人赛纸质答题6270份；参加国家版图知识竞赛团体赛共计110人，覆盖11个市47个单位；收到少儿手绘地图大赛作品836幅，其中27幅入围参与全国投票作品。

测绘地理信息成果管理与应用

【“天地图·江西”建设与应用】

江西省测绘地理信息局下发《关于做好天地图建设与应用工作的通知》，完成全省以及萍乡、吉安矢量数据、地名地址数据和影像数据的融合。召开江西省“天地图”建设与应用技术交流培训会，开展市县节点评估工作。完成11个设区市及200个社区（行政村）1∶2000框架要素数据的更新测制，制作18—20级矢量电子地图并发布；全省县级以上城区1∶2000框架数据采集和更新，制作成18—19级电子地图并发布；将红谷滩新区无人机航拍影像和农村土地承包经营权影像进行重采样、脱密后，生产18—20级影像电子地图数据并发布。

【成果汇交与分发】

江西省测绘地理信息局完成全国地理信息资源目录服务系统江西分站点的建设，升级完善省级测绘地理信息资源目录服务系统，完成成果服务业务系统运行维护及测绘地理信息成果应用分析，及时发布江西省最新测绘成果目录。建立完善省级国产卫星影像资料分站点，实现与国家级站点的互联互通，提供国产卫星影像资料的快速分发服务。

【涉密成果管理】

江西省测绘地理信息局印发了《关于贯彻执行〈基础测绘成果提供使用管理暂行办法〉的通知》和《关于贯彻执行〈国家秘密基础测绘成果使用申请审批程序〉的通知》；制定了《测绘成果保密管理综合表册》。下发了《关于开展测绘地理信息安全保密检查工作的通知》，在全省开展地理信息安全保密检查。全省共有485家单位完成自查，抽查235家单位，发出整改通知书48份。严格执行国家秘密测绘成果提供使用审批制度，指导市县测绘地理信息行政主管部门和省直测绘成果归口管理单位，全面实行测绘成果网上审批。与省国家保密局、省国家安全厅共同开展保密宣传教育，查处失、泄密事件，贯彻落实测绘成果保密管理年度检查制度，形成了测绘成果保密管理长效机制。会同省军区、省国家保密局联合开展地理信息保密审查，对涉密测绘成果资料数据进行处理后上报国家测绘地理信息局进行脱密处理。开展成果保密宣传教育及涉密测绘成果管理人员岗位培训。举办了10期涉密测绘成果管理人员岗位培训班，参加培训的3000多人经考试合格领取了涉密人员岗位培训证书。

【测量标志管理】

江西省测绘地理信息局安排专项资金研发了测量标志保护巡查软件（电脑版和手机APP版）。完成萍乡市武功山风景区景观测量标志点和上饶市德兴市景观测量标志点的建设工作。

【应急保障】

江西省测绘地理信息局成立以局主要领导为组长的国家航空航天测绘应急保障南昌基地项目实施领导小组，多次召开领导小组会议研究基地建设有关工作，并专门向省政府报送《关于落实国家航空应急测绘保障南昌基地建设有关事项的请示》；起草了《江西省测绘地理信息应急保障预案》，经征求省公安厅、省财政厅、省通信管理局、省军区司令部、民航江西安全监督管理局等部门意见后上报省政府。

6月，受强降雨影响，鄱阳县滨田水库泄洪道河堤（滨田河）溃坝。江西省测绘地理信息局利用无人机获取的高清影像资料，制作完成鄱阳县古县渡镇灾前灾后对比图、灾情分析图、受灾区域三维飞行演示视频等，并在第一时间将成果资料送往省政府、省防汛抗旱总指挥部及省国土资源厅，得到相关部门的充分肯定和高度赞扬。赶制的长江江西境内主河段影像图及地形图，为抗洪抢险提供了及时可靠的测绘应急保障，受到省领导的充分肯定。

6月底，江西省测绘地理信息局为省防汛办制作防汛用图《鄱阳县古县渡镇防洪区域图》《鄱阳县古县渡镇溃口淹没最高水位范围图》《鄱阳县古县渡镇灾情分析示意图》《棉船镇影像图》《九江县江州镇影像图》《鄱阳湖决堤淹没范围三维场景演示视频》和《鄱阳县古县渡镇决堤淹没最高水位范围图演示视频》。为中央领导来江西省视察提供地图保障，为省领导出访协调制作了《贵安新区直管区》《观山湖区城区图》《三亚城区图》《非洲政区》《尼日利亚》《肯尼亚》及北欧国家的地图及城市地图等。

科技、标准化与国际合作

【科技创新体系建设】

7月，流域生态与地理环境监测国家测绘地理信息局重点实验室第一届学术委员会第二次会议在江西井冈山召开。9月，江西省遥感信息系统中心加入流域生态与地理环境监测国家测绘地理信息局重点实验室。11月，流域生态与地理环境监测国家测绘地理信息局重点实验室通过国家测绘地理信息局组织的现场审核。该实验室面向社会公开征集开放基金课题40多个，正式立项课题18个，其中重点课题3个、一般课题15个。年内完成《流域生态与地理环境监测国家测绘地理信息局重点实验室“十三五”建设规划》编制。

江西省基础地理信息中心成功申请江西省博士后创新实践基地，该基地由江西省委组织部、江西省人力资源和社会保障厅联合批准建设。成功申请江西省测绘地理信息工程研究中心，该中心由江西省科学技术厅批准组建。

【科技项目与科技奖励】

江西省基础地理信息中心与武汉大学、国家测绘地理信息局第六地形测量队联合申请了国家测绘地理信息局公益性行业科研专项“卫星遥感与地面传感网一体化的湖泊流域地理国情监测关键技术研究”。开展“国家科技支撑计划——世界文化遗产景观地旅游综合服务平台关键技术研究与示范”项目中的“文化遗产与旅游资源信息收集和数字化”课题研究。开展江西省重大生态安全问题监控协同创新中心专项“基于江西省地理信息公共服务平台的鄱阳湖水域面积动态监测关键技术研究”。完成的“基于云架构的服务聚合式地理信息平台及‘天地图·江西’应用示范”获得中国测绘地理信息学会2016年测绘科技进步奖三等奖。江西省地理国情监测遥感院完成的“江西省农村集体土地确权登记发证调查底图1∶2000数字线划图（地籍调查矢量图）生产制作项目（B标段）”获得2016年全国优秀测绘工程奖银奖。江西省测绘成果资料档案馆完成的“江西省测绘成果管理及分发服务系统”获得2016年全国优秀测绘工程奖铜奖。

【标准化工作】

江西省基础地理信息中心与南昌市地名委员会办公室合作承担国家标准化管理委员会组织的第一批社会管理和公共服务标准化试点项目“江西省地名地址地图表达与服务标准化”。承担《湖泊流域生态监测技术规范》测绘地理信息行业标准1项，已由国家测绘地理信息局批准立项。承担《车载移动测量实景三维数据规范》地方标准1项，已由江西省质量技术监督局批准立项。

江西省测绘地理信息标准化技术委员会组织开展《城市基础地理信息数据规范第1部分：1∶500、1∶1000、1∶2000数字线划图数据规范（DB36/T 647.1—2012)》等7个测绘地理信息类地方标准集中复审。

【对外合作与交流】

江西省测绘地理信息局开展和参与国际合作与交流，按计划组团6人赴德国测绘工程师委员会和瑞士联邦地形办公室进行技术交流与学习。组织全局测绘技术骨干20人赴瑞典进行为期14天的专业技术培训。江西省测绘地理信息学会组团2批34人赴台湾进行测绘技术考察交流。

地市级测绘地理信息工作

【新余市】

新余市国土资源局“十三五”基础测绘规划编制完成。开展智慧新余时空信息云平台试点项目建设工作，项目设计书通过评审，并有综治、城管、房管、消防、公安、气象、环保、安监、规划、园林、燃气公司等11个部门（单位）申请加入“数字新余”，与新余市国土资源局签订共享协议，实现成果的共享。

【上饶市】

上饶市国土资源局完成数字上饶建设成果的更新及省市数据融合并在“天地图·上饶”发布运行。拓展地理信息公共平台应用领域，利用数字上饶地理空间框架建设成果，建成国土资源多媒体三维展示系统并投入使用。数字婺源地理空间框架建设成果通过验收，“天地图·婺源”上网运行；数字铅山地理空间框架完成基础地理信息数据库建设；数字万年地理空间框架建设获批准立项。将测绘行政执法纳入国土资源行政执法范畴，依法查处一起位于上饶市城区一酒店的问题地图。建立了由14位专家组成的测绘地理信息建设项目专家库，制定印发了《进一步完善和规范上饶市国土资源系统测绘项目管理的办法》。

组织拍摄了一部以测量标志保护为主题的微电影。在新建的地质灾害应急指挥中心大楼建立了测绘地理信息展厅，主要采取三维技术，图片、文字播放等方式，宣传国家版图知识和测绘地理信息基础知识，介绍上饶市辖境历史变迁和资源状况等。

地方社团工作

【江西省测绘地理信息学会】

3月17日，江西省测绘地理信息学会在赣州召开了常务理事会。在3月30日召开的中国测绘地理信息学会工作会议暨团体会员工作会议上，江西省测绘地理信息局、江西省测绘地理信息学会分别获特别贡献奖。在6月17日召开的第十八届华东六省一市测绘学会学术交流会暨2016年海峡两岸测绘技术与学术研讨会上，江西省测绘地理信息学会被评为省级优秀学会。

山东省

概况

2016年，山东省国土资源厅（测绘地理信息局）在全国省级测绘地理信息主管部门2016年度测绘地理信息工作绩效考核中获得第二名，连续第七年被评为优秀。完成全省测绘地理信息产业单位名录核查，认定产业单位1875家，其中测绘资质单位近千家，民营企业占比超过70%，有4家单位获评“2016年中国地理信息产业百强企业”。全省测绘资质单位年总产值超过41亿元，实现了稳步增长。

完善规划体系。山东省政府批复了《山东省“十三五”基础测绘规划》，明确了今后五年全省基础测绘发展的目标和重点任务。规划投资预算通过了财政投资评审，为规划实施奠定了基础。山东省国土资源厅印发“十三五”国土资源发展规划、“十三五”国土资源科技创新规划和“十三五”国土资源信息化规划等，对测绘地理信息工作做出了统筹部署。全省17个市级基础测绘规划全部经市政府批复或印发，省、市、县三级基础测绘规划体系日趋完善，为全省基础测绘健康、协调、可持续发展提供了保障。

摸清省情家底。完成山东省第一次地理国情普查任务，建成了全省地理国情信息本底数据库，完成基本统计和相关报告、图件编制等工作，全省地理国情普查整体工作通过验收。积极推动普查成果应用，提升普查成果的社会影响力。实施地理国情监测，初步构建起常态化监测技术支撑体系和工作机制。会同省总工会联合表彰了8家先进单位、22个先进班组和62名先进个人。

推动成果应用。全省县级数字城市建设基本完成，聊城、德州等3个市县平台接入“天地图”国家主节点，省级地理信息公共服务平台连续4年被国家测绘地理信息局评为五星级，潍坊、临沂等5个市级地理信息公共服务平台和6个县级地理信息公共服务平台被省国土厅评为五星级。各级地理信息公共服务平台实现了数据融合，协同服务，累计推广应用系统超过1000个，其中依托省级和潍坊市级地理信息公共服务平台开展应用系统建设超过100个，在政务信息一张图建设、网格化精细管理、经济运行监控、项目资金监管、精准扶贫等众多领域呈现出应用新亮点。

加快科技创新。全省将测绘地理信息科技创新工作写入了省“十三五”基础测绘规划和国土资源科技创新规划。认真落实信息化测绘体系建设技术大纲，省级信息化测绘生产管理系统通过测评。山东省国土测绘院加挂“中国测绘科学研究院山东分院”牌子；与刘先林院士团队签订合作协议，挂牌“时空地理信息技术应用研究院士工作站”；成立了省空间信息与大数据应用管理委员会，强化工程技术中心建设。日照、聊城等5个省市直属测绘队伍和管理科室，东营、泰安、莱芜等市13位测绘地理信息管理和科技工作者分获“十二五”全省国土资源科技工作先进集体和先进个人称号。全行业累计获测绘科技进步奖24项，省国土资源科学技术奖20多项。

优化发展环境。健全符合山东实际的测绘地理信息管理体制，全省17个设区市和137个县（市、区）都明确了测绘管理机构，设立了相应科室，配备了专（兼）职管理人员，做到了有机构管事、有人做事。12个设区市设立了测绘局、测绘地理信息局或地理信息局，临沂、东营等市所辖县（市、区）全部加挂了测绘局或测绘地理信息局牌子。组织对市级测绘地理信息工作开展绩效评估，表彰了潍坊市国土资源局等6家考核优秀单位、聊城市国土资源局等4家特色创新工作单位，增强了各地加快测绘地理信息发展的责任感和积极性。山东省国土测绘院被共青团山东省委授予“全省团干部培训现场教学基地”，青岛市承办了全国首届青少年海洋测绘地理信息文化科技周科普宣传活动，潍坊市建成智慧城市会客厅，打造测绘地理信息科普、智慧潍坊展示、产业基地宣传窗口。全系统深入学习贯彻习近平总书记给国测一大队老队员老党员回信重要指示精神，扎实开展“两学一做”学习教育，涌现出全国先进典型。2家单位和1名个人被授予“全国测绘地理信息系统先进集体”和“全国测绘地理信息系统先进工作者”称号。

党的建设与人才队伍建设

【党的建设】

山东省国土资源厅认真开展“两学一做”学习教育，组织成立协调工作领导小组，制定印发实施方案，明确目标任务，细化措施要求；制定每月学习计划，明确学习内容和要求；审定“主题党日”活动安排；组织好专题学习研讨，讲好专题党课等活动；组织购买、编制、发放“两学一做”学习教育材料16种6500多册；组织举办3期国土资源大讲堂，组织开展全省国土资源系统“两学一做”系列征文、图片展览、演讲报告会；在《机关党建》《中国国土资源报》等近十家媒体、网站发表60多篇文章，介绍党建工作情况、宣传先进单位人物事迹。“七一”前夕，表彰141名优秀共产党员、47名优秀党务工作者和29个基层党组织；两个单位党组织和一名同志分别受到山东省省直机关党工委和山东省省委表彰。制定实施或修订完善了《山东省国土资源厅党建办工作规则》《山东省国土资源厅直属机关党委工作规则》《山东省国土资源厅党建工作督查办法》等近十项规章制度。坚持领导班子中心组学习制度，厅党组制定《2016年理论学习计划》，严格执行党员领导干部民主生活会、党员组织生活会、“三会一课”和民主评议党员等制度。组织召开2016年厅直属机关党建工作会议，组织开展厅直属党组织书记抓党建述职评议考核工作。严格按发展党员标准条件，确定并发展党员17人。

【党风廉政建设】

山东省国土资源厅召开全省国土资源系统廉政建设工作会议，层层签订廉政责任书。厅党组在山东省直机关率先制定实施了《巡察工作实施方案》；探索建立《领导干部落实党风廉政建设责任制纪实制度》，要求厅领导班子、各市局领导班子、直属事业单位领导班子成员以及厅机关各处室主要负责人，就党风廉政责任制落实情况，认真填写《纪实手册》，并进行不定期检查，对压实廉政建设责任发挥了重要作用。强化巡察监督，厅党组对两个厅属事业单位开展巡察，着力发现、解决在党建等方面存在的突出问题，收到良好成效。组织厅直属系统

220多名科级以上干部到省监狱开展警示教育；组织处级以上党员干部参加德廉知识考试，并取得了优异成绩；举办直属事业单位党组织书记培训班；紧盯重要节点，开展明察暗访，年内组织两次落实中央八项规定精神专项督查。全省测绘地理信息系统未出现重大腐败行为和案件。

【精神文明建设】

山东省国土资源厅加强对全省国土资源系统行业文明创建的指导协调，全系统文明单位比例由2015年初的31%提升到2016年的83.7%，提前四年超额完成厅党组确定的目标任务。组织参加山东省省直机关党工委组织的系列活动，在参加健步走比赛的129个单位中获第7名，在首届游泳运动会上获总分第3名，在参加第十三届职工运动会的117个省直部门单位中获第16名，在篮球、羽毛球等比赛活动中，取得较好成绩。组织举办了春节联欢会、纪念建党95周年书画摄影展、篮球足球联赛；组织举办道德讲堂；开展了两次“旧物再利用·爱心我传递”公益捐赠等活动；与共青团蒙阴县委初步建立了长效捐赠落实机制；走访、慰问、救助困难党员职工60人次；与临清市尚店村开展城乡文明牵手共建活动，为该村贫困户捐款11万多元，为该村内修路4500多米，修建了文化广场，迁建了村委办公房。厅直属系统有1个单位获得“山东省富民兴鲁劳动奖状”，5人获得“省直道德模范”，1个单位获“职业道德模范单位”。

【人才队伍建设】

山东省国土资源厅认真贯彻落实全省测绘地理信息人才发展规划，将人才队伍建设和人才兴测战略纳入《山东省“十三五”基础测绘规划》和《山东省国土资源工作“十三五”规划》，建立健全“能上能下、优胜劣汰”的人才管理体制。山东省国土测绘院出台《科技创新人才选拔及成果奖励办法》，开展技术拔尖人才和科技带头人选拔培养工作，对10名科技创新人才给予表彰奖励，充分发挥带头人作用，着力推进测绘地理信息科技创新团队建设。加强专业技术人才的引进，中高级专业技术人员占总人数的65%。加强对党政人才、专业技术人员、经营管理人员和技能人员培训工作，提高各类人才的综合素质。结合“能力年建设”要求，开展岗位技术能手比武活动，评选出岗位能手。厅直属测绘地理信息系统共有国土资源部青年学术带头人1人，国家测绘地理信息局青年学术和技术带头人4人。

法制建设与市场监管

【法制建设】

山东省国土资源厅持续推进立法工作，报请山东省人大法制工作委员会，将《山东省测绘管理条例》修订工作列入2016—2020年地方立法规划建议项目二类立法计划，启动立法调研。配合国家测绘地理信息局做好《中华人民共和国测绘法》及有关政策的调研，提供有关参考资料、统计数据。

【法制宣传】

山东省国土资源厅制定年度依法行政工作要点，对普法工作进行统一部署，落实人员和经费，做到专款专用。利用“4·22”地球日、“6·25”土地日、“8·29”测绘法宣传日，开展宣传活动。在“8·29”测绘法宣传日，紧紧围绕“贯彻地图管理条例，更好服务国计民生”的宣传主题，组织全省各地、各测绘地理信息企业利用电视、广播、网络、报刊、微信、微博等媒体和通过悬挂横幅、张贴标语、设立咨询台、发放宣传单图册、组织有奖征文和知识竞赛活动等方式，开展一系列宣传活动。全省共发放测绘法宣传材料3万多份，现场接受市民咨询和解答问题1500多人次，通过联通、移动公司发送测绘法宣传公益短信，为全省测绘地理信息事业发展营造了良好的社会环境。

【综合执法】

山东省国土资源厅将测绘地理信息行政执法纳入国土资源执法，省、市、县、乡四级测绘地理信息行政执法机构健全，权责明晰，职责落实到位。省、市测绘地理信息管理部门与有关部门建立了测绘地理信息市场监管、测绘成果保密、国家版图意识宣传教育和地图市场监管联合检查、联合查处案件等工作机制。组织测绘行政执法人员参加国家测绘地理信息局举办的测绘行政执法培训班。开展地图市场大检查，配合有关部门对威海海关查获违法地图产品、青岛出版社违规出版教辅产品等有关违法行为进行查处。

【依法行政】

山东省国土资源厅认真落实《国家测绘地理信息局贯彻落实〈法制政府实施纲要〉（2015—2020年）实施意见》，紧紧围绕新定位，规范权力运行，依法履行各项管理职能。深化行政审批制度改革，严格审批时限，依法做好行政许可事项审批，强化事中和事后监管，大力推广测绘地理信息行政管理

"双随机，一公开"，印发实施方案，公布《省国土资源厅随机抽查事项清单》，建立了测绘资质、成果质量、成果保密联合检查工作机制。制定了《行政审批事项业务手册》和《行政审批事项服务指南》，优化和规范了行政审批流程，改版厅电子政务管理系统，全部行政审批事项实现网上审批，行政效率进一步提高。全面推行行政权力清单制度，向社会公开了权力清单，接受社会监督。借助厅"三定"方案修订之际，调整内部处室配置，优化行政管理资源配置，简政放权，强化测绘地理信息行政管理效率。

【"放管服"改革】

山东省国土资源厅进一步简政放权，放管结合，弱化事前审批，强化事中和事后监管。加强对下放和取消的丁级测绘资质、ISO9000 认证等审批和中介服务事项的监管。

【测绘资质管理】

山东省国土资源厅认真做好甲级测绘资质申请的受理、初审工作。全年受理甲级资质申请 6 家，经初审合格上报国家测绘地理信息局 4 家，年内全部通过审批，对经初审不符合条件的 2 家单位，严格按照审批时限，一次性提出整改意见退回。依法开展乙级以下测绘资质审批，严格办理时限，测绘资质单位数量稳步增加，全年新增测绘资质单位 80 多家，办理测绘资质升级、业务范围变更、单位基本信息变更等事项 100 多件。严格执行信息公开制度，做到了审批前公示和审批后公告，及时反馈审批结果和资质证书。

【信用管理】

山东省国土资源厅积极推进测绘地理信息市场信用体系建设，制定了《山东省测绘地理信息市场信用信息管理暂行办法》和《山东省测绘地理信息市场信用评价标准（试行）》，开展了测绘地理信息市场信用信息征集，组织对信用信息管理平台操作进行培训，完成首次乙级以下测绘资质单位信用评价工作，妥善处理信用信息，通过测绘地理信息行业信用管理平台予以发布。经审核，首次征集到全省各级测绘资质单位信用信息 633 条，其中甲级 277 条、乙级 160 条、丙级 150 条、丁级 46 条，均为良好信息。配合国家测绘地理信息局做好新信用管理平台的测试工作，对系统存在问题及时反馈。赴浙江、江苏等地开展市场信用体系建设调研，学习先进经验，稳步推进全省市场信用体系建设。

【日常监管】

山东省国土资源厅组织指导测绘资质单位做好测绘资质年度报告，全省测绘资质单位报告率达 100%，并在厅网站公开，接受公众监督。组织开展年度测绘资质巡查，充分发挥市、县两级测绘地理信息行政主管部门执法力量，加大巡查力度，全省各级测绘地理信息管理部门巡查测绘资质单位 168 家，依法查处各类无证测绘、超资质范围测绘等违法行为，对群众举报的测绘违法案件及时受理和调查，一经查实，依法予以处理。全年审批新设、资质升级及增加业务范围 220 家，办理和注册测绘作业证 735 个，项目登记 38 宗，审核登记注册测绘师 175 人。严格执行审批公示制度，按时办理地图编制、测绘资质、测量标志迁建、地理信息数据脱密等审批事项近 900 宗。

基础测绘

【基础测绘】

山东省国土资源厅会同有关部门组织开展全省卫星导航定位基准站安全风险排查，进一步强化对基准站建设和服务的监督管理，实现测绘、气象、地震、规划等多部门站点资源共享。推进 2000 国家大地坐标系使用，省级转换成果通过国家测绘地理信息局组织的质量检验，全省各级基础测绘成果全面完成 2000 国家大地坐标系转换工作，新开工基础测绘项目全部采用 2000 国家大地坐标系统，行业部门也广泛采用 2000 国家大地坐标系统。完成"十二五"基础测绘规划任务收官，实现新一轮 1:1 万数字线划图全要素更新。选择典型地区开展多尺度基础地理信息数据联动更新技术试验，制定了新型基础地理信息数据更新技术方案，完成 600 幅生产技术试验，探索分要素更新、增量更新、联动更新相结合的基础地理信息数据按需快速更新新模式。10 月，在济南组织召开山东省新型基础测绘更新体系建设项目专家咨询会，来自国家测绘地理信息局、国家基础地理信息中心等单位的 10 位专家对编写完成的新型基础测绘更新技术体系相关 3 个技术方案提出意见建议。协助开展 1:5 万数据动态更新工作，及时提供所需的专题资源和省级基础测绘成果。完成 1:5 万动态更新成果的外业抽检任务。

山东省国土测绘院认真做好山东省卫星导航定位基准站网（SDCORS）运维与应用，落实全省基层国土所管护职责和省国土测绘院技术维护职责，确保站点正常运行，及时向国家测绘地理信息局汇交观测数据，入网终端设备超过2000台（套）。进行全省测绘基准体系优化升级。完成76个CORS站点维护和故障排除工作，完成44个站点防雷设施改造与4个搬迁站点的站址勘选，完成淄博市、无棣县CORS纳入SDCORS统一运维管理，实现5个由部队管理的927站点的共享及数据接入。项目建设通过验收，初步建立区域北斗系统厘米级试验网和覆盖全省的北斗系统亚米级试验网；参与2015年国家公益基金项目“北斗大地基准服务技术平台构建与示范”项目，完成网络RTK、整网差分、广域差分等内容的测试；参与4项国家测绘地理信息局卫星导航定位基准站标准编制和1项中央军委装备发展部标准编制项目，完成《卫星导航定位基准站网测试技术规范》验证测试；按照《关于规范卫星导航定位基准站数据密级划分和管理的通知》要求，采取措施对网络系统安全进行了优化。

【航空航天遥感影像获取与应用】

山东省国土资源厅落实影像获取计划管理制度，积极争取国家基础航空摄影计划支持，及时向国家测绘地理信息局报送2016年航摄计划，及时落实和支付配套经费。落实专项经费获取了全省范围0.5米分辨率航摄影像和2米分辨率卫星影像，在部门宏观管理、专业部门调查、日常监管监测等方面得到广泛应用。市县结合基础测绘、数字城市地理空间框架等项目需求，积极获取城市建成区航摄影像。通过与省财政部门沟通和《山东省“十三五”基础测绘规划》要求，逐步建立全省遥感影像统筹获取机制，避免重复建设和投资。及时向国家测绘地理信息局报送省内遥感影像获取计划及实施情况，积极汇交共享资料。

【智慧城市、数字城市建设】

山东省全面完成17个设区市数字城市地理空间框架建设，全省基本完成市县两级数字城市地理空间框架建设，形成了覆盖省市县三级、互联互通、数据融合、协同服务的数字山东地理空间框架。将地理空间框架运维作为各级规划确定的重要工作内容，定期开展数据更新、系统升级、设备运维等工作，不断提升服务能力。开展了省市两级数据融合，编制了新版典型应用案例汇编，积极推动数字城市建设成果应用，累计应用部门达到400多家，应用系统超过900个，避免全省信息化建设重复投资近20亿元，在服务政府管理决策、信息化建设和便民利民方面成效显著。开展了数字城市应用评价工作，将数字城市建设与应用情况纳入市级测绘地理信息工作绩效评价指标，对数字城市建设与应用突出的市给予表彰。

加快临沂市、淄博市、潍坊市、聊城市、新泰市5个国家智慧城市时空信息云平台试点项目建设进度，潍坊市、临沂市、聊城市完成了项目总体设计，落实了项目经费，完成年度建设任务；淄博、新泰市项目设计通过评审。

【质量管理】

山东省国土资源厅强化基础测绘项目质量管理，基础测绘、测绘专项成果一次验收合格率达到100%。配合国家测绘地理信息局开展质量监督抽查工作，被检单位质量体系建立完备，被检成果质量良好。

探索建立了省级测绘地理信息成果质量检验专家库，根据单位推荐、综合评审确定并公布了第一批42名质检专家。组织完成年度测绘地理信息成果质量监督检查，印发《山东省国土资源厅关于开展2016年测绘地理信息成果质量监督检查的通知》，对地市级监督抽查工作提出要求并作出部署，覆盖全省25%以上的测绘资质单位。济南、青岛等11个市对124家丙丁级单位进行了成果质量监督检查。对存在质量问题的单位下发整改通知并在全省通报，增强测绘单位质量管理意识。

【安全生产】

山东省国土资源厅强化安全管理制度建设，落实测绘单位安全生产主体作用，制定了《安全生产管理规定》和《安全生产工作要点》，多次召开会议对安全生产工作进行部署，组织安全生产年、安全生产月主题活动，举办安全生产培训和安全生产警示教育，扎实开展隐患排查，及时消除安全隐患。全年未发生安全生产事故。

地理国情监测

【地理国情普查】

山东省第一次全国地理国情普查工作保质保量高效完成。建成了覆盖全省的地理国情信息本底数据库，于10月21日通过专家验收并启动了《山东省地理国情普查图集》编制。山东省国土资源厅会同山东省总工会对优秀单位、班组和个人进行了表彰。广泛利用省广播电台阳光政务热线、“8·29”测绘法宣传日以及省内外有关媒体开展普查宣传，扩大社会影响。积极汇交有关报告、图件成果，特别是典型应用案例，配合完成全国地理国情普查总体验收和工作总结。12 月 20 日，山东省第一次全国地理国情普查通过验收。普查首次查清了全省陆域和 32 座近海主要岛屿地表自然和人文地理要素的空间分布状况，获取了全覆盖、无缝隙、多要素的地理国情数据，建立了包括高分辨率遥感影像、精细化数字高程模型、地表覆盖、地理国情要素、基本统计分析成果、影像解译样本、元数据及有关专题资料、文档资料的大型空间数据库，搭建了先进的数据库运行云平台，研发了地理国情信息统计分析系统。形成了系列报告成果，建立了普查数据分发服务系统，探索基于“天地图·山东”的普查成果发布与应用模式，普查成果在“多规合一”、资源调查、环境保护等许多领域展现出广阔应用前景。

【地理国情监测】

山东省国土资源厅本着“边普查、边监测、边应用”的原则，开展了全省市辖区范围地理省情监测项目，编制并印发实施了《山东省基础性地理省情监测总体方案》和《基础性地理省情监测数据生产技术规定》，基本建立了常态化监测技术支撑体系和工作机制。开展青岛西海岸新区建设变化监测、威海市海岸带变化监测和文登区基础性地理国情监测 3 项试点，为相关部门提供决策支持，为推动地理国情常态化监测积累经验。申请将东营区纳入国家地理国情普查综合统计分析试点，选择土地利用和生态环境 2 个专题，探索基于普查成果的地理国情信息服务模式和产品形式。围绕省政府关注的人工水景用地现状等热点问题，开展专题要素级的地理国情监测，为协调处理生态环境修复和土地资源保护提供科学依据。利用普查成果服务省财政厅，安排对全省 39 个县（市、区）冬小麦种植面积监测，为提高粮食补贴资金使用效率和发放准确率提供科学依据。与省发展和改革委员会就利用普查数据开展市县经济社会发展总体规划编制试点工作进行对接，提供技术服务。开展地理国情普查综合统计分析，研发统计分析系统，基于普查成果利用分析系统进行综合统计，结合社会经济统计数据，从地理国情信息的角度分析评价资源分布、生态保护、区域经济发展、社会发展等的空间分布格局、区域差异、变化趋势等，揭示经济社会发展和自然资源环境的空间分布规律。项目形成的全省及“两区一圈一带”地理国情专题分析报告，为山东省空间规划管理、区域政策制定等提供了有价值的参考。

海洋测绘山东省国土测绘院完成东营、烟台 250 平方千米潮间带区域地形测绘任务，实现了省级基础地理信息资源由陆地向海洋延伸。建立了山东省沿海高程/深度基准转换模型，为各类海洋资源调查、地形测绘、港口建设等提供陆海统一的测量基准。10 月，山东省“十二五”潮间带 1:1 万地形测量项目通过验收。该项目首次构建了覆盖全省的高程/深度基准转换模型，并利用多源数据获取技术协同作业，完成东营、滨州区域 4678 平方千米潮间带 1:1 万水上水下无缝基础地理信息数据生产（其中水下地形测量数据 1869 平方千米），统一了陆海测绘基准和基础地理信息数据标准，建成了陆海一体的基础地理信息数据库，填补了该区域潮间带基础地理信息数据的空白。

地图管理与地图服务

【地图审核】

山东省国土资源厅全年审核公开出版、展示和登载地图 114 件，备案率 100%。利用互联网地图监管系统开展全国联动监管工作，加强国家有关地图管理政策和文件宣传。

【地图编制与出版】

山东省地图院全年完成各类地图项目 150 多个，公开出版地图 120 多种，完成印刷 172.1 万张、色令 1.3 万个。编印完成《济南市交通旅游图》《枣庄旅游地图》等多种地市交通旅游图；与《齐鲁晚报》社合作，编制完成《齐鲁楼市图 2016》《菏泽楼市图 2016》等。编制完成公开版《济南市地图册》《临沂市地图册》等多种图册及《中国地图》《山东省交通详图》《青岛市城市全图》《潍坊市全景图》《滨州市交通旅游图》等 80 多个地图（册）。

山东省测绘地理信息单位共获得 2016 年优秀地图作品裴秀奖 7 项，其中金奖 2 项、银奖 1 项、铜奖 4 项。青岛市勘察测绘研究院参与完成的《多媒介系列智能交互纸质地图》、济南市勘察测绘研究院完成的《济南泉水旅游纪念品》获得金奖；青岛市勘察测绘研究院完成的《汉藏风韵》获得银奖；潍坊市国土资源局和山东省地图院共同完成的《潍坊市地图公共服务系列地图集（丛书）——〈潍坊市政务工作用图》《潍坊市地图集》》和《潍坊市地图公共服务·市县区系列挂图》、山东省国土测绘院完成的《天地图·潍坊——潍坊市电子地图》、山东省地图院和山东省非物质文化遗产保护中心完成的《山东省非物质文化遗产名录地图集》获得铜奖。

【地图市场监管】

山东省国土资源厅组织开展了地图市场大检查，依法对未送审、未登载审图号、错绘国界线、漏绘重要岛屿以及未经审核擅自发布重要地理信息的"问题地图"进行查处。重点检查了地图教辅类教材、新闻媒体使用地图及移动互联网地图，共开展地图市场检查180多次、检查300多个网站（含静态网页），青岛、威海、烟台等市处理了3起地图违法案件。

【地图服务】

山东省国土资源厅积极为山东省委省政府和省直部门做好地图服务，全年为各单位提供地图挂图190多幅。为省委办公厅、省政府外事办编印了9种语言的《山东省地图》；为山东省委接待手册编制插附"山东省地图"；受省地方史志办公室委托，编制完成《山东省历史地图集·远古至清》系列图集；与山东省地名研究所合作编制的《山东省城市路街巷图录》印刷完成；与济宁、兖州、齐河等各地市民政、旅游等部门合作，编制完成《济宁市旅游地图》《兖州区地图》《兖州城区图》《齐河县地图》等各类地图数十项。认真落实完成《山东省地图集》《山东省政务工作用图》重点项目的修编任务。完成《招远市地图》《新泰市地图》《商河县地图》《桓台县地图》《东营区地图》《岱岳区地图》等县挂图项目。编印完成《山东省地质公园》（上、下册）、《山东省征地区片综合地价标准（2016）》等山东省国土资源厅业务用书；与威海、临沂、寿光等市国土资源局合作，开展了"威海国土资源志系列"项目及《威海市地图》《临沂市地图集》《临沂市地图》（双拼）、《寿光市地图》等多个地市地图（集）的编制工作。

【国家版图意识宣传教育】

山东省深入开展国家版图知识"进学校、进社区、进媒体"活动，向社会公众和广大中小学生赠送各种宣传材料，邀请广大媒体进行宣传报道。省、市、县三级广泛开展"8·29"测绘法宣传日系列活动，印制宣传画1万份，发放宣传材料3万多份，现场接受市民咨询和解答问题1500多人次，通过多种方式加强国家版图意识宣传。

【"美丽中国"第三届全国国家版图知识竞赛和少儿手绘地图大赛】

山东省国土资源厅组织参加"美丽中国"第三届国家版图知识竞赛和少儿手绘地图大赛。全省5万多人参加了网络答题，列全国第一名，潍坊等12个市被评为"先进集体"，向国家版图知识竞赛电视赛推荐选手31名，有3名选手入围江苏卫视《一站到底》全国电视大赛半决赛。入围2016年度第三届全国少儿手绘地图大赛决赛作品达12幅。

测绘地理信息成果管理与应用

【"天地图·山东"建设与应用】

山东省国土测绘院做好"天地图·山东"运行维护，确保7×24小时不间断运行。大力推进节点间数据融合，省级节点实现与全部市级节点和77%的县级节点的数据融合，纵向协同服务能力和用户体验显著提升。基于省内互联网、政务网的建设现状，分别开通了政务内网版、政务外网版和互联网版"天地图·山东"。积极拓展应用领域，山东省委常委王文涛、副省长王书坚视察"天地图·山东"，对应用工作提出明确要求。山东省财政厅全部处室负责人集体考察"天地图·山东"，对接应用需求，基于"天地图·山东"建成的棚户区改造资金监管平台，已累计拨付资金超过800亿元。截至年底，"天地图·山东"应用业务系统突破100个，节约各级财政重复投资超过3亿元。山东卫视《新闻联播》2月20日以"山东绘制国内首张精准'韭菜地图'产地流向全透明"为题进行了专题报道。全年接待省内外参观考察团50批次800多人，累计接待来访突破3000人。在全国测绘地理信息系统测评中继续获评"五星级"。

【成果汇交与分发】

山东省积极拓宽省级基础测绘成果汇交共享渠道，落实《山东省测绘成果汇交暂行办法》，将测绘单位执行成果汇交制度情况与资质升级、年度注册、成果评优、业绩考核等相挂钩，并组织专项检查，有效提高了成果汇交率。山东省国土测绘院基于山东省测绘成果目录服务系统，增加了在线成果目录汇交功能，实现了各级基础成果和行业汇交成果目录的一站式发布。承担的山东省测绘成果档案管理信息化体系建设工程项目于12月通过验收，项目完成了馆藏测绘档案资料的科学分类与整理组卷，建立了多级存储体系，建设了符合实际需要的电子档案库房、底片库房，建成了档案数据库，开发了山东省测绘成果档案综合管理服务平台。配合国家测绘地理信息局完善新版全国地理信息资源目录服务系统，及时汇交和发布本地区最新测绘成果目录，开通了省级分馆，全年共汇交测绘成果副本、目录2000多项。

【涉密成果管理】

山东省国土资源厅结合测绘资质巡查、质量监督检查、地图市场检查工作，在全省范围内组织了涉密测绘成果生产、使用、管理保密大检查，共组织702家单位开展自查，抽查285家单位，下发整改通知书26份。加强涉外测绘管理，组织全省测绘资质单位开展了涉外测绘活动专项检查。

【测量标志管理】

山东省国土资源厅将测量标志管护职能落实到基层国土资源所，将测量标志完好率纳入年度工作目标考核。组织山东省国土测绘院开展了2016年度省级测量标志巡查工作，对全省17个市测量标志的管护情况、档案建设及山东省测量标志动态监管系统应用等进行了实地巡查，实地查看116座测量标志，通报了2016年度省级测量标志巡查工作情况。严格测量标志迁建审批，组织迁建高等级测量标志点4个，全省测量标志完好率继续保持较高水平。

【应急保障】

山东省国土资源厅健全应急测绘保障管理机制，认真落实《山东省测绘应急保障预案》要求，省厅及各市主管部门成立了应急测绘保障工作领导小组，组建了专门的测绘应急队伍，配备了应急装备和车辆，明确了测绘应急保障的领导机构、办事机构、实施机构。推动应急测绘保障体系纳入各级政府应急管理体系，省市各级主管部门普遍成为本级政府应急管理领导小组成员单位，在自然灾害应急、核应急等方面承担重要保障职责。建成山东省测绘应急保障服务系统，更新了各类应急成果储备，省市普遍开展了应急测绘演练，保障能力得到进一步提升。积极提供测绘应急保障服务，为全省精准扶贫提供适用图件，利用“天地图·山东”为省应急指挥、安全生产事故救援指挥等提供实时服务。

【日常测绘保障服务】

山东省国土测绘院全年向交通、规划、水利水电、环保、农业等20多个行业系统100多家单位提供各种比例尺纸质地形图813张、数字产品26376幅、大地控制点1354个；通过山东省测绘成果目录服务系统发布省级基础地理信息数据元数据54253条。完成50家甲乙级测绘单位的年度省级监督检查工作，完成98个测绘项目的委托检验，完成测绘仪器检测4347台次，鉴定全省测量员和技师、高级技师1179人。

地理信息产业

【发展地理信息重点领域】

山东省认真贯彻落实国务院、省政府促进地理信息产业发展意见，继续完善产业政策，菏泽市出台贯彻实施意见。山东地理信息产业联盟正式成立。山东省国土资源厅会同省政府研究室、省地理信息产业基地联合开展了产业发展调研，形成报告，强化地理信息产业政策顶层设计，从政府宏观层面完善产业发展政策环境，省长郭树清及多位省领导对调研报告作出重要批示。完成全省测绘地理信息产业单位名录核查，认定产业单位1875家，其中测绘资质单位近千家，民营企业占比超过70%。青岛、济南等地也结合当地优势产业，建设了具有地方特色的地理信息产业相对集聚区。

【优化产业发展环境】

山东加快推进测绘地理信息产业基地发展。省产业基地“一个中心、两个园区”（一个中心，即测绘地理信息研发孵化中心；两个园区，一个是位于潍坊市高新区的北斗地理信息产业园，一个是位于潍坊市坊子区的测绘地理信息产业园区）建设初具规模。潍坊市政府先后出台了《关于加快山东测绘地理信息产业基地建设的若干政策》《关于推进地理信息产业加快发展的意见》，召开了全市推进地理信息产业发展会议，高新、坊子两区“因园制宜”，分别制定出台了相关的优惠政策。院士工作站、山东地理信息产业技术创新战略联盟引领协调作用彰显，刘先林、周成虎等院士定期进驻指导。101家企业和研发单位落户基地，4家企业承担了国家北斗应用示范项目的筹建工作。截至年底，累计完成投资52.3亿元，完成建筑面积79万平方米，成为全国地理信息产业“1+10”发展布局中的重要一极。

科技、标准化与国际合作

【科技创新体系建设】

山东省国土资源厅将测绘创新作为全省国土资源科技进步的重要组成部分，构建产学研相结合的科技创新体系。结合“十三五”基础测绘规划编制，围绕构建新型基础测绘细致谋划“十三五”科技发展重点方向和领域。全面建成了省级信息化测绘生产管理体系，实现了对各类测绘项目资料、技术、进度、人员、设备等的信息化管理，极大提升了基础测绘生产能力和管理效率。支持山东科技大学国家海岛礁测绘重点实验室建设和青岛市勘察测绘研究院地图文化与创意国家测绘地理信息局工程技术研究中心建设，在山东农业大学设立省级数字村镇重点实验室。会同有关单位完成1项国家测绘公益性科技专项。山东省国土测绘院、山东省遥感技术应用中心与中国测绘科学研究院、武汉大学、山东大学、山东科技大学、山东理工大学等高校科研院所建立长期合作机制，在北斗大地基准服务、智慧城市建设等方面开展合作。山东省国土测绘院建立“中国测绘科学研究院山东分院”“时空地理信息技术应用研究院士工作站”，与山东建筑大学签署产学研战略合作协议，围绕地理信息资源开发等关键技术实施攻关，构建技术研发和人才培养新基地。与国家海洋局第一海洋研究所合作完成“山东省沿海高程/深度基准面转换模型构建”项目；与山东科技大学、海岛（礁）测绘技术国家测绘地理信息局重点实验室建立联系，开展船载多传感器水上、水下一体化测量系统相关研究。

【科技项目与科技奖励】

山东省测绘地理信息单位共获中国测绘地理信息学会2016年测绘科技进步奖11项，其中特等奖1项、一等奖1项、二等奖5项、三等奖4项。山东科技大学参与完成的“全天时高重复频率卫星激光测距系统关键技术及应用”项目获特等奖；山东省济宁市土地综合整治中心参与完成的“煤矿区地表环境损伤多尺度立体监测关键技术及应用”项目获一等奖；由山东科技大学参与完成的“黄海绿潮灾害应急遥感信息获取与预测预警一体化业务系统关键技术”项目、中铁十四局集团有限公司和山东铁正工程试验检测中心有限公司参与完成的“基于BDS的既有线近接施工智能监控关键技术及应用”项目等获二等奖；青岛市勘察测绘研究院完成的“青岛市城市地下管线普查及信息平台建设关键技术研究与应用”项目，山东省国土测绘院参与完成的“时空融合经济运行数据监测分析系统关键技术研究与应用”项目等获三等奖。

山东省国土测绘院强化创新顶层设计，制定《科技创新人才选拔及成果奖励办法》，明确科技（技术）创新人才的范围、必备条件、推荐步骤、培养管理以及科技（技术）创新人才奖励标准等，从制度上激励创新，山东省国土资源厅在全省国土资源系统进行了转发。全年省国土测绘院启动省级公共服务平台三库合一、综合地名地址匹配服务、政务大数据分析等8项科研课题研究。“山东省地理信息公共服务平台”7项科研成果获得软件著作权，“山东省地理信息公共服务平台”“山东省耕地保护网络动态监管平台”分获山东省国土资源“十二五”信息化应用成果一、二等奖。

【标准化工作】

山东省国土测绘院制定的《地理信息公共服务平台框架数据标准》等3项地方性测绘标准发布实施。

【对外合作与交流】

山东省国土资源厅积极实施“走出去”战略，严格按照国家相关规定申报、审批、组织、管理出国（境）团组及人员，选派1人次参加国家测绘地理信息局组织的出国考察学习活动。

地市级测绘地理信息工作

【济南市】

济南市规划局为济南市测绘地理信息行政管理机构，下设信息和测绘管理处具体负责全市测绘工作的管理、协调和监督、检查，县（市）住房和城乡建设委员会（规划局）设有兼职人员负责辖区测绘管理工作。

济南市规划局编制完成《济南市“十三五”基础测绘规划》，通过山东省国土资源厅组织的专家论证，并报市政府批复同意实施。将基础测绘纳入本级国民经济和社会发展年度计划和财政预算，全年基础测绘经费投入1800万元，开展了基础地理信息数据库更新、平台运行维护等重点项目。县级基础测绘经费也已纳入本级年度财政预算，开展了控制测量和地形图测绘。市级及县（市）级年度基础测绘经费投入均得到落实，基本保障了全市基础测绘和重大测绘项目的实施。

【淄博市】

淄博市国土资源局在成立测绘地理信息局的基础上，成立了淄博市地理信息中心，各区县均配备专职测绘地理信息行政管理人员。淄博市政府办公厅印发了《淄博市“十三五”基础测绘规划》。开展大比例尺基础地理信息数据库建设更新。完成桓台县、高青县 1∶2000 DLG 数据采集，实现了桓台县、高青县 DLG 数据全覆盖；完成各类基础测绘地理信息成果的坐标转换工作，新开工的基础测绘项目建设全部采用2000 国家大地坐标系；配合山东省国土资源厅完成测绘基准优化升级、测量标志普查和 SDCORS 系统的推广应用工作。多次组织召开数字淄博地理信息公共服务平台推介会，制作了《数字城市宣传手册》200 多册，向各区县及相关用户单位发放。基于数字淄博地理信息公共平台和“天地图 · 淄博”节点，新增了桓台县房管局和临淄区地下管线处 2 个应用系统。全年为全市 23 家单位 34 套信息化系统提供了在线地理信息数据服务。3 月，淄博市国土资源局召开了淄博市时空信息云平台项目启动会，平台建设正式启动。5 月，淄博市政府组织召开智慧城市时空信息云平台项目建设协调会，组织专家对方案进行了评审。全面实现基础测绘地理信息成果网上申请和网上受理，进一步完善目录发布机制，采集新增基础测绘成果数据，定期更新成果目录，并及时发布，全市实现了市县一体的发布方式。

【枣庄市】

枣庄市测绘局更名为枣庄市测绘地理信息局，各区（市）局也成立了相应的管理机构，并配备了管理人员。枣庄市“十三五”基础测绘规划发布。滕州市“十三五”基础测绘规划编制完成。市县两级基础测绘全部纳入本级国民经济和社会发展年度计划，2016 年枣庄市级财政投入基础测绘经费 80 万元。配合山东省国土资源厅开展 SDCORS 系统应用工作，加强 SDCORS 运行基站的维护工作。基于“数字枣庄”的农村土地经营承包权确权登记管理系统为全市农村集体土地确权工作提供了有力的地理信息技术保障。开展新农村测绘保障服务，其中滕州市大比例尺地形图测制覆盖了辖区。完成市县两级数字城市和“天地图”建设，并实现了与省平台的互联互通，市平台已经和 5 家市直政府部门签订了信息资源共享协议，整合了 8 项政务专题数据，累计对接的业务系统数量达 15 个。

【东营市】

东营市国土资源局成立了“十三五”基础测绘规划编制领导小组，确定山东省国土测绘院为编制单位，开展市、县两级规划编制工作。县区级“十三五”基础测绘规划通过专家组评审，由县区政府批准发布实施。市本级及各县区已将基础测绘经费投入纳入本级年度财政预算，并全部落实到位。各县区开展了县城驻地、部分建制镇大比例尺基础地理信息数据库更新工作，全年共完成修补测 90 平方千米，完成地名地址及兴趣点采集与更新 5000 多条，完成 2016 年影像数据、路网数据的更新。开展了市级三维模型、地名地址等数据更新工作，现势性保持在 2 年以内。地下管网普查全部完成。配合山东省国土资源厅开展 SDCORS 系统的应用工作，组织测绘单位参加工作培训，广泛推广应用。基于 SDCORS 系统开发了东营市土地执法监察系统。截至 2016 年底，东营市地理信息公共服务平台数据资源包括覆盖全市范围的 2011 年到 2016 年数字正射影像数据，分辨率涵盖 5 厘米、20 厘米、30 厘米至 0. 5 米、1 米等多种尺度。基于东营市地理信息公共服务平台的推广示范应用达 25 个，协助市公安局、城市管理局等完成年度地图数据更新，与党建可视化服务平台等多个信息化建设项目达成共享应用意向。与赛事部门对接，发布了“2016 黄河口（东营）国际马拉松赛地图”，连续第 6 年为东营市重大赛事提供地理信息服务。在国家测绘地理信息局组织的技术评估中，“天地图 · 东营”获评四星级。

【烟台市】

烟台市国土资源局加挂烟台市测绘地理信息局牌子，并设立测绘管理科，完成了测绘机构改名和职责调整工作，各县市均设立了测绘管理科及地理信息中心，市辖六区分局均加挂了测绘地理信息局牌子。《烟台市“十三五”基础测绘规划》由烟台市国土资源局发布实施，全市 8 个县市的县级“十三五”基础测绘规划已全部完成论证并报市政府。基础测绘经费依法列入市级财政年度预算，2016 年市本级落实基础测绘经费 393. 3 万元，县级财政落实基础测绘经费共计 1012. 2 万元，保障了各县市基础测绘规划编制、数字地理空间框架建设及基础地理信息数据库更新工作顺利完成。完成 1∶500 地形图数据的缩编和入库工作，并从公安、民政、规划、房管等部门统筹了最新的地名地址数据。市级开发区开展完成300平方千米0.1米分辨率航摄影像获取工作，各县市根据大比例尺地形图更新需要及规划建设等需求均各自开展并完成了相应的航空遥感影像获取工作。各县市区开展了村庄驻地大比例尺地形图测制工作，其中芝罘、牟平、福山、开发区、招远、海阳、莱阳、龙口等地测制完成。烟台市粮食局基于“天地图·烟台”开展了烟台放心粮油工程便民服务系统建设，栖霞市建立了蔬果管理信息系统。数字烟台地理信息公共服务平台已经在国土、城管、住建、公安、博物馆等23个部门得到广泛应用，并签订了共建共享协议。“天地图·烟台”“天地图·栖霞”节点与省节点互联互通，“天地图·烟台”节点申请接入国家主节点。烟台市国土资源局向市政府申请启动了智慧烟台时空信息云平台试点项目申报工作。

【潍坊市】

潍坊市政府办公室正式印发潍坊市“十三五”基础测绘规划。潍坊市国土资源局会同发改、财政等部门，编制基础测绘年度计划，列入正常财政预算，并将重大测绘项目列入城市建设重点项目计划。市县两级不断加大投入力度，市级财政投入2000万元，其中基础测绘项目、国家测绘地理信息局试点项目各1000万元，市本级累计投入1.23亿元，保证了基础测绘项目有序开展。市县两级完成大比例尺基础地理信息数据库更新，新一轮公众版、政务版数据上线运行，县市区基础数据库、电子地图和地名地址库汇交及时，完成D级测量网复测及测量标志管护工作。在市县两级建立了部门牵头、市场运作、专兼结合、固定队伍的“月清季结旬更新实时更新”机制，动态更新地名地址和主要地物变化数据，保障数据的现势性。在数字潍坊地理空间框架建设基础上，编制完成《智慧潍坊时空信息云平台项目设计书》并通过国家测绘地理信息局组织的专家评审和潍坊市的技术评审。平台统一整合了7个年份的1∶500、1∶1000、1∶2000矢量历史和现势数据，6个年份的0.05米—0.6米分辨率遥感影像数据，3个年份的0.5米—2米格网间距数字高程模型数据和5个年份的地名地址数据，并已经完成200万条公安局地址数据、20多万条2014年、2015年地名地址数据和2015年更新的7万条地名地址数据的融合处理。平台还集成发布了2011年、2014年和2015年的633平方千米真三维数据、小品模型、交警交通小品模型、720平方千米的三维仿真数据、1200千米的街景数据、884个实景数据及7442千米地下管线数据。“天地图·潍坊”节点在国家测绘地理信息局组织的技术评估中，被评为“五星级”。

【济宁市】

济宁市成立了“十三五”基础测绘规划编制领导小组，投资20多万元，编制完成《济宁市“十三五”基础测绘规划》，将基础测绘纳入市级国民经济和社会发展年度计划；多次协调市财政局，将基础地理信息数据库更新工作纳入年度财政预算，争取专项经费1610万元，用于济宁市城区基础地理信息数据更新工作。按照数字城市相关标准规范开展基础地理信息数据库更新工作，研究建立了新型基础地理信息更新体系，完成测绘成果档案存储与服务设施项目建设任务。健全基础数据库定期更新机制，对城市和建制镇规划区每年度更新一次，对农村及边远地区每两年更新一次。全面完成全市测绘基准与基础地理信息数据成果向2000国家大地坐标系转换工作。做好新农村测绘保障工作。组织测绘了梁宝寺镇孙垓村驻地1∶500地形图。建设完成数字济宁地理空间框架公共服务平台，开展了“天地图”市县级节点服务接入工作。截至年底，使用该平台的单位达到23家，建立的应用系统达30个。委托山东省国土测绘院开发了测绘成果分发服务系统，建立了测绘成果目录发布制度，及时发布成果目录，定期更新基础测绘成果元数据并及时予以发布。通过该系统进行网上汇交，实现了基础测绘成果使用网上审批。各县市建设了基础测绘成果目录分发服务系统，实现同建共享和网上测绘成果管理审批职能。

【泰安市】

泰安市基础测绘投入经费106.5万元，各项重点基础测绘项目和市政府重大测绘项目经费保障有力，各县（市、区）均将基础测绘经费纳入本级年度财政预算并落实到位，县级基础测绘投入180万元。配合山东省国土资源厅开展SDCORS系统应用及全省测绘基准优化升级工作，将泰安2个CORS站纳入省网运行，同时协助省国土资源厅在泰山顶建立北斗导航增强地基一座。东平县、宁阳县分别获取0.05米分辨率航空影像30平方千米。与山东农业大学合作开展智慧社区建设试点。结合农村集体土地确权登记工作，开展了农村村庄1∶500地形图测制。新泰市完成518个村庄1∶500测图，占总村庄数的91.1%。

【威海市】

威海市“十三五”基础测绘规划通过市政府批准并由威海市国土资源局印发，文登区、荣成市、乳山市“十三五”基础测绘规划通过论证并报市政府批复。威海市级基础测绘经费纳入本级财政年度预算，2016年落实财政经费32万元，用于“十三五”基础测绘规划编制和《威海市地图》《威海城区图》编制工作。文登区、荣成市、乳山市基础测绘经费纳入本级财政年度预算，并按期落实本年度基础测绘经费。2016年，威海市城市地理信息数据工程（文登一期）项目建设获山东省优秀测绘成果一等奖。文登区360平方千米1:500和1:2000基础地理信息数据库项目建设完成并通过验收，威海城区大比例尺地形图覆盖面积超过1300平方千米。荣成市441平方千米1:500和1:1000基础地理信息数据库更新完成并通过验收，乳山启动了300平方千米大比例尺地形图更新工作，各区市均按时完成基础测绘年度计划。配合省国土资源厅开展了SDCORS系统应用，全市25家测绘资质单位申请了应用账号。配合省国土资源厅开展全省测绘基准优化升级工作。结合县级数字城市建设，搭建数字乡镇地理信息综合监管平台，建设乡镇社区综合管理信息系统；全市行政村全部测制了1:500新农村规划底图，协助农村完成土地整治和新村规划编制。委托山东省国土测绘院采集了基础测绘成果元数据，通过威海市测绘成果目录服务系统发布。市直相关部门通过测绘成果目录服务系统申请网上审批测绘成果。结合县级数字城市建设，完成新一轮基础测绘成果更新并通过目录服务系统发布，实现县级基础测绘成果网上查询。与林业、规划、房管、海洋、城管、民政、地震等相关部门和单位签订了10份共享协议，共享数据25次。威海市规划局汇交了文登区360平方千米大比例尺地形图数据。

【日照市】

日照市、县均加挂测绘地理信息局牌子。日照市“十三五”基础测绘规划包含了各区级规划，由日照市政府批复实施。莒县、五莲县“十三五”基础测绘规划均编制完成并报县政府批准实施。依法将基础测绘纳入市、县各级国民经济和社会发展年度计划和财政预算。全市测绘管理经费投入加大，年内累计财政投入1324.95万元。全面完成日照市1:2000基础地理信息数据库更新项目。完成全市域地名地址数据库更新。莒县、五莲县结合“数字莒县”“数字五莲”建设，分别完成城市规划及建制镇103.4平方千米地形图更新，五莲县城区及市北开发区55.36平方千米地形图测绘以及18.17平方千米乡镇驻地地形图更新任务。大力推广SDCORS应用，督促各测绘单位使用SDCORS，配合山东省国土资源厅开展全省测绘基准优化升级工作。日照市1:2000基础地理信息数据建设更新项目获取了730平方千米0.5米分辨率航摄影像，莒县获取103.4平方千米0.1米分辨率航摄影像；五莲县县城区及市北区获取了55.36平方千米0.05米分辨率影像，县内其他地区获取了1000.64平方千米0.2米分辨率影像。为21个村庄测制了遥感影像图和地形图。组织编制了日照市地图、日照市城区图，各区县均编制了行政挂图，实现了全市全覆盖。新版数字日照地理空间框架二维平台包括政务版平台和国土版平台，每个平台中都有2000国家大地坐标系和1980西安坐标系两套系统，数据现势性达到2016年11月份；根据不同系统间共享交换的需要，对三维地理信息平台做了更新升级，完成城区更新建模面积98平方千米，实现了三维模型数据的服务发布。

【莱芜市】

莱芜市编制完成“十三五”基础测绘规划，并由市政府办公室印发实施。根据市“十三五”基础测绘规划编制了2017年市基础测绘年度计划并报市政府审批；市级基础测绘经费预算确定为年度财政预算经常性项目，2016年落实基础测绘经费102.4万元。开展了钢城区基础地理信息数据库年度更新工作，新测和更新1:500基础数据库32平方千米，开展了地名地址等数据更新工作。航测了莱城、钢城主城区范围内450平方千米0.05米分辨率影像。进一步加强对SDCORS站的统一使用管理，并下发文件《关于将全市GPS统一纳入山东省卫星定位连续运行综合应用服务系统管理的通知》，规定各测绘单位资质标准规定数量的GPS统一接入SDCORS站管理系统。截至年底，全市各测绘单位全部购买了SDCORS卡，应用率达100%。组织实施了莱城、钢城主城区0.05米分辨率450平方千米航测工作。及时向省国土资源厅报送本级遥感影像获取计划，积极汇交共享成果，提高省市统筹水平。全市新农村测绘保障工作累计测绘乡镇驻地和农村集中居住区1:500地形图117平方千米、1:2000地形图35平方千米，全部完成并交付有关部门使用。数字莱芜地理空间框架建设项目建设完成后，已向15个部门提供了基础平台数据服务，向30多个单位提供了不同比例尺的地形图服务。由山东省国土测绘院承担建设的“天地图·莱芜”是山东省第5个正式接入国家“天地图”主节点的市级节点，并完成了省、市一体化数据融合工作。

【德州市】

德州市国土资源局加挂市测绘地理信息局牌子，各县（市、区）由局党组成员担任专职局长，在国土资源部门设立测绘管理科（股），配备专人负责测绘行政管理工作。市国土资源局指导县（市、区）开展测量标志管护、测绘法宣传日工作及测绘地理信息市场、成果质量检查，督促落实基础测绘规划计划、开展基础测绘成果更新生产、行政挂图编制，完善了考核机制，对各县（市、区）包括测绘地理信息管理在内的全年工作情况进行考核。《德州市“十三五”基础测绘规划》，经由市政府批复由市国土资源局印发；县（市、区）“十三五”基础测绘规划经同级人民政府批复或者印发，市县两级经费落实基本到位。德州市通过县级数字城市建设，测制了乐陵市、齐河县、平原县、夏津县、武城县、宁津县、临邑县、陵城区建成区及规划区1:500地形图420.3平方千米，并采集了地名地址5万多条；完成德州中心城区、禹城市城区、庆云县城区1:500地形图144.78平方千米更新，以及地名地址数据更新；市国土资源局招标完成德州市中心城区421平方千米航空摄影正射影像；推广应用SDCORS系统，80%以上的测绘资质单位已开始应用；配合山东省国土资源厅开展全省测绘基准优化升级工作。完成“天地图·德州”节点更新，以及县级公共服务平台上线，采用市县一体化的建设模式，极大地减轻了县级层面的运维压力；完成“数字城市”更新及推广，数字德州公共服务平台在市12343社区便民养老服务信息平台、环境保护监管平台、安全生产监管综合信息平台等系统中得到推广应用，实现多部门数据共享；基于互联网建设测绘成果目录分发服务系统，实现市县基础测绘成果目录网上统一发布和基础测绘成果使用申请网上受理，制定相应的目录发布制度，更新已有基础测绘成果元数据，全年通过服务系统发布市县5634条元数据。

【临沂市】

临沂市有2个项目获中国地理信息产业优秀工程奖银奖1项、铜奖1项；省级优秀测绘产品奖一等奖2项、二等奖3项、三等奖6项；临沂市国土资源局连续四年获“全省测绘地理信息工作绩效评估优秀单位”。《临沂市“十三五”基础测绘规划》由临沂市政府发布实施；将基础测绘纳入当地国民经济和社会发展年度计划和财政预算，市本级2016年财政资金投入1352万元，县级基础测绘投入财政资金350万元，为基础测绘实施和数字城市推广应用、智慧城市建设提供了资金保障。开展临沂市辖三区2300平方千米0.05米分辨率倾斜摄影影像采集工作；完成410平方千米1:1000、285.5平方千米1:500更新生产；开展智慧临沂时空信息云平台硬件建设，空间大数据中心建设整体进度达到80%，完成2004—2014年1:500、1:1000矢量数据、2004—2014年影像数据整理、建库；600平方千米1米×1米网格数字高程模型生产与更新；210平方千米三维模型更新；15平方千米精细三维建模；2004—2014年面向服务的矢量、影像、数字高程模型等数据产品制作，总数据量约6TB；收集处理地名地址280多万条，为地理信息服务发布和示范应用建设奠定了坚实基础。完成覆盖全市域大地水准面精化，建立了统一高效的测绘基准体系，SDCORS推广使用达100%。积极开展测绘地理信息公共服务，完成智慧临沂三维地理信息移动平台开发。完成对蒙山柏林镇新农村建设测绘保障服务实施方案评审。地理信息公共平台政务版和公众版（“天地图”）顺利迁入市政府政务云环境。

【滨州市】

滨州市完成市级测绘地理信息管理机构职责调整，滨州市地理信息局更名为滨州市测绘地理信息局，市、县均设立了测管机构，负责测绘管理和地理信息监管工作，市局及各县（区）局加强了测绘技术支撑队伍的建设，引进测绘地理信息专业人才。《滨州市“十三五”基础测绘规划》由滨州市政府批复实施，全市各县（区）级“十三五”基础测绘规划也由各县区政府批复实施。市级年度基础测绘纳入了本级国民经济和社会发展年度计划，年度计划的项目工程建设资金全部到位。各县也相应列入本级财政预算，年度测绘资金到位。对城区206.3平方千米范围1:500地形图、地名地址、基础地理信息数据库、“天地图·滨州”公众版与政务版进行了更新。配合省国土资源厅开展SDCORS系统应用及测绘基准优化升级工作，全市大部分测绘资质单位使用SDCORS系统。市县开展高分辨率航空影像获取工作，及时落实高分辨率影像经费，汇交共享成果。继邹平县长山镇数字乡镇地理信息综合支撑平台建设及应用示范项目建成后，各县区不同程度开展了新村庄驻地大比例尺地形图测制。乡镇驻地和城乡结合部的村庄也不同程度开展了大比例尺地形图测绘。完善“天地图·滨州”节点建设，调整了“天地图·滨州”服务发布模式，完成“天地图·滨州”市级节点数据坐标转换，实现与国家、省、市、县（数字滨州节点县）节点互联互通。面向市、县两级应用需求，推广国土、房产、规划、城管、旅游等应用系统。实施数字滨州地理空间框架向智慧滨州时空信息云平台的全面升级，推进云平台在政府决策、应急指挥、智慧化城市管理以及电子政务等方面的应用，为智慧滨州建设提供基础时空信息支撑。基于测绘成果目录服务系统，实现了市级基础测绘成果申请使用网上受理，提供在线服务。为社会各界提供测绘成果服务27次。

【聊城市】

聊城市“十三五”基础测绘规划经市政府同意印发。市、县级基础测绘经费依法列入本级财政年度预算，2016年市级落实基础测绘经费708.71万元，县级落实基础测绘经费731.5万元。完成市级基础地理信息数据更新和聊城城区南部及西部地形图测量40平方千米，创新数据更新组织管理方式和手段，与市规划局建立了联动更新机制。县级全部完成基础地理信息数据的测绘和地名地址数据采集。完成数字聊城地理信息平台数据向国家2000大地坐标系的转换；配合省国土资源厅开展SDCORS系统应用工作，全市所有测绘资质单位已使用SDCORS系统。完成聊城市中心城区390平方千米0.05米分辨率的航空影像获取工作。各县（市、区）完成中心城区约计390平方千米的0.05米分辨率航空影像获取工作。完成郑家镇数字线划图数据整理建库，对专题地理信息数据包含郑家镇的总体规划数据、土地利用规划数据、土地利用现状数据、农村土地确权数据、宅基地数据和地理国情监测数据等进行了整合、建库；编制了郑家镇各尺度、各类型电子地图；研发了郑家镇综合管理信息系统，推动郑家镇政务信息管理的网络化、空间化和协同化。聊城市级“天地图”节点接入国家“天地图”节点，采取市县一体化的建设模式，实现与国家空间大数据的有机融合。在智慧聊城时空信息云平台提供的数据接口和服务接口基础上，组织搭建了“天地图·聊城”、移动应用展示系统、土地储备系统、土地开发整理系、专题数据采集系统、郑家镇综合管理地理信息系统和郑家镇特色产业地理信息系统7个智慧应用项目。

【菏泽市】

菏泽市国土资源局与山东省国土测绘院开展地理信息资源共享与合作，签署了战略合作协议。《菏泽市市县区一体化“十三五”基础测绘规划》编制完成，并经菏泽市政府批复下发实施。市县基础测绘均纳入本级国民经济和社会发展年度计划。全面落实大比例尺基础地理信息数据库更新项目、“十三五”基础测绘规划编制工作等重点基础测绘项目经费260多万元。配合省国土资源厅开展SDCORS系统应用工作，SDCORS已广泛应用基于位置服务的各个领域。开展数字菏泽地理空间框架平台的推广应用，在市级地理信息公共平台基础上建设了各县级节点，将各县的基础地理信息数据通过市级平台发布，节约了建设成本。优化升级国土资源综合管理系统，实现国土部门对时空地理信息数据的综合应用和国土项目的综合管理。在平台推广应用方面，新增政法委、公安局等十几个部门。

地方社团工作

【山东省测绘地理信息学会】

山东省测绘地理信息学会召开了七届四次理事会、七届五次常务理事会和第八次会员代表大会。6月14日，山东测绘学会第八次会员代表大会在济南召开，会员代表共200多人参会。会议审议通过七届理事会工作报告、财务工作报告；审议通过关于山东省测绘学会更名为山东省测绘地理信息学会的报告；审议通过《山东省测绘地理信息学会章程》及《山东省测绘地理信息学会会费缴纳规定》。会议选举产生学会负责人7名、常务理事23名、理事69名。7月13日，学会办理完成换届备案手续，领取了社会团体法人登记证书，山东测绘学会正式更名为山东省测绘地理信息学会。

组队参加了第十八届华东六省一市测绘学会学术交流会暨2016年海峡两岸测绘技术与学术研讨会，向大会提交测绘科技论文10篇，其中获一等奖2篇，二等奖3篇，三等奖5篇；组队参加“中国四维杯”第十二届全国测绘地理信息职工定向越野赛；组织评选了第二届山东省测绘优秀科技工作者。

10月21日—23日，与山东省测绘行业协会承办第八届山东省大学生科技节暨第十届"南方测绘杯"山东高校大学生测量技能比赛在山东理工大学举行。来自中国石油大学、山东科技大学、山东农业大学等10所高校的20支代表队参加比赛。比赛设水准和导线测量两个项目。比赛分别产生导线测量单项奖和四等水准测量一等奖3名、二等奖5名、三等奖9名，团体奖一等奖3个、二等奖5个、三等奖10个。

11月3日—6日，与山东高速集团、中国冶金地质总局山东局主办，山东冶金技师学院承办的山东省第二届"技能兴鲁"工程测量职业技能竞赛暨"正元地信杯"职业院校学生工程测量大赛在山东冶金技师学院举行。比赛设职工组和学生组。职工组设理论、水准测量和工程放样三个项目，共产生个人一等奖3名、二等奖5名、三等奖8名；团体一等奖1个、二等奖3个、三等奖4个。学生组设理论、四等水准测量和三级导线测量三个项目，共产生个人一等奖8名、二等奖16名、三等奖24名，优秀技术指导8名；团体一等奖2个、二等奖4个、三等奖7个；优秀指导教师26名。

【山东省测绘行业协会】

山东省测绘行业协会围绕换届脱钩工作，分别召开了理事长办公会和理事大会。会议初步审定了协会变更名称登记申请书，协会章程草案及章程修改说明，换届选举工作方案及选举办法草案；讨论了成立监事会及修订会员公约等内容。

组织开展了2016年度测绘地理信息行业先进集体及先进个人评选工作，共评选出个先进集体71个，先进个人89人，17人被评为市联络处先进工作者。

与山东省遥感技术应用协会在济南联合举办了倾斜摄影技术联盟走进济南大型技术研讨活动，全省100多家测绘单位参加了交流活动。

组织有关专家组成山东省优秀测绘地理信息工程评选委员会，组织开展了2016年度全省优秀测绘地理信息工程项目评选工作。受理优秀测绘地理信息工程项目216项。共评选出获奖项目177项，其中一等奖32项、二等奖57项、三等奖88项。

河南省

概况

截至2016年底，河南省共有测绘资质单位980家；测绘从业人员2.4万多人。全年完成测绘服务总值超过33亿元。全年全省测绘地理信息产业相关产值约150亿元。

完成全省1∶1万地形图及数据库第四轮更新6613幅。全省18个省辖市全部启动数字城市地理空间框架项目建设，验收11个，完成对10个已建成数字城市的省辖市评价工作。第一次全国地理国情普查工作全部完成，获取由10个一级类、58个二级类和135个三级类近800万个图斑组成，7个子数据库构成的地理国情信息资源。建成首个由4名院士组成的省级时空地理信息院士工作站，筹建省测绘地理信息科技专家委员会；省测绘学会在国内率先邀请院士担任学会理事长。在中部区域率先建成国家测绘地理信息局卫星测绘应用中心河南分中心，《河南省卫星导航定位基准站总体规划(2016—2020年)》印发并实施，省国土资源厅和兰考焦裕禄干部学院示范导航定位基准站建成并投入使用。开发扶贫大数据管理平台、精准扶贫移动端和郑州大宗商品现货交易地理信息服务平台；为安阳等地的抗洪抢险行动提供大量地理信息数据，满足抢险救灾、灾害评估和恢复重建对测绘地理信息的需求。

全年向交通运输、电力、水利、国土、煤炭等行业提供纸质地形图1209张，成果点220个，"4D"成果17316幅、数据量4096GB，航摄像片1283片，航摄数据14763片、数据量7249GB，卫星影像420景、数据量1292GB。

河南省市级测绘管理机构17个，13个管理机构挂牌测绘地理信息局。159个行政县设测绘管理部门的116个，20个县级管理机构挂牌测绘地理信息局。

党的建设与人才队伍建设

【党的建设】

河南省测绘地理信息局召开2016年党建暨党风廉政建设会议，总结2015年全局党建、党风廉政建设和反腐败工作，安排部署2016年的工作。印发《2016年党的建设工作要点》《2016年党风廉政建设工作要点》。建立基层党建工作联系点制度，采用定期检查和临时抽查相结合的形式对党建目标落实情况进行督查。河南省测绘地理信息局及局属各单位党委（支部）制定“两学一做”学习教育活动实施方案，成立“两学一做”学习教育领导小组及其办公室。召开“两学一做”学习教育工作会议、“两学一做”学习教育阶段工作总结暨党建工作汇报会。在局门户网站开设“学党章党规，学系列讲话，做合格党员”专栏，宣传教育实践活动。开展“两学一做”学习教育，从党委中心组、中层干部、全体党员干部3个层面开展政治理论学习。局领导带头讲党课，机关党委负责人在固始县李店镇刘营村开展七一慰问活动，为村“两委”和基层党员讲授“两学一做”专题党课，助推扶贫村党建工作。全年党委中心组学习23次，组织观看了纪念建党95周年大会、纪念红军长征胜利80周年大会、省十次党代会开幕实况等。组织党员干部参加省纪律检查委员会、省委省直工委举办的各类专题辅导。编印《河南省测绘地理信息局党委中心组理论学习资料汇编暨“两学一做”专题辅导》5期共260份。购买《中国共产党问责条例》《习近平总书记在庆祝中国共产党成立95周年大会上的讲话》等学习资料发放至局机关全体人员和局属单位领导班子成员。树立先进典型，举办中国共产党成立95周年暨红军长征胜利80周年大会，表彰河南省测绘工程院机关党支部等5个先进基层党组织、7名优秀党务工作者、15名优秀共产党员。完成全局党员组织关系梳理排查工作，全年组织31名入党积极分子参加省直党校培训，新发展党员11名。加强党费收缴使用和管理专项整治工作，举办党费工作业务培训会，制定《河南省测绘地理信息局党费收缴、使用和管理规定实施细则（试行）》，设立党费专用账户。开展微型党课、微信党建活动，1人获省委省直工委“两学一做”学习教育微型课堂比赛优秀奖。

【党风廉政建设】

河南省测绘地理信息局召开2016年党建暨党风廉政建设会议，与机关处室、直属单位签订《党风廉政建设目标责任书》。制定《中共河南省测绘地理信息局党委及其班子成员落实党风廉政建设主体责任清单暨局纪委落实党风廉政建设监督责任清单》，督促相关领导干部按照“一岗双责”的要求，一手抓业务工作，一手抓廉政教育和监督检查，根据分工抓好职责范围内的党风廉政建设和反腐败工作。加强对办公用房、公务用车、公务接待、兼职兼薪、因公因私出国（境）等情况的监督。9月，开展集中排查失联外逃党员和国家工作人员工作，组织召开清理出国证件和排查失联外逃人员会议，统计汇总上报局机关和局属各单位所有人员证件信息以及失联、外逃、出走等信息。局纪委下发《中共河南省测绘地理信息局纪委关于严防中秋、国庆隐身变形的“四风”问题的通知》《河南省测绘地理信息局开展懒政怠政为官不为问责年活动工作方案》，开展懒政怠政为官不为问责年活动。全年落实工作人员操办婚丧喜庆事宜报备1次，政府采购报备4次，报奖报备2次；年度随机抽查处级干部申报的个人事项1次；针对上年度党风廉政建设调查问题成绩落后单位及个人施行诫勉谈话2次；开展处级干部任命廉政谈话3人次。对行政审批、干部人事、招标采购、公务员面试、事业人员进编等环节实行纪律监督。全年共查办案件13件，其中接群众举报案件6件、省审计厅排查转件1件、省国土资源厅转群众信访案件1件、省纪律检查委员会函询案件5件。

【精神文明建设】

河南省相关测绘单位及个人获第一次全国地理国情普查劳动竞赛先进集体2个、先进班组2个和先进个人3人；获河南省五一劳动奖状2个、河南省五一劳动奖章4人、河南省工人先锋号6个。在国家测绘地理信息局组织的测绘法宣传日征集活动中，获主题口号优秀奖1个、宣传口号优秀奖1个、宣传画一等奖1个，河南省测绘地理信息局获优秀组织奖。持续开展“我们的节日”主题活动。举办群众性歌咏比赛纪念中国共产党成立95周年暨红军长征胜利80周年。助演大型情景歌舞剧《风舞桐花——焦裕禄》，组织观看专题片《永远在路上》、廉政豫剧《九品巡检——暴式昭》、廉政戏曲电影《全家福》等。组织全局为扶贫帮扶村固始县李店镇刘营村捐款6万多元。在局团员青年中开展“创新发展，青春先行”纪念五四运动97周年系列活动，举办测绘地理信息技术创新应用青年交流会。参加省委省直工委、省直机关组织的各项文体活动，在小口径射击、乒乓球、游泳等项目中获得奖项。8人参加全国测绘地理信息系统第四届羽毛球赛。选送秒拍视频、微视频、征文、照片参加国家测绘地理信息局举办的建局60周年系列活动。由省遥感测绘院自编、自拍、自导、自演的《种子》获南方测绘微视频大赛三等奖。开展“义务献血献爱心”活动、义务植树活动、党员志愿者进社区集中服务月活动。组织社区和职工子女60名中小学生到省地图院参观。2次组织“文明交通志愿者服务队”在郑州市开展文明交通志愿者服务活动。

【人才队伍建设】

河南省测绘地理信息局完成国家测绘地理信息局举办的青年学术和技术带头人境外培训班的人员选拔上报工作。对5名2015—2016年度局级青年学术和技术带头人届满进行考核，并选出2016—2017年度青年学术和技术带头人11人。完成全局处级后备干部的民主推荐工作。选派处级、科级干部参加国家测绘地理信息局及河南省省直党校干部培训班学习14人。12人通过年度工勤技能岗位等级考核。测绘地理信息行业特有工种职业技能鉴定河南站完成全省工程测量专业技师鉴定10人、高级技师鉴定12人、高级工鉴定3人。完成对新乡测绘学校、黄河水利职业技术学院应届毕业生职业技能鉴定工作，其中摄影测量82人、地图制图99人、工程测量720人。面向社会开展地籍测量、工程测量、房产测量3个专业，初级、中级、高级3个级别59人的培训鉴定工作，并按时发放证书。为通过2015年注册测绘师考试的47人办理相关手续，并发放证书。开展2016年度注册测绘师省直报名人员的资格审查工作，将通过资格审查的791人的材料报送省人事考试中心。

法制建设与市场监管

【法制建设】

河南省测绘地理信息局配合省人大常委会环境与资源保护工作委员会，赴贵州省及省内漯河、信阳等地进行《河南省测绘管理条例》修订调研工作，征集修订意见和建议。印发《行政服务中心办事规则（试行）》和《关于加强测绘资质管理的通知》，对测绘资质行政审批的流程、各部门的职责权限、各个节点办结的时间细化要求，并在局门户网站公示。修订完善《河南省测绘地理信息局机关财务管理办法》《河南省省级基础测绘专项资金管理办法》《局机关会计档案保管及借阅暂行办法》等一系列制度，印发《河南省测绘地理信息局关于加强和规范财务管理工作的通知》。

【法制宣传】

在“8·29”测绘法宣传日当天，河南省测绘地理信息局、相关测绘资质单位共向社会赠阅各类宣传彩页（《河南省旅游图》）2.5万多份，发放购物袋、地球仪等宣传品近万个，中国移动、中国联通、中国电信河南分公司分别向全省用户发送3条宣传公益短信。安阳主会场共发放各类宣传彩页1.2万多份，各类奖品礼品6000多个，制作宣传展板42块，接受群众咨询400多人次。郑州分会场向社会公众展示测绘地理信息技术，并发放宣传品。省测绘地理信息局设立测绘法咨询台，围绕《地图管理条例》的各项制度，宣传测绘地理信息法律法规知识。平顶山市设立宣传点20多处，悬挂张贴宣传横（条）幅100多条，摆放宣传展板200多块，出动宣传车50多台，发送宣传短信2万多条。南阳市通过《南阳晚报》举办《测绘法》《地图管理条例》有奖问答活动。济源市在8月29日《济源日报》第2版综合版用图文的形式宣传测绘法。

【依法行政】

河南省测绘地理信息局印发《关于开展2016年全省测绘地理信息市场巡查工作的通知》部署巡查工作，巡查由地方国土资源局执法人员和测绘地理信息局执法人员组成联合执法组，从省直辖市和省直管县选调执法人员4人，配合省局开展专项执法工作，推动执法重心下移。根据《测绘资质管理规定》《测绘资质分级标准》开展测绘资质审核工作。

【“放管服”改革】

河南省测绘地理信息局取消6项行政许可中的1项，即取消测绘计量检定人员资格认定。5月和10月集中受理审批测绘资质，落实市县测绘地理信息行政管理部门管理职责。加强事中事后监管，建立市场主体、测绘执法人员、测绘质量检查的双随机检查体系。

【测绘资质管理】

河南省测绘地理信息局细化测绘资质行政审批的流程、各部门的职责权限、各个节点办结的时间，并在局门户网站公示。全年累计审查并通过资质申请48项，基本信息变更86项，补领证书4项，业务范围变更45项，资质升级15项，注销测绘资质8家，涉及测绘资质许可总计214项。累计办理测绘资质单位数据变更183项，100万元以上测绘项目备案365项，办理测绘作业证150个，受理并转报国家测绘地理信息局甲级测绘资质单位业务20项，其中办结15项。控制传统测绘资质单位申请数量，年增长率控制在5%以内；培优扶强，择优办理新型测绘、创新性测绘单位。截至年底，全省共有测绘资质单位980家，其中甲级37家、乙级302家、丙级311家、丁级330家。

【信用管理】

8月31日，河南省测绘地理信息局完成全省甲级测绘资质单位信用信息征集工作并上报国家测绘地理信息局。发布37家甲级测绘资质单位的信用信息，完成853家乙、丙、丁级测绘资质单位的信用信息征集工作。

【日常监管】

河南省测绘地理信息局开展测绘资质年度报告工作，在局门户网站公开测绘资质单位的基本信息和营业范围，公布监督电话、公众邮箱，接受社会监督。11月5日—30日，在全省范围内开展测绘资质巡查工作，重点巡查资质单位测绘项目承接、质量管理、保密管理、依法测绘经营等情况。研建使用双随机抽查数据库，抽取执法人员4名、执检人员4名，组成4个工作组；按照6%的比例抽取甲乙丙丁级资质单位60家，作为全省测绘资质巡查抽查对象。对各资质单位测绘项目承接及任务备案情况、质量管理体系、测绘成果档案、保密管理制度运行以及测绘成果质量开展检查，指出资质单位在技术人员管理、仪器鉴定、档案管理等方面的问题。

基础测绘

【基础测绘】

河南省建立基础测绘分级投入和定期更新机制，1 :1万基础地理信息按需更新，重点发展区域基础地理信息动态更新，城市大比例尺基础地理信息实时更新，完成全省1 :1万地形图及数据库第四轮更新6613幅。推进全省2000国家大地坐标系的使用，省级基础测绘成果全部完成转换。完成全国1 :1万地形图基础地理信息数据库整合1662幅以及南水北调中线工程（河南省）水源地环境动态检测项目的验收工作。完成数字平顶山DLG 120平方千米、DOM 28.75平方千米地理信息数据验收；完成数字新乡DLG 290平方千米，数字驻马店、数字平舆建库369.8平方千米各种比例尺地形图，数字商丘、数字郸城共980幅地形图验收。农村集体土地使用权确权登记发证项目济源市、范县等地的工作任务通过省国土资源厅验收，郑州、上蔡、新蔡、宝丰、睢县等地的工作在开展中。在夏邑、民权、虞城、内乡、新蔡、登封、郏县等地开展农村土地承包经营权确权登记项目。开展郑州市轨道交通地形图测绘，实测1 :500地形图108.26平方千米。

【智慧城市、数字城市建设】

河南省18个省辖市全部启动数字城市地理空间框架项目建设，验收11个，完成对10个已建成数字城市的省辖市评价工作。许昌市、平顶山市实现数字县域建设全覆盖。三门峡市邀请专家举办数字城市应用培训，推广应用项目建设成果。平顶山、郑州、鹤壁、济源等市开展数字城市建设成果维护更新。智慧郑州城市时空信息云平台建设方案获国家测绘地理信息局局批复后开展建设；智慧平顶山城市时空信息大数据及云平台项目建设方案获国家测绘地理信息局批复。

【测绘基准管理】

河南省测绘地理信息局编制的《河南省卫星导航定位基准站建设总体规划》通过专家论证，并由省国土资源厅印发各省辖市、直管县国土资源局。建成覆盖全省的基础地理信息数据库，启动覆盖全省及周边区域的高精度卫星导航定位服务平台建设。组织省CORS中心和各省辖市、省直管县国土资源局（测绘地理信息局），联合开展各辖区内卫星导航定位基准站建设、数据传输和成果管理与分发服务等方面的风险点及存在问题的排查工作。开展基准站建设备案工作，印发《关于贯彻落实〈卫星导航定位基准站建设备案办法（试行）〉的通知》，卫星导航定位基准站建设备案70个。按时向国家测绘地理信息局汇交河南省卫星导航定位基准站网观测数据。完成兰考县基准站网的建设工作。

截至年底，全省共有卫星导航定位基准站239

座，其中国家级 10 座、各类单基站 96 座、基准站网 6 个（基准站 133 座）。

【航空航天遥感影像获取与应用】

5 月，国家测绘地理信息局卫星测绘应用中心河南分中心正式成立运营。11 月 15 日，国家测绘地理信息局局长库热西·买合苏提为河南分中心授牌。建立北京 2 号和吉林 1 号卫星遥感数据资源合作获取机制，获取国产高分卫星数据和国外 15 种卫星数据资源，全年累计获取影像数据 2077 景，影像资源覆盖全省频次 3 次。数据应用于农业、林业、交通、环保等领域。

【质量管理】

河南省测绘地理信息局印发《关于加强基础测绘地理信息成果质量的通知》，进一步规定基础测绘地理信息成果质量管理和检查验收工作。举办质量控制培训班，对局属单位主管生产的领导、部门负责人和技术骨干培训 1:1 万基础地理信息数据技术方案，查找剖析质量管理存在的问题和原因，提出解决方案。全年无重大质量事故发生，基础测绘和专项成果一次验收合格率 100%。组织开展全省测绘地理信息质量监督抽查工作，成立领导小组和工作小组，制定工作方案，完成对甲级、省直管测绘资质单位的质量监督抽查；按时向国家测绘地理信息局报送抽查结果和总结报告。配合国家测绘地理信息局质量监督抽查小组完成对郑州中核岩土工程有限公司和洛阳城市建设勘察设计院有限公司的抽查工作。完成 2016 年河南省优秀测绘地理信息工程奖上报项目的质量鉴定和检验工作，共鉴定 200 多项。检验委托项目 40 多项。为全省测绘单位检定各类测绘计量器具 1011 台次。

【安全生产】

河南省测绘地理信息局召开安全生产工作会议，安排部署安全生产工作。下发《关于切实做好自然灾害隐患排查等减灾救灾工作和安全生产检查的紧急通知》《关于开展安全生产大检查暨隐患排查治理工作的通知》等 7 个文件，各单位制定安全生产应急预案，加强节假日期间的安全防护和夏季安全用电及高温防暑工作，实地检查局属各单位安全生产。各省辖市、省直管县测绘地理信息主管部门和各测绘资质单位对本地区本行业、本部门安全生产开展重点抽查和定期不定期的随机查访。省局及所属单位多次举办消防安全知识讲座。全年未发生安全事故。

地理国情监测

【地理国情普查】

河南省完成省内第一次地理国情普查工作，获取由 10 个一级类、58 个二级类和 135 个三级类近 800 万个图斑组成，7 个子数据库构成的地理国情信息资源，全面查清全省“山水林田湖”等地表自然资源要素基本情况；查清与人类活动相关的人文地理要素基本情况。组织开展基本统计分析和报告编制，完成河南省地理国情普查数据库建设，并制作相关图件。

【地理国情监测】

河南省运用地理国情普查成果开展农作物种植面积、高标准粮田非粮化、三山一滩生态红线典型区、黄河重要湿地变化、河南省产业集聚区经济运行大数据、地方领导干部自然资源资产离任审计等省级地理国情监测试点示范项目，及南水北调中线工程（河南省）水源地环境动态监测、全国地级以上城市及典型城市群空间格局变化监测（河南 18 个省辖市）、“天地图·河南”数据更新、河南省精准扶贫大数据管理平台研制、郑州市湿地资源遥感监测与演化分析、安阳市自然资源资产离任审计（试点）、安阳市水灾土地淹没分析、兰考县盐碱及荒漠化趋势分析等项目。河南省测绘地理信息局联合河南省科学院地理研究所开展郑汴洛新城市带重点大气颗粒物污染源空间分布监测和河南省产业集聚区十年空间扩展遥感监测研究；拟定 2017 年度以平顶山市为试点，联合开展在生态文明建设中自然资源统计评价项目。加强与发展改革部门的联系，与 10 多个厅（局）签订地理信息共享合作协议，探索建立地理国情监测常态化工作机制。

地图管理与地图服务

【地图审核】

河南省测绘地理信息局完成地图审核 20 幅（册），其中纸质地图 7 幅（册）、互联网地图 8 幅、图书插图 5 幅。

【地图编制与出版】

河南省相关测绘单位编制新版《河南省领导工作用图》及配套 APP，并交付省领导使用；编审完成双拼《河南省地图》《河南省土地利用现状图集》（二调成果）；编制《河南省自贸区总图》《郑开洛片区布局图》《郑州片区图》《开封片区图》《洛阳片区图》等系列用图；平顶山市编制出版《平顶山市融入“一带一路”战略图》《平顶山市交通旅游图》《第六届“华侨华人中原经济合作论坛”专用图集》；洛阳、商丘等市更新编制领导工作用图；根据地理国情普查成果，编制《兰考县地理县情图集》；完成《中原文化地图集》方案设计。

【地图市场监管】

河南省测绘地理信息局下发《地图市场大检查工作方案》，共开展地图市场检查40次，检查各类地图466种、网站60家、销售网点123家。对互联网地图网站进行搜索，搜出相关网站369个，其中判定为非地图网站173个、存在问题的地图网站34个、无问题地图网站162个，根据情况分别处理；检定静态图片242张，POI信息171条。平顶山市建立常态化巡查机制，南阳、永城等地开展联动检查。

【地图服务】

河南省测绘地理信息局为洛阳市委办公室编制《洛阳市系列图》，为省商务厅编制《河南省自贸区总图》《郑开洛片区布局图》《郑州片区图》《开封片区图》《洛阳片区图》，为省纪律检查委员会编制《全国廉政教育基地分布图》《河南省廉政教育基地分布图》，为省民政厅编制2个版本的《河南省政区图》，为省扶贫开发办公室和三门峡市扶贫开发办公室编制《精准扶贫图》等。为省卫生应急指挥、旅游产业运行监测调度、省商务云、省财政大数据分析、国土资源一张图等项目提供地图服务。为各部门工作需要提供地图1000多套，向社会公众免费发放各类地图5000多份。

【国家版图意识宣传教育】

河南省测绘地理信息局印发《河南省国家版图意识宣传教育和地图市场监管2016年工作要点》，继续推进国家版图意识宣传教育“进媒体、进社区、进学校”活动。

【“美丽中国”第三届全国国家版图知识竞赛和少儿手绘地图大赛】

河南省测绘地理信息局与省教育厅联合下发《“美丽中国”第三届全国国家版图知识竞赛和少儿手绘地图大赛（河南赛区）的通知》。组织人员参加国家版图知识竞赛网络答题。河南省参加网络答题1226人，参加纸质答题568人；编制完成20道有关河南历史、地理试题，在全省范围内海选出《一站到底》栏目“美丽中国”版图知识竞赛选手29人；1人晋级总决赛，并获优胜奖。少儿手绘地图大赛全省共收到作品1268幅，选出144幅作品参加全国大赛，获全国少儿手绘地图大赛二等奖1幅、优秀奖13幅。

测绘地理信息成果管理与应用

【“天地图·河南”建设与应用】

河南省测绘地理信息局印发《关于开展2016年河南省天地图市级节点综合技术评估工作的通知》《河南省天地图市县级节点服务接入与更新评估方案》，制定河南省市县级节点更新和县级节点接入评估方案，对市级节点开展考核工作。开展安阳、开封“天地图”省市级节点的融合工作。完成驻马店、洛阳、三门峡、许昌等节点与国家主节点的融合工作。截至年底，共有10个节点接入国家主节点；平顶山、济源等10个市级节点相继开通。完成“天地图·南阳”“天地图·许昌”“天地图·周口”“天地图·安阳”数据更新。在省级节点建设方面，与国家基础地理信息中心签订《天地图数据融合协议》，配合修改完成2015年融合的矢量数据、影像和地名信息。向国家测绘地理信息局上报“天地图”应用典型案例7个。组织省军区和省国家保密局有关专家完成对“天地图·安阳”和“天地图·商丘”政务版平台数据的保密审查。省、市、县级“天地图”节点研发的100多个示范应用系统运用到政府决策、部门管理和百姓生活中。

【成果汇交与分发】

河南省8家测绘资质单位汇交了成果。河南省测绘地理信息局组织编辑完成2015年河南省测绘成果目录第23册。完成2011—2015年度文书档案、2014年度会计档案、业务档案，实物声像档案的整理及数字化工作。完善新版全国地理信息资源目录服务系统（河南部分），共上传3.5万多条元数据。向交通运输、电力、水利、国土、煤炭等行业提供纸质地形图1209张，成果点220个，“4D”成果17316幅、数据量4096GB，航摄像片1283片，航摄数据14763片、数据量7249GB，卫星影像420景、数据量1292GB。为南水北调中线工程设计施工、黄河流域洪水防治工程、小浪底水利枢纽库区管理、米字型高铁选线建设等国家和全省大型工程项目提供相关测绘服务。为省交通运输厅规划院提供第一次地理国情样本数据与切片影像及周边0.5米高分影像，用于农村公路路面破损情况识别；为省军区用图提供保障服务。为焦作市开发北山治理排查点信息管理平台、招商地图平台。

【测量标志管理】

河南省测绘地理信息局及各地市测绘地理信息行政主管部门持续宣传测量标志保护的重要性，将测量标志维护专项经费列入年度预算，不定期巡查测量标志，维护老旧测量标志。全年办理测量标志维护2起。

【应急保障】

河南省测绘地理信息局参与“7·19”安阳特大暴雨抗洪救灾行动，利用测绘成果和高分辨率遥感影像、无人机航摄影像，为灾害评估与灾后重建提供地理信息数据。参与应急救援66人、汽车9辆、无人机7架，提供1:1万地形图107幅，航摄影像258平方千米，航片7091张，2个滞洪区灾前、灾后防汛形势图6幅，都里镇及11个村庄灾区影像图43幅等。组织相关单位人员参加省5·12防灾减灾综合演练，向社会公众展示无人机设备在灾害应急工作中的作用。

地理信息产业

8月23日，经河南省政府常务会议批准，《河南省人民政府办公厅关于加快地理信息产业发展的实施意见》正式印发。《河南省测绘地理信息发展“十三五”规划》通过专家评审，《河南省卫星导航定位基准站建设总体规划》由省国土资源厅印发实施。编制《河南省北斗导航产业三年（2016—2018年）发展行动计划》，由省政府办公厅转发。印发《关于建立地理信息产业名录的通知》，组织各省辖市开展全省地理信息产业单位名录核查和数据整理工作。河南省地理信息导航产业园建设完成土地挂牌出让，省北斗产业园初步规划一期完成土地出让程序，省测绘创新基地已开工建设，河南省首批测绘地理信息企业挂牌“新三板”。相关测绘单位参与郑州联合大宗商品交易中心有限公司的筹建。全年全省地理信息产业相关产值约150亿元。

科技、标准化与国际合作

【科技创新体系建设】

河南省测绘地理信息局与省扶贫办公室联合研建河南省精准扶贫移动管理系统。升级测绘装备，开展郑东新区1:1000机载激光雷达航摄、河北邢（台）西（部）输电线路工程、吉林和新疆带状的航拍工作。完成宝丰县国土、规划、林业、交通一张图应用系统（移动端）的开发，并投入试用。开发完成数字郑州地理信息综合服务平台，基于Android系统的国土移动工作用图系统。为省财政厅开发农业保险绩效监管平台，并在17个试点县实施。完成城市地上、地下三维联动系统研究工作。开发的承保理赔辅助业务系统及移动端业务系统在光山县运行。编写完成农业秸秆回收利用综合服务平台建设方案和可研报告。建设完成郑州市公安局专用数据库平台，为郑州市警用地理信息平台数据更新及联合作战指挥系统提供数据支撑。制作完成第五届中欧政党高层论坛经贸对话会警力部署图。

【科技项目与科技奖励】

河南省测绘学会组织开展2016年度河南省测绘优质工程（成果）评选，共评出一等奖26项、二等奖51项、三等奖31项；完成2016年度河南省科学技术进步奖材料初审工作；获省国土资源厅科技项目立项1项；配合省科技厅完成科技成果鉴定5项。河南省测绘地理信息相关单位完成的项目获中国地理信息产业协会2016年中国地理信息科技进步奖二等奖2项、三等奖4项；获2016年中国地理信息产业优秀工程奖银奖6项、铜奖8项；获中国测绘地理信息学会2016年全国优秀测绘工程奖银奖5项、铜奖12项；获中国测绘地理信息学会2016年测绘科技进步奖二等奖3项；“矿区地质灾害与环境一体化监测及预警关键技术”“机载LiDAR三维数字铁路关键技术及规模化应用”2项成果分获河南省科学技术协会2014—2016年度科技创新成果TOP-3一等奖、二等奖。“沁阳市耕地质量等别年度更新评价研究”获河南省国土资源科学技术二等奖、“潢川县土地整治规划基础研究”“修武县征地区片综合地价调整研究”获三等奖。

【合作交流】

河南省测绘地理信息局组建由刘先林、王家耀、李建成、龚健雅等院士为成员的时空地理信息院士工作站，及以李成名、李建松、李小建等专家组成的“十三五”科技专家委员会。相关测绘单位设首席工程师，与院士专家团队和科技专家委员会协同技术攻关，并负责科研成果应用与转化工作。依托矿山空间信息技术国家测绘地理信息局重点实验室、北斗导航与位置服务河南省重点实验室，加强科技创新开放共享平台建设，与清华大学、武汉大学等13家院（校）和科研院（所），就新型基础测绘高端人才培养、产学研协同创新和科技成果转化等方面开展战略合作；联合国内测绘地理信息知名企业，举办4期800人次参加的河南省测绘地理信息科技大讲堂。完成省科技厅测绘地理信息科技专家库的录建。联合中国人民解放军信息工程大学，完成国家测绘地理信息局《卫星导航定位基准站数据传输和接口协议》和《卫星导航定位基准站网测试技术规范》标准制定工作，联合开展基准站通讯保密安全设备研发应用。与省国防科工局联系，融入《河南省北斗导航产业三年（2016—2018）发展行动计划》。与省环境保护厅合作完成基于遥感和地理信息技术的郑州市大气颗粒物时空特征与暴露风险评估、郑州市四环沿线DOM制作及建筑工地信息自动化提取等项目。与中国科学院测量与地球物理研究所联合开展基于北斗卫星基准站的土壤湿度与农作物生长监测及基于北斗导航与位置服务的智慧农业、精准农业等方面的应用研究。

地市级测绘地理信息工作

【郑州市】

郑州市国土资源局完成全市测绘资质单位年度测绘资质在线注册、资质初审和报批工作。共批准新申请测绘资质单位25家、资质升级单位5家、业务范围、基本信息变更单位32家。

印发地理信息成果保密检查通知，要求各单位填写《涉密地理信息成果保密自查情况表》，并撰写自查报告，针对存在的问题进行整改。抽查了23家测绘资质单位。为24家单位办理测绘成果使用手续。“8·29”测绘法宣传日期间，发放《河南省交通旅游图》1500张，宣传彩页、书签5000份，环保购物袋4000件；设宣传展板8块，宣传条幅4个，开启电子屏滚动播出《中华人民共和国测绘法》宣传主题口号、标语2周；提供法律咨询服务100多人次。

【洛阳市】

洛阳市国土资源局配合省测绘地理信息局完成对13个卫星导航定位基准站的安全检查，对查出的问题完成整改。10月18日，召开全市北斗卫星导航定位基准站建设工作会议。年底前完成选址任务。“8·29”测绘法宣传日，洛阳市各级测绘管理部门及测绘单位开展《中华人民共和国测绘法》《地图管理条例》宣传活动。在市区设宣传点9个，提供法律法规及政策咨询约200人次，摆放宣传展板42块，悬挂条幅200多幅；发放法律法规宣传资料、宣传画报9000多份；通过手机短信向5000多人发送公益信息，在相关网站发布宣传信息20多条。开展测绘资质单位年度注册审查工作。审查测绘资质单位94家，受理初次申请测绘资质单位3家、测绘资质升级单位3家、增加业务范围单位8家、信息变更单位12家。牡丹花会期间，联合市文化市场执法大队在火车站、汽车站、图书批发市场、龙门石窟、关林、国花园等场所对地图市场进行突击性检查，没收问题地图150多幅。全年市、县两级测绘地理信息管理部门共办理测绘任务备案190项，涉及测绘业务产值7500多万元。

【平顶山市】

平顶山市测绘地理信息局编制完成《平顶山市“十三五”测绘地理信息规划》初稿。完成平顶山市新区区域数字乡镇地理空间框架建设项目，包括大新区无图区域120平方千米、曹镇乡30平方千米基础数据采集，新城区（试验区）10平方千米的三维平台建设和两大平台4个应用示范项目等，项目通过省级验收。制定智慧平顶山时空信息云平台建设方案，将时空信息云平台建设纳入市“互联网+行动计划和智慧城市顶层设计实施方案”。数字鲁山、数字宝丰地理空间框架建设项目通过省级验收并投入使用；数字叶县基础地理信息数据通过省级质检验收；数字舞钢、数字石龙区完成项目立项和实施方案评审，并启动建设；数字郏县项目获批国家级补助。2016年，平顶山市实现数字县域、数字乡镇建设全覆盖。宝丰县、鲁山县设置测绘地理信息管理机构，全市各县（市、区）全部组建测绘地理信息管理机构。组织市县两级测绘管理部门，开展地图市场集中检查5次。检查各类工艺品商店121家、书店10家、学校32家、互联网地图网站110个，没收各类标注不规范地图制品116件。编制完成《平顶山市地图集》，重点编制了《平顶山市融入“一带一路”战略图》《平顶山市交通旅游图》。为城市轨道交通规划、城市快速路规划、环湖生态走廊等多个重大基础工程提供各类基础测绘数据2000多幅。为公交、120指挥调度、城市供水、社会综治、土地储备管理、水利、警用GIS等行业提供地理信息平台应用服务。新申报测绘资质单位1家，升级测绘资质单位2家。截至年底，全市测绘资质单位共计42家，年末测绘从业人员700多人。抽查42家测绘资质单位单位中的13家，无转包、超范围测绘、挂靠等违法行为。

【鹤壁市】

2016年，鹤壁市房产管理局、民政局、人力资源局等4部门在线使用数字鹤壁地理信息公共服务平台，鹤壁市国土资源局与13家单位签订共建共享协议。市财政拨付201.3万元，开展数字鹤壁地理空间框架项目淇滨区更新工作。鹤壁市国土资源局向数字城管、数字公安、数字农业等项目提供地理信息数据资料、图件300多幅。向市住建、城乡规划、人防办等单位提供D级GPS控制网测绘成果点40个、1∶1000地形图1200幅、《鹤壁市地图》20多幅。“8·29”测绘法宣传日期间，组织10多家测绘单位设置8个宣传点，摆放宣传展板22块，悬挂宣传条幅25条，发放宣传地图、资料1500多份、发送手机短信2000多条。

【三门峡市】

数字三门峡基础地理信息数据及数据库成果通过验收。城市三维建模、地理信息公共平台建设完成，政务版平台保密审查和公众版平台地图审核完成；项目所建设的国土资源综合管理系统、三维规划辅助决策系统、现代农业发展综合管理决策系统、地理信息公众服务系统、旅游信息服务系统5个应用示范系统已投入使用。三门峡市国土资源局全年审查测绘资质单位5家，其中新申请单位1家、丙级升乙级单位1家、增加业务范围单位3家，通过资质管理系统上报省测绘地理信息局。组织各县（市）国土资源局、各测绘资质单位开展测绘法宣传日活动。提前1周在办公楼悬挂宣传条幅，在电子屏滚动播放宣传口号。8月29日，全市共设宣传台6个、摆放宣传展板50多块、悬挂横幅30条、发放地图1000多份，自制宣传材料1万多张、接受群众咨询近千人次。组织湖滨区国土资源局监察大队对市区新华书店、旅游景点等进行地图检查，抽检6套（册）地图制品，没收无编制单位、无出版单位、无地图审核号，以及印刷质量差的地图制品，宣传地图知识。

【焦作市】

焦作市完成数字焦作地理空间框架基础地理信息数据更新（一期），包括焦作市中心城区400平方千米1∶1000 DLG、DOM更新及数据库更新，项目投资300万元。完成数字温县地理空间框架平台建设，建设内容包括：1∶1万、1∶5万DLG缩编与建库；1∶1000 DLG、DEM、DOM制作与建设；主城区真三维城市模型数据建设；基础地理信息数据库建设；地理信息公共平台建设；软硬件及网络环境建设；标准规范与政策机制建设等。焦作市测绘地理信息局组织市直相关部门召开关于在全市推广应用统一独立坐标系的研讨会，完成焦作市2000国家大地坐标系建设，项目通过验收并报国家测绘地理信息局审批。开展焦作市卫星定位综合服务系统（CORS）升级改造与融合工作，统一管理焦作CORS站网。建设完成1个数据处理与控制中心、1个基岩站设备及参考站站点、2个屋顶站设备及参考站站点及配套服务，完成对4个原有屋顶站（修武、武陟、温县、孟州）设备及参考站站点的升级改造。建立测量标志巡查制度，定期巡查辖区内全部测量标志并责任到人，维护修缮各等级测量标志。组织各县（市）区测绘地理信息主管部门对辖区内汽车站、高速公路服务区和书店、商店等出售地图的场所进行检查，共检查高速公路服务区2个、书店23家、商店276家，对查出的问题进行了整改。8月29日，组织各县（市）国土资源局、各测绘资质单位开展测绘地理信息法制宣传活动。在龙源湖广场设主宣传点，局门口电子屏幕滚动播放标语，向人民群众免费发放《焦作市交通旅游图》《焦作市城区图》《焦作市政区图》《焦作市地图册》。全市共设宣传咨询点26个，制作宣传展板47块，发放宣传画20张、河南省旅游图2000张、焦作市各种地图产品2000份，印发测绘宣传材料5400份，现场解答群众咨询1100多人次。

地方社团工作

【河南省测绘学会】

河南省测绘学会发展新会员单位13家，共拥有会员单位243家，覆盖全省各地市主要测绘单位。被河南省科学技术协会评为2016年度十佳五星学会，获发展奖励基金5万元。召开学会八届四次、五次常务理事会，选举出新一届理事长和秘书长，改组专业工作委员会。实现财务独立核算，健全财务制度。征集优秀学术论文32篇，编制出版《学术论文集》。完成《河南测绘》2016年第一期、第二期、第三期的组稿发行。向全国测绘科技信息网中南分网第三十次信息交流会组委会提交河南优秀学术论文10篇，3篇获一等奖并在大会上交流。受河南省科学技术协会委托，编写完成《河南省测绘行业科技创新成果评选细则》。组织测绘地理信息行业专家评选，向河南省科学技术协会报送2014—2016年TOP-3测绘科技创新成果奖7项，推荐测绘学科科普专家13人、百千万创新驱动助理工程北斗精准导航测绘专家4人、测绘学科专家200人。向国家测绘地理信息局推荐郑州景观地理空间信息研究院的中原地理空间信息大数据科普教育基地为首批国家级科普教育基地。向河南省民政厅推荐河南省测绘学会新闻发言人。举办许昌市测绘地理信息发展“十三五”规划研讨论证会。与南阳市、驻马店市、信阳市国土资源局签署测绘地理信息发展十三五规划编写协议。与焦作市科协签订《创新驱动助力工程合作协议》。举办2016年河南省测绘行业学术交流会、优秀测绘成果和仪器展览会、全省测绘行业不动产统一登记信息平台建设及数据整合专题培训等。与相关单位联合举办第四届河南省高校大学生测绘技能竞赛，协办2016无人机航摄超微传感器与实景三维技术应用全国巡展·郑州站发布会、百城巡展郑州站活动与智慧城市应用高峰论坛、2016航天远景新技术新产品交流会。

【河南省地理信息产业协会】

截至年底，河南省地理信息产业协会共有会员单位284家，覆盖全省18个地市地理信息产业企事业单位。完善领导机构和分支机构建设，规范会员入会申请登记，建立会员档案。完成三证合一和年检手续。召开会员单位座谈交流会，形成调研报告，反馈给主管单位。筹建成立卫星导航定位分会。完成2016中国地理信息产业百强企业推荐工作，河南科普信息技术工程有限公司等3家企业获2016中国地理信息产业百强企业。向中国地理信息产业协会推荐中国地理信息科技进步奖6项和中国地理信息产业优秀工程奖11项。与中国卫星应用产业联盟、郑州高新技术产业开发区联合主办2016中国北斗创新发展论坛。协助举办2016无人机航摄超微传感器与实景三维技术应用产品发布会。

湖北省

概况

2016年，湖北省测绘地理信息局在国家测绘地理信息局和湖北省委省政府的领导支持下，切实履行部门职能，以“推进事业转型升级，发展北斗产业”为主要任务，完成年初确定的工作目标，初步实现了湖北省测绘地理信息事业“十三五”良好开局。

湖北省第一次全国地理国情普查工作全面完成，12月通过验收。第一次全面查清了全省行政辖区范围内约18.59万平方千米的“山水林田湖”等地表自然资源要素和人工设施的现状及其空间分布。省市县三级联动机制效果明显，“边普查边监测边应用”试点多，成果丰硕，得到国务院第一次全国地理国情普查领导小组办公室领导的认可。

10月，经省政府同意，湖北省测绘地理信息局与省发展和改革委员会联合印发《湖北省测绘地理信息事业发展“十三五”规划》，该规划围绕新型基础测绘和北斗产业发展两条主线，适应供给侧改革和“互联网+”测绘地理信息事业提出的新形势新要求，提出六大主要任务和七项重点工程。

北斗地基增强系统、智慧城市时空信息云平台和北斗芯片等关键环节取得了重大突破，初步形成了以高精度位置服务为切入点，以“一张网”“一张图”“一个端”为核心的北斗产业生态链。国家北斗示范重大专项有序推进。北斗产业得到各市州广泛关注，襄阳搭建北斗高精度位置服务平台，咸宁市筹建北斗产业园。

武汉梦芯科技有限公司研发的智能摄像终端得到国家反恐基地认可，研发的车载后视终端参加了“十二五”国家科技进步重大成果展。11月18日，中共中央政治局委员、中央书记处书记、中央宣传部部长刘奇葆实地调研武汉梦芯科技有限公司，对企业核心技术自主研发和应用的最新成果给予了充分肯定。

12月，在省政府有关领导的带领下，湖北省测绘地理信息局派人随同考察调研伊朗、埃及和南非等国家，积极贯彻落实北斗产业“走出去”战略。伊朗玛卡及省副省长扎法尔·阿扶桑带团来湖北考察，副省长许克振在会见时提出要进一步以北斗合作为纽带和桥梁，共同建设中伊“一带一路”北斗高新技术产业园，推进北斗卫星导航应用产业等重大项目合作。双方共同签署了开展友好交流与合作意向书，湖北地信科技集团股份有限公司与伊方现场签署在伊投资项目协议。

湖北省测绘地理信息局在国家测绘地理信息局组织的全国省级测绘地理信息行政主管部门2016年度测绘地理信息工作绩效考核中位列第11名，并连续4年获评“特色工作创新单位”。

党的建设与人才队伍建设

【党的建设】

湖北省测绘地理信息局深入学习贯彻十八届六中全会精神，不断增强“四个意识”特别是核心意识和看齐意识，坚决同以习近平同志为核心的党中央保持高度一致，坚定不移维护党的领导。坚持从政治上考量、在大局下行动，认清形势，保持清醒，增强理性，把党的政治纪律和政治规矩放在各项纪律的首位。

开展“两学一做”学习教育情况督导、整改、回头看，以问题导向为重，从严党内政治生活，加强党建工作，制定党建工作实施细则、责任清单和考评办法，推动全面从严治党要求向纵深推进。

【党风廉政建设】

5月—6月，湖北省委第五巡视组对湖北省测绘地理信息局进行巡视，9月，反馈巡视意见，指出坚持党的领导、加强党的建设、落实全面从严治党、党风廉政建设和反腐败工作、执行干部人事纪律五个方面存在的突出问题，提出整改建议。湖北省测绘地理信息局将巡视整改作为头等大事和政治任务，列明清单逐条剖析研究，确保反馈意见零遗漏、全覆盖，切实承担好、落实好管党治党主体责任。专门设立“两个责任”办公室，充实党建工作力量，常抓党风廉政建设。

【精神文明建设】

湖北省测绘地理信息局全年开展了乒乓球比赛、羽毛球比赛、登山活动、篮球比赛、拔河比赛等活动。4月下旬，组队参加国家测绘地理信息局举办的第四届“空间信息杯”羽毛球比赛，获优秀组织奖。组织参加省直机关工委交友联谊活动，帮助解决局属单位大龄青年婚恋问题。

【人才队伍建设】

湖北省测绘地理信息局组织完成2016年度全省土地地质测量专业高级职务水平能力测试工作。调整土地地质测量高级专业技术职务评委专家人选；组织完成2016年度全省测量专业中级职务水平能力测试工作。全年发放注册测绘师证章和证书487份，注册审核上报注册测绘师200人次。

法制建设与市场监管

【法制建设】

湖北省测绘地理信息局加大测绘地理信息法规修订力度，向省人大报送2017年度立法计划项目建议书，建议省人大将《湖北省测绘管理条例》修订作为2017年度立法工作的预备项目。根据省人大的要求，对省人大修改《湖北省测绘管理条例》第十五条提出修改意见；向省政府法制办公室报送2017年度立法计划项目申报表，建议将《湖北省地图管理办法》的修订作为2017年度的立法项目，配合做好《湖北省地图管理办法》的修订工作。

【法制宣传】

湖北省测绘地理信息局开展全省测绘法宣传日活动，印发《关于开展2016年全省测绘法宣传日活动的通知》，明确了宣传日的宣传主题、内容以及具体要求。全省共发放“8·29”测绘法宣传日活动资料8.2万份，发送测绘公益短信30多万条。

【“放管服”改革】

湖北省测绘地理信息局完善审批程序，重点加强行政许可决定及送达环节工作，按要求进行案卷整理规范，减少审批环节，提升服务水平。全年完成国家涉密基础测绘成果资料提供使用审批505件。

【测绘资质管理】

湖北省测绘地理信息局进一步加强新申请资质、资质升级单位的考核，督促落实质量管理和保密管理。严格在法定时限内完成乙级以下测绘资质审批工作，并在局门户网站进行5个工作日公示，审批工作完成后及时将证书送达单位。全年向国家测绘地理信息局转报13家申请晋升甲级的测绘资质单位，批准9家。截至年底，全省测绘资质单位总数达825家，其中甲级60家、乙级246家、丙级368家、丁级151家。

【信用管理】

7月底，湖北省测绘地理信息局在测绘地理信息行业信用管理平台完成甲级测绘资质单位信用信息录入工作，至年底，完成甲级以下资质单位信用信息录入工作。推动湖北省测绘地理信息信用市场体系建设，组织编写了《湖北省测绘地理信息行业信用信息汇集系统部署落地实施项目建设方案》，完成招投标工作，进入组织实施阶段。

【日常监管】

湖北省测绘地理信息局督促省内测绘资质单位按时完成年度报告工作，并在局门户网站公开，接受社会监督。开展测绘资质“双随机”抽查工作。对省内20多家测绘资质单位进行了资质巡查，对发现问题的单位现场提出整改要求。配合国家测绘地理信息局完成省内5家甲级测绘资质单位的“双随机”抽查工作，各市州测绘地理信息主管部门将测绘资质抽查结合测绘成果质量监督检查、测绘成果使用情况监督检查等工作一并开展。全省测绘资质随机抽查工作覆盖率达10%以上。开展测绘项目登记工作，通过湖北省测绘项目网上登记系统主动为测绘单位提供高效、便利的服务。全年为测绘资质单位办理测绘项目登记60多项。

基础测绘

【卫星导航定位基准站应用服务】

湖北省测绘地理信息局完成国家现代测绘基准体系基础设施建设一期工程湖北省5个基准站建设。开展湖北省卫星导航定位基准站安全风险排查，共排查基准站232个（其中国家级站点6个、省级站点88个），所有基准站均按照国家保密要求进行建设和管理。

【航空航天遥感影像获取与应用】

资源三号卫星影像数据更新已基本覆盖全省，并应用于2.5米DOM生产、湖北地级以上城市空间格局变化监测等基础测绘项目和地理国情监测项目。根据国家测绘地理信息局安排，获取少量北京2号卫星遥感影像，开展试生产。开展省级1:1万数据库更新工作，推进多尺度基础地理信息数据联动更新试点，为汉江沿线的宜城、钟祥、沙洋、潜江、天门、仙桃6个城市分别提供600平方千米0.2米分辨率航空影像。

【智慧城市、数字城市建设】

湖北省17个市州开展数字城市建设，11个市州通过竣工验收。省级配套经费全部下达，各城市主要建设内容基本完成。武汉、老河口和鄂州列入国家智慧城市时空信息云平台试点，其中武汉和老河口通过中期评估，鄂州开展项目设计工作。开展智慧城市时空信息云平台的科技成果转化工作，结合湖北省智慧城市试点项目建设成果，形成部分智慧城市时空信息云平台建设规范，用于指导智慧城市的规划、设计、建设、管理、运行和服务。

【质量管理】

湖北省测绘地理信息局配合国家测绘地理信息局开展2016年全国测绘地理信息质量监督抽查工作。开展2016年全省测绘成果质量监督检查工作。完成全省60家甲、乙级资质测绘单位的测绘成果、质量管理体系实施监督检查。各市州完成约100家丙、丁级测绘资质单位成果质量抽查工作。

地理国情监测

【地理国情普查】

湖北省第一次全国地理国情普查工作全面完成，12月通过验收。第一次全面查清了全省行政辖区范围内约18.59万平方千米的“山水林田湖”等地表自然资源要素和人工设施的现状及其空间分布。

【地理国情监测】

湖北省测绘地理信息局建成省级地理国情普查数据库，建设湖北省地理国情监测平台，向全省95%的地级市提供普查成果，用于当地城市建设和经济社会发展。开展湖北省主体功能区规划实施监测、水资源湖泊专题动态监测、随州市曾都区城市建成区动态监测、南水北调中线工程水源地环境动态监测、湖北省荆门市掇刀区基础性地理国情监测等项目，取得阶段性成果。实施湖北省第一次全国地理国情普查水资源湖泊专题动态监测、湖北省地级以上城市空间格局变化监测、湖北省主体功能区监测、老河口市规划底图编制（多规合一）、鄂西生态文化旅游圈森林生态安全评价与监测、长江经济带国家投资基础设施建设监测等项目。普查成果在协助划定国土空间开发底图工作中发挥了重要作用，以“多规合一”底图为基础，形成多部门合一规划方案。

【服务省委重大改革项目】

湖北省测绘地理信息局为开展自然资源资产负债表编制试点和领导干部自然资源资产离任审计试点工作提供普查成果、基础地理信息数据等相关地理信息支持。参与湖北省自然资源资产监测平台需求分析及设计。按照《省委主要领导领衔重大改革项目总体推进方案》的统一要求，充分利用地理国情普查成果，围绕湖北省7个试点区域（鄂州、宜都、武穴、神农架、竹溪、龙感湖和漳河水库），开展土地资源、水资源、森林资源、矿产资源自然资源资产审计试点工作。利用遥感影像对全省125条江河的干支流、2003个湖泊、8928个水库、133个干支渠进行了比较分析，发现并提取疑似问题图斑。

地图管理与地图服务

【地图审核】

湖北省测绘地理信息局进一步规范地图审核程序，全年审核并备案各类公开版地图（册）共计13件。

【地图编制与出版】

湖北省测绘地理信息局完成武汉、鄂州城市地图集的编制出版工作，开展荆门和天门城市地图集编制工作。

【地图市场监管】

湖北省测绘地理信息局利用互联网地图监管系统加大对网上“问题地图”的查处力度。共处理地图服务网站377个、地图图片6974张，POI兴趣点465个，无涉密信息交易记录。组织开展湖北省地图市场大检查工作，各市州测绘地理信息行政管理部门对本区域各类地图市场、文化市场、展览（展会）、纪念馆等场所进行全面检查，并对违法违规行为依法进行查处，没收违规地图产品。

【地图服务】

6月，湖北省测绘地理信息局完成第三次国家、省级间辅助决策用图共享工作，为湖北省委、省政府、省人大、省政协领导，湖北省直各厅局、湖北省军区和各级人民政府，湖北省重大发展战略、重大工程建设提供日常办公、应急服务，提供各类地图集（册）、各类特色地图、各类挂图、纸图累计2650多份。

【“美丽中国”第三届全国国家版图知识竞赛和少儿手绘地图大赛】

湖北省测绘地理信息局成立了“美丽中国”第三届国家版图知识竞赛和少儿手绘地图大赛湖北赛区组委会，4月下旬，制定完成竞赛工作方案；5月—9月，开展省级竞赛；10月—11月，配合国家测绘地理信息局开展全国竞赛的选拔工作。

测绘地理信息成果管理与应用

【“天地图·湖北”建设与应用】

湖北省测绘地理信息局研究部署推进省、市“天地图”节点建设，做好节点数据更新、运行维护、升级改造、数据融合、应用推广等工作。完成随州、老河口市级节点数据与省级节点数据的融合工作，基本完成“天地图”国省数据融合工作。结合智慧湖北时空信息云平台建设，开展“天地图”POI兴趣点采集以及基于“天地图”的高精度位置服务智慧地图数据获取及应用等项目。推动和支持天门、老河口2个县级节点接入国家主节点。

加大“天地图”宣传力度，发挥典型示范作用，不断拓展应用领域，为多个省级政府部门提供应用服务，重点开展精准扶贫、党建、能源、交通等领域应用，基于“天地图”平台开发湖北省精准扶贫到户信息系统、湖北省党建信息系统、湖北省高速公路联网收费中心信息系统等应用服务。

【成果汇交与分发】

湖北省测绘地理信息局编制2015年度测绘成果目录并向社会发布。进一步完善涉密测绘成果审批程序，完成国家涉密基础测绘成果资料提供使用审批500多件。加强测绘成果档案规范管理，收集省直相关部门具有时空标识的各类专题数据，继续推进时空信息数据中心建设。

进一步完善测绘成果安全保密监管机制，推进涉密测绘成果管理信息化建设水平，开展涉密测绘成果跟踪监管工作，对成果使用单位开展成果跟踪检查、协查。进一步完善测绘成果核心涉密人员岗位管理制度，举办湖北省第十期涉密测绘成果保密管理人员岗位培训班，共培训涉密岗位人员209名。

【测量标志管理】

湖北省测量标志管护工作采取日常维护与重点维护相结合，市州县测量标志管护经费按时足额下拨，各地测量标志管护工作按计划推进。湖北省测绘地理信息局对十堰、宜昌等地市县测量标志管护工作开展督导检查。全年批准测量标志迁建5起。

【应急保障】

湖北省测绘地理信息局初步将应急测绘保障体系纳入省政府应急管理体系，全年为省防汛抗旱指挥部办公室以及长江水利委员会等部门紧急提供应急测绘保障服务。开展国家航空应急测绘保障武汉基地建设前期调研及准备工作。

地理信息产业

【发展地理信息重点领域】

10月，经省政府同意，湖北省测绘地理信息局与省发展和改革委员会联合印发《湖北省测绘地理信息事业发展“十三五”规划》，该规划围绕新型基础测绘和北斗产业发展两条主线编制，适应供给侧改革和“互联网+”对测绘地理信息事业提出的新形势新要求。

以问题为导向、以需求为导向，加强需求分析与调研。面向省市相关部门、行业单位广泛征求“十三五”期间测绘地理信息需求。通过对浙江、江苏、四川、云南、安徽专题调研，明确行业发展环境、思路目标、基础测绘及重点项目。按照分年度建设内容、经费测算、绩效目标要求严格筛选论证，形成“十三五”三个重大工程项目库。规划提出以北斗卫星导航领域的关键技术为突破口推动省北斗产业发展，打造千亿元北斗产业集群等为主要内容的六大主要任务和七项重点工程。

【北斗产业“走出去”】

12月，湖北省测绘地理信息局随同湖北省政府有关领导考察调研伊朗、埃及和南非等国家，贯彻落实北斗产业“走出去”战略。

【“一张网”建设】

湖北省测绘地理信息局在原有基础上整合省内连续运行基准站网资源。以北斗地基增强系统为基础，以北斗高精度定位为特色，建成具有完全自主知识产权、由91个基准站构成的覆盖全省的北斗地基增强系统。搭建公共位置信息服务平台，应用于更广泛领域。湖北省北斗现代农业项目在沙洋、襄州、老河口和江陵等县市区进行试点，在全省推广基于北斗的农机信息化作业智能调度系统及农机自动驾驶精细耕种系统，推进各类农机的全面精细耕种。

【“一张图”建设】

湖北省测绘地理信息局完成市州数字城市地理空间框架向智慧城市时空信息云平台的升级改造，智慧武汉、智慧老河口通过国家测绘地理信息局中期评估，成功申报鄂州市纳入国家建设试点。省政府召开现场推进会推广“老河口”模式，拓展“一张图”的应用。推动该平台接入“楚天云”，打造湖北空间数据和空间服务支撑体系，构建全省高精度导航“一张图”。充分利用地理国情普查数据和基础地理信息库多数据源的数据融合，在“一张图”上实现多类型数据的全面整合，可分级分层、对象化提取使用。完成襄阳地区近2万平方千米数据整理工作。

【“一个端”建设】

启梦芯片开始量产，芯片产业化应用围绕车船载导航定位监控终端设备、可穿戴物联网智能终端设备、便携式手持终端和精密授时等方面进行。湖北移动基于启梦芯片定制开发的“随意找”产品量产，开拓更多北斗芯片在大众消费领域的新产品和新服务，使芯片设计与终端制造互促互动、协同发展，开启北斗应用新空间。

科技与国际合作

【科技项目与科技奖励】

武汉梦芯科技有限公司研发的基于北斗的多模多频SoC芯片，是国内首款采用40nm工艺量产的支持北斗/GPS/GLONASS基带SoC芯片，拥有多项创新技术。获2016年卫星导航定位科技进步奖一等奖。

【对外合作与交流】

12月底，伊朗玛卡及省副省长扎法尔·阿扶桑带团来湖北考察，湖北省副省长许克振在会见时提出要进一步以北斗合作为纽带和桥梁，共同建设中伊“一带一路”北斗高新技术产业园，推进北斗卫星导航应用产业等重大项目合作。双方共同签署开展友好交流与合作意向书，湖北地信科技集团股份有限公司与伊方现场签署在伊投资项目协议。

地市级测绘地理信息工作

【武汉市】

武汉市测绘地理信息局完善法制建设，组织修订《武汉市测绘质量监督管理办法》，完成市人大组织的《武汉市测绘管理条例》执法检查工作。自6月起将部分申请基础测绘成果使用审批等下放市民之家窗口办理，审批时限由承诺期限的8个工作日缩短至1—3个工作日。全年完成行政审批事项共计579项。开展普及测绘法宣传活动，以“大手牵小手”的方式向中小学生普及国家版图意识和测绘相关法律知识。印发实施《武汉市测绘地理信息发展“十三五”规划》。加强基础测绘成果的更新维护，组织基础地理信息时空数据库建设工作。加强全市基础地理信息资源整合，为服务“智慧武汉”建设，组织制定系列比例尺时空数据标准，引进遥感影像自动化处理系统。对《武汉市系列比例尺地形图要素编码及数据库标准》（GB42T/651）进行了修订。7月，利用无人船参加了防汛应急测绘，提交了水下地形断面等资料，为防汛应急提供了翔实的基础资料，有效支持了全市防汛抗涝工作。组织开展2016年公众版地图编制工作，编制完成《武汉出行指南图》《玩转大武汉》以及《地铁便携导游图》系列图，在地铁、机场、火车站及旅游集散中心累计免费发放约53万份。完成武汉市第一次地理国情普查成果审查、汇编、发布，全面启动地理国情监测工作。完成智慧武汉时空信息平台建设工作，政务云服务和互联网云服务日访问量达80万次，真正成为全市8大数据中心之一，时空信息云平台已成为智慧武汉建设的重要基础平台。开展地图市场和测绘市场的宣传和管理工作。市区两级联合开展了地图市场专项检查，全年共查处3起“问题地图”。在长江日报刊登了题为《反映国家政治观点和外交立场——市民看到“问题地图”可举报》的新闻，向广大市民宣传了中国地图的标准画法、问题地图的表现以及获取正确地图的途径方式。组织完成城市地图集武汉分册编制审批出版工作。加快“天地图・武汉”建设工作。开展了地理底图的更新与维护工作，组织编制了“天地图”武汉升级改造的总体设计方案，研发了“天地图・武汉”APP。组织开展全市测绘产品质量监督检查活动和测绘资质巡查工作，加强测绘项目登记巡查工作，切实发挥测绘地理信息行政主管部门对测绘地理信息市场的监管作用。

【襄阳市】

襄阳市测绘地理信息局对已有的规范性文件进行评估、清理，公布了继续有效的行政权力清单和规范性文件目录。将“对测绘资质的监督检查、对测绘成果质量的监督检查和对地图市场的监督检查”纳入了“双随机一公开”范围，并制定了相应的随机抽查事项清单和抽查实施细则，确保测绘地理信息执法工作依法依规。完成375平方千米1∶500基础地形图的地理信息建库和1∶2000地形图缩编；完成2015年已批城市规划编制成果入库；推进襄阳市“城市一张图”空间地理信息系统建设；完成建成区1∶500基础地形图26平方千米修测工作。加快市区建成区190平方千米三维建模。完成新的襄阳市规划管理信息系统调试运行维护工作。整合全市泛在的一张图（规划、国土、人口、城管、社管、公安等）资源，牵头建立襄阳市全市一张图。不断加大基础测绘投入力度，2016年列入城建计划和政务信息化项目库的基础测绘项目有序进行，经费投入达到2000万元左右。城市一张图、900平方千米1∶500地形图建库、中心城区1∶500地形图修测、中心城区190平方千米三维建模、规划管理信息系统、已批城市规划编制成果建库、市区平面坐标系统转换、城市一张图系统信息更新与维护8个测绘信息化项目列入市城建计划和政务信息化项目，有效保证测绘地理信息项目的经费投入。联合市教育局协助省测绘地理信息局开展“美丽中国”第三届国家版图知识竞赛和少儿手绘地图大赛。严格涉密测绘地理信息成果提供。严格进行地图审图工作，控制审图号发放。定期开展地理信息市场专项巡查。

【鄂州市】

3月，湖北省委省政府决定，在全省开展自然资源资产负债表编制和领导干部自然资产离任审计工作，鄂州被确定为唯一的地级市试点，被列为鄂州2016年的“1号改革工程”，根据《鄂州市试点工作总体推进方案》的要求，鄂州市测绘地理信息主管部门负责市生态电子地图的编制工作。项目利用国土、环保、林业、水务、规划等多部门提供的专题数据和地理国情普查成果，提取生态专题信息，集成各等部门的2011—2015年数据资源，建设生态资源数据库，开发生态资源电子地图；依托时空信息云平台，开发生态电子地图系统，为生态资源数据管理、查询分析、监督管理提供支持。项目从4月中旬开始启动，12月通过验收。该项目的建设将多部门、多时态的生态资源数据进行了集成整合，建设了面向鄂州市多部门共享的生态资源服务平台，实现了鄂州市生态资源的展示、查询分析和比对等功能。

加快“天地图·鄂州”建设与应用，累计完成现势性为2015年底100平方千米范围的矢量、影像数据及6631个地名地址数据的更新。基于“天地图”市级节点，推出了政务版的应用示范（鄂州市水务集团生产管理调度系统）。“天地图·鄂州”（公众版）接入规划在线门户网站，为规划审批统筹提供数据支撑。在2016年“天地图”市级节点服务技术评估中，“天地图·鄂州”获评四星级。围绕“贯彻地图管理条例 更好服务国计民生”的测绘法宣传主题，开展了形式多样的测绘法宣传活动。开展全市丙丁级测绘成果质量监督检查工作，组织专家组人员对全市丙丁级测绘资质单位进行现场核查，对其成果类及非成果类分别进行了检查，并对存在问题的单位提出整改意见，结合各资质单位整改情况对其进行了质量评定工作。加强测量标志保护管理，对全市域82个测量标志点进行了巡查和维护，并将所有数据、信息录入湖北省测量标志管理信息系统，上报省测绘地理信息局。

地方社团工作

【湖北省测绘地理信息学会】

湖北省测绘地理信息学会承办中国测绘地理信息学会咨询工作委员会工作会议和全国秘书长工作会议。扩大学术影响，搭建学术交流平台，服务测绘科技工作者，引领测绘地理信息学科建设与发展。协办开启倾斜摄影云计算和实景三维大数据应用时代高峰论坛会议，推广倾斜摄影技术与应用。举办2016年测绘地理信息新技术应用推广会，6家测绘地理信息企业代表介绍展示地理信息数据采集、处理、管理、应用等方面的新技术。为全国测绘科技信息网中南分网第三十次信息交流会征集学术交流论文83篇，其中23篇入选优秀论文，并组织会员单位和论文作者30多人参加会议。开展第十六届湖北省一等奖6篇、二等奖10篇、三等奖20篇。组织会员80多人赴广西南宁参加中国测绘地理信息学会主办的学术年会和技术装备博览会。

【湖北省测绘行业协会】

湖北省测绘行业协会组织行业技术交流活动，协助举办开启倾斜摄影云计算和实景三维大数据应用时代高峰论坛、华测安全监测系统解决方案研讨会等；定期向会员单位免费赠阅《地理空间信息》刊物。组织参与行业组织间交流活动。组织广州市测绘地理信息协会来武汉考察交流，学习交流协会工作及行业管理经验，交流城建、国土规划和重点工程项目的技术管理经验。在省民政厅的指导下，根据湖北省测绘地理信息局《关于湖北省测绘行业协会与局脱钩试点工作方案》的要求，8月底完成机构、职能、资产财务、人员管理等方面的分离工作，并报省民政厅办理了相关变更手续。

湖南省

概况

2016年，中国地理信息产业大会、全国专题性地理国情监测技术研讨会等重要会议在湖南举行，测绘地理信息重大工程列入多项省级“十三五”规划。

湖南省国土资源厅在国家测绘地理信息局组织的全国省级测绘地理信息行政主管部门2016年度测绘地理信息工作绩效考核中被评为优秀单位。截至2016年底，省市县三级共有测绘地理信息管理机构110个，省市县三级直属测绘地理信息单位从业人员1918人。

湖南省各级财政共投入测绘地理信息工作经费24704万元。截至年底，全省共有测绘资质单位600家。全年测绘资质单位完成服务总值30.07亿元，比2015年增加4亿元。全省测绘资质单位承担科技研究项目87项，项目经费合计7076万元。全省测绘地理信息行业科研成果数量质量稳定，发表论文57篇，验收科技成果26项，获省部级以上奖项5项。

党的建设与人才队伍建设

【党的建设】

湖南省国土资源厅以“两学一做”学习教育为

主线加强党的建设。下发了学习教育实施方案，成立了领导小组，召开了动员大会。举行了十八届六中全会、习近平总书记重要讲话精神、党风廉政教育等专题讲座，组织7次厅党组中心组集中（扩大）学习。厅班子成员分别主持召开分管处室和联系单位“两学一做”督导会，给分管单位干部党员讲党课。举办厅直系统“七一”诗歌朗诵比赛，与省政府办公厅、研究室、法制办公室、发展和改革委员会共同举办“七一红色经典”音乐会和国庆诗歌朗诵会。开展普通党员领学一次集中学习、领讲一次专题党课活动。厅机关实现对所有处室、直属单位党组织“两学一做”督导全覆盖。将党支部标准化建设纳入厅绩效考核范围，与业务工作同部署、同检查、同考核。厅机关各处室党支部、直属单位党组织落实了“三会一课”制度。开展党员信息清查工作，完成党员信息数据库建设，被省直工委评为“党内统计工作良好单位”。全年共推荐25人参加省直工委组织的入党积极分子培训，发展党员20名。完成党费核查补缴工作，厅直系统109个党支部、1596名党员共补交党费128万元。召开厅直系统庆祝建党95周年表彰大会，对147名优秀共产党员、15名优秀党务工作者、15个先进基层党支部进行了表彰。参加省直工委、国家测绘地理信息局组织的党建和思想政治工作理论重点课题研究，提交了4个课题的成果报告。开展机关支部联基层活动、在职党员进社区工作。

【党风廉政建设】

湖南省国土资源厅召开全省国土资源党风廉政建设工作视频会议，全省系统包括乡镇国土所共26723名干部参加了会议。厅党组书记与厅领导班子成员、厅机关各处室、厅直属各单位和14个市州国土资源局负责人签订了党风廉政建设责任状，分管厅领导对分管处室和联系单位负责人的责任书进行“签字背书”，把责任和压力传导到每一个党员领导干部。深入开展“雁过拔毛”式腐败问题专项整治，成立专项整治工作领导小组，召开专项整治工作视频会议，制定下发工作实施方案。加大资金、项目清查力度，对近三年来湖南省国土资源厅负责分配、拨付的财政性项目资金情况进行了全面排查，主要包括征地拆迁领域、中央和省级财政安排的土地整治和地质环境项目。湖南省国土资源厅的“雁过拔毛”式腐败问题专项整治工作得到湖南省省委常委、纪委书记傅奎的肯定并作出专门批示。扎实开展巡查工作，对2014—2015年度土地整治项目进行专项巡查，完成对湖南省地质博物馆、湖南省第二测绘院、湖南省第三测绘院、湖南省地质环境监测总站4个直属单位和长沙、湘潭、衡阳、岳阳4个市国土资源局的巡查。开展党风廉政约谈工作，共约谈党员干部273人次。

【精神文明建设】

湖南省国土资源厅获湖南省“省直机关文明标兵单位”称号。加强群团组织建设，选举产生新一届厅系统工会、机关工会、厅直团委和机关妇委会。组织参加国家测绘地理信息局、省体育局、省直工委、省政府机关系统多项文体竞赛活动，取得优异成绩。组织每周练习一次太极拳、放映一场电影，开设图书阅览室。厅机关开展为期一年的“泥土精神植正气、大地情怀走潇湘”健走主题活动。创新青年工作形式，组织“4·22”世界地球日志愿者公益长跑活动。组织志愿者服务队到厅扶贫点隆回县清水村开展助学活动，开展国家版图知识专题讲座。开展厅直团委的读书会活动。厅直属的10个文明单位全部通过湖南省精神文明建设指导委员会办公室验收复核。

【人才队伍建设】

湖南省国土资源厅组织开展全国测绘地理信息系统先进集体和先进工作者评选推荐工作，最终湖南省第一测绘院获“全国测绘地理信息系统先进集体”称号，湖南省第三测绘院院长周星耀获“全国测绘地理信息系统先进个人”称号。湖南省国土资源规划院院长赵亚辉获2016年度国务院政府特殊津贴专业技术人员。有序开展职称评审，申报高级职称53人，其中教授级高级职称12人；申报中级职称34人。积极支持援藏援疆工作，选派湖南省测绘科技研究所副所长挂任西藏山南地区国土资源局党组成员、副局长，省国土资源厅土地利用处副调研员挂任新疆吐鲁番地区国土资源局副局长，接收新疆维吾尔自治区国土资源系统3名干部到湘潭市国土资源局挂职锻炼。厅直属测绘单位从业人员年龄结构中40岁以下的中青年人数占比63.5%，较上年度增加3.2个百分点，年龄结构得到优化。

法制建设与市场监管

【法制建设】

湖南省政府法制办公室将《湖南省地理空间信息数据交换共享管理办法》（以下简称《办法》）列

入年度立法计划。湖南省国土资源厅开展遥感影像统筹、地理信息项目统筹、知识产权保护等方面工作的调研，对全省33个省直部门及其二级局、直属单位等100多家单位“三定”职能职责进行全面系统梳理，向40个省直部门、驻湘单位征集了两轮意见，最终向省政府法制办公室提交了《办法》待审稿。同时，完成配套的地理空间数据共享平台总体框架建设，编制了共享平台数据整合技术方案。推进《地图管理条例》贯彻落实，部署了省市县地图编制年度任务，加强了地图管理业务培训和指导。

【法制宣传】

湖南省国土资源厅开展“8·29”测绘法宣传系列活动，联合中南大学举办了湖南省测绘地理信息发展论坛，相关省直部门、高校、科研机构、企业界代表以及各市州、县市国土资源部门约300人参加。在局门户网站、省内主流媒体开展以践行社会主义核心价值观、弘扬测绘精神为主题的感动测绘人物推选活动。8月29日，省政府召开湖南省地理空间大数据应用发展情况新闻发布会。全省测绘地理信息系统举办各种类型测绘法制及国家版图意识宣传教育活动179次，在各地公众集散地设立宣传点310个，制作《地图管理条例》、“问题地图”查处案例等各类宣传材料370种，发放宣传材料19.6万份。

【综合执法】

湖南省国土资源厅及各市州国土资源局开展测绘资质巡查187次，测绘质量监督检查187次，涉密测绘成果使用管理检查164次，地图市场检查88次，排查地图服务网站277个。立案调查涉嫌违法案件62件，其中市场准入类5件、测绘项目类9件、地图类13件、测绘成果类11件、测量标志类22件；做出行政处罚32件，其中市场准入类2件、测绘项目类1件、地图类7件、测绘成果质量安全类7件、测量标志类12件。

【依法行政】

湖南省国土资源厅协调省绩效评估委员会办公室，将测绘地理信息工作纳入对市州党委政府的年度绩效考核内容。在岳阳市下辖的汨罗市开展地理信息工作示范县创建工作，构建了省市县相互衔接、市县级落实地理信息应用的工作格局。

【“放管服”改革】

湖南省国土资源厅将“放管服”改革、优化企业发展环境的要求落实到具体工作。1月25日，在测绘资质审批事项中对申请人不再要求提交测绘仪器检测资料，通过资质巡查、成果质量“双随机”抽查等方式加强事中事后监管。3月22日，对测绘产品质量监督检验费、测绘仪器检测费在原有标准基础上降低30%；对利用测绘成果、成图资料费在原有标准基础上降低50%，并将降低后的收费标准向社会公示，全年共为企业减负约180万元。深化行政审批制度改革，探索向市州下放地图审核、国家基础测绘成果资料提供使用许可审批职能，除法规政策明确规定由国家或省测绘地理信息行政主管部门提供的数据外，其余数据由市州测绘地理信息行政主管部门按照属地管辖的范围进行审批和提供。

【测绘资质管理】

湖南省国土资源厅全年审核新增测绘资质单位27家，完成580家测绘资质年度报告公示。进一步规范测绘资质审批。明确各市州国土资源局负责对新申请乙级以下测绘资质的单位进行初审。配合全省不动产统一登记发证等重大工作的开展，规范了不动产测绘业务的市场准入管理。

【信用管理】

湖南省国土资源厅完成测绘地理信息行业信用平台建设，将测绘行业诚信体系建设列入了财政预算项目，明确湖南省地理信息产业协会作为技术承担单位。制定测绘地理信息行业信用信息平台建设方案和信用征集管理实施细则。转发了国家测绘地理信息局《关于开展全国测绘地理信息行业信用征集和发布工作的通知》。联合省社会信用体系建设办公室举办测绘地理信息行业信用管理培训班，对各市州国土资源局测绘地理信息科，厅直属有关单位、甲级测绘资质单位技术人员约60人进行了培训。全面完成全省600家测绘资质单位信用信息的录入、审核、上报工作。

【日常监管】

湖南省国土资源厅及各市州国土资源局对192家测绘资质单位资质条件及近三年完成的测绘成果质量进行抽查。组织省级技术力量对市州巡查抽检的180家单位按25%的比例进行了抽查复核，查处较大的质量问题9起、违法测绘3起，进一步规范了测绘资质管理，提高了测绘行业单位的质量意识。

基础测绘

【基础测绘】

湖南省国土资源厅制定出台《1∶1万基础地理

信息数据库快速更新技术规程》，完成洪江、慈利、洞庭湖测区1∶1万基础地理信息数据更新和整合处理，全省1∶1万基础地理信息数据现势性更新到2016年。累计建成省卫星定位连续运行基准站123座，完成省内的国家级卫星定位连续运行基准站建设的省级综合验收。省卫星定位连续运行基准站系统（以下简称HNCORS）二期工程及兼容北斗升级建设项目通过院士专家组的评审验收。338家用户单位涵盖国土测绘、气象预报、高等教育、城市规划、勘察、交通、水利、电力等行业。在省级基础测绘、全省1∶2000不动产测绘等重大项目中，利用HNCORS进行像控测量，提升了工作效率；在地质灾害监测和防控领域，将HNCORS作为全省地质灾害监测的统一基准，对灾害隐患点的位移进行监测，完成龙永、益马高速公路和黑麋峰等边坡监测应用示范点的高精度形变监测；在车辆管理、执法检查等应用示范领域，搭建了拥有自主知识产权的“问北位置”位置服务云平台；为中联重科股份有限公司“智慧农业工程机械”提供了高精度实时地理空间位置服务。

【航空航天遥感影像获取与应用】

湖南省国土资源厅通过航空、航天影像更新1∶1万地形图2889幅82048平方千米。通过加快推进1∶2000不动产统一登记航空摄影测量项目，累计获取0.2米分辨率基础航空数据15.09万平方千米，其中2016年新增3.39万平方千米。省级影像资料已实现由省国土资源信息中心统一管理、资源共享，减少重复投入、重复获取，及时向国家测绘地理信息局报送了湖南省基础航空航天影像获取情况。在基础测绘、地理国情普查、数字城市建设、农村集体土地确权登记发证、1∶5万数据更新等方面，实现航空航天影像资源共享。

【智慧城市、数字城市建设】

湖南省国土资源厅累计完成14个市州数字城市和茶陵、湘乡、道县、资兴、韶山、望城、平江、宁远8个县市数字县域建设。全面展开市县一体化数字县域建设，吉首、凤凰、古丈等15个县市启动数字县域建设，在建的数量达到45个。各地依托数字城市地理信息公共服务平台，建设了人口管理、园林绿化、电力管理、市政服务、地下管网、公安消防等200多个专业应用系统或应用示范系统。

【质量管理】

湖南省国土资源厅制定了《1∶1万基础地理信息数据库更新项目质量检查验收规定》，完成40批次省级基础测绘项目验收。完成80个县的基础性地理国情监测项目的检查验收。完成1∶2000不动产数字线划图成果的质检内容、质检方法、评分方法等的研究，完成13万平方千米的航空摄影测量成果、11万平方千米的1∶2000 DOM及DLG的检查验收。组织对126批次地图进行技术审查，完成数字城市、湖南省行政区划更新、地理国情监测等重点领域公众版地图的技术审查。启动新版互联网地图监管平台，将各类大型新闻媒体、网站纳入监管，发现问题地图图片765张，查处登载“问题地图”网站5个。完成测绘技能鉴定培训397人次。组织对湖南省农村集体土地确权登记发证、农村集体建设用地和宅基地使用权确权登记工作底图等项目开展了检查验收。

【安全生产】

湖南省国土资源厅被省委省政府评为综治工作先进单位，并获“平安单位”称号。

地理国情监测

【地理国情普查】

湖南省国土资源厅结合土地利用年度变更调查等工作，对全省地表自然和人文地理要素进行了更新，保持了地理国情普查数据库的现势性。做好地理国情普查后续各项工作，编制了《湖南省地理国情普查成果图集》和成果公报、专报、数据汇编等。联合省总工会对湖南省地理国情普查劳动竞赛先进集体和个人进行了表彰，授予湖南省第三测绘院等3个单位“湖南省五一劳动奖状”，授予詹艳春等6名同志“湖南省五一劳动奖章”，授予湖南省第一测绘院地理信息中心等8个班组“湖南省工人先锋号”。

【地理国情监测】

湖南省国土资源厅完成全省基础性地理国情监测。开展了国家级新区空间格局变化监测、全国地级以上城市及典型城市群空间格局变化监测、长江经济带国家投资基础设施建设监测3项国家级监测项目；完成洞庭湖生态经济区地理国情持续监测、衡邵干旱走廊地理国情监测等5项省级专题性地理国情监测。洞庭湖生态经济区地理国情持续监测项目在汛期及时向湖南省防汛抗旱指挥部提供了每天的水域水面分布和水面面积情况，得到了省防汛抗旱指挥部的充分肯定。14 个市州国土资源局围绕精准扶贫、违法用地违规建设动态、海绵城市、热岛效应、工业园区用地变化等启动了一批地理国情专题性监测。湖南省国土资源厅联合中国测绘科学研究院，在长沙举办了全国专题性地理国情监测技术研讨会。

不动产测绘

湖南省相关测绘单位全年合计完成地籍测绘 6.6 万平方千米，其中湖南省国土资源厅直属测绘单位完成 98 平方千米。全年合计完成房产测绘 2.4 亿平方米、行政区域界线测绘 288 千米、地下管线测绘 3500 多千米。

地图管理与地图服务

【地图审核】

湖南省国土资源厅全年受理审核地图、核发审图号 114 批次共计 414 幅地图。其中审核互联网地图 11 批次，全部按照要求备案。

【地图编制与出版】

湖南地图出版社有限责任公司全年出版各类地图（册）、图书约 300 种，地图编制与出版综合收入为 2305 万元。

【地图市场监管】

湖南省国土资源厅开展全省地图市场大检查。查处了湖南经视“汉语桥”节目问题地图、湘西州凤凰县天下凤凰大酒店问题地图、上海海关移交的出口沙滩球问题地图等 28 起问题地图。其中立案查处 11 个，责令停止违法行为并给予警告的 4 个，没收和集中销毁“问题地图”产品 1.6 万册（份），对出版机构采编人员培训教育 300 多人次。

【地图服务】

湖南省国土资源厅及其直属单位、市县国土资源部门加大了地图公共服务工作力度。完成《湖南省地理国情普查成果图集》《湖南省政务工作用图》《两型地图集》《湖南省第二次土地调查图集》《宁远县地理县情地图集》《湖南省旅游图》（韩文、英文、日文、俄文）等的编制。开发《湖南省政务地图》移动版、多源地理信息矢量成果框架转换软件、湖南省不动产登记基础建设智能快速可视化制图系统、湖南省地理国情纵览信息系统、石牛寨国家地质公园三维实景立体展示系统等电子地图。各市州国土资源局利用地理国情普查数据成果，结合乡镇村区划调整，编制地理国情地图集和新的省市县三级行政区划地图。株洲市城乡土地使用税系统为株洲市地税局新增纳税单位 200 多户，新增税源 4000 多万元，实现城镇土地使用税增收 1.9 亿元。

【国家版图意识宣传教育】

湖南省国土资源厅积极开展国家版图意识宣传教育活动，组织相关媒体从业人员进行相关培训。与湖南广播电视台签署地理信息应用与宣传合作战略协议，联合制作版图知识、地理信息安全等系列电视节目。对湖南广播电视台所属的新闻中心、卫视频道、广播传媒中心等十多家频道主要栏目制片人、责任编辑培训约 300 人次。与省新闻出版广电局合作，对湖南出版集团、中南传媒出版集团所属的报刊媒体采编工作人员培训约 600 人次。

【“美丽中国”第三届全国国家版图知识竞赛和少儿手绘地图大赛】

湖南省国土资源厅会同省教育厅成立了竞赛组织协调机构，印发了工作部署通知，组织 14 个市州有 4627 人参加国家版图知识竞赛，满分率为 71%。与湖南人民广播电台合作，通过网络、广播、微信等平台征集到 1000 多人，选拔产生 30 名优胜选手，报送国家测绘地理信息局参加江苏卫视《一站到底》专题节目。组织各地 1826 人参加少儿手绘地图大赛，参赛范围覆盖全省 14 个市州 72 个县 227 所学校，收到作品 617 幅，选送 115 幅作品参加全国赛，其中 23 幅作品入围优秀作品。

地图管理与地图服务

【“天地图·湖南”建设与应用】

“天地图·湖南”（政务版）数据现势性加强，完成重点要素年度更新，主要包括道路及其附属设施的新增或改线；乡镇级以上行政驻地的地名地址调整；全省省、市、区县、乡镇、村级行政界线的整理。完成新版“天地图·湖南”电子地图生产和全省影像瓦片库更新，实现了衡阳、益阳市级节点与省级节点融合数据上线，完成了长沙市、娄底市 2 市域城区实体数据库建设。“天地图·湖南”平台环境进一步改善，完成基础环境升级、新版移动端开发。新增省教育地理信息系统、省河道保洁系统、省工业地理系统、省生态红线划定、省第二次地名地址普查系统等10多个典型应用，对省气象、电信、林业相关系统使用的“天地图”前置服务进行了回访，反馈良好。省工业地理系统共收集全省137家省级以上产业园区、7600多家规模工业企业的基本信息，展现全省工业、园区和企业空间布局。

【成果汇交与分发】

湖南省国土资源厅为国土、水利、电力、地矿等20多个行业提供了测绘地理信息成果服务。全年提供基础地理信息数据成果及纸质成果79117幅，无偿提供率86%，为全省经济社会发展“十三五”规划编制、不动产统一登记、农村土地承包经营权登记发证、第二次地名普查、生态保护红线划定、交通基础设施建设、国防工程等重大项目重大工程提供地理信息数据保障服务。

【涉密成果管理】

湖南省国土资源厅印发《加强测绘地理信息安全与保密管理的通知》，健全成果使用审批管理、涉密测绘数据载体及介质管理、生产过程成果数据安全管理制度。开展测绘地理信息安全与保密管理人员培训，实现全省110个市州、县市局测绘地理信息科股、国土资源信息中心全覆盖。对全省测绘资质单位法人或分管负责人、涉密岗位工作人员980人进行了地理信息安全保密培训。强化保密安全措施，引入了文件智能锁和数字水印等技术手段。

【测量标志管理】

湖南省国土资源厅安排市县测量标志维护与巡查补助经费75万元，开展省级测量标志管理系统数据更新。

【应急保障】

湖南省国土资源厅编制应急测绘工作方案，与境内有关部队建立了应急测绘空域实时快速联络机制，为华容县治河渡镇重大溃堤险情、古丈县默戎镇龙鼻村重大滑坡泥石流险情、106国道炎陵境塌方险情、京港澳高速汨罗段货车易燃易爆品爆炸事故等突发事件提供了应急测绘保障服务。

地理信息产业

【发展地理信息重点领域】

湖南省测绘资质单位全年完成测绘服务总值达30.07亿元，同比增长15%。按照地理信息上下游产业链进行测算，全省地理信息行业及相关产业服务总值达217亿元，增幅21%。截至年底，全省各级测绘资质单位拥有全球导航卫星系统接收机（GPS）2987台，同比增加1%；全站仪2669台，同比增加4%；水准仪1448台，同比增加6%；手持测距仪2367台，同比增加28%；地下管线探测仪239台，同比增加22%；测深仪194台，同比增加6%。低空无人驾驶摄影飞机数量增加153%，达到43架；全数字摄影测量系统数量增加2%，达到437套；遥感图像处理系统数量增加4.5%，达到277套；高性能图形编辑计算机数量增加10%，达到2911台；年内新增多镜头多角度倾斜摄影测量系统5台、多角度倾斜摄影真三维处理系统3套。

【优化产业发展环境】

湖南省国土资源厅协调支持省地理信息产业园在北京举办招商推介会，国内100多家地理信息企业主要负责人到会，10多家企业签约入园。配合中国地理信息产业协会在长沙举办2016年中国地理信息产业大会，1500家地理信息企业参会参展。省地理信息产业园依托暮云经济开发区，规划35平方千米，建设总部基地、数据生产与处理基地、企业孵化基地等12个功能区，2016年总部基地（德泽苑）、创业创新基地（远航广场）、数据生产与处理基地（中科遥感）挂牌运营，园区完成地理信息公共服务平台示范项目建设。

科技、标准化与国际合作

【科技创新体系建设】

湖南省国土资源厅落实国防科学技术大学、湖南省人民政府、国家测绘地理信息局签订的《测绘地理信息军民融合创新发展战略合作协议书》，依托国防科学技术大学的HiGIS平台，启动了数字湘西州县一体化云平台建设，共同打造新一代自主可控、高性能计算的州县一体化云平台的“军民融合”示范工程。与省教育厅、省审计厅、省工商局签订地理空间数据共建共享协议，与湖南大学（长沙超算中心）签订地理空间大数据建设与应用战略合作协议。湖南省第一测绘院、第二测绘院与中南大学合作共建卓越测绘工程师工程实践教育基地。

【科技项目与科技奖励】

湖南省国土资源厅争取测绘科研经费投入549万元，同比增加7%。启动18项科学技术研究攻关。

获2016年中国地理信息科技进步奖一等奖3项、二等奖2项，湖南省科技进步一等奖1项，获奖项目分别为LIDAR技术在DEM生产中的应用研究、湖南省测绘地理信息“十三五”规划研究、湖南省第二次全国地名普查技术规程与数据标准、基于安卓智能终端的移动外业调绘系统研究、张家界地貌的精确测量与数字重建研究、中西部山区公路地质灾害监测评估技术及应用。

【标准化工作】

湖南省国土资源厅推出7个标准研究的项目，以公开竞争的方式征集项目承担单位，下达了任务与补助资金。

【对外合作与交流】

湖南省国土资源厅组织全系统4批10人次赴美国、墨西哥、捷克等国开展测绘地理信息技术与应用国际合作交流。

地市级测绘地理信息工作

【岳阳市】

岳阳市国土资源局争取到岳阳市委市政府的支持，将测绘地理信息工作纳入全市综合绩效考核。配合湖南省国土资源厅开展长江经济带国家投资基础设施建设监测岳阳项目区工作。协调指导汨罗市开展模范县创建工作，安排专项资金约2000万元。向所属县（市）拨付数字县域建设资金约200万元，与湖南省第三测绘院签署《测绘地理信息战略合作框架协议》。推进市级基础地理数据库建设和更新，开展外业调绘30平方千米，完成高清航摄320平方千米。为城市管理、社区网格化管理、棚户（旧城）区改造、城市总体规划修编、海绵城市规划、市区排水规划、地下管网普查、警用信息系统建设等提供了地理信息应用服务。启动城区禁拆治违高清影像动态监测项目。

【湘西土家族苗族自治州】

湘西土家族苗族自治州国土资源局争取州政府将数字县域建设纳入建州60周年州庆重点项目，与市县签订数字县域建设工作责任状。与国防科技大学、湖南省第二测绘院制定《军民融合数字湘西州县一体化云平台建设方案》并通过了州政府组织的评审。启动花垣县（十八洞村）精准扶贫地理国情监测项目。制作州政府领导和州直部门领导工作用图。组织开展国家版图知识竞赛和少儿手绘地图大赛选拔赛并提供个人奖金。及时查处了凤凰县“问题地图”。

地方社团工作

【湖南省测绘地理信息学会】

湖南省测绘地理信息学会协助中国测绘地理信息学会在长沙市召开2016年工作会议。6月30日，成立湖南省第二次全国地名普查监理办公室。联合长沙理工大学、省国家安全厅、省测绘产品质量监督检验授权站等单位为测绘资质单位提供培训服务。7月10日至15日、9月11日至23日，举办测绘地理信息行业继续教育不动产测绘（中级）、（初级）培训班。7月18日至22日，根据省国土资源厅安排举办测绘地理信息行业安全与保密培训班。10月1日至12月30日，举办5期测绘质检技术人员培训班，培训约1000人次。举办摄影测量与遥感技术交流研讨会、全国倾斜摄影技术联盟百城巡展（长沙站）活动、测绘科技教育工作学术交流会、测绘仪器装备展等活动。组织开展2016年全省优秀测绘地理信息工程奖和湖南测绘科技进步奖评选活动。评选出优秀测绘地理信息工程奖一等奖8项、二等奖15项、三等奖21项；测绘科技进步奖一等奖4项、二等奖2项、三等奖2项。向中国测绘学会推荐的项目获2016年测绘科技进步奖一等奖2项、三等奖3项，获2016年全国优秀测绘工程奖7项。推荐18篇论文参与全国测绘科技信息网中南分网论文交流会，获一等奖3篇、二等奖4篇。

【湖南省地理信息产业协会】

4月6日，湖南省地理信息产业协会在长沙举行成立仪式并召开了第一次会员代表大会。会议选举产生了会长、副会长、监事长、秘书长、常务理事和理事单位。6月3日，承接省国土资源厅安排的测绘地理信息行业信用管理平台建设任务。8月27日，协助举办地理空间大数据应用发展的测绘地理信息高端发展论坛系列活动。11月1日，协助省地理信息产业园举办招商推介会和战略合作签约仪式，协调武汉航天远景科技股份有限公司、湖南天湘和信息科技有限公司进驻省地理信息产业园。

广东省

概况

2016年，广东省政府办公厅出台《关于推动卫星导航应用产业发展的指导意见》。广东省“十三五”基础测绘项目经费通过省财政厅评审。广东省国土资源厅全面完成广东省第一次全国地理国情普查工作，首次获取覆盖全省、无缝隙、高精度的地理国情普查数据。组织完成2个国家级地理国情监测项目和4个省级地理国情监测项目并通过验收。全面完成全省优于0.2米分辨率影像数据获取和1:2000正射影像制作以及12个地级市城市中心区1560平方千米的三维建模。加快推进数字县区地理空间框架建设和“一村一镇一地图”建设，全省已有34个县区通过验收。加强广东省地理信息公共服务平台应用服务，整合数据资源，提供国土资源“一张图”服务。与澳门特别行政区地图绘制暨地籍局合作完成粤澳行政区域界线界标埋设和测绘，编制出版《珠海·澳门地图集》。省级测绘地理信息监管与服务平台一期工程完成验收并投入试运行，二期工程建设正式启动。推进测绘工作“放管服”，构建测绘地理信息公共服务体系和管理服务体系，加强地理信息安全监管，促进全省地理信息产业繁荣发展。全年核准测绘资质事项175件，核准地图110件。截至年底，全省共有测绘资质单位769家，测绘从业人员2万多人。全年完成测绘服务总值75亿元。

党的建设与人才建设建设

【党的建设】

广东省国土资源厅印发《广东省国土资源厅抓机关党建工作责任清单》。开展“两学一做”学习教育，组织4次中心组学习讨论，邀请专家学者作8次辅导报告，举办3期脱产培训班，组织基层党组织书记和党务干部113人到井冈山开展党性锤炼活动。开展全面从严治党落实情况检查，对厅机关和厅属单位29个基层党组织进行检查。通过厅领导讲党课，召开支委会、党小组会、党员大会和专题组织生活会等方式开展学习讨论和民主评议活动，落实党的民主集中制和基层党组织生活制度。开展组织关系集中排查，对8名失联党员按规定进行处置，建立党员信息管理台账，完善组织关系接转办法。完成厅机关党建突出问题检查整改，组织厅第三次党代会换届选举和基层党组织按期换届检查，开展“共产党员先锋岗”创建活动。

【党风廉政建设】

广东省国土资源厅召开全省系统党风廉政建设会议，制定《党风廉政建设巡察工作实施方案》，开展4个地市国土资源主管部门党员干部监督责任落实情况巡察。组织纪律和保密教育学习活动，邀请中纪委和省纪委有关领导作3次辅导报告。印发《广东省国土资源厅党风廉政建设主体责任清单》《厅机关处（室、局）党风廉政建设主体责任清单》和《厅属单位党风廉政建设主体责任清单》，开展广州、惠州、江门等地涉及土地领域廉政风险防控专题调研，完善土地利用总体规划和土地利用计划管理等8方面政策制度。出台《开展谈话提醒构建抓早抓小工作机制实施办法》，开展谈话提醒79人次。

【精神文明建设】

广东省国土资源厅组织干部职工到革命教育基地、爱国主义教育基地、反腐倡廉教育基地参观，开展社会主义核心价值观教育。组建乒乓球队、羽毛球队、篮球队、网球队参加广东省直属机关运动会，组织干部职工参观长征胜利80周年展，参加社科讲坛、职工大讲坛等。举办“国土人 国土情 国土梦”迎春联欢晚会，活跃机关文化氛围。

【人才队伍建设】

广东省国土资源厅选拔厅机关正处级领导干部2人、副处级领导干部5人、调研员2人、主任科员5人、副主任科员2人，厅属事业单位正处级领导干部1人、副处级领导干部7人，地级市国土资源主管部门处级领导干部16人；招录公务员4人；接收军队转业干部3人；招聘厅属事业单位工作人员29人，其中硕士研究生10人、本科生19人。截至年底，厅机关在编在岗人员145人，其中厅级干部9人、处级干部71人、科级以下干部65人；厅属事业单位在编在岗人员587人，其中正处级领导9人、副处级领导30人、其他人员548人。选派厅机关干部8人到基层挂职锻炼，安排基层干部27人到厅机关学习锻炼，对19名处级领导干部进行轮岗，选送干部43批207人次参加各类培训。完成2015—2016年度职称评审，230人通过职称评定，其中9人获教授级高级工程师资格、80人获高级工程师资格、141人获其他专业技术职称资格。推荐省土地调查规划院1人、省国土资源测绘院1人作为2016年享受政府特殊津贴人选。

法制建设与市场监管

【法制建设】

广东省国土资源厅配合开展《中华人民共和国测绘法》修订工作，征求收集各方面意见和建议，并上报国家测绘地理信息局。印发《广东省国土资源厅2016年度领导干部学法计划》，承办南粤法治报告会第十六讲——土地征用法律问题研究和深入推进依法行政加快法治国土建设专题讲座，组织参加国土资源部新行政诉讼法学习大讲堂，约2000人次参加。编印《国土资源管理法规文件汇编（2015年）》《行政复议行政诉讼常用法律法规文件选编》《国土资源管理信息公开法律法规文件选编》《法治国土手册》《规范性文件管理规定汇编》，约140万字、1万多册。

【法制宣传】

广东省国土资源厅印发《广东省国土资源管理系统开展法治宣传教育的第七个五年规划（2016—2020年）》。组织全省参加国家测绘地理信息局举办的地图管理条例电视电话会议，加强《地图管理条例》学习宣传。开展2016年测绘法宣传日主题宣传活动，与惠州市政府联合在惠州举办主场宣传活动，省国土资源厅、惠州市政府有关领导出席活动，并为第三届“美丽中国”全国少儿手绘地图大赛惠州赛区的获奖小选手颁奖。活动现场设置大型电子屏幕，播放国家版图意识宣传教育等宣传片，邀请艺术家进行沙画表演，设立测绘发展历程展示长廊、联合科技展示区、少儿手绘作品展示区、VR高科技展示区、无人机集群区、磁性拼图互动区6个展区，发放测绘地理信息宣传手册、宣传地图、宣传日记本等各类宣传资料7500多份。广东省国土资源厅获中央宣传部、司法部、全国普法办公室“2011—2015年全国法治宣传教育先进单位”，1人获先进个人；1人获省普法办公室“全省法治宣传教育（2011—2015年）先进个人”。

【依法行政】

广东省国土资源厅印发《广东省国土资源厅党组关于全面推进法治国土建设的实施意见》《广东省国土资源厅2016年度依法行政工作要点》，对保留的15个行政许可事项的办事程序、办事指南进行全面梳理，优化审批流程、简化审批环节、压缩审批时限，清理规范行政审批中介服务事项14个，推进行政许可事项标准化编制，加强行政审批事项目录清单管理，完善网上办事大厅建设和网上审批系统建设，推广“一门式、一网式”政府服务模式，推进网上审批工作。开展测绘行政审批中介服务事项清理，完成测绘行政许可事项公示，全部行政许可事项通过合法性备案审查。开展完善规范性文件合法性审查机制试点，印发《广东省国土资源厅完善规范性文件合法性审查机制试点工作实施意见》。制定《广东省国土资源厅规范性文件管理办法》《广东省国土资源厅规范性文件范围目录》《广东省国土资源厅规范性文件合法性审查标准》，建立规范性文件目录机制以及统一登记、统一编号、统一发布的“三统一”制度，规范文件制定、发布等各环节工作流程，明确合法性审查具体标准，完善规范性文件管理制度体系。印发《广东省国土资源厅关于建立重大行政决策目录制度的通知》，明确重大行政决策事项范围，促进依法行政和法治国土建设。

【“放管服”改革】

广东省国土资源厅推进简政放权工作，落实权力清单制度，加强对行政审批和许可事项的下放后监督，制定监管措施，指导承接单位推进行政审批标准化建设，扩大网上审批范围。建立下放事项年度自查报告制度和实施情况年度抽查制度，推广随机抽查规范事中事后监管。

【测绘资质管理】

广东省国土资源厅全年完成甲级测绘资质单位初审27家，乙、丙级核准147家，丙级注销1家。

核发测绘作业证1981个。截至年底，全省共有测绘资质单位769家，较2015年底增加85家，其中甲级63家、乙级151家、丙级261家、丁级294家。落实测绘资质年度报告制度，全省乙级单位128家、丙级单位226家全部完成年度报告。

【信用管理】

广东省国土资源厅推动测绘地理信息信用市场体系建设，按国家测绘地理信息局统一部署，开展测绘地理信息行业信用征集和发布工作，征集50家甲级测绘资质单位申报的信用信息388条，其中387条通过国家测绘地理信息局审核发布。征集53家乙级测绘资质单位申报的信用信息281条，其中审核通过236条。

【日常监管】

广东省国土资源厅开展测绘资质巡查，重点检查广州、深圳、韶关、中山、惠州等市测绘资质单位，对检查中发现的问题，责成有关单位进行整改。利用互联网地图监管系统开展互联网地图日常监管，检查地理信息网站162个。制定《广东省测绘地理信息领域双随机实施方案》，结合测绘质量监督检查工作，开展测绘资质抽查和巡查。完成省级测绘地理信息监管与服务平台一期工程验收，并启动二期工程建设，初步实现在线监管与服务。

基础测绘

【基础测绘】

广东省财政厅完成“十三五”基础测绘项目预算经费评审，《广东省基础测绘“十三五”规划》上报省政府审批。全省21个地级市启动“十三五”基础测绘规划编制，其中广州、深圳、潮州、河源完成报批并印发实施，佛山、中山、东莞、惠州完成编制并通过评审。

广东省国土资源厅组织编制2017年基础测绘计划，并报送国家测绘地理信息局、省发展和改革委员会。印发《广东省国土资源厅关于加紧完成2000国家大地坐标系转换工作的通知》，开展2000国家大地坐标框架建立及成果转化技术支持和保障服务，推进全省2000国家大地坐标系应用，广州、惠州、汕尾、东莞4个地市开展2000国家大地坐标系启用工作，其中广州、汕尾市获国家测绘地理信息局批准同意建设相对独立的平面坐标系。完成7个GNSS连续运行基准站改造、GDCORS控制中心硬件升级和全省GNSS基准站安全评估工作，向国家测绘地理信息局汇交卫星导航定位基准站观测数据。开展北斗地基增强服务系统应用与研究，向用户提供北斗/GPS/GLONASS多模定位服务。完成全省1∶1万数据库更新和1∶1万地形图核心要素更新以及12个地级市城市中心区1560平方千米的三维建模。配合国家测绘地理信息局开展1∶5万数据库动态更新，收集和提供1∶5万数据库动态更新所需专业资料和省级基础测绘成果，完成1∶5万动态更新成果外业抽检。

【航空航天遥感影像获取与应用】

广东省国土资源厅组织完成全省优于0.2米分辨率影像数据获取和1∶2000正射影像制作，并将正射影像数据分批分发各地市，提供农业部门用于农村土地承包经营权确权登记颁证。开展全省高分辨率航空影像数据保密技术处理，将政务版、公众版数据分发各市，由各市管理和使用，发挥高分辨率航空影像数据成果作用，服务农村地籍调查、不动产登记发证、高标准基本农田建设等工作。

【智慧城市、数字城市建设】

广东省国土资源厅推进智慧城市时空信息云平台建设试点工作，广州市、惠州市、东莞市3个地市列入国家试点，其中广州市、惠州市完成项目设计书编制并报国家测绘地理信息局，东莞市开展项目设计书编制工作。推进数字县区地理空间框架建设和“一村一镇一地图”建设，全省共有116个县（区）开展数字县（区）地理空间框架建设工作，其中34个县区通过验收并推广应用，39县区进入验收阶段。初步建立省、市、县级平台成果共建共享和统一服务机制，与省环保厅联合推动市县国土资源主管部门和环保主管部门开展数据共享交换合作，为省扶贫办公室、省体育局、省安监局、省文物考古研究所、南部战区等单位提供数据服务。

【质量管理】

广东省国土资源厅修订完善测绘质量监督检查方案，开展全省测绘资质单位质量监督检查，完成189家测绘资质单位监督检查，其中甲级54家、乙级135家。各地市国土资源主管部门完成丙、丁级测绘资质单位以及外省来粤测绘资质单位质量监督检查。发布2015年度530家测绘资质单位监督检查结果。

【安全生产】

广东省国土资源厅召开消防安全工作会议，落实安全生产责任制，组织消防安全培训，开展消防安全演练。组织开展春节前消防安全检查、夏季消防安全检查和安全生产大检查，重点检查消防安全管理制度落实情况、消防设施器材、疏散通道和安全出口、室内装修、电气线路等，对发现存在安全隐患的单位限期整改，跟踪落实。

地理国情监测

【地理国情普查】

广东省国土资源厅组织编制《广东省第一次全国地理国情普查数据库与管理系统建设总体方案》，建成广东省地理国情普查成果数据库，为地理国情统计分析和长期监测提供本底数据库及应用服务平台。编制印发《广东省第一次全国地理国情普查基本统计专业技术设计书》，完成地理国情普查基本统计分析的数据分析、图表制作与报告编制等工作。印发《广东省第一次全国地理国情普查图件编制实施方案》《广东省第一次全国地理国情普查图集编制实施方案》，完成地理国情普查图件和图集技术设计书编制，开展省、市、县三级地理国情普查图集编制工作。编制《广东省第一次全国地理国情普查数据与其他部门专题数据对比分析技术方案》，完成地理国情普查成果与国土、水利、林业、交通等部门数据衔接。

【地理国情监测】

广东省国土资源厅组织完成珠海市沿海滩涂变化监测、广州南沙新区建设变化监测 2 个省级监测项目和珠江口湾区地理空间格局演变监测、清远开发园区土地利用变化监测、佛山基于地理国情普查数据的广东省碳汇能力监测、东莞城镇化格局发展监测 4 个省级监测项目并通过验收。开展国家级新区空间格局变化监测、全国海岸带开发利用变化监测、全国地级以上城市及典型城市群空间格局变化监测 3 个国家级监测项目。开展地理国情与地理省情衔接，构建常态化地理国情监测技术支撑体系。

地图管理与地图服务

【地图审核】

广东省国土资源厅受理审核地图 147 件，通过审核 110 件；完成地图内容审查 147 件 1158 幅。完善地图敏感词过滤软件，提高地图审核效率。11 月，举办全省地图审核人员培训班，约 500 人参加。

【地图编制与出版】

广东省国土资源厅组织编制 10 多个县（区）领导辅助决策用图 20 幅，改版更新 8 幅。编制出版《珠海·澳门地图集》《广东省工作用图地图册》《广东省地质灾害防治“十三五”规划重点布局图》《湛江市工作用图地图册》《白云区危险化学品企业分布图》等。编制完成《广东省新增建设用地地图集》《广东省Ⅰ－Ⅳ级内河航道图》《广东省高速公路警务专用图》《国土资源宣传地图—广东》《韶关市土地管理法宣传图》及地质环境和广东省政务系列等 60 多种公共地图（册）。出版《贵广沿线交通旅游图》《乐昌市交通游览图》《英德市交通游览图》等 26 种单张旅游图及中国名镇系列《中国·中山》21 个镇级单张地图。重新改版《广东省高速公路及公路里程地图册》《广州市地图册》《东莞市地图册》。制作《珠三角年鉴》《中山市年鉴》《化州市年鉴》等年鉴插图。全年共编制出版公开版地图 93 种、测绘图书 10 种，总印数 40.3 万幅/万册。

【地图市场监管】

广东省国土资源厅开展全省地图市场大检查，重点对生产、销售、使用地图的测绘资质单位、会展企业、书店、学校、文具销售企业等进行检查。全省开展地图市场检查 272 次，检查常规地图产品 390 种，发现问题网站 421 个。针对检查中发现的问题，责成有关单位进行整改。

【“美丽中国”第三届全国国家版图知识竞赛和少儿手绘地图大赛】

广东省国土资源厅联合省教育厅组织开展全省“美丽中国”第三届国家版图知识竞赛和少儿手绘地图大赛活动，8000 多人参加。收到少儿手绘地图大赛作品 1 万多幅，推荐各组别优秀作品 83 幅。联合中山大学、广州大学等高校组织珠三角地区国土资源主管部门选拔国家版图知识竞赛《一站到底》电视赛人选，推荐优秀选手 41 人，5 人入选“电视赛”录制。

测绘地理信息成果管理与应用

【“天地图·广东”建设与应用】

广东省国土资源厅开展 2016 年“天地图·广东”节点建设，完成 7—14 级矢量电子地图更新、10 个地市覆盖面积约 9 万平方千米 1:1 万数据更新和15—17级矢量电子地图更新，更新发布全省影像电子地图。开展国家、省、市节点数据融合，完成佛山、珠海、东莞、肇庆、江门市级节点建设和深圳、中山数据更新。开展“天地图”数据应用服务，与省海洋与渔业局开展系统对接和数据合作，与省环保厅开展省市级地理信息与环保专题数据共享交换工作，为省不动产登记信息管理基础平台、省应急指挥平台等提供基础地理数据支撑，为省精准扶贫大数据平台提供各级行政界线数据。

【涉密成果管理】

广东省国土资源厅加强涉密成果事中事后跟踪监管，配合国家测绘地理信息局完成企业涉外地理信息安全监管调研。全年受理涉密基础测绘成果申请246件，批准189件。向社会和有关部门提供省级基础地理信息数据3.3万多幅（张）、纸质印刷图5271幅（张）、控制点成果3639点、档案成果34122幅（片），保障能源、电力、水利、交通等重大项目建设。

【应急保障】

广东省国土资源厅开展省内外应急测绘保障能力建设调研，推动应急测绘纳入省政府应急管理体系，提升全省突发公共事件应对服务能力。组织地质灾害等应急测绘演练，开展重大地质灾害隐患点无人机航测、数据入库和像控点数据库建设等工作。组织开展陆丰乌坎村应急测绘工作，完成低空数码航摄与数字正射影像图制作23平方千米、内业航测成图2.42平方千米及1∶500数字化地形测量19.43平方千米，为省政府调处陆丰乌坎村土地权属纠纷提供应急测绘服务保障。

地理信息产业

广东省委省政府高度重视、大力支持测绘地理信息工作，主管省领导多次听取测绘地理信息工作汇报。6月，省政府办公厅印发《关于推动卫星导航应用产业发展的指导意见》，为卫星导航产业发展提供制度保障。广东省国土资源厅引导企业自主建立合作交流平台，加强企业与政府间的沟通对接，推动企业间的交流与合作，推进测绘地理信息领域“大众创业、万众创新”，支持地理信息企业聚集化发展。腾讯、海格通信、华为等知名企业涉足地理信息领域，全年增加地理信息小微企业60家，10家地理信息企业在“新三板”挂牌成功，3家被上市公司兼并。多家地理信息企业参与国家“一带一路”建设。开展地理信息产业法人单位和产业活动单位核查认定工作，核查8070家单位（约占全国总数的15.1%），生成单位名录1545条，其中资质单位687条、非资质单位858条。

科技、标准化与国际合作

【科技创新体系建设】

广东省国土资源厅编制印发《广东省国土资源科学技术发展“十三五”规划》。组织开展省国土资源科技创新政策研究和相关规定编制。与浙江大学土地与国家发展研究院签署战略合作协议，建立省校“项目+人才”的长期合作模式和运行机制。

【科技项目与科技奖励】

广东省国土资源厅开展国土资源生态环境遥感快速监测与评估关键技术研究等15个项目的评估工作，其中10个项目列入2017年度厅国土资源科研项目。开展2015年国土资源（广东）科学技术奖评选活动，评选出2015年国土资源（广东）科学技术奖一等奖、二等奖各6个。“十二五”国家科技支撑计划项目——“村镇建设用地再开发关键技术研究与示范”通过科技部验收。推荐省土地调查规划院1人、省国土资源测绘院1人为2016年享受政府特殊津贴人选。“国产倾斜航空摄影测量装备和系统关键技术研究与应用”“国土资源动态巡查监测技术研究及应用”分获中国测绘地理信息学会2016年测绘科技进步奖一、二等奖；“城市现代测绘基准与服务体系建设技术与应用研究”获中国地理信息产业协会2016年中国地理信息科技进步奖二等奖；“基于智能云架构的地理信息平台技术奖研究及在广东省的应用”获广东省科学技术三等奖。

【标准化工作】

广东省国土资源厅组织编写《基础地理信息数字成果数字水深模型》等测绘地理信息行业标准化指导性技术文件，组织参加国家测绘地理信息局举办的四期测绘地理信息标准化培训班。9月，广东省地理信息标准化委员会经广东省质量监督局批准成立。12月，广东省地理信息标准化技术委员会举行成立大会暨第一次全体委员工作会议。

【对外合作与交流】

广东省国土资源厅派员赴英国参加大地坐标系统的建设与应用研讨班，赴美国参加地理国情监测与分析技术培训班，赴捷克参加第23届国际摄影测量与遥感大会，赴澳门特别行政区参加第九届海峡两岸GIS发展研讨会。完成粤澳行政区域界线界标埋设和测绘。与香港特别行政区测量师学会、澳门特别行政区地图绘制暨地籍局联合举办2016年度粤港澳测量师学术交流会，约100人参加。与澳门特别行政区地图绘制暨地籍局联合编制出版《珠海·澳门地图集》。

地市级测绘地理信息工作

【广州市】

2016年，广州市测绘地理信息财政投入8281.77万元，较2015年增加5834.01万元。《广州市基础测绘“十三五”规划》编制完成并印发实施。数字县区地理空间框架建设全面开展，其中海珠、天河、番禺、花都、白云、黄埔（原萝岗部分）区已完成建设并通过验收。广州市国土资源和规划委员会组织完成广州2000国家大地坐标系建立、全市连续运行卫星定位服务系统整合与维护、基本地形图更新、航空摄影测量、卫星遥感影像数据采购及处理等项目，对4个CORS站及重要测量标志进行维护。完成广州市城市扩张动态监测、生态空间动态监测2个地理国情监测项目。办理涉密测绘成果提供使用审批50多件、地图审核257件、测绘资质审核340件、项目备案69件。完成全市丙、丁级测绘资质单位成果类测绘质量监督检查和全市乙、丙、丁级测绘资质单位年度报告公示。开展广州市地图市场大检查，重点抽查政府职能部门、事业单位约150个公众网站，巡查各类地图市场、文化用品市场、展览（展会）、纪念馆等场所，对登载中国示意性地图和互联网地图服务的网站进行清查，发出4份整改通知书。

【珠海市】

2016年，珠海市测绘地理信息财政投入775万元。珠海市国土资源局完成《珠海市基础测绘“十三五”规划》初稿编制，起草《珠海市数字城市地理空间框架管理办法》《珠海市地理信息公共服务平台使用管理办法》。数字县区地理空间框架建设全面开展，其中横琴已完成建设并通过验收。建成北斗连续运行卫星导航与位置服务系统及全市域陆海统一似大地水准面。建立覆盖陆海统一的GPS C级网，完善全市平面控制网，实施水库水道及滩涂水下地形测绘，编制政府部门工作用图、村镇地图等，建立更新全市统一的DLG、DOM、DEM基础地理信息数据库，组织开展地理国情普查数据整理建库、基本统计及图件输出等工作，组织编写基础测绘技术标准体系。与省国土资源厅、澳门特别行政区政府地图绘制暨地籍局联合编制出版《珠海·澳门地图集》。办理测绘成果提供使用审批30多件，提供基础测绘成果2400多幅、航摄数据成果2200多幅。开展2016年度测绘资质单位巡查，完成测绘市场及测绘产品质量检查。

【汕头市】

2016年，汕头市国土资源局推进数字县区地理空间框架建设，其中潮南区进入验收阶段，澄海区、潮阳区完成建设工作量90%以上，南澳县进入建设阶段。全面完成地理国情普查工作。全年办理涉密测绘成果提供使用审批5件，提供基础测绘成果2057幅、航摄数据成果2125幅。开展2016年度测绘资质单位巡查，完成测绘市场专项检查及测绘产品质量检查工作。

【佛山市】

2016年，佛山市测绘地理信息财政投入3320万元。《佛山市基础测绘“十三五”规划》编制完成。数字县区地理空间框架建设全面开展，其中顺德区完成建设并通过验收，禅城区、三水区进入验收阶段。佛山市国土资源和城乡规划局组织完成1:500修补测项目、航空摄影及正射影像制作、三维模型数据制作等项目。开展佛山市大气PM2.5时空分布状况监测、佛山市市级中心城区城镇化格局发展监测2个地理国情监测项目。推广政务版与公众版基础地理信息数据应用，通过佛山市地理信息公共平台在线提供数据服务，涉及13个市直部门。全年办理涉密测绘成果提供使用审批250多件，主要应用于轨道交通、城市更新、海绵城市建设、历史建筑保护、不动产权籍调查以及各专项规划编制。完成测绘市场专项检查及测绘产品质量检查。组织参加“美丽中国”第三届国家版图知识竞赛和少儿手绘地图大赛，3000多人参加网络答题，1人入围全国少儿手绘地图优秀作品评选，1人获得省二等奖、4人获得省三等奖。佛山市国土资源和城乡规划局及高明区第一中学附属初中获广东省优秀组织奖。

【韶关市】

2016年，数字韶关地理空间框架平台完成部署，市级专题数据完成升级改造。数字县（区）地理空间框架建设全面铺开，其中仁化县、南雄市、曲江区、翁源县完成建设并通过验收。“一村一镇一地图”工程建设全面推进，其中浈江区、武江区、曲江区、仁化县、南雄市通过验收，新丰县、乳源县进入验收阶段。韶关市国土资源局组织开展2016年度全市丙、丁级测绘资质单位监督检查30家，完成测绘市场专项检查及测绘产品质量检查。举办2016年测绘法宣传日主题宣传活动，发放宣传资料1.5万多份。联合市教育局组织参加“美丽中国”第三届国家版图知识竞赛和少儿手绘地图大赛，2幅参赛作品分获省二等奖、三等奖。

【惠州市】

2016年，惠州市测绘地理信息财政投入4363万元，其中市本级1467万元、县（区）2896万元。《惠州市基础测绘“十三五”规划》编制完成并通过论证，《惠州市地理信息公共服务平台建设与使用管理办法》经市政府常务会议审议通过并印发实施。惠州市国土资源局组织完成1∶500数字化地形测图约100平方千米、全市高分辨率航空影像数据建设，启动2000国家大地坐标系。建成数字惠州地理空间框架成果应用系统30个，覆盖20个部门。数字县区地理空间框架建设全面开展，其中3个县区完成建设并投入使用、1个县进入验收阶段。智慧惠州时空信息云平台建设项目完成技术方案编制和项目招标工作。地理国情普查工作全面完成，惠州市国土资源勘察测绘院被广东省总工会授予2015年度广东省五一劳动奖状。办理涉密测绘成果提供使用审批21件，提供基础测绘成果1万多幅、控制点500多点。完成公益性村镇地图服务平台建设。建立惠州市测绘地理信息监管与服务平台，开展2016年度测绘资质单位巡查工作，完成测绘市场专项检查及测绘产品质量检查工作。开展2016年测绘法宣传日主题宣传活动，组织参加“美丽中国”第三届国家版图知识竞赛和少儿手绘地图大赛，拍摄测绘地理信息工作宣传片。

【东莞市】

2016年，东莞市安排基础测绘经费465.3万元，完成全市建成区30.5平方千米1∶500地形图修补测；5个基准站升级改造；数字城市地理空间框架地理数据更新和地理信息公共服务平台功能升级。东莞市国土资源局组织开展智慧城市时空信息云平台建设国家试点和测绘地理信息动态更新省级试点，完成编制《智慧东莞时空信息云平台技术设计》《东莞市地理信息动态更新体系建设方案》。启动东莞市第一次全国地理国情监测信息系统建设，开发地理国情普查数据库、地理国情信息数据库管理系统、地理国情成果应用服务系统等。组织参加全省第一次全国地理国情普查劳动竞赛。完成全市丙、丁级测绘资质单位质量监督检查44家及测绘项目备案311件。联合市委宣传部等部门开展全市地图市场大检查，对资质单位、会展企业、书店、学校、文具销售企业等生产、销售、使用地图的单位进行抽查。完成2016年度测绘统计、测绘资质年度报告审核、《测绘作业证》审核发证等工作。全年提供各类基础测绘成果18批次，其中地形图14批次、影像图3批次、卫星遥感图1批次。推广东莞市连续运行卫星定位服务系统应用，新增用户3个，系统在线用户100个。

【中山市】

《中山市基础测绘“十三五”规划》通过论证。《中山市测绘管理办法》经市政府常务会议审议通过并印发实施。中山市国土资源局组织完成1∶500全野外数字化测图56.3平方千米、实景三维航空影像生产150平方千米，获取卫星遥感影像数据约1800平方千米。开展4个CORS站、1个地方坐标系起算点及其他重要测量标志维护工作。编制全市18个镇、2个区地图，更新中山市地图和中山市中心城区地图并免费提供镇、区政府使用。全年办理涉密测绘成果提供使用审批66件，提供基础测绘成果24041幅、航摄数据成果8757片。开展2016年度测绘资质单位巡查，完成地图市场大检查、测绘市场专项检查及测绘产品质量检查工作。

【肇庆市】

2016年，肇庆市测绘地理信息财政投入535万元。数字县区地理空间框架建设全面开展，其中四会市、高要区、德庆县完成建设并通过专家验收。肇庆市国土资源局启动1∶2000地形图测绘及空间数据库建设，开展13个CORS站普查和维护，完成地理国情普查基础统计、图件编制以及1个应用项目监测。全年办理涉密测绘成果提供使用审批170多件，提供基础测绘成果130幅。开展2016年度测绘资质单位巡查，完成测绘市场专项检查及测绘产品质量检查。

【清远市】

2016年，清远市国土资源局全面推进数字县区地理空间框架建设，全市8个县区全面开展，其中阳山县、连州市、清城区、英德市、佛冈县完成建设并通过验收，清新区、连南县、连山县进入验收阶段。审核通过4家丁级测绘资质申请，完成清远市测绘地理信息行业信用征集和发布工作。联合市工商、保密等部门开展全市地图市场大检查，完成年度测绘质量监督检查。为政府机关、企事业单位提供地图50多幅，为农村土地承包经营权登记发证工作提供高分辨率影像数据支持。

地方社团工作

【广东省测绘地理信息学会】

7月，广东省测绘地理信息学会举办注册测绘师资格考试考前培训班，约70人参加；与广东省城市规划协会联合举办2016年度广东省城市测量学术经验交流会，开展学术交流和定向越野活动。10月，组织会员参加全国测绘科技信息网中南分网第三十次学术信息交流会，提交论文21篇，其中7篇获优秀论文。11月，与香港测量师学会、澳门地图绘制暨地籍局联合举办2016年度粤港澳测量师学术交流会，约100人参加。组织60人参加中国测绘地理信息学会年会。受广东省国土资源厅委托与省土地学会、省遥感与地理信息系统学会、省土地估价师与土地登记代理人协会、省地质灾害防治协会联合开展第四届国土资源（广东）科学技术奖评奖活动。全年出版《测绘时空》4期，刊发论文40篇，发行9200册，推荐15篇论文在《空间地理信息》刊发。

【广东省遥感与地理信息系统学会】

7月，广东省遥感与地理信息系统学会与广州大学地理科学学院、中山大学地理科学与规划学院联合举办空间社会科学研究培训班，约70人参加。8月，与ESRl中国（北京）有限公司、国家遥感中心广东分部联合主办ENVI遥感图像处理技术培训班，70多人参加。11月，主办广东省遥感与地理信息青年学术交流会，评选出10篇优秀论文，约60人参加。12月，与深圳大学、中国科学院深圳先进技术研究院、广州大学联合举办第七届珠江三角洲区域环境遥感研讨会，约120人参加。参与组织国土资源（广东）科学技术奖评选，评选出一等奖、二等奖各1项。12月，组织向丰顺县大罗村希望小学赠送书包、学习文具和书籍活动。承担广东省土地调查规划院业务综合管理平台建设完善项目监理服务协议、广东省土地利用总体规划实施动态监测和决策支持系统监理服务协议、广东省地理国情数据建库管理系统第三方测试、广东省土地调查规划业务系统建设第三方测试服务，以及数字郁南、陆丰、陆河地理空间框架建设第三方测试服务合同等项目的技术咨询、测试、监理服务。

广西壮族自治区

概况

2016年，广西壮族自治区测绘地理信息局（以下简称广西测绘地理信息局）紧紧围绕全区改革发展主战场，抢抓机遇，迎难而上，锐意改革，主动作为，各项事业发展取得新的成效，多个领域取得新的突破，测绘地理信息价值得到新的释放和提升。

《广西测绘地理信息“十三五”规划》印发实施，自治区人民政府与国家测绘地理信息局建立战略合作关系，中国测绘地理信息学会年度盛会在南宁成功举办，国家测绘地理信息局卫星测绘应用中心广西分中心、高分系统广西数据与应用中心获批运行，国家航空应急测绘保障基地落户南宁，广西第一次全国地理国情普查、广西连续运行卫星导航定位服务系统建设通过验收，首次完成全区0.2米分辨率航空摄影，首次获取东盟地区卫星遥感影像。

广西14个设区市的国土资源局已全部加挂测绘地理信息局牌子。截至年底，广西已有46个县（市、区）国土资源局加挂了测绘地理信息局牌子，占应挂牌总数的57.5%。广西各设区市测绘地理信息行政主管部门承接自治区下放的行政管理职能基本完成，开始独立开展相关工作，并指导县级测绘地理信息行政主管部门进一步加快落实行政管理职能。

广西测绘地理信息局在全国省级测绘地理信息

行政主管部门2016年度测绘地理信息工作绩效考核的排名持续提升，位居第十二位，再次荣获“突出进步单位”。广西壮族自治区地理国情监测院荣获“全国测绘地理信息系统先进集体”称号，一批先进个人荣获“全国测绘地理信息系统先进个人”“广西五一劳动奖章”“广西三八红旗手”等称号，一名基层党员光荣当选自治区第十一次党代会代表。

党的建设与人才队伍建设

【党的建设】

广西测绘地理信息局落实党建工作责任制，结合实际推进党的建设各项工作。指导局属各级党组织加强学习，树立“两个责任”和“一岗双责”意识。出台16项规章制度，逐步形成标本兼治、综合治理的党建工作制度化、规范化的长效机制。健全组织机构，局属各单位党委（支部）班子成员按照分工，分别编入本单位一个基层党支部（或党小组），领导和指导基层党支部（党小组）的党建工作，参加基层党支部（党小组）组织生活会，过好“双重”组织生活。

认真学习贯彻十八届六中全会精神，筑牢全面从严治党的政治根基。局党组及时开展学习宣传，提升基层党组织思想认识；召开专题学习会，制定全局学习宣传贯彻党的十八届六中全会精神实施意见。开展专题研讨，强力推进学习。

开展形式多样的“两学一做”学习教育。局党组组织召开3次专题学习讨论会，进行2次学习督导检查。抓好培训学习，通过举办培训班、到革命老区进行革命传统教育等形式，基本实现党员学习教育全覆盖。开展专题研讨，“四个一”进社区，慰问生活困难党员，开展全局党员党史知识竞赛；举行“两学一做”学习教育经验座谈会，组织开展手抄党章活动及学习党章心得体会展示、党员岗位服务承诺、抓党建促脱贫攻坚等活动，组织局属各单位申报自治区文明单位，发动全局党员为困难大学生捐款。开展基层党组织换届专项检查、党员组织关系集中排查、党代会代表和党员违纪违法未给予处理情况排查清理、党费收缴工作专项检查等工作。

【党风廉政建设】

广西测绘地理信息局领导班子履行党风廉政建设主体责任。年初召开全局党风廉政建设工作会议，会上，局党组成员与分管处室、单位主要负责人签订责任状。创新党风廉政责任方式，局党组书记与每名局党组成员签订责任状；出台《广西壮族自治区测绘地理信息局党风廉政建设和反腐败工作总体方案》等5项规章制度；建立修订31项管理制度。召开局党组会议、局长办公会议和局务会议共计26次，集体研究、集体决策100多项议题；组建局专家咨询委员会，聘请法律顾问，为局机关决策辅助参谋；定期开展系列法纪教育活动，年内局党组书记和成员与下级党政主要负责人和相关人员廉政谈话38人次，约谈8人。

纪检监察机构履行监督责任。开展落实中央八项规定精神检查和查处发生在群众身边的“四风”和腐败问题专项工作，完成干部职工违规多占住房清理、公车改革等一系列专项治理和改革；配合自治区直属机关纪律工作委员会和驻自治区国土资源厅纪律检查领导小组对局违纪案件查处，对自治区巡视工作领导小组指出存在的问题逐一整改到位；全系统没有新增一例违纪违法案件，各类信访大幅降低，历史遗留问题逐步消化。

严守党的政治纪律和政治规矩，深化作风建设。突出清查党员领导干部“七个有之”行为；深入学习、严格执行党纪党规，严格落实中央八项规定精神，坚决反对“四风”；完善制度转变作风，切实改进文风会风；及时进行公务用车改革，封存车辆，规范用车；严格执行办公用房规定，清退干部职工违规集资申请住房；局属各单位认真抓好贯彻落实的各项工作，认真抓好严防“四风”反弹工作。

【人才队伍建设】

广西测绘地理信息局制定印发《广西壮族自治区测绘地理信息局2015—2020年人才队伍建设方案（试行）》，明确了指导思想、主要方针、目标任务，提出了工作措施及具体要求。制定干部年度培训计划并按要求备案；组织干部职工参加国家测绘地理信息局调训、自治区有关部门调训、网络培训等700多人次；组织举办高级研修班、干部素质大讲堂和各类技术培训班、讲座等，共培训1770多人次。组织11名管理人员和技术骨干赴美国、英国、越南等国家（地区）进行技术交流和学术访问；选派3名优秀年轻干部赴国家测绘地理信息局挂职锻炼，选派13名优秀年轻干部到各市测绘地理信息局挂职锻炼；新引进博士研究生1人，新增教授级高级工程师1人；学术和技术带头人队伍人数达18

人，其中2人当选为国家测绘地理信息局青年学术和技术带头人。

广西测绘地理信息行业职业技能鉴定工作得到进一步发展。将测绘地理信息行业职业技能鉴定引入广西高校技能大赛，在测绘类的比赛方案中添加技能鉴定元素。与区内9所院校进行测绘地理信息行业职业技能鉴定长期合作。全年共有355名在校生参加测绘地理信息行业职业技能鉴定。协助做好2016年注册测绘师资格考试现场资格审核和注册测绘师的注册、变更登记等工作。全年组织举办工程测量员、地籍测绘员、房产测量员、地图制图员等工种职业技能鉴定14期19批次，鉴定人员605人。

法制建设与市场监管

【法制建设】

广西测绘地理信息局协助国家测绘地理信息局做好《中华人民共和国测绘法》修订工作，协助自治区人民政府办公厅、自治区人民政府法制办公室完成对《中华人民共和国测绘法修正案草案（送审稿）》的调研论证工作。与自治区人民代表大会、自治区人民政府法制办公室沟通，紧跟《中华人民共和国测绘法》修订进程，做好《广西测绘管理条例》的修订准备工作。

广西壮族自治区人民政府办公厅印发《促进地理信息产业发展实施方案》，优化广西地理信息产业发展环境，为企业创新发展、转型升级提供有效服务。广西测绘地理信息局与自治区发展和改革委员会联合印发《广西测绘地理信息“十三五”规划》。编制印发《广西基础测绘“十三五”规划》《广西地理信息产业发展“十三五”规划》，并与武汉大学等高校共同开展了信息化测绘体系建设等课题研究。开展面向东盟的北斗卫星导航等内容被纳入《测绘地理信息事业“十三五”规划》。《广西壮族自治区国民经济和社会发展“十三五”规划纲要》明确地理信息是重要的公共基础设施，地理信息产业是高端服务业。推进《广西壮族自治区航空航天遥感影像资料管理规定》出台。调整房产测绘资质作业限额的请示获国家测绘地理信息局批复。

【法制宣传】

广西测绘地理信息局组织开展“8·29”测绘法宣传日活动，组织、动员行业单位开展法制宣传教育。6月8日印发通知，要求全区各级测绘地理信息行政主管部门组织开展测绘法宣传日活动，8月8日印发测绘法宣传日活动方案。8月29日，局领导带队分赴柳州市和南宁市参加全区宣传主会场及各市分会场活动。活动当日，全区各设区市共制作展示宣传展板160多块，发放宣传资料13万多份，发送公益短信40多万条，在电子显示屏滚动播放宣传口号和标语50多万条次。

【综合执法】

广西测绘地理信息局积极落实《国土资源部 国家测绘地理信息局深化部局业务协作实施方案》，与自治区国土资源厅联合出台《贯彻落实深化部局业务协作方案》。将县局加挂测绘地理信息局牌子列为年度重点工作，进一步完善市、县测绘地理机构编制，落实市、县两级执法主体和责任主体，明确市、县国土资源部门内设的执法监察机构履行测绘地理信息行政执法职责，推行国土测绘综合执法。加强厅局联合执法培训，联合自治区国土资源厅举办全区测绘地理信息行政执法人员培训班，对新申领执法证的执法人员进行岗前培训。

配合国家测绘地理信息局做好综合执法有关工作，调整执法体制，推动促进执法重心下移，组织开展专项执法检查，依法查处测绘违法案件。组织开展全区地图市场大检查、测绘地理信息保密检查和测绘资质巡查等专项执法检查。7—8月，对柳州、防城港、钦州、来宾市的地图市场大检查、测绘地理信息保密检查和测绘资质巡查工作进行了抽查。依法对桂林日报社的“问题地图”进行了查处。

【依法行政】

广西测绘地理信息局制定《广西壮族自治区测绘地理信息局贯彻落实〈法治政府建设实施纲要（2015—2020年）〉实施意见》，明确工作任务。梳理本级权力清单、责任清单及行政审批流程，向社会公开。创新行政管理方式，理清市、县级职权分解，并加强培训，强化市县级测绘地理信息行政主管部门执行职责。加强市县机构建设，截至年底，广西已有46个县（市、区）国土资源局加挂测绘地理信息局牌子，占应挂牌总数的57.5%。完善市场监管体系，实行综合监管，在专项检查中推广“双随机一公开”工作，完善测绘地理信息行业信用体系建设。完善综合执法，主动对接工商、公安、保密、国安等部门开展工作。完善依法行政制度体系，严格规范公正文明执法。推进行政决策科学化、民主化、法治化。

开展行政审批制度改革，推进网上审批，精选涉密基础测绘成果提供使用审批、测量标志拆迁或使其失去使用效能审批2项审批项目作为试点。规范行政审批行为，按工作要求和程序向社会公布权力清单、责任清单，转变职能。及时编制审批项目办事指南，放置在局政务服务窗口，在局门户网站及时更新调整行政审批事项及审批操作规范，服务公众，接受社会公众监督。

【测绘资质管理】

广西测绘地理信息局严格执行《中华人民共和国测绘法》《测绘资质管理规定》《测绘资质分级标准》等法律法规，严格按照从事测绘活动的单位甲级测绘资质初审程序办理，做到一次性告知申请所需全部材料，及时、认真、依法依规开展从事测绘活动的单位甲级测绘资质初审，按照有关规定和要求提出初审意见，完整、规范上报有关材料。

【信用管理】

广西测绘地理信息局按要求做好信用管理平台应用、测绘资质单位信用信息征集、发布等工作。6月14日印发通知，审核、发布广西乙级以下测绘资质单位的信用信息。10月底，组织举办信用管理平台应用培训班，来自广西各设区市、县级测绘地理信息行政管理人员160多人参训。安排专职工作人员参加全国测绘地理信息行业信用管理平台操作培训，并负责做好信用信息异议处理和信用报告查询服务工作。组织举办市、县测绘地理信息行业信用管理平台操作培训，并于年底完成区内乙级以下（含乙级）测绘资质单位信用信息的收集、受理、审核和发布工作。

【日常监管】

广西测绘地理信息局通过局门户网站链接测绘资质管理信息系统，实行测绘资质年度报告公示制度，向社会公示，接受公众监督。按照单位自查、市级检查、自治区局抽查三个层次开展测绘资质检查。对柳州、防城港、钦州、来宾市的测绘资质巡查工作进行抽查，实地对9家测绘资质单位进行抽查。

基础测绘

【基础测绘】

广西测绘地理信息局积极推动卫星导航定位基准站在广西的应用服务，加强自治区级基准站建设和应用的监督管理，将南宁市域范围内的10座站点共享给南宁市测绘地理信息局提供服务；将柳州市域范围内的4座站点共享给柳州市测绘地理信息局提供服务。推进2000国家大地坐标系使用，通过向各市测绘地理信息局配套坐标转换软件的方式，推动市县使用2000国家大地坐标，并发文要求各市严格按照时间节点开展2000大地坐标系推广使用工作，将推广工作完成情况纳入绩效考核。全区14个设区市中南宁、北海等8个市完成市本级2000国家大地坐标系转换工作。

利用数字广西项目的框架数据，联动更新省级1:1万数据库。截至年底，广西1:1万数据已经覆盖全区。开展基础测绘与地理国情成果联动更新试验，形成初步方案、技术路线和阶段性成果，完成再次试生产工作，形成数据规定、采集要求、工作方案等联动更新成果。安排开展利用无极缩编软件进行多尺度基础地理信息数据联动更新实验。

积极配合做好1:5万数据库更新工作，请示广西壮族自治区人民政府下文收集住建、国土、民政、交通、铁路、水利、发改、农业、林业、教育、环保和卫生等有关部门的专业资料，并提供本省的基础测绘和地理国情普查成果。

【航空航天遥感影像获取与应用】

广西测绘地理信息局通过实施广西农村土地承包经营权确权统一航摄项目，获取广西全区航摄影像。截至2016年底，获取遥感影像数据23.67万平方千米，覆盖广西全区的100%。其中，航摄影像22.34万平方千米，覆盖全区的94.4%；卫星遥感影像覆盖全区。获取的影像运用到广西农村土地承包经营权确权统一航空摄影和数字正射影像图制作以及广西2016年高分辨率遥感影像一张图制作等工作中，并将影像数据与数字城市地理空间框架建设、“天地图”建设等国家测绘项目共享。加强全区影像资料的统筹管理，出台《广西壮族自治区航空航天遥感影像资料管理规定》，严格执行配套经费支付程序。积极推动系统内影像统筹，使用各项目获得的影像开展基础测绘工作。通过《基础测绘计划》报送年度影像获取计划。

【智慧城市、数字城市建设】

柳州市“智慧柳州时空云平台建设”方案通过评审，进入建设阶段。贺州、梧州、南宁、河池数字城市地理空间框架通过验收。全区11个设区市完成数字城市地理空间框架建设。各设区市均建立维护机制和持续投入更新机制，并开展数字城市应用评价工作。数字县域地理空间框架建设工作取得新的突破，数字巴马完成预验收，数字东兴、数字南丹和数字田阳启动建设。

【质量管理】

广西测绘地理信息局配合国家测绘地理信息局质量监督抽查工作，报送本行政区域18家甲级测绘资质单位的84个基本比例尺测图项目和21个变形观测项目。被国家测绘地理信息局随机抽查的桂林市测绘研究院和广西壮族自治区基础地理信息中心测绘项目成果质量和质量管理体系建立与运行情况良好。

加强全区测绘与地理信息成果质量监督管理，印发通知，组织开展监督检查工作，对地市级监督抽查工作作出部署，共抽检乙级测绘资质单位30家，编制了工作总结报告。

【安全生产】

广西测绘地理信息局成立安全生产工作领导小组，落实安全生产责任制，召开生产工作会议，部署安全生产工作，要求局属各单位在工作中严格执行。坚持开展节前安全生产检查，确保节日期间不出事故。各单位生产设备均按要求检查维护，年内未出现重大安全生产责任事故。

地理国情监测

【地理国情普查】

广西测绘地理信息局组织完成地理国情普查数据库建设、统计分析、公报编制、普查成果图集制作等工作。建设各类专题数据库11个，数据库系统开发分项通过专家验收。开展全区普查基本统计计算及汇总，形成了县、市、自治区三级基本统计报表及统计数据集等基本统计成果，编制基本统计报告、普查公报、统计数据汇编等报告成果。普查软硬件支撑环境建设工作有序开展。

【地理国情监测】

广西测绘地理信息局积极推进常态化地理国情监测立项，开展省级地理国情监测顶层设计研究，落实2017年常态化地理国情监测经费2000万元。承担完成广西海岸带开发利用变化监测、广西地级以上城市空间格局变化监测两个国家级专题性监测任务。积极开展省级监测试点示范，探索地理国情监测服务领域。开展广西非煤矿山（尾矿库）安全生产监测、广西未利用土地（低丘缓坡）资源监测、广西“多规合一”试点项目建设、河池市精准脱贫攻坚作战指挥系统建设4个省级试点示范，取得显著效果。积极构建常态化地理国情监测技术支撑体系，探索建立地理国情监测常态化工作机制。

地图管理与地图服务

【地图市场监管】

广西测绘地理信息局组织和指导各设区市测绘地理信息行政管理部门全面检查地图市场中各类地图产品，重点对各类地图挂图、地图集（册）、教辅地图、地球仪、对外加工地图、进出口地图、展览（展会）、纪念馆、博物馆中登载的地图以及有关重点网站中登载的互联网地图（含静态地图图片）进行检查；对柳州、防城港、钦州、来宾市地图市场大检查工作进行抽查。共开展地图市场检查95次，对发现问题的14家单位下发《限期整改通知书》并督促整改；对2个重大展会进行现场检查，发现的“问题地图”提交主办方协调处理。

利用互联网地图监管系统开展全国联动的监管工作，共签收和检定各类信息记录528条，查出存在问题的地图服务53个、违规的地图图片1张。通过电子邮件、通讯软件或致电的方式与涉及问题的相关管理者进行沟通协调，以对“问题地图”和信息进行修改和删除，并对相关责任人进行互联网地图和地理信息服务安全问题方面的宣传和教育。

【国家版图意识宣传教育】

广西继续开展国家版图意识宣传教育“进学校、进社区、进媒体”活动，其中柳州市落实经费4万多元，向全市147所中小学赠送了国家版图意识宣传图书、宣传展板，并开展小记者看国家版图征文比赛，邀请小记者开展拼图、讲座、小知识抢答等活动，《柳州晚报》对活动进行了专版报道；崇左市投入2.7万元，征订《国家版图知识读本》和编印《地图管理条例》，分别赠送给江州区太平镇和平中学等120所学校和100个社区，并以校园广播、上专题课等形式开展国家版图意识和《地图管理条例》宣传活动；防城港市订购《国家版图知识读本》和《中国地图（竖版）》等宣传材料，以进入学校和社区进行现场宣讲等方式普及版图知识；南宁市邀请社区群众代表、中小学校学生代表、主要新闻媒体等共同参与“8·29”测绘法宣传日活动，扩大宣传范围；桂林市以向学校、社区分发广西地图、桂林市地图和《地图管理条例》的方式，开展国家版图意识和地图管理条例宣传活动。

【“美丽中国”第三届全国国家版图知识竞赛和少儿手绘地图大赛】

广西测绘地理信息局组织开展“美丽中国”第三届全国国家版图知识竞赛和少儿手绘地图大赛。成立相应的组织委员会和办公室组织开展有关工作，组织1873人参加少儿手绘地图大赛广西选拔赛，范围覆盖13个设区市21个县55所学校，选送出76幅作品代表广西参加全国赛，其中有8幅作品通过了全国赛决赛初审，进入决赛网络投票序列。组织7885人参加国家版图知识竞赛在线答题，范围覆盖41个县51个单位，其中崇左、贵港、玉林市还组织1262人参加纸质答题；组织广西各市及高校的参赛选手参加区内选拔赛，经过激烈角逐，最终选送31名参赛选手和1名参赛嘉宾参加全国赛。

测绘地理信息成果管理与应用

【“天地图·广西”建设与应用】

广西测绘地理信息局推进“天地图”节点间的数据融合和母库建设。7月29日，印发“天地图·广西”省市节点数据融合方案，明确省市数据融合流程，开展与北海市级节点数据融合试点工作。开展“天地图·广西”母库建设前期工作，编制技术方案，启动招标工作。

“天地图·河池”“天地图·贺州”建设完成并接入国家主节点，至年底累计完成7个市级节点建设。“天地图·巴马”作为广西第一个县级节点完成建设，并接入国家主节点和省级节点。

积极拓展应用领域，基于“天地图·广西”平台，为自治区应急管理办公室建设广西应急图像接入系统，为河池市和环江县开发了脱贫攻坚指挥系统。为广西壮族自治区海洋研究院、武警广西总队、崇左市国土资源局、自治区住房和城乡建设厅自治区林业厅等部门单位提供地图服务，并在已有9个示范应用的基础上新增开发了醉美广西、第二次全国地名普查录入系统、广西应急图像接入系统、高分影像展示系统、“天地图·广西”震区地理服务专题、梧州5.4级地震移动终端应急采集软件6个示范应用。

【涉密成果管理】

广西测绘地理信息局完善测绘成果安全保密监管机制，推进涉密测绘成果管理信息化建设，开展涉密测绘成果跟踪监管。组织开展全区地理信息保密检查，要求各市测绘地理信息行政主管部门组织辖区内测绘地理信息生产单位和2013年以来申领涉密测绘成果的用户单位进行自查和抽查。对8家单位进行了实地抽查，对存在泄密隐患的3家单位下达了《限期整改通知书》；拨出专款为14个设区市测绘地理信息局配备涉密测绘成果检查软件，并开展了软件使用培训。

落实测绘成果核心涉密人员管理制度，组织开展涉密测绘成果管理人员教育培训。举办全区涉密测绘地理信息成果管理人员岗位培训班，767人参加培训并通过考试取得证书。5月、7月、11月，分别在桂林市、崇左市、柳州市开展了涉密测绘成果管理专项内容培训。

【应急保障】

广西测绘地理信息局进一步完善应急测绘保障体制机制建设，将测绘应急保障队伍建设及国家航空应急测绘保障南宁基地建设纳入广西突发事件应急体系建设“十三五”规划，作为重点项目实施。开展本地区应急测绘保障能力建设。配置影像快拼系统，实现无人机应急测绘影像现场2小时内快速出图能力；增配一套无人机系统，逐步提升桂北地区应急测绘响应速度；配置快速制图和高速工程打印系统，逐步建立应急测绘快速供图体系。7月18日，为梧州市地震提供了应急测绘保障服务。到平果、贵港、兴安、全州等地开展国家地理信息应急监测车演练。

地理信息产业

【发展地理信息重点领域】

广西测绘地理信息局积极参与中国——东盟信息港建设项目，完成北部湾地区13座和全区32座共计45座卫星导航定位基准站的北斗升级改造工作，实现亚米级全区覆盖，基准站数据传输至国家北斗数据中心。与千寻位置网络公司签署《广西北斗卫星导航定位基准站数据应用服务合作协议》。完成北斗“百城百联百用”基于广西“天地图”的北斗车卫士项目研发和示范推广。

高分系统广西数据与应用中心和国家测绘地理信息局卫星测绘应用中心广西分中心建设初见成效，0.8—2米高分辨率卫星遥感影像覆盖全区95.7%的陆域面积，服务于8个厅局13个重大项目建设。建立广西首个遥感综合服务平台，实现广西遥感服务的互联网服务。全年影像产品市场创收173万元，财政资助经费849.1万元，国产影像完全替代了国外商业卫星影像，为自治区各应用部门节省了共计1300万元的国外商业卫星影像采购费用。

完成国家发展和改革委员会、国家测绘地理信息局和自治区人民政府《共同推进广西省级空间性规划“多规合一”试点工作合作协议》目标任务，组织编制了《“多规合一”空间底图编制技术方案》《“多规合一”数据处理技术方案》《统一的信息系统技术支撑课题研究方案》等技术文件。

承担航空应急测绘保障南宁基地的建设工作，负责广西、广东、湖南、海南四省区及南海部分海域应急测绘保障。

成立应用研发部，签订《2016年测绘地理信息应用工作责任状》，推进实施30个应用研发项目，包括地理国情监测、“多规合一”试点、数字城市应用、精准扶贫信息化建设、不动产登记、生态审计等。

完成2016年版美丽广西《领导工作用图》图册更新再版的编制及报审。

【优化产业发展环境】

广西壮族自治区人民政府明确地理信息产业为战略性新兴产业、高端服务业，广西测绘地理信息局出台支持地理信息产业发展的政策措施，印发《促进地理信息产业发展实施方案》《广西测绘地理信息“十三五”规划》及两项专项规划，与武汉大学等高校共同开展信息化测绘体系建设等课题研究。加强与外事、商务、工信等部门的联系，了解相关政策，为企业提供政策咨询、市场信息等帮助。全区测绘资质单位发展到620家，一批国内知名地理信息企业通过广西成功进入东盟市场。中国—东盟广西地理信息产业园区前期工作加快推进。

科技、标准化与国际合作

【科技创新体系建设】

广西测绘地理信息局将《关于加强测绘地理信息科技创新的意见》有关内容写入广西测绘“十三五”规划。落实《信息化测绘体系建设技术大纲（试行）》，开展省级信息化测绘生产基地建设，委托武汉大学测绘遥感信息工程国家重点实验室编制《广西测绘地理信息局信息化测绘体系建设工作方案》。制定完善科技管理制度和科技创新政策，出台应用研发项目管理制度及有关奖励政策，与局属各单位签订责任状，要求做好科技创新工作。设立年度自主科研经费，10月8日启动2016—2017年度局科技项目申报，投入320万元开展应用研发工作。

【科技项目与科技奖励】

2016年，广西测绘地理信息系统和行业单位共有10项科技成果分别获得中国测绘地理信息学会2016年测绘科技进步奖、全国优秀测绘工程奖。其中，“广西新一代数字高程基准精细建模和应用”项目获中国测绘地理信息学会2016年测绘科技进步奖二等奖，项目已投入使用，在广西统一航摄、海洋测绘、国土管理、城市建设和遥感地理信息等领域发挥积极作用；“广西现代测绘基准管理与综合服务平台”项目获得2016年中国卫星导航定位科技进步奖二等奖；“广西北部湾经济区遥感综合服务平台建设与应用示范”获国家国防科技工业局高分专项省级推广应用项目立项。“涉密地理信息文件检查软件”获计算机软件著作权。共有32项科技成果申报2016年广西测绘地理信息科学技术奖和2016年广西优质测绘地理信息产品（工程）奖，其中11个项目获2016年广西测绘地理信息科学技术奖、13个项目获2016年广西优质测绘地理信息产品（工程）奖。

【标准化工作】

广西测绘地理信息局组织有关部门和相关人员配合国家测绘地理信息局的标准调研活动。贯彻执行国家标准化工作的法律、法规、方针和政策，加强标准使用宣传工作。监督测绘单位推进标准化建设工作，结合质量检查工作推进标准的执行。

【对外合作与交流】

广西测绘地理信息局积极推动测绘地理信息“走出去”战略实施工作。应邀赴捷克参加国际摄影测量与遥感学会（ISPRS）第23届大会，组团赴印度尼西亚参加第60届理事会会议暨地籍和土地管理区域研讨会，选派1人赴英国诺丁汉大学参加大地测量参考框架建设应用培训，选派1人赴美国乔治梅森大学参加地理国情监测与分析技术培训班，选派1人赴缅甸开展全球地理信息资源建设工程境外踏勘工作，组团赴越南考察调研越南测绘地理信息工作发展现状。

地市级测绘地理信息工作

【南宁市】

南宁市测绘地理信息局开展资质单位测绘成果汇交工作，督促测绘资质单位汇交测绘成果，并公布测绘成果目录。及时分发广西农村土地承包经营权确权统一航空摄影和数字正射影像图成果。督促指导各县梳理县级测绘地理信息行政执法依据和行政执法职权，并在各县局网站向社会公布。会同南宁市国家保密局、市国家安全局等单位联合开展测绘成果保密检查。对20家单位进行实地抽查，对发现存在问题的14家单位下发整改通知书，要求限期整改。组织测绘资质单位及使用涉密地理信息成果单位的涉密人员参加岗位培训班。严格检查涉密基础测绘成果领用单位保密设施，累计受理开具领用涉密基础测绘成果证明函64批次。对13家涉图单位进行地图市场检查。积极承接丙、丁级测绘资质申报、变更及注销等初审工作，全年受理丙、丁级测绘资质申报、变更及注销等申请110件。开展测绘资质巡查工作，实地核查资质单位24家，对9家存在问题的测绘资质单位及时下发整改通知书，并按时上报总结。普查3条一等水准路线、11条二等水准路线、水准点224个、C级GPS控制点71个、B级国家GNSS大地控制点7个、陆态网络工程点3个、GNSS连续运行基准站23座，组织CORS基准站检查2次。建成全区首个市级高精度现代三维测绘基准框架与服务体系并正式发布使用，建成全区数量最多、应用规模最大的市级CORS网。完成数字南宁地理空间框架项目建设，形成了“一机制、一张网、一个库、一平台、一环境、多应用”的建设成果。上林、横县启动县级数字城市建设工作。建设完成“天地图·南宁”市级节点网站。

【柳州市】

柳州市测绘地理信息局与全市多个部门签订共建共享协议，依托柳州市地理信息公共服务平台，推动测绘地理信息成果在政府部门间的应用。落实财政经费450万元，开展基础测绘工作。开展柳州市40平方千米地形图修补测工作，创新基础测绘更新方式，利用竣工测量、不动产测绘、地名地址采集等工作开展建成区约100平方千米范围内动态更新工作，确保地形图的现势性。完成全市45个测绘资质单位的年度统计、年度注册、信用征集等工作。开展柳州市丙、丁级测绘资质初审工作，初审基本信息变更7件、复审换证1件、补充修改数据11件、业务范围变更4件、新申请测绘资质材料2件。开展柳州市测绘资质巡查工作，对12家资质单位进行巡查，对不符合资质管理规定的单位下发整改通知书。联合柳州市国家保密局、市国家安全局开展涉密测绘地理信息保密检查工作，共检查13个部门100台电脑及300幅涉密测绘地理信息数据，下发整改通知书3份。初步构建了柳州市时空大数据和云平台。基于时空信息云平台的推广应用，实现了地理信息数据的时空化整合。基于时空大数据和云平台，实现了与规划、环保、地震、城管等部门业务协同共享，为柳州市19个部门40个应用系统提供服务，覆盖城市建设、城市管理、城市运行多个领域，提升了柳州市城市管理水平。通过市县一体化云平台，建立了鱼峰区、柳城县地理信息公共服务平台，为区县信息化建设提供支撑，推动智慧柳州建设。

【钦州市】

钦州市测绘地理信息局完成钦州港鹿耳环江东面17平方千米1:500地形图测绘工作。开展地图市场大检查，出动127人次对钦州市涉图单位22个书店进行检查，下发整改通知书3份。拆迁测量标志1个。及时领用分发农村土地承包经营权确权航拍成果，将1.08万平方千米数字正射影像图数据分发各县区农业部门使用。全年受理测绘成果提供使用行政审批27件，办理出具测绘成果领用证明函9件。开展地理信息保密检查，共检查11个单位，依法查扣计算机硬盘2个，下发整改通知书9份。承接丙、丁级测绘资质初审工作，全年受理测绘资质审批4件。开展测绘资质巡查工作，督促22家单位完成自查自纠，随机抽查5家测绘单位。组织12人次参加涉密测绘成果管理人员岗位培训班。全年审核领用基础测绘成果申请22件，出具证明函8份。开展测绘成果汇交工作，要求各测绘资质单位汇交基础测绘成果副本和非基础测绘成果目录。

【贵港市】

贵港市测绘地理信息局加大数字贵港应用推广力度，完成“天地图·贵港”市级节点建设并接入国家主节点。与贵港市住房与城乡建设委员会、市公安局、市旅游发展委员会和市交警支队5个部门对接，签订了《贵港市地理信息公共服务平台共享合作协议》，建立共建共享机制。率先在全区完成2000国家大地坐标成果转换工作。开展测绘执法检查，组织相关人员对贵港内市级卫星导航定位基准站的安全风险点进行专项排查。配合做好农村土地承包经营权确权航摄成果分发工作，及时向农业部门和承担各县（市、区）确权工作的测绘单位分发1:2000影像图。建立测绘成果发布目录制度，组织测绘资质单位开展测绘成果汇交工作，并在市局门户网站上公布。会同贵港市国家保密局、市国家安全局等部门对10多家申领涉密测绘成果的单位进行跟踪检查，对15家测绘资质单位进行核查。到桂平市、平南县、港北区、港南区和覃塘区的10多家书店、报刊亭和有地图教辅的学校进行地图大检查。完成丙、丁级测绘资质初审试点工作和测绘作业证核发等工作。

【河池市】

河池市测绘地理信息局制定测绘地理信息行政管理工作计划，指导各县（市、区）国土资源局落实测绘地理信息行政管理职责。完成数字河池验收。制定河池市测绘资质巡查工作方案，督促各县（市、区）国土资源局和各测绘资质单位认真贯彻落实。开展测绘资质巡查工作，测绘资质单位无违法违规情况。完成丙、丁级测绘资质单位初审工作，初审基本信息变更7件。做好农村土地承包经营权确权1:2000数字正射影像分发、应用推广工作。组织20人参加保密培训。制定河池市地理信息保密检查工作方案和地图市场大检查实施方案，要求被检查单位开展自查并提交自查报告。实地对5家用户单位进行保密检查并集中对新华书店、图书城、文化市场等开展地图市场大检查。在数字河池地理空间框架建设项目基础上，研发了河池市精准脱贫攻坚作战指挥系统，并从该系统中勾选落实易地扶贫搬迁对象6.03万户25.18万人。

【崇左市】

崇左市测绘地理信息局围绕加挂牌子、县级基础测绘规划实施、涉密成果管理、地图市场管理、数字县域、坐标转换、资质巡查等工作，以多种形式进行调研、指导和检查，促进县级发展。加大基础测绘空间基准体系建设力度，布设D、E级GPS控制点147个，布设126个三、四等水准点，测量三、四等水准网621千米。推进崇左市卫星导航定位基准站建设，布建9座市级站。开展测量标志普查和重建工作，经普查，崇左市有11个D级点和8个E级点受到损坏或位移，失去使用效能。开展CORS站运维和监管工作，7个站点共配备8名管护员。联合新闻出版、工商等部门开展检查活动，抽查涉图单位17家，检查各类地图、地图册、地球仪、旅游图、风貌图等23种。开展测绘资质巡查工作，在各测绘资质单位完成自查自纠基础上随机抽查4个测绘单位，未发现违法行为。落实专人负责测绘资质单位信用信息征集工作。为政府及部门提供区、市地图6批次共计28幅，受理测绘成果提供使用行政审批25件，办理出具测绘成果领用证明函13件。开展测绘地理信息成果保密检查，共抽查16个单位，下达整改通知书6份。借助数字崇左典型应用示范建设，与水利、卫生等5个部门签订共建共享协议。

地方社团工作

【广西测绘学会】

广西测绘学会召开第十届三次、四次、五次理事会议，审议并通过理事长、秘书长、个别专业委员会人员变更事项；推荐上报中国测绘地理信息学会2016年全国优秀测绘工程奖项目2项；组织开展广西测绘地理信息科学技术奖、广西优质测绘地理信息产品（工程）奖评审，对32个项目进行了评审；组织召开广西测绘地理信息科学技术奖奖励委员会会议，审议通过2016年广西测绘地理信息科学技术奖一等奖3项、二等奖4项，三等奖4项，广西优质测绘地理信息产品（工程）金奖2项、银奖4项、铜奖7项。组织代表参加东南亚测绘协会第59次理事会会议暨土地及防灾救灾测绘技术研讨会、东南亚测绘协会第60届理事会暨地籍与土地管理区域研讨会、2016年摄影测量与遥感技术培训研讨会、2016年测绘地理信息数据坐标转换培训研讨会等会议。

组织代表随广西测绘地理信息局交流考察团赴越南考察交流。承办2016年“徕卡杯”美丽广西城市定向挑战赛、“吉威时代杯”篮球联赛。编辑出版《广西测绘与遥感》两期，登载22篇论文，共印发3700册。

【广西测绘科技信息站】

广西测绘科技信息站组织召开全国测绘科技信息网中南分网第三十次测绘科技信息交流会，会议收到论文167篇，汇编成《全国测绘科技信息网中南分网第三十次学术信息交流会论文集》，并评出一等奖16篇、二等奖34篇，其中广西获优秀论文一等奖2篇、二等奖5篇。参加全国测绘科技信息网三届二次理事会工作会议。

海南省

概况

2016年，海南省测绘地理信息工作围绕省委省政府中心工作，重大测绘地理信息项目稳步推进，测绘地理信息保障服务水平进一步提升。“多规合一”信息数字化管理平台全面进入应用阶段，实现海南省空间类建设项目基于“一张蓝图”的审批。保障多项省政府重点工作，为新一轮海岸线修测、地下管线普查、台风强降雨应急保障、农村土地承包经营权登记、城市违建监测、重大山体保护巡查等提供地理信息保障服务。全年共向社会各界提供各种比例尺“4D”成果数据25056幅、地形图93幅，累计提供领导工作用图近400幅。

海南测绘地理信息局实施国家、省级重点测绘地理信息项目，不断丰富测绘地理信息资源，进一步夯实测绘地理信息能力建设基础。地理国情普查及监测工作稳步推进，建成普查数据库，充分应用与推广普查成果；国家、省级重点测绘项目有效实施，完成年度海南岛1∶5万基础地理信息数据库动态更新。加强“天地图·海南”的建设和应用，开展“天地图”省级节点更新和融合工作；加强测绘地理信息科技工作，增设科技与质量处，为强化测绘地理信息科技成果转化提供了坚实的组织保障。组织实施科技项目，承担科技部国家科技支撑项目“基于地理信息的智慧城镇规划设计技术集成与示范”的建设。

依法履行测绘地理信息行政监管职能。《海南省基础测绘“十三五”规划》印发。落实行政审批改革，修订了《海南省测绘资质审批程序规定》。建立了测绘资质联合复审工作机制和全省测绘地理信息执法随机抽查机制。依法行政工作进一步加强，开展地图市场检查和网上地图监管。开展测绘地理信息资质巡查。

积极推进党风廉政和人才队伍建设，强化监督执纪问责职能，加大对局属各单位落实“两个责任”的监督检查。参与省党风政风行风建设社会评价，获经济与社会管理部门第1名。

党的建设与人才队伍建设

【党的建设】

海南测绘地理信息局制定印发《中共海南测绘地理信息局党组开展“学党章党规、学系列讲话，做合格党员”学习教育实施方案》，组织全局开展“两学一做”学习教育。学习教育突出问题导向，积极抓好巡视工作、群众路线教育实践活动和“三严三实”专题教育整改方案的落实，深化对不严不实问题的整改落实。11月16日，海南测绘地理信息局召开直属机关党员大会，选举产生了新一届中共海南测绘地理信息局直属机关委员会和直属机关纪律检查委员会，加强和充实局直属机关党委班子和直属机关纪委班子成员，明确工作分工和责任要求。开展机关党委书记抓党建工作述职评议，强化单位和部门主要负责人抓党建工作的责任意识。开展党员组织关系排查、党费收缴工作专项检查，规范党员组织管理，正确履行党员的义务责任。建立党建工作目标管理责任制，开展党建工作目标管理考核，把推进党的思想建设、组织建设、作风建设、制度建设和反腐倡廉建设的内容细化分解进行量化考核，推动履行“一岗双责”工作落实。开展党史知识竞赛、“手抄党章100天”、参观党史展览、“七一”主题党日等纪念建党95周年系列活动。

【党风廉政建设】

海南测绘地理信息局制定《党风廉政建设主体责任和监督责任清单》，强化各级党组织的责任担当意识。制定《建立领导干部开展谈话提醒工作情况报送制度》，对党员领导干部作风、纪律等方面的苗头性、倾向性问题及时进行谈话提醒或函询。出台《中共海南测绘地理信息局党组进一步贯彻落实中央关于改进工作作风密切联系群众的八项规定的实施办法》，进一步严格执行中央八项规定精神。参与海南省党风政风行风建设社会评价工作，监督行政许可审批事项进一步优化管理，公开服务监督电话和违法测绘举报监督信箱，进一步推动监督作用的发挥。开展干部个人事项报告的随机抽查及重点抽查。在省直机关“两优一先”（优秀共产党员、优秀党务工作者与先进基层党组织）评选中，海南测绘地理信息局1个党支部、1名党员受到表彰。

【人才队伍建设】

海南测绘地理信息局全年开展2次招聘，共招聘18名专业技术人员。参加各类教育培训520人次，组织培训班16期。截至2016年底，海南省测绘行业共有测绘专业技术人员1821人。海南省第四十七国家职业技能鉴定所组织开展了2016年海南省测绘地理信息行业工程测量员、房产测量员、地图编绘员等工种的初、中、高级职业资格考核鉴定，共有来自全省测绘地理信息行业的43名技术人员参加了考核。

法制建设与市场监管

【法制建设】

海南测绘地理信息局年内完成地方性法规《海南省基础测绘管理办法》的省内外立法调研和草案送审。修订了规范性文件《海南省测绘资质审批程序规定》，简化了办事流程。

【法制宣传】

海南省“8·29”测绘法宣传日活动主会场设在定安县，全省各市县均组织开展了测绘法宣传日的系列活动，向广大市民发放了《南海诸岛图》《定安县地图》《地图管理条例》《海南省地图管理办法》等宣传资料。

【“放管服”改革】

海南测绘地理信息局制定了行政审批权力清单，完善行政审批事项的有关制度、公开审批流程。根据审批流程变化，更新了审批服务指南，并在局门户网站向社会公开。贯彻落实“双随机一公开”，制定了《海南省测绘地理信息局推广随机抽查工作实施方案》，明确了制定随机抽查事项清单的时限和内容，建立了测绘地理信息市场主体名录库和执法人员名录库。

【测绘资质管理】

海南测绘地理信息局成立测绘资质联审委员会，建立测绘资质联合复审工作机制。测绘资质联审委员会由局行业管理、国土测绘、成果管理等部门组成，重点联合复审甲、乙级资质申请相关初审材料，核实处理测绘资质审批监督收到的各类情况反映或举报。为严格审批时限，明确在受理测绘资质申请之日起20个工作日内，应组织召开测绘资质联审委员会联审会议，形成联合复审结果，提高测绘资质审批工作效率。

【信用管理】

海南测绘地理信息局部署开展2016年海南省测绘地理信息行业信用征集和发布工作，征集对象为截至2015年12月31日取得乙级及以下测绘资质的单位。征集的内容范围为，2014年8月1日至2015年12月31日期间产生的、反映测绘资质单位信用状况的良好信息和不良信息。通过审核、接受异议申请和公众举报等环节最终完成信用征集工作，在年底向社会发布了信用信息。

【日常监管】

为推进省、市县测绘地理信息局的联动，海南测绘地理信息局分别在万宁市、东方市召开东、西片区测绘地理信息行政主管部门座谈会，会议交流了管理人员岗位落实、基础测绘计划及经费落实、“十三五”基础测绘规划编制、测绘市场监管、行政管理职权下放、测绘保障服务等问题。9月—11月，组织对全省乙、丙、丁级测绘资质单位开展测绘市场及资质巡查。结合测绘资质年度报告情况，采取随机抽取的办法，全省共抽检32家测绘资质单位，占全省乙、丙、丁级测绘资质单位总数的20%。

保障服务省重点工作

【保障服务海南省“多规合一”改革】

海南测绘地理信息局建成海南省“多规合一”信息数字化管理平台，并全面进入应用阶段。完成各有关审批部门的重点项目审批业务数据处理入库及审批事项业务流程定制；“多规合一”信息数字化管理平台开发对接省行政审批系统，实现海南省空间类建设项目基于“一张蓝图”的审批。研发海南省域生态红线发布系统、海岸带移动执法平板系统，不断深化平台应用成效。市县“多规合一”综合审批管理系统建设进展顺利，试点市县的“多规合一”综合审批管理系统的社会性投资和政府性投资项目并联审批业务流程定制完成，审查了全省各市县的75批次规划数据。完成标准规范体系编写、意见征集和修改完善工作，形成21个“多规合一”标准规范正式稿。

【海南省新一轮海岸线修测】

5月17日，海南省新一轮海岸线修测项目技术成果通过验收，形成系列海岸线修测数据和图件成果。海岸线修测收集整理了海南岛沿海各市县涉及海岸线的土地权属登记信息和海域使用权的论证报批信息等，作为海岸线修测成果与市县对接的基础和依据，为省委省政府更好地制定海南省海岸带开发利用总体规划和进行海域使用综合管理、海洋生态环境保护以及海洋防灾减灾等提供科学依据。

【保障服务海南省生态红线划定】

通过海南省“多规合一”信息数字化管理平台，海南测绘地理信息局向海南省生态环保厅提供了自然保护区（核心区、缓冲区和实验区）、野生物种分布区、其他极重要生物多样性保护红线区、饮用水源保护区（一级、二级）、其他极重要水源涵养红线区、极重要水土保持红线区、海岸带自然岸段防护区、近岸海域排污口禁设区、水产种植资源保护区、风景名胜区、地质公园、森林公园、湿地公园、海岸带自然岸段生态缓冲区、昌江核电厂安全缓冲区等专题数据，提供了1:5万地形图、第一次全国地理国情普查地表覆盖数据、高分辨率遥感影像数据等基础地理信息数据，为生态保护红线划定提供了不可或缺的数据服务。协助划定保护区数据界线，并对生态保护红线的初步成果进行冲突检测，形成了生态保护红线与其他专题规划间的冲突检测图斑，为生态保护红线与其他规划间的冲突图斑协调提供了支持，经过与海南省第一次全国地理国情普查地表覆盖数据进行比对，共解决生态保护红线与产业园区规划、城乡规划、土地利用规划、林业保护规划等冲突800多平方千米。

基础测绘

【基础测绘】

12月，经海南省政府同意，海南测绘地理信息局、海南省发展和改革委员会联合印发《海南省基础测绘“十三五”规划》，明确了“十三五”期间海南省基础测绘工作的总体目标、工作任务及海南省基础测绘“十三五”期间实施的重点工程。海南测绘地理信息局对省1:1万基础地理信息数据更新项目有关数据规范做出补充，新增了项目所需基础资料范围，明确地理国情普查数字正射影像成果、地理国情普查地表覆盖和地理国情要素成果可作为1:1万基础地理信息数据更新项目室内判读、数据采集和外业调绘的基础资料。海南岛1:1万基础地理信息数据库更新项目完成琼北测区654幅地形要素数据更新生产，标志着全岛1:1万基础地理信息数据库更新数据生产任务全部完成。组织开展了海南省卫星导航定位基准站安全风险点排查和卫星导航定位基准站建设备案工作。

【数字城市建设】

数字五指山地理空间框架建设项目完成建设，通过预验收。海口、澄迈、陵水、保亭、文昌、昌江、白沙、定安、琼中等市县的地理空间框架建设持续推进。

【质量管理】

海南测绘地理信息局组织开展地理信息质量监督抽查工作。抽查的内容主要有：2015年各测绘资质单位承担完成的基本比例尺地形图成果、变形测量成果及质量管理体系质量监督。通过系统随机抽取，确定8家基本比例尺地形图成果、2家变形测量成果承担单位和项目名称，以及6家质量管理体系为抽查对象。随机抽查的单位覆盖了全省乙、丙、丁级测绘资质单位，成果覆盖了1:500—1:1万地形图项目和变形测量项目的成果。随机抽查的单位性质涉及事业单位、国有企业、民营企业等不同类型。抽查项目重点向涉及国家或集体重大利益、社会影响较大的重大测绘地理信息项目或重大建设工程测绘地理信息项目倾斜。

地理国情普查和监测

【地理国情普查】

海南省第一次全国地理国情普查项目汇总了海南岛18市县的普查成果数据，通过开发数据库管理系统完成了建库及入库工作，并基于数据库进行普查信息统计分析和普查成果图集编制。全年完成普查数据库建库、普查地区基本统计报告编写、基本图和图集编制等工作。

【地理国情监测】

海南测绘地理信息局开展沿海滩涂变化监测深化试点、全国地级以上城市及典型城市群空间格局变化监测等地理国情监测项目。沿海滩涂变化监测深化试点完成基础地理信息数据及专题数据等相关资料的收集与整合；基于优于2.5米分辨率卫星影像、地理国情普查及基础性地理国情监测数据，完成沿海城市的海岸线分布、长度、类型等信息提取；在海岸线以内2千米范围内，开展填海造地和围海用地变化监测，开展海岸带、沿海滩涂陆地范围地表覆盖变化监测等；结合以前已形成的普查和监测成果，形成监测数据集，进行综合统计分析，形成监测报告及图件。全国地级以上城市及典型城市群空间格局变化监测项目结合数字城市地理空间框架建设、智慧城市时空云平台建设，收集整合基础地理信息数据及专题资料数据；收集或购买历史存档遥感影像数据，基于优于5米分辨率卫星影像、数字城市建设成果，完成海南省1个地级以上城市2000年、2005年、2010年、2015年城区边界提取；基于优于1米分辨率卫星影像、基础性地理国情监测数据以及数字城市建设成果，完成2016年3个地级以上城市的城区边界提取及内部结构信息提取；完成各地级市空间格局统计分析。

地图管理与地图服务

【地图审核】

海南测绘地理信息局履行地图管理与服务职责，主动为海南省总体规划工作提供地图审图服务。按照地图审查的各项标准与程序，对《海南省总体规划（2015—2030）》的各类地图附件和插图进行了审查。全年共审核各类地图60件（242幅地图），公开版地图备案率86%。

【地图市场监管】

海南测绘地理信息局组织举办地图管理培训班，局机关各部门、所属单位相关业务人员，各市县测绘地理信息局局长及测绘管理人员共50多人参加培训。组织全省各级测绘、工商、文体等部门开展联合执法检查，共出动380多人次对各市县主要书店、图书馆、车站、码头、旅游景区、报刊销售处、酒店、政府网站、新闻媒体网站、大型商业网站等开展检查。共检查各类地图3000多幅、地图类图书1100多册，对30多件“问题地图”依法处理。10月随机抽查了海口市、东方市、昌江县、屯昌县四个市县地图市场整治情况。在全省各市县测绘地理信息局推广使用地图卫士手机应用软件，设置市县地图市场监管人员账号，安装软件50多套，在地图市场大检查中发挥了重要作用。随着执法力度和公众国家版图意识的加强，海南省“问题地图”的数量逐年减少，全省地图市场进一步得到了规范和净化。

利用互联网地理信息监管系统2016版开展网上监管工作，重点针对互联网地图服务网站、静态地图图片、涉密POI标注、涉密地图交易等方面进行严格审查。共检定静态地图图片45206张，其中判定为非地图图片44782张，无问题的地图图片394张、存在问题的地图图片30张，涉及登载“问题地图”图片的网站3个，对存在问题的互联网地图及时要求网站修正或删除。

【地图服务】

海南测绘地理信息局为博鳌亚洲论坛2016年年会提供地图服务，制作了一批工作用图，用于年会接待有关准备工作。缩短博鳌年会地图的审查时限，快速办理各类送审的年会地图，一批中英文对照的《海南岛旅游示意图》《三亚市区图》《琼海市区图》《博鳌地图》及时通过审查，取得审图号。制作海南省公益性地图，涉及卫星影像图、基本要素版、政区版、交通版、旅游景点版等共50幅的海南省地图和市县地图。

【“美丽中国”第三届全国国家版图知识竞赛和少儿手绘地图大赛】

5月10日，2016年海南省加强国家版图意识宣传教育和地图市场监管工作协调小组联席会议召开，通过了《第三届全国国家版图知识竞赛和少儿手绘地图大赛（海南赛区）活动方案》。

海南测绘地理信息局与省教育厅联合发文启动“两赛”工作。面向全省中小学校共发放国家版图知识竞赛纸质试卷2.2万份，其中小学、中学组各1.1万份。共回收有效答题卡16790份，其中满分的6212份。网络答题满分人数105人，微信答题满分人数36人。从满分成绩中抽出100名获奖选手。

全省共有18个市县102所学校482人参与少儿手绘地图大赛，征集到绘画作品486幅，评出海南赛区一等奖2名、二等奖10名、三等奖18名、优秀奖62名以及优秀指导教师奖15名、优秀组织奖10个。选送91幅作品参加全国评选，其中5幅作品获得全国少儿手绘地图大赛奖项。

通过高校团委、高校微信公众号、新闻媒体等渠道开展电视赛选手校园征集选拔工作，经过层层选拔，从各高校选拔出22名学生上报给全国赛备选。面向各相关省级机关单位开展选手推荐选拔，选送8名选手参加全国赛备选。有3名选手入围电视赛全国总决赛，参与了《一站到底》特别节目录制，其中1名选手获得优秀奖。海南测绘地理信息局和海口市教育局、琼海市教育局、万宁市教育局、文昌市教育局荣获“美丽中国”第三届全国国家版图知识竞赛和少儿手绘地图大赛优秀组织奖。

测绘地理信息成果管理与应用

【“天地图·海南”建设与应用】

“天地图·海南”开展了节点建设、数据整合、运行维护、推广应用等工作。省级节点收集海南岛琼南地区已通过验收的1:1万基础地理信息数据，共计1:1万分幅549幅，覆盖面积约16194.55平方千米。海南测绘地理信息局对“天地图·海南”2015年度母库数据进行补充，形成覆盖海南岛本岛的“天地图·海南”矢量数据集。组织开展了“天地图·五指山”“天地图·定安”的入网测试工作，均通过海南测绘地理信息局和国家测绘地理信息局组织的入网测试。收集整理统计、环保、交通等部门公开的专题信息，对各类专题信息进行数据分类、空间化处理等形成专题数据成果，同时制作专题信息图。

【成果汇交】

海南省各级测绘资质单位共汇交2015年度测绘成果目录3400多项。

【涉密成果管理】

海南测绘地理信息局组织对全省208家测绘地理信息生产单位和涉密测绘成果使用单位开展了涉密地理信息跟踪检查，检查内容包括涉密地理信息成果生产、保管、复制、转借、销毁等重点环节管理情况；涉密地理信息成果电子数据的存储、传输和使用情况。在各单位自查的基础上，现场抽查了59家单位。各市县测绘地理信息局对少数地理信息保密管理不到位的单位，提出了具体的整改要求，责令限期整改，彻底清除失泄密隐患。加强对各受检单位的保密教育，宣传和讲解保密政策和法律法规，提高从业人员保密意识。

【应急保障】

海南测绘地理信息局在海南省防台风和防汛抢险救灾工作中，及时启动应急测绘保障响应，快速开展应急测绘保障服务。全年共启动应急测绘保障Ⅰ级响应2次、Ⅱ级响应2次。8月，为应对海南中西部地区特大暴雨洪涝灾害，及时启动了应急测绘保障Ⅰ级响应，赶制了全省各市县应急测绘保障领导工作用图共计100幅；同时派出无人机作业组冒雨赶赴临高县等受灾地区进行航拍作业，获取了临高县主城区0.1米分辨率的现场灾情影像约300张，及时将应急测绘成果资料送往省应急指挥和管理部门，助力防汛救灾工作。

科技工作

【科技创新体系建设】

海南测绘地理信息局增设了科技与质量处，主要负责承担科技、标准、对外合作和质量监督等方面的工作。组织开展全省甲乙级测绘资质单位测绘地理信息科技创新的专题调研。海南省“多规合一”信息数字化管理平台纳入《海南省信息化发展十三五规划》重点工程。组织制定了《海南测绘地理信息局科技创新促进办法》和《海南测绘地理信息局科技项目管理办法》。

【科技项目】

海南测绘地理信息局组织实施的“三沙市地理信息数据整合与平台建设应用技术研究”和“无人机在数字三沙3D产品生产中的关键技术研究”两个基础测绘科技项目通过验收。海南测绘地理信息局全年立项实施国家测绘地理信息局基础测绘科技项目1项，即“水下地形测绘关键技术实验”；国家测绘地理信息局测绘公益性行业科研专项1个，即“南海重点区域基础地理数据精细化处理及三维表达”；国家科技支撑计划课题1项，即“基于地理信息的智慧城镇规划设计技术集成与示范”。

地市级测绘地理信息工作

【海口市】

2016年，海口市落实测绘地理信息工作经费583.8万元，包括国家测绘地理信息局航空影像获取项目配套经费158.9万元、多个数据入库项目经费173.8万元等。海口市测绘地理信息局开展市基础测绘工作，完成《海口市大比例尺基础地理信息数据更新计划与实施方案》及《海口市大比例尺基础地理信息数据更新预算》的编制工作；积极推进海口市不动产登记工作，完成《海口市不动产权籍调查技术实施指导意见（送审稿）》编制及大宗楼幢测量图件样板制作等不动产测量资料编制。

加强测绘地理信息统一监管工作，做好测绘资质单位初审条件的实地检查，开展测绘单位基本情况核查。组织开展海口市地图市场专项检查，对书店、车站、楼盘及互联网地图网站进行了检查，查处了部分违规地图。

完成65个省市重点项目范围和2016年各项目计划用地规划情况、新增建设用地、耕地及林规等图件制作、数据统计分析工作，共制作图件135幅，数据分析统计表508张。完成海口市10个街心小游园用地界线及1∶500地形图测绘工作。保障服务国土资源管理工作，开展了海口市2015年度土地变更调查、遥感监测图斑、批而未用图斑外业核查与内业制图工作；完成2015年度卫片执法检查图斑外业测量与内业制图及数据统计分析工作等。

【三亚市】

2016年，三亚市加大测绘地理信息应用，服务三亚市社会经济发展。保障三亚市“双修”“双城”“海绵城市”“多规合一”、棚户区改造等30个项目建设，无偿提供地形图数据1722幅、卫星影像数据3500幅、坐标转换500多万点。为全市22家单位无偿提供三亚市连续运行参考站综合服务系统用户注册和全天候高精度卫星定位服务。加大地理信息资源共享力度，为全市12个部门、28个业务系统无偿提供7×24小时实时在线地理信息资源共享服务。召开2次全市地理信息平台推广专题会议，宣传地理信息数据共享理念，培训地理信息数据共享方式方法，促进全市地理信息产业发展，逐渐形成了面上广“利用”、网上搭“应用”、点上起“作用”的良好局面。

不断完善国土资源“一张图”信息平台，全年新增和更新“生态红线”“南繁育种基地”“多规合一”等各类专题地图服务28批次；配合监察支队、国土分局等部门完成移动端（IPAD）上的“移动一张图”“外业核查系统”等软件安装及离线影像数据更新21台次，有效地支撑了国土资源执法及领导移动办公需要。

开发了不动产微信信息平台，开通了三亚市不动产登记微信公众号，将全市涉及不动产登记相关的登记分类、业务流程、办事指南、个人不动产业务办理进度等情况统一纳入到三亚市不动产登记微信平台中，方便社会公众的自助查询。

定期巡查维护三亚市连续运行参考站综合服务系统4个永久基准站，及时备份观测数据。持续做好政务版地理信息公共平台、公众版地理信息公共平台（“天地图·三亚”）资讯更新、地图服务发布、地图服务运行监测、地图服务安全防护等工作。完成16196个地名地址及兴趣点采集更新和建库、三亚市全域1920平方千米范围0.5米高分辨率卫星影像数据采集及处理工作；完成地理信息公共平台电子地图数据、卫星影像数据、地名地址及兴趣点3类地图数据脱密处理、审图号申请、切片处理、服务注册、服务发布等工作。

地方社团工作

【海南省测绘地理信息学会】

1月，经海南省科学技术协会和海南省民政厅批准，海南省测绘学会更名为海南省测绘地理信息学会。5月14日，海南省测绘地理信息学会组织举办省测绘地理信息系统第二届羽毛球比赛，共40支队伍近400名人员参赛。全年召开3次理事会、3次常务理事会、1次全体会员代表大会和1次学术年会。

重庆市

概况

2016年，重庆市进一步完善测绘地理信息管理体制机制，加强测绘管理，强化行业安全监管，推进法治建设，扎实推进重点工程，大力推动成果运用，较好发挥了测绘地理信息的基础作用、前沿作用。重庆市规划局（重庆市测绘地理信息局）在全国省级测绘地理信息行政主管部门2016年度测绘地理信息工作绩效考核中获优秀等次。

重庆市政府办公厅印发《重庆市测绘地理信息

发展“十三五”规划》，实现重庆市测绘地理信息事业发展良好开局；重庆市规划局（重庆市测绘地理信息局）推动重庆市政府与国家测绘地理信息局签订《时空信息大数据服务发展战略合作协议》，为重庆市建设国家大数据综合试验区提供支撑；建立资质审查、地图审核、质量检验专家库，规范行政管理；完成重庆市第一次地理国情普查和地下管线普查与更新工作，丰富夯实地理国情资源；建成覆盖重庆市的北斗卫星连续运行基准站网，建成重庆市影像资源数据库，进一步构建新型基础测绘体系；初步建成服务重庆市的综合市情系统，提升公共服务水平；成立重庆市地理国情监测工程技术中心、重庆市智能感知大数据协同创新中心、重庆市高技能专家工作室等11个科技创新平台，全年获得省部级科技奖励90多项，创新科技发展；成功承办“8·29”全国测绘法宣传日主场活动，积极参加“美丽中国”第三届全国国家版图知识竞赛全国总决赛，重庆市勘测院贾贞贞获得全国总冠军。

党的建设与人才队伍建设

【党的建设】

重庆市规划局（重庆市测绘地理信息局）认真落实党建工作责任制，开展“两学一做”学习教育，推动局系统党内教育从“关键少数”向广大党员拓展、从集中性教育向经常性教育延伸。全年累计发放学习资料3336册。局党组中心组（扩大）集中学习讨论10次，合计40人次作主题发言，100人次作即席交流讨论。局系统36个基层党组织共组织集中学习198次。组织安排了4次集中辅导讲座，包括党史、反腐败形势和道德修养等内容，1500人次参加学习。局党组书记给400多名党员干部讲授了专题党课，带领机关相关处室负责人到10个分局和7个局属事业单位进行了“两学一做”学习教育推进情况的调研和督办。局机关党委所属党支部书记和事业单位党组织书记讲授“两学一做”专题党课累计49课次。

国家测绘地理信息局重庆测绘院（以下简称重庆测绘院）确定入党积极分子1人，发展预备党员2人，预备党员转正2人。制定院“两学一做”学习教育方案，将“两学一做”作为中心组学习重要内容，并指导院属各党支部结合实际制定相应学习计划。组织院“两学一做”征文比赛，参加“两学一做”知识竞赛。各支部共开展相关学习30多次。

【党风廉政建设】

重庆市规划局（重庆市测绘地理信息局）严格财政预算，不定期开展明察暗访工作。开设举报邮箱，公开举报电话，畅通问题反映渠道。对5件纪检监察信访件及时调查处理，对3个单位3名工作人员进行了批评教育。制定完善《落实党风廉政建设党委主体责任制度》《党风廉政建设监督检查制度》，细化具体内容、方法步骤和保障措施。层层签订党风廉政建设责任书，逐级落实主体责任。局党组中心组（扩大）理论学习12次，6次进行党风廉政专题辅导教育。制定下发了《廉政风险防控工作方案》并编印成册。积极开展廉政文化微作品征集活动，共征集作品235篇，优秀作品在局网站、机关大楼、《规划党风廉政》等平台展示。

重庆测绘院领导与部门负责人和基层单位负责人签订《党风廉政建设责任书》，组织处级以上领导干部签订《廉洁自律承诺书》。

【精神文明建设】

重庆市规划局（重庆市测绘地理信息局）按照“抓工作先抓班子、抓班子先抓制度”的工作思路，进一步完善局党组议事规则、落实主体责任工作制度，进一步规范党组织工作的程序、范围、原则、纪律和班子成员个人行为，没有出现违规情况。开展学雷锋活动，局机关和局属各单位成立了学雷锋活动小组和志愿者工作队，每季度有计划地开展做好事、义务服务活动。开展党员到社区报到工作，局机关和分局400多名在职党员深入街道社区，向群众宣讲规划测绘知识、为社区图书馆建设提供书籍资料、参加社区义务劳动、发动群众监督举报违章建筑等工作。开展扶贫济困活动，对口支援重庆秀山县扶贫工作，为秀山县培训规划管理人员约40名，提供扶贫资金50万元，并为秀山规划项目落实配套资金近100万元。局工会设立爱心基金，共帮扶21名职工，支助经费总额约17万元。坚持做好职工生日慰问、生病探望工作，对干部职工遇到的子女就学、就医、就业等实际困难积极提供协调帮助。开展第三届“六一儿童节地理科普嘉年华”和女职工读书心得评优活动，开展了足球、篮球、棋牌比赛等运动赛事。

【人才队伍建设】

重庆市规划局（重庆市测绘地理信息局）深入推进大众创业万众创新战略，打造“爱尚重庆”

"地理文化"等测绘地理信息众创空间，得到市科委批复和资金支持，10个创客团队、14家创新企业入驻开展创新创业。举办地理信息治理与智慧城市建设国际研讨会和智慧城市高级研修班，承办全国测绘地理信息行业高技能人才培训班，开展了保密人员、技师技工、区县管理干部和测绘单位负责人培训，培训骨干1500多人。全年申报鉴定技工180人、技师47人，测绘地理信息行业全年新增副高级专业技术人员83人，正高级专业技术人员22人，完成65名注册测绘师注册。重庆市规划局获"全国测绘地理信息行业职业技能鉴定先进单位"荣誉称号，重庆市勘测院获"全国测绘地理信息系统先进集体"荣誉称号，重庆市地理信息中心"每周一图"团队获第二届感动测绘人物。1人获"全国五一劳动奖章"，2人获"重庆市五一劳动奖章"，1人获"重庆市三八红旗手"荣誉称号。1人入选享受国务院政府特殊津贴人员名单，1人入选重庆市首席专家工作室领衔专家。

重庆测绘院开展了农村土地整理项目、智慧城市关键技术、三维扫描车应用、激光点云处理、全球测图、FME软件平台培训、不动产登记测量、野外控制测量自动记录等13个专题技术培训，培养优秀青年人才在关键岗位上、重大项目中锻炼。1人获"全国测绘地理信息系统先进工作者"称号。

规划发展

【重庆市测绘地理信息发展"十三五"规划】

6月24日，重庆市政府办公厅印发《重庆市测绘地理信息发展十三五规划》(以下简称《规划》)。《规划》提出了4项管理统筹、5项发展原则、6大能力建设、6大具体任务的"4566"建设目标，计划至2020年，实现重庆市各行业测绘地理信息工作的管理全覆盖，实现与经济社会发展需求的保障支撑和高度融合，力争重庆市测绘地理信息事业发展处于全国前列。《规划》的实施，将为重庆市加快建成长江上游地区经济中心和建设城乡统筹发展的国家中心城市提供精准、高效的测绘地理信息保障服务和时空大数据支撑。

【时空信息大数据服务发展战略合作协议】

8月29日，国家测绘地理信息局局长库热西·买合苏提与重庆市副市长陈绿平签订了《时空信息大数据服务发展战略合作协议》。根据协议内容，国家测绘地理信息局将与重庆市政府合作开展大数据信息获取与集合，协同推进大数据成果在国家区域发展和重庆市战略发展各个领域的广泛应用，促进大数据服务平台研发，加强大数据统筹发展协同创新，促进大数据产业发展。重庆市规划局（重庆市测绘地理信息局）牵头建立协议工作组，全面负责协议落实工作，制定大数据服务实施方案，策划大数据服务重点项目，全面落实大数据信息获取、成果推广应用、平台研发和创新等方面的任务。

【重点项目计划】

重庆市规划局（重庆市测绘地理信息局）组织编制2017—2019年政府投资项目储备计划，完成智慧重庆公共信息平台、基准体系及全市2000基准"一张网"等项目建议书编制。重庆市综合市情系统可研报告通过了市发展和改革委员会组织的专家评审，基础测绘数据资源采集实施方案已报重庆市发展和改革委员会与市财政局。报送的山地城市地理设计与智慧规划大数据服务平台、基于大数据的市场主体监管与商业信用服务平台、长江经济带上游航道大数据平台建设、面向"多规合一"的城乡三维时空大数据服务平台和城市交通决策支持大数据服务平台等5个项目入围国家发展和改革委员会促进大数据发展重大工程项目库。

法制建设与市场监管

【法制建设】

重庆市规划局（重庆市测绘地理信息局）组织区县管理部门和测绘单位结合实际提出了《中华人民共和国测绘法》修订意见，向参加全国人大审议的重庆市代表提供书面参考意见，在十二届全国人大常委会第二十四次会议对测绘法修订草案进行分组审议时，提出国家版图意识教育应当纳入中小学教学内容并进一步明确责任主体和牵头协调部门的建议。建立了测绘地理信息工作会议议事制度，加强科学民主决策和信息沟通。建立资质审查、地图审核、质量检验专家库，制定测绘执法及市场监管随机抽查工作实施方案，规范行政管理。制定《重庆市基础测绘地理信息成果提供使用管理规定》，开发《测绘成果分发服务系统维护及测绘成果保密监管移动GIS系统》，强化全流程信息化监管。

【法制宣传】

8月29日，由国家测绘地理信息局、重庆市人民政府联合主办的2016年全国测绘法宣传日主场活动在重庆市渝中区解放碑举行。国家测绘地理信息局局长库热西·买合苏提和重庆市副市长陈绿平出席解放碑主场活动。主场活动包含法律法规、地理国情监测、公共服务、时空大数据、新型基础测绘等10个板块，邀请西南政法大学法律服务团为市民提供现场法律咨询，发放法律宣传手册2000多份，便民地图1万多份，折扇、文化衫、帽子、毛巾、主题明信片（邮戳）等礼品2000多套。主场活动结束后，重庆市继续在长寿、合川等11个区县开展测绘法宣传区县巡展，持续宣传测绘地理信息法律法规。宣传活动被华龙网、人民网、新华网等中央、地方媒体报道133篇次。

【综合执法】

重庆市规划局（重庆市测绘地理信息局）协调建立综合执法机制。将不动产（地籍、房产）测绘资质单位的质量管理、成果保密和信用信息管理纳入统一监督管理，开展联合执法工作，加强不动产测绘市场的事中事后监督管理。联合市国家安全局、市国家保密局、市国土资源和房屋管理局，从地图市场监管、测量标志保护、测绘成果保密管理等方面开展测绘执法工作。对全市教材教辅进行专项检查，会同相关部门对新华书店、汽车博览会、房地产交易会使用地图实施监控。在全市地图市场大检查及测绘地理信息市场保密检查工作中，多次组织开展多部门参与的联合执法行动，整顿规范全市测绘地理信息市场秩序。开展各项执法检查16次，立案查处测绘违法案件1起，调查核实违法测绘行为3起，严肃查处了互联网百度云违规存放涉密地形图事件中的责任人和6家责任单位。

【依法行政】

重庆市规划局（重庆市测绘地理信息局）制定“双随机”工作方案，认真开展行政审批制度改革，推进网上审批工作。对网上行政审批的工作任务、责任分工及时限、流程图等事项以及各事项所需申请材料等进行了全面梳理，并形成相关建议上报市政府。实现对外提供属于国家秘密的测绘成果许可等5项测绘行政审批事项在市政府网上行政审批平台办理。

【“放管服”改革】

重庆市规划局（重庆市测绘地理信息局）取消3项测绘资质审批中介服务事项。建立测绘行政审批清单，在市政府和局网站上进行公布，接受公众监督。对规划和测绘行政审批程序和材料进行梳理，印发了《重庆市规划局依法行政手册》。建立网上行政审批大厅，推行行政审批标准化改革，努力建立“让信息多跑路，让企业少跑腿”的工作机制，为权力“瘦身”“塑型”，优化发展环境，催生阳光政府。调研了解企业发展和转型升级需求，组织测绘资质单位负责人参加重庆市“十三五”规划解读、测绘新技术应用等培训，明确转型升级方向，努力为测绘资质单位转型升级创造机会。

【信用管理】

重庆市规划局（重庆市测绘地理信息局）修订《重庆市测绘地理信息市场信用信息管理办法实施细则》，组织全市测绘资质单位信用信息的征集和录入工作。7月完成重庆市5家甲级测绘资质单位的信用信息征集、录入工作，初审通过后报送至国家测绘地理信息局。举办重庆市信用信息平台培训班，重庆市所有测绘资质单位和远郊区县测绘地理信息行政主管部门人员300人参加。12月完成重庆市乙、丙、丁测绘资质单位信用信息发布工作。做好信用报告的查询服务，在局网站上公布测绘资质单位的信用信息和查询流程，及时为测绘资质单位出具信用报告，为测绘资质单位参加测绘项目招投标等活动提供有效的证明材料。

【日常监管】

重庆市规划局（重庆市测绘地理信息局）组织重庆市所有测绘资质单位填报年度报告，并认真仔细审核各测绘资质单位填报的年度报告。在局网站公开测绘资质单位年度报告，接受公众的监督。制定了《重庆市规划局随机抽查工作方案》，并将该工作方案上报国家测绘地理信息局。对全市61家测绘资质单位进行了巡查。按照专家擅长的行业、领域等进行分类，建立了随机检查专家名录库，包括测绘资质审查专家库、安全保密专家库、地图技术审查专家库、执法人员库。

基础测绘

【基础测绘】

重庆市规划局（重庆市测绘地理信息局）完善现代测绘基准体系建设，建成覆盖重庆市的北斗卫星连续运行基准站网，完成36个基准站的北斗卫星服务系统升级改造，完成国家GNSS彭水站建设运行维护。完成全市A、B、C级控制点2000国家大地坐标系成果计算，并通过检验，建立了各类坐标系到2000国家大地坐标系间的转换关系模型，形成各类坐标转换参数66套，实现了1954北京坐标系、1980西安坐标系、重庆市独立坐标系、各区县地方独立坐标系向2000国家坐标系的转换。利用1:5000地形图缩编更新1:1万地形图2.2万平方千米，1:1万地形图数据库更新4.5万平方千米。重庆CORS系统2016年新增用户单位59家，新增账户217个，共有有效账户1047个；工作人员先后赴梁平、长寿、涪陵、秀山、巫溪等区县为用户单位提供现场网络RTK技术培训37次。

重庆测绘院完成重庆市、湖南省和贵州省约47万平方千米范围内的1:5万数据库更新工作，对全部区域进行重点要素更新，对1/3区域进行一般要素更新。完成重庆市、湖南省和贵州省的1033幅1:5万地形图制图数据更新、29幅1:25万地形数据更新、2幅1:100万地形数据更新。完成新疆昌吉40.32平方千米的全数字测图、外业调绘与补测、1:500、1:2000数字化地形图编辑成图，以及45.42平方千米数据加工、处理、建库工作；完成哈密20.36平方千米全数字测图、外业调绘与补测、编辑成图以及建库工作。参与贵州省国土资源“云”精准扶贫作战图管理系统建设项目，完成贵州省赫章县、纳雍县、七星关区、金海湖新区、黔西县、石阡县、碧江区、玉屏区、松桃县、松涛县等地外业核查227233户，对282个拆迁点和安置点进行调查，照相60347户。完成三亚市1:500全要素地形图数字化测绘及DLG建库工作，面积约36平方千米。

【航空航天遥感影像获取与应用】

重庆市规划局（重庆市测绘地理信息局）编制2016年重庆市航空航天遥感影像获取计划。完成重庆市域航天影像采集8.24万平方千米，无人机低空航摄影像采集2300平方千米，优于0.5米的高分影像采集1.72万平方千米。建立全市影像资源数据库，由重庆市地理信息中心对影像数据进行统筹管理，采用简报的形式每月推送影像资源采集、处理及应用情况，并向各有关区县测绘地理信息主管部门、市级各相关部门分发重庆市域航空遥感影像。

【智慧城市、数字城市建设】

重庆市规划局（重庆市测绘地理信息局）初步建成重庆市综合市情系统，形成包括5个大类、39个一级类、172个二级类、1690个小类的信息分类，整合叠加350个专题、1383个图层的地表数据、规划数据、经济社会数据和城市运行数据，研发决策支持系统和应用系统，实现19个部门数据资源共享整合。系统在固定资产投资管理、市场主体信用监管、应急管理、网上行政审批、法人数据库建设中得到广泛应用，成为全市社会公共信息资源整合与应用基础平台。

完成智慧城市时空信息云平台建设试点，建立智慧重庆时空信息数据库，实现从空间数据到“空间-时间-属性”三位一体数据、从静态数据到动态数据的扩展，搭建时空信息云平台，实现从通用平台到个性平台、从线下交换到协同共享、从数据服务到知识服务的提升，构建云支撑环境，实现从传统架构到云架构、从桌面端到泛在终端的转变，开展了决策支持、地理设计、智能交通、市场监管、公众服务5项应用示范，带动云平台全面深入应用。完成数字潼南地理空间框架验收，开展数字万州、数字长寿、数字永川等数字区县地理空间框架更新维护。开展智慧重庆公共信息平台、智慧社区建设，支撑保障智慧两江、智慧南岸、智慧江北、智慧合川、智慧渝中和智慧长寿等国家部委试点和其他智慧城市项目建设。

【质量管理】

重庆市基础测绘、测绘专项成果一次验收合格率100%，全年完成2.2万平方千米1:1万缩编检验，完成重庆市地下管线普查与更新专项成果检验，一次验收合格率100%。完成401项工程项目质量检验，其中检验1:500地形图469.9平方千米、1:2000地形图118.6平方千米、管线3205.4千米、铁塔1059个、各类地形图15205幅。配合国家测绘地理信息局完成2次质量监督抽查。组织开展重庆市质量监督抽查工作，完成25个基本比例尺项目、5个变形监测项目及30个测绘单位质量体系的现场检查，形成抽查结果和总结报告。

【安全生产】

重庆市规划局（重庆市测绘地理信息局）落实安全生产责任制，明确安全生产有关责任。举办测绘资质单位负责人培训班，要求测绘单位设立安全监督员岗位，建立健全安全生产制度，对有条件的单位要求进行环评达标，组织开展安全年、安全月活动。全年开展3次专项监督检查，组织1次消防安全知识培训，不定期对测绘生产单位的安全生产情况进行检查和抽查，及时发现和排除安全隐患。对测绘生产设备装置进行全面梳理，理清各种生产设备的使用、流转关系，实行定期安检和不定期巡检，督促安全措施落实。全年未发生安全责任事故。

地理国情监测

【地理国情普查】

重庆市规划局（重庆市测绘地理信息局）完成重庆市地理国情普查数据库、重庆市地理国情普查成果管理系统、重庆市地理国情普查成果发布系统、重庆市地理国情普查业务系统建设。从地表资源分布与利用、生态协调性、基本公共服务均等化、区域经济潜能、城镇发展、城乡统筹6个专题完成重庆市地理国情综合统计分析。完成与林业、国土、交通、统计、水利、农业等市级部门和各区县政府数据衔接工作。完成各普查实施单位的项目验收。完成地理国情普查有关报告编制、图件制作和成果汇交工作。

【地下管线普查】

重庆市规划局（重庆市测绘地理信息局）完成覆盖全市的城市市政管线及跨区县长输管线的基础信息普查工作，普查地下管线67857千米，其中市政管线61705千米、跨区县长输管线6152千米。采集地理框架要素2143平方千米，建成重庆市、主城区和区县三级地下管线综合管理信息系统，实现全市普查区域地下管线一张网管理，并于12月23日通过专家验收。完成管线隐患排查13253处，其中长输油气管线444处、城镇燃气管线428处、给排水、路灯照明361处、有线电视40处、各类通信管线5515处、电力管线6465处。

【地理国情监测】

重庆市将地理国情监测纳入《重庆市国民经济和社会发展第十三个五年规划纲要》和《重庆市测绘地理信息发展“十三五”规划》统筹建设。重庆市规划局（重庆市测绘地理信息局）编制《重庆市地理国情普查数据动态更新办法》，完善普查数据更新制度体系，为地理国情监测常态化开展提供了制度保障。按期完成国务院第一次全国地理国情普查领导小组办公室下达的两江新区建设变化监测试点任务。开展成渝城市群经济潜能监测分析、地级以上城市及典型城市群空间格局监测、长江经济带国家投资基础设施建设监测等区域性监测应用课题研究。与四川测绘地理信息局合作开展了成渝经济区地理国情普查统计分析项目，形成初步成果。开展两江新区规划建设发展监测（2010—2015）、重庆主城区道路与绿化用地变化监测试点示范，完成重庆主城区“四山”生态保护监测与评估研究和基于地理国情普查的生态审计研究等专题性应用课题研究。完成地理国情监测保障体系、地理国情监测评价体系、地理国情监测关键技术研究、地理国情变化检测技术研究、地理国情普查成果在资源环境承载力和城乡规划实施监测中的应用研究等监测基础课题研究。

重庆测绘院完成重庆、贵州、湖南的基础性地理国情监测数据生产工作，包括资料收集与整合、正射影像纠正、变化信息发现与提取、外业调查核查、内业编辑整理（含数据集入库前检查）、质量检查等，形成基础性地理国情监测数据成果，面积约47万平方千米。参加并完成了全国基础性地理国情监测数据生产成果交叉验收。完成青藏高原生态屏障区自然生态状况变化专题性监测，测区包括青海省、西藏自治区、四川省的44个县（市），总面积约93万平方千米；参与完成长江经济带国家投资基础设施建设监测，作业区涉及重庆市9个区，总面积约5473平方千米。

不动产测绘

重庆市起草《重庆市不动产权籍调查实施细则》等系列技术规范，对全市的不动产登记数据清理、权籍调查、检查及代码编制程序进行细化和规范。组织开发不动产单元编码编制、房屋分户图自动生成软件等系列软件，在全市38个区县推广应用130多套，大幅提高了不动产登记测绘工作效率。在4个区县开展了宗地统一编码、不动产登记数据汇交整合、宅基地使用权及房屋所有权权籍调查、土地承包经营权林权权籍调查试点工作，探索技术方法，为下一步农村不动产登记提供技术储备。组织召开60多次不动产登记工作技术培训会，培训各级技术人员1200多人次。完成主城区城市周边永久基本农田核实举证核查与汇总工作，完成30个区县城市周边永久基本农田划定成果市级技术审查。编制完成全市永久基本农田划定方案。完成全市及各区县耕地质量等别年度更新评价和市级成果核查与汇总工作。

地图管理与地图服务

【地图审核】

重庆市规划局（重庆市测绘地理信息局）强化

对区县地图管理工作监督指导，加大测绘执法和地图审核队伍建设，建立全市地图技术审查专家库，遴选成员 32 名，覆盖行业管理部门、地图编制单位。多次组织执法队员和技术人员参加国家测绘地理信息局举办的《地图管理条例》培训，实现了所有区县全覆盖。配发“地图卫士”软件，切实维护好重庆市地图市场秩序。全年共发放地图审图号 94 个，完成地图内容审查 98 件、地图 403 幅。

【地图编制与出版】

重庆市规划局（重庆市测绘地理信息局）开展“公益地图 智绘重庆”编制工程，以“免费、权威、便民”为特点，编制标准地图，如区县标准画法样图、区县在全市区位关系地图、综合地图等（包含政区、居民地、交通、水系等基本要素）；编制便民地图，如美食地图、休闲地图、公交地图等；争取本级政府网站和手机客户端开设地图链接，提供浏览、下载服务。“公益地图 智绘重庆”工程共完成 96 项地图编制并全部对外发布。《重庆历史地图集·第二卷》初稿编制完成，出版发行《重庆市交通旅游地图集》。每周一图全年编制各类专题地图 52 期。

【地图市场监管】

重庆市规划局（重庆市测绘地理信息局）下发《关于开展重庆市地图大检查的通知》。5 月，集中对外公布地图举报电话 32 个、电子信箱 2 个，畅通举报渠道，发动社会力量发现和举报地图市场中存在的违法违规行为。组织地图编制、出版、互联网地图服务等单位自查，及时对存在的问题要求整改。对地图检查工作进度、工作效果进行抽查，将抽查情况纳入区县规划局（建委）年度目标考核。会同相关部门对全市地图市场、文化用品市场、图书交易市场、展览（展会）、纪念馆、博物馆（中国三峡博物馆、重庆自然博物馆等）、互联网地图服务网站等开展全面检查。认真查处国家测绘地理信息局交办的 2 个案件。

【地图服务】

重庆市规划局（重庆市测绘地理信息局）开展辅助决策用图编制与服务，做好第三次国家、省级间共享工作。全年向重庆市委市政府、市各级机关提供领导辅助决策用图 875 幅，包括世界地图、中国地图、成渝城市群地图、重庆市地图、重庆五大功能区域地图、重庆市两江新区地图、中欧班列（重庆—杜伊斯堡，渝新欧班列）示意图、各区县地图、轨道交通网络规划图等 115 种地图，并向国家测绘地理信息局共享辅助决策用图资料。

【国家版图意识宣传教育】

重庆市规划局（重庆市测绘地理信息局）走进重庆日报报业集团，针对新闻媒体进行国家版图意识宣传教育培训，来自《重庆日报》《重庆晨报》等重庆市内主流媒体的 20 多名有关责任人和编辑记者参加培训。建立《重庆日报》、华龙网等媒体美编微信群，即时解答、纠正制图中的疑问，党报党刊未发生“问题地图”事件。

【“美丽中国”第三届全国国家版图知识竞赛和少儿手绘地图大赛】

重庆市规划局（重庆市测绘地理信息局）组织开展“美丽中国”第三届全国国家版图知识竞赛，5 名选手参加电视赛，最终重庆市勘测院贾贞贞荣获电视赛全国总冠军。组织开展少儿手绘地图大赛，通过《少年先锋报》进行活动宣传与组织实施，参赛范围覆盖全市 22 个县 57 所学校，征集作品 1732 幅。遴选推荐 44 幅作品参加全国赛，其中 2 幅获得三等奖、18 幅获得优胜奖。

测绘地理信息成果管理与应用

【“天地图·重庆”建设与应用】

重庆市规划局（重庆市测绘地理信息局）从节点数据更新、国省数据融合、网站运行维护、宣传推广、技术培训等方面积极开展“天地图”重庆省级节点建设，节点数据更新工作于 8 月 29 日通过国家基础地理信息中心评估，9 月 22 日完成与国家基础地理信息中心数据融合协议签订。积极拓展应用领域，重点推动“天地图”面向应急、精准扶贫、不动产登记等的应用。全年提供网络技术支持 30 多次、电话技术支持 60 多次、上门技术支持 20 多次。与重庆市各部门开展需求对接，推动重庆市扶贫开发办公室开展精准扶贫大数据平台，重庆市司法局开展重庆市司法局社区矫正信息管理系统，重庆市国税局开展 GIS 地理信息系统，重庆市燃气集团开展重庆市燃气管网地理信息系统等专题应用系统建设。

【成果汇交与分发】

重庆市汇交测绘地理信息成果数据 23. 3GB，工程项目 356 项，1:500 地形图覆盖面积约 320 平方千米，1:2000 地形图覆盖面积约 150 平方千米，管线长度2650千米，各类控制点成果26532点，勘界长度1233千米。重庆市规划局（重庆市测绘地理信息局）编制完成《重庆市基础测绘地理信息成果提供使用管理规定》，升级测绘地理信息成果分发服务平台，完成全市测绘地理信息成果目录更新并启动测绘成果保密监管系统开发。全年累计完成测绘成果分发408次，提供各类控制成果4440点，各比例尺纸质版地形图725幅、数字线划地形图1976幅、栅格版地形图125幅，各类遥感影像1.1万平方千米。

【涉密成果管理】

重庆市规划局（重庆市测绘地理信息局）编制完成《重庆市基础测绘地理信息成果提供使用管理规定》，修改完善《涉密基础测绘地理信息成果使用申请表》《涉密基础测绘地理信息成果安全保密责任书》及《重庆市测绘地理信息数据服务与保密协议》，优化涉密测绘成果管理提供审批制度，完善测绘地理信息成果提供使用服务流程。开发完成测绘成果分发服务系统维护及测绘成果保密监管移动GIS系统，定期对测绘成果使用情况进行跟踪和检查。开展涉密测绘成果跟踪监管。印发《重庆市规划局关于开展重庆市测绘地理信息成果保密专项整治活动的通知》，走访全市主要测绘单位和成果使用单位79家，宣讲保密知识，督促和指导被检单位建立健全保密防控体系。分三批组织开展了面向测绘资质单位和成果用户单位核心涉密人员的保密培训，累计培训450人次。联合重庆市国家保密局开展了面向各区县测绘地理信息工作分管领导、科长和涉密成果管理经办人员的全市测绘地理信息保密培训。

【应急保障】

重庆市规划局（重庆市测绘地理信息局）编制《重庆市应急救援地理信息服务队训练计划》、应急保障演练实施方案，制定队伍应急管理考核机制。加强应急保障队伍建设，强化地理信息应急装备和数据资源等基础建设，组织开展地理信息应急装备政府采购工作，升级应急救援装备配置。建设完成应急无人机工作室，自主研发四旋翼无人机，实现了单人携带、单人操作、无网络规划航路、快速升空的能力，提升地理信息应急救援能力。全年开展2次日常应急演练，开展无人机数据采集及队伍应急数据快速处理等训练工作，累计参训人员150人次。利用“每周一图”的宣传平台编制“每周一图”特刊——《重庆主城区重要应急避难场所地图》。参与重庆市政府应急平台建设，承担风险填报系统技术支持工作，风险填报系统完成22万多条风险数据录入。

地理信息产业

重庆市规划局（重庆市测绘地理信息局）将地理信息产业纳入《重庆市测绘地理信息发展“十三五”规划》。提出了以政府引导、企业主导、市场驱动为基础，创造需求，以“分享地理价值，传播地理文化”为目标，精心策划，努力打造中国“地理文化创意基地”。鼓励测绘地理信息企业实施国际国内“走出去”战略，加强与相关部门合作，积极探索PPP模式在测绘地理信息行业的应用，构建地图创意、地理设计、文化科普、测绘装备、众创空间等独具重庆特色的测绘地理信息产业体系，推动全市地理信息产业跨越发展。编写完成《重庆市地理信息产业发展研究报告》。针对重庆市的工作特色、发展基础和现状提出了发展的重点和策略，对下一步的产业发展工作进行了全盘细化、规划。策划了时空信息大数据服务应用推广示范、中国地理文化产业基地、地理文化出版资助基金和地理信息产业股权投资基金等地理信息产业项目。深入推进大众创业万众创新战略，打造“爱尚重庆”“地理文化”等测绘地理信息众创空间，得到重庆市科学技术委员会批复和资金支持有10个创客团队、14家创新企业入驻开展创新创业。

科技、标准化与国际合作

【科技创新体系建设】

重庆市规划局（重庆市测绘地理信息局）将“深化测绘地理信息科技创新”确定为《重庆市测绘地理信息发展“十三五”规划》中的六大目标任务之一。明确提出在“十三五”期间，加快测绘地理信息标准化建设、完善科技创新体系、大力开展重点领域技术创新等。开展信息化测绘生产基地建设。开发集景—岩土工程勘察三维信息系统、集景—三维市政辅助设计系统、集景—三维建筑规划方案交互式设计系统等应用系统，引进多旋翼无人机系统。形成以自主开发的野外全数字一体化测图软件和航测内外业一体化系统为代表的空间数据快速获取体系。设立重庆市岩土工程技术研究中心、重庆市地理国情监测工程技术中心、重庆市智能感知大数据协同创新中心、重庆市高技能专家工作室、智慧重庆空间信息服务云计算中心、重庆市博士后科研工作站、国家遥感中心重庆业务部、重庆市测绘地理信息院士专家工作站等科技创新平台，分别与中国测绘科学研究院、武汉大学联合建立了遥感等新技术应用中试基地。全年科研投入配套经费约900万元，开展关于倾斜摄影、真三维建模及应用、地理空间云服务技术与应用、车载移动测量系统、地理设计和无人机集群并行作业集成等关键技术的生产性技术攻关，完成攻关项目70多项。

【科技项目与科技奖励】

重庆市规划局（重庆市测绘地理信息局）申报的全市域地下管线综合服务云平台关键技术研究项目获国家测绘地理信息局立项，水文地质三维建模技术在越岭隧道规划建设中的应用研究、重庆市地下管线云服务平台研究与应用2个项目获重庆市科委立项。全年获得省部级科技奖励42项，包括科技进步奖17项、优秀工程奖25项。其中，重庆主城区地下综合信息图编制及管理信息系统建设、智慧重庆地理编码服务平台建设与应用等8个项目获一等奖，基于北斗的现代测绘基准体系应用服务关键技术研究、天地及室内外一体实景地图系统研究及应用等18个项目获二等奖，地理国情普查成果在区域资源环境承载力监测中的应用研究与示范等16个项目获三等奖。同架次变航高无人机遥感影像获取方法、移动测量平台激光雷达旋转与平移参数计算方法等5项成果获国家专利授权，DEM智能化生产系统V1.0、航测图库一体化生产系统V1.0等5项软件获著作权登记，城乡规划实施监测与评估关键技术研究与示范应用、智慧重庆空间信息服务云计算平台开发等6项成果获重庆市科学技术成果登记。

重庆测绘院完成基于不同分辨率遥感影像的变化范围自动提取研究（二期）、工天辅助管理软件设计与开发、基于倾斜摄影测量的三维模型生产试验、重庆测绘院成果资料目录管理系统设计与开发等测绘科技创新项目。完成基于FME Server的多源异构地理国情信息提取整合发布关键技术研究和面向智慧城市的物联网关键技术研究和应用项目的验收工作。

【标准化工作】

重庆市规划局（重庆市测绘地理信息局）参编《工程测绘基本技术要求》等5项国家标准；参编《城市轨道交通主体结构运营监测与评价方法》等11项行业标准。主编和参编《建筑信息模型与城市三维模型信息交换与集成技术规范》等12项地方标准。申报的《重庆市建设工程勘察信息模型设计标准》《重庆市建设工程勘察信息模型交付标准》《重庆市轨道交通工程勘察测量规范》《重庆市工程勘察信息模型实施指南》等8个标准获重庆市城乡建设委员会、市质量技术监督局立项。编制完成《重庆市标准地址数据分类与编码规范》和《室内导航数字地图概念模型》2项地方标准即将发布实施。

【对外合作与交流】

重庆市规划局（重庆市测绘地理信息局）组织参加在埃塞俄比亚举办的联合国第四次全球地理信息管理高层论坛，代表中国作题为“地理设计支撑可持续发展——中国重庆乡村建设实践”的交流报告。与香港理工大学签署合作交流备忘录。参加中央组织部主办的城市建设与管理专题研究班、国家测绘地理信息局组团的第二期中美地理国情普查监测技术与管理高级研讨班、第十三届国际岩石力学大会、IBM2016全球数据与分析领域峰会。选派重庆市地理信息中心肖禾赴联合国纽约总部挂职。联合举办2016地理信息治理与智慧城市建设国际研讨会，邀请欧洲空间数据研究委员会（EuroSDR）秘书长Joep Crompvoets教授、全球空间数据基础设施协会（GSDI）委员会主席Bastiaan van Loenen教授、国际大地测量协会（IAG）工作组组长孟晓林教授进行学术交流。

地方社团工作

【重庆市测绘地理信息学会】

重庆市测绘学会更名为重庆市测绘地理信息学会。4月，组团参加在埃塞俄比亚举办的联合国第四次全球地理信息管理高层论坛。组织开展地理信息在公共安全中的应用技术讲座；举办倾斜摄影与三维实景论坛；举办2016年重庆市高校测绘与地理信息科学教学研讨会；举办1期注册测绘师考前培训班、3期涉密测绘成果管理培训班、1期不动产登记培训班。编辑的《重庆勘测》全年出版4期。和西南交通大学出版社合作出版《优秀测绘论文集》，为会员单位和广大测绘技术人员搭建学术交流平台。

四川省

概况

2016年，四川省测绘地理信息行业单位完成测绘服务总值120亿元。四川测绘地理信息局在全国省级测绘地理信息行政主管部门2016年度测绘地理信息工作绩效考核中名列第六，并通过省级最佳文明单位复查。

“十三五”规划编制工作进展顺利，省政府批复同意《四川省基础测绘中长期规划纲要（2016—2030年）》，四川省发展和改革委员会与四川测绘地理信息局联合编制《四川省“十三五”基础测绘发展规划》《四川省“十三五”地理信息产业发展规划》并通过专家论证，《四川省“十三五”生态建设规划》和《四川省“十三五”防灾减灾规划》将测绘地理信息工作首次作为专题列入，《四川省国民经济和社会发展第十三个五年规划纲要》明确了测绘地理信息三大工作。

四川省完成第一次全国地理国情普查工作并通过验收，完成四川省地理信息公共平台建设全部内容，积极报请省政府启动四川省“十三五”基础测绘三大先行项目，落实国家测绘地理信息局与四川省政府签署的推动高精度卫星影像资源高效利用战略合作框架协议，协商省财政厅联合印发《四川省遥感影像经费管理办法》，完成全省卫星导航定位基准站安全风险排查，启用四川省卫星导航与位置服务基础平台、四川省全息影像通用服务平台，建成全省首个“多规合一”规划信息平台。

《四川省城镇地下管线管理办法》颁布施行，全省市级测绘地理信息行政主管部门全部挂牌并完成更名，广元、宜宾等7个市实现市县两级全部挂牌，测绘地理信息管理体制更加完善。制定法制政府建设实施意见和实施计划，持续深化行政审批改革和职能转移，向市州测绘地理信息行政主管部门下放丙级资质审批权限，向成都、眉山两市下放地图审核权限。

西部地理信息科技产业园一期开园、二期开工，《四川省“十三五”地理信息产业发展规划》通过专家论证。发布《四川省地理信息产业发展研究报告（2015）》，召开全省测绘地理信息企业家座谈会，承办“智瞻西部·共创共赢”地理信息产业发展论坛。四川省发展和改革委员会批复同意四川地理空间大数据应用中心、四川省测绘应急保障与资源环境承载力监测中心建设项目。截至年底，全省共有测绘资质单位1097家，其中甲级46家，地理信息产业产值年增速超过25%。

第一时间为绵竹市小岗剑山体垮塌、攀枝花“9·19”暴雨洪灾提供应急测绘保障。建成应急测绘应用平台和辅助决策地理信息系统，编写完善四川省地质灾害综合防治体系建设应急保障总体方案。首次以省市联动模式举办眉山市地质灾害防治应急测绘保障演练，参加2016年省级防震救灾综合演练，在甘孜等市州开展应急分中心建设试点。

全年为铁路、石油、地矿、水电、交通、林业等各行业提供测绘地理信息成果服务，共受理成果申请980人/次，提供各种比例尺地形图666张、大地测量控制点722点、4D产品9844幅、航空摄影资料119片，总数据量1TB。全省数字城市示范应用达到110多个，智慧摩梭家园信息平台（第一期）建成投入使用，与省军区联合开展国防动员智慧云平台建设，编制完成《四川藏区经济社会发展图集》《四川省自然灾害风险图集》等系列图集。

全年落实科技项目经费3437万元，获省部级科技进步奖14项，成立了四川省导航与位置服务工程技术研究中心、四川省地理信息产业技术研究院、国家测绘产品质量检验测试中心西南中心，建成四川省北斗高精度定位数据播发系统，四川省导航与位置服务平台等一批科技创新平台。与农业银行四川省分行、国家土地督察成都局、中国航天503所等单位及宜宾、攀枝花等市州政府开展战略合作，累计签署战略合作协议30多份。

党的建设与人才队伍建设

【党的建设】

四川测绘地理信息局被省委宣传部、省直机关工委评为2014—2015年度省直机关落实党建工作责任制先进单位和2015年度党组中心组理论学习先进单位，局党组被省直机关工委评为2014—2015年度开展“四好”活动先进班子。制定党组织书记抓党建工作述职评议工作方案，开展局党组书记、机关党委书记和机关党支部书记、局属单位党组织书记抓党建工作述职评议，对2015年全局各级党组织工作进行全面检查和考核评议。开展新一轮基层党组织“三分类三升级”活动，指导局属单位按时按规开展换届选举。10月—11月，集中开展规范基层党支部设置工作，对跨处室（部门）设置的联合党支部进行规范整改，整改后全局党支部由原来的50个增加到109个。全年党组中心组集中学习24次共24天，参学率90%以上。贯彻落实领导班子成员基层联系点制度，党组班子6名成员带队到基层联系点调研，形成13篇调研报告。

【党风廉政建设】

四川测绘地理信息局强化党风廉政建设“两个责任”，落实局党组和直属各单位党委主体责任，局党组书记与党组成员签订党风廉政建设责任书。直属单位党委书记、局机关部门负责人共23人签订党风廉政建设承诺书。印发局党组2016年党风廉政建设和反腐败工作要点和责任分工，明确党风廉政建设14项重点工作。制定《中共四川测绘地理信息局党组纪检组关于领导干部任职廉政谈话暂行规定》《中共四川测绘地理信息局党组纪检组关于落实纪律审查工作以上级纪委领导为主的实施办法》两项制度，修订了《中共四川测绘地理信息局党组贯彻落实中央关于改进工作作风、密切联系群众的八项规定的具体措施》。开展违规收送礼金问题专项整治，全局349名党员、干部填写《党员、干部不违规收送礼金承诺书》。开展落实中央国家机关纪工委巡视整改专项检查反馈意见整改工作，为局属单位配置专职纪委书记，设置纪检机构并配备专职纪检干部。完成局属单位年度审计工作。

【“两学一做”学习教育】

四川测绘地理信息局印发《“两学一做”学习教育实施方案》。分层级召开“两学一做”学习教育动员会，局党组书记在全局动员会上讲专题党课。5月20日，国家测绘地理信息局党组书记、局长库热西·买合苏提为四川测绘地理信息局干部职工讲专题党课。分别围绕“两学一做”学习教育第一、第二、第三专题开展集中学习讨论。组织开展党组织关系排查等八项专项检查以及“党员示范行动”“三亮三比三评”等活动，为全局党员制作“两学一做”学习教育知识卡，改造局机关党员活动室2个，制作宣传展板40个、专栏28个，悬挂宣传标语11条，在局网站开设“两学一做”学习教育专栏。

【精神文明建设】

四川测绘地理信息局开展了践行社会主义核心价值观、纪念红军长征胜利80周年及登山、羽毛球比赛等系列活动，举办“树立新理念 服务十三五”主题演讲赛和四川测绘青年沙龙1期、测绘大讲堂6期，发布测绘好人榜第四榜。组织观看“向人民英雄纪念碑敬献花篮”仪式、纪念文艺晚会和纪念大会，举办“重温红色经典 弘扬长征精神”户外主题活动。开展“做悦读党员，建书香机关”“读书明智献策”读书征文活动和“重温入党志愿、重温入党誓词”主题活动，四川省遥感信息测绘院第一党支部获评省直书香支部。举办第十七届“经纬杯”职工运动会，承办全国测绘地理信息系统第四届“空间信息杯”羽毛球比赛。在甘孜州乡城县7个藏族村开展精准扶贫，累计投入资金400多万元。1人获评第二届全国“感动测绘”人物，1个党支部、2名党员、1名党务工作者获省直机关工委先进表彰。四川测绘地理信息局机关和四川省遥感信息测绘院通过省级最佳文明单位复查。

【人才队伍建设】

四川测绘地理信息局完善干部选拔任用制度和考核评价体系，全年交流调整、选拔20多名处级干部，完成局属单位13名中层干部备案管理。开展局属单位领导班子及成员年度考核，13人考核为优秀。开展机关公务员、机关处室事业编制人员年度考核，8人考核为优秀。举办15期教育培训，近2000人参加培训。全年选派20多人次参加各级党校、干部管理学院及国家测绘地理信息局和省级青年技术学术带头人、优秀科技人才选拔培养，分批选派优秀年轻干部到市县挂职锻炼、援疆援藏和驻村帮扶。完成2016年度全省高、中、初级专业技术职务任职资格评审和全省测绘地理信息行业职业技能鉴定，编制四川省测绘地理信息人才发展“十三五”规划，推荐上报各类专家11人次。截至年底，四川测绘地理信息局有学术技术带头人 15 名、全国技术能手 2 名、全国青年岗位能手 1 名、全国测绘地理信息技术能手 8 名、四川省技术能手 2 名。

法制建设与市场监管

【法制建设】

四川省政府以省政府令第 305 号发布《四川省城镇地下管线管理办法》，5 月 1 日正式施行。11 月 21 日，省政府批复同意《四川省基础测绘中长期规划纲要（2016—2030 年）》。《四川省地理信息交换共享管理办法》列入省政府常务会议审议议程。《四川省“十三五”基础测绘发展规划》和《四川省“十三五”地理信息产业发展规划》由四川省发展和改革委员会与四川测绘地理信息局联合编制并通过专家论证。《四川省遥感影像经费管理办法》由四川省财政厅与四川测绘地理信息局联合编制。

【法制宣传】

8 月 29 日，四川测绘地理信息局以“宣传地图管理条例，强化国家版图意识；贯彻市场管理办法，规范测绘市场秩序”为主题举行测绘法宣传日活动。全省 21 个市州测绘地理信息行政主管部门、44 家甲级测绘资质单位、部分县级测绘地理信息行政主管部门和测绘单位设置宣传点 550 个，出动宣传人员 4600 多人，邀请相关部门负责人到宣传现场指导工作，组织宣传督导组到广安、绵阳等地检查指导。全省共发放宣传资料 40 多万份、发送公益短信 30 多万条。开展测绘地理信息法律法规网络答题竞赛，8000 多人参与。

【综合执法】

四川省持续加强执法机构建设，挂靠在国土资源部门的市州测绘地理信息行政主管部门均设立独立的测绘地理信息管理内设机构，并与挂靠部门建立联合执法机制。四川测绘地理信息局加强测绘地理信息行政执法队伍建设，召开全省测绘地理信息行政执法工作会议，全年办理测绘行政执法证 240 多件。下移执法重心，建立行政执法督察机制。开展全省质量检查，检查测绘资质单位 80 多家。联合省保密局开展专项保密检查，检查测绘资质单位 45 家。联合省国土部门对土地整理测绘项目中标单位测绘资质进行核查，核查测绘资质单位 230 家。

【依法行政】

四川测绘地理信息局制定《关于推进测绘地理信息系统依法治理的实施方案》，明确 6 个方面主要任务和具体措施。制定推进法治政府建设工作实施计划表，明确 85 项具体工作的责任部门、实施进度、推进措施、评价标准或者可检验的成果形式。印发《四川省 2016 年测绘地理信息法治建设和依法治理工作要点》、测绘资质单位从事涉密测绘地理信息活动有关问题的解答意见、房产测绘和地下管线测绘等专业作业限额的解答意见。8 月 12 日，成都市测绘地理信息局挂牌成立，四川省 21 个市州全部完成市级测绘地理信息行政主管部门挂牌工作。

【“放管服”改革】

四川测绘地理信息局深化测绘资质审批改革，指导市州按照《地图管理条例》《四川省地图管理办法》依法落实地图审核职能，向成都、眉山两市测绘地理信息行政主管部门下放地图审核权限，向成都、广元、眉山等 11 个市州测绘地理信息行政主管部门下放丙级测绘资质审批权限，向 21 个市州测绘地理信息行政主管部门下放丁级测绘资质审批权限。实现测绘资质、测绘作业证等行政审批网上办理。全面清理行政权力，行政审批事项 8 项、行政处罚事项 22 项、公共服务事项 27 项。

【测绘资质管理】

4 月 1 日，四川测绘地理信息局印发《关于开展 2016 年测绘资质巡查工作的通知》，布置开展全省测绘资质巡查工作，要求成都市检查单位比例不低于 50%，其他市州为 100%。向市州测绘地理信息行政主管部门、测绘资质单位印发《关于加强测绘资质单位分支机构管理的通知》，规定将分支机构纳入本地区测绘资质巡查、质量监督、保密检查等监管范围。布置全省推进随机抽查工作，规定每年资质巡查不少于测绘资质单位总数的 50%。全年四川省共巡查测绘资质单位 800 多家。

【信用管理】

四川测绘地理信息局印发通知布置 2016 年测绘地理信息行业信用信息征集和发布工作，依托测绘地理信息行业信用管理平台向社会公开发布全省测绘资质单位信用信息。截至 2015 年底，四川省共有测绘资质单位 1012 家，其中甲级 40 家、乙级 192 家、丙级 472 家、丁级 308 家。截至 2016 年 10 月底，测绘资质单位按规定申报 2014 年 8 月 1 日至 2015 年 12 月 31 日期间产生的、反映单位信用情况的信用信息 1300 多条，省市测绘地理信息行政主管部门受理 700 多条，不符合条件未予受理 600 多条。

2014年8月1日至2015年12月31日期间，共19家测绘资质单位存在不良信用行为。

【日常监管】

四川测绘地理信息局印发《推进随机抽查工作实施方案》，向全省市州测绘地理信息行政主管部门布置“双随机”（随机确定执法检查人员、随机确定抽查对象）抽查工作，规定甲、乙级测绘资质单位质量检查每年不少于30%，丙、丁级测绘资质单位每年不少于20%，每年资质巡查不少于测绘资质单位总数的50%，保密检查不少于检查对象总数的10%。布置、督促、指导市州开展案卷评查，评查行政处罚案卷20多件。配合国家测绘地理信息局开展质量监督检查等工作。

基础测绘

【基础测绘】

四川测绘地理信息局承担完成多项国家、省级基础测绘项目，包括地理国情普查、国家基础地理信息数据库动态更新、新型基础测绘生产试验、“一带一路”重点区域地理信息资源建设与更新、藏区基础测绘等。完成国家基础地理信息数据库更新任务，包括广西、云南、江西、四川、西藏五省（区）1:5万、179幅1:25万、12幅1:100万地形数据和地形图制图数据更新。承担内陆水体一体化测绘生产性试验任务，开展长江四川宜宾合江门至李庄镇段20千米航道及岸线100米范围内（约15平方千米）水上水下一体化地形测量，编制江河水上水下一体化测量工艺流程和技术规范。承担“一带一路”重点区域地理信息资源建设与更新，完成缅甸、吉尔吉斯斯坦、塔吉克斯坦、阿富汗约160万平方千米数字正射影像、数字表面模型数据、核心矢量要素数据生产。

完成四川省地理信息公共平台建设年度全部任务，其中空间定位基准现代化项目完成基准站和中心站年度数据解算及监测、北斗基准站网加密建设、导航与位置服务平台搭建，新建基准站12个，整合基准站40个。航空航天遥感项目完成全省中分辨率影像2次全域覆盖，高分辨率卫星影像1次全域覆盖，及21个市州主城区和其他重点区域航空影像覆盖。基础地理信息数据更新项目完成全省重要基础地理信息数据年度更新、天府新区1:1万基础地理信息数据更新、全省7009幅1:1万基础地理信息数据更新，建成四川省基础地理信息数据库。地理省情监测项目完成汶川地震核心灾区监测、全省地表覆盖变化监测、典型主体功能区监测、183个县发展变化监测、天府新区发展变化监测、都江堰等地地表沉降监测，编制地理省情监测图集。四川省地理信息服务体系建设项目完成公共平台数据库建设、市州数字城市节点接入及维护、地理信息服务软件系统建设等。1:1万基础地理信息数据覆盖项目完成全省4802幅1:1万地形图测制及印刷，建成以SAR影像测图为主体的新型多源遥感数据保障体系。地质灾害防治与应急测绘保障项目完成2000平方千米地质灾害防治专用图测制、应急遥感影像高性能集群处理系统建设、轻型低空遥感影像飞行质量检查系统等应急装备能力建设、全省应急维稳专题数据库建设，建成全国领先的应急测绘保障体系。

完成藏区重点区域高分辨率卫星影像获取及正射影像制作5000平方千米、无人机航空影像获取及正射影像制作700平方千米，测制藏区县城、牧民定居点1:500基础地理信息数据93平方千米，完成9个基准站升级改造和巡检、导航与位置服务平台建设、寺庙影像地图册编制、应急维稳地理信息平台搭建、数字乡城建设、测量标志普查维护及测绘管理、技术培训等工作。

【航空航天遥感影像获取与应用】

四川测绘地理信息局落实四川省人民政府和国家测绘地理信息局签署的推动高精度卫星影像资源高效利用战略合作框架协议，推动建立四川省航空摄影与卫星遥感影像统筹获取和统一管理机制体制，筹建遥感影像处理中心，完成历史影像数据资源核查，发布和启用四川省全息影像通用服务平台，对省级部门和市州政府开展影像需求与使用情况调研，与中国航天503所、二十一世纪空间技术应用股份有限公司、高德软件有限公司、国家土地督察局成都局等多家国内影像资源单位开展战略合作，编制完成《四川省航空航天遥感影像资料统筹管理办法（草案）》，协商省财政厅联合印发《四川省遥感影像经费管理规定》。

【智慧城市、数字城市建设】

四川测绘地理信息局推进智慧城市时空信息云平台建设，下达2016年智慧城市时空信息云平台建设试点任务，选取眉山市岷东新区作为试点开展智慧岷东时空信息云平台建设，编制完成《智慧城市时空信息云平台建设试点——智慧岷东时空信息云平台实施方案》，搭建了智慧岷东时空信息云平台框架。泸州市被国家测绘地理信息局列入2016年时空信息云平台建设试点计划，泸州市委市政府联合印发《泸州市2016年智慧城市和信息化建设工作实施方案》，经费预算1亿元。

全省21个市州数字城市地理信息公共平台全部建设完成，实现国家、省、市三级地理信息数据互联互通。组织开展全省市州数字城市建设及推广应用自查工作。推进数字区县和数字成果深化应用，完成数字岷东、数字恩阳、数字中江等数字区县建设。建立了数字城市运行维护机制，建成示范应用110多个，服务覆盖社会化管理、医疗卫生、防汛抗旱、公安消防、电子政务、数字城管、城市规划、市政工程监管、地下管线、城市应急指挥、旅游信息管理、地质灾害防治等17个领域，数字城市成果在市州多个政府部门得到广泛应用。

【质量管理】

《四川省测绘工程监理办法》发布实施，《四川省测绘单位技术质量管理体系考核办法（修订稿）》通过专家评审。四川测绘地理信息局全年组织验收国家、省级基础测绘项目及其他基础测绘项目203批次，出具检查意见5份。其中国家基础测绘项目22批次、四川省地理信息公共平台建设项目120批次、地理国情普查项目36批次、四川藏区基础测绘项目8批次；广安市转移支付基础测绘项目、边远地区和少数民族地区基础测绘项目、雅安芦山地震灾后重建测绘项目及数字乡城等共17批次。合格率100%，优良率92.7%。

组织开展全省测绘地理信息质量监督检查，共检查测绘资质单位76家。其中20家技术质量管理体系不合格，合格率73.7%；13家单位成果质量不合格，合格率82.9%。对在2015年测绘质量监督检查中不合格的37家单位进行复查，对其中一家体系和成果复查均不合格的单位依法作出停业整顿3个月处罚。全年举办2次全省测绘地理信息质量管理培训，420人参加培训。成立四川省测绘产品质量监督检验站攀枝花质检部和南充质检部。全年共检定全站仪、GPS接收机、水准仪、经纬仪、手持测距仪7920台套，水准标尺360副。

【安全生产】

四川测绘地理信息局修订印发《测绘生产单位目标责任制年度考核办法》和《2016年测绘生产安全工作要点》，布置开展安全生产月、安全生产格言警句征集、应急事故安全逃生和救援演练、“四不两直”暗查暗访、安全隐患排查等活动，落实“一日一报”、代班值班、测区备案等制度，在江西、湖北、上海、广西、浙江、天津、海南及宜宾市、攀枝花市、甘孜州、凉山州等外业测区开展安全生产检查与抽查。5月19日，四川省第三测绘工程院在宜宾测区发生一起外业交通意外事故，2名城市地下管线普查作业人员死亡。

地理国情监测

【地理国情普查】

四川省第一次全国地理国情普查工作通过专家验收。普查工作共获取由12个一级类、58个二级类和141个三级类2000多万个图斑构成的海量地理国情信息，以2015年6月30日为标准时点取得全省全覆盖、无缝隙、高精度地理国情普查成果，全面查清了全省48.6万平方千米行政辖区范围内的自然地表与人文地理要素的空间分布状况及其相互关系，以及芦山地震灾区、地质灾害、交通干线三个新增地理国情普查内容，为经济社会发展提供了统一的地理空间公共基底。建成以地形地貌数据、遥感影像数据、地表覆盖数据等九个子库为主体的省级地理国情普查数据库和管理系统；组织开展省级、21个市级及183个县级行政区域地理普查图编制工作，共计形成205幅地理国情普查图；完成全省地理国情普查信息基本统计分析，形成与第二次全国土地调查数据、水利、林业和交通等专业数据的对比分析报告；编制完成《四川省地理国情普查图集》和《四川省第一次全国地理国情普查公报》；制作完成省级、2个市（成都和德阳）及6个区县、5个特色区域共14个地理单元地理国情普查三维立体图；制作完成四川省第一次全国地理国情普查宣传片和宣传册。成果通过省级质检机构成果检验及国务院普查办成果复核，合格率100%，优良品率99.7%。

【地理国情监测】

四川测绘地理信息局完成5省（区）基础性地理国情监测、长江经济带国家投资基础设施建设监测、天府新区建设变化监测、川滇生态屏障区自然生态状况变化监测、地级以上城市及典型城市群空间格局变化监测。与省发展和改革委员会联合开展经济社会发展总体规划编制试点和资源环境承载力监测，配合省审计厅开展领导干部自然资源资产离任审计，联合国家土地督察成都局研发土地督察信息化移动平台，参与省生态文明体制改革、中国大熊猫国家公园等重大工作，推进建立地理国情监测协作机制。

在四川省第一次全国地理国情普查实施中，开展了资源环境承载力监测评价预警试点、天府新区发展变化系列监测、全省首个“多规合一”规划信息平台建设等30多项监测应用试点，成果广泛服务于四川重大战略实施、生态文明建设、精准扶贫脱贫等领域，许多成果受到省政府和地方政府高度重视，其中《都汶公路沿线重大地质灾害监测与统计分析报告》被省政府专门批转给交通、水利、国土等部门，为做好都汶公路沿线防灾、渡汛、保通等工作发挥了重要作用。

不动产测绘

【房产测绘】

四川测绘地理信息局与四川省住房和城乡建设厅联合召开《四川省房产测绘实施细则》修订工作启动会，组织开展2次调研和3次专家讨论，完成《四川省房产测绘实施细则（修订稿）》初稿编制。持续加强房产测绘监督管理，组织房产测绘专家不定期对房产测绘技术问题进行集中咨询和处理，全年共处理房产质量纠纷6起，书面答复房产测绘技术问题47项。

【地下管线测绘】

《四川省城镇地下管线管理办法》正式施行。四川测绘地理信息局与省住房和城乡建设厅联合编制完成《四川省地下管线综合管理信息系统建设导则》，印发全省各市州执行。四川省地理信息公共平台建设项目下达了2016年四川省城镇地下管线信息平台建设规划，截至年底编制完成四川省城镇地下管线普查工作方案、地下管线普查技术导则、地下管线数据建库导则、地下管线综合管理信息系统建设导则，初步建成四川省城镇地下管线普查技术标准体系；完成1300千米管线数据修测、1900千米管线数据标准化处理与三维建模、24平方千米地表三维场景构建等数据采集与处理，完成地上地下一体化管网综合管理信息平台研发。

地图管理与地图服务

【地图审核】

四川测绘地理信息局全年完成地图审核86件（其中纸质地图70件，互联网地图、电子地图16件），监管地图服务网站45个，检定静态地图图片约16万张。组织开发四川省地图审查管理平台，进一步提升地图审查服务水平。推进省、市两级地图审核机制，组织市州测绘地理信息管理人员参加国家测绘地理信息局举办的《地图管理条例》、地图技术审查培训。向成都、眉山两市下放地图审核权限，成立了四川省地图技术审查与服务眉山分中心。

【地图编制与出版】

成都地图出版社全年出版新版图书191种，再版图书213种。完成纪念中国工农红军长征胜利80周年《铭记那抹红——长征画卷》，编制竖版《中华人民共和国地势图》。与台湾萤火虫出版社开展版权输出合作，从意大利版权引进《揭秘历史》《揭秘地理》《揭秘天文》系列图书。承担的《中华人民共和国地势图》《成都漫生活手绘地图》分别获2016年全国优秀地图作品裴秀奖银奖和铜奖；《中华人民共和国地势图》获四川省优秀测绘工程奖银奖；《逗游成都》获第二十四届中国西部地区优秀科技图书二等奖；《中国地图册（维文版）》《儿童图画地图集》获第二十四届中国西部地区优秀科技图书三等奖；《青藏高原地区成矿地质背景图及说明书》获2016年国家出版基金资助；《铭记那抹红——长征画卷》获四川省重点项目资助；《文化旅游互联网+平台》入选2016年中央文化企业国有资本经营预算支出项目。

【地图市场监管】

四川测绘地理信息局印发《四川省2016年地图市场大检查工作方案》，布置开展全省地图市场大检查。4月—5月，全省市级测绘地理信息行政主管部门组织本地区地图编制、出版单位和互联网地图服务单位开展自查自纠并上报自查报告。6月—8月，各市州组织开展地图市场专项检查，随机抽查新华文轩、图书馆及文化市场、报刊、报亭及互联网地图网站34家，发现违法违规地图60多件；对四川科技馆展览、西博会等大型展览进行执法检查，对问题地图当即做下架处理，对发现问题的展览馆要求限期整改。全年全省累计开展地图市场检查76次，查处违法违规地图产品260件，对全省21个市州政府网站、互联网地图服务资质单位网站进行不间断监管，共检定系统推送地图服务网站 83 个、静态地图图片 9376 幅、POI 信息 1 条、地图交易 1 个，处置问题网站 2 个、问题地图图片 272 幅。

6 月，广元市测绘地理信息局和资阳市测绘地理信息局分别组织开展全市地图市场专项监督检查，对各类违规地图印刷品出版物做出下架、没收、销毁等处理。9 月，成都市测绘地理信息局组织开展中心城区地图市场大检查，重点对新华文轩、布克书店、四川图书大厦等出售的各类地图、地图集（册）、地球仪等常规地图产品以及百度、图吧、E 都市等互联网地图进行检查，成都市 16 个区（市）县也开展了地图市场检查。

【地图服务】

四川测绘地理信息局完成四川省标准地图编制工作，包括省级标准地图 15 幅、市州标准地图 84 幅、县（市、区）标准地图 366 幅。编制完成《四川省领导工作用图》《四川省国情监测图集》《四川省防汛指挥图》和《五大经济区规划图》等系列工作用图，与省发展和改革委员会联合编制完成《四川省藏区经济社会发展图集》等 7 本大型地图集，与省防灾减灾委员会联合编制完成《四川省自然灾害风险图集》，与重庆市测绘地理信息局联合编制完成《成渝城市群综合发展地图集》。为李克强总理考察雅安地震灾区提供工作用图，为省委提供《2016 年四川省重点项目布局图》挂图。全年累计为省委省政府开展精准扶贫、芦山地震灾后重建、防汛指挥等提供工作用图 100 多幅；为省发展和改革委员会等相关部门编制规划系列地图、易地搬迁地图、天府新区建设规划系列图等近 80 幅。

6 月 28 日，四川省首个地图服务微信公众号“图知四川”正式上线，截至年底点击量累计上万次。

【国家版图意识宣传教育】

四川测绘地理信息局深入开展国家版图意识宣传教育“进学校、进社区、进媒体”活动，全年开展版图意识宣传教育活动 6 次，覆盖人数达 5 万多人。在资阳、绵阳市开展国家版图知识“进校园”宣传活动，举办版图知识讲座和知识竞赛，发放国家版图知识宣传资料 3000 多册。利用“8 · 29”测绘法宣传日活动，开展国家版图意识教育“进社区”宣传，在社区居民中树立国家主权和领土完整的国家版图意识。在版图意识宣传教育活动中，多次邀请省内媒体参加，增强媒体工作人员的国家版图意识。《眉山城市图集》编制被列为 2017 年国家版图意识宣传教育能力建设子项。

【“美丽中国”第三届全国国家版图知识竞赛和少儿手绘地图大赛】

四川测绘地理信息局组织开展“美丽中国”第三届全国国家版图知识竞赛网络答题活动，向各市州印发版图知识宣传资料 1 万份，共 10853 人参与网络答题，范围覆盖全省 20 个市州 127 个县 1354 个单位（学校），答题获满分人数 5002 人。开展全国版图知识竞赛电视赛四川赛区选拔工作，收到参赛报名申请 59 份，遴选出 30 人参加全国总决赛暨江苏卫视《一站到底》特别节目。组织开展“美丽中国”第三届少儿手绘地图大赛，收到参赛作品 1151 幅，评选出一、二、三等奖及优胜奖 237 幅，选送 108 幅作品参加全国赛。此次大赛共有 1151 人参赛，范围覆盖全省 11 个市州 95 个县 374 所中小学校，参赛人数和参赛学校数量均超前两届少儿手绘地图大赛。

国家版图知识个人赛评选出特等奖 1 名、一等奖 5 名、二等奖 10 名、三等奖 50 名和优胜奖 80 名。少儿手绘地图大赛评选出各年龄组一等奖 1 名、二等奖 5 名、三等奖 20 名，评选出优胜奖 133 名和优秀指导奖 24 名。

测绘地理信息成果管理与应用

【“天地图 · 四川”建设与应用】

四川测绘地理信息局组织开展“天地图”节点国家、省数据融合，完成雅安、绵阳等市 1∶500 数据融合及广元、泸州等市高分辨率影像数据融合。组织开展“天地图”节点省、市、县数据融合，新增完成泸州、广安、资阳 3 市及白玉、道孚等 8 区（县）大比例尺数据融合。开展“天地图”省市节点示范应用建设，新增示范应用近 20 个，涉及农村土地确权、不动产登记、规划审批、地名普查等领域。按照国家测绘地理信息局印发的《天地图数据母库技术设计》要求，调整优化“天地图 · 四川”数据体系，为建成以母库为核心的“天地图 · 四川”数据体系奠定了基础。向国家测绘地理信息局上报 2015 年典型应用 8 个，印发 2016 年“天地图”建设与应用工作方案，组织省市节点运维单位参加国家测绘地理信息局举办的“天地图”建设与应用技术培训。

截至年底，“天地图·四川”在全省100多个政府部门、企事业单位得到广泛应用，发布各类地理信息服务60多种，在线注册的二次开发用户达到2700多个。基于“天地图”平台开展系列开发应用，利用最新的地质灾害防治专用图测制成果，及时更新四川省地质灾害应急指挥地理信息系统；研发精准扶贫与易地扶贫搬迁系统，在广元、宜宾、甘孜等市州得到应用；在达州、广安开展不动产登记基础信息平台建设试点，提供不动产权籍管理、不动产信息登记等服务；建成绵竹市“多规合一”规划信息平台、管道与场站管理信息化平台、四川省第二次全国地名普查软件系统等，服务政府管理多个领域。

【成果汇交与分发】

四川测绘地理信息局完成2015年856家测绘资质单位测绘地理信息成果目录汇交审核发证，组织开展2016年测绘地理信息成果目录汇交，与国家测绘地理信息局开展辅助决策用图共享工作，通过辅助决策用图定制与服务系统上传四川省领导工作用图89幅。组织承担单位完成2016年基础测绘地理信息成果应用推广项目；成功申报2017—2019年项目，包括国家基础地理信息系统网络运行维护、国家版图意识宣传教育能力建设2个项目。

四川省测绘资料档案馆为铁路、石油、地矿、水电、交通、林业等各行业提供地形图、控制点、基础地理信息数据、公开版地图等测绘地理信息成果服务，全年共受理测绘地理信息成果申请980人次、对外提供各种比例尺地形图666张、大地测量控制点722点，“4D”产品9844幅、航空摄影资料119片，总数据量1TB。

【涉密成果管理】

四川测绘地理信息局共审批相关单位申请使用国家涉密基础测绘成果977项，跨省转函253项，SCGNSS服务开通申请68项。与四川省国土资源厅等部门建立了涉密测绘地理信息数据跨部门应用联合检查机制，审批南充市航务管理局等9家单位销毁涉密测绘成果资料，指导德阳市测绘地理信息局开展测绘成果保密检查。四川省涉密成果提供服务系统在线运行正常，自2015年11月上线以来累计审核通过999件涉密测绘地理信息成果申请，2016年新增用户审核提醒、数据申请删除等功能。

四川测绘地理信息局联合省国家保密局对眉山、雅安、乐山3市共45家涉密测绘地理信息生产、使用、保管单位进行抽查，对存在失泄密隐患的13家单位下达督查和整改通知书，责令限期完成整改。四川省测绘地理信息涉密测绘成果管理人员岗位培训班在成都举办，全省市级测绘地理信息行政主管部门、测绘资质单位、涉密测绘成果保管和使用单位等229家单位531人参加培训，519人获岗位培训证书。

【测量标志管理】

四川测绘地理信息局审批国家永久性测量标志拆迁3处，分别是广元市朝天区境内“Ⅰ汉广31(09)”国家水准测量标志、乐山市岷江龙溪口航电枢纽工程建设征地范围内国家二等水准测量标志、乐山市走马李国家一等三角点永久性测量标志。

【应急保障】

1月19日，四川省绵竹市汉清路小岗剑路段发生山体垮塌，四川测绘地理信息局紧急启动应急响应进行无人机航摄，为灾情分析评估、应急处置方案制定以及隐患排查提供保障服务。4月—5月，根据小岗剑区域及汉清路沿线地质灾害排查治理需要，组织航飞获取0.2米分辨率航摄影像69平方千米，为国土部门制定治理方案提供地理信息支撑。9月19日，攀枝花市突发暴雨洪灾，四川测绘地理信息局应攀枝花市测绘地理信息局请求，紧急编制提供《攀枝花市9·19暴雨灾情应急工作图》等5幅应急地图，组织无人机分队获取核心灾区高分辨率无人机影像200多平方千米，编制灾后应急影像图24幅，为开展应急救援决策部署、灾情损失评估、灾后重建规划等提供地理信息支撑。

四川测绘地理信息局被增补为省政府防汛抗旱指挥部成员单位，承担为全省防汛抗旱工作提供测绘地理信息保障职责。完成四川省地质灾害防治专用图测制与应急保障项目，组织汇交地质灾害防治专用图2000平方千米、高分辨率影像地图1.6万平方千米、三维数据63平方千米。与眉山市政府联合举办眉山市地质灾害防治应急测绘保障演练，国家测绘地理信息局局长库热西·买合苏提到现场观摩指导。研建地质灾害应急数据处理与应用平台，建设完成航空航天遥感资料快速获取及处理技术体系，编写完善四川省地质灾害综合防治体系建设应急保障总体方案，参与编写国家应急测绘保障能力建设项目初步设计，筹建国家应急保障成都分队和国家航空应急保障四川基地，参加2016年省级防震救灾综合演练，在甘孜、攀枝花等市州筹建应急分中心试点。四川省测绘应急指挥中心与省政府应急指挥中心保持互联互通，按时响应省政府应急管理办公室视频点名。

地理信息产业

【优化产业发展环境】

《四川省“十三五”地理信息产业发展规划（草案）》通过专家评审，明确了四川省地理信息产业发展的“六大重点领域”和“五大主要任务”。《四川省地理信息产业发展研究报告（2015）》发布。建成四川省地理信息产业技术研究院和四川省地理信息产业单位名录库。

1月20日，四川省地理信息企业家座谈会在西部地理信息科技产业园召开，四川测绘地理信息局负责人与20多家企业代表座谈交流。3月31日、9月22日，四川省人大常委会副主任、党组副书记黄彦蓉先后带工作组到四川测绘地理信息局龙泉测绘生产基地和西部地理信息科技产业园调研，明确表示支持四川地理信息千亿级产业发展。9月27日，中国卫星导航定位协会、四川测绘地理信息局、成都市金牛区人民政府在成都联合举办“智瞻西部·共创共赢——地理信息产业发展的西部机遇”论坛。

【西部地理信息科技产业园建设】

西部地理信息科技产业园大数据基地、产业发展基地、孵化基地和园区信息化基础设施建设有序推进，9月29日产业园一期、二期在成都开园、开工，国家测绘地理信息局、成都市、中国卫星导航定位协会有关领导出席开园开工仪式，省、市、区40多家政府部门及相关单位参加开园开工仪式。四川测绘地理信息局在开园开工仪式上为20家签约入驻企业颁发入园金钥匙，为10家企业授予“四川省地理信息产业特色化发展示范企业”牌子。截至年底，西部地理信息科技产业园一期签约入驻企业累计70多家，入驻率达88%。

四川省发展和改革委员会批复同意四川地理空间大数据应用中心建设项目可行性研究报告、四川省测绘应急保障与资源环境承载力监测中心建设项目可行性研究报告。四川测绘地理信息局积极推动局属单位所办公司组建集团公司，打造龙头企业。

科技、标准化与国际合作

【科技创新体系建设】

四川测绘地理信息局制定《贯彻落实关于加强测绘地理信息科技创新的意见任务分工方案》，完善《四川省测绘地理信息科技“十三五”研发指南》，进一步优化四川测绘地理信息科技进步奖评选方法流程，规范科技创新投入机制、科技成果转化、创新责任目标考核等内容。

【科技项目与科技奖励】

四川测绘地理信息局完成国家测绘地理信息局、四川省科学技术厅和局级科技项目验收23项，获各级科技奖项14项，包括测绘科技进步奖6项（含2项参与）、地理信息科技进步奖8项。其中“无人机集群灾情地理信息获取系统”获中国测绘地理信息学会2016年测绘科技进步奖一等奖；“全国地名普查一体化采集平台”获2016年中国地理信息科技进步奖二等奖。

全年明确项目经费3437.57万元，落实项目经费2137.57万元。向科技部报送《长江经济带地图集》编研项目建议书、灾害现场信息获取技术研究与应用示范项目申报材料，参与编制2017年国家重点研发计划典型民生基础设施检验检测与评价技术研究申报指南。牵头实施国家测绘地理信息局2016—2018年基础测绘科技项目“地理信息安全保障技术及应用”，获国家资助经费240万元。牵头申报、实施国家测绘地理信息局2019—2020年测绘地理信息标准创新与保障项目，共参与12项，获国家资助经费400万元。联合四川省审计厅、省军区等单位申报2017年四川省科技计划重点项目“自然资源资产评价关键技术研究及应用示范”等4个项目。创新驱动发展试点示范区建设项目“西部地理信息科技产业园建设”、重点产业技术路线图研究项目“成都市地理信息产业技术路线图研究”获成都市科技局650万元经费支持。产业集群协同创新项目“北斗民用高精度位置服务系统及产品研发”通过两轮立项评审。完成局级科技项目立项12项，拟定长江经济带发展等国家战略地理信息支撑保障、重大测绘地理信息工程技术支撑、应急测绘保障及地理信息产业发展等4个科技攻关方向。

【标准化工作】

四川测绘地理信息局牵头研制标准13项（其中行业标准3项、地方标准10项），送审行业标准2

项，通过四川省质监局审查并发布地方标准9项，完成地方标准复审12项，牵头申报的测绘地理信息标准创新推进与保障项目获国家测绘地理信息局立项，申报的四川省北斗导航与定位公共服务标准化试点获批立项。《变形测量成果质量检验技术规程》等13项测绘标准获2016年中国标准创新贡献奖三等奖，成为四川测绘地理信息局获得的首个标准化领域全国性奖项。四川省质监局印发的《四川省标准化体系建设发展规划（2016—2020年）》单独设立“测绘地理信息板块”，资助标准化经费42万元。全年20多人次参加各类标准培训，完成24项国际、国家、行业标准的意见征集工作。

【对外合作与交流】

四川测绘地理信息局与国家土地督察成都局、二十一世纪空间技术应用股份有限公司、高德软件有限公司、宜宾市人民政府、武汉大学、广州中海达卫星导航技术股份有限公司、国家测绘产品质量检验测试中心、凉山彝族自治州人民政府、攀枝花市人民政府、四川省民政厅签署战略合作协议，至年底累计签署战略合作协议36份。

全年共选派14名相关技术人员赴新西兰、捷克、美国、英国、缅甸、巴巴多斯、尼泊尔等国家参加各类国际会议、技术培训、测绘成果展览和业务技术交流，共10个出访项目。先后接待日本株式会社武扬堂、泰国科技部代表团共计14人。向国家测绘地理信息局选拔推荐赴联合国机构挂职工作候选人1人。组织参加国家测绘地理信息局主办的第八届海峡两岸测绘发展研讨会。

地市级测绘地理信息工作

【成都市】

成都市测绘地理信息局开展了区（市）县“十三五”基础测绘发展规划评审工作。推进地理信息公共平台共建共享，与多个部门开展数据资源共享。完成市域范围12033平方千米航空摄影影像获取，5200平方千米机载激光雷达云数据获取，DEM数据生产及相应成果质量检验、入库。启动成都市域航空摄影测量项目蒲江数字线划图生产与更新项目。完成航空摄影及实景三维数据生产招标工作，获取覆盖成都市域范围10739.5平方千米卫星遥感影像数据。

【广元市】

广元市测绘地理信息局2016年落实基础测绘项目经费1203万元。启动《广元市“十三五”基础测绘发展规划》编制工作。组织对30家测绘资质单位资质条件变化、市场活动情况等方面进行实地监督检查。全年完成测绘项目备案登记154件。完成新型智慧城市评价工作。建成精准扶贫专题地理信息系统和统计地理信息系统。开展主城区汛期水位监测，为白龙湖、亭子湖开发利用提供位置服务。《中国国家人文地理·广元》发布。

【眉山市】

眉山市测绘地理信息局完成20家测绘资质单位年度统计直报工作，启动“数字彭山”项目，开展“绿海明珠”城市生态建设遥感监测，为市委市政府提供重点区域高清影像图和全市地势图。首次以省市联动模式联合举办眉山市地质灾害防治应急测绘保障演练。眉山市“十三五”基础测绘发展规划通过专家论证评审，四川省地图技术审查与服务眉山分中心成立。

【宜宾市】

宜宾市测绘地理信息局完成国土资源管理“一张图”建设和“城区实景三维建模”。组织开展测绘地理信息成果质量监督检查、保密专项检查和测绘资质巡查，共检查测绘单位32家、分支机构8家，对2家测绘资质单位提出整改意见。为四川测绘地理信息局参加省级防震救灾综合预演和演练提供后勤保障服务。四川省测绘产品质量监督检验站宜宾质检部成立。

【泸州市】

泸州市测绘地理信息局结合不动产登记示范建设，完成中心城区和县城规划区、重点集镇房地一体不动产信息数据库建设，集中开展462平方千米1:500比例尺地籍地形图测量及辖区内1.2万平方千米农村集体土地1:2000比例尺权属界线测量。市、县（区）财政累计投入1亿多元，智慧城市建设项目获立项并落实经费。

【凉山彝族自治州】

凉山彝族自治州测绘地理信息局完成1200平方千米安宁河谷规划测图项目立项、财评等工作。开展邛海湿地恢复保护工程及邛海流域生态环境监测，示范效应显著。遂宁市完成城市排水防涝设施普查及信息系统建设项目，对建成区约50平方千米范围内道路、企事业单位及小区内部的排水防涝设施进行普查，建立了地下排水管线数据库，开发了排水防涝设施信息化管理系统，服务海绵城市建设效果显著。

地方社团工作

【四川省测绘地理信息学会】

四川省测绘地理信息学会新发展团体会员单位11个、副理事长单位8个，办公室增设综合部、学术交流部2个办事部门。5月26日—27日，召开学会工作会暨理事会，审议通过《四川省测绘地理信息学会会费收缴与管理办法》《四川省测绘地理信息学会劳动合同工和劳务派遣用工管理办法》《四川省测绘地理信息学会资产管理办法》《四川省测绘地理信息学会会议管理办法》。12月14日—16日，召开第十一届二次代表大会暨2016年学术年会，表决通过《会费收缴与管理办法》《会员入会程序》，增选副理事长、常务理事、理事，为首批获得批准的副理事长单位授牌，颁发2016年四川省测绘地理信息科学技术奖。

与四川测绘地理信息局联合评选2016年四川省测绘地理信息科技进步奖和2014—2016年四川省优秀测绘工程奖，参与承办第五届中国卫星导航与位置服务年会暨展览会，参加中国测绘地理信息学会2016年学术年会、第六届全国测绘地理信息技术装备展览会暨全国测绘地理信息博览会。承办全省高职院校第三届在校大学生测绘技能大赛和全省高校第二届在校大学生测绘技能大赛，与四川省基础地理信息中心联合组织"天地图"进高校大学生开发大赛，与四川省第二测绘地理信息工程院、成都地图出版社联合开展国家版图知识进校园活动，举办测绘地理信息科学技术奖申报材料汇编技术研讨班和专业委员会秘书工作研讨班，积极倡导并举办西南片区"6+1"（四川、重庆、云南、贵州、广西、西藏和国家测绘地理信息局重庆测绘院）省级学会交流活动。《测绘》期刊通过四川省新闻出版广电局期刊年检，全年共出版6期，发行1.5万册。

【四川省地理信息产业协会】

四川省地理信息产业协会编写完成并发布《四川省地理信息产业发展研究报告》，承担了国家现代测绘基准体系基础设施建设一期工程验收、四川省第一次全国地理国情普查项目绩效评估与验收、四川省测绘地理信息专业技术职称评审、全省测绘地理信息行业信用管理等工作，组织开展"2016四川省测绘地理信息十佳单位"评选工作。召开一届二次理事会、一届三次理事会，审议通过《四川省地理信息产业协会会员公约》和《四川省地理信息十佳单位评选办法》。承办全国2016测绘地理信息产业协会工作研讨会，参加2016中国地理信息产业大会。至年底，四川省地理信息产业协会共有会员单位184家。

举办四川省测绘地理信息市场管理办法宣传贯彻培训，全年累计培训近千人；举办四川省测绘地理信息质检员培训，培训200多人；举办四川省测绘地理信息专业技术人员继续教育培训，培训测绘各类专业技术人员400多人；举办四川省涉密测绘成果管理人员岗位培训，培训500多人。

贵州省

概况

2016年，贵州省测绘地理信息行业单位完成测绘服务总值16.6亿元。贵州省国土资源厅在全国省级测绘地理信息行政主管部门2016年度测绘地理信息工作绩效考核中荣获"突出进步单位"称号，1家测绘单位荣获"全国测绘地理信息系统先进集体"称号。

地理国情普查任务基本完成，普查成果应用于9个市（州）、贵安新区和88个县（市、区）政府及相关部门；市（州）级数字城市地理空间框架建设基本完成，县级数字县域地理空间框架建设积极推进；完成"天地图·贵州"2016年全省数据融合工作。

经省政府同意印发实施《贵州省"十三五"基础测绘规划》。建成全省国土资源云精准扶贫作战图管理系统，移交省扶贫办和各市（州）政府。依托测绘地理信息数据底盘，初步建成贵州国土资源大数据建设框架，应用于公安、武警、农业、交通等领域。

地理信息产业规模不断扩大，联合省发展和改革委员会印发实施《贵州省测绘地理信息事业发展“十三五”总体规划》。全年新增测绘资质单位48家、资质单位升级27家。年末测绘从业人员9031人，同比增加9.7%，其中副高级以上专业技术人员680人、较上年末增加51人。

党的建设与人才队伍建设

【党的建设】

贵州省国土资源厅落实党建工作责任制，结合实际推进党的建设各项工作。强化党建工作过程管理，狠抓“关键少数”，抓好党组、机关党委、党支部三级党建责任落实。初步形成党组主要负责同志负总责、分管领导分工负责、机关党委具体抓、处室主要负责人“一岗双责”的党建工作责任体系。开展机关各级党组织书记抓党建工作述职和党建工作评议考核工作。全年厅党组召开会议专题研究党建工作5次，厅直属机关党委印发《党支部抓党建工作责任清单》《党支部书记抓党建工作责任清单》《党支部委员抓党建工作责任清单》，进一步明确党支部、党支部书记和党支部委员抓党建工作职责。

【党风廉政建设】

1月25日，贵州省国土资源厅组织召开2016年党风廉政建设视频工作会议。按照年度党风廉政建设实施意见的要求，组织党员干部集中观看《从政德为先》《不该失落的尊严》等8部教育片。7次举办党风廉政建设专题讲座，大量引用实例，贴近实际工作，帮助干部职工提高认识，坚定理想信念，端正人生观、权力观、责任观。

【精神文明建设】

贵州省国土资源厅积极开展“两学一做”学习教育，制定“两学一做”学习教育实施方案，开展专题辅导培训和分级培训，督促厅属各基层党组织每月集中学习、每季度学习讨论，厅党组成员给支部党员上党课。将学习教育与大扶贫、大数据等工作深度融合，同步开展。突出问题导向，指导各级党组织梳理问题清单，制定整改措施，推动基层党组织机能进一步健全，组织生活进一步严格规范，基层党支部战斗堡垒作用明显增强，全面从严治党进一步向基层延伸。

【人才队伍建设】

贵州省国土资源厅通过对全省测绘地理信息行业人才队伍结构及当前行业发展需要进行专题调研，科学制定全省测绘地理信息“十三五”人才发展规划。组织15名厅属测绘地理信息事业单位新进人员参加初任培训，协助国家测绘地理信息局党校承办全国测绘地理信息系统第3期厅局级干部培训班。厅直属5家测绘地理信息事业单位获正高级技术职称9人、副高级技术职称85人；引进留德博士1人，西部之光学者2人，国家测绘地理信息局青年学术和技术带头人2人。

2016年，贵州省1人被评为全国测绘测绘地理信息系统先进工作者，1人被评为全国测绘地理信息行业职业技能鉴定先进工作者。在普查标准时点核准百日大会战主题竞赛活动中，贵州省第二测绘院、第三测绘院均被评为先进单位，贵州省第一测绘院标准时点核准内业生产组、第三测绘院地理国情普查分院均被评为先进班组，3人被评为先进个人。

法制建设与市场监管

【法制建设】

贵州省国土资源厅积极做好河南省人民代表大会常务委员会来贵州开展《中华人民共和国测绘法》调研的相关工作，配合国家测绘地理信息局做好《中华人民共和国测绘法》修订工作，提供相关参考资料、统计数据，及时反馈意见。

【法制宣传】

贵州省国土资源厅开展全省国土资源系统普法、依法治理检查，在8月29日测绘法宣传日期间，重点开展以“贯彻地图管理条例，更好服务国计民生”为主题的宣传，通过悬挂标语条幅、发送手机短信、设立咨询点等方式，广泛对社会群众进行宣传。各市（州）、贵安新区，各测绘资质单位设置宣传点共56个，发放各类宣传资料4万多份。

【依法行政】

贵州省国土资源厅认真落实《国家测绘地理局贯彻落实〈法治政府实施纲要〉（2015—2020年）实施意见》，出台《贵州省国土资源系统全面推进依法行政“十三五”规划（2016—2020年）》，并认真执行。开展行政审批制度改革，推进网上审批，将全厅32项行政审批事项全部转移至贵州省政府行政服务中心，成立行政审批处，具体负责全厅所有行政审批事项。测绘地理信息工作中乙、丙、丁级测绘资质审批，地图审核，权限内测量标志迁建审批，属于国家秘密的基础测绘成果资料提供、使用审批等4项行政审批事项转移至行政审批处办理。规范行政审批行为，按要求向社会公开权力清单，转变职能。

【“放管服”改革】

贵州省国土资源厅紧紧围绕“放、管、服”指导思想，创新改革、放活市场、降低资质准入门槛，改革以往测绘资质对房产测绘专业的限制，与省住房和城乡建设厅共同印发《关于取消房产测绘机构布局和房产测绘单项资质制度的通知》，将房产测绘专业与其他专业一同管理。鼓励大众创业、万众创新，通过向新申请单位解读测绘资质申请及管理相关政策，积极引导新申请单位规范报件、鼓励原有资质单位升级。

【测绘资质管理】

贵州省国土资源厅继续加强测绘资质管理，严格审查资质申报材料，规范市（州）测绘管理部门初审工作，按要求上报申请甲级测绘资质单位2家，一次性获得国家测绘地理信息局批复同意。制定《贵州省测绘市场检查工作方案》，开展为期6个月的测绘地理信息“双随机”抽查工作，发现5家资质单位管理及生产过程中存在问题，要求其逐一进行整改。

【信用管理】

贵州省国土资源厅继续推广测绘地理信息行业信用管理平台应用，完成资质单位信用征集、发布和管理，建立测绘地理信息行业信用数据库。

基础测绘

【基础测绘】

贵州省依托测绘地理信息数据底盘，初步建成贵州国土资源大数据建设框架，形成全国第一朵以四大平台和六大数据库为核心的省级“国土资源云”，为全省大数据产业发展提供了地理空间框架数据，在公安、武警、农业、林业、交通、水利、住建等多个领域发挥作用。依托地理空间框架数据构建全省旅游资源大普查应用平台，为旅游资源大普查提供基础数据支撑和普查经验。

北斗导航定位基准站项目获省发展和改革委员会立项批复。北斗导航与位置服务中心获省机构编制委员会批准。加大资金投入和建设力度，完成北斗卫星导航定位基准站6个国家级站点和45个省级站点建设，数据实现向国家测绘地理信息局数据中心无障碍、实时传输。建成北斗导航定位基准站网系统控制中心大楼和全国首个北斗导航与室内定位设备检测场。

【航空航天遥感影像获取与应用】

贵州省国土资源厅充分发挥国土空间大数据的优势，依托地理国情普查成果，利用现代测绘地理信息技术和高分辨率卫星影像，把扶贫工作“6个精准”精确空间定位，落到实地，制作国土资源云精准扶贫挂图作战系统，受到了国务院、省委省政府、国家测绘地理信息局领导的赞扬。组织开展全省0.2米分辨率航空摄影和历年来1:1万数字化产品生产遗留问题清理工作。采用航拍等技术手段，精确统计全省火龙果、蓝莓等精品水果种植面积。与国家测绘地理信息局卫星测绘应用中心建立合作，及时获取国产卫星数据，获取2016年的高分辨率影像613景，占全省总面积的93.65%；优于1米影像169景，约占全省总面积的30%。在获取0.2米分辨率航摄成果方面，全省完成85965平方千米，实际提交68605平方千米，分别占全省总面积的48.8%和38.9%。

【智慧城市、数字城市建设】

数字贵阳、数字遵义、数字毕节地理空间框架完成国家级验收，数字六盘水、数字铜仁、数字都匀、数字兴义、数字凯里地理空间框架建设项目完成省级验收。数字县域地理空间框架建设取得一定进展。各市（州）、县（市、区）按照省厅统一部署，积极推进数字县域城市建设，盘县、瓮安、贞丰、平坝等数字县城项目立项建设。

【质量管理】

贵州省国土资源厅加强测绘地理信息质量监管，以产品质量检查为契机，约谈不合格产品生产单位法定代表人，责令限期整改，不合格单位将在行业信用管理体系中被纳入严重失信单位。

【安全生产】

贵州省国土资源厅建立安全生产管理机构，有效落实安全生产责任制。针对地理国情普查工作量大任务重的特点，制定《关于加强贵州省第一次全国地理国情普查安全生产工作的紧急通知》《关于开展地理国情普查安全生产督查及培训的通知》，在人员培训中也将安全、保密等工作作为重要内容；生产设备装置按要求进行检查维护。全年未发生重大安全生产事故。

地理国情监测

【地理国情普查】

贵州省基本完成地理国情普查任务，按照“边普查、边监测、边应用”的要求，在普查中强化成果应用。普查成果应用于9个市（州）、贵安新区和88个县（市、区）政府及相关部门。

【地理国情监测】

贵州省国土资源厅组织开展地理国情基础性监测和专题性监测工作。配合完成全省基础性监测任务。完成国家级新区（贵安新区）空间格局变化监测、全国地级以上城市及典型城市群空间格局变化监测、长江经济带国家投资基础设施建设监测3个国家级监测任务。贵州省国土资源精准扶贫作战图管理系统建设项目获批为国家级专题性监测试点。

地图管理和地图服务

【地图审核】

贵州省国土资源厅印发《关于贯彻落实〈地图管理条例〉加强地图管理职能的通知》，明确市（州）行政区域范围内的地图，由市（州）国土资源局负责审核。

【地图编制与出版】

贵州省国土资源厅编制《贵州省地图》和《贵州省地理国情图集》《贵州省交通图集》及挂图、《贵州省减贫志》插图、《六盘水地图集》《贵州贵安新区直管区地图》《贵州省旅游普查图册》等专题地图（集）。

【地图市场监管】

贵州省国土资源厅通过开展地图市场检查、互联网地图监管等专项工作进一步规范地图市场秩序。全年累计开展现场检查30多次，对各市州人民政府、各省直部门等154个门户网站进行人工检查，发现2例违规案例，均已整改完毕。

【国家版图意识宣传教育】

贵州省国土资源厅强化媒体国家版图意识，联合省委宣传部下发《关于宣传报道中进一步加强使用正确国家版图的通知》。

【“美丽中国”第三届全国国家版图知识竞赛和少儿手绘地图大赛】

组织开展国家版图知识竞赛省级选拔赛，3名选手进入全国半决赛。组织开展少儿手绘地图大赛省级赛，选送少儿手绘地图优秀作品参加全国赛，8名选手获奖。

测绘地理信息成果管理与应用

【“天地图·贵州”建设与应用】

“天地图·贵州”完成毕节市2.6万平方千米的数据融合工作，并通过国家基础地理信息中心的验收。完成部分区域影像数据的更新工作。与国家基础地理信息中心签署协议，开展全省2016年的数据融合工作。接受国家测绘地理信息局对贵州省的评估和考核工作。

【成果汇交与分发】

贵州省国土资源厅全年接收测绘成果资料55批次，主要包含地理国情普查项目5批次、1:1万全要素数字产品13批次、国产卫星影像24批次、0.2米航飞摄影资料2批次等。对新获取的测绘成果资料进行整理、登记、归档、鉴定、分类、编目、排架、备份工作55次。严格执行测绘成果分发制度，做好分发服务工作。全年接待223家行业单位索取资料987人次，其中模拟地形图73人次、航摄成果125人次、大地成果285人次、“4D”产品504人次；拷贝数据资料191次，刻录光盘近400张。全年完成服务产值2456万元。

【测量标志管理】

贵州省国土资源厅加强贵州北斗卫星导航定位基准站网安全保障，省、市、县共同落实安全管护责任，做到责任到人、巡查到位，同时加大测量标志保护经费投入，全年下拨经费100万元。

【应急保障】

贵州省率先在全国实现部、省、市、县四级应对突发性地质灾害互连互动，建成测绘地理信息应急快速响应机制。贵州省国土资源厅推进贵州省航空应急测绘保障基地建设，与省政府应急管理办公室达成合作意向，完成机场场址论证报告并通过评审，这是全国测绘地理信息系统第一个通过场址论证报告评审的一类民用通用机场；省政府与南部战区空军参谋部签署新建贵州乐平机场协议，启动机场建设立项可研报告的编制；国家测绘地理信息局批复同意建设国家应急测绘保障贵阳中心。贵州省国土资源厅联合国家测绘工程技术研究中心等单位完成贵州省重大科技专项“鹞鹰无人机产业化关键技术应用示范”的研究，实现鹞鹰无人机的民用产业化改装，以及与多源传感器的集成。该装备可在接到指令2小时内到达全省任意指定区域，4小时内提供事发区多源遥感影像成果，为突发事件应急响应提供测绘地理信息基础数据支撑。按照“平战结合”工作思路，获取真彩色影像及三维激光点云数据，探索中航时无人机系统运行、维护、服务新模式，填补国内中航时无人机规范化运作的空白。

贵州省加大北斗导航定位基准站网建设应用力度。开展基准站网成果应用探索，启动基于北斗卫星的地质灾害自动化监测试点，在花溪区、清镇市、仁怀市、水城县开展北斗地灾监测示范试点；多源遥感影像快速获取在灾害监测预警系统中的应用项目取得初步成果，获取了贵阳市主城区、六盘水工矿区、平塘地区的地表沉降态势数据；北斗导航定位基准站网共有注册账号用户300多个，覆盖全省及周边地区测绘、规划、国土、水利、地质等多个领域。

地理信息产业

【发展地理信息重点领域】

贵州省全面贯彻落实《国务院办公厅关于促进地理信息产业发展的意见》，坚持政府引导、市场主导，充分发挥市场在资源配置中作用，最大限度放宽市场准入条件，落实高新技术企业、小微企业有关的优惠政策，引导和调整不合理的资质专业结构，大力支持遥感产业、地理信息系统产业、卫星导航产业、互联网地图、位置服务等高附加值产业的发展；推动地理信息产业园建设，初步形成地理信息技术开发应用、数据获取、数据加工、地理信息服务、装备、软件服务的产业集群。

【优化产业发展环境】

1月15日，贵州省人民代表大会会议通过《贵州省大数据发展应用促进条例》，提出引进一批国内外知名云计算、大数据龙头企业，汇聚一批大数据采集、存储、分析、加工、应用等中小企业。支持有较强集成能力的信息提供商建设大数据服务平台，提供大数据分析公共支撑、重点领域应用等集成共享服务。贵州省国土资源厅起草了贵州测绘地理信息发展集团股份有限公司组建方案（征求意见草案），并由组建单位起草了贵州省测绘地理信息产业园项目建议书。

科技、标准化与国际合作

【科技创新体系建设】

贵州省国土资源厅认真贯彻落实《关于加强测绘地理信息科技创新的意见》，将测绘地理信息科技发展相关内容列入《贵州省“十三五”测绘地理信息事业发展总体规划》及《贵州省基础测绘“十三五”规划》。建立国家与省部级科技创新平台，制定完善科技管理制度和科技创新政策。与贵州大学、西安勘察测绘研究院等单位联合向国家测绘地理信息局申报成立山地生态测绘应用研究中心，该中心旨在通过科技创新为全省喀斯特地貌地理信息的快速获取手段进行探索研究。建立厅科技成果申报、评审、管理制度，设立年度自主科研经费，开展生产性技术攻关和标准研究，开发完成的贵源农村土地承包经营权确权登记管理软件，通过中国软件评测中心测评，取得软件著作权登记证书，在省内多地确权工作中得到应用。

【科技项目与科技奖励】

与美国乔治梅森大学NSF时空计算协同创新中心签署了战略合作框架协议，未来双方将在云计算、大数据、地理科学及相关领域，以人才培养、科研等形式进行深入广泛合作。全年取得多项重大科技进步，获得国家和省部级科技奖励。“毕节市中心城区基础测绘项目”获2016年全国优秀测绘工程奖金奖；“数字都匀地理空间框架建设项目”获2016年中国地理信息产业优秀工程奖金奖；《贵州省万亩耕地大坝影像图集》获2016年优秀地图作品裴秀奖银奖。

【标准化工作】

贵州省国土资源厅参与国家与行业标准制修订，推动地方标准化工作，开展标准化宣贯与执行监督检查。按国家测绘地理信息局要求，对《不动产测绘成果质量检验技术规程》《不动产测绘基本术语》《不动产测绘要素分类代码》《水下地形测量技术规程》《古建筑测绘规范》《时间序列InSAR地表形变数据处理规范》《倾斜数字航空摄影技术规程》《测绘地理信息档案著录规范》《数字城市地理信息公共平台服务接口规范》等征求意见稿提出建议。

【对外合作与交流】

贵州省空间大数据发展高峰论坛在贵阳市举行，论坛邀请中国科学院、中国工程院院士李德仁做报告。全年选派6名测绘技术骨干参加对外学习交流，其中2人到捷克参加第23届国际摄影测量与遥感大会，4人参加国家测绘地理信息局组织的赴欧美相关高校培训，1人参加国家智慧时空信息建设培训和城市建设专题研究班。

地市级测绘地理信息工作

【黔西南布依族苗族自治州】

黔西南布依族苗族自治州基础测绘工作亮点突出，数字兴义地理空间框架建设项目通过省国土资源厅验收。州大数据发展领导小组确定以国土数字地理空间框架建设为基础集成、优化、升级现有系统。州国土资源局与华为黔西南州云计算中心、公安局等10多家单位签订共建共享合作协议。争取上级572万元专项资金用于州内重要地区高分辨率航空影像更新及部分城区三维建模。启动贞丰、安龙、兴仁数字县城建设工作，开展兴义市智慧城市前期工作调研和经费筹措。编制完成黔西南州“十三五”基础测绘规划，报请州政府批准实施。

9月13日，黔西南州第一次全国地理国情普查数据库建设项目通过验收。全年州国土资源局会同兴义市国土资源局、工商局联合开展地图专项检查工作，重点抽查印刷、广告公司等单位14家。根据《国家版图知识竞赛和少儿手绘地图大赛》工作方案，会同州教育局联合下发通知，开展常态化地图宣传。争取财政资金127万元编制、更新州系列地图。联合州国家保密局、国家安全局开展2次保密安全检查，抽查10家使用测绘保密成果单位，下达整改通知书3份。对州内158个测量标志、9个北斗卫星导航基准站办理委托保管，建立测量标志补助款领取台账，全年共开展巡查200人次，办理2个E级GPS控制点迁建。全年汇交1∶500地形图成果160平方千米，汇交房产测量成果目录3本。针对全州农村土地承包经营权专项工作测绘项目备案20项，对2家从事农村土地承包经营权的单位开展质量检查和约谈。举办全州测绘地理信息行业信用管理平台操作培训班，抽查15家测绘资质单位并开展测绘资质巡查。

地方社团工作

【贵州省测绘地理信息学会】

贵州省测绘地理信息学会组织开展学术交流和技术咨询与技术培训活动，8月，组织举办注册测绘师培训班，全省100多名测绘技术人员参加培训。10月21日，在贵阳召开第八次会员代表大会，选举产生贵州省测绘地理信息学会第八届理事会理事、常务理事、理事长、常务副理事长、副理事长、秘书长。组织会员单位和会员参加学术交流活动，加强制度建设，规范学会活动，拟定贵州省测绘地理信息学会第八届理事会工作制度、贵州省测绘地理信息学会活动管理办法、贵州省测绘地理信息学会财务管理制度、贵州省测绘地理信息学会文件档案管理制度等相关工作制度。

【贵州省测绘行业协会】

贵州省测绘行业协会进一步完善贵州测绘地理信息公共服务网，全年浏览点击人次达70万。4月26日，举办贵州省首届“测绘+”创新创业论坛暨合众思壮“中国精度”贵州站发布会。评选出31家贵州省测绘行业守信用、重质量单位，并颁发匾牌。联合省内测绘单位举办新技术、新产品发布或路演活动，推进新装备、新技术的应用。做好全省测绘从业人员业务培训工作，民营企业职称评定推荐工作，募集资金5万元到赫章县双坪乡红卫村开展教育扶贫工作。

云南省

概况

2016年，云南省测绘地理信息行业完成测绘服务总值21亿元，年增长率为10.53%。在全国省级测绘地理信息行政主管部门2016年度测绘地理信息工作绩效考核中，云南省测绘地理信息局排名由上年的第26位跃升至第20位，再次获评为突出进步单位。

云南省测绘地理信息局编制完成《云南省测绘地理信息事业发展“十三五”规划纲要》《云南省基础测绘“十三五”规划》和《云南省地理国情监测“十三五”规划》，报经省政府批准同意后相继印发实施。编制印发《云南省地理信息产业发展“十三五”规划》。

组织完成云南省第一次全国地理国情普查任务，全面摸清云南省地理国情家底。开展了富有云南特色的地理国情监测，为湖泊保护、土地利用、城乡规划提供了可靠的科学决策参考。

深化“放管服”，公布了权责清单，全部行政审批事项统一集中到云南省行政审批网上服务大厅在线受理，全年受理、按时办结审批事项700多件。强化事中事后监管，组织完成全省卫星导航定位基准站安全风险点排查、行业信用信息征集和发布、地理信息产业单位名录库核查认定等工作，开展互联网地理信息检定、全省测绘成果质量抽检、行业综合执法检查，“双随机”检查等工作，依法查处2起违法违规测绘案件。

云南省综合卫星定位服务系统（YNCORS）进行组网测试，对早期建设的基站实施北斗地基增强系统升级，形成由1个省级控制中心、16个州市级分中心、211个基准站组成的卫星定位服务系统。启动现代测绘基准体系基础设施建设，开展全省C级网控制点和水准点勘查、补埋工作；实施1∶1万“3D”数据资源更新，加速推进1∶1万基础数据库建设。积极争取国家航空应急测绘保障基地落地云南。

测绘地理信息服务保障能力持续增强。印发《云南省国土资源厅　云南省测绘地理信息局业务协作工作方案》。主动对接环保部门，切入云南生态环境保护工作，构建基于“天地图·云南”的精准扶贫大数据可视化管理平台，力促老挝开展北斗CORS系统建设，由云南省测绘地理信息局帮助搭建的“天地图·老挝”一期成果正式上线。与腾冲市政府签署协议，共同开展腾冲市空间性规划“多规合一”信息平台搭建工作，成为云南首个空间性规划“多规合一”试点。测绘科技工作进一步加强，一批优秀测绘项目获表彰。

深入贯彻落实《云南省人民政府办公厅关于加强地理产业发展的意见》，促进地理信息产业发展壮大，新增测绘资质单位60家，至年底全省测绘资质单位达815家。云南省地矿测绘院、中国电建集团昆明勘测设计研究院有限公司两家单位入选为中国地理信息产业协会评选的“2016中国地理信息产业百强企业”。

党的建设与人才队伍建设

【党的建设】

云南省测绘地理信息局扎实推进“两学一做”学习教育，制定并实施《云南省测绘地理信息局“两学一做”学习教育方案》和《学习教育计划安排表》，组织参加云南省委省直机关工委举办的“学习党章党规”知识竞赛和“两学一做”学习教育网上竞答。印发《云南省测绘地理信息局直属机关党委“党建推进年”实施方案》，组织党建工作巡察、党建责任目标考核和专项督查；开展以“三学三强”（即学先进理论，强信仰信念；学党章党规，强忠诚担当；学优秀文化，强道德修养）为主题的2016年度“三读书”活动，就全国全省两会精神、《党委会的工作方法》等内容进行12次中心组理论学习，创建学习型党组织。建立并实行“党费日制度”，规范党费收缴。云南省测绘地理信息局直属机关党委完成换届选举工作，配齐配强党委和纪委人员。召开“七一”庆祝大会，表彰系统内2015年度先进党支部6个、优秀共产党员30名、优秀党务工作者6名。基层党建工作不断强化，云南省航测遥感信息院党委被云南省直机关工委评为“先进基层党组织”。

【党风廉政建设】

云南省测绘地理信息局召开党风廉政建设工作会议，局党组与局属各单位党委、直属各党支部以及机关各处室负责人签订了党风廉政建设责任书。组织学习宣传贯彻十八届六中全会精神，切实落实党风廉政建设与反腐败工作部署要求，认真履行党组主体责任、领导班子成员“一岗双责”，研究制定进一步规范财务管理、强化内部控制的一系列制度。开展纠正和防止“不作为乱作为”问题集中整治工作和“小金库”问题整治自查。组织学习《中国共产党廉洁自律准则》《中国共产党纪律处分条例》，组织全局93名科以上干部到昆明五华监狱进行警示教育，组织开展反腐倡廉课题研究，撰写理论研究文章7篇。局直属机关纪委廉政短信平台坚持元旦、春节、“五一”、端午、中秋、国庆等重要节点给全局处以上干部发廉洁短信300多条。

【精神文明建设】

云南省测绘地理信息局制定精神文明建设工作要点，开展“中国梦·劳动美”教育和“合格职工之家”“职工书屋”“巾帼建功”、文化体育竞技等活动，教育职工践行社会主义核心价值观，开展向杨善洲、高德荣、召存信及身边典型学习活动，加强对干部职工的社会公德、职业道德、家庭美德、个人品德、“六五”普法教育，提高干部职工的文明素质。云南省测绘工程院和云南省航测遥感信息院包揽分获全国测绘地理信息系统先进集体和先进个人。与云南省总工会联合召开地理国情普查劳动竞赛表彰大会，授予2个“云南省五一劳动奖状”，2个“云南省五一劳动奖章”和5个“云南省工人先锋号”，表彰劳动竞赛先进集体15个、先进个人100名。推进精准扶贫，制定了扶贫攻坚工作方案和产业扶贫项目实施方案，选派挂职干部，筹措下拨资金，帮助扶贫挂钩点协调推进地质灾害整治项目，云南省测绘地理信息局被大理州评选为扶贫先进单位。

【人才队伍建设】

云南省测绘地理信息局坚持正确的用人导向，加强局属单位领导班子建设，统筹开展干部调整及基层干部选拔，制定了年度人才教育培训计划，分期分批组织6名干部到各级党校培训，继续组织所属干部参加网络在线学习，举办测绘管理类培训班6个、测绘专业技术知识培训班12个；配合省人事厅做好注册测绘师资格考试考务工作，加大职业技能鉴定工作力度，与2所省内职业院校联合开展测绘职业技能鉴定合作，共鉴定合格人员534名，相比上一年度鉴定人数增长近1倍。依法推进完善收入分配和养老保险制度改革。

法制建设与市场监管

【法制建设】

《地图管理条例》出台后，云南省测绘地理信息局按照行政许可清理要求，对地图审核行政许可程序进行修改完善，使地图审核各项工作符合《地图管理条例》规定要求。

【法制宣传】

云南省测绘地理信息局做好《地图管理条例》的宣传贯彻工作，组织州市管理人员、地图审查人员参加国家测绘地理信息局组织的培训学习，编印《地图管理条例》宣传资料，订购《地图管理条例》的条文及释义，组织相关人员学习。

开展“8·29”测绘法宣传日活动。编制印刷宣传地图5万份。8月29日当天，围绕“依法测绘促发展，大力宣传保安全”宣传主题，联合昆明市国土资源局、盘龙区国土资源分局在昆明市桃源广场举办测绘法宣传日宣传主场活动，全省各州市国土资源局组织分局、测绘单位在市区繁华地段的广场、公园，开展测绘法宣传活动。

【综合执法】

云南省测绘地理信息局印发《云南省国土资源厅 云南省测绘地理信息局业务协作方案》，确立测绘地理信息和国土联合执法机制，协作推进联合执法。查处某单位在重要会议上发放未经审核地图一案；对在农村土地确权工作中未按规定报批测绘航空摄影的3家单位进行处罚。落实“双随机、一公开”制度，建立了测绘地理信息行政执法人员名录库、随机抽查对象名录库，编制公布随机抽查事项清单，开展测绘地理信息“双随机”综合检查，对15家乙级测绘资质单位进行包括测绘地理信息项目检查、资质核查、保密检查、质量检查等内容的综合执法检查。对检查中发现的管理混乱、制度不健全不落实等情况，要求限期整改，并视情况进行处罚。

【依法行政】

云南省测绘地理信息局与省发展和改革委员会联合起草加强云南卫星导航定位基准站管理的意见，以云南省委办公厅、省政府办公厅、省军区司令部名义印发文件，明确云南卫星定位基准站建设、管理和应用工作的目标、任务和措施，并确立云南省测绘地理信息局在全省基准站监管方面的职能。由云南省测绘地理信息局牵头，会同省国家保密局、省公安厅、省国家安全厅，成立云南省基准站安全专项整治领导小组，制定专项整治工作方案，开展基准站安全专项整治工作，组织完成182个卫星导航定位基准站的排查。

全年审批通过测绘航空摄影申请21件，完成保山市、普洱市独立平面坐标系统审批。协助做好农村集体土地确权测绘监管工作，对参与土地确权工作的测绘单位进行测绘资质核查，开展业务监督，严禁中标单位进行业务转包，开展测绘监理，对测绘成果质量进行提前控制和全程控制。

【“放管服”改革】

云南省测绘地理信息局深化“放管服”改革，在局门户网站公布了权力清单、责任清单，全部行政审批事项统一集中到云南省行政审批网上服务大厅在线受理，行政许可的条件、程序、时限都上线公布，全年受理审批事项700多件，全部按时办结。完成259家测绘单位入驻云南省投资审批中介超市的资质审核，测绘单位入驻中介超市数量达440家，测绘地理信息行业成为云南投资审批中介超市入驻率最高的行业之一。

【测绘资质管理】

云南省测绘地理信息局批准60家单位的测绘资质申请，测绘资质单位数量达到815家，其中甲级14家、乙级173家、丙级357家、丁级271家。完成5家民营企业测绘资质乙级升甲级申请材料的初审、上报工作。

【信用管理】

云南省测绘地理信息局举办行业信用管理培训班，宣讲解读测绘地理信息行业信用管理政策。完成信用信息征集、录入、审核、发布工作，测绘资质单位信用信息在测绘地理信息行业信用管理平台予以发布，公众可登录网站查看信用信息。

基础测绘

【基础测绘】

云南省测绘地理信息局编制完成《云南省基础测绘“十三五”规划》，经省政府批准同意印发实施，要求各州市人民政府和省直各部门遵照执行。基础测绘“十三五”规划的7个重点项目，云南省现代测绘基准体系基础设施建设、1:1万数字地图更新、航空航天遥感影像数据获取和数据库建设、智慧云南时空云平台建设、云南省系列地图编制、云南省基础测绘生产服务能力建设、云南省应急测绘保障能力建设，均完成可行性研究报告和实施方案编制并通过专家评审。

落实2016年基础测绘专项经费6000万元，经积极协调申请，确定了“十三五”后续年度基础测绘的投入和预算申报方式。

开展全省综合卫星定位服务系统（YNCORS）运行维护工作，对覆盖全省的211个基准站和省级控制中心进行组网测试，对早期建设的昆明、红河、文山三地的43个基站进行北斗导航定位升级，由1个省级控制中心、16个州市级分中心、211个基准站组成的YNCORS（北斗地基增强网）实现全面组网、提供服务，初步建成全省统一的、高精度、全覆盖的现代化测绘基准框架。开展全省C级网1311点和1635个水准点踏勘，补埋C级网控制点390座、基本水准点250座、普通水准点550座，11月完成踏勘普查，12月底控制点选埋完成90%。编制《云南省1:1万3D数据资源更新技术规程》，完成1:1万“3D”地图生产试验，实施1:1万数据资源更新1442幅，至年底完成70%。开展鲁甸震区灾后测绘基础设施恢复重建工作，完成二等水准点标石选埋444座、二等水准观测2240千米。

【航空航天遥感影像获取与应用】

云南省测绘地理信息局制定了明确的影像需求和获取计划，航空影像获取纳入国家测绘地理信息局统一获取计划。全年获取了云南省全覆盖0.8米分辨率多光谱卫星遥感影像数据、全省重点区域约4.6万平方千米的0.5米多光谱卫星遥感影像数据，应用于1:1万“3D”数据资源生产、“天地图”云南数据更新等。

组织开展云南省多源遥感影像即时服务系统建设，系统依托“北京二号”“高分系列”“资源系列”等多源自主遥感卫星资源，构筑连接多源遥感卫星数据源获取专线通道，搭建云南省遥感卫星应用综合服务网络平台。部署了基础硬件环境，完成即时服务系统软件建设，建设初期成果在元谋县“9·17”特大山洪泥石流灾害、地理国情监测等领域得到初步应用。

【智慧城市、数字城市建设】

云南省启动数字玉溪地理空间框架向智慧玉溪的转型升级，开展前期建设工作。6月，数字红河地理空间框架建设项目通过验收，正式开通上线运行；8月，完成数字昆明地理空间框架建设项目验收。数字德宏和数字曲靖开展基本建设工作，数字迪庆完成系统部署，数字富民进行系统集成。

云南省测绘地理信息局完成智慧云南时空信息云平台建设项目可行性研究报告及实施方案的评审，积极推广时空信息云平台在省政府各部门和行业中的应用示范，在云南省地质调查局开展时空云平台分节点的部署工作。

【质量管理】

云南省测绘地理信息局协助国家测绘地理信息局完成1项成果质量监督抽查和1项质量体系抽查。

组织开展省级质量监督抽查工作。编制《2016年云南省测绘地理信息质量监督检查实施方案》，成立监督抽查办公室，共监督检查20项测绘地理信息成果和10家测绘资质单位技术质量管理体系，涉及30家乙级测绘资质单位，经检查，不合格率为20%。

【安全生产】

云南省测绘地理信息局开展安全生产教育培训，将安全生产列为省局对下属事业单位生产考核的三项指标之一，并签订目标责任书，在考核中实行安全生产一票否决制。为确保测绘地理信息数据安全生产，局下属各单位开展了涉密生产网络分级保护改造工作。

地理国情监测

【地理国情监测规划编制】

《云南省地理国情监测“十三五”规划》通过专家评审，报经省政府同意印发实施。地理国情基础信息资源建设、重要专题性地理国情监测、地理国情信息数据库更新与统计分析、地理国情监测能力建设4个“十三五”地理国情监测重点项目可行性研究报告和实施方案编制完成，并通过专家评审。

【地理国情普查】

云南省完成第一次全国地理国情普查任务，全面摸清了云南省地理国情家底，获取了由10个一级分类、58个二级分类和149个三级分类1642.19万个图斑构成的地理国情信息。完成全省地理国情普查数据建库、基本统计工作，完成省、市、县三级普查信息管理系统硬件采购和软件开发，开展综合统计分析、图件编制，编写云南省第一次全国地理国情普查技术报告和工作报告，完成地理国情普查成果与其他部门数据的对接。

【地理国情监测】

云南省测绘地理信息局编制《云南省地理国情监测技术规范》和《云南省地理国情监测数据库标准》两个省级规程标准。抚仙湖流域生态环境动态监测项目和大理市海西农田保护与海东城市扩展监测项目通过国家测绘地理信息局验收。抚仙湖流域生态环境动态监测首次查实了近40年来该流域土地利用变化情况及驱动力因子、生态环境承载力状况，大理海西农田保护和海东城市扩展监测项目研制了决策支持系统，为湖泊保护、土地利用、城乡规划提供了可靠的科学决策参考。昭通鲁甸地震灾区恢复重建与国土监测项目基本完成，成果已提供使用；迪庆州德钦县城周边区域地质灾害监测项目完成2期监测；昆明主城区地表沉降与城市空间演进监测项目完成影像采集和数据处理，以及相关设备和软件采购工作。云南省地级以上城市空间格局变化监测项目进行了软件开发，完成5个年度城区边界数据和城区内部结构数据提取，完成统计分析和报告编制；长江经济带国家投资基础设施建设监测项目完成云南监测任务区总工作量的40%。

地图管理与地图服务

【地图审核】

云南省测绘地理信息局全年审核发放审图号50个，主要是书刊插图、行政区域简图。其中审查了云南省地质系列丛书中9本专著使用的地图、云南省及各县行政区域简图共18件、《云南省旅游交通图册》《保山智慧旅游导图》《大理智慧旅游导图》《丽江智慧旅游导图》等特色旅游图、《云南省“十三五”规划纲要系列附图》。在电子地图领域，审查通过了《数字昆明地理空间框架建设公众版电子地图》《昆明市地下管线通用背景电子地图》和

《"天地图·迪庆"电子地图》等。

【地图编制与出版】

云南省政府批准成立了云南省地图集编纂委员会，启动新版《云南省地图集》编制工作。开展《云南省工作用图》的编制工作。

【地图市场监管】

云南省测绘地理信息局组织开展地图市场大检查，全省各州市重点检查展览展会、纪念馆、车站、码头、书店和导航电子地图产品市场。针对昆明、昭通等地的地图市场进行了抽检。检定地图服务网站130个，其中判定为非地图服务网站40个、无问题的地图服务网站81个、存在问题的地图服务网站9个。完成内容检定的地图服务网站90个，主要问题是无审图号。检定静态地图图片2052张，其中判定为非地图图片756张、无问题的地图图片1296张。完成内容检定的地图图片1296张，处置"问题地图"图片4张。检定POI信息21条，未发现问题。

【地图服务】

云南省测绘地理信息局组织更换了云南省委领导办公室工作用图，为云南省政府研究中心提供《云南年鉴》所需插图，协调编制、审查等工作；为省外事办公室提供全省边境长度数据核查服务；协助国家测绘地理信息局为中央办公厅等部门提供相关专题地图两次。全年为云南省委省政府等有关部门提供各类专题地图（数据）49次2502幅（张）。

【国家版图意识宣传教育】

云南省测绘地理信息局编制了《中国国家版图知识宣传册》，报送国家测绘地理信息局审核后印刷2000册，并制作了宣传册光盘，配发至各州市。各州市开展了国家版图知识宣传进"进学校、进社区、进媒体"活动。

【"美丽中国"第三届全国国家版图知识竞赛】

云南省测绘地理信息局印发推荐选拔"美丽中国"国家版图知识竞赛电视赛参赛选手的通知，开展参赛选手选拔上报工作。经选拔，2名选手入围参与国家版图知识竞赛电视赛的角逐，并参加了《一站到底》节目的录制。

测绘地理信息成果管理与应用

【"天地图·云南"建设与应用】

云南省测绘地理信息局组织对"天地图·云南"软、硬件环境进行升级改造，利用"十二五"期间获取的基础测绘成果和地理国情普查成果开展框架数据生产，增加地名地址数据采集，丰富数据资源。开展省级节点与国家级主节点的数据融合工作，州市级节点"天地图·红河"及"天地图·昆明"建设完成，成功接入省级节点提供服务。示范应用进一步深化，开展"天地图·老挝"建设和基于"天地图"的生态环保、土地矿产等地理信息应用服务建设，与云南省扶贫办公室联合研建基于"天地图·云南"的云南省精准扶贫大数据可视化平台，该平台在云南省扶贫工作会议上现场演示，受到各级领导的充分肯定，该平台也成为全国测绘系统服务扶贫工作的成功案例，在全国测绘地理信息精准扶贫应用现场会上进行汇报演示。

【成果汇交与分发】

云南省测绘地理信息局全年完成测绘成果资料审批436次，为水利、交通、电力、地矿、林业等行业提供纸质地形图5456幅、控制点成果9027个、电子数据353GB。配合国家测绘地理信息局完善新版全国地理信息资源目录服务系统，完成目录整理、系统搭建等工作，并于10月13日正式发布云南最新测绘成果目录。

【涉密成果管理】

云南省测绘地理信息局不断完善测绘成果安全保密监管机制，健全规章制度；将测绘成果保密检查纳入每年的综合执法检查工作中。在2016年开展的"双随机"综合检查时，对15家乙级测绘资质单位重点进行了涉密测绘成果保密检查；强化涉密人员管理，邀请云南省国家保密局专家开展教育培训。

【测量标志管理】

云南省测绘地理信息局完成测量标志拆迁审核5件。对景洪市、泸水县开展测量标志普查工作，对怒江州贡山县、福贡县、兰坪县、西双版纳州勐腊县测量标志普查工作进行验收，对百色水利枢纽工程云南库区淹没范围水准点恢复重建项目进行验收。

【测绘服务保障】

云南省测绘地理信息局主动对接地方环保部门，切入云南生态环境保护工作，配合开展全省生态保护红线划定工作，完成大理市洱海环湖截污治污工程PPP项目的监测和测绘工作；与腾冲市政府签署协议，共同开展腾冲市空间性规划"多规合一"信息平台搭建工作，成为云南首个空间性规划“多规合一”试点。与省教育厅开展合作，共同推进基于“天地图·云南”地理位置的教育资源信息化建设。与省国土资源厅深入开展业务合作。配合完善不动产测绘的基准体系，统一采用2000国家大地坐标基准，利用云南综合卫星定位服务系统为不动产登记提供精准、动态、实时的测绘定位服务，同时提供了数据资源及技术支持；为省国土资源厅开展卫片执法提供影像处理、疑似图斑技术检核等保障服务，协助开展地质环境信息化建设工作，为国土管理部门开展地质灾害排查治理、矿山开采现状抽查等提供监测及测量服务。

【应急保障】

云南省测绘地理信息局积极争取国家测绘地理信息局支持，协调基础保障条件，争取到国家应急测绘航摄基地项目落地云南。构建州市级三维地理信息应急指挥平台；对自主研发的省应急救灾指挥信息系统进行更新，提高数据现势性及精度，完善系统桌面端功能，研发应急指挥系统移动端。完善应急预案，提速应急响应，向“9·17”元谋泥石流应急救灾部门提供了灾前灾后遥感影像数据、解译报告、基础图件等，为后续的地质灾害排查、道路抢修、受灾损失评估等重要工作提供了数据支持。中央电视台、云南电视台和中国新闻网、新华网、云南网等新闻媒体对此次应急测绘保障服务工作进行了报道。

地理信息产业

【地理信息产业规划编制】

云南省测绘地理信息局编制完成《云南省地理信息产业发展“十三五”规划》，并通过专家评审，11月印发实施。

【优化产业发展环境】

云南省测绘地理信息局贯彻落实《云南省人民政府办公厅关于加强地理产业发展的意见》，推进云南省地理信息产业园区建设。云南省测绘地理信息局分别在北京和昆明举办招商推介会，与昆明呈贡信息产业园区管委会签订了战略框架合作协议，推动地理信息产业园区落户呈贡，并与云南德州空间地理信息投资有限公司签署了合作共建协议。

完成对云南省地理信息产业名录数据的审核确认。建立云南省地理信息产业单位名录库，对国家测绘地理信息局下发的1676条名录进行审核，最终确认产业单位的名录数为1377条。

科技、标准化与国际合作

【科技创新体系建设】

云南省测绘地理信息局在印发实施的《云南省测绘地理信息事业发展“十三五”规划》中将测绘地理信息科技创新作为一项主要内容列入其中。“十三五”开局，云南省测绘地理信息局从大规模数据获取处理、移动互联、云计算、物联网、大数据分发服务方面，深入开展现代测绘基准体系建设和应用、多源影像融合处理、地形图自动缩编、地理信息三维可视化、知识挖掘、云计算等技术跟踪和应用研究。进一步建立健全有利于引进、消化、吸收最新创新成果的科技创新体制机制。开展装备建设，提升技术装备支撑能力，推进管理和生产信息化。

【科技项目与科技奖励】

由云南省科技厅批复立项，云南省测绘地理信息局局属单位承担的基于北斗YNCORS+地理信息服务平台应用研究项目，属于云南省北斗重大科技专项项目。2016年完成实施方案评审，启动建设，同时开展项目二期立项申报。

一批优秀测绘项目获表彰，获中国测绘地理信息学会2016年测绘科技进步奖三等奖1项，2016年全国优秀测绘工程奖银奖5项、铜奖3项，2016年全国优秀地图作品裴秀奖铜奖2项。云南省测绘地理信息学会评选出2016年度科技进步奖8项、优秀测绘工程奖26项。

【标准化工作】

云南省测绘地理信息局积极参加标准管理与标准制定相关技术培训。2016年立项开展《云南省1:1万3D数据资源更新技术规程》《云南省1:1万空间地理信息数据库标准》《云南省地理国情监测技术规程》和《云南省地理国情监测数据库标准》4个地方性标准制订工作。

【对外合作与交流】

云南省测绘地理信息局加强与老挝国家测绘局的交流合作，带动国内企业获得授权在老挝开展北斗导航定位基准站系统的建设，老挝第一个北斗导航定位基准站——塞色塔基准站建成揭牌，完成其他部分站点勘选工作。援助老挝建成“天地图·老挝”和开展1∶5万地形图测制试验；援助老挝编制2016年旅游图。通过云南省测绘地理信息学会在东南亚测绘协会的影响，带动测绘企业进入东南亚测绘市场，开展测绘服务。

地市级测绘地理信息工作

【玉溪市】

玉溪市国土资源局开展《玉溪市基础测绘规划（2016—2020年）》编制工作，完成玉溪市7县2区第一次全国地理国情普查工作。编制完成《玉溪市综合地图集》，为各级党委、政府及部门提供内容极其丰富的多功能地图集群资料。首次对全市40家丙、丁级测绘资质单位的执业经营、质量管理、标准执行、资料保管、成果质量等情况进行全面抽查，联合市公安局、市国家安全局、市保密局共同完成全市15个卫星基准站安全专项整治工作，消除全市各基准站建设、运维、服务等各环节存在的安全风险，维护国家地理信息安全。联合执法监察支队，在全市开展日常巡查20多次。联合市测绘协会开展测绘地理信息行业技术培训，讲解测绘技术发展历程、无人机技术应用，解读《云南省土地勘测定界实施细则（2016版）》、不动产权籍调查技术方法等。开展“8·29”测绘法宣传日活动，在各县区人流密集区域悬挂横幅12条、设置展板25块、设立咨询点12处、发放宣传资料1000份，组织市、县区测绘管理人员及协会代表共计50多人开展座谈。完成测绘资质申请、资质升级初审5家，完成国家涉密基础测绘成果资料提供使用审批182件。完成1∶500地形图测制，提供YXCORS服务账号277个，完成2015年三维模型及地名地址数据的更新发布工作。与全市17家单位、部门签订了《“数字玉溪”地理信息公共服务平台使用协议书》，深化数字玉溪服务水平。

【曲靖市】

曲靖市国土资源局协助云南省测绘地理信息局将第一次全国地理国情普查成果数据管理系统配发至县（市、区）普查办，并对县（市、区）国土资源局分管领导和普查办人员进行了业务培训。完成曲靖市GPS连续运行参考站（网）及似大地水准面精化项目建设，新建综合卫星定位连续运行基准站15个，完成各县（市、区）规划区2152.3平方千米的高精度似大地水准面精化。对《曲靖市基础测绘“十三五”规划》进行修编，并通过专家评审，经市政府批准印发实施。开展卫星导航定位基准站安全专项整治工作，通过排查，曲靖市辖区内共有卫星导航定位基准站24个；对到期的曲靖市市级测绘地理信息科技专家库成员进行了续聘、补聘，共有11位专家，聘任时间为三年。完善了选址在经开区西城街道冯官桥社区窦家冲水库前果园内的国家GNSS连续运行基准站的用地、房产、用电等手续。开展无人驾驶航空器情况普查，曲靖市有无人驾驶航空器2台（固定翼、多旋翼各1台）。深入开展“8·29”测绘法宣传日活动，发放宣传画2500份、宣传册80份，在《曲靖国土资源》刊物开设测绘知识栏目，广泛宣传应急测绘、地理国情、“天地图”、国家版图等知识。开展2016年测绘地理信息综合检查工作，配合云南省测绘地理信息局对云南省一四三煤田地质勘探队、云南省有色地质局三一七队、云南驰宏锌锗股份有限公司进行综合检查，组织对1家丙级和1家丁级测绘资质单位进行综合检查。加强测绘地理信息行业信用管理，曲靖市全部测绘资质单位进入信用体系评价系统。

【德宏傣族景颇族自治州】

德宏傣族景颇族自治州国土资源局开展德宏州梁河、盈江、陇川1∶5000测图项目，在全省率先实现全境覆盖1∶5000地形图；开展德宏州卫星定位基准站建设，进入试运行阶段；完成德宏州地理国情普查任务并通过验收。

加强国土空间开发格局变化监测，对社会经济发展重点区域——芒市、瑞丽坝区1000平方千米范围开展了国土空间开发格局监测，有效地提高了国土部门日常服务和监管工作的高效性、精准性和国土资源管理水平。围绕数字德宏建设工作方案，积极开展智慧国土项目建设工作，主要内容包括地理国情监测管理子系统、土地整治管理子系统、矿产资源管理子系统等7个子项目，总投资272万元，经过前期资料收集和整理，进入组织实施阶段。

地方社团工作

【云南省测绘地理信息学会】

云南省测绘地理信息学会审批新增5家团体会员单位；审议更换1位副理事长、6位常务理事。召开“时空大数据——应用服务”为主题的学术年会。编印出版《云南测绘》6期，征集到33家单位的学术论文164篇，汇编为《论文集》，提供广大会员学习交流。开展2016年度云南省测绘科学技术奖评选表彰工作，开展测绘地理信息科普活动进校园、先进技术进校园活动。举办云南高校测绘专业人才培养与测绘成果质量研讨会、FME中国云南区域研讨会、移动三维激光测量系统云南区域研讨会等会议。多次组团参加东南亚测绘协会的活动；组团参加中国测绘地理信息学会2016年学术年会和第六届全国测绘地理信息技术装备展览会暨全国测绘地理信息博览会；组队参加第十二届测绘地理信息职工定向越野赛，获体育道德风尚奖。

【云南省地理信息协会】

云南省地理信息协会主办首届无人机航空摄影测量与遥感全国邀请赛，24家企事业单位共31支队伍报名参赛。整理出版了《云南省地理信息产业发展企事业单位名录册（2015年版）》，组织云南省地理信息企业参加2016中国地理信息产业百强企业评选，中国电建集团昆明勘测设计研究院有限公司和云南省地矿测绘院入选百强企业。加强组织建设，新增会员单位8家，至年底协会会员单位达239家。组队参加2016年测绘地理信息产业协会工作研讨会、中国地理信息产业大会、第九届海峡两岸GIS发展研讨会等。

西藏自治区

概况

2016年，西藏自治区测绘局坚持以“基本统一、主体合法、职能落实、事权清晰、监管有力、运转协调、服务高效”为目标，持续推进测绘地理信息依法行政，开展“问题地图”专项治理、涉密测绘成果保密检查、卫星定位连续运行基准站安全评估排查和国家版图意识宣传教育活动，切实维护地理信息国家安全。全面完成全区“十二五”基础测绘项目，印发《西藏自治区“十三五”时期基础测绘规划》，启动“十三五”重点地区1∶1万基础地理信息资源建设。全面完成地理国情普查任务。自治区地理信息公共服务平台“天地图·西藏”公众版上线运行，启动建设政务版。

截至2016年底，西藏自治区共有测绘资质单位40家（其中24家企业），其中甲级1家、乙级16家、丙级15家、丁级8家，主要分布在地质、交通、水利、建筑等行业。

党的建设与人才队伍建设

【党的建设】

西藏自治区测绘局全面贯彻落实中央、西藏自治区党委关于党建工作的部署要求，以“两学一做”学习教育为契机，进一步加强党的思想建设、组织建设、作风建设、反腐倡廉建设、制度建设。加强党性修养和奉献教育，深入贯彻落实自治区党委书记吴英杰关于争当“四讲四有”合格党员的要求，全面开展党的理想信念教育，严格贯彻党的政治纪律和政治规矩，坚决开展反分裂斗争。全年组织开展党员理论学习30多次，党员干部撰写心得体会30篇。年内发展2名党员，全局共有29名党员。

【党风廉政建设】

西藏自治区测绘局认真学习贯彻《中国共产党廉洁自律准则》《中国共产党纪律处分条例》《中国共产党问责条例》，严格落实党内政治生活制度。调整充实局党风廉政建设领导小组，局主要领导与各科室、西藏自治区测绘院签订《党风廉政建设责任书》，认真落实局领导班子成员党风廉政建设“一岗双责”。根据自治区政府公布的测绘地理信息行政权力和责任清单，动态更新西藏自治区测绘局廉政风险点和防控措施。

【人才队伍建设】

西藏自治区测绘局联合郑州测绘学校举办第二期全区测绘地理信息行业测绘中等专业学历教育班，全区测绘资质单位和部分地（市）国土资源局的80名测绘从业人员参加学历教育。举办工程测量和地级测绘职业技能鉴定，共有70人通过理论考试和外业操作考核。截至年底，西藏自治区共有测绘地理信息从业人员775人，其中党政管理人员48人、专业技术人员528人、技能人员124人、经营管理人员75人。

法制建设与市场监管

【法制宣传】

8月29日，西藏自治区测绘局在拉萨市开展了以宣传《地图管理条例》为主题的测绘法宣传日活动，向市民发放新编《西藏自治区地图册》《西藏及周边地区交通旅游示意图》等宣传材料5000多份。

【测绘资质管理】

西藏自治区测绘局全年批准测绘资质单位乙级1家、丙级1家，批准丙级升乙级单位4家、丁级升丙级单位1家，增加业务范围单位9家。

【日常监管】

西藏自治区测绘局对拉萨、山南和日喀则等地17家测绘资质单位开展测绘资质巡查，对存在问题单位限期进行整改。开展自治区境内57个卫星导航定位连续运行基准站（点）的安全评估及排查工作。

基础测绘

【“十二五”时期基础测绘】

西藏自治区测绘局完成“十二五”时期最后一批961幅1:1万“3D”数字测绘产品生产任务。“十二五”时期1:1万“3D”数字测绘产品总数达到2350幅，基本覆盖青藏公路（青藏铁路）沿线、“一江三河”河谷地带等重点区域。

【“十三五”时期基础测绘】

西藏自治区测绘局编制完成《西藏自治区“十三五”时期基础测绘规划》，并于7月联合自治区发展和改革委员会、自治区国土资源厅印发。该规划紧紧围绕自治区“面向南亚开放的重要通道建设”和“自治区主体功能区规划实施”等方面的战略布局，确定了7项重点任务和需要配套实施的6大项17个子项。2016年，“十三五”基础测绘规划一期工程启动，落实基础测绘专项投资5622万元。

【1:5万动态更新质量监督抽查】

西藏自治区测绘局对全区1:5万DLG全要素更新成果进行外业抽检，抽检工作通过验收。

【航空航天遥感影像获取与应用】

西藏自治区测绘局通过国家基础航空摄影计划获取了1904幅优于1米分辨率的立体卫星影像。

【安全生产】

西藏自治区测绘局建立健全安全生产管理办法，层层签订目标责任书。全年开展安全生产专题会议13次、大排查4次、法律法规知识讲座和学习培训4次。开展“安全生产月”活动，投入专项经费6000多元更新安全设备设施。

【卫星定位连续运行跟踪站建设】

西藏自治区测绘局完成拉萨国际IGS站、拉萨北斗IGMAS跟踪站、陆态网络拉萨站、武汉大学拉萨北斗站和陆态网络日喀则站数据采集、传输、维护等任务；完成国家现代测绘基准项目西藏珠峰、洛扎、波密、左贡4个卫星定位连续运行跟踪站的建设项目；配合国测一大队完成曲水等11个站的站址勘选工作。

【地理信息产业单位名录建设】

西藏自治区测绘局核实全区地理信息产业单位名录，共有地理信息产业单位58家。

地理国情监测

【地理国情普查】

西藏自治区测绘局、国家基础地理信息中心和国家测绘地理信息局重庆测绘院共同完成西藏自治区地理国情普查、数据库建设及基本统计分析工作，编制基本统计数据汇编及相关专题图件成果。

【地理国情监测】

西藏自治区测绘局完成《西藏自治区“2016年全国地级以上城市及城市群空间格局变化监测项目”专业技术设计书》的编写和评审，以及自治区6个地市（除拉萨市外）2015年城市边界的提取和城市内部结构信息（道理、水域、城市绿地、建筑工地、停车场和城中村）的提取工作。

地图管理与地图服务

【地图审核】

西藏自治区测绘局全年收到地图审核申请6件，受理6件，发放审图号6个。成都地图出版社编制的《西藏旅游交通图》通过国家测绘地理信息局协审。

【地图编制与出版】

西藏自治区测绘局完成全区 74 县（区）行政区划图的数据更新和印刷工作，与成都地图出版社共同编制完成新版《昌都市行政区划图》《林芝市行政区划图》《日喀则市行政区划图》，编制新版《山南市行政区划图》和《西藏自治区地图》。

【地图市场监管】

西藏自治区测绘局严格查处“问题地图”，要求西藏人民出版社对未依法履行地图审核程序出版的系列地理类教辅图书进行了整改，对新华书店销售的问题教辅图书做了下架和停止销售的处理。加强网上地理信息安全监管，定期开展互联网地图检查，进一步净化网上地图环境。

【国家版图意识宣传教育】

西藏自治区测绘局开展国家版图意识宣传教育“进学校”活动，向纳金小学捐赠了价值 2 万多元的国家版图藏语文知识读本、少儿手绘地图集、地球仪、地图拼图等。

【“美丽中国”第三届全国国家版图知识竞赛和少儿手绘地图大赛】

西藏自治区测绘局遴选出 10 幅少儿手绘地图作品参加“美丽中国”第三届少儿手绘地图大赛。协调西藏大学组成第三届全国国家版图知识竞赛西藏代表队，于 12 月参加了江苏电视台《一站到底》栏目录制。

测绘地理信息成果管理与应用

【“天地图·西藏”建设与应用】

西藏自治区测绘局完成“天地图·西藏”（公众版）建设，并接入“天地图”国家主节点。启动建设“天地图·西藏”（政务版）建设。

【成果汇交与分发】

西藏自治区测绘局接收 989 幅 1∶1 万“3D”数据。全年为自治区社会各界提供测绘成果资料共 316 次、12473 幅（本、点、张），收入 349.1 万元；累计为自治区党委、政府及各部门免费赠送各类测绘成果资料 3610 幅（本、点、张），总价值 209.1 万元。完成全区 74 个市县（区）行政区划数据更新工作，并向社会公众提供分发服务。

【涉密成果管理】

西藏自治区测绘局联合自治区国家保密局成立领导小组。7 月 4 日—8 月 3 日，西藏自治区涉密测绘成果保密检查领导小组赴拉萨市、山南市、日喀则市、那曲地区对 36 家单位涉密地理信息成果生产、保管、使用等重点环节管理情况以及涉密地理信息成果电子数据的存储、传输和使用情况进行检查。其中存在失泄密隐患的 6 家单位，要求其限期进行了整改。

【测量标志管理】

西藏自治区测绘局完成永久性测量标志普查试点任务。完成 607 个水准点、GNSS 控制点永久性标志普查工作（二、三等水准点 393 个，A、B、C 级 GNSS 控制点 214 个）。普查结果为：未找到点 208 个（二等水准点 152 个、三等水准点 22 个、B 级 GNSS 点 14 个、C 级 GNSS 点 20 个）；找到已破坏点 5 个（二等水准点 1 个、B 级 GNSS 点 1 个、C 级 GNSS 点 3 个）。仍可利用的点 394 个（二等水准点 66 个，完好率 30.1%；三等水准点 152 个，完好率 87.4%；B 级 GNSS 控制点 27 个，完好率 64.3%；C 级 GNSS 控制点 149 个，完好率 86.6%）。

【应急保障】

西藏自治区测绘局完成西藏自治区突发事件应急处置地理信息平台升级设计方案、可行性报告、项目设计书以及平台建设工作所需的硬件设备采购工作。7 月 21 日—8 月 1 日，在当雄县完成 7 个架次的应急保障飞行演练，6 名技术人员完成全科目应急系统演练。

对外合作与交流

【援藏工作】

5 月，国家测绘地理信息局第八批 4 名援藏干部和第九批 3 名援藏干部完成工作交接。

国家测绘地理信息局免费向西藏自治区政府赠送覆盖全区的 1∶100 万、1∶25 万、1∶5 万等国家基本比例尺最新地图数据、大地控制成果数据、遥感影像数据和馆藏测绘成果资料。捐赠 500 万元援助西藏自治区测绘局数据中心和配套基础设施建设。8 家测绘地理信息企业向西藏自治区测绘局捐赠 RTK 等仪器设备 27 台/套、无人机及配套设备 1 架/套、测绘相关软件 24 套、应急测绘快速出图系统 2 套。昌都市政府与福建省测绘地理信息局签订《对口支援测绘地理信息工作合作协议》，陕西省测绘地理信息局帮助阿里国土资源局编制了《阿里地区“十三五”基础测绘规划》。

【对外合作】

西藏自治区测绘局完成拉萨中德合作拉萨 IGS 基准站设备更新及调试工作。

地方社团工作

【西藏自治区测绘学会】

4 月 21 日—22 日，西藏自治区测绘学会在拉萨举办 2016 年测绘技术交流会。全区测绘资质单位、自治区国土资源厅地籍处、拉萨市国土资源局等单位共 80 多人参会。此次交流活动特邀北京市测绘设计研究院、重庆市勘测院和四川测绘地理信息局专家分别就不动产测绘、变形监测、GPS 基线分析做专题报告，部分区内测绘资质单位围绕基础测绘、重大工程建设中的测绘技术应用分别做技术交流。

陕西省

概况

2016 年，陕西测绘地理信息局围绕测绘地理信息事业深化改革、转型升级新要求，将党建主线贯穿各项工作，推进新型基础测绘建设，提升地理信息综合保障服务水平，推进测绘地理信息法治进程，确保全局稳定发展，各方面工作迈上新台阶。

中共中央授予国家测绘地理信息局第一大地测量队党委“全国先进基层党组织”，省委宣传部授予“三秦楷模”，省委省政府领导多次就习近平总书记给国测一大队老队员老党员回信重要指示精神宣贯、基础测绘规划、省级项目立项、应急能力建设等工作听取汇报或作出指示、批示，提出要求。与陕西省发展和改革委员会联合印发《省“十三五”基础测绘规划》，“十三五”基础测绘项目列入省财政年度预算。经省长胡和平批准，1∶1 万省级基础地理信息更新项目启动。省基准站系统建设立项实施。全球测图、现代测绘基准、重力网建设、数据库动态更新等 11 项国家任务圆满完成，一次验收合格率 100%。完成 10 省（区）约 365 万平方千米基础性地理国情监测生产，承担专题地理国情监测和分析 5 项，形成系列监测成果。与省应急管理办公室、扶贫开发办公室、移民搬迁办公室及土地督察西安局、审计署西安办、发改、国土、住建、民政、工信、地震、气象、农业等十多个部门签署协议或建立新型业务关系。省政府发布实施《省基础测绘管理办法》。省人大开展《省测绘成果管理条例》贯彻执法调研，咸阳市测绘地理信息局挂牌。《省地图管理办法》列入立法调研计划并开展立法调研。投入 1400 万元科技经费，23 项国家局、科技部重点科研项目和 13 项标准制修订项目顺利推进，30 项科技项目通过验收，获省部级以上科技奖 24 项，系列标准获中国标准创新贡献奖一等奖。全局 17 个集体、16 名个人获省部级表彰，1 人入选国家百千万人才工程，国测一大队老队员群体、何刚刚当选“感动测绘人物”。

党的建设与人才队伍建设

【党的建设】

中共中央授予国测一大队党委“全国先进基层党组织”，省委宣传部授予“三秦楷模”，先进事迹报告团深入全国各地巡回报告。陕西测绘地理信息局党组扎实推进“两学一做”学习教育，开展基层支部书记讲党课、专题党课进测区、党员示范岗创建等特色活动，19 个支部在“对标定位、晋级争星”活动中被省直工委认定为五星党支部。成立局党校和管理干部学院，深入开展培训教育。完成直属机关党委和机关党委换届，成立直属机关纪委。修订《局党组工作规则》，完成党费收缴专项检查整改。局直属机关党委、3 名优秀党员获陕西省省直机关工委表彰，9 个基层党支部、27 名党员获局级表彰。

【党风廉政建设】

陕西测绘地理信息局制定印发《2016 年党风廉政建设和反腐败工作实施意见和责任分工》，修订印发《陕西测绘地理信息局内部审计工作实施办法》。举办党风廉政专题讲座和《中国共产党廉洁自律准则》《中国共产党纪律处分条例》学习答题活动；组织召开全局党风廉政建设工作会议。全年完成全局工程建设项目审计38项，报审金额10818万元，审减金额959万元，审定金额9859万元。

【精神文明建设】

陕西测绘地理信息局完成市级文明单位复审工作，被评定为市级文明单位。开展纪念建党95周年暨纪念回信一周年系列活动，表彰了一批先进基层党组织、优秀共产党员和优秀党务工作者；开展了“学贯回信精神，争当合格党员”系列主题党课；在大地原点组织了主题党日活动；举办了“学贯回信精神、歌颂伟大祖国”主题歌咏比赛、“学贯回信精神、锤炼测绘品格”演讲比赛和“中国梦·劳动美、纪念习总书记回信一周年”职工书法比赛。组织五四青年奖章集体和个人评选表彰活动，其中国测一大队“8·12”山阳滑坡突击小组获得陕西省青年五四奖章（集体）。做好国测一大队宣传对接服务工作，协调省委党校、省行政学院、西安铁路局等数十批次1000多人赴国测一大队参观学习。

【人才队伍建设】

陕西测绘地理信息局制定《陕西测绘地理信息局党组干部工作准则》，出台局属单位选派党务干部岗位锻炼方案。全年提拔干部11人，交流干部8人。建立局院双管的培养使用机制，首批15人纳入两年为周期的动态管理模式。选派机关6名年轻干部到基层挂职。做好领导干部个人事项报告内容抽查核实工作，对10名报告内容有遗漏干部进行了诫勉谈话。选派1名干部援藏，2名援疆干部挂职期满返回工作岗位，接收2名新疆测绘地理信息局干部来局挂职学习。全年8名局级干部10人次分别参加国家测绘地理信息局党校、省委党校的专项培训；3名处级干部、1名科级干部参加省行政学院培训；4名处级干部和2名科级干部参加国家测绘地理信息局党校培训；举办学习党的十八届五中全会精神集中轮训班。成立陕西省测绘地理信息局党校和管理干部学院，全年累计举办专业技术人员培训班17期，1600多人次参加培训。完成全省测绘中高级专业技术任职资格评审工作，58人取得高级工程师任职资格、194人取得工程师任职资格。完成2016年度注册测绘师考试的各项考务工作，1100多人参加考试。开展注册测绘师注册工作，审核通过并提交国家测绘地理信息局注册86人。17个集体、16名个人获省部级表彰，国测一大队老队员群体、何刚刚当选第二届“感动测绘人物”。

法制建设与市场监管

【法制建设】

2月15日，省政府第3次常务会议通过《陕西省基础测绘管理办法》，5月1日起正式施行。《陕西省地图管理办法》列入省政府2016年度立法计划，完成公开征求意见工作。完成《陕西省测绘资质巡查办法》合法性审查和备案。《陕西省测绘条例》报省政府2017年度立法计划。

【法制宣传】

陕西测绘地理信息局获“2011—2015年全国法治宣传教育先进单位”。召开2016年陕西省测绘地理信息法治宣传暨依法行政工作会议。联合省政府法制办公室召开《陕西省基础测绘管理办法》新闻发布会。“8·29”测绘法宣传日陕西主会场活动走进革命老区铜川，全省200多家测绘资质单位设立宣传站点，发放宣传资料5万多份。组织参加测绘法宣传日主题口号、宣传口号、公益短信征集活动，2人获宣传口号优秀奖，1人获公益短信优秀奖。

【综合执法】

陕西测绘地理信息局为土地督察西安局开发土地督察信息化平台，服务国土资源“大督查”试点，发现违规批地373.2平方千米、违法占地153宗、突破城市发展边界54宗。开展全省测绘地理信息“双随机一公开”联合检查，指导、联合地市测绘地理信息管理部门开展质量、资质、标准、地信安全、公开地图等监督检查，获省领导点名表扬。与省保密局协调配合，初步建立省、市联动，保密、测绘联合监管机制。与省文物局联合开展200多家文博开放单位“问题地图”检查。下放2项权力，28项行政处罚属地管理。组织各地市测绘地理信息管理部门参加国家测绘地理信息局测绘地理信息执法培训班。联合汉中市国家安全部门、测绘地理信息管理部门查处1起来陕涉军测绘违法案件。协助青海省国家保密局、陕西省国家保密局完成2起涉军、涉密测绘地理信息失泄密事件处置工作。查处一起涉嫌超资质范围测绘案。依法注销资质不合格单位1家。向6家质量检查问题单位反馈整改意见。

【依法行政】

陕西测绘地理信息局完成《陕西省测绘地理信息局2016年依法行政工作要点》和《陕西省测绘地理信息局推广随机抽查规范事中事后监管工作实施方案》起草工作。开展局网上办事大厅建设，6个新开发系统进入测试阶段。梳理局公共服务事项清单和权责清单，并在陕西省权责清单和公共服务事项清单统一发布平台发布。在局网站发布局属事业单位公共服务事项清单。

【“放管服”改革】

陕西测绘地理信息局将地图审核行政许可权限下放至设区市。开展行政审批清理，取消测绘计量检定人员资格认定和测绘计量检定人员资格审批2项行政许可项目，保留6项行政许可项目。梳理全省测绘地理信息政府规章和规范性文件，未发现有需要清理变相设置行政许可性质的审批事项。取消乙级以下测绘资质审批涉及的ISO9000质量管理体系认证、测绘工程项目质量检验合格证明、测绘计量器具检定等3项行政审批中介服务事项。

【测绘资质管理】

陕西测绘地理信息局印发《关于做好取消测绘资质申请中介服务事项后续工作的通知》。截至2016年底，全省共有测绘资质单位551家，比上年底净增39家，其中甲级43家、乙级181家、丙级200家、丁级127家。

【信用管理】

陕西测绘地理信息局召开信用管理工作会议，就信用平台应用对各市级测绘地理信息管理部门进行培训。编印《测绘地理信息行业信用管理平台用户手册》，为测绘资质单位操作信用平台提供技术指导。共征集甲级测绘资质单位各类信用信息380条，上报国家测绘地理信息局295条；乙级以下测绘资质单位的各类信用信息37条，发布31条，其中不良信息3条。

【日常监管】

陕西测绘地理信息局开展“双随机、一公开”联合检查，共检查20家测绘资质单位，其中甲级4家、乙级16家，1家不合格。发布《陕西省测绘地理信息局2016年第2号公告》，公告了2015年度测绘资质年度报告报送情况，并将年度报告内容链接到局网站供公众查询。通过名录库系统将国家测绘地理信息局下发的1809个单位名录数据和从其他部门获取的119个单位名录数据进行关联比对和排重，单位名录增加49家、删除648家，最终确认全省地理信息产业单位1161家。

基础测绘

【基础测绘】

陕西测绘地理信息局加快推进省北斗卫星导航定位基准站系统建设，与省发展和改革委员会、财政厅、国土资源厅、住房和城乡建设厅、农业厅等部门密切沟通协调，加紧推进项目审批，可行性研究报告通过省发展和改革委员会评审，落实一期项目经费5000万元，完成60个新建基准站站址堪选及项目节能评估、规划选址、环境影响评价、安全风险评估、先行用地及报批等工作。与省地震局、气象局就基准站建设、运维、信息共享、应急联动响应等签订合作协议。将国家测绘地理信息局、中国地震局、省地震局的28个基准站统一纳入该系统。承担国家测绘地理信息局9个基准站的系统运行和数据传输服务工作，系统运行完好率100%。

完成陕西省境内全部平面控制点（GPS A、B、C级点，三角点）坐标及陕西省基础地理信息数据向2000国家大地坐标系的转换，并通过质检部门检验。商洛市建成2000城市坐标系并发布使用。为中国地质调查局发展研究中心制定2016年地质资料数据2000国家大地坐标升级转换及软件研发方案。为宁夏、浙江、湖北、新疆等地研制基础地理信息坐标转换软件。为林业系统提供技术支持，研发坐标转换软件（行业标准版）。为山东、江西、云南、青海等省2000国家大地坐标系推广使用提供软件升级、技术支持等。为桂林市、库尔勒市等建立基于2000国家大地坐标系的城市独立坐标系。开展1:1万地形图空白区测绘，加快必要覆盖；建立更新机制，及时更新省级1:1万数据库。采用新型测绘技术组织开展1:5万、1:25万和1:100万等多尺度基础地理信息数据联动更新生产试验，摸索出一套较优的技术路线和工艺流程。协助收集和提供本区域1:5万数据库更新所需的专业资料和省级测绘成果，与省民政厅联合开展乡镇境界变更工作，完成基于1:5万基础地形图涉及550多个乡镇、街道办的境界调整工作，制作乡镇行政区域界线勘定协议书及附图，形成陕西省权威的乡镇境界资料，开发完成陕西省乡级界线信息系统。

【航空航天遥感影像获取与应用】

2016 年陕西测绘地理信息局获取咸阳市 11 区（县）0.1 米分辨率航空影像、咸阳市建成区范围 0.05 米分辨率航空影像，影像资料由陕西省基础地理信息中心统一归档、保管，影像资料使用率达到 100%。落实咸阳北六县航摄配套经费 8.4 万元，通过省级基础测绘经费中配套支付，并完成结算。报送影像获取计划 2 项，宝鸡—咸阳摄区 16163 平方千米 0.5 米分辨率数码航摄，激光点间距优于 2 米，点高程精度优于 20 厘米的激光雷达航摄，用于陕西省 1∶1 万基础地理信息更新；榆林市 0.05 米分辨率倾斜摄影航摄，用于数字榆林三维数据生产，智慧榆林数据储备。编制完成《陕西省“十二五”期间航空航天影像获取与应用情况》，并报送国家测绘地理信息局。

【智慧城市、数字城市建设】

陕西测绘地理信息局启动智慧城市时空信息云平台建设试点，在经费落实、项目实施等方面有实质性进展。完成全部列入国家局试点或推广立项计划的数字城市建设工作，建立维护机制，持续投入更新，进一步扩展应用领域，开展数字城市应用评价工作。全省地级数字城市于年底全部建设完成，其中西安、咸阳、汉中通过验收；安康、渭南、杨凌推进应用示范建设；通过老少边专项经费对延安、宝鸡、铜川、商洛予以支持。利用秦岭测图工程、地理国情普查、土地确权等重大工程项目及时更新数字城市的数据，为各设区市、有关厅局提供地理信息服务保障和技术支持：服务省互联网信息办公室全省“一张图”和地理库运维等应用开发；服务省住房和城乡建设厅重点示范镇建设变化监测及量化评估、富平“多规合一”信息管理平台建设；服务省农业厅全省农村土地承包经营权确权登记；服务秦岭环境治理测绘保障；服务西安、咸阳、汉中等市精准扶贫、城市规划、交通安全、应急保障、医疗服务、城市管理、环保监测、气象服务、旅游出行等领域，形成多项示范应用。

【质量管理】

陕西测绘地理信息局完成 1∶5 万地形数据更新成果局级抽检，成果质量总体情况良好，接受国家测绘地理信息局交叉验收。完成 18 批次的检查验收工作，验收一次合格率 100%，优良级品率 100%。完成国家测绘地理信息局交叉验收 2 批次。按要求上报涉及 12 家甲级测绘资质单位的 29 项测绘地理信息项目的成果目录，接受随机抽检。开展全省测绘地理信息成果质量监督检查工作，完成甲、乙级测绘资质单位检查 60 家，向 6 家质量检查问题单位反馈整改意见。督促、指导地市测绘地理信息管理部门实施丙、丁级测绘资质单位检查。创新检查方式，首次采用在被检查单位年度《测绘资质年度报告》中，随机抽取 1 个项目进行成果质量检验。

【安全生产】

陕西测绘地理信息局安全生产委员会与局属 16 个单位每年签署安全生产责任书，全年无安全生产事故发生。组织开展全局安全生产月活动。组织开展春节等节前安全生产专项督查，多次进行现场全面检查及不打招呼随机抽查，对各单位安全生产自查情况、重点区域、重要部门的安全生产状况实地核查，书面通知相关单位及时整改。

全年共检定全站仪 1100 多台、GPS 1200 多台、水准仪 900 多台、水准标尺 130 副。利用自主研发的测绘生产外业安全管理平台，实现了对外业作业人员的实时监控管理。投入 370 多万元购置网络安全软件、存储服务器、核心交换机、UPS、智能报警系统等，完善网络数据安全系统。投入 475 万元开展外业基地监控和消防系统改造、大院电力基础设施安全升级、地下车库消防设施改造、电梯安全改造等。做好水电暖等设施设备的日常检修工作，确保各生产基地基础设施安全稳定运行。购置更新消防门、消火栓、照明设备、充电电池、消防面具、安全标识等，更换灭火器 1600 多具。

地理国情监测

陕西测绘地理信息局编制落实工作方案，完成地理国情普查基本统计报表与数据集的计算，形成基本统计报告与普查系列图件，完成省级普查成果与国家普查数据的核准。联合住房和城乡建设厅推进新型城镇化建设监管平台建设，持续开展全省 35 个重点示范镇建设监测。与省发展和改革委员会联合开展关中城市群国土空间格局监测试点。富平县“多规合一”信息平台上线试运行，试点工作得到住房和城乡建设厅的肯定。开发土地督察信息化平台、“督察通”实地核查设备、督察信息化应用评价系统，服务“大督察”工作试点。年内，与杨凌、咸阳、铜川、商洛等地市签署合作协议，继续深化与省住房和城乡建设厅、国土资源厅、农业厅、地震局、渭南市等的合作。与省发展和改革委员会联合开展陕西关中城市群国土空间格局监测试点工作，探索监测成果在全省区域经济规划工作中的应用领域。完成省级地理国情监测顶层设计，纳入《省“十三五”基础测绘规划》。开展了国家级新区空间格局变化专题性地理国情监测、全国地级以上城市及典型城市群空间格局变化、黄土高原—川滇生态屏障区自然生态状况变化、丝绸之路经济带重要地理国情监测分析等项目。丝绸之路经济带重要地理国情监测项目通过验收，一次验收合格率100%，优良级品率100%。建立区域自然生态质量评价体系，开展延安市领导干部自然资源资产离任审计试点；联合省住房和城乡建设厅开展全省35个重点示范镇建设监测，为政府客观考核评价提供依据；为土地督察西安局开发土地督察信息化平台，发现违规批地373.2平方千米、违法占地153宗、突破城市发展边界54宗；选取榆林市开展市县空间规划地理国情监测成果应用研究，试点成果被该市经济社会发展总体规划采纳。编制《延安市地情图集》《西安市生态地图》等。运行国情监测国家测绘地理信息局工程技术研究中心和省地理国情信息中心，编写评审《陕西省基础性国情监测技术设计书》等8项专业设计。组织开展地理国情监测技术与成果应用科研立项，探索构建常态化地理国情监测技术支撑体系。与国土、农业、林业、水利、交通、气象、审计等部门密切沟通，持续开展项目合作，商讨行业专题数据交换与共享机制、地理国情监测数据的应用模式，推动监测工作常态化。

地图管理与地图服务

【地图审核】

陕西测绘地理信息局全年审核地图39件。审查地图集3册116幅、单张地图23件93幅、书刊插图10件114幅，及时向社会公布审核信息。

【地图编制、出版与地图服务】

陕西测绘地理信息局组织完成多个专题图件编制工作。向省委、省人大、省政府和省政协提供领导用图服务；与省移民搬迁办合作为省主要领导提供“十三五”期间移民搬迁规划专题系列图；向省财政厅提供延安、宝鸡、铜川、汉中等市相关区域的丘陵沟壑、黄土川塬、荒漠化等专题指标图件；向省接待办提供了安康、商洛等市及陕西省领导用图，和省委接待办联合制作用于省领导接待的标准系列用图；向省公安厅提供延安、汉中、西安等市的开放区域专题图件；向省住房和城乡建设厅提供安康市、商洛市、宁陕县的政区交通图和影像图；向延安市测绘管理办公室提供影像图；向商洛市提供漫川关大比例尺测图成果，服务规划业务工作。

【地图市场监管】

陕西测绘地理信息局对陕西省地图市场、文化用品市场中的各类地图产品、文博开放单位公开展示的地图、大型展会地图和有关重点网站中登载的互联网地图进行检查。组织56家省内地图编制、互联网地图服务和有关地图出版单位进行自查，完成299项地图和地图产品的自查工作。组织各地测绘地理信息管理机构开展本地的地图市场、文化用品市场中的各类公开地图和地图产品大检查工作，检查各类图书100多册，发现未送审教辅类图书18种。向4家出版社下达了整改通知书。和省文物局联合组织本区域内的文博开放单位对公开展示的地图是否存在“问题地图”进行自查。全省200多家文博开放单位完成自查，并重点对17家进行了现场检查。指导地市对中国东西部合作与投资贸易洽谈会、西安文化产业博览会、中国杨凌农业高新科技成果博览会等大型展会开展地图监管工作。

【互联网地图安全监管】

陕西测绘地理信息局全年检定地图服务网站169个、静态地图图片10219张、POI信息924条，15个网站完成整改。和省委网络安全和信息化领导小组办公室联合转发了《关于规范互联网服务单位使用地图的通知》，要求各有关互联网服务单位开展为期1个月的自查工作。将省内主要政府机构网站和大型媒体网站等纳入互联网安全监管系统。

【国家版图意识宣传教育与“美丽中国”第三届全国国家版图知识竞赛和少儿手绘地图大赛】

陕西测绘地理信息局分别与省教育厅、省高教工委联合向各地市测绘地理信息管理机构、教育局和108所高等学校印发通知，动员参加国家版图知识竞赛的答题活动和少儿手绘地图大赛。组成竞赛组委会，制定印发实施方案。国家版图知识竞赛常规赛共收到纸质答卷13664人、网络答题2123人，合计参赛15787人。在全省范围内选拔30名选手，模拟《一站到底》举办国家版图知识竞赛省级赛，备战国家赛。组织少儿手绘地图大赛，收到全省48所学校478幅参赛作品，由评委会组织评选一等奖4

幅、二等奖 12 幅、三等奖 24 幅、优胜奖 15 幅。向全国竞赛组委会推荐优秀作品 92 幅，其中 12 幅作品入围网络投票环节。结合“两赛活动”，通过电视台、报纸、网站、微信等多种宣传媒体，立体开展国家版图知识宣传，在《陕西日报》《陕西科技报》、西部网等省内媒体对赛事活动进行了跟踪报道。

测绘地理信息成果管理与应用

【“天地图·陕西”建设与应用】

陕西测绘地理信息局投入信息化专项经费 150 万元用于“天地图”平台数据更新、应用推广和运行维护等工作。完成“天地图·陕西”安康、汉中、商洛等区域境界与政区、交通、水系、植被、居民地等五类要素以及约 14 万条地名地址、兴趣点数据与“天地图”国家主节点的融合。完成陕西全省范围内高分辨率遥感影像数据融合。完成“天地图·杨凌”市级节点矢量、影像数据与“天地图·陕西”省级节点数据融合及一致性处理。完成 2016 版“天地图·陕西”矢量和影像数据更新、综合电子地图数据服务发布及服务结构优化等工作。研究制定“天地图”母库建设的技术体系及要求，对“天地图”母库的数据结构体系进行了系统梳理。

基于“天地图·陕西”平台，开发国防动员指挥决策信息系统、省移民（脱贫）搬迁信息管理平台、省级房地产信息管理系统。基于“天地图·西安”平台，持续为西安市公安警用地理空间信息系统、地震应急指挥技术系统、120 救援指挥系统、数字化城市管理信息系统等提供地理信息服务。基于“天地图·咸阳”平台，在城管移动数据采集、房地产税收管理、环境污染源监控、残联信息化、智慧党建方面提供应用服务，实现贫困人口致贫原因及人数分布地理信息精准定位。基于“天地图·汉中”平台，为地下管线综合管理信息系统和基于 iPad 的规划一张图系统开展维护工作，为数字城管建设提供技术支持。与汉中市旅游局合作，开发“2016 中国最美油菜花海汉中旅游文化节游览线路”专题地理信息应用。基于“天地图·榆林”平台，在医疗服务、交通出行、公众旅游等方面开发了相关应用服务，开展“天地图·榆林”平台数据更新工作，为榆林市“创国园”项目提供技术支持。

【成果汇交与分发】

陕西测绘地理信息局全年完成涉密测绘成果提供使用和转函审批 780 项。其中受理省内涉密测绘成果提供使用申请 542 项，批准 534 项、不予批准 8 项；办理赴外省申请涉密测绘成果转函审批 238 项。严格执行基础测绘成果用于国家机关决策、社会公益性事业、防灾减灾、国防建设无偿提供使用的原则，所有审批事项均严格执行受理、审查、决定、送达的法定程序，并在规定时限内完成，测绘地理信息成果无偿提供量达 87%。

【涉密成果管理】

陕西测绘地理信息局审核新增用户 27 家，与省国家保密局协调配合，初步建立了省、市联动，保密、测绘联合的监管机制。分层次启用涉密数据介质加密系统加强数字成果管理。加强涉密测绘成果管理和使用单位监督检查，实地检查 19 家，检查、复查 30 批次，首次检查通过 8 家、整改 11 家。举办涉密测绘成果管理人员岗位培训班 3 期，培训学员 470 多人；5 次深入地理信息企业和用图单位进行涉密测绘成果使用的保密教育，受众约 800 人。协助青海省国家保密局、陕西省国家保密局完成 2 起涉军、涉密测绘地理信息失泄密事件处置工作；受陕西省国家保密局委托，完成 1 件地理信息密级鉴定工作。对 78 家新申办测绘资质或资质升级单位的档案管理、保密管理情况进行了涉及测绘成果内容的资质审核工作。

【测量标志管理】

陕西测绘地理信息局指导市、县级测绘地理信息管理部门申请同级财政经费进行测量标志保护。咸阳、铜川、延安等地落实部分测量标志保护经费。

【应急保障】

陕西测绘地理信息局积极服务政府及相关部门应急救灾工作，提供了及时可靠的测绘地理信息应急保障，逐步纳入省应急保障领导机构体系，已成为省减灾委员会、省抗震救灾指挥部、省防震减灾领导小组、省环境应急指挥部成员单位。省减灾委办公室、省国土资源厅、发展和改革委员会拟将陕西测绘地理信息局纳入省自然灾害救助应急、突发地质灾害应急、大面积停电事件应急领导机构，赋予“准备灾区地理信息数据，组织灾区现场影像获取，开展灾情监测和空间分析”职能。定期向省应急办提供地理信息应急平台技术保障服务。开展陕西省应急体系地理信息平台维护升级，不断优化系统功能，提升服务效率。做好防灾备汛工作，向各级政府救灾部门提供及时高效的应急测绘保障服务，向省应急办提供商洛、安康、汉中、宝鸡4市38县（区）应急影像图。向省应急办紧急制作提供安康市影像图、城区图和宁陕县政区图。完成省应急体系地理信息平台全省10个设区市、107个区县应急专题数据更新。联合省应急办、省政府办公厅、省民政厅等10个厅局举行应急测绘保障演练。

科技、标准化与国际合作

【科技创新体系建设】

陕西测绘地理信息局落实《信息化测绘体系建设技术大纲（试行）》，开展省级信息化测绘生产基地建设。经国家测绘地理信息局批复同意，与长安大学、国家基础地理信息中心共建的地理国情监测国家测绘地理信息局工程技术研究中心组建试运行。加强科技创新制度保障，修订出台《陕西测绘地理信息局科技创新管理办法》和《陕西测绘地理信息局科技创新项目管理规定》，编写完成《陕西测绘地理信息科技发展“十三五”规划（建议稿）》。局属各生产单位分别建立了相应的测绘科技创新激励机制及相关制度。

【科技项目与科技奖励】

陕西测绘地理信息局用于科技项目经费共计1020多万元，其中国家级科技项目经费420万元、国家测绘地理信息局科技项目经费185万元、局本级科技项目经费150万元。组织局属单位申报了区域协同遥感监测与应急服务技术体系等2个项目；参与承担一体化综合减灾智能服务研究及应用示范（国家重点研发计划）、全球典型要素提取技术集成与应用示范（国家重点研发计划）等5项国家级科技创新项目。陕西省地理空间大数据中心建设政策机制及标准化研究、标准化外业生产管控体系研究等15项局科技项目立项。信息化测绘生产基地构建技术研究与应用示范项目通过国家测绘地理信息局验收。22项国家基础测绘科技项目、8项局科技项目通过验收。

【标准化工作】

陕西测绘地理信息局牵头承担和参与测绘地理信息国家、行业、地方标准制定、修订项目13项，报批及发布国家标准8项，完成征求意见稿4项，组织局属单位开展2016年测绘标准项目提案征集工作。组织2期测绘地理信息行业标准培训班，来自全国近30个省市70多家单位的技术人员参加了培训。对20家甲乙级测绘资质单位的标准执行情况进行检查。

【对外合作与交流】

陕西测绘地理信息局参加国家测绘地理信息局和其他单位因公出国（境）团组共7人次。参加国家测绘地理信息局组织的第八届海峡两岸测绘发展研讨会测绘地理信息发展成就展。接待奥地利维也纳大学进行参观交流。

地方社团工作

【陕西省测绘地理信息学会】

陕西省测绘地理信息学会召开九届九次常务理事（扩大）会、召开九届十次常务理事（扩大）会、第十次会员代表大会。举办澳大利亚昆士兰科技大学冯延明教授学术报告会、遥感信息科技论坛、日本京都大学徐培亮博士学术报告会、测绘地理信息和北斗应用发展研讨会、2016年测绘科技大讲堂、亚里士多德大学 Evangelos Livieratos 教授学术报告会、龚健雅院士学术报告会、美国乔治梅森大学狄黎平教授学术报告会。承办第十八届中国科协年会第4分会场技术传播与本地化服务国际研讨会。组织会员单位赴紫阳县毛坝镇桐梁小学举办测绘地理信息科普知识宣传及献爱心活动。举办第二十四届“科技之春”测绘地理信息科普进校园活动、第二届“南方杯”高等院校测绘实践技能竞赛活动。

协助南方测绘西安分公司举办南方测绘2016用户大会。与北京世纪安图数码科技发展有限责任公司、数字天地（北京）信息科技有限公司联合举办“科技之春”2016 FME世界之旅西安站软件应用推广会。举办徕卡2016年三维激光扫描应用案例研讨会。协助上海华测导航技术股份有限公司举办2016测绘行业设备应用及解决方案研讨会。协助南方集团举办移动三维激光测量系统及虚拟现实陕西地区研讨会。召开军地融合座谈会。全年编辑出版《测绘技术装备》4期，共发行8000多册。

【陕西省地理信息产业协会】

陕西省地理信息产业协会举办了我国不动产统一登记制度的建立与实施、《地图管理条例》解读、形变监测、南方测绘系统集成解决方案和不动产浅谈、“优易捷”无人机遥感网及运营情况介绍、超高像素超微正射与倾斜双系统无人机、信息化测绘产品技术体系等学术讲座，为省地理信息企业提供培训。

甘肃省

概况

截至2016年底，甘肃省共有测绘资质单位412家，测绘从业人员9000多人，分布在国土、规划、城建等20个行业。

测绘地理信息“十三五”发展规划编制完成。《甘肃省国民经济和社会发展第十三个五年规划纲要》明确提出了“加强基础测绘，实现省级基础测绘成果省域更新，开展地理国情监测，建立地理信息大数据共享交换平台”的发展目标，并将“十三五”基础测绘规划纳入省级重点专项规划序列。6月，省政府办公厅印发《甘肃省“十三五”基础测绘规划》。12月，《甘肃省“十三五”测绘地理信息事业发展规划》印发实施。科技、人才等专项规划编制工作基本完成，与事业发展规划形成了配套的规划体系。

测绘地理信息法治工作不断加强。扎实推进测绘地理信息“放管服”工作，推行“双随机一公开”抽查工作机制，首次将测绘资质巡查与测绘成果质量监督检查联合开展，并作为依法监管的抓手和切入点，抽查测绘资质单位65家，对抽查过程中发现的问题，依法依规进行了处理，工作经验在全国测绘地理信息系统推广。全省各级测绘地理信息行政主管部门全年开展执法检查400多次，检查各类地图产品上千件，测绘地理信息市场环境进一步规范。

省级基础测绘启动首轮更新。对重点区域、核心要素实施了动态更新，完成兰州测区0.5米分辨率基础测绘航空摄影4700平方千米，酒泉、临夏、兰州、平凉、陇南等测区1:1万数字地形图测绘与更新4.45万平方千米，为省级时空信息数据库建设奠定了基础。

第一次全国地理国情普查顺利完成，首次摸清了全省地理国情家底。坚持“边普查、边监测、边应用”的原则，重点围绕生态环境监测和保护，实施了6个地理国情监测项目。

科技创新工作卓有成效。积极推进测绘地理信息档案信息化建设及应用示范等国家公益性行业科研项目，取得阶段性成果。全省测绘地理信息行业引进科技人才，提升科技创新能力，开展科技攻关和自主创新，取得了丰硕成果，一批科技项目获得奖励。

地理信息公共服务能力显著提升。数字城市地理空间框架建设步伐加快，覆盖省市两级、互联互通、数据融合、协同服务的数字甘肃地理空间框架基本建成，智慧城市时空信息云平台建设稳健起步。

测绘地理信息服务保障强劲有力。瞄准全省重大战略，主动对接重大项目，按需为国土、规划、城建、农林、水利、交通、铁路、气象、地震、旅游、科研等700多家企事业单位提供各类基础测绘成果1.6万幅、控制点成果3000多点，提供各类航空航天影像资料约48万平方千米。

党的建设与人才队伍建设

【党的建设】

甘肃省测绘地理信息局坚持党建工作与业务工作融合开展，以严和实的要求，统筹推进机关党的思想、组织、作风和制度建设，夯实基层党组织阵地。细化全局政治理论学习措施，制定印发《党委中心组理论学习暨组织生活会安排意见》和《政治理论学习安排计划》，修订了《党委中心组理论学习制度》和《党员干部理论学习制度》。开展了“两学一做”学习教育和十八届六中全会精神系列学习活动，组织250名党员参加干部脱产培训，全局党员测试成绩均达到优良。

【“两学一做”学习教育】

甘肃省测绘地理信息局制定印发《“两学一做”学习教育实施方案》，成立“两学一做”学习教育协调领导小组、“两学一做”学习教育办公室，推进全局“两学一做”学习教育。按照“两学一做”学习教育实施方案要求，各级党组织围绕相关主题开展了专题学习讨论，查找解决突出问题，列出整改清单，细化整改措施、整改时限和整改进展。党员领导干部带头讲了党课，以普通党员身份参加支部学习，全体党员查找“四讲四有”方面存在的问题，并对查摆出的问题进行了整改落实。“两学一做”学习教育办公室从党建基础性工作、党费收缴、专题研讨、查找解决突出问题等八项重点内容，通过听取汇报、交流发言、检查资料、现场讲评、整改表态等形式对各支部“两学一做”学习教育开展情况进行督导。

【党风廉政建设】

甘肃省测绘地理信息局全面落实从严治党责任，年初召开党风廉政建设工作会议，部署党风廉政建设任务，组织局、院两级，院、部门两级层层签订责任书，严格落实各级党委（支部）“一岗双责”工作机制，把党风廉政建设内容纳入年终干部考核和局属单位年度目标责任考核，实行一票否决制。强化制度约束，制定出台《党委党风廉政建设巡察工作方案（试行）》《党委党风廉政建设约谈制度》和《党员干部和国家公职人员操办婚丧喜庆事宜的暂行规定》。严格监督执纪，办结违纪案件1起，协助上级部门核查违纪线索2件。严肃财经纪律和资金管理，完成2016年国有资产清查工作。局纪委组织开展全局廉政教育月活动，组织干部职工观看了《岁月的坚守》《毒针》《一张信用卡》《代价》《卡住公款送礼》等典型案例警示教育片、发送廉政教育短信微信500多条、制作廉政教育宣传专栏板报、召开《中国共产党问责条例》宣讲会、开展廉政法律法规知识竞赛等。

【精神文明建设】

甘肃省测绘地理信息局开展纪念建党95周年党史知识竞赛、纪念国家测绘地理信息局建局60周年征文大赛、兰州国际马拉松赛、“最美家庭”评选、建设职工书屋以及精神文明单位创建等活动，举办了青年素质拓展训练、“迎五一”拔河比赛、5000米障碍越野等丰富多彩的文体活动。甘肃省测绘地理信息局被评为“兰州市级精神文明单位”，1人获“全省优秀共产党员”称号，1人获“甘肃省五一巾帼奖”，1个基层单位获“全国测绘地理信息系统先进集体”称号。

【人才队伍建设】

甘肃省测绘地理信息局加强市州和局属事业单位目标责任制考核。严格按照《党政领导干部选拔任用工作条例》，选拔任用6名处级领导干部，引进各类各层次人才15名。开展测绘职业技能鉴定指导工作，鉴定测绘地理信息专业人才2200多人。创新教育培训方式，开展培训26场（次）3500多人（次）。12月29日，甘肃省测绘地理信息职业教育集团在甘肃建筑职业技术学院成立，标志着甘肃省在整合职教资源、推进集团化办学、发展测绘地理信息职业教育等方面迈上新台阶。

【精准扶贫工作】

甘肃省测绘地理信息局按照“1236”扶贫攻坚行动、“1+19”精准扶贫方案，为省委联村联户为民富民行动协调推进领导小组办公室等部门提供专题用图6批次，立项实施了甘谷县新农村建设测绘保障服务示范项目。同时，开展双联行动“大走访、回头看”活动，选调3名干部担任驻村帮扶工作队队长和第一书记，组织68名干部深入465户贫困户家中进行走访，帮助双联村开展秋季建园、文化广场建设等工作。

法制建设与市场监管

【法制建设】

甘肃省测绘地理信息局起草《甘肃省地图管理办法（初稿）》，并上报省政府法制办公室。《甘肃省测绘管理条例》（修订）被列入2017年省人大常委会立法计划，《甘肃省地图管理办法》（修订）被列入2017年省政府立法计划。对近20年以省政府或省政府办公厅名义印发的测绘地理信息方面的规范性文件进行了审查、清理、废止，保留3件、废止1件。组织制定出台了《甘肃省测绘地理信息质量监督检查专家库管理办法（试行）》《甘肃省测绘地理信息项目备案登记管理规定》等规范性文件。

【法制宣传】

甘肃省测绘地理信息局向市州测绘地理信息行政主管部门、测绘资质单位印发《关于开展2016年测绘法宣传日活动的通知》，安排部署全省“8·29”测绘法宣传活动，并编印宣传彩页及地图册20多万份提供给市、县测绘地理信息主管部门。8月29日，全省测绘地理信息系统开展以“贯彻地图管理条例、更好服务国计民生”为主题的“8·29”测绘法宣传日活动，共设置宣传点88个，制作宣传展板200多块，悬挂宣传条幅800多条，散发宣传资料30多万份，发送公益短信100多万条。

【依法行政】

甘肃省测绘地理信息局对测绘地理信息法律法规、规章及部门“三定方案”进行全面梳理，确认行政许可事项8项、行政处罚事项36项、行政征收2项、行政奖励3项、其他行政权力10项、公共服务事项27项。推行“互联网+政务服务”，测绘行政许可事项全面实行“一个窗口服务、一站式审批”全流程网上办理，省政府政务大厅测绘地理信息服务窗口全年办理行政审批项目867件，两名工作人员获得“优秀服务明星”称号。

【“放管服”改革】

甘肃省测绘地理信息局开展行政审批制度改革，取消了“测绘计量检定人员资格认定”行政审批事项，5月20日，省政府第19批取消和调整的行政审批项目等事项目录向社会进行了公布。优化行政审批事项及流程，完善了利用涉密基础测绘成果审批、拆迁或者使永久性测量标志失效的审批、建立相对独立平面坐标系统的审批、重要地理信息数据的审核和对外提供属于国家秘密测绘成果的审批等内容。依据新修订的《地图管理条例》，增加了“地方性地图、地方专题地图在印前或者展示前试制样图的审核”审批事项。

【综合执法】

甘肃省测绘地理信息局制定了“一单两库一细则”（即随机抽查事项清单、随机抽查对象名录库、执法检查人员名录库和随机抽查工作细则），推行“双随机”抽查工作机制，首次将测绘资质巡查与成果质量监督检查联合开展，采取“量化考评”的方式，从专业技术人员情况、仪器设备、成果质量、保密、档案条件等10个方面进行实地检查。共巡查测绘资质单位65家，通过检查发现有23家单位不合格，依法对不合格单位作了相应处理，其中通报7家、约谈12家、处罚4家。

【测绘资质管理】

甘肃省测绘地理信息局全年初审转报国家测绘地理信息局审批的甲级测绘资质单位11家，其中升级2家、业务范围变更2家、补充和修改数据5家、基本信息变更2家。审批测绘资质单位93家，其中新申请测绘资质19家、测绘资质升级15家、业务范围变更10家、审核测绘资质单位基本信息变更33家次、补充和修改数据23家次、注销3家。截至年底，全省共有测绘资质单位412家，其中甲级16家、乙级87家、丙级132家、丁级177家。

【项目备案】

甘肃省测绘地理信息局在测绘资质管理系统接入测绘地理信息项目备案管理系统，实行项目备案网上办理，方便省内外测绘资质单位办理测绘地理信息项目备案，有26家单位通过网络备案，实现了省市县三级信息共享。全年受理备案登记测绘地理信息项目55项，涉及省内测绘资质单位24家、省外测绘资质单位31家，省外备案登记的项目包括农村土地经营权确权项目21项、街景地图及导航更新2项、地下管网普查测量2项、基础测绘2项、其他测量4项。

【信用管理】

甘肃省测绘地理信息局开展信用管理平台应用及测绘资质单位信用信息征集、信用信息异议处理、发布和信用报告查询服务等工作。征集发布甲级测绘资质单位信用信息62条、乙丙丁级单位信用信息14条，征集和发布的信用信息主要涉及部门奖励、质量管理、应急救灾等6个方面。

【日常监管】

甘肃省测绘地理信息局年初安排部署了测绘资质年度报告公示工作，要求各市州测绘地理信息行政主管部门组织辖区内测绘资质单位按时上报年度报告。年底前，全省甲级测绘资质单位直接报送国家测绘地理信息局，359家乙丙丁级测绘资质单位中有350家报送了测绘资质年度报告，对未报送年度报告的9家单位，依据《测绘地理信息行业信用指标体系》计入其不良信用记录。

基础测绘

【基础测绘规划编制】

甘肃省测绘地理信息局完成《甘肃省“十三五”基础测绘规划》的编制、论证和评审等工作，6月22日由省政府办公厅印发实施。《甘肃省“十三五”基础测绘规划》明确了“十三五”期间全省基础测绘工作的指导思想、发展目标和重点任务，确定了九大工程项目，制定了六大保障措施。各市州全部完成“十三五”基础测绘规划的编制、论证工作，其中定西、白银、张掖、酒泉、天水等市的规划已由本级政府批准实施。

【基础测绘】

甘肃省测绘地理信息局启动省级基础测绘首轮更新，按计划对重点区域、核心要素实施动态更新，完成酒泉南部、临夏、兰州、礼县等测区1:1万数字地形图测绘与更新，新测1:1万数字地形图881幅，更新1:1万数字地形图860幅、1:5000数字地形图188幅，省级基础地理信息数据库同步更新。完成平凉市1:1万基础地理信息数据联动更新生产试验428幅，为甘肃省建立省级时空信息数据库奠定了基础。组织完成2013—2015年度省级基础测绘项目验收。

【航空航天遥感影像获取与应用】

甘肃省测绘地理信息局完成兰州测区0.5米彩色航空摄影4700平方千米、陇南摄区4.13万平方千米航空摄影以及农村土地经营权确权高分辨率航空影像获取。兰州测区0.5米彩色航空影像主要应用于省级基础测绘和地理国情监测项目，陇南摄区航空影像主要应用于省级基础测绘和地理国情监测项目。

【智慧城市、数字城市建设】

甘肃省测绘地理信息局积极推进智慧城市建设，在经费落实、项目设计、技术攻关、业务培训等方面，大力支持列入国家试点的兰州市、天水市智慧城市时空大数据与云平台建设。9月，两市智慧城市时空大数据与云平台建设项目设计通过了国家测绘地理信息局组织的评审，项目进入正式实施阶段。11月底，组织召开兰州市、天水市智慧城市时空大数据与云平台建设推进工作会，总结交流智慧城市时空大数据与云平台建设试点和数字城市地理空间框架建设推广应用工作。

推进数字城市地理空间框架建设，数字定西地理空间框架建设项目启动实施，数字酒泉地理空间框架建设项目通过验收并投入运行；完成数字武威、数字平凉地理信息公共平台建设，并向两市移交了建设成果。配合国家测绘地理信息局监督抽查兰州和白银两市数字城市建设和推广应用情况，推动已建成的数字城市扩展应用系统，与“天地图”国家级、省级节点互联互通，加强成果深度应用。

【质量管理】

甘肃省测绘地理信息局3次召开基础测绘生产专题会议，加强省级基础测绘成果质量管理工作。制定《2016年测绘地理信息质量监督检查工作方案》，开展基础测绘成果质量检验，重点加强对不动产登记、城市地下管网普查、农村集体土地三权发证等国家及省上重大项目的测绘质量监管，完成国家下达基础测绘检验项目1项、省级基础测绘检验项目4项、委托检验项目7项。配合国家测绘产品质量检验测试中心完成对瓜州、敦煌2015年度省级基础测绘成果质量监督抽查工作，被检单位甘肃省地图院基于信息化测绘生产体系的质量管理体系完备，被检成果质量良好。

甘肃省测绘产品质量监督检验站与甘肃建筑职业技术学院签署合作协议，联合成立甘肃省测绘产品质量监督检验站实验中心和甘肃省测绘产品质量监督检验站实验中心实训基地。全年检定校准仪器1559台，其中GPS 632台、全站仪432台、手持GPS 4台、手持测距仪185台、经纬仪26台、水准仪227台。

【安全生产】

甘肃省测绘地理信息局2次对局属事业单位的外业安全生产管理制度、组织机构及人员、落实安全生产教育情况、主体责任落实和监督情况、外业人员、设备、车辆及工作和生活安全等情况进行了集中检查和督导。通过检查发现，各单位外业作业区安全防范工作和外业安全预案基本满足要求，外业生产人员严格遵守各项规章制度，无重大安全隐患，全局安全生产总体形势良好。

地理国情监测

【地理国情普查】

甘肃省第一次全国地理国情普查完成了数据采集、标准时点核准、数据库建设和基本统计分析等工作，形成了系列普查成果，普查分项成果通过了省级验收和国务院第一次全国地理国情普查领导小组办公室组织的质量复核。与国土、水利、交通、农牧等省直部门进行了成果数据对接，实现了与全国数据库的有效衔接。建成的甘肃省地理国情普查数据库建设，经过性能测试达到设计要求，于10月通过了省第一次全国地理国情普查办公室组织的单项验收。甘肃省地理国情普查数据库由地形地貌、遥感影像、地表覆盖等九大类数据组成，形成了精准、翔实、丰富、多元的数据成果，总量约66.48TB。普查成果已应用于基础测绘生产、国情监测、“天地图”更新、第二次全国地名普查、“多规合一”试点等重点工作。

【地理国情监测】

甘肃省测绘地理信息局坚持“边普查、边监测、边应用”的原则，重点围绕生态环境监测和保护，实施了6个地理国情监测项目。冰川与常年积雪基础性地理国情监测、国家级新区兰州新区建设变化监测2个国家试点项目完成并通过验收。丝绸之路经济带重要地理国情监测、地理国情监测服务生态文明建设试点示范项目、兰州新区建设变化监测、甘肃省地级以上城市空间格局变化监测4个国家级项目按计划推进。联合省发展和改革委员会开展了全省资源环境承载能力监测预警体系建设试点，探索常态化地理国情监测技术体系和工作机制。

地图管理与地图服务

【地图审核】

甘肃省测绘地理信息局全年共受理、审核《两当县十二五公路建设成果图》《陇药产业发展地图册》《数字酒泉地理空间框架电子地图》等地图批件26个，核发审图号83个。组织市州地图审核管理工作人员参加两期市级地图审核人员培训班，申办《地图内容审查上岗证》11个。

【地图编制与出版】

甘肃省测绘地理信息局印发《关于组织开展地图编制和互联网地图服务等自查的通知》，组织省级地图编制、出版单位对2015年以来的地图编制和互联网地图服务工作进行自查，对未送交地图样本的单位进行了整改。围绕“一带一路”“双联扶贫”及全省重大项目和部门工作需求，开展辅助决策用图和公益性地图编制工作，为省委省政府以及省直各部门编制地图16幅（册）。

【地图市场监管】

甘肃省测绘地理信息局开展全省地图市场大检查，对各类地图市场、文化用品市场、展览、纪念馆、博物馆、互联网地图服务网站等进行全面检查，全省开展地图市场执法检查400多次，查处刊载违法违规地图网页网址12条、刊载“问题地图”报社1家。加强大型节会的地图监管，对兰州国际马拉松赛赛事沿线、市内重点区域和相关网站涉图信息进行全面检查，对第22届中国兰州投资贸易洽谈会各展位使用地图情况开展执法检查，检查各类地图200多幅，未发现“问题地图”。

【互联网地图监管】

甘肃省测绘地理信息局与甘肃省委网络安全和信息化领导小组办公室联合印发《关于规范互联网服务单位使用地图的通知》，规范全省互联网服务单位使用地图。通过互联网地图监管系统，对在甘肃省备案网站涉及的地图进行清查，将全省政府部门网站作为重点关注网站进行监管，共研判地图服务类网站地图图片信息13987条，其中排除非地图图片信息5967条、签收地图图片信息8020条。接收POI点共计5691个，接收地图服务信息544条，其中签收地图服务信息277条、排除267条，2条移交国家节点、1条移交海南省处理。

【地图服务】

甘肃省测绘地理信息局为省委、省政府、省政协、省人力资源和社会保障厅、省国土资源厅等部门提供公益性地图服务13批次，打印地图200平方米，装裱安装20幅，提供政务图包50套、丝绸地图100幅，分发《甘肃省地图》《甘肃省交通旅游图》《甘肃政务专用图集》《甘肃省地图集》以及市州图集等各类地图、地图集（册）150份。开展新版全国地理信息资源目录服务系统完善工作，完成新版系统中省级站点元数据的整合处理和提交，6月24日，新版全国地理信息资源目录服务系统正式上线，最终上线元数据目录信息56709条。

【国家版图意识宣传教育】

甘肃省测绘地理信息局联合省国家版图意识宣传教育和地图市场监管协调指导小组成员单位，印发《甘肃省国家版图意识宣传教育和地图市场监管2016年工作要点》，安排部署全省国家版图意识宣传教育工作。各市州结合“美丽中国”第三届全国国家版图知识竞赛和少儿手绘地图大赛甘肃省级赛活动，开展国家版图知识“三进”活动，庆阳、定西、金昌等市向15个社区赠送和发放国家版图意识宣传材料1000份。

【“美丽中国”第三届全国国家版图知识竞赛和少儿手绘地图大赛】

甘肃省测绘地理信息局印发《“美丽中国”第三届全国国家版图知识竞赛和少儿手绘地图大赛甘肃省级赛活动方案》，成立了竞赛组委会，举办了少儿手绘地图大赛甘肃省级比赛，共收到参赛作品2000幅，各市州向省竞赛组委会遴选上报作品276幅，经专家评审，评出优秀作品119幅，其中一等奖8幅、二等奖20幅、三等奖40幅、优秀奖51幅。同时评出优秀指导老师53名，竞赛组委会对获奖者和优秀指导老师给予表彰奖励。选拔4名选手参加全国国家版图知识竞赛决赛在江苏卫视《一站到底》栏目举行的电视赛，取得了第三场半决赛四强成绩。

测绘地理信息成果管理与应用

【“天地图·甘肃”建设与应用】

甘肃省测绘地理信息局推进“天地图”省级节点数据更新融合，完成“天地图·甘肃”省级节点6.82万平方千米的矢量、影像数据融合。开展省市级节点数据融合工作，完成全省15—17级和14个市州城区范围18—20级影像电子地图更新，完成全省县级以上道路、铁路、五级以上河流和14个市州城区的城市道路、城市绿地等要素的矢量电子地图更新，完成全省行政村以上地名和全省学校、医院的地名地址更新工作。开展“天地图”市级节点评估和“天地图”母库建设，完成11个市级节点评估工作，确定了评估结果和星级，并以兰州市为试点，以《天地图数据母库技术设计》为蓝本，完成兰州市全域矢量数据、影像数据、地名地址与POI的母库数据入库工作。

推进“天地图”专题应用，基于“天地图·甘肃”（政务版）政府内网完成了水利、宗教、安监危化品3个专题应用系统；基于“天地图·甘肃”（公众版）搭建了兰州新区环境保护地理信息系统，实现了省公安厅PGIS系统和“天地图”的对接；基于“天地图·甘肃”前置服务，为庆阳市、甘南州建成区域级地理信息公共服务平台。基于“天地图·甘肃”，为省水利厅工程管理局开发了甘肃省高效节水灌溉项目信息管理系统和甘肃省水利工程GIS管理系统，并提供了二次开发技术支持。

【成果汇交与分发】

全省329家测绘资质单位汇交测绘成果目录2546项，从中遴选了包括基础测绘、工程测量、地图编制、地理信息系统工程4大类1421个项目，在甘肃省测绘地理信息局门户网站进行了公布。甘肃省测绘地理信息局为全省国土、规划、城建、农林、水利、交通、铁路、气象、地震、旅游、科研和部队等系统的955家单位提供了业务咨询和数据查询服务，完成701家企事业单位测绘地理信息成果分发服务，累计提供各类基础测绘成果23252幅、各类控制点成果3265点、各类航空航天影像资料约48万平方千米。全年甘肃省卫星定位连续运行基准站网注册单位14家、注册用户（仪器）89个。

【涉密成果管理】

甘肃省测绘地理信息局联合省档案局下发《测绘地理信息业务档案管理规定》，规范测绘地理信息业务档案和保密管理工作。加大涉密成果管理力度，主要对兰州市近20家用图单位进行了保密检查，所检单位均成立了保密机构，建立了完善的保密管理制度，有借阅台账、有完备的管理体系。组织开展全省涉密测绘地理信息成果管理人员培训，对全省900名涉密测绘地理信息成果管理人员分三批进行了专题保密管理培训，发放了《涉密测绘成果管理人员岗位培训证书》。组织甲级测绘资质单位负责人参加国家测绘地理信息局第9期涉密测绘成果管理人员培训班。

【测量标志管理】

甘肃省测绘地理信息局组织开展测量标志巡查工作，现场维护基准站99个，处理各类故障170次，完成东乡、华池、正宁、平山湖4个站点的迁建工作。完成甘肃省境内6个国家基准站建设项目验收材料汇编，向国家现代测绘基准工程项目部报送了国家基准站验收报告。完成甘肃省卫星导航定位基准站安全风险点的排查工作，向国家测绘地理信息局上报了基准站安全风险点排查工作情况报告。截至2016年底，全省共有235家省内外测绘资质单位注册使用GSCORS系统，实际使用用户账号1347个。

【应急保障】

甘肃省测绘地理信息局编制《甘肃省信息化应急测绘保障体系建设总体方案》和《甘肃省应急测绘保障服务体系建设专项实施方案》，应急测绘保障纳入了甘肃省自然灾害救助体系，测绘应急协作和信息共享机制初步建立。配合省减灾委员会完成《甘肃省自然灾害救助应急预案》《甘肃省实施〈自然灾害救助条例〉办法》修订工作，加强与省减灾委员会成员单位的沟通协调和救灾应急联动。成立甘肃省应急测绘工程研究中心（工程实验室），采购两台应急监测车及移动测量系统等先进应急测绘设备，应急测绘水平和保障能力大幅提升，为甘南藏族自治州迭部县森林大火灾情紧急提供灾区影像图50幅、行政区划图10幅，为陇南市尾矿库、堆渣场管理监测预警信息平台建设紧急提供测绘地理信息数据保障服务。

地理信息产业

【发展地理信息重点领域】

甘肃省测绘地理信息局落实国、省扶持地理信息产业发展相关政策，引导地理信息产业深度融入经济发展新常态，释放改革红利，激发市场活力，支持企业升级资质、扩增业务，新增甲级测绘资质单位3家，全省测绘资质单位达到413家，从业人员数量达到1.5万人，地理信息产业产值增速为16%。筹备成立了甘肃省地理信息产业协会，协会在政策咨询、技术交流、人才培训等方面发挥了桥梁纽带作用。龙头企业开始涌现，天水三和数码测绘院被中国地理信息产业协会评为2016年中国地理信息产业百强企业。

【优化产业发展环境】

甘肃省测绘地理信息局建立完善地理信息产业单位名录库，下发《关于核查地理信息产业单位名录库中非测绘资质单位名录数据的通知》，对全省地理信息产业相关单位数据进行了分类统计和核查，共接收国家测绘地理信息局名录数据886条，核查删除无关名录数据177条，增加单位名录数据6条，最终认定为产业单位的名录数713条。

科技、标准化与交流合作

【科技创新体系建设】

甘肃省测绘地理信息局编制了《甘肃省“十三五”测绘地理信息科技发展规划（初稿）》，修订了《甘肃省测绘地理信息局测绘地理信息科技创新管理办法》，加大科研专项经费投入，支持技术攻关、科学研究，推动测绘科技项目落实，持续完善信息化测绘生产服务体系建设。

【科技项目与科技奖励】

甘肃省测绘地理信息局设立2016年度自主科研经费40万元，用于支持全局涉及生产性技术攻关、科研项目的开展。组织局属事业单位申报测绘科技以奖代补项目和科技奖励项目，对5个项目进行奖励并核拨了经费。推进测绘地理信息档案信息化建设及应用示范等国家公益性行业科研项目研究，取得阶段性成果。一批科技项目获得奖励，其中获得国家级科技奖1项、省部级科技奖8项、地厅级科技奖7项。

【标准化工作】

甘肃省测绘地理信息局对15项国家标准和行业标准的制修订及标准提案征集意见进行了反馈，修订完善了《甘肃省基础地理信息数据生产与建库1:5000 1:10000 DLG要素分类、分层与编码规定》内部标准，并推动局属事业单位和测绘资质单位学习最新标准。兰州市大数据社会服务管理局申报的三维数字社会服务系统标准获国家标准化管理委员会和国家测绘地理信息局批准立项。

【对外合作与交流】

甘肃省测绘地理信息局联合省发展和改革委员会推进地理空间规划试点，编制了《甘肃省空间规划研究工作方案》，完成临泽县的试点工作。协助省农牧部门开展全省农村土地承包经营权确权登记工作，完成高分辨率影像质量检查。围绕领导干部自然资源资产离任审计，与省审计厅签订了厅局战略合作框架协议，建立了战略合作伙伴关系。与陕西测绘地理信息局、青海省测绘地理信息局签订了战略合作框架协议，与西部6个兄弟省局签署合作协议，建立了测绘地理信息服务“丝绸之路经济带”建设西部合作联盟。配合省军区编制了《甘肃省军区地理信息服务平台建设方案》。

地市级测绘地理信息工作

【兰州市】

兰州市测绘管理办公室编制完成《兰州市“十三五”基础测绘规划》。全力推进基础测绘工作，协调市财政落实2016年度基础测绘经费1350万元，完成兰州市1:2000地形图270平方千米基础测绘及兰州市域影像定期更新2000平方千米。严格依据《测绘资质管理规定》和《测绘资质分级标准》，受理审核测绘资质申请50件，其中新申请资质16件、变更基本信息14件、补充和修改信息11件、变更业务范围4件、资质升级4件、资质注销1件。智慧兰州时空信息云平台建设项目列入国家测绘地理信息局智慧城市时空信息云平台建设试点，项目设计通过专家评审。推进“天地图·兰州”建设，完成基于兰州市各级比例尺电子地图的门户首页，提供为用户应用开发的资源中心、运维中心和开发中心，建设自行车租赁服务、公交线路查询、路径选择等示范应用。积极服务保障城市建设、管理，为兰州市轨道交通的建设、兰州新区专项规划编制、黄河治理工程等大型项目提供大比例尺地形数据，保障国家和省市重点项目建设需要。

【庆阳市】

庆阳市测绘地理信息局完成西峰城区1:500地形图测绘项目验收及成果接收，项目测绘成果质量被评为优；开展西峰区航空摄影项目，更新了西峰城区及周边207平方千米0.2米分辨率的航空影像数据。全年为国土、规划、城建、农林、水利、交通等系统的12家单位提供涉密测绘成果、各种比例尺地形图和测绘成果控制点15批次。完成行政权利事项梳理，排查梳理行政许可事项1项、管理及服务事项3项。审批新申请测绘资质单位7家、测绘资质升级单位3家，完成1家新申请单位的资料初审，至年底，全市测绘资质单位达到39家，其中乙级5家、丙级10家、丁级24家。开展地图市场专项检查，采取现场抽查、网上搜索等手段，检查各类地图960件、图片452张、互联网地图网站202个。开展测绘地理信息宣传工作，在国家级媒体发表测绘新闻3篇、省级发表11篇、市级发表12篇，在庆阳测绘网发布测绘地理信息工作动态50篇。在全市8县（区）开展了少儿手绘地图大赛，共收到手绘地图作品600多幅，举办颁奖仪式暨优秀作品展，展出优秀少儿手绘地图作品和中国历代国家版图100多幅。印制“美丽中国”第三届全国国家版图知识竞赛宣传彩页5000多份，动员全社会广泛参与，共有3000多人参加了网上答题活动。扎实开展“8·29”测绘法宣传日活动，市县共设置宣传台12个，悬挂横幅40条，摆设宣传展板84块，散发宣传资料2.5万多份，发送公益短信12万条，现场答疑解惑，免费赠送《甘肃省地图册》和《甘肃省旅游图》。邀请庆阳电视台、《陇东报》及各县媒体进行报道。

地方社团工作

【甘肃省测绘学会】

甘肃省测绘学会召开八届三次理事会议，总结学会2015年工作，通报2015年度财务收支情况，讨论2016年学会重点工作，并对理事成员的更换进行了确认。召开八届六次常务理事会议，公开征求《甘肃省测绘学会章程》（修订）意见建议，推荐甘肃省测绘学会第九届理事会理事候选人，清理了登记学会会员。

组织开展科学技术奖评审工作，收到申报项目109项，其中申报科技进步奖的43项、优秀工程奖的66项。经专家初审、集中评审、答辩、公示和奖励委员会审核等程序，评选出科技进步奖一等奖4项、二等奖6项、三等奖7项，优秀工程奖金奖8项、银奖9项、铜奖10项。

组织两批（次）测绘科技交流项目组团赴台，学习和借鉴台湾土地测绘技术、地理与地政地籍、摄影测量与遥感、工程测量等先进技术。组织测绘行业单位25人参加中国测绘地理信息学会2016年学术年会及第六届全国测绘地理信息技术装备展览会暨全国测绘地理信息博览会。推动天水三和数码测绘院申报了“全国测绘地理信息科普教育基地”。

甘肃省测绘志编纂委员会制定《甘肃省测绘志实施方案》，召开全省《甘肃省志·测绘志（1991—2015）》编纂资料征集工作暨业务培训会，印发《关于做好〈甘肃省志·测绘志（1991—2015年）〉编纂资料征集的通知》，向全省测绘行业广泛征集测绘志编纂资料。全年收集《甘肃国土资源史话》测绘编纂资料145万字、《甘肃省志·国土资源志》12万字、《甘肃国土资源人物志》8万字以及历年大事记、统计报表、照片等30多MB。

青海省

概况

2016年，青海省测绘地理信息局不断推进测绘地理信息法制建设，推动《青海省测绘地理信息市场管理办法》纳入2017年省政府规章出台类立法计划，编制完成《电子地图规范》《数据共享交换基本规定》2个地方标准。编制完成《青海省“十三五”基础测绘规划》编制和评审工作，经省政府常务会议审议同意，基础测绘规划首次列入青海省省级重点专项规划序列。开展各市（州）测绘地理信息示范县创建活动，同仁、称多、乌兰县已发文同意成立测绘地理信息局，海晏县结合市场发展现状制定《海晏县测绘市场管理制度》，乌兰、兴海县基础测绘工作已纳入当地政府“十三五”规划。圆满完成第一次全国地理国情普查任务，获取了由10个一级类、58个二级类、95个三级类，210万个图斑构成的海量地理国情信息，全面查清了青海省地表自然和人文地理要素的空间分布状况及其相互关系，建成地表覆盖、国情要素、专题监测数据、精细化数字高程模型等普查数据库，开发遥感影像、普查成果管理为一体的普查管理系统。积极推动普查成果应用，普查成果已在省发展和改革委员会、省国土资源厅、省环境保护厅等多家单位得到应用，为基础测绘、生态红线范围划定、三江源国家公园范围划定、基本农田范围划定、“多规合一”统筹优化空间布局提供科学依据，为全省农牧业信息化、精准化扶贫、草原确权试点工作等提供地理空间数据支撑。推进基础测绘、青海藏区大比例尺测图、省级地理信息公共服务平台、数字城市、智慧城市、不动产确权登记发证、草原确权登记发证等重大工程（项目）实施。整合各类测绘地理信息专项执法工作，重点开展资质巡查、跨区域测绘项目检查、地图市场大检查、保密检查等活动，主动服务农村土地经营权确认登记调查、不动产登记、地名普查等财政投资项目。开展行政监管工作，各市（州）、县执法人员处理违法违规案件的能力得到提升，逐步形成测绘地理信息项目监管机制。

党的建设与人才队伍建设

【党的建设】

青海省测绘地理信息局召开党建工作专题会议，制定关于推进全面从严治党的意见，完善基层党委工作，层层签订《基层党建工作目标责任书》《意识形态工作目标责任书》。贯彻落实局党委中心组学习制度，学习贯彻党的十八届三中、四中、五中、六中全会精神和习近平总书记视察青海时的重要讲话精神。开展“党员先锋岗”“党员突击队”创建活动，推行党员干部每天自学不少于1小时、每个季度读书不少于1本书、全年撰写心得体会不少于1篇等制度。在基层党组织开展“党在我心中”“重温入党誓词”“增进民族团结”等系列主题活动。举办党委成员、支部书记、普通党员“三级”党课16场。举办3期党务干部专题培训班，100多人次参加。落实“三会一课”制度，按要求完成党委专题民主生活会和党支部组织生活会。发展新党员5名。全局300多名党员接受党课、教育培训，实现党员教育管理系统化。

【党风廉政建设】

青海省测绘地理信息局组织召开全局党风廉政建设工作会议和半年工作总结专题会议，逐级签订党风廉政建设目标责任书。修订《局领导班子廉政风险点及防控措施》《关于改进局系统纪检监察部门监督方式的实施办法》《关于严肃财经纪律加强财务管理的规定（试行）》，制定《关于推进全面从严治党的意见》《共产党员不良行为举报制度》等。组织“一季一讲一看”“千人警示谈话”活动，开展《中国共产党章程》《中国共产党廉洁自律准则》《中国共产党纪律处分条例》测试答题和知识竞赛活动，举办“唤醒党章意识严明党纪党规”主题演讲比赛。

【精神文明建设】

青海省测绘地理信息局举办第18届测绘文化周，开设摄影、歌咏、羽毛球、拔河比赛等项目。举办“进德修业讲堂”、测绘青年论坛等活动。开展“书香测绘·悦读人生”主题读书季活动。青海省测绘地理信息局获“青海省省直机关文明单位”称号；青海省第二测绘院被人力资源和社会保障部、国家测绘地理信息局联合授予全国测绘地理信息系统先进集体称号，被中华全国总工会授予“全国工人先锋号”称号。

【人才队伍建设】

青海省测绘地理信息局选派1名厅级干部参加北京市委党校厅级领导干部进修班、4名处级干部分别参加省财政系统和国家测绘地理信息局举办的处级干部培训班。举办2期财务管理培训班和2期加强党风廉政建设强化“两个责任”干部培训班。年内共2148人次参加各级各类培训。73人通过测绘地理信息行业特有工种职业技能鉴定，其中2人取得技师职业资格、4人取得高级职业资格证书、32人取得中级职业资格证书、35人取得初级职业资格证书。第一次全国地理国情普查劳动竞赛委员会授予省基础地理信息中心、省测绘产品质量监督检验站先进单位称号，授予省第一测绘院乐都区项目组、省第二测绘院地理信息部先进班组称号，授予3人先进个人称号。全局共有国家测绘地理信息局青年学术和技术带头人3人、全国测绘技术能手3人、青海省自然科学和工程学科带头人3人、青海省优秀专业技术人才1人。

【“两学一做”学习教育】

4月29日，青海省测绘地理信息局党委举办专题党课，正式启动“两学一做”学习教育。局党委印发《关于在全体党员中开展“两学一做”学习教育的实施方案》《关于成立“两学一做”学习教育领导小组的通知》。成立“两学一做”学习教育联合督导组，对全局20个党支部开展学习教育情况进行检查督导。在局门户网站、局官方微信、《青海测绘地理信息》杂志开设“两学一做”专栏，建立学习教育互动宣传平台。推行党员干部每天自学不少于1小时、每个季度不少于读1本书、全年撰写心得体会不少于1篇的“3个1制度”。局党委、各支部围绕“四讲四有”“四个全面”战略布局、五大发展理念等专题内容开展集中学习和专题研讨，组织集中学习170多次、专题研讨51次，参加学习的党员干部2100多人次，形成个人心得体会370多篇。

【宣传工作】

青海省测绘地理信息局召开全省测绘地理信息宣传工作座谈会，制定《青海测绘地理信息宣传工作要点》，与中国测绘宣传中心签订宣传工作协议。局门户网站全年发布、更新信息600多篇，在全省政府网站绩效测评中排名第四。局官方微信发布信息300多篇。在各类媒体发表稿件200多篇，各类网络媒体刊发、转载稿件1000多篇。编辑《青海测绘地理信息》杂志6期，发行1.2万多册。

【测绘扶贫】

青海省测绘地理信息局成立由局长董永弘任组长的扶贫工作领导小组，发挥行业优势，推进对口帮扶的化隆县德恒隆乡西后加村、查甫乡东台村、大通县青山乡脱贫工作。

党委多次召开扶贫工作会议，研究制定帮扶措施，结合帮扶村的种养业结构、经济状况和地理条件，提出扶贫项目和资金筹措方案，全年共投入帮扶资金73万元，完成乡村道路硬化、人畜饮水工程、学前教育学校筹建、畜草种植、村委会办公楼维修改造等民生工程。

以地理信息公共服务平台为依托，自主开发青海省精准扶贫地理信息系统，与省科技信息研究所合作开发青海省精准扶贫信息化服务平台，开发大通县精准扶贫地理信息系统，在定点帮扶村搭建完成精准扶贫地理信息系统，为精准扶贫工作提供地理信息服务。

法制建设与市场监管

【法制建设】

青海省测绘地理信息局与省政府法制办公室沟通协调，将《青海省测绘地理信息市场管理办法》列为2017年立法计划出台类政府规章。

【法制宣传】

青海省测绘地理信息局围绕“贯彻地图管理条例，更好服务国计民生”宣传主题，组织“8·29”测绘法宣传日活动，通过设置宣传点、发放宣传材料、发送公益短信、悬挂横幅、摆设宣传展板、播放宣传短片、有奖知识竞答等方式，向群众宣传测绘地理信息相关法律法规、国家版图知识教育、地图使用知识、测量标志、基础测绘成果使用等内容。全省共制作展板200多块、横幅80多条，发放宣传材料3万多份。

【综合执法】

青海省测绘地理信息局开展资质巡查、跨区域测绘项目检查、地图市场大检查、保密检查活动，检查测绘单位76家，验证外省来青测绘单位10家，发现违法行为30起，约谈10家，整改19家，行政处罚1家。联合大型展会和赛事主办方对参加活动单位使用地图情况进行检查，共检查单位103家，发现涉嫌违法单位24家，责令现场整改。指导全省各级国土资源执法队伍履行测绘地理信息执法职能，联合检查单位124家，处理违法案件3起。

【依法行政】

青海省测绘地理信息局启动青海省测绘地理信息行政许可和行政处罚信用信息公示工作，完成青海省测绘地理信息市场服务与监管平台建设，其中测绘资质管理系统、地图审核系统、测绘项目备案系统投入使用。将拆迁永久性测量标志审批行政许可事项及外省来青测绘项目资质交验公共服务事项转移至青海省行政服务和公共资源交易中心窗口集中办理。为农村土地经营权确权登记、不动产登记、地名普查等大型项目提供服务。

指导市州、县开展权力清单和责任清单梳理工作，果洛州、海北州、玉树市、海晏县向社会发布测绘地理信息权力责任清单面。

【“放管服”改革】

青海省测绘地理信息局开展行政审批制度配套系列工作，启动全省测绘地理信息行政许可和行政处罚信用信息工作，成立领导小组，建立工作机制，明确工作要求。2 月，通过局门户网站面向社会公示。组织研发“青海省测绘地理信息市场服务与监管平台”，已进入应用阶段。测绘资质管理、地图审核、测绘项目备案系统已投入使用，测绘地理信息市场信用信息管理工作已在国家测绘地理信息局行业信用管理平台开展网上申报工作。

【测绘资质管理】

青海省测绘地理信息局完成测绘资质认定 12 件、资质升级 2 件、测绘作业证审批 6 件、资质业务范围变更 4 件、资质单位信息变更 19 件。完成甲级测绘资质单位业务范围变更初审 1 件。依法注销测绘资质单位 5 家。办结率 100%。截至年底，全省共有测绘资质单位 126 家，其中甲级 11 家、乙级 30 家、丙级 66 家、丁级 19 家。

【信用管理】

青海省测绘地理信息局指导青海省测绘地理信息行业协会完成 124 家测绘资质单位信用信息采集工作，并在测绘地理信息行业信用管理平台和青海省测绘地理信息局门户网站公布信用信息异议处理和信用报告查询服务途径。

【日常监管】

青海省测绘地理信息局组织全省 113 家测绘资质单位通过测绘资质管理信息系统报送测绘资质年度报告，甲级测绘资质单位年度报告已在国家测绘地理信息局门户网站公示，乙、丙、丁级资质单位年度报告在青海省测绘地理信息局门户网站进行公示。对全省 52 家测绘资质单位进行资质巡查，巡查比例为 42%，检查发现涉嫌违法单位 8 家，约谈 5 家，整改 3 家，对 207 个测绘项目进行跨区域巡查。

【法制培训】

青海省测绘地理信息局贯彻落实深化部局业务协作方案，协调组织省国土资源厅执法监察局、省国土资源执法监察总队、基层测绘地理信息局执法人员参加各级各类执法培训 185 人次。

【测绘地理信息示范县创建】

青海省测绘地理信息局成立全省测绘地理信息示范县创建工作领导小组，建立局领导分片指导市州工作机制，健全联系市州、县测绘地理信息管理部门工作机制，制定《全省测绘地理信息示范县实施方案》《测绘地理信息示范县工作手册》，选取湟源、平安、同仁等 11 个县为全省测绘地理信息工作示范县，通过实地调研考察、召开座谈会等形式，从机构编制协调、人才智力帮扶、重点项目推优、行政监管提升等方面进行扶持。

基础测绘

【基础测绘规划】

青海省政府办公厅印发《青海省“十三五”基础测绘规划》（青政办〔2016〕154 号），基础测绘规划首次列为省级重点专项规划序列。该规划明确了提升现代测绘基准服务能力、提升遥感影像获取能力、提升地理信息数据获取能力、提升测绘应急保障服务能力、扩大地理信息数据开发利用、开展地理国（省）情常态化监测、努力构建新型基础测绘体系七大任务，重点开展青海省现代测绘基准体系基础设施建设（一期工程续建）、高分辨率对地观测系统青海数据与应用中心建设、基础地理信息资源建设、地理信息公共服务平台建设、测绘应急保障服务能力建设、地理国（省）情监测六项基础测绘工程建设。

【基础测绘项目】

青海省测绘地理信息局完成国家现代测绘基准体系基础设施青海境内 6 个连续运行基准站的互联互通、维护工作。建成覆盖全省的卫星定位连续运行参考站网，为 55 家政府、企事业单位提供服务。2014—2015 年度基础测绘项目刚察等测区 1∶1 万地形测绘、青海省东部地区北斗地基增强系统建设、青海省省级地理信息公共服务平台及“天地图 · 青海”建设（年度建设任务）、信息化测绘管理及质检体系建设、青海藏区现代测绘基准体系基础设施建设（一期工程）等项目通过专家组验收。2016 年度玛沁等测区 1∶1 万地形测绘、海东两区四县 1∶1000 数字正射影像图测绘、青海省测绘基准站网运行维护检测及管理平台建设、青海省省级地理信息公共服务平台建设（年度建设任务）、地理省情监测实施方案通过专家组评审。开展玛沁、贵南、泽库测区 915 幅 1∶1 万数字高程模型、数字正射影像图测绘。

【基础测绘经费】

青海省测绘地理信息局制定《青海省基础测绘专项资金管理办法》《局内部审计暂行办法》。成立 3 个内部审计工作小组，对局属各单位 2014—2015 年度财务收支情况进行专项审计。委托第三方机构对 2014—2016 年度承担地理国情普查任务的单位项目资金使用情况进行内部审计。

【2000 国家大地坐标系】

青海省测绘地理信息局为省政府代拟《关于全面启用2000 国家大地坐标系的通知》，计划通过“多规合一”项目协调、推进全面启用2000 国家大地坐标系。通过实施青海藏区大比例尺测图项目，为全省46 个县（市、区、行委）建立基于2000 国家大地坐标系的独立坐标系。除国土资源系统重大项目外，青海省基础测绘项目全部采用2000 国家大地坐标系。

【航空航天遥感影像获取与应用】

青海省测绘地理信息局完成高分辨率对地观测系统青海数据与应用中心机构筹建准备工作，修改完善《青海省航空航天遥感影像管理办法》，启动立法调研。协调国家测绘地理信息局卫星测绘应用中心在青海省部署卫星遥感影像实时推送系统。完成海东2 区4 县分辨率优于0.1 米倾斜航空影像验收、都兰摄区分辨率优于0.5 米航空影像验收。影像使用率100%。报送青海行政区域内影像获取计划，主要用于省级地理信息公共服务平台建设、地理国情监测及国土资源执法等项目建设，与国家基础测绘项目共享。

【智慧城市、数字城市建设】

“智慧格尔木”时空信息云平台建设项目启动，落实项目经费4200 万元，格尔木市已列入2016 年国家试点城市。完成格尔木地区中心城区无人机倾斜航空影像获取、真实三维模型制作、大比例尺测图工作。德令哈市已列入国家测绘地理信息局试点或推广立项计划城市，数字德令哈项目完成采矿权管理系统、交通地理信息系统、地籍管理系统等示范应用建设。

【质量管理】

青海省测绘地理信息局完成青海藏区大比例尺基础地理信息数据采集项目、2016 年度青海省1∶1 万基础测绘项目、国家测绘地理信息局1∶5 万地形数据库重点要素更新、1∶1 万基础测绘数据建库及乌兰、都兰、格尔木7 县市农村土地承包经营权确权登记项目成果质量检验，出具质量认可证明476 项，出具成果质量合格质检报告98 项。在玉树、果洛、海东等开展测绘成果质量监督抽查工作，抽查测绘资质单位11 家，出具成果质量合格质检报告7 项。

【青海东部地区北斗地基增强系统建设】

青海省东部地区北斗地基增强系统建设项目通过验收，启动运营和数据推广应用工作，在2 家单位开展北斗卫星导航应用公益性推广活动。

【基准站网运行维护、检测及管理平台建设】

青海省基准站网运行维护、检测及管理平台建设项目实施方案和专业设计通过评审并启动实施。编制完成全省《QHCORS 管理规定》《QHCORS 数据使用规定》《测绘基准中心数据处理标准化流程》《青海省内测绘基准技术服务协议》。完成基准站子系统、数据与控制中心维护工作及2 期系统运行稳定性监测。

【安全生产】

青海省测绘地理信息局学习贯彻中央领导对特别重大事故的指示批示精神和省委省政府领导对全省安全生产工作提出的要求，印发《关于进一步加强安全生产管理工作的通知》，与省国土资源厅安全生产委员会签订安全生产目标承诺书，将安全生产纳入年终目标考核。组织局属单位参加安全生产月宣传咨询日活动，观看安全教育警示片、学习《安全生产整理规定》，开展安全生产检查。

地理国情监测

【地理国情普查】

青海省测绘地理信息局组织完成全省46 个县、8 个市（州）、1 个省级基本统计分析工作。完成全省2015 年度标准时点核准地理国情库建库、2015 版地理国情发布系统、二三维展示系统工作。编制完成试点州、县级《青海省第一次地理国情普查成果图》系列挂图11 幅。

【地理国情监测】

青海省测绘地理信息局完成全省地级市以上城市及典型城市群空间格局变化监测、青藏高原生态屏障区自然生态状况变化监测、丝绸之路经济带重要地理国情监测、三江源综合实验区黑土滩退化草地变化监测。组织开展青海湖流域综合生态监测。

地图管理与地图服务

【地图审核】

青海省测绘地理信息局全年受理地图审核11 件，审核地图37 幅，核发审图号11 个。

【地图市场监管】

青海省测绘地理信息局开展地图市场大检查，检查纸质地图346 幅。启动互联网地图安全监管委托机制，利用互联网地图监管系统开展全国联动监管工作，处理存在“问题地图”的网页、图片、POI兴趣点2334个。集中检查“青海绿色发展投资贸易洽谈会”“中国（青海）国际清真食品及民族用品展览会”“环青海湖国际公路自行车赛”等大型公开活动地图使用情况，对涉嫌违法单位进行警示教育并责令现场整改。

【地图服务】

青海省测绘地理信息局为省政府、省发展和改革委员会、省军区、武警总队、省工程咨询中心等有关部门和单位制作提供《青海省藏区经济社会发展地图册》《青海省国民经济和社会发展第十三个五年规划纲要概览图册》《青海省基础测绘“十三五”规划》等各类专题图件25件。

组织编制完成《三江源国家公园与自然保护区分布图》《青海省自然保护区与三江源公园分布图》《三江源地区行政区划图》《三江源地区2015年地表覆盖遥感监测图》，为三江源国家公园体制试点建设提供决策依据。组织编制完成《柴达木地区生态保护和综合治理规划——系列图》，为了解、保护、规划柴达木地区生态保护和综合治理提供了丰富的资料和数据基础。组织编制完成《青海湖流域卫星影像图》《青海湖国家级自然保护区卫星影像示意图》《青海湖国家级自然保护区地理位置示意图》《青海湖国家级自然保护区功能区划示意图》《青海湖流域行政区划示意图》《青海湖流域水系分布示意图》《青海湖流域交通示意图》《青海湖流域旅游示意图》，为全面、准确掌握青海湖流域各种要素提供测绘地理信息成果。组织编制完成《循化撒拉族文化生态保护区行政区划图》《循化撒拉族文化生态保护区核心区（撒拉八工）示意图》，为循化撒拉族文化生态保护区建设和规划提供地图服务。

【测绘地理信息应用成果和地图网上展览青海馆】

7月4日，青海省测绘地理信息局组织建设的全国测绘地理信息应用成果和地图网上展览青海展馆系统通过验收。青海展馆由序厅、重点项目厅、地图成果厅、应用服务厅4部分组成，突出青海本土特色，向观众展示“十二五”期间青海省测绘地理信息事业的主要发展成就和重要应用成果。

【国家版图意识宣传教育】

青海省测绘地理信息局推进国家版图意识教育进媒体、进学校、进社区、进测绘单位、进测区现场、进乡村活动。通过科普活动、地图知识大课堂、普法讲座等形式开展国家版图意识宣传教育。

【“美丽中国”第三届全国国家版图知识竞赛和少儿手绘地图大赛】

青海省测绘地理信息局在《西海都市报》举办国家版图知识竞赛活动，收到有效答卷2万多份。在对口帮扶扶贫点西宁市大通县青山乡开展国家版图知识竞赛和少儿手绘地图大赛活动。在各市州和测绘地理信息示范县开展国家版图知识竞赛电视赛和少儿手绘地图大赛，举办国家版图知识公开课13场，20所学校、2万多人参与少儿手绘地图大赛。收到符合参赛要求地图作品2135幅，推荐参加全国少儿手绘地图大赛作品167幅，26幅作品获奖。

测绘地理信息成果管理与应用

【“天地图·青海”建设与应用】

青海省测绘地理信息局组织召开1期省级地理信息公共服务平台建设研讨会。“天地图·青海”平台公众版完成全国1—10级矢量电子地图发布，全省15—17级影像电子地图更新，青海藏区范围71镇18—20级影像电子地图数据更新。“天地图·青海”与“天地图”国家主节点实现互联互通，完成192幅1:1万基础测绘数据融合工作。完成青海省精准扶贫信息化服务平台、青海省涉密测绘成果网上审批系统的研发和上线工作。

完成青海省地理信息公共服务平台政务版全国1—10级、全省11—12级、43县驻地范围18—20级矢量电子地图和藏区范围71镇18—20级影像电子地图数据更新。新增广电、气象、卫生3类专题数据，编制《电子地图规范》《数据共享交换基本规定》2个地方标准。开展青海地区喜马拉雅旱獭分布反演及采集系统、青海省治安地理信息系统、青海省草原生产力信息系统等示范应用建设。

【成果汇交与分发】

青海省测绘地理信息局印发《关于汇交2016年度测绘成果副本和目录的通知》。全年共有88家测绘地理信息行业单位汇交成果，其中副本83个、目录461个。青海省测绘地理信息局门户网站发布成果目录461个。

全年为社会各界提供各种比例尺地形图1191张、各类挂图1458张、各类图册206册、各类控制点成果1219点、各类数字化地图9763幅、航空航天遥感影像数据15.99万平方千米。

【涉密成果管理】

青海省测绘地理信息局建立与省国家保密局联合开展测绘地理信息成果安全保密检查机制，制定保密检查方案，印发《关于开展全省2016年地理信息保密检查工作的通知》。联合省国家安全厅、省国家保密局印发《关于开展清理销毁涉密地理信息数据的通知》。开发“青海省涉密测绘成果网上审批系统”，与省国家安全厅共同对涉密测绘成果进行网上审查、审批，并报省国家保密局备案，是全省第二家“双公示”和“互联网+政务服务”合力促进的行政事业单位。

【应急保障】

青海省测绘地理信息局协调西宁国家航空应急测绘保障基地建设相关事项，经论证，拟选定在西宁周边新建通用机场作为西宁国家航空应急基地机场，以其他支线机场作为作业机场。制定《青海省测绘应急保障预案》，将测绘应急保障纳入省政府应急管理体系，测绘应急指挥中心通过卫星传输与应急现场实现互通。在门源、杂多地震发生后，青海省测绘地理信息局启动应急预案，派出2支应急保障分队赶赴灾区，完成各类地形、影像图100多幅，为灾情评估及抗震救灾提供测绘保障服务。

【服务国土资源】

青海省测绘地理信息局服务青海省国土资源管理工作，应用测绘无人机对格尔木市1处盗采砂石破坏生态环境和未报批开垦耕地种植枸杞的违法行为进行无人机航拍取证，对海西州大柴旦行委辖区范围内的高泉煤矿、鱼卡煤矿进行无人机影像航拍，获取航拍图片1381张，真实反映出2处矿区的开采范围以及周边的环境状况，为矿产资源执法提供地理信息依据。

青海省测绘地理信息局在各市州设立测绘分院，开发建设不动产统一登记信息平台，协助开展不动产登记发证工作，为市（州）县数字城市、智慧城市、国土一张图、多规合一、农村土地承包经营权确权登记、地理信息资源整合等工作提供技术支持和服务。

科技与国际合作

【科技创新体系建设】

青海省测绘地理信息局修订科技创新管理办法，在基础测绘项目中安排科研经费，各单位根据承担项目进行技术攻关和标准研究工作。建立科技创新平台。经申请，省科技厅批准设立青海省地理空间信息技术与应用重点实验室，配套仪器经费支出540万元，用于地理空间信息技术研究与应用服务。

【科技项目与科技奖励】

青海省地理信息公共服务平台建设与应用研究、多源异构数据库一体化管理平台的设计与实现2个项目通过验收，多源异构数据库一体化管理平台的设计与实现成果应用于青海省草原生产力地理信息系统。

【对外合作与交流】

青海省测绘地理信息局全年组织出国（境）9人次，分赴美国、英国、德国、澳大利亚等国家，参加地理国情监测与技术分析、大地测量参考框架建设应用、国土资源开发与矿区恢复治理、青海地质矿产勘查开发与生态保护等培训。推荐1人为赴联合国相关机构挂职人选、1人为国土资源国际合作人才候选人、6人补入省级科技专家库。

地方社团工作

【青海省测绘地理信息学会】

6月7日，青海省测绘地理信息学会举办不动产测绘技术培训班，会员单位80多人参加。7月22日，举办青海省连续运行卫星定位服务系统（QHCORS）技术讲座。8月19日，举办“拥抱地理信息+服务青海生态文明建设”高峰论坛及地图新产品展示等系列活动。9月10日—14日，举办注册测绘师考前培训班，会员单位30多人参加。组织完成两年一次的优秀测绘论文评选工作，评审出优秀测绘论文一等奖4篇、二等奖7篇。首次开展“青海省测绘地理信息学会科技创新先进个人评选”工作，5人获“2016年度科技创新先进个人”称号。配合青海省测绘地理信息局宣传中心完成2016年度《青海测绘地理信息》内部刊物的编辑、出版、印刷任务，全年共刊发6期，印刷6000册。选送的项目获中国测绘地理信息学会2016年全国优秀测绘工程奖金奖1项、优秀地图作品裴秀奖铜奖3项。

【青海省测绘与地理信息行业协会】

青海省测绘与地理信息行业协会配合省测绘地理信息行政主管部门推进测绘地理信用信息体系建设，完成全省118家测绘资质单位的信用信息征集、整理、建档等工作。举办农村土地承包经营权确权登记项目技术培训班、第一届“中海达杯”测量技能大赛。联合举办“开启倾斜摄影云计算和实景三维大数据应用时代”高峰论坛、“全国倾斜摄影技术联盟百城巡展”西宁站活动。邀请专家、民营企业家做中国地理信息产业发展报告、民营企业发展报告。与江西省测绘与地理信息行业协会、四川省地理信息产业协会进行学习交流座谈。组织民营企业人员参加2016年度专业技术职称评审工作，10人获初级职称。

宁夏回族自治区

概况

2016年，宁夏回族自治区国土资源厅（测绘地理信息局）（以下简称宁夏国土资源厅）按照国家测绘地理信息局和宁夏回族自治区党委、人民政府的工作部署，全面推进测绘地理信息各项工作。

宁夏回族自治区人民政府办公厅印发《宁夏回族自治区基础测绘“十三五”规划》。宁夏回族自治区人民政府与国家测绘地理信息局在银川市签署《加强测绘地理信息工作保障开放宁夏战略实施合作协议》。宁夏国土资源厅争取到国家测绘地理信息局2016年首次为宁夏安排雷达航空摄影8790平方千米。建成宁夏遥感影像数据中心，梳理、入库1970年至今宁夏境内的近20种航空、航天遥感影像，数据量达25TB。

党的建设与精神文明建设

【党的建设】

2016年，宁夏国土资源厅开展“两学一做”学习教育。召开“两学一做”学习教育动员会，印发《国土资源厅厅直机关全体党员开展“学党章党规、学系列讲话，做合格党员”学习教育实施方案》。召开中心组（扩大）专题会议，学习研讨“党委会的工作方法”及相关领导的批示精神。印发《厅领导班子和厅直机关在“两学一做”中率先正党风转作风公开承诺的通知》。6月，召开“两学一做”学习教育专题辅导报告会。召开系统内民主党派和无党派干部座谈会，广泛听取对“两学一做”学习教育的建议。邀请国家测绘地理信息局第一大地测量队先进事迹报告团为全区国土资源系统干部作“不忘初心，方得始终”的报告会。“七一”前夕，厅主要负责人结合“两学一做”学习教育，讲了题为《只有毫不动摇地坚持中国共产党的领导才能实现中华民族伟大复兴“中国梦”》的专题党课；7月1日，厅直属机关450名党员干部收看庆祝中国共产党成立95周年大会实况。

宁夏国土资源厅以基层服务型党组织建设为抓手，提升基层党组织规范化、科学化水平。制定星级管理考核办法，印发年度考核细则。完成党员组织关系集中大排查工作，联系到失联党员2人，规范2名党员的党员组织关系；评选推荐1个党支部和2人分别为自治区直属机关先进基层党组织、优秀共产党员和优秀党务工作者；表彰9名厅直属机关优秀党务工作者。完成厅直属机关党委和各基层党组织换届工作。

【党风廉政建设】

3月，宁夏国土资源厅召开全区国土资源系统党风廉政建设工作会议。印发《关于落实党风廉政建设“两个责任”清单的通知》《关于对党风廉政建设主体责任落实情况进行督查的通知》和《关于对党风廉政建设工作进行自查自纠的通知》。召开党支部书记会议，专题安排部署，督促指导各党支部（总支）建立“两个责任”清单。对4名党员干部进行提醒谈话，对1名党员干部进行批评教育，对2家厅直属事业单位和1个地市国土资源局进行巡察。印发《关于进一步加强党风廉政建设工作的意见》。

【精神文明建设】

宁夏国土资源厅开展创建自治区级“文明单位”工作。成立专门的组织机构，制定工作方案，召开动员会、推进会。被自治区文明办评为“全区

2015 年度精神文明建设信息工作先进集体”。全年共开展“道德讲堂”活动 4 期，被自治区精神文明建设指导委员会评选表彰为全区“50 佳道德讲堂”。厅直属机关团委成立学雷锋志愿服务队，在宁夏志愿者网站共注册青年志愿者 147 人，全年累计开展志愿服务活动超过 200 小时，共有 60 多人参与。举办厅直属单位“颂歌献给党·共筑国土梦”歌咏比赛。选送的大合唱《六盘山高黄河宽》获自治区直属机关歌咏比赛二等奖。开展红军长征胜利 80 周年系列纪念活动，安排重走长征路、党史知识竞赛、革命传统教育等学习教育活动。举办瑜伽培训班、首届干部职工篮球比赛、口腔健康知识讲座。开展“最美家庭”评选推荐和困难职工复核入户调查工作，推荐 1 个家庭申报“最美家庭”评选活动，1 名大病困难女职工获专项救助。开展工会会员信息登记数据建库工作。1 家厅直属事业单位被自治区总工会授予“五一劳动奖状”，1 人获自治区“五一劳动奖章”称号。

法制建设与市场监管

【法制宣传】

8 月 29 日，宁夏国土资源厅在银川市光明广场设立“8·29”测绘法宣传日主会场，各市、县（区）国土资源局在繁华街道、主要广场邀请测绘资质单位参与现场宣传，设立测绘地理信息法律法规咨询点，摆设宣传展板，散发宣传材料，提供咨询服务，并充分利用互联网、移动通信、微博、微信、短信等新媒体宣传手段，对测绘地理信息法律法规进行宣传。据统计，全区当日共发放各类地图及宣传彩页 2 万多份，制作宣传展板 150 多个，接受群众咨询 300 多次，悬挂宣传横幅标语 80 多条，展示无人机及各类测绘仪器 200 多件，发送公益短信和微信 5000 多条。

【测绘资质管理】

5 月，宁夏国土资源厅印发《全区国土资源系统随机抽查规范事中事后监管实施方案的通知》，制定发布随机抽查事项清单，建立“双随机”抽查机制，开展测绘资质等“双随机”抽查工作。

全年共受理并办结新申请乙级以下测绘资质单位 20 家、申请资质升级单位 8 家、申请新增加专业范围单位 25 家。完成全区 17 人的注册测绘师申请材料初审工作，并通过国家测绘地理信息局审批。共核发测绘作业证 745 本。共办理外省、自治区、直辖市测绘地理信息单位来宁登记备案 14 家。

【信用管理】

5 月，宁夏国土资源厅向全区测绘资质单位及各市国土资源局印发《关于开展全区测绘地理信息行业信用征集和发布工作的通知》，部署开展信用信息征集工作。通过国家测绘地理信息局信用信息管理平台按时完成甲级测绘资质单位信用信息的上报及乙级以下测绘资质单位的信用信息发布工作。

【日常监管】

8 月，宁夏国土资源厅向各市、县（区）国土资源局和测绘资质单位印发《2016 年全区测绘资质和测量标志巡查工作方案》，成立由分管厅领导任组长的全区测绘资质和测量标志巡查工作小组，明确巡查工作的具体要求及内容。8 月—9 月，各市、县（区）国土资源局根据方案要求，抽取辖区内 50% 的丙、丁级资质单位进行巡查。厅巡查工作小组按 20% 的比例抽取 6 家甲、乙级资质单位进行巡查，对技术人员数量不符合要求的 2 家单位下达限期整改通知书，对巡查中发现存在超越资质等级许可范围测绘的 1 家单位移交至自治区国土资源执法监察局进行调查处理。10 月，厅巡查工作小组分别对 5 地市国土资源局的资质巡查情况进行实地抽查与指导，召开座谈会听取各市、县（区）国土资源局的情况汇报，查看巡查记录，并对市、县（区）国土资源局巡查过的 2 家测绘单位进行实地抽查。

基础测绘

【基础测绘】

3 月，宁夏回族自治区人民政府与国家测绘地理信息局在银川市签署《加强测绘地理信息工作保障开放宁夏战略实施合作协议》。国家测绘地理信息局 2016 年首次为宁夏安排雷达航空摄影 8790 平方千米。雷达航空摄影区域为银川市三区两县一市及吴忠市利通区和青铜峡市部分区域，获取点间距 1 米的点云数据和分辨率 0.25 米的影像数据，填补了全区雷达数据的空白。宁夏国土资源厅利用“高分 2 号”卫星影像结合地理国情监测、数字城市建设等数据成果开展框架数据的年度更新。建设完成覆盖 6 个厅直属事业单位的涉密测绘网，建成基于涉密网的信息化测绘生产体系。

【航空航天遥感影像获取与应用】

宁夏国土资源厅建成宁夏遥感影像数据中心，梳理、入库1970年至2016年宁夏境内的近20种航空、航天遥感影像，数据量达25TB，形成了可按时间、应用类别、卫星、行政区域、分辨率等不同维度进行分类和管理的统一规范化数据组织体系。开发建设分布式数据查询、分发系统。

【数字城市建设】

2016年，宁夏国土资源厅开展银川市、石嘴山市、灵武市、平罗县、中宁县、盐池县、西吉县7个市（县）的数字城市地理空间框架建设工作。

【质量管理】

宁夏国土资源厅开展测绘地理信息成果质量监督抽查工作，向119家测绘资质单位印发《关于开展2016年全区测绘地理信息质量监督抽查工作的通知》，涉及项目296个，选取其中15家单位的15个项目进行抽查。质量管理体系检查评分结果为：7家单位达到75分以上，占46.7%；8家单位为75分以下，占53.3%。测绘地理信息成果检查结果为：14家单位的14个项目成果质量合格，占93.3%；1家单位的1个项目成果质量不合格，占6.7%。

2016年，宁夏测绘产品质量监督检验站完成地理国情监测项目7个项目区前期全区数字正射影像的检验；银川市、泾源县基础地理信息数字测图项目的检验；1:1万基础测绘项目同心测区航测外业控制测量、沿黄测区平地地貌数据更新、DLG数据成果、数据库动态成果更新项目的检验；银川等7个市、县数字城市项目大比例尺地形图成果、基础数据库、框架数据库、公共平台的检验；宁夏地理空间框架基础信息共享库数据更新、地理国情普查数据库系统建设、“天地图·宁夏”数据更新、银川主城区三维建模、宁夏地理信息资源目录数据等项目的验收工作。全年共出具质量检验报告57份。

全年共检定GPS接收机、全站仪、经纬仪、水准仪、钢卷尺等各类测绘仪器共计1505台（件）。

地理国情监测

【地理国情普查】

宁夏国土资源厅完成第一次地理国情普查项目遥感影像数据库、地表覆盖数据库、地理国情要素数据库、遥感影像解译样本数据库建设工作。在普查成果基础上，建成宁夏地理国情普查数据库及管理系统，组织完成全区和分市、县地理国情普查基本统计和数据汇编，编制完成普查图件、图册，形成地理国情《普查公报》《普查公报编制说明》《关于〈普查公报〉合法性审查报告》《关于〈普查公报〉发布后对经济社会发展政策影响的评估报告》和《普查工作总结》等初步材料。

10月，完成宁夏第一次地理国情普查基本统计数据成果与国家基本统计成果核对，完成基本统计报告编制工作，并通过宁夏测绘产品质量监督检验站检查验收。

【地理国情监测】

宁夏国土资源厅组织完成宁夏第一次地理国情普查成果数据与行业数据对比及局部时空监测项目。开展国家测绘地理信息局安排的5个地级市典型城市群空间格局变化监测、宁夏回族自治区湿地自然边界确定试点项目、丝绸之路经济带重要地理国情监测等项目。开展宁东能源化工基地监测、银川滨河新区主体功能区监测、贺兰山东麓非煤矿山环境监测、宁夏沙坡头区硒砂瓜种植区域监测、贺兰山东麓葡萄产业区动态监测、部分县域宁夏特色监测等项目。

地图管理与地图服务

【地图审核】

2016年，宁夏国土资源厅共审核各类公开版地图、电子地图、书刊插图等270多幅，发放审图号20个。

【地图市场监管】

5月，宁夏国土资源厅向自治区国家版图意识宣传教育和地图市场监管协调指导小组各成员单位及各市、县（区）国土资源局和有关资质单位印发《关于印发〈地图市场大检查工作方案〉的通知》。5月—9月，各市、县（区）国土资源局开展地图市场专项检查工作。重点对机场、火车站、汽车站及新华书店、书报刊亭和流动摊点进行集中清查，对银川市“房·车节”等重大展博览会进行追踪检查。宁夏国土资源厅专门成立地图市场检查工作小组，赴全区5个地级市开展督查工作。

【地图服务】

2016年，宁夏国土资源厅为各级党政机关、事业单位和宁夏“多规合一”、基础测绘、高标准农田建设、自治区第三轮矿产资源规划编制、全国第二次地名普查工作、宁夏回族自治区“十三五”土地整治规划编制、宁夏抗旱应急水源工程、宁夏草原生态保护红线划定等国家和自治区重大项目工程建设提供测绘地理信息服务保障，其中提供各类比例尺纸质地形图1505张，基础地理信息数据4.32TB，各类控制成果点311个，遥感影像数据6.39TB，专题地图1642幅。为自治区党委、政府提供应急图件3000多幅。为自治区党委开发基于“天地图”数据的专题地理信息应用系统。

【“美丽中国”第三届全国国家版图知识竞赛和少儿手绘地图大赛】

宁夏国土资源厅向自治区国家版图意识宣传教育和地图市场监管协调指导小组各成员单位及各市、县（区）国土资源局和全区测绘资质单位转发《关于举办“美丽中国”第三届全国国家版图知识竞赛和少儿手绘地图大赛的通知》，专门成立竞赛工作小组，组织开展挑选竞赛选手及竞赛嘉宾等工作。分两批选送21名竞赛选手，最终2名选手入围“美丽中国”第三届全国国家版图知识竞赛电视赛。

测绘地理信息成果管理与应用

【“天地图·宁夏”建设与应用】

宁夏国土资源厅完成“天地图·宁夏”项目2016年度更新工作，其中，新增普通铁路35千米，更新比例为2.2%；新增高速路321千米、省道979千米，新增道路共计10672千米，更新比例为9.9%；居民地变更新增块数90.2445万个，新增面积400.6平方千米，更新比例为106.4%；新增水系线46466千米，更新比例为170.5%；新增水系块数11402个，面积406.1平方千米，更新比例为107.9%。中卫市、固原市将建成的“天地图”市级节点接入“天地图”国家主节点，并通过各项测试工作。

【成果共享】

6月，宁夏地理空间基础信息共享库（“天地图”政务版）上线试运行。整合覆盖宁夏全区多个分辨率卫星航天影像，融合旅游、环境保护、国土资源、水利、交通等专题数据资源，为各级政府及行业主管部门提供地理信息共享服务。

【涉密成果管理】

9月，宁夏国土资源厅举办全区测绘地理信息行政管理培训班，对全区各市、县（区）国土资源局分管领导、业务科室负责人及全区测绘地理信息资质单位涉密测绘成果管理人员共200多人进行专题培训。对6家厅直属事业单位开展涉密测绘网络安全保密检查。完成全区45个卫星导航定位基准站风险排查和备案登记工作。完成国家测绘地理信息局委托的1:5万数据抽查工作。

【测量标志管理】

9月，宁夏国土资源厅印发《关于加强测量标志保护管理工作的通知》，从切实履行测量标志保护管理职能、做好测量标志巡查工作、依法严肃查处违法案件等7个方面提出具体要求。印发《宁夏测量标志保护经费管理办法》，明确测量标志保护经费的使用范围和具体流程。成立由分管厅领导为组长的巡查工作小组，对全区各市、县（区）国土资源局的测量标志巡查情况和委托保管费发放情况进行检查，针对宁夏测量标志管理系统的有关问题进行分片集中培训。全年共排查处理测量标志保护隐患4起，按时核拨2016年测量标志保护经费30万元。

【应急保障】

宁夏国土资源厅编制测绘装备能力建设整体方案，向宁夏回族自治区人民政府呈报《关于增加测绘地理信息业务装备更新和投入的请示》。按照自治区人民政府领导批示，将应急装备建设相关项目列入2017年自治区财政预算项目。组织开展宁夏应急测绘演练，检验应急测绘指挥中心、应急测绘保障队伍的应急处置能力和通讯系统、无人机航摄等应急测绘装备性能。

新疆维吾尔自治区

概况

2016年，新疆维吾尔自治区测绘地理信息局（以下简称新疆测绘地理信息局）紧紧围绕社会稳定和长治久安总目标，坚持服务大局、服务社会、服务民生、服务稳定宗旨，推动新疆测绘地理信息事业转型升级，实现“十三五”良好开局。

测绘地理信息工作首次作为推进新疆信息化建设、提升经济社会发展水平的重要基础性工作，以专门章节纳入《新疆维吾尔自治区国民经济和社会发展第十三个五年规划纲要》。《新疆维吾尔自治区基础测绘第十三个五年规划》经自治区人民政府批复同意并发布实施。新疆“北斗”卫星地基增强系统建设（一期）等五大项目列入“十三五”中央支持新疆经济社会发展规划建设项目方案。

修订《新疆维吾尔自治区实施〈中华人民共和国测绘法〉办法》列入自治区人大常委会2016—2020年“第一类”拟提请审议法规。自治区人民政府批准确认公布49项行政权责清单。新疆测绘地理信息局绘制完成权责运行流程图，主动提供查询服务。落实行政审批制度改革，取消“测绘计量检定人员资格认定”行政审批。2项行政审批事项实现市、省、国家三级网上联动审批。

新疆测绘地理信息局委托地州市依法开展地图审核事项，全年共受理审核地图374件1175幅图。依法办理96家测绘单位资质申请相关业务。建立行政许可和行政处罚信息公示制度，将1104条行政许可和行政处罚公示信息推送至“信用新疆”网站，接受社会监督。印发《自治区测绘地理信息系统法治宣传教育第七个五年规划（2016—2020年）》，深入推进普法工作。以地图市场、互联网地图、涉外测绘、涉密测绘成果等为监管重点，不断深化与国家安全和保密等17个部门的联合监管、综合执法长效机制。对120家测绘单位进行资质、质量、保密等“双随机”综合执法检查。加强行业信用管理，下发《关于开展测绘地理信息行业信用管理工作的通知》，推进建立自治区测绘地理信息行业信用信息征集管理长效机制。投入370万元加强测量标志保护工作。

新疆测绘地理信息局系统全年完成测绘服务总值2.0074亿元。新疆财政投入基础测绘经费5200万元。落实国家“十二五”支持重点地区（新疆）基础测绘工程项目2016年度中央预算内资金7863万元。自治区人民政府安排自治区绿洲区域地理区情监测项目经费1500万元。争取国家边远地区少数民族地区基础测绘专项补助500万元。

完成地理国情普查数据库建设和基本统计工作，推进普查图集及系列专题图编制工作，为普查成果验收和数据发布等做准备。新疆维吾尔自治区人民政府批准实施自治区绿洲区域地理区情监测项目。推进新疆地理国情遥感监测系统建设。与自治区审计厅合作完成博乐市、哈巴河县、若羌县、尉犁县等区域领导干部自然资源资产离任审计监测试点。移交塔城市棚户区三维地理信息及塔城地区耕地变化、库鲁斯台草原生态变化等监测成果。完成国家测绘地理信息局安排的地级以上城市及典型城市群空间格局监测项目和丝绸之路经济带重要地理国情监测——塔克拉玛干沙漠范围及绿洲变化监测项目任务。

升级测绘基准服务，启动新疆维吾尔自治区卫星定位连续运行服务系统。不断丰富基础地理信息资源。完成18个城市数字城市地理空间框架建设并推进更新与应用工作，启动乌鲁木齐智慧时空大数据与云平台试点项目。政务版自治区地理信息公共服务平台（“天地图·新疆”）接入自治区党委信息中心电子政务内网及国土、公安、安全、环保等部门业务系统。配合完成试点县市（昌吉市、特克斯县）经济社会发展总体规划——三类空间划分规划编制有关工作。编制新疆边境线区域影像系列地图，升级“塔城边境区域处突维稳地理信息指挥平台”和北斗位置服务系统，为有关部队制作《新疆维吾尔自治区地貌交通图》《南疆防区沙盘》《瓦罕走廊地区地形沙盘》。联合建设“新疆脱贫攻坚地理信息系统”，制作自治区脱贫攻坚作战系列图。推出汉、维吾尔、哈萨克三种语言文字版《新疆维吾尔自治区地图集》，编制哈密市、昌吉市城市地图集及旅游、交通图等地图产品。更新新疆测绘地理信息成果应用和地图网上展馆。

联合相关厅局构建应急测绘保障机制，应急测绘保障列入国土、民政、环保等部门应急预案。建成集多种无人机、车载地面视频采集系统、应急遥感影像快速处理系统、应急测绘指挥中心为一体的应急测绘保障体系。为叶城“7·6”泥石流地质灾害及阿克陶县、呼图壁县地震救灾等提供应急用图保障。

出台《关于加强自治区测绘地理信息科技创新的实施意见》，成功申报国家和自治区科研项目。成功研发激光干涉仪长度检测系统，填补新疆区空白，大幅节省行业单位检定成本。联合国家测绘地理信息局测绘发展研究中心开展丝绸之路经济带核心区测绘地理信息发展策略研究。一批项目获全国和自治区行业奖项。召开全区测绘地理信息援疆工作推进会，持续加强测绘地理信息受援各项工作，推进地、县受援工作，补齐基层短板。结合国家供给侧结构性改革要求，以“五大业务”体系建设为重点，出台指导方案，启动事业单位“聚焦主业、优化结构”转型发展工作，成立自治区基础测绘航空遥感影像数据获取中心、处理中心，成立地图编制中心、卫星导航定位服务中心、地理国情监测技术研究中心。

党的建设与人才队伍建设

【“两学一做”学习教育】

新疆测绘地理信息局统筹自治区“民族团结进步年”“民族团结一家亲”“纪律教育年”和国土资源系统“能力建设年”活动，制定实施方案，创新教育途径。统一发放《温家宝地质笔记》和《不忘初心——国测一大队艰苦奋斗无私奉献的故事》，将学习党的历史、民族宗教政策、国测一大队先进事迹列入学习内容。全局各级党组织讲党课38次，党员干部职工参加1258人次。组织60名党员在毛泽民故居重温入党誓词，300多名党员干部参加党章知识考试、手抄党章硬笔书法大赛、微党课、参观“两学一做”学习教育主题展览及专题讲座等党员活动。5月，在中国井冈山干部学院举办新疆测绘地理信息管理干部“两学一做”学习教育培训班，51人参加；9月，联合自治区直属机关工作委员会举办自治区直属机关国测一大队先进事迹报告会，800多人聆听报告。召开“两学一做”学习教育研讨交流推进会2次，组织支部开展“两学一做”等学习教育15次。继续开展局“责任心建设”专项活动和局机关干部下测区活动，3批12名机关干部先后到外业测区调研锻炼学习。

【党的建设】

新疆测绘地理信息局全年开展中心组学习15次，落实党风廉政建设党组主体责任、纪检组监督责任，落实中央八项规定和自治区党委十条规定，严肃财经纪律和资金管理。落实党建工作责任制，重点抓好领导干部思想政治建设，教育引导各族党员干部坚决贯彻执行党中央的治疆方略，紧紧围绕社会稳定和长治久安总目标，坚定理想信念，站稳政治立场。强化组织建设，严格“三会一课”制度，扎实开展基层党组织换届选举、党员培养发展、党代表推荐、模范选树、精神文明建设等工作，完成党组织关系集中排查、党费收缴自查补缴等专项任务。定期组织中心组学习、召开思想交流会、举办党章准则条例知识竞赛、开展党章知识考试、参观爱国主义教育基地、定期举办“道德讲堂”，实现学习教育经常化。做好发展党员工作，选派5人参加区直机关党员发展对象培训班，吸收5人为预备党员。开展党员关怀救助活动，组织慰问抗战老红军、基层老党员、全国及自治区劳动模范、先进工作者及困难党员。2016年，获全国测绘地理信息系统先进集体1个、先进个人1名，自治区先进工作者1名、开发建设新疆奖章获得者9名、区直机关优秀共产党员1名。表彰奖励2015年度10个先进基层党组织、29名优秀党员、11名优秀党务工作者。

【党风廉政建设】

新疆测绘地理信息局召开局系统2016年党风廉政建设工作会议，局党组与局属各事业单位签订党风廉政建设责任书，将党风廉政建设情况纳入各单位绩效考核体系，把考核结果作为领导班子总体评价和领导干部考核的重要内容。召开局系统“纪律教育年”活动动员大会，及时下发活动实施方案。举办党章准则条例知识竞赛活动，6个单位组队参赛，全局120多名党员干部观看比赛。组织全局130

人观看廉政教育电影《破局》《蜕变》和纪录片《永远在路上》等警示教育片、反腐倡廉公益短片，组织开展廉政专题自学和集体学习。在局 OA 办公系统每周发送廉政警示语，在局门户网站刊发党风廉政建设动态信息，组织党员参加自治区纪委举办的“纪律知识微考堂”网络答题活动。在局系统开展作风建设“三项治理”活动，开展 3 次督导检查、1 次财务互查。强化执纪监督，落实“四种形态”，受理 6 起自治区党委巡视组、自治区纪委、驻国土资源厅纪检组转交的党员干部问题线索和公款消费等问题初核工作。抓好重要节日纠正“四风”问题预防和警示教育工作，不定期开展机关作风建设检查，组织实施局机关上下班工作纪律明察暗访工作。对新提拔的 14 名正副处级干部进行廉政谈话，组织开展事业单位 2 名科级干部任前廉政考试。响应自治区直属机关工作委员会“争创廉洁家庭 争做廉洁干部”为主题的家庭助廉承诺书签订活动，160 多名党员干部签订承诺书。开展“党纪在心中”征文评选，收到文章 85 篇，评出一、二、三等奖 20 篇。

【民族团结工作】

新疆测绘地理信息局按照自治区统一部署，选派 3 人参加为期 1 年的南疆学前双语支教；有步骤地组织开展“民族团结一家亲”结对认亲活动，安排处级以上干部结对认亲 52 户、科级干部计划结对认亲 111 户、其他干部职工计划结对认亲 376 户。新疆测绘地理信息局合唱团参加自治区党委宣传部、自治区文化厅举办的“融情聚力共圆梦想”自治区民族团结进步年主题文艺晚会。组织开展全局干部职工学跳新疆舞融情联谊活动，增进团结、凝聚友谊。重视在事业发展中培养少数民族技术骨干，注重选拔、使用少数民族干部。利用办公网络、公告宣传栏、电子屏幕、公共微信平台等宣传载体登载民族团结和“去极端化”宣传语，配发维吾尔语学习书籍，开设“每周一句维吾尔语”学习专栏。大力宣传局系统自治区先进工作者、开发建设新疆奖章获得者、区直机关优秀党员的先进模范事迹。

【“访民情 惠民生 聚民心”工作】

新疆测绘地理信息局“访惠聚”（新疆维吾尔自治区各级干部深入基层“访民情 惠民生 聚民心”活动）驻村工作队坚持把整顿与巩固提高相结合，把加强基层组织建设作为驻村工作重点工作来抓，提高疏附县塔什米里克乡琼巴格村（塔什艾日克村）党支部凝聚力。贯彻落实“揭盖子、挖幕后”工作安排，严格按照宣传教育计划开展“一对一”面对面谈话，引导村民转变思想认识。组织开展形式多样宣讲活动 20 多场次，受教群众达 9000 多人次。组织欢度“三八”国际劳动妇女节、刺绣作品展示评比、“妇女靓丽工程”“颂团结、倡和谐、绚丽民族情”“最美家庭”评选等活动。在全局范围内多次开展捐资助学活动，为琼巴格小学、幼儿园捐赠计算机、复印机等设备，共捐助衣物 300 多件、儿童书籍 100 多本、篮球架和体育用品价值 5000 多元。争取国家测绘地理信息局 111 万元资金，自筹资金 7 万元，结合自治区安居富民项目资金，实施 25 户“美丽乡村安居富民示范户”项目建设，解决贫困户住房困难。争取 938 万元国土资源土地整理项目开展琼巴格村（塔什艾日克村）灌溉与排水治理、田间道路整理、农田防护与生态环境保持等工作，已完成 2 条共 1.7 千米斗渠建设、0.4 千米田间道路整理任务。落实 63 万元村级惠民项目，为 90 户贫困户每户发放价值 7 千元扶贫羊。落实 20 万元完成 400 亩低效林改造项目，提高林果产量。

【精神文明建设】

新疆测绘地理信息局系统继续保持自治区文明单位称号。持续开展形式多样的精神文明创建活动，开展自治区第 15 个公民道德建设月活动，全年开展道德讲堂活动 5 次。

新疆测绘地理信息局印发《2016 年局机关各处室和事业单位信息稿件考评标准》《2016 年宣传工作要点》，完成 2015 年度测绘地理信息宣传评选工作。完成与《新疆日报》、人民网新疆频道等媒体的学习贯彻习近平总书记给国测一大队老队员老党员回信重要精神、新疆测绘地理信息事业服务大局改革发展系列报道，连续 8 年与新疆人民广播电台 929 频道举办《测绘之声》栏目，连续 5 年与天山网开展合作，全区测绘地理信息系统投稿 1100 多篇。

2016 年，新疆测绘地理信息局新增 1 个国家级青年文明号、1 个自治区级青年文明号、1 个集体保持国家级青年文明号、2 个集体保持自治区级青年文明号、2 个集体保持自治区直属机关青年文明号。6 个集体继续保持自治区和区直机关级“巾帼文明岗”，1 个集体成功创建区直机关“巾帼文明岗”。局团委获自治区直属机关“五四红旗团委”称号，1 个集体获自治区“五四红旗团总支”称号。

【扶贫工作】

新疆测绘地理信息局对岳普湖县艾西曼镇恰喀村持续开展包村定点扶贫工作。结合“访惠聚”驻村工作，加大疏附县塔什米里克乡琼巴格村（塔什艾日克村）扶贫工作力度。全年局各级领导下村调研6人次，慰问定点扶贫村贫困户及低保户2次，发慰问金1.5万元。

【人才队伍建设】

新疆测绘地理信息局选任县处级干部14名，其中提拔使用8名、试用期满正式任职1名、轮岗交流5名；指导局属事业单位完成24名科级干部选任、13名科级干部轮岗交流等工作。招录3名机关公务员，招聘40名事业单位工作人员。国家测绘地理信息局安排5名专业技术干部到新疆挂职工作、5名专家到新疆开展技术指导；接收3名新疆测绘地理信息干部到直属单位挂职、6名专业技术人员到直属单位学习。5人赴美国、加拿大高校进行访学或进修学习。选派13名干部参加各级党校和行政学院脱产培训，选派2名干部挂职锻炼。完成新疆注册测绘师考试资格审查及测绘系列中初级职称评审工作。加大行业岗位培训力度，全年举办12期行政执法、继续教育、文秘信息、涉密测绘成果管理等培训班，培训各类人员1800人次。面向大中专院校开展职业技能鉴定工作，对167人次进行职业技能培训和鉴定，166人通过鉴定并取得相应等级证书。

法制建设与市场监管

【法制建设】

新疆维吾尔自治区人大常委会将修订《新疆维吾尔自治区实施〈中华人民共和国测绘法〉办法》项目作为《自治区人大常委会五年立法规划（2016—2020年）》中第一类“拟提请审议的法规项目”。制定下发《新疆维吾尔自治区贯彻落实〈地图管理条例〉实施方案》，扎实做好贯彻落实工作。

【法制宣传】

新疆测绘地理信息局印发《自治区测绘地理信息系统法治宣传教育第七个五年规划（2016—2020年）》。开展第十三个“宪法法律宣传月”活动，组织局系统干部职工170多人参加“全民国家安全教育日”法律法规知识答题活动。通过国家工作人员无纸化学法网站“法宣在线”和手机微信平台，组织局机关干部职工参加网络学法和“学法达人”月赛活动。开展“8·29”测绘法宣传日活动，制作《爱我中华——你应该知道的地图知识》宣传片，并通过网络平台播放。期间，全疆共张贴测绘法宣传画600多幅，摆放宣传展板279块，悬挂横幅419幅，设县（市）级宣传点85个，发放各类宣传材料6.9万份，昌吉州、克拉玛依市等地通过手机发送公益宣传短信1.9万多条。

【综合执法】

新疆测绘地理信息局加强事中、事后监管，制定《局“双随机”综合执法检查工作方案》，联合相关部门对乌鲁木齐市辖区40家乙、丙级测绘资质单位开展“双随机”综合执法检查，将资质巡查、质量体系检查、保密检查、测绘成果汇交等统筹检查，提高执法效能。开展全区测绘行政执法证清理工作，发现全区15个地州市中仅有6个地州市持有测绘行政执法证，9个地州市测绘行政执法证件过期。

【依法行政】

新疆测绘地理信息局制定下发《局行政许可和行政处罚等信用信息公示工作的实施方案》，在局门户网站信息公开平台公示自1月1日以来产生的行政许可和行政处罚信用信息。

【“放管服”改革】

新疆测绘地理信息局取消“测绘计量检定人员资格认定”行政审批。绘制完成权责运行流程图，在局网站公布49项权责清单和运行流程图，接受社会各界查询监督。

【测绘资质管理】

新疆测绘地理信息局全年共依法审核批准96家测绘单位资质申请相关业务，其中转报国家测绘地理信息局新批准甲级单位1家，新批准测绘资质单位15家，升级测绘资质单位23家，增加业务范围单位57家，在局门户网站公示批准情况，同时召开3次通过审核单位的负责人座谈会。

【信用管理】

新疆测绘地理信息局组织开展全区测绘地理信息单位市场信用信息征集工作，7月，完成全部甲级单位信用信息初审上报工作，12月底，在国家测绘地理信息局行业信用信息管理平台发布乙、丙、丁级单位信用信息。

【日常监管】

新疆测绘地理信息局按照《测绘资质管理规定》，在局门户网站公示2016年全区测绘资质年度报告，统计未上报年度报告单位名单，对连续2年未上报年度报告的6家单位进行通报。

基础测绘

【基础测绘】

8月29日，新疆维吾尔自治区人民政府批复同意《新疆维吾尔自治区基础测绘第十三个五年规划》，并由新疆测绘地理信息局发布实施。新疆财政投入1:1万基础测绘经费5200万元；新疆测绘地理信息局与13个地（州、市）人民政府（行署）签订1:1万基础测绘项目实施协议，安排21个测区1:1万基础测绘地形图2133幅，覆盖面积5.3万多平方千米。安排3682幅1:1万地形图入库工作，完成约40%任务。完成13个测区2015年跨年度1:1万基础测绘项目验收工作。启动新疆维吾尔自治区卫星定位连续运行服务系统。继续实施现代大地控制网建设项目，新建250个B级GPS点，联测1000个二等水准点约7500千米。在阿勒泰市、哈密市、阜康市、阿克苏市、喀什市、阿图什市、和田市实施大比例尺测图约464平方千米。

【航空航天遥感影像获取与应用】

新疆测绘地理信息局向国家测绘地理信息局申请并获取1:1万基础测绘航空影像38422平方千米、航天影像6627平方千米。自筹资金获取航空影像18185平方千米、航天影像8098平方千米。实施大比例尺测图项目航空摄影与遥感影像采购约752平方千米。承担完成国家航空航天遥感影像获取项目和田摄区标段航摄任务。

【智慧城市、数字城市建设】

新疆测绘地理信息局督促乌鲁木齐市等6个城市汇交成果资料。编制、签订阿勒泰、喀什、和田数字城市地理空间框架建设合作协议书并完成建设工作。组织哈密市数字城市地理空间框架建设项目验收。指导塔城市做好数字城市地理空间框架建设项目验收准备工作。启动乌鲁木齐市智慧时空大数据与云平台试点项目。

【质量管理】

新疆测绘地理信息局按照国家测绘地理信息局要求，完成甲级单位质量监督抽查所需项目信息收集、汇总及上报工作，配合开展质量监督抽查工作。完成自治区47家乙、丙、丁级测绘单位质量监督抽查工作，其中乙级单位15家、丙级单位16家、丁级单位16家；其中合格41批次、不合格6批次，合格率为87.2%。配合国家测绘产品质量检验测试中心做好2000国家大地坐标系转换项目验收工作。完成国家测绘地理信息局安排的1:5万数据库动态更新新疆区域数据质量检验工作。完成委托检验65批次、内部比对检验1批次。完成各类测绘仪器检定校准1007台，其中GPS接收机560台、全站仪239台、水准仪183台、手持激光测距仪11台、铟瓦条码水准标尺13付、光学经纬仪1台。

【安全生产】

新疆测绘地理信息局成立自治区测绘地理信息行业安全生产专项检查工作领导小组，印发《自治区测绘地理信息行业安全生产专项检查工作方案》。与局属各事业单位签订年度安全生产目标管理责任书，并将安全生产情况纳入事业单位绩效考核体系。定期召开安全生产领导小组专题会议，安排部署安全生产工作。在重要节日和敏感节点，开展局系统安全生产大检查3次。通过测绘生产车辆安全监控系统对外业车辆运行情况进行监控。在极端天气来临前、特殊时期，及时向执行外业测绘任务疆内外作业单位通报情况，帮助解决问题。开展安全文化作品征集上报工作。参加自治区“5·12”防灾减灾宣传周活动。全年未发生安全生产事故。

【测绘援疆】

新疆测绘地理信息局召开全区测绘地理信息援疆工作推进会，持续加强测绘地理信息受援各项工作，推进地、县受援工作，补齐基层短板。向国家测绘地理信息局党组报告全国测绘地理信息援疆工作会议召开一年来工作情况，国家测绘地理信息局局长库热西·买合苏提在报告上批示：一年来的援疆工作取得可喜成绩，各省、各单位、相关企业做了大量工作。要继续努力，取得更大成效。国家测绘地理信息局援建新疆测绘地理信息局“访惠聚”驻疏附县塔什米里克乡琼巴格村（塔什艾日克村）25套“美丽乡村富民安居房”。浙江、上海、河北、山西、吉林、江苏、湖南、湖北、福建等省份测绘地理信息部门持续开展援疆活动，进一步促进和加强受援地州测绘地理信息基础工作，保障服务当地经济社会发展和各项建设。新疆测绘地理信息局配合国家测绘地理信息局在乌鲁木齐召开援疆干部人才座谈会。做好与陕西测绘地理信息局援疆测绘地理信息项目对接。联系对口援疆省市、受援地，了解援疆项目进展情况。参加南疆3地州测绘地理信息援疆调研工作。

地理国情监测

【地理国情普查】

新疆测绘地理信息局组织召开地理国情普查专题会议，安排部署普查后续工作。完成普查数据库建设和基本统计工作，推进普查图集及系列专题图编制工作。

【地理国情监测】

新疆维吾尔自治区人民政府批准实施自治区绿洲区域地理区情监测项目。推进新疆地理国情遥感监测系统建设。与自治区审计厅合作完成博乐市、哈巴河县、若羌县、尉犁县等区域领导干部自然资源资产离任审计监测试点。移交塔城市棚户区三维地理信息及塔城地区耕地变化、库鲁斯台草原生态变化等监测成果。完成国家测绘地理信息局安排的地级以上城市及典型城市群空间格局监测项目和丝绸之路经济带重要地理国情监测——塔克拉玛干沙漠范围及绿洲变化监测项目任务。完成自治区 77 个县级城市空间格局监测项目。

地图管理与地图服务

【地图审核】

新疆测绘地理信息局全年共受理审核地图 374 件 1175 幅，并完成送审地图的备案工作。

【地图编制与出版】

新疆测绘地理信息局为自治区党委、人民政府、人大、政协及有关部门编制提供《自治区工作用图》116 套，为自治区人大代表会议和政协会议编制完成汉、维吾尔两种语言文字的《两会代表用图》1660 套，为自治区扶贫开发办提供《自治区扶贫攻坚“两图一册”》（双拼挂图、涤绸版图、图册），编制《新疆边境管控工作系列地图》260 幅，开展《塔城地区边境“四道防线”建设工作用图》编制工作，第十七届“蓝厅”论坛《美丽新疆：在祖国的怀抱》展览专题地图。完成国家测绘地理信息局试点项目——昌吉市、哈密市城市地图集编制出版工作。

【地图市场监管】

新疆测绘地理信息局组织 17 家成员单位召开新疆维吾尔自治区国家版图意识宣传教育和地图市场监管工作领导小组联席会议，制定自治区国家版图意识宣传教育和地图市场监管 2016 年工作要点。编制 2016 年地图市场专项检查方案，开展地图市场巡查共 100 次，全年下发“问题地图”整改通知书 15 份、查处函 5 份，并对整改结果进行跟踪复查。对重大展会存在的问题地图采用撤换、现场纠正等方式，确保一次整改到位。对第五届中国—亚欧博览会及 2016 亚欧商品贸易会、中国喀什—中亚南亚商品贸易交易会、乌鲁木齐市图书批发市场等进行地图市场执法检查。配合自治区商务厅对所有办公室张贴的各类地图进行检查，现场讲解国家版图基本知识、地图审核要求。与自治区党委网络安全和信息化领导小组办公室建立互联网地图服务监管协调工作机制并下发通知，要求互联网服务单位加强自律，规范使用地图。组织开展互联网全国联动监管工作，及时排查国家测绘地理信息局及各省推送的信息。对全区 103 个政府网站、大型商业网站、新闻媒体网站登载地图进行全面检查和日常监管。组织新疆 18 名地图审核人员参加地图审核员培训班。组织各地州市测绘地理信息行政主管部门使用国家测绘地理信息局配发的“地图卫士”软件，提高地图市场检查的技术手段和能力。

【地图服务】

新疆测绘地理信息局全年为政府部门、各行业单位无偿提供各类地图 1237 张，支持基础测绘、地质勘查、交通规划、电力、土地确权等项目建设；编制完成《自治区工作用图》《自治区扶贫攻坚“两图一册”》及汉、维吾尔语言文字《两会代表用图》。编制并发布自治区基础地理信息标准地图，无偿向社会各界提供正确地图。

【国家版图意识宣传教育】

新疆测绘地理信息局进一步深化国家版图意识宣传教育“六进”活动，将《地图管理条例》和国家版图意识宣传制作成 H5 宣传页面，利用微信公众号向全社会播放。

【“美丽中国”第三届全国国家版图知识竞赛和少儿手绘地图大赛】

新疆测绘地理信息局组织自治区国家版图意识宣传教育和地图市场监管工作领导小组成员单位及各级测绘地理信息行政主管部门广泛宣传、引导本系统和社会各界 4205 人通过微信、问卷形式参加国家版图知识网络竞赛和挑战赛。举办 2 次自治区级选拔赛，推荐 30 名优秀选手代表新疆参加国家比赛，组织 4 名选手赴南京参加全国国家版图知识竞赛电视赛，其中 1 名选手获优胜奖。新疆测绘地理信息局获“美丽中国”第三届全国国家版图知识竞赛和少儿手绘地图大赛优秀组织奖。与自治区教育厅联合开展国家版图知识进学校活动，评选并推荐108幅作品代表新疆参加全国少儿手绘地图作品大赛，12名教师获优秀指导奖。

测绘地理信息成果管理与应用

【"天地图·新疆"建设与应用】

新疆维吾尔自治区地理信息公共服务平台（"天地图·新疆"）列入《新疆维吾尔自治区基础测绘第十三个五年规划》。"天地图·新疆"纳入国家测绘地理信息局应用推广项目，获100万元资金支持。新疆测绘地理信息局编制"天地图·新疆"2016—2018年建设方案及2016年工作方案，落实资金249万元，加强自治区级节点建设。督促已建成数字城市的地方政府将运行成果接入国家、自治区节点，开展乌鲁木齐市节点接入国家主节点测试工作。组织新疆维吾尔自治区第一测绘院开展昌吉、吐鲁番市级节点数据融合工作。指导吐鲁番市高昌区开展平台移植应用。推进市级节点聚合服务。完成4个市、县2016年"天地图"节点综合技术评估工作。

【成果管理与提供】

新疆测绘地理信息局按照自治区行政审批"双公示"要求，修订《利用属于国家秘密的测绘成果的审批程序》《地图审核程序》并在门户网站发布流程图。进一步加强事前监管，完善监管机制。按时在局门户网站公布受理领取涉密测绘成果、地图审核结果信息，接受社会监督。全年提供成果资料959人次、控制成果12294点、各种比例尺地形图5932张、各种比例尺地形图数据14721幅307GB、航空影像扫描数据12795片7 TB、航摄成果资料28.8 TB。

【成果汇交与分发】

新疆测绘地理信息局全年接收19个测区2014幅1:1万比例尺基础测绘地形图资料，向4个地（州、市）移交6个测区446幅1:1万基础测绘地形图资料，共整理组卷归档19个测区基础测绘资料134卷。组织完成最新测绘成果目录上报工作，上报国家测绘地理信息局矢量地图数据55819条、数字高程模型数据32938条、分幅正射影像数据51769条、数字栅格地图数据8199条。组织完成年度测绘成果目录汇交，360家单位登录"天地图·新疆"网站目录汇交系统，汇交2616条成果目录。汇交目录在局门户网站发布。

【涉密成果管理】

新疆测绘地理信息局审批涉密测绘地理信息成果领用手续959批次。组织各地（州、市）测绘地理信息行政主管部门按年度开展涉密测绘地理信息成果保密检查，共发放《涉密测绘地理信息成果保密自查情况表》221份，抽查单位186家。对35家单位下达《限期整改通知书》。执行核心涉密人员备案制度，全区已登记备案核心涉密人员701人。组织举办第九期3个班涉密人员岗位培训班，345人通过考试获得上岗资格。

【测量标志管理】

新疆财政拨付测量标志保护专项补助经费370万元，重点维护130个高等级测量标志点。受理阿勒泰地区、吐鲁番市5个测量标志点拆迁申请，办理2个测量标志点拆迁手续。

【应急保障】

新疆测绘地理信息局将应急测绘纳入常态工作，做好应急测绘保障资料储备等工作。联合相关厅局构建反应迅速、运转高效应急测绘保障机制，应急测绘保障列入国土、民政、环保等部门应急预案。为新疆维吾尔自治区应急管理办公室处置阿勒泰市发生重金属矿污染部分河流事件紧急制作提供应急专题图。为叶城县柯克亚乡突发泥石流安排制作事发地三维地形模型，制作《叶城县地图》《柯克亚乡地图》《柯克亚乡泥石流事发地影像图》，及时提供给新疆维吾尔自治区国土资源厅和叶城县国土资源局。为呼图壁县和阿克陶县地震紧急制作《呼图壁县12·8地震震中外扩20千米范围卫星影像图》《阿克陶县木吉乡震中50千米区域卫星影像图》《阿克陶县木吉乡震中10千米区域卫星影像图》等。建成集多种无人机、车载地面视频采集系统、应急遥感影像快速处理系统、应急测绘指挥中心为一体的应急测绘保障体系。开展新疆地质灾害信息系统、群测群防体系基础地理信息数据库建设。坚持平战结合，在疏附县开展应急测绘保障演练，不断提升实战能力。

【共建共享】

新疆测绘地理信息局按照新常态下应急测绘特点和保障目标，继续巩固和加强与自治区应急管理办公室、地震局、公安厅、国家安全厅、新疆军区等部门协作机制，保持联络员制度，畅通信息渠道，推进应急协作和信息共享。与自治区人民政府扶贫开发领导小组办公室签订战略合作协议，编制完成自治区扶贫攻坚“两图一册”（双拼挂图、涤绸版图，图册），研发基于 iPad 移动端的扶贫信息采集和管理系统，全力支持自治区扶贫攻坚大数据平台建设。持续推进“天地图·新疆”与重点厅局业务系统的深度融合与应用，专线接通国土专网，实现国土“一张图”平台与“天地图·新疆”平台对接，为国土部门不动产登记、地质灾害防治等提供统一基础地理底图在线服务。“天地图·新疆”平台前置自治区公安厅、国家安全厅、环保厅内网，完成与新疆警用地理信息系统平台、国家安全业务系统、环保业务系统对接，实现在线保障服务各专业业务流转。主动与自治区审计厅对接合作，成立合作工作机构，共同完成新疆领导干部自然资源资产离任审计 2016 试点工作。完成全国第三次辅助决策用图共享工作，共享的世界地图、中国地图等资料提供给新疆测绘单位使用。

【军地测绘融合发展】

新疆测绘地理信息局贯彻落实《关于印发〈关于推进军地测绘融合发展的意见〉的通知》，及时向驻疆部队、新疆军区所属部队提供高分辨率影像、地形图、“天地图·新疆”公共服务平台服务。利用自治区测绘地理信息学会培训平台，免费向军队测绘部门官兵进行无人机、导航等新技术的应用培训，并向军队无偿提供 CORS 站应用。军队为地理国情普查过程中在军事管理区的工作和在应急保障时的交通、设施等方面提供支持。为有关部队制作了《新疆维吾尔自治区地貌交通图》《南疆防区沙盘》和《瓦罕走廊地区地形沙盘》。

地理信息产业

【发展地理信息重点领域】

新疆测绘地理信息局丰富测绘地理信息资源，实施自治区基础测绘、地理国情普查、高分辨率影像获取。扩大公共服务范围，开展“天地图·新疆”建设与维护、地理国情监测、灾害防治相关工作。鼓励具有地图编制资质单位编制公益性地图，开展优秀地图评选工作。培育地理信息骨干企业，在组织实施的自治区绿洲区域地理区情监测、“天地图·新疆”平台建设等重大测绘地理信息项目中，吸收北京测绘地理信息行业单位参与，以项目指导带动企业发展壮大。

【优化产业发展环境】

新疆测绘地理信息局继续组织全区各级测绘地理信息行政主管部门开展《关于促进自治区地理信息产业发展的意见》贯彻落实。通过专题座谈、建微信群、听取各地产业发展推进工作汇报、书面收集企业反馈信息等方式，进一步了解掌握地理信息企业情况，宣传有关政策，帮助企业解决资质申报、技术培训等问题。完成新疆地理信息产业单位名录库建设以及产业情况摸底分析工作，为实现地理信息单位科学管理，建立动态更新机制打下基础。

科技与标准化工作

【科技创新体系建设】

新疆测绘地理信息局制定 2016 年科技工作计划，研究 2016 年基础测绘科研经费分配方案，组织完成 2016 年局科技项目。印发《关于加强自治区测绘地理信息科技创新的实施意见》。组织 4 期“测绘科技大讲堂”活动，邀请行业知名专家学者讲解当前测绘地理信息科技发展前沿动态。向自治区科学技术协会报送第二十七届“科技之冬”活动总结。

【科技项目与科技奖励】

新疆测绘地理信息局实施 5 个科技项目中，“自治区地理区情监测指标体系研制”“基础测绘成果质量检验实施细则研制”2 个项目通过局验收。充分发挥中国测绘科学研究院新疆分院、国家测绘地理信息局卫星测绘应用新疆分中心、中亚地理信息开发利用国家测绘地理信息局工程技术研究中心等高层次科技创新平台作用，成功申报“对地观测与导航”专项“区域协同遥感监测与应急服务技术体系——敏感区域突发事件应急服务应用示范”课题、“公共安全风险防控与应急技术装备”专项“一体化综合减灾智能服务研究及应用示范——国家、部门与地方应用示范”课题 2 项国家重点研发项目，以及国家测绘地理信息局重点实验室开放基金“基于 DOA 架构的大数据量模型数据组织调度与发布关键技术研究与实现”、测绘地理信息公益性行业科研专项“地理信息安全防护与网络监管关键技术研究及示范应用”“丝绸之路经济带重要地理要素监测技术及示范”、自治区重点研发任务专项“典型地质灾害监测预警技术研发——以新源县为例”等 6

项省部级科研项目。研发的激光干涉仪长度检测系统，填补新疆空白，大幅节省行业单位检定成本。

“地理信息公共服务与共享平台软件”获国家版权局颁发的计算机软件著作权登记证书。“汉文、维吾尔文、哈萨克文版《新疆维吾尔自治区地图集》”获中国地理信息产业协会2016年中国地理信息产业优秀工程奖金奖、中国测绘地理信息学会2016年优秀地图作品裴秀奖金奖。

【标准化工作】

新疆测绘地理信息局及时转发和公布国家测绘地理信息局发布的所有测绘行业标准。广泛征求《数字城市地理信息公共平台服务接口规范》《时空政务地理信息术语》《应用服务接口技术规范》等10多项标准修改意见，并反馈国家测绘地理信息局。组织地州市测绘地理信息行政主管部门和有关单位参加国家测绘地理信息局举办的标准化培训。

地市级测绘地理信息工作

【克拉玛依市】

克拉玛依市国土资源局（测绘地理信息局）围绕克拉玛依市“打造世界石油城”发展目标，以基础测绘成果服务为主线，不断提升测绘地理信息保障服务水平，为克拉玛依市信息化建设、打造“智慧克拉玛依”提供基础地理空间数据支持。

组织完成市11家测绘资质单位测绘行业统计年报、测绘资质年度报告、测绘市场信息体系、测绘成果汇交网上填报工作，受理完成1家单位测绘资质申请、1家单位增加业务范围的初审工作。

组织完成《克拉玛依市2016年基础测绘年度计划》，重点实施乌尔禾区百口泉工业区域约3平方千米1:500、1:2000、1:5000、1:1万数字线划图等基础地理信息数据测制、入库工作，并通过新疆维吾尔自治区测绘产品质量监督检验站验收。

组织完成辖区地图市场大检查，共检查市人民政府、各区人民政府及部门门户网站161家，填写《地图市场检查表》（常规地图）记录352条。

组织完成“中国—亚欧博览会”克拉玛依市各参展单位地图展品和涉密测绘成果检查工作。配合新疆测绘地理信息局完成测绘质量定期检验工作，市辖11家测绘单位均通过定期检验。

【博尔塔拉蒙古自治州】

博尔塔拉蒙古自治州国土资源局（测绘地理信息局）组织召开农、林、牧、建设、环保等部门专家参加的州测绘地理信息“十三五”规划编制座谈会，对编制主要任务进行细化并形成初稿。

新疆测绘地理信息局在博尔塔拉蒙古自治州实施1:1万基础测绘面积2700平方千米，成图108幅，重点满足博乐市、精河县风电项目、城镇化和农村现代化建设急需。项目总投资315.1万元，其中自治区财政投入263.3万元、地方自筹配套资金51.8万元。

4月，博尔塔拉蒙古自治州国土资源局（测绘地理信息局）组织自治州测绘地理信息系统和9家测绘资质单位开展学习宣传《地图管理条例》试卷答题活动。根据赛里木风景名胜区近期规划建设需要，商湖北省测绘地理信息局，进一步确定湖北援博全野外数字化大比例尺地形图测绘项目，完成测量面积16.5平方千米，预计2017年5月交付使用内业资料。

【乌鲁木齐市】

乌鲁木齐市拥有测绘资质单位196家，约占全疆测绘资质单位总数的47%，其中甲级11家、乙级48家、丙级58家、丁级79家，测绘地理信息年平均从业人员约3661人。

乌鲁木齐市测制完成1:1万地形图676幅，面积达1.69万平方千米，基本实现全覆盖。2016年，首次开展中心城区1:1万地形图更新工作，涉及图幅86幅，面积达2150平方千米。完成1:500和1:1000地形图修补测共计250.9平方千米，地籍图修补测71.15平方千米。

乌鲁木齐市国土资源局（测绘地理信息局）完成乌鲁木齐市智慧城市时空信息云平台申报，并经国家测绘地理信息局批准列为全国试点城市。开展2016年度“天地图·乌鲁木齐”市级节点电子地图更新工作。完成乌鲁木齐2000城市坐标系可研、立项等工作，开展项目资金申报并落实。完成国土“一张图”数据综合管理系统、移动“一张图”及会议会审系统开发工作。

围绕“贯彻地图管理条例，更好服务国计民生”宣传主题，采取多种形式开展“8·29”测绘法宣传日活动。配合新疆测绘地理信息局开展“双随机”综合执法检查工作，对乌鲁木齐市40家乙、丙级单位质量管理、涉密测绘成果管理、成果汇交、资质管理进行检查。参加第五届“中国—亚欧博览会”地图市场监管工作，依法对市图书批发、新华书店等地图市场开展随机检查。

选派2人赴中国井冈山干部学院参加新疆测绘地理信息管理干部“两学一做”学习教育培训班，选派3人参加国家测绘地理信息局地图审核员培训班并通过考核，选派2人参加国家测绘地理信息局测绘地理信息行政执法培训。

组织第三届全国国家版图意识竞赛及少儿手绘地图大赛，组织辖区测绘地理信息从业人员通过网上答题、微信答题等方式参加国家版图意识竞赛，与市教育局共同组织少儿手绘地图大赛，筛选报送手绘地图作品98幅。

开展测量标志日常巡查保护工作，加大测量标志保护宣传工作。申报测量标志保护计划，争取自治区测量标志保护专项经费52万元。

【哈密市】

哈密市国土资源局（测绘地理信息局）组织完成哈密市（伊州区）地理信息公共平台等8个应用系统研发工作并通过国家级验收。印发地区测绘地理信息宣传工作方案，获2015年度自治区测绘地理信息宣传工作先进集体称号，1人获2015年度自治区测绘地理信息局政府门户网站信息报送先进个人一等奖。

在“8·29”测绘法宣传日，组织（区）县测绘地理信息行政主管部门及区域内13家测绘单位开展宣传活动，张贴横幅6条，制作展板17块，发送手机短信、微信1000多条，发放宣传资料3000多份，现场解答群众提问近100人次。组织地区国土系统和13家测绘资质单位学习宣传新修订实施《地图管理条例》试卷答题活动，共100多人提交答卷。

制定涉密成果检查工作方案，发放涉密测绘保密检查工作通知和自查表15份。会同市国家保密局进行检查，共抽查单位13家，检查近30台涉密计算机、移动硬盘的使用和管理情况，向2家单位发出整改通知书并完成限期整改。应华能哈密煤电有限责任公司申请，会同市国家保密局对应当销毁的、使用目的完成后的涉密测绘成果进行清理、核查、登记和监销，销毁涉密1:1万地形图9张并报新疆测绘地理信息局备案。

开展测绘资质巡查，共巡查13家测绘资质单位，占应巡查数的81.8%。开展测量标志巡查保护，完成10个重点测量标志维护任务。按时完成测绘成果录目汇交网络直报工作，共汇交测绘成果47项。

【吐鲁番市】

吐鲁番市国土资源局（测绘地理信息局）对10家测绘单位全面检查测绘质量管理制度，将测绘单位执业合法性、基本架构和人员、仪器设备及鉴定情况、测绘标准执行与档案管理、质量管理与保证体系建设情况作为非成果类检查内容，并将检查结果与年度注册、增补业务、资质升降、复审换证等工作相挂钩。对接并做好湖南援吐测绘地理信息工作。6月，市委组织部安排1名专业技术人员到湖南省国土资源厅跟班学习。9月，自治区国土资源厅主要领导带领吐鲁番市国土资源局（测绘地理信息局）人员到湖南省国土资源厅对接援疆工作。湖南省国土资源厅在吐鲁番市实地进行像控点测量，制作数字正射影像图和整理成果资料，完成1:500、1:1000实地测量202.75平方千米，其中高昌区94平方千米、鄯善县24.75平方千米、托克逊县84平方千米。

对农牧区附近428个测量标志点进行巡查，巡查率70.4%。做好大河沿引水工程建设项目中涉及的2个测量标志点拆迁报批工作。

【巴音郭楞蒙古自治州】

巴音郭楞蒙古自治州测绘地理信息局在“8·29”测绘法宣传日期间，组织各县市测绘地理信息行政主管部门在办公地点利用电子屏幕连续滚动发布测绘宣传主题及标语，邀请甲、乙级测绘资质单位参加宣传活动，利用多种“媒介”进行宣传，邀请州电视台、州日报社新闻记者作专题报道。悬挂宣传横幅14条，张贴宣传海报20张，散发宣传材料2000份，制作宣传展板8块，提供咨询服务100多次，仪器操作演示40多次。

11月1日，巴音郭楞蒙古自治州测绘地理信息局在州第二中学开展“国家版图知识教育”主题讲座。

【喀什地区】

喀什地区国土资源局（测绘地理信息局）利用“4·12”宪法宣传日、“4·22”地球日、“6·25”土地日大力宣传《中华人民共和国测绘法》《测绘成果管理条例》《测量标志保护条例》及地理国情普查知识。在“8·29”测绘法宣传日，利用短信群发系统、QQ工作群、微信平台发送宣传公益短信和宣传片达2000多条，通过微信平台、QQ工作群转发宣传公益短信和宣传片达3万多条。

下发《喀什地区2016年度国家版图意识宣传教育工作方案》和《喀什地区2016年度测绘地理信息

保密检查工作方案》，不断加强国家版图意识宣传教育，加大地图市场监管力度，保密管理工作取得实效。在“8·29”测绘法宣传日等活动和第十二届新疆喀什·中亚南亚商品交易会地图市场专项检查同时，专门印制宣传材料1500份。

做好新一轮测绘地理信息援疆工作对接和衔接，上海市援助实施叶城县面积约36.91平方千米1:500、1:1000地形图测绘项目，投入100万元，项目已通过新疆维吾尔自治区测绘产品质量监督检验站验收并交付使用。

举行喀什市数字城市地理空间框架建设合作项目签约仪式，启动地区第一个数字城市地理空间框架建设项目。配合各有关单位做好国家1:5万基础地理信息数据库动态更新、地理国情监测、全疆重力点观测、二等水准联测、全疆B级GPS控制点联测、自治区绿洲区域地理区情监测、国道314线克州阿克陶县布伦口至红其拉甫口岸段的测量任务项目和喀什市207平方千米航空摄影、117.56平方千米1:500地形图大比例尺基础测绘等测绘项目任务。

做好基础测绘成果分发提供服务工作，完成地区国土资源规划院、地区水利水电院等用图单位20批次《领取基础测绘成果申请材料》审核和出具证明工作。

组织制作喀什地区地形沙盘，范围覆盖喀什地区、克孜勒苏柯尔克孜自治州、阿克苏地区、和田地区部分区域，反映喀什地区及周边区域山脉走势、河流走向、交通状况、矿产资源分布、国界线、重要口岸等要素分布情况。

组织辖区17家测绘单位完成测绘资质年度报告、质量监督抽查前期工作、注册测绘师资格考试资格审核预审等工作。完成测绘地理信息行政执法人员清理工作，按时完成98家从事测绘地理信息产业单位名录核查工作。

经批准，喀什地区测绘中心更名为喀什地区测绘管理办公室。

【石河子市】

石河子市国土资源局（测绘地理信息局）完成2015年度测绘地理信息行业统计年报、测绘资质年度报告公示、测绘地理信息成果目录汇交、测绘地理信息市场信用信息录入和更新等工作。开展垦区测量标志巡查维护及重点永久性测量标志维护工作，对辖区5个重点测量标志进行维护。做好测绘资质管理工作，对5家资质升级和业务范围变更单位进行审查、实地考核和公示，对4家单位申办测绘作业证、2家单位变更资料、3家单位变更基本信息资料进行审查。在开展保密检查和质量检查过程中，对测绘单位进行资质巡查，对资质状况、市场情况、履行法定义务情况进行实地检查。联合市文体局对辖区地图市场开展大检查。借助“8·29”测绘法宣传日活动，召开座谈会、在市辖区办公场所悬挂横幅标语、张贴宣传画、利用LED电子屏滚动显示、参加测绘地理信息法律知识微信有奖问答活动、局网站开辟宣传专栏等多种方式进行宣传。组织开展“美丽中国”第三届全国国家版图知识竞赛网上答题活动，联合市教育局在中小学开展国家版图知识网上答题和少儿手绘地图大赛活动。

地方社团工作

【新疆维吾尔自治区测绘地理信息学会】

1月11日、4月11日、5月20日新疆维吾尔自治区测绘地理信息学会与新疆云天航空飞行器有限公司联合举办第三期、第四期、第五期民用无人驾驶航空器系统驾驶员、机长培训班。2月29日—3月11日，举办测绘地理信息行业专业技术人员继续教育培训班，350多人参加。2月，与中国卫星导航定位协会在乌鲁木齐市举办北斗+测绘地理信息技术应用培训班。3月23日—24日，举办第九期（一期）涉密测绘成果管理人员岗位培训班，210人参加。3月31日，与广州思拓力测绘科技公司在乌鲁木齐市举办国产星基增强系统（也称作“中国精度”）技术研讨会。4月13日—14日，举办自治区第九期（二期）涉密测绘成果管理人员岗位培训班，160人参加。7月23日—24日，与中国测绘地理信息学会工程测量分会在乌鲁木齐市联合举办测绘项目管理实务操作、专题案例分析及关键环节风险防控与能力提升培训班，60多人参加。8月1日，在乌鲁木齐市举办高精度定量化观测地球——对地观测与定量遥感专题讲座。9月27日—29日，协助中国测绘地理信息学会在乌鲁木齐举办智慧城市时空信息云平台建设技术培训研讨班。11月1日—3日，组织会员单位3人参加2016中国地理信息产业大会。11月9日—11日，组织会员单位16人参加2016年中国测绘地理信息学会年会。

7月18日，新疆维吾尔自治区测绘地理信息学会组织参加自治区科协举办的“跟踪世界科普教育走向，铸建创新驱动社会基础”报告讲座。9月10日，组织参加“创新放飞梦想，科技引领未来”为主题的2016年“全国科普日”新疆系列科普活动，并在主会场布设宣传展位，向公众展示新疆卫星定位连续运行服务系统相关设备，通过主会场LED大屏播放《导航大美新疆 定位西域蓝图》宣传片。10月9日，按照《关于开展第五届自治区科普奖申报推荐工作的通知》要求，推荐自治区第二测绘院申报自治区科普奖集体奖项。

7月1日，新疆维吾尔自治区科学技术协会、自治区测绘地理信息学会联合印发《关于开展自治区测绘行业2014—2015年度优秀测绘工程（项目）奖评选工作的通知》《关于成立第八届自治区测绘行业优秀测绘工程（项目）奖领导小组的决定》《关于成立2014—2015年度自治区测绘行业优秀测绘工程（项目）奖专家评审委员会的通知》，共收到13家测绘单位申报的测绘工程（项目）27项。开展2015—2016年度优秀地图作品评选工作，经2015—2016年度优秀地图作品评审委员会评审，评选出自治区测绘行业2015—2016年度优秀地图作品12幅，其中，一等奖3名、二等奖4名、三等奖5名。组织申报中国测绘地理信息学会、中国地理信息产业协会及新疆维吾尔自治区科学技术协会相关奖项。

新疆生产建设兵团

概况

2016年，新疆生产建设兵团国土资源局（以下简称兵团国土资源局）协调兵团勘测设计院（集团）有限责任公司（以下简称兵团设计院）共完成测绘任务130项，承担新疆兵团地名普查、不动产权籍调查、无人机航拍、农村土地经营权调查、地形图测绘、地下管线普查等项目，为兵团在屯垦戍边新型团场建设和重大工程建设提供重要的保障和支撑。

党的建设与精神文明建设

【党的建设】

兵团国土资源局制定《兵团国土资源局党总支2016年度工作计划》《兵团国土资源局党总支2016年度学习计划》和《兵团国土资源局党组关于在“两学一做”学习教育中深入开展“能力建设年”活动的实施方案》。印发《兵团国土资源局党总支对所属党支部2016年度党建工作目标管理考评细则》，年中和年末对所属党支部进行专项检查，党支部、党小组之间的互查互检。选报3项党建课题，其中二支部党建课题获兵团2016年党建课题研究三等奖。

全年局党组、党总支组织各类学习及观摩活动20多次，全体党员上党课6次，全年中心组学习12次，召开党总支委员会8次，深入基层开展集体活动3次。根据《兵团国土资源局党总支发展党员计划》，全年所属党支部转正党员1名，发展预备党员1名，吸纳入党积极分子3名，接收外单位转入组织关系人员1名，转出组织关系人员2名。

【党风廉政建设】

兵团国土资源局召开兵团国土资源系统2016年党风廉政建设视频会议，与师国土资源局负责人签订党风廉政建设责任书。制定印发《兵团国土资源系统党风廉政建设和反腐败工作实施意见》。指导全系统扎实做好党风廉政建设和反腐败工作。根据兵团党委办公厅部署，印发《关于印发深入开展党员干部不作为、慢作为问题专项治理指导方案的通知》，有重点地对国土资源系统党员干部“不作为、慢作为”问题进行专项治理。把党风廉政教育与开展“两学一做”学习教育相结合，给局机关党员干部发放《基层党员“两学一做”学习用书》，增强学习内容的针对性。收集整理近年来全系统7起案件，编印发放《兵团国土资源系统领导干部违纪违法典型案例选编》1500册，用身边人身边事教育警醒全系统的党员干部。严肃党风党纪、强化责任追究，对第十三师国土资源局主要领导发生的严重违纪和第六师国土资源局发生的严重违反“八项规定”精神的问题，协助兵团纪律检查委员会等部门进行严肃处理。全年兵团国土资源局受理信访举报3件（次）。经调查核实后，报相关部门进行处理。

【精神文明建设】

3月，兵团国土资源局与第六师103团基层党组织共同开展共创共建活动，举办沙漠徒步、拔河、包饺子等比赛活动，参观兵团“亮剑”团史馆、知青馆，弘扬兵团精神，强化“兵”的意识。结合“4·22”地球日，开展法律咨询、环保宣传、捡拾残膜和垃圾、徒步竞走等集体公益活动。7月，到兵团安全生产救援基地昌平矿业有限责任公司开展纪念建党95周年主题党日活动。组织全体党员干部观看《决不饶恕》《古田会议》等电影。逐步实现国土资源政策法规进党校工作常态化，全年为兵、师党校（行政学院）主体班次授课28次，1206人次参加培训。在兵团日报开设“国土之窗”专栏，解读国土资源政策及法律法规。创建文明部局，成立了兵团国土资源局文明部局领导小组及办公室，制订了创建活动年度工作计划。1人被人力资源和社会保障部、国家测绘地理信息局授予全国测绘地理信息系统先进工作者称号。

【扶贫工作】

根据《2016年兵团扶贫开发工作要点》要求，兵团国土资源局扎实开展扶贫工作。与137团共同商定发展思路和目标，制定挂钩扶贫137团工作方案，局领导班子成员带头与137团贫困户结对开展一对一帮扶，协调组织兵团交通局、137团进行座谈，商议137团3连进团部大桥项目立项工作。支援巴楚县英吾斯塘乡喀拉玉吉买村工作，筹资建设20平方米的LED大屏幕、村文化舞台、幼儿双语活动中心、文化长廊、灯光球场等六大建设工程，完善村级阵地建设。慰问走访东风农场二连结对帮扶贫困户，研究制定帮助贫困户打赢扶贫攻坚战的果园鸡养殖项目，牵头联合第三师国土资源系统及建设（环保）系统人员共筹集资金13.83万元，帮助13户贫困户在农闲时间养殖果园鸡。

【“访民情 惠民生 聚民心”工作】

兵团国土资源局继续开展“访惠聚”工作，选派5名干部分别进驻第三师51团15连和巴楚县英吾斯塘乡喀拉玉吉买村，突出做好群众工作、强化基层基础、去极端化三方面工作。全年工作队在兵团日报及网站共发表新闻稿件200多篇，向上级党委报告工作队工作开展情况。

11月，根据兵团开展的“民族团结一家亲”活动安排部署，兵团国土资源局五次分批共52人赴南疆与少数民族群众结对子、攀亲戚，让全局各级干部与结亲对象之间相互融入生活，共同为实现新疆社会稳定和长治久安凝心聚力。

法制建设与市场监管

【法制宣传】

8月29日前后，兵团及各师（市）国土资源局组织开展了形式多样的测绘法宣传日活动。据统计，全兵团共设立宣传站18处，悬挂宣传横幅150多条，摆放宣传展板280多块，散发宣传材料1.2万多份，接受近1900多人的咨询，收到良好的宣传效果。

【测绘资质管理】

兵团国土资源局协调兵团设计院如期完成2015年度测绘统计年报、2016年度测绘年度报告、测绘成果目录汇交、测绘地理信息行业信用系统的填报审核工作。完成12名注册测绘师登记注册工作。培训涉密测绘成果管理人员6人并取得岗位培训证书。

基础测绘

【基础测绘】

兵团国土资源局认真落实兵团2016年度基础测绘计划，与兵团发展和改革委员会配合，协调兵团设计院等相关测绘单位制定上报兵团2017年度基础测绘计划。

兵团设计院完成新疆泽普县、洛浦县、麦盖提县农村土地经营权调查工作，总面积188万亩；38团2800亩、224团2万亩土地平整设计；兵团第六师、昌吉国家高新技术开发区、泽普县、洛浦县、麦盖提县等无人机航空摄影测量任务，总面积1万平方千米；北屯市三维辅助规划系统、三维电子沙盘、三维地名地址库建设；第三师、第五师、第八师、第十师、第十四师勘测定界界址点4975个；乌鲁木齐市地下管线普查工程750千米、石河子30平方千米部件普查、石河子总场北泉镇数字北泉城市基础设施及城市部件普查等项目。

兵团国土资源局印发《关于加快推进建市师（市）测绘地理信息局挂牌的通知》，督促指导兵团设市的国土资源局加挂测绘地理信息局牌子，实行一个机构、两个牌子，履行县（市）级测绘地理信息行政职能。截至年底，除已挂牌的八师石河子市、三师图木舒克市外，六师五家渠市、五师双河市和十师北屯市挂牌成立了测绘地理信息局，其余4个新建市正在积极推进。

兵团国土资源局落实全国测绘地理信息援疆工作会议精神，在国家及各援疆省（市）的支持帮助下，取得阶段性成果。国家测绘地理信息局在边远地区、少数民族地区基础测绘补助项目和应急保障设备软件等方面予以支持，免费提供兵团辖区遥感影像数据和基础地理信息数据成果资料。对口援疆省（市）加快推进兵团大比例尺地形图测制、人员培训、资金设备等援助项目，其中浙江、江苏、河北、山西、湖北等省测绘地理信息部门援助兵团6个师（市）完成343.2平方千米1:1000地形图航空摄影，122平方千米1:1000地形图地物地貌调绘，30平方千米1:500地形图测绘及正射影像图制作，专题地图制作等，累计投入1500多万元。广东、浙江、河北、辽宁等省已将对口受援师（市）测绘地理信息受援需求纳入本省“十三五”总体援助规划。

【安全生产】

11月，兵团国土资源局协调兵团设计院按照测绘行业主管单位安全生产检查通知要求和具体部署，开展安全生产大检查，对办公区域、外业项目组、城区项目组、车辆分院进行全方位检查。对涉水、登高测点、高温防暑进行安全检查，对发现的问题及时跟踪整改。

测绘地理信息成果管理

7月，兵团国土资源局协调兵团设计院等驻乌鲁木齐市兵团单位开展测绘地理信息成果保密宣传教育，组织涉密测绘地理信息成果生产单位和使用单位全面自查。据统计，兵团国土资源局全年共受理涉密测绘地理信息成果申领使用32项，全部按时办结。

科技奖励

兵团设计院完成的“南疆三地州团场基础测绘工程”获中国测绘地理信息学会2016年全国优秀测绘工程奖铜奖。“新疆生产建设兵团第六师五家渠市分布图”“北屯市旅游交通图”分获新疆测绘地理信息学会2015—2016年度优秀地图作品奖二、三等奖。获自治区计算机信息系统集成企业证书，取得6项软件著作权。“绿色农业观光休闲电子商务平台”获兵团第二届创新创业大赛企业组优秀奖。

青岛市

概况

2016年，青岛市共投入测绘类财政资金4061.81万元，其中市本级投入918.92万元，完成1.1万平方千米0.2米分辨率影像获取和全市域1:5000地形图更新，编制出台《青岛市“十三五”基础测绘规划》，启动2000国家大地坐标基准建设项目。开展测绘资质巡查、测绘地理信息成果质量监督检查和地图市场检查，对青岛市测绘地理信息市场秩序进行规范整治。举办首届全国青少年海洋测绘地理信息文化科技周，与青岛市教育局联合举办“第二届青岛智图杯”少儿手绘地图大赛。主要职责增加地图审核（权限内）及地理国情监测职责。

党的建设与精神文明建设

【党的建设】

青岛市国土资源和房屋管理局制定《2016年党建工作实施意见》《党委抓基层党建工作责任制实施办法》《党建工作责任清单》《全局“两学一做”学习教育实施方案》和《“两学一做”学习教育计划安排表》，把党建工作安排明确到人、具体到周，确保党建工作顺利开展。坚持“一把手”负责制和

"一岗双责"责任制，每季度专题分析一次基层党建工作形势，全年召开6次局党委会议，对党建工作进行系统安排，做到年初有计划，期间有督查，年终有总结。坚持党建工作约谈制度，局党政"一把手"分别对班子成员、处室负责人等领导干部进行工作约谈，建立约谈台账。围绕局所担负的土地、房产、物业保障管理等工作，创建"阳光房地、情系民生""流动服务进社区""阳光保障、温馨家园""爱国护土"等党建品牌。

【党风廉政建设】

青岛市国土资源和房屋管理局认真学习贯彻市委《关于落实党风廉政建设党委主体责任和纪委监督责任推进全面从严治党的意见》和"两个责任"落实有关要求，制定印发《关于落实党风廉政建设党委主体责任和纪委监督责任推进全面从严治党的意见》，与17个局机关处室（派出分局）、9个局直单位和9个垂直管理的区市国土局（分局）负责人签订《党风廉政建设责任书》。7月，对9个区市国土局（分局）和9个局属单位"两个责任"落实、纪检监察工作、党建和"两学一做"学习教育进行督导检查，11月，对"两个责任"落实、"两学一做"学习教育和书记抓党建工作检查考核。组织200名处级以上干部参加青岛市组织的德廉和党风党纪知识测试，组织220名科级以下党员干部进行局德廉和党风党纪知识测试。开展反腐倡廉警示教育，组织110名处级以上干部集中观看《国企党员干部违法违纪案件警示录》视频，150多名各级领导班子成员、基层支部书记和国土所负责人到青岛市反腐倡廉教育基地接受警示教育。

【精神文明建设】

青岛市国土资源和房屋管理局组织社会主义核心价值观专题学习9次、青岛市党史馆等教育基地实地参观见学5次、邀请专家辅导专题讲座6次，开展"四德建设大家谈""立足岗位践行核心价值观"座谈大讨论，组织干部职工观看电教片《沃土》《生命的承诺》《榜样》等，组织全体干部职工学习习近平总书记在纪念红军长征胜利80周年大会上的重要讲话。连续三年获"省级文明单位"称号。

法制建设与市场监管

【法制宣传】

8月29日，青岛市国土资源和房屋管理局以国家版图知识宣传为主线开展测绘法宣传活动，共发放宣传材料3000多份，制作宣传展板12块，悬挂横幅200多幅。

在全国水准零点测绘地理信息科普基地文化广场举办首届全国青少年海洋测绘地理信息文化科技周，期间举办了海洋科普知识宣讲、海洋文化研讨会等系列活动。上千名中小学生参观海洋测绘地理信息科普知识展览，了解中国海拔起点等测绘地理信息知识，体验和感受新型测绘仪器设备。

【依法行政】

青岛市国土资源和房屋管理局健全完善行政审批和服务事项权力清单、责任清单制度，调整行政审批和服务事项流程，根据《地图管理条例》，新增"地图审核（权限内）"行政审批事项，下发测绘项目登记备案事项，制定推广随机抽查实施方案，确定3项测绘地理信息类随机抽查事项。

【测绘资质管理】

截至年底，青岛市共有115家测绘资质单位，其中甲级4家、乙级24家、丙级41家、丁级46家。组织完成2015年全市104家乙、丙、丁级测绘资质单位的年度报告收集和公示工作。新增测绘单位4家，资质升级4家，变更业务范围9家，办理测绘作业证155个，实施测绘项目登记27项。

【信用管理】

青岛市国土资源和房屋管理局组织完成全市55家丙、丁级测绘资质单位测绘地理信息市场信用信息征集录入和发布工作，共征集良好信息111条，评定结果在测绘地理信息行业管理平台发布。

【日常监管】

青岛市国土资源和房屋管理局印发《青岛市测绘地理信息随机抽查工作实施方案》，确定测绘资质、成果质量和成果保密3项随机抽查事项清单。完成22家乙、丙、丁级测绘单位测绘资质巡查工作，委托山东省测绘产品质量检验站，选取18家丙、丁级测绘单位开展测绘成果质量监督检查，检查结果纳入测绘地理信息市场诚信体系管理并在青岛市国土资源和房屋管理局门户网站公示。

基础测绘

【基础测绘】

青岛市国土资源和房屋管理局组织完成《青岛市"十三五"基础测绘规划》编制，规划结合青岛实际，确定4个发展目标，7项重点任务。2016年，获取覆盖全市域1.1万平方千米0.2米分辨率卫星影像数据，开展全市域1∶5000基础地理信息数据更新，数据现势性持续提升，启动2000国家大地坐标基准建设。

【智慧城市、数字城市建设】

青岛市国土资源和房屋管理局与青岛市多个部门开展地理信息技术合作，推进地理信息公共平台应用，更新平台基础数据库。截至年底，数字青岛地理信息公共平台服务覆盖55个应用部门，75个应用系统，重点推进与青岛市西海岸新区、市质量检验局等部门的应用对接。组织完成6个区市地理空间框架项目建设，同步完成“天地图”县级节点建设。智慧青岛时空信息云平台建设项目方案通过青岛市电子政务和信息资源管理办公室和青岛市经济和信息化委员会的审核、立项。

地图管理与地图服务

【地图市场监管】

青岛市国土资源和房屋管理局组织开展全市地图市场检查，重点检查区域为书店、展会、大型活动场所等，重点检查中小学教辅材料、各种地图产品及互联网地图安全监管，检查中发现青岛出版社出版的《考试全自助》（地理）辅导书，书中所附中国地图未申请审图号，责令青岛出版社停止发行、销售和展示，并处以9000元罚款。

【国家版图意识宣传教育】

青岛市国土资源和房屋管理局在全市开展国家版图意识宣传教育“进课堂、进社区、进部队”活动，面向中小学生、社区群众开展测绘科普知识活动，到部队开展国家版图知识讲座，与部队官兵探讨国家版图知识内容。

【“美丽中国”第三届全国国家版图知识竞赛和少儿手绘地图大赛】

青岛市国土资源和房屋管理局组织全市测绘地理信息系统、中小学生和全市市民参加“美丽中国”第三届全国国家版图知识竞赛。青岛市勘察测绘研究院在江苏卫视《一站到底》国家版图知识电视赛中，设立专场，现场展示地图剪纸艺术。

与青岛市教育局联合举办“第二届青岛智图杯”少儿手绘大赛，大赛收到全市中小学生及部分幼儿园小朋友作品200多幅，其中34幅作品参加省级选拔，4幅作品参加国家测绘地理信息局网上投票。

测绘地理信息成果管理与应用

【“天地图·青岛”应用】

截至年底，基于“天地图·青岛”的应用系统达39个，应用领域涉及安全生产、信访稳定、社区、街道等部门。

【成果汇交与分发】

青岛市国土资源和房屋管理局组织完成2016年度全市115家测绘地理信息单位的测绘成果汇交工作，整理、编纂测绘地理信息成果副本77项、目录53项，汇交目录在青岛市国土资源和房屋管理局门户网站发布。全年向交通、规划、建设、林业等多个行业系统提供各种比例尺地形图12559幅，GPS点15个，0.5米分辨率卫星影像图60.4GB。QDCORS系统服务用户达80多家，全年累计提供测绘基准在线差分数据1300万分钟。

【测量标志管理】

青岛市国土资源和房屋管理局进一步完善测量标志管护体制，报批1座Ⅲ等三角点测量标志的迁建，对3座有可能被破坏的测量标志，提前向标志所在责任单位发放告知书。实现测量标志网络化管理。

地理信息产业

青岛市国土资源和房屋管理局组织开展全市地理信息产业发展现状调查，成立《关于促进青岛市地理信息产业发展的指导意见》编制小组，完成《关于促进青岛市地理信息产业发展指导的意见》代拟稿。截至年底，全市12家测绘资质单位具有地理信息系统工程作业范围，占测绘资质单位总数的12%。市南区软件产业园、市北区中联产业园、李沧区M6创意产业园、黄岛区光谷产业园等多家信息产业园聚集了大批测绘地理信息相关或延伸交叉的行业，其中与地理信息产业相关企业近100家，与地理信息延伸交叉的企业达近1000家，从业人员近8万人，年产值近20亿元。

科技奖励

青岛市国土资源和房屋管理局组织实施的“青

岛市基础地形图图库一体化动态更新项目”获中国地理信息产业协会2016年中国地理信息产业优秀工程奖银奖。

大连市

概况

2016年，大连市测绘地理信息局正式成立。年内，继续加强测绘地理信息保障服务能力和公共服务水平建设，不断推广“天地图·大连”应用，更新完善大连市地理信息公共平台建设，配合辽宁省测绘地理信息局完成大连地区地理国情普查统计分析任务，启动大连市智慧城市时空信息云平台建设，完成现有测绘成果向2000国家大地坐标系转换，完成地理信息数据更新、测量标志普查管护、测绘地理信息统计等工作。全年受理测绘类文件、报件775件，全部按时办结，办结率100%。对外发文50件。大连市规划局（大连市测绘地理信息局）测绘管理处被人力资源和社会保障部、国家测绘地理信息局联合授予全国测绘地理信息系统先进集体称号。

党的建设与管理机构建设

【“两学一做”学习教育】

大连市规划局（大连市测绘地理信息局）在全市测绘地理信息系统党员干部中广泛开展“两学一做”学习教育。局测绘管理处支部按照《关于在全局党员中开展“学党章党规、学系列讲话、做合格党员”学习教育实施方案》，落实学习教育各阶段内容，全体党员干部通过通读党章、熟读廉洁自律准则、纪律处分条例和党员权利保障条例，进一步掌握做“四讲四有”合格党员标准，深化五种意识，提升尊崇党章党规、敬畏党章党规、遵守党章党规的思想觉悟。

【党风廉政建设】

2月23日，大连市规划局（大连市测绘地理信息局）领导班子全体成员、局机关有关处室工作人员、区市县测绘地理信息行政主管部门及市测绘院主要领导在大连分会场参加全国测绘地理信息系统党风廉政建设工作电视电话会议，并将会议明确的2016年党风廉政建设重点和国家测绘地理信息局局长库热西·买合苏提提出的具体要求纳入党委中心组和全市测绘地理信息系统学习重要内容，不断增强责任意识、紧迫意识，提高反腐倡廉自觉性。全年全市测绘地理信息系统未出现违反党风廉政建设问题。

【行政管理机构建设】

7月15日，《大连市人民政府办公厅关于印发大连市规划局（大连市测绘地理信息局）主要职责内设机构和人员编制规定的通知》（大政办发〔2016〕99号）正式印发，标志着大连市测绘地理信息局正式成立。该通知明确“设立大连市规划局，挂大连市测绘地理信息局牌子，正局级建制，为市政府工作部门”；在职责调整中指出“加强测绘地理信息工作职责”；在内设机构中，增加“地理信息开发与应用处”，新增编制5人。

【资料整理】

大连市规划局（大连市测绘地理信息局）组织整理并完成2000—2016年测绘归档文件55盒（袋）2100多件，登记完成2011—2016年档案37盒（袋）1400多件。协助辽宁省测绘地理信息局完成《辽宁省志·测绘志》相关资料的收集、整理和上报工作。

法制建设与市场监管

【法制建设】

大连市规划局（大连市测绘地理信息局）对全市测绘地理信息行政管理规范性文件进行全面清理，对审批程序进行重新规范。根据大连基础测绘发展现状和规划、最新标准规范及技术特点，协助国家测绘地理信息局和辽宁省测绘地理信息局做好新出台法规规章、规范性文件的调研、论证工作，及时反馈意见，提供相关数据和参考资料。贯彻落实国家测绘地理信息局和辽宁省测绘地理信息局相关规定，制定印发《关于开展2016年度涉密地理信息成果保密检查工作的通知》《关于做好2016年大连市地图市场检查工作的通知》和《大连市规划局关于开展测绘地理信息市场巡查工作的通知》（大规发〔2016〕12号）等规范性文件，并严格执行。

【法制宣传】

8月28日—9月3日，大连市规划局（大连市测绘地理信息局）在全市范围内组织开展测绘法宣传周活动。活动期间，在国家测绘地理信息局网站、省局网站和各区市县政务网站、宣传媒体发送短信近1000条，发放宣传单及资料4000多份。

【法制培训】

6月，大连市规划局（大连市测绘地理信息局）协助举办全国设区的市级地图审核人员培训班并选派6人参加培训；组织大连测绘资质单位130多人参加辽宁省卫星导航定位连续运行参考站系统应用推广会议；9月，派人参加国家测绘地理信息局组织的测绘地理信息标准化管理培训班；10月，组织42家测绘单位50多人参加辽宁省涉密测绘成果管理人员培训班；11月，组织全市测绘地理信息管理部门9人参加全省测绘地理信息行政执法人员培训班。

【测绘地理信息市场巡查】

大连市规划局（大连市测绘地理信息局）制定印发《大连市规划局关于开展测绘地理信息市场巡查工作的通知》，组织对全市测绘资质单位进行巡查，并与区市县测绘地理信息管理部门联合对中山区、西岗区、沙河口区、普兰店区和瓦房店市的44家测绘单位进行实地抽查，抽查比例占全市测绘资质单位总数的50%。协助国家测绘地理信息局对九成测绘信息有限公司测绘航空摄影专业晋升甲级资质、辽宁地质海上工程勘察院质量体系进行巡查。4月—7月，协助辽宁省测绘地理信息局对全市88家测绘单位的测绘资质、年度报告、生产项目等进行巡查。

【测绘资质管理】

大连市规划局（大连市测绘地理信息局）完成17家单位测绘资质初审工作。其中，测绘资质申请3家、升级2家、业务增项4家、信息变更8家。

完成全市2015年度80家测绘资质单位年度报告填写、上报工作。对25家测绘资质单位年度报告上报情况进行抽查，抽查率达30%。

完成高德软件有限公司“辽宁省大连市导航电子地图数据更新采集”、北京长地万方科技有限公司“辽宁省电子地图数据更新采集更新项目”、深圳市大地通途信息技术有限公司“辽宁街景地图采集更新项目”备案工作，并出具《大连市测绘项目备案登记通知书》。

落实辽宁省测绘地理信息局《关于开展2016年度全省测绘资质单位档案和保密管理考核工作的通知》，组织全市测绘资质单位开展考核工作，至7月底，全部换发档案和保密管理考核证书。

【信用管理】

3月，大连市规划局（大连市测绘地理信息局）对大连市区域内产业单位名录进行核对认定，补充和完善本地区地理信息产业单位名录库，并及时上报《大连市核查认定情况汇总表》和《大连名录汇总表》；4月，在局门户网站更新并发布大连市89家测绘资质单位基本信息；落实国家测绘地理信息局开展全国测绘地理信息行业信用征集和发布工作的通知，完成大连市测绘资质单位信用信息征集、录入工作；9月，通过辽宁省企业信用信息公示系统数据交换共享平台，完成大连市88家测绘资质单位涉企信息公示数据录入工作。

基础测绘

【基础地理信息数据更新及入库】

大连市规划局（大连市测绘地理信息局）根据大连市城市规划、建设发展需要，制定大连市基础测绘年度生产计划，对大连市基础地理信息数据库进行维护与更新，对1∶2000地形图及数据库进行动态更新。

【测绘成果坐标体系转换】

根据《启用大连市独立坐标系统工作实施方案》，2016年，大连市规划局（大连市测绘地理信息局）组织开展并完成现有测绘成果向2000国家大地坐标系下大连市独立坐标系统转换工作。监督、指导全市测绘地理信息单位及基础测绘工作全部采用基于2000国家大地坐标系的大连市独立坐标系统进行项目生产，并提供相关成果。

【大连市地理信息公共平台更新与推广应用】

大连市规划局（大连市测绘地理信息局）利用最新的地形图、影像图资料对大连市地理信息公共平台地理底图进行更新、完善，主要内容包括对普兰店撤市改区的行政区界线调整、变更以及对新增道路的更新。基于该平台开发运行的各委办局业务系统示范应用达27个，新接入市规划局、市城建局和旅顺口区委政法委员会3个部门应用系统。启动智慧城市时空信息云平台建设试点工作，纳入到政府投资计划，完成《大连市智慧城市时空信息云平台建设项目实施方案》的编制、专家评审，完成项目技术设计书的编制，解决项目建设中技术难点，正在开展将地理信息公共平台向智慧城市时空信息云平台升级工作。

【质量管理】

大连市规划局（大连市测绘地理信息局）协助辽宁省测绘产品质量监督检验站完成全市23家测绘资质单位23项测绘成果质量检查工作；组织全市测绘资质单位开展质量管理考核，完成丙、丁级单位考核的各项任务，重新换发质量管理考核证书；协助辽宁省测绘地理信息局对甲、乙级测绘资质单位进行考核，及时将相关资料上报省测绘地理信息局。

地理国情监测

按照辽宁省测绘地理信息局统一部署，大连市规划局（大连市测绘地理信息局）协调、完成大连地区国情监测资料收集整理工作，配合开展大连地区地理国情监测任务，根据大连地区社会经济发展需求，协助做好地理国情监测成果的应用转换工作。利用地表覆盖、国情要素以及精细化DEM成果数据完成大连市辖六区地理国情普查成果的基本统计。

地图管理与地图服务

【地图管理】

大连市规划局（大连市测绘地理信息局）制定下发《关于做好2016年大连市地图市场检查工作的通知》，组织全市测绘地理信息行政主管部门和甲、乙级测绘资质单位开展工作，并将7家具有地图编制资质的测绘单位作为工作重点。7月—9月，在各单位完成自查基础上，与区市县测绘地理信息管理部门联合对测绘资质单位、机场、火车站、大连市规划展示中心、普兰店区新华书店、瓦房店市新华书店等进行检查、抽查，并配合金普新区文化稽查大队对多款地球仪进行技术鉴定，协助辽宁省测绘地理信息局对大连市广播电视台、大连市新华书店、大连市规划展示中心等单位进行检查和复查。检查发现存在问题的地图和地球仪11例，当场拍照取证，责令下架，禁止销售，并及时上报辽宁省测绘地理信息局，同时安排当地测绘地理信息管理部门做好事后监督。组织2支队伍参加“美丽中国”第三届国家版图知识竞赛辽宁赛区比赛，分获团体赛三等奖和优秀奖。

【地图服务】

根据调整后的金州区、普兰店区最新界线，大连市规划局（大连市测绘地理信息局）完成《大连市政区图》《大连市街图》的编辑、送审、出版、印刷等工作，为领导决策、政府部门以及社会公众用图提供服务。

测绘地理信息成果管理与应用

【“天地图·大连”数据更新】

大连市规划局（大连市测绘地理信息局）对“天地图·大连”进行局部更新，包括普兰店区行政区划界线、星海湾大桥、大连北站以及西岗区地名等大连重点发展区域信息。

【成果汇交】

通过辽宁省测绘成果网络化分发服务系统，大连市规划局（大连市测绘地理信息局）组织全市79家乙、丙、丁级测绘资质单位完成1113项测绘成果汇交工作。

【涉密成果管理】

大连市规划局（大连市测绘地理信息局）制定下发《关于开展2016年度涉密地理信息成果保密检查工作的通知》，组织2013年以来申领使用大连“十一五”基础测绘成果的13家单位和在辽宁省测绘地理信息局申领使用涉密测绘成果的9家单位，以及全市88家测绘单位累计103家单位开展涉密地理信息成果保密检查工作。在自查基础上，7月—9月，与区市县测绘地理信息行政主管部门紧密配合，对中山区、西岗区、沙河口区、普兰店区和瓦房店市等地的44家测绘单位开展联合抽查，及时处理发现的问题。

支持和鼓励测绘成果依法、合理利用，全年为申领国家秘密成果的16个项目提供出具证明函，为相关单位提供大连市基础测绘成果1件。

【测量标志管理】

大连市规划局（大连市测绘地理信息局）对全市

B 级 GPS 控制网点、一二等水准点进行普查、维护，对大连市连续运行基准站综合服务系统（DLCORS）进行站点检测、数据更新、网络防护、设备保养等日常维护，确保现代测绘基准体系正常运行。

地理信息产业

大连市规划局（大连市测绘地理信息局）利用 2015 年获取的 0.06 米分辨率倾斜航空影像和机载 LIDAR 激光点云数据，完成大连市主城区单体化实景三维建模生产，并将成果应用于规划管理，同时开展无人机飞行、三维建模测试与生产等工作。

科技工作

【科技奖励】

大连九成测绘信息有限公司完成的“数字辽阳地理空间框架建设项目”获中国地理信息产业协会 2016 年中国地理信息产业优秀工程奖银奖，“三维综合地下管线管理信息系统”项目获 2016 年度大连市科技进步奖二等奖。

【科技交流】

大连市测绘地理信息企业组织技术骨干参加“全国卫星测绘应用工作会议”“大地测量发展战略研讨会”“2016 中国地理信息产业大会”“2016 世界地理信息开发者大会”等学术会议及技术培训。

地方社团工作

【大连市测绘学会】

11 月，大连市测绘学会召开常务理事会，会议通过表决调整了副秘书长人员，讨论了近年来测绘地理信息新设备、新技术应用状况以及学会未来工作发展方向。

宁波市

概况

2016 年，宁波市测绘与地理信息局统筹发展，丰富地理信息资源，拓展服务领域，推进依法行政，强化测绘地理信息行政管理，有效推进测绘地理信息工作。联合宁波市发展和改革委员会印发《宁波市基础测绘“十三五”规划》，全市共投入测绘类财政资金 10209 万元（含地理国情普查及监测资金 3934 万元），市、县基础测绘年度计划全面完成。完成全市 1∶2000“3D”产品制作，市基本平面控制网改造，市自然资源和空间地理基础数据联动更新，宁波市地理信息共享服务平台建设、更新与维护，海洋测绘（水下地形测量）。

宁波市测绘与地理信息局全面启动“智慧宁波时空信息云平台”项目建设，落实软件建设专项资金 1236 万元，投入时空大数据建设经费 1200 万元。印发《天地图 · 宁波运行维护制度》，建立全市“天地图”工作月报机制，推进“天地图”数据融合工作，配合浙江省测绘与地理信息局完成共享数据省、市、县三级联动更新试点工作。完成政务电子地图、地名地址、POI、遥感影像全市“一张图”工作，为全市 112 个部门提供服务，实现应用 168 个。

组织完成全市地理国情普查工作，建立宁波市地理国情普查与监测平台，形成 10 个专题分析报告，编制普查图集、图册和公报，组织召开地理国情普查综合验收会。完成《宁波市地理市情统计技术规程》《宁波市地理国情监测技术规程》地方标准的立项和起草工作，制定《2016 年宁波市地理国情监测实施方案》。

首次发布《宁波市区沉降监测报告》，在《宁波信息》简报上发表市区地面沉降情况及对策建议，宁波市主要领导对市地面沉降监测工作作出批示。组织完成市区 426 家权属单位 26374 千米管线的排查工作，建立规划、建设、运维和行业监管全生命周期的管线监管平台，完成危险化学品管线监管系统和长输管线监管系统建设工作。完成市轨道交通 2 号线、4 号线、5 号线和鄞奉线市重点工程项目的控制测量、地形修测和管线详查工作。

宁波市地理信息产业相关单位291家，年总产值11亿元。全市共有测绘资质单位80家，从业人员2300多人，全年完成测绘服务总值6.68亿元。

党的建设与人才队伍建设

【党的建设】

宁波市测绘与地理信息局召开“两学一做”学习教育动员会，下发学习教育实施方案，组织基层党组织开展专题学习讨论，参加党史、党章、党规、党纪知识测试。开展重温入党誓言、探寻革命圣地、慰问困难党员、举办党课比赛、评选“两优一先”、召开表彰大会等多项主题活动纪念中国共产党成立95周年，建成由“德政堂、党缘室、议事厅、悦览馆”组成的党建活动示范阵地，推行基层党组织星级评定实施办法。

【党风廉政建设】

宁波市测绘与地理信息局落实从严治党要求，制定党风廉政建设工作要点、局领导班子“不严不实”问题整改工作方案和预防职务犯罪工作计划，召开党风廉政建设工作会议，分析党风廉政建设和反腐败工作新形势。按照“横向到边、纵向到底”的要求，层层签订责任书，构建责任传导体系。

【人才队伍建设】

宁波市测绘与地理信息局贯彻执行《宁波市市直单位中层干部选拔任用工作实施细则》，加大干部选拔任用，共选派9名干部到市重点工程单位挂职。组织全市测绘地理信息领导干部综合素质培训班，150多名干部参加。组织局系统干部推荐大会和干部选拔考察。

法制建设与市场监管

【法制宣传】

宁波市测绘与地理信息局联合市国家版图意识宣传教育和地图市场监管协调指导小组成员单位开展《地图管理条例》宣贯活动，印发《〈地图管理条例〉学习宣贯工作方案》，借助网站、微博、微信等媒体开展系列宣传活动。联合市教育局印发《关于开展2016年度国家版图意识宣传教育“进学校”活动的通知》，组织开展国家版图意识宣传教育活动。

8月29日，组织开展测绘法宣传日活动。在市、县中心城区设立现场宣传点，共发放《浙江省交通旅游图》、测绘解析图、地球仪等宣传品1.5万多份，解答测绘地理信息方面的问题50多个。

【综合执法】

宁波市测绘与地理信息局按照《2016年宁波市测绘资质巡查和测绘质量监督检查工作方案》，完成全市测绘资质单位巡查和测绘成果质量监督检查，加大房产测绘单位和新批准（含升级）测绘资质单位的检查比例，对20家单位进行测绘质量监督检查，其中委托浙江省测绘质量监督检验站检查10家单位测绘项目。完成全市地图市场大检查，共检查重点场所68家，排查涉及互联网地图的网站200多个。

【依法行政】

宁波市测绘与地理信息局编制《宁波市测绘与地理信息行政执法“双随机”抽查工作方案》，制定随机抽查事项清单，建立市场主体名录库和执法检查人员名录库，完成全市测绘地理信息市场信用征集和审核工作。

【“放管服”改革】

宁波市测绘与地理信息局根据宁波市深化行政审批制度改革的总体部署，做好测绘类“四张清单一张网”（政府权力清单、企业投资负面清单、政府责任清单和浙江省政务服务网）改革工作。编制《宁波市测绘与地理信息行政审批事权划分与操作办法》，统一规范测绘审批事项，明晰各分局测绘类事项办理流程，开展行政审批权力事项前置中介服务及条件材料审核清理、“星级服务”标识工作，优化审批程序，提高行政审批工作效率。按照宁波市人民政府办公厅印发的《宁波市基本建设项目联合测绘实施办法（试行）》，推进宁波市联合测绘工作。会同宁波市行政审批管理办公室、市国土资源局，制定《宁波市基本建设项目联合测绘实施办法（试行）》《宁波市建设工程规划监督检查规定》，组建宁波市质检员库，成立浙江省测绘质量监督检验站宁波检验室。

【测绘资质管理】

宁波市测绘与地理信息局完成8家丙、丁级测绘资质单位审批，5家测绘资质单位升级审批。完成全市57家丙、丁级测绘资质单位年度报告工作，20家测绘单位资质巡查和成果质量监督检查。联合宁波市保密局对77家测绘单位开展测绘成果保密检查工作。

基础测绘

【基础测绘】

宁波市测绘与地理信息局联合市发展和改革委

员会印发《宁波市基础测绘“十三五”规划》，加强基础测绘项目管理，保障项目规范有效运行。制定《宁波市规划局规划与测绘类项目委托暂行办法》。

完成市基本平面控制网改造项目。控制网覆盖全市陆域9800平方千米，海洋及岛屿800平方千米，总点数147个，包括宁波市连续卫星定位运行站、宁波市GPS框架网基本控制网点、宁波市似大地水准面精化网点、宁波市轨道交通平面基准框架网点、海岛礁点，新埋设控制点45个，利用起算点28个。控制网按照《全球定位系统（GPS）测量规范》C级要求实施，采用二维约束平差方法，获取宁波市2000国家大地坐标系成果。

完成市区1600平方千米平原地区地面沉降监测工作，施测400千米一等水准线路，发布《宁波市区沉降监测报告》，在《宁波信息》上发表市区地面沉降情况及对策建议。完成全市1:1万、1:2000“3D”数据，市区基本比例尺地形图，三维数字地图，市自然资源和空间地理基础数据，基础地理信息系统，共享服务平台数据库，地理市情监测平台，综合管线信息平台，政务电子地图数据联动更新工作。

宁波市连续运行卫星定位系统（NBCORS）新增用户20家、注册仪器96台，为106个单位372台仪器提供定位服务。年内累计在线时长470.3万分钟，累计使用数据流量为89.36 GB，累计提供在线坐标转换479.8万个。开展NBCORS北斗升级改造可行性研究工作。

【航空航天遥感影像获取与应用】

宁波市测绘与地理信息局采购全市范围0.5米分辨率卫星遥感影像，服务地理国情监测、城市规划和城市建设。组织获取宁波市域8000平方千米航摄影像和激光点云、全市无人机航拍影像1455平方千米。

【智慧城市、数字城市建设】

宁波市测绘与地理信息局全面启动“智慧宁波时空信息云平台”项目建设，落实软件建设专项资金1236万元，投入时空大数据建设经费1200万元，对接宁波市公安局、市交通运输委员会、市水利局等部门，完成时空信息大数据调研和梳理工作。

地理国情监测

【地理国情普查】

宁波市测绘与地理信息局全面完成全市第一次地理国情普查。普查内容包括绿地率、绿化率、建成区面积、建筑高度、围填海、地面沉降、城市低洼地段、道路易积水区、避难场所和消防设施普查及宁波市地理国情普查与监测平台建设。普查成果包括宁波市地理国情普查与监测平台、地理国情数据库、地理国情要素统计分析、专题统计报告、地理国情统计指标体系、地理国情普查图集图册和地理国情普查公报。完成《地理市情统计技术规程》《地理市情监测技术规程》地方标准的立项和起草工作。组织召开宁波市第一次地理国情普查综合验收会，普查工作通过专家组验收。

【地理国情监测】

宁波市测绘与地理信息局全面完成年度地理国情监测工作，出台《2016年宁波市地理国情监测实施方案》，组织完成绿地率、绿化率、建成区面积、建筑高度、围填海、城市低洼地段、道路易积水区、避难场所和消防设施监测工作，建立监测数据库。

海洋测绘与不动产测绘

【海洋测绘】

宁波市共完成海洋测绘2907平方千米。宁波市测绘与地理信息局完成市海洋测绘（水下地形测量）1368平方千米。

【地籍测绘】

宁波市共完成地籍测绘306.3平方千米。

【房产测绘】

宁波市共完成房产测绘5046.3万平方米。

【行政区域界线测绘】

宁波市共完成行政区划界线测绘253千米。

【地下管线测绘】

宁波市测绘与地理信息局组织完成《地下管线探测技术规程》《管线要素分类代码与符号细则》2项地方标准制定与发布工作。利用建筑竣工资料和现场跟踪测量更新管线数据库，更新管线4701千米。组织完成市区426家权属单位2.64万千米管线的排查核对工作。建立管线监管平台，完成“危险化学品管线监管系统”和“长输管线监管系统”建设工作。完成212家权属单位基础信息排查，市电力大客户225家管线排查专项工作。排查重大安全隐患99处，一般安全隐患362处。实现跨行业、跨部门的各类管线信息的互联互通和动态更新。

地图管理与地图服务

【地图编制与出版】

宁波市完成编制地图集1件，专题地图13幅，电子地图21幅，其他地图21幅，地形图5254幅。宁波市测绘与地理信息局完成《阿拉半月图》系列地图、《市地理国情普查成果图册》《市地理国情图集》《梅山空间布局图》《长三角区域图》《市历史文化名镇名村分布图》专题地图的编制工作。

【国家版图意识宣传教育】

宁波市测绘与地理信息局联合市委宣传部、市教育局、市文化广电新闻出版局、市市场监管局，利用网站、微博、微信等新媒体平台，通过主题沙龙、专题征文、巡回宣讲等形式开展《地图管理条例》宣贯。在全市范围内开展“进学校”“三下乡”国家版图宣传教育活动，现场发放书籍、地图500多份，地球仪500多个。

【“美丽中国”第三届全国国家版图知识竞赛和少儿手绘地图大赛】

宁波市测绘与地理信息局联合市教育局开展“美丽中国”第三届全国少儿手绘地图大赛，设置市级奖项，通过竞赛官方网站进行网络注册、答题，全市共有3900多人参加竞赛。组织宁波赛区选拔赛，收到参赛作品250多幅，对获奖作品给予奖励，推荐58幅作品参加浙江省和国家比赛。

测绘地理信息成果管理与应用

【“天地图·宁波”建设与应用】

宁波市测绘与地理信息局印发《天地图·宁波运行维护制度》，建立全市“天地图”工作月报机制，推进“天地图”数据融合工作，配合浙江省测绘与地理信息局完成共享数据省、市、县三级联动更新试点工作。

【地理信息资源共享】

宁波市测绘与地理信息局会同市政府电子政务办公室联合召开全市政务地理信息资源采集共享工作培训会议，印发《关于进一步推进浙江政府服务网政务地理信息资源采集共享工作的通知》，对15大类105小类地理信息资源进行采集，形成地理信息长效更新机制。完成宁波市政务电子地图、地名地址、POI、遥感影像全市“一张图”建设。

【公共服务平台应用】

宁波市地理信息共享服务平台为全市112个部门提供地理信息成果服务，实现应用168个。

【地理信息成果服务】

宁波市测绘与地理信息局全年向政府部门、公益性项目免费提供基础地形图52批次、影像6批次，提供技术服务320多次；向建设单位提供地形图和管线图5782幅；为规划管理提供基本地形图和管线图27.2万幅。接待市民查询历史地图30次，提供各类比例尺地形图126幅。

【涉密成果管理】

宁波市测绘与地理信息局联合市保密局对77家测绘单位开展测绘成果保密检查和集中销毁工作。

【应急保障】

宁波市测绘与地理信息局完成全市应急测绘保障体系建立，与市政府应急管理办公室、市国土资源局、市科技局、市人民防空办公室等建立应急协作机制。建立天地一体化应急保障体系，基于云服务和4G网络，实现突发事件现场视频和影像的实时采集和传输。

地理信息产业

宁波市测绘与地理信息局起草完成《宁波市人民政府办公厅关于促进地理信息产业发展的实施意见》。完成《宁波市地理信息共享促进条例》立法调研，形成调研报告。

宁波市拥有地理信息产业相关单位291家，年总产值11亿元。共有测绘资质单位80家，从业人员2300多人，其中专业技术人员1800多人、高级工程师220多人。测绘资质单位全年共完成测绘服务总值6.68亿元，较2015年增长12.8%。

科技工作

【科技项目与科技奖励】

宁波市测绘与地理信息局完成国家测绘地理信息局青年学术带头人资助项目1项、宁波市科学技术协会资助项目9项。宁波市20项测绘地理信息成果获得科技奖励。

【科技活动】

10月，宁波市测绘与地理信息局主办测绘地理信息科技周活动，邀请中国工程院院士宁津生、刘经南等专家、学者进行专题讲座和学术交流。邀请中国工程院院士张祖勋做“无人机摄影测量”主题报告。

地方社团工作

【宁波市测绘与地理信息学会】

宁波市测绘与地理信息学会受市行政审批管理办公室、市测绘与地理信息局、市国土资源局的委托，根据《宁波市基本建设项目联合测绘实施办法(试行)》，承接办理联合测绘中介服务机构的注册核实、服务考评、投诉受理、质量检查等事项，核实注册23家首批联合测绘中介服务机构，举办联合测绘培训，组建测绘与地理信息成果质检员库，配合浙江省测绘质量监督检验站设立宁波质检室，制定质量检查制度。受宁波市测绘与地理信息局、市人力资源和社会保障局委托，完成全市测绘地理信息专业59名工程师和34名高级工程师申报材料的审核、公示、面试、评审和推荐工作。受宁波市测绘与地理信息局委托，组织全市范围测绘单位20多项测绘地理信息工程评审工作，评选出市优秀测绘地理信息工程12项。

全年开展10次144学时的继续教育活动，累计培训1000多人次。举办市第五届测绘杯定向越野比赛，全市测绘地理信息行业13支队伍78名选手参赛，增设体验组队员23名，推荐优秀选手参加省级、国家级比赛。出版《宁波测绘》测绘学术期刊2期，编制出版《综合性测绘学术研讨会论文集》。12月23日—24日，在宁海召开年会，120多名会员代表参加会议。

深圳市

概况

2016年，深圳市投入测绘类财政资金4773.57万元，编制并发布了测绘地理信息发展“十三五”规划，开展地理国情常态化监测，拓展数字深圳空间基础信息平台推广应用，平台用户达到76家，对“天地图·深圳”节点数据及门户网站进行日常维护；完成深圳市东部海域约290平方千米1∶2000水下地形图数据建库，完成全市域（禁飞区除外）0.2米航空摄影测量及相应的DOM、DEM数据内业处理；开展测量标志保护及地图编制工作，承接地图审核职能，组织编写地图审核事项相关行政审批标准化文件；推进北斗地基增强系统5个站点的建设及与SZCORS的融合工作，完善了基准控制网；提升测绘公共服务和测绘地理信息应急保障能力，启动修订测绘应急预案；加强测绘质量监督检查，配合省国土资源厅对全市45家甲、乙级和15家丙、丁级资质单位开展检查。

党的建设与人才队伍建设

【党的建设】

深圳市规划和国土资源委员会认真贯彻党的十八届六中全会精神，严格执行从严治党要求。深入推进“两学一做”学习教育，拓展学习交流平台，建立常态化学习机制，委领导带头讲党课，安排专家辅导讲座6次、集中学习研讨8次、主题学习23场；完成机关党委和机关纪委换届选举，完成直属机关党委下属11个党总支、76个党支部集中换届工作，从源头治理党员组织关系“空挂”“失联”等问题。

【党风廉政建设】

深圳市规划和国土资源委员会推动“两个责任”落实，层层签订廉政责任书，压实“一岗双责”；强化日常廉政教育，拓展廉政教育阵地；加大监督执纪问责力度，坚持“以案促建”。

【人才队伍建设】

深圳市规划和国土资源委员会开展干部交流轮岗，改“直接轮岗”为“选优—提拔—重用”，全年处级干部轮岗71人、科级干部200多人；选拔39

名处级干部、36 名科级干部；加大干部监督力度，按照“凡进必查”“凡提必查”等要求，重点抽查核实 42 名干部、随机抽查核实 18 名干部个人事项报告。深圳市规划国土房产信息中心获“全国测绘地理信息系统先进集体”称号。

法制建设与市场监管

【“十三五”规划编制】

深圳市规划和国土资源委员会组织编制完成《深圳市测绘地理信息发展“十三五”规划》，并通过中国科学院院士陈俊勇、中国工程院院士宁津生、郭仁忠等 5 名专家的论证，9 月报深圳市政府审批。《深圳市测绘地理信息发展“十三五”规划》提出提升地理信息综合服务能力，完善基础测绘、测绘地理信息服务保障和测绘地理信息运行支撑等“三大体系”，实施推进基础测绘转型升级、开展地理市情分析与动态监测、加强地理信息产品开发和社会化应用服务、加强应急保障服务与区域合作、加强科技创新体系建设等重点任务。

【法制宣传】

深圳市紧扣“贯彻地图管理条例，更好服务国计民生”的宣传主题，深入开展了一系列宣传教育活动。在“8·29”测绘法宣传日前，通过深圳市规划和国土资源委员会、深圳市测绘学会门户网站、官方微博、微信等网络平台，对活动进行预告，发动市民群众和全市测绘资质单位积极参与；8 月 29 日当天，在市中心书城广场设活动主场，在各区设分场，通过仪器图文展览、签名倡议、涂鸦活动、发放宣传资料和宣传品等形式，带市民畅游测绘世界，领略数字城市风光。

【测绘资质管理】

深圳市全面实行测绘资质网上审批，全年累计受理、初审新申请测绘资质单位 5 家，测绘资质升级 2 家。2 月底，深圳市规划和国土资源委员会组织全市乙级以下测绘资质单位按时完成年度报告公示工作。截至年底，全市共有 60 家测绘资质单位，其中甲级 17 家、乙级 28 家、丙级 14 家、丁级 1 家。

【信用管理】

深圳市规划和国土资源委员会对照新修订的《测绘地理信息行业信用管理办法》和《测绘地理信息行业信用指标体系》，进一步修订和完善《深圳测绘地理信息诚信评价标准（试行）》；7 月至 9 月，组织完成 2015 年度测绘地理信息信用信息录入、审核及公示工作。

【日常监管】

深圳市持续开展全市地理信息市场跟踪监测，每季度开展一次地图市场日常巡查，重点巡查书城及机场、火车站、汽车站、关口等重要交通枢纽周边的地图销售场所。5 月，根据《广东省国土资源厅关于做好全省地图市场大检查的通知》（粤国土资测管发〔2016〕64 号）要求，通知全市 32 家地图编制和互联网地图服务资质单位开展地图类产品和互联网地图服务自查，并组织进行现场抽查，督促 3 家企业完成整改。

基础测绘

【基础测绘】

深圳市完成 1:1000 地形图更新入库 110 平方千米，1:2000 西部海洋地形图数据质量检查 628.7 平方千米；更新 15450 栋三维建筑模型，至年底，三维建筑模型覆盖 1255 平方千米；完成深圳独立坐标系与国家坐标系的转换 1000GB，转换界址点、像控点坐标 10 万多个。对外提供 354 个控制点服务。

深圳市规划和国土资源资委员会开展了北斗地基增强系统的建设，优化设置地基基准站网，融合地面移动通信网、互联网等基础设施，构建现代测绘基准框架。建立了 SZCORS 基准下的深圳市 2000 国家大地坐标系（CGCS2000）平面控制网以及深圳市二等水准网，建立了 CGCS2000 与深圳独立坐标系之间的转换参数，研制了基础地理信息数据坐标转换软件。启动了深圳市似大地水准面精化工作，对深圳市高等级水准网进行复测，为全市提供统一的高程基准。

【航空航天遥感影像获取】

深圳市完成全市域（禁飞区除外）0.2 米航空摄影测量及相应的 DOM、DEM 数据内业处理。

【智慧城市、数字城市建设】

深圳市规划和国土资源委员会拓展数字深圳空间基础信息平台应用功能，研发基于 android 和 ios 移动三维、基于 webGL3D 无插件 html5 版、html5 版二维地理信息系统；支持深圳市总体规划修编项目建设，开发总体规划大数据展示框架，实现人口、交通、环保等数据界面一体化展示，搭建云桌面，实现云端数据的在线桌面化使用；支持市公安局开展“PGIS 云平台”项目建设，支持龙岗区开展“智慧龙岗”及“多规合一”项目建设。截至年底，空间基础信息平台服务覆盖全市82家单位。开展时空信息云平台前期研究，整体推进时空信息云平台在全面感知、深度融合和智慧服务等方面的技术储备和研究。

【质量管理】

深圳市规划和国土资源委员会成立测绘质量监督检查工作领导小组，开展日常测绘产品质量监督检查工作。对8家承担深圳市数字化地形图和地下管线动态修补测工作的测绘单位的基础测绘成果质量进行监督检查。配合广东省测绘产品质量监督检验中心对抽检的深圳市甲、乙级测绘资质单位进行测绘产品质量监督检查。对深圳市丙、丁级测绘资质单位开展质量监督检查，对从业单位的资质、人员、成果等方面的自查表逐一审核对比评分，再对其测绘产品随机抽样进行外业检测，形成最终的测绘产品质量监督检查报告和总结。

【安全生产】

深圳市规划和国土资源委员会制定《深圳市测绘安全生产监督检查工作方案》，组织测绘资质单位从安全生产管理规范、安全生产配备、安全生产教育等方面开展自查，并对8家单位开展现场抽查，监督企业建立、健全安全生产管理制度。

地理国情监测

【地理国情普查】

深圳市规划和国土资源委员会及时做好全市地理国情普查数据入库管理、基本统计分析和成果发布准备工作；建设国情数据管理与发布平台，实现国情数据管理、数据基础统计、自动化制图、成果发布等功能。初步构建了地理国情综合统计分析指数体系，直观反映城市各类自然资源、基础设施、公共服务、交通网络、生态环境基本情况、变化趋势以及现状与规划目标的差异。

【地理国情监测】

深圳市规划和国土资源委员会对文教体卫、保障性住房、养老、消防等9类重要民生设施进行监测评估，反映民生设施的年度变化情况及服务水平区域差异，为民生项目落实监督评估、民生资源优化配置提供决策依据，为民生项目规划、用地供应、空间布局评估等工作提供参考，为地理信息服务社会公众提供保障。

海洋测绘与不动产测绘

【海洋测绘】

深圳市规划和国土资源委员会对深圳西部海域的海底地形地貌进行详尽调查测量，向陆域测至海岸线为止，往东、南测至港粤分界线（含深圳湾香港部分海域），往北测至深莞分界线，往西测至深中、深珠分界线，对深圳西部海域测绘共计628.7平方千米，形成CGCS200坐标系1:2000数字化水下地形图768幅。其中采用测深系统测量614平方千米，包括单波束测区328.7平方千米、多波束测区285.3平方千米；岸滩及岸线测量14.7平方千米。完成深圳市东部海域约290平方千米1:2000水下地形图数据建库。

【地籍测绘】

深圳市地籍测绘大队开展地界测点、宗地图制作、地籍核查等日常地籍测绘工作，推动地籍调查重点项目的实施。

【房产测绘】

深圳市完成房产测绘6284万平方米，其中施工图测算1378万平方米、竣工测量2880万平方米、预售测量1649万平方米、现状测量362万平方米、分割测量15万平方米。

【技术培训】

深圳市分别组织开展2次全市范围的测绘业务培训，50多家测绘、建筑设计、房地产开发企业及相关单位的近千名技术人员参加。

地图管理与地图服务

【地图审核】

《地图管理条例》实施后，深圳市新增地图审核行政许可事项。深圳市规划和国土资源资委员会组织参加国家测绘地理信息局培训，赴广东省国土资源厅就地图审核涉及的技术和管理工作进行请示调研，编写地图审核事项相关行政审批标准化文件。全年受理地图审核申请32批次，签发审图号14个。

【地图编制】

深圳市规划和国土资源委员会组织完成深圳市影像挂图、深圳市地图（1:5万挂图）编制，启动年度深圳市政务工作系列地图编制。

【地图市场监管】

深圳市规划和国土资源委员会组织全市地图编

制和互联网地图服务资质单位开展地图类产品和互联网地图服务自查工作；上半年按月完成25家互联网服务及政府门户网站监控工作。

【地图服务】

深圳市规划和国土资源委员会基于“天地图·深圳”陆续发布民生地图14项，内容包括土地利用、一手房源、自然地理、旅游景点、教育培训、文化体育、医疗卫生、灾害预防等；制定了民生地图定期发布计划，适时推出民生服务用图。

【“美丽中国”第三届全国国家版图知识竞赛和少儿手绘地图大赛】

深圳市规划和国土资源委员会和市教育局联合下发关于积极参加“美丽中国”第三届全国国家版图知识竞赛和少儿手绘地图大赛的倡议书，号召全市中小学生和少年儿童积极参加比赛；深圳市测绘地理信息学会发动全市测绘系统干部职工及家属积极参赛；2人入围全国半决赛，参加了江苏卫视《一站到底》电视赛。

测绘地理信息成果管理与应用

【“天地图·深圳”建设与应用】

深圳市规划国土房产信息中心在数字深圳空间基础信息平台基础上，对“天地图·深圳”电子地图、影像地图、地理实体、地名地址等数据进行更新，对“天地图”门户网站进行日常维护及更新。

【涉密成果管理】

深圳市规划和国土资源委员会为全市提供基础测绘数据服务400多批次，提供地形图数据近4万幅、影像数据9000多平方千米、地下管线数据近1.6万千米。7月至10月，将全市质量监督检查与涉密测绘成果保密检查统一开展，探索综合检查新模式，对测绘资质单位实行全覆盖现场检查，下发4份整改通知书，年内全部完成整改。

【测量标志管理】

深圳市规划和国土资源委员会继续开展测量标志日常维护与保管，调查现有的控制点是否存在，对控制点周边进行清理和拍照。

【应急保障】

深圳市应急管理办公室发布文件要求建立重特大突发事件现场测绘工作机制；6月，深圳市规划和国土资源委员会启动深圳市测绘应急预案和应急响应机制修订工作，确保一旦发生重特大突发事件，第一时间启动测绘应急响应机制，全力配合现场救援处置工作。

在台风“妮妲”“海马”期间，深圳市规划和国土资源委员会和深圳市规划国土房产信息中心安排工作人员日夜值守、时刻待命，提供准备应急所需地图资料。全年共提供基础测绘数据应急保障服务32批次。

地理信息产业

深圳市启动新一轮全市测绘地理信息产业调查，对全市2015年测绘地理信息企业名录进行补充完善，通过现场走访、会议研讨、问卷调查、网络调查等多种技术方法，调查统计深圳市测绘地理信息产业基本情况，摸清产业的总体规模和需求，分析产业发展的未来趋势。

科技与国际合作

【科技项目】

深圳市数字城市工程研究中心面向城市管理中产生的多源异构政务数据的集成问题，探索多源数据集成和融合的核心方法，提出多源数据自动集成技术路线，构建了城市多源数据集成框架。研究并建立了数字城市空间目标体系，开展了基于空间语义的数据自动关联、基于地址集的空间目标实体自动识别、空间目标的模糊匹配和空间推断、空间目标的高速索引等多项关键技术的研究工作，并以人口、法人数据与地理空间数据的自动集成为突破口，进行了多源数据自动集成与融合的示范应用研究。

深圳市数字城市工程研究中心研发了大规模倾斜摄影数据快速处理的建模工艺流程和生产环境，开展了城市对象分类与单体化提取、城市真三维实体模型对象化精细建模、城市真三维模型变化检测与动态更新、城市真三维模型在线发布等关键技术研究，研发了倾斜摄影真三维模型建模建库、动态更新与在线发布系统，为全市三维数据生产与更新效率提升、三维模型业务应用深化提供有效的技术路径和解决方案，并在城市变迁追溯、违法建筑监察、建筑报建评审、规划实施评估等方面开展了应用示范研究。

深圳市数字城市工程研究中心从面向地上室外的倾斜摄影真三维建模发展到面向地上地下、室内外一体化的虚拟城市环境构建，重点开展城市地上地下、室内外目标的三维精细建模、一体化组织与可视化表达等关键技术研究，在BIM与GIS集成的室内三维模型构建、基于建筑规划设计、竣工测量等CAD数据的室内三维模型重构、基于Lidar与全景摄影集成的室内外全景三维构建等方面开展了技术探索与研究工作。

深圳市数字城市工程研究中心利用InSAR技术开展了深圳市木棉岭和大康村试点地区的地表沉降监测及安全评估研究工作，计算分析试点区域地表沉降变化量达到预警临界值和地表沉降监测预警的重点工作区域，并通过实地考察对InSAR技术在地面沉降安全监测进行了可行性评估论证。

【对外合作与交流】

深圳市组织参加在埃塞俄比亚斯亚贝巴举办的第四次全球地理信息管理高层论坛，中国工程院院士郭仁忠以“中国土地调查服务土地治理”为题介绍了基于遥感测绘的中国土地管理模式。参加在捷克布拉格举行的第23届国际摄影测量与遥感大会。参加在中国银川举办的全球智慧TMF城市峰会。参加在西班牙巴塞罗那举办的第六届智慧城市博览会，中国工程院院士郭仁忠做了“智慧城市大数据平台—以中国深圳为例”的报告。

地方社团工作

【深圳市测绘地理信息学会】

深圳市测绘学会分别召开常务理事会和理事会，启动学会换届选举工作，更名为“深圳市测绘地理信息学会”，申请加入深圳市科协会员单位，通过深圳市民政局年检。

组织参加全国测绘地理信息学会工作会暨团体会员工作会议、2016年中国地理信息产业大会等会议。组织全市近百人共7支代表队参加由中国测绘地理信息学会在贵州兴义举办的“中国四维杯”第十二届测绘地理信息职工定向越野赛，共获得集体奖6项，个人奖9项，连续三年获优秀组织奖。

组织会员单位申报全国优秀测绘工程奖和科技进步奖，2016年度获全国优秀测绘工程奖金奖4项、银奖4项、铜奖12项；测绘科技进步奖三等奖1项；优秀地图作品裴秀奖银奖1项、铜奖2项。获2016年地理信息科技进步奖三等奖2项；2016年中国地理信息产业优秀工程奖金奖2项、银奖2项、铜奖10项。

厦门市

概况

2016年，厦门市测绘地理信息财政投入1131.37万元。测绘地理信息工作在推进厦门市“多规合一”、打造国际一流营商环境、服务全市经济发展大局、推动厦门产业城市社会“三个转型”过程中，发挥重要作用。

编制并印发实施《厦门市测绘地理信息“十三五”发展规划》，明确“十三五”期间测绘地理信息事业发展的目标与思路，统筹布局公益性保障服务体系；开展《中华人民共和国测绘法》《地图管理条例》宣传，国家版图意识宣传教育和地图市场监管。加强事中事后监管，开展测绘资质、质量、成果“双随机”抽查，对10家测绘资质单位和19家成果使用单位开展检查并通报结果。推行统一的测绘地理信息行业信用管理平台，守信激励和失信惩戒机制初步建立。

测绘地理信息得到广泛应用，38家部门、单位申请使用涉密测绘成果，用于保障网格化服务管理信息平台基础改造、小流域治理、轨道交通规划建设、美丽乡村建设及农村自来水网改造等工程与项目；不断深化“天地图·厦门”建设和应用，实现“天地图·厦门”与“天地图”国家主节点对接，完成手机APP开发和公众版改版，更新发布2017年厦门国际马拉松赛专题图、在建招拍挂土地专题地图、2016年版卫星影像、公共自行车服务点、商品房项目分布图等23项地图服务；开展专题性地理国情监测，开展2016年度全市数码航空摄影，为厦门市“两违”整治工作提供测绘保障。

基础测绘方面，完成 1∶500 数字测图、全市 1∶2000（含 1∶5000）地形图测绘及空间数据库建设、XMCORS 和测量标志运行维护等基础测绘项目；卫星影像采购范围由往年的 2212 平方千米扩大至 3000 平方千米，为相关部门及领导在“厦漳泉龙”区域一体化工作调研中提供地图。扎实开展重点项目测绘服务保障工作，积极为金砖会晤筹备部门提供地图；开辟绿色通道，服务保障轨道 1 号线、厦门火车站北广场等市重点建设工程。

党的建设与人才队伍建设

【党的建设】

厦门市国土资源与房产管理局成立“两学一做”学习教育领导小组，成立学习教育协调小组，推进学习教育各项工作开展。制定印发局党组《关于在局系统全体党员中开展“学党章党规、学系列讲话、做合格党员”学习教育实施方案》等文件，进一步明确把学习教育作为履行党建主体责任的重要任务。4 月 22 日，局党组召集各党组织负责人，召开“两学一做”学习教育启动会议。5 月 5 日，局直属党委举办“两学一做”学习教育专题培训，对 130 多名基层党组织书记、组织委员、组织员等党务骨干进行培训，并邀请市直工委领导为参训人员上课。各党支部（总支）组织召开党员大会、支委会、党小组会，创新讲党课，把课堂引到室外，形式多样。开展亮党员身份，支部、党员公开承诺“一亮两诺”活动。共印发“两学一做”专题简讯 9 期。

【党风廉政建设】

厦门市国土资源与房产管理局根据《关于学习贯彻王蒙徽书记重要批示精神，进一步推动”两个责任”落实的通知》要求，组织局系统各级党组织专题学习。贯彻全面从严治党要求，以《检察建议书》等为教材，下发通知、组织深入开展典型案件警示教育，有效预防职务犯罪，推动局党风廉政建设迈上新台阶。组织系列党纪条规教育，党风廉政排查，制定党组织责任清单，加强对党员干部党性党纪教育、廉政教育和警示教育；引导党员干部坚定理想信念，践行为人民服务宗旨。局党组、主要负责人、班子成员，局属单位班子均制定《全面落实从严治党主体责任清单》，把从严治党要求贯彻到每个具体措施中，确保从严治党得到有效执行。

【精神文明建设】

厦门市国土资源与房产管理局对照《省级文明单位测评自查评分表》开展自查自评工作，认真总结局 2015—2016 年度文明单位创建工作，并整理归类相关材料；根据市委文明办对各文明单位绩效评估考核要求，整理文明建设绩效评估材料，于 12 月 27 日，顺利通过市委文明办省级文明单位建设和绩效指标“文明工作考评”内容检查。

【人才队伍建设】

厦门市国土资源与房产管理局 2016 年人事任免 171 人次。其中提拔 46 人（正处级 9 人、副处级 12 人、正科级 11 人、副科级 14 人），完成 17 名军转干部接收安置工作。根据厦门市委组织部对干部交流轮岗的要求，落实局干部交流轮岗规定，共交流轮岗 20 人次，挂职 19 人次。

法制建设与市场监管

【法制宣传】

“8·29”测绘法宣传日期间，厦门市国土资源与房产管理局在《厦门日报》组织新闻专版，着重介绍厦门市在推进地图服务管理、助力经济社会发展等方面的应用成果。在市行政服务中心设立宣传点，分发《中国国家版图知识宣传册》等资料 1200 份。在人流密集区域 LED 显示屏播放测绘地理信息宣传短片。在局政务信息网站、微信平台发布测绘法宣传日主题、口号和宣传文章。组织各分局和全市测绘地理信息资质单位开展测绘地理信息相关法律学习活动，赠送《图说厦门》《影像厦门》等宣传材料。

【“放管服”改革】

8 月—9 月，厦门市国土资源与房产管理局按照“双随机”检查工作方案抽取 5 家测绘资质单位进行测绘地理信息成果质量检查，完成 5 个测绘地理信息项目成果（地理信息 1 个、地形测量 1 个、工程测量 1 个、房产测绘 1 个，海洋测量 1 个）的质量检查，检查结果全部合格。对 5 家单位的“测绘技术质量管理体系”进行考核，1 家单位测绘技术质量管理体系考核不及格、3 家单位测绘技术质量管理体系运行情况需完善，针对上述问题均发出整改通知书。

11 月，联合厦门市国家保密局组成 2 个检查组，在前期组织全市涉密成果使用单位开展测绘地理信息保密自查的基础上，按照“双随机”检查工作方案抽取19家涉密测绘成果使用单位，进行测绘地理信息保密检查，检查总体情况较好，未发现严重失泄密线索。

12月，在配合省测绘地理信息局完成甲、乙级测绘资质单位巡查的基础上，按照“双随机”检查工作方案抽取5家丙、丁级测绘资质单位进行现场检查。从巡查情况看，部分单位存在不注重地理信息质量过程管理，成果档案和保密管理制度执行不到位等问题。共发出巡查意见书3份。

【测绘资质管理】

厦门市国土资源与房产管理局共完成测绘资质单位复审换证、资质申请、资质升级、基本信息变更等初审共140余批次，其中，资质升级1家、新申请资质5家。截至年底，厦门市共有测绘资质单位58家，其中甲级9家、乙级16家、丙级25家、丁级8家。

基础测绘

【基础测绘】

厦门市国土资源与房产管理局完成2015年度大比例尺地形图测绘548幅1∶500数字地形图和274幅1∶1000数字地形图成果入库，竣工测量地形图数据211幅1∶1000地形图更新，竣工测量三维建筑物模型163栋更新入库，厦门大学片区6平方千米全要素大比例尺地形图测绘成果归集；完成五年一次的厦门市1∶2000地形图测绘及空间数据库建设项目；完成本年度卫星影像采购与正射影像处理；推进卫星连续运行地面参考站系统稳定性检测与起算点保护工程项目的实施。

【安全生产】

厦门市国土资源与房产管理局组织完成《厦门市房屋安全管理规定》立法，理顺房屋安全管理体制，明确市、区两级房屋安全管理部门属地化管理职责，推动房屋安全鉴定机构市场化。巡查631幢（次）43.93万平方米危旧房，出具危房鉴定报告1172份，及时排除险情121幢，整改加固457幢19.74万平方米，迁出或改建危房705幢13.47万平方米。

地理国情监测

厦门市国土资源与房产管理局结合实际开展专题性地理国情监测工作，继续推进2016年度“两违”整治测绘保障工作。加强与厦门市行政执法局沟通协调，“两违”疑似图斑由“两违”整治考查单位和整治责任单位以外的第三方实施核查，以实测数据推动考评工作公平、公正。协调民航空管部门妥善安排航摄航时航线，加强对航摄作业实施单位的技术设备、人员投入情况的现场督查、指导，已按计划完成外业航空摄影，后续工作有序开展。

不动产测绘

【地籍测绘】

厦门市国土资源与房产管理局针对驻厦部队军用土地地籍权属调查需求，开辟绿色通道，指定专人进行预审，建立工作台账，对存在的问题进行分类整理并上报研究解决，2016年完成49件军用土地申报预审，累计完成199件军用土地地籍权属调查。依据《不动产登记暂行条例》《地籍调查规程》《关于做好不动产权籍调查工作的通知》等，出台《关于进一步优化厦门市城镇土地地籍调查业务规范的实施意见》。按照《地籍区（子区）划分成果汇交技术方案》与《不动产登记数据库标准（试行）》的技术要求，形成符合要求的空间、属性、图形等数据，全市共划分地籍区65个，地籍子区718个，覆盖全市土地面积1699.42平方米，累计完成全市地籍权属调查1049宗。

【房产测绘】

厦门市国土资源与房产管理局组织全市房产测绘单位开展业务培训，完成全市新增房产预算与实测测绘成果不动产单元号统一编制工作。成立房产预算成果管理工作小组，与房产预测相关部门沟通与衔接，开展业务衔接前期调研。通过启动全市房产楼盘数据与测绘成果数据比对，开发软件系统，进行房产测绘成果信息交换，经过联网测试，二手房联网配图在海沧区正式运行。完成2745幢、10.5万个单元房产测绘历史数据分户图数字化及图户衔接整理，完成房产测绘成果审核245件，总建筑面积1299万平方米。

地图出版与地图服务

【地图市场监管】

9月，厦门市国土资源与房产管理局参与2016

年厦门国际投资贸易洽谈会联合执法工作，对展商布展及宣传材料中使用的中国版图进行检查，现场发放50多份《国家版图小知识》宣传地图。督促8个展位整改不规范使用示意性地图问题。

【地图服务】

厦门市国土资源与房产管理局向市、区各级行政机构、事业单位提供各类挂图、工作用图1780幅。其中，为市委市政府、上海督察局专项督察工作应急定制厦门市、厦门岛接待手册用图等5种地图。

全年共对外提供1513幅纸质地形图和影像图，用于保障网格化服务管理信息平台基础改造、小流域治理、轨道交通规划建设、美丽乡村建设及农村自来水网改造等工程与项目。

【地图数据服务】

厦门市测绘与基础地理信息中心向422家单位提供地形图10519幅、影像图270幅，向300家单位提供基础地理信息数据18933幅、专题数据9771幅，出具用地红线图414件，出具蓝线图、用地范围示意图、选址图120件，出具勘测定界资料1944件（“多规合一”定界勘测报告724份），规划调整地类分析30批次，坐标转换862件，完成土地房屋征收事前包干测绘面积审核6宗、土地面积74.19万平方米，房屋建筑面积65万平方米，完成土地执法技术分析1410个地块，出具报告289份，提供图件1778幅。

测绘地理信息成果管理与应用

【“天地图·厦门”建设与应用】

厦门市国土资源与房产管理局完成“天地图·厦门”手机APP开发和公众版改版，全面兼容苹果和安卓系列移动设备浏览，积极推进正式上线。

协调相关专业部门共享地铁线路、公交线路等数据，并采用无人机倾斜摄影技术，开展局部区域地理信息快速采集更新落图工作。更新和新增发布23个数据服务，包括2016年厦门国际马拉松赛专题图、公共自行车服务点、商品房项目分布图、在建招拍挂土地专题地图等7个专题数据服务，其中马拉松赛专题图访问量超过2万人次。与市政园林局签订共建共享协议，主动对接市公安局和公交集团等单位，推进“天地图·厦门”在公共安全管理、市政园林管理和公交运行、规划建设等领域的深层次应用。为市公安局离线部署“天地图·厦门”数据提供支持，为厦门边防总站、福建省测绘院等意向接入单位提供技术支持。

【涉密成果管理】

厦门市国土资源与房产管理局受理通过38家单位涉密测绘成果使用申请，向机关和企事业单位提供各种国家基本比例尺地形图、数字线划图、数字正射影像用于保障新机场规划建设、小流域综合治理、农村分散式污水治理、农村自来水管网改造等政府关心、百姓关注的项目。

【测量标志管理】

厦门市国土资源与房产管理局印发《关于进一步加强测绘地理信息基础设施管理的通知》，加强XMCORS、测量标志等基础设施的管理，及时协调落实蔡尖尾山控制点、军营村CORS参考站的保护工作。截至2016年年底，共有6座CORS基准站、71个B级GPS点、188个C级GPS点、196个二等水准点、188个三等水准点。

【应急保障】

厦门市国土资源与房产管理局根据人员变动，调整测绘应急保障领导小组及办公室组成人员、测绘应急保障专家库。“莫兰蒂”台风过后立即启动应急机制，安排外业小组、调派无人机、检查仪器设备、调派作业车辆，17名业务骨干携带无人机、RTK等测绘仪器设备紧急赶往地质灾害点开展外业实地测量与航拍摄影，圆满完成灾后应急测绘保障任务。

测绘资质单位工作

北京市

概况

截至2016年底，北京市共有测绘资质单位381家，其中甲级119家、乙级149家、丙级60家、丁级53家。测绘资质单位按单位性质分，事业单位40家、企业341家。年末测绘从业人员近3万人。全市测绘资质单位全年完成测绘服务总值149.7亿元，其中甲级单位完成109.7亿元、乙级单位完成15.95亿元。甲级单位完成的测绘服务总值占73.3%，直接影响全市测绘地理信息行业测绘服务总值情况。全年测绘资质单位完成的科技成果为211项，其中通过鉴定的16项；科技成果登记26项，其中在国家科技成果管理机构登记7项、在地方政府科技成果管理机构登记18项；科技成果获省部级以上奖项66项，其中国家科技奖7项；获软件著作权816项。

北京新兴华安智慧科技有限公司

2016年，北京新兴华安智慧科技有限公司快速发展并成功转型，聚焦智慧园区、智慧国土、智慧规划建设，在不动产服务、智慧城市、多规合一等多个领域取得显著成效。全年完成营业收入1.12亿元，合同额超2亿元，在华安模式、架构重组、产业布局方面实现三大突破。公司依托首都为战略基地，完成北京新兴京华国土规划设计院、贵州大数据中心、江西生产基地、衡水外业基地、空间规划研究院等布局，从地理信息大数据与系统平台产品入手，催生出新兴华安“1个核心基础+3个重点领域”业务模式，全面打造华安智慧行业新平台。承担北京、河北、山西、黑龙江等省市十多个市县的不动产登记建设工程。在第14届中国信息技术创新大会上，“新兴华安不动产统一登记信息平台”荣获最值得信赖产品奖。

北京市测绘设计研究院

2016年，北京市测绘设计研究院完成沉降区一、二等水准复测1050千米以及中心城区600点网络RTK平面复测、1020千米高程复测。完成四环范围1:500地形图更新8450幅（二次），并完成数据同步入库；六环范围1:2000地形图航测更新3376幅，并完成数据同步入库；六环外平原地区1:2000地形图要素更新5540幅，平原地区1:1万地形图更新457幅；平原地区1:1万地形图数据加工入库457幅。完成拨地入库203件（1502块），规划路733条（急路424条）。完成各类测绘项目3778项，包括各类规划测量、轨道交通测绘、地下管线测绘、地理信息系统项目等。完成北京市第一次全国地理国情普查、北京市全国第二次地名普查、北京市地下管线基础信息普查年度工作。完成数字亦庄、数字平谷建设，开展数字石景山、中关村二期、丰台二期建设。编制完成《北京历史地图集》《北京市交通基础设施图集》《北京市行政区域界线系列基础地理底图》《北京市水务十三五规划图集》《华北电网图集》等多种地图。完成北京城市副中心建设的用地测量、控制测量、规划路测绘、建筑验线等，提供48平方千米和155平方千米1:2000地形图。为冬奥会组委会测绘完成1:500、1:2000、1:5000

地形图。与北京新机场建设指挥部签订测绘服务合同。编制《北京市测绘设计研究院“十三五”发展规划》，开展新型基础测绘研究，升级“数据航母”，开展地理国情监测，推进“城市体检”试点工作。开展倾斜摄影、车载三维激光扫描、三维精细建模研究。搭建数字档案馆，实现测绘地理信息数据异地存储备份。

高德软件有限公司

2016年，高德软件有限公司各项业务全面提升，高德地图客户端累计用户超过7亿个，高德地图为用户累计导航规划超过580亿次，累计驾车导航总里程超过4537亿千米，全年日活跃用户同比增长高达123%。陆续发布AMAP AUTO 1.0、AMAP AUTO 2.0导航软件产品，全面革新车机导航。2016年，高德为宝马、奥迪、长安、吉利等众多国内外汽车公司提供包括地图数据、导航引擎、交通信息在内的相关产品和服务。高德开放平台为30多万款移动应用提供位置服务，月智能设备覆盖数超过9亿，每天响应的定位请求达到几百亿次。在智慧城市和智慧交通领域，高德交通与武汉、深圳、南京、佛山等全国近100省市的交警达成战略合作，实现交通数据信息共享，通过高德交通大数据辅助城市交通指挥和管理决策。联合公安部交通管理局、全国各地交警发布节假日出行预测报告。依靠“互联网+交通大数据”的优势，为用户提供更加专业的服务。

北京京密鸿图测绘有限公司

2016年，北京京密鸿图测绘有限公司完成南水北调之密云水库水源保护测量工作，测绘155米高程线398千米，埋设水源保护界碑9028座，完成来水入密云水库永久性占地地籍测绘27宗；完成京沈高铁密云段拆迁测绘和工程测量，其中住宅宗地拆迁测绘70万平方米、房屋拆迁16万平方米、道路放线31千米；完成北京雁栖湖国际会展中心房产测绘7.8万平方米，顺义区老旧小区改造二期工程管线探测256千米。承担密云区农村土地承包经营权调查工作，共涉及8个乡镇158个行政村的4.7万户，面积15万亩；承担密云区不动产登记历史数据整合工作，包括房屋幢落宗、房屋逻辑幢与自然幢的关联、业务档案数据与自然幢的关联、土地登记历史数据整理。

北京博图纵横科技有限责任公司

2016年，北京博图纵横科技有限责任公司先后完成了多个GIS应用软件研发及运维支撑服务项目。承建的“智慧消防”受到公安部消防局的高度评价。研发的“宜昌市民E家”获评2016年度中国“互联网+政务服务”创新型服务平台，被国家互联网和信息化管理办公室评为中国优秀政务平台。承担国家重点研发计划课题“城市多部门协同的网格化安全监测和保障技术装备及集成信息平台”，并被住房和城乡建设部、科学技术部认定为国家智慧城市网格化管理服务专项试点示范单位。研发的吸毒人员网格化服务管理信息系统获得中央社会治安综合治理委员会办公室好评。在智慧城市大会荣获2016年度中国智慧城市领域领军企业奖。在区块链领域进行了重点布局，加入Linux Foundation基金会并成为Hyperledger会员。自主研发的高性能区块链BAAS产品“天链”已经正式发布，并用“天链”建设了央视微电影（微视频）版权中心交易平台，中央电视台《朝闻天下》和《新闻直播间》对该平台上线进行了报道。

天津市

概况

截至2016年底，天津市共有测绘资质单位163家，其中甲级21家、乙级54家、丙级74家、丁级14家；事业单位35家、企业128家（含私营企业57家）。全市测绘资质单位全年完成测绘服务总值

19.31 亿元，比 2015 年增长 1.45 亿元。

天津市地质工程勘察院

2016 年，天津市地质工程勘察院完成测绘产值 1488 万元。承担工程测量项目 24 项。完成天津地铁 10 号线一期工程第三方现场监测 2 合同段基坑及周边环境监测，津滨轻轨张贵庄站续建工程车站、桥梁及周边建筑监测，小王庄镇燃煤供热锅炉改燃气配套工程地下管线测量工程，天津港益供热有限责任公司管网及换热站提升改造工程地下管线测量工程，2016 年度天津市地面沉降测量项目。申请测绘专业发明专利和实用新型专利各 1 项。

交通运输部北海航海保障中心天津海事测绘中心

2016 年，交通运输部北海航海保障中心天津海事测绘中心完成秦皇岛、天津、烟台等 12 个港口和 2 个地区共计 32 幅（包含 4 幅半年检测图）港口航道图的改版复测任务，其中基测图 9 幅、检测图 23 幅（包含 4 幅半年检测图），测量面积总计为 8740.67 平方千米。开展了老铁山至秦皇岛航路（部分）测量任务，扫测面积 3505.95 平方千米。完成“辽丹渔 23862”沉船扫测、“鲁胶渔 60968”沉船扫测等 11 项应急抢险探测任务。销售发行海图 28368 幅，发布 52 期中英文改正通告，开发电子网络版《北极航海地图集》。

天津市水利勘测设计院

2016 年，天津市水利勘测设计院承接了天津市中心城区及环城四区水系联通青排渠丰产河联通工程，引江应急调水工程，天津市南水北调市内配套工程宁汉供水工程汉沽支线部分，蓟运河宁河城区段治理工程，引江引滦联通工程，中小河流治理重点县综合整治和水系连通试点宝坻区引驹入潮史各庄镇项目，武清区 2017 年农用桥闸涵维修改造工程，中小河流治理重点县综合整治和水系连通试点宝坻区南干渠新开口镇项目，天津市南水北调中线市内配套工程宁汉供水工程，大沽排水河净水厂一期工程，中心城区防汛排水能力提升三年计划等多项测量任务。

中国地震局第一监测中心

2016 年，中国地震局第一监测中心完成中国综合地球物理场观测、中国大陆构造环境监测网络、地震监测系统运维、2016 年天津地面沉降水准测量项目。完成一等水准观测 6363.5 千米、GNSS 观测 360 点、相对重力联测 391 点（415 测段），北京及其附近区域 13 个跨断层流动观测场地改造。对中国大陆及周边地区 GNSS 连续站和流动站数据进行解算及处理。申请并获批实用新型专利 6 项、软件著作权 2 项，发表各类论文 70 篇。

天津市国土资源测绘和房屋测量中心

2016 年，天津市国土资源测绘和房屋测量中心完成 1934 个项目、7827 万平方米的不动产测绘任务。其中房产测绘项目 1523 个、5869 万平方米；地籍测绘项目 411 个、1958 万平方米。自主研发天津市房屋测绘一体化处理及应用系统，全年累计利用该系统远程打印各类登记用图 37 万张。完成基于 HMS 结构化数据传递与解析应用的测绘作业、管理和成果利用一体化服务平台的开发工作，通过平台受理测绘业务 420 万平方米，并完成 120 万平方米。

天津市测绘院

2016 年，天津市测绘院完成中心城区、重点地区地形图更新维护工作。开展全市域航空摄影、正射影像图制作及实景影像三维制作，Ⅰ、Ⅱ等水准复测，测量标志管理系统的更新升级，天津市现代基准升级改造工程等项目。完成天津市规划局指令性任务 19 项、临时性任务 20 多项。开展 11 项生产性技术攻关科研项目，获 2 项专利、5 项软件著作权，申请 3 项专利，在国内外公开期刊发表论文累计 44 篇。

铁道第三勘察设计院集团有限公司

2016 年，铁道第三勘察设计院集团有限公司完成 75 个测绘地理信息项目，其中国内项目 73 个、境外项目 2 个。累计完成大地测量 3973 千米、工程测量 5695 千米、摄影测量与遥感 8540 平方千米、地理信息系统 2 个、测绘航空摄影 5.47 万平方千米。承担的重大项目包括哈尔滨至佳木斯铁路电气化改造工程定测558千米，牡丹江至佳木斯客运专线定测和精密工程控制测量375千米，霸州至商丘客运专线初测583千米，沿江城际铁路工程南京至张家港段初测152千米，深圳市城市轨道交通14号线工程初勘74千米等。取得软件著作权16项、专利9项（3项发明专利、6项实用新型专利）。

天津市普迅电力信息技术有限公司

2016年，天津市普迅电力信息技术有限公司承担国家电网公司电网GIS平台深化应用—营配调贯通360度全方位辅助提升工具研发项目，营配调贯通建设数据治理及指标提升辅助工具研发及在26家网省公司的统一部署和应用项目。完成6家网省公司营配调数据采录及常态化运维，国网江苏省电力公司和国网浙江省电力公司湖州供电公司电力管线探测及电缆通道梳理项目，四川省德阳市综合管线探测及信息化入库项目，4家网省电力公司电网GIS平台影像底图（米级、亚米级）更新及矢量化项目。

河北省

概况

截至2016年底，河北省共有测绘资质单位865家。其中甲级54家、乙级146家、丙级309家，丁级356家，甲、乙级单位数量平稳增长，丙级较快增长，丁级略有下降。民营测绘企业占测绘资质单位总数的65.8%，非民营测绘资质等单位主要分布在国土资源、城乡建设与规划等系统。年末测绘从业人员19828人，同比增长6.8%，其中测绘专业技术人员9952人，取得注册测绘师资格的534人。全省测绘资质单位全年完成测绘服务总值33.59亿元，同比增长7.8%，较2015年增速明显放缓。民营测绘企业完成的测绘服务总值依然保持高速增长，达到12.31亿元，同比增长29.3%，增速与2015年基本持平，占全省测绘服务总值的36.6%，所占比重同比提高了6.1个百分点。2016年，全省地理国情普查等重大测绘项目明显减少，农村土地承包经营权确权登记办证工作也多进入后期阶段，缺少保持高速发展的增长点。

正元地球物理有限责任公司（中国冶金地质总局地球物理勘查院）

2016年，正元地球物理有限责任公司（中国冶金地质总局地球物理勘查院）引进CASI1500H和SASI600航空高光谱成像系统并进行了实验飞行数据获取和预处理；提出管线普查可视化监理技术方法和非公共空间管线普查监理抽样检查比例调整的思路与方法；完成南京六合区、开发区、建邺区，马鞍山市、襄阳市、保定市、金华市、朔州市、平顶山市、随州市、当阳市等城市的地下管线普查监理工作，长度约8万千米；开展了基于地理信息系统和三维技术、综合地物化遥测勘探数据的矿产勘查定量预测预评价应用。

河北省保定地质工程勘查院

2016年，河北省保定地质工程勘查院承担各类测绘项目53项。主要包括：宣化县、蔚县、阜平县、阜城县的农村村庄集体建设用地和宅基地确权登记发证项目；邯郸市村镇地籍调查及登记发证成果省级预检、汇总项目；阜平县五丈湾村、南刁窝村、辛庄村、槐树底村、苇子沟村的土地整治项目勘测设计；阜平县14个城乡建设用地增减挂钩试点项目三个标段的勘测定界和规划设计；蔚县和阳原县2016年土地利用现状变更调查；宣化县2016年土地利用总体规划修编，完成地籍测绘150平方千米。测绘和编制地形图350幅，其中10幅1∶5000、30幅1∶2000、50幅1∶1000、260幅1∶500。

保定金迪地下管线探测工程有限公司

2016年，保定金迪地下管线探测工程有限公司签订工程合同98个，合同额2.23亿元。完成地下管线探测83302千米，完成地理信息管理系统开发项目37项，输出地下管线图120004幅。完成多点连续便携式测斜仪在非开挖技术埋设非金属管线探测中的应用研究、平行热力管线虚拟管径探测方法研究等研究项目，开发了GDInfo管线数据监理入库系统、GDInfo数据管理系统、GDInfo城市管线隐患评估与预警系统。

中国建筑材料工业地质勘查中心河北总队

2016年，中国建筑材料工业地质勘查中心河北总队完成保定市1:500地形图测制、满城县南水北调配套工程勘测定界等项目；承担数字阜平地理空间框架建设，河北、内蒙古、黑龙江、吉林、河南等地10多个农村土地承包经营权确权登记颁证、土地整治项目。

中国石油集团东方地球物理勘探有限责任公司

2016年，中国石油集团东方地球物理勘探有限责任公司完成物探测量、无人飞行器航摄、管线探测等100多项测绘项目。为新疆牙哈凝析气田开发、宁夏盐池古峰庄、神府区块自营区栏杆堡区块等石油勘探项目提供航摄服务，完成航摄2700多平方千米。自主研制了GeoSNAP-X6炮点复测仪，提升石油勘探测量施工效率和降低运营成本，在野外生产推广应用143台套。开展了空间地理信息技术在石油勘探中的应用研究，实现了地震勘探生产路线规划设计、定位导航、任务分发等功能。完成GNSS控制网数据处理软件V1.0、广域精密定位终端定位软件、海底电缆（OBC）海上勘探综合导航系统、滩浅海地震勘探导航定位数据后处理软件等6项软件著作权登记，“声学释放装置”获得国家实用新型专利证书。

河北省地矿局石家庄综合地质大队

2016年，河北省地矿局石家庄综合地质大队完成石家庄市新华区、元氏县、正定县、高邑县、藁城市、平山县、行唐县、辛集市，张家口市崇礼县、赤城县，邢台市邢台县、广宗县、隆尧县、任县，承德市兴隆县，衡水市故城县、深州市，浙江省温州市永嘉县等农村集体土地确权登记发证工作地籍测绘165平方千米，权属调查34.22万宗。完成辛集市、行唐县、盐山县、献县、新乐市、沽源县等农村集体土地承包经营权确权登记发证工作117.3平方千米。完成石家庄市新华区、长安区、行唐县、平山县、井陉县、赞皇县等日常地政服务土地勘测定界610宗。完成井陉县、行唐县、深州市、兴隆县、元氏县、正定新区、深泽县等2016年土地变更调查工作。完成平山县、井陉县、兴隆县、临漳县、深州市耕地后备资源调查评价工作。完成元氏、景县、雄县、平山、正定、深州、辛集市等100平方千米高标准基本农田建设规划设计工作。完成辛集、行唐两个砖瓦窑复垦方案的编制工作，完成沽源县扶贫村易地搬迁项目56个村的调查、测绘和8个村的复垦方案的编制工作。完成石家庄市区不动产数据整合未落宗调查工作，总面积10平方千米。完成水利、交通、矿山、电力等行业的地形测绘28平方千米，纵横断面测量1516.55千米。

河北省水利水电第二勘测设计研究院

2016年，河北省水利水电第二勘测设计研究院完成主要工作有：滹沱河干流综合治理工程（上、中游段）航空摄影测绘447.4平方千米，涉及1:2000DLG、DEM、DOM产品各619幅；河北省水库下游河道行洪能力及沿河村落防洪能力分析测量，涉及石家庄市、保定市、邯郸市和张家口市的42条河道，河道总长1758千米，完成横断面测量2652千米，1389个沿河自然村外轮廓线和主要街道路高程测量，439个阻水建筑物调查；滦河滦县段河道治理、承德双滦区牤牛河河道治理、阜平北流河河道治理、赤城县白河生态修复整治等河道治理工程测量；临西县、巨鹿县、威县、南宫市、任县、肃宁县等6个县市的2016年地下水超采综合治理工程测量；河北省“7·19”特大洪水紧急救灾、灾后重建和洪水调查测量；宁晋泊、大陆泽蓄滞洪区安全建设和张家口市城市防洪规划测量；位山引黄工程、引黄入冀补淀补充测量、廊坊市北三县供水工程等引调水工程测量；石津总干渠、蔚县壶流河、万全县洋河、涿鹿县桑干河和宣化洋河等灌区续建配套及改造工程测量；南水北调总干渠后续服务测量等。

河北省北方勘测设计有限公司

2016 年，河北省北方勘测设计有限公司完成沧县农村土地承包经营权确权登记颁证、石家庄市栾城区农村土地承包经营权确权登记颁证项目，共计 53 个村约 137765 亩；完成吴桥、泊头低压 PMS 数据采集和录入 936 个低压台区、3475 个低压排灌台区。完成其他各类测绘项目 70 多项，主要包括保定市城市规划、市区道路管线探测工程、房地产开发等城市工程测量和建筑变形测量、工程项目征地、土地勘测定界等项目。测绘和编制各种图件 500 多件，总面积 18.6 平方千米；土地勘测定界总面积 6.2 平方千米；建筑变形监测涉及 18 个小区。

河北省地矿局第三水文工程地质大队（河北地矿建设工程集团衡水公司）

2016 年，河北省地矿局第三水文工程地质大队（河北地矿建设工程集团衡水公司）共开展 32 项测绘项目。完成的主要项目有：衡水湖生态环境保护项目富营养化与沼泽化治理区域地形图测绘、衡水市滨湖新区规划地形图测绘、衡水市滨湖新区污水处理厂地形图测绘、衡水市滨湖新区净水厂地形图测绘、承德市兴隆县二道河山泉水勘查区域地形图测绘、衡水市汇中家天下沉降观测、泰达—水榭雅庭二期沉降观测、衡水市监测井坐标及高程测量、廊坊市监测井坐标及高程测量、承德市监测井坐标及高程测量等。续作主要项目有：泰达—水榭雅庭沉降观测、衡水市农村建设用地及宅基地使用权确权登记颁证、景县农村建设用地及宅基地使用权确权登记颁证、故城县农村建设用地及宅基地使用权确权登记颁证、故城县农村土地承包经营权确权登记颁证、武邑县农村土地承包经营权确权登记颁证、任县农村土地承包经营权确权登记颁证。新开展主要项目有：故城县不动产档案资料电子化建设、故城县房产测绘、阜城县房产测绘、衡水市妇幼保健院新院区沉降观测、衡水市在水一方二期基坑监测、泊头市佰瑞廷一期沉降观测项目。

河北卓远地理信息系统工程服务有限公司

2016 年，河北卓远地理信息系统工程服务有限公司完成的测绘项目主要涉及控制测量、地下管线探测、地形测量、不动产统一登记、变形（沉降）观测等。主要完成了张家口市 2014 年度城市建设用地（地块）勘测定界检查验收、怀安县农村土地承包经营权确权项目、怀来县主城区及燕山文化新城部分区域地下管线调查探测项目、张家口市中心城区及西山产业区集中供热工程供热管线工程测量 1:500 地形图、人头山美丽乡村地形图测绘、万全县中延·滨河首府一期和二期工程建筑沉降检测项目、宣化区 2016 年农村土地承包经营权确权登记颁证建设项目、北新村房产面积测量、张家口市益源建筑垃圾处置和综合利用有限公司放线项目、张家口市桥东区存量土地登记数据录入工作技术服务项目、桥东区鱼儿山房产面积测绘项目、张家口八角台栈道放线、小白山征收区域面积测绘、阳原县不动产统一登记平台建设及数据整合项目、张家口市桥东区全国第二次地名普查补查技术服务项目、怀安县不动产统一登记平台建设及数据整合项目、怀安县中心城区及应急产业园地下管线普查探测项目、宣化江家屯乡 1:2000 航空摄影测量项目等。

邯郸市鑫发地理信息工程有限公司

2016 年，邯郸市鑫发地理信息工程有限公司承接了永年、鸡泽、曲周等县市区 582 个村约 120.28 万亩共计 20 多项农村土地承包经营权确权登记颁证项目，馆陶县高标准基本农田建设项目（一标段）勘测定界（土地清查），鸡泽县 2014 年高标准基本农田建设勘测与规划设计项目，曲周县农村集体建设用地和宅基地确权登记发证项目（第二标段），武安市九龙山生态休闲综合体项目区地形测量，鸡泽县城区地形图修补测项目，曲周县高标准基本农田建设项目（一标段）勘测定界，曲周县高标准基本农田建设项目（二标段）勘测定界，馆陶县土地利用现状变更调查及耕地质量等别更新项目，成安县土地变更调查与遥感监测项目，馆陶县 2015 年度耕地质量监测评价项目，鸡泽县盛世华都 2#3#及商业楼竣工测量项目，馆陶县金陶丽都住宅小区竣工验收项目，邱县 2015 年度耕地质量等别更新项目，馆陶县高标准基本农田建设项目工程复核及验收材料编制等。

邯郸市国土资源测绘中心

2016 年，邯郸市国土资源测绘中心完成的测绘项目主要涉及控制测量、地籍测量、权属调查、土地规划设计、供地计划编制等。主要完成的项目有：新建邯郸（邢台）至黄骅铁路肥乡段、曲周段、鸡泽段土地勘测定界（整体报卷），河北省石家庄至磁县（冀豫界）公路改扩建工程（邯郸）段土地勘测定界（整体报卷），魏县牙里镇牙西村和边马乡效化村等 48 个村高标准基本农田建设项目规划设计与预算编制，邯郸市主城区、邯郸县 2015 年度农村集体土地确权登记发证工作中一般村庄集体建设用地和宅基地权属调查、地籍测量、房屋调查，邯郸市主城区 2015 年度土地变更调查测绘及数据库更新，2015 年中心城区城市建设用地供应计划编制，邯郸市储备办公室土地收储和新增地勘测定界，邯郸市主城区耕地后备资源调查评价及市级汇总等。

唐山达意科技股份有限公司

2016 年，唐山达意科技股份有限公司完成了在唐山、济宁、临汾等市基于达意智慧房产 GIS 一体化的房屋全生命周期管理平台建设和在邢台、唐山、南京、齐齐哈尔、秦皇岛等市基于 GIS 一体化的社会网格化管理服务平台建设。企业产品已达 40 多种，20 个产品获得了软件产品认证，拥有软件著作权 51 项。

河北华昊测绘服务有限公司

2016 年，河北华昊测绘服务有限公司完成的项目主要涉及房产测绘、地形测量、规划测量、市政工程测量、地籍测绘等。主要完成武强天然气规划管道测量 16 千米，安平县生态林建设项目 1:1000 地形图 1.56 平方千米，2014 年饶阳县高标准基本农田建设项目勘察设计项目二标段勘测定界（项目区内含 5 万亩基本农田）。开展深州市 2015 年农村土地承包经营权确权登记颁证项目，高古庄镇约 5.4 万亩；桃城区河沿镇约 9.8 万亩；武强县武强镇和北代乡 3.33 万亩；涿州市东城坊镇、百尺竿镇、孙庄乡约 8.5 万亩；故城县武官寨镇约 7 万亩；成安县道东堡乡约 6.95 万亩。开展饶阳县农村集体建设用地、宅基地使用权及房屋调查确权登记发证项目（197 个村庄）。承担冀州市、景县、安平县、深州市等地不动产登记项目。

山西省

概况

截至 2016 年底，山西省共有测绘资质单位 620 家。其中甲级 26 家、乙级 72 家、丙级 209 家、丁级 313 家；私营企业 371 家，占测绘资质单位总数的 59.8%。全省测绘资质单位全年完成测绘服务总值 14.25 亿元。

完成的重大测绘地理信息项目包括数字高平地理空间框架建设、晋城市 2014—2015 年度基础测绘项目、晋城市 2016 年度基础测绘项目、泽州 1:1000 基础测绘项目、鄂州市机场建设区数码航空摄影、山西重点地区地面沉降地裂缝灾害监测、云南省农村土地承包经营权确权登记颁证工作二期一标段摄区航空摄影和底图制作项目、云南弥勒摄区航空摄影项目、太原南摄区航空摄影项目、大同摄区航空遥感影像获取项目、徐州市摄区国家航空遥感影像获取项目、晋中摄区航空摄影项目、宁武县摄区航空摄影项目、灵石摄区航空摄影项目、翼城县西闫村地形图测量及保护煤柱设计、阳泉市御康山庄四期土工布挡墙沉降监测、阳泉市李家庄新村楼体沉降观测、交口县城区地下综合管线数据普查及数据库建设项目、河津市中心城市地下管线普查项目、内蒙古乌拉特前旗土地确权正射影像图制作、山西大唐国际云冈热电有限责任公司电厂沉降观测服务、大同左云光伏 220 千伏汇集站送出工程（南京庄—赵庄 220KV 线路工程）勘测、朔州平鲁红石茆风电厂 220KV 送出工程勘测、大同阳高下深井风电场 220KV 送出工程勘测、中广核山西盂县西潘风电厂一期（50KV）工程项目1∶2000地形图测绘。完成渝万铁路客运专线、郑徐客运专线、兰渝铁路项目、沪昆客运专线云南段等项目的桥梁、隧道、线路控制测量和施工测放样测量，2016年度西山城郊森林公园测绘及数据建库服务项目，2016年明太原县城历史建筑测绘项目，太原市凯旋街2#地块棚户区改造安置及开发变形观测项目，太原铁路局中铁物流园1∶500地形图测绘，太原万科城三期项目基坑边形观测工程，太原市小店区城中村信息数据库数据采集测绘服务，云桂铁路轨道精测精调工程轨道精测，南宁市轨道交通3号线一期工程（科园大道—平乐大道）施工监测，新建铁路重庆至万州客运专线YWZQ－2标段CPIII控制网复测。编制完成《沁水县地图》《晋城市政区图》《山西省百镇地图》《山西省传统村落地图集》《紧急公务用图》2016版、《省领导工作用图》2016版。完成陕西省设区市旅游产品《版图史略》中国历史地图数据采集，大同市基础地理信息数据建设，左云县农村土地承包经营权登记颁证测绘，云冈石窟18窟三维扫描数字化项目，无人机测绘浑源县城60平方千米影像。

山西省第二地质工程勘察院

2016年，山西省第二地质工程勘察院承揽农村集体土地所有权及宅基地使用权确权项目涉及朔州、忻州、运城、临汾等6个地市26个县（区），总面积776.18平方千米。承揽农村土地承包经营权确权登记颁证项目，涉及朔州市、忻州市、运城市、临汾市、晋城市等8个地市38个县（区）2491个村，总面积3990.8平方千米。全年签订测量合同48份，合同总额2593万元，其中地形测量、勘测定界等测量项目271万元，农村土地承包经营权确权项目1817万元，第二次全国地名普查项目505万元。包括完成的2015年续作项目，全年共完成产值8135万元。自主开发的《宗地面积检查软件》获得计算机软件著作权。该软件主要用于宗地面积汇总检查，广泛应用于该院宅基地使用权确权项目。

山西省水利水电勘测设计研究院

2016年，山西省水利水电勘测设计研究院主要生产工作仍然是做好大水网四大骨干（中部引黄工程、小浪底引黄工程、辛安泉供水改扩建工程、东山供水工程）工程的勘测设计及服务工作，确保大水网工程顺利建设。此外，开展汾河流域生态修复、禹门口引黄灌区规划、汾河中游核心区蓄水工程等工作。承担勘测设计、监理项目共114项，其中勘测设计58项、监理56项。全年签订合同131项，总合同额2.25亿元。完成设计报告266份，计算书283份，设计图纸17905自然张；勘察报告40份，图纸1578自然张；测量报告35份，计算书22份，测绘图纸865张；物探、岩、土、水质及沙砾料试验报告103份；自动化信息应用成果报告14份，图纸223张。组织申报4个重点水利技术项目研究与推广项目。编制完成《水利水电工程沉沙池设计规范》《小型水电站初步设计报告编制规程》修订项目建议书。组织《胶结颗粒料筑坝技术研究与应用》《山西省引调水工程主要建筑物标准化设计研究与应用》《中小型水电站引水渠道及前池研究》等项目的科技成果转化申报。

山西省基础地理信息院

2016年，山西省基础地理信息院完成晋北测区640幅图的外业调绘，晋西测区450幅图的外业像控点测量。完成晋城市900平方千米的地面分辨率优于0.2米数码航空摄影数据获取工作，晋城市900平方千米外业像控点测量、200平方千米外业调绘、900平方千米数字正射影像图和数字高程模型数据生产、200平方千米数字线划图生产制作。完成泽州县43平方千米的地面分辨率优于0.1米航空摄影数据获取工作，泽州县43平方千米像控点测量、35平方千米外业调绘及数字线划图制作工作。协助山西省文物局实施山西省明长城建控地带划定项目，完成山西省早期长城数据处理及建控地带划定工作，建立山西省长城数字化保护档案资料。完成全省文物保护单位建控地带划定工作，建立文物保护单位地理空间档案资料；完成山西省北部烽火台等文物的保护及建控地带划定工作。协助山西省民政厅完成全国地名普查项目中山西省各级行政界线的资料整理、数据编辑、属性编辑和行政界线数据库建设工作。协助山西省古建筑保护研究所开展基础测绘成果保障服务。完成陵川县凤凰山欢乐谷、黄围山风景区1∶2000数字地形图测绘任务。协助阳泉市、运城市、晋城市编写完成基础测绘“十三五”专项规划。完成 数字高平、数字吕梁地理空间框架建设。

山西省地质测绘院
（山西省地质勘查局测绘队）

2016年，山西省地质测绘院（山西省地质勘查局测绘队）完成山西省9个地市27个县300余万亩农村土地承包经营权确权权属调查工作，完成长子县CGCS2000国家大地坐标控制网建设、运城市盐湖区地名普查、绛县地名普查、新绛县地名普查和山西省国土资源厅土地整理工程复核、土地利用遥感监测等项目。利用无人机航测承担城市规划，公路交通规划，天然气管道测绘600多平方千米。全年实现经济效益7000多万元。通过山西省国防科学技术工业办公室向国家国防科技工业局申请的高分重大专项“山西省重点矿山生态环境监测产业化应用项目”获批立项，项目建设周期3年，建设经费1100万元。

山西省第六地质工程勘察院
（山西省地球物理化学勘查院）

2016年，山西省第六地质工程勘察院（山西省地球物理化学勘查院）完成山西省运城市、临汾市、长治市、晋中市的15个县（市、区）农村土地承包经营权确权权属调查工作，运城市、夏县、临猗县、河津市、闻喜县、垣曲县、永济市等县市区宅基地测量工作，夏县高标准基本农田整理项目竣工复核测量及竣工图制作、新绛县土地变更调查与遥感监测项目、夏县土地规划耕地等级年度更新，长子县、新绛县、阳城县农村土地承包经营权确权登记颁证技术服务与监理等项目。全年实现经营收入3300万元。

山西省遥感中心

2016年，山西省遥感中心初步建立全省卫星影像统一接收、处理、存储、管理及分发服务体系。依托国家测绘地理信息局卫星测绘应用中心的卫星影像实时接收系统，开展全省高分辨率卫星遥感影像的统一接收、处理和分发服务工作，采用高性能服务器结合光纤传输网络，建立全省资源三号、高分一号、高分二号及后续系列卫星影像的统一实时接收系统；应用服务器虚拟化集群技术，建立集卫星遥感影像正射纠正、融合、裁切、分析等功能于一体的遥感影像集成化并行处理系统；深入开展高性能集群式存储、云计算、遥感大数据平台等关键技术研究，初步建立全省海量卫星影像的统一接收、处理、存储、管理和分发服务体系。完成山西省高分辨率卫星影像获取及正射影像制作项目。通过国家测绘地理信息局卫星测绘应用中心卫星影像实时接收系统，接收高分辨率卫星遥感影像数据1543景，其中资源三号140景、高分一号988景、高分二号371景、天绘一号44景，并制作完成一期覆盖全省的高分辨率卫星影像数据成果。完成智慧太原时空信息云平台（政务网）建设及数据采集项目，包括智慧太原时空信息云平台技术规范建设、云计算中心搭建、政务时空信息数据库管理系统、政务时空信息云平台建设、实时数据接入加载与物联网节点定位服务系统、对外发布服务系统和智慧城市管理系统（政务时空信息平台应用），以及城市部分地区的1:500地形图修补测等任务。完成数字右玉地理空间框架建设项目。

中国建筑材料工业地质勘查中心山西总队

2016年，中国建筑材料工业地质勘查中心山西总队承揽测绘项目34个，完成25个。完成和在测的项目主要有：忻州市岢岚县城综合管线测绘项目、朔州市朔城区2016年农村土地承包经营权确权登记颁证项目（第四包）、岚县农村土地承包经营权确权登记颁证技术服务项目（第一标段）、曲沃县农村土地承包经营权确权登记颁证技术服务项目（第四标段）、霍城县农村土地承包经营权确权登记颁证项目、古县2016年农村土地承包经营权确权登记颁证测绘项目（第三标段：永乐乡）、五寨县第二次全国地名普查项目、襄垣县第二次全国地名普查项目、河曲县城1:500地形图修补测项目、五台县阳白乡1:500地形图测绘项目、五台县东雷乡东雷村1:500地形图测绘项目、大同万达广场基坑检测及沉降观测项目、首开花溪龙苑沉降观测项目、山西永昌环宇煤炭运销公司煤炭物流园主要建构筑物变形监测项目、山西华润福龙水泥有限公司变形监测工程项目等。

山西省煤炭地质114勘查院

2016年，山西省煤炭地质114勘查院完成测绘产值约 210 万元。完成钻孔测量 52 孔，控制测量 173 平方千米，煤矿井下 7 秒级控制导线 16.5 千米。完成的主要测绘项目有：山西晋煤集团阳城润东煤业井下轨道巷贯通测量，施测 7 秒级导线 2.5 千米，贯通精度优；山西省长治经纺煤业有限责任公司北翼回风井贯通测量，施测近井点 7 个，井下 7 秒级控制导线 3.53 千米，陀螺方位边 2 条，贯通精度优；潞安集团五阳煤矿运输大巷贯通测量，施测 7 秒级控制导线 8.15 千米，施测陀螺方位边 4 条，贯通精度优；长治县南仙泉煤矿井上下对照测量；平遥县木家庄煤矿矿井定向测量。完成晋城莒山煤业、潞安集团郭庄煤业、高平伯方煤矿、高平唐安煤矿、高平百盛煤矿、晋煤集团长平煤矿等的 2016 年度煤炭资源季度检测及年报编制工作。完成张店普查区 E 级 GPS 点控制测量 173 平方千米，施测 27 个点。

山西紫峰科技有限公司

2016 年，山西紫峰科技有限公司完成农村宅基地和集体建设用地使用权确权登记颁证项目 3 个标段，87 平方千米；农村土地承包经营权登记项目 13 个标段，673 平方千米。完成太原市清徐县高标准基本农田整理项目测量、阳曲县东黄水镇顾县村等村土地开发变更项目测量等 12 个项目，13.53 平方千米。完成太焦铁路、黄河禹门口—潼关河段“十三五”治理工程等 21 个项目勘测定界报告。完成汾阳市肖家庄镇安头村、康宁堡村基本农田整理等 3 个项目竣工勘界报告。完成永和县芝河镇等 3 个乡镇、霍家沟等 9 个村土地开发工程复核测量项目。承担忻州市怀仁县农村宅基地和集体建设用地使用权确权登记颁证项目，面积 65 平方千米，合同额 1157 万元。通过高新技术企业认定，获得“土地利用规划分析移动应用系统”“执法作业采集系统”等 9 项计算机软件著作权。

山西省地质调查院

2016 年，山西省地质调查院完成晋东能源基地水文地质环境地质调查项目。完成山西省灵丘北部多金属成矿区 1:2.5 万重磁测量项目，总额 1197 万元，历时 2 年。开展控制测量工作，其中 D 级 GPS 点 36 个、E 级 GPS 点 39 个。完成汾河流域晋中南大型岩溶泉域 1:5 万水文地质调查古交幅、上兰幅物探工作项目，吕梁山区城镇地质灾害调查项目，内蒙古 1:5 万额勒斯图浑迪、哈布特盖嘎顺、骆驼口东、青山、大红山、双红山区域地质矿产调查续作子项目。

内蒙古自治区

概况

截至 2016 年底，内蒙古自治区共有测绘资质单位 633 家，其中甲级 21 家、乙级 153 家、丙级 260 家、丁级 199 家，分布在测绘、国土、城乡建设、交通运输、水利水电等领域。

内蒙古自治区地图院

2016 年，内蒙古自治区地图院研制完成锡林浩特地籍管理系统、磴口县国土资源管理系统、林西县规划信息系统，更新领导工作用图系统，开展扎赉特旗城市三维地下管线管理信息系统建设。为自治区民政厅编制了《内蒙古自治区行政区划图》和十二盟市行政区划图，为自治区水利厅编制了《内蒙古自治区水利资源分布图》和《内蒙古自治区水利工程分布图》，为呼和浩特市旅游局定制了呼市手绘地图，为包头市规划局定制了系列专题工作地图。为内蒙古电力公司编制了《内蒙古电网图集》（简装版和精装版）和电网挂图，为内蒙古军区定制工作用图。为自治区盟市旗县交通局编制了《阿拉善左旗交通图》《阿拉善右旗交通图》《额济纳旗交通图》《阿荣旗交通图》等。编制了《呼伦贝尔兴安盟旅游图》《鄂托克前旗昂素嘎查影像图》《科尔沁右翼前旗影像图》《锡林浩特市地籍图》《苏尼特左旗地图》《翁牛特旗影像图》《通辽市城区图》

《阴山山脉图》《东胜区地图》等。

内蒙古自治区航空遥感测绘院

2016年，内蒙古自治区航空遥感测绘院完成自治区贫困县固阳县、阿拉善左旗的数字航空摄影测量外业任务。开展自治区联通俄蒙开发口岸测绘保障服务项目，完成满洲里口岸50平方千米和阿日哈沙特口岸8平方千米1:1000地形图测绘。完成察哈尔右翼中旗政府所在地1:1000地形图测绘项目。开展呼和浩特市城市形态变化监测和呼伦贝尔草原北部沙带生态监测项目。

内蒙古自治区测绘院

2016年，内蒙古自治区测绘院完成察哈尔右翼后旗、化德县、商都县、奈曼旗、苏尼特右旗、阿拉善左旗6个贫困旗县598幅的1:1万地形图测绘与更新。开展自治区联通俄蒙开发口岸测绘保障服务项目，完成额布都格水运口岸、珠恩嘎达布其公路口岸、满都拉公路口岸、甘其毛都公路口岸、策克公路口岸5个口岸共计52平方千米1:1000地形图测绘项目以及阿日哈沙特、额布都格2个口岸共计79幅1:1万地形图测绘项目。完成四子王旗、科尔沁右翼前旗、土默特左旗、阿拉善左旗、达尔罕茂明安联合旗、镶黄旗6个旗县政府所在地共计120平方千米的1:1000地形图测绘项目。开展内蒙古自治区主体功能区监测试点——乌梁素海湿地水禽自然保护区监测、鄂尔多斯市露天煤矿生态环境监测2个监测项目。

内蒙古自治区基础地理信息中心

2016年，内蒙古自治区基础地理信息中心接收呼伦贝尔测区、乌兰察布测区、呼和浩特测区、锡林郭勒测区、阿拉善盟测区内业、外业资料及1:1万地形图。对外提供航摄影像数据2.6万片，航摄相片4400片。接待窗口提供各类比例尺地形图近7000张，水准点1万多个，4D数据1.7万幅。建成内蒙古地区测绘科技档案资料数据库系统，具备多种数据源并存、海量数据存储，以及高效管理、查询、提取能力。建成在线全区测绘成果资源目录检索系统，实现内网数据管理与外网信息发布同步，满足用户随时随地方便快捷查询信息的需要。

辽宁省

概况

截至2016年底，辽宁省共有测绘资质单位607家，其中甲级36家、乙级167家、丙级223家、丁级181家，主要分布在测绘地理信息、城建建设与规划、国土资源、海洋、水利、电力、冶金等16个系统；年末测绘从业人员1.42万人；全年完成测绘服务总值25.3亿元。全省测绘资质单位积极参与地理国情普查、监测，基本比例尺地形图更新与重大工程项目建设，为辽宁沈阳经济圈、沿海经济带开发等提供精准、及时的测绘地理信息保障服务。

大连九成测绘信息有限公司

2016年，大连九成测绘信息有限公司完成农村土地承包经营权确权登记颁证项目166项，项目范围包括辽宁、吉林、黑龙江、内蒙古等12个省，累计面积3720.48万亩。完成不动产测量28项，项目范围包括山东、辽宁、安徽、吉林省。完成控制测量项目9项，勘测定界测量562幅，放线测量138件，地形图测量351幅，竣工测量40份，管网测量26份，房产测量3379幅。承担航空摄影项目8项，海洋填海竣工测量8块，海域宗海图出图194宗，多波束扫海测量25.6平方千米，单波束水深测量4.2平方千米，二三维地理空间融合建库项目15项。采用PPP模式，启动智慧庄河项目，完成智慧庄河顶层设计初期13个建设项目的调研工作。

中国建筑材料工业地质勘查中心辽宁总队

2016年，中国建筑材料工业地质勘查中心辽宁总队完成地形测量、矿山省级核查、矿山储量核实以及动态监测项目200多项。开展大连市普兰店区、吉林省磐石市等的乡镇农村土地承包经营权确权项目10多项，完成外业测绘、土地调查工作及数据入库约200多万亩。完成沈阳、西安、清远市地下管线普查项目。承担沈阳丽阳盛京广场基坑、华能基础、沈阳青年公寓及辽宁锦州、阜新、铁岭、营口等地风电机组沉降等10多项沉降观测项目。完成浙江省安吉县1∶2000航测成图项目，铁岭、葫芦岛1∶2000风电航测成图项目。

辽宁省地矿测绘院

2016年，辽宁省地矿测绘院承担测绘项目90多项。其中不动产测绘、农村宅基地及集体建设用地承包经营权确权登记颁证项目20多项，测区分布在辽宁、内蒙古及吉林，面积达2400平方千米；摄影测量项目1项，为2016年土地变更调查与遥感监测省级核查及数据汇总项目；沉降观测、地形测绘及地下管线测量等工程测量项目60多项，包括沈阳恒大名都六期29#楼北侧地下室基坑支护工程变形观测项目、久成乐府S1#、S2#楼建筑物主体沉降观测、大连冰山集团有限公司春柳地块1∶500地形图测量、沈阳市铁西区北二路道路绿化提升景观工程测量等。

辽宁经纬测绘规划建设股份有限公司

2016年，辽宁经纬测绘规划建设股份有限公司完成各种工程项目113项；编制出版各种地图、图集、图册35种；印刷各类地图40万多张（册）。承担北京、辽宁、吉林等地7个县市区的地名普查项目，完成黑龙江、吉林、辽宁、内蒙古等地10个县市的农村土地承包经营权确权登记项目。为大连市公安局开发建设智能指挥调度系统，充分发挥GIS各种功能，实现了实时、可视化、智能指挥调度。自主开发多维农村土地承包经营权系统，实现在外业调查中自动构面、按面积切割地块、核查图表一致性等功能，申请计算机软件著作权。

辽宁省地理信息院

2016年，辽宁省地理信息院完成丹东、铁岭、辽阳等地的地理国情普查数据入库处理、基本统计分析工作，开展抚顺、阜新市城市建成区区域倾斜摄影与三维实景模型制作，完成2016年度1∶1万地形图更新与建库工作，开展抚顺露天矿地理国情监测工作，完成了土地变更调查省级核查及全省建设用地批后监管核查、全省农村宅基地及集体土地确权登记发证和辽宁省第二次地名普查等项目。利用无人机倾斜摄影系统实施了不动产登记发证试点工作，将倾斜摄影成果应用于城市规划和市政管理，满足在三维环境下进行城市规划的基本要求，实现城市地下管线与地面实际景观结合的管理模式，探索智慧城市数据平台建设新途径。

辽宁省基础测绘院

2016年，辽宁省基础测绘院签订合同31项，实现总产值2615.8万元。承担2016年度1∶1万地形图更新与建库，辽宁省大中型水库与河流河床和水下地形测量，辽宁省似大地水准面精度检测，地理国情普查数据库建设，基于InSAR的南票煤矿开采沉陷区地面沉降监测，大连金普新区空间格局变化监测，辽宁省最高山峰测量等项目。完成锦州市南山生态运动公园1∶500全野外测量、锦州万达广场地形图测量、锦州高速出入口1∶500全野外测量等项目。着重在基于RCD30倾斜相机和街景工厂建立实景三维模型、ArcGIS自动化数据处理软件开发等方面进行深入探索和研究，已获得计算机软件著作权2项、国家实用新型专利1项，正在申报国家发明专利2项、国家实用新型专利2项。

辽宁省基础地理信息中心

2016年，辽宁省基础地理信息中心完成448幅1∶1万基础测绘数据平地区域入库及制图工作，建立海量、空间连续、主要要素时点统一的省级地理国情普查数据库，数据量达到14.6TB，利用辽宁省地理国情普查数据库管理与应用服务系统中的普查数据制图子系统完成6527幅1∶1万标准分幅图、14个地级市和100个县（区）按行政区划单元分幅（市、县）的基本图，精编两全开、一全开、对开、四开4个版面的辽宁省标准地理底图和普查专题图，编制辽宁省地理国情普查图册，开展盘锦市、营口市、辽阳市的20个县区的地理国情普查数据的基本统计和报告编写工作，开展盘锦滩涂监测试点、环渤海区域（含阜新）经济潜能综合统计分析研究、辽宁省海岸带开发利用变化监测。完成导航数据与“天地图·辽宁”路网数据的融合处理，完成全省交通要素、全省重要地名及POI数据、居民地要素、行政区划及界线更新。

辽宁省摄影测量与遥感院

2016年，辽宁省摄影测量与遥感院完成沈阳、鞍山、抚顺等市（县）的地理国情普查数据入库检查、预处理、基本统计分析、普查图件制作等工作，开展全省14个地级以上城市2000—2016年的城区边界变化监测，完成国产卫星影像数据接收系统部署，承担239幅1∶1万地形图更新与建库任务，完成抚顺、本溪、辽阳5000平方千米机载激光雷达数据获取与数字高程模型生产，承担辽宁省农村宅基地及集体建设用地确权登记发证的试点工作，开展辽宁沿海滩涂潮间带地形图数据获取与制作等工作。组建专业的测绘应急队伍，具体承担2016年辽宁省应急测绘保障综合演练，开展自然灾害应急专题数据生产试点，完成岫岩地区460平方千米地质灾害应急专题和清原地区315平方千米洪涝灾害应急专题数据生产。综合利用机载激光雷达、航测、无人船水下测量、人工实测等方法，积极探索沿海滩涂潮间带地形图数据获取与制作技术方法与工艺流程。

大连市勘察测绘研究院有限公司

2016年，大连市勘察测绘研究院有限公司成立不动产大项目部，全面负责大连市内四区、高新园区、保税区、金州新区、花园口区、普兰店区等多个区域的不动产登记项目，总产值突破1亿元。承担辽宁、吉林、福建等地确权项目40多项，成立了数十个项目部，总产值1.2亿元。立项涵盖技术与管理方向的科研课题19项，其中“基于三维激光扫描技术的建筑物建模规范与解决方案”由大连市城乡建设委员会立项，获专项科研经费支持；依托空间大数据中心的建设和“基于互联网技术自动化监测方法”的研究，经大连市科技局批准建立大连市空间信息和大数据应用工程技术研究中心。

沈阳美行科技有限公司

2016年，沈阳美行科技有限公司投入导航和位置服务领域新技术研发，发布面向车载与互联网服务的美行T导航平台软件。研发美行地理信息系统、云服务系统，为在线导航业务提供互联网POI数据，确保POI数据及时有效更新。

吉林省

概况

截至2016年底，吉林省共有测绘资质单位513家，同比增加29家。其中甲级22家，增加4家；乙级97家，增加13家；丙级137家，增加15家；丁级257家，减少3家。年末测绘从业人员9385人，其中专业技术人员8056人、民营企业测绘从业人员4723人。测绘服务以国土资源、测绘、农业、环保、城乡建设、水利工程、电力工程及旅游规划等领域为主，全省测绘资质单位全年完成测绘服务总值15.09亿元，比2015年减少0.17亿元；其中民营测绘企业完成服务总值7.04亿元，占全省总额的46.65%。

完成的重点测绘地理信息工程项目包括数字（智慧）城市建设、基础地理信息数据更新、“天地图·吉林”建设、地理信息成果公共服务、地理国情普查、2000国家大地坐标系下的城市坐标系统建设、边境口岸重点城镇地形图测绘、农村土地承包经营权确权登记颁证项目、高标准基本农田建设项目、农村集体建设用地及房屋调查发证项目。交通、电力、国土、水利系统的测绘资质单位主要完成的测绘地理信息工程项目包括绥芬河至满洲里高速公路铁力至科右中旗联络线榆树至松原段，全长110.588千米的路线放样、桥梁测量、隧道测量等交通测绘工程项目；锡盟大唐五间房电厂（2×660MW）新建工程、内蒙古能源投资集团有限公司右中发电厂2×660MW超超临界空冷机组新建工程、新疆华电哈密发电四期扩建2×350MW热电联产工程等电力测绘工程项目；长春市不动产测绘及百里伊通河测绘等国土测绘工程项目；珲春市敬信镇二道泡至防川地形图测量92.85平方千米、毕拉河口水利枢纽工程可研阶段测量库区1∶2000航空摄影352平方千米，吉林省中部城市引松供水二期工程、吉林省松花江干流治理工程等水利测绘工程项目。由吉林省航测遥感院、省地理信息院等4家单位联合申报的“吉林省第一次地理国情普查项目”获2016年度吉林省优秀测绘地理信息工程特等奖。

吉林省地理信息院

2016年，吉林省地理信息院主要完成长吉松测区620幅1∶1万DLG、DOM基础地理信息数据更新、数字白山CGCS2000城市坐标系统三等水准测量及平差46点600千米、数字公主岭CGCS2000城市坐标系统三等水准测量36点400千米、数字集安城市CGCS2000城市坐标系统选点埋石12点，水准测量200千米。完成其他测绘工程项目包括援疆测绘地理信息项目阿勒泰地区1∶500地形图测绘7.88平方千米，地理国情省级挂图的设计和省级图集中白城、松原、辽源等市的图幅制作，“天地图·临江”系统维护，数字松原、数字汪清基础地理信息数据库建设及实体数据加工。完成吉林省测绘地理信息局下达的临时性扶贫生产任务，长岭测区1∶500地形图测绘，涵盖长岭县三团乡六十八村4个自然屯，面积共计约3.05平方千米。

吉林省航测遥感院

2016年，吉林省航测遥感院完成各类测绘项目50多项，主要包括基础地理信息数据更新、数字（智慧）城市建设、科技创新与应用、地理信息成果公共服务、测绘应急保障服务等。完成长吉松测区1∶1万DLG基础地理信息数据更新584幅；数字珲春CGCS2000城市坐标系建设三等水准测量及平差30点517.2千米。开展德惠、公主岭、临江、梅河口、通化5个县市“多规合一”试点项目。完成“基于ArcGis制作DEM的技术方法研究与实现”等3个科技创新项目及“吉林一号”卫星影像数据处理试验项目。对外提供公共服务成果图件5000多件，编制吉林省发展和改革委员会铁路建设办公室专题图、出版《吉林省旅游专题地图集》、更新Ipad版领导工作用图及吉林省地图等。开展无人机应急演练，完成防洪图更新13幅及全省防洪影像制作拼接。

吉林省基础测绘院

2016年，吉林省基础测绘院主要完成长吉松测区1∶1万DLG基础地理信息数据更新600幅、数字通化CGCS2000城市坐标系统建设三等水准测量578千米、数字梅河口CGCS2000城市坐标系统建设三等水准测量210千米、边境口岸重点城镇地形图测绘82.5平方千米。完成其他测绘工程项目包括吉林市、四平市、松原市、辽源市、白城市、通化市、白山市、延吉市和长白山管委会（二道白河镇）的2000、2005、2010、2015年城区边界提取；2016年长春市、吉林市、四平市、松原市、辽源市、白城市、通化市、白山市、延吉市和长白山管委会（二道白河镇）城区边界提取及内部结构信息提取；2016年哈长城市群（吉林省内）26个县级城市（县级市、县、自治县）城区边界及空间格局信息提取，形成生活空间、生产空间和生态空间布局数据。利用地理国情普查和监测成果完成吉林省地级以上城市空间格局变化监测，通过数据提取、数据变化量比对，对各地级市空间格局变化进行统计分析，形成统计分析报告及专题图等。开展哈长城市群（吉林省内）自然资源分布、经济发展状况、产业结构、人口布局、交通状况、城市群健康等监测分析，辅助中国测绘科学研究院开展哈长城市群统计分析工作。

吉林省基础地理信息中心

2016年，吉林省基础地理信息中心主要完成吉林省1:1万数据库白城测区数据整合入库1924幅，数字通化市、白山市、公主岭市、梅河口市、集安市CGCS2000城市坐标系统建设。开展测绘地理信息应急服务基础数据库建设试点工作，完成乾安县应急联动测绘地理信息服务建设项目及吉林省企业安全生产基础信息管理系统。开展吉林省遥感影像数据库库体建设、环境布设、软件安装等系统工作，完成高分一号卫星影像2040景、高分二号卫星影像26景、资源三号卫星影像897景、天绘一号卫星影像154景、K3卫星影像165景、K2卫星影像204景、worldview2卫星影像36景入库工作；完成吉林省地理国情普查基本统计分析、建库及应用服务系统建设，利用武汉大学地理国情统计分析系统进行对算，编写全省60个县市区、9个地级市、1个省级统计报告、统计数据成果汇编和普查公报。接收基础测绘生产单位上交的吉林省测绘地理信息局计划内生产任务数据成果18项，数据量1227GB。提供各种比例尺地形图3769张；各类控制成果资料6201点；各类数据成果共计743幅、数据量14.22TB；各类专题地图2146幅（册）。完成2016年科技创新项目“基于PS-INSAR技术的长春市地面沉降监测研究”。为全省测绘法宣传免费发放长白山立体地图和手绘地图各200幅。

吉林省交通规划设计院

2016年，吉林省交通规划设计院完成集安至双辽高速公路东丰至双辽段89.1千米的路线放样、桥梁测量、隧道测量；绥芬河至满洲里高速公路铁力至科右中旗联络线榆树至松原段110.588千米的路线放样、桥梁测量、隧道测量；北京至哈尔滨高速公路长春至拉林河段79.6千米的路线放样、桥梁测量、隧道测量；舒兰市天德乡人民政府土地测绘等工程项目。

长春五度空间数据有限公司

2016年，长春五度空间数据有限公司承接并完成各类测绘项目53项，涉及工程测量、地籍测绘、航空摄影测量与遥感、地理信息系统研发等多个专业领域。主要完成长春一、二号线总计18千米的地铁施工监测项目；白城风电场25个风机的沉降观测项目；省内外农村土地承包经营权确权登记颁证项目360万亩；农村集体建设用地及房屋调查发证项目20多平方千米，编制宗地图1.51万宗；完成各比例尺地形图测绘300平方千米、图幅600多幅；吉林省基础测绘项目的内业编图及外业调绘项目60平方千米、图幅262幅；完成房产测绘项目、土地勘测项目。启动基于互联网+高分辨率遥感的县域农业信息精准服务平台项目，不动产登记项目。被中国地理信息产业协会评为百强企业，与吉林大学、东北师范大学、吉林建筑大学、长春工程学院等院校合作，成为多所大学的实践教育基地。12月取得土地规划乙级资质。

吉林省水利水电勘测设计研究院

2016年，吉林省水利水电勘测设计研究院承担吉林省中部城市引松供水二期工程、吉林省松花江干流治理工程、吉林省西部供水工程、图们江台风洪水防洪工程水毁、吉林省河湖连通、吉林省大安市三年扶贫项目平安镇灌溉工程测量等多项重点工程的测绘任务。完成测绘项目89项，断面测量500千米、各种比例尺地形图800平方千米、各类等级控制点1000个。新增摄影测量与遥感（内业）和房产测绘乙级资质。

吉林市测绘院

2016年，吉林市测绘院完成各类工程项目300多项。主要完成吉林市数字城市系统更新维护项目，工作内容包括1:500地形图更新256平方千米，1:1000地形图更新420平方千米，各类地下管网更新258千米，数字城市信息系统及硬件维护实现云数据租赁存贮和专线传输，普查平面控制点66个（三角点35个、GPS点31个）、高程控制点38个、维护控制点10个、新埋设控制点10个；高程控制网改造三、四等水准测量304千米。完成蛟河市老城区人行道改造工程带状地形图测量、吉林市松花湖观音圣阁文化游园地形图测量、二台子机场改扩建工程测量、吉林市万达广场项目竣工测量、百业国际五金汽配城二期竣工测量、吉林至珲春铁路吉林枢纽西环线及相关工程地形图、吉林市江机特种工业有限公司地形图、吉林市轨道交通电子地形图工程及地下管线数据服务、华垦工贸集团公司用地地形图测绘等项目。完成1:500地形图动态更新数据入库；缩编1:2000地形图200平方千米。配合吉林市城乡建设委员会完成市重点工程征迁航拍工作50多项，主要完成城镇基础设施项目的正射影像和视频拍摄。

长春市测绘院

2016年，长春市测绘院主要完成中心城区1:500基础地形图动态更新389平方千米，为旧城改造测绘并提供地理信息数据195.5平方千米，为长春市城乡建设委员会提供地理信息数据248平方千米，接收并处理长光卫星航测遥感影像数据8000平方千米。制作完成覆盖主城区及周边1000平方千米的三维模型数据，长春市地下管线模型300千米，城市部件普查三个测区共316平方千米；完成规划测量426件，地铁1号、2号、3号线控制测量137千米线路的复测和地铁沿线145个高精度GPS点的放线工作。组织编制规划展览馆电子沙盘设计总体框架方案，编写规划展览馆智慧城市宣传片脚本，完成长春市规划展览馆数字城市展厅布展工作。向18家单位提供30多项地理信息空间定位、系统建设、数据支持和专题服务，通过服务前置及在线服务方式继续加快数字长春地理空间框架的应用推广，开展智慧城市建设的基础框架的搭建工作。完成“多规合一综合信息平台”前期调研、一期方案设计，开展两个阶段的综合平台建设，搭建综合信息平台一期原型版本，建立“多规合一”成果库、现状基础数据库、专项规划数据库。利用无人机制作伊通河流域、串湖流域、永春河流域70平方千米的正射影像，用于违法建设监测、雕塑公园三维建模等工作，制定无人机使用管理操作流程及有关技术标准。

吉林省金佰汇测绘有限公司

2016年，吉林省金佰汇测绘有限公司主要完成吉林省长春市双阳区、农安县及四平市等多个市区乡镇宅基地和集体建设用地地籍调查项目100多平方千米，吉林省长春市九台区、辉南县、洮南市等多地农村土地承包经营权确权登记颁证项目约300万亩。完成其他各类地理信息系统及工程测量项目20多项，主要包括省级部分基础测绘项目，梅河口市城市地下管线普查工程项目给水、雨水、污水、人防工程，梅河口市公安局地下管线普查工程，公主岭市农村集体建设用地和房屋调查确权登记发证控制测量项目，哈达山生态农业旅游示范区现状地形图测量等工程项目。测绘及编制各种工程地形图（含竣工图）150多项，包括1:500、1:1000、1:2000、1:5000等，地籍宗地图7万多宗，图件印制1.2万多幅（测绘标准图幅），调查档案组卷近8万宗。

长春市国土测绘院

2016年，长春市国土测绘院开展三维激光扫描技术在土方测量中的应用研究及三维激光扫描技术在城市地下空间测量中的应用研究项目。完成长春市城区2014年二维数据库更新与维护项目、长春市耕地后备资源调查分析项目、长春市不动产测绘项目、百里伊通河测绘等国土测绘保障任务。

四平市地勘测绘院

2016年，四平市地勘测绘院主要完成四平市地下管网普查及地形图修补测、梨树县友谊村墓区地表地理测绘、四平市四梨同城化建设管理中心地形图测绘、郭家店至孟家岭1:2000带状地形图测绘等工程项目。完成舒兰市、蛟河市、四平市郊5个乡镇、伊通满族自治县伊丹镇、二道镇、新兴乡农村集体建设用地和房屋调查确权登记发证项目，长春市双阳区山河街道、双营子乡农村土地承包经营权确权登记颁证项目，公主岭市大岭镇集体建设用地和房屋调查确权登记发证项目，镇赉县镇赉镇农村土地承包经营权确权登记颁证项目入户调查及外业测量。

中国建筑材料工业地质勘查中心吉林总队

2016年，中国建筑材料工业地质勘查中心吉林总队主要开展抚松县农村集体建设用地和房屋调查项目等6个测绘地理信息项目。其中包含不动产调查确权类项目1项、地理信息系统工程类项目2项、土地整理类项目3项。完成1:500地籍测绘25.35平方千米；房屋测绘628433平方米，榆树市、珲春市城区不动产数据库整合，土地整理测绘18495.17公顷。

中水东北勘测设计研究有限责任公司

2016 年，中水东北勘测设计研究有限责任公司完成测绘项目 48 项。主要包括珲春市敬信镇二道泡至防川地形图测量 92.85 平方千米，毕拉河口水利枢纽工程可研阶段测量库区 1:2000 航空摄影 352 平方千米、库区 1:5000 地类地形图 221.3 平方千米，黑龙江荒沟抽水蓄能电站施工控制网复测三等平面控制点 15 个、二等水准 55.2 千米，西藏金河勒珠水电站工程预可研阶段测量，瓦托水电站施工征占区、水库淹没区及勒珠水电站进场公路施工征占区永久界桩测设，集安市移民局采购土地分解及恢复，国网新源水电丰满电厂大坝坝区精密水准网检修施工工程测量，龙虎山水电站坝址地形图测量，西大坡水利枢纽工程建设征地界桩测设等。

中国电力工程顾问集团东北电力设计院有限公司

2016 年，中国电力工程顾问集团东北电力设计院有限公司以国内国外发电、变电、输电、可再生能源等电力工程项目的工程测量为主，完成的项目主要包括：锡盟大唐五间房电厂（2×660MW）新建工程、赤峰经济开发区发电有限公司 2×35 万千瓦自备电厂项目工程、内蒙古自治区能源投资集团有限公司右中发电厂 2×660MW 超超临界空冷机组新建工程、新疆华电哈密发电四期扩建 2×350MW 热电联产工程、牡丹江哈姆电铁 220kV 牵引站工程、大连液流电池储能调峰电站示范项目工程、准东—华东 1100kV 特高压新建线路工程、锡盟—胜利 1000kV 特高压新建线路工程、扎鲁特—山东 ±800kV 特高压新建线路工程、陕西定靖—富县 750kV 新建线路工程、扎鲁特—科尔沁 500kV 新建线路工程、岭东—冯屯 500kV 新建线路工程、陕北—湖北直流输电工程武汉接地极新建工程、迪拜 hassyan 4×600MW 燃煤电厂工程、蒙古国 Baganuur 2×350MW 超临界燃煤热电联产电站工程等。2015—2016 年，参与编写并完成电力行业标准设计《发变电工程测量手册》、电力顾问集团企业标准电力工程（系列）设计手册《工程测绘》、电力行业标准设计《电力工程测量精度标准》；利用数字摄影测量 3D 电力选线设计会商决策系统、VirtuoZo ELE 电力选线设计与平断面量测系统、卫星遥感影像、航空影像及地理信息数据等多元数据辅助电网工程规划设计。

吉林省昊远农林规划设计有限公司

2016 年，吉林省昊远农林规划设计有限公司实现测绘产值 1800 万元，主要业务涉及不动产测绘、工程测量、地理信息系统工程、软件开发、工程勘测、工程设计、土地规划、旅游规划等方面。完成各种工程项目 44 项。主要包括吉林省农村集体建设用地及房屋确权登记发证项目 82.42 平方千米，农村土地承包经营权确权登记颁证项目 56.2 万亩，吉林省西部地区、长岭县和镇赉县的土地整治工程，靖宇县、辉南县、乾安县、白山市浑江区、松原宁江区、伊通县等高标准农田建设，辉南县金川镇和楼街乡土地利用总体规划修编，吉林省集安市鸭绿江干流青石镇堤防工程勘测、富裕县富南灌区、黑瞎子岛防洪工程南堤和西堤的工程测绘、吉林省公主岭市中部城市引松供水工程测绘、永春镇房屋拆迁及土地测量、通化铁路物流基地改造工程和兴业农场地形测绘等工程项目。公司与吉林大学、长春师范大学和长春工程学院签署教学实习基地共建协议，加强校企合作。公司研发部门进行独立立项，组织公司内部项目组成员共同开发系统，包括基本农田划定管理系统、影像自动分幅裁切、土地利用变更系统、矢量数据自动接边等 9 项软件系统。

吉林省巡遥地理信息有限公司

2016 年，吉林省巡遥地理信息有限公司主要完成数字敦化地理信息公众服务系统“天地图·敦化”、省级文物保护单位（城址类）基础测绘、残疾人综合地理信息支撑平台及省慈善救助系统等测绘工程项目。完成其他各类项目近 70 项，主要包括松原市、桦甸市等 9 个市（县）第二次全国地名普查项目；边境口岸重点城镇 1:500 全野外数字化地形图测绘 40.5 平方千米；长春高新技术产业开发区和磐石市农村土地承包经营权确权登记颁证项目 71.5 平方千米；公主岭市农村集体建设用地和房屋调查确权登记发证、长春市城区宅基地和集体建设用地地籍调查、双辽市村庄变更地籍调查和农村房屋权籍调查项目 187.7 平方千米。完成上海市和吉林省 1:500 数字地形图实测 532 幅、1:500 数字地形图修测 1957 幅、1∶1000 数字地形图修测 2004 幅；辽宁省锦州市 1∶5000 地形图数字化测绘 60.5 平方千米；东辽县等城市地下管线测量 330 千米。完成编制吉林省水路交通图、运行维护省专网应急地理信息系统、绘制吉林省电网地理位置图等测绘任务。

吉林威和航空科技有限公司

2016 年，吉林威和航空科技有限公司完成无人飞行器航摄 46240.11 平方千米。完成其他各类测绘项目 40 多项，主要包括工程测量、地下管线测量、房产测量、地籍测绘等项目，测绘总面积 50151.39 平方千米，其中农村土地承包经营权确权登记颁证项目测绘面积 49752.24 平方千米；地籍测绘项目测绘面积 397.95 平方千米；房产测量项目测绘面积 1.2 平方千米、宗地图 55 宗。

黑龙江省

概况

截至 2016 年底，黑龙江省共有测绘资质单位 666 家，同比增加 67 家。其中甲级 35 家，增加 3 家；乙级 125 家，增加 23 家；丙级 218 家，增加 36 家；丁级 288 家，增加 5 家。年末测绘从业人员 12205 人，其中专业技术人员 10706 人，民营企业测绘从业人员 5866 人。全省测绘资质单位全年完成测绘服务总值 18.67 亿元，同比增加 1.65 亿元；其中民营测绘企业完成 11.11 亿元，占全省总额的 59.51%。

齐齐哈尔市国土资源勘测规划设计院有限公司

2016 年，齐齐哈尔市国土资源勘测规划设计院有限公司完成齐齐哈尔国土资源“一张图”和综合监管平台数据库建设，共建成数据库 116 个，覆盖国土资源规划、土地矿产、卫片执法等 9 大类、200 多个图层，累计超过 10TB 海量信息。完成“天地图·齐齐哈尔”南 4 区及 9 县（市）地理信息数据建设，总面积 157 平方千米，利用移动式激光扫描系统采集、提取并标注地名兴趣点 3.7 万个，实现“天地图·齐齐哈尔”地图数据全市建成区及其周边区域覆盖。制作完成大庆油田 1∶500 正射影像图 13512 幅、面积 820 平方千米，制作 1∶2000 正射影像图 1011 幅、面积 912 平方千米。完成包头至西安铁路通道延安至张桥段云数据采集，扫描全长约 485.2 千米。完成“智慧富拉尔基”三维地图测绘工作，制作 1∶500 地形图 289 幅、面积 14.9 平方千米，1∶1000 正射影像图 259 幅、面积 53.8 平方千米；完成农村土地承包经营权 5284.9 平方千米外业测绘及 21 万户调查工作。2 月，编制的无人机系统企业标准经齐齐哈尔市质量技术监督局审批后发布。经中国航空器拥有者及驾驶员协会（AOPA）审定，获得“民用无人机驾驶航空器系统驾驶员训练机构”培训资质，共培训并通过 AOPA 考试 19 人。获得计算机软件著作权 6 项。

黑龙江农垦勘测设计研究院

2016 年，黑龙江农垦勘测设计研究院完成黑龙江省普阳灌区等骨干工程 14 处，主要包括 1∶500 工程地形图 6.7 平方千米，1∶2000 工程地形图 682.9 平方千米，四等水准测量 2216 千米，纵横断面测量 6039.4 千米，灌区设计地面参考点 2956 个。完成其他各类测绘项目 60 多项，主要包括黑龙江省重点水利工程青龙山灌区一期工程中区（红卫农场段）渠道纵横断面测量 243 千米，青龙山农场田间配套工程测量（中、北区）纵横断面测量 924 千米，青龙山灌区同江片区补充纵横断面测量 168 千米，国土防护项目中俄界江河岛护岸测绘 135 千米，黑龙江垦区农村通村公路 210 千米，城市污水管网信息系统数据测绘 658 千米，堤防定线测量 38 千米，黑龙江垦区水土保持测量21千米等。

大庆油田工程有限公司

2016年，大庆油田工程有限公司采用机载激光雷达（ALS70）测量技术和数码航空摄影测量技术完成大庆油田采油四厂辖区航空摄影，测绘1∶2000 3D（DEM、DOM和DLG）成果216平方千米。完成其他各类油田产能建设工程线路勘测、建筑施工测量等项目150多项，测绘1∶500工程地形图487平方千米。编写《油气田工程测量规范》《油气输送管道工程测量规范》2项国家标准和中国石油企业标准、行业标准各1项。

黑龙江龙飞航空摄影有限公司

2016年，黑龙江龙飞航空摄影有限公司完成测绘服务总值8512.01万元。完成测绘航空摄影项目23项，其中国家基础测绘航空摄影2项、黑龙江省重点测绘工程项目1项、市场航空摄影项目20项。完成航空摄影总面积152850平方千米，其中一般航空摄影152559.6平方千米、倾斜航空摄影290.4平方千米。主要业务涉及国家基础测绘、农村土地确权、高速公路选线、智慧城市建设、林业普查、城市规划等。研发的“3D城市模型编辑和展示系统”获得计算机软件著作权。

国家测绘地理信息局第二大地测量队（黑龙江第一测绘工程院）

2016年，国家测绘地理信息局第二大地测量队（黑龙江第一测绘工程院）完成测绘服务总值7531万元。承担的HLJCORS建设项目已有105座基准站入网运行，为全省180家测绘单位、800个客户端提供RTK定位服务。完成国家1∶5万基础地理信息数据库动态更新山东、山西、辽宁测区共计1342幅，基础性地理国情监测山东、山西、辽宁测区数据生产48万平方千米，数字龙江地理空间框架建设一期工程绥化测区1∶1万地形图测绘与更新259幅，黑龙江省农村土地承包经营权确权登记杜尔伯特摄区空三测量及影像底图制作13475幅，嫩江、齐齐哈尔等9个摄区航空摄影基站测量和杜蒙、宁安、五常3个摄区像控测量，边远地区少数民族地区基础测绘专项萝北石墨产业园区1∶1000地形图测绘7.2平方千米。完成沪杭、宁长等高铁测量服务项目20多项，开展北京、上海、山东省鲁西地区等区域性地面沉降常态化监测项目。完成黑龙江干流河道断面测量566千米（112处），杜蒙县农村土地承包经营权确权，上海浦东区、金山区廊下镇农村地籍更新调查，金山区土地日常巡查等。完成数字南宁地理空间框架联测，天津、北京市大比例尺地形图测绘、修补测860平方千米。选派1人参加第33次南极科考任务。开展科技部、黑龙江省科技厅、国家测绘地理信息局及黑龙江测绘地理信息局科研项目或课题研究5项。应用基于InSAR技术的沉降监测技术，获取鹤岗市地面沉降监测成果，开展鸡西、哈尔滨市沉降监测预处理。应用地面三维激光扫描技术，对黑龙江省地理信息产业园进行三维数据获取与建模。

国家测绘地理信息局第四地形测量队（黑龙江第三测绘工程院）

2016年，国家测绘地理信息局第四地形测量队（黑龙江第三测绘工程院）完成测绘服务总值7297万元。完成5项国家指令性生产任务，包括国家1∶5万基础地理信息数据库动态更新黑龙江、北京、天津、河北测区2112幅；黑龙江、北京、天津测区基础性地理国情监测48万平方千米；数字龙江地理空间框架建设一期工程哈尔滨、绥化测区1427幅；黑龙江省农村土地承包经营权确权登记影像底图制作（外业像控测量）3万平方千米；虎林市1∶1000地形图测绘9平方千米。承接市场调节性任务40多项，包括临沂市、东营市、喀什地区、和田地区基础性地理国情监测；资源三号卫星在轨检校；新疆1∶1万基础测绘；新疆大比例尺地形图测绘；五大连池市智慧景区二期建设服务；太原市、南昌市、伊春市、奎屯市、友谊县等城市地下管网普查探测；肇东市、安达市、虎林市农村土地承包经营权确权登记颁证；黑河至乌伊岭铁路航测项目等。

黑龙江地理信息工程院

2016年，黑龙江地理信息工程院完成测绘服务总值4461.95万元。完成内蒙古、黑龙江、辽宁、吉林、北京、天津等 10 个省（自治区、直辖市）1:5 万基础地理信息数据库动态更新 7211 幅；边境地区测绘生产性试验 1:1 万数据生产 55 幅（1200 平方千米）；2016 年基础性地理国情监测影像纠正及融合 16315 景（259 万平方千米）；丝绸之路经济带重要地理国情监测正射影像制作 596 幅（23.7 万平方千米）；齐齐哈尔城市空间格局变化监测分析。完成“一带一路”地理信息资源建设与维护更新正射影像制作 599 幅（36.9 万平方千米）等国家重大测绘工程项目。完成黑龙江省地理空间框架建设一期工程哈尔滨、牡丹江、黑乌、黑乌北、绥化、黑瞎子岛 6 个测区 DOM 制作 1492 幅、DLG 制作 3736 幅；黑龙江省农村土地承包经营权确权影像生产 88306 幅；黑龙江省第三次全国农业普查二类测量；黑龙江主河道断面测量；北京市正射影像图制作；合肥市地形图修测；安徽巢湖市夏阁工业园地形图测绘；吉林市农村集体建设用地确权登记发证等多个市场项目。完成国家测绘地理信息局“新型测绘体系建设研究”项目，黑龙江测绘地理信息局“全局信息化测绘数据共享与服务机制标准研究”“基于 inpho 的 DEM 和 DOM 快速生产技术研究”2 项科技项目，及“基于 InSAR 技术的 DEM 提取实用化方法研究”“地理国情成果在第三次农业普查中的应用”2 项成果应用项目。自主研发“基于天地图的佳木斯城乡规划局城建档案管理信息系统”“基于 Android 平板的国情监测内外业一体化系统”“内部控制管理信息系统”等。

黑龙江文图测绘地理信息有限责任公司

2016 年，黑龙江文图测绘地理信息有限责任公司完成黑龙江、吉林、内蒙古等省（区）农村土地承包经营权确权登记测绘 1933 平方千米；新疆、吉林等地航空摄影及 DOM 制作 3500 平方千米；利用倾斜摄影技术完成实景三维立体模型制作 30 平方千米。完成山东、安徽、湖南等地不动产测量，水库大坝监测系统测量工程，黑龙江省执法监察数据整合，黑龙江省中小河流水文监测系统建设工程水准联标和积水面积河长量测，鲜丰隧道摩崖石刻流动台网爆破振动试验与监测，富锦市锦西灌区工程可行性研究补充工程测量等项目。

黑龙江中海经测空间信息技术有限公司

2016 年，黑龙江中海经测空间信息技术有限公司完成测绘服务总值 1839 万元。完成海洋测绘项目 10 多项，完成多波束全覆盖扫海测量 100 多平方千米；单波束水下地形测量 1000 多平方千米；港口航道地形图海岸线地形测量及编辑 20 多幅；海洋控制测量 C 级 GPS 网联测 150 多点；二等水准联测 500 多千米。完成其他各类测绘项目 20 多项，主要包括大比例尺地形图测绘、市政工程测量、农村土地承包经营权确权登记颁证测绘、农村集体建设用地及房屋测绘等不动产测绘、数字高程模型和正射影像图制作等，共测绘地形图 200 多平方千米，测绘土地 667 平方千米。通过高新技术企业认证资格复审。

齐齐哈尔市勘察测绘研究院

2016 年，齐齐哈尔市勘察测绘研究院完成控制性详细规划 1:1000 现状图测绘 24.2 平方千米，昂昂溪区烈士陵园规划 1:500 测绘 1.9 平方千米，昂昂溪区三间房产业园区规划 1:1000 测绘 3.2 平方千米。完成齐齐哈尔大学地下管线普查 102.52 千米，梅里斯区地下管线普查 103.95 千米，泰来县地下管线普查 343.58 千米。至年底，共完成齐齐哈尔市三家子机场净空测量 17 件，185 点。完成其他各类测绘项目 340 多项，主要包括齐齐哈尔市各项工民建设规划、市区道路建设、管网工程、棚户区改造、建筑物竣工测量及动态更新等，测绘和编制各类图件总面积 44.62 平方千米，建筑物定位验线 266 件，竣工测量 217 件。

国家测绘地理信息局第二地理信息制图院（黑龙江省第五测绘地理信息工程院）

2016 年，国家测绘地理信息局第二地理信息制图院（黑龙江省第五测绘地理信息工程院）完成测绘服务总值 5542.95 万元。完成 4 项国家指令性生产任务，包括国家基础地理信息数据库动态更新 1:25 万、1:100 万地形数据和地形图制图数据更新与入库 246 幅和 23 幅；基础性地理国情监测 19 万平方千米；地理国情监测分析 20 万平方千米；“一带一路”地理信息资源建设与维护更新20万平方千米。完成3项省基础测绘项目，包括数字龙江地理空间框架建设一期工程1:1万地图测绘与更新101幅；数字龙江地理空间框架建设——“天地图·黑龙江”框架数据处理3820幅；黑龙江省农村土地承包经营权确权登记影像底图制作3.3万平方千米。承接市场调节性任务30多项，主要有广西农村土地承包经营权确权统一航空摄影和数字正射影像图制作；河南省永城市、新蔡县及黑龙江省嫩江县、绥滨县、萝北县、孙吴县等农村土地经营权确权颁证；《吉林省地理国情普查成果图集》《吉林省环境保护地图集》和《黑龙江省集体土地图集》编制；黑龙江省省级村庄地籍调查数据库建设；绥化、青冈、庆安等市县土地利用总体规划调整；嫩江县“水打沟”情况调查与统计分析项目等。

国家测绘地理信息局第三地形测量队（黑龙江第二测绘工程院）

2016年，国家测绘地理信息局第三地形测量队（黑龙江第二测绘工程院）完成测绘服务总值7510万元。完成4项国家指令性生产任务，包括国家1:5万基础地理信息数据库动态更新吉林、内蒙古、江苏测区4141幅；基础性地理国情监测吉林、内蒙古、江苏测区145万平方千米；数字龙江地理空间框架建设一期工程哈尔滨、绥化测区1061幅；黑龙江省农村土地承包经营权确权登记影像底图制作（外业像控测量）2.1万平方千米。承接市场调节性任务90多项，主要有广州市、三亚市地形图监理；叶城县、疏附县、德惠市、宁安市农村土地承包经营权确权登记颁证；上海市地下空间初始地籍调查，金山区、浦东新区农村地籍更新调查；北京市通州区日常地籍发证；青岛市即墨1:5000地形图更新；北京市通州区不动产登记历史档案数据整合等项目。运用国情监测成果为市县政府及行业部门提供测绘地理信息服务，宁安市测绘地理信息服务站正式成立，为宁安市提供高分辨率卫星影像图1367幅；稻田、河流、湖泊、山泉、水库、温室、大棚分布图129幅；林业、水利、生态规划用图27幅，为其开发“农产品质量安全追溯体系”平台，助力地方经济社会发展。基于GIS框架自主研发的1:5万质检、国情质检系统在院内外推广应用，实现各作业平台无差异化作业；自主研发的DEM精细化系统提高了DEM精细化工作效率；自主开发的农村土地确权软件助力项目开展，并在省内部分单位推广使用；“可定位安全马甲”获得实用新型专利。

牡丹江市勘察测绘研究院

2016年，牡丹江市勘察测绘研究院完成测绘服务总值944万元。完成牡丹江市政府指令性工作21项，包括虹云桥改造、太平路下穿、环堤路测绘、地下管线信息系统更新等。完成河道管理处裕民路、林业中心医院、圆通讲寺供热管线带状测绘等1:500工程地形图测绘20多项。完成烟草物流中心、万达广场、心血管医院等竣工测量（地上部分）10多项，棚户区竣工测量79项，管线竣工测量79项。完成2016年度“天地图·牡丹江”维护工作。承担牡丹江市地下管线延伸普查全面建立管线信息管理子系统项目，完成外业普查部分小区探测2.36平方千米，完成给水、雨污、供电、热力、煤气、天然气、移动等7个大类、11种管线普查555.05千米，占预计管线长度的24%。完成牡丹江佳日热电有限公司、牡丹江热电有限公司子系统建设工作。

鸡西市勘察测绘研究院

2016年，鸡西市勘察测绘研究院全年完成各类测绘项目110项，完成测绘服务总值735万元。完成1:500数字地形图测绘22.5平方千米，1:500数字带状图测绘122.7千米。完成鸡西市采煤沉陷棚户区改造工程、黑龙江省煤炭资源枯竭型城市转型发展促进项目、鸡西市中心城区集中供热热网扩建工程、鸡西市主城区百条巷道维修改造项目等。完成农村整体规划用图测绘6项，总面积18.8平方千米，主要包括鸡西市麻山区、鸡冠区西太村整体规划等。完成虎林市杨岗镇农村土地确权测绘133平方千米，完成鸡西市地下管线数据更新维护，鸡西市鸡冠区供水、供热、供气、排水管网建设测绘30千米；普查测量标志控制点10个。

齐齐哈尔市水利勘测设计研究院有限责任公司

2016年，齐齐哈尔市水利勘测设计研究院有限责任公司完成水利工程测绘项目72项，完成测绘服务总值634万元。完成的主要测绘业务包括等外水准240千米、E级GPS点115个、纵横断面测量约556延长千米、1:200大样图124幅等。

黑龙江省地星测绘科技股份有限公司

2016年，黑龙江省地星测绘科技股份有限公司完成天津市1:2000地理国情普查4091.6平方千米；天津市1:500地籍测量2.21万多宗、面积13.3平方千米。完成山西省长治县荫城镇1:500村庄地籍测量7000多宗，农村集体土地确权登记发证16个标段1333平方千米。完成其他测绘项目20多项，主要包括大庆市及大庆油田工程征地、土地勘测定界、风电场沉降观测、线状图测绘、工程测量等，总面积21平方千米。

黑龙江省林业设计研究院

2016年，黑龙江省林业设计研究院完成测绘服务总值828.78万元，完成各类测绘项目22项。其中线路测量13项；控制测量1项；市政工程测量2项；变形监测2项，分别为鹤岗市万隆热力供应有限公司热电联产沉降监测和群力第一大道、雨污水泵站地基沉陷区沉降监测，总面积0.12平方千米；地形图测绘2项，分别为黑龙江省方正林业局林场地形测量和方正林业局美丽乡村建设测绘，总面积10平方千米；地籍测绘2项，分别为巴彦县农村产权制度改革确权颁证（第四标段）和呼玛县农村土地确权登记颁证管理农村土地确权测绘，总面积476.46平方千米。

黑龙江省海天地理信息技术股份有限公司

2016年，黑龙江省海天地理信息技术股份有限公司完成测绘服务总值1689万元。国外项目，主要完成美国格威内特（Gwinnett）数字线划图修测、入库1262平方千米；荷兰LiDAR数据分类2300平方千米；匈牙利数字地面模型（DTM）数据采集11700平方千米；荷兰4波段数字正射影像图（DOM）制作4856片；布达佩斯（budapest）三维房屋采集5.7万栋。国内项目，主要完成江苏省江阴市、河北省保定市1:500地形图测绘115平方千米；江苏省江阴市、昆山市、常州市，河北省涿鹿县1:1000地形图测绘150平方千米；黑龙江省大庆市农村土地承包经营权确权登记267平方千米；上海市农村地籍测量1300宗；黑龙江省1:2000农村土地经营权影像底图制作18936幅；山东省地理国情监测8600平方千米。

佳木斯市勘察测绘研究院

2016年，佳木斯市勘察测绘研究院完成佳木斯市区规划、建设测绘331项。其中道路建设测绘118项、哈佳客运专线建设测绘20项、市政基础设施建设测绘31项、控详规划测绘21项、规划监督测绘49项、机场备案净空测量11项、建筑挡光日照测量4项、市区热网改建测绘26项、市区停车设施规划测绘21项、热电厂新建锅炉沉降观测及烟囱变形测量1项、鹤大高速及佳依公路改建测绘2项、佳木斯站改造测绘3项、内河整治景观规划测绘4项。共测绘1:500地形图45平方千米、施测断面测量55千米、拨地放线7100点、施工验线220栋。完成佳木斯市辖区控制点普查工作，共普查各类控制点210点。完成佳木斯市汤原县县城无人机倾斜摄影20平方千米，地面分辨率为0.05米。

哈尔滨地图出版社

2016年，哈尔滨地图出版社共出版图书250种，其中地图地理类图书164种。编制出版了《京津冀都市圈地图》《长江中游城市群地图》《长三角城市群地图》《中考地理图文速查宝典》《中国地势图（3D版）》《世界地势图（3D版）》等新版地图、地理类图书59种；再版《世界地图册》《中国地图册》《中国分省丝绸地图系列》《东北三省行政区划图》《哈尔滨城市地图》等地图105种。教辅类图书《中学地理复习考试地图册》在同类图书中发行量始终保持良好势头。为习近平总书记视察黑龙江提供应急地图服务；为省委领导研发基于Pad的新型领导用图电子地图产品；编制《黑龙江陆海丝绸之路经济带》多个语言版本地图，并亮相第三届中俄博览会。全面更新《黑龙江省市县政府工作用图》；编制《“美丽中国”爱国主义教育示范基地分布图》，并向哈尔滨全市域近80万中小学生发放。

编制推出《哈尔滨新区范围示意图》《海伦市精准扶贫图》。承担并完成依安县和贵州省凯里市全国第二次地名普查、杜蒙县和肇州县数字地图沙盘制作、《江苏省如皋市历史地图集》《京津冀协同发展海运图集》《哈尔滨铁路局基础设施建设项目图集》《黑龙江省环境保护重要流域图》《"杜蒙县三图一册"系列图册》编制等。

国家测绘地理信息局黑龙江基础地理信息中心（国家测绘地理信息局黑龙江测绘资料档案馆）

2016 年，国家测绘地理信息局黑龙江基础地理信息中心（国家测绘地理信息局黑龙江测绘资料档案馆）完成测绘服务总值 3759.99 万元。全年收集影像资料 2.7 万景、4D 产品 22 万幅，提供控制点成果 7000 多点、地形图成果 6500 多幅。4 人挂职开展援疆、援藏、驻村扶贫等工作。承担的伊春时空信息云平台建设被列为国家测绘地理信息局试点项目；开展海伦市地理信息精准扶贫系统建设；完成全省 13 个地市数字城市基础数据更新、应用系统扩充及技术支持；牵头开展"黑龙江省对地观测与导航工程技术研究中心"建设，对地观测数据接收与应用服务平台业务化运行，接收资源三号卫星遥感影像数据 107 批次，实现全省 99.7% 覆盖。与省环境保护厅联合编制发布《黑龙江省生态保护红线划定实施方案》。开展全省自然保护区功能区划界线核准、保护区自然资源家底清查、常态化保护区生态环境监测以及保护区监测服务平台建设；配合省审计厅开展领导干部自然资源资产离任审计和阿什河污染源排查测绘保障工作；空地一体化全景采集技术在五大连池试验成功。开展防汛测绘应急保障成果与技术支持，成立应急测绘保障部，制定《应急测绘保障预案》，完成黑龙江省洪水风险图 2013—2014 工程建设、松嫩干流域河道内阻水构筑物施测及分析等应急保障任务，全年无人机航摄总面积 2000 平方千米。申报国家重点研发计划 2 个项目中的 3 个子课题，开展 2 个课题研究；落实 1 项国家国防科技工业局产业化项目；开展 2016—2018 年国家基础测绘科技与标准计划 4 个项目 5 个课题的 2016 年度任务；开展黑龙江测绘地理信息局基础测绘科技与标准计划 7 个项目研究。组建黑龙江省测绘地理信息标准化技术委员会秘书处，完成 2016 年度 2 项地方标准立项和 2017 年度地方标准提案征集工作，地理信息公共服务平台地方节点数据处理地方标准通过审查。启动国家标准化管理委员会地理信息公共服务标准化省级试点项目。

上海市

概况

截至 2016 年底，上海市共有测绘资质单位 205 家，同比增加 16 家，其中甲级 27 家、乙级 67 家、丙级 68 家、丁级 43 家。年末测绘从业人员 7373 人，其中专业技术人员 6062 人、民营企业测绘从业人员 3134 人。全市测绘资质单位全年完成测绘服务总值 30.51 亿元，其中民营测绘企业完成 10.3 亿元，占全市总额的 33.76%。

上海东亚地球物理勘查有限公司

2016 年，上海东亚地球物理勘查有限公司完成海洋测绘项目 20 多项，涉及海岸地形测量、水深测量、海洋工程测量等。其中主要项目有新海能源（珠海）码头港池及调头区水深测量、玉柴船运配套专用码头水深测量、上海石化化工码头宗海界址复测、东方石化储运码头前沿疏浚测量等。完成其他各类工程测量项目近百项，涉及控制地形测量、市政与建筑工程测量、变形与精密测量、水利工程测量、线路与桥隧测量、地下管线探测等。其中主要项目有黄浦江一期系统原水管渠位移监测项目、嘉盛西路污水管道改造工程测量、香港新世界花园 2—3 分区项目基础工程信息化施工监测、源深路（浦东大道—商城路）信息管线跟踪测量、浦东工人文化宫工程施工期间轨道交通 6、12 号线变形监测、上海市徐汇区万科南站商务城二期（a05 地块）测量等。

中国电力工程顾问集团华东电力设计院有限公司

2016 年，中国电力工程顾问集团华东电力设计院有限公司完成各类测绘项目 101 项。完成 380 多个 GPS 一级点布设，四等以上水准测量 700 千米，测绘 1:2000 及以上比例尺地形图近 80 平方千米，测量输电线路近 1500 千米，地下管线探测达 120 千米，海域地形图测量 10 平方千米，海域侧扫及浅剖与磁探 2.0 平方千米，完成沉降观测、基坑监测等变形监测项目 11 项，航空摄影内业测图近 81 平方千米，外业调绘 400 平方千米，地理信息项目 1 项。完成项目涉及国家重点大中型电力建设项目，包括淮南—南京—上海 1000 千伏特高压交流苏通 GIL 管廊工程、上海庙—山东 ±800kV 特高压直流输电工程、济南—枣庄—临沂—潍坊 1000kV 特高压交流输变电工程、神华国华广投北海电厂 2×1000MW 新建工程等一批国家能源建设领域重点建设项目，以及中电投滨海北区 H2#400MW 海上风电工程、山东高青创赢农牧科技有限公司 30 兆瓦高效光伏农业示范工程等项目。

上海海洋石油局第一海洋地质调查大队

2016 年，上海海洋石油局第一海洋地质调查大队累计完成三维地震满覆盖面积 952.03 平方千米，累计完成各类测线 13014.38 千米（其中单波束测深和浅剖各 5287.16 千米，旁侧声纳 684.2 千米，高分辨率地震 297.5 千米，二维地震 1458 千米），地质浅钻 18 口（总进尺 782.5 米），柱状样 343 个，表层样 679 个，提交施工设计 19 份、施工报告 23 份、成果报告 17 份。完成 20 多个项目，主要包括黄海海域地球物理调查、东部海域多道地震调查、东海平湖与西湖气田群地质调查与导航定位、南海涠西油气田地球物理调查与工程勘察及导航定位、海外多缆地球物理调查等。

上海市不动产登记事务中心（上海市地籍事务中心）

2016 年，上海市不动产登记事务中心（上海市地籍事务中心）完成土地勘测定界项目 768 个，调查面积约 80 平方千米。其中涉及市重大工程项目 137 个（包括北横通道、G228 公路奉贤段和江浦路越江隧道、轨道交通 15、18 号线车站等），面积约 33.12 平方千米；完成地籍变化图斑调查项目 14259 个（其中国土资源部卫片 4335 个、上海市卫片 4913 个、专项核查 3070 个、日常巡查 1941 个），调查面积 161 平方千米；完成土地执法现场勘测案件 247 件，调查面积 2.02 平方千米；完成土地整理复垦现场调查项目 1330 个，调查面积约 17.5 平方千米；完成净地调查项目 111 个，调查面积 4.2 平方千米。

上海市地质调查研究院

2016 年，上海市地质调查研究院完成地面沉降一、二等水准测量 2081 千米，上海市高程控制网复测一等水准测量 1203 千米，上海轨道交通高程控制网二等水准测量 1960 千米，海堤沉降观测二等水准 810 千米，单波束测量 3213 千米，多波束测量 47 千米，潮滩剖面测量 139 千米，底质取样 67 个站位。完成其他各类测绘项目 30 多项，主要包括申字型高架沉降观测、中环路变形监测、黄浦江桥梁变形观测、越江隧道变形监测（包括 10 条穿越黄浦江隧道、长江隧道）、国家海洋局潮位站高程联测、河道断面测量、绿化面积复核、轨道交通控制网第三方检测以及上海市农村地籍更新调查等土地测量项目。共测绘和编制各种图件 1714 件，其中地面沉降等值线图 10 件，总面积 9000 平方千米；单波束水下地形图 23 件，总面积 9000 平方千米；水深断面图 1585 件，总面积 10 平方千米；浦东、金山以村为单位村域地形图 96 件，总面积 441.5 平方千米。

上海市政工程设计研究总院（集团）有限公司

2016 年，上海市政工程设计研究总院（集团）有限公司勘察设计院承接各类测量项目 276 项，累计完成线路工程测量560千米，管线探测1200万平方米。主要包括S3公路（周邓公路—S4公路）新建工程、叶新公路（新工路—奉贤区界）道路新改建工程、上海市延安路中运量公交系统工程、上海市G320公路金山段二期（G60—金山大桥）改建工程、松浦大桥大修工程、宁波杭州湾新区兴慈大道跨十一塘江桥梁工程、台州市引水工程、海口市地下综合管廊PPP项目、宁波栎社国际机场三期扩建工程控制网测量、上海轨道交通14号线环境监测4标、上海轨道交通15号线一期工程环境监测7标、富长路（S20—金石路）道路新建工程原水管线、合流污水管线监测等重大工程的测量、物探及监测工作。

上海铁新地理信息有限公司

2016年，上海铁新地理信息有限公司完成上海市内河743.62千米航道及航道设施检测，并提供水深测量图，对航道沿线标志标牌、航务（海事）系统站点、巡逻艇码头以及公共停泊区进行调查修测。完成长江口支航道水深地形测量17.28平方千米，上海市嘉定区18.82千米航道的水深断面测量，松江区13千米航道的水深断面测量，航道疏浚整治前期研究项目（吴淞江、苏申内港线航段）水深地形测量1:500断面8.4千米、1:200断面37.5千米。完成其他各类测绘项目188项，其中规划竣工7项，总建筑面积约80万平方米；机动车停车场（库）竣工验收测量1项，总面积约81921平方米；道路断面测量1项，总长度约0.5千米；航道水深扫测3项，总里程约3.1千米；码头前沿水深测量5项，水下地形面积约3.35万平方米；码头维护疏浚测量1项，测量面积约9800平方米；新建桥梁桥底障碍物浅剖测量1项，扫测面积266021平方米；地下管线测量165项，主要包括电力管线三维跟测、信息管线（移动、联通、有线、电信等）跟测、燃气管道跟测、雨污水管道跟测；地块勘探测绘4项，总探测面积101602平方米。

上海岩土工程勘察设计研究院有限公司

2016年，上海岩土工程勘察设计研究院有限公司完成测绘地理信息类项目120多项。变形测量类项目主要包括上海市轨道交通2、5、6、10、12、16号线总长236千米长期健康监测，外滩通道等4条市政隧道结构长期健康监测，徐汇中心、三门路立交、前滩等大型保护区施工项目段轨道交通结构安全监测，上海地铁、长沙地铁、青岛地铁、兰州地铁、天津地铁、杭州地铁等近30项建设期工程监测项目。控制测量与工程测量监理类项目主要包括厦门地铁3号线控制测量与第三方测量项目，佛山市轨道交通3号线工程业主测量队项目等。规划测量类项目主要包括建设项目前期日照测绘、建设项目规划检测各10多项。完成浦东高桥村、闵行区华漕村等农村土地确权项目。

交通运输部东海航海保障中心上海海事测绘中心

2016年，交通运输部东海航海保障中心上海海事测绘中心共完成港口航道图测量、通航尺度核定测量、应急测量、临时指令性测量任务16116.4换算平方千米；宁波舟山核心港区深水航路船舶定线制和江苏沿海航路共计3160换算平方千米测量工作。

中铁上海设计院集团有限公司

2016年，中铁上海设计院集团有限公司完成各类测绘项目60多项，主要包括2016年度上海局运营高铁精测网复测与基础变形监测技术合作项目5项，改建铁路夹北线大山一号、二号特大桥改建工程初步设计定测，改建铁路铜陵至九江铁路电气化改造工程初测，新建铁路淮北至阜阳、蚌埠快速铁路可行性研究，新建铁路镇江至宣城线初测，改建铁路皖赣线浯溪口水库段改线工程，上海铁路局3号楼及机关服务楼监测，徐州港华天然气管道穿越京沪高铁工程铁路安全监测，六安市迎宾大道下穿沪蓉铁路立交工程铁路安全监测，上海铁路局新建综合维修基地、上海市北横通道新建工程Ⅱ标段跨铁路立交工程等项目。累计完成铁路测量1400多千米，完成长大国铁勘测项目5项，铁路平交道口改立交桥项目24项，铁路病害整治等改造项目7项，铁路营运线监测项目5项，地铁勘测项目1项，涉铁市政测量项目20多项，累计交付测量成果报告达2600多册。

江苏省

概况

截至2016年底，江苏省共有测绘资质单位949家，比上年末增加107家，其中甲级61家，比上年末增加4家；乙级169家，比上年末增加33家；丙级464家，比上年末增加90家；丁级255家，比上年末减少20家。年末测绘从业人员20935人，其中专业技术人员11388人；民营测绘企业从业人员12847人，较上年末增加2749人；国有或集体所有单位测绘从业人员8088人，较上年末增加344人。全省测绘资质单位全年完成测绘服务总值40.18亿元，比上年增加8.05亿元，增长25.05%，其中民营测绘企业完成测绘服务总值24.05亿元，占全省总额的59.86%。

长江水利委员会水文局长江下游水文水资源勘测局

2016年，长江水利委员会水文局长江下游水文水资源勘测局完成长江下游河道险工护岸监测项目，对南京河段和镇扬河段10段险工护岸共47.2平方千米进行1:2000局部地形测量；完成2016年长江下游固定断面观测项目，进行1:5000固定断面观测，共665个断面总长度约1410千米；完成1:1万长江中下游河道水下地形测量任务，测区自九江至江阴，施测面积1400平方千米；完成长江南京以下12.5米深水航道建设二期动态监测项目，在长江新生圩—江阴河段洪、枯季进行了10个断面大、小潮全潮水文测验，17个断面稳定时段水文测验工作；完成江西彭泽核电项目一期工程同步水文补充测验，测区从彭泽至华阳河口，沿线共布设10个水文测验断面，每月监测1次；完成南京大桥、二桥、三桥、四桥、五桥、扬子江隧道、纬七路长江隧道等过江通道的河床监测工作；拓展海外项目，在非洲承接毛里塔尼亚海军基地工程测量及水文观测项目，对港口海域的潮位、地形、波浪及水文泥沙进行观测；运用单波束、多波束、侧扫声呐、浅地层剖面仪、水下探摸等仪器设备及手段，完成2016年杭州湾海、册子岛—镇海底管道路由探测项目。除完成包含地形测量、水文测验、水平衡测试、温升调查、海底管道路由探测在内的各类勘测项目60多项外，还完成河势分析、防洪评价、水资源论证等专业技术咨询报告约50篇，签订项目合同80多份。

中国能源建设集团江苏省电力设计院有限公司

2016年，中国能源建设集团江苏省电力设计院有限公司积极开拓电力测绘市场，工作主要集中在电力行业内的工程测绘任务。完成输电线路平断面测量859.4千米，变电站及光伏电场、风电等新能源地形测图18.5平方千米。完成的主要工程项目有：无锡西区燃气热电项目、500千伏溧阳抽蓄～天目湖变双回线路、苏州万年220千伏变电站工程、华能南京化工园玉带片区燃煤热电联产工程等，工程质量均达到优良。

江苏省测绘工程院

2016年，江苏省测绘工程院完成国家及省级基础测绘任务，推进地理国情监测项目；开展数字扬州运维工作，完成张家港、扬中，丹阳、赣榆、太仓等数字城市建设工作；完成苏州、盐城、兴化“天地图”，射阳“一张图”，射阳不动产项目，太仓、张家港智慧国土等项目；完成省司法厅地理信息平台、江苏海事局VTS等系统更新维护工作及江苏省海岸线修测，区域建设用海核查等项目；为江苏盐城“6·23”龙卷风特大自然灾害灾区提供测绘地理信息服务。承担多方法海岸带地形遥感监测关键技术研究、基于LIDAR的浅海地形监测技术研究、面向大比例尺测图的并行发射激光雷达技术及其应用、SAR 卫星 DEM 及形变测量误差来源分析、面向地理国情的卷积神经网络遥感影像分类研究、应急测绘基准建设与应用方案研究等国家、省内的课题研究；牵头负责《卫星导航定位基准站服务管理系统规范》、参加《卫星导航定位基准站基本产品规范》等 4 项标准规范的编制工作。

南京国图信息产业有限公司

2016 年，南京国图信息产业有限公司完成地理信息类项目合同额 1.8 亿元，项目所在地涉及江苏、安徽、内蒙古、陕西、黑龙江、辽宁、吉林等省区的 100 多个县、市、区，业务主要是城镇地籍调查、农村土地承包经营权确权登记、不动产数据整合、智慧城市建设、不动产权籍调查、以地控税税源核查等。完成与北京超图软件股份有限公司的并购合作，成为其下属全资子公司。

江苏煤炭地质物测队

2016 年，江苏煤炭地质物测队完成农村土地承包经营权调查及数据建库 888 平方千米，1∶500 城镇地籍测绘及数据建库 86 平方千米，土地勘查定界 15.5 平方千米，GPS 控制测量（E 级）132 点，河道划界测量 98 千米，物探工程测量物理点放样 16 万点，农村土地承包经营权调查监理项目 1 项。

南京市国土资源信息中心

2016 年，南京市国土资源信息中心组织开展了不动产登记信息化建设各项工作，完成耕地保护、地质遗迹调查、储备用地管理、以地控税、移动“一张图”等 14 个信息系统的建设工作，开展各类专项土地调查工作，组织实施南京市主城六区 754 平方千米土地年度变更调查工作，完成南京市产业用地信息调查基础数据的建库工作，完成全市 101 个地籍区、2265 个地籍子区的数据整理汇总及成果汇交等工作。

镇江市勘察测绘研究院

2016 年，镇江市勘察测绘研究院完成镇江市规划行政区 1∶500、1∶1000 基础地形图、中心城区三维场景、城乡规划工程地质勘察数据等基础数据库的动态更新与维护；完成 1088 平方千米小比例尺规划专用图的编绘；完成丁卯和谏壁片区的地下综合管线普查工作，并对已建成的约 8000 千米的地下管线综合管理信息系统实施了动态更新。完成各类委托性项目近 1000 项，为丹徒生态新城、镇江大学城、海绵城市、市政道路等城建重点项目提供勘测服务保障。引进多旋翼无人机开展倾斜摄影测量应用研究，为应急测绘、影像数据更新、现状三维建模等提供技术支持；开展 CCTV 管道机器人的应用，为排水管网的破裂、渗漏、污水偷拍等进行检测；利用三维激光扫描技术，为地下人防工程和文物保护单位提供精准的测量和实景三维模型的建立。开发了镇江市房屋安全管理动态信息系统和镇江市城市绿化管理动态信息系统。

江苏省水文地质工程地质勘察院

2016 年，江苏省水文地质工程地质勘察院测绘业务实现产值约 2000 万元，新增了摄影测量与遥感监理、海洋测绘监理、地理信息系统工程监理、海域权属测绘、地理信息数据采集和处理、地理信息系统和数据库建设、地理信息软件开发等业务。非洲铁路建设测量继 CP0、CPI、CPII 控制测量之后，开展 CPIII 测量。港口、码头、公路、管道测量同步开展。承接了轻轨变形监测、土地整理测量、海域权属测绘、城市基础地理信息数据更新等业务。

江苏苏州地质工程勘察院

2016 年，江苏苏州地质工程勘察院承接了农村土地承包经营权确权登记、日常地籍测绘、土地勘测定界、河道治理、市政道路工程、各类管网工程、供电线路测绘、建筑物变形测量及基坑监测等项目 200 多项，成果合格率 100%。主要完成苏州工业园区商旅新悦城基坑监测、苏州国际财富广场勘察及基坑监测、月亮湾基坑设计及监测、苏州中环快速路新区段工程测量、苏州市东环快速路南延一期工程测量、苏州中环快速路新区段工程管线探测、浩远弘天大厦基坑围护设计及监测、苏州高新区有轨电车一号线工程测量等项目。

常州市新北规划与测绘信息中心

2016 年，常州市新北规划与测绘信息中心完成常州市新北区基础地理信息数据更新测绘 260 平方千米、新建三维数字模型 1.8 平方千米、新测地下管线（含竣工测量）696 千米；新测 1:1000 地形图（含竣工图）5.2 平方千米；完成建（构）筑物规划放样 898 件、建（构）筑物变形测量 370 栋次、土方测量 498 万平方米和市政工程线路测量 90.1 千米；完成新北区 424 个村组农户承包地界址确定、面积量算、成果公示与数据入库工作。完成常州高新区（新北区）重点项目推进展示系统升级改造与新北区空间资源信息平台的研发工作；完成江苏省测绘地理信息科研项目“城市三维模型数据单元网格化管理与更新技术研究”的结题验收工作。

江苏省地质测绘院

2016 年，江苏省地质测绘院完成农村土地承包经营权确权颁证、不动产测绘、地下管线普查、河湖水利工程划界、智慧城市建设、信息系统开发等测绘地理信息工程项目 26 项。完成江苏省 8 市 16 县及浙江、安徽、陕西、内蒙古等地约 700 万亩农村土地承包经营权确权颁证调查测绘工作；无锡市区空间地理框架更新与电子地图制作；盐城市区基础地理框架更新；江都市数字城市基础地理数据库建设工作；东莞市古建筑三维扫描建模及信息化系统建设工作。完成江苏省测绘地理信息局“基于 AutoCAD 的外业平板调绘系统集成研究”，实施江苏省地质矿产勘查局“面向地质灾害环境保护的应急测绘技术改造”课题，引进无人机系统，开展相关应用研究。完成包括数据库建设系统、管线普查教学片制作、高等级平面控制技术研究、基于 POS 的稀少像控空三方案、GIS 平台数据转换研究等 8 个院内科研项目。

苏州盛景信息科技股份有限公司

2016 年，苏州盛景信息科技股份有限公司在智慧人防、智慧园林以及智慧市政方面取得显著发展。建设覆盖江苏省、市、县（区）级人防单位的人防工程综合管理平台，参与制定江苏省人防工程数据普查标准，并完成多个城市的人防工程数据普查工作。推进燃气、节水、排水行业管理信息化建设项目，形成一套以测绘地理信息技术为基础的，涵盖基础设施数据普查、资源一张图可视化管理、行业业务综合管理为一体的综合性解决方案。

浙江省

概况

截至 2016 年底，浙江省共有测绘资质单位 674 家。其中甲级 36 家、乙级 131 家、丙级 208 家、丁级 299 家；民营企业 444 家，占全省测绘资质单位总数的 65.88%，比 2015 年末增加 59 家。年末测绘从业人员 18576 人，全省测绘资质单位全年完成测绘服务总值 50.4 亿元。主要完成了 1:1 万基础地理信息数据快速更新、地理国情普查与监测、1:2000 基础地理信息数据必要覆盖和数据库建设、海洋测绘、地籍测绘、农村土地承包经营权确权登记颁证等重大测绘项目，为国土资源、城乡建设与规划、水利电力、交通、城市管理等行业提供测绘成果服务和地理信息技术支撑。

浙江煤炭测绘院

2016 年，浙江煤炭测绘院完成测绘项目 167 项。主要包括 1:500 地形图测绘、村庄数字地籍调查、农村土地承包经营权确权登记颁证、地下管线探测、地铁隧道保护区监测、地理信息系统建设、导航电子地图服务、互联网地图服务和其他形式地图服务。其中水准观测 1500 千米；地籍测量 50 平方千米；房产测量 250 万平方米；农村土地承包经营权确权登记颁证 40 万亩；1:500 地形图测绘 40 平方千米；地下管线探测 1200 千米；杭州市地铁隧道结构保护区监测10个；21个县区交通图、旅游图、地图集及其他专题地图21本。开展了软弱土地铁振动测试设备开发研究等科技项目的研究。

宁波市测绘设计研究院

2016年，宁波市测绘设计研究院完成1:500基础测绘地理信息数据更新、地理国情普查和监测、1:500地形图测绘、海洋测绘、规划测绘、管线普查、专题地理信息系统开发建设、房产测绘、专题地图制作等测绘项目1127项，完成测绘服务总值14158万元。完成无人飞行器航摄457.6平方千米、倾斜航摄30.5平方千米，摄影测量与遥感1300平方千米，房产测绘100万平方米，海洋测绘100平方千米，1:500地形图测绘257.4平方千米，专题地理信息系统3个，专题地图11种、地图集1种、电子地图15种、其他地图8种。科研经费投入476万元，开展研究项目9个，包括基于WebGL的新一代基础框架建设、地理国情数据分析挖掘、基于位置服务的移动数据采集系统研究与应用等。

浙江省测绘大队

2016年，浙江省测绘大队完成测绘项目600多项。主要包括382.8万亩农村土地承包经营权确权登记颁证项目、316个村15.5万户基础信息普查及系统建设、9个行政村127.35平方千米农村不动产权籍调查；深水港区航道水深监测与跟踪分析勘察测量和台州市温岭市、温州市苍南县大陆海岸线调查的海洋测绘；400多个勘测定界、竣工测量、地形测量、宗地测量、土方测量、断面测量等工程测量项目；总长2706千米的地下综合管网普查、城市排水管网普查、CCTV检测、杭州市拱墅区截污纳管污染源探查、地下通信管线探测等管线探测项目；违法建设航空监测土地GIS移动监察管理、土地房屋管理、林水局水域动态监测、地下管线综合管理、防违控违综合管理、监狱追捕系统建设等；利用无人机进行执法检查、国土资源利用情况监测等服务类项目。

浙江省第二测绘院

2016年，浙江省第二测绘院完成1:1万基础测绘地理信息数据更新、1:2000数字航测3D产品生产、地理国情普查和监测、1:500地形图测绘、海洋测绘、地籍测绘、农村土地承包经营权确权登记颁证、专题地理信息系统开发建设、不动产权籍调查、土地资源遥感监测、农村土地整治规划等测绘项目。完成数字线划图（DLG）5000多幅，总面积10万平方千米；数字高程模型（DEM）近3000幅，总面积2.6万平方千米；数字正射影像图（DOM）9000多幅，总面积2.7万平方千米；地形图测图2700多幅，总面积160平方千米；20个县市区总面积2万多平方千米的地理国情普查和成果统计分析；6个地市5万平方千米的基础性地理国情监测；承揽涉及10多个县市区超过180万亩的农村土地承包经营权确权登记颁证工作；完成基础测绘“省市县联动更新”试点、倾斜三维实景获取处理与可量测街景集成、全国海岸带开发利用变化监测（浙江）、不动产数据整合、省市县农村土地承包管理平台关键技术与应用、基于遥感技术的PM2.5浓度分布等科技研究。

浙江省第一测绘院

2016年，浙江省第一测绘院完成基础测绘、海洋测绘、地理国情监测等测绘项目144项，完成测绘服务总值1.49亿元。主要包括农村土地承包经营权确权登记颁证、大陆海岸线调查、1:2000数字正射影像图、1:500地形图测绘、似大地水准面精化、一区两率监测等测量项目及导航电子地图服务、互联网地图服务和其他形式地图服务。其中大地测量149点，水准观测1208千米；一般航摄2859平方千米、无人飞行器航摄70平方千米、倾斜航摄10平方千米；摄影测量与遥感50344平方千米；地籍调查78平方千米、房产测绘37526平方米；海洋测绘1574平方千米；1:500地形图测绘227平方千米、1:1000地形图测绘17平方千米、1:2000航测成图1932平方千米、1:1万基础测绘更新1039幅；编制专题地图11种、地图集9种、电子地图20种、其他地图48种。科技研究项目共投入经费1079.65万元，研究项目27项，包括基于skyline平台的系统框架搭建和二三维一体化、管线三维驱动和基于倾斜摄影技术的精细化三维建模试验、“全景衢江”综合地理信息服务平台建设。

杭州市勘测设计研究院

2016 年，杭州市勘测设计研究院主要完成杭州市 1∶500 基础地形图数据跟踪修测，覆盖 700 平方千米修测 70 平方千米，共涉及 4000 多幅的基础地理信息数据；完成杭州市地理空间框架数据整理入库和“天地图”（杭州）数据建设；完成杭州市主城区范围“天地图”浙江省级节点与“天地图”杭州市级节点的融合更新；完成杭州市市区范围内城市建成区、绿地率、绿化覆盖率及 13 类专题要素的更新监测；完成农村土地承包经营权确权登记颁证测绘调查；完成杭州市卫星定位综合服务系统的运营维护，提供服务 40 多万次，累计使用时间达 8 万小时，用户数量和使用量继续处在全省领先水平；完成为“三改一拆”“五水共治”和环境整治等重点工作提供测绘与地理信息服务的任务；完成 G20 工程项目施工进展和环境整治的实时监督，以及改造和整治 20 多条道路的测绘任务；编制完成 G20 峰会系列地图；完成江干区、上城区安保警务信息平台的建设；应用无人机倾斜摄影技术，完成轨道交通测量及保护检测类项目等。

浙江省地理信息中心

2016 年，浙江省地理信息中心完成基础测绘、数字城市（智慧城市）建设、地理国情普查监测分析和公共服务等工作。主要包括首次采用增量式更新的新技术方法，完成数据库改造和更新；编制完成《2016 版运维指南》，提供 54 个数字城市项目运维的技术支持；自主开发完成美丽乡村、教育、文保、地名地址、“五水共治”等应用系统，完成专题应用部署 50 多个；推进智慧城市时空信息云平台建设，发布云平台星云 star · c 原型；开展城市群监测、舟山群岛新区监测等；完成省、市、县三级的基本统计、综合统计和报告的编制；完成省及有关市县分析评价报告的编制；研发地理国情普查成果管理及发布系统；完成地理国情普查公报及有关专报的编制；完成“多规合一”信息平台开发，构建自然资源资产审计分析评价指标体系，开发自然资源资产审计信息化平台；完成 G20 峰会期间测绘地理信息技术服务保障任务。

浙江国遥地理信息技术有限公司

2016 年，浙江国遥地理信息技术有限公司完成测绘项目 39 项。主要包括农村土地承包经营权确权登记、地名普查、航摄和 DOM 制作、无人机航拍、倾斜摄影、三维空间数据采集、卫星遥感影像处理等测绘项目。完成浙江省内 5 个标段农村土地承包经营权确权登记颁证项目的不动产测绘 1515.5 平方千米；浙江、福建、上海、云南、河南、河北、安徽等地的测绘航空摄影 63237 平方千米，其中开展的云南省农村土地承包经营权确权登记颁证工作底图制作一期项目获取航空遥感影像 4 万平方千米；建成并正式启用雷达遥感卫星地面接收站，接收的 Radarsat－2 卫星影像充分运用到农林、地质、水文、制图等领域。

浙江华东建设工程有限公司

2016 年，浙江华东建设工程有限公司完成测绘项目 150 多项。主要包括杭州市市区河道清淤勘测；浙能温电四期“上大压小”工程沉降观测；杭州市紫之隧道（紫金港路—之江路）工程第 I 工程监测；荆门市沙洋县农村土地承包经营权确权登记颁证；洪湖农村土地承包经营权确权登记颁证；杭州至临安城际铁路地下管线探测；杭州—富阳城际铁路地下管线探测；杭州地铁 7 号线地形图测绘及地下管线探测；杭州地铁 9 号线地形图及地下管线修测；绍兴市城市轨道交通 1 号线工程沿线管线探测项目 II 标段；杭州大江东 2016 年度测量服务；临金高速（千秋关至安仁）1∶2000 地形图修补测；诸暨市经济开发总公司彩钢瓦面积测绘；建德市农房确权登记颁证；2016 年度王家井镇测绘和放样项目；多杭区违法用地及净地套图测绘；缙云县边坡自动化监测；加蓬利伯维尔公路测量；冀东油田海洋环评 1∶1 万地形测量；乌龙山旅游道路航飞、中桩、纵横断面测量；新安江、兰江二期工程地形测量；颍河颍上段城南水系一期工程测量等项目。

福建省

概况

截至2016年底，福建省共有测绘资质单位532家，同比增加39家。其中甲级32家，同比增加5家；乙级85家，同比增加8家；丙级218家，同比增加24家；丁级197家，同比增加2家。通过高新技术认定的企业31家，通过“双软”认证（即软件企业的认定和软件产品的登记认证）的企业23家，境内上市的地理信息企业3家。全年完成测绘服务总值29.21亿元，同比增加3.3亿元，增长12.7%。年末测绘从业人员11041人，同比增长8.9%，其中测绘专业技术人员9391人，同比增长10.6%。年人均测绘服务总值27.39万元，同比增加0.09万元。国家测绘地理信息局在厦门召开第八届海峡两岸测绘发展研讨会。福建省测绘地理信息局、厦门市集美区政府、集美大学联合举办第一届中国地理信息技术创新创业大赛。福建省地理信息产业技术公共服务平台项目完成建设任务，提交福建省科学技术厅验收。

厦门银据空间地理信息有限公司

2016年，厦门银据空间地理信息有限公司完成厦门市同安片区“两违”综合治理违法建设测量、用地面积、建筑面积测量、核实110万平方米。完成其他各类测绘项目20多项。开发了地下综合管廊管理平台、地下综合管廊监控平台、地下综合管廊运营大数据服务中心。

福建省制图院

2016年，福建省制图院完成全省公开版地图数据库年度更新；开发完成地理国情普查成果应用移动平台、东山区划地名网、《福建省地理国情资讯》微信平台、智慧福建地理信息移动平台系统；开展芗城区、建阳区、邵武市、新罗区、周宁县、龙文区、鼓楼区、顺昌县和荔城区第二次全国地名普查工作。全年提供地图服务项目200项，总量约30万册（幅）。其中提供省两会用图、省领导拉练用图、公务地图、测绘法宣传图等约6.2万册（幅），发行地图产品约20多万册（幅）。

福州市勘测院

2016年，福州市勘测院完成各类测绘及地理信息等生产项目9000多项，其中城市规划1800多项、市政工程1100多项、管线工程800多项、地形图测量2500多项、数据加工工程200多项、摄影测量与遥感类工程1000多项、软件工程40多项等。

福州开睿动力通信科技有限公司

2016年，福州开睿动力通信科技有限公司发展新集团客户558家，新增上线用户51062户，平台总用户规模超过20万户。将“可视化调度”业务分区部署在广东东莞公安局内网，通过公安部三所网闸后实现在内网可进行人员集群对讲视频、人员定位、电子围栏、移动考勤等定位调度管理服务，并与公安PGIS地理信息平台内嵌对接，分区总设计容量10万用户，实际已上线7000多户。与福建电信合作，为福建电力、永泰林业、龙岩大联防研制的智能巡检调度地理信息平台和林业巡查地理信息平台也相继部署上线，福建电力累积用户已达6000户，累计收入达到150万元。

福建省地质测绘院

2016年，福建省地质测绘院完成福建省晋江市、古田县、南平市建阳区1:500、1:1000数字地形图270.6平方千米；南平市建阳区地理空间框架建设数据整合改造64.9平方千米；顺昌县数字正射影像图制作1980平方千米；长乐市航空摄影测量与

“两违”图斑内业对比及外业核实服务生产650平方千米；向莆铁路（福建段）土地勘测定界300千米；平潭综合实验区现代测绘基准体系GNSS连续运行基准站系统建设；数字寿宁地理空间框架建设（一期）基础数据资源建设和应用系统平台开发。全年完成各类测绘项目100多项。

福建省交通规划设计院

2016年，福建省交通规划设计院完成福建省高速公路网漳武线永定至南靖高速公路南靖段50千米工程测量；富源至兴义高速公路项目SJ－1标段40千米工程测量；完成1∶1000工程地形图3项19.5平方千米；1∶2000工程地形图30项300平方千米；高速公路及其他线路工程的定测36项175千米；线路用地边界测量工程8项165千米；码头及水下地形测量3项11平方千米。全年完成各类测绘项目140多项。

泉州市规划勘测研究院

2016年，泉州市规划勘测研究院完成测量任务795件，主要有泉州市北峰片区、泉州市海上丝绸之路申遗点清源山风景区测绘项目，泉州古城保护发展测绘工程等重点市政项目。调查北峰片区内主、次道路上各类地下管线的分布状况，建立泉州市地下管线动态更新及管理机制；运用卫星遥感及无人机航摄影像对城市变化动态进行监测；完成鲤城、丰泽、洛江三区影像监测分析。

莆田市城乡勘测设计研究院

2016年，莆田市城乡勘测设计研究院完成莆田市市域1∶500、1∶1000数字地形图更新维护10平方千米。完成其他测绘项目600多宗，其中莆田市城乡规划建筑物放样120宗、建筑物验线107宗、各种地下管网探测100宗、规划建设工程竣工测量109宗、日照测量103宗、土石方测量50多宗等。

福建所思达勘测设计院有限公司

2016年，福建所思达勘测设计院有限公司完成宁化县等7个县土地利用现状变更调查与遥感监测11839平方千米。测绘和编制各种图件872件，其中1∶1万土地利用现状图510件、面积1.18万平方千米；1∶500、1∶1000工程地形图154件、面积9.26平方千米；1∶500地籍图90件、面积19.8平方千米；规划用地图19件、面积4.5平方千米；土地勘测定界图6.32平方千米。

福建省海陆勘测有限公司

2016年，福建省海陆勘测有限公司完成测绘无人机航空摄影及1∶2000地形图航测成图1600多平方千米、高等级控制点（二等及以上）40多点；高速公路等工程测量130多项、不动产测绘30多项；库区灌溉渠道影像资料、闽江下游水利地理信息及风险监测、河长制河道一张图等地理信息工程15项；编制完成10多个县市的防汛作战图地图。

福建省水利水电勘测设计研究院

2016年，福建省水利水电勘测设计研究院完成福建上白石水利枢纽工程、闽江防洪工程南平段八期（建瓯段）、福建福清兴化湾海上风电样机项目等10个省重点工程项目。完成1∶500数字地形图测绘35平方千米、1∶1000数字地形图测绘80平方千米；水下1∶500数字地形图测绘10平方千米、水下1∶1000数字地形图测绘20平方千米、水下1∶2000数字地形图测绘30平方千米；1∶500河道断面1578条500千米；1∶500数字地籍图测绘3平方千米、水库淹没线1200多千米、征地红线约600千米，埋设界桩1.08万多个点。

泉州市房地产测绘队

2016年，泉州市房地产测绘队完成商品房面积预测项目191宗、建筑面积265万平方米；不动产产权面积实测项目875宗、建筑面积455万平方米；不动产权籍调查入库1549个宗地及3816幢房屋关联；拆迁测绘房屋面积51万平方米、土地面积21万平方米；完成控制测量、地形测量、道路纵横断面测量等工程测量35宗。

江西省

概况

截至2016年底，江西省共有测绘资质单位604家，较2015年底增加68家，同比增长12.7%。其中甲级30家、乙级77家、丙级170家、丁级327家；事业单位172家、国有企业105家、民营企业327家。年末测绘从业人员10549人，同比增加8.5%。其中事业单位、国有企业测绘从业人员6669人，同比增加2.5%，占测绘从业人员总数的63.2%；民营企业测绘从业人员3880人，同比增加20.5%，占测绘从业人员总数的36.8%。测绘从业人员中，中、高级专业技术人员2293人，占测绘从业人员总数的21.7%。277人获得注册测绘师资格。全省测绘资质单位全年完成测绘服务总值13.66亿元，同比增长19.8%。其中民营企业完成测绘服务总值7.52亿元，同比增长17.4%。全省测绘资质单位全年共计完成航空摄影测量2万多平方千米，承揽1000万元以上的测绘生产项目5个，500万元以上项目33个。完成地理国情普查数据库建设、地理国情普查信息系统建设、基本统计分析、综合统计分析、地图集制作等工作，开展了基础性地理国情监测和1:1万地形图同步更新试点工作；编写了江西省常态化地理国情监测方案，计划在“十三五”期间开展基础性地理国情监测和4个专题性监测，江西省测绘地理信息局正在向江西省人民政府申报将“十三五”期间地理国情监测工作经费列入财政计划，开展常态化地理国情监测工作；江西省11个设区市除南昌市直接开展智慧城市建设外，其余10个设区市全部完成了数字城市建设，出台了平台推广应用的通知和数字城市管理办法，建立了运行维护机制，按照城市发展需求和相关要求持续投入更新，扩展应用领域，8个县（市）纳入江西省县级数字城市建设试点，其中2个已完成验收。

江西省国土资源测绘工程总院

2016年，江西省国土资源测绘工程总院完成吉水县、黎川县的三权发证项目，黎川县完成地籍测量和部分属性调查，数据库已完成框架建设；吉水县完成地籍测量和属性调查，按县国土资源局要求完成农房调查两个村的试点工作。完成高安土地开发和安义土地开发测量共计8200亩；德兴、德兴新营、奉新九仙、高安土地整理4个地形测量共计3980亩；南昌、丰城像控点测量共计51个点；新余、黎川“十三五”测绘规划编制；渝水区、安源区、上栗县、彭泽县的第二次全国地名普查项目。

江西省基础测绘院

2016年，江西省基础测绘院完成各类测绘项目80多项。完成地理国情普查基本统计、第三代1:1万地形图测制与更新、城市地表沉降监测、1:5万（11—14级）初始库更新（2016年度）、南昌市沉降观测、梅岭主峰景观标志制作、江西省第二次全国地名普查工作。继续开展数字铅山地理空间框架建设项目，数字万年地理空间框架建设项目，普查成果应用项目，江西省基础性地理国情监测与1:1万“3D”产品测制更新项目（广昌县），基础性地理国情监测试生产。

江西省天久地矿建设工程院

2016年，江西省天久地矿建设工程院完成江西省宁都县属东山坝镇、洛口镇、肖田乡、东韶乡4个乡镇辖区内的农村土地承包经营权确权登记颁证测绘技术处理项目；鹰潭市龙虎山水寨宋庄逍遥城测量项目；民昇佳苑小区不动产测量项目；金怡华府不动产测量项目等。开展的工程测量项目有：厦门10千伏地下电缆及通道信息采集建模项目（电缆路径探测）；赣州新天地项目监测；龙南县足洞流域废弃稀土矿（一期）治理工程环境影响评估和监测；鹰潭职业技术学院迁建项目；共青城大学城部分方格网测绘工程等。

江西省地矿测绘院

2016年，江西省地矿测绘院主要承接了江西、浙江、广西、福建、湖北等省区的测绘地理信息项目，涵盖地籍测绘、地形测量、工程测量、地理信息工程、地图制图、航测遥感、软件研发、互联网地图服务等。完成测绘服务总值7000多万元。完成农村土地承包经营权确权登记发证调查5000多平方千米；地籍测绘110多平方千米，数字化地形图测绘50多平方千米；城市管线普查探测约2700多千米；5070多平方千米的无人飞行器航摄工作。承担江西省矿产资源执法监察系统、江西省地矿局地勘项目及矿权管理系统等系统的研发。

九江地质工程勘察院

2016年，九江地质工程勘察院承担湖口县城区1∶1000地形修补测12平方千米。开展瑞昌市、万安县农村土地承包经营权项目；数字九江外业测绘及内业数据整理项目。完成环庐山西海旅游公路1∶2000地形测量42千米；瑞昌市码头镇、武蛟乡征地测量及土方测量等5000多亩；修水县竹坪镇征地测量7.5平方千米。承担广西平南县农村土地承包经营权项目，面积约22万亩。

江西省水利规划设计研究院

2016年，江西省水利规划设计研究院完成宜春市四方井水利枢纽工程1∶2000地形图约15平方千米；鄱阳湖区重点圩堤航摄测量650多千米；潦河灌区、袁惠渠、赣抚平原三大灌区1∶2000带状地形图600千米；鄱阳湖区1—5万亩圩堤除险加固工程、单退圩堤除险加固工程项目圩堤8座以及景德镇市、鄱阳县不动产登记发证项目。承担的贵溪花桥水库工程测量项目、贵州深山水库工程测量项目通过验收。

江西省测绘应急保障服务中心

2016年，江西省测绘应急保障服务中心完成鄱阳县向阳圩溃口及其周边洪水淹没区域无人机应急航摄及影像处理213平方千米，以及向阳圩溃口断面水位测量；利用无人机为江西省综合治理信息化系统建设提供红谷滩新区分辨率优于0.2米的航摄影像45平方千米，制作1∶2000数字正射影像图80平方千米；无人机航摄宁都等地的分辨率优于0.1米影像90平方千米。完成江西省现代大地基准完善项目外部检核40点、高等级测量标志点迁建17个；赣州市快速路D级GPS点测量110点、四等水准测量179千米。完成省级基础测绘江西省第三代1∶1万"3D"数据采集与更新2850平方千米，数字抚州地理空间框架建设、数字万安地理空间框架建设项目1∶1000数字线划图数据采集39.2平方千米及地名地址数据采集58.3平方千米。完成行政区划图、专题影像图等专题图件编制26件。完成其他各类测绘项目35项，主要包括樟树机场、宁都县、青山湖区等地1∶1000地形图测量17.3平方千米；宜春风电场等地1∶2000地形图测量13平方千米；乐平市、浮梁县、昌江区、珠山区、共青城市、瑞昌市、兴国县、万安县第二次全国地名普查11954平方千米；湾里区、青山湖区、东湖区农村土地承包经营权确权登记颁证数据库建设545平方千米；抚州市、崇仁县、东乡县等测绘地理信息"十三五"规划编制等项目。

江西南方测绘院

2016年，江西南方测绘院承接测绘项目35项，其中工程测量项目15项、地理信息系统工程项目10项、不动产测绘项目10项。完成江西省航空护林局通用直升机场地形测绘及净空复测项目、进贤县池溪乡岭里村等2个村"旱改水田"土地整治项目和国网江西省电力公司靖安县供电分公司宗地坐标测量等工程测量项目。完成西湖区省交通厅地块旧城改造项目、西湖区西湖周边地块棚户区改造项目房产面积测绘和西湖区三眼井三期周边地块棚户区改造等不动产测绘项目。完成靖安县2016年度土地变更调查项目、石城县土地储备中心2015年数据更新和靖安县永久基本农田划定等项目。承担石城县房地一体农村宅基地和集体建设用地使用权确权登记发证项目，靖安县不动产登记系统平台建设及数据整合和靖安县不动产登记数据整合项目，南昌2016年西湖区征地拆迁项目和2016年南昌县塘南镇等4个乡镇8个"旱地改水田"土地整治项目。

南昌市测绘勘察研究院

2016年，南昌市测绘勘察研究院完成各类测绘项目1256项。承担南昌市机场片区及湾里片区1:2000数字航测外业调绘、南昌临空经济区直管区福银高速以北及昌北机场周边区域测绘项目、昌南大道（沿江快速路—昌东大道）地下管线测量、洪都大道地下综合管线测量、海昏候遗址及周边地区测绘、南昌地铁1号线结构长期监测（第二期）、南昌市300平方千米瓦片数据更新、南昌市红谷滩新区管线竣工测量及其配套工程项目、南昌市测绘地理信息“十三五”规划编制项目、南昌市轨道交通1号线和2号线规划核实测量等一系列工程测量项目。编制更新了2016年版《南昌市城区图》《南昌市域图》《赣江新区区位图》等一系列工作用图。

江西省地理国情监测遥感院

2016年，江西省地理国情监测遥感院完成第三代1:1万地形图测制与更新、全省文档对象模型制作、丰城市社会主义新农村建设测绘保障服务示范等多个基础测绘项目。完成地理国情普查成果对比分析、粮食主产区地表自然资源分布与利用、长江经济带国家投资基础性建设监测等一系列地理国情专题监测工作。完成彭泽县地理国情监测试点项目。完成丰城市、兴国县、新建区总计7138.2平方千米农村集体土地确权登记发证，兴国县、新建区农村土地承包经营权确权登记颁证项目。完成数字吉安地理信息系统基础应用数据扩容与更新项目，推进智慧吉安时空信息云平台建设试点项目、数字泰和地理空间框架建设项目。为大广高速、南昌市南外环、兴国至赣县北延、赣南“十三五”国省道改造等项目提供1:2000三维公路图。完成吉安市、宜春市、永丰县、永新县、新干县、兴国县、奉新县、安福县、万安县、吉安县、高安市、靖安县、乐安县等多个市县区测绘地理信息“十三五”规划编制工作。利用像素工厂（Pixel Factory）、街景工厂、LIDAR相机、倾斜相机、无人机等高端装备，完成红谷滩区域倾斜航空影像及三维影像地图制作项目。

核工业赣州工程勘察院

2016年，核工业赣州工程勘察院完成赣州市内1:500项目25.5平方千米。完成其他各类测绘项目80多项，主要包括赣州市城市规划、市区道路工程、各种管网工程、旧城改造、房地产开发等城市工程测量，赣州南康区新能源汽车城地籍测绘、工程项目征地、土地勘测定界等土地测量项目和南康区、石城、崇义、安远、石城、内蒙古奈曼旗农村土地承包经营权项目。测绘和编制各种图件3100多件，其中1:1000影像图300多幅，1:500工程地形图50多项、总面积315平方千米；地籍、宗地图842宗，总面积162平方千米；征地用图25宗，总面积25.5平方千米；规划用地图25项，总面积25.5平方千米；土地勘测定界图168宗，总面积6.2平方千米。成功申报江西省高新企业，获得农村土地承包经营权数据检查系统等十多项软件著作权。

中铁大桥局集团第五工程有限公司

2016年，中铁大桥局集团第五工程有限公司承担福州至平潭海峡公铁跨海两用大桥、成都至贵阳线宜宾金沙江公铁两用大桥、鸭池河大桥、珠海市白石桥工程、云南乌东德水电站项目；大理至瑞丽铁路保山澜沧江大桥、汝郴高速项目、厦门海沧隧道、洞庭湖特大桥、汉襄十铁路项目、广州龙怀高速项目；武汉青山长江公路大桥；深圳沿江二期、云南丽江项目的所有施工测量工作。完成新建福建兴化湾风电项目、珠海洪鹤桥、长沙湘府路快速化施工项目等。完成赞比亚、坦桑尼亚、孟加拉等国20个项目工程测量控制网的设计和测量、数据处理、资料存档以及项目工程施工测量工作。

江西省电力设计院

2016年，江西省电力设计院在工程测量方面完成发电工程：中电投分宜电厂扩建工程（2×660兆瓦机组）；江西大唐国际新余二期异地扩建2×1000兆瓦工程。完成线路工程：梦山—罗坊Ⅰ、Ⅱ回π入昌西南变500千伏线路工程；马回岭—九江西Ⅰ、Ⅱ回500千伏线路工程；东乡—桐源220千伏线路工程：东乡—进贤县城220千伏线路工程；梦山—前湖（前湖侧）Ⅰ、Ⅱ回改接入昌西南变220千伏线路工程；梦山—祥符（祥符侧）Ⅰ、Ⅱ回改接入昌西南变220千伏线路工程；沙城—赛城湖π入九江西变220千伏线路工程；沙城—裕丰、赛城湖—码头π入九江西变220千伏线路工程；温圳电铁Ⅳ线π入进贤县城变220千伏线路工程；温圳—松源π入东乡变220千伏线路工程；鹰潭—余干π入黄金埠变220千伏线路工程；樟山—葛山220千伏线路工程；众村—白沙220千伏线路工程；丰城电厂—王舍220千伏线路工程；赋春开关站—赋春牵引站220千伏线路工程；观田—梧岗（梧岗侧）改接入进贤220千伏线路工程；观田—梧岗π入青云谱220千伏线路工程；广丰—白云220千伏线路工程；广丰—玉山Ⅱ回220千伏线路工程；红都—九州Ⅰ回π入金星变220千伏线路工程；吉安新干（中电投）七琴、城上风电送出工程；九云岭风电场升压站—叶家山220千伏线路工程；罗坊—吉安（罗坊侧）改接众村变220千伏线路工程；罗坊—吉安π入樟山变220千伏线路工程；生米（锦绣）—梦山、生米（锦绣）—祥符（生米侧）改接入昌西南变220千伏线路工程；布隆迪胡济巴济水电站110千伏送出线路工程；华能灵华山风电场外送110千伏线路工程等。完成变电工程：九江西500千伏变电站工程；瑞金金星220千伏变电站工程；赋春220千伏开关站工程；湖口220千伏开关站工程；宜春城中110千伏变电站工程；昌西南500千伏变电站工程；青云谱220千伏变电站工程；黄金埠220千伏变电站工程；樟山220千伏变电站工程；南昌北沥110千伏变电站工程；110千伏湖田变电站工程；110千伏莲西变电站工程；东岳110千伏变电站工程等。

江西省赣西土木工程勘测设计院

2016年，江西省赣西土木工程勘测设计院完成测绘项目152项，其中江西省五河治理防洪工程测绘12项、宜春集镇防洪治理工程16项、大型灌区工程续建配套与节水改造工程测绘4项、防汛抗旱引调水工程测绘3项、中型水闸工程测绘6项、大中型病险水库测绘1项、小型病险水库测绘74项、农田水利工程测绘5项。

江西核工业测绘院

2016年，江西核工业测绘院完成各类测绘项目66项。主要包括江西贵溪、信丰、海南屯昌等地农村土地承包经营权确权登记发证项目；浙江绍兴柯桥区等地数字地籍调查项目，总面积2410.2平方千米；江西乐安、宜黄土地利用总体规划项目；江西泰和、安福、贵溪、余江、浙江北仑等地土地利用现状变更调查项目；贵州思南、西秀、浙江象山等地数字航空摄影测量项目，总面积8078.6平方千米；江西宜黄、铜鼓地下管线数据入库和管理信息系统建设项目；浙江三门、新疆精河、广东连州等地地下管线测量项目，总面积2428.71千米；广东广州、浙江绍兴柯桥区、江西南昌等地房产测量项目，总面积83.3万平方米；江西永新、安福等地土地整理项目，总面积13845亩；江西安福、余江永久基本农田划定项目，总面积47.37万亩；浙江宁海、江西余江等地地形测量项目；江西南昌经开区、小蓝工业园等地的土方测量项目。全年完成测绘产值5578万元，项目地域覆盖江西、贵州、浙江、广东、新疆等省区。

江西省中核测绘院

2016年，江西省中核测绘院开展多项大比例尺地形图测量项目，其中完成1∶1000地形图测量20.44平方千米、1∶500地形图测量110亩。承担地籍调查、1∶500地形图测量、1∶1000地形图测量、农村土地承包经营权确权登记颁证、航飞航测、数字线划图生产等测绘项目，其中完成超过300万亩农村土地承包经营权确权登记颁证服务项目，涉及江西、浙江、安徽、河南、云南、广东、广西、内蒙古、贵州、四川、黑龙江等省区的多个县市。取得多项计算机软件著作权，如农房调查系统V1.0、中核测绘基础资料管理系统V1.0、地理信息资源管理系统V1.0、中核地形地籍成图系统V1.0、控制测量数据处理系统V1.0、GPS数据处理系统V1.0、摄影测量系统V1.0、农村土地承包经营权数据库建库软件V3.0、农村土地承包经营项目周期管理软件V2.0等。

核工业华东二六七工程勘察院

2016年，核工业华东二六七工程勘察院完成江西省永修县、德安县107平方千米宅基地1∶500野外数据采集工作；江西省修水、德安、弋阳等县农村土地承包经营权确权登记发证项目；陕西省山阳县、丹凤县电力普查项目；甬余县江北段改建工程与萧甬铁路并行段监测项目。完成其他各类测绘项目 100 多项。申请了测绘航空摄影资质。

江西省煤田地质局测绘大队

2016 年，江西省煤田地质局测绘大队承接了南昌市农房普查项目；樟树宜丰、新干、分宜、会昌、玉山、铅山、峡江、万安等县市的不动产数据整合项目和 8 个县市区的规划调整完善项目。参与福建省一城镇地籍调查试点项目，成立福建办事处。完成新疆、广西、贵州有关测绘项目的外业调绘工作。

江西省交通设计研究院有限责任公司

2016 年，江西省交通设计研究院有限责任公司完成国道 219 线萨嘎至朗县金东乡勘察设计工程 1:2000 地形图测绘 48 平方千米；S308 线眉山市洪雅县袁坪至瓦屋山镇段新建工程勘察设计 1:2000 地形图测绘 17 平方千米。承担的九江长江公路大桥项目获得詹天佑奖（含测量），完成桥隧地质建模系统的应用课题研究，公路三维地理信息选线技术取得成果。

江西省地球物理勘察技术院

2016 年，江西省地球物理勘察技术院完成上高县国土资源局农村集体土地使用权确权登记发证项目所有乡镇的地籍调查工作，部分数据编辑入库；上栗县农村集体土地使用权确权登记发证项目全部地籍测量（县城区除外）；全南县桃园小棚户区改造安置房基坑工程监测项目；上海市地籍调查项目一期约 1.5 平方千米的地籍测量及权属调查，二期约 7 平方千米的地籍测量（其中建筑区约 1.4 平方千米），外业已调查完约 1300 户，完成内业属性录入。开展宜春市黄颇路片区棚户改造工程 D 地块基坑工程沉降、倾斜观测；完成北京市地下管线勘探项目一期（东城区）约 120 千米、二期（海淀区）约 130 千米的管线探测；江西信达长林机械有限公司退城进区项目竣工测量；亚洲富士长林电梯（新余）有限公司竣工规划核实测量；深圳市轨道交通 8 号线二期工程地下管线探测约 13 千米，综合管线约 130 千米，盲探面积约 1.3 平方千米；深圳市龙岗区龙岗街道同乐东片区雨污分流管网工程，面积 1.221 平方千米，管线长度约 45 千米；新余市排水管网普查与测绘项目一期约 105 千米的管线勘测及二期小区、单位等门口排污管出口调查；安福县协鑫新能源有限公司 1:500 地形测量项目 0.502 平方千米的地形图测绘；新余市中心城区雨污分流改造 PPP 项目一期补充测绘工程新余孔目江 8.5 千米的河道及岸边各 50 米测量；深圳市南山区社区雨污分流项目 11 个小区约 100 千米的管线探测。开展仙女湖区国营九龙山垦殖场农垦国有土地使用权确权登记调查项目。

江西省地质矿产勘查开发局赣东北大队

2016 年，江西省地质矿产勘查开发局赣东北大队完成德兴市、婺源县、余干县、玉山县、广丰区 5 个县市区的测绘地理信息“十三五”规划编制并通过评审。承接了上饶县蝶景园道路塌陷抢险监测项目，信州区 4 个乡镇的农民建房测量。完成灵山风景区旅游景点测量，上饶市多个县的矿山复测，玉山、广丰等县的卫片执法检查和土地变更调查，广丰、德兴、信州区、贵溪市三权发证项目入库。进贤县 5 标段及吉安市青源区试点、弋阳县一标段和上饶市经开区农村集体土地承包经营权项目进入收尾阶段。

江西省瑞华国土勘测规划工程有限公司

2016 年，江西省瑞华国土勘测规划工程有限公司承接工程测量项目 25 项、地理信息系统工程项目 12 项、不动产测绘项目 2 个县、农村土地承包经营权 4 个县、农村土地整治规划设计 12 项、土地利用总体规划编制 2 个县、“十三五”规划编制 5 个县等。完成安福县横龙镇东谷村土地整理项目前期技术服务项目（测绘及规划设计）；渝水区良山镇下保村委测绘工程；吉安禾河堤以外地块地形图测绘；赣县农村土地承包经营权确权登记颁证土地调绘勘测项目；吉州区农村土地承包经营权确权登记颁证土地测绘勘察项目；万载县“十三五”土地整治规划编制；崇仁县桃源乡张坊村茂洲旱改水土地整治项目勘测、可研、规划；万载县株潭镇杨源村等 2

个乡镇6个村土地开发项目可研、规划设计；遂川县城区地下管线普查及信息管理系统建设；万载县全域性永久基本农田划定；2016年度6个县的土地变更调查及数据库维护等项目。

江西省国土资源勘测规划院

2016年，江西省国土资源勘测规划院完成2015年度全省土地变更调查（成果质量位居全国第五）；2016年度全省灾毁耕地核查、行政界线调整、农变未专项核查等非常规变更及遥感监测数据领取下发等。初步建立遥感监测体系，完成2015年全国土地利用变更调查监测与核查遥感监测任务（黑龙江和云南省），实施2016年度“1+1”中期卫片遥感监测和全省钢铁行业去产能实施效果应急遥感监测外业核查工作。完成沪昆铁路补征地、向莆铁路补征地、江西洪屏抽水蓄能电站补征地等项目勘测定界及新增用地预审报批等，完成土地开发、旱改水、废弃工矿复垦、增减挂钩、违法用地等各类勘测面积10多万亩。

江西省地质矿产勘查开发局赣西地质调查大队

2016年，江西省地质矿产勘查开发局赣西地质调查大队承担共青城市农村房屋调查项目，该项目为全省首家大规模、成批量开展农村房屋调查的试点作业。承担南昌县向塘开发区1:1000地形测量、丰城市煤矿动态监测、贵州省六盘水市综合管线普查项目、共青城市地籍区与地籍子区变更、共青城市三权确权登记发证等大中型项目。

江西省煤田地质局普查综合大队

2016年，江西省煤田地质局普查综合大队完成上饶地区测绘地理信息“十三五”规划编制；九江和吉安地区永久基本农田划定、土地开发、土地整理；赣州地区耕地质量等别年度更新评价等。完成省内外农村土地承包经营权确权登记颁证项目、地籍测绘，宜春和吉安地区无人机航空摄影测量，宜春和上饶地区花炮厂企业地形测量项目、卫片执法测量、自然村规划测量、矿山测量，福建省排水管线调查测量、地下电力管线探测，其中完成无人机航空摄影测量412平方千米、农村土地承包经营权登记颁证60万亩。

中国建筑材料工业地质勘查中心江西总队

2016年，中国建筑材料工业地质勘查中心江西总队完成上海市6个行政村共12平方千米地籍调查项目，并通过检查验收。开展上饶县、横峰县、弋阳县农村集体土地确权登记项目的相关工作。完成横峰县5个乡、镇、场的农村土地承包经营权的外业确权、内业建库和打印证书工作。承担上饶三清山机场的部分工程测量项目和江西南方水泥厂的工程测量工作。完成单位内部的4个矿山测量项目和部分的工程勘察测量项目。

山东省

概况

截至2016年底，山东省共有测绘资质单位970家，同比增加100家。其中甲级36家、乙级140家、丙级305家、丁级489家。年末测绘从业人员数量从2015年末的19620人增加到21315人。全年完成测绘服务总值41.2亿元，同比增长16.7%。全省测绘资质单位参与完成山东省第一次全国地理国情普查、山东省地理省情监测、北京—张家口冬季奥林匹克运动会张家口赛区地形图测绘、云南省农村土地承包经营权确权登记颁证工作底图制作（一期）、山东省陆海一体垂直基准转换模型建设观测与建模、济青高速北线扩容改造等重大测绘项目。

山东省经纬工程测绘勘察院

2016年，山东省经纬工程测绘勘察院签订合同134个，合同额共计7760万元。不动产测绘方面，签订三权发证项目合同9个，合同额200多万元；工程测量方面，主要完成了北京—张家口冬奥会张家口赛区地形图测绘50多平方千米；全国30多条索道的测绘及检测、17座建筑物的沉降观测、100多千米的地下管线探测、300多千米水域测量；摄影测量与遥感方面，利用遥感影像和三维扫描技术完成了数字诸城（框架）建设；地理信息系统方面，完成了三权发证数据库系统建设。土地规划资质由丙级升为乙级；取得索道B级（试）安装许可；取得索道测量自动化记录手簿软件著作权。

山东正元航空遥感技术有限公司

2016年，山东正元航空遥感技术有限公司开展工程项目163个，完成90个，实现经营收入1.92亿元，同比增长20.61%。完成的云南省农村土地承包经营权确权登记颁证工作底图制作（一期）项目合同额达5746万元。中标建设中的大亚湾基础测绘采购项目，测绘内容涵盖LIDAR数据获取、城市三维建模、DEM、DOM和三种比例尺DLG数据生产和数据建库，是极具代表性的地理信息数据获取和应用项目。全年投入科研经费800多万元，基于多平台倾斜摄影数据进行城市实景三维建模技术流程得到优化；正在研发的基于多源点云的单体模型智能构建系统将解决LIDAR和倾斜摄影数据直接生产单体模型的行业难题，进一步推动LIDAR和倾斜摄影数据的产业应用。

山东正元地球物理信息技术有限公司

2016年，山东正元地球物理信息技术有限公司承担各类项目427个。公司逐渐向智慧城市和智慧地下空间服务转型，参加《城市工程地球物理探测规范》CJJ7行业标准修订，参编《住房和城乡建设信息化发展报告》《山东省智慧城管标准》等。自主研发的地下管线空间智能量测系统被中国冶金地质总局列为安全科技项目；管道阴保参数自动采集与在线监控系统已在多个项目中应用。申报的基于北斗的管线安全预警系统项目被列入住房和城乡建设部2016年科学技术项目计划；成立了“中国地球物理院士专家工作站”，开展了“地下三维地图”等创新型课题研究。

山东省物化探勘查院

2016年，山东省物化探勘查院承接各类测绘地理信息项目60项，涉及合同额2300多万元。其中大型工程包括：河南部分区县农村土地承包经营权项目、禹城市基础地理信息数据更新项目、莒南县县城建成区部分航空摄影测量工作、汶上县地下管线勘测及数据库建设项目、垦利县城区地下管线普查综合管线信息化建设及监理项目、陵城区地下管网普查及信息管理系统建设项目、平度市1∶500地形图测绘及更新项目等。

山东明嘉勘察测绘有限公司

2016年，山东明嘉勘察测绘有限公司完成淄博、青岛等市的农村集体土地确权登记发证项目；完成山东省基础测绘定期更新项目作业面积共计2489平方千米；完成房产测绘、省内勘测定界及其他测绘项目430多项。承接的农村土地承包经营权项目作业面积600多万亩。开展烟台市中心城区不动产登记数据整合建库项目；青岛地铁四号线、八号线第三方测量项目；贵州省、广东省农村土地承包经营权确权登记颁证项目；地下管线探测、地下建筑物监测等项目。创建《工程测量标准化作业手册（地下控制测量专篇）》，入选青岛市地铁一号线有限公司安全质量文明施工标准库。开发明嘉不动产登记数据整理系统、明嘉地下管线普测数据管理系统、明嘉轨道交通数据监测系统和明嘉基础地理信息数据质量监测系统。

济南市勘察测绘研究院

2016年，济南市勘察测绘研究院完成地理国情普查（济南市域七区）、济南市“十三五”规划等测绘地理信息项目40多项。完成济南市632.5平方千米1∶500地形图的动态更新；巡查维护全市一、二类测量标志，保障济南市卫星定位基准站网系统（JNCORS）有效运行；更新了济南市基础地理信息公共平台数据；组织编制了人防相关的地方标准，研发了地方人防管理系统；开展了基于 EPS 平台的工程测量软件开发、地图数据库建库、地图创意产品等4个项目的立项和验收。引入倾斜摄影测量技术，自行研发的方里移动自动化监测管理系统等2个软件取得软件著作权。

山东省地质测绘院

2016 年，山东省地质测绘院完成地理省情监测 6517 平方千米；重点拓展航空遥感、精密工程测量等领域，保持与中石化、中石油、国家电网等大客户的合作，推进“大项目”战略，签订合同372个。获局级科技立项3项、国家实用性新型专利1项、软件著作权9项；公开发表科技论文54篇、联合出版专著1部。

山东省地图院

2016 年，山东省地图院完成各类地图项目 150 多个，公开出版地图 120 多种，完成印刷 172.1 万张、色令 1.3 万个。《山东省非物质文化遗产名录地图集》、潍坊市地图公共服务·市县区系列挂图、潍坊市地图公共服务系列地图集（丛书）——《潍坊市政务工作用图》《潍坊市地图集》分别荣获 2016 年优秀地图作品裴秀奖铜奖；《潍坊市地图集》《东营市地图集》分别获得 2016 年度山东省优秀测绘地理信息工程一等奖；《潍坊市政务工作用图》获得 2016 年度山东省优秀测绘地理信息工程二等奖。

中石化石油工程设计有限公司

2016 年，中石化石油工程设计有限公司完成陕西延长气田临镇至富县输油管道工程、甬台温天然气输气管道工程、新疆区块油区、四川区块油区等国内长输管道工程测量和油区地面建设测量；采用无人机航测手段完成陕西延长气田延 439 井区地面集输工程、内蒙古大－东天然气输气管道工程详细测量等，累计长度 600 多千米、1∶2000 地形测图 120 多平方千米。完成胜利油田各类地面建设测绘项目 277 项，共计面积约 100 平方千米。自主立项科研课题地面三维激光点云建模及辅助设计技术研究，“RTK 无验潮模式潮位基准确定技术”和“基于 RANSAC 算法的 GNSS 控制网基准点甄别技术”获得中国石油化工勘察设计协会专有技术证书。

青岛市勘察测绘研究院（青岛市基础地理信息与遥感中心）

2016 年，青岛市勘察测绘研究院（青岛市基础地理信息与遥感中心）承揽实施轨道交通勘测、基础测绘、信息化建设等多个大型项目；开展中柬特别经济区勘测项目，在新疆、内蒙古开展“以地控税”信息化建设项目。组织承办了第三届中国地图文化大会；利用自主研制的无人机倾斜摄影系统进行 1∶500 地形图测绘，并得到广泛应用。获批组建青岛市测绘应急保障中心，参与沉船事故搜救、城市地下管线等多项应急处置工作。

青岛捷利达地理信息集团有限公司

2016 年，青岛捷利达地理信息集团有限公司完成黄岛区海岸带基础信息采集、胶南市农村集体建设用地使用权及宅基地使用权确权登记发证、潍坊市区 1∶2000 航测成图及修补测、青岛市县级海域动态监管能力建设、基础数据体系建设等重大工程项目。“捷利达无人机航测技术”被认定为青岛市“专精特新”技术；取得软件著作权6项；被认定为国家级高新技术企业。

济南市房产测绘研究院

2016 年，济南市房产测绘研究院完成房产项目测绘 3600 多件，房改房上市交易测绘 1.5 万多件。完成济南市房屋基础地理信息数据底图库建设和城区范围内的道路、水系数据接边工作，与高校合作完成《房产三维建模技术规范》《房产三维地理信息数据库规范》编写工作。自主投资完成智慧社区建设项目1个。将移动测量设备应用于房产测绘、城市三维建模、街道更新提升试点项目街景采集等项目。自主研发的“房测之光 2015”测绘软件及成果管理系统投入试生产，取得房产测绘档案管理系统、房产测绘流程管理系统、房产测绘作业系统3个软件的著作权。

山东省国土测绘院

2016 年，山东省国土测绘院组织山东省 17 地市54个县区4.6万平方千米数据采集和验收任务；完成山东省城市空间格局变化和山东省海岸带开发利用变化两项国家专题性监测任务。参与完成《山东省“十三五”基础测绘规划》和《山东省“十三五”省级基础地理信息数据库更新技术方案》的编制工作。开展新型基础测绘产品与多尺度多类型数据融合生产试验项目，选取并完成了平阴县、东平县、东阿县、龙口县4个县级行政区域的地形要素更新技术试验生产工作；完成莘县、阳谷县等10个县级任务区数据的整合与实体化处理。开展全省250千米海岸线潮间带及近海水下地形测量。为山东省南水北调工程建设管理局开发三维演示与管理平台系统，指导完成南水北调山东段永久用地界桩恢复与补设1925座。建立了山东省时空地理信息技术应用研究院士工作站；与山东建筑大学签署产学研战略合作协议，构建技术研发、成果转化、应用服务和人才培养基地；启动省级公共服务平台三库合一、综合地名地址匹配服务、政务大数据分析等8项院级科研课题研究。全年共有8项科研成果获得软件著作权，3项地方标准经山东省技术质量监督局批准发布实施。

山东省地质矿产勘查开发局第四地质大队（山东省第四地质矿产勘查院）

2016年，山东省地质矿产勘查开发局第四地质大队（山东省第四地质矿产勘查院）完成海阳市、莱阳市农村集体土地确权颁证，山东省7个县市区、安徽省7个县市区的农村土地承包经营权确权项目，并通过省级验收；江苏省8个县市区、河北省滦南县农村土地承包经营权确权项目已进入后期验收阶段；完成连云港市徐圩区、荣成市小区地下管线探测项目并通过验收。开展诸城市皇华镇、恐龙公园等地的土地整治及施工项目；莱阳、安丘等地不动产权籍发证测绘。

山东省城乡建设勘察设计研究院

2016年，山东省城乡建设勘察设计研究院签订测绘地理信息合同299项，合同额3800万元，完成产值4227万元。主要承担了青岛市红岛—胶南轨道交通二期工程、青岛市地铁1号线和4号线第三方监测项目、德州市人民医院门诊楼扩建工程基坑观测、中国人寿保险股份有限公司山东省分公司营业用房项目主体控制竖向变形后浇带变形观测及应变测试、平邑县城区地下管线普查项目、济南市华山片区工程建设物探、济南市天桥区基本农田保护等项目。滨州市滨城区、淄博市高青县、聊城市莘县、德州市禹城县、淄博市桓台县农村土地承包经营权确权登记颁证，烟台市龙口市农村土地所有权、使用权确权登记颁证等多个项目已通过省级验收。

青岛海洋工程勘察设计研究院

2016年，青岛海洋工程勘察设计研究院运行的项目共计89项，合同额4212万元。主要有：GNSS业务化观测项目，经过近7年的连续观测运行，取得了重要的分析成果，可对我国海平面变化、海气相互作用的监测和分析预报提供可靠的基础数据；完成山东省国土测绘院委托的全省陆海一体垂直基准转换模型建设观测与建模项目。全年发表论文31篇，其中SCI1篇、EI6篇。一键式单波束及多波束数据处理软件获得软件著作权，编写综合科研报告50份。完成科技部国际合作专项项目自主星载高度计海面测高在轨绝对定标关键技术研究，获取2项实用新型专利，通过了科技部组织的中期评估。

中铁十四局集团有限公司

2016年，中铁十四局集团有限公司承担通辽至新民北客专TLSG－2标、青荣城际铁路QRZH－1标、青连铁路ZQ－5标、蒙华铁路MHTJ－25标、徐盐铁路XYZQ－Ⅳ标等铁路的测绘业务；承担青岛蓝色硅谷城际轨道交通工程、青岛地铁1号线和2号线工程土建二标段、济南地铁R1线地下段一标段、兰州地铁1号线TJI－2标段的测绘业务；承担商河县村村通公路规划（地形）测量、武荆高速公路运营期变形测量；承担山东菏泽市、曹县及济宁曲阜市的建筑物基坑监测、沉降变形监测等。“轨距尺绝对定位装置”获得实用新型专利，参与编写青岛地铁1号线《工程测量标准化作业手册（联系测量专篇）》，并纳入青岛市地铁公司安全质量文明施工标准库。

山东元鸿勘测规划设计有限公司

2016年，山东元鸿勘测规划设计有限公司主要完成武城县1:500地形图航摄测量及地名地址调查建库项目；微山县“十三五”基础测绘规划编制项目；菏泽测区1:1万DLG更新外业调绘航空摄影项目；济南高新区土地征收、供应、拆迁补偿、空闲地调查、违法用地、地籍调查测绘项目；垦利县土地变更调查与遥感监测及卫片执法检查测绘；新泰市岳家乡、沂水县土地综合整治项目测绘；临沂县基本农田数据库外业核查及数据库建设项目；河南原阳县、郑州市农村土地承包经营权确权登记发证、河北怀来县、定兴县农村土地承包经营权确权登记发证项目等。

河南省

概况

截至2016年底，河南省共有测绘资质单位980家。其中甲级37家，同比增加1家；乙级302家，同比增加39家；丙级311家，同比增加17家；丁级330家，同比减少2家。年末测绘从业人员24163人，其中专业技术人员19685人；专业技术人员中测绘专业技术人员13778人，其中高级1317人、中级4159人、初级5442人。全省测绘资质单位全年完成测绘服务总值33.02亿元。

黄河勘测规划设计有限公司

2016年，黄河勘测规划设计有限公司完成及在建测绘项目110项。编制完成黄河托克托以下重点区域GPS控制网测量成果整理与技术总结；完成黄河内蒙古河段、宁夏河段二期防洪工程测绘、黄河潼三河段、禹潼河段“十三五”治理工程可行性研究测绘、黄河流域2016年典型小流域水土流失下垫面调查、西藏桑德水利枢纽工程测绘、黑河黄藏寺水利枢纽工程施工控制网测量、兰州市水源地建设工程施工控制网复测、兰州市防洪综合治理工程可行性研究测绘、郑州市贾鲁河综合治理工程测绘等项目；开展农村土地使用权确权登记颁证及监理项目20多项、农村土地承包经营权确权登记颁证项目8项、洪水风险图编制项目26项、地下管线探测项目3项、黄河河道和水利工程划界测绘试点项目4项；开展湖南、河南不动产等数据库建设及数据采集项目；开展郑州地铁2号线控制网检测及工后监测、新建新郑机场至郑州南站城铁第三方控制测量等项目。完成厄瓜多尔辛克雷水电站、赤道几内亚巴塔电网、几内亚苏阿皮蒂水电站等3个国际项目的测绘工作。

河南省中纬测绘规划信息工程有限公司

2016年，河南省中纬测绘规划信息工程有限公司完成孟州市地下管线普查470千米，焦作市地下管线普查修测、补测综合管线750千米，补测2地不同比例尺地形图20平方千米。完成无人机航空摄影测量1000平方千米，制作1:2000正射影像图300幅。完成焦作市2016年度利用卫星遥感技术辅助城乡规划督查一、二、三期工作，航测面积约200平方千米。完成2015年度焦作市五城区土地变更调查与遥感监测工作项目，完成数据库更新3500平方千米。完成信阳市南湾湖风景区地形图测绘33.6平方千米，制作1:1000地形图45幅；完成信阳市南湾湖风景区数字化地形图测绘33.6平方千米，制作1:1000数字化地形图177幅；编制完成焦作市1:10万数字地图。

河南中煤测绘公司

2016年，河南中煤测绘公司完成开封市祥符区、永城市、扶沟县、淮阳县、襄城县农村土地承包经营权确权登记颁证项目，汝州市各企业宗地测绘定界项目等，服务总产值1000多万元。

河南省地图院

2016年，河南省地图院完成焦作、开封、新乡等市及部分县基础地理信息数据更新项目1:1万地形图1303幅。承担的数字禹州地理空间框架建设项目通过验收，开发“天地图·禹州”、城市规划、不动产信息综合管理、实景三维地图等应用示范系统；完成数字开封和数字温县地理空间框架公共服务平台和应用示范系统数据库建设工作。开发完成领导调研管理系统；完成河南省测绘地理信息局网上成果展示和网上展览系统的更新与维护；完成“天地图·河南”网站的改造；为省测绘地理信息局领导提供基于IOS和Android平台的领导工作用图系统。编印《河南省地图》《平顶山市“一带一路”战略图》《平顶山市交通旅游图》《河南省土地利用现状图集》；为洛阳市委办公室编制《洛阳市系列图》，为省商务厅编制《河南省自贸区总图》《郑开洛片区布局图》《郑州片区图》《开封片区图》《洛阳片区图》，为省纪律检查委员会编制《全国廉政教育基地分布图》《河南省廉政教育基地分布图》。编制《兰考县地理县情图集》；为省民政厅编制2个版本的《河南省政区图》；为省扶贫开发办公室和三门峡市扶贫开发办公室编制《精准扶贫图》等。

洛阳市规划建筑设计研究院有限公司

2016年，洛阳市规划建筑设计研究院有限公司承担洛阳市洛河以北规划道路路网维护更新工作，共编绘规划路网260平方千米。承担嵩县2个乡镇、汝阳县2个乡镇的农村土地承包经营权确权登记颁证服务项目。完成地籍测绘宗地图测量5.1平方千米、勘测定界2.953平方千米。完成洛阳市市政管线测量19项，其中15项为新建管线。完成街道立面测量0.3平方千米、地形图测量15.56平方千米、道路测量1平方千米。完成洛阳市孟津县7条规划道路的前期带状图地形图测绘4.68千米。完成洛阳新奥华油燃气有限公司天然气管线线路测量130千米。成立变形形变与精密水准测量标尺稳定性技术研究与应用项目课题研究小组，完成基于AUTO-CAD平台工程测量成图软件开发及应用项目研究，申报1项软件著作权。“一种可调整观测水准点位置的水准标尺辅助尺架”获实用新型专利。

河南省基础地理信息中心

2016年，河南省基础地理信息中心完成指令性及市场任务产值2300万元。完成濮阳市、驻马店市、漯河市、郑州三区、信阳三县及新密县基础地理信息数据更新项目1:1万地形图998幅，并通过河南省测绘产品质量监督检验站验收；完成濮阳市、驻马店市、漯河市1:1万地形图像控测量与DOM制作；采用高分影像对濮阳测区1:1万地形图更新DOM。制作完成漯河挂图、驻马店地势图、辉县和安阳水灾挂图、新乡2014年6月航飞影像挂图、驻马店挂图、全省晕渲图等；完成全国地级以上城市空间格局变化监测河南监测区项目。完成河南省第一次地理国情普查成果基本汇总统计分析与报告编写（县、省）；完成数字新乡、漯河、平舆1:1000航测地形图测绘，并通过河南省测绘产品质量监督检验站验收；完成数字驻马店政务版地理信息公共平台中规划地籍2个示范系统在驻马店市国土资源局的应用和安装。完成数字新乡政务版、公众版的门户网站建设，并制作政务版和公众版地图；“天地图·新乡”接入国家“天地图”主节点；开发完成三维地质灾害应急系统。完成数字漯河相关项目的数据采集工作，确定规划系统和水利系统为数字漯河的应用示范系统，确定三维数据的制作范围和制作标准。在平舆县确定5平方千米作为三维建模试验区，实际制作模型约2平方千米。指导平舆县国土资源局完成县主城区地名地址的调绘任务。完成数字平舆部件管理信息系统中5平方千米部件的调绘任务。在平舆县国土资源局安装试用平舆国土综合管理系统。完成数字陕州项目的验收准备工作。完成“天地图·河南”公众版平台2015年“天地图”矢量、影像、地名地址的融合任务。采用融合数据对“天地图”平台完成更新，采用省扶贫开发办公室的数据更新2个专题板块。为省国土资源厅信息中心制作1954、1980、2000三套坐标系的政务版平台数据，并完成安装。编制完成河南省时空信息云平台建设方案。与河南省7家厅局单位签定数据、成果共建共享协议，组织召开厅局合作座谈会。开发完成省地理信息产业促进会扶贫综合系统。与河南省扶贫开发办公室共同研发河南省精准扶贫管理系统，制作移动端精准扶贫系统，并完成全省网络版的开发。为南阳市扶贫开发办公室开发移动端系统、PC端系统。为省交通运输厅规划院提供第一次地理国情样本数据与切片影像及周边0.5米高分影像，用于农村公路路面破损情况识别；为省军区用图提供保障服务。分类存储备份各种成果。为10

多个行业提供各类测绘成果资料，共签订使用许可协议224份，提供纸质地形图1209张，成果点220个；4D成果17316幅，数据量4096GB；航摄像片1283片，数据14763片，数据量7249GB；卫星影像420景，数据量1292GB。完善新版全国地理信息资源目录服务系统（河南部分），共上传3.5万多条元数据。编辑完成2015年《河南省测绘成果目录》第23册。完成省测绘地理信息局2011—2015年度文书档案、2014年度会计档案、业务档案、实物声像档案的整理及数字化工作。

河南省遥感测绘院

2016年，河南省遥感测绘院完成河南省1:1万地形图协同更新任务。承担济源、邓州、上蔡、宝丰、睢县、范县等地的农村集体土地使用权确权登记颁证项目，其中范县通过省国土资源厅验收；开展夏邑、民权、虞城、内乡、郏县、新蔡、登封等地的农村土地承包经营权确权登记颁证项目。承担建设的数字三门峡、鲁山、宝丰项目通过验收，数字商丘、鲁山、宝丰、叶县、汝州等地政务数据通过验收；数字郏县纳入国家新农村测绘保障服务示范项目，实施方案及项目设计书通过专家评审；完成数字郑州数据更新，开展平顶山市11个乡镇的数字建设，启动数字石龙、中牟建设；智慧平顶山时空信息云平台建设试点项目设计书通过专家评审。建设郑州市公安局专用数据库平台，制作完成第五届中欧政党高层论坛经贸对话会警力部署图。引进旋翼无人机和轻型手抛无人机，建成较为完善的无人机应急与保障体系。2架六旋翼倾斜航摄无人机建立的高清晰三维场景应用到汝阳县前坪水库建设、舞钢市石漫滩水库改造、江苏省沛县、固始县红花村等多个项目；利用eBee轻型手抛无人机和DM-150长航时无人机，完成安阳市暴雨灾区252平方千米的飞行及影像处理。升级ALS60机载激光雷达为ALS80，开展郑东新区1:1000机载激光雷达航摄、河北邢（台）西（部）输电线路工程、吉林和新疆带状的航拍。完成宝丰县国土、规划、林业、交通一张图应用系统（移动端）的开发，并投入使用。完成数字郑州地理信息综合服务平台、基于Android系统的国土移动工作用图系统的开发。与河南省工业技术研究院联合开展全省农业保险试点工作。为省财政厅开发的农业保险绩效监管平台在17个试点县实施；开发的承保理赔辅助业务系统及移动端业务系统在光山县试运行。编写完成农业秸秆回收利用综合服务平台建设方案和可研报告。为郑州市大宗商品现货交易提供测绘地理信息、航空航天遥感技术和北斗导航定位技术服务。

河南省地质矿产勘查开发局测绘地理信息院

2016年，河南省地质矿产勘查开发局测绘地理信息院完成濮阳市经济开发区、清丰县和鹤壁市鹤山区等3个全国第二次地名普查项目；杭州市城区、佛山市南海区及河南省浚县1:500地形图修测244.4平方千米3910幅；河南省许昌、济源、邓州、舞阳、新郑等地26个农村土地承包经营权确权登记颁证项目339.2平方千米；遂平县、新县、潢川县、偃师等地农村集体土地使用权调查项目123.8平方千米；民权、宁陵、睢县、洛宁、柘城等地农村土地承包经营权确权登记发证监理项目；许昌、南乐、邓州等地土地承包经营权确权颁证数据库建设项目；内蒙古赤峰、广东东莞、江苏常州及河南新乡、林州、项城等地地下管线普查工程5000千米；新安县、登封市等地23个矿山测量项目；中牟县不动产权籍调查项目2.4平方千米；长垣县风电项目1:2000地形图测绘42.6平方千米；开封市地面沉降监测网络优化研究项目，水准标石埋设50个点，二等水准测量100千米；开封市地面沉降监测与运行维护项目，监测网普查125个点，B级GPS观测24点，GPS观测墩维护1块；一等水准测量185千米，二等水准测量150千米；InSAR（合成孔径雷达干涉）监测1838平方千米；华北平原（河南部分）地面沉降调查与监测项目Ⅱ标段技术服务项目，选埋GPS基本标石，B级GPS观测及测量；郑州市地面沉降监测网建设项目2016年度InSAR地面沉降监测、解译1050平方千米。

河南大地地理信息测绘院

2016年，河南大地地理信息测绘院承担辉县、许昌县、禹州市、浚县等农村集体土地使用权确权登记颁证项目，已进入数据建库阶段。承担正阳县、固始县、舞阳县等地农村土地承包经营权确权登记颁证项目，已开展数据建库工作。完成许昌市文峰塔形变监测项目。

河南省测绘工程院

2016 年，河南省测绘工程院完成河南省 1:1 万地形图协同更新780 幅。建设完成“天地图”南阳、许昌、周口、安阳，数字南阳、许昌、周口，均已投入使用。数字安阳项目完成验收，数字信阳正在建设中。启动数字郸城、长葛、偃师、灵井、固始等数字县域建设项目。完成驻马店市驿城区、新蔡县、中牟县、永城县等地的农村集体土地使用权确权登记颁证项目，新蔡县、鹿邑县等地的农村集体土地承包经营权确权登记颁证项目。成立管线三维项目部，购置管线探测仪、探底雷达共 17 台，完成驻马店市地下管线探测 2000 千米、浙江省诸暨市 400 千米。编制的《河南省卫星导航定位基准站建设总体规划》通过专家评审，第一期建设经费到位，完成部分硬件设备和管理平台的采购以及机房改造、设备安装、软件调试等工作；改造完成 11 个站点的设备，建设完成 5 个示范站点，并与前期改造站点组网运行；完成全省卫星导航定位基准站建设情况核查和风险点排查。开发完成城市地上、地下三维联动系统；制作完成“天地图”二三维一体化在线浏览系统。制定《河南省城乡不同比例尺地籍数据库融合标准（试行）》，为土地整理项目提供信息化服务。与省环境保护厅监测中心合作开展基于遥感和地理信息技术的郑州市大气颗粒物时空特征与暴露风险评估、郑州市四环沿线 DOM 制作及建筑工地信息自动化提取等项目。与中国科学院测量与地球物理研究所联合开展基于北斗卫星基准站的土壤湿度与农作物生长监测及基于北斗导航与位置服务的智慧农业、精准农业等应用研究。为安阳暴雨灾区提供测绘应急服务，利用数字安阳成果制作电子大数据，制作受灾区域 1:1 万地形图 107 幅；在数字安阳地理信息公共服务平台画出 200 多平方千米的重灾区区域范围，制作灾后影像图。完成郑州市轨道交通 3、4、7、8、9、10、11 号线地形图测绘任务，共完成 1:500 地形图实测 108.26 平方千米。与武汉大学、河南理工大学、黄河水利职业技术学院等高等院校和清华大学公共安全研究院、中国科学院测量与地球物理研究所签订合作共建协议，启动以校企合作为代表的人才交流培训计划。

湖北省

概况

截至 2016 年底，湖北省共有测绘资质单位 825 家，其中甲级 60 家、乙级 246 家、丙级 368 家、丁级 151 家。年末测绘从业人员 26390 人。全省测绘资质单位全年完成测绘服务总值 66.31 亿元。

湖北省神龙地质工程勘察院

2016 年，湖北省神龙地质工程勘察院测绘工程处承接各类测绘项目 174 项，完成产值 2137.73 万元。承担宜城市城区地下管网普查、轨道交通纸坊线工程野芷湖 110KV 主变电所进线电源工程线路地下管线探测、武汉华源电力集团有限公司 2016 年工程项目地下管线探测以及武汉市三镇的管网普查等地下管线测量项目 70 项；承担江门市南山路隧道监控量测、大连市南部滨海大道西延伸线工程第三方监测项目。完成信宜至茂名高速 T1 隧道监控量测、信宜高速 T7 隧道监控量测项目、广佛肇高速公路 A2 合同段隧道超前地质预报、广东潮惠高速公路 TJ16 合同段项目隧道超前地质预报和贵州余庆至凯里软基监测项目。完成武汉市轨道交通三号线工程监测项目，开展武汉市轨道交通六号线（唐家墩站口）基坑监测和武汉市轨道交通六号线一期工程第十六标段土建工程（地铁监测）项目。承担监利县宅基地使用权和集体建设用地使用权地籍测量及权属调查（第三标段）确权登记发证项目、松滋市八宝镇宅基地使用权和集体建设用地使用权确权登记发证工作之地籍测量和权属调查（第一标段）项目、枝江市农村宅基地和集体建设用地使用权以及房屋所有权确权登记发证及数据库建设项目（第三标段）、武汉市蔡甸区农村土地承包经营权确权登记颁证项目（第二标段）、房县农村土地承包经营权确权登记颁证工作调查测绘勘测建库项目和海南省澄迈县美亭等25个土地整治项目工程复核等6个土地确权项目。承担武汉经济开发区道路改造测量、地形测量、竣工测量、沉降观测、基坑监测、通城天然气工程测量、云南贡山定测和新建郑州至周口至阜阳铁路工程四标 ZQFZ－4 精测网复测等常规测量项目88项。

湖北省测绘工程院

2016年，湖北省测绘工程院完成湖北省全省通村公路以上路网一张图建设和全省影像一张图基础数据生产。成立了湖北北斗导航应用示范项目工作专班，完成高精度位置服务平台实施方案的编写、评审和修改，平台的接口规划，以及第一期接口制定工作。完成鄂州市高精度三维 GPS 控制网的建立及似大地水准面精化工作；建设了支撑百万级用户规模的高精度位置服务平台；完成武汉市地理信息坐标系统转换工作；三等三角点（刘家台）、数字荆门四等 GPS 点的迁建与恢复工作；湖北省似大地水准面成果检测工作；恩施州8个市、县约35万贫困户和约2600个村（居）委会地理信息采集；新疆博尔塔拉蒙古自治州赛里木湖风景区15.2平方千米1∶500全野外数字化测图工作。参与孝昌县宅基地使用权和集体建设用地使用权确权登记发证、监利县农村宅基地和集体建设用地确权登记颁证、黄陂宅基地确权登记颁证、沙洋宅基地等项目。完成44个测绘项目的产品质量检查，组织产品过程检查和最终检查共计68次。

湖北省航测遥感院

2016年，湖北省航测遥感院完成868幅1∶2.5万基于交通、公安全省一张图应用的相关数据的提取和采集任务。完成襄阳测区1∶1万 DLG 覆盖与更新项目171幅；随州、保康、长阳等地3个乡镇（村）42平方千米地形图测绘。完成智慧武穴建设约200平方千米的1∶2000DLG 数据采集，约60平方千米的1∶500DLG 数据采集、地名地址调查及入库数据整理工作。完成数字恩施建设约130平方千米的1∶1000DLG 数据采集，约90平方千米的1∶500 DLG 数据采集，约220平方千米的 DEM 数据采集工作。完成巴东县城总体规划数字化航空摄影测量项目90平方千米的1∶1000控制、加密、测图、调绘、编图工作。完成武汉至阳新高速公路、十堰至巫溪高速公路、武穴长江大桥等项目基础控制及带状地形图测绘任务。完成22个测绘项目的产品质量检查，组织产品过程检查和最终检查共计35次。

葛洲坝测绘地理信息技术有限公司

2016年，葛洲坝测绘地理信息技术有限公司参与了三峡水电枢纽、向家坝水电站、溪洛渡水电站、乌东德水电站、白鹤滩水电站、两河口水电站、苗尾水电站、巴基斯坦尼鲁姆杰卢姆水电站、厄瓜多尔索普拉多拉水电站、巴基斯坦卡洛特风电、荆松公路、枣潜高速、河北丰宁高速、深圳抽水蓄能电站、安徽绩溪抽水蓄能电站等30多个项目的控制测量、工程测量、变形监测、地形图测绘工作，完成产值数千万元。完成宜昌夷陵区土地确权质检验收。一种多功能城建观测标装置、一种检测电梯井垂直度和净空尺寸的装置、一种快速检测土方开挖及回填边坡坡度装置、一种强制归心观测标墩加高装置、一种三维坐标垂直传递定向标靶装置、一种悬浮式重锤测斜仪、一种组合式强制归心观测标墩获得实用新型专利授权；SurveyAdjustment_ X 三维控制网平差处理软件、SurveyHelper 激光跟踪仪辅助测量软件获得软件著作权。

湖南省

概况

截至2016年底，湖南省共有测绘资质单位600家。其中民营企业132家；甲级39家、乙级103家、丙级203家、丁级255家。年内新增资质单位25家，其中甲级3家、乙级5家、丙级8家、丁级9家。年末测绘从业人员13394人，年内录用毕业生612人。全省测绘资质单位全年完成测绘服务总值30.07亿元，同比增长15.4%。湖南省地理信息行业及相关产业服务总值接近150亿元。开展了湖南省不动产统一登记基础数据建设、湖南省蓝山县毛俊水库工程勘测、宜章县莽山水库工程勘测、张家界市澧水黄家铺水电站工程、长沙市轨道交通5号线一期工程监测、永兴县智慧城市等一批合同额超千万元的重大测绘项目。

湖南省水利水电勘测设计研究总院

2016年，湖南省水利水电勘测设计研究总院完成政府财政投资及市场测绘地理信息项目60多项。主要包括湖南省洞庭湖区重要一般垸综合整治工程（可行性研究阶段）1:2000堤防带状地形图测绘150平方千米、1:500穿堤建筑物地形图测绘225处、大堤横断面测量107千米；涔天河水库扩建工程建立坝区变形监测网补测地形图12.8平方千米；毛俊水库工程（初步设计阶段）水库灌渠附属建筑物1:500地形图测绘150处、渠道横断面76千米；湖南省山洪灾害调查18个县市；湖南省洞庭湖采砂系统数据库；衡阳县、澧县、汨罗市农村土地承包经营权确权项目外业调查和数据建库；非洲马达加斯加安布迪鲁卡水电站工程可行性研究阶段的测绘任务；深圳新秀管网工程探测和1:500地形图测绘；深圳平板显示园人才住区等项目的安全监测工作；青海门源县大通河综合整治工程测量1:1000地形图测绘50平方千米、河道横断面测量62千米、D级GPS点67点、四等水准137千米；青海茫什多、哈拉河水库工程测量1:500地形图测绘5平方千米、1:2000地形图测绘17平方千米、河道横断面测量26千米、D级GPS点17点、四等水准102.2千米。实现了自主航拍航摄、内业成图等一体化作业。

湖南省交通规划勘察设计院

2016年，湖南省交通规划勘察设计院完成各类测绘地理信息项目50项，实现产值3680万元，项目涉及测绘、水运、公路、桥梁、市政、磁浮轨道等领域的工程测量、监测。开展了洞庭湖大桥桥梁变形钢桁梁悬索桥结构监测项目，国内首条低速磁浮工程第三方监理项目，近景摄影技术在变形监测中的应用，开展深圳海洋资源调查项目，湖南省第一条管廊建设施工监测项目，望城腾飞路、潇湘北路项目市政道路测绘。完成湘江二级航道二期工程测绘项目、G5513长沙至益阳段高速公路扩容工程测绘项目、湘江永州至松柏航道勘测项目。

长沙市规划勘测设计研究院

2016年，长沙市规划勘测设计研究院完成测绘服务值约7500万元。制作卫星遥感影像图1.3万平方千米，测绘地形图2240平方千米、放线定位图864幅、建筑物竣工图783幅。完成长株潭城市群连续卫星定位系统技术支持和维护；望城区雷锋街道部分区域1:2000现状地形图测量；长沙市轨道交通6号线C级GPS控制网及Ⅱ等水准网测量；湘府路快速化改造C级GPS控制网及三等水准网测量；长沙市城市地下管线补测探测3500千米；燃气、给水管道跟踪测量260千米。为长沙市城乡规划局及政府其他部门提供基础地理信息数据33批次，提供1:1000地形图68平方千米、1:2000地形图270.9平方千米、1:5000航空航天遥感影像图332平方千米。对测绘产品服务性收费标准降低20%，减免省市重点工程服务性收费约400万元。

湖南省第三测绘院

2016 年，湖南省第三测绘院完成江测区、洞庭湖测区、慈利测区入库图幅数 6539 幅。完成湖南基础地理信息数据库管理系统安装配置和整体迁移；数字临湘、数字新晃、数字湘阴、数字岳阳县的项目设计；约 1 万平方千米不动产基础数据 1∶2000 DOM、DLG 生产，完成数据入库约 5000 平方千米。开发完成不动产登记基础数据建设项目管理系统、质检软件、符号化软件。为长沙、岳阳、邵阳、益阳等地 25 个县（市、区）提供不动产登记技术服务。完成湖南省 13 个市州 2000 年、2005 年、2010 年和 2015 年遥感影像数据的收集整合及城区边界提取工作。承担 2016 年湖南省基础性地理国情监测益阳、永州地区 3.47 万平方千米监测任务；开展岳阳市新增房屋建设地理国情监测项目。编制完成《湖南省地理国情普查成果图集》《湖南省政务工作用图》《两型地图集》《湖南省第二次土地调查图集》《湖南省第一次地理国情普查公报》附图、《宁远县地理县情地图集》；平江县、韶山市等地的行政区划图；《雨花区街道社区分布图》《邵阳县交通图》《岳阳市系列挂图》等多种专题地图。完成土地整治开发设计类项目 32 项。完成沅江市、湘潭县、常宁市、洪江区永久基本农田划定外业调查工作，永州、益阳等 20 个县的耕地后备资源调查工作，全省永久基本农田数据库与土地利用总体规划数据库的对接，永州、益阳两市下属 17 个县市区年度土地变更调查工作，浏阳、安化、常宁等地高标准农田建设、土地综合整治重大项目的测量和设计工作。完成沪昆高铁不动产权籍测绘 1∶2000 用地图测量约 500 千米；石牛寨国家地质公园三维建模工程项目 50 平方千米 1∶2000DLG、DOM、DEM 数据生产、红绿分色立体图制作，2 平方千米 1∶1000DLG 数据生产，13 平方千米的三维建模；约 300 千米 1∶2000 高速公路带状图测绘；岳阳市城市三维模型建设（第二期）30 平方千米的数据采集等。

湖南省第一测绘院

2016 年，湖南省第一测绘院完成洞庭湖区 1∶1 万地形图 409 幅更新项目的 4D 产品入库，全面更新 146 幅 DLG、DEM。完成湖南省 2016 年基础性地理国情监测（衡阳市、郴州市）和衡邵干旱走廊地理国情监测项目。完成洞庭湖测区 409 幅 1∶1 万地形图更新项目。开展了衡阳市市级两违监测、株洲市国土资源局工业园区用地动态变化监测。完成数字衡阳地理空间框架云平台建设项目。完成数字湘潭（二期）、新田县、双峰县、桂东县、衡阳县、祁东县、衡东县、耒阳市 8 个市（县）项目设计书的评审。完成湖南省不动产统一登记基础数据建设第一期生产 15227 平方千米、第二期 DOM 生产约 2 万平方千米、第一期 DLG 生产 25214 平方千米。为长沙县、浏阳市、衡阳市、衡阳县、郴州市、桂阳县、安仁县、永兴县、临武县、东安县、祁阳县、道县等地不动产统一登记发证工作提供技术支撑。完成 18 个县市区的集体土地确权外业调查成果预检和内业数据库预检。完成郴州市、衡阳市 23 个县市区的土地利用变更调查及数据库更新任务；8 个县市区基本农田划定及补测工作；农业用地规划和政府部门的工业产业布局规划项目；衡南县、衡阳县、长沙县、临湘县、道县、资兴市、桂东县及东莞石龙镇 8 个土地利用总体规划调整完善。在新疆吐鲁番地区开展援疆测绘，对道县精准扶贫提供测绘服务。完成佛山市 4 个标段的地下管线测量，开展东莞市、广州市、深圳市的地下管道探测工作。自主开发的多源地理信息矢量成果框架转换软件 V1.0、数字线划图符号化辅助制图软件 V1.0 和地图发布等 6 项应用系统获得国家计算机软件著作权登记证书，投入 1500 多万元采购了航测遥感内外业一体化成图系统、多态组合式高清场景采集与应用系统、实景三维 GIS 平台及倾斜模型自动处理系统、高清全景相机、倾斜相机、旋翼无人机、固定翼无人机等设备。

湖南省地质测绘院

2016 年，湖南省地质测绘院完成湖南省不动产统一登记基础数据建设项目约 4 万平方千米；湖南省浏阳市、衡东县、邵阳县、贵州省黄平县和咸宁县、湖北省监利县、广西壮族自治区永福县等农村土地承包经营权确权登记颁证项目；湖南省资兴市、广东省顺德区龙江镇、广西壮族自治区南宁市等地下管网探测项目；衡阳市、鼎城区、慈利县、靖州苗族侗族自治县等第二次全国地名普查服务等。

湖南省第二测绘院

2016 年，湖南省第二测绘院完成洞庭湖测区

400幅1:1万基础图件更新任务，330幅1:1万基础地理信息全面更新任务和631幅1:1万基础地理信息快速更新任务，编制全省新一轮1:1万基础地理信息更新项目全面更新任务专业设计书。完成不动产统一登记基础数据建设项目总体预算方案的编制与修改，编制像控点数据库建设、正射影像坐标转换等子项目技术设计书。完成全省16.12万平方千米航飞任务、51个批次近1万个像控点测量、29614平方千米正射影像图制作、13814平方千米1:2000数字线划图生产、7.41万平方千米已有正射影像坐标转换等生产任务。完成怀化市本级、中方、新晃、洪江、沅陵、麻阳、辰溪、溆浦、靖州、会同、通道、韶山、攸县、茶陵14个县（市、区）的不动产统一登记技术服务和指导工作。开展国家测绘地理信息局在湖南省安排的不动产测绘试点工作。完成长沙、湘西和永州3个地市州地理国情普查基本统计工作。开展湘西州本级及各县市地理国情地图集制作项目。完成长沙市和湘西自治州共17个县（市、区）的基础性地理国情监测任务。开展长江经济带国家投资基础设施建设监测和湘西州花垣县（十八洞村）精准扶贫监测2个专题性地理国情监测项目。完成数字宁远、数字泸溪、数字花垣、数字龙山、数字嘉禾等项目的生产；吉首、凤凰、古丈、永顺、保靖、汉寿、隆回、邵阳等数字县域建设项目工程设计评审。开展数字长沙二期工程倾斜航空摄影、航空摄影、正射影像制作等工作。完成长沙市、湘西自治州土地变更调查工作。开展芷江县和新晃县城镇地籍数据库更新试点项目。完成长沙市、湘西自治州共13个县（市、区）耕地后备资源调查评价项目。完成长沙市、湘西州的土地卫片执法检查工作以及长沙市、湘潭市的矿产卫片执法检查工作。完成12个国家、省、市高标准基本农田建设项目（农村土地整治）以及隆回县荷香桥镇清水村等三个村土地整治项目的可研和设计工作，开展农村土地整治项目验收复核和新增耕地坡度核验工作。会同湖南省土地综合整治局编制《湖南省土地整治“十三五”规划》。开展15个县市区农村集体土地承包经营权调查工作。承接1个市本级和5个县的第二次全国地名普查项目。完成新疆吐鲁番市测绘地理信息项目中航空摄影、像控测量和部分正射影像图制作等生产任务，为西藏山南地区的不动产统一登记提供技术服务。为湖南省水利厅编制全省河湖管理范围划界试点项目实施方案、技术方案、湖南“四水”管理范围划界实施方案、湘江年度监测方案，完成全省河湖管理范围划界试点项目的招投标工作。

湖南地图出版社有限责任公司

2016年，湖南地图出版社有限责任公司实现经营性收入2410万元（含政府补助收入105万元），较上年增长8.1%。承担湖南省国土资源厅的邵阳市、湘潭市和娄底市的地理市（县）情地图集编制项目、省民政厅行政区划图系列地图编制项目和株洲云龙示范区全国第二次地名普查项目、各市（县）国土局地图编制项目、省（市、县）旅游局的交通旅游图编制等定制项目，以及内蒙古自治区测绘地理信息局的《十二盟市地图》《十个全覆盖精准扶贫工作用图》《一带一路工作规划用图》丝绸地图；新疆维吾尔自治区测绘地理信息局的《维文版的世界地图》《维文版的中国地图》《维文版的新疆维吾尔自治区地图》和湖北省测绘地理信息局的《湖北省精准扶贫作战专题地图》等。对原有品种《新高考区域地理导学》《新课标初中地理读图能力手册》进行了再次修订出版。与技术研发公司合作出版了MPR模式语音地图，通过MPR点读笔将平面的地图信息转变为语音播放，面向全国中小学推广2万幅。完成湖南省文化产业引导资金资助项目《大湘西生态文化旅游地图集》。参与了由省国土资源厅组织的湖南省地图市场大检查。在湖南省新闻出版广电局、湖南教育出版社、湖南省出版物质量检验监督中心等单位进行《地图管理条例》及地图编制知识的宣传培训。

湖南博通信息股份有限公司

2016年，湖南博通信息股份有限公司在国土调查、智慧城市、空间大数据、无人机研发应用等领域提供地理信息综合服务。主要完成了浏阳市、湘潭高新区、吉首市等地农村土地承包经营权确权项目25项，其中部分项目采用无人机试飞。完成桃江县农村土地承包经营权档案管理项目；桃江县农村土地承包经营权市县级数据信息平台建设省级试点项目；长沙榔梨自来水有限公司供水管线测量项目；常宁市、安化县、珠晖区等地地名普查6项；莆田市、沙土镇、凤凰岗等地地形图测绘项目9项；贵州金沙县、沙土镇等不动产测绘项目 6 项；公安县县管水利工程用地划界确权测绘项目 1 项；嘉禾县数字嘉禾地理空间框架建设项目。

长沙市海图科技有限公司

2016 年，长沙市海图科技有限公司在城市规划、地下管线、数字城市应用、国土资源等领域提供了测绘地理信息信息服务。完成梅州市城乡规划局的城市基础地理信息系统建设，长春市规划一张图系统 CAD 版，武冈市国土资源勘测院测绘成果管理信息系统建设，阜新市规划设计研究院项目管理系统建设。中标湖南省住房和城乡建设厅的地下综合管线信息管理系统。完成岳阳市、湘谭市的地下管线综合管理系统建设，为天津南港工业区建设天津三维管线监测管理系统，完成浏阳制造产业基地三维地理信息系统及数据处理，完成湖南省水利水电勘测设计研究总院的市县级山洪灾害监测预警信息管理平台建设，参与《湖南省城市地下管线探测技术规范》《湖南省城市地下管线信息系统技术规范》《湖南省城市地下管线普查资料和工程文件归档与移交指南》等地下管线技术相关标准制定工作。

广东省

概况

截至 2016 年底，广东省共有测绘资质单位 769 家，同比增加 85 家，增长 12.4%。其中甲级 63 家、乙级 151 家、丙级 261 家、丁级 294 家；私营测绘资质单位 402 家，同比增加 67 家，占全省测绘资质单位总数的 52.3%。年末测绘从业人员 20637 人，同比增加 2619 人，增长 14.5%。全省测绘地理信息行业完成服务总值 75.7 亿元，同比增加 17 亿元，增长 29.0%。承担的重点测绘项目主要包括基础地理信息数据更新、地理国情监测、全国第二次地名普查、“三旧”改造、数字城市建设、农村土地承包经营权确权登记颁证、高标准基本农田测量及高铁线路、高速公路等重点建设项目勘测定界测量。

广东精一规划信息科技股份有限公司

2016 年，广东精一规划信息科技股份有限公司开展梅州、揭阳、汕尾和茂名市公安局的地址数据采集和空间标准地址软件部署工作，累计入库地址数据 500 多万条。承担韶关乐昌市、武江区、新丰县，揭阳蓝城区，云浮市云安区，阳江阳西区、江城区及阳春市等 10 多个地区的第二次地名普查，实现对上述区域 500 多万条地名数据的全面核查及登记工作，编制各地区地名志、区划地名图、路网地图等一批成果；参与河源全域绿地现状普查工作，为河源市创建国家园林城市提供技术支撑。承担汕尾市、韶关市、顺德区、陆丰市、惠州市及茂名市公安局警用地理信息系统升级建设。承建广东省疾病防控中心流行病大数据分析平台项目和广东省安全生产监督管理局城市风险点、危险源排查管控系统项目，通过采集、比对、分析、整理，完成全省流行病防控点和生产风险点、危险源的上图及管理工作。《视频选址规划》列入公安部科技创新项目。

广东省地图院

2016 年，广东省地图院完成广东省第一次地理国情普查图集 119 幅县级图和 35 幅普查图编制。承担粤西地区 1 万平方千米高分辨率航空影像数据生产、“天地图 · 广东”公众版 11 个地级市约 9 万平方千米电子地图更新、广东省行政界线数据库更新、广东省地名地址数据库更新、粤澳测绘科技合作项目《珠海 · 澳门地图集》编制。出版《广东省工作用图地图册》《吴川市工作用图地图册》《湛江市工作用图地图册》《乌坎村影像地图》等政府工作用图，编制曲江区、化州市、徐闻县等 10 多个县（区）领导辅助决策用图 20 幅，改版更新珠海市、中山市、顺德区等地市辅助决策用图 8 幅。全年提供领导辅助决策工作用图 34 批次、3739 幅/册。承担《广东省新增建设用地地图集》《广东省Ⅰ－Ⅳ级内河航道图》《广东省政区图册》《广东省高速公路警务专用图》以及地质环境和广东省政务系列等50多种专题图（册）编制。完成四会、五华、陆丰等6个数字县（区）地理空间框架建设；南雄、饶平和蓬江“一村一镇一地图”项目建设；韶关市浈江、武江部分国有建设用地使用权空间数据、集体土地所有权空间数据的建库。承担韶关、廉江、吴川等不动产登记数据整合项目技术支持；汕头市6区1县第二次全国地名普查约7万条。协助廉江市、吴川市完成不动产登记发证2万多本。

广州欧科信息技术股份有限公司

2016年，广州欧科信息技术股份有限公司承担广州市地下管线普查及数据升级项目、广州市白云区耕地占用税测绘项目、东莞市不动产测绘项目（房产测绘及宗地测绘）、佛山南海区不动产权籍调查与1:500地形图测量服务项目、佛山市禅城区房地整合项目以及佛山市多个区土地利用变更调查项目。承担“南海Ⅰ号”保护式发掘测绘及资料采集服务项目、东莞市历史建筑数字化保护项目和广东、山东、湖南、江西、四川等地的考古遗址数字化保护项目以及全国多家博物馆馆藏珍贵文物三维数字化项目。

广东省测绘技术公司

2016年，广东省测绘技术公司完成中山市1:500地形地籍调查21.5平方千米。完成其他各类测绘项目55项，主要包括广州市工程测量和不动产测绘、韶关市工程测量和不动产测绘以及广东省内3条高速公路的征地和土地勘测定界测量等。测绘1:500地形图931幅、不动产宗地图1170宗，土地勘测定界12.5平方千米，房产测绘约597万平方米。

广东省地质测绘院

2016年，广东省地质测绘院主要业务涉及工程测量、地理信息系统工程、不动产测绘、海洋测绘、地图编制、地理国情普查等方面。完成惠东县大岭镇1:500地形测量、花都区南片1:500地形地籍修补测、南海区1:500数字化地形图动态监测、顺德区1:500数字地形测绘等工程测量，面积约200平方千米。承担龙门、仲恺、罗定、台山、封开、郁南、高明、新兴、阳江海陵、高新、广西东兰、都安、安徽庐江、怀宁、枞阳15个县（市、区）农村土地承包经营权确权登记。开展数字罗定、数字封开、数字信宜地理空间框架建设，阳江市江城区、高新区、封开县“一村一镇一地图”建设，高明区基础地理信息数据采集与更新，顺德区地理国情土地利用覆盖变化监测和顺德区主城区城市扩张动态监测，广州市南沙区、花都区及安徽省合肥市等地房产测绘210多万平方米。完成华瀛石油化工、广西防城港电力、大唐国际潮州发电有限公司等20多个扫海和水下测量项目；罗定市华石镇、榃滨镇等地高标准基本农田建设项目勘测、规划设计，面积767万平方米；汕湛高速云浮至湛江段、梅州市东环高速及广州花都红棉大道工程勘测定界；揭阳市、南沙区榄核镇、番禺南岗大道等地地下管线探测；2016年度台山、罗定、江城、阳春、阳东、阳西、端州、广宁、怀集、信宜等10多个县（市、区）年度土地利用变更调查任务。承担广州市白云区土地业务数据整理及标图建库、广州市2015年度土地变更调查项目数据建库等项目。

国家海洋局南海调查技术中心

2016年，国家海洋局南海调查技术中心承担海底地形测量、岛礁调查、岸线测量、海底光（电）缆路由勘测及登陆点地形测量、海域使用宗海图绘制及竣工验收测量、海籍调查及权属核查等多类型海洋测绘项目。完成国家海洋类重大专项南海区域海底地形测绘项目7项，总面积达29.3万平方千米，绘制相关海底地形图32套96幅。完成其他各类测绘项目20多项，主要包括南海区重点区域权属核查、南海岛礁调查、南海区海域使用论证宗海图绘制及竣工验收测量、海底光（电）缆路由勘测、区域地形调查等项目。测绘和编制各类海底地形图（含光缆路由综合图）117幅，总面积达2986.5平方千米；海岛专题图1042幅，总面积达61.2平方千米，范围涵盖广东省西部全部海岛；海域使用宗海图（含宗海位置图和宗海界址图）29宗，总面积达22.3平方千米；海底管道、光（电）缆路由登陆点地形图23幅，总面积达6.9平方千米。

广东省水利电力勘测设计研究院

2016年，广东省水利电力勘测设计研究院完成E级GPS点测量292个、四等水准测量1920千米、1:500地形测量46平方千米、1:1000地形测量75平方千米、1:2000地形测量50平方千米、横断面测量246千米。承担各类工程项目80多项，主要包括珠江三角洲水资源配置、梅州市山洪灾害调查工程、广东省各中小河流治理工程、茅洲河界河段综合整治工程、湛洲蓄沤区建设与管理工程、东莞市东引运河综合整治工程、高岭拦河闸重建工程、揭阳引韩供水工程、韩江粤东灌区续建配套与节水改造工程、惠来县龙江河赤吟水闸枢纽工程、茂名海堤达标加固工程、海南省乐东县2016年度新增小型农田水利设施项目、海南省东方市大广坝干渠灌区田间配套等，业务范围覆盖广东省、海南及西藏等地，共完成服务总值约3600万元。

交通运输部南海航海保障中心广州海事测绘中心

2016年，交通运输部南海航海保障中心广州海事测绘中心承担中国南海海区77幅港口航道图水域测量约6246平方千米；北部湾涠洲岛船舶定线制水域测量约1313平方千米。完成西沙永乐群岛、赵述岛水域229平方千米测量任务以及南海海域“碧海行动”沉船和海南文昌航天发射基地火箭运输水道扫海测量。承担南海海区航道、港池、泊位、锚地等重要通航水域测绘项目108项，主要包括海事系统内单位的专用码头水深测量、助航标志施工放样等17项海事测绘服务；南海海区65幅港口航道图测量成果数据汇交；珠江口国家搜救演习图、港珠澳大桥主体工程岛隧工程施工水域调整示意图、广东海事局辖区沉船统计核对及示意图、西沙灯塔灯桩射程示意图等77幅专题图编制；南海海区127幅栅格电子海图编制。启动南海海区应急反应预案7次，扫测里程698千米，扫获沉船4艘、集装箱2个。全年销售航海图书资料27824份。

中水珠江规划勘测设计有限公司

2016年，中水珠江规划勘测设计有限公司承担珠江流域重要河道地形测量（三期）、广西红花二线船闸、云南新平县西水东调工程、成都地铁监测等30多个测绘项目，涉及各类比例尺的地形测绘、首级施工控制网测绘、地铁工程第三方监测、水深测量、土地勘测定界、无人飞行器航摄等。完成广西凌水县、德保县等地1000多平方千米土地确权以及揭阳市龙颈水库引水线路等项目的航空摄影。承担江西信江八字嘴航电枢纽等工程水下测量、广东某堤岸应急抢险监测及海口市鸭尾溪、东坡湖等10个水体排污口调查。开展贵州纳坝水库滑坡体安全监测，指导广州地铁8号线北延段同德围站、聚龙站等深基坑开挖和广西宜州城区龙江河整治工程等项目。

珠海市测绘院

2016年，珠海市测绘院完成各类测绘项目4521项，其中土地预审及勘测定界920项、规划检验645项、规划条件核实523项、人防测量523项、房产测量404个、其他测量1506项。完成中国（广东）自由贸易试验区珠海横琴新区地形图测绘和入库；横琴新区陆地1:500、1:1000和1:2000地形图测绘81.26平方千米；珠海长隆冒险乐园及体育休闲公园用地、横琴新区大横琴山1:500地形图测绘14.05平方千米；香海大桥和洪鹤大桥项目土地勘测定界测绘；珠海市三灶镇琴石北及草堂湾片区控制性详细规划数字地形图测绘；珠海大数据中心建设项目土地勘测定界测绘等重点测绘工程。承担珠海市城市规划监督测量服务管理信息系统、珠海市城乡规划检验测绘生产信息系统、珠海市城乡规划动态监督信息系统、不动产登记测绘地理信息共享服务平台建设。与武汉大学合作，搭建基于珠海北斗CORS系统的空间环境监测（GNSS气象）系统平台，实现对空间环境（对流层、电离层）监测，实时稳定提供基于GPS、GLONASS和北斗系统高时空分辨率区域对流层延迟数据以及毫米级精度的大气可降水量数据。

深圳市规划国土房产信息中心

2016年，深圳市规划国土房产信息中心承担数字深圳空间基础信息平台建设，建立空间基础数据常态化更新机制，更新发布2个版本的深圳市电子地图、4个版本的重点片区电子地图、2个版本的深圳市影像地图。完成深圳市1∶1000地形图更新入库约110平方千米、1∶2000西部海洋地形图数据质量检查约629平方千米、深圳市地下管线数据建库约1.3万千米。承担深圳市龙岗中心区及大运城片区、盐田中心区、熙龙湾及较长尾片区、龙华重点片区等城市更新片区的三维模型更新，全年累计更新15450栋三维建筑模型。完成数字深圳空间基础信息平台多版动态地图制作，更新传统数据展示模式，为市交通规划提供重要依据。开发大数据服务平台，以实景三维环境为基础，集成全市人口、就业、教育、医疗、房产走势、建筑分布等民生主题数据。空间平台新增用户10个，截至年底总用户达82个。开展常态化地理国情监测建库和统计分析应用工作，构建地理国情信息时空数据库，建立地理国情信息在线发布服务平台。参与第一次全国海洋经济调查。全年提供基础测绘数据服务400多批次，地形图数据近4万幅，影像数据9000多平方千米，地下管线数据近1.6万千米。完成深圳市规划土地数字监察平台（“天地网”）系统功能改造及新增业务系统建设，建立行政处罚信息载入征信信用系统，开展移动巡查执法终端在线巡查系统建设，完成2016年第二季度土地遥感图斑监测、市卫片执法监督检查、住房和城乡建设部规划遥感督察、第二次土地资源全天候遥感监测、全市水源保护区违法建筑监测和2015年度国土资源部卫片自查整改等6个批次的违法建设监测工作。编制《2016年深圳市卫片执法技术支持工作规范》《卫片执法变化图斑提取质量检查表》。编制全市地名补查目录2.5万多个，完成原特区内地名补查约8580条、地名标志调查约1100个，更新调查建筑物约1.8万幢。编制《深圳市建筑物信息统一发布工作方案》，制定地籍调查数据库标准及培训、编制宗地统一代码及不动产单元代码，制定《深圳市宗地代码工作细则》。

广州奥格智能科技有限公司

2016年，广州奥格智能科技有限公司承担各类测绘项目150多项。完成广西省桂平市和湖北省宜昌市长阳土家族自治县农村土地承包经营权确权、湖北省荆州市不动产房地一体调查市级试点权籍测量等项目，总面积约500平方千米。完成广州市番禺区曾边村征地详查、番禺区金光东隧道征地勘测定界与详查等，总面积50多万平方米。完成肇庆市、广州市黄埔区及海南省琼中市等地下管线普查项目9项。承担广州市越秀区、南沙区等多个全国第二次地名普查，云南省安宁市、广东省云浮市、四川省南江县等多个“多规合一”应用软件，广州城市照明设施动态更新系统，海口市道路管养系统等市政行业GIS系统建设。

广州市四维城科信息工程有限公司

2016年，广州市四维城科信息工程有限公司完成珠海市海岸滩涂水下地形测绘105平方千米。完成其他各类测绘项目50多项，主要包括广州市番禺区土地房产测绘成果质量审核服务、广州市南沙区测绘项目监理质检及成果扫描入库、深圳市地籍测绘大队测绘协作服务项目、2016年番禺区镇街级界线联检、东莞市（大朗、顺塘、塘厦）碧桂园房屋面积测算、番禺区石楼镇地下管线竣工测量、宁波-舟山港中转码头工程建构筑物使用期沉降位移监测、大亚湾马鞭洲岛储油罐区变形监测、阳江航道局2016年航道维护测量、珠海港高栏港区集装箱码头支航道浚疏工程竣工水深测量、惠州港荃湾港区通用码头水深测量、广州港深水航道拓宽工程配套项目通航论证水深测量、汕头市LPG气库码头泊位水深测量等。共完成各类1∶500地形地籍图、宗地图1200多件，总面积约77平方千米；房产测绘项目16项，总建筑面积168万平方米；变形监测测量项目2项，总工作量18179点；水深测量项目12项，总面积约860平方千米；1∶2000DLG数据生产项目9项，总面积3435平方千米。

广东省惠州七五六地质测绘工程公司

2016年，广东省惠州七五六地质测绘工程公司完成各类工程测量项目近50项、地理信息项目1项。完成全野外数字地形测绘约22.6平方千米、地籍测绘约4平方千米、房产测绘约120万平方米。完成惠东县第一次土地详查土地利用现状图成果扫描建库，为惠东县土地管理及构建“数字惠东”提供基础数据。开展不动产测绘，为广州、惠州、汕尾等地区不动产发证、房屋拆迁补偿、项目评估及项目竣工提供数字依据。承担惠州市、河源市和汕尾市地质灾害应急抢险测绘工作，共出动测绘作业人员 136 人次，施测受灾点区域面积达 15 平方千米，绘制各类灾区地形图 40 多张。承担饶平溪西钼矿区、惠东县白马山锡铜多金属矿区矿山测量及工程点测量项目。

佛山市城市规划勘测设计研究院

2016 年，佛山市城市规划勘测设计研究院承担佛山市基础测绘、规划监督测量、市政工程测量、不动产测绘等各类测绘项目 2957 项。完成市、区重大测绘项目，主要包括地下管线数据整理入库 1 项、管线长度 1.1 万千米；地下管线监理项目 2 项，管线总长度 6000 千米；不动产权籍调查项目 1 项，调查面积 86 平方千米；宗地房产测量项目 42 项；城市轨道交通控制测量及地形图修补测项目 4 项，累计线路总长 143 千米，测图面积 42.9 平方千米；规划放验线项目 621 项；规划条件核实项目 30 项；地形图修补测项目 73 项，修补测总面积 127 平方千米；地名地址调查项目 1 项，调查地名地址数据 10272 条；地理信息系统开发项目 5 项，涉及人防、规划、轨道交通、产业经济、园林环卫等部门；“一村一镇一地图”地图编制及机关工作用图编制项目 1 项，共 76 幅；园林市政养护数据采集项目 1 项，总面积 26 平方千米；人防警报器普查项目 1 项，632 处。利用无人机航测数据完成部分历史村镇改造 DOM 制作、城市轨道交通项目 DOM 制作及 DLG 数据采集等；利用三维激光扫描技术开展历史建筑测绘、征地拆迁测绘等。

深圳市凯立德科技股份有限公司

2016 年，深圳市凯立德科技股份有限公司开发凯行 K-GO 导航车镜版、C-Car 7.0、“全语音”功能、手机端 APP“结伴游”等软件产品，通过凯行 K-GO 车联网服务平台推动车联网服务落地。推出智能后视镜 M550、M330、行车伴侣 M7 等软件产品。发布智慧物流地图服务平台，货车导航 H655 和旗舰版 H651 等软件产品以及 C-Car 2015 年冬季版地图、2016 年春季版地图、2016 年秋季版地图。导航地图数据覆盖全国（含港澳地区）2868 个市县、4 万多个乡镇，涉及高速公路里程 28 万千米。3D 覆盖 363 个城市、250 个城市公交，整体路网里程超过 604 万千米，增加覆盖全国范围的第一电车网充电站数据。发布 2016 年春节交通路况分析报告。与东风汽车合作建设商用车车联网服务平台，参加第十二届深圳国际汽车改装服务业展览会（AAITF2016）春季展、全球物流技术大会以及 2016 上海国际车联网与智慧交通展览会暨第三届 APEC 车联网研讨会。

深圳市长勘勘察设计有限公司

2016 年，深圳市长勘勘察设计有限公司承担基础测绘、地下管线探测、工程测量、控制测量、变形测量、房产测绘、地籍测绘、竣工测量、违法建筑普查、地籍调查、农村土地承包经营权确权颁证等项目 350 多项，主要包括 2016 年度深圳市 1∶1000 地形图动态修补测、萧县农村土地承包经营权确权登记颁证、储备土地地籍调查（二期）、深圳市老旧中压钢质燃气管道更新改造工程地下管线探测、福永街道塘尾及和平片区雨污分流管网工程（勘察）、龙岗区横岗街道贤合村城市更新单元范围现状测绘、大鹏布新片区雨污分流管网工程和南澳半天云片区雨污分流管网工程第三方监测、2016 年市政给排水管网改造完善工程地下管线探测、龙华新区田心石场危险边坡应急整治工程（监测）、塘朗城广场（西区）预售测绘等项目。全年签订测绘项目合同额 5210 多万元。

中交广州航道局有限公司

2016 年，中交广州航道局有限公司勘察测量分公司承担勘察测量项目 34 项，完成施工测量面积约 9613 平方千米。承担的项目涉及境内项目 21 项、境外项目 13 项，主要包括福建省漳州市古雷石化园区（北区）填海造地工程、广州港深水航道拓宽工程 I 标段、港珠澳大桥主体工程岛隧工程、深圳前海湾清淤工程（二期）、北海港铁山港区航道三期工程 I 标段等以及沙特海尔港四期扩建、科威特 KNPC LNG 疏浚回填、以色列阿什杜德港南部建设工程、加纳特马新港及集装箱码头海事项目疏浚吹填工程、斯里兰卡科伦坡港口城发展、孟加拉 Payra 港疏浚工程等项目。承担的大型跨江通道深中通道沉管隧道基槽开挖试验研究项目，已完成单波束水深测量 2873.2 千米面积约 362 平方千米、现场多波束水深监测 21 次。

广东省测绘工程公司

2016年，广东省测绘工程公司完成肇庆市第一次全国地理国情数据基本统计和监测应用4155平方千米及梅州市1:500、1:2000地形图更新和入库约1000平方千米。承担数字兴宁、数字德庆地理空间框架及“一村一镇一地图”项目建设。完成东莞市农村土地承包经营权确权登记、梅州市梅县区和大埔县第二次全国地名普查、德庆县农村门牌信息化改造项目。开展广州南沙区土地房产测量、大埔至潮州高速公路土地勘测定界、穗莞深城际轨道交通项目地上附属物和青苗详查清点、五华县“十二五”期间建设范围上图入库，为梅县区不动产登记和日常业务做好基础数据支撑。承担无人机航空摄影测绘、数据整理和入库、电子地图生产、测绘地理信息工程项目监理等。

广东省核工业地质局测绘院

2016年，广东省核工业地质局测绘院完成数字郁南地理空间框架建设和“一村一镇一地图”建设、兰州市地下管网普查和信息化服务项目管线探测服务（七里河区管线普查）2230千米管线普查及数据库建设。承担广州市花都区地形地籍测绘和房产测量及勘测定界项目40多项、广东某部队及其他变形观测项目10多项、佛山三水区规划测量项目10多项。完成罗定市（西部）铀等多金属矿D级GPS控制网施测、翁源县铀等多金属测量控制网建设、翁源县不动产核查首级控制网建设。完成开平市赤坎镇“三旧”改造房屋测量约2.7万平方米、东莞市常平镇“三旧”改造1:500地形地籍测量10万平方米及房产测量8万平方米、连州市美丽乡村建设5个批次1:500地形地籍测量9.8平方千米、连山县德建水库征地测量及勘测定界测量等。承担广州市花都区高标准农田测量项目14项、江门市农业局高标准农田测量项目20多项、郁南县和德庆县2015年度土地变更调查以及广东新丰、湖北仙桃、河北涿州市、海南省乐东黎族自治县及湖南省13个县（区）农村土地承包经营权外业调查。承担韶关市地下管线普查监理、东莞市第一批中心镇地下管线普查以及广宁县2016年高标准基本农田建设勘测、可行性研究、规划设计等项目。

深圳市勘察研究院有限公司

2016年，深圳市勘察研究院有限公司承担龙岗区市政排水管涵安全隐患排查、龙岗区城中村二线插花地路灯地下管线普查、韶关市浈江区农村土地承包经营权确权登记权属调查、三亚市1:500地形图信息化测绘及数据入库（标段一）、2015年—2016年度深圳市1:1000地形图动态修补测A2标段（宝安南标段）、深圳市光明新区公明街道北片区雨污分流改造工程勘察、广州地铁2015年—2019年6号线变形监测、深圳市龙华污水处理厂民治片区污水支管网二期工程内窥检测、中山大学深圳项目土地整备测绘复核、长沙县第二次全国地名普查外包服务采购、中山市地籍调查2016年部分项目、宁海县1:2000全域基础测绘地形图测绘、合肥市大建设项目土地勘测定界、深圳市罗湖区2017年建设用地清退、深圳市城乡排水检测监督专项（2016—2019年）、2016年荔湾区排水管线事故隐患排查、化州市2015年度高标准基本农田建设项目设计与预算编制和竣工验收服务（标段一）、深圳市2016年度排水管网内窥检测和复测、深圳机场扩建工程T4航站区软基处理工程施工阶段第三方测量、深圳市城市轨道交通9号线二期南海大道支线工程控制测量与检测、福田区城中村电力通信地下管线普查及隐患排查、深圳市大浪部分城市更新项目测绘、2016年度深圳市航空摄影测量、2016—2018年度数字深圳空间基础信息平台二维和三维数据库信息更新、龙华新区暗渠化河道地面坍塌隐患检测评估等项目。

广东省国土资源技术中心

2016年，广东省国土资源技术中心完成广东省第一次全面地理国情普查信息系统建设和茂名任务区统计分析，开发综合统计分析和管理信息系统。完成省高分辨率航空影像数据建设项目1:2000DOM制作约5000平方千米，开展1:1万基础地理信息数据库整合升级，完成广东省地理信息公共服务平台数据共享交换体系建设，提升“天地图·广东”运维能力，为省直单位提供在线地理信息服务，全年平台服务访问6300多万次。启动广东省测绘地理信息统一监管与服务平台（二期）建设，完成年度土地变更调查等大量专题业务数据保密处理、数字清城和清新地理空间框架建设、惠州市高分辨率航空影像数据建设、广东省基础地理信息数据库系统的升级改造、测绘数据生产系统建设。开展基础地理信息快速更新关键技术研究与应用、广东省地理信息标准化技术委员会筹建等工作。

广东明源勘测设计有限公司

2016年，广东明源勘测设计有限公司完成河源市东江干流1:2000地形测量195平方千米、东源县城道路改造1:1000地形测量28平方千米。开展龙川县麻布岗污水厂1:500地形、紫金县蓝塘镇污水厂1:500地形、龙川县两渡河1:1000地形以及2016年度和平、东源、连平、紫金县高标准基本农田地形测量共计67平方千米。完成2015年度河源市高标准农田复核验收、金沟湾小学监测、江东新区市一中高中部沉降观测、紫金县工业园1:1000航拍等。承担源城区、连平县以及恩平市农村土地承包经营权确权登记颁证项目。完成其它各类测绘项目300多项，主要包括河源市城市规划、市政道路工程、各类地下管网工程、河道治理、城市居民用地测绘、土地勘测定界、矿山年检测量、中小流域河流整治、竣工测量等。

广东邦鑫勘测科技股份有限公司

2016年，广东邦鑫勘测科技股份有限公司完成200多个工程测量项目，涉及广东、海南两省，主要包括粤东、韶关、珠海2016年航道维护测量、东江航道局东江航标与测绘所新丰江水库等航道测量，佛山南海2016年全区历史险段监测，汕头市东部城市经济带10宗填海竣工海域使用验收测量，惠东碧桂园游艇码头勘察与测量项目等。完成20多个地理信息类软件及高新技术研究课题项目，主要包括茂名港危险货物重大危险源管理体系（三期工程）、广东省港口公共基础设施管理智慧平台建设项目研究、文昌确权数据建库及建档服务等。承担琼州海峡海流走航观测、大亚湾区黄金海岸公共泳场项目海洋水文泥沙气象调查、高州市第二水厂PPP项目社会风险分析报告编制、深圳大鹏湾油库码头改扩建工程社会稳定风险评估等。

广东南方数码科技股份有限公司

2016年，广东南方数码科技股份有限公司承担智慧时空信息云平台建设、地理空间框架建设、市政燃气管道工程、信息化测绘系统建设、地下综合管线普查及管线信息系统建设等16项重大工程建设项目。承担农村土地承包经营权确权登记颁证项目20多项，涉及广东、湖北、湖南、广西、贵州等地。开发农村土地承包经营权确权登记数据库及管理系统、国土电子政务系统软件、不动产权籍调查测绘软件、智慧社区网格化管理软件、高性能云GIS软件等25个。不动产统一登记系统应用于广东、江西、陕西、河南、吉林、湖北、湖南的40多个市（区、县）的不动产统一登记首次颁证。

中交第四航务工程勘察设计院有限公司

2016年，中交第四航务工程勘察设计院有限公司承担广州南沙国际邮轮码头工程、三亚新机场人工岛、福州港沙埕港区杨岐作业区25—26泊位、广州港新沙港区13—14泊位、广东省渔政总队直属二支队高栏港执法基地、广州南沙新区龙穴岛区域建设用海用地工作方案策划、华电惠州LNG接收站、海口湾南海明珠人工岛邮轮游艇码头工程、汕头港广澳港区三期工程14—16泊位、海口湾南海明珠人工岛三期、广东炼化一体化项目5万GT液化烃泊位工程、三亚新机场暨临空产业园填海工程、琼州海峡粤海海底光缆改迁工程、南沙港区三期工程预留堆场软基处理、广州港南沙港区国际通用码头、三亚市地下综合管廊等国内测量项目。承担苏丹喀土穆SOBA水厂二期、肯尼亚DongoKundu特别经济区、斯里兰卡科伦坡港口城、安哥拉丹迪Sonagol油码头、喀麦隆克里比深水港项目二期工程、印尼国家电力公司燃煤电厂码头、利比里亚罗伯茨机场改扩建、安哥拉SOYO客货滚装码头、缅甸仰光引航站、巴基斯坦中电胡布电厂煤码头工程、科特迪瓦阿比让PK24－I工业园等国外测量项目。全年完成工程测量项目近50项700多平方千米。业务遍及20多个国家和地区，涉及水深测量、地形测量、控制测量、变形观测、基坑监测、无人机航测、无人船测量、多波束扫海测量、旁扫声呐及磁力测量等。

广东省国土资源测绘院

2016年，广东省国土资源测绘院完成广东省第一次全国地理国情普查成果汇交等工作。承担珠海市沿海滩涂变化监测、广州南沙新区建设变化监测2个国家级监测项目；珠江口湾区地理空间格局演变监测、清远开发园区土地利用变化监测、佛山基于地理国情普查数据的广东省碳汇能力监测、东莞城镇化格局发展监测4个省级监测项目并通过验收。完成广州南沙新区空间格局变化监测、广东省海岸带开发利用变化监测、广东省地级以上城市及珠三角城市群空间格局变化监测等国家2016年重要地理国情监测项目。完成粤东、粤北、粤西12.7万平方千米优于0.2米分辨率航空影像数据建设及GD-CORS升级改造与示范应用。完成汕头等10个地市基础数据建设和汕头等11个市的平台升级改造。承担51个数字县区地理空间框架建设项目，其中16个通过验收。承担珠三角区域高程基准框架完善、像控点数据库建设、浅海滩涂地形测量（南澳岛）以及资源三号卫星影像在国土资源管理中应用研究和机载激光雷达数据处理关键技术研究与生产实验。完成陆丰乌坎村约45平方千米大比例尺测图应急测绘以及3平方千米倾斜摄影测量和实景三维模型制作。完成其他各类测绘项目136项，主要包括农村土地承包经营权确权登记颁证测量、高标准基本农田测量、高速公路勘测定界测量、地名普查、无人机航空摄影等。开展国土资源在线巡查系统运行维护与升级改造，实现移动端软件从专用移动端设备到市场主流移动端设备的迁移。开发土地利用批后监管功能和建设用地审批监管功能、灾害点巡查功能，升级改造变更调查功能、完善高标农田建后监测系统。参与全省不动产统一登记工作技术指导，开展农村地籍调查试点。组织实施北斗地质灾害监测预警关键技术研发与示范应用、移动CORS基站软硬件系统研究与开发2个省级科技项目，以及机载水陆激光潮间带地形测量关键技术研究、基于GDCORS的PPK服务关键技术研究2个省国土资源厅科研专项。组织编写《基础地理信息数字成果数字水深模型》等测绘地理信息行业标准化指导性技术文件。

广州市城市规划勘测设计研究院

2016年，广州市城市规划勘测设计研究院完成广州市城市基本地形图更新、广州2000坐标系建立及数据转换、广州市连续运行卫星定位服务系统整合和维护、广州市地下管线普查及数据整理、广州市城市规划地下空间设施普查及测绘、广州市轨道交通11号线平面及水准控制网补测、无人机动态监测违法用地等测绘项目。举办测量专业新技术讲座20多场，在核心期刊发表论文49篇。“城市市政管网运行安全保障技术研究（燃气管网安全运行保障集成智能监管平台）”列入国家重点研发计划课题，获国家科技部立项。“融合高分辨率遥感影像图谱特征的城市不透水面提取及示范应用”列入广州市科研课题。

广州建通测绘地理信息技术股份有限公司

2016年，广州建通测绘地理信息技术股份有限公司承担测绘工程项目140多项，包括国土规划、数字城市、公路、电力、不动产测绘、土地承包经营权确权调查、地名普查、地籍测绘、高标准基本农田测绘、海洋测绘等，涉及广东、广西、河南、贵州、江西、新疆、浙江、重庆等地。承担航测项目30多项，完成机载激光雷达航测约1.7万平方千米、倾斜摄影约1900平方千米。完成国土规划项目4项，面积约1.25万平方千米；公路项目15项，长度约1000千米；农村土地承包经营权确权项目20多项，面积约267平方千米；海洋测绘水利水文建设项目29项，面积1600多平方千米；影像数据处理项目16项，面积约1.2万平方千米；房产测绘项目17项；地籍项目5项；高标准农田建设项目7项。

广州市房地产测绘院

2016年，广州市房地产测绘院受理房产、土地类测绘案件约1.5万件，同比增长23%。开展全市用于权属登记的土地和房屋测绘成果审核。完成2016年度广州市测绘质量监督检查以及天河区、越秀区、海珠区、荔湾区40家丙、丁级测绘资质单位测绘产品质量监督检查。承担广州市第一次地理国情普查白云区和海珠区部分城市更新片区基础数据调（核）查、中心城区土地变更调查等基础测绘项目。与广州市城市更新局、广东省国土资源测绘院、广州市土地开发中心、广州交通投资集团有限公司等单位签订54项业务合同。引进无人机航空摄影测量及地下管线探测技术，开发融合无人机、移动测量车、地下管线探测仪等先进装备的综合测绘技术平台，构建“天地空一体化”综合展示平台。完成不动产测绘管理系统升级改造，实现与市交易登记系统数据互动共享。牵头起草《广州市房屋测绘管理实施细则》。

深圳中铭勘测股份有限公司

2016年，深圳中铭勘测股份有限公司承担各类测绘项目120多项，其中500万元以上项目有4项、100~500万元项目10项；工程测量项目101项、地理信息系统开发项目5项、农村土地经营权确权项目4项、地名普查项目4项。完成地籍测绘580平方千米、房产测绘67万多平方米、测绘航空摄影测量40平方千米、海洋测绘25平方千米。测绘和编制各种图件1750多幅、各类1∶500工程地形图（含竣工图）60平方千米、地籍和宗地图1005宗、土地勘测定界图252宗22平方千米。

深圳市工勘岩土集团有限公司

2016年，深圳市工勘岩土集团有限公司承担云浮市郁南县和云城区农村土地承包经营权确权登记颁证测绘、武汉华侨城项目工程测量和质量控制及检核等项目。完成深汕特别合作区潮惠高速公路赤石互通连接线新建工程和深圳技术大学（一期）工程控制测量、地形测量、地下管线探测项目。承担深圳市罗湖区政府服务中心（档案馆）工程（第三方监测）、巫山县高切坡监测预警系统专业监测、深圳市人民医院内科住院大楼项目基坑监测、深圳国际农产品物流园西区（南方集联国际物流中心）基坑支护（A、B标段）第三方监测、龙岗区餐区垃圾处理项目西南侧边坡治理项目检测及第三方监测等测绘项目。全年完成测绘生产产值1832万元。

广州港工程管理有限公司

2016年，广州港工程管理有限公司完成水深及地形测量项目110多项，总面积约390平方千米。主要包括广州南沙港区、广州港公用港池、连接水域、沙角、大虎及大濠洲等水域锚地、广州黄埔港、新沙港、新港、西基、河南、石化等码头水域水深测量，广州港内港航道检查测量，广州港内港航道浚前测量，广州港出海航道2016年度维护测量，广州港鸿业石化码头水域多波束水深测量、南沙港区控制网复核测量。完成新沙1—10泊位码头、南沙一期码头、粮食码头、汽车码头等10多个变形监测项目。承担南沙一期宿舍楼房产测绘、琼中黎族苗族自治县农场土地承包经营权确权登记颁证、白沙县农村土地承包经营权确权登记等不动产测绘项目，面积130多平方千米。完成广州市天河区新增管线普查约1300千米，旧管线数据升级2678千米；广州市白云区1∶500地形测量1平方千米，房产测量约156万平方米；广州市番禺区房地产测绘3058宗，各类地形测量项目186项；广州市花都区房地产测绘104宗，各类土地测量项目42项；广州市从化区房产测绘46宗，带状地形测量约32千米，各类地形测量项目97项。

广东省地质物探工程勘察院

2016年，广东省地质物探工程勘察院承担各类测绘项目138项，完成测绘服务总值3000多万元，涉及地下管线探测、工程测量、不动产测绘、地理信息系统工程、测绘航空摄影等业务。承担广州市地下管线普查、防城港市城市地下管线普查、广州市南沙区排水管线和入河排水口普查、东莞市第二批中心镇地下管线普查、广州市番禺区供水管线隐患排查、惠州市惠城核心区地下管线普查以及惠州市惠城区水口、马安、三栋、小金口、汝湖等片区地下管线普查等40个地下管线测量项目。承担英德石牯塘镇联山村地块1∶1000数字化地形测绘、怀集县迎宾大道1∶500地形图测绘、顺德新城区兴顺大道人行天桥地形测量、南洲水厂原水管顺德段玻璃钢夹砂管新装DN2200输水主力钢管工程竣工测量、保利金町湾项目A004地块和A007地块住宅楼沉降观测、顺德区101工程基坑支护工程变形监测、时代水岸尚苑项目基坑变形监测、东莞市望牛墩镇望联村七巧印象花园房产测绘、顺德区陈村镇弼教留用地勘测定界测量、顺德区大良街道苏岗居委会旧寨宗地测量、东莞市东坑镇角社兴国路3号通讯设备制造厂房宿舍房产测量、顺德区横五路一期陈村段工程勘测定界、榄核大道项目（红线变更）权属图和地类图编制、茂名火车站南片和山阁镇飞鼠岭矿区的数字正射影像及倾斜摄影三维建模、韶关市大宝山矿区外围找矿物化探专项重力测量等100多个项目。

广东中冶地理信息股份有限公司

2016年，广东中冶地理信息股份有限公司承担各类测绘项目150多项，主要包括2016—2018年度东莞市1:500地形图修补测量及入库服务、东莞市第二批中心镇地下管线普查、东莞市厚街镇农村数字化地籍调查、东莞市寮步镇农村数字化地籍调查、广州市地下管线普查及数据升级项目、广州电力设计院2015—2016年度输变电工程项目测绘服务、廉江市农村土地承包经营权确权登记颁证项目等。全年签订合同金额7000多万元。

东莞市测绘院

2016年，东莞市测绘院承担各类测绘项目128项，主要包括东莞市凤岗、常平、寮步、大朗4镇无人机低空航空摄影测量及村镇影像挂图制作；东莞市樟木头镇违法用地及突发性地质灾害隐患点低空摄影测量与正射影像图制作；东莞市桥头镇2013年度高标准基本农田建设工程复核；深圳外环高速公路塘厦段拨地定桩、放线及外业航飞拍摄服务；东莞市长安镇永久基本农田划定；东引运河、石马河、挂影洲围水位点四等水准联测及水尺安装工程；东莞市海洋与渔业局海洋水下地形测量；东莞市南城区袁屋边片区规划一路、规划二路地籍测绘、调查及界桩测设；东莞市国土资源局地籍档案整理及数字化加工；环莞快速路二期新增用地测绘；石大公路大修工程竣工复测；东莞市长安新区基础数据专项研究项目技术服务；东莞国土管理核心数据库整理建库（用地报批、供地）；东莞市2015年变更调查；无人机土地督察项目技术服务；东莞植物园工程（一期）地形测绘和勘界服务；东莞市国土资源局违法用地测绘及航摄；东莞市2016年度国有建设用地供应计划编制；数字东莞地理空间框架2016年更新维护；东莞市第一次全国地理国情普查（二期）；2016—2018年度东莞市1:500地形图修补测量及入库服务；东莞市城市轨道交通1号线一期工程（望洪站—黄江中心站段）控制测量及地形图修补测；东莞市轨道交通站点周边土地摸查测绘等项目。

广东省工程勘察院

2016年，广东省工程勘察院完成普宁市省级新农村示范片建设1:1000数字化地形测量约11.8平方千米；广州至清远高速公路改扩建项目溶岩地区施工（六标段）监测；110千伏深大输变电工程地铁监测；惠东县城象山—糖锅山特大型滑坡、崩塌群地质灾害（二期）监测。承担广州市、佛山市、珠海市、揭阳市、东莞市、惠州市、湛江市、清远市等建筑基坑支护工程变形监测和楼房沉降观测；揭阳市高标准基本农田建设数字化测量；广东省内部分高速公路工程项目征地、土地勘测定界等土地测量；广州市旧城改造、地下管网、市区道路工程、房地产开发等城市工程测量项目204项。完成各类建筑基坑支护工程监测及建筑物沉降观测项目147项、地质灾害边坡监测项目7项。测绘和编制各种图件360多幅，1:500工程地形图（含竣工图）面积21.1平方千米，1:1000工程地形图面积14.7平方千米，1:2000工程地形图面积16.4平方千米；房产测绘8宗，面积0.06平方千米；市政道路和高速公路征地用图6宗，面积7.1平方千米。

佛山市城市地理信息中心

2016年，佛山市城市地理信息中心负责佛山市城乡地理信息数据建设与更新、国土资源和城乡规划信息化。承担佛山市各类测绘及地理信息采集工作，主要包括禅城区第二次全国地名普查、佛山市建（构）筑物抗震性能普查、南海区地下管线普查咨询设计和数据入库、三水区地下管线普查项目成果入库、“天地图·佛山”兴趣点采集更新等。编制完成佛山市禅城区电子地图、禅城区防汛设施示意图、佛山市汾江河等227条一河一策河涌示意图、南海区大沥镇区域范围内规划专题卫星影像图、佛山市饮用水源保护区分布图、禅城区各街道大气污染分布图等。建成佛山市城市轨道交通辅助报批、审查和管理系统；禅城区综合治理云平台GIS系统；禅城区三防指挥决策支持系统；三水区基金信息查询系统；高明区土地储备信息管理系统等一批地理信息系统。承担佛山市城市规划“一张图”项目建设，主要包括佛山市2016年度控制性详细规划成果入库、佛山市城乡规划电子政务系统数据入库与更新、佛山市绿地专题图建库（二期）及绿地绿线动态维护、佛山市顺德区规划“一张图”管理信息平台数据建设、南海区规划编制成果数据整理等。

广东省有色地质测绘院

2016年，广东省有色地质测绘院完成封开县农村集体土地所有权确权登记发证数据库2016年度更新备案服务、湖北省南漳县农村集体建设用地使用权和宅基地使用权确权登记发证等地籍测绘项目。完成其他各类测绘项目70多项，主要包括广州市南沙区土地勘测定界、房产测绘、矿山测量及竣工验收测量；茂名市1∶500地形图修补测；韶关市不动产登记测绘服务；潮州市建筑基坑变形及主体沉降和水库罐区变形监测；揭东区高标准基本农田建设测量等项目。完成1∶500、1∶2000工程地形图测绘25平方千米；矿山地形测量13平方千米；地籍、宗地图17320宗，面积749平方千米。完成监测项目41项，其中建筑基坑变形项目12项，主体沉降项目17项。完成土地勘测定界图8宗，面积0.6平方千米。

广州中科雅图信息技术有限公司

2016年，广州中科雅图信息技术有限公司完成广州市增城区新塘镇西陂河黑臭水体治理工程管线探勘、广州市黄埔区行政区域第二次全国地名普查服务、广州市天河区边界线测绘约104平方千米。承担数字惠来地理空间框架建设、中山市地籍调查2016年部分项目、海丰地址灾害监测以及湛江市辖区范围内地名地址外业数据采集、数据库数据预处理、村镇影像地图预处理及输出。完成广西省崇左市江州区2015—2016年“双高”糖料蔗基地测量、贵州省安顺市平坎区第四次森林资源二类调查、贵州省剑河县林地调查、福建省漳州县农村地籍调查与房屋调查及地籍图编绘、松溪县森林二类调查以及仙游县、浦城县、延平区林地样本点调查。承担广东27个县（区）、广西26个县（区）、辽宁5个县（区）、云南6个县（区）农村土地承包经营权确权登记权属调查服务，完成广东、广西部分乡镇约4944平方千米航拍任务。

广东置信勘测规划信息工程有限公司

2016年，广东置信勘测规划信息工程有限公司完成测绘服务总值约2000万元。承担的项目主要包括中山市地籍调查2015年部分项目、中山市农村土地承包经营权确权登记颁证综合技术服务、霍邱县农村土地承包经营权确权登记颁证技术服务、梅州市不动产登记信息管理平台建设、广州市土地开发中心土地储备业务管理系统采购、中山市第二次全国地名普查补查、数字饶平地理空间框架建设（软件建设部分）、中山市莲兴路改造工程、中山市交通集团约71万平方米储备地测绘工程、岐澳古道1∶500数字化地形图测绘等项目，为中山市、梅州市和广州市增城区不动产统一登记发证项目提供技术支持。

广西壮族自治区

概况

截至2016年底，广西壮族自治区共有测绘资质单位621家，其中甲级19家、乙级122家、丙级300家、丁级180家，涉及国土资源、城乡建设与规划、水利水电、测绘地理信息和交通运输等系统。完成的重点项目（工程）包括广西第一次全国地理国情普查、地理国情监测项目、广西农村土地确权统一组织航空摄影和数字正射影像图制作、数字广西和数字城市地理空间框架建设、“天地图·广西”省市节点建设、第二次全国地名普查等。

钦州市测绘院

2016年，钦州市测绘院完成钦州市2016年度基础测绘编绘项目17平方千米。利用测绘无人机对钦州市多个项目航测14.2平方千米。完成钦州市6000多宗不动产统一登记测量、2000多宗城镇地籍权属调查、钦州市多个项目5.26平方千米用地建设报批工作、钦州市多个项目6.685平方千米征地拆迁测量及测图等测绘工作。

广西壮族自治区地理国情监测院

2016年，广西壮族自治区地理国情监测院完成测绘服务总值9560.62万元。完成数字广西7个分区1:1万DLG数据生产6.2万平方千米，涉及1:1万图幅2264幅，其中建成区地名地址数据采集和处理422.78平方千米。完成广西农村土地承包经营权确权统一航空摄影和数字正射影像图制作27628幅1:2000DOM、240幅1:1万DEM，面积约24825平方千米。完成全国海岸带开发利用变化监测（广西）项目，对广西沿海一带1698平方千米范围内的地表、沿海边界线、红树林等进行变化监测。“数字贺州”和“数字梧州”项目通过验收，“数字桂林”完成数据生产及建库工作。完成梧州市苍梧县“7·31”地震应急测绘保障任务。研发环江县、河池市、巴马县、崇左市等地脱贫攻坚指挥系统，完成省级“多规合一”试点项目2个课题研究，开展三维实景模型生产和基于消费级无人机的倾斜数据采集技术研究，完成海洋灾害承灾体补充调查项目。承揽全区各市县测绘项目，主要包括“十三五”土地整治专项规划、永久基本农田调整划定、耕地质量等别更新与检测评价、农村宅基地二期工程、第二次全国地名普查、农村土地承包经营权发证、高速公路建设、大比例尺工程测图、征地拆迁测量、勘测定界、房产测量、海洋工程测量等项目。

广西壮族自治区国土测绘院

2016年，广西壮族自治区国土测绘院完成浦北县经济开发区、鼎龙国际旅游度假区等项目1:500、1:1000地形图测绘90平方千米；广西优质高产高糖糖料蔗基地“以奖代补”土地整治测绘80平方千米；八尺江水下地形测量1.2平方千米，断面测量170千米；南宁市1:500DLG数据构面、切片及缩编76平方千米；农村土地承包经营权确权登记颁证260平方千米；新建云桂铁路、湘桂线、田德线、德靖线等铁路建设用地地形地籍测绘，路线长440千米；洛湛、南广等11条铁路建设用地涉及32个县（市、区）的不动产登记代理工作；宾阳县原D级GNSS控制网及相关图件成果数据向2000国家大地坐标系转换，并新布设D级GNSS控制点62座；广西43个县（市、区）2015年度耕地质量等别更新和监测评价工作；无人机航摄及正射影像图制作550平方千米；贺州至巴马高速公路钟山至昭平段0.05米高分辨率航摄和正射影像图制作，并开发三维建设管理系统；岑溪市地籍档案数字化及管理系统开发。

广西壮族自治区基础地理信息中心

2016年，广西壮族自治区基础地理信息中心完成测绘服务总值2881.07万元。基础数据无偿分发量达335批次约74万幅507TB。完成国家测绘地理信息局卫星测绘应用中心广西分中心团队建设、平台搭建、硬件采购等建设任务，获取高分系列、资源系列、商业卫星等国产高分辨率影像约1400景，100%覆盖全区陆域面积；建立广西首个遥感综合服务平台；广西CORS网13座北部湾核心区高精度基准站网建成并投入试运行，完成32座北斗地基增强系统基准站升级改造任务，定位精度可达到亚米级，定位误差减小到0.1—1米之间，服务范围覆盖广西全区。面向社会推广新一代数字高程基准的精细化建模及应用等5个地理信息应用产品。自主研发苍梧地震专题地图展示等5个系统，初步建立了自主产权的轻量级应用开发框架。完成科技部科技支撑计划项目“典型旅游区退化生态系统植被修复及生态旅游管理关键技术研究与示范”的子课题“漓江流域遥感影像地图编制”。完成“天地图·广西”政务版、公众版新版系统开发并上线试运行；首次完成广西省级节点数据与国家主节点数据的融合，利用融合后数据成果的2016版矢量电子地图已上线，全区6市1县接入国家主节点。首次在北海开展省市数据融合试点。完成1:1万DLG生产任务。协助承建单位完成数字广西地理空间框架地理信息数据库管理系统开发、基准平台开发等系统开发并通过初验，完成数字广西地理空间框架地理信息数据库管理系统开发并通过初验，完成数字广西的库体搭建工作，开展部分DOM、DEM、DLG入库工作，启动5个应用示范建设工作。数字河池通过国家测绘地理信息局验收，数字巴马通过初验。地理国情普查数据建库软硬件支撑环境设备投入运行，完成数据预处理和建库、数据对比分析、基本统计、二三维成果展示等任务，数据建库系统通过验收。承担3个地理国情监测项目，其中1个已通过验收。

南宁市勘察测绘地理信息院

2016年，南宁市勘察测绘地理信息院完成南宁市武鸣区、来宾市、东兴市等地下管线普查；完成南宁市数字城管基础地理信息管理平台和南宁市房产信息管理GIS数据管理平台更新基础电子地图数据19.34平方千米，更新城市部件数据11.6万条。完成南宁市邕江两岸、顶蛳山、五象新区等重点工程、重点区域70平方千米地形图和500平方千米正射影像图生产，获取重要节点全景影像图527处；完成贵南客专铁路专线（市区段）线位研究基础资料调查和收集、现场勘测。完成梧州市沙头镇等70平方千米航拍及正射影像图的制作，用于7·31梧州市苍梧区5.4级地震应急救灾指挥作业。完成青秀区"一张图"信息化服务系统、南宁市社会事业服务与稽查管理系统等的开发建设；南宁市城市地下管线建设工程项目260处计480千米的覆土前跟测及城市地下管线数据库更新维护；南宁市中心部分区域27平方千米城市道路标线、行道树、城市部件信息采集及数据库建设；南宁国际旅游中心等10个建设工程项目的数据生产和加工；2016年版《南宁市中心城区地图》《南宁市七城区地图》《南宁市地图》的修编和更新。新编完成《青秀区城区地图》等4个县区行政区域地图；编制完成《2016年五象新区供水管网建设状态图》《南宁市建成区黑臭水体分布图》等各类专题图共计55份。完成广西南宁昆仑关旅游风景区民俗文化旅游节暨"关公磨刀诞"活动和昆仑关大捷77周年纪念活动的景区导览图、活动LOGO（T恤、帽子等）系列产品设计，影像图制作等；完成《青秀山总导览图》《2016年中国壮乡·武鸣"三月三"歌圩暨骆越文化旅游地图》《广西大明山国家级自然保护区导览图》等9项景区旅游图的编制。南宁市智慧景区地理信息综合服务平台系统、南宁市水灾监测与预警系统、南宁市测绘成果坐标转换系统获软件著作权。基于虚拟打印技术的海量影像裁剪分幅方法、基于高清卫星影像的地形图一体化快速成图方法获发明专利。

广西有色勘察设计研究院

2016年，广西有色勘察设计研究院完成各类测绘项目137项，主要包括变形监测、农村土地承包经营权确权发证、地名普查与土地规划设计、公路测量、航道测量等项目。测绘编制各种图件1800多件，其中各类大比例尺工程地形图测绘总面积约120平方千米。承接一大批重点工程项目和重要民生工程，其中农村土地承包经营权确权登记颁证项目涉及承包土地约191万亩，涉及服务农户142.6万人。

广西壮族自治区遥感信息测绘院

2016年，广西壮族自治区遥感信息测绘院完成广西农村土地承包经营权确权6个摄区33853平方千米1:2000数字正射影像图生产，200幅1:1万数字高程模型生产；1.3万平方千米中越边境1:5000高分辨率卫星遥感正射影像图生产；2118幅数字广西地理空间框架1:1万DLG数据生产及332.16平方千米的地名地址数据生产；贺州至巴马高速公路、荔浦至玉林高速公路、防城港茅岭至企沙铁路、钦南成品油管道等项目带状1:2000航测地形图测绘；桂林市恭城县门楼风电场、柳江控制性工程洋溪水利枢纽测量、桂西北治旱百色灌区等工程项目1:2000地形图测绘。完成数字防城港地理空间框架建设项目，推进数字东兴地理空间框架建设项目等数字城市建设项目。开展数字城市和智慧城市相关应用建设。开展倾斜摄影数据处理和中低空无人机等设备研究。

广西壮族自治区地图院

2016年，广西壮族自治区地图院完成各类测绘地理信息服务项目136项。完成数字广西地理空间框架建设项目1:1万DLG地物版数据生产35695平方千米，涉及1:1万图幅1210幅；地名地址数据采集、处理186.05平方千米，涉及1:1万图幅63幅。完成广西农村土地承包经营权确权统一航摄项目1:2000DOM 13516幅（面积13515.4平方千米）和1:1万DEM 80幅（面积2344平方千米）数据生产。完成《广西第一次全国地理国情普查成果图集》5个图组146幅专题地图编制和地图整饰等工作；《广西历史地图集》8个图组312幅专题地图编制和地图整饰等工作。完成广西“多规合一”试点项目的《广西“多规合一”工作底图编制技术方案》和广西“多规合一”空间规划总图编制技术规程的编写，完成39幅空间区划评价图的编制。数字崇左地理空间框架建设项目通过预验收。

为广西壮族自治区党委、政府、人大等提供地图服务：编制完成工作用图85幅；完成《美丽广西工作用图（2016版）》地图册的地图更新和编制工作；编制红军长征（广西）系列地图4幅。编制完成广西发展规划系列地图15幅；完成精准扶贫攻坚作战系列挂图和实体沙盘模型地图15幅；为第13届中国—东盟博览会提供世界地图、中国—东盟地图、中国地图等多种规格地理地图96幅；为广西第三轮市县级矿产资源总体规划编制地理地图66幅。完成5个广西军区边防作战实体沙盘地图的更新维护；编制完成各种工作用图78幅。开发完成湖南省衡阳警备区武装部三维数控电子沙盘系统，研究并实现了电子三维系统与实体沙盘的互控；开发完成刘永福和冯子才故居建筑群3D浏览系统2个，在广西首次实现在线仿真浏览文物。设计和制作《南宁城市变迁》丝巾地图和14个设区市城区地图台历等。编制广西省域范围内各类地图500多幅。

广西壮族自治区水利电力勘测设计研究院

2016年，广西壮族自治区水利电力勘测设计研究院完成广西桂中治旱乐滩水库引水灌区二期工程、广西左江治旱工程驮英水库及灌区工程、百色灌区工程、玉林市龙云灌区和广西主要支流治理工程、阳朔县新城区防洪治涝（含水系建设）工程、基于无人机航拍的三维模型研制、Microstation结合无人机拍摄航片制作三维模型、利用GNSS定位技术建立水利工程施工控制网的研发等项目共140项，完成测绘产值2000多万元，共出图件1000多幅、技术总结和资料整编140份。自主研制了无人测量船，采用低空无人机航空摄影和三维建模等新设备、新技术、新方法进行生产，降低了劳动强度，提高了工作效率。

广西壮族自治区地理信息测绘院

2016年，广西壮族自治区地理信息测绘院完成各类测绘服务项目52项，主要包括数字正射影像图制作、1:1万DLG数据生产、地名地址调查、地理国情监测、领导干部自然资源资产离任审计试点、第二次全国地名普查、数字化地形地籍测绘及数据库建设、基础测绘规划修编、2000国家大地坐标系转换、农村土地承包经营权确权登记颁证、房产测量、工程测量、年度土地变更调查、土地整治规划、矿产资源总体规划、耕地质量等别年度更新评价等。完成广西农村土地承包经营权确权统一航空摄影和数字正射影像图制作像控测量25897平方千米、DOM制作20662平方千米、DEM制作3287平方千米；数字广西地理空间框架1:1万DLG数据生产及地名地址调查56234平方千米，地名地址调查436.38平方千米；各类1:500、1:1000数字化地形、地籍测绘74.19平方千米，完成地籍档案3.5万宗；普查地名条目1.24万条。开展广西地级以上城市空间格局变化监测、地理国情监测数据在领导干部自然资源资产离任审计试点工作中的应用、基于倾斜摄影三维实景技术的城市三维模型应用等科技研究，开发了坐标转换和农村土地承包经营权确权登记发证建库2个软件。

广西壮族自治区国土资源规划院

2016年，广西壮族自治区国土资源规划院主要完成国家级重点水利设施项目大藤峡水利枢纽工程建设用地土地勘测定界1.79万公顷；广西区内铁路、高速公路、二级路等交通基础设施建设项目土地勘测定界0.4万公顷；铁路、高速公路等道路工程土地登记地籍测量13平方千米；整县推进土地整治工程、城乡增减挂钩项目地形地籍测量12平方千米；广西农村宅基地、集体建设用地使用权及农房等农村不动产权籍调查与确权登记试点不动产测绘0.34平方千米；广西区内110个县（市、区）变更调查数据库成果制作和自治区级的内、外业核查；2015年全国土地变更调查成果国家级外业核查，分两批次对云南省和辽宁省共8个县（市、区）变更调查成果开展外业核查工作；完成广西耕地后备资源调查测绘评价、自治区本级国有土地调查测绘和广西耕地“旱改水”提质改造重点潜力调查测绘3个项目全区基础性调查测绘工作。

广西壮族自治区测绘地理信息档案资料馆

2016 年，广西壮族自治区测绘地理信息档案资料馆完成测绘服务总值 629 万元。接待测绘地理信息成果领用和业务查询 1632 人次，受理行政办结通知书 772 份，打印图单 580 份，签订协议 542 份。提供地图 7542 张、4D 数字产品 5447 张；提供地形图格式转换服务 1177 张；提供地形图坐标格网转换服务 139 张；提供大地控制成果 3055 点、点之记 2331 张、高程改正量 45 个；提供各类坐标系统转换 1650 点；提供 WGS－84 大地高转换服务 7700 点；提供航摄像片 2725 片；提供行政区划图 410 张；提供各种矢量地图 CGCS2000 坐标系统转换 28 次。完成测绘成果档案接收 2 批次，数据量 658GB。接收广西农村土地承包经营权统一航飞项目数据 84 批次，数据总量 250TB。接收广西地理国情普查资料 2 批次，数据量 10.3GB。备份航片扫描数据和各类 4D 测绘成果光盘（档案级）460 张，数据量 1940GB。历史航片扫描数字化 4100 张。航摄正片扫描入库 4220 幅。接收广西航摄办管理档案 59 件。整理、组卷广西地理国情普查档案 136 卷。向广西涉密销毁中心移交需要销毁的图纸 70877 张。推进国家测绘成果档案存储与服务设施项目广西档案馆建设工程；加强市县企业合作，编制开发用户需要的地图产品 10 类。研究开发涉密地理信息文件检查软件并获软件著作权。推动三维库房管理信息系统开发项目；与广西财经学院开展无人机航摄估算填挖土方量技术研究和室内激光扫描建模的技术研究；与广西林业科学院林业土壤与肥料研究所开展基于 WebGIS 的区域化测土配方施肥系统开发研究。

广西壮族自治区测绘地理信息产品质量检验站

2016 年，广西壮族自治区测绘地理信息产品质量检验站完成数字广西地理空间框架建设 1∶1 万 DLG 生产项目、广西“多规合一”工作底图编制、数字崇左地理空间框架建设项目 1∶2000DOM 成果等 13 个项目的验收工作。监督检查全区 30 家乙级测绘资质单位的测绘地理信息成果质量，检查项目包括控制测量、数字化成图、数据库更新、三维模型制作、房产测绘、变形监测、竣工测量等。验收广西—东盟经济开发区 1∶1000 地形图修补测项目、长安工业区三期地形测绘项目等 140 项市场委托检验项目。审核完成广西公众版电子地图的“天地图”节点数据，巴马县、河池市、防城港市、南宁市的数字城市市级节点数据。完成土地确权统一航摄项目过程监督检查及验收工作。检定（校准）全站仪 2022 台、GPS1610 台、手持测距仪 1195 台、水准仪 1494 台、经纬仪 275 台。审核纸质地图 81 件。

海南省

概况

截至 2016 年底，海南省共有测绘资质单位 202 家，同比增加 20 家。其中甲级 11 家、乙级 28 家、丙级 85 家、丁级 78 家。按单位性质分，事业单位 45 家、国有企业 22 家、私营企业 135 家。年末测绘从业人员 3522 人。

国家测绘地理信息局海南资料信息中心

2016 年，国家测绘地理信息局海南资料信息中心参与“天地图·海南”矢量数据融合和遥感数据融合生产。完成全国地理信息资源目录服务系统海南区域数据生产。累计为社会各界及政府部门提供数字和模拟成果 28364 幅、各类大地成果 586 点。编制完成海南省和各市县公益地图 50 幅。与海洋监测部门合作编制了海南岛周边海域遥感图集。与中国地图出版社合作编制《海南立体地形模型地图》《海南岛裸眼3D立体地图》。全年完成应急供图30次、提供领导用图21次，累计提供各类工作用图1022张。

国家测绘地理信息局海南基础地理信息中心

2016年，国家测绘地理信息局海南基础地理信息中心承担海南省“多规合一”信息数字化管理平台建设，完成信息共享、协同管理信息系统和平台的软件开发，联合省工业和信息化厅、政务中心实现了省政务审批“一张网”的对接，完成规划时空信息数据库建设，并为海南省划定生态红线提供地理信息支持。承担海南省第一次地理国情普查任务，完成基本统计分析、普查成果地图制作和普查成果数据建库。开展沿海滩涂变化监测和地理国情监测服务生态文明建设试点工作。组织实施海口、五指山、澄迈、定安等10个市县的数字城市地理空间框架建设，完成数字五指山预验收。开展“天地图·海南”更新完善工作，实现12个行业专题数据的集成和发布，8个市县级节点通过测试。完成科技部国家科技支撑项目基于地理信息的智慧城镇规划设计技术集成与示范实施方案评审。开展民用测绘标准采用分析与验证等标准编制工作。

海口市土地测绘院

2016年，海口市土地测绘院完成地籍调查业务670宗、宗地测量6152宗、不动产权籍调查与测量（大宗）435宗、农宅报建测量6000宗、长流镇博抚经济合作社等2宗耕地破坏程度鉴定外业调查与测量及内业检查、海口市10个街心小游园用地界线及1:500地形图测绘。为海口市18个废弃矿坑复垦项目提供测绘地理信息保障服务。完成龙湾片区闲置土地正射影像制作。完成海口市2015年度土地变更调查与遥感监测图斑与批而未用图斑外业核查与内业制图，海口市2015年度卫片执法检查图斑外业测量与内业制图、数据统计分析、外业抽样检查，海口市存量国有建设用地清理处置外业调查和内业制图，海口市农村土地共有宗地分割确权地籍调查技术监理四期监理工作。完成四类土地（储备地、闲置地、废弃矿坑、边角地）清查外业围挡测量工作及内业制图，滨涯村棚改片区路网项目共7个路段的放桩，5个棚改项目调查与测量，龙湾复垦、后备资源耕地开垦等23个项目的图件制作及数据统计、分析与汇总。

海口市城市规划设计研究院

2016年，海口市城市规划设计研究院开展农村土地承包经营权确权登记测绘、地形测量、土方测量、房产测量、地下管网测量、现状排水管网污染源调查、基坑监测及建筑变形测量等测绘项目66项。完成澄迈县4个镇的农村土地承包经营权确权登记121181亩，陵水县提蒙乡地区的农村土地承包经营权登记试点工作勘测及建库项目面积2.8万亩，琼海市农村土地承包经营权确权登记7.97万亩，儋州市农村土地承包经营权确权登记53813亩。开展海口市海甸岛片区现状排水管网污染源调查。

国家测绘地理信息局第四航测遥感院

2016年，国家测绘地理信息局第四航测遥感院承担国家基础地理信息数据动态更新项目，其中1:5万地形图制图数据更新与入库1042幅；1:25万地形数据更新与入库170幅；1:100万地形数据更新与入库34幅。完成基础性地理国情监测项目海南、福建、广东任务区内共1233景卫星影像的正射影像图制作、基础地理国情监测数据生产及地理国情监测分析。完成琼北地区1:1万基础地理信息数据整合更新653幅。为儋州市园林管理局制作12景卫星遥感影像正射影像图；为海口市国土局制作南盈滨—木兰头带状影像数据；为文昌市国土局提供164幅三种不同坐标系的正射影像图数据；与海口市规划局合作制作海口市火山口地区约111平方千米1:500和1:2000地形图立体测图和正射影像图，进行南渡江流域约130平方千米的1:2000、1:5000地形图立体测图。

国家测绘地理信息局第七地形测量队

2016年，国家测绘地理信息局第七地形测量队承担广东省的国家基础地理信息数据库动态更新项目，测区面积17.8万平方千米。承担广东省的基础性地理国情监测项目，完成变化信息采集、内业数据采集、外业调查与核查和内业编辑整理。开展海南省地级以上城市及典型城市群空间格局变化监测；在广东、广西、福建等地开展南方丘陵带自然生态状况变化监测。完成文昌、琼海、万宁、陵水、三亚等6个涉海市县约832千米的海岸线修测工作。完成海口、三亚、东方、定安、屯昌、儋州、临高、澄迈、五指山、琼海、文昌等市县农村土地承包经营权确权测绘工作，面积约160万亩。完成儋州市、澄迈县老城、五指山市、洋浦开发区、陵水县等市县地下综合管线普查共计1132千米。组织实施基于地理信息的智慧城镇规划设计集成与示范、南海重点区域基础地理数据精细化处理及三维表达、水下地形测绘关键技术试验等科技项目。

海南天琦测绘信息工程有限公司

2016年，海南天琦测绘信息工程有限公司开展三亚市地下管线普查项目，完成三亚市建成区（崖州区、天涯区、吉阳区、海棠湾区）内约421.59千米主干路网内地下42152.9千米管线的探测和管线所在道路1:500带状地形测量。开展国家石油储备三期工程海南儋州地下水封洞库项目的1:2000数字化地形图测绘。为澄迈县19个美丽乡村建设项目，开展面积为5569.90亩的1:1000地形图测绘。开展海口市东营国家中心渔港1:2000水下地形测量。完成海南省昌化江流域水文测验，对昌化江流域纵、横断面进行测量，并进行洪水调查。

海南水文地质工程地质勘察院

2016年，海南水文地质工程地质勘察院承担海南、深圳等地各类测量项目。完成海口市原水输水管道改造工程带状地形测量及地下管线探测、五源河体育场地形测量、海口滨江西带状公园（二期）景观地形测绘、深圳市龙岗区梧桐山段二线公路边坡管线探测等项目。承担美兰机场免税综合广场基坑支护变形监测、三亚四季阳光酒店项目建筑沉降监测、海口中心建筑主体沉降监测、东站国际商业广场基坑及建筑沉降监测、海航首府项目B18地块基坑监测等25项变形监测项目。与恒大海花岛产业集团签订年度测绘框架协议，负责中国海南·海花岛房产测绘项目。

海南图语地理信息技术有限公司

2016年，海南图语地理信息技术有限公司自主研发地图+云服务系统，支持Android和iOS操作系统的智能移动终端，可快速完成各类地图交易及地图大数据存储、分发、管理；自主研发全国首款基于智能手机端的市（县）农村公路管养APP——公路通，成功应用在海口、临高、文昌、陵水等市县的农村公路管养工作中。推广全国首个复合翼无人机倾斜摄影测量系统，建设领先的实景三维大数据工厂，为三亚市“双修”城市海棠区藤桥、林旺三维数字化建设、文昌铜鼓岭国际生态旅游区“数字园区”基础数据建设、海口市G15疏港货运快速干道三维“数字规划”基础数据建设、万宁祥源旅游度假区大比例尺倾斜摄影测量三维数字化建设等项目提供服务；编制《海南省公安边防地图集》，为边防布设及规划等工作提供先进、直观、准确的数据支撑。实施海南省公路数据库和农村公路电子地图更新及数据应用项目，对海南省农村公路数据有变化的路线进行数据的更新汇总，包括路况、桥梁等内容的更新。

重庆市

概况

截至2016年底，重庆市共有测绘资质单位240家、其中甲级5家、乙级53家、丙级163家、丁级19家。按单位性质分类，事业单位44家、企业196家。年末测绘从业人员7597人，其中测绘专业技术人员3761人、测绘相关专业技术人员1675人，分布在测绘、规划建设、国土资源、水利电力等13个系统。全年开展地理国情普查、城市地下管线普查、数字城市建设、智慧城市建设、地形图测绘、地籍测绘、市政工程、规划竣工核实、三维仿真模型、地籍变更和土地复垦等测绘地理信息项目共计15064项，全年完成测绘服务总值17.62亿元。

重庆市地理信息中心

2016年，重庆市地理信息中心基本建成拥有海量信息的综合市情系统，全面完成第一次重庆市地理国情普查工作，完成国家试点项目“智慧重庆时空信息云平台”等重点工程的建设。推进规划现状数据建设，建成全市地名数据库56万条，调查更新主城区和区县城区建筑物信息120平方千米，建成全市域1:5000基础地理信息数据库，涉及图幅12574幅，完成1:1万数据库更新一期2.3万平方千米838图幅数据库建设；完成13个区县700多个村现状分析及规划指引报告编制，以及70多个村规划和村建设规划工作；推进城乡规划督查与遥感监测，城镇建设用地监测首次实现重庆城乡全覆盖。持续建设全市地理空间库，完成地名地址库、“天地图·重庆”省级节点、全市风险信息管理平台、市场监管平台等全市地理信息公共服务平台的建设；加大地理信息应急保障投入，完善装备和人才队伍，组织开展100多次应急训练和多次应急作战和演练。全年发布“每周一图”50期，与重庆区县推出“每月一图”，新推“每周遥一遥”微信栏目。成立高分重庆数据与应用中心，成为国家测绘地理信息局卫星测绘应用中心重庆省级节点，与中国资源卫星中心签订战略合作协议，阶段性完成地理设计平台研发。1人获国务院政府津贴，1人入选国家测绘地理信息局选派联合国挂职项目，1人入选中央组织部“西部之光”访问学者。

重庆市国土资源和房屋勘测规划院

2016年，重庆市国土资源和房屋勘测规划院研究起草了《重庆市不动产权籍调查实施细则》等系列技术规范。完成重庆市主城区范围外业勘测213平方千米。完成房产测绘3946万平方米，楼盘建立8353幢，涉及面积约5130万平方米。完成两江新区、沙坪坝区、垫江等多个区县的“一张图”数据清理建设项目。持续开展无人机航测监测工作，完成13区县半年监测、年度地质灾害无人飞艇演练等多个无人机航测项目。参与完成的重庆市第二次土地调查省级汇总成果通过国家验收。完成重庆市2015年度土地变更调查国家级外业核查；重庆市村庄用地专项调查县级成果复查、汇总分析工作，首批调查成果已通过国家级内外业核查。完成自贸区划定工作，相关成果通过四部委审查并成为首个获批的试点区域。完成重庆市地质灾害应急指挥中心平台三维基础底图制作工作，通过影像拼接、裁切及坐标转换形成了27个区县及两江新区的影像图。承担两江新区、大渡口、沙坪坝、万州、垫江等区县“一张图”数据清理和监管平台建设，自主研发了基于移动终端的国土资源数据采集及展示平台，已在两江新区、武隆县、垫江县等地得到试用。全年立项科技项目12项，其中省部级2项、厅局级10项。

重庆数字城市科技有限公司

2016年，重庆数字城市科技有限公司承接软件、数据和展览展示服务类项目60多项。重点实施项目包括黔江规划展览馆、梁平规划展览馆、南川规划展览馆、濯水古镇文化展厅等。获得涉密信息系统集成甲级资质；申报了重庆市移动测量工程技术研究中心。全年共获高新技术产品认定2项，国家发明专利授权2项，软件著作权2项，软件产品登记3项，科技成果鉴定及成果登记1项；入选测绘地理信息创新产品目录1项，重庆市技术创新指导性项目目录2项，重庆市重点鼓励采购产品指导目录3项。参与了2016年度测绘法宣传日活动全国主场的设计、筹备、组织、布展和参展工作，展示了公司核心产品和高科技测绘装备（移动测量车）。

重庆市勘测院

2016年，重庆市勘测院为重庆轨道交通建设、公租房建设、跨江桥梁建设、道路建设等重大工程建设提供测绘服务。完成大量规划核实放线测量、基础竣工测量、竣工地形管线面积测量、管线跟踪竣工测量任务；推进地下管线普查更新工作，完成主城区地下管线权属确认，全市管线入库和地理框架要素数据入库，重庆市地下管线综合管理信息系统与数据库的集成以及系统在主城区以及各区县的部署，编制系统使用管理办法，健全管线维护和更新机制；推进智慧重庆空间信息服务云平台等智慧城市项目；开展重庆市主城区 1∶500 地形图数据库维护更新、重庆市 1∶1 万地形图数据更新、主城区地下空间综合信息图编制及管理信息系统建设、主城区地下空间数据库动态监测及更新、《重庆市历史地图集》第二卷、水上水下三维一体化平台建设、城市智能感知及大数据分析云平台等项目；开展大量三维仿真信息系统、变形监测项目、第三方监测项目、安全性评估、道路设计等项目；完成社区地图集、城乡规划与影像地图集等制图项目，为市委、市政府、局级机关提供决策用图，开展便民地图服务，在机场等公共场所免费发放《重庆市地图》《长江三峡旅游地图》以及便民旅游地图等公益地图近百万份。院科研项目立项 9 项、标准制定立项 8 项；参与 16 项国家和行业标准制修订，其中国家标准 5 项；获授权专利 5 项，其中发明专利 3 项、实用新型专利 2 项；获软件著作权 6 项；获重庆市科学技术成果转化促进会批准的科学技术成果登记 6 项；公开发表论文 79 篇。博士后科研工作站 1 名博士进站，2 名博士后出站；建成李维平技能专家工作室；成功申报重庆市首席专家工作室；与武汉大学联合设立的卓越工程师培养基地正式挂牌；创建“爱尚重庆测绘地理信息众创空间”，建立爱尚重庆在线地图服务平台和天地及室内外一体化众创地图平台。

四川省

概况

截至 2016 年底，四川省共有测绘资质单位 1097 家，同比增加 85 家。其中甲级 46 家，同比增加 6 家；乙级 216 家，同比增加 24 家；丙级 544 家，同比增加 72 家；丁级 291 家，同比减少 17 家。年末全省测绘地理信息行业共有从业人员 3 万多人，分布在测绘、国土、建设、规划、水电、铁路、地矿、煤田等 20 多个系统。全省测绘资质单位全年完成测绘服务总值 65 亿元。

成都市武测地理信息工程有限公司

2016 年，成都市武测地理信息工程有限公司完成洪雅县农业和畜牧局 2015 年农村土地承包经营权确权登记航摄测绘服务采购项目（第一包）涉及 27 个村民委员会 219 个村民小组 26222 户。完成成都市新都区城镇地籍 1∶500 数字地形图更新及权属调查。完成其他各类测绘项目 54 项，主要包括成都市各区县城市规划、成都市各区县土地规划、整治与保护、旧城改造、不动产调查登记、房产测绘、设施农用地的调查、社区湿地公园用地勘察定界等城市工程测量。全年测绘和编制各种图件 1 万多件，其中 1∶500 工程地形图 50 多项，总面积 15.2 平方千米；地籍、宗地图 9040 宗，总面积 58.02 平方千米；征地用图 70 多宗，总面积 13.2 平方千米；规划用地图 30 多项，总面积 0.8 平方千米；土地勘测定界图 100 多宗，总面积 5.8 平方千米。

四川省地质工程勘察院

2016 年，四川省地质工程勘察院完成测绘项目 86 项，主要包括楚雄—攀枝花天然气管道初步设计阶段测量、天府新区农村富民公路、彭州市工业园区天然气分布式能源项目外供蒸汽管网工程带状地形测量、木里 110 千伏输变电工程勘测定界、德昌乐跃 110kV 变电站勘测定界及分户工作、江油农村产权确权登记服务、南部县农村产权确权登记服务、四川省乐至县农村土地承包经营权确权登记、国网四川凉山甘洛县吉米供电所地勘、凤岭公园改建等项目。

四川省煤田地质局一三七队

2016 年，四川省煤田地质局一三七队承担完成测绘项目40多项，涉及工程测量、地籍测绘、地理国情普查、航空摄影测量、规划设计、地质评估和土地整理勘测定界。主要包括达州市达川区农村土地承包经营权确权登记项目第三标段，四川省第一次全国地理国情普查数据库建设（泸州、宜宾市）、普查图制作（泸州市），万源市农村土地承包经营权确权登记，宣汉县农村土地承包经营权登记，北川羌族自治县第二次全国地名普查，达州经开区农村土地承包经营权确权登记，贵州省镇宁县、纳雍县、武汉市黄陂区农村土地承包经营权确权登记颁证，呼图壁县约90万亩农村土地承包经营权确权登记颁证及数据库建设。

四川省地震局测绘工程院

2016年，四川省地震局测绘工程院承担完成的测绘项目主要包括四川地区跨鲜水河、安宁河、则木河、龙门山等断裂带28处形变观测场地每月一周期的流动形变监测；四川及邻省区约25万平方千米的两周期相对重力观测，两个周期共计100个测点的中国大陆综合地球物理场流动地磁三分量观测（四川地区）；2016年综合地球物理场增项、中国大陆构造环境监测网络、巴颜喀拉块体东部应变积累等国家重大科学工程项目和国家自然基金课题总计76个A级GNSS点联测；龙门山断裂带、川滇交界、“973计划”等国家重大科学工程项目和国家自然基金课题总计35座GNSS连续站的运维；中国大陆构造环境监测网络四川甘孜和松潘连续重力站运维；中国大陆构造环境监测网络泸州GNSS核心连续站运维。承担中法农业科技园彭山园区数字化地形图测绘；上海市浦东新区新场镇坦东村、坦西村、坦南村、蒋桥村宅基地和集体建设用地地籍测绘；四川省富顺县中石镇土地整理项目勘测定界；嘉陵江金银台、新政、桐子壕、苍溪、金溪、沙溪航电枢纽2016年度形变监测等项目。

中国石油集团川庆钻探工程有限公司地球物理勘探公司

2016年，中国石油集团川庆钻探工程有限公司地球物理勘探公司完成33个石油、天然气地震勘探工程项目；完成地震测线1376条、放样地震激发点27.08万个、放样地震接收点87.50万个、布设GPS控制点487个。在四川省20多个县市、重庆10多个区县以及新疆塔里木、库车、准噶尔、鄂尔多斯等地进行油气勘探。

中铁八局集团有限公司

2016年，中铁八局集团有限公司测绘分公司完成的测绘项目主要包括新建高速铁路成都至兰州线成都至川主寺段铁路控制网测量；新建铁路大理至瑞丽线大理至保山段洞内施工测量；渝怀铁路涪陵至梅江段增建第二线的控制网复测和加密测量以及洞内导线测量；新建水厂矿区至曹妃甸港区集疏港铁路控制测量；新建叙永至毕节铁路（川滇段）复测和加密测量；新建川南城际铁路控制测量；新建成都至蒲江铁路CPIII控制网测量以及加密控制网测量；新建长沙至昆明高速铁路引入贵阳枢纽CPIII控制测量；成昆线峨嵋至米易段扩能改造工程控制网复测和加密测量；连霍高速公路商丘至兰考段改扩建工程LHSG－Ⅰ标段施工控制网复测及施工控制网加密测量；成都地铁1号线三期工程首期、南段及博览城综合交通枢纽工程精密工程测量及施工测量检测；成都地铁3号线和7号线精密工程测量及施工测量检测。

四川省水利水电勘测设计研究院

2016年，四川省水利水电勘测设计研究院完成各类测绘项目110多项，主要包括水力发电、水库与灌溉工程、电站和水库的变形测量、地形测量等。完成18个水库和电站外部变形定期监测，其中1:500地形图测绘25平方千米、1∶1000地形图测绘75.6平方千米、1:2000地形图测绘54.1平方千米、河（渠）道纵断面测量501.2千米、横断面测量691.3千米、水边线测量124千米、界桩征地测量586.2千米。完成亭子口灌区总干渠、嘉右干渠及东西干渠300多千米的渠系三、四等GPS控制测量和带状及局部地形图测量。

中冶成都勘察研究总院有限公司

2016年，中冶成都勘察研究总院有限公司完成测绘项目130多项，主要包括地籍测绘、确权、控制测量、变形监测等。完成芦山县城镇建成区等地籍测绘；甘孜藏族自治州州级不动产登记数据整合服务项目和珙县小型水利工程确权颁证；宜宾至攀枝花沿金沙江高速公路金宁A段控制测量；巴中市体育中心地基测绘等项目。承担南充市顺庆五星商圈提升工程、绵阳市科技城大道边坡及周边结构物变形、英国小镇Y2—1地块农迁房建设项目、西部网络传媒中心项目基坑等变形监测及建筑物沉降观测任务。

成都市勘察测绘研究院

2016年，成都市勘察测绘研究院完成各类测绘项目4879项，主要包括成都市用地界址、坐标放线、房屋竣工、道路、地铁、管网等城市工程测量以及房产测绘、地图编绘等。完成成都市中心城1:500地图更新（航空摄影及实景三维数据生产）91平方千米；完成成都市北斗地基增强系统建设（基站11座）、成都市基础控制点普查474点、成都市B级GNSS控制网维护15点、成都市C级GNSS控制网维护49点、成都市二等水准网维护1400千米等更新维护工作；完成成都市域10740平方千米电子地图更新和12014平方千米卫星影像图纠正、正射影像图制作；完成地铁管线迁改和规划核实测量工作335项、地铁第三方检测工作731项、地铁施工控制网布设159.76千米；完成双流国际机场区域内1:500地形图、E级GPS点、二等水准等测量工作；完成成都市域（除西部山区）约1.2万平方千米区域像控点（1901点）布设及测量。

四川省冶金地质勘查局测绘工程大队

2016年，四川省冶金地质勘查局测绘工程大队完成四川省资阳市雁江区、乐至县、盐亭县、隆昌县、剑阁县、中江县1:1000或1:2000农村土地承包经营权确权登记服务及数据库建设、宅基地确权项目11项，调查面积250万亩；完成成都天府新区、双流县、新津县、龙泉驿区、平武县、苍溪县、通江县、甘孜州、阿坝州等地形、地籍图测绘、管线探测与检测、土地总体规划调整完善及永久性基本农田划定、矿权核实、建筑物变形监测等项目450项。在云南、广西、西藏、重庆等地开展农村土地确权、管线探测、公路测量、地理信息系统建设等项目11项。

成都市国土规划地籍事务中心

2016年，成都市国土规划地籍事务中心完成地籍调查1195宗，其中测量类750宗。承担完成的主要测绘项目包括成都市中心城区及天府新区成都直管区新征地勘测定界约1900公顷，成都市中心城区3平方千米数据库集中更新，金堂县、邛崃市、都江堰市、简阳市约1500个像控点（同名点）点位布设和外业测量，成都市2015年度20个区（市）县土地变更调查与遥感监测和全市城镇地籍调查数据更新汇总。对外承接了成温邛高速公路土地利用现状调查、成都至都江堰铁路建设用地及13个站点地籍调查、成锦乐铁路用地测量及补征土地勘测定界，完成简阳新机场及周边60多平方千米影像获取、邛崃郭山村和金堂龚家村37平方千米1:2000正射影像图获取、成都青龙湖片区约37平方千米1:1000航空摄影测量。

四川省冶金地质勘查局六〇一大队

2016年，四川省冶金地质勘查局六〇一大队完成各类测绘项目80多项。主要包括攀枝花市城市规划、大型高边坡变形监测、房地产开发等城市工程测量项目和攀枝花市区所有地籍测绘、土地勘测定界等土地测量项目。跨省项目有云南省农村土地承包经营权确权登记颁证试点项目、云南高速公路线路测量项目等。全年完成和在建各类变形监测项目15项，其中沉降观测项目8项。完成1:500工程地形图40多项，总面积29.7平方千米；1:2000地形测绘20多项，总面积48.5平方千米；地籍、宗地图10多项，总面积5.7平方千米。无人机航摄系统投入运营，完成10多项航空摄影测量项目，总面积100多平方千米。

四川省煤田测绘工程院

2016年，四川省煤田测绘工程院承担完成的测绘工程项目主要包括成都市天府新区及宜宾市翠屏新区天然气管网图更新及管线竣工；九龙县综合地下管线普查；成都市温江区、游仙区等区县第二次地名普查；2015年度富顺县、邻水县等4个区县耕地质量等别年度更新；自贡市大安区、沿滩区等区县399平方千米卫片执法、界线清理；贵州省瓮安、麻江、施秉、平塘等县土地确权航空摄影；得荣县、马尔康县等区县房产测绘33930.83平方米；稻城县高海拔宇宙线观测站地方配套建设项目1:1000数字化测图2.05平方千米；古蔺县土地整理项目；都江堰市城乡建设用地增减挂钩项目资料编制。全年承担农村土地确权登记项目19项，涉及80多个乡镇929个村9166个村民小组，林权确权13.54万亩，土地承包经营权确权430.36万亩。

四川省国土勘测规划研究院

2016年，四川省国土勘测规划研究院主要承担完成2015年度全省土地变更调查审查汇总，2015年度全国土地变更调查国家级外业核查和四川省城镇地籍调查数据更新汇总，2015年度国家级遥感监测和2016年度国家级遥感监测第6分包，全省耕地后备资源调查评价及二次调查新增耕地调查，全省历史遗留工矿废弃地入库，四川省耕地后备资源调查评价省级检查汇总。承担完成土地勘测定界项目涉及国家、省重点建设的水利水电、铁路、高速公路、机场、新能源建设工程以及城市、乡镇批次用地等项目39项，用地面积约309.84平方千米；在四川省30个县开展全域遥感动态监测，共提取新增建设用地图斑6551个，面积93970.5亩；完成地籍调查项目12项。

四川中测天翔遥感技术有限责任公司

2016年，四川中测天翔遥感技术有限责任公司承担完成渠县农村土地承包经营权确权登记颁证项目，耕地面积159万亩，幅员面积2018平方千米；包头市固阳县农村土地承包经营权确权登记颁证项目；兴和县农业局9个乡镇152个村委会土地确权项目；川渝第三通道、铜梁—思源、黄登—新松500kV线路工程航空摄影及3D产品生产技术服务；芒市猴桥1:1万制图、蒙自文山师宗1:1万制图、贺州至梧州至玉林1:1万专题图、泸定上田坝至堡子坝、黑水县红扎隧道等公路专题图制作；普安电厂500kV送出线路工程航空摄影及3D产品生产技术服务等。

中铁二院工程集团有限责任公司

2016年，中铁二院工程集团有限责任公司开展的测绘项目涉及铁路、城市轨道交通、公路等众多领域。完成的变形监测主要包括成兰铁路龙门山后山断裂活动变形监测、沪昆线北盘江大桥沉降变形监测、成渝高铁永川及内江监测、上海铁路局宁安线既有线精测网复测与变形监测。承担的海外项目主要包括俄罗斯高速铁路、巴基斯坦铁路、伊朗高铁项目等。全年共计完成测绘项目149项。完成铁路初测4434千米、定测3112千米、补定测2035千米；航空摄影（含无人机摄影）1395平方千米；1:500航测控测及制图233平方千米，1:2000航测控测及制图8895平方千米，1:1万航测控测及制图38309平方千米，1:5万航测控测及制图77255平方千米，无人机1:2000制图137平方千米；铁路线路精密测量CP0 500千米，CPI 4022千米，CPII（含洞内）6338千米，CPIII2286千米，水准3962千米。

中铁二局集团有限公司

2016年，中铁二局集团有限公司测量中心开展的测绘项目涉及高速铁路、城市地铁、高速公路和长大隧道等重大工程的施工复测、控制测量、沉降和变形监测等。主要包括梅汕铁路MSSG—3标、湛铁路站前4标、南昌至赣州客运专线CGZQ—11标、成贵线乐山至贵阳段CGZQSG—15标、成昆线（峨眉至米易段）扩能改造工程EMZQ—13标、川藏线拉萨至林芝段LLZQ—8标、玉磨铁路YMZQ—22标、成兰线CLZQ12—1标等19项铁路工程项目的控制测量；鹧鸪山隧道（8.8千米）、铁峦山隧道（5.235千米）、云屯堡隧道（23千米）、山西中部引黄工程施工16标（14.08千米）、尼泊尔巴瑞巴贝引水隧道（12.2千米）5座长大隧道工程的地面控制测量、洞内控制测量和变形监测，以及成都地铁、广州地铁、深圳地铁、西安地铁等19项地铁工程控制测量；麒麟科技创新园现代有轨电车、深圳有轨电车等8项市政工程控制测量，国道321泸州沱江二桥加宽改造、永顺至吉首高速公路、弥楚公路、绥延高速公路等15项公路工程控制测量。

四川旭普信息产业发展有限公司

2016年，四川旭普信息产业发展有限公司完成绵阳市4个县（区）地名普查、达州市16个县（区）永久基本农田划定、巴中市4个县土地利用总体规划调查完善；农村土地承包经营权确权项目约700万亩、贵州省毕节市等市县林权确权1.5万亩；自贡市县区水利确权约3000平方千米；成都市邛崃等增减挂钩项目4项，乐山市3个县土地整治规划项目。

四川空间信息产业发展有限公司

2016年，四川空间信息产业发展有限公司完成测绘航空摄影、摄影测量与遥感、地理信息系统工程、不动产测绘（地籍测绘）、工程测量等项目51项。完成1:500地形图302幅、地理信息系统开发8项、测绘航空摄影2905.3平方千米、摄影测量与遥感内业3109.3平方千米、地籍测绘5500平方千米。

四川省交通运输厅交通勘察设计研究院

2016年，四川省交通运输厅交通勘察设计研究院测绘业务涉及公路、水运等工程的测绘项目。主要包括宜宾至攀枝花沿金沙江高速公路初步勘察设计宁攀A标段初步设计；长江上游铜鼓滩—宜宾大桥河段航道整治工程可行性研究；遂宁港大沙坝作业区工程和三星船闸改建工程可行性研究；岷江犍为航电枢纽工程施工测量控制网重建；什邡市湔江、鸭子河流域综合治理项目A—1标段工程测绘。

中国水利水电第七工程局有限公司

2016年，中国水利水电第七工程局有限公司测绘中心承担完成130多项各类工程项目施工测量任务。主要包括深（深圳）茂（茂名）铁路五标段、成（成都）贵（贵阳）铁路三标段、京（北京）张（张家口）铁路八标段CPI、CPII及加密网的控制网复测；19个水电站运行期外部变形监测；猴子岩水电站、长河坝水电站、龙滩水电站3个库区泥沙监测；成都地铁（4号线、18号线）、深圳地铁（7号线、5号线二期、9号线）5个项目的外部变形监测。开展了基于工程项目建设的网络RTK新技术应用研究。

中节能建设工程设计院有限公司

2016年，中节能建设工程设计院有限公司开展的测绘业务涉及控制测量、地形测量、隧道工程测量、建筑变形测量、地下管线测量等，承担完成的测绘项目主要有汇融国际项目二期基坑变形观测及主体沉降观测、招商·依云上城基坑变形观测及主体沉降观测、四川省成都市信和御龙山3B区项目方格网测绘、东坡大道道路整治工程地形测绘、文忠街（阜城路至裴城路）整治工程地形测绘、眉山市儿童福利院周边市政工程地形测绘、赤壁西路新建工程（长安路至二环西路）地形测绘、文定街北延段及太和中路工程地形测绘。

中国建筑材料工业地质勘查中心四川总队

2016年，中国建筑材料工业地质勘查中心四川总队完成峨眉山市、蓬溪县、平昌县等城镇地籍测绘、更新与维护89.6平方千米；南充高坪区、井研县、西充县等农村土地承包经营权确权登记颁证1343.43平方千米；乐山高新区、马边县等永久性基本农田划定39.06平方千米；巴南高速公路（巴中至南充段）、丽攀高速公路（攀枝花通车段）等土地登记技术服务，涉及带状图约164千米。完成其他包括变形监测、房产测量、管网工程、地形测绘、地籍测量、监理项目、卫片执法、土地变更调查、土地勘测定界、建设用地报征、国土档案整理等项目共计80多项。

中国电力工程顾问集团西南电力设计院有限公司

2016年，中国电力工程顾问集团西南电力设计院有限公司开展测绘项目32项，主要包括火力发电厂、新能源发电、高压输电线路、变电站等工程的可研设计、初步设计及施工图设计等。完成1:500工程地形图5项，总面积2.9平方千米；1:1000工程地形图4项，总面积5.2平方千米；1:2000工程地形图11项，总面积21.2平方千米；输电线路9项，测绘路径平断面图890千米。承担的主要工程有陕西彬长电厂、贵州六盘水电厂（含水下地形测量)、广东增城电厂（含水下地形测量)、重庆永川松溉电厂；西藏当雄县格达乡羊易村30MWp光伏、西藏山南市扎囊县20MWp光伏项目；西藏霍尔、雅上、萨嘎、吉隆输变电工程、重庆南川330千伏输变电工程，陕北1000千伏换流站工程；扎鲁特—山东±800千伏特高压直流输电线路，川渝第三通道500千伏线路；安徽芜湖电厂施工控制网测量及变形监测、四川江油天明电厂施工控制网测量等。

贵州省

概况

截至2016年底，贵州省共有测绘资质单位489家，其中甲级17家、乙级71家、丙级210家、丁级191家。年内新增测绘资质单位8家、资质升级27家（其中乙级升甲级2家)。全省测绘行业全年完成测绘服务总值16.6亿元，同比增长16.1%。年末测绘从业人员9031人，同比增长9.7%。完成的重点测绘地理信息项目包括地理国情普查、测绘地理信息应急保障服务建设、数字城市建设等。

贵州省第三测绘院（贵州省国土资源遥感监测中心）

2016年，贵州省第三测绘院（贵州省国土资源遥感监测中心）开展贵州省国土资源精准扶贫作战图管理系统建设，完成市级作战图管理系统建设，并取得计算机软件著作权，完成安顺市、铜仁市、毕节市3个地级市和7个极贫乡的系统建设；牵头筹备全国首个航空遥感应急保障基地一类通用机场建设，得到国家测绘地理信息局大力支持，并批准成立国家应急测绘保障贵阳中心；开展大型无人机在应急测绘保障领域的应用，完成贵州省重大科技专项“鹞鹰无人机产业化关键技术研究应用示范”研究；利用雷达干涉测量地表形变监测技术对开阳县、思南县、桐梓县、大方县、金海湖新区重点地灾隐患区进行了短期形变监测；开展应急测绘演练20次，为大方县理化乡偏坡村滑坡灾害、铜仁市万山区大坪乡清塘村地质灾害的抢险救灾提供了应急测绘保障服务；开展“2016年国家地理国情监测全国地级以上城市及典型城市群空间格局变化监测——贵州省监测区”9个市州的城市空间格局变化监测；完成遵义市、毕节市22个县地理国情普查基本统计分析，17个县、36751平方千米的地理国情普查框架数据更新与生产；完成数字遵义、数字毕节、数字铜仁地理空间框架建设，分别通过国家级和省级验收；完成基本类型领导工作用图更新编制《贵州省地图（2016年版)》，开展《贵州省旅游普查图集》编制，编制了多种专题地图（集)。开展不动产登记工作，编制自然资源统一确权登记技术方案，制定技术标准；承担12个县（区）永久性基本农田划定工作；开展11个县（区）2016年度土地利用变更调查；完成安顺市、毕节市、福泉市、赤水市区域建设用地和城市中心城区节约集约利用状况评价和更新评价工作；开展极贫乡土地整治、村民自建土地整治规划方案编制。完成贵阳市、毕节市、铜仁市、六盘水市、安顺市等市州“十三五”测绘地理信息发展规划编制。参与地名普查试点工作，承担全省1/4的县级地名普查任务。

贵州千景土地科技有限公司

2016年，贵州千景土地科技有限公司完成惠水县、道真县、纳雍县、镇远县、石阡县、织金县、三都县共计1.6万平方千米的航空摄影及正射影像图制作；完成红花岗区金鼎山土地整治地形测量等20多个地形测绘项目；承担都匀经济开发区匀东镇饶河村不动产权籍调查、镇远县不动产登记颁证等项目。开展道真县农村土地承包经营权确权登记颁证技术服务；纳雍县农村土地承包经营权确权登记颁证技术服务B1包；镇远县农村土地承包经营权确权登记颁证；石阡县农村土地承包经营权确权登记颁证采购项目（一标段/二标段）；三都县农村土地承包经营权确权登记颁证调查与测绘技术服务（1包）；惠水县农村土地承包经营权确权登记颁证工作（C包）；毕节金海湖新区2016年梨树镇、双山镇、小坝镇、青龙街道办事处、金海湖办事处农村土地承包经营权确权登记颁证等15个农村土地承包经营权确权登记项目。承担安龙县数字城市地理信息框架建设项目。协助贵州省测绘行业协会编制完成《贵州省测绘地理信息产业发展“十三五”总体规划》。

贵州黔美测绘工程院

2016年，贵州黔美测绘工程院完成工程测绘、地籍测绘、房产测绘、界线测绘等市场测绘项目数千项，提交优质测绘成果成图上万件。完成贵州省各大矿区及重庆松藻、河南永诚、山西晋城等测区的大地测量、GPS测量和航测成图任务，控制面积15万平方千米、大小比例尺测图累计面积近5万平方千米。完成城镇地籍测量120平方千米、地理国情普查上万平方千米、农村土地确权133平方千米。

云南省

概况

截至2016年底，云南省共有测绘资质单位815家，同比增加55家。其中甲级14家，较2015年无变化；乙级172家，同比增加30家；丙级358家，同比增加31家；丁级271家，同比减少6家。年末全省测绘地理信息行业从业人员16953人。

中国电建集团昆明勘测设计研究院有限公司

2016年，中国电建集团昆明勘测设计研究院有限公司主要完成了滇中引水工程（万家—新庄段）地形测量451.2平方千米，建设征地临时界桩25499棵；完成丽江龙蟠提水工程、龙开口电厂库区淤积及其它水利水电工程30多项共计测制296.7平方千米；大姚石羊叽腊等12项风电场1:2000地形459.6平方千米；建水放马坪等8项并网光伏发电1:500场址地形120.3平方千米；漫湾、景洪电厂一等外部变形监测控制网复测；糯扎渡电厂大坝表面变形三维扫描建模与分析及环境量监测系统建设；广州市北部区域江河湖库连通工程79.4平方千米；海南海口木兰湾海洋测绘120多平方千米；承接了云南省玉龙、石林、双柏、澜沧、东川等县区农村土地承包经营确权项目263.6万多亩；继续开展昆明长水机场、小湾电站、金安桥电站等工程安全监测20多项；无人飞行器航摄2800多平方千米，并制作“4D”产品。国际测绘业务涉及老挝南欧江一三四七级水电站库区永久淹没界桩测绘5000棵，色边准水等18个水电项目测图250.3平方千米；缅甸瑞丽江一级电站汛末库容淤积测量；非洲喀麦隆RP19公路项目MOU融资阶段1:2000地形图219.8平方千米；印尼Paleleng、KLUET1等水电站地形测图139.4平方千米。三维设计成果在地理信息系统中集成应用研究、高海拔山区风电站智能选址与工程优化关键技术研究及产业化示范、长距离引调水工程设计集成技术研究等科研项目完成验收；“3S技术集成职工创新工作室”荣获云南省第三批职工创新工作室；“一种高海拔山区模糊多准则风电场选址方法”获发明专利；“无人机航空影像像控点自动布设工具软件”“高海拔山区风电场微观选址移动踏勘系统”获软件著作权。

云南省地图院

2016年，云南省地图院完成测绘服务总值5452万元，开展了地图编制、技术服务、数据处理、工程测量、地理信息系统建设等各类测绘地理信息服务项目200多项。主要包括：为省委省政府等部门提供装框挂图及各类图件服务；编制完成云南省地理国情普查（省、州、县）成果图件、《云南省公路交通地图册》《云南省工作用图（图册）》《云南省加油站图集》《临沧市工作用图》《大理州政府工作用图》《弥渡县扶贫攻坚图》等；完成“天地图·云南”框架数据、地名地址、地形三维数据生产，云南省地级以上城市空间格局变化监测，省市级土地卫片执法检查技术服务，云南地质信息中心全省1:5万数据更新处理，昆明市、临沧市、西双版纳州第二次全国地名普查，云龙县、弥渡县、禄丰县不动产登记试点，永平县山洪灾害调查，大理市农田保护与城市扩展，扶贫办扶贫实景三维模型制作等技术服务；开展元江至蔓耗高速公路（玉溪段）1:2000公路带状地形测绘，陇川南宛湖温泉旅游度假区地形图测绘，数字德宏倾斜摄影三维GIS试验等测绘项目；建设完成云南省应急救灾指挥信息系统更新，云南省地震应急互联互通信息采集录入系统，地理国情普查州（市）县级成果数据库管理系统，倾斜摄影数据快速处理系统，精准扶贫大数据可视化管理平台，三维地理信息展示平台，云南省自然资源审计空间辅助支撑体系试点，滇池流域环境监测系统数据库等；推广“天地图·云南”在教育、扶贫、减灾、保山市国土自然资源管理、工业园区管理等领域的示范运用。

云南省航测遥感信息院

2016年，云南省航测遥感信息院完成省级基础测绘项目大理、蒙自、砚山、德宏、中老边境、中缅边境南段、中越边境7个测区（其中1:1万图2286幅、1:5000图1132幅）3D地图数据的质检和成果汇交工作。组织完成云南省1:1万基础测绘地理空间资源更新、云南省航空航天遥感影像数据获取和数据库建设、云南省基础测绘生产服务能力建设3个项目可研报告和实施方案的编写工作。组织实施了景东测区、滇中测区共1320幅1:1万数字地图更新试点和DLG数据更新。组织实施了全省优于1米分辨率和16个州（市）129个县（市、区）政府驻地、坝子及口岸区域优于0.5米卫星遥感影像数据获取、正射影像图制作和数据库建设项目。完成了临沧边境经济合作区基础测绘项目1.7万平方千米1:5000正射影像图、电子地图和三维演示系统的制作和开发任务。完成了昭通鲁甸震区恢复重建与国土监测项目资料收集分析、要素数据采集处理、变化监测分析和管理系统的研发等工作。云南省多源遥感影像即时服务系统、云南省遥感影像快速处理系统和云南省航测遥感信息院涉密网络分级保护改造等项目的软硬件设施已基本部署到位，并开展了培训和应用，遥感影像快速获取、快速处理和应急测绘服务保障能力已初步形成。

云南省测绘工程院

2016年，云南省测绘工程院完成大理、丽江、德钦测区1:1万3D数字地图测制，开展昆明测区250幅1:1万更新。承担的区域似大地水准面精化项目，大理通过验收，临沧市待验收，昭通市完成外业工作，迪庆州完成高程联测。昭通鲁甸地震灾后测绘基准重建完成二等水准点标石选埋444座，二等水准观测2475千米；云南省现代测绘基准体系基础设施建设项目启动，原控制点普查踏勘完成平面点1196点、水准点3127点，埋石完成平面控制点93点、水准标石1154座。昆明市主城区及滇池流域地表覆盖与沉降监测完成影像处理3.2万平方千米，地表覆盖、水网采集3.06万平方千米，城市边界采集6759平方千米；长江经济带国家投资基础设施建设监测完成云南监测任务区总工作量的40%；三维激光扫描技术的应用示范项目——“德钦县城周边地质灾害监测—灾害隐患点三维激光扫描”监测完成；云南省综合卫星定位服务（YN-CORS）地方坐标发布系统建设项目通过验收。完成丽江市、文山州第二次全国地名普查；完成云南省农村土地承包经营权确权登记颁证正射影像图制作13519平方千米；建设完成云县、富源县、勐腊县磨憨口岸的城市地下管线普查及管理信息系统。完成瑞丽市城区1:500数字地形图测绘约30平方千米；协助玉溪市国土资源局对玉溪市辖区42家丙丁级测绘资质单位测绘产品进行质量抽检；完成芒市机场净空管理系统研发。

云南省地震局形变测量中心

2016年，云南省地震局形变测量中心负责云南境内30个GNSS基准站、重力站通讯运维工作，保证全省12个GNSS基准站的正常运行，西南片区36个GNSS基准站设备运维保障及技术支持。完成全省11处跨断层短水准、短基线场地12期观测，滇西地震预报实验场98个地磁测点2期磁场总强度观测，滇西地震预报实验场及南华—昆明—曲靖测线共108个测点、110个测段2期重力观测。中国大陆综合地球物理场观测项目，“南北带流磁三分量、总强度观测与处理应用”完成南北带中南部123点的地磁矢量观测及川滇地区165点2期地磁总强度观测；“南北带相对重力联测与数据处理分析”完成50个测点、52测段2期重力观测；“南北带GNSS观测与数据初步处理应用”完成云南滇西南地区53个区域网点。完成喜马拉雅“大华北地区西南缘地磁观测研究”项目通海100点2期地磁场加密观测、南北地震带65点地磁三分量观测。保障“云南鲁甸6.5级地震专题研究”10个GNSS临时连续站及“川滇东部GPS连续观测”5个GNSS临时连续站顺利运行，并承担了数据传输工作。完成川滇交界重点地震危险区跨断层加密观测昭通龙树跨断层水准及红外测边场地6期观测。完成云南省地震局继续深入推进预防和处置地震灾害能力建设10项重点工程18个形变跨断层场地（91点，157条边）2期测距观测；滇东重力测网43点、47测段2期流动重力观测。建设完成川滇实验场平台5个GNSS区域站、2个基准站。完成北斗地基增强系统地震行业分系统云南区域加密网基准站建设与试运行18个GNSS连续跟踪站建设。

陕西省

概况

截至2016年底，陕西省共有测绘资质单位551家，其中甲级43家、乙级181家、丙级200家、丁级127家。省地理信息产业协会成立了3个市产业协会代表处。陕西测绘地理信息局全年转报升甲级资质业务6家，其中1家已通过国家测绘地理信息局审批、5家正在审批。转报甲级单位进行业务范围变更、基本信息变更、补充和修改数据、补领证书业务42件。召开专题会议，就信用平台应用对各市级测绘管理部门开展培训。编印《测绘地理信息行业信用管理平台用户手册》，完成陕西省甲级测绘资质单位信用信息征集工作，共征集各类信息380条，上报国家测绘地理信息局295条。全面开展“双随机一公开”联合检查工作，相关工作得到省推进政府职能转变协调小组充分肯定，常务副省长姚引良在全省推行“双随机一公开”监管工作会议上，点名表扬陕西测绘地理信息局“工作启动早，推进快”。陕西测绘地理信息局党组会议明确支持有条件的测绘民营企业参与“十三五”省级基础地理信息更新工作。主动支持合并重组的测绘地理信息企业升级测绘资质、增加业务范围，积极为其提供资质合并业务指导，顺利完成资质办理。支持企业通过并购、参股等方式进入测绘地理信息行业。鼓励资质单位拓展业务范围，帮助2家单位加入陕西法院司法鉴定机构管理平台。新增1家地理信息企业上市。指导开展民营企业初级职称评审、优秀测绘地理信息工程奖评选，完成1960人职业技能鉴定。测绘信用信息纳入陕西省公共信用信息目录。

西安市勘察测绘院

2016年，西安市勘察测绘院承担“数字西安”的建设及为城市规划服务的各种信息系统的开发与维护工作。完成全市三维地形数据的生产及建库，实现三维地形数据全市域覆盖；完成西安市地面沉降二等水准测量、西安市综合地下管网系统平台建设、铜川市管线普查监理工作。新增西安市三维数据约60平方千米，全市三维模型数据总覆盖达到520平方千米以上，完成约200平方千米Skyline平台下的三维模型数据建库工作；开展了全市域1:1万地理信息框架数据生产、西安市1:5万框架数据更新工作。

西安中勘工程有限公司

2016年，西安中勘工程有限公司完成渭南合阳县、汉中洋县、山西省万荣县土地整治规划，定边县2014、2015年建设用地报批项目勘测定界，渭南市重点项目渭河综合治理勘测定界工程等项目。承担合阳国土局、户县国土局、柞水国土局、定边国土局、潼关县水务局地籍调查、河道治理、土地规划等一批民生基础工程的相关测量测绘工作，西安交通大学第二附属医院、武警医院、咸阳中医院、户县医院、三原县中医院等省内公共建设项目的工程测量和基坑变形监测工作。完成泾河新城包茂高速复线泾河立交桥及引线桥梁监测、韩城黄河万亩生态渔业园工程勘定界、大明宫精筑广场基坑临近地铁四号线施工第三方监测等一批重大项目。参与华能铜川电厂铁路、大唐宝鸡热电厂等能源项目的测量工程。完成西安市城市规划编制和市级重点项目6项，提供业主和甲方测量报告32份、制作专题图198幅、制作影像图203幅。

西北综合勘察设计研究院

2016年，西北综合勘察设计研究院承担并完成宜君县科技工业园区规划区（二期）1∶1000地形图测绘、洛南县石坡镇1∶1000全野外数字化地形图测绘、洛南县教育城1∶500全野外数字化地形图测绘等城镇规划测绘项目；大荔县农村土地承包经营权确权登记颁证（第一标段）、富县农村土地承包经营权确权登记颁证、澄城县农村集体建设用地及宅基地使用权登记发证试点等地籍调查项目；大唐陕西发电有限公司韩城发电厂厂区及周塬灰坝变形观测，延安市新区北区道路3号、5号、10号、11号、14号、17号、22号线变形监测，201a号环控系统实验厂房沉降观测等变形监测项目；户县城区集中供热工程涝滨路地坪和地下管线勘测，多下镇DN800蒸汽管网地坪、地质和地下管线勘测等地下管线探查项目。承担的潼关县太要镇秦王寨社区规划区地形图测绘项目通过国家测绘地理信息局2016年全国测绘地理信息质量监督抽查。

中交第一公路勘察设计研究院有限公司

2016年，中交第一公路勘察设计研究院有限公司承担G6线格拉高速公路那曲至拉萨段公路改扩建工程测量、国家高速德上线巨野至单县（鲁皖界）段公路工程测量、宜宾至攀枝花沿金沙江高速公路宜新A标段工程测量。承担的G56杭瑞G60沪昆国家高速公路云南省小铺至关箐段改移工程建设项目工程测量成果通过陕西省测绘地理信息成果质量监督检查，成果质量合格。通过陕西省测绘地理信息成果质量监督检查组对公司测绘质量管理体系及制度的检查。承担的河北省高速公路管理局石安改扩建筹备处的京港澳高速公路（河北段）改扩建工程车载三维激光扫描技术应用研究项目完成国家科研成果登记，并于7月11日获得河北省科学技术厅颁发的“河北省科学技术成果证书”。

国家测绘地理信息局第一地形测量队（陕西省第二测绘工程院）

2016年，国家测绘地理信息局第一地形测量队（陕西省第二测绘工程院）承担完成湖北、新疆1∶5万地形数据库更新生产任务，其中新疆（南）7个地级市为全要素更新，新疆（北）7个地级市、湖北省为重点要素更新。承担湖北、新疆基础性地理国情监测生产任务。采用车载移动测量系统完成陕西省13条高速公路及西安三环内主要干道街景地图数据生产，总长度约2600千米。承担渭南市城市地下管线普查与管线地理信息管理系统建设；G6线格尔木至拉萨段高速公路新建工程航测地形图及基础控制测量；新疆1∶1万基础测绘项目；深圳市地铁1、2号线运营阶段结构变形监测；江苏省江阴市1∶500、1∶1000基础空间数据库建设；武汉市1∶2000基本地形图更新；天津市域Ⅰ、Ⅱ等水准测量复测、延河流域1∶5000DLG、DEM、DOM产品制作；引汉济渭永久用地勘测定界；甘肃省定西至临洮、定西至通渭、陇西至漳县高速公路测量；新疆喀什疏附县农村地籍和房屋调查、千阳县未利用地开发项目设计等测绘任务。

中国有色金属工业西安勘察设计研究院

2016年，中国有色金属工业西安勘察设计研究院完成测绘项目311项，包括：弘毅全球PE中心项目基坑第三方监测；儋州市和庆镇农村土地承包经营权确权登记测绘；合肥市轨道交通3号线土建TJ08标清溪路站、四里河路站监测工程；增城区第二次全国地名普查测绘技术服务；光明新区2016年地质灾害隐患点和危险建筑边坡专业监测；松岗河综合治理工程征收项目测绘；甘肃省G248江果河至迭部公路改建工程地形测量；浙江省文物考古研究所笔架山墓群考古服务项目（安吉古城外围墓群笔架山古墓群1:500地形图测绘等）；榆横1000千伏开关站新建工程沉降观测；中意智慧大厦基坑支护工程变形监测；沣镐七里镇安置项目DK－1、DK－2、DK－4第一次开挖；惠州炼化二期炼化生产应急配套项目基坑及周边环境监测；陕西省引嘉济汉调水工程测量等项目。主编的陕西省工程建设标准《湿陷性黄土地区变形监测规范》通过审查。

中铁第一勘察设计院集团有限公司

2016年，中铁第一勘察设计院集团有限公司主要完成新建兰州至合作铁路、新建高速铁路西安至延安线、新建西宁至成都铁路、新建和田至若羌至罗中铁路、新建城际铁路西安至韩城线、新建西安至武汉高速铁路西安至十堰段、拉萨至墨竹工卡铁路、改建巴基斯坦铁路ML－1线等19个项目航测制图工作。其中1:2000航测制图约8404平方千米、1:1万航测制图约6350平方千米、1:1万正射影像图约19493平方千米、1:5000正射影像图约42896平方千米。完成银川至西安高铁、广佛城际铁路环线、郑西客专（西安局内)、大西高铁（西安局内)、西宝客专、石武客专（河北段)、西安至成都高铁（陕西境内）等项目，共完成CP0点测量99个、CPI点测量1113个、CPII点二等水准测量7100千米。

宝鸡市勘察测绘院

2016年，宝鸡市勘察测绘院按照数字化城市管理系统运行情况，及时对相关数据、设备做好更新、完善、维护。完成宝鸡市中心城区测绘80平方千米，宝鸡市建成区地形图修测36.5平方千米，各类管线测量10千米。完成宝鸡市中心城区地下管线普查30平方千米。完成地下管线数据管理子系统、地下管线数据应用子系统、地下管线数据监理与更新子系统、地下管线信息共享服务平台应用子系统、地下管线信息共享服务平台运行维护子系统的全部代码编写工作。完成试验区（行政中心片区）地下管线三维展示子系统的编码工作。定期对宝鸡市卫星定位基准站系统（BJ-CORS）进行维护。

国家测绘地理信息局陕西基础地理信息中心（国家测绘地理信息局陕西测绘资料档案馆）

2016年，国家测绘地理信息局陕西基础地理信息中心（国家测绘地理信息局陕西测绘资料档案馆）完成测绘服务总值4456万元。完成测绘地理信息成果应用推广支撑体系建设与运行维护、国家基础地理信息数据库动态更新、面向新型基础测绘的地理信息动态更新与监测技术研发、基础性和专题性地理国情监测、地理国情监测分析、“一带一路”重点区域地理信息资源建设与维护更新资料收集等国家基础测绘项目。完成基础资源“一张图”及自然资源与空间地理信息数据库运维应用项目、陕西省应急三维地理信息指挥系统、测绘成果目录册编制、领导用图服务、富平县“多规合一”信息平台建设、陕西省地理国情普查基本统计工作、陕西省地理国情普查数据库建设等省级项目。完成内蒙古自治区地图院应急地理信息平台、宁夏基础测绘控制资料管理信息系统建设、甘肃省重点区域彩色航摄底片扫描、华东电网输变电设备气象环境风险评估系统完善项目、杨凌示范区地理信息公共服务平台建设、华东电网输变电设备气象风险系统运行检修维修、陕西省自然资源与空间地理信息数据库运维及应用等24个市场项目。为地理国情监测、国家基础地理信息数据库动态更新、全球测图等重大项目提供资料114TB；完成项目成果汇交7次，数据量169.3TB。共接收整理省级基础测绘及专项项目30个，纸质文档1884件，数据量118TB；完成实体入库检查，建账及归档工作。

中煤西安设计工程有限责任公司

2016年，中煤西安设计工程有限责任公司完成兴平市兴乾公路改建工程、兴平市小阜大道至渭河堤岸公路工程、中煤陕西公司大海则煤矿皮带定测、内蒙古高家梁煤矿10kV输电线路定测、陕西华电榆横公司小纪汗煤矿小苏计风井场地10kV输电线路测量、陕煤集团临渭公路安置区内部道路定测、内蒙古高家梁煤矿排矸公路定测、中煤平朔集团安太堡露天矿输煤皮带定测、山西晋斜沟煤矿35kV输电线路定测、陕煤集团建北矿35kV输电线路定测、神东朱盖塔煤炭集运站35kV输电线路改线测量、陕煤集团三原县供热管线测量、赵石畔煤电一体化项目排水路径、排灰公路测量、陕煤集团神木电厂排灰场道路改线测量、陕西能源集团凉水井煤矿输煤栈桥定测等线路测量共计24项总长约186千米。完成陕西华电榆横公司可可盖煤矿工业场地及运煤皮带地形测量、陕煤集团神木电厂排灰场地形测量、陕煤集团焦坪矿区冶坪煤矿场地土方复测、陕煤集团建北矿风井场地测量、西安市尚稷公园（一期）地形测量、神华神东保德电厂排灰场场地测量、中煤能源中天合创公司人工湖地形测量、陕西亚华公司香水河煤矿铁路受煤及装车系统地形测量、山西省浑源县安瑞生态园、北芪新村移民安置项目地形测量、甘肃张掖市七彩至冰沟丹霞旅游观光小火车带状图测量等地形测量项目共计29项。其中1∶1000地形图面积约16平方千米；1∶500地形图面积约10平方千米；1∶2000地形图面积约22平方千米。完成控制测量D级GPS点45个、E级GPS点67个、四等电磁波三角高程导线测量125千米。完成西安城际铁路勘察、地铁5号线二期工程勘察等地质放孔和冶坪煤矿边坡施工、佳县盐化项目施工等零星工点测量105项；完成坐标换算、地形图转换等内业测量项目20项；完成三项农村土地确权项目外业调绘及数据入库约600平方千米。完成西安市交大一附院地形地貌及综合管网数据库及三维可视化系统开发建设，神华神东公司西湾露天煤矿边坡自动监测系统建设。参与《煤炭工业露天矿边坡工程监测规范》的编制工作。

中铁一局集团有限公司

2016年，中铁一局集团有限公司精密测量分公司全年完成产值800万元。完成商合杭高铁、成贵高铁、云桂高铁、京沈高铁、郑徐高铁、郑西高铁的控制网复测项目；中石油云南石化铁路、沈丘铁路、大瑞铁路、郑万铁路等项目的施工控制网复核测量；雀儿山公路、韩龙公路、汶马公路的控制网复测；呼和浩特地铁、石家庄地铁2号线、太原地铁、郑州地铁2号线的控制网复测；西咸空港新城的沉降观测。

咸阳市勘察测绘院

2016年，咸阳市勘察测绘院协助西安煤航信息产业有限公司完成咸阳市主城区153.6平方千米的航空摄影测量，航测1∶500数字地形图成图1675幅95.5平方千米，缩编1∶1000数字地形图454幅，并通过专家组验收及国家测绘地理信息局陕西测绘产品质量监督检验站的质量验收。完成咸阳市城建局、咸阳市土地储备中心、咸阳北塬新城、咸阳彩色显像管总厂、咸阳高新技术产业开发区、咸阳CEC8.6代项目等单位征地测量项目及数据成图368宗；金域咸阳、中国兵器工业202研究所等单位建筑物放线测量331栋；咸阳市天然气公司、咸阳亨通电力公司等单位管线放线测量60条；东风路、高科五路等道路测量27条；渭阳新村、上林苑等单位建筑物验线93栋；咸阳人民西路、渭阳西路等多条道路带状地形图修测900多幅；四等水准测量383千米、断面图测绘数据处理329千米；建筑物变形观测75处；咸阳纺织工业园等基坑变形监测3处；生益科技房产测量约6万平方米。三维数字城市建模制作系统细化了包括人民路、渭阳路、秦皇大道、乐育路等区域的建模工作。完成建成区数字三维建模60平方千米，新兴纺织工业园影像图合成规划图的叠加全彩图制作12平方千米。获得地下管线探测和不动产测绘乙级资质。

国家测绘地理信息局第一大地测量队（国家测绘地理信息局精密工程测量院、陕西省第一测绘工程院）

2016年，国家测绘地理信息局第一大地测量队（国家测绘地理信息局精密工程测量院、陕西省第一测绘工程院）完成现代测绘基准维持与服务、国家重力基本网补测及加密重力测量、测绘地理信息生产质量监督管理、陕西省北斗导航定位基准站建设、陕西省1∶1万基础地理信息更新等多项国家及省级基础测绘项目。完成数十项市场测绘项目，在地方测绘基准维护与地形图更新、城市沉降监测、大型工程控制测量、文物保护、海洋水文站建设等方面为政府决策和地方经济建设提供了有力的测绘服务保障。完成国家测绘地理信息局设立的新型基础测绘项目——内陆水体水上水下一体化测绘生产性试验，完成那曲航空重力测量，参与了军民融合工程（一期）项目技术设计、建议书编制与技术讨论等工作。成立应急测绘中心，利用无人机航空摄影完成新疆阿拉尔市开发区及城区土地清查项目。组织参加了科技部2016年国家重点研发计划重点专项计划“区域协同遥感监测与应急服务技术体系”项目申报工作；立项2016年国家重大科技创新项目“一体化综合减灾智能服务研究及应用示范”；立项国家自然基金项目“构建全球高阶重力场和区域大地水准面模型的谱组合理论与方法”。开展公益性科研专项项目“全国开展基础性航空重力测量技术体系研究及业务化应用示范”的相关研究工作，承担国家测绘地理信息局科技创新项目“测绘新技术系统开发与示范应用”。

国家测绘地理信息局第一航测遥感院（陕西省第五测绘工程院）

2016年，国家测绘地理信息局第一航测遥感院（陕西省第五测绘工程院）完成丝绸之路经济带重要地理国情监测项目——巴基斯坦区域约80万平方千米的数字正射影像、数字表面模型、二级核心矢量数据生产；河南、陕西行政区基础性地理国情监测项目；国家1:5万地形数据库动态更新工程河南行政区域重点要素更新和陕西行政区域全要素更新任务；国家1:25万、1:100万地形数据和地形图制图数据更新项目。研发土地督察大数据分析平台及土地督察数据库管理系统；开展陕西省城乡规划建设监测、省级重点示范镇监测项目；完成《陕西省第一次水利普查成果图集》及陕西省水利工程分布图（挂图）编制任务。地理国情监测国家测绘地理信息局工程技术研究中心正式开始试运行；科技部公益科研专项“信息化测绘生产基地构建技术研究与应用示范”项目通过验收，初步完成信息化测绘生产技术体系、业务管理体系、技术装备体系的构建；牵头组织编制的《倾斜数字摄影测量技术规程》《数字摄影测量1:5000 1:10000一体化生产技术规程》列入2016年测绘行业标准计划。

国家测绘地理信息局大地测量数据处理中心（陕西省第四测绘工程院）

2016年，国家测绘地理信息局大地测量数据处理中心（陕西省第四测绘工程院）完成2114个全国基准站观测数据处理；600个卫星大地控制点数据处理；4508个GNSS大地控制点数据处理及12.5万千米一等水准观测数据处理；国家重力基本网补测及加密重力测量30个新建基准站点的绝对重力测量数据处理。完成陕西省北斗卫星定位基准站系统建设土地使用意向书签订及部分站点选址、勘测定界、测试工作。承担陕西省1:1万基础地理信息更新，完成527幅1:1万矢量地形要素数据坐标转换。完成新疆重点区域似大地水准面精化项目，西藏自治区现代测绘基准体系基础设施建设项目4个子项目可行性研究报告论证及设计书编写工作。完成山东、江西等省市测绘基准体系现代化建设及地调基础地理信息坐标转换。承担科技部基础性工作专项“中国大陆现代垂直形变图集的编制与资料整编”、测绘地理信息公益性行业专项“国家北斗大地基准服务技术平台构建与示范”、国家自然科学基金资助项目“GNSS/水准/InSAR/重力的高程变化自适应融合理论与算法研究”等多项重大测绘科技项目。国家科技支撑项目“远海岛礁地理信息监测关键技术研究与示范”、国家测绘地理信息局基础测绘科技项目“区域动态三维大地基准数据基础与应用关键技术研究”“全国高分辨率厘米级似大地水准面精化理论与方法”“我国高阶次地球重力场模型确定所需基础资料与技术方案研究”通过验收。2016年申请陕西测绘地理信息局科技创新项目1项。职工发表论文10多篇。

中铁一局集团宝鸡精密测绘工程有限公司

2016年，中铁一局集团宝鸡精密测绘工程有限公司完成银西铁路YXZQ－4标段复测与加密测量、宝兰客专BLTJ－9标无砟轨道施工精调、贵阳市轨道交通2号线一期土建9标地铁监测等60多个测量项目的复测、控制测量、无砟轨道施工精调及地铁监测等工作。

中国水利水电第三工程局有限公司

2016年，中国水利水电第三工程局有限公司测量总队完成各类测绘项目72项，涉及铁路、公路、水利水电、核电、风电、热电、市政道路、管网、房地产开发等工程，主要项目有福建南平至龙岩线铁路扩能改造工程、京沈高铁IV标段（河北段）工程、中老I级铁路I标段工程、辽西桓仁四标TBM特长输水隧道、西安310国道过境跨渭河特大桥、新疆ABH TBM隧道、广东佛清远高速公路项目、河北承德丰宁抽水蓄能水电站、兰州新区保税区、兰州新区石门沟水库引水隧洞、郑州陇海路BT项目、云南省腾冲桥街水电站、澜沧江黄登水电站、汉中兴元新区汉文化旅游建设项目二期工程翠屏西路道路及桥梁工程、陕西安康张岭基地安居工程。其中新建及复测各等级控制网点122个，复测及施测二等水准线426千米、三等水准线62千米；完成1:500、1:1000地形测绘61.38平方千米；布测隧洞控制导线46千米，完成3.8千米涵洞路基测量、18座大桥及桥梁共8.034千米施工测量及沉降观测；完成市政规划道路30.89千米施工测量；完成施工场地平整16.8平方千米。完成10栋楼房50个监测点48次水平位移及沉降监测。

陕西国土测绘工程院

2016年，陕西国土测绘工程院签订68个项目合同，合同金额6000多万元。实施的主要项目有：西安市、咸阳市、渭南市、宝鸡市及榆林市的12个县市的农村土地承包经营权项目；云南省双江县农村地籍调查项目；西安市灞桥区不动产调查项目；西安市、榆林市、汉中市的4县区基本农田划定项目；略阳县土地利用规划调整完善项目等。完成四川省攀枝花市、常熟市地下管线探测普查项目；西安市、汉中市、宝鸡市、山东省嘉祥县等7个市县2015年土地变更调查项目；汉中市汉台区等5个县区的地籍子区划分项目；汉中市南郑县红寺湖景区、蓝田治污减霾、安康市开发区、运城市等5个项目的低空摄影；哈纳斯阿左旗贺兰山风电场一期、西安铁路北客站站西广场等6个沉降观测项目；山东省嘉祥县、菏泽市牡丹区农村集体土地使用权调查项目；重庆、甘肃的县市供电公司营配贯通低压数据采集及空间建模工程项目；陕西省引汉济渭工程永久用地勘测定界项目；安康市汉阴县农村宅基地腾挪复垦扶贫项目等。通过质量体系监督审核和信息安全管理体系认证。

陕西核工业西北测绘院有限公司

2016年，陕西核工业西北测绘院有限公司完成航空摄影测量、土地确权、地名普查、不动产登记等项目82个，全年承揽业务合同额近5000万元。完成陕西宝鸡凤州至太白连接线工程测量项目，七星关区大屯乡农村土地承包经营权确权登记颁证和综合技术服务项目。完成省内外9个县38个乡镇的农村土地承包经营权确权登记颁证工作及一个市的建设用地使用权和宅基地使用权土地确权登记发证工作。完成宜川县民政局第二次全国地名普查外包服务采购项目。完成小武当风景名胜区基础设施建设项目地形测绘招标项目，韩城市热电厂项目建设规划设计1:500地形图测量工程，咸阳兴秦房地产开发有限公司测绘项目等。全年完成地籍测量约688平方千米，地名普查1.21万个词条，无人机航飞1243平方千米、摄影测量与遥感内业319平方千米，房产测量108万平方米，1:500地形图测绘15.7平方千米，完成多家矿山工程测量任务。自主研发的“陕核鹰”油动固定翼无人机已经能够满足本单位生产需要。

机械工业勘察设计研究院有限公司

2016年，机械工业勘察设计研究院有限公司完成柬埔寨73号公路重建项目1:1万地形图测绘，老挝南俄4水电站工程测量，老挝500kV Saravan－Xekong输变电线路工程测量，老挝琅勃拉邦湄公河大桥项目水下地形图测绘等项目。在国内，完成了合蚌高铁一期精密控制网复测130千米，兰州至乌鲁木齐第二双线甘青段LXS－8标段（K2033+490～K2037+800区段）控制网复测，宝鸡至兰州客运专线陕西段轨道铺设条件技术咨询项目过程评审。完成西安地铁1、2、3号线第三方监测，开展地铁5号线第三方监测、2号线南延段的运营监测以及西安北客站至机场城际轨道交通工程第三方监测工作。在南昌、深圳、合肥、重庆、杭州、呼和浩特6个城市开展地铁线路施工项目工程测量、第三方监测以及地铁运营线路变形监测工作。承接杭州钱江世纪城安全生态（沿江景观带）邻近地铁2号线保护监测，合肥地铁三号线控制测量及第三方监测，呼和浩特城市轨道交通1号线一期工程第三方监测等。在区域控制测量、竣工现状总图测绘、新建项目地形测量、场地土方平整测量、地下管线探查、建筑变形测量、文物、遗址变形测量及岩土工程施工测量等方面完成项目60多项，并向用户提交了成果报告。

陕西天润科技股份有限公司

2016年，陕西天润科技股份有限公司签订合同总额超1.5亿元。实现陕西、浙江、新疆、福建、四川等地市场稳定增长。在广东、福建、海南、山东等地成立多个分公司及办事处，全国各区域市场营销服务体系初步形成。再次入选中国地理信息产业百强企业，通过了信息安全、档案管理、军工保密、软件能力成熟度模型厘米MI3评估等多项认证。

陕西省煤田物探测绘有限公司

2016年，陕西省煤田物探测绘有限公司承担测绘地理信息项目20项，其中农村土地承包经营权确权登记项目12项，承包地面积300万亩。完成各种比例尺地形图测绘272.2平方千米、地形图修补测389平方千米、GPS控制点45个、四等水准测量232千米、三维地震勘探工程测量43平方千米、二维地震勘探工程测量56千米、城市地下管线探测2300千米。主要承揽的项目有陕西省凤县、彬县农村土地经营承包权确权颁证、扶风县农村土地经营承包权确权颁证及数据库建设、合阳县农村土地承包经营权确权登记、甘肃省武威市凉州区农村土地承包经营权确权、华池县农村土地承包经营权确权登记颁证、西藏山南地区1:1000地形图航测、西安至韩城城际铁路1:1万地形图测绘、南京市高淳区大比例尺地形图测绘、武汉市“十三五”基础测绘1:2000数字地形图更新、南京市浦口区、江宁区1:1000地形图修测、园子沟煤矿1#和2#公寓楼等建筑物沉降观测、宝鸡市中心城区地下管线普查、西安国际港务区地下管线普查、西藏山南地区城市地下管网探测等。

西安华测航摄遥感有限公司

2016年，西安华测航摄遥感有限公司承担各类测绘项目8项。承担内蒙古、陕西等省区国家基础航空摄影项目，新疆、四川等省区的市、县测绘航摄及影像制作等测绘项目，以及一系列测绘技术服务项目。完成各种分辨率的覆盖国土面积近5万平方千米的测绘航空摄影，无人机航摄70多平方千米。通过陕西省企业信用协会资质认定，通过质量管理体系、职业健康安全管理体系和环境管理体系的监督审核。承担的国家基础测绘项目中“苏尼特右旗（二）摄区”和“陕西咸阳市（一）摄区、咸阳市（二）”两个项目测绘成果评定为优。市场项目一次验收合格率100%，优良级品率83%，其中两项产品质量评定为优。

神华神东煤炭集团有限责任公司（地质勘探测量公司）

2016年，神华神东煤炭集团有限责任公司（地质勘探测量公司）各驻矿地测站累计完成测量放线368.2千米。完成大型贯通测量工程18项，其中万米以上贯通6项。地面测量完成测图面积23.18平方千米，线路测量25千米，乌兰木伦河道测量40千米，放样点600多个。水准测量92.75千米，C、D级GPS控制点33个，E级GPS控制点45个，施测陀螺边36条。石圪台矿办公楼变形监测12个组日；地方煤矿监测站重点监测的井工矿12个，测量和调查228组次；监测的露天矿21个，测量184组次；入井巡查和调查的井工矿26个，监测106组次；累计制图432张，修图768多张，打印各矿井采掘工程平面图及工作用图2579张，共计3792米。绘制各矿井交换图2193张。各驻矿地测站紧密配合矿方完成各项测量放线任务：大柳塔煤矿52301工作面、锦界矿31217工作面、锦界矿31408工作面、布尔台矿22108工作面、布尔台矿22205工作面、上湾矿12304工作面六项万米贯通工程实现了测量无差错。地面测量方面，重点完成了大保当井田区域内地物调查，供水管路抢修测量，神木县刘家峁煤矿救援测量，石圪台、布尔台、乌兰木伦新建排矸场地形图测量，乌兰木伦河防洪工程测量（转龙湾至朱盖塔段）、西湾露天煤矿首采区地形图测量、神华包头能源水泉露天矿产量验收工程、神华煤制油二期项目沉降观测等。完成增补测保德、榆家梁、中心矿区部分C、D级GPS点33个。

陕西省交通规划设计研究院

2016年，陕西省交通规划设计研究院完成延长黄龙高速公路、西乡至镇巴高速公路、岚皋至城口高速公路、京昆高速蒲城至涝峪口段改扩建、西安绕城高速公路扩能工程等项目1:2000地形图测绘550平方千米、1:500工点地形图测绘8平方千米、C级GPS点120个、D级GPS点835个、一级导线900千米、四等水准950千米。完成平利至镇坪高速公路、太白至凤县、绥德至延川施工图放线测量200千米（中桩、横断面）；延长至宜川、岚皋至城口初步设计测量200千米（地物控制、水文测量、典型横断面）；平利至镇坪高速公路、西安绕城高速公路扩能工程公路用地界桩放线100千米。

西安建材地质工程勘察院

2016年，西安建材地质工程勘察院承担完成了安康市10县（区）土地利用现状变更调查与遥感监测；西安市建筑垃圾处置量测量评估；西安市灞业大境高边坡基坑围护墙监测及建筑物形变监测；陕西省韩城市、洛南县、延川县、旬阳县多个矿山测量及工程测量；安康市恒口示范区核心规划区域1:2000航摄正射影像图制作项目；陕南地区土地整治规划编制及建库、土地利用总体规划调整完善及永久基本农田划定调整完善及数据库建设；商洛、安康的多个区县的2016年度土地整理开发、高标准基本农田建设、治沟造地项目规划设计、移民搬迁旧宅腾退复垦项目等。承接了丹凤县、山阳县第二次全国地名普查技术服务项目；安徽省阜南县、颍上县土地复垦项目外业测绘和相关材料申报编制工作。

西安大地测绘股份有限公司

2016年，西安大地测绘股份有限公司完成各类测绘项目86项，其中不动产测绘项目30多项。包括农村土地承包经营权确权登记303万亩；农村宅基地和集体建设用地使用权、所有权调查6.41万宗，项目区域涉及陕西、青海、安徽、湖北、山西等地。完成测绘航空摄影项目30多项，无人机航摄面积760平方米，其中正射影像634平方千米，倾斜摄影及三维立体影像制作117平方千米。完成变形测量、沉降观测、管线测量、地形图测绘等，其中地下管线探测487千米、地下管线探测监理4000千米、绘制各类比例尺地形图960幅。

西安西北有色金属测绘院有限公司

2016年，西安西北有色金属测绘院有限公司承担陕西省镇安县月河镇钨矿项目1:500数字化地形图0.2平方千米、加密一级GPS控制点7个及洞口控制点4个、平硐工程点7个及钻孔工程点2个；甘肃省礼县红河镇2016年农村土地承包经营权确权登记颁证项目第一标段14个村的登记颁证及数据库建设；陕西华星电子集团有限公司生活区1#、2#、28#高层住宅楼共468户的分户测量；陕西健民制药有限公司质检办公楼的分户测量；陕西启迪科技园“景益世家”项目东区商业分户测量，启迪科技园项目综合楼分户测量；咸阳市铁投佳苑小区1#、2#、3#住宅及4#办公楼分户测量；陕西通宇置业1#—11#楼、社区医院、物业楼分户测量；陕西省宜君县龟山滑坡治理项目1:500数字化地形图0.3平方千米，探槽、探井、钻孔等工程点放样22个。

西安长庆科技工程有限责任公司

2016年，西安长庆科技工程有限责任公司完成陕北油区产建地面工程、陇东油区产建地面工程、长庆气田产建地面工程、油田安全环保隐患治理工程等各类重大项目200多项。其中完成站址195座，穿跨越630处，桥涵坝35座，带状地形8.4平方千米，各类管线1112千米/340条，电力线131千米/42条，道路363千米/103条，图纸4420标准张。组织审查国家标准《油气田工程测量规范GB/T 50537》《油气输送管道工程测量规范GB/T 50539》和行业标准《石油天然气地面建设工程卫星定位测量技术规范》，提出修改意见68条。通过2016年度陕西省测绘地理信息成果质量监督检查。2人通过全国注册测绘师考试，取得国家注册测绘师资格证书。

中国地震局第二监测中心

2016年，中国地震局第二监测中心完成经常性地震监测、陆态网络、中国大陆综合地球物理场观测、重大应用基础研究项目“中国综合地球物理场观测——大华北地区”、科技部基础性工作专项“中国大陆现代垂直形变图集的编制与资料整编项目”等。完成4193.1千米区域精密（一等）水准测量，66 个跨断层场地水准测量、724 点次流动重力测量、339 个站点 GNSS 区域站观测、80 个站点的连续 GPS 与精密水准网间的水准联测。获批国家自然基金项目 1 项、星火计划项目 4 项（攻关项目 1 项、青年项目 3 项）、三结合课题 2 项；2016 年度震情跟踪项目获准资助 11 项（重点项目 1 项、青年项目 10 项）；2016 年度中心资助课题 16 项。发表论文 50 篇，其中 SCI 收录 7 篇、中文核心期刊收录 31 篇。协助中国地震局监测预报司开展《中国大陆综合地球物理场优化整合》项目管理工作。

中国电力工程顾问集团西北电力设计院有限公司

2016 年，中国电力工程顾问集团西北电力设计院有限公司完成山东环网 1000kV 交流输变电工程线路工程终勘定位 70 千米、新疆准东五彩湾北一电厂 750kV 送出工程终勘定位 102 千米。完成安康 750kV 变电站工程、花土沟东 330kV 开关站工程、战斗门 330kV 变电站工程，合计完成 1∶1000 地形图测绘 6.4 平方千米、一级 GNSS 控制点埋设 34 个、四等水准测量 42 千米。完成尚义塔式 5 万千瓦太阳能热发电项目、中电哈密 2×50MW 太阳能光热项目、榆阳区麻黄梁二期 50MW 风电场工程。完成巴基斯坦默蒂亚里—拉合尔 ±660kV 直流输电线路、埃及 EETC500kV 输电线路、埃塞俄比亚阿伊萨二期 120MW（AYSHA II）风电工程等。

国家测绘地理信息局第二地形测量队（陕西省第三测绘工程院）

2016 年，国家测绘地理信息局第二地形测量队（陕西省第三测绘工程院）承担并完成宁夏、上海、安徽、浙江 4 个省区的基础性地理国情监测任务；承担 1:5 万地形数据库重点要素更新项目。完成上海、宁夏、安徽、浙江四个省级责任区室内发现、外业调绘（巡查）、内业数据整理工作任务。完成陕西省应急三维地理信息指挥系统约 2500 千米高速公路街景地图数据采集生产、野外数据采集生产和内业数据整理汇交任务；陕西省 1∶1 万基础地理信息更新项目相关技术文件编写、资料准备、首批图试验及像片调绘等工作任务。与陕西省文物保护研究院合作，持续为秦蜀古道的基础性调查研究提供测绘保障服务；开展陕西省古塔地理信息系统建设工作；与铜川市文化旅游局合作开展延昌寺塔三维扫描形变监测及保护；与西安建筑科技大学合作开展隋唐长城保护规划的前期测绘保障策划；开展《古都长安图志》地图集的编制工作；开展陕西省博物馆专题地理信息系统建设、陕西省第一次全国可移动文物普查管理信息系统建设；为秦始皇帝陵博物院提供秦始皇帝陵道路遗迹三维扫描和建模的技术服务；开展应用多旋翼无人机获取古文化遗址高分辨率正射影像及鸟瞰图，为秦陵道路遗址考古发掘提供测绘服务。开展汉中市洋县、镇巴县、西乡县等年度土地变更调查与遥感监测项目；与陕西省国土资源厅合作开展土地变更调查与遥感监测省级核查；开展镇巴县等城镇周边永久基本农田划定工作及土地利用总体规划中期调整项目和米脂县沙家店镇高标准农田设计项目；开发基层土地管理信息化与可视化土地利用监管信息系统，向省内各县推广。编制完成商洛市、洛南县、丹凤县、商南县、镇安县、山阳县、商州区、汉台区、西乡县 9 个市、县（区）所属的县级、乡镇级、村级行政区划图；完成陕西省县级以下行政区划代码（2016 版）编制工作。申请立项国家测绘地理信息局课题“面向新型基础测绘的地理信息动态更新与监测技术研发”“全球地理信息变化遥感监测与大数据分析挖掘”；申请立项陕西测绘地理信息局 2016 年度科技项目《石窟寺文物本体测绘技术规程》；院自立技术创新项目 8 项。

国家测绘地理信息局第一地理信息制图院（陕西省第六测绘工程院）

2016 年，国家测绘地理信息局第一地理信息制图院（陕西省第六测绘地理信息工程院）完成青海、甘肃约 118 万平方千米基础性地理国情监测工作；国家基础地理信息数据库更新项目青海、甘肃约 118 万平方千米 1∶5 万地形数据库更新工作；国家 1∶5 万基础地理信息地形图制图数据更新项目新疆、甘肃、湖北、青海、宁夏、陕西、河南、安徽、浙江和上海 10 个省（区、市）共 9177 幅的地形图制图数据更新任务；1∶25 万基础地理信息数据库更新项目新疆、青海、甘肃、陕西、宁夏、河南、湖北7个省（区）共149幅的地形图制图数据更新工作；2016年度《从瑞金到延安·长征图集》《内蒙古交通图集》《重庆历史地图集》《陕西省水利“十三五”规划重点工程图》《陕西省大气及地表水监测分布图》等图集图册的编制工作。

西安地图出版社

2016年，西安地图出版社编辑出版图书178个品种，其中新版图书（图册）101种、再版77种，地图类产品53种。出版《不忘初心——国测一大队艰苦奋斗无私奉献的故事》《美丽中国行》《测绘职工文集Ⅲ》。编制出版《青藏高原风沙地貌图集》《商洛民居图集》《图解丝绸之路经济带》等图集；《陕西人文地理陕北篇——黄土高原》《陕西人文地理关中篇——渭河平原》《陕西人文地理陕南篇——秦巴山地 》《中国洛川黄土之谜——陕西洛川黄土国家地质公园》《美丽中国行》《陕西红色旅游观光图》《西安市临潼区全城旅游导览图》《商洛旅游交通图》等图书（地图）。启动数字资源库项目建设。7个项目获得国家出版基金和陕西省出版基金资助。

陕西省水利电力勘测设计研究院

2016年，陕西省水利电力勘测设计研究院引进德国四旋翼无人机和P700无人机等3台套先进的低空摄影测量系统。承接项目64项2918万元，完成各种等级控制测量及定线1900多千米，各类比例尺地形图测绘2000多平方千米，控制点和监测点4700多点；取得房产测绘、行政区域界线测绘、不动产测绘监理乙级资质；通过国家测绘地理信息局2016年度产品质量及质量管理体系监督检查。

中国水电建设集团十五工程局有限公司

2016年，中国水电建设集团十五工程局有限公司主要承揽了新疆奴尔水库工程、汉中兴元湖水系工程、新疆卡拉贝利水利枢纽工程等11个大中型工程项目的工程测量任务，完成产值2462万元。修订颁发《中国水电建设集团十五工程局测量管理办法》。举办2016年测绘专业技术人员业务培训班，共有120多名测绘专业技术人员参加培训。“一种安全监测用压力传感器的现场率定装置”“面板堆石坝水平位移测量装置”获国家实用新型专利。

西安中策资讯科技有限责任公司

2016年，西安中策资讯科技有限责任公司完成西宁市市容环境监测项目，利用无人机定期拍摄市区0.1米高分影像，总航飞面积约600平方千米。完成延安新区等3个倾斜摄影三维建设项目，总面积共54平方千米，完成区域内倾斜三维场景建设。完成青海省土地（矿产）预警卫片执法检查项目，共2.1万平方千米卫星影像处理，遥感监测图斑提取，外业核查，数据库建设，卫片执法管理系统建设等。在平利县等6县建立了国土CORS基准站。完成湟中县等3县46平方千米1∶500航测成图，形成857幅地形图；榆中县18.5平方千米1∶1000航测成图，形成103幅地形图；平利县等4县12平方千米土地测量；吴起至定边高速公路（定边段）、G541紫阳汉王至洞河段公路改建110千米线路测量。完成陕西省宁陕县等3县及河南省新密县（第一标段）农村土地承包经营权确权登记调查及数据库建设项目。完成陕西省、青海省西宁市“十三五”土地资源保护与开发利用规划；陕西省榆阳区、青海省海北州国土“十三五”规划；榆林市等3个市级12个县乡级土地利用总体规划调整完善；靖边等9县城镇周边及全域永久基本农田划定；安康市等2个市级10个县级土地整治规划修改完善等项目。完成宁夏2016年耕地质量等别调查评价与监测评价；陕西省8县55个土地整治项目新增耕地质量等别评定；西宁市、格尔木市中心城区集约利用潜力初始评价；西宁市、格尔木市区域建设用地集约利用更新评价；青海省海南州等4州2014年度、2015年度单位GDP建设用地下降目标评价；青海省果洛州7县城镇基准地价更新调整等项目。

陕西区域地质矿产研究院

2016年，陕西区域地质矿产研究院完成咸阳市旬邑县、永寿县、乾县、礼泉县、三原县，商洛市丹凤县，宝鸡市眉县，汉中市汉台区、勉县9个区县农村土地承包经营权确权登记颁证项目，总面积

115 万亩；7 个区县的 2016 年度土地变更调查项目，长武县农村宅基地及集体建设用地确权登记颁证工作；永寿县全国第二次地名普查工作。编绘完成 2 个市级、18 个县级、234 个乡级土地利用规划修改完善现状底图共计 285 张；编制完成秦都、乾县、淳化、武功、旬邑、长武、杨陵等 7 个区县的变更调查分幅图 205 幅。完成其他各类测绘项目 100 多项。

中铁十七局集团第二工程有限公司

2016 年，中铁十七局集团第二工程有限公司完成测绘工程项目 15 项，涉及铁路、公路、市政及水利工程测绘。完成西成客专 XCZQ－3 标全长 30.295 千米；合蚌客专运营后监测全长约 130 千米。完成宝兰客专甘肃段项目经理部 BLTJ－6 标段；郑徐客专 ZXZQ－03 标、张呼客专 ZHZQ－2 标、新建蒙西至华中地区铁路煤运通道工程 MHTJ－4 标段、黔张常新建铁路 QZCZQ－3、新建大理至临沧铁路站前工程 DLZQ－5 标和墩格铁路平面和高程控制网复测，以及洞内控制网测量。完成西安地铁 4 号线 4 标、6 号线 6 标施工量控监测，平面和高程控制网复测；西安至咸阳机场轻轨渭河大桥平面控制网复测。完成引汉济渭秦岭隧洞（越岭段）出口勘探试验洞、引汉济渭 7 号洞支洞平面和高程控制网复测，及内控制网复测。完成渭武高速公路 WW－20 标平面控制网及高程控制网复测。

陕西丽达测绘有限公司

2016 年，陕西丽达测绘有限公司完成测绘项目 112 项，主要包括志丹、甘泉、宜川、延长、延川、黄龙、神木、安塞 8 个县国家农村土地承包经营权确权登记颁证及数据库建设项目；延安新区 1∶1000 地形及界线测绘；秦直道 1∶500 航测成图及正射影像及 DEM 生产；杨家岭隧道、龙湾隧道、白家窑则隧道、烟洞沟隧道的监控量测；黄延高速公路 G65W 工程地理信息编辑数据处理；延安机场周边区域地籍调查；延安经济技术开发区航空摄影及地形图测绘；吴起县气象与地理信息化服务平台建设等。

陕西省一八五煤田地质有限公司

2016 年，陕西省一八五煤田地质有限公司晋升为甲级测绘资质单位，全年完成测绘项目 50 多项。完成的项目主要包括：榆林市榆阳区农村土地承包经营权确权登记颁证耕地测绘，总面积 13.6 万亩；大比例尺测图项目 6 项，总面积 68.7 平方千米；陕能集团榆阳小壕兔矿区一期 100MW 风力发电工程勘测定界，总面积 36.15 平方千米；金鸡滩煤矿首采区压煤村庄丈量确权 1225 户；地质勘查类测量项目 12 项。为陕北地区金鸡滩、榆树湾、曹家滩、小保当等 20 多个煤矿提供矿山测量服务。完成曹家滩煤矿进风立井到 2－2 煤主运大巷与主斜井之间的贯通，主要贯通方向精度 6.8 厘米。完成薛庙滩煤矿 30301 工作面地表移动观测与规律研究。承揽了榆神高速公路采空区影响路段沉降观测、柳巷煤矿 30105 工作面地表移动监测、金鸡滩煤矿西翼开采地表移动规律研究等项目。

西安必特思维软件有限公司

2016 年，西安必特思维软件有限公司完成的主要工程项目包括：北京市不动产登记系统建设及房产交易系统升级改造；陕西省宝鸡市、甘肃省白银市、新疆维吾尔自治区奇台县、吉木萨尔县等地的不动产登记信息系统建设、房地历史数据整合和房屋交易系统升级改造。宝鸡市、白银市实现了房产交易与不动产登记的统一平台一体化运作。开发和完善不动产统一登记系统和房屋落地系统，自主研发了创新型产品——基于手机的前端“落地宝”APP。

青海省

概况

截至2016年底，青海省共有测绘资质单位126家，其中甲级11家、乙级30家、丙级66家、丁级19家。年末测绘从业人员3388人。全省测绘资质单位全年完成测绘服务总值5.19亿元。开展和完成的主要项目（工程）包括第一次地理国情普查基本统计和分析研究、国家北斗地基增强系统框架网青海省观测站的升级改造、藏区大比例尺测图、第二次全国地名普查、农村集体土地建设用地和宅基地使用权确权登记、不动产确权登记发证、草原确权登记发证试点、农村土地承包经营权确权登记颁证项目等工程测绘服务；云南澜沧江小湾水电站、兰新客运专线青藏铁路、宝兰高速铁路、北京到沈阳客运专线铁路、云南玉溪江通高速公路、德令哈至肃北公路等测量工作以及青海湖流域综合生态监测、青藏高原生态屏障区自然生态状况变化监测、三江源综合实验区黑土滩型退化草地变化监测、青海省精准扶贫信息化服务平台等典型应用建设，《青海省藏区经济社会发展地图册》《三江源国家生态保护综合试验区影像地图册》《青海省各州维稳布局示意图》等各类图册编制。

青海省第二测绘院

2016年，青海省第二测绘院完成1:1万基础测绘（泽库测区）627幅2D数据生产项目并通过验收；完成海东一区三县391幅1:1000正射影像生产项目与1:1万数据更新工作；完成青海省藏区大比例尺测图项目并通过验收，航摄面积1120平方千米，DLG编辑入库、实景三维模型制作共441.2平方千米；承担并完成10个县级行政区域的第一次全国地理国情普查基本统计分析工作；完成省内20个县（区）18385幅农村土地承包经营权确权登记颁证无人机航空摄影及正射影像图制作项目第一阶段工作，航空摄影19147平方千米，DEM、DOM制作16434平方千米。建设完成同仁县、曲麻莱县、囊谦县、杂多县的“国土一张图”综合监管平台；开展玉树州五县、黄南州同仁县、海东市一区三县不动产登记平台建设及首批不动产权证书的发放工作，全年数据整合26949宗，颁发不动产证4241本，完成了玉树、黄南州级不动产登记平台建设工作，实现了县、市（州）、省三级信息平台的互连互通；开展平安、乐都、互助、民和、化隆、循化276.2平方千米重点区域实景三维建模生产；引进专业的外业调绘系统，推进电子像控、电子调绘生产流程的改造；引进清华山维大比例尺图库一体化平台，创建大比例尺地形图“图库一体”作业模式。

青海省基础地理信息中心

2016年，青海省基础地理信息中心利用地理国情普查成果开展了青海湖流域综合生态监测、青藏高原生态屏障区自然生态状况变化监测、三江源综合试验区黑土滩型退化草地变化监测、城市空间格局变化监测等地理省情监测项目；依托智慧格尔木时空信息框架建设项目，开展了空间数据到时空数据转变的试点工作；完成玉树市县级地理信息公共服务平台建设，开展兴海、乌兰、湟源等县级平台建设；建设了贵德县多规合一、青海省精准扶贫信息化服务平台等；编制了地图丝巾、雨伞、手绘地图、台历等8种新型地图产品和《青海省藏区经济社会发展地图册》等系列图册25项。自主研制了地理信息公共服务平台产品；开展中分辨率遥感影像分类与变化提取技术研究，数据采编入库一体化实验；利用1:1万数字线划图和地理国情要素数据等资料联动更新1:5万数据试生产，实现每人每天更新1幅1:5万图的能力。

青海省第一测绘院

2016年，青海省第一测绘院完成省第一次全国地理国情普查项目海东市和果洛州2区8县的基本统计报告的编写和成果汇交；完成由全国36个基准站构成的国家北斗地基增强系统框架网青海省观测站的升级改造任务；承担完成的青海省藏区现代测绘基准体系基础设施建设（一期工程）通过预验收；完成青海省基准站网运行维护、检测及管理平台建设项目；青海省东部地区北斗地基增强系统建设项目正式面向用户提供服务；完成年度省级基础测绘项目玛沁、贵南288幅1:1万地形图测制任务；完成年度省级基础测绘中互助、平安1:1000正射影像和高程模型生产约180平方千米；完成智慧格尔木建成区约56平方千米、规划区约371平方千米、重点区域约30平方千米高分辨率影像数据获取和前期外业工作；为格尔木市与西藏自治区安多县行政界线争议问题提供定位服务；利用无人机航拍对格尔木市区无证乱占乱建、违法用地的执法工作和盗采砂石、破坏生态环境的违法行为进行取证；完成贵德县地下管线数据库建设工作，并组织开发了运行管理平台；完成大武镇老城区地下管网普查；完成西格二线铁路宗地图测绘工作；为贵德、祁连、玉树机场建设，门源至扁都口公路、倒淌河至大水桥公路建设，平安县、乐都县宅基地确权登记项目，兴海、玛多、甘德、久治等不动产登记发证工作提供测绘服务；完成天峻县、锡铁山、日月山50兆瓦风电项目的地形图测量任务；完成西宁市防汛指挥部地形沙盘模型制作。

青海省水利水电勘测设计研究院

2016年，青海省水利水电勘测设计研究院完成各类测绘项目110多项，主要包括德令哈黑石山灌区改造工程、海东市平安区白水河水库工程、门源县浩门水库工程、门源县纳子峡水库灌溉工程、青海省引大济湟西干渠工程及湟北干渠二期工程、海南州恰卜恰城镇供水工程、兴海县夏囊水库工程、海南州三滩引水工程、贵德县马什格羊水库灌区工程、海西州柴达木水资源配置一期工程、青海省黄河干流防洪工程勘测定界、民和县积石峡灌区二期勘测定界等。完成D级GPS点510个、E级GPS点252个、三等水准727千米、四等水准865千米，完成各类定线2242千米、1:500地形图91平方千米、1:1000地形图17.4平方千米、1:2000地形图530平方千米，土地勘测定界图120多宗、总面积16.4平方千米。

中国水利水电第四工程局有限公司

2016年，中国水利水电第四工程局有限公司勘测设计研究院完成兰新客专青藏铁路精测网复测、澜沧江小湾水电站滑坡体监测、龙开口水电站外观安全监测项目；金沙江白鹤滩、向家坝、溪洛渡水电站、长江三峡水利枢纽、浙江长龙山抽水蓄能电站等工程测量项目；澜沧江黄登水电站工程、宝兰高速铁路工程、哈尔滨市轨道交通工程控制、云南晋红高速公路、云南玉溪江通高速公路、北京至沈阳客运专线铁路工程等测量工作。

青海省地矿测绘院

2016年，青海省地矿测绘院承担项目103项，完成产值5247万元。承担贵南县塔秀乡的草原确权登记发证试点工作；完成18个县约179万亩农村土地承包经营权耕地航测任务；完成都兰县规划修编工作；完成果洛藏族自治州、玛沁县、甘德县、久治县、班玛县、玛多县和海南藏族自治州同德县的土地利用规划调整完善中期评估报告。

西宁市测绘院

2016年，西宁市测绘院完成西宁市（包括湟中、湟源、大通）约87平方千米1:200、约152平方千米1:500、约74平方千米1:1000、约15平方千米1:2000地形图测绘及更新工作；完成永久基本农田划定、永久基本农田调整、土地变更工作。完成青海省土地（矿产）预警卫片执法检查项目、西宁市教育考试片区划分项目、西宁市城市环境整治项目的测绘地理信息服务工作；建设完成影像西宁APP、西宁市三维规划设计管理辅助系统。

青海煤炭地质局测绘工程院

2016年，青海煤炭地质局测绘工程院完成德令哈至肃北公路约100平方千米1:2000地形测量，E级GPS控制点201个，四等水准160千米；德令哈市农村环境综合整治项目巴音河村、巴音河西村、北山村、白水河村前坝、白水河村后坝排水主管网带状地形测绘；浙江省钦寸水库移民区土地整理测绘约3000亩；完成浙江省乐清市不动产登记测绘约1000户，房产测绘10万平方米，地籍测绘1平方千米；与浙江省第一测绘院合作完成浙江省乐清市农村地籍调查约11平方千米，地籍测绘11平方千米，地籍调查3万户；与福建省国土测绘院合作完成福建省建瓯市农村土地经营权确权项目3万亩，调查确认签字3000多户。

青海省柴达木综合地质矿产勘查院

2016年，青海省柴达木综合地质矿产勘查院完成格尔木市昆仑经济开发区1:500数字地形图更新维护15平方千米，循化、化隆县第二次全国地名普查，青海省国土资源厅博物馆重要钻孔数据库建设及各种工程测量，格尔木市开发区内所有地籍测绘、工程项目征地、土地勘测定界等土地测量项目，青海省柴达木盆地1000多平方千米第三系深层卤水钾盐勘测项目的E级GPS控制测量；承担德令哈市国土资源局柏树山地区砂石矿违法开采实地核查工作；完成格尔木市东至109国道瀚海路的地形测绘、拔地放桩、地类核实、规划调整、勘测定界等工作；承担海东市循化县道帏乡5平方千米泥石流地质灾害防治勘查项目地形测绘，E级GPS控制测量点8个，断面测量6千米，工程点放样90点；完成民和县3个乡镇1.5万户地籍测量、权属调查、资料整理工作。全年共测绘和编制各种地形图件20多件，其中各类1:500工程地形图2项，总面积10平方千米；地籍、宗地图20多宗，总面积0.5平方千米；土地勘测定界图10宗，总面积1.8平方千米。

青海省核工业地质局

2016年，青海省核工业地质局完成测绘项目40多项，主要包括共和县刚坚国际综合体1#、2#楼沉降观测；同仁县多哇乡地形图测绘；同仁县环城东路带状地形图测绘；同仁县曲库乎乡、兰采乡、瓜什则乡、扎毛乡地形图测绘；玉树市国庆水库勘测定界；玉树州曲麻莱县生活垃圾填埋场项目勘测定界；黄南州水电公司综合楼沉降观测；湟源县和平乡大高陵拉干沟泥石流灾害防治工程勘查；兰青铁路小峡隧道侵蚀源专项水文地质勘查项目地面测绘；海晏县光明村、仓开村、道阳村等地土地复垦地形图测绘；德令哈、乌兰、共和、互助、贵南等县光伏发电勘测定界等项目。其中1:500地形图5项、总面积10.913平方千米；1:1000地形图1项、总面积11平方千米；1:2000地形图5项、总面积75.95平方千米；1:5000地形图1项、总面积2.58平方千米；土地勘测定界图39宗、总面积5.761平方千米。

青海天域北斗数码测绘科技有限公司

2016年，青海天域北斗数码测绘科技有限公司完成《新课程问题解决导学方案·地理七年级上册（人教版）》《新课程问题解决导学方案·地理八年级上册（人教版））》《新课程问题解决导学方案·地理七年级上册（晋教版）》《新课程问题解决导学方案·地理八年级上册（晋教版）》《普通高中新课程问题导学案·地理必修1（人教版）》《普通高中新课程问题导学案·地理必修3（人教版）》《普通高中新课程问题导学案·地理必修Ⅰ（湘教版）》《普通高中新课程问题导学案·地理必修Ⅲ（湘教版）》《新课程暑假作业本·七年级·综合A版》等教辅类产品的编制工作。

宁夏回族自治区

概况

截至2016年底，宁夏回族自治区共有测绘资质单位134家，比2015年底增加23家。其中甲级3家、乙级25家、丙级54家、丁级52家。全年完成的主要项目包括全区5个地级市空间格局变化监测、基础测绘项目沿黄灌区280幅1:1万地形图修补测、银西铁路建设用地勘测定界报批资料的编制、宁夏湿地自然边界确定试点、宁夏贺兰山东麓非煤矿山环境监测、“数字灵武”“数字中宁”项目建设等。

宁夏回族自治区遥感测绘勘查院（宁夏回族自治区遥感中心）

2016年，宁夏回族自治区遥感测绘勘查院（宁夏回族自治区遥感中心）设立“高分辨率对地观测系统宁夏数据与应用中心”，完成覆盖宁夏全区及周边区域1529景高分数据的接收，制作了第一批高分数据成果与图件，为自治区人民政府规划办公室、宁夏农林科学院等11家部门（单位）提供高分产品约400景。完成《宁夏无人机技术应用研发创新团队建设方案》的编制工作；完成北山成矿带矿山遥感解译与外业查证、宁东煤炭基地生态环境动态调查和大西北地区自然资源遥感综合调查等项目；实施基于空地结合的三维激光扫描1:1000数字测图应用示范等7个自筹项目，争取到自治区科技厅基于国产高分影像与高光谱数据拟合分析项目。

宁夏回族自治区基础测绘院

2016年，宁夏回族自治区基础测绘院完成全区5个地级市空间格局变化监测项目，宁东能源重化工基地和银川市滨河新区的3个专题国情监测项目；石嘴山市、平罗县和盐池县3个市、县的数字城市建设项目；基础测绘项目沿黄灌区280幅1:1万地形图修补测任务。开展100幅1:1万雷达数据影像处理及DOM、DEM、DLG制作，完成16幅DEM、DOM的试验。完成宁夏卫星导航连续运行基准站网（NXCORS）运行、维护和加密项目；彭阳县农村宅基地和集体建设用地使用权确权登记发证工作；银川市、吴忠市的11个县（市、区）的农村宅基地和集体建设用地使用权成果核查工作；银西铁路建设用地勘测定界报批资料的编制工作；银川市西马银土地、宅基地、房产测绘项目技术设计书的编写和项目中心区1:500地籍图测绘。参加宁夏国土资源厅无人机应急测绘演练；完成吴忠至中卫城际铁路无人机航摄及正射影像图制作；土地整理重大工程16个项目区的核查工作；国网宁夏电力设计公司输变电工程6个变电站站址选址测量任务；贺兰山管理局大武口护林防火检查站1:500地形图测绘任务；北方民族大学新校区土方工程量审核工作；武警机场1:1万净空图制作；泾源县试点1:500、1:2000测图及入库等项目。

宁夏回族自治区国土测绘院

2016年，宁夏回族自治区国土测绘院完成“数字灵武”“数字中宁”项目建设任务，“数字银川”项目3个市、县城市基础控制网建设、1:500数字化测图、城市三维建模、1:2000数字正射影像图、1:1万DOM、DEM、DLG等基础数据成果工作；完成硬件支撑环境改造与内部局域网布设、地理信息公共服务平台及示范应用系统开发、政务框架数据、公众框架数据制作及“天地图·灵武”“天地图·中宁”“天地图·银川”等项目。完成银川市400平方千米1:500地形图数据更新修测任务；完成国家测绘地理信息局下达的宁夏湿地自然边界确定试点项目，并制订了《宁夏湿地自然边界确定技术规程》；宁夏贺兰山东麓非煤矿山环境监测项目、宁夏沙坡头区硒砂瓜种植区域监测项目研究报告及相关图件制作；全区资源3号、高分1号、高分2号卫星影像正射纠正工作；100幅利用激光雷达数据更新的项目前期点云处理和外业像控点测量工作；固原市农村宅基地和集体建设用地使用权确权登记外业及成果核查工作；灵武农村集体土地使用权调查外业界址测量、确权调查及内业数据入库等项目；沙坡头区兴仁、香山两乡镇20多万亩的农村土地承包经营权普查和验收工作；京藏高速公路石嘴山（蒙宁界）至中宁段改扩建工程勘测定界及权属登记；全区交通图、交通图集的编制、部分市、县（区）地方志用图的编绘、宁夏回族自治区土地利用现状图制作。为自治区党委、人民政府提供应急用图，完成全区22个县（市、区）的挂图修改工作；完成低空无人机高分辨率影像应用研究报告。完成宁夏基础测绘控制资料管理信息系统建设项目，西夏区万达广场、海亮地产、恒大地产等4个项目区的沉降观测工作。

新疆维吾尔自治区

概况

截至2016年底，新疆维吾尔自治区共有测绘资质单位424家，比2015年底增加15家。其中甲级18家、乙级79家、丙级119家、丁级208家。年末测绘从业人员7397人，较2015年末增加529人。全区测绘资质单位全年完成测绘服务总值14.42亿元。

库尔勒天拓勘察测绘院

2016年，库尔勒天拓勘察测绘院完成库尔勒城区1∶500数字地形图更新维护27.5平方千米。完成其他各类测绘项目120多项，主要包括库尔勒市城市规划、市区道路工程、各种管网工程、房地产开发等城市工程测量；乌鲁木齐水西沟、乌鲁木齐市地铁项目；喀什市城区1∶500、1∶1000地形图；和静县1∶1000航测地形图；库尔勒开发区内土地勘测定界等土地测量项目；库尔勒地区48家单位及个人的房产测绘项目。完成1∶500、1∶1000地形图（含竣工图）2000多张；土地勘测定界图86宗，总面积11平方千米；房产测绘总面积122.77万平方米；摄影测量与遥感外业70平方千米，内业63平方千米。

塔城地区国土资源规划研究院

2016年，塔城地区国土资源规划研究院编制完成塔城地区精准扶贫攻坚专题图册，制作塔城地区北四县及和丰县扶贫攻坚图件，为克塔铁路用地开展前期技术服务，为库鲁斯台草原生态修复工程编制相关专题图件，编绘塔城市便民警务站分布图，完成飞机场改扩建勘测定界工作，参与额敏县吾音克村脱贫攻坚水库项目工程选址、土地整理项目的基础工作。承担完成1∶1万地形图测绘（塔城地区托里县、裕民县两县部分区域）外业工作，测绘面积875平方千米，成图35幅。完成新疆油田公司2014年度塔城地区新建产能项目用地权属勘测定界工作，成果通过验收并已上报自治区征地事务中心。完成塔城地区2015年滚动开发产能建设征地勘界工作。完成克塔铁路二期塔城、托里段110千米中线放样及图件编制工作。承担克拉玛依至塔城高速公路土地使用权勘测定界工作。完成塔城机场改扩建项目勘界工作，库鲁斯台草原供水工程图勘工作，大唐塔城老风口二期风电场图勘工作，额敏天润玛依塔斯风电三期实勘工作。

新疆维吾尔自治区第一测绘院

2016年，新疆维吾尔自治区第一测绘院完成自治区第一次全国地理国情普查项目39个县（市）的基本统计分析、41个县（市）基本图和专题图编制、7个地州普查图编制工作。完成约10万平方千米自治区绿洲区情监测工作。完成1∶1万基础测绘项目8个测区628幅外业生产、3个测区443幅内业生产及1个测区198幅像控测量任务。完成喀什市、阿克苏市、阜康市合计约250平方千米外业调绘工作。完成图木舒克、乌鲁木齐—沙湾两个摄区合计约10278平方千米1∶1万基础测绘航空摄影工作，哈密等5个摄区合计约652平方千米1∶500地形图基础测绘航空摄影工作。完成约4260千米二等水准观测、150个B级GPS点观测、250个B级GPS点数据处理、约1100个点的重力观测与计算工作。完成《昌吉市城市地图集》、塔城地区退地减水退耕还林专题图、塔城地区农用地清查底图、库鲁斯台草原专题图、喀拉峻国际生态旅游区区位图、鼠标垫版《新疆维吾尔自治区示意图》《花儿昌吉城市旅游图》《呼图壁县行政区划图》等制图项目。完成塔城地区沙湾县、哈密地区巴里坤县农村土地承包经营权确权登记颁证项目，博尔塔拉蒙古自治州温泉县、塔城地区裕民县外业测量工作。中标塔城地区乌苏市农村土地承包经营权确权登记颁证项目、哈密市农村地籍调查及集体建设用地使用权确权登记发证服务项目。完成塔城地区耕地变化监测信息系统开发、塔城市机场改扩建水准测量、喀什国际机场沙盘制作等项目。成立自治区基础测绘航空遥感影像数据获取中心，申报航摄甲级资质，承担国家、自治区及市场航空摄影约2.5万平方千米，完成多源遥感影像点云数据处理研究。组建航空航天影像与激光雷达数据处理与应用、精密大地测量技术、形变监测技术三个创新团队。借助现代大地控制网项目开展现代大地基准维持领军人才培养。通过院自立科技创新项目与国测一大队开展精密工程测量技术交流，培养精密工程测量和形变监测领域领军人才。调整人员结构、推广内外业一体化生产模式，持续优化基础测绘生产体系。采购倾斜航空摄影数据处理系统、点云数据处理系统、海量影像数据管理系统、高精度卫星定位设备、车载激光雷达设备、高性能计算机等软硬件装备。完成新疆维吾尔自治区测绘地理信息局科技项目1∶1万基础测绘更新技术方案研制，完成自立科技开发项目不同坐标系与2000坐标系之间成果数据的转换、乌鲁木齐红雁池水库大坝变形监测、多源遥感影像点云数据处理并通过院级验收，完成2016—2017年昌吉市城区发展动态监测项目调研、技术设计工作。

乌鲁木齐市国土资源勘测规划院

2016年，乌鲁木齐市国土资源勘测规划院完成乌鲁木齐市地籍变更测绘200平方千米；乌鲁木齐市上年度土地变更调查变更图斑2857个，变更面积27.85平方千米；土地矿产卫片执法检查项目全市167个图斑的信息分类面积计算。完成2016年重点区域土地卫片监测预警项目；开展不动产登记数据规整，房地关联，不动产图件制作及权籍调查工作；开展乌鲁木齐市农村地籍调查及集体建设用地确权登记发证工作；开展米东区、乌鲁木齐县、达坂城区、高新区和经济技术开发区20个村农村土地承包经营权确权工作，收集农户户籍信息4921户，外业实测面积44.94平方千米；开展国土资源“一张图”项目，完成数据转换及核心数据库建设工作；完成全市地籍区地籍子区划分及19位宗地代码编制，“一张图”数据综合管理系统、移动一张图及会议会审系统开发工作。

乌鲁木齐市城市勘察测绘院（乌鲁木齐市基础地理信息中心）

2016年，乌鲁木齐市城市勘察测绘院（乌鲁木齐市基础地理信息中心）完成乌鲁木齐市基础测绘1∶500、1∶1000、1∶2000地形图测绘250.9平方千米。完成城市规划用图的测绘、修测、放线、验线、竣工图、净空测量、专题制图、电子地图等1925件。升级完善乌鲁木齐市地理信息共享服务平台，依托天山云构建完成乌鲁木齐市地理信息云服务平台。向国家测绘地理信息局申报的乌鲁木齐市智慧城市时空信息云平台建设获批为全国试点城市。完成2016年度乌鲁木齐市城市交通信息更新普查及数据库建设工作。开展2016年度“天地图·乌鲁木齐”市级节点电子地图更新工作。完成乌鲁木齐市城市快速路道路信息普查及数据库建设、高新区公安局图侦信息平台电子地图制作及专题数据库建设、乌鲁木齐市环保局环境信息空间数据库建设及电子地图制作、乌鲁木齐市智慧燃气信息平台燃气设施普查及数据库建设、乌鲁木齐市“智慧城市三库建设”空间数据库建设、乌鲁木齐轨道交通2号线地面控制网测设、乌鲁木齐县和沙依巴克区地名普查、乌鲁木齐市建城区三维立体模型场景建库等项目。

新疆维吾尔自治区交通规划勘察设计研究院

2016年，新疆维吾尔自治区交通规划勘察设计研究院完成公路勘测1352.5千米，布设一级GPS点2059个、四等水准1877千米、1∶2000数字化地形图1018.25平方千米。完成S316线则克台—蜂场段公路改建工程测量、G335线梧桐大泉至下马崖至伊吾公路工程测量、于田县农村公路三乡一镇连接线公路工程测量、G578线线敦麻扎—尼勒克段公路改建工程测绘、都拉塔口岸至昭苏县公路建设、哈拉布拉克乡岔口至科加尔特及契恰尔边防连边防公路测绘工程、G314线包库都克至玉尔滚公路建设测绘、木垒—巴里坤公路建设项目一、二标段测绘工程、G216线乌拉斯台至巴伦台段公路改建、G3012喀什（疏勒）—叶城—墨玉高速公路二期工程、国道314线布伦口至红其拉普口岸公路建设、布克赛尔县至阿拉山口公路建设工程第三合同段工程测量、若羌至民丰公路建设项目第三合同段测绘工程13个测绘项目。

新疆维吾尔自治区煤田地质局综合地质勘查队

2016年，新疆维吾尔自治区煤田地质局综合地质勘查队开展各类测绘项目27项。完成奇台县农村土地确权测绘24.8万亩；阜康市农村土地确权测绘8.1万亩，监理面积33.6万亩。完成G314线不伦口至红旗拉普公路测量132.45千米；G315线且末段公路测量145.7千米。布设D级GPS控制点51个，E级GPS控制点385个。完成四等水准测量565千米。测绘成图100.8平方千米，其中航空摄影测量83.2平方千米，包含乌恰县其克里克煤矿1:1万航测成图44平方千米、哈密三道岭沙墩子1:1万航测成图28平方千米、托克逊矿业黑山露天矿1:1000航测成图11.2平方千米。完成昌吉头屯河区、吉木乃县诺海区域以及哈密三道岭南西一区的二维地震放线测量280.7千米；巴里坤县三塘湖库木苏三号井田三维地震放线测量550千米；电磁法放线79.4千米；地质测量剖面24.8千米。

新疆维吾尔自治区国土资源规划研究院

2016年，新疆维吾尔自治区国土资源规划研究院完成全疆98个县（市、区）2015年度土地变更调查与遥感监测工作数据下发、技术指导、内外业核查、数据库质检、数据汇总与报告编写、成果整改与汇交等工作，下发监测图斑22506个，培训技术人员200多人次，审核图斑2万多个，数据库质量检查900多次，更新自治区级土地调查数据库，一次性通过国家核查。承担完成全疆耕地后备资源调查评价工作的技术培训与指导、县级成果的质量检查、自治区成果汇总与论证、报告编写以及上报等工作。完成自治区农村地籍调查和集体建设用地使用权确权登记发证工作技术指导与培训、全程质量控制工作等。完成2015年度土地矿产卫片执法检查技术支持和2016年自治区重点区域动态巡查监测预警工作。承担完成自治区不动产统一登记试点工作，实现伊宁市不动产统一登记的首发，承接并完成阿图什市等五个县（市）不动产统一登记工作。完成自治区第二次土地调查成果的预检和验收。完成2015年、2016年全国土地变更调查监测与核查，2015年度土地变更调查成果国家级外业核查，南疆天然气利民工程土地使用权勘测定界、西气东输二线、三线管道工程等重点项目土地勘测定界技术设计书的编写工作。开展公路、铁路、水利等31个自治区重点项目土地权属勘界工作，开展建设用地预审项目6个、建设用地报批项目17个。

新疆石油工程设计有限公司

2016年，新疆石油工程设计有限公司完成各类测绘项目122项，涵盖摄影测量与遥感、地理信息系统、工程测量、地籍测量等，实现测绘产值3000多万元。承接1:1万地形图测绘125幅、1:500地形图测绘950幅，摄影测量与遥感内外业面积约3300平方千米；承接新疆油田公司2015年新建产能数字化工作，完成新疆油田公司2011—2014年新建产能数字化工作；完成14万亩农村土地承包经营权确权项目；承接各类工程测量项目118项，主要涉及克拉玛依市以及新疆油田、塔里木油田、西部管道等的规划、道路工程、各种管网工程、防洪工程、土建等相关测绘工作，以及其他区域的高等级公路、输气管道、风险治理、油气管网等项目；承接1项海外工程测量项目，参与部分国外油气田工程测量项目前期工作。

新疆维吾尔自治区基础地理信息中心

2016年，新疆维吾尔自治区基础地理信息中心完成基础测绘成果资料接收、移交、归档工作，接收1:1万基础测绘2014幅地形图资料，向各地（州、市）国土资源局移交1:1万基础测绘446幅地形图资料。整理组卷归档基础测绘资料134卷。完成馆藏测绘成果目录编制工作，全年更新两次测绘成果目录。开展档案资料整理、核对、保护工作。做好基础测绘、地理国情普查成果数据接收、提供、备份。全年办理成果使用审批959次。为行业部门提供控制成果12294点，各种比例尺地形图纸图5932张，各种比例尺地形图数据14721幅307GB，航空影像扫描数据12795片7 TB，航摄成果资料28.8 TB。无偿为政府部门、各行业单位提供各类地

图1237张。编制“访惠聚”工作驻村工作用图，利用无人机影像为新疆测绘地理信息局“访惠聚”驻村工作队更新驻地琼巴格村和艾斯开村地图数据，编制塔什米里克乡、琼巴格村、艾斯开村影像图和系列专题图。研发的“访惠聚”村民信息管理系统投入使用。为叶城县地质灾害救援、阿克陶县抗震救灾工作快速制作各类专题地图。利用最新数据编制涤绸版《新疆维吾尔自治区地貌交通图》。完成新疆地理信息公共服务平台建设项目并试运行，政务版已在自治区国土资源厅、公安厅、环保厅、自治区党委进行安装部署。完成地理国情数据库建设项目，建立了内容完整、空间连续、时点一致的地理国情普查数据库，面向地理国情普查成果形成二三维一体化、高精度、全覆盖、空间连续的地理国情“一张图”。开展2014—2015年1:1万基础测绘数据入库，完成1878幅数据质检、入库工作。推进“天地图·新疆”平台建设与应用，完成绿洲区域8万平方千米自治区级节点数据融合更新、塔城市和博乐市大比例尺数据与“天地图·新疆”自治区级节点数据融合、市级节点“天地图·新源”的接入审核，以及“天地图·昌吉”“天地图·吐鲁番”“天地图·伊宁”“天地图·克拉玛依”“天地图·奎屯”“天地图·石河子”脱密及地图审核等工作。开展新疆测绘应急保障体系建设，完成应急测绘指挥中心大厅装修、卫星通信、三维投影系统、视频会议系统等建设，初步搭建了新疆测绘应急保障环境。开展自治区地理区情监测项目，基本完成自治区绿洲区域19.72万平方千米影像数据采购及纠正和自治区城市空间格局变化监测项目91个市（县）5个监测时期城区边界提取及内部结构提取工作。推进新疆地质灾害信息系统及群测群防体系基础地理信息数据库建设，完成项目设计书编写和评审、新源县和尼勒克县地质灾害隐患重点区域370.34平方千米影像获取、669个像片控制点测量及63.71平方千米外业调绘工作。开展国家测绘地理信息局卫星测绘应用中心新疆分中心工作，按要求接收并管理国家测绘地理信息局卫星测绘应用中心推送的卫星影像，完成卫星测绘云服务平台硬件设备采购、安装部署工作，开展高分二号数据精度验证工作，持续加大卫星云平台服务力度，为各行业提供国产卫星影像800多景。自行投入资金完成新疆测绘成果网络分发微信查询平台、北斗位置服务系统软硬件升级改造项目建设。探索地理信息数据在反恐维稳方面的应用。利用新疆维吾尔自治区测绘地理信息局批准立项的基础测绘成果在维稳处突系统中的应用研究项目，加强地理信息数据在反恐维稳方面的应用。

中国能源建设集团新疆电力设计院有限公司

2016年，中国能源建设集团新疆电力设计院有限公司主要开展完成电厂、输电线路、变电站等工程各阶段的测绘项目。完成火电项目1项、新能源（风力、光伏）发电项目3项、变电工程10多项，共计20平方千米地形测绘及相关测量工作；线路工程20多项，完成的国家重点线路工程包括陕北—湖北±800千伏直流输电线路工程、新疆巴楚—莎车—和田750千伏线路工程，两项工程线路总长度约450千米；其他工程7项（施工控制网测量及沉降观测）。全年累计完成产值约1200万元。

新疆地矿测绘院

2016年，新疆地矿测绘院完成新疆维吾尔自治区第一次全国地理国情普查项目9县1市2区约61898平方千米统计分析工作。承担喀纳斯、阿勒泰、青河南、托克逊库米什、皮山、和硕6个测区1:1万地形图基础测绘约9750平方千米，成图390幅，完成总任务量的70%。承担4个县约18.58万亩的农村土地承包经营权确权登记项目，完成任务量的53%。承担6个县、市及1个区约231.36平方千米的农村地籍调查及房屋调查项目，完成任务量的33%。完成莎车县2016年丝路明珠莎车湿地公园1:1000地形图测量65平方千米。完成乌鲁木齐宝能城项目01#和02#地超高层塔楼沉降观测及主体倾斜观测、兖矿科研培训中心（基点）变形观测监控。完成富蕴县430千米三维地下管网测绘项目。完成新源县国土资源局档案数字化建库项目（第二阶段）71829卷，完成任务量的53%。完成数字新源地理空间框架的基础地理信息及数据库建设、地理信息公共平台建设、应用示范系统开发、标准规范和政策机制建设以及支撑环境建设等并通过验收，与“天地图”成功挂接并推广应用。

新疆兵团勘测设计院（集团）有限责任公司

2016年，新疆兵团勘测设计院（集团）有限责任公司完成测绘任务130项。承担新疆兵团地名普查、不动产权籍调查、无人机航拍、农村土地经营权确权登记颁证、地形图测绘、地下管线普查等项目。完成泽普县、洛浦县、麦盖提县农村土地经营权确权颁证工作，总面积188万亩；三十八团2800亩、二二四团2万亩土地平整设计；兵团第六师、昌吉国家高新技术技术开发区、泽普县、洛浦县、麦盖提县等无人机航空摄影测量1万平方千米；北屯市三维辅助规划系统、三维电子沙盘、三维地名地址库建设；第三师、第五师、第八师、第十师、第十四师勘测定界界址点4975个；750千米乌鲁木齐市地下管线普查工程、石河子30平方千米部件普查、石河子总场北泉镇数字北泉城市基础设施及城市部件普查等项目；新疆图木舒克民用机场新疆工程、克孜勒塔尔水电站、新疆伊犁库尔吴泽克水电站、新疆玛纳斯河防洪治理工程、额河一干渠灌区183团总干渠、第十师额尔齐斯河防洪工程平面控制、高程控制及地形图测绘工作。完成北屯市三维不动产统一登记项目、第五师双河市城市三维不动产权籍调查试点项目；第十师北屯市地名现状及规划专题图、策勒县水利挂图、第七师交通图、第十师北屯市地名现状及规划专题图的编制出版工作；兵团国控水资源档案管理系统运营维护、第十师国土资源局信息系统集成实施服务项目。

水利部新疆维吾尔自治区水利水电勘测设计研究院

2016年，水利部新疆维吾尔自治区水利水电勘测设计研究院测绘工程院完成测绘项目34项，主要包括和田河灌区续建配套节水改造工程测量、和田河下游河道整治测量、一期二步改扩建伴渠路测量、供水二期工程测量、白杨河规划测量、奥依阿额孜水库工程测量、克拉玛依六座水库大坝变形监测等。完成二等GPS测量308点、三等111点、四等24点、五等345点；二等水准测量656千米、三等75千米、四等142千米；1:500地形图测量1.6平方千米、1:1000地形图17平方千米、1:2000地形图7平方千米、1:1万地形图7平方千米；河道断面测量361.3千米、1:500断面测量448.5千米、1:1000断面测量341.4千米、1:2000断面测量825.6千米；出版技术总结、资料整编共34份，出图105幅。

巴音郭楞蒙古自治州国土资源勘测规划设计院

2016年，巴音郭楞蒙古自治州国土资源勘测规划设计院完成各类测绘项目200多项。完成巴州各县市建设用地勘测定界项目180项，总面积1.78万亩。利用无人机航空摄影测量技术获取的正射影像图作为外业调查底图，结合三维激光扫描仪地面移动测量、网络RTK界址点全野外解析等测绘技术开展了巴州境内轮台、和静、焉耆县约10万宗地的农村地籍调查及集体建设用地使用权确权外业调查工作，博湖、和硕县成果通过上级部门验收。无人机累计安全航飞约2.2万千米，完成各种分辨率共计4300多平方千米的无人机航空摄影测量数据采集工作，形成1:1000、1:2000正射影像标准分幅共计1.3万幅。完成8县1区（库尔勒经济技术开发区）不动产统一登记发证房地产数据整合和信息平台建设工作，全面整合完成土地登记数据1.6万多宗、档案图形数据4000多块，开展州智慧国土核心数据库更新及维护工作。利用载人动力悬挂三角翼搭载机载三维激光扫描仪航摄技术辅助地质灾害调查，尝试利用无人机倾斜摄影测量技术获取和硕县城区约12平方千米0.1米分辨率倾斜摄影测量影像数据。

新疆维吾尔自治区第二测绘院

2016年，新疆维吾尔自治区第二测绘院完成新疆维吾尔自治区第一次全国地理国情普查项目34个县市基本统计工作，56个县市和7个地州累计301幅专题图制作，地理国情普查成果图集设计及审批。完成新疆维吾尔自治区绿洲区域地理区情监测38个县市约10万平方千米监测数据采集以及图件编制。完成新疆维吾尔自治区领导干部自然资源资产离任审计博州2县2市以及若羌县试点项目。完成2016年新疆现代大地控制网建设项目B级GPS点观测100座，二等水准13条线路及独立CORS站联测工作26座。完成1:1万地形图基础测绘项目1147幅。完成2016年新疆大比例尺地形图基础测绘项目和田市测区54.52平方千米。完成数字石河子数据库更新和数字哈密地理空间框架建设项目。完成察布查尔县农村土地经营权确权登记项目航飞和影像处理1776平方千米。开展高原无人机应急测绘演练1次。完成新疆地质灾害信息系统及群测群防体系基础地理信息数据库建设项目试验区10.3平方千米。编制完成各类地图产品70多项，制作沙盘模型8个。无偿为自治区党政机关、各厅局和企事业单位提供各类地图产品近3000集（册、张）。完成昌吉市基础地形图测绘、伊犁州奎屯市住房和城乡建设局地下管网综合管理系统及地上部件普查三维建模等10个较大型项目。

新疆疆海测绘院

2016年，新疆疆海测绘院完成测绘项目40多项，其中大中型测绘项目8个。完成二等GPS点测量74个、三等521个、四等336个、五等435个；二等水准测量222千米、三等945千米、四等856千米、五等533千米；输电线路测量211千米，纵断面测量657千米，横断面测量776千米。完成测绘航空摄影4550平方千米，飞行航线总长2394千米，其中GSD为6厘米的航摄面积为81.3平方千米、GSD为10厘米的36平方千米、GSD为15厘米的91平方千米、GSD为20厘米的1177平方千米、GSD为25厘米的3164平方千米。完成1:500地形图测绘40.5平方千米、1:500地籍地形图测绘22.3平方千米、1:1000地形图测绘36平方千米、1:2000地形图测绘305平方千米、1:1万地形图测绘124平方千米。

巴州新矿测绘中心

2016年，巴州新矿测绘中心完成各类测绘项目60多项，其中大中型测绘项目近40项。完成C级GPS点测量80个、D级100个、E级600个，二等水准测量120千米、四等760千米，1:500地形图测量约5平方千米、1:1000约100平方千米、1:2000约500平方千米，1:1000地籍测量约120平方千米，输油气管线测量520千米，输变电线路测量300千米，高速公路测量350千米，一级公路测量570千米、二级650千米、三级以下880千米。开展呼图壁、新和、温宿、叶城、察布查尔等县的农村集体土地承包经营权确权登记颁证项目，完成外业调查约350平方千米，航空摄影测量9322平方千米，其中GSD为6厘米的航摄面积为22平方千米、GSD为10厘米的1100平方千米，GSD为15厘米的8200平方千米。完成若羌和且末县地下管线普查800千米等测量工作。

法 律 法 规

国家测绘地理信息局规范性文件

关于规范卫星导航定位基准站数据密级划分和管理的通知

国测成发〔2016〕1 号　2016 年 1 月 27 日

国务院有关部门、直属机构办公厅（室），各省、自治区、直辖市测绘地理信息行政主管部门，新疆生产建设兵团测绘地理信息主管部门，有关中央企业：

按照中央关于加强卫星导航定位基准站（以下简称基准站）安全管理，进一步促进基准站应用服务的要求，根据相关职责分工，国家测绘地理信息局会同军队测绘主管部门研究论证，现将基准站数据密级划分及管理要求通知如下：

一、基准站数据的分类

基准站是对卫星导航信号进行长期连续观测，并由通信设施将观测数据实时或定时传送至数据中心的地面固定观测站。基准站数据包括观测数据、数据中心数据和服务数据，具体分为：

（一）观测数据包括伪距、载波相位观测数据、多普勒观测数据；

（二）数据中心数据包括基准站坐标、基准站网观测数据、起算点坐标（用于基准站成果计算的控制点坐标成果）、区域坐标转换模型、区域似大地水准面高程异常值、基准站站点信息（含点名、点号、类别、等级、所在图幅、精确到分的站点概略位置、所在地乡镇、建站日期、接收机型号、存档观测数据量、选点埋石和委托保管单位）；

（三）服务数据包括实时差分服务数据、精密后处理服务数据（精密星历、钟差、电离层、对流层等）、普通基准站观测数据。

普通基准站是指建在军事禁区外的基准站。

二、基准站数据的密级划分

（一）基准站观测数据

作战指挥工程和重要军事设施区域内的基准站的观测数据为机密级国家秘密事项；

其他军事禁区内的基准站的观测数据为秘密级国家秘密事项；

普通基准站的观测数据不属于国家秘密事项，但属于受控管理的内容。

（二）数据中心数据

军事禁区内的基准站的基准站坐标、基准站网观测数据、基准站站点信息为机密级国家秘密事项。

普通基准站的基准站坐标、基准站网观测数据为秘密级国家秘密事项；基准站站点信息不属于国家秘密事项，但属于受控管理的内容。

起算点坐标、区域坐标转换模型、区域似大地水准面高程异常值等参与基准站成果计算的数据的密级按照现行《测绘管理工作秘密范围的规定》执行。

（三）服务数据

不属于国家秘密事项，但属于受控管理的内容。

三、基准站有关管理要求

（一）涉密数据按照国家保密要求进行管理和使用。

（二）受控管理的数据采取用户审核注册的方式提供服务。其中提供优于1米精度服务的，基准站数据中心管理部门应向省级以上测绘地理信息行政主管部门报备用户及使用目的等信息。

（三）普通基准站观测数据采用专网或商用密码手段加密保护后向数据中心进行传输。

（四）数据中心涉密信息系统应按照国家保密要求配置和管理。

（五）军事部门卫星导航定位基准站的建设、管理和应用服务，按照军队测绘主管部门有关要求执行。

附件：卫星导航定位基准站数据密级划分表

卫星导航定位基准站数据密级划分表

<table>
<tr><th colspan="2">数据内容</th><th>基准站类型</th><th>密级划分</th><th>管理措施</th></tr>
<tr><td rowspan="3">观测数据</td><td rowspan="3">伪距、载波相位观测数据、多普勒观测数据</td><td>作战指挥工程和重要军事设施区域内的基准站</td><td>机密</td><td rowspan="2">按照国家保密要求进行传输和管理。</td></tr>
<tr><td>其他军事禁区内的基准站</td><td>秘密</td></tr>
<tr><td>普通基准站</td><td></td><td>受控管理。
采用专网或商用密码手段加密保护后向数据中心进行传输。</td></tr>
<tr><td rowspan="5">数据中心数据</td><td rowspan="2">基准站坐标、基准站网观测数据</td><td>军事禁区内的基准站</td><td>机密</td><td rowspan="2">按照国家保密要求进行传输和管理。</td></tr>
<tr><td>普通基准站</td><td>秘密</td></tr>
<tr><td>起算点坐标、区域坐标转换模型、区域似大地水准面高程异常值</td><td>所有基准站</td><td>按照《测绘管理工作秘密范围的规定》执行。</td><td>按照国家保密要求进行传输和管理。</td></tr>
<tr><td rowspan="2">基准站站点信息</td><td>军事禁区内的基准站</td><td>机密</td><td>按照国家保密要求进行传输和管理。</td></tr>
<tr><td>普通基准站</td><td></td><td>受控管理。
采取用户审核注册的方式提供服务。</td></tr>
<tr><td rowspan="3">服务数据</td><td>实时差分服务数据</td><td>所有基准站</td><td rowspan="2"></td><td rowspan="2">受控管理。
采取用户审核注册的方式提供服务。其中提供优于1米精度服务的，基准站数据中心管理部门审核注册后应向省级以上测绘地理信息行政主管部门报备用户及使用目的等信息。</td></tr>
<tr><td>观测数据</td><td>普通基准站</td></tr>
<tr><td>精密后处理服务数据</td><td>所有基准站</td><td></td><td>可公开</td></tr>
</table>

注：普通基准站是指建在军事禁区外的基准站。

关于加强自动驾驶地图生产测试与应用管理的通知

国测成发〔2016〕2号　2016年2月3日

有关测绘资质单位、有关汽车生产企业：

自动驾驶（无人驾驶）汽车技术的发展带动了自动驾驶地图的研发和生产制作。自动驾驶地图在精度和属性内容等方面具有不同于传统导航电子地图的特点，为维护国家安全和利益，促进自动驾驶地图等新型地理信息产品的广泛应用和健康发展，根据测绘法律法规及导航电子地图管理有关规定，现就有关事项通知如下：

一、自动驾驶地图属于导航电子地图的新型种类和重要组成部分，其数据采集、编辑加工和生产制作必须由具有导航电子地图制作测绘资质的单位承担。导航电子地图制作单位在与汽车企业合作开展自动驾驶地图的研发测试时，必须由导航电子地图制作单位单独从事所涉及的测绘活动。

二、当前，各单位、企业用于自动驾驶技术试验、道路测试的地图数据（包括在传统导航电子地图基础上增添内容、要素或精度提升的），应当按照涉密测绘成果进行管理，并采取有效措施确保数据安全。未经省级以上测绘地理信息行政主管部门批准，不得向外国的组织和个人以及在我国注册的外商独资和中外合资、合作企业提供、共享地图数据，不得在相关技术试验或道路测试中允许超出范围的人员接触地图数据。

三、国家测绘地理信息局正在加快研究制定自动驾驶地图保密处理技术和公开使用等政策，各单位在开展自动驾驶地图有关测绘活动中，要加强与测绘地理信息行政主管部门的联系沟通，及时报告反馈有关问题，共同促进自动驾驶地图的规范应用和健康发展。

关于印发《国家测绘地理信息局法规制定程序规定》的通知

国测法发〔2016〕2号　2016年3月8日

局机关各司（室）：

《国家测绘地理信息局法规制定程序规定》已经国家测绘地理信息局局务会议审议通过，现予印发，请认真贯彻执行。

2004年发布的《国家测绘局法规制定程序规定》自本办法印发之日起废止。

国家测绘地理信息局法规制定程序规定

第一章　总　则

第一条　为规范测绘地理信息立法程序，提高立法质量，根据《中华人民共和国立法法》和其他有关法律法规，制定本规定。

第二条　本规定所称测绘地理信息法规，是指由国家测绘地理信息局负责起草的法律、行政法规、部门规章以及重要的规范性文件。

第三条　起草、制定测绘地理信息法规应当贯彻党和国家的路线、方针和政策，并遵循以下原则：

（一）法制统一原则。严格遵守宪法、立法法，与其他法律法规协调统一。

（二）科学民主原则。坚持立法公开，完善公众参与机制，广泛听取意见和建议。

（三）调查研究原则。坚持从实际出发，深入调查研究，准确反映我国测绘地理信息事业改革发展的制度需求。

第四条　国家测绘地理信息局法规与行业管理司（以下简称法规司）负责组织和管理测绘地理信息法规的起草制定工作。

国家测绘地理信息局其他各司室（以下简称各司室）负责本司室职责范围内的测绘地理信息法规的起草工作。

第五条　测绘地理信息立法所需经费按照局预算管理的规定和程序安排。

第二章　立　项

第六条　法规司根据全国人大常委会立法规划和国务院立法工作要求，结合测绘地理信息改革和发展的需要，组织拟订测绘地理信息立法规划草案，报局务会议审议通过后印发。

拟订立法规划草案时，应当征求局各司室的意见。

第七条　法规司根据测绘地理信息立法规划和局重点工作安排，起草测绘地理信息立法年度计划。

局各司室应当于每年 12 月底前向法规司提出下一年度立法项目建议，法规司进行综合、协调后，拟订立法年度计划草案，报局务会议审议通过后印发。

第八条　局各司室向法规司提交立法项目建议，应当填写立法项目建议表（见附件），对立法必要性、所要解决的主要问题、拟确立的主要制度等做出书面说明。

第九条　测绘地理信息立法年度计划中的立法项目分为出台类、调研论证类和前期研究类。

出台类指当年完成法规起草，提交局务会议审议通过，发布或者报送立法机关审议的项目；调研论证类指当年进行调研、论证并起草出法规草稿，但不提交局务会议审议的项目；前期研究类指当年只对法规的立法必要性、所要解决的主要问题及相关政策进行研究的项目。

第十条　未列入测绘地理信息立法年度计划的项目，原则上不提交局务会议审议。

第十一条　法规司根据局领导的要求或者工作需要，可以提出调整测绘地理信息立法规划和立法年度计划的建议；其他各司室需要增加、取消或者延迟立法项目的，应当提出书面意见送法规司。

调整立法规划内容应当经局务会议或者局长办公会议审议通过。调整立法年度计划内容应当由局长或者主管局领导批准。

第三章　起　草

第十二条　列入立法年度计划的立法项目，根据其内容和各司室的职责分工，确定负责起草工作的司室（以下简称起草司室）；立法项目内容涉及两个或者两个以上司室职责的，涉及到的司室共同参与起草工作并确定牵头司室。

法规司在起草立法年度计划时，提出起草司室和牵头司室的建议，作为立法年度计划的一部分报局务会议审议通过后实施。

第十三条　立法项目的起草司室应当制定工作计划，明确负责起草工作的处室及立法项目负责人，并将工作计划交法规司备案。

第十四条　起草司室应当在深入调查研究、认真分析论证和总结实践经验的基础上，起草测绘地理信息法规。

第十五条　测绘地理信息法规的内容应当包括制定的依据和宗旨、适用范围、调整对象、主要制度、法律责任、施行日期等。

第十六条　测绘地理信息法规应当结构严谨、条理清晰、概念明确、文字简练规范；分条文书写，冠以“第×条”字样，并可分为款、项，款不冠数字，空两字书写，项冠以（一）、（二）、（三）等数字；内容繁杂或者条文较多的，可以分章、分节。

第十七条　测绘地理信息法规形成征求意见稿后由起草司室负责征求意见。征求意见的范围包括局各司室、局所属单位、地方测绘地理信息行政主管部门；涉及其他部门职责的，征求其他部门意见；直接涉及公民、法人或者其他组织切身利益的，应面向社会公开征求意见。

第十八条　法律草案、行政法规草案中拟设定行政许可的，起草司室应当严格遵守行政许可法和国务院有关规定，严格设定标准，履行法定程序，采取听证会、论证会等形式听取意见。

部门规章和规范性文件不得设定行政许可，不得以备案、登记、年检、监制、认定、认证、审定等形式变相设定行政许可。

第十九条　对测绘地理信息法规中涉及的重大

问题，起草司室应当组织专家进行论证，论证情况要形成书面材料。

第二十条　起草司室根据征求意见和专家论证的情况，对征求意见稿进行修改，形成测绘地理信息法规的送审稿。

有关单位对测绘地理信息法规有不同意见，经协商仍不能取得一致的，起草司室应当书面说明有关情况。

第二十一条　起草司室应当撰写起草说明，起草说明包括以下内容：

（一）立法的必要性和依据；

（二）起草过程；

（三）法规规定的主要制度或者措施；

（四）有关方面的意见；

（五）其他需要说明的问题。

第二十二条　法律草案、行政法规草案设定行政许可的，起草司室应当撰写行政许可的论证材料，论证材料包括：合法性论证材料、合理性论证材料、必要性论证材料，各方面对行政许可的意见和建议以及意见建议采纳情况的资料，其他国家或地区的相关立法资料等。

第二十三条　起草司室在起草测绘地理信息法规过程中应与法规司沟通情况。重要的、复杂的测绘地理信息法规在提请局务会议审议之前，起草司室会同法规司可以召开由有关领导及专家参加的论证会，为局务会议审议做好充分准备。

第二十四条　起草司室确因客观原因不能按计划完成立法项目的，应当在计划完成时间之前20日写出情况说明，分别报主管本司室工作的局领导和主管立法工作的局领导批准。

第四章　审　查

第二十五条　测绘地理信息法规送审稿完成后，起草司室应当报主管局领导审阅同意，在立法年度计划中确定的报局务会议审议时间20日前提交法规司。

第二十六条　提交法规司时，应提供以下材料：

（一）送审稿和起草说明；

（二）反馈意见汇总和采纳情况；

（三）设定行政许可的，提供行政许可的论证材料；

（四）必要时提供有关的调研报告，论证会纪要，国内外有关资料等。

第二十七条　法规司接到起草司室提交的送审稿后，从以下方面进行审查：

（一）是否符合本规定第三条的规定；

（二）是否违反上位法，是否与有关法律法规衔接、协调；

（三）是否征求了有关方面的意见，并对主要意见提出了处理意见；

（四）是否对有关分歧意见进行充分协调，并提出处理意见；

（五）是否符合立法程序及立法技术的要求；

（六）是否符合工作实际，具备可操作性；

（七）是否符合本规定的其他有关要求。

第二十八条　送审稿有以下情形之一的，由法规司退回起草司室：

（一）送审稿内容违反上位法的；

（二）送审稿中涉及的重大问题或者主要制度、措施存在较大争议，尚未取得一致意见的；

（三）未按本规定所要求的立项、起草程序进行的。

第二十九条　对本规定第二十八条所列情形之外其他需要修改的，法规司与起草司室协商后，对送审稿进行修改。

第三十条　对送审稿涉及的重大问题，必要时法规司可以会同起草司室进行调研、论证和征求意见。

第三十一条　法规司审查送审稿时，与起草司室有分歧，经协商不能取得一致的，报主管局领导决定是否提交局务会审议。

第五章　审　议

第三十二条　送审稿通过审查后，经主管局领导审阅并报局长同意后提交局务会议审议。

第三十三条　局务会议审议送审稿时，由起草司室负责人做起草说明，法规司负责人做审查说明。

第三十四条　局务会议审议送审稿所提意见，法规司会同起草司室应当逐条研究，并对送审稿进行修改。

第三十五条　送审稿经局务会议审议通过后，根据不同情况进行处理：

（一）测绘地理信息法律、行政法规以及部门规章，由法规司起草文件经局长签发后报国土资源部。

（二）规范性文件由起草司室起草文件经法规司会签后，由局长或者主管局领导签发，以国家测绘地理信息局名义印发。

第六章　公布和解释

第三十六条　测绘地理信息法规通过并发布后，除涉密的外，应当在国家测绘地理信息局门户网站及相关媒体刊物上公开。

第三十七条　测绘地理信息法律、行政法规和部门规章的解释工作，由法规司报请立法机关，由其解释后，统一对外答复。

重要规范性文件的解释工作，由各司室根据职责提出解释意见，法规司统一对外答复。

第三十八条　测绘地理信息法律、行政法规条文释义的编写，由法规司统一组织，各司室分别承担职责范围内的条文释义撰写工作。

第三十九条　测绘地理信息法规汇编工作由法规司负责。

第七章　立法协调

第四十条　测绘地理信息法律、行政法规和部门规章送审稿上报后，法规司及局有关司室应当配合审议部门做好送审稿的审查工作。

第四十一条　审议部门审查送审稿期间，法规司负责与审议部门的日常联系，会同局有关司室对送审稿进行修改，回答询问，准备送审稿的相关背景材料，包括国家相关规定、与相关法律的关系、征求意见协调情况、国外的相关立法情况等。

第四十二条　审议部门就送审稿开展立法调研、座谈论证、征求意见、部门协调时，由法规司会同局有关司室配合。

第四十三条　局领导列席国务院常务会议审议法律、行政法规草案的，或者参加部务会议审议部门规章的，法规司应当会同局有关司室收集以下材料，并及时送办公室：

（一）党中央和国务院领导批示；

（二）该草案过去的办理情况及相关材料；

（三）对该草案反馈的修改意见；

（四）相关法律法规和政策文件。

第四十四条　立法机关、其他部门送局征求意见的法律法规，由法规司会同局有关司室办理。局有关司室根据各自职责提出反馈意见，法规司汇总后报局领导审定。

第八章　附　则

第四十五条　测绘地理信息法规的备案、清理工作，由法规司负责，局各司室分别承担职责范围内工作。

第四十六条　测绘地理信息法规的修订工作，按照本规定进行。

第四十七条　本规定第二条所称的重要的规范性文件，是指以国家测绘地理信息局名义印发，面向全社会或者整个测绘地理信息行业，在一定时期可反复使用，具有规范作用的行政文件。

第四十八条　本规定自印发之日起施行。2004 年发布的《国家测绘局法规制定程序规定》同时废止。

关于印发《卫星导航定位基准站建设备案办法（试行）》的通知

国测法发〔2016〕4 号　2016 年 4 月 9 日

各省、自治区、直辖市测绘地理信息行政主管部门，新疆生产建设兵团测绘地理信息主管部门，有关中央企业：

为规范卫星导航定位基准站建设行为，保障国家地理信息安全，促进卫星导航定位事业健康有序发展，按照中央有关要求，我局组织制定了《卫星导航定位基准站建设备案办法（试行）》，现予印发，请遵照执行。

附件：卫星导航定位基准站建设备案办法（试行）

卫星导航定位基准站建设备案办法（试行）

第一章 总 则

第一条 为规范卫星导航定位基准站建设备案工作，保障国家地理信息安全，促进卫星导航定位事业有序发展，根据《中华人民共和国测绘法》及有关规定，制定本办法。

第二条 在中华人民共和国境内建设卫星导航定位基准站的，应当按照本办法进行备案。本办法所称卫星导航定位基准站，是指对卫星导航信号进行长期连续观测，获取观测数据，并通过通信设施将观测数据实时或者定时传送至数据中心的地面固定观测站。

第三条 国家测绘地理信息局和省、自治区、直辖市人民政府测绘地理信息行政主管部门负责卫星导航定位基准站建设的备案工作。

第四条 卫星导航定位基准站建设应当确保地理信息安全，符合国家有关法律法规、发展规划、标准规范和保密规定，避免重复建设。

第五条 卫星导航定位基准站建设备案工作应当坚持保障安全、分级备案、信息共享、高效便捷的原则。

第二章 备案程序和要求

第六条 国务院相关部门、中央单位建设卫星导航定位基准站以及跨省、自治区、直辖市范围建设卫星导航定位基准站的，应当向国家测绘地理信息局备案。

其他建设卫星导航定位基准站的，应当向卫星导航定位基准站所在地的省、自治区、直辖市人民政府测绘地理信息行政主管部门备案。

第七条 卫星导航定位基准站的建设单位是卫星导航定位基准站建设备案的义务人。

第八条 卫星导航定位基准站建设实行全国联网备案。备案信息涉密的除外。

国家测绘地理信息局设立卫星导航定位基准站建设备案管理信息系统，方便备案人及时提交备案信息。

第九条 国家测绘地理信息局及省、自治区、直辖市人民政府测绘地理信息行政主管部门应当将卫星导航定位基准站建设备案的程序以及备案表格、填写范例等材料在其办公场所或者网站公示。

第十条 卫星导航定位基准站的建设单位（以下简称“备案人”）应当在开工建设30日前，通过卫星导航定位基准站建设备案管理信息系统向测绘地理信息行政主管部门进行备案。

第十一条 备案人应当认真填写卫星导航定位基准站建设备案表（见附件），提交卫星导航定位基准站建设单位、运营维护单位的主要情况，以及卫星导航定位基准站的建设数量、布点位置、主要用途、覆盖范围、数据传输方式、数据安全保护措施、软硬件设备性能指标、是否经审批向境外开放等内容。

备案人应当按照本办法规定提交规范完整的备案表，并对备案内容的真实性负责。

提交备案后，备案内容有变化的，备案人应当自变化之日起7日内向备案机关重新提交备案，相关卫星导航定位基准站的开工建设时间顺延。

第十二条 备案人提交的备案信息不齐全的，备案机关应当一次性告知备案人补齐相关信息。备案人应当在备案机关告知之日起7日内提交补充备案信息。

第十三条 备案人提交的备案信息齐全的，备案机关应当提供备案号，并出具加盖印章的备案文件。

第十四条 备案人应当严格按照备案信息进行建设，确保地理信息安全，并积极配合测绘地理信息行政主管部门开展相关的监督检查工作。

第十五条 省、自治区、直辖市人民政府测绘地理信息行政主管部门应当在每季度前10日内，将本地区上一季度卫星导航定位基准站建设备案情况通过信息系统上报国家测绘地理信息局，国家测绘地理信息局汇总后通报军队测绘导航主管部门。

第十六条 国家财政投资建设的卫星导航定位基准站，国家测绘地理信息局及省、自治区、直辖市人民政府测绘地理信息行政主管部门应当及时将相关建设备案情况向社会公布，避免重复建设，促进充分利用。

国家规定需要保密的情形除外。

第十七条　测绘地理信息行政主管部门开展卫星导航定位基准站建设备案工作，不得收取任何费用，不得加重或者变相加重备案人的负担。

第三章　监督管理

第十八条　国家测绘地理信息局及省、自治区、直辖市人民政府测绘地理信息行政主管部门应当在卫星导航定位基准站建设期间，及时对建设备案信息进行核查。

国家测绘地理信息局及省、自治区、直辖市人民政府测绘地理信息行政主管部门应当根据国家有关法律法规、发展规划、标准规范及保密规定，对备案人做好说明和指导工作。

第十九条　测绘地理信息行政主管部门应当加强对卫星导航定位基准站建设情况的监督检查，重点检查是否履行备案手续、是否按照备案信息进行建设、是否落实相关安全保密措施等内容，并可以委托专业测绘地理信息技术服务机构采取书面审查、随机抽查、实地核查等方式提供技术支持。

第二十条　省级以上人民政府测绘地理信息行政主管部门应当会同军队有关部门对卫星导航定位基准站建设进行安全风险评估，并及时反馈备案人。

第二十一条　卫星导航定位基准站建设前未按照本办法规定备案的，测绘地理信息行政主管部门应当责成有关单位停止建设活动，并要求备案人按照本办法规定进行备案。

未按备案信息进行卫星导航定位基准站建设的，测绘地理信息行政主管部门应当责成有关单位停止建设活动，限期整改。

第二十二条　任何单位或者个人对卫星导航定位基准站建设和备案工作中发生的违法违规行为，有权向测绘地理信息行政主管部门举报，测绘地理信息行政主管部门应当及时核实处理。

第四章　附　则

第二十三条　本办法施行前已经开始建设或者已经完成建设的卫星导航定位基准站，参照本办法规定进行备案。

第二十四条　本办法由国家测绘地理信息局负责解释。

第二十五条　本办法自印发之日起施行。

附件：1. 卫星导航定位基准站建设站网信息备案表（略）

2. 卫星导航定位基准站建设站点信息备案表（略）

关于印发《国家测绘地理信息局贯彻落实〈法治政府建设实施纲要（2015—2020 年）〉实施意见》的通知

国测法发〔2016〕10 号　2016 年 7 月 11 日

各省、自治区、直辖市、计划单列市测绘地理信息行政主管部门，新疆生产建设兵团测绘地理信息主管部门，局所属各单位，机关各司室：

为深入推进测绘地理信息法治建设，促进测绘地理信息事业改革发展，根据中共中央、国务院印发的《法治政府建设实施纲要（2015—2020 年）》，我局制定了《国家测绘地理信息局贯彻落实〈法治政府建设实施纲要（2015—2020 年）〉实施意见》，并经局务会审议通过，现印发给你们，请结合实际认真贯彻执行。

国家测绘地理信息局贯彻落实《法治政府建设实施纲要（2015—2020 年）》实施意见

为贯彻落实中共中央、国务院印发的《法治政府建设实施纲要（2015—2020 年）》，深入推进测绘地理信息法治建设，结合测绘地理信息工作实际，制定本实施意见。

一、总体要求

（一）指导思想

高举中国特色社会主义伟大旗帜，全面贯彻党的十八大和十八届二中、三中、四中、五中全会精神，以马克思列宁主义、毛泽东思想、邓小平理论、“三个代表”重要思想、科学发展观为指导，深入贯彻习近平总书记系列重要讲话精神，根据全面建成小康社会、全面深化改革、全面依法治国、全面从严治党的战略布局，围绕建设中国特色社会主义法治体系、建设社会主义法治国家的总目标，深入推进依法行政，践行社会主义核心价值观，弘扬社会主义法治精神，促进测绘地理信息治理体系和治理能力现代化，充分运用法治思维和法治方式，为测绘地理信息事业改革和发展提供法治保障。

（二）总体目标和基本原则

总体目标：经过坚持不懈的努力，在测绘地理信息领域实现行政管理职能依法全面履行，依法行政制度体系完备，行政决策科学民主合法，法律法规严格公正实施，行政权力规范透明运行，行政相对人合法权益切实有效保障，依法行政能力全面提升，按照到2020年基本建成职能科学、权责法定、执法严明、公开公正、廉洁高效、守法诚信的法治政府建设总体目标，不断健全和完善测绘地理信息法治体系，努力提高测绘地理信息部门的依法行政水平。

基本原则：测绘地理信息法治建设必须坚持党的领导，坚持人民主体地位，坚持法律面前人人平等，坚持依法治国和以德治国相结合，坚持从工作实际出发，坚持依宪施政、依法行政。在党的领导下，把测绘地理信息工作全面纳入法治轨道，创新执法体制，完善执法程序，推进综合执法，严格执法责任，建立权责统一、权威高效的测绘地理信息依法行政体制。

二、主要任务和具体措施

（一）依法全面履行行政职能

1. 深化行政审批制度改革。按照最大程度减少对测绘地理信息活动的许可，最大幅度减少对各类机构及活动认定的要求，全面清理测绘地理信息行政审批事项，全部取消非行政许可审批事项。对于直接面向基层、由地方实施更方便有效的行政审批事项，一律下放地方测绘地理信息行政主管部门，做好已取消和下放行政审批事项的落实和衔接工作，积极落实党中央、国务院要求，做好行政审批改革的各项工作。加强对新设行政许可事项的合法性、必要性、合理性审查论证。对保留的行政审批事项，全面推行一个窗口办理、并联办理、限时办理、规范办理、透明办理、网上办理，提高行政效能。加快测绘地理信息在线审批监管平台建设，实施在线监测并向社会公开，2016 年实现局机关部门间的横向联通，并结合工作实际逐步推广应用。

2. 大力推行权力清单、责任清单、负面清单制度并实行动态管理。按照党中央、国务院要求，在全面梳理、清理调整、审核确认、优化流程的基础上，将国家测绘地理信息局的政府职能、法律依据、实施主体、职责权限、管理流程、监督方式等事项以权力清单的形式向社会公开，厘清与行政权力相对应的责任事项、责任主体、责任方式；制定负面清单，市场主体依法平等进入清单之外的领域；开展收费项目清理，取消不合法、不合规、不合理的收费项目，公布收费目录清单。

3. 优化组织结构。推进行政机构、职能、权限、程序、责任法定化。创新行政管理方式，推行完善国家测绘地理信息局绩效管理模式。强化宏观管理、制度设定职责和必要的执法权，强化省级测绘地理信息行政主管部门统筹推进区域内基本公共服务均等化职责，强化市县级测绘地理信息行政主管部门执行职责。

4. 加强市场监管。加强事中事后监管，创新测绘地理信息市场监管方式，完善市场监管体系，实行综合监管，推广“双随机、一公开”工作。加强测绘地理信息行业信用体系建设，建立健全测绘地理信息行业信用信息共享交换平台，依法保护测绘地理信息资质单位和个人信息安全。支持测绘地理信息企业实施“走出去”战略，推动测绘地理信息装备、技术、标准、服务走向世界。

5. 优化公共服务。着力促进新型基础测绘、地理国情监测、全球地理信息资源建设、应急测绘、航空航天遥感测绘等公益性测绘地理信息事业健康发展，为生态文明建设和经济社会发展提供更加广泛高效的公共服务。充分发挥行业规章、团体章程等社会规范在社会服务中的积极作用，适合由社会组织提供的公共服务和解决的事项，交由社会组织承担。引入竞争机制，积极落实政府购买公共服务制度，进一步明确测绘地理信息行政主管部门购买公共服务的范围和方式。

（二）完善依法行政制度体系

6. 完善立法工作机制。严格落实立法法的规定，完善测绘地理信息法律、行政法规、规章和规范性文件的起草程序，健全立项、起草、论证、协调、审议机制，推进测绘地理信息立法的及时性、系统性、针对性、有效性。完善立法项目向全行业公开征集制度。对不适应改革和经济社会发展要求的法律法规规章，要及时提出修改和废止建议。配合立法机关做好法律、行政法规、规章解释工作。

7. 加强重点项目立法。围绕局中心工作，认真落实《国家测绘地理信息局立法规划（2015—2020年）》，制定年度立法计划，深入推进科学立法、民主立法，进一步提高立法质量，完善测绘地理信息法律体系，加快推进《中华人民共和国测绘法》修订工作。坚持在法治下推进改革、在改革中完善法治，实现立法和改革决策相统一、相衔接，做到重大测绘地理信息改革于法有据，主动适应改革和经济社会发展需要。通过实践证明已经比较成熟的测绘地理信息改革经验和行之有效的改革举措，要及时促进上升为法律法规规章。适时启动测绘地理信息立法后评估工作，坚持“立、改、废、释”并举。进一步完善各项法律制度，对不适应改革要求的测绘地理信息法律法规规章、规范性文件，要按照法定程序修订或废止，为完善测绘地理信息法治建设打下坚实的制度基础。

8. 加强规范性文件监督管理。完善局规范性文件制定程序，落实合法性审查、集体讨论决定等制度，落实规范性文件统一登记、统一编号、统一印发制度。规范性文件不得设定行政许可、行政处罚、行政强制等事项，不得减损公民、法人和其他组织合法权益或者增加其义务。涉及公民、法人和其他组织权利义务的规范性文件，应当按照法定要求和程序予以公布，未经公布的一律不得作为行政管理依据。加强规范性文件备案审查制度和能力建设，建立健全公民、法人和其他组织对规范性文件的建议审查制度，局法制部门要加大规范性文件备案审查力度，做到有件必备、有错必纠。对地方测绘地理信息行政主管部门有关测绘地理信息法律法规规章具体应用问题的请示及时进行研究批复。

9. 建立行政法规、规章和规范性文件清理长效机制。根据全面深化改革、经济社会发展需要，以及上位法制定、修改、废止情况，按要求及时清理有关测绘地理信息行政法规、规章、规范性文件。2016年起，对国家测绘地理信息局文件进行全面清理，在2017年年底前完成对现行测绘地理信息行政法规、规章、规范性文件的清理工作，清理结果向社会公布。实行规范性文件目录和文本动态化、信息化管理，并根据规范性文件立改废情况，及时作出调整并向社会公布。

（三）推进行政决策科学化、民主化、法治化

10. 健全依法决策机制。完善局重大行政决策程序制度，明确决策主体、事项范围、法定程序、法律责任，规范决策流程，强化决策法定程序的刚性约束。

11. 增强公众参与实效。事关地理信息产业发展全局和行业发展的重大行政决策事项，应当广泛听取意见，与利害关系人进行充分沟通。注重听取有关人大代表、政协委员、人民团体、基层组织、社会组织的意见。对社会关注度高的决策事项，应当公开信息、解释说明，并及时反馈意见采纳情况和理由。

12. 提高专家论证和风险评估质量。加强测绘地理信息新型智库建设，建立行政决策咨询论证专家库，落实专家论证和风险评估制度。对专业性、技术性较强的决策事项，应认真组织专家、专业机构进行论证，并支持其独立开展工作，逐步实行专家信息和论证意见公开。

13. 加强合法性审查。建立局机关内部重大决策合法性审查机制，未经合法性审查或经审查不合法的，不得提交局务会议审议。建立法律顾问制度，保证法律顾问在制定测绘地理信息重大行政决策、推进依法行政中发挥积极作用。

14. 坚持集体讨论决定。重大行政决策应当经局务会议讨论，由局主要领导在集体讨论基础上作出决定。局主要领导拟作出的决定与会议组成人员多数人的意见不一致的，应当在会上说明理由。集体讨论情况和决定要如实记录、完整存档。

15. 严格决策责任追究。跟踪决策执行情况和实施效果，根据实际需要进行重大行政决策后评估。建立健全并严格实施重大决策终身责任追究制度及责任倒查机制，对决策严重失误或者依法应该及时作出决策但久拖不决造成重大损失、恶劣影响的，应严格责任追究。

（四）坚持严格规范公正文明执法

16. 改革行政执法体制。根据不同层级测绘地理信息行政主管部门的事权和职能，按照减少层次、整合队伍、提高效率的原则，合理配置执法力量。推进执法重心向市县两级测绘地理信息行政主管部

门下移。推进部局协作和综合执法，加强执法机构和队伍建设，提高执法和服务水平。

17. 完善行政执法程序。建立健全测绘地理信息行政裁量权基准制度，细化、量化行政裁量标准，规范裁量范围、种类、幅度。建立执法全过程记录制度，进一步完善行政执法程序规范，明确具体操作流程。重点规范行政许可、行政处罚、行政强制、行政收费、行政检查等执法行为。健全行政执法调查取证、告知、罚没收入管理等制度，明确听证、集体讨论决定的适用条件。完善行政执法权限协调机制，及时解决执法机关之间的权限争议，建立异地行政执法协助制度。严格执行重大行政执法决定法制审核制度，未经法制审核或者审核未通过的，不得作出决定。

18. 创新行政执法方式。推行行政执法公示制度，加强行政执法信息化建设和信息共享，健全行政执法管理信息系统，完善网上执法办案及信息查询。提高科技、装备在行政执法中的保障水平。积极推广运用说服教育、劝导示范、行政指导、行政奖励等非强制性执法手段。健全测绘地理信息行业单位信用记录，建立守法诚信褒奖机制和违法失信行为惩戒机制。

19. 全面落实行政执法责任制。严格确定执法人员的执法责任，建立健全常态化的测绘地理信息执法责任追究机制。加强执法监督，加快建立统一的测绘地理信息行政执法监督网络平台，建立健全投诉举报、情况通报等制度，杜绝对执法活动的干预，防止和克服部门利益，严惩测绘地理信息执法腐败现象。

20. 健全行政执法人员管理制度。强化测绘地理信息行政执法人员的资格管理，全面实行行政执法人员持证上岗和资格管理制度，未经执法资格考试合格，不得授予执法资格，不得从事执法活动。健全纪律约束机制，加强职业道德教育，全面提高执法人员素质。逐步推行行政执法人员平时考核制度，科学合理设计考核指标体系，考核结果作为执法人员职务级别调整、交流轮岗、教育培训、奖励惩戒的重要依据。

21. 加强行政执法保障。推动依法履职的氛围，支持依法公正行使职权，不得让行政执法人员做不符合法律规定的事情。行政机关履行执法职责所需经费纳入本级部门预算，保证执法经费足额拨付。合理安排执法装备配备、科技建设方面的投入。严格执行罚缴分离和收支两条线管理制度，不下达或者变相下达罚没指标，不将行政事业性收费、罚没收入同部门利益直接或者变相挂钩。

（五）强化对行政权力的制约监督和畅通救济渠道

22. 健全行政权力运行制约和监督体系。坚持用制度管权管事管人。坚持决策权、执行权、监督权既相互制约又相互协调，完善各方面监督制度，确保按照法定权限和程序行使权力。起草法律法规规章和规范性文件，要有效落实公开行政权力运行流程、惩治和预防腐败、防控廉政风险、防止利益冲突等要求，切实把权力关进制度的笼子。加强行政程序制度建设，严格规范作出各类行政行为的主体、权限、方式、步骤和时限。积极发挥机关诚信建设示范作用，加快守信践诺机制建设。

23. 自觉接受党内监督、人大监督、民主监督和司法监督。在局党组对党风廉政建设和反腐败工作的统一领导下，局属各级党委（党组、总支、支部）要切实履行主体责任，主要负责人是第一责任人，对本单位、本部门党风廉政建设负总责。要认真接受人大、政协监督，及时办理人大代表和政协委员提出的意见和建议；健全行政诉讼应诉制度，尊重并执行人民法院生效裁判；积极配合检察机关对在履行职责中发现的行政违法行为进行监督。

24. 加强行政监督和审计监督。完善局内部层级监督，建立健全常态化、长效化监督制度，改进上级行政机关对下级行政机关的监督。加强对内部权力的制约，对机关权力集中的部门和岗位实行分事行权、分岗设权、分级授权，定期轮岗，强化内部流程控制，防止权力滥用。局监察部门要切实履行监督责任，确保廉政建设各项任务落实。

25. 完善社会监督和舆论监督机制。建立违法行政行为投诉举报登记制度，畅通举报箱、电子信箱、热线电话等监督渠道，方便群众投诉举报、反映问题，依法及时调查处理测绘地理信息违法行政行为。在发挥测绘报刊、监督电话等传统手段监督作用的基础上，重视运用和规范政府门户网站、微信、微博等网络监督。

26. 全面推进政务公开。坚持以公开为常态、不公开为例外原则，推进决策公开、执行公开、管理公开、服务公开、结果公开。完善局政府信息公开制度，拓宽政府信息公开渠道，进一步明确政府信息公开范围和内容。完善局新闻发言人、突发事件信息发布等制度，做好对热点敏感问题的舆论引导，及时回应人民群众关切。创新政务公开方式，加强政府门户网站建设，提高政务公开信息化、集中化水平。

27. 完善纠错问责机制。加强行政问责规范化、制度化建设，增强行政问责的针对性和时效性。加大行政问责力度，坚决纠正行政不作为、乱作为，坚决克服懒政、庸政、怠政，坚决惩处失职、渎职。认真落实党风廉政建设责任制，坚持有错必纠、有责必问，对“四风”问题突出、发生顶风违纪问题或者出现区域性、系统性腐败案件的部门和单位，要严肃追究主体责任、监督责任和领导责任。

28. 加强行政复议工作。依法加强行政复议能力建设，完善局行政复议制度，健全行政复议案件审理机制，加大公开听证审理力度，纠正违法或不当行政行为。充分发挥行政复议在解决行政争议中的重要作用，提高行政复议办案质量，增强行政复议的专业性、透明度和公信力。切实提高行政复议人员素质，落实办案场所和有关装备保障，行政复议经费列入本级部门预算。

29. 完善信访工作制度。按照把信访纳入法治化轨道的要求，保障合理合法诉求依照法律规定和程序得到合理合法的结果，规范局信访工作程序，畅通群众诉求表达、利益协调和权益保障渠道。

（六）全面提高机关工作人员法治思维和依法行政能力

30. 树立重视法治素养和法治能力的用人导向。抓住领导干部这个全面依法治国的“关键少数”，把法治观念强不强、法治素养好不好作为衡量干部德才的重要标准，把能不能遵守法律、依法办事作为考察干部的重要内容，把严守党纪、恪守国法的干部用起来。在相同条件下，优先提拔使用法治素养好、依法办事能力强的干部。对特权思想严重、法治观念淡薄的干部要批评教育、督促整改，问题严重或违法违纪的，依法依纪严肃处理。

31. 加强对机关公务员的法治教育培训。局机关公务员特别是领导干部要系统学习中国特色社会主义法治理论，学好宪法以及与自己所承担工作密切相关的法律法规。要不断完善学法制度，每年至少举办一期领导干部法治专题培训班。局党校（管理干部学院）要把宪法法律列为干部教育培训的必修课。健全行政执法人员岗位培训制度，每年组织开展行政执法人员通用法律知识、专门法律知识、新法律法规等专题培训。加大对公务员初任培训、任职培训中法律知识的培训力度。

32. 完善机关工作人员法治能力考查测试制度。加强对领导干部任职前法律知识考查和依法行政能力测试，将考查和测试结果作为领导干部任职的重要参考，促进部门负责人严格履行法治建设职责。认真落实公务员晋升依法行政考核制度。

33. 注重通过法治实践提高机关公务员法治思维和依法行政能力。机关公务员特别是领导干部想问题、作决策、办事情必须守法律、重程序、受监督，牢记职权法定，切实保护人民权益。要自觉运用法治思维和法治方式深化改革、推动发展、化解矛盾、维护稳定，依法协调和处理各种利益问题，避免埋钉子、留尾巴。注重发挥法律顾问和法律专家的咨询论证、审核把关作用。落实“谁执法谁普法”的普法责任制，建立行政执法人员以案释法制度，使执法人员在执法普法的同时不断提高自身法治素养和依法行政能力。

三、组织保障和落实机制

党的领导是全面推进依法治国、加快建设法治政府最根本的保证，必须坚持党总揽全局、协调各方。要充分发挥局党组领导核心作用，把党的领导贯彻到法治政府建设各方面。各级测绘地理信息行政主管部门要自觉接受党的领导，切实增强建设法治政府的使命感、紧迫感和责任感，加强组织领导，强化工作责任，一级抓一级，层层抓落实。

34. 加强党委（党组）对依法行政的领导。各级测绘地理信息行政主管部门要在党委（党组）的统一领导下，按照法治政府建设的各项任务部署和要求，谋划和落实好依法行政工作，主动报告依法行政工作中的重大问题，及时消除制约工作的体制机制障碍。要结合本部门实际，每年部署依法行政年度重点工作，发挥牵引和突破作用，带动各项工作全面深入开展。要不断加强部门法制力量的建设，不断提高行政管理人员的思想政治素质和业务工作能力。

35. 落实第一责任人责任。党政主要负责人要落实履行推进法治建设第一责任人职责，将依法行政摆在工作全局的重要位置。对不认真履行第一责任人职责，本部门一年内发生多起重大违法行政案件、造成严重社会后果的，要依法追究责任。测绘地理信息行政主管部门每年第一季度要向本级政府和上一级测绘地理信息行政主管部门报告上一年度依法行政工作情况，并将报告通过报刊、政务网站等向社会公开。

36. 强化考核评价和督促检查。测绘地理信息行政主管部门的党组织要领导和监督本单位模范遵守宪法法律，坚决查处执法犯法、违法用权等行为。要加强对依法行政工作进展情况的督促检查，结合法治政府建设年度重点工作，开展定期检查和专项督查。对工作不力、问题较多的，要及时约谈、责令整改、通报批评。

37. 加强典型示范和宣传引导。积极开展依法行政建设示范创建活动，通过召开现场会、经验交流会等形式及时总结、交流和推广经验，充分发挥先进典型的示范带动作用。加强正面宣传引导，以报刊、网络等多种媒体形式，结合“七五”法制宣传教育规划，大力开展推进依法行政宣传工作，广泛宣传工作部署、先进经验、典型做法，正确引导舆论、凝聚社会共识。

各级测绘地理信息行政主管部门要结合实际制定实施方案，推动测绘地理信息依法行政工作，明确提出时间进度安排和可检验的成果形式，党政主要负责人要亲自抓落实，各项工作任务除本方案明确时间要求外，原则上应当在2019年年底前全部完成，从而为全面推进测绘地理信息法治建设作出新的更大贡献。

关于印发《中共国家测绘地理信息局党组巡视工作实施办法》的通知

国测党发〔2016〕47号　2016年7月13日

局所属各单位、机关各司室：

《中共国家测绘地理信息局党组巡视工作实施办法》已经2016年6月20日局党组会议审议通过，现予印发，请认真贯彻执行。

中共国家测绘地理信息局党组巡视工作实施办法

第一章　总　则

第一条　为落实全面从严治党要求，加强党内监督，进一步规范我局巡视工作，依据《中国共产党章程》和《中国共产党巡视工作条例》等规定，结合我局实际，制定本办法。

第二条　局党组承担巡视工作的主体责任，党组书记是第一责任人。

对局所属各单位、机关各司室党组织（以下简称被巡视党组织）每五年至少巡视一次，实现巡视常态化、全覆盖。

第三条　巡视工作以马克思列宁主义、毛泽东思想、邓小平理论、“三个代表”重要思想、科学发展观为指导，深入贯彻习近平总书记系列重要讲话精神，坚持从严治党、依规治党，落实中央巡视工作方针，聚焦党风廉政建设和反腐败斗争，发现问题，形成震慑，推动党的先进性和纯洁性建设，为测绘地理信息事业发展提供有力保障。

第四条　巡视工作要坚持统一领导、从严要求；坚持实事求是、依法依规；坚持群众路线，发扬民主。

第二章　机构和人员

第五条　局党组成立巡视工作领导小组，向局党组负责并报告工作。

局党组巡视工作领导小组组长由党组书记担任，副组长由党组副书记、分管纪检监察工作的局党组成员、中央纪委驻国土资源部纪检组一位副组长担任，成员包括直属机关党委（直属机关纪委）、人事司主要负责同志。

第六条　局党组巡视工作领导小组的职责是：

（一）贯彻中央和局党组有关决议、决定；

（二）研究提出巡视工作规划、年度计划和阶段任务安排；

（三）听取巡视工作汇报；

（四）研究巡视成果的运用，分类处置，提出相关意见和建议；

（五）向局党组报告巡视工作情况；

（六）对巡视组进行管理和监督；

（七）研究处理巡视工作中的其他重要事项。

第七条 局党组巡视工作领导小组下设办公室（以下简称巡视办），为其日常办事机构，具体工作由直属机关党委（直属机关纪委）承担，巡视办主任由直属机关党委（直属机关纪委）主要负责同志担任，成员包括直属机关党委（直属机关纪委）、人事司有关同志。

第八条 巡视办的职责是：

（一）向局党组巡视工作领导小组报告工作情况，传达贯彻局党组巡视工作领导小组的决策和部署；

（二）统筹、协调、指导巡视组开展工作；

（三）承担政策研究、制度建设等工作；

（四）对局党组、局党组巡视工作领导小组决定的事项进行督办；

（五）配合有关部门对巡视工作人员进行培训、考核、监督和管理；

（六）办理局党组巡视工作领导小组交办的其他事项。

第九条 局党组设立巡视组，承担巡视任务。巡视组向局党组巡视工作领导小组负责并报告工作。

第十条 巡视组设组长、副组长，实行组长负责制，副组长协助组长工作。巡视组组长、副组长和成员根据每次巡视任务确定并授权。巡视组组长、副组长一般从局直属机关党委（直属机关纪委）、人事司或局所属单位选派司局级领导干部担任。

巡视组成员由巡视办根据需要，商直属机关党委（直属机关纪委）、人事司，从局机关、局所属单位组织抽调。每个巡视组应有直属机关党委（直属机关纪委）、人事司的干部参加。

建立巡视工作人员库，实行动态调整，选拔后备干部、优秀年轻干部参加巡视工作。

第十一条 巡视工作人员应当具备下列条件：

（一）理想信念坚定，政治素质过硬，在思想上政治上行动上同党中央保持高度一致；

（二）坚持原则，敢于担当，依法办事，公道正派，清正廉洁，责任意识强；

（三）党性观念强，遵守党的纪律，严守党的秘密；

（四）坚决贯彻全面从严治党要求，熟悉党务工作和相关政策法规，具有较强的发现问题、沟通协调、文字综合等能力。

第十二条 选配巡视工作人员应当严格标准条件，对不适合从事巡视工作的人员，应当及时予以调整。

第十三条 巡视工作人员实行任职回避、地域回避、公务回避。在巡视工作中有下列情形之一的，巡视工作人员应当主动申请回避：

（一）与被巡视党组织领导班子成员有近亲属关系的；

（二）本人或近亲属与被巡视党组织存在直接利害关系的；

（三）与被巡视党组织领导班子成员有其他利害关系，可能影响公正履行巡视监督职责的。

巡视工作人员不得参加对本人近五年内工作过的单位或司室的巡视工作。

参加过对有关单位或司室巡视的巡视组组长、副组长，原则上不得参加对同一单位或司室的第二次巡视。

第三章 巡视范围和内容

第十四条 巡视组负责对局所属各单位、机关各司室简称被党组织领导班子及其成员进行巡视。对反映被巡视党组织内设部门和所属单位主要负责人以及重要岗位领导干部的问题线索，巡视组也要了解掌握。

第十五条 巡视组对被巡视党组织执行《中国共产党章程》和其他党内法规，遵守党的纪律，落实党风廉政建设主体责任和监督责任等情况进行监督，着力发现以下问题：

（一）违反政治纪律和政治规矩，存在违背党的路线方针政策的言行，有令不行、有禁不止，阳奉阴违，拉帮结派等问题；

（二）违反廉洁纪律，以权谋私、贪污贿赂、腐化堕落等问题；

（三）违反组织纪律，违规用人、拉票贿选、买官卖官，以及独断专行、软弱涣散、严重不团结等问题；

（四）违反群众纪律、工作纪律、生活纪律，搞形式主义、官僚主义、享乐主义和奢靡之风等问题；

（五）违反财经规章制度，内部财务制度不健全、执行不到位，财务管理混乱等问题；

（六）贯彻中央和局党组决策部署不力，不作为不担当，不履行或不正确履行职责等问题；

（七）局党组要求了解的其他问题。

第十六条 局党组可以根据工作需要，针对重点人、重点事、重点问题开展机动灵活的专项巡视，或者对巡视整改情况进行“回头看”。

第四章 工作方式和权限

第十七条 巡视组可以采取以下方式开展工作：

（一）听取被巡视党组织的工作汇报和有关工作的专题汇报；

（二）与被巡视党组织领导班子成员和其他干部群众进行个别谈话；

（三）受理反映被巡视党组织领导班子及其成员、内设部门和所属单位主要负责人、重要岗位领导干部问题的来信、来电、来访等；

（四）抽查核实领导干部报告个人有关事项情况；

（五）向有关知情人询问情况；

（六）调阅、复制有关文件、档案、会议记录等资料；

（七）召开座谈会；

（八）列席被巡视单位的有关会议；

（九）进行民主测评、问卷调查；

（十）以适当方式到被巡视党组织的下属单位或内设部门了解情况；

（十一）开展专项检查；

（十二）提请有关单位予以协助；

（十三）局党组批准的其他方式。

第十八条 巡视组依靠被巡视党组织开展工作，不干预被巡视党组织的正常工作，不履行执纪审查的职责。

第十九条 巡视组应当严格执行请示报告制度，对巡视工作中的重要情况和重大问题要及时向局党组巡视工作领导小组请示报告。

特殊情况下，巡视组可以直接向局党组书记报告。

第二十条 巡视期间，经局党组巡视工作领导小组批准，巡视组可以将被巡视党组织管理的干部涉嫌违纪违法的具体问题线索，移交有关纪检监察机构处理；对群众反映强烈、明显违反规定并且能够及时解决的问题，向被巡视党组织提出处理建议。

第五章 工作程序

第二十一条 巡视组开展巡视前，应当向局纪检监察、组织人事、审计、信访等部门了解被巡视党组织领导班子及其成员的有关情况。

第二十二条 巡视组进驻被巡视单位后，应当向被巡视党组织领导班子通报巡视任务，按照规定的工作方式和权限，开展巡视了解工作。

巡视组的信访举报受理工作应指定专人负责，统一登记管理，并及时研究处理。

巡视组对反映被巡视党组织领导班子及其成员的重要问题和线索，可以进行深入了解。

第二十三条 巡视了解工作结束后，巡视组应当形成巡视报告，如实报告了解的重要情况和问题，并提出处理建议。

巡视报告要客观准确、重点突出、言简意赅，应包含以下内容：对被巡视党组织领导班子的基本评价，被巡视对象在涉及巡视内容方面存在的问题，涉及班子成员和其他干部的问题线索，向被巡视党组织提出的整改意见建议。

对党风廉政建设等方面存在的普遍性、倾向性问题和其他重大问题，应当形成专题报告，分析原因，提出建议。

第二十四条 局党组巡视工作领导小组应当及时听取巡视组的巡视情况汇报，研究提出处理意见，报局党组决定。

第二十五条 局党组应当及时听取局党组巡视工作领导小组有关情况汇报，研究并决定巡视成果的运用。

第二十六条 经局党组同意后，巡视组应当及时向被巡视党组织领导班子及其主要负责人分别反馈相关巡视情况，指出问题，有针对性地提出整改意见。被巡视党组织主要负责人应当场签收反馈意见。

根据局党组巡视工作领导小组要求，巡视组将巡视的有关情况通报局领导和局有关司室。

第二十七条 被巡视党组织和主要负责人收到巡视组反馈意见后，应当认真整改落实，并于15日内将领导班子整改方案，2个月内将领导班子整改情况报告和主要负责人组织落实情况报告，报送巡视办。整改方案、整改情况报告要以党组织正式文件呈报，由主要负责人签发；主要负责人组织落实情况报告要由本人亲笔签名。

被巡视党组织主要负责人为落实整改工作的第一责任人。

第二十八条 对巡视发现的问题和线索，经局党组巡视工作领导小组审阅同意后，报送中央纪委驻国土资源部纪检组。局党组作出分类处置的决定后，依据职责分工，按照以下途径进行移交：

（一）对领导干部涉嫌违纪的线索和作风方面的突出问题，移交中央纪委驻国土资源部纪检组、局直属机关党委（直属机关纪委）或局所属单位纪检监察机构；

（二）对执行民主集中制、干部选拔任用等方面存在的问题，移交局人事司或局所属单位组织人事部门；

（三）其他问题移交有关部门或单位。

第二十九条 局直属机关党委（直属机关纪委）、人事司、局所属单位纪检监察机构或组织人事部门应当优先办理巡视移交的问题或线索，及时研究提出谈话函询、初核、立案或者组织处理等意见。相关部门或单位应当及时办理巡视转办事项，分析研判涉及到的普遍性、倾向性问题，提出对策建议。有关办理情况，应于3个月内反馈巡视办。

第三十条 局党组、局相关部门应当把巡视结果和被巡视党组织整改情况作为对领导班子考核评价、组织调整，对领导干部考核评价、选拔任用、奖励惩处的重要依据。

第三十一条 巡视办应当会同巡视组采取适当方式，了解和督促被巡视党组织整改落实工作并向局党组巡视工作领导小组报告。

局党组巡视工作领导小组可以直接听取被巡视党组织有关整改情况的汇报。

第三十二条 巡视进驻、反馈、整改等情况，应当以适当方式公开，接受党员干部和职工群众监督。

（一）巡视组进驻被巡视党组织后，应当在被巡视党组织内部发布巡视公告；向被巡视党组织反馈意见后，以新闻稿形式在《中国测绘报》、局门户网站、被巡视党组织网站公开。

（二）被巡视党组织领导班子的整改方案和进展情况，应当以适当方式在本单位本部门公开；整改落实情况应当在《中国测绘报》、局门户网站、被巡视党组织网站公开。

第六章 纪律与责任

第三十三条 局纪检监察、组织人事、审计、信访等部门及其他有关单位，应当支持配合巡视工作。对违反规定不支持配合巡视工作，造成严重后果的，依据有关规定追究相关责任人员的责任。

第三十四条 巡视工作人员应当严格遵守巡视工作纪律。巡视工作人员有下列情形之一的，视情节轻重，给予批评教育、组织处理或者纪律处分；涉嫌犯罪的，移送司法机关依法处理：

（一）对应当发现的重要问题没有发现的；

（二）不如实报告巡视情况，隐瞒、歪曲、捏造事实的；

（三）泄露巡视工作秘密的；

（四）工作中超越权限，造成不良后果的；

（五）利用巡视工作的便利谋取私利或者为他人谋取不正当利益的；

（六）有违反巡视工作纪律的其他行为的。

第三十五条 被巡视党组织领导班子及其成员应当自觉接受巡视监督，积极配合巡视组开展工作。

第三十六条 被巡视党组织及其工作人员有下列情形之一的，视情节轻重，对该单位或部门领导班子主要负责人或者其他有关责任人员，给予批评教育、组织处理或者纪律处分；涉嫌犯罪的，移送司法机关依法处理：

（一）隐瞒不报或者故意向巡视组提供虚假情况的；

（二）拒绝或者不按照要求向巡视组提供相关文件材料的；

（三）指使、强令有关单位或者人员干扰、阻挠巡视工作，或者诬告、陷害他人的；

（四）无正当理由拒不纠正存在的问题或者不按照要求整改的；

（五）对反映问题的干部群众进行打击、报复、陷害的；

（六）其他干扰巡视工作的情形。

第七章 附 则

第三十七条 本办法自印发之日起施行。2009年3月印发的《中共国家测绘局党组巡视工作暂行办法》（国测党字〔2009〕7号）同时废止。

关于规范互联网服务单位使用地图的通知

国测图发〔2016〕2号 2016年7月26日

各省（自治区、直辖市）测绘地理信息行政主管部门、网信办，各有关互联网服务单位：

近年来，随着网络技术的快速发展和地图、地理信息的深入应用，各类互联网服务网站中登载使用地图日益普及，互联网地图服务产业繁荣发展。与此同时，大量互联网服务网站中使用的地图未依法履行地图审核程序，部分地图存在错绘我国国界线、漏绘我国重要岛屿等重大错误，相关地图甚至登载不宜公开和涉密的内容，影响和损害了国家领土主权、安全和海洋权益，扰乱了国际社会对我国政府主张的认知和理解。为进一步规范互联网服务网站中地图的使用，现就有关事项通知如下：

一、提高认识，进一步明确正确使用地图的重要性

正确的国家版图，是国家主权和领土完整的象征。地图是国家版图的主要表现形式，直观反映国家的主权范围，体现国家的政治主张，具有严肃的政治性、严密的科学性和严格的法定性。互联网服务网站具有受众面广、交互性强、传播速度快、影响范围大等特点，是新时期社会公众获取资讯信息的重要途径，登载的地图一旦出现错误表示国家版图或登载敏感、涉密内容等问题，将损害国家利益和民族尊严，造成不良社会影响。各地、各有关单位要本着对国家主权、安全和利益负责的精神，充分认识正确使用地图的重要性，增强国家版图意识和安全保密意识。

二、加强自律，互联网服务单位要切实规范地图使用

各互联网服务单位要加强自律，严格按照《测绘法》、《地图管理条例》等法律法规进行地图审核和登载使用：

（一）网站中引用地图时，要使用从合法渠道获得的正确地图，不能引用未经审核特别是来源于国外网站登载的地图，引用地图时要注明地图来源和审图号。

（二）地图在登载前应依法送审（景区图、街区图、地铁线路图等内容简单的地图除外），不得在地图上标注涉密信息或者违反我国民族政策及政治主张的内容。经审核批准的地图在登载使用时，应在地图上或者适当显著位置标明地图审图号。

（三）互联网服务单位要积极参加培训交流，提高对“问题地图”和涉密地理信息的辨别能力，并定期对网站开展全面自查，及时删除存在问题的地图。具备互联网地图服务资质的单位要切实发挥本单位互联网地图安全审校人员作用，对网站中登载的地图和地理信息加强审校管理，认真做好新增标注信息备案。具备搜索引擎的单位要向网民推荐正确的地图、标明审图号的地图。

（四）互联网服务单位要建立应急处置工作机制，对网站中登载地图出现的危害国家主权、安全和利益等突发事件，及时采取应急响应和处置措施。要建立与测绘地理信息行政主管部门和网信办间联络机制，及时反馈并上报有关情况。

三、疏堵并重，强化互联网地图监督管理与公共服务

各级测绘地理信息行政主管部门和网信办要加强沟通协作，明确职责分工，对互联网服务网站中登载的地图开展日常监管，积极提供地图公共服务：

（一）各级测绘地理信息行政主管部门要积极组织编制公益性地图，并加强与网信办协调配合，针对重大时政报道，制作并提供适于互联网服务网站应用的地图产品和服务。

（二）各级测绘地理信息行政主管部门要根据《地图管理条例》有关规定，对互联网服务网站用的时事宣传地图开通绿色审核通道，提高审核效率，加强技术指导。

（三）要充分利用现有互联网地图监管工作机制，对各类网站中登载的地图进行日常监控、快速检定和及时处理。其中，国家测绘地理信息局和中央网信办重点监管中央级有关网站和在全国范围内有影响的商业媒体网站，测绘地理信息行政主管部门和各地网信办按照属地化管理原则，重点监管

ICP 在本地注册备案的商业媒体网站以及本地政府有关网站。

（四）各级测绘地理信息行政主管部门和网信办要加强信息共享，及时通报工作中发现的“问题地图”，对存在严重违法违规行为的，联合依法进行严肃查处。

四、共同担当，全面推进国家版图意识宣传教育

各级测绘地理信息行政主管部门和网信办要按照全国国家版图意识宣传教育和地图市场监管协调指导小组的总体部署，积极组织开展形式多样的国家版图意识宣传教育活动，充分利用互联网服务网站这一阵地，普及地图、国家版图和地理信息安全知识。互联网服务单位要进一步增强社会责任感，积极参与国家版图意识宣传教育活动，大力宣传报道国家版图知识竞赛、少儿手绘地图大赛、国家版图意识宣传教育“进学校、进社区、进媒体”等公益性活动，提升社会公众的国家版图意识，形成正确使用中国地图的社会氛围。

关于印发《全国测绘地理信息法治宣传教育第七个五年规划（2016—2020 年）》的通知

国测法发〔2016〕12 号　2016 年 8 月 16 日

各省、自治区、直辖市、计划单列市测绘地理信息行政主管部门，新疆生产建设兵团测绘地理信息主管部门，局所属各单位，机关各司室：

为认真贯彻《中共中央 国务院转发〈中央宣传部、司法部关于在公民中开展法治宣传教育的第七个五年规划（2016—2020 年）〉的通知》（中发〔2016〕11 号），切实做好全国测绘地理信息法治宣传教育工作，结合测绘地理信息工作实际，国家测绘地理信息局制定了《全国测绘地理信息法治宣传教育第七个五年规划（2016—2020 年）》。现印发给你们，请结合本地区、本单位的具体情况，认真贯彻实施。

全国测绘地理信息法治宣传教育第七个五年规划（2016—2020 年）

在中央宣传部、司法部的指导下，全国测绘地理信息法制宣传教育第六个五年规划顺利实施完成，并取得显著成效。全系统紧紧围绕测绘地理信息工作大局，法治宣传教育主题活动广泛开展，以测绘法为核心的测绘地理信息法律体系得到深入宣传，全社会测绘地理信息法治观念明显增强，各级测绘地理信息行政主管部门依法行政能力显著提高，测绘地理信息领域法治化水平明显提升，为测绘地理信息事业发展营造了良好的法治环境。

党的十八大以来，以习近平同志为总书记的党中央对全面依法治国作出了重要部署，对法治宣传教育提出了新的更高要求，法治宣传教育的基本定位、重大任务和重要措施进一步明确。为做好测绘地理信息法治宣传教育工作，国家测绘地理信息局根据《中共中央 国务院转发〈中央宣传部、司法部关于在公民中开展法治宣传教育的第七个五年规划（2016—2020 年）〉的通知》（中发〔2016〕11 号）要求，结合我国测绘地理信息发展需求，制定本规划。

一、指导思想、主要目标和工作原则

（一）指导思想：高举中国特色社会主义伟大旗帜，全面贯彻党的十八大和十八届三中、四中、五中全会精神，以马克思列宁主义、毛泽东思想、邓小平理论、“三个代表”重要思想、科学发展观为指导，深入贯彻习近平总书记系列重要讲话精神，坚持“四个全面”战略布局，坚持创新、协调、绿色、开放、共享的发展理念，按照全面依法治国新要求，深入开展测绘地理信息法治宣传教育，扎实推进依法治理，推进法治宣传教育与法治实践相结合，为测绘地理信息事业发展营造良好法治环境。

（二）主要目标：健全普法宣传教育机制，增强法治宣传教育实效，深化依法治理，全系统广大干部职工的法治观念和系统内党员的党章党规意识明显增强，全社会测绘地理信息法治观念显著提升，厉行法治的积极性和主动性明显提高，形成守法光荣、违法可耻的良好氛围。

（三）工作原则：

——坚持围绕中心，服务大局。围绕测绘地理信息改革发展的中心工作，在全系统深入开展法治宣传教育，为实施“加强基础测绘、监测地理国情、强化公共服务、壮大地信产业、维护国家安全、建设测绘强国”战略营造良好法治环境。

——坚持依靠群众，服务群众。把法治宣传教育与服务群众紧密结合起来，着眼于广大群众对地理信息产品应用、位置服务、地理信息安全等测绘地理信息领域的法治需求，以群众易于接受的方式开展法治宣传教育，使测绘地理信息法律法规深入人心。

——坚持普治并举，学用结合。把法治宣传教育与依法治理有机结合，把法治宣传教育融入测绘地理信息各项工作中，引导各级测绘地理信息行政主管部门领导干部在法治实践中自觉学习、运用国家法律和党内法规，不断提升法治素养。

——坚持分类指导，突出重点。根据领导干部、测绘地理信息行业单位与从业人员、社会大众等不同对象的特点，确定法治宣传教育的重点内容，增强普法工作的针对性。着重抓好测绘地理信息从业人员和社会大众的法治宣传教育。

——坚持创新发展，注重实效。创新测绘地理信息法治宣传教育工作理念，完善工作机制，拓展宣传载体，改进工作方法，不断提高法治宣传教育工作的针对性和实效性。

二、主要任务

（一）深入学习宣传习近平总书记关于全面依法治国的重要论述。在测绘地理信息系统内深入学习宣传习近平总书记关于全面依法治国的重要论述，增强走中国特色社会主义道路的自觉性和坚定性，增强全社会厉行法治的积极性和主动性。深入学习宣传党中央关于全面依法治国的重要部署，宣传科学立法、严格执法、公正司法、全民守法和党内法规建设的生动实践，使广大测绘地理信息系统干部职工了解和掌握全面依法治国的重大意义和总体要求，更好地发挥法治的引领和规范作用。

（二）认真学习宣传宪法和中国特色社会主义法律体系。深入宣传依宪治国、依宪执政等理念，宣传宪法基本内容，实行宪法宣誓制度，提高各级测绘地理信息行政主管部门领导干部和机关工作人员的宪法意识。宣传宪法相关法、民法商法、行政法、经济法、社会法、刑法、诉讼与非诉讼程序法等国家基本法律法规。宣传依法行政领域的法律法规，推动各级测绘地理信息行政主管部门树立“法定职责必须为、法无授权不可为”的意识，促进法治政府建设。宣传市场经济领域的法律法规，强化测绘地理信息市场公平竞争、诚实守信意识。宣传国家安全、公共安全、保密和互联网领域的法律法规，提高全民维护地理信息安全意识、风险意识和预防能力。

（三）深入学习宣传党内法规。适应全面从严治党、依规治党新形势新要求，切实加大党内法规宣传力度。突出宣传党章，大力宣传《中国共产党廉洁自律准则》、《中国共产党纪律处分条例》、《中国共产党问责条例》等各项党内法规，注重党内法规宣传与国家法律宣传的衔接和协调，坚持纪在法前、纪严于法，把纪律和规矩挺在前面，教育引导系统内党员做党章党规党纪和国家法律的自觉尊崇者、模范遵守者、坚定捍卫者。

（四）深入学习宣传以测绘法为核心的测绘地理信息法律法规。以每年一度的测绘法宣传日活动为契机，广泛宣传以测绘法为核心的测绘地理信息法律法规，增强全社会依法测绘意识。认真学习贯彻新出台的测绘地理信息法律法规，学习《国家测绘地理信息局贯彻落实〈法治政府建设实施纲要（2015—2020年）〉实施意见》，提高测绘地理信息行政管理人员的依法行政水平。继续开展测绘地理信息行政管理人员和行政执法人员法律法规培训，提高依法办事能力。

（五）推进测绘地理信息领域依法治理。坚持测绘地理信息法治教育与法治实践相结合，在地理国情监测、应急测绘保障、地理信息公共服务平台、全球地理信息资源建设、国家现代测绘基准体系等重大项目中，严格依法管理，保障测绘地理信息事业在法治化的轨道上稳步发展。严格按照法律规定履行职责，坚持重大决策依法做出，提高测绘地理信息法治化水平。

（六）推进法治教育与道德教育相结合。坚持依法治国和以德治国相结合的基本原则，大力弘扬社会主义核心价值观，弘扬中华传统美德，弘扬“热爱祖国、忠诚事业、艰苦奋斗、无私奉献”的测绘精神，培育社会公德、职业道德、家庭美德、个人品德，提高测绘地理信息系统干部职工的思想道德水平，为全面依法治国创造良好人文环境。发挥法治在解决道德领域突出问题中的作用，建立测绘资质单位信用记录，强化测绘地理信息市场监管，促进测绘资质单位诚信自律。

三、对象和要求

（一）坚持领导干部带头学法、模范守法。贯彻落实《关于完善国家工作人员学法用法制度的意见》，把宪法法律和党内法规列入党组中心组学习内容，把法治教育纳入干部教育培训总体规划，切实提高领导干部运用法治思维和法治方式深化改革、推动发展的能力，引导党员领导干部严守政治纪律和政治规矩。健全日常学法制度，创新学法形式。完善重大决策合法性审查机制，推行法律顾问制度。健全学法用法考核机制，把尊法学法守法用法情况作为考核领导班子和领导干部的重要内容。

（二）引导测绘地理信息行业单位和从业人员尊法学法守法用法。加强对测绘地理信息行业单位经营管理人员的法治宣传教育，通过开展法治培训、法治讲座等多种形式，引导他们树立诚信守法、爱国敬业意识，提高依法经营、依法管理能力。加强对测绘地理信息从业人员的法治宣传教育，通过开展“双随机”抽查、加强执法检查等形式，增强从业人员的测绘成果安全保密意识、成果质量意识和安全生产意识，维护国家地理信息安全。

（三）加强对社会大众的测绘地理信息法治宣传教育。向社会大众深入宣传以测绘法为核心的测绘地理信息法律法规，宣传测绘地理信息事业在法治保障下所取得的成就，宣传测绘成果应用、地图管理、地理信息数据安全的重要性，提高大众维护地理信息安全意识和国家版图意识。通过编写国家版图知识读本、举办“美丽中国”全国国家版图知识竞赛和少儿手绘地图大赛、组织测绘地理信息科技展等形式，把测绘地理信息法治宣传教育与课堂教育、课外活动、科普教育相结合，普及国家版图知识，培养青少年树立正确的国家版图意识，自觉维护国家主权、利益和民族尊严。

四、工作措施

全国测绘地理信息法治宣传教育第七个五年规划从2016年开始实施，至2020年结束。地方各级测绘地理信息行政主管部门要按照本地区法治宣传教育工作的统一部署和本规划要求，结合实际情况制定本地区规划，深入宣传发动，全面组织实施，确保各项目标任务落到实处。

（一）健全普法宣传教育机制。各级测绘地理信息行政主管部门党委（党组）要按照中央要求，加强对普法工作的领导。各级测绘地理信息行政主管部门法治机构、宣传机构要发挥职能作用，健全完善普法协调协作机制，积极开展法治宣传教育活动。要加强法治宣传教育工作考核评估，建立健全考评指导标准和指标体系，完善考核办法和机制，注重考核结果的运用。健全激励机制，认真开展测绘地理信息“七五”普法中期检查和总结验收，做好全国法治宣传教育先进集体、先进个人表彰人选的推选工作。积极动员社会力量尤其是基层力量开展测绘地理信息法治宣传教育，扩大法治宣传教育工作的社会参与度和社会影响面。

（二）健全普法责任制。实行“谁执法谁普法”的普法责任制，建立普法责任清单制度。在测绘地理信息行政执法过程中，对执法对象开展以案释法和警示教育，向群众弘扬法治精神。进一步加强行政执法案件的汇总整理工作，通报测绘地理信息违法典型案件，发挥典型案件的警示震慑作用。落实“谁主管谁负责”的普法责任，各级测绘地理信息行政主管部门在管理、服务过程中，要结合行业特点，开展法治宣传教育。

（三）推进法治宣传教育工作创新。创新测绘地理信息法治宣传教育工作理念和方式方法，增强宣传实效。坚持集中宣传与经常性宣传相结合，深化法律进机关、进乡村、进社区、进学校、进企业、进单位的“法律六进”主题活动。创新载体阵地，在各级测绘地理信息行政主管部门办公场所、政务大厅和服务窗口增加法治宣传教育功能。充分运用互联网传播平台，加强新媒体新技术在普法中的运用，推进“互联网 + 测绘地理信息法治宣传”行动。加强普法网站建设，在各级测绘地理信息行政主管部门官方网站和内网建立普法、学法专栏，建立普法网络集群。大力发动测绘地理信息行业单位参与法治宣传活动，利用行业单位网站、微信、微博等开展普法。

五、组织领导

（一）切实加强领导。各级测绘地理信息行政主管部门要充分认识法治宣传教育工作的重要性，主管领导要定期听取法治宣传教育工作情况汇报，及时研究解决工作中的重大问题，把法治宣传教育纳入测绘地理信息工作绩效考核。国家测绘地理信息局成立“七五”普法领导小组和办公室，组织指导各地的法治宣传教育工作。

（二）加强工作指导。地方各级测绘地理信息行政主管部门每年要将法治宣传教育工作情况向党委（党组）报告，并报上级法治宣传教育工作领导小组。要深入基层、深入群众调查研究，分析不同地区、不同对象的法律需求，抓住重点环节和关键时间节点，结合各地区工作实际，进行分类指导。认真总结推广法治宣传教育工作的好经验、好做法，充分发挥先进典型的示范和带动作用，推进法治宣传教育不断深入。

（三）加强经费保障。各级测绘地理信息行政主管部门要把测绘地理信息普法工作经费纳入年度工作经费预算，切实予以保障，并建立动态调整机制，积极探索利用社会资金开展法治宣传教育。

关于进一步加强应急测绘保障服务能力建设的意见

国测成发〔2016〕7号 2016年9月19日

各省、自治区、直辖市、计划单列市测绘地理信息行政主管部门，新疆生产建设兵团测绘地理信息主管部门，局所属有关单位：

应急测绘保障服务是贯穿突发事件的预防、应对、处置和恢复全过程中的重要基础工作，是国家突发事件应急体系的重要内容，是新时期公益性测绘地理信息工作的重要业务。为深入贯彻实施国务院办公厅印发的《国家自然灾害救助应急预案》（国办函〔2016〕25号）、国家发展改革委《关于国家应急测绘保障能力建设项目可行性研究报告的批复》（发改投资〔2015〕3111号）以及《测绘地理信息事业“十三五”规划》（发改地区〔2016〕1907号），进一步加强应急测绘保障服务能力建设，更好地服务于突发事件应急管理工作。现提出如下意见：

一、充分认识加强应急测绘保障服务能力建设的重要性和紧迫性

（一）加强应急测绘保障服务能力建设是贯彻落实党中央国务院要求部署的重大举措。我国是世界上自然灾害最为严重的国家之一，灾害种类多，分布地域广，发生频率高，造成损失重。党中央、国务院历来高度重视防灾减灾工作和突发事件应急处理。习近平总书记强调，要落实责任完善体系，整合资源统筹力量，全面提升全社会抵御自然灾害的综合防范能力。国民经济和社会发展“十三五”规划对提升防灾减灾救灾能力、强化突发事件应急体系建设做出了明确部署，国务院重新修订了《国家自然灾害救助应急预案》。应急测绘作为国家突发事件应急体系的重要内容之一，测绘地信部门必须认真贯彻落实党中央国务院的要求部署，在科技创新、装备改善、体系建立、机制完善、队伍建设、能力提升上下功夫，确保应急测绘保障服务工作开展规范有序、科学高效。

（二）加强应急测绘保障服务能力建设是测绘地信部门履行公共服务职能的重要体现。现代测绘技术和地理信息是准确掌握灾情险情和突发事件的重要手段，是科学决策和指挥、有效组织和实施减灾救灾的基础依据，在自然灾害和突发事件应急处理中的作用和地位日益凸显甚至不可或缺。《国家自然灾害救助应急预案》明确了测绘地信部门在国家自然灾害应急救助中的工作定位、职责和任务。《全国基础测绘中长期规划纲要（2015—2030年）》和《测绘地理信息事业“十三五”规划》把应急测绘作为测绘地理信息服务链条、公益性保障服务体系的重要内容，进一步明确了应急测绘建设的目标和任务。不断提升测绘应急能力建设，做好各类自然灾害和突发事件的测绘保障服务，是测绘地信部门的重要职责和光荣使命。

（三）加强应急测绘保障服务能力建设是应急测绘工作自身发展的必然要求。测绘地理信息是防灾救灾和灾后重建的重要信息资源。从十多年来的应急测绘保障服务的实践来看，测绘地信部门在汶川特大地震、玉树强烈地震、舟曲特大山洪泥石流等重大自然灾害的指挥决策、抢险救灾和灾后重建中发挥了重要的服务保障作用。当前，各类突发事件多发频发，人民群众公共安全需求日益增长，对突发事件应急体系建设提出了新的更高要求。面对新形势新要求，应急测绘保障服务还存在体制机制不完善、人才装备较薄弱、服务保障能力不足等问题，距离应对各类自然灾害和突发事件的需求还有不小差距。因此，必须加强应急测绘保障服务能力建设，为应急指挥和应急救援等工作提供有力支撑，最大限度保障人民群众生命财产安全。

二、指导思想、基本原则和工作目标

（一）指导思想

高举中国特色社会主义伟大旗帜，以邓小平理论、“三个代表”重要思想、科学发展观为指导，深入贯彻习近平总书记系列重要讲话精神，牢固树立“创新、协调、绿色、开放、共享”的发展理念，统筹考虑各类突发事件对应急测绘保障服务的需求，综合运用遥感、地理信息系统、卫星导航定位系统和网络通讯技术等技术手段，以服务突发事件应急工作为根本，以强化提高测绘队伍快速反应能力为重点，加快建设全国应急测绘保障服务体系，全面提高应急测绘保障服务水平。

（二）基本原则

——统筹谋划。从战略高度统筹谋划应急测绘保障服务工作，着力推进应急测绘保障服务能力建设和工作机制建立，积极争取将应急测绘保障服务能力建设纳入各级政府财政投资预算，并加强中央和地方项目统筹协调。

——优化配置。根据突发事件发生发展和区域分布特点，按需补充航空应急测绘、现场勘测、测绘地理信息集成处理和数据共享传输等方面配套装备，夯实基础，循序渐进，优先解决好应急测绘保障服务中的关键和突出问题。

——平战结合。以服务突发事件应急工作为主，构建应急测绘保障服务体系，在满足各类突发事件的基础上也可服务于基础测绘、地理国情监测等工作，使有限资源发挥最大效率，加强应急测绘保障服务能力训练，提高测绘队伍快速反应能力。

——资源共享。充分发挥军地、各部门、测绘地理信息行业的各自优势，建立有效的应急测绘保障服务协同工作机制，落实责任，统一标准，推进应急测绘地理信息资源快速共享。

（三）建设目标

“十三五”期间，构建统一指挥、反应灵敏、协调有序、运转高效的应急测绘管理机制，建成服务于突发事件的事前预防、事发应对、事中处置和善后恢复全过程的应急测绘保障服务技术体系，形成政府主导、部门协调、军地结合、社会参与的应急测绘保障服务工作格局。

三、加强应急测绘保障服务技术体系建设

应急测绘保障服务技术体系是应急测绘保障服务能力建设的核心内容，主要包括航空应急测绘系统、应急现场勘测系统、应急测绘快速集成处理与分发服务系统以及应急测绘地理信息资源共享系统。

（一）加强航空应急测绘系统建设。建设航空应急测绘系统可有效提升突发事件现场多类型遥感影像信息快速获取能力，主要建设任务是无人机航空遥感平台构建、多类型传感器集成以及地面指挥控制平台配备等。其中，无人机航空遥感平台包括固定翼无人机、无人直升机等；传感器包括光学摄影、热红外、雷达、视频等；地面指挥控制平台包括运输设备、飞控设备、通讯设备等。

（二）推动应急现场勘测系统建设。建设应急现场勘测系统可有效提升突发事件现场地面信息快速采集能力，主要建设任务是应急勘测多功能工作方舱集成和应急勘测生活保障车配备。其中，应急勘测多功能工作方舱包括多类型勘测设备、数据处理系统、输出设备、数据通信系统和运载平台。

（三）强化应急测绘快速集成处理与分发服务系统建设。建设应急测绘快速集成处理与分发服务系统可有效提升应急测绘数据快速集成处理能力，主要建设任务是应急测绘快速集成处理系统、应急测绘快速制图系统、应急测绘快速服务平台、应急测绘存储支撑系统和应急测绘指挥调度系统等五大系统构建。其中，应急测绘快速集成处理系统包括卫星遥感影像应急处理子系统、航空遥感影像应急处理子系统、多源遥感数据灾情地理信息提取子系统、灾情地理信息集成分析子系统等。

（四）推进应急测绘地理信息资源共享系统建设。建设应急测绘地理信息资源共享系统可有效提升应急测绘地理信息快速推广应用能力，主要建设任务是测绘地理信息资源共享平台搭建和数据传输网络系统建设。其中，应急测绘地理信息资源共享平台是由以“天地图”基础数据与应急所需的兴趣点（POI）构成的数据库系统；数据传输网络系统是以电子政务内网为基础的国家主节点、省级共享节点、部门共享节点之间联通共享。

四、进一步完善应急测绘保障服务工作机制

应急测绘保障服务工作机制是应急测绘保障服务能力建设的重要内容，主要包括测绘地理信息行业内应急测绘保障统筹协作机制和军地、部门间应急测绘保障联动协作机制以及应急测绘保障服务制度体系。

（一）健全测绘地理信息行业应急测绘保障服务统筹协作机制。在总结多年来应急测绘保障服务工作的基础上，加快修订测绘应急保障预案。通过中央和地方签订合作共享协议，进一步明确应急测绘保障服务职责和任务，建立完善全国测绘地理信息部门联动的应急测绘保障服务机制，推进装备、队伍和资源统筹部署，统一指挥、协同开展应急测绘工作，确保实现跨省（自治区、直辖市）、跨区域整体联动。建立有效的应急测绘保障社会动员机制，将有关测绘地理信息企业纳入应急测绘保障服务体系，鼓励和引导其在应急测绘中发挥积极作用。加快形成统一部署、分级负责、部门协同、资源共享的行业内应急测绘保障服务管理机制。

（二）建立军地、部门间应急测绘保障联动协作机制。与有关部门、军队有关单位签署合作共享协议，建立军地合作、部门联动的应急测绘保障服务机制和应急地理信息资源共享机制，形成“四边形”模式的应急测绘地理信息互联互通，实现信息资源共享；在空域协调与使用、机场使用、无人机停放场地及保险、人才培养、服务方式等方面建立合作机制，形成部门优势互补、协同高效的应急测绘保障服务体系。

（三）完善应急测绘保障服务制度体系。根据工作实际和实战经验，建立涵盖应急预案、应急流程、队伍建设、设备管理和使用、培训演练、保障服务等应急测绘各环节的制度体系。进一步加强应急测绘管理人员和专业人才队伍的建设，选调优秀人员充实应急测绘队伍。建立应急测绘保障服务演练制度，并积极开展应急测绘技术交流和培训。落实应急测绘保障服务纳入基础测绘规划和年度计划或申请应急测绘保障服务专项，建立应急测绘保障服务专项经费、装备投入机制，为应急测绘提供长期稳定经费、设备、物资支撑。根据突发事件发生发展和区域分布特点建立数据资源储备制度，提前做好重点地区要素类型丰富、现势性强的应急测绘地理信息数据资源储备。

五、加强应急测绘保障服务能力建设工作的组织领导

（一）高度重视，明确责任。各级领导干部要切实增强责任意识、忧患意识和危机意识，高度重视应急测绘保障服务能力建设工作，明确责任，加强组织领导。积极推进将应急测绘保障服务纳入各级人民政府应急管理体系，建立与应急相关部门的协作机制，争取机构、经费、装备等支持。确定应急测绘保障服务能力建设的领导机构和具体承担单位，细化落实责任，健全管理制度，强化监督检查。

（二）加强协调，强化演练。各地要根据本地易发多发灾害类型，主动联系协调有关应急部门，有针对性地开展联合应急演练，实际检验应急测绘的水平和能力并不断完善健全测绘应急预案，积累应对突发事件的应急测绘实战经验，提升应对突发事件的应急测绘能力。加强与测绘系统兄弟单位联系，相互配合，协同开展区域演练。

（三）积极宣传，扩大影响。及时向政府分管领导以及应急相关部门通报应急测绘新技术、新装备、新手段、新成效，提高相关领导和部门对应急测绘工作的重视。加大应急测绘宣传力度，利用各种媒体以典型应用宣传应急测绘在自然灾害抢险救灾和突发事件应急救援中发挥的重要作用，营造全社会了解支持应急测绘保障服务工作的良好氛围。

关于进一步加强涉外测绘管理工作的通知

测办〔2016〕87号 2016年11月14日

各省、自治区、直辖市测绘地理信息行政主管部门：

当前，我国正在加快构建开放型经济新体制，测绘地理信息领域国际合作与交流日益增多，推动测绘成果广泛应用，有利于促进对外开放和经济社会发展。与此同时，由于一些单位的法治意识和保密意识淡薄，致使涉外非法测绘行为时有发生，危害了国家安全、主权和利益。为进一步加强涉外测绘管理工作，现就有关事项通知如下：

一、充分认识加强涉外测绘管理工作的重要性和紧迫性

地理信息是国家重要的战略性资源。属于国家秘密的重要目标地理坐标、影像和地图数据等，一旦泄露，将对国家安全构成严重危害。各级测绘地理信息行政主管部门要坚决贯彻以习近平同志为核心的党中央提出的总体国家安全观，充分认识维护地理信息安全对国土安全、军事安全、经济安全、网络安全的重要意义，深刻认清部分单位和个人保密意识缺失、一些外国组织和个人非法获取我国地理信息数据、涉外安全监管薄弱等问题的紧迫性，切实加强涉外测绘管理，维护国家地理信息安全。

二、迅速开展涉外测绘活动专项检查

各省、自治区、直辖市测绘地理信息行政主管部门要对本辖区内各等级测绘资质单位近三年来是否存在涉外情况，迅速开展一次专项检查。要求每家测绘资质单位进行自查，如实填写《测绘资质单位涉外情况调查表》（见附件），上报所在省级测绘地理信息行政主管部门备查。对工商登记类型为合资、合作企业的，测绘资质单位聘用外籍管理人员和员工的，测绘资质单位与外国的组织或个人在华开展科技、文化、体育、工程建设等涉外业务往来活动的，省级测绘地理信息行政主管部门要进行重点抽查和实地检查，加大问询力度，摸清一手情况，消除监管盲点。对存在问题和隐患的单位，责令限期整改合格，堵塞地理信息安全监管漏洞。

三、采取有效措施加强事中事后监管

各级测绘地理信息行政主管部门要认真贯彻《外国的组织或者个人来华测绘管理暂行办法》（国土资源部令第52号），加强对本辖区外国人来华测绘的监督管理。要牢固树立问题导向，聚焦敏感地区、重要行业、重大风险、重点工程，加大对涉外测绘活动的“双随机，一公开”检查抽查力度，作为工作机制予以固化，并保持一定监管频次。要认真实施测绘资质年度报告公示制度和测绘地理信息行业信用管理制度，畅通公众举报渠道，加大信息披露和社会监督力度，建立健全守信激励和失信惩戒机制。

四、建立健全纵横联动监管工作机制

省级测绘地理信息行政主管部门要指导市县级测绘地理信息行政主管部门，逐步健全监管执法体制机制，整合配强监管执法力量，提升监管执法人员素质，依法开展各类专项检查。各级测绘地理信息行政主管部门要主动与相关部门沟通，积极配合安全、保密、工商、通信管理、新闻出版、军队等部门开展执法活动，建立健全分兵把口、无缝衔接的部门监管协作工作机制，加强信息共享，监管关口前移，使违法问题“早发现、早预防、早整治、早解决”，有效防范和打击涉外非法测绘活动。

五、依法严厉打击涉外非法测绘活动

各级测绘地理信息行政主管部门要始终保持对窃取、刺探、买卖和非法提供涉密地理信息数据等行为的高压打击态势，依法从严查处，绝不姑息手软。对符合立案条件的坚决查处，特别对案值较大、影响面广、情节恶劣的案件，要集中力量，一查到底。对跨地区、跨部门的涉外非法测绘案件，要加强地区和部门间协作，开展联合办案；对获取测绘成果属于国家秘密并构成犯罪的，及时移送司法机关依法追究其刑事责任。对测绘资质单位从事涉外非法测绘的，按严重失信行为录入全国测绘地理信息行业信用管理平台。

六、加强地理信息安全保密教育培训

各级测绘地理信息行政主管部门要结合测绘地理信息法治宣传教育，强化测绘资质单位的测绘成果保密意识。要充分利用各类媒体，广泛宣传普及国家版图和地理信息安全保密等知识，营造维护国家版图尊严和地理信息安全的良好社会氛围。各测绘资质单位要于近期对全体员工进行一次法律法规培训，重点学习《中华人民共和国测绘法》、《中华人民共和国军事设施保护法》、《中华人民共和国国家安全法》、《中华人民共和国反间谍法》、《中华人民共和国保守国家秘密法》、《中华人民共和国测绘成果管理条例》、《外国的组织或者个人来华测绘管理暂行办法》等法律法规，教育引导从业人员依法从事测绘活动。

请各省、自治区、直辖市测绘地理信息行政主管部门按照本通知要求，进一步细化实化加强涉外测绘管理工作的具体措施，并将本辖区涉外测绘活动检查治理情况，形成工作总结于2016年12月31日前书面报送国家测绘地理信息局。

附件：测绘资质单位涉外情况调查表（略）

关于印发《全国测绘地理信息应用成果和地图网上展览运行维护管理办法》的通知

国测图发〔2016〕4号 2016年12月2日

各省、自治区、直辖市测绘地理信息行政主管部门，各有关单位：

现将《全国测绘地理信息应用成果和地图网上展览运行维护管理办法》印发给你们，请遵照执行。

全国测绘地理信息应用成果和地图网上展览运行维护管理办法

第一章 总 则

第一条 为加强全国测绘地理信息应用成果和地图网上展览（以下简称展览）的运行维护管理，保障展览的长期稳定安全运行，特制定本办法。

第二条 展览运行维护管理工作应遵循“各自运维、及时更新、定期考核、动态调整”的原则。

第三条 展览主要围绕测绘地理信息服务大局、服务社会、服务民生的重要成果，着重展出优秀测绘地理信息应用成果和地图精品，全面展示我国测绘地理信息工作在服务政府科学管理、保障经济社会发展、维护国家安全和方便百姓日常生活等方面的重要作用。

第四条 国家测绘地理信息局负责展览运行维护的监督管理，地理信息与地图司承担具体组织实施与协调工作。

国家基础地理信息中心负责展览管理系统、发布平台、主展馆的运行维护以及地图展馆、企业展馆的运行保障工作。

各省级测绘地理信息行政主管部门分别负责相应地方展馆的运行维护工作。

中国地图出版集团、各参展企业负责地图展馆、企业展馆的维护工作，包括相应展馆的内容更新、升级改版等，国家基础地理信息中心配合做好技术支持工作。

第五条 展览管理系统、发布平台以及主展馆、地图展馆运行维护经费由国家测绘地理信息局统筹协调。地方展馆、企业展馆运行维护经费由相应省级测绘地理信息行政主管部门、各参展单位协调解决。

第二章 运行维护

第六条 国家基础地理信息中心、中国地图出版集团、各省级测绘地理信息行政主管部门、各参展企业（以下简称各地、各有关单位）应确定分管领导，并明确专门的工作机构和工作人员，分别承担展览管理系统、发布平台以及主展馆、地图展馆、地方展馆、企业展馆的运行维护工作。

第七条 各地、各有关单位应制定展馆运维应急预案、建立展馆运维保障机制、加强安全技术防护措施。各展馆运维负责人应定期登录展览系统、发布平台和相应展馆，检定运行状况、核查展示内容、排除技术漏洞和安全隐患。各展馆安全防护措施应当符合国家信息安全等级保护二级要求。

第八条 对运行维护中的常规性、技术性问题，各地、各有关单位应及时采取有效措施进行妥善处理；对政治性、政策性以及非常规性的问题，应及时将有关情况向上级主管部门报告。

第九条 各地、各有关单位应围绕测绘地理信息服务大局、服务社会、服务民生最新成果，每年开展一次展馆内容更新工作，每年年底将更新情况报国家测绘地理信息局备案（附件1）。

第十条 国家测绘地理信息局将根据党中央、国务院有关要求、测绘地理信息发展实际，适时对展览进行整体完善和改版，各地、各有关单位应做好相关升级改版工作，有关工作措施、要求另行制定。

鼓励各地、各有关单位根据本地区、本单位测绘地理信息工作发展实际，自主开展展览升级改版工作。相关工作方案应在升级改版工作启动前报国家测绘地理信息局审定。

第十一条 升级改版后的展馆、内容更新涉及地图（集、册）等展品的展馆，应重新履行地图审核程序，取得新的审图号。

第十二条 已上线发布的主展馆、地图展馆、企业展馆，需对展馆运行环境进行迁移的，应当向国家测绘地理信息局提出书面申请，经同意后可迁移至新的网络环境。已上线发布的地方展馆，需对展馆运行环境进行迁移的，应当向国家测绘地理信息局备案。

第十三条 各展馆使用二级域名，由国家基础地理信息中心统一管理，同时按照所在地的相关管理规定做好展馆二级域名备案后的后续管理维护工作。

第十四条 已上线发布的展馆，原则上要保持长期运行，确需撤展的，各地、各有关单位应当向国家测绘地理信息局提交撤展申请，写明撤展原因，经同意后由国家基础地理信息中心协助其完成相关撤展工作（附件2）。

第三章 后续参展

第十五条 中华人民共和国境内具有测绘地理信息应用成果且服务成效较突出的测绘地理信息企事业单位、港澳台地区相关单位，可申请参展（附件3），视情况作出能否参展决定。

第十六条 参展申请经由国家基础地理信息中心审核、国家测绘地理信息局地理信息与地图司复核后，由国家测绘地理信息局审定。

第十七条 展览内容应当着重展示优秀测绘地理信息应用成果、地图精品以及地理信息产业的深层次应用。

第十八条 展馆建设应当符合《全国测绘地理信息应用成果和地图展览技术指南》各项要求。

第十九条 各地、各有关单位应当遵守《中华人民共和国测绘法》、《测绘管理工作国家秘密范围的规定》及《中华人民共和国著作权法》等保密和版权的法律法规，展示自主生产或经合法授权的测绘地理信息成果、地图产品。

第二十条 展馆经国家基础地理信息中心审核、国家测绘地理信息局地理信息与地图司复核、国家测绘地理信息局审定后，由国家基础地理信息中心统一发布。

第二十一条 独立部署的展馆在正式发布前，应根据《中国互联网络域名注册暂行管理办法》等相关规定进行域名注册登记。

第四章 监督考核

第二十二条 国家基础地理信息中心负责对各展馆运行情况进行巡检，巡检内容包括：

（一）展馆运行是否正常；

（二）展示内容是否经审核发布，是否符合展览主题，是否符合国家有关法律法规；

（三）展馆是否按要求进行更新和备案；

（四）展馆是否按照要求进行整体升级改版。

第二十三条 国家基础地理信息中心原则上每季度开展一次展馆全面检查，适时开展不定期巡查，并及时将巡查情况报国家测绘地理信息局。

第二十四条 对不符合要求的展馆，国家基础地理信息中心提出限期整改意见，各地、各有关单位应及时按照要求进行整改。若出现“问题地图”或涉密敏感信息，各地、各有关单位应立即采取有关措施，消除已有影响，避免事态扩大。

各地、各有关单位对展馆出现的问题不予整改或多次整改仍不符合要求的，国家基础地理信息中心向国家测绘地理信息局提出撤展建议。

第二十五条 撤展建议经国家测绘地理信息局地理信息与地图司复核、国家测绘地理信息局审定后，由国家基础地理信息中心完成撤展工作（附件2）。

被撤销展馆的各省级测绘地理信息行政主管部门、各有关单位不得以“全国测绘地理信息应用成果和地图展览”“全国测绘地理信息应用成果和地图网上展览”名义开展任何活动，经重新提出参展申请、经审定后方可再次上线。

第二十六条 地方展馆的运行维护、内容更新、升级改版等工作将纳入全国省级测绘地理信息行政主管部门年度测绘地理信息工作绩效考核内容。

第五章 附则

第二十七条 本办法自印发之日起施行。

附件：1. 全国测绘地理信息应用成果和地图网上展览展馆更新备案表（略）

2. 全国测绘地理信息应用成果和地图网上展览展馆撤消表（略）

3. 全国测绘地理信息应用成果和地图网上展览参展申请表（略）

地方政府规章

陕西省基础测绘管理办法

《陕西省基础测绘管理办法》已经省政府2016年第3次常务会议通过，现予公布，自2016年5月1日起施行

陕西省人民政府令第189号 2016年3月20日

第一条 为加强基础测绘管理，规范基础测绘活动，保障国民经济建设、社会发展和公共应急对基础测绘的需求，根据《中华人民共和国测绘法》《基础测绘条例》《陕西省测绘成果管理条例》等法律法规，结合陕西省实际，制定本办法。

第二条 在本省行政区域内从事基础测绘活动，应当遵守本办法。

本办法所称基础测绘，是指建立全国统一的测绘基准和测绘系统，进行基础航空摄影，获取基础地理信息的遥感资料，测制和更新国家基本比例尺地形图、影像图和数字化产品，建立、更新基础地理信息系统。

第三条 基础测绘是国家公益性事业，县级以上地方人民政府应当加强对基础测绘工作的领导，明确主管部门，将基础测绘纳入本级国民经济和社会发展规划及年度计划，所需经费列入本级财政预算。

第四条 县级以上人民政府测绘地理信息行政主管部门负责本行政区域内基础测绘工作的统一监督管理。

县级以上人民政府发展和改革、财政等部门负责本行政区域内基础测绘基本建设项目的保障工作。

县级以上人民政府其他工作部门按照各自的职责，负责本行政区域内基础测绘的有关工作。

第五条 省人民政府测绘地理信息行政主管部门会同省发展和改革等有关部门，根据国家基础测绘规划、本省经济建设和社会发展实际需要，组织编制基础测绘规划，经省人民政府批准后组织实施，并报国务院测绘地理信息行政主管部门备案。

市、县人民政府测绘地理信息行政主管部门会同同级发展和改革等有关部门，根据本省基础测绘规划和本行政区域内经济建设、社会发展实际需要，组织编制本行政区域的基础测绘规划，经本级人民政府批准，并报上一级测绘地理信息行政主管部门备案后组织实施。

经批准的基础测绘规划应当依法公布。

第六条 基础测绘年度计划是基础测绘规划的年度实施计划。

省人民政府发展和改革部门会同省测绘地理信息行政主管部门根据全省基础测绘规划、当年经济建设和社会发展实际需要，编制全省基础测绘年度计划，列入省国民经济和社会发展年度计划。

市、县人民政府发展和改革部门会同同级测绘地理信息行政主管部门，编制本行政区基础测绘年度计划，并分别报上一级主管部门备案。

第七条 县级以上人民政府测绘地理信息行政主管部门会同同级发展和改革等部门对基础测绘规划和基础测绘年度计划的执行情况进行监督检查。

第八条 县级以上人民政府测绘地理信息行政主管部门应当依据基础测绘规划和年度计划，按照分级管理的原则，统筹组织实施基础测绘项目。

第九条 省人民政府测绘地理信息行政主管部

门负责组织实施下列基础测绘项目：

（一）在国家统一的测绘基准基础上，建立、维护全省统一的平面控制网、高程控制网、重力控制网和卫星导航定位连续运行基准站网；

（二）获取测绘分级管理中省级基础测绘航空影像和卫星遥感影像；

（三）测制与更新全省1∶5000、1∶10000基本比例尺地形图、影像图和数字化测绘产品；

（四）建立、维护与更新省级基础地理信息数据库和系统；

（五）编制出版全省基础地理底图和基本地图集（册），会同有关部门编制出版全省行政区地图；

（六）监测本省地理国情；

（七）省人民政府根据全省经济建设、社会发展和公共应急需要所确定的其他基础测绘项目。

第十条　市、县人民政府测绘地理信息行政主管部门负责组织实施本行政区域内下列基础测绘项目：

（一）建立、维护统一的平面控制网、高程控制网和卫星导航定位连续运行基准站网；

（二）获取测绘分级管理中市、县级基础测绘航空影像和卫星遥感影像；

（三）测制与更新1∶500、1∶1000、1∶2000基本比例尺地形图、影像图和数字化测绘产品；

（四）建立、维护与更新本级基础地理信息数据库和系统；

（五）编制出版本行政区地图和基本地图集（册）；

（六）根据实际需要监测市、县地理国情；

（七）本级人民政府根据本行政区域内经济建设、社会发展和公共应急需要所确定的其他基础测绘项目。

第十一条　从事基础测绘活动，应当采用国家统一的测绘基准和测绘系统，执行国家测绘标准和技术规范。

确需建立相对独立的平面坐标系统的，应当根据《中华人民共和国测绘法》第十条的规定执行。建立相对独立的平面坐标系统，应当与国家坐标系统相联系。同一城市或者局部地区只能建立一个相对独立的平面坐标系统。

第十二条　县级以上人民政府应当依法加强基础测绘设施建设，任何单位和个人都有保护基础测绘设施的义务。

永久性测量标志是国家的基础测绘设施，依法受到保护。基础测绘设施遭受破坏时，所属县级人民政府测绘地理信息行政主管部门应当采取紧急措施，组织力量修复，确保基础测绘活动正常进行。

县级以上人民政府测绘地理信息行政主管部门应当对设置在本行政区域内的基础测绘设施进行检查、维护，所需经费按照基础测绘分级管理的原则列入本级财政预算。乡、镇人民政府应当采取有效措施做好基础测绘设施的保护工作。

第十三条　县级以上人民政府测绘地理信息行政主管部门应当加强基础测绘应急保障工作，制定公共突发事件应急预案，配备相应的装备和器材，提高基础测绘应急保障服务能力。

第十四条　承担基础测绘项目的单位应当具有相应的测绘资质，依照国家保密法律、法规和有关规定，确保属于国家秘密的基础地理信息的安全。

第十五条　县级以上人民政府测绘地理信息行政主管部门应当加强对基础测绘成果质量的监督管理，基础测绘成果经依法设立的测绘成果质量监督检验机构检验合格后方可提供使用。

第十六条　县级以上人民政府测绘地理信息行政主管部门应当及时收集有关行政区域界线、地名、水系、交通、居民点、植被等地理信息的变化情况，定期更新基础测绘成果。

有关部门和单位应当对测绘行政主管部门的信息收集工作予以支持和配合，及时向测绘行政主管部门提供用于基础地理信息更新的数据、信息。

第十七条　本省基础测绘成果应当按照下列规定进行更新：

（一）全省统一布设的测绘控制网，十年更新一次；

（二）1∶5000、1∶10000国家基本比例尺地形图、影像图和数字化产品至少三年更新一次；

（三）1∶500、1∶1000、1∶2000国家基本比例尺地形图、影像图和数字化产品，自然灾害多发地区以及国民经济、国防建设和社会发展急需的基础测绘成果应当及时更新。

第十八条　省人民政府测绘地理信息行政主管部门应当编制基础测绘成果资料目录，实行动态更新，向社会公布。

第十九条　县级以上人民政府应当组织有关部门建立基础测绘成果共建共享机制和信息交换制度，编制相关规划应采用统一的基础地理信息成果。

县级以上人民政府测绘地理信息行政主管部门应当加强基础测绘成果服务应用，建立和完善基础测绘成果分发服务体系。

第二十条 基础测绘成果和财政投资完成的其他测绘成果，用于国家机关决策和社会公益性事业的，应当无偿提供。

各级人民政府及其有关部门和军队因防灾、减灾、国防建设等公共利益需要的，可以无偿使用基础测绘成果。

无偿获得的基础测绘成果，不得转让或者提供他人使用。

第二十一条 除本办法第二十条规定无偿提供和使用的情况外，基础测绘成果依法实行有偿使用制度。

基础测绘成果有偿使用的收费标准，由省价格主管部门、财政部门会同测绘地理信息行政主管部门制定。

第二十二条 县级以上人民政府测绘地理信息行政主管部门应当加强基础测绘成果的加工、整合和应用，完善基础地理信息数据库，改善基础测绘成果存储管理的条件，构建统一的基础测绘成果服务平台。

基础测绘成果服务平台应当执行国家和省统一的技术标准和数据格式，实行资源共享，向社会提供服务。

第二十三条 使用财政资金的测绘项目和使用财政资金的建设工程测绘项目，有关部门在批准立项前应当书面征求本级人民政府测绘地理信息行政主管部门的意见，测绘地理信息行政主管部门应当在收到征求意见材料之日起7个工作日内书面反馈。有适宜的基础测绘成果的，应当充分利用，避免重复测绘。

第二十四条 县级以上人民政府测绘地理信息行政主管部门应当加强对测绘标准实施情况和基础测绘成果管理工作的监督检查，对市县基础测绘规划和年度计划的编制及落实情况进行监督。

第二十五条 违反本办法第十一条第二款规定，未经批准，擅自建立相对独立的平面坐标系统的，由县级以上测绘地理信息行政主管部门依照《中华人民共和国测绘法》第四十条的规定处罚。

第二十六条 违反本办法第二十三条规定，未充分利用已有基础测绘成果造成重复测绘的，对主要负责人，由其主管部门或者行政监察机关给予行政处分。

第二十七条 违反本办法规定，测绘地理信息行政主管部门有下列行为之一的，由本级人民政府或者上级测绘地理信息行政主管部门责令改正：

（一）提供未经检验的基础测绘成果；

（二）未按照国家有关规定对基础地理信息数据进行认定的。

第二十八条 违反本办法规定的其他行为，法律法规另有处罚规定的，从其规定。

第二十九条 违反本办法规定，县级以上测绘地理信息行政主管部门及其工作人员滥用职权、玩忽职守、徇私舞弊，不依法履行规定职责的，或者发现违法行为不予查处的，由其主管部门给予行政处分；构成犯罪的，依法追究刑事责任。

第三十条 本办法自2016年5月1日起施行。

公　告

国家测绘地理信息局公告

国家测绘地理信息局公告

（第1号　2016年1月7日）

根据《注册测绘师制度暂行规定》和《注册测绘师执业管理办法（试行）》，经审核，董红娟等97人符合初始注册条件，准予初始注册。肖辉符合变更注册条件，准予变更注册。

特此公告。

附件：准予注册人员名单（2016年第一批）（略）

国家测绘地理信息局公告

（第2号　2016年1月18日）

根据《注册测绘师制度暂行规定》和《注册测绘师执业管理办法（试行）》，经审核，孙长龙等103人符合注册条件，准予注册。

特此公告。

附件：准予注册人员名单（2016年第二批）（略）

国家测绘地理信息局公告

（第3号　2016年1月18日）

根据《注册测绘师制度暂行规定》和《注册测绘师执业管理办法（试行）》，经审核，王旭东等92人符合注册条件，准予注册。

特此公告。

附件：准予注册人员名单（2016年第三批）（略）

国家测绘地理信息局公告

（第 4 号 2016 年 2 月 2 日）

根据《注册测绘师制度暂行规定》和《注册测绘师执业管理办法（试行）》，经审核，李志华等 23 人符合初始注册条件，准予初始注册。金国清等 4 人符合变更注册条件，准予变更注册。伊云忠等 2 人符合注销注册条件，准予注销注册。

特此公告。

附件：准予注册人员名单（2016 年第四批）（略）

国家测绘地理信息局公告

（第 5 号 2016 年 3 月 2 日）

自修订后的《测绘资质管理规定》和《测绘资质分级标准》于 2014 年 8 月实施以来，截至 2015 年 12 月，国家测绘地理信息局共审核批准了北京鼎春德正测绘中心等 79 家单位为甲级测绘资质单位。

特此公告。

附件：2014 年 8 月至 2015 年 12 月审核批准的甲级测绘资质单位名单

2014 年 8 月至 2015 年 12 月审核批准的甲级测绘资质单位名单

序号	单位名称	省份	资质证号	法定代表人	甲级专业范围
1	北京鼎春德正测绘中心	北京	甲测资字 1101040	俞培新	工程测量：地形测量、建筑工程测量、市政工程测量；不动产测绘：地籍测绘、房产测绘。
2	新华网股份有限公司		甲测资字 1100212	田舒斌	互联网地图服务。
3	北京新兴科遥信息技术有限公司		甲测资字 1101059	赖巧萍	摄影测量与遥感；不动产测绘：地籍测绘、行政区域界线测绘。
4	北京世纪农丰土地科技有限公司		甲测资字 1101068	张亚平	不动产测绘：地籍测绘。
5	北京辰安科技股份有限公司		甲测资字 1101077	王忠	地理信息系统工程：地理信息数据处理、地理信息系统及数据库建设、地理信息软件开发。

序号	单位名称	省份	资质证号	法定代表人	甲级专业范围
6	北京中天博地科技有限公司	北京	甲测资字1101095	齐文章	地理信息系统工程：地理信息数据采集、地理信息数据处理、地理信息系统及数据库建设、地理信息软件开发、地理信息系统工程监理；不动产测绘：地籍测绘、房产测绘。
7	北京清华山维新技术开发有限公司	北京	甲测资字1101086	杨树奎	地理信息系统工程：地理信息数据采集、地理信息数据处理、地理信息系统及数据库建设、地理信息软件开发、地理信息系统工程监理。
8	中建交通建设集团有限公司	北京	甲测资字1101115	周宇騉	工程测量：控制测量、地形测量、规划测量、建筑工程测量、变形形变与精密测量、市政工程测量、线路与桥隧测量。
9	北京京密鸿图测绘有限公司	北京	甲测资字1101121	王昕	工程测量；不动产测绘。
10	天津市陆海测绘有限公司	天津	甲测资字1200191	熊野	地理信息系统工程：地理信息数据采集、地理信息数据处理、地理信息系统及数据库建设、地理信息软件开发；工程测量：控制测量、地形测量、规划测量、建筑工程测量、变形形变与精密测量、市政工程测量、水利工程测量、线路与桥隧测量、地下管线测量、矿山测量；不动产测绘：地籍测绘、房产测绘、行政区域界线测绘；海洋测绘：海域权属测绘、海岸地形测量、水深测量、水文观测、海洋工程测量、扫海测量、深度基准测量、海图编制。
11	天津市普迅电力信息技术有限公司	天津	甲测资字1200209	许元斌	地理信息系统工程：地理信息数据采集、地理信息数据处理、地理信息系统及数据库建设、地理信息软件开发；工程测量：控制测量、地形测量、规划测量、建筑工程测量、市政工程测量、线路与桥隧测量、地下管线测量；互联网地图服务：地理位置定位、地理信息上传标注。

序号	单位名称	省份	资质证号	法定代表人	甲级专业范围
12	河北省地矿局第三地质大队	河北	甲测资字1300208	何宇青	工程测量：控制测量、地形测量、规划测量、建筑工程测量、变形形变与精密测量、市政工程测量、线路与桥隧测量、矿山测量；不动产测绘：地籍测绘、行政区域界线测绘。
13	中国冶金地质总局一局五二〇队	河北	甲测资字1300514	陈财喜	工程测量：控制测量、地形测量、规划测量、建筑工程测量、变形形变与精密测量、市政工程测量、线路与桥隧测量、地下管线测量、矿山测量；不动产测绘：地籍测绘、房产测绘、行政区域界线测绘。
14	大同市勘察测绘院	山西	甲测资字1400231	田继成	摄影测量与遥感；地理信息系统工程：地理信息数据采集、地理信息数据处理、地理信息系统及数据库建设、地理信息软件开发；工程测量：控制测量、地形测量、规划测量、建筑工程测量、变形形变与精密测量、市政工程测量、水利工程测量、线路与桥隧测量、地下管线测量、工程测量监理；不动产测绘：地籍测绘、行政区域界线测绘；地图编制：地形图、电子地图、真三维地图、其他专用地图。
15	山西家豪测绘集团有限公司	山西	甲测资字1400207	郭耀庭	工程测量：控制测量、地形测量、规划测量、建筑工程测量、变形形变与精密测量、市政工程测量、线路与桥隧测量、矿山测量；不动产测绘：地籍测绘、房产测绘、行政区域界线测绘。
16	山西金瓯土地矿产咨询服务有限公司	山西	甲测资字1400081	马智	摄影测量与遥感：摄影测量与遥感外业、摄影测量与遥感内业；工程测量：控制测量、地形测量、规划测量、建筑工程测量、变形形变与精密测量、市政工程测量、线路与桥隧测量、矿山测量；不动产测绘：地籍测绘、房产测绘、行政区域界线测绘。

序号	单位名称	省份	资质证号	法定代表人	甲级专业范围
17	内蒙古统壹测绘有限责任公司	内蒙古	甲测资字1500170	刘吉录	地理信息系统工程：地理信息数据采集、地理信息数据处理、地理信息系统及数据库建设、地理信息软件开发；工程测量：控制测量、地形测量、规划测量、建筑工程测量、变形形变与精密测量、市政工程测量、水利工程测量、线路与桥隧测量、地下管线测量、矿山测量；不动产测绘：地籍测绘、房产测绘、行政区域界线测绘。
18	内蒙古科创测绘设计有限公司	内蒙古	甲测资字1500189	韩秀枝	工程测量：控制测量、地形测量、变形形变与精密测量；不动产测绘：地籍测绘。
19	沈阳恒睿测绘有限公司	辽宁	甲测资字2100350	李沛珍	摄影测量与遥感：摄影测量与遥感外业、摄影测量与遥感内业；工程测量：控制测量、地形测量；不动产测绘：地籍测绘、房产测绘。
20	大连市测绘研究院（大连市基础地理信息中心）	辽宁	甲测资字2100209	孙义鹏	摄影测量与遥感：摄影测量与遥感外业、摄影测量与遥感内业；地理信息系统工程：地理信息数据采集、地理信息数据处理、地理信息系统及数据库建设、地理信息软件开发；工程测量：控制测量、地形测量、规划测量、建筑工程测量、变形形变与精密测量、市政工程测量、线路与桥隧测量、地下管线测量、矿山测量；不动产测绘：地籍测绘、房产测绘、行政区域界线测绘。
21	吉林省昊远农林规划设计有限公司	吉林	甲测资字2200188	毛素真	摄影测量与遥感：摄影测量与遥感外业、摄影测量与遥感内业；地理信息系统工程：地理信息数据采集、地理信息数据处理、地理信息系统及数据库建设；工程测量：控制测量、地形测量、规划测量、建筑工程测量、市政工程测量、水利工程测量、线路与桥隧测量、地下管线测量、矿山测量；不动产测绘：地籍测绘、房产测绘。

序号	单位名称	省份	资质证号	法定代表人	甲级专业范围
22	吉林省金佰汇测绘有限公司	吉林	甲测资字2200118	王颖	摄影测量与遥感：摄影测量与遥感外业、摄影测量与遥感内业；地理信息系统工程：地理信息数据采集、地理信息数据处理、地理信息系统及数据库建设；工程测量：控制测量、地形测量、规划测量、建筑工程测量、变形形变与精密测量、市政工程测量、线路与桥隧测量、地下管线测量、矿山测量；不动产测绘：地籍测绘、房产测绘、行政区域界线测绘。
23	黑龙江文图测绘地理信息有限责任公司	黑龙江	甲测资字2300123	于思远	摄影测量与遥感：摄影测量与遥感外业、摄影测量与遥感内业；地理信息系统工程：地理信息数据采集、地理信息数据处理、地理信息系统及数据库建设；工程测量：控制测量、地形测量、规划测量、建筑工程测量、变形形变与精密测量、市政工程测量、水利工程测量、线路与桥隧测量、地下管线测量、矿山测量；不动产测绘：地籍测绘、房产测绘。
24	鸡西市勘察测绘研究院	黑龙江	甲测资字2300204	王宏伟	摄影测量与遥感：摄影测量与遥感外业；工程测量：控制测量、地形测量、规划测量、建筑工程测量、市政工程测量、地下管线测量；不动产测绘：地籍测绘。
25	上海新地海洋工程技术有限公司	上海	甲测资字3100241	吕东辉	工程测量：控制测量、地形测量、规划测量、建筑工程测量、变形形变与精密测量、市政工程测量、水利工程测量、线路与桥隧测量、地下管线测量、工程测量监理。
26	中交上海航道勘察设计研究院有限公司	上海	甲测资字3100250	顾勇	海洋测绘：海域权属测绘、海岸地形测量、水深测量、水文观测、扫海测量、深度基准测量、海洋测绘监理；工程测量：控制测量、地形测量、规划测量、建筑工程测量、变形形变与精密测量、市政工程测量、水利工程测量、工程测量监理。
27	上海市建筑科学研究院	上海	甲测资字3100278	张燕平	工程测量：控制测量、地形测量、建筑工程测量、变形形变与精密测量、市政工程测量。

序号	单位名称	省份	资质证号	法定代表人	甲级专业范围
28	中华地图学社	上海	甲测资字3100287	路丽华	地图编制。
29	中铁上海设计院集团有限公司	上海	甲测资字3100269	李永利	工程测量：控制测量、地形测量、建筑工程测量、变形形变与精密测量、市政工程测量、线路与桥隧测量、工程测量监理。
30	江苏新亚勘测设计有限公司	江苏	甲测资字3200204	韦新余	工程测量；不动产测绘：地籍测绘、房产测绘、行政区域界线测绘。
31	江苏速度信息科技有限公司	江苏	甲测资字3200402	徐忠建	地理信息系统工程：地理信息数据采集、地理信息数据处理、地理信息系统及数据库建设、地理信息软件开发；地图编制：地形图、电子地图、真三维地图、其他专用地图；互联网地图服务。
32	南京南大岩土工程技术有限公司	江苏	甲测资字3200580	董平	工程测量：控制测量、地形测量、规划测量、建筑工程测量、变形形变与精密测量、市政工程测量、水利工程测量、线路与桥隧测量、地下管线测量、矿山测量。
33	常州市新北规划与测绘信息中心	江苏	甲测资字3200501	朱学明	摄影测量与遥感：摄影测量与遥感外业；地理信息系统工程：地理信息数据采集、地理信息数据处理、地理信息系统及数据库建设、地理信息软件开发；工程测量：控制测量、地形测量、规划测量、建筑工程测量、变形形变与精密测量、市政工程测量、线路与桥隧测量、地下管线测量；不动产测绘：地籍测绘、房产测绘；地图编制：地形图、电子地图、真三维地图、其他专用地图。
34	苏州盛景信息科技股份有限公司	江苏	甲测资字3200599	鲁雪松	互联网地图服务。
35	浙江国遥地理信息技术有限公司	浙江	甲测资字3300311	吴秋华	测绘航空摄影：一般航摄、无人飞行器航摄；摄影测量与遥感；地理信息系统工程：地理信息数据采集、地理信息数据处理、地理信息系统及数据库建设、地理信息软件开发；不动产测绘：地籍测绘、行政区域界线测绘。

序号	单位名称	省份	资质证号	法定代表人	甲级专业范围
36	中国电建集团华东勘测设计研究院有限公司	浙江	甲测资字3300203	张春生	工程测量：控制测量、地形测量、规划测量、建筑工程测量、变形形变与精密测量、市政工程测量、水利工程测量、线路与桥隧测量、地下管线测量、矿山测量。
37	浙江合信地理信息技术有限公司	浙江	甲测资字3300302	朱正荣	摄影测量与遥感：摄影测量与遥感外业、摄影测量与遥感内业；地理信息系统工程：地理信息数据采集、地理信息数据处理、地理信息系统及数据库建设、地理信息软件开发；工程测量：控制测量、地形测量、规划测量、建筑工程测量、市政工程测量、线路与桥隧测量、矿山测量；不动产测绘：地籍测绘、行政区域界线测绘。
38	浙江省工程物探勘察院	浙江	甲测资字3300336	蔡伟忠	工程测量：控制测量、地形测量、规划测量、建筑工程测量、变形形变与精密测量、市政工程测量、水利工程测量、线路与桥隧测量、地下管线测量、矿山测量；不动产测绘：地籍测绘、房产测绘、行政区域界线测绘。
39	阜阳市测绘院有限责任公司	安徽	甲测资字3400202	徐电	工程测量；不动产测绘。
40	龙岩市经纬测绘有限公司	福建	甲测资字3500262、	李忠勇	不动产测绘；工程测量：控制测量、地形测量、规划测量、建筑工程测量、变形形变与精密测量、市政工程测量、线路与桥隧测量、地下管线测量、矿山测量、工程测量监理。
41	漳州市延北勘测设计有限公司	福建	甲测资字3500201	林志东	工程测量；不动产测绘：地籍测绘、房产测绘、行政区域界线测绘。
42	江西省煤田地质局普查综合大队	江西	甲测资字3600289	胡靓	摄影测量与遥感：摄影测量与遥感外业；地理信息系统工程：地理信息数据采集、地理信息数据处理、地理信息系统及数据库建设；工程测量：控制测量、地形测量、规划测量、建筑工程测量、变形形变与精密测量、市政工程测量、水利工程测量、线路与桥隧测量、地下管线测量、矿山测量；不动产测绘：地籍测绘、行政区域界线测绘。

序号	单位名称	省份	资质证号	法定代表人	甲级专业范围
43	核工业华东二六七工程勘察院	江西	甲测资字3600200	熊钟	摄影测量与遥感：摄影测量与遥感外业；地理信息系统工程：地理信息数据采集、地理信息数据处理、地理信息系统及数据库建设；工程测量：控制测量、地形测量、规划测量、建筑工程测量、变形形变与精密测量、市政工程测量、水利工程测量、线路与桥隧测量、地下管线测量、矿山测量；不动产测绘：地籍测绘、房产测绘、行政区域界线测绘。
44	中国建筑材料工业地质勘查中心江西总队		甲测资字3600298	邹明	地理信息系统工程：地理信息数据采集；工程测量：控制测量、地形测量、规划测量、建筑工程测量、市政工程测量、线路与桥隧测量、矿山测量；不动产测绘：地籍测绘、行政区域界线测绘。
45	江西核工业二六八测绘院		甲测资字3600309	周晓华	地理信息系统工程：地理信息数据采集、地理信息数据处理、地理信息系统及数据库建设、地理信息软件开发、地理信息系统工程监理；工程测量；不动产测绘。
46	山东中基地理信息监理有限责任公司	山东	甲测资字3700317	李茂阁	地理信息系统工程：地理信息数据采集、地理信息数据处理、地理信息系统及数据库建设；工程测量：控制测量、地形测量、市政工程测量、线路与桥隧测量、地下管线测量、工程测量监理；不动产测绘：地籍测绘、房产测绘、行政区域界线测绘。
47	青岛捷利达地理信息集团有限公司		甲测资字3700209	曲维荣	地理信息系统工程：地理信息数据采集、地理信息数据处理、地理信息系统及数据库建设；工程测量：控制测量、地形测量、规划测量、建筑工程测量、变形形变与精密测量、市政工程测量、地下管线测量、工程测量监理；不动产测绘：地籍测绘、不动产测绘监理。
48	威海圣达测绘工程有限公司		甲测资字3700308	李秀琳	工程测量：控制测量、地形测量、规划测量、建筑工程测量、变形形变与精密测量、市政工程测量、水利工程测量、线路与桥隧测量、地下管线测量、矿山测量。

序号	单位名称	省份	资质证号	法定代表人	甲级专业范围
49	山东省鲁南地质工程勘察院	山东	甲测资字3700332	赵书泉	工程测量。
50	中铁十四局集团有限公司	山东	甲测资字3700341	张挺军	工程测量：控制测量、地形测量、规划测量、建筑工程测量、变形形变与精密测量、市政工程测量、线路与桥隧测量、矿山测量。
51	山东元鸿勘测规划设计有限公司	山东	甲测资字3700350	石玉晶	不动产测绘：地籍测绘、房产测绘、行政区域界线测绘。
52	河南省金地遥感测绘技术有限公司	河南	甲测资字4100349	武永斌	摄影测量与遥感；地理信息系统工程：地理信息数据采集、地理信息数据处理、地理信息系统及数据库建设、地理信息系统工程监理；工程测量：控制测量、地形测量、工程测量监理；不动产测绘：地籍测绘、不动产测绘监理；地图编制：地形图、其他专用地图。
53	河南省地质科学研究所	河南	甲测资字4100358	张古彬	工程测量：控制测量、地形测量、规划测量、建筑工程测量、变形形变与精密测量、市政工程测量、线路与桥隧测量、地下管线测量、矿山测量、工程测量监理；不动产测绘。
54	洛阳市规划建筑设计研究院有限公司	河南	甲测资字4100207	姚金山	工程测量：控制测量、地形测量、规划测量、建筑工程测量、变形形变与精密测量、市政工程测量、水利工程测量、线路与桥隧测量、地下管线测量、矿山测量；不动产测绘：地籍测绘、房产测绘、行政区域界线测绘。
55	郑州麦普空间规划勘测设计有限公司	河南	甲测资字4100367	侯小莉	地理信息系统工程：地理信息数据采集、地理信息数据处理、地理信息系统及数据库建设；工程测量：控制测量、地形测量、规划测量、建筑工程测量、市政工程测量、线路与桥隧测量、地下管线测量、矿山测量；不动产测绘：地籍测绘、行政区域界线测绘。

序号	单位名称	省份	资质证号	法定代表人	甲级专业范围
56	武汉飞燕航空遥感技术有限公司	湖北	甲测资字4200017	赵武	测绘航空摄影：一般航摄。
57	武汉中测晟图遥感技术有限公司		甲测资字4200203	李西林	测绘航空摄影：一般航摄；摄影测量与遥感；地理信息系统工程：地理信息数据采集、地理信息数据处理、地理信息系统及数据库建设、地理信息软件开发；不动产测绘：地籍测绘。
58	襄阳市测绘研究院		甲测资字4200212	李强	摄影测量与遥感；地理信息系统工程：地理信息数据采集、地理信息数据处理、地理信息系统及数据库建设、地理信息软件开发、地理信息系统工程监理；工程测量：控制测量、地形测量、规划测量、建筑工程测量、变形形变与精密测量、市政工程测量、线路与桥隧测量、地下管线测量、矿山测量、工程测量监理；不动产测绘：地籍测绘、房产测绘、行政区域界线测绘。
59	湖南省国土资源信息中心	湖南	甲测资字4300202	贺安生	互联网地图服务。
60	中国冶金地质总局湖南地质勘查院		甲测资字4300371	詹应林	地理信息系统工程：地理信息数据采集、地理信息数据处理、地理信息系统及数据库建设；工程测量：控制测量、地形测量、规划测量、建筑工程测量、变形形变与精密测量、市政工程测量、水利工程测量、线路与桥隧测量、地下管线测量、矿山测量；不动产测绘：地籍测绘、房产测绘、行政区域界线测绘。
61	广东省地质物探工程勘察院	广东	甲测资字4400497	黄志华	大地测量：卫星定位测量、重力测量；地理信息系统工程：地理信息数据采集、地理信息数据处理、地理信息系统及数据库建设、地理信息软件开发；工程测量：控制测量、地形测量、规划测量、建筑工程测量、变形形变与精密测量、市政工程测量、水利工程测量、线路与桥隧测量、地下管线测量、矿山测量；不动产测绘：地籍测绘、房产测绘、行政区域界线测绘。

序号	单位名称	省份	资质证号	法定代表人	甲级专业范围
62	广东中冶地理信息工程有限责任公司	广东	甲测资字4400508	魏琪英	地理信息系统工程：地理信息数据采集、地理信息数据处理、地理信息系统及数据库建设、地理信息软件开发；工程测量：控制测量、地形测量、规划测量、建筑工程测量、市政工程测量、线路与桥隧测量、地下管线测量、矿山测量；不动产测绘：地籍测绘、房产测绘、行政区域界线测绘。
63	广州港工程管理有限公司		甲测资字4400488	许业波	工程测量：控制测量、地形测量、规划测量、建筑工程测量、变形形变与精密测量、市政工程测量、水利工程测量、线路与桥隧测量、矿山测量；不动产测绘：地籍测绘、房产测绘、行政区域界线测绘；海洋测绘：海域权属测绘、海岸地形测量、水深测量、水文观测、深度基准测量、海图编制。
64	广州绘宇智能勘测科技有限公司		甲测资字4400460	范海林	地理信息系统工程：地理信息数据采集、地理信息数据处理、地理信息系统及数据库建设、地理信息软件开发、地理信息系统工程监理；工程测量：控制测量、地形测量、规划测量、建筑工程测量、变形形变与精密测量、市政工程测量、线路与桥隧测量、地下管线测量、矿山测量、工程测量监理；不动产测绘；地图编制：地形图、电子地图、真三维地图、其他专用地图。
65	广州科测测绘技术有限公司		甲测资字4400517	黄金秀	地理信息系统工程：地理信息数据采集、地理信息数据处理、地理信息系统及数据库建设、地理信息软件开发；工程测量；不动产测绘。
66	深圳市中铭勘测工程有限公司		甲测资字4400451	徐兴亮	地理信息系统工程：地理信息数据采集、地理信息数据处理、地理信息系统及数据库建设、地理信息软件开发；工程测量：控制测量、地形测量、规划测量、建筑工程测量、变形形变与精密测量、线路与桥隧测量、地下管线测量、矿山测量；不动产测绘：地籍测绘、房产测绘、行政区域界线测绘。
67	深圳市工勘岩土集团有限公司		甲测资字4400479	周逢君	工程测量；不动产测绘：地籍测绘、房产测绘、行政区域界线测绘。

序号	单位名称	省份	资质证号	法定代表人	甲级专业范围
68	东莞市测绘院	广东	甲测资字4400523	贺小槐	工程测量：控制测量、地形测量、规划测量、建筑工程测量、市政工程测量、线路与桥隧测量；不动产测绘：地籍测绘、房产测绘；地图编制：地形图、电子地图、真三维地图、其他专用地图。
69	广东省工程勘察院	广东	甲测资字4400532	魏国灵	地理信息系统工程：地理信息数据采集、地理信息数据处理、地理信息系统及数据库建设、地理信息软件开发；工程测量：控制测量、地形测量、规划测量、建筑工程测量、市政工程测量、水利工程测量、线路与桥隧测量、地下管线测量、矿山测量、工程测量监理；不动产测绘：地籍测绘、房产测绘、行政区域界线测绘。
70	广州全成多维信息技术有限公司	广东	甲测资字4400541	孙照辉	地理信息系统工程：地理信息数据采集、地理信息数据处理、地理信息系统及数据库建设、地理信息软件开发；工程测量；不动产测绘。
71	佛山市城市地理信息中心	广东	甲测资字4400550	陈汭新	地理信息系统工程：地理信息数据采集、地理信息数据处理、地理信息系统及数据库建设、地理信息软件开发；工程测量：控制测量、地形测量、规划测量、建筑工程测量、市政工程测量、线路与桥隧测量、地下管线测量；不动产测绘：地籍测绘、房产测绘、行政区域界线测绘；地图编制：地形图、电子地图、真三维地图、其他专用地图；互联网地图服务。
72	广西壮族自治区国土资源规划院	广西	甲测资字4500183	邓强	工程测量：控制测量、地形测量、规划测量、建筑工程测量、市政工程测量、线路与桥隧测量、矿山测量；不动产测绘：地籍测绘、房产测绘、行政区域界线测绘。
73	海南天琦测绘信息工程有限公司	海南	甲测资字4600092	林诗武	工程测量：控制测量、地形测量、规划测量、建筑工程测量、市政工程测量、水利工程测量、线路与桥隧测量、地下管线测量、矿山测量；不动产测绘：地籍测绘。
74	海南水文地质工程地质勘察院	海南	甲测资字4600103	杨忠	工程测量；不动产测绘：地籍测绘、房产测绘、行政区域界线测绘。
75	海南图语地理信息技术有限公司	海南	甲测资字4600112	谭建	地理信息系统工程：地理信息数据采集、地理信息数据处理、地理信息系统及数据库建设、地理信息软件开发。

序号	单位名称	省份	资质证号	法定代表人	甲级专业范围
76	四川金土地实业有限公司	四川	甲测资字5100413	陈文康	测绘航空摄影：无人飞行器航摄；摄影测量与遥感：摄影测量与遥感外业、摄影测量与遥感内业；地理信息系统工程：地理信息数据采集、地理信息数据处理、地理信息系统及数据库建设；工程测量：控制测量、地形测量、规划测量、建筑工程测量、市政工程测量、线路与桥隧测量；不动产测绘：地籍测绘、房产测绘。
77	四川中地信息工程有限公司		甲测资字5100429	魏坤山	摄影测量与遥感：摄影测量与遥感外业、摄影测量与遥感内业；地理信息系统工程：地理信息数据采集、地理信息数据处理、地理信息系统及数据库建设、地理信息软件开发；工程测量：控制测量、地形测量、规划测量、建筑工程测量、市政工程测量、水利工程测量、线路与桥隧测量、矿山测量；不动产测绘：地籍测绘。
78	陕西核工业西北测绘院有限公司	陕西	甲测资字6100205	胡祺	大地测量：卫星定位测量、三角测量；测绘航空摄影：无人飞行器航摄；摄影测量与遥感：摄影测量与遥感外业、摄影测量与遥感内业；地理信息系统工程：地理信息数据采集、地理信息数据处理、地理信息系统及数据库建设、地理信息软件开发；工程测量：控制测量、地形测量、规划测量、建筑工程测量、变形形变与精密测量、市政工程测量、水利工程测量、线路与桥隧测量、地下管线测量、矿山测量；不动产测绘：地籍测绘、房产测绘、行政区域界线测绘。
79	甘肃大禹九洲测绘地理信息有限公司	甘肃	甲测资字6200148	牛新民	摄影测量与遥感：摄影测量与遥感外业、摄影测量与遥感内业；地理信息系统工程：地理信息数据采集、地理信息数据处理、地理信息系统及数据库建设；工程测量：控制测量、地形测量、规划测量、建筑工程测量、市政工程测量、线路与桥隧测量、地下管线测量；不动产测绘：地籍测绘。

国家测绘地理信息局公告

（第 6 号　2016 年 3 月 7 日）

根据《注册测绘师制度暂行规定》和《注册测绘师执业管理办法（试行）》，经审核，江明明等 18 人符合初始注册条件，准予初始注册。聂建民等 2 人符合变更注册条件，准予变更注册。

特此公告。

附件：准予注册人员名单（2016 年第五批）（略）

国家测绘地理信息局公告

（第 7 号　2016 年 3 月 18 日）

截止 2015 年底，全国共有甲级测绘资质单位 898 家，其中 896 家依照《测绘资质管理规定》的要求报送了本单位 2015 年度的测绘资质年度报告并在我局网站公示，现予公告，接受公众查询监督。对未报送年度报告的 2 家单位，以及日常监督检查中发现年度报告隐瞒真实情况、弄虚作假的单位，将依据《测绘地理信息行业信用指标体系》，计入不良信用信息。

2015 年度全国甲级测绘资质单位年度报告查询网址：http：//chzz. nasg. gov. cn/AnnualQuery. aspx。

国家测绘地理信息局公告

（第 8 号　2016 年 4 月 7 日）

根据《注册测绘师制度暂行规定》和《注册测绘师执业管理办法（试行）》，经审核，叶仁双等 17 人符合初始注册条件，准予初始注册。倪淑洁符合注销注册条件，准予注销注册。

特此公告。

附件：1. 准予初始注册人员名单（2016 年第六批）（略）

2. 准予注销注册人员名单（2016 年第六批）（略）

国家测绘地理信息局公告

（第 9 号　2016 年 4 月 7 日）

根据《注册测绘师制度暂行规定》和《注册测绘师执业管理办法（试行）》，经审核，王磊等 50 人符合初始注册条件，准予初始注册。董升等 8 人符合变更注册条件，准予变更注册。

特此公告。

附件：1. 准予初始注册人员名单（2016 年第七批）（略）

2. 准予变更注册人员名单（2016 年第七批）（略）

国家测绘地理信息局公告

（第 10 号 2016 年 4 月 22 日）

根据《注册测绘师制度暂行规定》和《注册测绘师执业管理办法（试行）》，经审核，侯英展等 77 人符合初始注册条件，准予初始注册。张卫东等 5 人符合变更注册条件，准予变更注册。

特此公告。

附件：1. 准予初始注册人员名单（2016 年第八批）（略）

2. 准予变更注册人员名单（2016 年第八批）（略）

国家测绘地理信息局公告

（第 11 号 2016 年 5 月 6 日）

根据《注册测绘师制度暂行规定》和《注册测绘师执业管理办法（试行）》，经审核，徐秀川等 109 人符合初始注册条件，准予初始注册。张利等 4 人符合变更注册条件，准予变更注册。

特此公告。

附件：1. 准予初始注册人员名单（2016 年第九批）（略）

2. 准予变更注册人员名单（2016 年第九批）（略）

国家测绘地理信息局公告

（第 12 号 2016 年 5 月 17 日）

根据《中华人民共和国计量法》有关规定，测绘地理信息计量检定规程《数字航摄仪》已经国家测绘地理信息局批准，现予以发布，自 2016 年 5 月 20 日起实施。原计量检定规程《数字航摄仪》JJG（测绘）3401—2013 同时废止。

序号	编号	名称
1	JJG（测绘）3401—2016	数字航摄仪

特此公告。

国家测绘地理信息局公告

（第 13 号 2016 年 5 月 24 日）

根据《注册测绘师制度暂行规定》和《注册测绘师执业管理办法（试行）》，经审核，贾亮等 314 人符合初始注册条件，准予初始注册；李全明等 9 人符合变更注册条件，准予变更注册。

特此公告。

附件：1. 准予初始注册人员名单（2016 年第十批）（略）
　　　2. 准予变更注册人员名单（2016 年第十批）（略）

国家测绘地理信息局公告

（第 14 号　2016 年 5 月 24 日）

根据《国务院办公厅关于做好行政法规部门规章和文件清理工作有关事项的通知》（国办函〔2016〕12 号）精神，国家测绘地理信息局对 2015 年 12 月 31 日前制定发布的规范性文件进行了全面清理。清理结果已经局务会议审议通过，现公布如下：

一、《关于颁发〈测绘成图、成果资料实行部分收费的试行办法〉的通知》等 236 件规范性文件继续有效（目录见附件 1）。

二、《关于印发全国测绘系统推进依法行政五年规划（2006 年—2010 年）的通知》等 15 件规范性文件失效（目录见附件 2）。

三、《关于印发〈测绘科学技术档案管理规定〉的通知》等 44 件规范性文件废止（目录见附件 3）。

上述废止、失效的规范性文件，自本公告发布之日起不再执行。继续有效的规范性文件，有效期与本公告发布前连续计算。凡我局于 2015 年 12 月 31 日以前制定的规范性文件，未列入上述继续有效规范性文件目录的，原则上不再作为测绘地理信息管理的依据。

各级测绘地理信息行政主管部门要严格依法履行职责，认真执行继续有效的规范性文件，并对照有关规范性文件废止、失效的情况，做好本部门规范性文件清理的衔接工作。

特此公告。

附件：1. 继续有效的规范性文件目录
　　　2. 失效的规范性文件目录
　　　3. 废止的规范性文件目录

附件 1

继续有效的规范性文件目录

序号	名称及文号	备　注
1	关于颁发《测绘成图、成果资料实行部分收费的试行办法》的通知（测发字第 76 号〔1980〕）	
2	关于测绘野外队老干部离休后是否继续发给野外工作津贴的复函（（85）测人字第 134 号）	
3	关于将野外测绘工人列为提前退休工种的通知（国测发〔1986〕251 号）	
4	关于对保密地形图进行统一编号的规定（国测发〔1986〕298 号）	
5	关于颁发《测绘产品收费标准》的通知（国测发〔1987〕473 号）	
6	关于印发《测量标志维修规程（试行）》的通知（国测发〔1988〕139 号）	

序号	名 称 及 文 号	备 注
7	关于颁布《测绘产品质量监督检验收费标准》的通知（国测发〔1988〕382 号）	
8	关于广东、海南两省间行政区域界线在地图上画法的通知（测办发〔1989〕23 号）	
9	关于编制台湾省地图注意事项的通知（国测函〔1991〕304 号）	
10	关于转发外交部《关于原苏联境内各独立国家在地图上表示方法的通知》的通知（国测函〔1992〕046 号）	
11	《国家测绘局职工个人防护用品标准及管理规定（试行）》（国测发〔1992〕第 106 号）	
12	关于测绘野外艰苦岗位职工实行浮动一级工资的通知（国测发〔1992〕197 号 ）	
13	关于汇交测绘成果目录和副本的实施办法（国测发〔1993〕077 号）	
14	关于发布《测绘市场管理暂行办法》的通知（国测体字〔1995〕15 号）	已经国测法发〔2010〕7 号修订
15	关于印发《国家基础航空摄影资料管理暂行办法》的通知（国测国字〔1996〕6 号）	
16	关于印发《航空摄影管理暂行办法》的通知（国测国字〔1996〕7 号）	已经国测法发〔2010〕7 号修订
17	国家测绘局关于贯彻实施《行政处罚法》的通知（国测法字〔1996〕11 号）	
18	《测绘计量管理暂行办法》（国测国字〔1996〕24 号）	列入 2016 年立法计划
19	《国家测绘局专业技术人员继续教育规定》（国测人字〔1996〕28 号）	
20	关于绘制《香港特别行政区区域图》有关问题及处理意见的函（测生〔1997〕6 号）	
21	《测绘安全生产管理暂行规定》（国测人字〔1997〕8 号）	
22	《测绘行业特有工种职业技能鉴定实施办法（试行）》（国测人字〔1997〕12 号）	
23	《国家测绘局继续教育登记证书管理办法》（测教〔1997〕13 号）	
24	《国家测绘局继续教育培训班管理办法》（测教〔1997〕12 号）	
25	《测绘生产质量管理规定》（国测国字〔1997〕20 号）	
26	关于印发《国家基础航空摄影资料管理暂行办法》的补充规定的通知（国测国字〔1997〕44 号）	

序号	名称及文号	备　注
27	关于核定测绘事业单位专用基金提取比例的通知（国测计字〔1998〕61号）	
28	对陕西测绘局《关于受原国家测绘总局表彰的社会主义建设积极分子退休后可否相应提高退休费比例的请示》的批复（测人〔1998〕108号）	
29	关于进一步做好测绘系统维护稳定和安全保卫工作的通知（国测办字〔1999〕3号）	
30	《测绘行业特有工种职业技能鉴定站管理办法》（国测人字〔1999〕13号）	
31	《测绘行业特有工种职业技能鉴定考评人员管理办法》（国测人字〔1999〕14号）	
32	关于对宁夏回族自治区测绘局有关测量标志管理工作关系请示的函（测法〔1999〕27号）	
33	关于加强国家基础航空摄影测量底片安全保管工作的通知（测业〔1999〕96号）	
34	关于编制澳门特别行政区行政区域图意见的函（测业〔1999〕128号）	
35	关于测绘主管部门在商品房面积管理工作中职能分工的通知（国测法字〔2000〕1号）	
36	关于重新发布测绘合同示范文本的通知（国测法字〔2000〕2号）	
37	关于加强地图产品管理工作的通知（国测法字〔2000〕5号）	
38	关于城市测绘管理问题的批复（国测法字〔2000〕7号）	
39	《测绘行业特有工种职业资格证书管理办法》（测人〔2000〕42号）	
40	《测绘行业特有工种职业技能鉴定考务管理办法》（测人〔2000〕41号）	
41	《国家测绘局青年学术和技术带头人管理办法》（国测人字〔2000〕24号）	
42	我国分米级精度大地水准面**CQG**2000（公告〔2001〕1号）	
43	国家第二期一等水准复测成果（公告〔2001〕2号）	
44	国家高精度水准网动态平差成果（公告〔2001〕3号）	
45	关于印发《国家基础测绘项目管理办法（试行）》的通知（国测国字〔2001〕7号）	列入2016年立法计划
46	关于加强测绘系统会计电算化工作的通知（测办〔2001〕94号）	
47	关于印发《中国测绘网广域连网普通密码管理规定》的通知（国测密字〔2002〕2号）	
48	关于在国家测绘局网站上公布地图审核结果的通知（国测法字〔2002〕2号）	

序号	名称及文号	备 注
49	关于印发《测绘工程产品价格》和《测绘工程产品困难类别细则》的通知（国测财字〔2002〕3 号）	
50	关于工程测量管理问题的批复（测管函〔2002〕39 号）	
51	关于对工艺性宝石地球仪进行地图审核意见的函（测管函〔2002〕40 号）	
52	关于印发《公开地图内容表示若干规定》的通知（国测法字〔2003〕1 号）	
53	关于实施《中华人民共和国测绘法》的意见（国测法字〔2003〕3 号）	
54	关于城市测量有关问题请示的批复（国测法字〔2003〕4 号）	
55	关于对房产测绘与房产测量称谓请示的批复（国测法字〔2003〕8 号）	
56	关于进一步加强地图市场监督管理工作的意见（国测办字〔2003〕12 号）	
57	《测绘管理工作国家秘密范围的规定》（国测办字〔2003〕17 号）	
58	关于印发《测绘事业单位会计电算化内部管理制度》的通知（测办〔2003〕38 号）	
59	关于做好市县测绘行政管理职责落实工作的通知（测办〔2003〕65 号）	
60	关于印发《测绘作业证管理规定》的通知（国测法字〔2004〕5 号）	
61	关于海域使用测量资质管理工作的通知（国测管字〔2004〕13 号）	
62	关于贯彻实施《中华人民共和国行政许可法》的通知（国测法字〔2004〕6 号）	
63	关于贯彻落实《全面推进依法行政实施纲要》的通知（国测法字〔2004〕7 号）	
64	关于对私营测绘企业测绘资质管理有关问题的批复（国测管字〔2004〕14 号）	
65	关于《测绘管理工作国家秘密范围的规定》有关问题的复函（国测办〔2004〕61 号）	
66	关于印发《国家测绘局项目支出预算管理办法（试行）》的通知（国测财字〔2004〕65 号）	
67	关于配发测绘作业证工作的通知（测办〔2004〕76 号）	
68	关于对提供独立坐标系与世界大地坐标系之间转换参数事的复函（国测函〔2005〕113 号）	
69	关于对工程建设中有关测绘资质问题的批复（测办〔2004〕119 号）	
70	国家测绘局关于启用珠穆朗玛峰高程新数据的公告（公告〔2005〕2 号）	
71	关于使用成都市平面坐标系统的批复（国测国字〔2005〕4 号）	

序号	名称及文号	备 注
72	关于加强网上地图管理的通知（国测办字〔2005〕5 号）	
73	关于全面推进依法行政 进一步加强测绘行政管理工作的意见（国测法字〔2005〕8 号）	
74	关于测绘资质申请材料有关问题的批复（测管函〔2005〕12 号）	
75	关于测绘资质管理有关问题的批复（测办〔2005〕61 号）	
76	关于加强测绘航空摄影监督管理工作的通知（国测管字〔2005〕56 号）	
77	关于对永久性测量标志拆迁审批权限问题的批复（测办〔2005〕73 号）	
78	关于长江航道局和长江水利委员会水文局下属分支机构申请增加测绘资质证书副本有关问题的通知（测办〔2005〕94 号）	
79	关于测绘资质业务范围审批有关问题的批复（国测管字〔2005〕116 号）	
80	关于进一步加强重要地理信息数据审核公布管理工作的通知（国测成字〔2006〕1 号）	
81	关于塞尔维亚和黑山共和国在地图上表示方法的通知（国测图字〔2006〕1 号）	
82	关于委托管理和提供使用 1∶50000 基础地理信息数据的通知（国测成字〔2006〕2 号）	
83	关于在公开地图上表示民用机场的通知（国测成字〔2006〕5 号）	
84	《建立相对独立的平面坐标系统管理办法》（国测法字〔2006〕5 号）	
85	国家测绘局关于做好社会主义新农村建设测绘保障服务的意见（国测办字〔2006〕10 号）	
86	关于测绘资质业务范围涵盖内容请示的批复（测管函〔2006〕11 号）	
87	《基础测绘成果提供使用管理暂行办法》（国测法字〔2006〕13 号）	
88	关于进一步做好行政执法责任制有关工作的通知（测办〔2006〕31 号）	
89	关于加强外国的组织或者个人来华测绘管理工作的通知（国测管字〔2006〕36 号）	
90	关于测绘持证单位的分支机构独立从事测绘活动请示的批复（测管函〔2006〕42 号）	
91	关于印发《测绘信访规定》的通知（测办〔2006〕53 号）	
92	关于印发《测绘项目中标准制修订管理工作程序（试行）》的通知（测国土函〔2006〕142 号）	
93	关于导航地图产品中增加部分民用机场设施的复函（成果函〔2006〕156 号）	
94	关于做好外国的组织或者个人来华测绘有关工作的通知（国测法字〔2007〕2 号）	

序号	名称及文号	备注
95	关于正确使用中国示意性地图的通知（国测图字〔2007〕3号）	
96	关于实行地图审核委托工作的通知（国测图字〔2007〕5号）	
97	关于导航电子地图管理有关规定的通知（国测图字〔2007〕7号）	
98	关于民用航空采用 **WGS**84 坐标系统的批复（国测国字〔2007〕7号）	
99	关于转发《国家西部1∶5万地形图空白区测图工程专项经费管理办法》的通知（国测财字〔2007〕12号）	
100	《基础测绘成果应急提供办法》（国测法字〔2007〕13号）	
101	关于导航测试活动性质认定问题的批复（测办〔2007〕19号）	
102	关于界定测绘活动及测量用 **GPS** 问题的复函（国测函〔2007〕23号）	
103	《测绘行业技师考评管理办法（试行）》（国测人字〔2007〕30号）	
104	《测绘行业职业技能鉴定质量督导管理办法》（国测人字〔2007〕31号）	
105	关于外籍华人到中资测绘单位工作有关问题的批复（测管函〔2007〕34号）	
106	关于对使用太原市平面坐标系统的批复（国测国字〔2007〕41号）	
107	关于加强互联网地图和地理信息服务网站监管的意见（国测图字〔2008〕1号）	
108	关于我国启用2000国家大地坐标系的公告（公告〔2008〕2号）	
109	国家测绘局关于加强涉密测绘成果管理工作的通知（国测成字〔2008〕2号）	
110	关于印发《国家测绘局政府网站内容保障暂行办法》的通知（国测办字〔2008〕4号）	
111	关于印发《地图内容审查上岗证管理暂行办法》的通知（国测图字〔2008〕4号）	
112	关于印发《测绘标准化工作管理办法》的通知（国测国字〔2008〕6号）	
113	关于测绘成果管理有关问题的批复（国测法字〔2008〕11号）	
114	关于做好强制性国家标准《基础地理信息标准数据基本规定》实施工作的通知（国测国字〔2008〕14号）	
115	关于向港资企业提供国家秘密基础测绘成果有关问题的批复（测办函〔2008〕14号）	
116	关于采用2000国家大地坐标系相关保密问题的批复（国测保字〔2008〕15号）	
117	关于进一步加强测绘航空摄影监督管理工作的通知（国测国字〔2008〕16号）	

序号	名称及文号	备　注
118	关于导航电子地图有关问题的批复（测办〔2008〕47号）	
119	关于对新疆维吾尔自治区测绘局有关人才援疆有关问题的批复（测办〔2008〕50号）	
120	关于中外合资（合作）企业使用保密测绘成果有关问题的批复（成果函〔2008〕87号）	
121	关于加强涉军测绘管理工作的紧急通知（测办〔2008〕94号）	
122	关于印发测绘行政执法文书格式文本的通知（测办〔2008〕110号）	
123	关于进一步做好测绘应急保障工作的通知（国测信发〔2009〕1号）	
124	关于加强涉密地理信息数据应用安全监管的通知（国测信发〔2009〕2号）	
125	关于印发《公开地图内容表示补充规定（试行）》的通知（国测图字〔2009〕2号）	
126	关于进一步加强涉密测绘成果管理工作的通知（国测成字〔2009〕3号）	
127	关于委托浙江省测绘局代行部分地图审核职能的通知（国测图发〔2009〕4号）	
128	《国家测绘应急保障预案》（国测成字〔2009〕4号）	
129	关于委托广东省国土资源厅代行部分地图审核职能的通知（国测图发〔2009〕5号）	
130	关于加强互联网地图管理工作的通知（国测图发〔2009〕6号）	
131	关于印发《关于加强现代化测绘技术装备建设促进信息化测绘发展的指导意见》的通知（国测财字〔2009〕8号）	
132	关于印发测绘新闻宣传工作管理办法的通知（国测办字〔2009〕11号）	
133	《国家测绘局工程技术研究中心建设与管理办法（试行）》（国测国字〔2009〕16号）	
134	关于土地调查是否属于地籍测绘的批复（测办〔2009〕18号）	
135	关于加强地形图保密处理技术使用管理工作的通知（国测成字〔2009〕19号）	
136	关于加强测量标志保护管理工作的通知（国测成发〔2009〕20号）	
137	关于加强展会、户外展示地图监管的通知（测办〔2009〕24号）	
138	关于测绘资质专业范围有关问题的批复（测办〔2009〕45号）	
139	《国家测绘局科技领军人才管理暂行办法》（国测党发〔2009〕53号）	
140	关于测绘资质审查中有关中方控股问题的批复（测办〔2009〕91号）	
141	关于土地勘测性质认定问题的批复（测办〔2009〕108号）	

序号	名称及文号	备 注
142	关于进一步加强国家基础测绘项目和测绘专项中标准制修订管理工作的通知（测办〔2009〕117号）	
143	关于印发《测绘行政执法文书制作规范》的通知（测办〔2009〕125号）	
144	关于启用1:25万公众版地图成果的公告（公告〔2010〕1号）	
145	关于加强基础测绘和重大测绘工程标准化管理工作的通知（国测科发〔2010〕4号）	
146	关于转发财政部《国家海岛（礁）测绘工程专项资金管理办法》的通知（国测海工办〔2010〕5号）	
147	《国家测绘应急保障工作流程》（国测信发〔2010〕6号）	
148	关于进一步做好应急测绘保障服务工作的通知（国测办发〔2010〕7号）	
149	《测绘成果质量监督抽查管理办法》（国测国发〔2010〕9号）	
150	关于加强地理信息市场监管工作的意见（国测管发〔2010〕15号）	
151	关于日照测量专业有关问题的批复（测办〔2010〕79号）	
152	关于加强地图备案工作的通知（国测图发〔2010〕2号）	
153	关于在公开地图上表示新增民用机场的通知（国测图发〔2010〕1号）	
154	关于切实做好国家基础测绘项目成果档案归档工作的通知（国测成发〔2010〕5号）	
155	国家测绘局关于进一步加强涉密测绘成果行政审批与使用管理工作的通知（国测成发〔2010〕6号）	
156	关于印发《基础地理信息公开表示内容的规定》的通知（国测成发〔2010〕8号）	
157	关于印发《国家测绘局行政复议和行政应诉办法》的通知（国测法发〔2010〕8号）	
158	关于印发《测绘统计管理办法》的通知（国测规发〔2010〕6号）	
159	关于印发甲级测绘资质审批程序规定等10项行政审批程序规定的通知（测办〔2010〕108号）	
160	关于印发《国家测绘局科技领军人才科技资助专项资金管理暂行办法》的通知（国测人发〔2011〕15号）	
161	关于印发《关于推进军地测绘融合发展的意见》的通知（国测办发〔2011〕3号）	
162	关于城市轨道交通工程监测活动测绘属性的批复（测办函〔2011〕29号）	
163	关于印发《政府采购代理机构管理使用（暂行）规定》的通知（国测财发〔2011〕18号）	

序号	名称及文号	备 注
164	关于工程勘察资质中包含测绘业务有关问题的函（国测函〔2011〕55号）	
165	关于停止测绘自主创新产品认定工作的通知（测科函〔2011〕27号）	
166	关于印发《遥感影像公开使用管理规定（试行）》的通知（国测成发〔2011〕9号）	
167	关于进一步加强地形图数据保密处理系统使用管理的通知（国测成发〔2011〕10号）	
168	关于进一步贯彻落实测绘成果核心涉密人员保密管理制度的通知（国测成发〔2011〕11号）	
169	关于进一步加强互联网地图服务资质管理工作的通知（国测管发〔2011〕60号）	
170	关于印发《测绘地理信息行政处罚案卷评查暂行办法》和《测绘地理信息行政处罚案卷评查标准》的通知（国测法发〔2011〕5号）	
171	关于印发《全国测绘地理信息优秀行政执法案件评选办法》的通知（国测法发〔2011〕6号）	
172	关于印发《全国测绘地理信息行政执法依据》和《全国测绘地理信息行政执法职权分解》的通知（国测法发〔2011〕4号）	
173	关于在公开地图上调整匈牙利国名表示的通知（测办〔2012〕2号）	
174	关于印发《测绘地理信息部门财政预算执行进度管理规定》的通知（国测财发〔2012〕7号）	
175	关于进一步加强导航电子地图数据保密管理工作的通知（测办〔2012〕26号）	
176	关于印发《关于加强测绘地理信息行政执法工作的意见》的通知（国测法发〔2012〕4号）	
177	关于互联网地图服务测绘资质有关业务范围的批复（测办〔2012〕31号）	
178	关于加强涉密测绘地理信息安全管理的通知（国测成发〔2012〕11号）	
179	关于印发《国家版图意识宣传教育“进学校、进社区、进媒体”活动工作方案》的通知（国测图发〔2012〕4号）	
180	关于加强地图导航定位产品统一监管工作的通知（国测图发〔2012〕1号）	
181	关于印发《测绘地理信息科技出版资金管理办法》的通知（测办〔2012〕50号）	
182	关于进一步加强地图审核管理工作的通知（国测图发〔2012〕2号）	
183	关于对测绘资质有关申报材料规定的批复（测管函〔2012〕40号）	
184	关于做好地图上地级三沙市表示有关工作的通知（国测图发〔2012〕3号）	

序号	名称及文号	备 注
185	关于印发《国家测绘地理信息局政府采购实施办法》的通知（国测财发〔2012〕33 号）	
186	关于印发《测绘地理信息市场监管合作工作机制》的通知（国测法发〔2012〕9 号）	
187	关于工程测量专业标准有关业务范围的复函（测管函〔2012〕80 号）	
188	关于做好地图出版社转制后测绘资质管理工作的通知（测办〔2013〕2 号）	
189	关于公布可在公开地图上表示的机场的通知（国测图发〔2013〕1 号）	
190	关于调整房产测绘资质审批程序的通知（测办〔2013〕6 号）	
191	关于印发《关于规范和加强测绘地理信息部门业务项目支出管理的意见》的通知（国测财发〔2013〕6 号）	
192	关于印发《联合国基金项目配套经费管理暂行办法》的通知（国测财发〔2013〕7 号）	
193	关于印发《国家现代测绘基准体系基础设施建设一期工程财务管理办法》的通知（国测财发〔2013〕8 号）	
194	关于《测绘资质管理规定》第七条适用问题的批复（测办〔2013〕34 号）	
195	关于测绘单位兼并重组有关资质管理问题的批复（测办〔2013〕29 号）	
196	关于印发《测绘地理信息公益性行业科研专项经费管理暂行办法》的通知（国测财发〔2013〕22 号）	
197	关于测绘单位委托无测绘资质单位开展地名要素征集有关问题的批复（测办〔2013〕49 号）	
198	关于印发《测绘地理信息公益性行业科研专项项目预算编制指南》的通知（测财函〔2013〕61 号）	
199	关于印发《2014 年测绘地理信息公益性行业科研专项项目预算评审指南》的通知（测财函〔2013〕70 号）	
200	关于进一步规范重要地理信息在公开地图上表示的通知（国测图发〔2013〕2 号）	
201	关于开展领导工作用图共享工作的通知（国测图发〔2013〕3 号）	
202	关于印发《国家测绘地理信息局外事和香港澳门台湾事务管理规定》的通知（国测外发〔2013〕2 号）	
203	关于做好测绘资质管理信息系统运行维护经费保障工作的通知（测办〔2013〕77 号）	
204	关于街景影像地图采集制作活动有关政策问题的批复（测办〔2013〕83 号）	

序号	名称及文号	备 注
205	关于在公开地图上表示有关国家和地区的通知（国测图发〔2014〕1号）	
206	关于进一步加强互联网地图安全监管工作的通知（国测图发〔2014〕2号）	
207	关于印发《国家测绘地理信息局英文网站管理规定（试行）》的通知（国测办发〔2014〕11号）	
208	关于印发《国家测绘地理信息局因公临时出国经费管理规定》的通知（国测财发〔2014〕8号）	
209	关于印发《测绘地理信息部门项目支出预算编制及评审指南》的通知（国测财发〔2014〕9号）	
210	关于印发《国家测绘地理信息局重点实验室管理办法》的通知（国测科发〔2014〕1号）	
211	关于印发《国家测绘地理信息局事业单位国有资产管理实施办法》的通知（国测财发〔2014〕11号）	
212	关于印发《国家测绘地理信息局培训费管理办法》的通知（国测财发〔2014〕12号）	
213	关于贯彻实施《测绘地理信息行政执法证管理办法》的通知（测办〔2014〕28号）	
214	关于印发测绘资质管理规定和测绘资质分级标准的通知（国测管发〔2014〕31号）	
215	关于印发《注册测绘师执业管理办法管理办法（试行）》的通知（国测人发〔2014〕8号）	
216	关于开展测绘资质复审换证工作的通知（测办〔2014〕45号）	
217	关于在公开地图上表示横琴岛澳门大学校区的通知（国测图发〔2014〕3号）	
218	关于下放测绘资质审批管理事权的批复（测办〔2014〕50号）	
219	关于印发《测绘地理信息公益性行业科研专项项目中期财务检查暂行办法》的通知（国测财发〔2014〕38号）	
220	关于进一步加强实景地图管理工作的通知（国测图发〔2014〕4号）	
221	关于印发《国家测绘地理信息局因公短期出国培训费用管理办法》的通知（测办〔2014〕60号）	
222	关于委托下放测绘行政审批事项的批复（测办〔2014〕73号）	
223	关于调整测绘航空摄影专业标准乙级作业限额的批复（测办〔2014〕72号）	
224	关于印发《国家测绘地理信息局机关行政执法工作规定》的通知（国测法发〔2015〕1号）	

序号	名称及文号	备注
225	关于印发《测绘地理信息业务档案管理规定》的通知（国测成发〔2015〕1号）	
226	关于印发《测绘地理信息质量管理办法》的通知（国测国发〔2015〕17号）	
227	关于印发《注册测绘师继续教育学时认定和登记办法（试行）》的通知（测人函〔2015〕52号）	
228	关于进一步加强互联网地图监管工作的意见（国测图发〔2015〕3号）	
229	关于加强测绘作业证管理工作的通知（测办〔2015〕56号）	
230	关于做好国务院取消测绘资质审批中介服务事项后续工作的通知（国测管发〔2015〕51号）	
231	关于就台湾籍人来华从事测绘活动适用法律问题的复函（测办函〔2015〕160号）	
232	关于印发《国家测绘地理信息局政府信息公开规定》的通知（国测办发〔2015〕15号）	
233	关于印发《国家测绘地理信息局门户网站管理办法》的通知（国测办发〔2015〕16号）	
234	关于印发《测绘地理信息行业信用管理办法》和《测绘地理信息行业信用指标体系》的通知（国测管发〔2015〕57号）	
235	关于进一步加强测绘地理信息成果安全保密管理的意见（国测成发〔2015〕8号）	
236	关于印发《国家测绘地理信息局财政支出绩效评价管理暂行办法》的通知（国测财发〔2015〕35号）	

附件2

失效的规范性文件目录

序号	名称及文号	备注
1	关于印发全国测绘系统推进依法行政五年规划（2006年—2010年）的通知（国测法字〔2006〕1号）	
2	关于贯彻落实《全国测绘系统推进依法行政五年规划（2006年—2010年）》的实施意见（国测法字〔2006〕7号）	
3	关于建立测绘资质管理信息系统的通知（测办〔2006〕50号）	

序号	名称及文号	备 注
4	关于推广应用测绘资质管理信息系统的通知（测办〔2006〕123号）	
5	关于对部分测绘行政许可实行集中受理的通知（国测法字〔2007〕5号）	
6	关于加强地理信息产业从业单位测绘资质管理工作的通知（测办〔2008〕23号）	
7	关于实行测绘资质行政许可在线办理的通知（测办〔2008〕80号）	
8	关于加快测绘市场信用体系建设的通知（国测管字〔2009〕1号）	
9	关于开展测绘资质复审换证工作的通知（测办〔2009〕46号）	
10	关于印发《全国测绘地理信息法制宣传教育第六个五年规划（2011—2015年）》的通知（国测法发〔2011〕1号）	
11	关于做好互联网地图服务测绘资质管理工作的通知（测管函〔2011〕17号）	
12	关于进一步做好无人飞行器航摄测绘资质审查有关工作的通知（测管函〔2011〕30号）	
13	关于对测绘资质有关申报材料规定的批复（测管函〔2012〕40号）	
14	关于无人飞行器航摄测绘资质审查有关工作的通知（测办〔2013〕35号）	
15	关于2014年测绘地理信息市场信用信息管理有关工作的通知（测管函〔2014〕14号）	

附件3

废止的规范性文件目录清理情况

序号	名称及文号	备 注
1	关于印发《测绘科学技术档案管理规定》的通知（国测发〔1988〕82号）	
2	《国家测绘局专利工作管理暂行办法》（国测发（1988）215号）	
3	关于贯彻《关于土地登记收费及其管理办法》有关地籍测绘经费问题的几点意见（国测发〔1990〕185号）	
4	关于加强测绘计量器具鉴定工作的通知（国测函〔1991〕32号）	
5	关于颁发《测绘科技档案建档工作管理规定》及有关技术标准的通知（国测发〔1993〕088号）	
6	关于贯彻《质量管理和质量保证》系列国家标准的通知（国测函〔1993〕201号）	

序号	名称及文号	备 注
7	《测绘科学技术进步奖励办法（修订稿）》（国测国字〔1996〕45号）	
8	《测绘质量监督管理办法》（国测国字〔1997〕28号）	
9	国家测绘局关于进一步加强安全生产工作的意见（国测办字〔2002〕7号）	
10	关于进一步加强公开版地图选题计划管理工作的通知（测办〔2002〕113号）	
11	关于进一步加强测绘市场监管的通知（国测管字〔2004〕21号）	
12	关于印发《国家测绘局政府采购管理实施办法（试行）》的通知（国测财字〔2004〕63号）	
13	关于对《测绘资质管理规定》和《测绘资质分级标准》有关具体问题的处理意见（测办〔2004〕118号）	
14	《测绘计量检定人员资格认证办法》（国测法字〔2006〕6号）	
15	关于做好国家测绘局政府门户网站内容保障工作的通知（国测办字〔2006〕7号）	
16	关于加强测绘质量管理工作的通知（国测国字〔2006〕15号）	
17	关于实行测绘资质行政许可公示制度的通知（国测管字〔2006〕51号）	
18	《测绘科技专著出版基金管理办法》（测办〔2006〕95号）	
19	关于对年检（审）事项有关问题的批复（测办〔2006〕126号）	
20	关于外国的组织或者个人来华测绘有关审批工作的通知（国测法字〔2007〕9号）	
21	关于竣工测量专业范围注释内容的批复（国测法字〔2007〕6号）	
22	关于印发《全国测绘行政执法依据》和《全国测绘行政执法职权分解》的通知（国测法字〔2007〕10号）	
23	《国家测绘局重点实验室建设与管理办法（试行）》（国测国字〔2007〕12号）	
24	关于进一步加强国家测绘局政府网站建设的意见（国测办字〔2007〕15号）	
25	关于测绘资质管理有关问题的批复（测办〔2007〕34号）	
26	关于测绘资质条件中独立法人问题的批复（测办〔2007〕109号）	
27	《关于加强测绘质量管理的若干意见》（国测国字〔2008〕8号）	
28	关于为国家扩大内需促进经济增长做好测绘保障服务的若干意见（国测办字〔2008〕11号）	
29	《国家测绘局重点实验室评估规则（试行）》（国测科发〔2009〕1号）	
30	《测绘自主创新产品认定管理办法（试行）》（国测科发〔2009〕3号）	

序号	名称及文号	备　注
31	关于印发《测绘资质管理规定》和《测绘资质分级标准》的通知（国测管〔2009〕13号）	
32	关于印发测绘政务信息工作管理办法的通知（测办〔2009〕44号）	
33	关于测绘资质管理有关问题的批复（测办〔2009〕73号）	
34	关于测绘资质管理有关问题的批复（测办〔2009〕89号）	
35	关于执行海洋测绘资质标准有关问题的批复（测办〔2009〕123号）	
36	关于进一步贯彻执行《测绘资质管理规定》和《测绘资质分级标准》的通知（测办〔2010〕24号）	
37	关于印发互联网地图服务专业标准的通知（国测管发〔2010〕14号）	
38	《关于进一步强化教材教辅中地图送审工作的通知》（国测图发〔2011〕2号）	
39	《关于进一步加强网络地图服务监管工作的通知》（国图宣教管〔2012〕6号）	
40	关于印发《测绘地理信息市场信用信息管理暂行办法》的通知（国测管发〔2012〕8号）	
41	关于印发《测绘地理信息市场信用评价标准（试行）》的通知（测办〔2012〕53号）	
42	关于街景影像地图采集制作活动测绘资质管理问题的批复（测办〔2012〕105号）	
43	关于印发《测绘地理信息部门项目支出预算编制及评审指南》的通知（国测财发〔2013〕10号）	
44	关于进一步加强测绘地理信息质量管理的通知（国测国发〔2013〕29号）	

国家测绘地理信息局公告

（第15号　2016年6月17日）

根据《注册测绘师制度暂行规定》和《注册测绘师执业管理办法（试行）》，经审核，管大鹏等291人符合初始注册条件，准予初始注册；闵星等6人符合变更注册条件，准予变更注册；王光军等2人符合注销注册条件，准予注销注册。

特此公告。

附件：1. 准予初始注册人员名单（2016年第十一批）（略）

2. 准予变更注册人员名单（2016年第十一批）（略）

3. 准予注销注册人员名单（2016年第十一批）（略）

国家测绘地理信息局公告

（第 16 号 2016 年 7 月 14 日）

根据《注册测绘师制度暂行规定》和《注册测绘师执业管理办法（试行）》，经审核，曹伟等 321 人符合初始注册条件，准予初始注册；吴长悦等 6 人符合变更注册条件，准予变更注册；杨宏伟符合注销注册条件，准予注销注册。

特此公告。

附件：1. 准予初始注册人员名单（2016 年第十二批）（略）
　　　2. 准予变更注册人员名单（2016 年第十二批）（略）
　　　3. 准予注销注册人员名单（2016 年第十二批）（略）

国家测绘地理信息局公告

（第 17 号 2016 年 7 月 29 日）

根据《注册测绘师制度暂行规定》和《注册测绘师执业管理办法（试行）》，经审核，蔡志军等 231 人符合初始注册条件，准予初始注册；张俊仁等 8 人符合变更注册条件，准予变更注册。

特此公告。

附件：1. 准予初始注册人员名单（2016 年第十三批）（略）
　　　2. 准予变更注册人员名单（2016 年第十三批）（略）

国家测绘地理信息局公告

（第 18 号 2016 年 8 月 24 日）

根据《注册测绘师制度暂行规定》和《注册测绘师执业管理办法（试行）》，经审核，董书琴等 166 人符合初始注册条件，准予初始注册；曹志德等 10 人符合变更注册条件，准予变更注册；陈平等 2 人符合注销注册条件，准予注销注册。

特此公告。

附件：1. 准予初始注册人员名单（2016 年第十四批）（略）
　　　2. 准予变更注册人员名单（2016 年第十四批）（略）
　　　3. 准予注销注册人员名单（2016 年第十四批）（略）

国家测绘地理信息局公告

（第 19 号 2016 年 9 月 6 日）

根据《注册测绘师制度暂行规定》和《注册测绘师执业管理办法（试行）》，经审核，任淑娟等 171 人符合初始注册条件，准予初始注册；张济勇等 10 人符合变更注册条件，准予变更注册；李时刚等 2 人符合注销注册条件，准予注销注册。

特此公告。

附件：1. 准予初始注册人员名单（2016 年第十五批）（略）
2. 准予变更注册人员名单（2016 年第十五批）（略）
3. 准予注销注册人员名单（2016 年第十五批）（略）

国家测绘地理信息局公告

（第 20 号　2016 年 9 月 22 日）

根据《注册测绘师制度暂行规定》和《注册测绘师执业管理办法（试行）》，经审核，苟红兵等 92 人符合初始注册条件，准予初始注册；李颉等 5 人符合变更注册条件，准予变更注册；张兰 1 人符合注销注册条件，准予注销注册。

特此公告。

附件：1. 准予初始注册人员名单（2016 年第十六批）（略）
2. 准予变更注册人员名单（2016 年第十六批）（略）
3. 准予注销注册人员名单（2016 年第十六批）（略）

国家测绘地理信息局公告

（第 21 号　2016 年 10 月 8 日）

根据《注册测绘师制度暂行规定》和《注册测绘师执业管理办法（试行）》，经审核，韩友美等 90 人符合初始注册条件，准予初始注册；高中文等 4 人符合变更注册条件，准予变更注册。

特此公告。

附件：1. 准予初始注册人员名单（2016 年第十七批）（略）
2. 准予变更注册人员名单（2016 年第十七批）（略）

国家测绘地理信息局公告

（第 22 号　2016 年 10 月 11 日）

国家地理信息公共服务平台“天地图”自 2011 年 1 月上线以来，极大地推进了跨层级、跨地区、跨行业的地理信息资源共享与协同服务，在政府管理决策、企业生产运营、百姓日常生活等方面发挥了重要作用，社会效益和经济效益显著。为保障“天地图”在线地理信息公共服务的稳定与高效，国家测绘地理信息局组织对“天地图”进行了功能升级与数据更新。目前，“天地图”2016 版已具备正式提供在线地理信息服务的条件，即日起正式启用。互联网访问地址：www. tianditu. com，www. tianditu. cn。国家电子政务外网访问地址：tianditu. cegn. cn，mapworld. cegn. cn。

为了更好地贯彻落实《测绘法》“测绘行政主管部门应当定期编制测绘成果目录，向社会公布”的要求，国家测绘地理信息局组织对“全国地理信息资源目录服务系统”进行了升级改造与数据更新。新版系统整合了测绘地理信息数字成果、控制点成果、模拟地形图、遥感影像等270多万条目录数据，能够提供测绘地理信息资源目录发布与查询、成果展示与下载等相关服务。目前，新版“全国地理信息资源目录服务系统”已具备正式提供服务的条件，即日起正式启用。互联网访问地址：www. webmap. cn，data. sbsm. gov. cn。

国家测绘地理信息局将深入推进“互联网＋地理信息”，持续做好“天地图”和“全国地理信息资源目录服务系统”的技术支持与服务工作，欢迎社会各界使用。

特此公告。

附件：1. “天地图”2016版简介

2. 全国地理信息资源目录服务系统简介

附件1

“天地图”2016版简介

“天地图”2016版是国家测绘地理信息局推出的第7个版本，重点针对地理信息公共服务的需求，对门户网站、搜索引擎、手机地图、应用程序接口（API）等进行了升级和优化调整，并对在线服务的地理信息数据进行了更新与扩展，服务性能与用户体验较上一版显著提升。

一、网站升级内容

（一）门户网站。基于HTML5技术，“综合服务”频道全面支持电脑端和移动端的交互操作，支持专题信息动态集成表达、用户定制动态地图渲染、用户自定义信息的加载与组合发布。实现了用户可定制专题图、专题图与统计图实时联动、不同年份数据动态浏览等交互性较强的功能，支持第三方标准服务添加与动态浏览。集成了社会经济统计等数据资源。

（二）地图搜索。优化了排序和分词算法，支持国外地名和兴趣点（POI）的搜索；优化了POI数据上线效率，支持POI数据索引的增量更新；升级了英文搜索引擎底层架构和排序算法。

（三）移动服务。升级了基于安卓操作系统的手机地图SDK渲染引擎，支持64位处理器，增加了双投影切换、自定义瓦片服务、文字标绘等应用接口。在此基础上完成了手机地图软件的升级，地图浏览更加流畅，路径规划更加准确。

（四）地图API。基于HTML5技术，地图应用程序接口代码更加精简，代码数量相比较上一版减少了30%，全面支持移动端的手势操作。扩展了聚合查询服务接口。

二、在线地理信息内容

“天地图”提供的在线地理信息主要包括线划电子地图、影像电子地图、地形晕渲地图、地名地址以及有关综合信息，主体数据现势性达到2015年夏，部分重要地名现势性达到2016年夏。具体内容详见下表：

分类	内容	覆盖范围
线划电子地图	全球线划电子地图	全球（显示级别1—14）
	“一带一路”重点区域线划电子地图	境外“一带一路”重点区域（显示级别1—18）
	全国线划电子地图	全国（显示级别1—18）
影像电子地图	250米分辨率影像电子地图	全球（显示级别1—10）
	15—30米分辨率影像电子地图	中国及周边国家约7000万平方公里（显示级别8—12）

分类	内容	覆盖范围
影像 电子地图	2. 1—2. 5 米分辨率影像电子地图	中国全境、境外“一带一路”重点区域（显示级别 11—16）
	0. 5 米分辨率影像电子地图	中国境内约 95 万平方公里（显示级别 15—18）
地形 晕渲地图	90 米格网地形晕渲地图	全球（显示级别 1—10）
	25 米格网地形晕渲地图	中国全境（显示级别 1—14）
	10 米格网地形晕渲地图	境外“一带一路”重点区域（显示级别 1—14）
地名及 兴趣点	境外地名及兴趣点（中、英文）	全球范围的国家、省级行政区划、主要城镇；“一带一路”重点区域二级及以上行政区划、乡镇以上行政地名、主要自然地名、道路及铁路名称、主要兴趣点名称
	中国境内地名及兴趣点（中文）	全国范围省、地市、县、乡镇、行政村、自然村等地名；全国范围餐饮、宾馆、学校、医院、银行、加油站、车站等兴趣点
	蒙古文地名及兴趣点	全球国家名称；全国 26 个省行政村及以上地名；赤峰市主要兴趣点；蒙古国省、主要城镇及乌兰巴托市重要兴趣点
	维吾尔文地名及兴趣点	全球国家名称；全国省和地级市名称；新疆行政村及以上地名；吐鲁番、乌鲁木齐、喀什、昌吉的主要兴趣点
综合信息	全国测绘地理信息机构	国家、省、市等测绘地理信息部门或机构
	文化教育机构	全国幼儿园、中学、小学、高等院校、职业技术学校等
	医疗卫生机构	全国综合医院、专科医院、诊所等
	行政区划	全国县级及以上行政区划的人口、自然和地理状况、经济、生活、城市建设等基本情况，以及行政区划变更情况等
	丝绸之路、玄奘西行路线	丝路城镇及地区、文化遗址；海上丝绸之路、陆上丝绸之路、古丝绸之路路线；玄奘西行路线
	全球地表覆盖	全球 30 米分辨率地表覆盖数据，分类包括水体、湿地、人造地表、耕地、冰川和永久积雪、森林、草地、灌木地、裸地

分类	内容	覆盖范围
综合信息	旅游景区	全国3A、4A和5A级景区信息
	第六次全国人口普查	全国县级以上人口统计、结构、增长、迁移、教育、婚姻、就业等
	中国统计年鉴（2004—2015）	国民经济核算、价格指数、农业、工业、人民生活、就业和工资、运输和邮电、批发和零售、能源等

三、服务方式

（一）普通访问。用户可使用多种浏览器通过互联网或者国家电子政务外网直接访问“天地图”，进行地图浏览、地名地址搜索、距离和面积量算、点线面标绘、公交查询、驾车规划、用户标注及纠错、屏幕截图打印等操作。

（二）在线调用。用户可以通过服务地址访问并调用服务资源，并可通过API开发应用功能。

（三）定制服务。针对个性化需求，为用户定制图层内容、配图风格，并定制开发各类专业应用功能。

（四）前置服务。针对用户运行环境需求，以“数据+软件+硬件”的整体打包形式，为用户提供独立网络环境中标准地理信息服务，并可在此基础上定制服务内容、服务功能。

附件2

全国地理信息资源目录服务系统简介

全国地理信息资源目录服务系统是权威的各级基础测绘成果目录统一发布平台，是便捷的地理信息资源查询与服务平台，是跨地区跨行业的地理信息资源目录共建共享（汇交）平台，是地理信息公共服务平台的重要组成部分。

新版系统在原有“1+31”架构的基础上，对系统架构、数据模型、服务模式进行了改造或完善，升级为“2+31+M+N”的架构，即2个主站点（国家基础地理信息中心站点和国家测绘地理信息局卫星测绘应用中心站点）、31个省级测绘地理信息部门站点、M个行业部门站点和N个地理信息企业站点，为广大用户提供测绘地理信息资源目录发布、成果展示、数据查询及下载等相关服务。

一、系统特点

（一）便捷化搜索。系统部署在云计算环境，独享带宽，独立负载均衡，硬件架构弹性扩展，运行环境可靠、稳定。系统采用内存数据库+“属性/空间”一体化的空间要素多级索引，满足高并发网络环境下查询的“秒级”响应。搜索便捷，可通过关键词、分类型、分站点等方式进行查询，或者直接在地图上通过划定范围、道路定位、水系定位、地名定位等方式查询。

（二）智能化服务。采用智能检索、引导式查询与图文互查技术，快速查询并生成成果“订单”，与测绘成果行政审批系统关联后，可实现成果查询—申请—审核的“一站式”服务；结合成果类型、覆盖范围、用户位置等信息，系统可自动为用户推荐相关数据成果和服务企业，实现服务的智能化。

（三）店铺式管理。借鉴电子商务平台服务方式，结合地理信息资源目录服务的特点，采用店铺式管理新模式，用户利用系统模板，可对站点页面、成果类型、站点功能等进行配置，无需额外软、硬件投入，即可快速搭建各自的资源目录服务站点。在站点的基础上，按照“谁入驻、谁维护，谁发布、谁负责”的原则，可实现基础测绘成果的汇交和地理信息资源共享。

二、目录内容

截至2016年10月10日，全国地理信息资源目录服务系统已完成了2个主站点、31个省级站点、5个企业站点的部署，上线各类测绘地理信息目录共 2721466 条，并实现了与中国地质调查局全国地质资料馆资源目录的互联互查。

目录类型			主站点数量（条）	省级站点数量（条）	企业站点数量（条）	合计（条）
数字成果	矢量地图数据（DLG）	1∶100 万	154	–	–	154
		1∶25 万	4080	–	–	4080
		1∶10 万	1040	–	–	1040
		1∶5 万	140381	–	–	140381
		1∶1 万	–	334237	–	334237
		1∶5000	–	4657	–	4657
		1∶2000	–	32613	–	32613
		1∶1000	–	13770	–	13770
		1∶500	–	28065	–	28065
	数字高程模型（DEM）	1∶100 万	154	–	–	154
		1∶25 万	1632	–		1632
		1∶10 万	1177	–		1177
		1∶5 万	43029	–		43029
		1∶1 万	–	213512		213512
		1∶5000	–	3031		3031
		1∶2000	–	8959		8959
	正射影像数据（DOM）	1∶5 万	26387		–	26387
		1∶1 万	–	267160		267160
		1∶5000	–	6419		6419
		1∶2000	–	60159		60159
		1∶1000	–	1144		1144
	数字栅格地图（DRG）	1∶10 万	1183		–	1183
		1∶5 万	19966			19966
		1∶1 万		122647		122647
		1∶5000		126		126
控制点成果	水准点		63814	83975	–	147789
	三角点		96866	198171	–	295037
	GNSS		2524	35018	–	37542
	其他			8639		8639

<table>
<tr><th colspan="3">目录类型</th><th>主站点
数量（条）</th><th>省级站点
数量（条）</th><th>企业站点
数量（条）</th><th>合计
（条）</th></tr>
<tr><td rowspan="2">遥感影像</td><td colspan="2">航摄影像</td><td>995</td><td>805</td><td>–</td><td>1800</td></tr>
<tr><td colspan="2">卫星影像</td><td>541681</td><td>71991</td><td>16699</td><td>630371</td></tr>
<tr><td rowspan="8">模拟
地形图</td><td rowspan="8"></td><td>1:100 万</td><td>77</td><td>–</td><td rowspan="8">–</td><td>77</td></tr>
<tr><td>1:50 万</td><td>252</td><td>–</td><td>252</td></tr>
<tr><td>1:25 万</td><td>1628</td><td>625</td><td>2253</td></tr>
<tr><td>1:20 万</td><td>1453</td><td>–</td><td>1453</td></tr>
<tr><td>1:10 万</td><td>6158</td><td>–</td><td>6158</td></tr>
<tr><td>1:5 万</td><td>72778</td><td>23829</td><td>96607</td></tr>
<tr><td>1:1 万</td><td>–</td><td>156461</td><td>156461</td></tr>
<tr><td>1:5000</td><td>–</td><td>1345</td><td>1345</td></tr>
</table>

三、服务方式

（一）普通用户可在互联网上使用多种浏览器直接访问全国地理信息资源目录服务系统网站，并通过关键词或者直接在地图上划定范围等方式进行查询。

（二）拥有地理信息资源的用户可以通过注册的方式，在全国地理信息资源目录服务系统设立专题站点，发布地理信息资源目录。ISO 19115:2003 地理信息元数据模型的基础上，还可通过标准目录服务接口 CSW（Catalog Service for the Web），实现与全国地理信息资源目录服务系统的互联互查。

国家测绘地理信息局公告

（第 23 号 2016 年 10 月 28 日）

根据《注册测绘师制度暂行规定》和《注册测绘师执业管理办法（试行）》，经审核，任栋等 104 人符合初始注册条件，准予初始注册；李慧等 10 人符合变更注册条件，准予变更注册；吴金金等 2 人符合注销注册条件，准予注销注册。

特此公告。

附件：1. 准予初始注册人员名单（2016 年第十八批）（略）

2. 准予变更注册人员名单（2016 年第十八批）（略）

3. 准予注销注册人员名单（2016 年第十八批）（略）

国家测绘地理信息局公告

（第 24 号 2016 年 10 月 28 日）

国家测绘地理信息局第四批科技领军人才选拔公告

为认真贯彻落实《测绘地理信息人才发展“十三五”规划》，加快实施人才强测战略，建设高素质的测绘地理信息人才队伍，国家测绘地理信息局决定面向国内外选拔第四批科技领军人才，现就有关事项公告如下：

一、选拔范围

国内外高等院校、科研机构、企事业单位从事测绘地理信息相关工作人员。

二、选拔条件

（一）具有战略眼光和创新思维，学术技术水平高、引领作用强、发展潜力大、贡献突出，并在本行业、本领域得到广泛认同。

（二）原则上应具有博士学位，具有高级专业技术职务，年龄一般不超过55周岁（1960年10月1日后出生）。

（三）同时符合下列条件中至少二项：

1. 近5年内获得过国家自然科学奖、技术发明奖、科学技术进步奖或省部级科学技术一等奖（国家级一等奖排名前五，国家级二等奖、省部级一等奖排名前三）。

2. 作为技术负责人，近5年内主持完成过国家或省部级重大科研或工程项目，并在学术技术方面发挥主要作用。

3. 取得的科研成果或发明专利达到国际先进或国内领先，对提升测绘地理信息技术水平、促进地理信息产业升级具有显著作用。

4. 作为第一作者，近5年内在国际重要核心期刊上发表过有影响的学术论文，并被SCI（科学引文索引）、EI（工程索引）收录。

（四）长期在国外工作的，按照与上述条件相当的原则掌握。同时，一般应有在国外著名高校、科研机构担任相当于教授以上职务的经历，并有同行公认的学术技术成就。

三、选拔程序

（一）申报人须填写《国家测绘地理信息局科技领军人才申报表》，并通过单位推荐、社团推荐、同行专家举荐、个人自荐等任一方式，向国家测绘地理信息局人事司提出申请。

推荐单位、社团和专家需对申报人的道德素质、学术和技术水平、团队建设等情况有充分的了解，撰写推荐意见并对相关信息的真实性负责。

（二）国家测绘地理信息局人事司组织召开专家评审委员会会议，对申报人员进行评审，并提出科技领军人才候选人。

（三）国家测绘地理信息局对候选人进行审定，经公示无异议后，确定为科技领军人才，并颁发证书，纳入科技领军人才培养计划。

四、申报材料

（一）各申报人于2016年11月20日前将申报材料及相关证明材料一式15份（附光盘）报送国家测绘地理信息局人事司，逾期不予受理，报送材料时务必注明联系人及电话。

（二）申报材料包括：

1.《国家测绘地理信息局科技领军人才申报表》（可从国家测绘地理信息局网站下载，网址：http：//www. sbsm. gov. cn/）。

2. 申报人的身份证件、学历（学位）证书及获奖情况、业绩贡献、代表论著等有关的证明材料；外文证明材料需同时提供中文翻译件。

3. 单位和社团推荐的须有单位或社团出具的推荐函（写明人选产生过程）。

上述材料均需提供电子版。

五、联系方式

国家测绘地理信息局人事司：

杨　娉　010—63882003；杜　明　010—63882005

传 真：010—63882025

电子邮箱：yangp@ sbsm. gov. cn；duming@ sbsm. gov. cn
材料报送地址：北京市海淀区莲花池西路28号国家测绘地理信息局人事司（100830）
特此公告。
国家测绘地理信息局科技领军人才申报表（略）

国家测绘地理信息局公告

（第25号 2016年11月25日）

根据《注册测绘师制度暂行规定》和《注册测绘师执业管理办法（试行）》，经审核，黄斌等79人符合初始注册条件，准予初始注册；李伟等10人符合变更注册条件，准予变更注册。

特此公告。

附件：1. 准予初始注册人员名单（2016年第十九批）（略）
2. 准予变更注册人员名单（2016年第十九批）（略）

国家测绘地理信息局公告

（第26号 2016年12月8日）

根据《注册测绘师制度暂行规定》和《注册测绘师执业管理办法（试行）》，经审核，胡小庆等103人符合初始注册条件，准予初始注册；张京川等8人符合变更注册条件，准予变更注册。

特此公告。

附件：1. 准予初始注册人员名单（2016年第二十批）（略）
2. 准予变更注册人员名单（2016年第二十批）（略）

国家测绘地理信息局公告

（第27号 2016年12月9日）

2016年11月，国家测绘地理信息局举办了2016年全国测绘地理信息行政执法人员培训班，对参训的102名学员进行了统一考试，宋雪生等98人考试成绩合格。

特此公告。

附件：2016年度全国测绘地理信息行政执法人员资格考试合格名单（略）

国家测绘地理信息局公告

（第28号 2016年12月23日）

根据《注册测绘师制度暂行规定》和《注册测绘师执业管理办法（试行）》，经审核，李培德等96人符合初始注册条件，准予初始注册；王继业等11人符合变更注册条件，准予变更注册。

特此公告。

附件：1. 准予初始注册人员名单（2016 年第二十一批）（略）

2. 准予变更注册人员名单（2016 年第二十一批）（略）

国家测绘地理信息局公告

（第 29 号　2016 年 12 月 29 日）

根据《中华人民共和国标准化法》《测绘标准化工作管理办法》等法律法规的有关规定，国家测绘地理信息局批准实施《测量标志数据库建设规范》等 6 项测绘地理信息行业标准，现予以公布。

特此公告。

序号	行业标准编号	行业标准名称	实施日期
1	CH/T 2013—2016	测量标志数据库建设规范	2017 - 03 - 01
2	CH/T 2014—2016	大地测量控制点坐标转换技术规范	2017 - 03 - 01
3	CH/T 3018—2016	南极区域低空数字航空摄影规范	2017 - 03 - 01
4	CH/T 4019—2016	城市政务电子地图技术规范	2017 - 03 - 01
5	CH/T 6003—2016	车载移动测量数据规范	2017 - 03 - 01
6	CH/T 6004—2016	车载移动测量技术规程	2017 - 03 - 01

国家测绘地理信息局公告

（第 30 号　2016 年 12 月 30 日）

根据《注册测绘师制度暂行规定》和《注册测绘师执业管理办法（试行）》，经审核，胡涛等 80 人符合初始注册条件，准予初始注册；崔智等 10 人符合变更注册条件，准予变更注册。

特此公告。

附件：1. 准予初始注册人员名单（2016 年第二十二批）（略）

2. 准予变更注册人员名单（2016 年第二十二批）（略）

国家测绘地理信息局公告

（第 31 号　2016 年 12 月 30 日）

根据《注册测绘师制度暂行规定》和《注册测绘师执业管理办法（试行）》，经审核，黄吉来等 75 人符合初始注册条件，准予初始注册；刘亚平等 14 人符合变更注册条件，准予变更注册；赵迎红 1 人符合注销注册条件，准予注销注册。

特此公告。

附件：1. 准予初始注册人员名单（2016 年第二十三批）（略）

2. 准予变更注册人员名单（2016 年第二十三批）（略）
3. 准予注销注册人员名单（2016 年第二十三批）（略）

省级测绘地理信息公告

黑龙江省测绘地理信息公告

（第 1 号 2016 年 4 月 18 日）

数字龙江地理空间框架建设一期工程首批成果，1:1 万基础地理信息成果（2015 版）已经过验收，即日起向社会提供。现公告如下：

一、1:1 万基础地理信息成果（2015 版）包括：

地形要素数据（DLG）7548 幅；数字影像地图（DIM）8047 幅；数字正射影像数据（DOM）15595 幅；数字高程模型数据（DEM）7487 幅。

数据采用国家 2000 坐标系，1985 国家高程基准。成果现势性为 2011 年至 2015 年。

二、1:1 万基础地理信息成果的提供和使用按照涉密基础测绘成果管理有关规定办理。

特此公告。

附件："黑龙江省 1:1 万基础地理信息成果" 覆盖范围示意图（略）

黑龙江省测绘地理信息公告

（第 2 号 2016 年 4 月 18 日）

《黑龙江省市县政府工作用图》包括全省 77 幅政府工作地图，其中 1 幅省图、13 幅市（地）图、63 幅县（市）图。地图尺寸统一为大全开（865 mm×1180mm）。地图内容均衡地表示行政区划、居民地、水系、铁路、公路、地貌、植被、县市街区等要素，适用于各级政府和行业部门。

《黑龙江省市县政府工作用图》首版于 2014 年完成，该成果已向省、市、县各级政府部门累计发放 60000 余幅，为辅助科学决策、发展规划、应急保障、抢险救灾等工作发挥了重要作用。

为保障地图内容的现势性，黑龙江省测绘地理信息局组织完成了《黑龙江省市县政府工作用图》的更新工作，更新后的 2016 版地图成果最终资料截止日期为 2016 年 3 月。目前，《黑龙江省市县政府工作用图》2016 版已具备提供使用的条件，即日起正式向社会提供。

《黑龙江省市县政府工作用图》2016 版为内部用图，由哈尔滨地图出版社负责保管和提供。

特此公告。

关于 2015 年度测绘资质年度报告情况的公告

江苏省测绘地理信息局
（第 1 号　2016 年 4 月 19 日）

截至 2015 年底，全省有乙、丙、丁级测绘资质单位 766 家，其中 734 家依照《测绘资质管理规定》的要求报送了本单位 2015 年度的测绘资质年度报告并在我局网站公示，现予公告，接受公众查询监督。对未报送年度报告的 32 家单位，以及日常监督检查中发现年度报告隐瞒真实情况、弄虚作假的单位，将依据《测绘地理信息行业信用指标体系》，计入不良信用信息。

2015 年度全省乙、丙、丁级测绘资质单位年度报告查询网址：http：//www. cehuizizhi. com/JS/Query/1/1

2015 年江苏省测绘地理信息成果质量监督抽查结果公告

江苏省测绘地理信息局
（第 2 号　2016 年 5 月 3 日）

为认真贯彻《中华人民共和国测绘法》和《江苏省测绘条例》，加强测绘地理信息质量统一监管，全面提高测绘地理信息成果质量水平，江苏省测绘地理信息局组织开展了 2015 年全省测绘地理信息成果质量监督检查。本次检查共抽查了 14 家本省测绘单位 2013 年—2015 年间承担完成的 14 个测绘项目，涵盖地形测量、水下地形测量、地籍测量、房产测量、地理信息系统等专业。抽查结果为“批合格”13 项、“批不合格”1 项，批合格率为 92. 8%。各项目抽查结果见附表。

此次监督抽查依据 GB/T 24356—2009《测绘成果质量检查与验收》、GB/T 18316—2008《数字测绘成果质量检查与验收》、CH/T 1018—2009《测绘成果质量监督抽查与数据认定规定》和《2015 年江苏省测绘地理信息成果质量监督抽查技术方案》，以及被检项目所引用的国家标准、行业标准，对数学精度、地理精度、整饰质量、附件质量等各项质量元素进行了检验。

检查结果表明，我省测绘地理信息成果质量总体较好。主要表现在：测绘项目执行国家相关标准规范，总体做到了先设计、后生产；所使用的测量仪器均经过法定计量部门检定合格，并在检定有效期内；项目生产能够执行“二级检查、一级验收”制度，各工序质量控制基本到位；生产过程中普遍采用了先进的测量方法与手段；项目成果资料齐全。

检查中发现了以下主要质量问题：

1. 主要技术文件缺漏。个别项目技术设计书、技术总结主要内容缺少，没有检查报告。
2. 标准规范执行不力。个别单位标准意识不强，引用标准、规范不准确。
3. 产品过程质量控制不严格。个别单位成果资料质量、系统结构与功能未达到规范和设计要求。
4. 项目成果精度不高。地理要素表示存在错、漏；说明注记和图廓整饰不规范。

针对抽查中发现的主要质量问题，我局将按照有关法律法规，对不合格项目的承担单位下达整改通知，于 2016 年对其进行监督复查。

我局将进一步加大测绘地理信息质量监督管理力度，扩大对测绘地理信息成果质量监督检查的深度和广度，促进测绘单位切实增强测绘地理信息质量意识，规范测绘生产全过程质量控制，提高测绘地理信息成果质量水平，为国民经济建设和社会发展提供可靠的测绘地理信息保障服务。

附表：2015 年江苏省测绘地理信息成果质量监督抽查结果（略）

陕西省测绘地理信息公告

（第 1 号 2016 年 3 月 30 日）

自修订后的《测绘资质管理规定》和《测绘资质分级标准》于 2014 年 8 月实施以来，截至 2015 年 12 月，陕西省测绘地理信息局核准了陕西宝岳测绘有限公司等 50 家单位为乙级测绘资质单位，陕西诚业土地勘测规划设计有限责任公司等 43 家单位为丙级测绘资质单位，蓝田县滋源勘察测绘有限责任公司等 19 家单位为丁级测绘资质单位。

特此公告。

附件：2014 年 8 月至 2015 年 12 月审核批准的乙、丙、丁级测绘资质单位名单（略）

陕西省测绘地理信息公告

（第 2 号 2016 年 5 月 5 日）

截至 2015 年底，陕西省共有乙级以下测绘资质单位 475 家，其中 461 家依照《测绘资质管理规定》的要求报送了本单位 2015 年度的测绘资质年度报告并在我局网站公示，3 家单位已注销，11 家单位未报送，现将 2015 年度测绘资质年度报告报送情况予以公告，接受公众查询监督。对未报送年度报告的 11 家单位，以及日常监督检查中发现年度报告隐瞒真实情况、弄虚作假的单位，将依据《陕西省公共信用信息条例》和《测绘地理信息行业信用指标体系》，计入不良信用信息，并在相关信用平台予以记录。

2015 年度陕西省乙级以下测绘资质单位年度报告查询网址：http：//snchzz. nasg. gov. cn/Index/AnnualQuery. aspx。

陕西省测绘地理信息公告

（第 3 号 2016 年 12 月 15 日）

依据《陕西省测绘成果管理条例》和《陕西省测绘地理信息成果质量监督检查管理办法》，2016 年我局组织对本省 59 家甲、乙级测绘资质单位的测绘地理信息成果质量和质量管理体系进行了监督检查。其中，50 家单位成果质量判定合格，5 家单位成果质量判定不合格，2 家单位拒绝接受监督检查被直接判定不合格，2 家单位无成果。质量管理体系检查只判定不符合项，不做合格性判定。

特此公告。

附件：1. 2016 年陕西省测绘地理信息成果质量监督检查结果（略）

2. 2016 年陕西省测绘地理信息成果质量监督检查情况说明（略）

大 事 记

一月

【1 日】《地图管理条例》自 2016 年 1 月 1 日起施行。

【6 日】国家测绘地理信息局在北京召开学习宣传贯彻《地图管理条例》电视电话会议。局长库热西·买合苏提，副局长王春峰、宋超智、李朋德，总工程师李志刚出席会议。

【6 日】国家测绘地理信息局印发《关于在测绘资质审批中将测绘技能人员视同为测绘专业技术人员的批复》，同意在测绘资质审批中将测绘技能人员计入测绘专业技术人员数量。

【7 日】国家测绘地理信息局与中国人民解放军空军司令部在北京签署协同发展合作协议。国家测绘地理信息局局长库热西·买合苏提、空军参谋长麻振军出席签约仪式并讲话，国家测绘地理信息局副局长李维森与空军副参谋长赵鹏敏代表双方签署协议，国家测绘地理信息局副局长李朋德主持签约仪式。

【8 日】国家测绘地理信息局党组印发《中共国家测绘地理信息局党组关于加强和改进党的群团工作的意见》。

【11 日—12 日】全国测绘地理信息工作会议在北京召开。会前，中共中央政治局常委、国务院总理李克强，中共中央政治局常委、国务院副总理张高丽审阅会议讲话材料并作批示。国土资源部党组书记、部长、国家土地总督察姜大明出席会议并讲话。国土资源部党组成员、副部长、国家测绘地理信息局党组书记、局长库热西·买合苏提主持会议并作工作报告。中央组织部、国务院办公厅、国家发展和改革委员会、科技部、财政部、国土资源部、审计署、中央军委联合参谋部战场环境保障局有关同志，国家测绘地理信息局在京领导班子成员、总工程师出席会议。

【12 日】国家测绘地理信息局局党组召开“三严三实”专题民主生活会情况通报会，党组书记、局长库热西·买合苏提通报局党组“三严三实”专题民主生活会情况。

【13 日】浙江省省委书记夏宝龙对浙江省测绘与地理信息工作作出批示：“祝贺省测绘与地理信息局在全国综合考评中喜获‘六连冠’！希望在新的一年里继续努力，按照习近平总书记在我省考察时提出的‘干在实处永无止境，走在前列要谋新篇’的新要求，认真贯彻落实省委、省政府的决策部署，进一步推进信息共享，注重成果转化，加快创新发展，不断提升服务质量和测绘水平，为建设‘两富’‘两美’浙江提供更加全面高效的测绘与地理信息保障服务。”

【14 日】国测一大队先进事迹报告会在北京人民大会堂隆重举行，郁期青、张朝晖、赵越、徐玮、汤一亮 5 位报告团成员，讲述了国测一大队的先进事迹。报告会由中央宣传部、中央国家机关工委、国土资源部、中共陕西省委、国家测绘地理信息局联合举办。中央国家机关工委副书记陈存根，国土资源部党组成员、副部长、国家测绘地理信息局党组书记、局长库热西·买合苏提，国土资源部党组成员、副部长王广华，陕西省省委常委、宣传部部长梁桂，中央国家机关工委委员、宣传部部长刘涛，国家测绘地理信息局在京领导班子成员、总工程师出席报告会。各主办单位有关负责同志，中央国家机关、中共陕西省委党员干部代表、部队官兵代表、首都高校师生代表、企业代表及新闻媒体记者共 700 多人参加报告会。

【14 日】浙江省省委副书记、省长李强对浙江省测绘与地理信息工作作出批示：“喜闻省测绘与地理信息局在国家局年度考评中获得‘六连冠’，向同志们表示祝贺和慰问。希望再接再厉，脚踏实地，认真学习贯彻习近平总书记系列重要讲话精神，

紧紧围绕省委、省政府中心工作，全面做好基础测绘与地理信息各项工作，强化重大自然灾害和突发公共事件的应急测绘保障，稳步推进地理信息产业发展，进一步开创各项事业新局面。”

【16日】新疆维吾尔自治区第十二届人大四次会议通过的《新疆维吾尔自治区国民经济和社会发展第十三个五年规划纲要》，首次将测绘地理信息工作作为推进自治区信息化建设、提升经济社会发展水平的重要基础性工作以专门章节纳入。

【17日—26日】国家测绘地理信息局局长库热西·买合苏提率团访问以色列、埃及、肯尼亚测绘地理信息部门，分别举行双边会谈与交流。

【18日】国家测绘地理信息局在南京召开新增测绘地理信息行业标准制修订培训及标准编制座谈会。

【18日】江苏省省委常委、副省长徐鸣在《关于全国省级测绘地理信息行政主管部门2015年度测绘地理信息工作绩效考核结果的通报》上作出批示：“2015年，我省测绘地理信息系统紧紧围绕全省工作大局，锐意进取，顽强拼搏，在推进基础测绘、‘数字城市’、成果应用、服务保障、法规建设、市场监管等方面取得了显著成绩，为全省经济社会发展提供了有力的基础性支撑。2016年，是‘十三五’的开局之年，全省测绘地理信息系统要认真学习贯彻习近平总书记系列重要讲话和给国测一大队的回信精神，落实省委、省政府的决策部署，牢固树立五大发展理念，进一步深化测绘地理信息领域改革，加强基础测绘，监测地理国情，壮大地信产业，不断提升服务保障能力、科技创新能力和依法监管能力，为建设‘经济强、百姓富、环境美、社会文明程度高’的新江苏作出更大的贡献。”

【19日】浙江省测绘与地理信息工作会议在杭州召开。

【19日】福建省国土资源工作会议在福州召开，副省长洪捷序出席会议并讲话。他指出，要加快数字城市建设和应用，推进“天地图·福建”平台的数据融合，加强地理国情普查成果的应用，加强测绘无人机队伍建设。

【19日—24日】四川测绘地理信息局紧急启动应急响应，为绵竹市小岗剑路段山体滑坡提供应急测绘保障。

【20日】江苏省测绘地理信息工作会议在南京召开。

【21日】国家测绘地理信息局召开党外人士座谈会，与局机关及在京所属单位中民盟、致公党、九三学社等民主党派及无党派人士代表欢聚一堂、共话发展。国家测绘地理信息局党组副书记、副局长王春峰向与会代表及测绘地理信息界所有党外人士及家属致以诚挚的新春祝福，并代表国家测绘地理信息局党组通报了2015年测绘地理信息工作的主要情况和2016年工作思路。

【22日】陕西省副省长庄长兴对陕西测绘地理信息工作作出批示：“2015年，全省测绘地理信息干部职工以习近平总书记回信重要精神为指引，紧紧围绕‘三个陕西’建设大局，各方面工作成效显著，在地理国情普查、应急测绘保障、地理信息服务、依法行政效能等方面都取得了新的进步。向同志们表示诚挚的感谢和问候！2016年是‘十三五’开局之年，希望你们认真学习贯彻中央领导同志有关批示精神，积极践行五大发展理念，继续发扬测绘精神，积极转方式、调结构、提质增效，以更严更实的作风干事创业，为全省改革发展、追赶超越迈上新台阶提供更为科学、精准、全面的保障服务。”

【22日】陕西省测绘地理信息工作会议在西安召开。

【27日】甘肃省测绘地理信息工作会议在兰州召开。会前，甘肃省省委常委、副省长李荣灿对测绘地理信息工作作出批示。

【29日】第一次全国地理国情普查数据库通过验收。

【30日】国家测绘地理信息局党组书记、局长库热西·买合苏提赴国家级贫困县——黑龙江省海伦市，调研定点帮扶工作，并捐赠测绘仪器、图书和农机设备。

二月

【1日—5日】国家测绘地理信息局副局长李朋德赴瑞士参加地球观测组织计划管理委员会第一次会议，并当选为地球观测组织计划管理委员会共同主席。

【2日】广西壮族自治区测绘地理信息工作会议在南宁召开。

【5日】经河北省人民政府审定并批准，由省国土资源厅印发实施《河北省基础测绘“十三五”规

划》（冀国土资办字〔2016〕17 号）。

【6 日】四川省副省长甘霖在四川测绘地理信息局报送的 2015 年工作总结和 2016 年工作要点上作出批示：“2015 年，四川测绘地理信息事业又取得新的成绩，感谢省局全体同志付出的辛勤劳动，也感谢国家局的重视和支持。望在新的一年，把握认识新常态、适应新常态、引领新常态的大逻辑，进一步丰富和用好地理信息数据，推动地理信息产业发展，实现‘十三五’良好开局。”

【15 日】陕西省省长娄勤俭主持召开第三次省政府常务会议，审议并原则通过《陕西省基础测绘管理办法（送审稿）》。

【19 日】2016 年国家测绘地理信息局安全生产委员会视频会议在北京召开。国家测绘地理信息局副局长李维森出席会议并讲话。

【22 日】经云南省人民政府同意，云南省测绘地理信息局印发《云南省测绘地理信息事业发展“十三五”规划纲要》和《云南省基础测绘“十三五”规划》。

【23 日】国家测绘地理信息局在北京召开全国测绘地理信息系统党风廉政建设工作电视电话会议。国家测绘地理信息局党组书记、局长库热西·买合苏提讲话；党组成员、纪检组组长于贤成作工作报告；党组成员、副局长李维森、宋超智、闵宜仁，副局长李朋德，总工程师李志刚出席会议；局党组副书记、副局长王春峰主持会议。

【23 日】国家测绘地理信息局局长库热西·买合苏提主持召开局务会议，集中学习传达李克强总理在国务院第 123 次常务会议上关于当前经济形势和做好有关工作重要讲话精神，并就测绘地理信息部门贯彻落实讲话精神进行研究部署。

【23 日】吉林省省委常委、常务副省长高广滨听取吉林省测绘地理信息局工作汇报，对 2016 年全省测绘地理信息工作作出批示：“‘十二五’期间，省测绘地理信息局积极服务全省振兴发展大局，做了很多扎实富有成效的工作。新的一年，要认真落实好全国测绘地理信息工作会议精神，按照省委、省政府要求部署，突出改革创新，不断提高服务保障能力，努力在‘十三五’新起点上作出新的更大贡献。”

【24 日—26 日】国家测绘地理信息局局长库热西·买合苏提到宁夏调研测绘地理信息工作，宁夏回族自治区主席刘慧会见库热西·买合苏提。

【24 日】云南省 2016 年测绘地理信息工作会议在昆明召开。

【29 日】国家测绘地理信息局党组印发《国家测绘地理信息局党组关于贯彻中央纪委要求开展整治“四风”问题和巡视整改落实情况回头看工作的实施方案》。

三月

【1 日】江西省测绘地理信息工作会议在南昌召开，副省长李贻煌、国家测绘地理信息局副局长闵宜仁出席会议并讲话。会前，江西省省长鹿心社会见闵宜仁。

【1 日】福建省人民政府办公厅印发《福建省“十三五”国土资源开发利用专项规划的通知》（含基础测绘）（闽政办〔2016〕32 号）。

【3 日】国家发展和改革委员会、国家测绘地理信息局、浙江省人民政府签署合作协议，建立省级空间规划“多规合一”试点合作机制。

【4 日】国家测绘地理信息局党组印发《中共国家测绘地理信息局党组关于印发 2016 年党风廉政建设和反腐败工作实施意见和责任分工的通知》。

【6 日】国家测绘地理信息局局长库热西·买合苏提在北京会见江西省副省长李贻煌。

【6 日】甘肃省测绘地理信息局及时启动测绘应急预案，为甘南藏族自治州迭部县腊子口林场和达拉林场发生的森林火灾现场决策指挥和扑救工作提供测绘保障服务。

【7 日】吉林省测绘地理信息局向吉林省图书馆捐赠《中国测绘地理信息年鉴》（2006—2015 卷）、《吉林省地图集》等一批公开出版的测绘地理信息图书资料。

【9 日】广西壮族自治区人民政府办公厅印发《促进地理信息产业发展实施方案》（桂政办发〔2016〕23 号）。

【11 日】河北省副省长张杰辉到北京与国家测绘地理信息局局长库热西·买合苏提就加强测绘地理信息工作进行座谈。

【11 日】青海省测绘地理信息工作会议在西宁召开。

【12 日】国家测绘地理信息局局长库热西·买合苏提到中国航天科技集团慰问资源三号 02 星研制团队。

【14日】国家测绘地理信息局党组印发《中共国家测绘地理信息局党组开展“学党章党规、学系列讲话，做合格党员”学习教育实施方案》。

【14日—25日】国家测绘地理信息局在北京举办十八届五中全会精神专题培训班，局党组副书记、副局长王春峰出席开班式并讲话，党组成员、副局长闵宜仁主持开班式。

【17日】地理信息与地图（成果管理）工作座谈会在长沙召开，国家测绘地理信息局副局长闵宜仁出席会议并讲话。

【18日】国家测绘地理信息局印发公告，通报2015年度测绘资质年度报告公示情况。

【19日】国家测绘地理信息局局长库热西·买合苏提与国家国防科技工业局局长许达哲就加强双方合作举行座谈。

【22日】国家测绘地理信息局召开传达贯彻全国“两会”精神干部大会，副局长王春峰传达“两会”精神，对测绘地理信息系统学习贯彻“两会”精神提出明确要求。

【25日】第二届中国智慧城市（国际）创新大会智慧城市时空分论坛在济南举办，国家测绘地理信息局副局长李维森出席论坛并致辞。

【30日】吉林省测绘地理信息局印发《吉林省测绘地理信息事业发展“十三五”规划》《吉林省地理信息产业发展“十三五”规划》。

【31日】四川省人大常委会副主任、党组副书记黄彦蓉到四川测绘地理信息局龙泉测绘基地调研。

【31日】陕西省委宣传部举办“三秦楷模”先进事迹座谈会，省委常委、宣传部部长梁桂在会前接见了国家测绘地理信息局第一大地测量队“三秦楷模”代表，并为他们颁发了“三秦楷模”奖状奖牌。

四月

【1日】河南省测绘地理信息工作会议在郑州召开。

【6日】国家测绘地理信息局印发《关于2015年测绘地理信息违法典型案件的通报》。

【8日】黑龙江省人民政府印发《黑龙江省国民经济和社会发展第十三个五年规划纲要》（黑政发〔2016〕13号），测绘地理信息工作列入《纲要》。

【11日】国家测绘地理信息局与公安部联合印发《关于加强地理信息资源共享合作的通知》，推进地理信息与公安业务信息资源整合共享。

【12日】陕西省人民政府印发《陕西省人民政府关于2015年度科学技术奖励的决定》（陕政发〔2016〕13号），陕西测绘地理信息局推荐的“我国参心坐标系测绘成果向地心坐标系转换研究”“青藏高原东南部现今地壳形变监测与地球动力学研究”两项目荣获2015年度陕西省科学技术奖二等奖；“陕西省应急管理科技支撑项目——陕西省应急体系地理信息平台”荣获2015年度陕西省科学技术奖三等奖。

【12日】广西壮族自治区人民政府印发《广西壮族自治区国民经济和社会发展第十三个五年规划纲要》（桂政发〔2016〕9号），第一次把测绘地理信息纳入发展重点。

【15日】国家测绘地理信息局在南京召开政府信息与政务公开工作座谈会，副局长王春峰出席会议并讲话。

【17日—24日】国家测绘地理信息局副局长李朋德率团赴埃塞俄比亚，参加联合国第四次全球地理信息管理高层论坛。

【19日】黑龙江省人民政府在哈尔滨召开数字龙江地理空间框架建设一期工程首批成果发布会。

【19日】广西壮族自治区人民政府印发《广西开展省级空间性规划“多规合一”试点工作方案》（桂政办发〔2016〕40号）。

【20日】中共中央网络安全和信息化领导小组办公室、国家测绘地理信息局联合在北京组织召开规范互联网地图使用工作座谈会。

【20日】国家测绘地理信息局印发《2016年全国测绘地理信息普法依法治理工作要点》。

【21日—28日】中共中央组织部主办、国家测绘地理信息局承办的智慧城市时空信息建设与城市管理专题研究班在陕西省咸阳市举办。国家测绘地理信息局副局长李维森出席开班式并讲话，副局长闵宜仁主持开班式。来自全国27个省、自治区、直辖市以及新疆生产建设兵团分管测绘地理信息工作的地市级或县区级党政领导，以及相应省份或地市测绘地理信息主管部门负责人共59名学员参加研究班。

【21日】浙江省发展和改革委员会、浙江省测绘与地理信息局印发《浙江省基础测绘“十三五”规划》（浙发改规划〔2016〕239号）。

【21 日—22 日】青海省省长郝鹏、副省长高华在海东市互助土族自治县调研精准扶贫工作时，充分肯定了由省科学技术信息研究所和省基础地理信息中心共同研发的精准扶贫信息化服务平台。

【22 日】国务院第一次全国地理国情普查领导小组办公室（以下简称国务院普查办）在西安召开全国地理国情普查与常态化监测工作座谈会。国务院普查办常务副主任、国家测绘地理信息局副局长李维森，国务院普查办副主任、国家测绘地理信息局总工程师李志刚出席座谈会。

【25 日】江西省山江湖开发治理委员会办公室下属全额拨款事业单位省遥感信息系统中心成建制划归省测绘地理信息局管理。

【26 日—28 日】全国测绘地理信息系统第四届羽毛球比赛在成都举办。国家测绘地理信息局副局长闵宜仁出席比赛开幕式并致辞，全国测绘地理信息系统的 42 支代表队的 450 多名运动员参加比赛。

【26 日】国际大地测量和地球物理学联合会（IUGG）中国委员会 2015 年年会暨换届大会在中国科学院大气物理研究所召开。中国科学院院士杨元喜担任新一届 IUGG 中国委员会主席，中国测绘科学研究院院长程鹏飞担任新一届国际大地测量协会（IAG）中国委员会主席。

【27 日】国家测绘地理信息局卫星导航定位基准站标准化会议在成都召开，副局长李朋德出席会议并讲话。

【27 日—28 日】国家测绘地理信息局在福州举办地图审核人员培训班。

【29 日】国家测绘地理信息局党组学习贯彻习近平总书记在全国宗教工作会议、中央网络安全和信息化领导小组第三次会议上的重要讲话精神，传达学习王岐山同志在派驻纪检组组长副组长培训班上的讲话精神，并研究部署相关工作。

【29 日】陕西省政府法制办公室、陕西测绘地理信息局联合召开《陕西省基础测绘管理办法》新闻发布会。《陕西省基础测绘管理办法》经 2016 年陕西省政府第 3 次常务会审议通过，省政府第 189 号令发布，自 2016 年 5 月 1 日起施行。

五月

【4 日】国家发展和改革委员会主任徐绍史、国家测绘地理信息局局长库热西・买合苏提、福建省省长于伟国签署合作协议，共同开展省级空间规划“多规合一”试点工作。

【5 日】全国测绘地理信息行业职业技能鉴定工作会议在南昌召开，国家测绘地理信息局副局长宋超智出席会议并讲话。

【5 日】经国家测绘地理信息局党组研究并报国土资源部直属机关党委同意，闵宜仁同志任国家测绘地理信息局直属机关党委委员、书记，于贤成同志不再担任国家测绘地理信息局直属机关党委书记、委员职务。

【5 日】黑龙江省省委常委、副省长李海涛到黑龙江测绘地理信息局调研。

【6 日】由国家测绘地理信息局、中共陕西省委宣传部共同策划，中国测绘宣传中心、陕西测绘地理信息局编辑出版了长篇纪实作品《不忘初心——国测一大队艰苦奋斗无私奉献的故事》。本书被列入中共陕西省委宣传部精品出版项目。

【9 日】国务院第一次全国地理国情普查领导小组副组长、办公室主任，国土资源部副部长，国家测绘地理信息局局长库热西・买合苏提就“开展地理国情监测 服务国家改革发展大局”答《学习时报》记者问。

【9 日】山东省副省长王书坚在审阅山东省国土资源厅报送的《关于全省第一次全国地理国情普查 2015 年工作情况的报告》后作出批示：“地理国情普查工作成效显著，应予表扬。下一步，应加大成果宣传应用的力度，并提出成果支持经济社会建设发展与政府管理的实施意见。”

【10 日—11 日】国家测绘地理信息局党组副书记、副局长王春峰，总工程师李志刚到新疆喀什地区调研测绘地理信息工作，并到新疆维吾尔自治区测绘地理信息局“访民情 惠民生 聚民心”工作组驻地喀什地区疏附县塔什米里克乡琼巴格村调研指导扶贫及美丽乡村富民安居房建设工作。

【11 日—13 日】国家测绘地理信息局局长库热西・买合苏提到安徽调研测绘地理信息工作，安徽省副省长方春明会见库热西・买合苏提。

【13 日】国家发展和改革委员会主任徐绍史、国家测绘地理信息局局长库热西・买合苏提、湖北省省长王国生共同签署省级空间规划“多规合一”试点合作协议。

【14 日】首届全国青少年海洋测绘地理信息文化科技周在青岛启动，国家测绘地理信息局副局长

李朋德出席启动仪式并讲话。

【16 日】2015 版 1∶5 万基础地理信息数据库更新通过国家测绘地理信息局组织的验收，“十二五”更新工作圆满收官。

【17 日】测绘地理信息宣传工作座谈会在北京召开。国家测绘地理信息局党组书记、局长库热西·买合苏提出席座谈会并讲话，局党组成员、副局长宋超智主持座谈会并作工作报告。

【20 日】国家测绘地理信息局党组书记、局长库热西·买合苏提在四川测绘地理信息局召开“两学一做”学习教育调研座谈会，并出席基层党组织生活会，为干部职工讲专题党课。

【20 日】江苏省测绘地理信息局与江苏省委省级机关工委、江苏省国土资源厅联合在南京举办国测一大队先进事迹报告会。会前，江苏省省委常委、副省长徐鸣会见国家测绘地理信息局副局长宋超智和报告团成员。

【20 日】四川测绘地理信息局和国家土地督察成都局在成都签署战略合作协议。国家测绘地理信息局局长库热西·买合苏提出席签约仪式。

【20 日】四川省人民政府和国家测绘地理信息局在成都签署推动高精度卫星影像资源高效利用战略合作框架协议。四川省省长尹力、国家测绘地理信息局局长库热西·买合苏提代表双方签约。

【21 日】四川测绘地理信息局与眉山市人民政府联合举办眉山市地质灾害防治应急测绘保障演练。国家测绘地理信息局局长库热西·买合苏提现场观摩指导。

【22 日】教育部、水利部、国家测绘地理信息局联合主办的全国职业院校技能大赛高职院校测绘竞赛在河南省开封市举办。全国 30 个省、自治区、直辖市的 79 支参赛队和 1 支留学生队共 320 名选手参赛。竞赛包括二等水准测量、一级导线测量和 1∶500 数字测图 3 个赛项。

【24 日】中共第十五届、十六届、十七届中央委员，第十届、十一届全国政协副主席阿不来提·阿不都热西提视察中国测绘创新基地。

【24 日】河北省省长张庆伟，副省长张杰辉、沈小平对河北省地理信息局关于提供精准脱贫工作用图和地理信息服务平台的请示作出批示，对省地理信息局积极服务精准脱贫工作予以肯定。

【26 日】国家测绘地理信息局在南宁召开测绘地理信息行业管理和发展座谈会，副局长宋超智出席座谈会并讲话。

【26 日】经山西省人民政府同意，山西省发展和改革委员会、山西省测绘地理信息局联合印发《山西省“十三五”基础测绘规划》（晋发改规划发〔2016〕335 号）。

【27 日—28 日】国家测绘地理信息局局长库热西·买合苏提到山西省调研测绘地理信息工作，山西省省委常委、常务副省长高建民陪同调研。

【29 日】全国卫星测绘应用工作会议在太原召开。国家测绘地理信息局局长库热西·买合苏提出席会议并讲话，山西省省委常委、常务副省长高建民、国家国防科学技术工业局副局长吴艳华出席会议并致辞，国家测绘地理信息局副局长宋超智主持会议，副局长李朋德作工作报告。会上举行了资源三号卫星影像云服务平台开通仪式。

【30 日】资源三号 02 星在太原卫星发射中心成功发射，首次实现中国自主民用立体测绘卫星双星组网运行。

【30 日】浙江省人民政府批复同意《浙江省基础测绘中长期规划纲要（2016—2030 年）》（浙政函〔2016〕75 号）。

六月

【2 日—3 日】国家测绘地理信息局副局长李维森赴江西省调研。期间，江西省省委副书记、省长鹿心社，副省长李贻煌会见李维森，双方就测绘地理信息事业发展和如何更好地服务江西省经济建设交换了意见。

【6 日】国家测绘地理信息局党组书记、局长库热西·买合苏提主持召开党组会议，学习传达全国科技创新大会精神，认真学习习近平总书记重要讲话和李克强总理讲话精神，审议通过了《国家测绘地理信息局 2016—2020 年定点扶贫开发工作规划》。

【8 日】河南省省委副书记邓凯、副省长王铁在河南省扶贫开发办公室专题调研，观看由河南省测绘地理信息局研建的河南省精准扶贫移动管理系统信息展示，听取河南省测绘地理信息局局长刘济宝的测绘扶贫工作汇报。

【12 日】全国人大环境与资源保护委员会主任委员陆浩到中国测绘创新基地就《中华人民共和国测绘法》修订工作开展调研，国家测绘地理信息局局长库热西·买合苏提陪同调研。

【12 日】国家测绘地理信息局印发《关于做好数字城市地理空间框架推广有关工作的通知》，对深化数字城市地理空间框架推广应用提出要求，部署开展数字城市建设推广应用的检查评价工作。

【12 日—14 日】国家测绘地理信息局在北京举办纪检监察干部培训班，局党组成员、副局长闵宜仁出席并讲话。

【13 日】国家测绘地理信息局局长库热西·买合苏提在北京会见香港测量师学会会长刘振江。

【13 日】浙江省副省长黄旭明对浙江省海洋测绘工作作出批示："全省海洋测绘工作意义重大，省测绘与地理信息局工作做得很认真，应予充分肯定。适当时，可到现场调研慰问。"

【14 日—16 日】国家测绘地理信息局局长库热西·买合苏提到云南调研测绘地理信息工作，云南省副省长刘慧晏会见库热西·买合苏提。

【16 日】中共中央政治局常委、国务院副总理张高丽在辽宁调研东北地区等老工业基地振兴情况期间，到沈阳国际软件园调研支持民营经济发展、鼓励创业创新工作情况，并与辽宁宏图创展测绘勘察有限公司的测绘技术人员亲切交流，鼓励他们努力创业、大胆创新。

【16 日】福建省人民政府办公厅印发《关于持续深化集体林权制度改革六条措施的通知》（闽政办〔2016〕94 号），提出要依托"数字福建"遥感平台和政务空间云服务平台，推进卫星定位、遥感影像、无人机、红外照相等技术和装备在森林资源调查、林业灾害监测监控中的应用。

【18 日】山西省测绘地理信息局快速响应，为太原市清徐县李家楼村一废弃采石场发生的山体滑坡险情处置工作提供及时、全面、高效的应急测绘保障服务。

【20 日】广东省人民政府办公厅印发《广东省人民政府办公厅关于推动卫星导航应用产业发展的指导意见》（粤府办〔2016〕56 号）。

【20 日】青海省机构编制委员会办公室批复同意青海省基础地理信息中心加挂高分辨率对地观测系统青海数据与应用中心的牌子（青编办事发〔2016〕6 号）。

【22 日】中国测绘科学研究院主办的《影像与数据融合国际期刊》（IJIDF）被汤森路透 Web of Science 的新兴资源索引（ESCI）收录。

【22 日】甘肃省人民政府办公厅印发《甘肃省"十三五"基础测绘规划》（甘政办发〔2016〕95 号）。

【23 日】江苏省测绘地理信息局快速启动测绘应急预案，为盐城市突发特大龙卷风自然灾害及时提供测绘地理信息保障。

【26 日】辽宁省人民政府办公厅印发全省"十三五"重点专项规划（辽政办发〔2016〕76 号）。37 项专项规划中包括《辽宁省测绘地理信息发展"十三五"规划》。

【27 日】陕西测绘地理信息局向陕西省人民政府书面专题报告学习宣贯习近平总书记给国测一大队老队员老党员回信精神工作情况。副省长庄长兴审阅了报告，并作出批示："省测绘局一年来学习宣贯总书记回信精神富有成效。同意下一步工作方案，以实际行动迎接党的生日，在回信精神指引下为测绘事业做出新的贡献。"

【29 日】国家测绘地理信息局在北京举办党组书记讲党课及主题演讲活动，隆重纪念中国共产党成立 95 周年。国家测绘地理信息局党组书记、局长库热西·买合苏提围绕学习贯彻《中国共产党章程》讲专题党课，8 名党员以"做合格党员 贡献测绘事业"为主题进行了演讲。

【30 日】国家测绘地理信息局在北京召开学习宣传贯彻习近平总书记回信重要指示精神一周年座谈会。国家测绘地理信息局党组书记、局长库热西·买合苏提出席会议并讲话，国家测绘地理信息局领导班子成员、总工程师，中央军委联合参谋部战场环境保障局负责同志出席会议。

▲全国地理信息产业单位名录库基本建成。

七月

【1 日】国家测绘地理信息局局长库热西·买合苏提在北京接见了在人民大会堂参加庆祝中国共产党成立 95 周年大会，被中共中央授予全国先进基层党组织荣誉称号的国家测绘地理信息局第一大地测量队代表。

【3 日】江西省测绘地理信息局按照江西省省委书记鹿心社指示要求，通宵赶制长江江西境内主河段影像图及地形图，为抗洪抢险提供及时可靠的测绘应急保障。

【4 日】国家测绘地理信息局党组书记、局长库热西·买合苏提主持召开党组扩大会，学习习近平

总书记在庆祝中国共产党成立95周年大会上的重要讲话精神。

【5日】安徽省测绘局为李克强总理视察、指导安徽防汛抗洪工作，紧急制作、提供《淮河简图》。

【6日】新疆维吾尔自治区测绘地理信息局立即响应，为自治区喀什地区叶城县柯克亚乡6村发生的泥石流灾害及时提供测绘应急保障服务。

【7日—16日】国家测绘地理信息局副局长王春峰率团赴瑞士、波兰访问，赴捷克参加第23届国际摄影测量与遥感大会。期间，在世界测绘地理信息局长高端论坛上发表讲话，并出席中国测绘地理信息成就展开展仪式。

【12日】国家测绘地理信息局与中国电子科技集团公司、招商局集团有限公司三方战略合作协议在北京签署，国家测绘地理信息局局长库热西·买合苏提、中国电子科技集团公司董事长熊群力、招商局集团有限公司董事长李建红见证签约。国家测绘地理信息局副局长李维森、中国电子科技集团公司总经理樊友山、招商局集团有限公司总经理李晓鹏代表三方签署战略合作协议。国家测绘地理信息局副局长李朋德主持签约仪式。

【12日—19日】第23届国际摄影测量与遥感大会在捷克布拉格召开。国家基础地理信息中心总工程师陈军被任命为国际摄影测量与遥感协会（ISPRS）第一副主席（2016—2020年）。天地图工作部主任蒋捷获得ISPRS会士（Fellow）荣誉称号，这是ISPRS首位获得该荣誉的女性专家。

【13日】国家测绘地理信息局党组印发《中共国家测绘地理信息局党组巡视工作实施办法》。

【13日】国家测绘地理信息局副局长宋超智到吉林调研测绘地理信息工作，吉林省省委常委、常务副省长高广滨会见宋超智。

【14日】国家测绘地理信息局局长库热西·买合苏提到贵州调研测绘地理信息工作，贵州省副省长黄家培会见库热西·买合苏提并陪同调研。

【14日】国家测绘地理信息局副局长宋超智到长光卫星技术有限公司调研，实地考察“吉林一号”卫星研发及运行情况。

【15日】四川省军区参谋长杨吉贵到四川测绘地理信息局调研，共商地理信息保障服务国防动员信息化建设。

【15日】《大连市人民政府办公厅关于印发大连市规划局（大连市测绘地理信息局）主要职责内设机构和人员编制规定的通知》（大政办发〔2016〕99号）印发，标志着大连市测绘地理信息局正式成立。

【18日】宁波市人民政府办公厅印发《宁波市基本建设项目联合测绘实施办法（试行）的通知》（甬政办发〔2016〕99号）。

【19日】河北省地理信息局按照河北省委省政府的部署要求，紧急启动测绘应急Ⅰ级响应，就发生的暴雨洪灾迅速开展防汛救灾地理信息应急保障工作。

【20日】福建省机构编制委员会办公室批复同意在福建省基础地理信息中心加挂高分辨率对地观测系统福建数据与应用中心牌子（闽委编办〔2016〕118号）。

【21日】全国测绘地理信息重点工作交流推进会在北京召开。国家测绘地理信息局局长库热西·买合苏提主持会议并讲话。国家测绘地理信息局领导班子全体成员、总工程师，中央纪委驻国土资源部纪检组正局级纪检员陈春光出席会议。

【22日】国务院第一次全国地理国情普查领导小组副组长、国土资源部部长、国家土地总督察姜大明听取第一次全国地理国情普查工作专题汇报。国务院第一次全国地理国情普查领导小组副组长、办公室主任、国土资源部副部长、国家测绘地理信息局局长库热西·买合苏提主持汇报会，国土资源部副部长王广华出席汇报会。国务院普查办常务副主任、国家测绘地理信息局副局长李维森汇报地理国情普查工作和主要成果。

【23日】北京市规划委员会、北京市国土资源局合并，设立北京市规划和国土资源管理委员会，为北京市政府组成部门，挂首都规划建设委员会办公室牌子。北京市测绘地理信息行政主管部门也由北京市规划委员会变为北京市规划和国土资源管理委员会。

【27日】国务院常务会议通过《中华人民共和国测绘法（修订草案）》。

【29日】国家测绘地理信息局局长库热西·买合苏提与局领导班子一行前往中央军委联合参谋部战场环境保障局开展走访慰问，双方共叙鱼水深情，探讨融合发展，同庆“八一”建军节。

【29日】国务院第一次全国地理国情普查领导小组成员单位联络员会议在北京召开。国务院普查办常务副主任、国家测绘地理信息局副局长李维森

主持会议并讲话。

【31 日—8 月 7 日】国家测绘地理信息局副局长李朋德率团赴美国参加联合国全球地理信息管理专家委员会第 6 次全会，其再次当选为联合国全球地理信息管理专家委员会共同主席。

八月

【1 日】河北省省长张庆伟对《河北省地理信息局关于紧急开展防汛救灾工作的报告》作出批示："加大灾情地理信息工作力度，为重建主动提供所需信息。另外，总结'7·19'中防汛救灾工作经验，更好发挥地理信息作用，主动为防灾减灾救灾服务。"

【3 日】在外交部举行的第十七届蓝厅论坛主题展览中，新疆维吾尔自治区测绘地理信息局编制的 8 张反映新疆重要战略位置、优势资源、各民族团结建设新疆的硕果等专题地图成为亮点。

【9 日—10 日】国家测绘地理信息局局长库热西·买合苏提到上海调研测绘地理信息工作，上海市副市长蒋卓庆会见库热西·买合苏提并陪同调研。

【9 日】《中国城市地图集系列》试点项目《哈密城市地图集》和《昌吉城市地图集》通过验收。

【9 日】《天津市测绘地理信息发展"十三五"规划》作为天津市重点专项规划之一，由天津市发展和改革委员会印发（津发改规划〔2016〕724 号）。

【10 日】国家测绘地理信息局党组成员、副局长宋超智到新疆维吾尔自治区测绘地理信息局"访民情 惠民生 聚民心"工作组驻地喀什地区疏附县塔什米里克乡琼巴格村调研并看望慰问驻村工作队员和村民。

【12 日】河南省省长陈润儿主持召开河南省政府常务会议，研究部署加快地理信息产业发展等工作，会议原则通过《关于加快地理信息产业发展的实施意见》。

【12 日】青海省人民政府办公厅印发《青海省"十三五"基础测绘规划》（青政办〔2016〕154 号），基础测绘规划首次被列入青海省省级重点专项规划序列。

【13 日】经国务院总理李克强签署同意，国务院正式向全国人大常委会提请审议《中华人民共和国测绘法（修订草案）》。

【15 日】江苏省发展和改革委员会与江苏省测绘地理信息局联合印发《江苏省"十三五"地理信息产业发展规划》（苏发改区域发〔2016〕925 号）。

【16 日】第一次全国地理国情普查成果通过了由中国科学院院士、中国工程院院士以及国土资源部、环境保护部、交通运输部、农业部、国家统计局、国家林业局等部门和单位的 14 位专家组成的验收委员会的验收。

【16 日】国家测绘地理信息局印发《全国测绘地理信息法治宣传教育第七个五年规划（2016—2020 年）》。

【16 日】经江西省机构编制委员会办公室批准，江西省测绘培训中心更名为江西省测绘地理信息规划研究中心，为公益二类事业单位。

【18 日—25 日】国家测绘地理信息局副局长李维森率团赴英国和挪威访问两国测绘地理信息部门，并赴北极黄河站出席国家测绘地理信息局北极黄河站北斗卫星导航定位基准站开通启用仪式。

【22 日】全国测绘地理信息援藏工作座谈会在拉萨召开。国土资源部党组成员、副部长、国家测绘地理信息局党组书记、局长库热西·买合苏提，西藏自治区党委副书记、常务副主席、党委政法委书记邓小刚出席会议并讲话。西藏自治区人大常委会副主任李文汉，西藏自治区副主席、党委政法委副书记何文浩，西藏自治区政协副主席阿旺出席座谈会。国家测绘地理信息局党组副书记、副局长王春峰主持会议。

【23 日—24 日】国家测绘地理信息局局长库热西·买合苏提到西藏自治区林芝市，慰问在此执行国家 1∶5 万基础地理信息数据库更新的四川测绘地理信息局外业职工。

【23 日】国家测绘地理信息局副局长李朋德到吉林调研，吉林省省委常委、常务副省长高广滨会见李朋德。

【23 日】河南省人民政府办公厅印发《关于加快地理信息产业发展的实施意见》（豫政办〔2016〕145 号）。

【26 日】国家测绘地理信息局科学技术委员会常委扩大会在黑龙江省伊春市召开，局科学技术委员会主任李朋德、副主任李建成、李志刚分别主持会议，王家耀、杨元喜、郭华东、龚健雅等顾问、常委 16 人参加会议。

【29 日】国家发展和改革委员会、国家测绘地

理信息局联合印发《测绘地理信息事业“十三五”规划》。

【29日】全国测绘法宣传日主场活动在重庆举行，活动主题为“贯彻地图管理条例，更好服务国计民生”。国家测绘地理信息局局长库热西·买合苏提与重庆市副市长陈绿平共同出席开幕式并参观主场活动展览。国家测绘地理信息局副局长宋超智出席开幕式并讲话。

【29日】国家测绘地理信息局和重庆市人民政府签订《时空信息大数据服务发展战略合作协议》。国家测绘地理信息局局长库热西·买合苏提与重庆市副市长陈绿平出席签约仪式并讲话，国家测绘地理信息局副局长宋超智出席签约仪式。

【29日】湖南省政府新闻办公室召开湖南省地理空间大数据应用发展情况新闻发布会。

【29日】新疆维吾尔自治区人民政府批复同意《新疆维吾尔自治区基础测绘“十三五”规划》，并由新疆维吾尔自治区测绘地理信息局发布实施。

▲《中国测绘地理信息年鉴2016》出版发行。

九月

【1日】国土资源部副部长曹卫星到国家测绘地理信息局调研地理国情普查工作情况。

【6日—7日】全国地理信息精准扶贫应用现场会在贵阳召开，国家测绘地理信息局副局长闵宜仁出席会议并讲话。

【6日】新疆维吾尔自治区测绘地理信息局、自治区直属机关工作委员会在乌鲁木齐联合举办国测一大队先进事迹报告会。会前，自治区副主席马敖·赛依提哈木扎会见国家测绘地理信息局副局长宋超智和报告团成员。

【8日】国家测绘地理信息局举办《测绘地理信息事业“十三五”规划》新闻发布会，副局长王春峰出席会议，介绍规划总体情况并接受媒体记者采访。

【8日】全国专题性地理国情监测技术研讨会在长沙召开。国务院普查办常务副主任、国家测绘地理信息局副局长李维森出席会议并讲话。

【11日】国家测绘地理信息局印发《国家测绘地理信息局关于完善国家工作人员学法用法制度的实施意见》。

【11日】广西壮族自治区测绘地理信息局与千寻位置网络公司在南宁签署《广西北斗卫星导航定位基准站数据应用服务合作协议》。广西壮族自治区党委书记彭清华、主席陈武与阿里巴巴集团董事局主席马云见证签约。

【13日】中国测绘地理信息年鉴工作会议在厦门召开。国家测绘地理信息局副局长、中国测绘地理信息年鉴编纂委员会常务副主任委员兼主编宋超智出席会议并讲话。会后，宋超智到厦门市国土资源与房产管理局调研。

【14日—18日】国家测绘地理信息局副局长李维森赴老挝出席北斗卫星综合服务系统首座基站揭牌仪式，访问老挝国家测绘局，就进一步深化拓展与老挝测绘地理信息合作交换意见。

【14日】浙江省发展和改革委员会、浙江省测绘与地理信息局印发《浙江省地理信息产业发展“十三五”规划》（浙发改规划〔2016〕599号）。

【16日】老挝北斗卫星定位综合服务系统（CORS）首个基站——塞色塔基站揭牌仪式在塞色塔园区举行。老挝内政部副部长通赞·玛尼赛、中国驻老挝大使关华兵、国家测绘地理信息局副局长李维森为基站剪彩并揭牌。这标志着云南省测绘地理信息局支持在国外建立的第一个CORS基站正式运行使用。

【18日—27日】国家测绘地理信息局副局长宋超智率团赴斯里兰卡、尼泊尔访问，分别举行双边会谈，交流测绘地理信息领域发展情况，探讨双边合作领域和方式，达成广泛共识。

【19日—21日】国家测绘地理信息局党组书记、局长库热西·买合苏提到陕西调研，陕西省省委副书记、省长胡和平，政协主席韩勇，省委常委、延安市市委书记徐新荣，副省长庄长兴，省总工会主席白阿莹分别会见库热西·买合苏提，就更好地推进测绘地理信息工作交换意见。在调研期间，库热西·买合苏提就“抓住机遇，勇于创新，全面推进测绘地理信息体制机制改革”提出明确要求。

【20日】四川测绘地理信息局为攀枝花市“9·19”暴雨洪灾提供应急测绘保障。

【24日—25日】全国注册测绘师资格考试在全国各省、自治区、直辖市以及新疆生产建设兵团同时举行。

【24日—25日】全球地表覆盖分析与应用国际研讨会在北京召开，国家测绘地理信息局副局长李朋德出席会议并讲话。

【28 日】国家测绘地理信息局建局 60 周年座谈会在北京召开。国家测绘地理信息局局长库热西・买合苏提出席座谈会并讲话。国家局原局长金祥文出席座谈会。国家局副局长王春峰主持座谈会，副局长李维森、宋超智、闵宜仁、李朋德出席座谈会。中央军委联合参谋部战场环境保障局副局长翟跃欢出席座谈会。

【28 日】全国测绘地理信息系统先进集体和先进工作者表彰大会在北京召开。国家测绘地理信息局党组书记、局长库热西・买合苏提出席会议并讲话。国家公务员局党组成员、副局长吴云华宣读表彰决定。国家测绘地理信息局领导班子成员出席会议，党组成员、副局长闵宜仁主持大会。会上，人力资源社会保障部、国家测绘地理信息局联合表彰 33 个全国测绘地理信息系统先进集体和 30 名先进工作者。

【28 日】国家测绘地理信息局举行仪式，首次公开发布全国甲级测绘资质单位信用信息。国家测绘地理信息局副局长宋超智出席发布仪式并讲话。

【28 日】国家测绘地理信息局印发《测绘地理信息人才发展“十三五”规划》。

【28 日】第五届中国卫星导航与位置服务年会暨展览会在成都举行。

【30 日】吉林省常务副省长高广滨对吉林省测绘地理信息局上报的《关于吉林省常态化地理国情监测工作的请示》上批示：“要扎实做好全省常态化地理国情监测工作，推动‘吉林省中、东、西部三大板块’协调发展和主体功能区建设。”

【30 日】黑龙江省人民政府办公厅印发《黑龙江省基础测绘“十三五”规划》（黑政办发〔2016〕104 号）。

十月

【6 日】江苏省人民政府办公厅印发《江苏省“十三五”省级基础测绘规划》（苏政办发〔2016〕107 号）。

【10 日】国家测绘地理信息局党组印发《关于进一步加强和改进离退休干部工作的实施意见》。

【13 日】国家测绘地理信息局局长库热西・买合苏提到黑龙江调研测绘地理信息工作，黑龙江省省委副书记、省长陆昊，省委常委、副省长李海涛会见库热西・买合苏提。

【13 日】国家测绘地理信息局与武汉大学联合举办的测绘地理信息标准化进课堂活动在武汉举行。国家测绘地理信息局副局长李朋德受邀开展课堂教学活动。

【13 日】“天地图” 2016 版正式运行。

【13 日】新版全国地理信息资源目录服务系统正式运行。

【14 日】国家测绘地理信息局党组书记、局长库热西・买合苏提到黑龙江省海伦市调研定点扶贫工作。

【14 日】《青岛市“十三五”基础测绘规划》经青岛市人民政府批准，由青岛市国土资源和房屋管理局印发实施。

【18 日】国家测绘地理信息局印发《测绘地理信息科技发展“十三五”规划》。

【18 日】宁波市市委书记唐一军对宁波市地面沉降监测工作作出批示：“地面沉降问题值得高度重视，要研究对策措施，强化监测与防治工作，确保人民群众生命财产和城市安全。”

【20 日】国家测绘地理信息局首个航空重力数据获取项目——那曲摄区航空重力数据获取通过验收。

【22 日】世界一流学科建设高端论坛暨武汉大学测绘学科 60 年发展回顾大会在武汉举行。国家测绘地理信息局局长库热西・买合苏提、湖北省副省长郭生练、武汉大学校长李晓红出席会议。

【28 日】国家测绘地理信息局党组书记、局长库热西・买合苏提主持召开党组专题学习会议，全文学习党的十八届六中全会公报和习近平总书记在大会上的两次重要讲话，并就全系统学习贯彻六中全会精神进行研究部署。

【28 日】由国家测绘地理信息局指导，中国测绘宣传中心、中共中央宣传部《党建》杂志社主办的“吉威时代杯”第二届感动测绘人物推选现场颁奖活动在北京举行。国测一大队 1975 珠峰测量老队员老党员群体被授予特别荣誉奖，宁津生、陈建国、马超、阎晓军、刘宏兴、于天星、何刚刚、王以斌、黑龙江测绘地理信息局极地测绘工程中心、重庆市地理信息中心“每周一图”团队当选第二届感动测绘人物。

【28 日】经黑龙江省人民政府同意，黑龙江省测绘地理信息局印发《黑龙江省“互联网 + 地理信息”服务行动计划（2016 年版）》。

【31 日—11 月 4 日】国家测绘地理信息局青年学术和技术带头人培训班在青岛举办。

十一月

【1 日】2016 中国地理信息产业大会在长沙召开。全国政协副主席、中国民主促进会中央委员会常务副主席罗富和出席开幕式。国家测绘地理信息局局长库热西·买合苏提，湖南省常务副省长陈向群，湖南省省委常委、长沙市市委书记易炼红，湖南省政协副主席葛洪元出席开幕式。国家测绘地理信息局副局长宋超智作大会报告。

【3 日—4 日】国家测绘地理信息局在北京召开全国测绘地理信息国际合作工作会议，局长库热西·买合苏提出席会议并讲话，副局长李朋德作工作报告。

【3 日】黑龙江省人民政府办公厅印发《黑龙江省地理信息产业发展规划（2016—2020 年）》（黑政办发〔2016〕122 号）。

【4 日】十二届全国人大常委会第二十四次会议第一次审议了《中华人民共和国测绘法（修订草案）》。

【6 日—12 日】国家测绘地理信息局副局长李朋德率团赴俄罗斯，参加地球观测组织第十三次全体会议。

【7 日—8 日】中共国家测绘地理信息局直属机关第一次代表大会在北京召开，选举产生中共国家测绘地理信息局直属机关第一届委员会和中共国家测绘地理信息局直属机关第一届纪律检查委员会。

【7 日】《甘肃省测绘地理信息应急保障预案》被纳入甘肃省人民政府办公厅修订印发的《甘肃省自然灾害救助应急预案》（甘政办发〔2016〕178 号）之中。

【8 日】经云南省人民政府同意，云南省测绘地理信息局印发《云南省地理国情监测“十三五”规划》。

【9 日】《广西壮族自治区人民政府 国家测绘地理信息局深化战略合作框架协议》签署仪式在南宁举行。广西壮族自治区党委常委、常务副主席蓝天立与国家测绘地理信息局党组书记、局长库热西·买合苏提代表双方签约。

【10 日】第六届全国测绘地理信息技术装备展览会暨全国测绘地理信息博览会在南宁开幕。广西壮族自治区党委常委、常务副主席蓝天立，国家测绘地理信息局党组书记、局长库热西·买合苏提，中国科学院院士、原科技部部长徐冠华，国家测绘地理信息局副局长李维森出席开幕式。

【10 日】中国测绘地理信息学会 2016 年学术年会在南宁开幕。广西壮族自治区党委副书记侯建国，党委常委、常务副主席蓝天立，国家测绘地理信息局党组书记、局长库热西·买合苏提，中国科学院院士、原科技部部长徐冠华，国家测绘地理信息局副局长、中国测绘地理信息学会理事长李维森出席开幕式。

【14 日】经江西省人民政府同意，江西省测绘地理信息局与江西省发展和改革委员会印发《江西省测绘地理信息发展与应用“十三五”规划》（赣发改地区〔2016〕1283 号）。

【15 日—16 日】国家测绘地理信息局局长库热西·买合苏提、副局长李朋德一行出席在解放军信息工程大学举办的“走进信大”活动，河南省副省长徐济超会见库热西·买合苏提。

【15 日—26 日】全国测绘地理信息系统局长培训班在贵阳举办。国家测绘地理信息局副局长王春峰出席开班式并讲话。

【21 日】中央财经领导小组办公室副主任杨伟民到国家测绘地理信息局调研《市县空间规划编制技术规程》编写工作。国家测绘地理信息局局长库热西·买合苏提，副局长李维森陪同调研。

【21 日】四川省人民政府批复同意《四川省基础测绘中长期规划纲要（2016—2030 年）》（川府函〔2016〕230 号）。

【22 日】中共中央政治局常委、国务院副总理、国务院第一次全国地理国情普查领导小组组长张高丽主持召开国务院第一次全国地理国情普查领导小组全体会议，审议通过《第一次全国地理国情普查工作和成果报告》和《第一次全国地理国情普查公报》。张高丽强调：“做好地理国情普查成果推广和应用，认真开展常态化地理国情监测工作。”会前，张高丽在国家测绘地理信息局调研，察看了地理国情普查与监测成果展示、行政许可受理大厅，并到国家基础地理信息中心看望一线工作人员。

【22 日】全国测绘地理信息规划财务工作会议在哈尔滨召开。

【22 日】全国信息化测绘体系建设技术培训研讨班在南京举办。

【22 日—23 日】国家测绘地理信息局在兰州举

办面向西部地区的测绘地理信息专业技术人员新技术培训班。

【23 日—24 日】第八届海峡两岸测绘发展研讨会在厦门举行，国家测绘地理信息局副局长李朋德出席会议并致辞。

【23 日】四川省第一次全国地理国情普查通过验收。

【24 日】国家基础地理信息中心总工程师陈军撰写的学术论文“Global land cover mapping at 30m resolution：A POK – based operational approach（全球30 米地表覆盖遥感制图的 POK 方法）”入选“中国百篇最具影响国际学术论文”。

【25 日】国家测绘地理信息局副局长王春峰带队，与国家发展和改革委员会相关部门组成联合调研组到福建省永春县调研“多规合一”和空间规划编制试点工作。

【25 日】国家测绘地理信息局科学技术委员会全体会议在北京召开，局科学技术委员会主任李朋德主持会议，副主任李建成、李志刚及陈俊勇、刘先林、童庆禧、王家耀、刘经南、魏子卿等院士和其他委员出席会议。

【25 日】国家测绘地理信息局印发《测绘地理信息标准化“十三五”规划》。

【25 日】福建省人民政府印发《福建省级空间规划试点工作实施方案》（闽政〔2016〕58 号），要求福建省测绘地理信息局提供规划编制所需的基础地理信息数据，牵头开发相关软件，制定空间规划基础信息平台及相关业务系统技术规程。

【27 日】国家测绘地理信息局局长库热西·买合苏提在海口会见海南省省长刘赐贵。

【27 日—12 月 4 日】国家测绘地理信息局组团赴美国，参加国际标准化组织地理信息标准化技术委员会（ISO/TC211）第 43 次全体会议及工作组会议，中国牵头编制的国际标准 ISO 19150 – 4《地理信息 服务本体》通过立项。

【28 日】青海省政府法制办公室组织召开青海省人民政府 2017 年立法工作计划（草案）协调会，青海省测绘地理信息局提交的《青海省测绘地理信息市场管理办法》纳入 2017 年政府规章起草调研计划。

【29 日—30 日】智慧城市时空大数据与云平台建设推进工作会在浙江省嘉兴市召开。国家测绘地理信息局局长库热西·买合苏提高度重视本次会议，特别作出重要批示；副局长李维森出席会议并讲话。

十二月

【3 日】国家测绘地理信息局在重庆召开地名地址标准化工作座谈会，副局长李朋德出席座谈会并讲话。

【5 日】江西省人民政府组织召开第一次地理国情普查领导小组全体会议，副省长李贻煌主持会议并讲话。

【6 日】国家测绘地理信息局在北京召开全国测绘地理信息人事人才工作会议，局长库热西·买合苏提出席会议并讲话，副局长闵宜仁作工作报告。

【7 日】测绘地理信息服务“丝绸之路经济带”建设西部联盟成立大会在西安举行。内蒙古自治区测绘地理信息局、西藏自治区测绘局、陕西测绘地理信息局、甘肃省测绘地理信息局、青海省测绘地理信息局、宁夏回族自治区国土资源厅、新疆维吾尔自治区测绘地理信息局主要负责同志共同签署西部测绘联盟成立倡议书。

【8 日】浙江省促进地理信息产业发展联席会议第二次会议在浙江省德清县召开，副省长孙景淼主持会议并讲话。

【8 日】新疆维吾尔自治区测绘地理信息局立即响应，及时为昌吉回族自治州呼图壁县发生的 6.2 级地震开展灾区灾情分析、灾后救援等工作提供测绘服务保障。

【9 日】国家测绘地理信息局局长库热西·买合苏提出席在江苏南京召开的全国地图管理工作会议和第三届中国地图文化大会开幕式，并调研江苏测绘地理信息工作。期间，江苏省副省长陈震宁会见库热西·买合苏提。

【9 日】“美丽中国”第三届全国国家版图知识竞赛电视赛总决赛暨江苏卫视《一站到底》特别节目录制，国家测绘地理信息局局长库热西·买合苏提莅临总决赛现场，并在录制结束后为冠军颁发了奖杯及证书。

【9 日】新版标准地图在线服务系统正式上线。

【12 日】国务院普查办印发《关于贯彻落实张高丽副总理重要讲话精神 扎实做好省级地理国情普查后续工作的通知》。

【12 日—16 日】国家测绘地理信息局与联合国全球地理信息管理专家委员会秘书处在天津联合举

办联合国地理空间数据管理与质量控制国际研讨班。国家测绘地理信息局副局长李朋德出席开班式并讲话。

【14 日—16 日】全国人大常委会法制工作委员会副主任兼经济法室主任王超英在国家测绘地理信息局副局长宋超智的陪同下，到河北省开展《中华人民共和国测绘法（修订草案）》调研。

【16 日】由中国地图出版集团和人民网共同主办的《中国国家人文地理》丛书首批城市分卷发布会在人民网一号演播大厅举行。全国人大教科文卫委员会主任委员、丛书顾问柳斌杰，国土资源部副部长、国家测绘地理信息局局长库热西・买合苏提，国家新闻出版广电总局副局长吴尚之，国家测绘地理信息局副局长王春峰出席发布会。

【19 日】国家测绘地理信息局党组书记、局长库热西・买合苏提主持召开党组会议，传达学习中央经济工作会议精神。

【19 日】国家测绘地理信息局局长库热西・买合苏提在北京会见联合国副秘书长吴红波。

【19 日—23 日】国家测绘地理信息局局长库热西・买合苏提在北京会见老挝国家测绘局局长波索，双方签署《中国国家测绘地理信息局与老挝国家测绘局关于在地理信息管理领域合作的谅解备忘录》。

【20 日】国家测绘地理信息局行政审批系统正式开通。

【21 日】国家测绘地理信息局印发《卫星测绘“十三五”发展规划》。

【22 日】国家测绘地理信息局批准同意智慧乌鲁木齐时空大数据与云平台建设试点项目立项，列入 2016 年国家测绘地理信息局试点计划，由国家测绘地理信息局、新疆维吾尔自治区测绘地理信息局、乌鲁木齐市人民政府合作共建，建设成果三方共享。

【22 日】《北京市测绘地理信息“十三五”发展规划》正式印发。

【23 日】国家应急测绘保障能力建设项目初步设计方案和投资概算获国家发展和改革委员会批复。

【25 日】全新改版的国家测绘地理信息局网站（www. sbsm. gov. cn）正式上线运行。

【27 日—28 日】全国测绘地理信息工作会议在北京召开。会前，中共中央政治局常委、国务院总理李克强，中共中央政治局常委、国务院副总理张高丽审阅会议讲话材料并作批示。国土资源部党组书记、部长、国家土地总督察姜大明出席会议并讲话。国土资源部党组成员、副部长、国家测绘地理信息局党组书记、局长库热西・买合苏提主持会议并作工作报告。中央组织部、国务院办公厅、国家发展和改革委员会、财政部、科技部、审计署、国土资源部、中央军委联合参谋部战场环境保障局有关负责同志，国家测绘地理信息局在京领导班子成员、总工程师出席会议。

【28 日】国家测绘地理信息局、国家国防科技工业局在北京联合举行资源三号 02 星在轨交付仪式，资源三号 02 星正式交付主用户国家测绘地理信息局，进入业务化运行阶段，标志着中国成功实现两颗民用立体测绘卫星同时在轨的预期目标。

【30 日】“天地图・西藏”节点接入主节点，至此，全国 31 个省级节点全部接入主节点。

中国测绘科学研究院

全面支撑 2000 国家大地坐标系推广应用

2008 年 7 月 1 日，我国正式启用以地球质心为原点的大地坐标系—2000 国家大地坐标系（CGCS2000）。中国测绘科学研究院作为技术支撑牵头单位，开展了坐标系构建与转换关键技术研究，形成了从理论、技术、规范到应用软件等系列成果，出版了《国家大地坐标系建立的理论与实践》《2000 国家大地坐标系建立的理论和方法》《2000 国家大地坐标系实用宝典》等专著，主持起草了行业标准《大地测量控制点坐标转换技术规范（CH/T 2014-2016）》，指导省级 CGCS2000 坐标框架构建、精化和维持、基础地理信息数据库的坐标转换，积极推动了国土、水利、公安、林业、铁路、地调等 40 多个相关行业部门 CGCS2000 的应用，有力提升了我国大地基准整体精度。

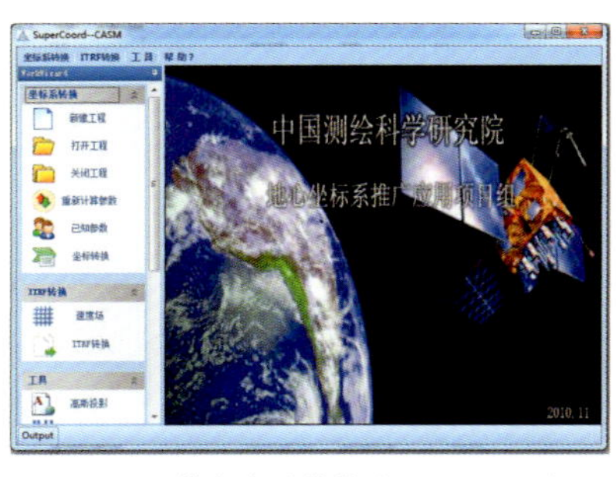

CGCS2000 推广应用软件（SuperCoord）

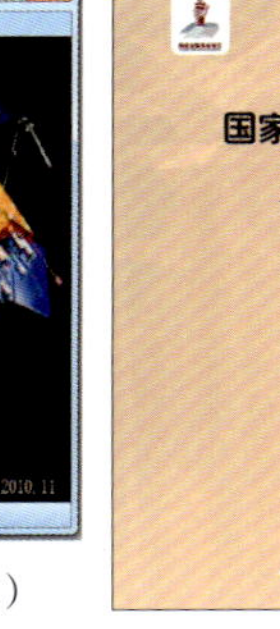

“国家电子政务协同式空间决策服务关键技术与应用”项目荣获国家科技进步二等奖

中国测绘科学研究院牵头完成的“国家电子政务协同式空间决策服务关键技术与应用”项目获得 2016 年度国家科技进步二等奖。

近年来，中国测绘科学研究院面向测绘地理信息辅助政府决策需求，联合武汉大学、中国科学院地理科学与资源研究所、东北大学和南京师范大学等国内优势单位，突破以空间参考框架为基础的数据整合技术，从理论、技术和平台三个层次实现了技术创新，形成了集政务信息资源整合、知识化管理、空间数据分析与挖掘和可视化展示为一体的信息资源整合系列产品。项目成果引领了国内电子政务空间辅助决策服务的根本性变革，确立了国产化技术的主导地位，显著提升了政府决策信息服务水平和保障能力，促进了跨部门跨地区政府信息资源统筹整合，有力推动了我国电子政务集约化发展，推动我国政务地理信息技术进入国际先进行列。

国家科学技术进步奖

证书

项目名称：国家电子政务协同式空间决策服务关键技术与应用

奖励等级：二等

获奖者：中国测绘科学研究院

证书号：2016-J-25201-2-01-001

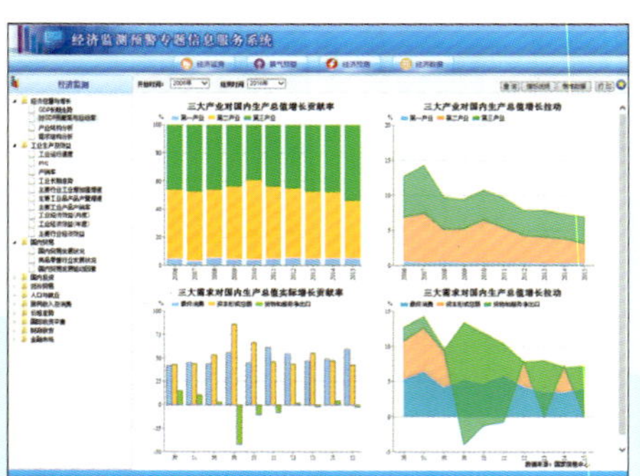

经济监测预警专题信息服务系统

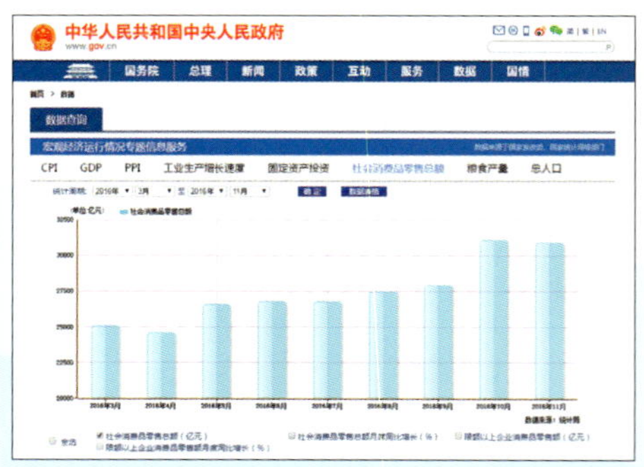

可视化展示系统在中国政府网向公众提供信息服务

国家数字城市/智慧城市创新团队荣获“全国测绘地理信息系统先进集体”称号

2016年，在国家测绘地理信息局建局60周年之际，中国测绘科学研究院国家数字城市/智慧城市创新团队被人力资源和社会保障部、国家测绘地理信息局联合授予“全国测绘地理信息系统先进集体”荣誉称号。

在过去的10年间，该团队原创了大型地理信息网络化服务软件NewMap、WJ地图制图工作站、导航插件等系列产品，牵头实施了全国300多个地级以上和380个县级数字城市建设和智慧城市试点，先后完成国家测绘地理信息局“三大平台”之一的全国数字城市建设，以及我国国防交通空间数据平台、全国1:25万公众版地图、全国导航电子地图保密处理等近百项重点科研任务。

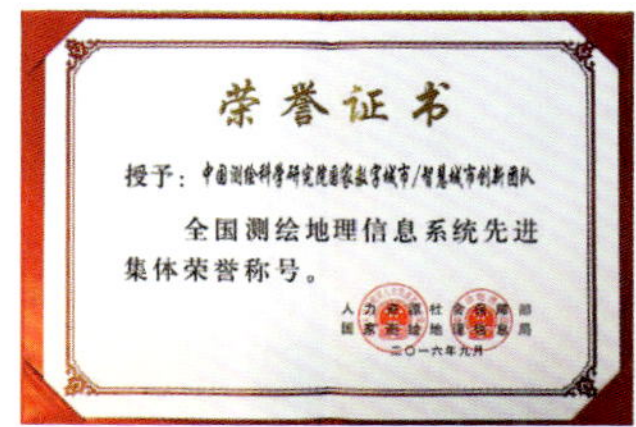

Newmap被评为自主创新十大产品

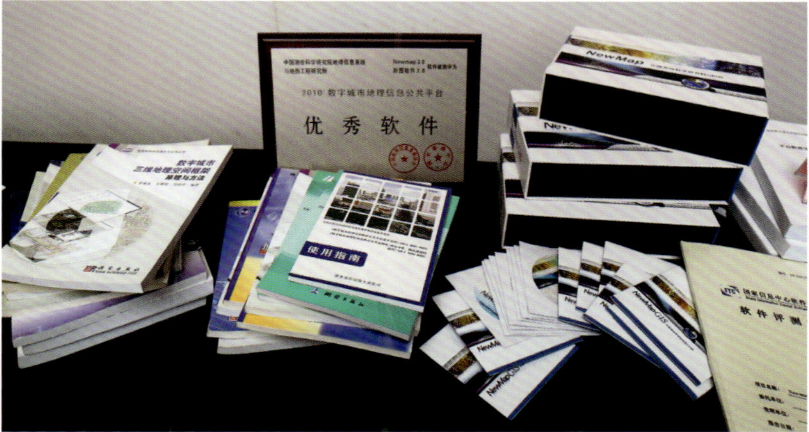

创新团队系列创新成果

智慧城市时空信息云平台建设试点研讨班

国家基础地理信息中心

创新科技引领 推进普查监测成果应用

国家基础地理信息中心作为地理国情监测项目实施的责任单位，主要负责项目技术设计、实施管理、技术问题处理、数据汇总建库和信息服务等工作。2016 年，第一次全国地理国情普查顺利通过国务院第一次全国地理国情普查领导小组办公室组织的验收。完成国情监测数据库与 1:5 万数据库整合关键技术试验，研发监测数据入库检查工具，截至 2017 年 3 月 10 日，2016 年全国基础性地理国情监测成果汇交工作已全部完成，汇交成果总数据量 770TB。研发普查与监测数据库一体化管理与展示数据库管理系统和平台功能。组织编写 2016 年基础性地理国情监测生产总体方案、技术规定。研发监测与动态更新联合生产外业作业系统。开展国情监测生产技术培训，调研各生产单位生产情况。

福建省晋江市地表覆盖分布图

开展普查成果应用，首次将国情普查中间成果提供给空军司令部、国家统计局普查中心、住房和城乡建设部城乡规划管理中心、国家林业局等单位。与住房和城乡建设部合作开展 30 多个大型城市黑臭水体识别定位试验。参与国家发展和改革委员会牵头的“多规合一”试点、自然资源承载力预警和国家统计局牵头的自然资源负债表编制的研究。开展普查成果深化开发试验，完成全国 30 米格网数据产品和京、津地区生态服务价值数据试生产。

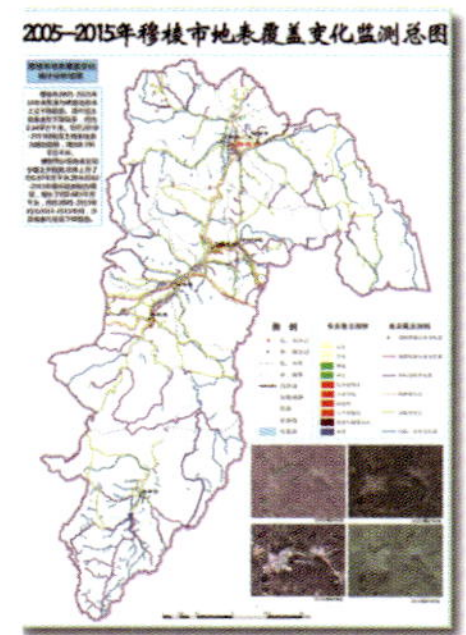

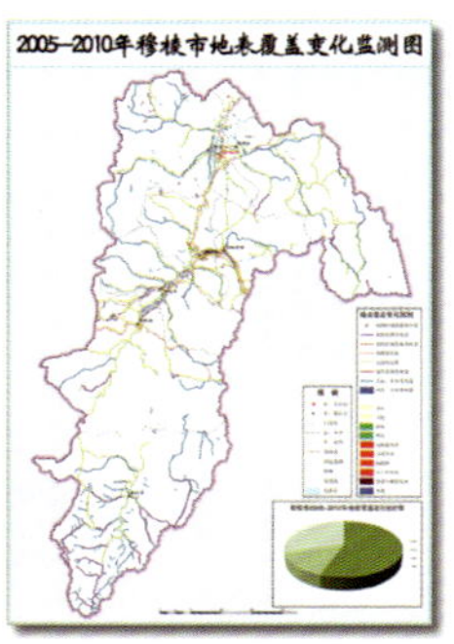

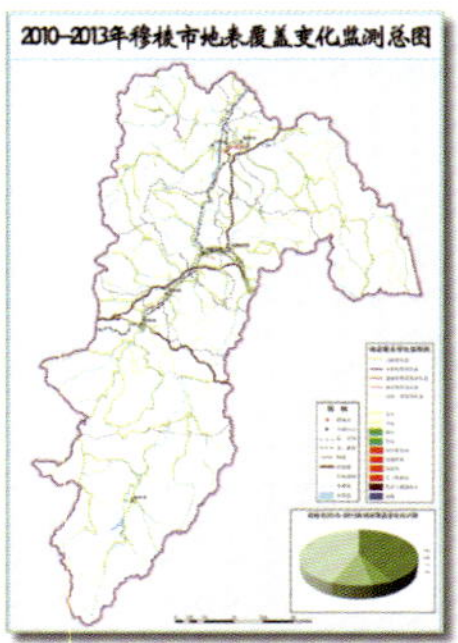

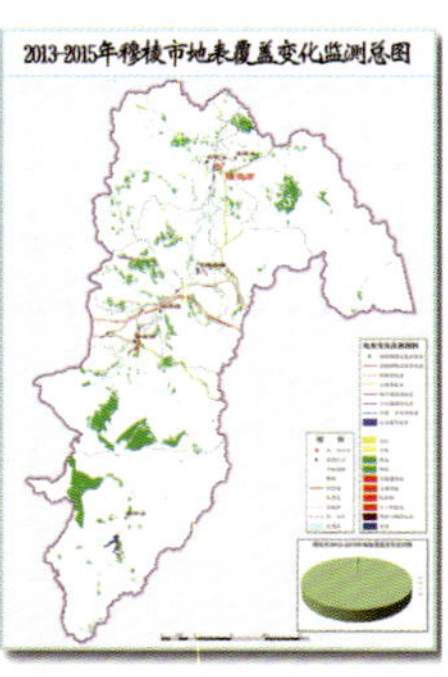

黑龙江省牡丹江市穆棱市四期地表覆盖变化监测总图

云南省西双版纳傣族自治州勐海县勐海镇四期地表覆盖单要素变化监测总图

国家测绘地理信息局卫星测绘应用中心

国家测绘地理信息局卫星测绘应用中心成立于2009年12月18日，是国家测绘地理信息局直属的具有甲级测绘资质的事业单位。主要承担测绘卫星和卫星测绘应用发展规划的起草、实施工作，负责资源三号01星和02星的在轨运行管理、产品生产、分发和技术服务，负责测绘卫星应用系统建设和卫星测绘应急保障，以资源三号卫星为核心统筹高分、天绘等其他国产卫星开展影像应用服务保障工作。

中心核定事业编制90人，现拥有国家万人计划人才、国家测绘地理信息局科技领军人才1人，科技部卫星测绘应用技术创新团队1个，79%以上的在编职工具有硕士及以上学历，55%以上科技人员具有高级职称，海外留学归国人员6人。中心内设10个职能管理和业务部门，拥有卫星测绘技术及应用国家测绘地理信息局重点实验室、国际联合研究中心和博士后科研工作站三个开放式科研创新平台。中心独资设立了国测星绘公司，采用事业机制与企业创新有机结合的原则，积极推进国产卫星应用与服务工作。

自成立以来，中心以“引领卫星测绘技术进步、推进卫星测绘体系建设、保障基础测绘生产、支撑地信产业发展”为宗旨，扎实推进卫星测绘技术创新、卫星测绘产品与服务体系建设和基础测绘发展支撑保障等重点工作，为新型基础测绘、地理国情普查与监测、国家地理信息公共服务平台和全球地理信息资源建设等国家重大测绘地理信息工程实施和各行业社会化应用服务提供了有效保障。中心牵头实施了多项国家及部门重大科研和产业化项目，包括卫星应用系统建设、卫星测绘关键技术研发等，获得国家科技进步一等奖1项，测绘科技进步特等奖和地理信息科技进步特等奖4项，取得发明专利和软件著作权50多项。

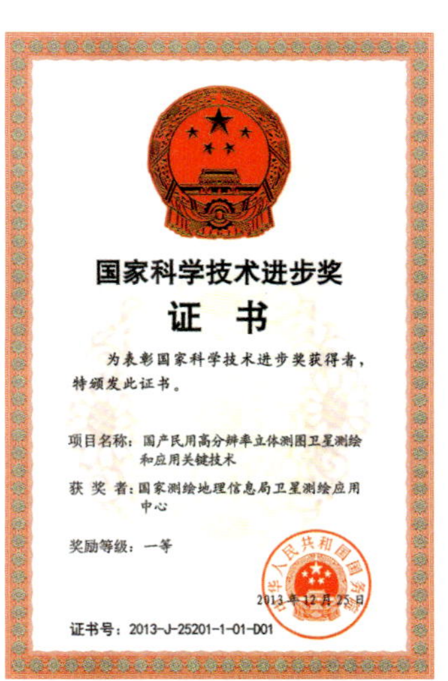
国家科学技术进步奖

证　书

为表彰国家科学技术进步奖获得者，特颁发此证书。

项目名称：国产民用高分辨率立体测图卫星测绘和应用关键技术

获 奖 者：国家测绘地理信息局卫星测绘应用中心

奖励等级：一等

2013年12月25日

证书号：2013-J-25201-1-01-D01

资源三号02星发射升空

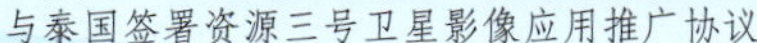
与泰国签署资源三号卫星影像应用推广协议

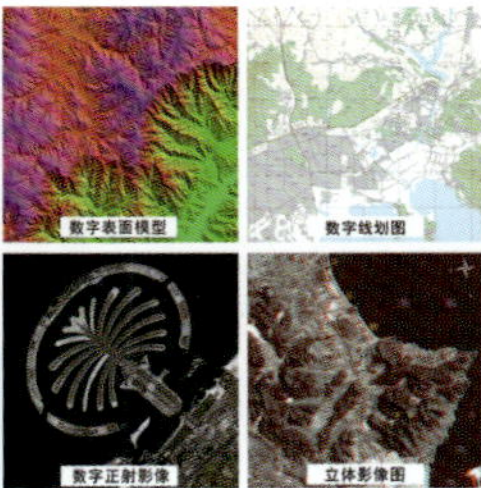

资源三号卫星影像产品

撒哈拉之眼（典型影像图）

国家测绘产品质量检验测试中心

国家测绘产品质量检验测试中心（以下简称国检中心）是国家测绘地理信息局（以下简称“国家局”）直属正厅级事业单位。

自中心成立以来，在国家局统一部署下，国检中心先后完成西部测图的成果检验、数字测绘成果的全国质量监督检查、“927”一期工程成果质量检查验收、国家现代测绘基准体系基础设施建设一期工程成果质量检查验收、2000 国家大地坐标系转换成果监督检验、全国第一次地理国情普查管理与监督检验、大地测量、海岛 CORS 站、水准测量成果和沿岸地区 1:5000、1:1 万、1: 5 万测绘成果的验收以及 DEM、DLG 制图成果等的验收等重大国家任务，并结合国家重大测绘工程，开展了测绘科研成果检验检测工作，并完成市场委托检验项目 200 多项。

在 2016 年，国检中心全力做好国家重大测绘地信工程成果质量控制。在第一次全国地理国情普查领导小组统一领导和国家局的指导下，编制形成了《第一次全国地理国情普查数据成果质量报告》和项目验收质量监督相关材料，完成了第一次全国地理国情普查国家级基本统计成果的质量检测，第一次全国地理国情普查质量控制工作完美收官。开展全国 1:5 万地形数据库动态更新成果质量抽检。组织开展了 2016 年度 1:5 万地形数据更新成果交叉检验和 1:5 万地形数据更新成果外业抽样检验工作。全面完成国家现代测绘基准体系基础设施建设一期工程成果质量检验工作。

2016 年，国检中心为加强对测绘地理信息成果质量的监督检验，有序开展 2016 年度全国测绘地理信息质量监督抽查工作，自主研发了监督抽查项目抽取系统；组织开展了 10 个变形测量项目成果和 20 个基本比例尺项目成果的监督检查，以及 31 个资质单位的质量控制体系检查；协助国家局开展了国家级质检专家的遴选及培训工作，编制形成了《国家测绘地理信息质量监督检验专家库管理办法》。加强质量监督抽查，为质量监管提供了有力支撑。

为完善机制，加强管理，推动质检工作协同创新发展，国检中心以科技创新为动力、能力建设为基础、事业发展为目标，分别与四川局、重庆院、北京院签署战略合作协议，同时成立了西南中心、重庆分中心、北京分中心，开创了国家级、省级测绘质检机构交流合作新局面，有力推动地方测绘行业质量管理。

国检中心成功申报自然基金项目《基于深度置信神经网络的地表覆盖质量检测方法研究》和国家重点研发计划课题《国家质量基础共性技术研究与应用》。参加“重大科学仪器设备开发”重点专项中的“微波成像生命探测仪”项目的申报，并承担其中“长距离微波成像生命探测仪机场应用研究”课题。积极推动科技创新，持续增强测绘质检科技支撑。

国检中心以国家局“加强基础测绘，监测地理国情，强化公共服务，壮大地信产业，维护国家安全，建设测绘强国”的发展战略为宗旨，围绕政策研究、标准制定、技术引领和质量把关等核心任务，优化质检外部环境，创新质检技术手段，强化质检能力，提出“创新、协同、品质、效能”四大发展理念，切实履行“当质量的坚守者，做消费的保护者”的重要职责。

中心主任张继贤（左）在 FIG 会议上作为中国代表做报告

中心党委书记周德军（右下四）参加基层党支部活动

开展外业检查

开展外业管线检查

北京市测绘设计研究院

北京市测绘设计研究院（以下简称北京院）成立于 1955 年，具有测绘、工程勘察甲级资质，是以基础测绘、专业测绘和地理信息服务为主的专业化综合性生产科研单位。现有在职职工 800 多人，下设 1 个基础测绘院、3 个专业测绘院、1 个专业测绘公司及基础地理信息工程院和航测遥感院、人文地理研究院（地理信息制图院）、北京九州宏图技术有限公司等部门。建立了 5 个科技创新平台，分别为城市空间信息工程北京市重点实验室、博士后科研工作站、设计创新中心、城市地理信息与文化创意研究工作室、北京地理国（市）情监测与城市评估研究中心。

北京院具有大地测量、测绘航空摄影、摄影测量与遥感、工程测量（规划测量、市政测量等）、不动产测绘、地理信息系统开发与数据处理和地图编制等综合设计、生产能力；可承担各种大型、特殊、复杂的测绘工程，可提供全球卫星定位系统服务、空间数据库建设（数据航母）、数字城市与智慧城市建设、地理国情监测与评估（包括城市体检）、地名普查、地下管线普查与三维管线数据库、地理信息系统开发、地图数字化、三维立体地形图、各类地图文化产品等相关的设计、生产、研发与服务。

近年来，北京院在北京测绘核心价值体系指引下，四个顶层设计“文化立院，科技强院，机制兴院，规划治院”持续落地，“一个转型，两个推进，三大任务，四个一流”战略平稳有效实施，为京津冀协同发展、疏解非首都功能、规划与国土资源管理、北京城市副中心建设、城市精细化管理、历史文化名城保护、北京冬奥会、首都新机场、首都各类重大政治、文化活动等中央和北京市重要战略任务与工程提供优质的测绘地理信息保障服务，为中央、北京市政府和相关委办局提供快捷高效的应急测绘地理信息保障服务。

北京历史文化地理信息系统

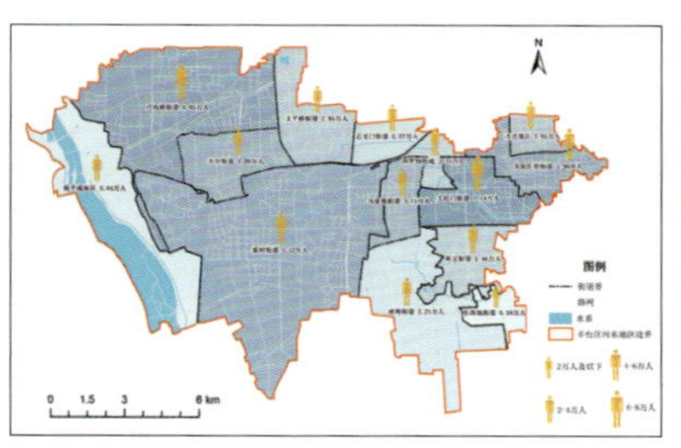

城市体检为首都人口疏解提供数据支持

地下管线

数字通州三维辅助决策系统

数字西城三维辅助规划管理系统

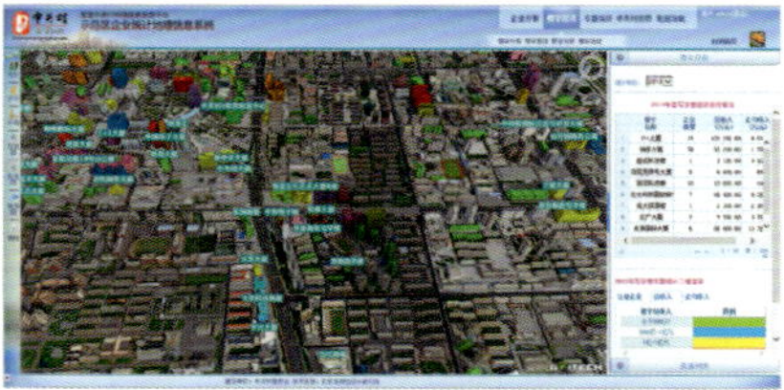

数字中关村

南锣鼓巷手绘地图

参加地理信息治理与智慧城市建设国际研讨会

为“风云四号卫星”提供地面站址高精度测绘服务

天津市测绘院

天津市测绘院（以下简称天津院）隶属于天津市规划局，是专业从事基础测绘、工程测绘和地理信息服务的事业单位；具有国家甲级测绘资质，通过ISO9001:2000国际质量体系认证；现下设11个职能处室、1个中心、10个测绘分院。现有职工640人，其中正高级工程师22人、高级工程师128人，中级及以上专业技术人员占全院职工总数的47%。多年来，天津院十分注重人才培育，吸引和培养了一大批优秀人才，全院现有博士8人、硕士143人，硕士及以上职工占全院职工总数的24%，还有各类专家和学术、技术带头人50多人。

天津院先后完成了国家、天津市和市规划局下达的各项城乡规划和国土管理的基础测绘和工程测绘项目，包括数百个国家和市重点项目。建立了覆盖全市域的现代化测绘基准体系，实现了1:2000、1:1万、1:5万地形图和数字航空摄影资料全市域覆盖，1:500地形图在中心城区及重点地区的覆盖。近年来，天津院顺应测绘技术的发展趋势，致力于测绘高新技术应用和产品的研发工作。先后组织完成了数字天津地理空间框架建设、“天地图·天津”建设、天津市地理国情普查等多项国家级重点工作。

天津院始终坚持以构建和谐发展单位为重点，以服务美丽天津建设、为天津经济社会发展提供基础支撑为目标，不断强化精神文明建设、职工思想道德建设、党风廉政建设、行业作风建设、文化建设，建设了一支诚实守信、技术精湛、爱岗敬业、奉献社会的干部职工队伍。近年来，荣获国家和省部级科技进步奖和优秀工程奖百余项；先后获得天津市五一劳动奖状先进集体、天津市交通安全责任制先进单位、天津市平安单位、国家测绘地理信息局测绘应急保障先进集体、天津市科技工作先进单位等多项荣誉称号。

在新的历史时期，天津院将通过进一步的科学管理和应用，为社会各领域提供更优质的服务保障，坚定信心，攻坚克难，真抓实干，努力开创测绘地理信息事业的新局面。

地址：天津市西青区李七庄昌凌路9号

邮编：300381

电话（传真）：022-23954013

邮箱：tjchdb@126.com

实景影像三维模型－天津市民园建筑

地名普查成果

江都路街道数字社区

天津市城市建设管理监管系统

天津市物业管理行政监管信息系统

为天津滨海新区爆炸事故救援提供测绘服务

天津一宫花园历史文化街区保护地图

河北省地矿局第三水文工程地质大队

河北省地矿局第三水文工程地质大队始建于 1966 年 7 月，50 多年来，先后承担国家、部、省重点水文地质、工程地质、地热地质、石油地质勘查及科研项目 300 多项，取得了大量的地质成果，积累了丰富的基础地质资料，获省、部级勘查和科技三等以上奖 30 多项。

单位法人代表：马云青

大队下设测绘队、工程一公司、工程二公司、工程三公司、地质公司、勘察院、地环中心、地热中心、浅层地热室、温泉宾馆 10 个二级实体。拥有 12 个甲级资质（水文地质、工程地质和环境地质调查，液体矿产勘查，固体矿产勘查，地球物理勘查，地质钻探，地质灾害治理工程设计、勘查、施工，地质灾害危险性评估，水利钻井、岩土工程勘察，测绘）和 5 个乙级资质（水文、水资源调查评价，地基与基础工程施工，土地规划，水资源论证，地灾监理）。

测绘队拥有测绘工程技术人员 63 人，其中高级工程师 8 人、工程师 28 人、其他技术人员 27 人，技术人员占测绘队职工总数的 92%。拥有测绘仪器设备 62 台套，其中动态 GPS10 台、静态 GPS3 台、全站仪 12 台、精密水准仪 3 套、普通水准仪 8 台、手持测距仪 20 台、测深仪 3 台套、管线探测仪 3 台套，微机 58 台。

测绘队主要在河北省境内开展地理信息系统工程、工程测量以及不动产测绘等。近年来，承担并完成了承德市 36 处地质灾害点勘查治理地形图测绘；衡水市 32 个帮扶村、衡水湖生态环境保护项目富营养化与沼泽化治理区域和衡水市滨湖新区规划等地形图测绘；衡水市汇中广场、家天下基坑等 20 多个住宅小区的基坑监测及沉降观测项目；衡水市、景县、故城县农村建设用地及宅基地使用权确权登记颁证项目，故城县、武邑县、任县农村土地承包经营权等确权登记颁证项目；故城县不动产档案资料电子化建设项目。测绘队严格执行《中华人民共和国测绘法》等相关法规和标准，以求真务实的工作态度，为广大客户提供快速、完善、优质的服务。测绘成果多次获得河北省优秀地理信息工程奖。

职工会议

办公大楼

测绘资质证书

单位名称：河北省地矿局第三水文工程地质大队（河北地矿建设工程集团衡水公司）

法定代表人：王志刚

注册地址：河北省衡水市红旗大街808号

证书编号：甲测资字1300520

有效期至：2017年7月31日

专业范围：

甲级：地理信息系统工程：地理信息数据采集、地理信息数据处理、地理信息系统及数据库建设；工程测量：控制测量、地形测量、规划测量、建筑工程测量、变形形变与精密测量、线路与桥隧测量、矿山测量、工程测量监理；不动产测绘：地籍测绘、***

发证机关（印章）

2016年5月18日

国家测绘地理信息局制

地质灾害勘查治理地形图测绘

衡水汇中家天下基坑监测

衡水湖综合治理工程地形图测绘

参加省地理信息行业职业技能大赛

河北省地矿局第四水文工程地质大队

河北省地矿局第四水文工程地质大队始建于 1965 年，注册资金 4295 万元，办公场所面积 2047.86 平方米，是专业从事测绘、土地规划、水工环海地质与监测、矿产勘查、勘查施工等业务的综合地勘单位，拥有包括测绘资质在内的甲级资质 18 项，驻地沧州市。现有职工 424 人，其中技术人员 262 人。从事测绘的技术人员 62 人，具有测绘专业高级职称 5 人、中级职称 16 人。国务院特殊津贴专家 1 人，二级教授 2 人，正高级工程师 7 人，高级工程师 52 人；省“三三三人才”5 名，局技术带头人 3 名、技术骨干 6 名；市管拔尖人才 3 名；省市级创新工作室 3 个。配备有无人飞行器、GPS、全站仪、测深仪、探测仪等先进测绘设备。

2016 年，大队完成测绘服务总值 1000 多万元。完成沧州市所辖县市区 1:500 宅基地使用权和房屋确权测绘 90.1 平方千米；完成其他各类测绘项目 80 多项，包括道路、桥梁、管线建设、城市绿化、厂区建设、房地产开发、新能源开发利用、地面沉降监测、地灾治理等工程测量项目；完成各县市区 80 多架次无人机遥感飞行，对宅基地确权、承包经营权、土地整治等工作起到补充、辅助、纠正的作用，对土地整治中测地形、测方量、三维建模起到至关重要的作用，大大提高了测量精度，缩短了工作时间，提高了工作效率。完成的项目多次获河北省优秀地理信息工程奖、河北省优秀成果奖等，并获河北省优秀测绘单位。

河北省地矿局第四水文工程地质大队坚持以市场为导向、以科技为支撑、以质量为生命、以效益为中心，务实进取，竭诚为社会各界服务。

地址：河北省沧州市黄河东路冷冻厂东街
电话：0317-3566143
传真：0317-3568679
邮箱：swsddlxxzx@163.com

沧州（港口）地面沉降监测二等水准测量

卓资县旗下营马鞍山滑坡勘查项目外业测绘

四川都江堰紫坪铺镇水机关沟泥石流应急勘查地形测量（5.12 援川）

农村土地承包经营权确权项目外业航测

基本农田划定项目外业调查测绘

中铁十七局集团第三工程有限公司

中铁十七局集团第三工程有限公司前身为中国人民解放军铁道兵第七师三十三团，1947 年组建于山东省胶东半岛。公司现有职工 3000 多人，拥有各类专业职称的技术、经济、财会管理人员千余名，拥有铁路客运专线 900 吨制运架设备等各类机械设备 600 多台（套），有桥梁运架、道路工程、物资设备租赁、无砟轨道、路基工程、混凝土公司、测绘公司、北非区阿尔及利亚代表处 8 个专业公司和隧道、机运、制梁等 12 个专业队，年施工能力 70 亿元以上。具有铁路工程、公路工程、市政公用工程等总承包一级资质，公路路基、公路路面、桥梁工程、隧道工程等专业承包一级资质，工程测量甲级测绘资质。

办公大楼

公司始终秉承“诚信、创新永恒，精品、人品同在”和“领先行业，创誉中外”建设理念，在铁路、公路、桥梁、隧道、市政工程等领域的施工能力蜚声海内外。60 多年来，共修建铁路 950 多千米、高速公路 960 多千米、桥梁 350 多千米、隧道 140 多千米，各类房屋 21 万多平方米，所承建的工程质量合格率均达 100%，其中有 180 多项被评为集团公司及以上级别的优质工程，20 多项被评为国家、省（部）级优质工程。

历经六十载风雨，公司始终以科学的管理，优良的设备，一流的工程质量，一流的产品，一流的服务奉献给祖国，奉献给社会。鹰隼试翼，气贯云天，在新的发展机遇下，公司将依靠更完善的服务和更多的精品工程回报社会，公司愿与社会各界和国内外朋友携手共创美好明天。

建成后的济鱼高速公路

建成后的阿尔及利亚东西高速公路

建成后的沪昆高铁

京津城际铁路鲁班奖奖杯

内昆铁路花土坡特大桥鲁班奖奖牌

荣誉证书

证书号 2016-3-6

受奖单位：中铁十七局集团第三工程有限公司

项目名称：GRP 点在 CRTS Ⅰ 型板式无砟轨道工程中的应用研究

受奖等级：河北省测绘学会科学技术三等奖

为表彰在测绘地理信息科技工作中取得优异成绩的单位，特发此证，以资鼓励。

二〇一六年八月十五日

证书

证书号 2013-02-03

受奖单位：中铁十七局集团第三工程有限公司

项目名称：津秦铁路客运专线第三标段 CPIII 控制网测量

受奖等级：河北省测绘学会科学技术二等奖

为表彰在测绘科技工作中取得优异成绩的单位，特发此证，以资鼓励。

二〇一三年九月二十日

辽宁省摄影测量与遥感院

辽宁省摄影测量与遥感院成立于1978年（前身曾为辽宁省测绘科学技术研究所、辽宁省第三测绘大队、辽宁省第三测绘院），隶属于辽宁省测绘地理信息局，是国家测绘地理信息局首批认证的甲级测绘资质单位，是省内最早拥有甲级航摄资质的测绘队伍。于2002年8月率先通过ISO9001:2000国际质量管理体系认证，建有完善的质量管理体系。

辽宁省摄影测量与遥感院现有职工112人，其中注册测绘师11人、教授级高级工程师16人、高级工程师35人、工程师40人。拥有ADS80数字航摄系统、ALS70机载激光雷达系统、无人机航摄系统、Inpho摄影测量系统、iData数据工厂、MapMatrix多源数据综合处理平台、PCI地理成像加速器、国产遥感卫星影像快速接收系统等国内外先进软硬件设备，具有测绘航空摄影（一般航摄、无人飞行器航摄）、摄影测量与遥感、工程测量、不动产测量、大地测量、地图编制、地理信息系统开发等多项业务综合设计与生产能力，可承担各种大型、特殊、复杂的测绘工程项目，可提供数字城市、天地图、地理国情监测三大平台建设服务，以及数字化测图、空间数据库建设、地理信息系统设计开发、应急测绘保障等技术服务。

辽宁省摄影测量与遥感院注重科技创新，并始终坚持把创新作为引领发展的第一动力，全方位推动科技创新，整体技术水平不断提升。2016年共获得科技奖项10项，其中国家测绘科技进步奖2项、全国优秀测绘工程奖1项、辽宁测绘科学技术进步奖4项、辽宁省国土资源厅科技成果奖3项。

辽宁省摄影测量与遥感院坚持测绘产品生产和测绘文化建设两手抓，以优良的产品质量和周到的技术服务赢得了政府和用户的信赖，以丰富创新的测绘文化引领事业发展并不断激发凝聚干事创业活力，先后被授予全国测绘系统先进集体、辽宁省思想政治工作先进单位、辽宁省测绘地理信息局先进单位等荣誉称号。

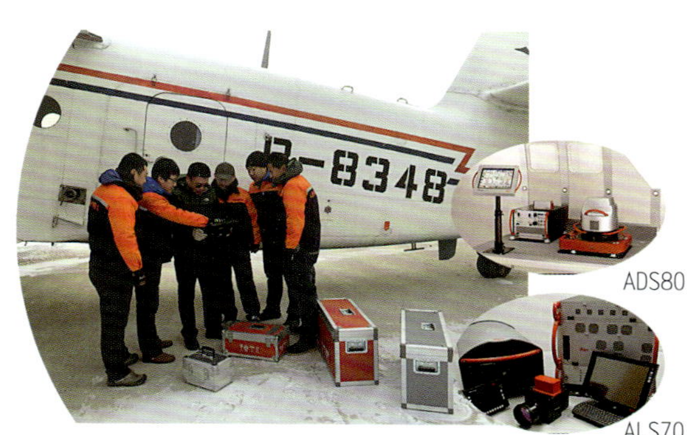

测绘航空摄影

沿海滩涂测绘

应急测绘保障演练

地理国情普查

文化展厅

地图长廊

航测内业

辽宁省基础地理信息中心

辽宁省基础地理信息中心（以下简称中心）具有甲级测绘资质。中心编制 69 人，其中专业技术人员 64 人，包括教授级高级工程师 12 人、高级工程师 28 人、工程师及以下 24 人。

中心负责省级基础地理信息数据库系统及地理信息公共服务平台的建设、更新和维护，为数字（智慧）城市建设和地理国情普查、监测提供技术支持，编制全省行政区划地图和领导用图。

“十二五”期间，中心对基础地理信息数据库系统进行了整合升级。由中心承建的地理国情普查数据库，通过数据质检与预处理、数据更新维护、综合统计分析、数据集成管理、成果在线服务、普查数据制图和系统安全监控等功能，实现海量数据的高效管理。

由中心承建的地理信息公共服务平台，为政府部门管理、省内重大活动和百姓日常生活提供了权威、准确、现势性强的地理信息在线服务。

中心解决在全省数字城市地理空间框架建设中遇到的技术问题，改进设计理念，增强成果的实用性。以高效、便捷的技术支持在业界赢得了良好的口碑。

作为技术支持单位，负责编制辽宁省第一次全国地理国情普查实施方案和相关的技术规定。完成盘锦、营口、辽阳等市的地理国情普查实体任务；完成全省海岸带变更调查、盘锦市 2003—2013 年湿地时空变化监测、环渤海经济潜能分析等工作，地理国情监测成效显著。

中心编制了全省系列行政区划地图和领导用图。彰显了测绘成果在政府决策、规划发展、防灾减灾及科学管理等方面不可替代的作用，多次受到政府领导和有关部门的好评。

中心始终坚持科技创新，科学管理，成绩显著，荣获多项省部级和行业科技进步奖项。凭借雄厚的技术实力、高效的运作机制、先进的测绘设备，良好的服务信誉，中心愿与各界朋友开展广泛交流与合作，共同推动测绘地理信息事业又好又快发展。

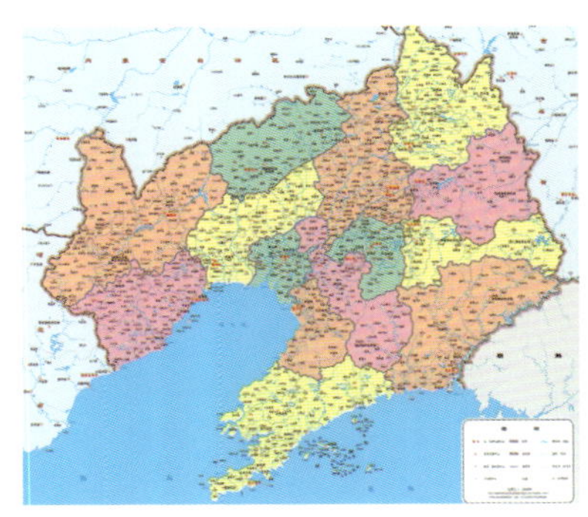

辽宁省政区图

辽宁省卫星影像图

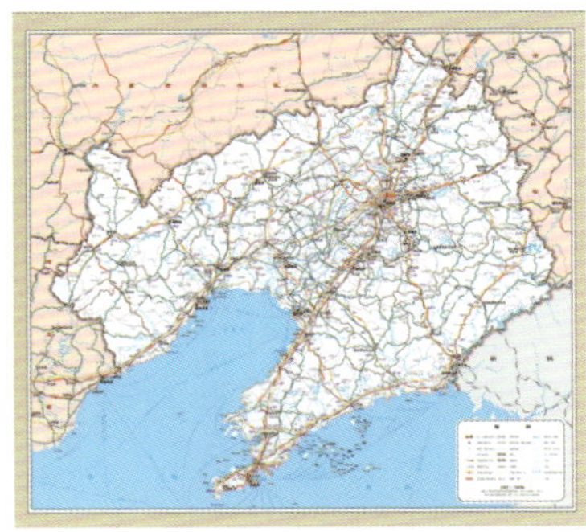

辽宁省交通图

天地图·辽宁地理信息公共平台建设

数字城市地理空间框架建设

辽宁省第一次地理国情普查监测

长春市测绘院

长春市测绘院成立于 1953 年，隶属于长春市规划局，是专业从事基础测绘、工程测绘和地理信息服务的差额事业单位，拥有国家住房和城乡建设部工程勘察甲级资质和国家测绘地理信息局测绘甲级资质、吉林省土地规划乙级资质，并通过 ISO9001:2000 质量管理体系认证，是住房和城乡建设部首批授予的全国城市勘察工作先进单位。

长春市测绘院主要负责长春市城乡现代测绘基准体系建设与基础测绘工作及各类地理空间信息的获取、管理、开发、应用；负责建立长春市基础地理信息数据库及地理信息公共服务平台，为城市规划、建设、管理、经济社会发展、抢险救灾应急等提供空间地理信息保障，为宜居城市建设及市民生活提供地理信息服务；负责建设数字长春地理空间框架。

三维城市规划辅助决策系统

长春市测绘院现有在职职工 156 人，其中正高级专业技术人员 7 人、副高级专业技术人员 16 人、中级专业技术人员 36 人，有研究生学历的 14 人、全日制本科学历的 48 人，注册测绘师 15 人，专业技术人员占职工总数的 75%。测绘仪器装备先进，有计算机 197 台、EPS2008 地理信息工作站 92 套、各型全站仪 26 台、GPS 接收机 30 台、全数字摄影测量工作站 20 台、高精度影像扫描仪 1 台、雷达探测仪 1 台。

多年来，长春市测绘院坚持“以人为本、服务社会、开拓创新、持续发展”的理念，以“3S”技术为依托，积极开展基础测绘转型升级、地理市情监测、智慧长春时空信息云平台等建设工作，为长春市政府、企业及公众提供优质的测绘地理信息服务，助力“智慧长春”建设。

地址：长春市朝阳区同志街 1893 号

邮编：130021

电话（传真）：0431-85645950

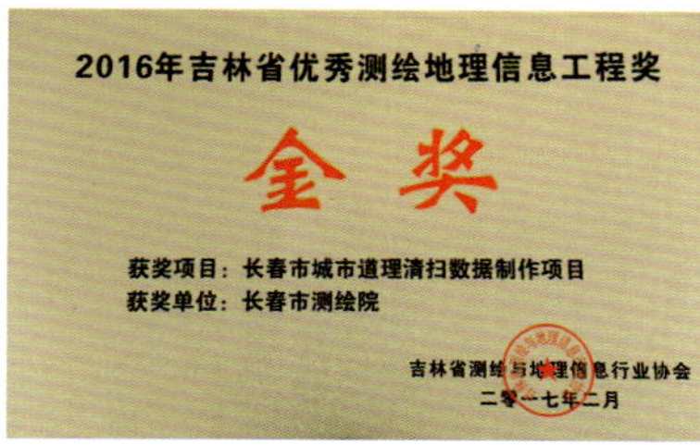

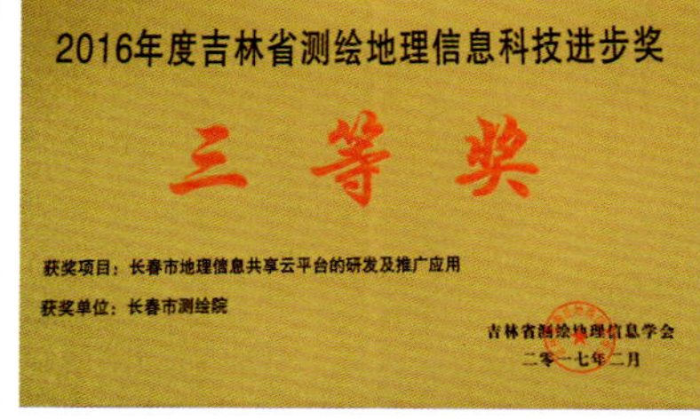

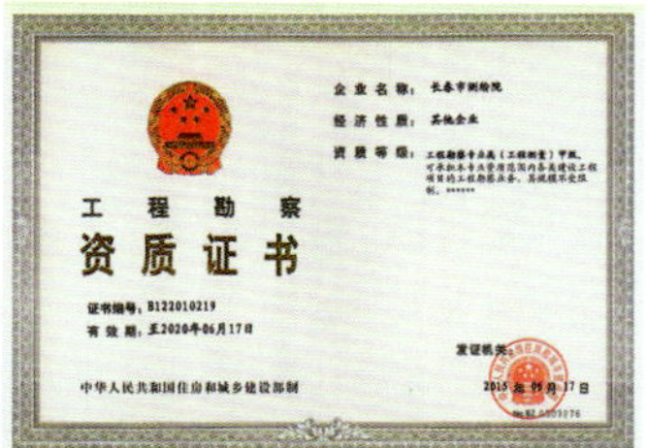

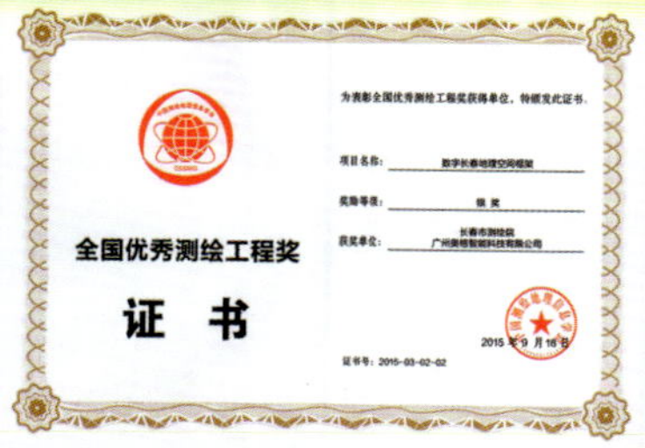

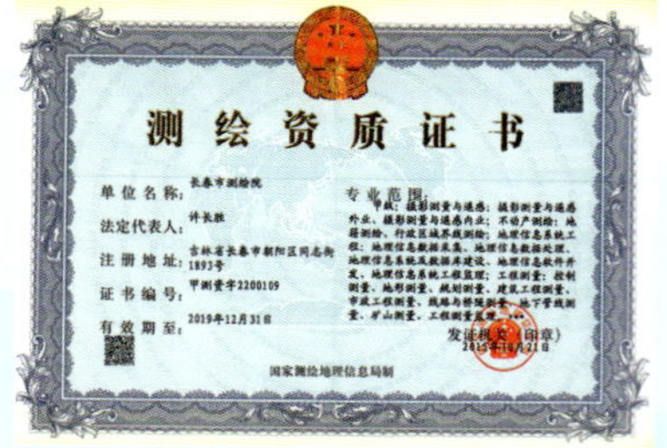

吉林省昊远农林规划设计有限公司

吉林省昊远农林规划设计有限公司成立于 2012 年，是一家集测绘地理信息、软件开发、工程咨询、工程勘察设计、综合规划（国土、农业、水利和发展改革等）于一身的大型综合性企业。现已取得的行业资质包括测绘甲级资质，农林行业设计乙级资质，工程勘察乙级资质，土地规划乙级资质，农业、水利工程咨询丙级资质，水利行业设计丙级资质。通过 ISO9001 认证，建立起质量、环境、职业健康安全综合管理体系和信息安全管理体系。

公司董事长：毛素真

公司现有在职员工 198 人，其中研究员 1 人、副教授 5 人、注册测绘师 5 人、注册咨询师 4 人、高级工程师 24 人、工程师 25 人、助理工程师 40 人。

作为中国地理信息产业协会理事单位，公司先后被评为吉林省 AAA 级诚信企业、吉林省国土资源厅诚信体系备案单位，并多次获得吉林省测绘与地理信息行业协会先进单位、吉林省测绘地理信息学会工作先进集体。

公司与吉林农业大学、长春师范大学和长春工程学院建立了校企合作实践基地，为公司持续、稳健的发展提供了强有力的人才支撑。2016 年，公司成立了“广东分公司”，标志着公司正式进军全国市场，综合竞争力将全面提升。

2016 年，公司组织研发了基本农田永久划定建库系统、农村宅基地建库系统、移动端地理信息系统等多种地理信息软件，共获得软件著作权 23 项。

公司正在开展智慧城市建设；智慧水利、智慧农业、智慧林业和智慧校园等建设工作也在稳步开展。

吉林省昊远农林规划设计有限公司将继续秉承科技、人才、质量的企业理念，以未来眼光看世界，以优质、安全、健康、环保为技术支持，为员工和客户提升价值，为社会创造效益。

测绘成果质量检查

公司改良和升级无人机航摄系统

公司数据处理中心

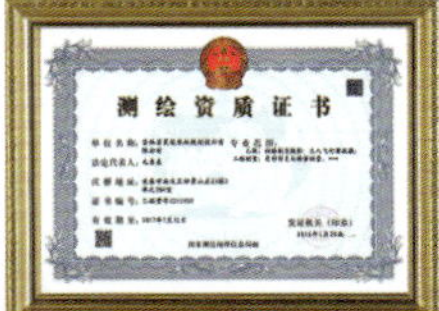

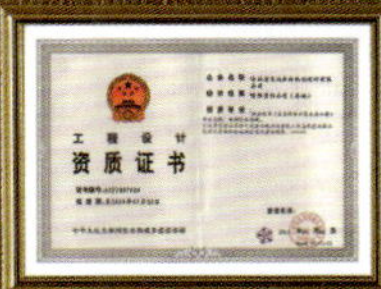

哈尔滨市大地勘察测绘有限公司

哈尔滨市大地勘察测绘有限公司成立于 1993 年 10 月，注册资金 600 万元，是哈尔滨高新技术开发区入园企业，在园区内办公面积达 4000 平方米，年产值近亿元。公司于 2016 年先后在长春、成都成立全资子公司，业务范围遍布全国。子公司继承了总公司经营范围，同时拓展了新业务。其中，长春子公司经营范围包括：智慧城市、信息服务、信息技术支持、地理信息系统研发、北斗卫星应用技术等方面。成都子公司主要拓展无人机生产应用、摄影测量与遥感、航空摄影、航测内业等业务。公司秉承组织集团化、生产规模化、业务多元化、管理精细化的发展战略，争做集软、硬件研发、测绘于一体的高新技术尖端企业，争创国内测绘地理信息行业具有竞争力的优秀企业。

公司是中国卫星导航定位协会常务理事单位、中国地理信息产业协会理事单位，荣获中国地理信息产业最具活力中小企业称号，通过了 ISO9001 国际质量体系认证、环境管理体系认证、职业健康安全管理体系认证，获得企业信用等级证书。

公司具有测绘乙级资质，黑龙江省基本农田划定省级资质，土地规划机构乙级资质，土地登记代理省级资质，土地利用总体规划修编省级资质等 7 项资质。公司技术力量雄厚，现有职工近 300 人，集中了一大批多学科高素质的工程技术人员，有 2 人先后参加过中国南极科学考察队越冬和度夏科考。公司现有仪器设备 GPS RTK 115 台、全站仪 40 多台、大型绘图仪 3 台、计算机 200 多台、各类车辆 20 多辆，具有承担大中型国家和地方测绘地理信息项目和开展土地规划、调查、登记等项目的实力。

多年来，公司在交通、国土、水利、规划、房产方面承揽了多项国家和地方的测绘项目。2016 年公司承担的农村土地经营承包权确权登记颁证项目覆盖全国 30 多个市县，完成黑龙江土地整治项目及农业开发项目达 20 多个县区。曾为 2009 年哈尔滨第 24 届世界大学生冬季运动会竞赛场地及辅助设施提供优质测绘服务。相继完成同江与富锦市地理国情普查工作。在全国第二次国土调查和城镇地籍调查中，承担的多个市县的项目获得过省级优秀成果三等奖、中国地理信息产业优秀工程银奖。

公司董事长：孙微

公司本着“科学管理、科技兴企、求实创新、严谨守信”的精神，竭诚为社会发展和各行各业的经济建设提供优质的技术服务。公司以人为本，以客户为中心，使用严格的过程管理方法，引入先进管理技术，不断提高质量水平，确保给客户提供优质的产品和服务。

地址： 哈尔滨高新区科技创新城创新创业广场 1 号楼创新路 77 号 1 单元 5 层

电话： 0451-86696029 / **传真：** 0451-86696029

网址： http://www.ddcehui.cn / **邮箱：** ddzgb@qq.com

公司董事长孙微参加南极科考

南极科考

水利测量

房产测量

徒步活动

植保无人机组装测试

黑龙江华睿智慧国土科技开发股份有限公司

黑龙江华睿智慧国土科技开发股份有限公司成立于 2002 年 8 月，原名为黑龙江华睿国土资源勘测设计有限责任公司，为了加强国土资源科学技术研究，经哈尔滨市市场监督管理局批准更名为黑龙江华睿智慧国土科技开发股份有限公司，公司注册资金 1100 万元人民币，于 2016 年 9 月在北京正式挂牌新三板。

2016 年，公司升级为甲级测绘资质单位，从事服务的范围包括地理信息系统工程（地理信息数据采集、地理信息数据处理、地理信息系统及数据库建设、地理信息软件开发）、工程测量（控制测量、地形测量、规划测量、建筑工程测量、市政工程测量、水利工程测量、线路与桥隧测量、矿山测量）、不动产测绘（地籍测绘、房产测绘）、无人机航测。

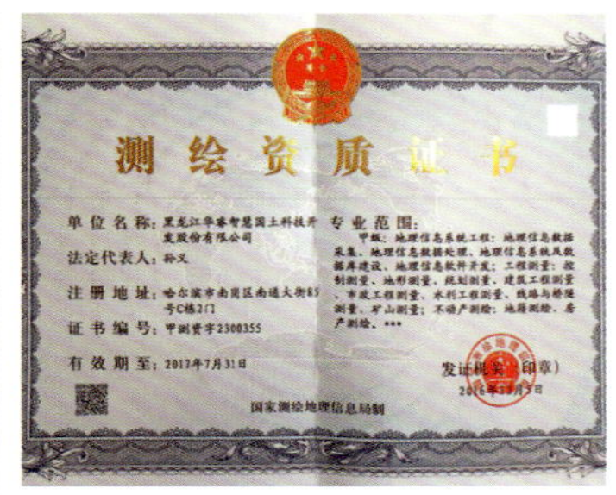

测绘资质证书

单位名称：黑龙江华睿智慧国土科技开发股份有限公司

法定代表人：孙义

注册地址：哈尔滨市南岗区南通大街85号C栋2门

证书编号：甲测资字2300355

有效期至：2017年7月31日

专业范围：

甲级：地理信息系统工程：地理信息数据采集、地理信息数据处理、地理信息系统及数据库建设、地理信息软件开发；工程测量：控制测量、地形测量、规划测量、建筑工程测量、市政工程测量、水利工程测量、线路与桥隧测量、矿山测量；不动产测绘：地籍测绘、房产测绘、***

发证机关（印章）

国家测绘地理信息局制

2016 年，公司完成了 20 个国家级土地整治类测绘项目，完成国家投资 5 亿元，项目所在地有大庆市肇源县、伊春市嘉荫县、农垦北安管理局长水河农场、牡丹江市林口县等。开展齐齐哈尔市富裕县、绥化市兰西县、大庆市肇州县 3 个县部分乡镇的农村土地承包经营权确权登记测绘项目，均已完成总工程量的 50% 以上。

2016 年，公司引进了航空摄影技术，并将此技术应用在实际测绘工作中，结合测区实地情况，开展航空摄影测量工作，利用先进航空摄影技术减少工作量，提高工作效率。

公司成立十多年来，一直服务于黑龙江国土资源科技领域，为黑龙江省国土科技发展做出了一定的贡献，现被认定为国家高新技术企业。公司先后承担了国家重大工程在黑龙江省投资的项目可行性研究、《黑龙江省土地整治规划》以及部分地市级土地利用总体规划和土地整治的编制工作。完成土地整治项目设计工作百余项，完成国家投资 50 亿元。

江苏省测绘研究所

江苏省测绘研究所成立于 1979 年，是江苏省科学技术厅所属、江苏省测绘地理信息局直属公益一类全额拨款事业单位，业务范围涵盖新型基础测绘、地理国情监测、摄影测量与遥感、大数据与政务地理信息系统、标准与规划等方面的科学技术研究。江苏省测绘研究所现有在编人员 30 人，研究生及以上学历人员占 75%，具有正高级职称的 4 人、高级职称的 6 人，注册测绘师 4 人。先后配置了全站仪、GPS（RTK）接收机、无人机、倾斜摄影测量与三维建模系统、街景采集车、地面 LiDAR 系统、大型虚拟化平台和 GIS 云基础套件等设备及软件，有力支撑了测绘地理信息科研生产工作。

近年来，以新型基础测绘技术、地理省情监测技术、智慧城市时空信息云平台技术体系构建和扩大地理信息社会应用为重点，扎实推进重大科研项目组织实施。先后承担了 20 多项重大科学研究和技术服务项目。参与编制了江苏省“十三五”省级基础测绘规划，牵头编制了江苏省“十三五”测绘地理信息科技发展规划，参与建设了高水平的江苏省地理信息公共服务云平台、江苏省水利地理信息服务平台、江苏省警务地理信息平台、江苏省交通地理信息服务平台、智慧洪泽时空信息云平台等。其中市县级地理信息公共服务平台建设研究项目的技术成果，成功支撑了具有江苏特色的常州市县一体化地理空间框架建设。构建“全景江苏”三维地理场景，为智慧江苏提供了立体化的基础地理数据支撑。承担了江苏省地面沉降监测、长江经济带国家投资基础设施建设监测、江苏省陆路交通地理国情监测等重点项目，积极推动地理国情监测成果辅助政府决策。申请国家发明专利 2 项，登记计算机软件著作权 10 多项，荣获省部级科技进步一等奖 1 项、二等奖 3 项、江苏省测绘地理信息科技进步一等奖 4 项。

江苏省测绘地理信息局党组书记、局长施建石高度重视科研工作

江苏省地面沉降监测

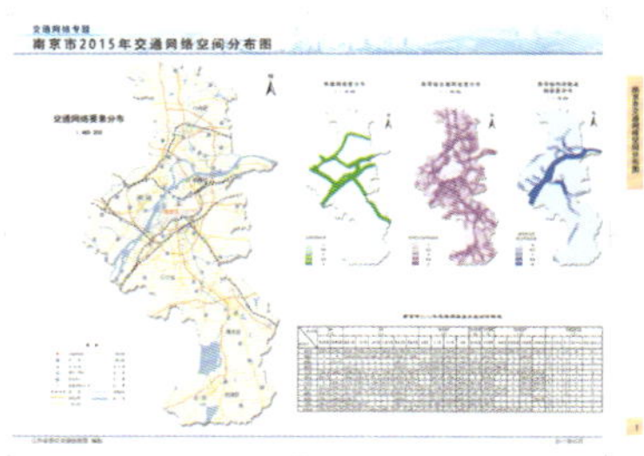

长江经济带国家投资基础设施建设监测
南京市 2015 年交通网络空间分布图

智慧洪泽时空信息云平台

数字淮安三维景观展示系统

天地图 · 无锡街景

江苏省测绘资料档案馆

江苏省测绘资料档案馆（以下简称档案馆）成立于1988年，隶属于江苏省测绘地理信息局，是全省提供基础地理信息数据、资料的唯一合法授权单位，是负责全省基础地理信息数据收集、管理和分发服务的全额拨款事业单位。

档案馆贯彻执行国家、省档案管理、测绘成果管理与应用的法律法规;负责全省测绘成果资料接收、收集、归档、保管和成果目录编制工作；负责全省重要地理信息数据的获取、整理、分析和核准工作；定期发布有关测绘成果的最新信息；承办全省测绘成果的分发服务工作和测绘部门与省有关部门、地方政府之间信息资源共享合作工作。档案馆现有职工18人，其中研究员级高级工程师1人、副研究员级馆员1人、测绘专业高级工程师4人、工程师5人、注册测绘师2人。拥有数码复印机、CONTEX大幅面工程扫描仪、彩色宽幅绘图仪和图形工作站等设备，拥有存放测绘资料档案的密集柜、存放数据载体的防磁柜、自动化光盘存储库、存储数据成果的磁盘阵列和磁带库、数据分发服务的网络交换机、服务器等设备，库房面积约500平方米。

近年来，档案馆大力弘扬“热爱祖国，忠诚事业，艰苦奋斗，无私奉献”的测绘精神，测绘服务能力不断增强，先后荣获“全省档案工作优秀集体”、省级机关“五好党支部”称号。“江苏省测绘资料档案管理标准体系建设”“江苏省基础测绘成果管理及分发系统”“江苏省大地数据库建设”等项目先后荣获省测绘科技进步二、三等奖。

档案馆常年征集测绘地理信息行业的老照片、旧仪器、旧地图、老航片等，联系邮箱：jschda@163.com，电话：025-83757191。

网址： www.jschdag.com
地址： 南京市北京西路75号 / **邮编：** 210013
电话（传真）： 025-83757193

南京 1925

南京 1935

南京 1948

南京 1959

南京奥体中心 1966

南京奥体中心 2000

南京奥体中心 2012

南京奥体中心 2016

馆藏数据—DEM

馆藏数据—DLG

馆藏数据—DOM

馆藏数据—DRG

杭州经纬信息技术股份有限公司

杭州经纬信息技术股份有限公司成立于 2003 年 3月,2013年成立了杭州鸿晟电力设计咨询有限公司,2016 年公司整体变更为杭州经纬信息技术股份有限公司。公司具有国家测绘甲级、电力行业送变电专业设计乙级和火电、建筑专业工程咨询单位丙级等资质。公司目前设杭州总公司、全资子公司杭州鸿晟电力设计咨询有限公司、德清分公司及全国多处驻点办事处。

公司是一家致力于电力与新能源行业，依托“互联网＋大数据”的用电云服务和能耗管理云平台，围绕电力用户，提供以咨询设计为龙头，工程实施为支撑，运维服务为目标的全方位、综合性电力服务运营商。

公司业务以电力工程咨询设计和 GIS 数据服务两大部分为主，经过不断的创新和发展，公司现已拥有电力云平台服务、电网规划服务、电力工程咨询设计服务、电力工程实施服务、电力综合运维和 GIS 数据服务六大核心业务模块，能够为电力公司和电力用户提供从规划设计到采购建设、运行维护、处置报废等环节的全方位全过程服务。

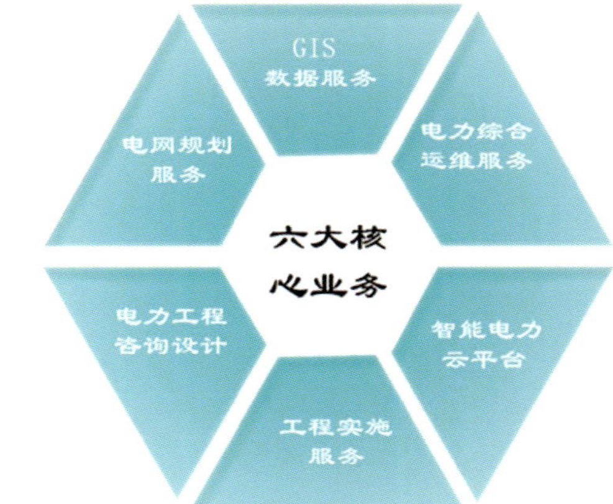

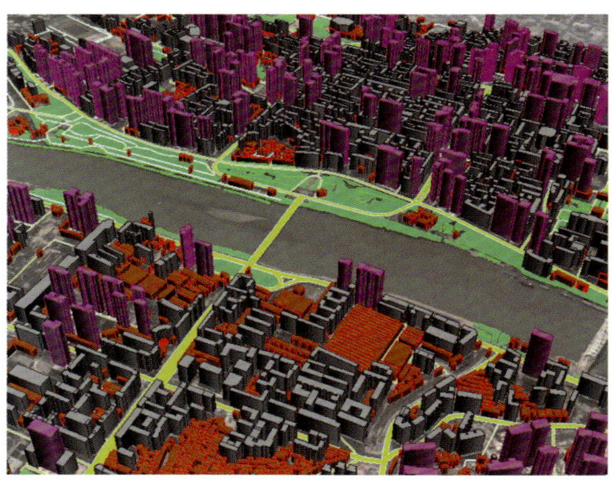
通信行业高精度三维数字地图

地下管网模式三维管理

变电站三维模拟管理

电力规划设计咨询

安徽中汇规划勘测设计研究院股份有限公司

安徽中汇规划勘测设计研究院股份有限公司成立于2015年9月，现有铜陵本部和合肥分公司。公司前身为铜陵市规划勘测设计研究院，成立于1984年，2012年3月完成转企改制并组建有限公司，2015年9月整体变更为股份有限公司，2016年1月14日正式登陆新三板（全国中小企业股份转让系统）。公司于2014年通过国家级高新技术企业认定，2016年通过质量、职业健康安全、环境三大管理体系认证，系铜陵市城市规划学会、铜陵市土木工程建筑学会、铜陵市测绘学会理事长单位。公司是从事城乡规划编制、国土规划编制、工程勘察设计、测绘与地理信息、工程管理等业务的综合型专业技术服务业企业。公司主营业务是：城乡规划编制和研究（甲级资质）、岩土工程勘察设计（甲级资质）、测绘与地理信息（甲级资质）、市政工程设计（乙级资质）、园林景观设计（乙级资质）及其它相关业务。

作为安徽省规划勘测设计行业中第一家在新三板挂牌的国家级高新技术企业，公司始终将科技创新作为企业发展准则，高度重视科技研发。自2012年公司成立以来，累计研发投入近840万元，技术研究成果达到24项，自主研发相关软件并获软件著作权20项，转化形成高新技术服务项目20项，2016年公司申请的2项发明专利已进入实质性审查、9项实用新型专利已获国家版权局授权。2016年公司建立了以中国工程院院士、武汉大学教授、博士生导师、教育部高等学校测绘学科教学指导委员会主任、中国测绘学会测绘教育工作委员会主任宁津生领衔的院士工作站。近年来，公司已在测绘地理信息领域形成自有技术优势，综合实力在安徽省内同行业规划院、园林院及勘测院中始终处于第一方阵。未来，公司将以无人机航测技术为突破口，大规模集成城市基础空间地理信息、城市规划信息、工程设计信息、城市管理信息及相关社会管理信息，形成城乡地上地表地下和不同时间截面的四维信息。

下一步，公司将坚持“转型、创新、拓展、整合、协作”原则，以“互联网＋规划勘测设计”为基本盈利模式，力争发展成为在安徽省域乃至全国从事城市规划、建设与管理全过程技术服务与数据运营的高新科技企业，成为大数据时代下的城市发展智库。

地址：安徽省铜陵市淮河大道北段185号

联系人：洪昆

联系电话：0562-2862959 / 13856277802

公司董事长与宁津生院士交流

公司院士工作站在铜陵市科技创新大会上被授牌

高新技术企业

证书

企业名称：安徽中汇规划勘测设计研究院股份有限公司　证书编号：GR201434000055

发证时间：2014年7月2日　有效期：三年

批准机关：

科技创新

新三板挂牌

安徽同绘家园土地信息技术有限公司

安徽同绘家园土地信息技术有限公司成立于2007年，拥有测绘资质、土地登记代理资质、质量管理体系、系统集成资质、双软认证以及30多项知识产权。2016年取得甲级测绘资质，成为安徽省测绘行业首家具备甲级测绘资质的民营企业。公司于2014年和2016年两次被评为“中国地理信息产业百强企业”，被安徽省工商局认定为“2015-2016年度守合同重信用”企业。

公司是国家高新技术企业，从事测绘航空摄影、摄影测量与遥感、测绘工程、不动产测绘、土地规划与登记代理、地理信息系统工程等业务及提供地理信息应用服务、测绘技术服务、高分数据应用服务及智慧城市建设服务等。依托自主研发的同绘无人机、农村土地承包经营权建库软件、不动产建库软件及相关资质，2016年不动产测绘及土地确权新增合同金额为4600多万元。

基于公司多年的测绘项目成果、测绘技术服务及技术积累，公司致力于地理空间大数据与智慧水务平台建设，为推进智慧园区建设和智慧水务建设提供产品和技术支持。

公司以“精诚合作、同绘家园”的经营理念和“快速、优质、高效”的服务宗旨，在“以人为本、团结协作”的文化氛围下，依托雄厚的技术力量不断发展。

联系人： 唐亮

电　话： 0551-62527624

网　址： www.tonghuihome.com

2016年中国地理信息产业百强企业颁奖会场

同绘固定翼无人机

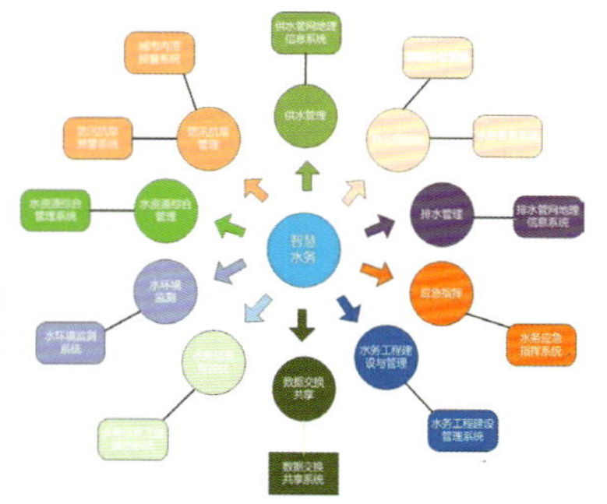

智慧水务

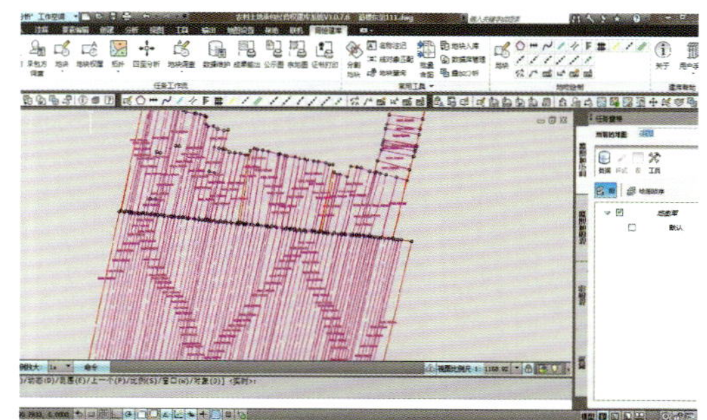

同绘农村土地承包经营权综合建库系统

智慧园区管理信息系统

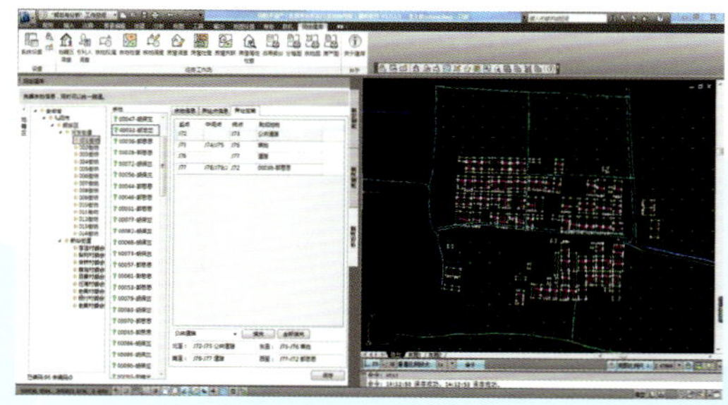

不动产建库系统

福建省地质工程研究院

福建省地质工程研究院成立于 1989 年 5 月 20 日，隶属福建省地质矿产勘查开发局。主要从事工程勘察、地球物理勘察、岩土工程、工程测量、土地规划、地质灾害防治、地质钻探劳务及技术咨询等地学领域研究和作业；具有工程勘察综合类甲级、工程测量和不动产测绘甲级、摄影测量与遥感和地理信息系统乙级、海洋测绘丙级、土地规划乙级、地灾施工甲级、工程钻探劳务类等资质。先后通过 ISO9001:2000 质量管理体系认证、ISO14001:2004 环境管理体系认证和 ISO18001:2001 职业健康安全管理体系认证；2006 年取得省安全生产监督管理局核发的安全许可证，2015 年取得省住房和城乡建设厅核发的安全许可证。2001-2016 年连续十六年获得省工商行政管理局授予的“守合同重信用”企业称号，2006-2015 年四次获得国家工商行政管理总局“守合同重信用”企业公示资格。

福建省地质工程研究院现有职工 239 人，其中教授级高级工程师 3 人、高级工程师 60 人、工程师 58 人，具有注册测绘师、岩土工程师、建造师、安全工程师等注册工程师 30 多人。全院拥有各类仪器设备 500 多台套，满足生产、科研及用户的需求。

办公大楼—福建地矿大厦

下设测绘分院、地环分院、工勘分院、厦门分院、泉州分院、平潭分院等直接从事监测、勘测服务机构。

福建省地质工程研究院成立以来，完成了全省区域地质、水工环地质、地热地质、灾害地质等研究工作，还为国土资源项目、省市重点项目、地方建设项目提供地质技术支撑，赢得社会赞誉。先后为福州市地铁施工的 CT 地层扫描、厦门地铁工程、深圳地下管网、福建省部分县市的地籍和房屋调查工程、长乐国际机场、福厦高速公路、罗源湾围垦等国家、省重点项目提供重点、难点研究和勘测技术服务，社会效益显著。

“守合同重信用”企业公示证明

福建省地质工程研究院获得国家工商行政管理总局2014-2015年度“守合同重信用”企业公示资格，已在国家工商行政管理总局网站（www.saic.gov.cn）公示。

2016年7月

工商行政管理部门对“守合同重信用”公示企业实施动态监管，对存在失信行为的企业将撤销其公示资格。“守合同重信用”企业公示情况以国家工商行政管理总局网站实时公示信息为准。

测绘资质证书

单位名称：福建省地质工程研究院

法定代表人：傅树超

注册地址：福州市杨桥西路145号

证书编号：甲测资字3500334

有效期至：2017年7月31日

专业范围：

甲级：工程测量：控制测量、地形测量、规划测量、建筑工程测量、变形形变与精密测量、市政工程测量、水利工程测量、线路与桥隧测量、地下管线测量、矿山测量；不动产测绘：地籍测绘、房产测绘、行政区域界线测绘、***

发证机关（印章）

国家测绘地理信息局制

长汀县城区地形、地籍测量

中化地质矿山总局福建地质勘查院

中化地质矿山总局福建地质勘查院成立于1977年，是集测绘地理信息、资源勘查、岩土勘察、地灾处置为一体的综合性国有事业法人单位。现有在职职工144人，各类专业技术人员119人，其中教授级高级工程师2人、高级工程师32人、工程师36人；注册岩土工程师、测绘师、安全工程师等23人。拥有测绘，固体矿产勘查，水工环地质调查，地质灾害危险性评估，地质灾害治理工程勘查、设计，工程勘察综合类等7项甲级资质和地球物理勘查、实验测试等6项乙级资质。通过质量、环境和职业健康安全管理体系认证，国家计量认证及安全标准化二级认证。

建院近四十年来，在资源勘查、测绘、工程勘察、灾害地质、环境地质等方面取得了显著成就。先后荣获省部级科技进步奖7项，有近30项岩土勘察项目获得行业、省、部级优秀勘察一、二、三等奖，“福建省武夷山市桃棋发现优质石墨矿”荣获2010年度全国十大地质找矿成果。先后被国土资源部授予“全国地质资料管理先进集体”“全国地质勘查行业先进集体”等荣誉称号。在测绘领域承担了莆田地区矿业权核查、建宁县集体土地确权、平和县农村土地确权、中航国际水上机场1:500水深图测绘等200多项省、市重点项目测绘工作。主要涉及市政、机场、国土、住建、农业、水利、铁路、交通等多个领域，为福建省推进海西经济区建设做出了较大贡献。

中化地质矿山总局福建地质勘查院一直坚持“科技兴院、人才兴院”的方针，拥有一批技术领军人才，先后有2人获得黄汲清青年地质科学技术奖，3人次获得全国青年地质科技银锤奖、福建省地质科技银锤奖，1人获评全国地质勘查行业“最美地质队员”，1人获得全国“石油和化工行业工程勘察设计大师”荣誉称号。

中化地质矿山总局福建地质勘查院秉承“开拓进取、团结奉献”的精神和“以质量求生存，以技术求发展，诚实守信，互利互惠”的经营理念，愿与社会各界朋友共谋发展，共创辉煌。

地址：福建省福州市火车站西凤路68号

电话：0591-87901534 / **传真：**0591-87901542

网址：http://www.fjhgdky.com

农业部孙中华总农艺师对平和县农村土地确权项目进行现场验收

参加福建省防汛应急实训演练

工程勘察

资质证书

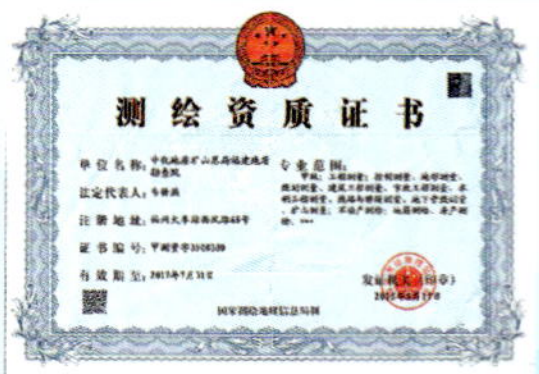

统 计 资 料

一、综 合

表1 2016年测绘服务总值

计量单位：万元

地 区	测绘服务总值			
	合 计	测绘资质单位①		测绘地理信息系统其他非资质单位③
			#测绘地理信息系统内②	
合 计	**9459893.2**	**9290389.6**	**950505.7**	**169503.6**
北 京	1522653.3	1496712.4	139253.8	25940.9
天 津	193056.5	193056.5	32092.9	
河 北	341114.4	335923.6	49672.2	5190.8
山 西	144977.4	142497.3	13932.8	2480.2
内蒙古	165274.0	163040.3	20104.3	2233.7
辽 宁	256582.1	253135.6	17053.4	3446.5
吉 林	157225.7	150894.0	15801.8	6331.7
黑龙江	195749.3	186679.5	49230.3	9069.8
上 海	305141.1	305141.1	31437.9	
江 苏	408049.1	401826.6	23310.0	6222.6
浙 江	509011.4	503966.0	45396.6	5045.5
安 徽	185411.0	180633.8	20574.0	4777.2
福 建	295151.8	292106.1	20159.9	3045.7
江 西	140542.6	136626.6	13079.7	3916.0
山 东	412431.7	412431.7	22852.5	
河 南	332679.1	330189.6	17836.7	2489.6
湖 北	672844.9	663056.4	19534.9	9788.5
湖 南	301785.0	300747.5	46057.7	1037.5
广 东	756854.2	754425.5	53296.2	2428.8
广 西	191159.7	165108.7	21994.3	26050.9
海 南	60315.0	56785.0	9744.0	3530.0
重 庆	176208.0	176208.0	35272.0	
四 川	673183.4	648528.9	78856.3	24654.4
贵 州	166299.6	165560.2	27222.7	739.4
云 南	232293.8	229847.9	28506.7	2445.9
西 藏	14006.8	13556.2	570.8	450.5
陕 西	310697.2	297977.2	45630.2	12720.0
甘 肃	103239.2	101366.4	12083.4	1872.8
青 海	53372.4	51920.7	12010.7	1451.6
宁 夏	36452.8	36209.8	9762.8	242.9
新 疆	146131.0	144230.8	18174.3	1900.2

①指全国具有测绘资质的单位，下同。

②指测绘地理信息系统内具有测绘资质的单位，测绘地理信息系统指各省、自治区、直辖市、计划单列市测绘地理信息主管部门及其所属单位和国家测绘地理信息局及其所属单位，下同。

③指测绘地理信息系统内不具有测绘资质的所有单位，下同。

表 2　2016 年年末从业人员

计量单位：人

地　区	年末从业人员			
	合　计	测绘资质单位		测绘地理信息系统其他非资质单位
			#测绘地理信息系统内	
合　计	**427603**	**424451**	**24335**	**3152**
北　京	28645	28209	1733	436
天　津	6824	6818	643	6
河　北	19961	19828	605	133
山　西	12921	12809	605	112
内蒙古	11789	11723	664	66
辽　宁	14334	14212	649	122
吉　林	9502	9385	485	117
黑龙江	12422	12205	1741	217
上　海	7379	7373	369	6
江　苏	21054	20935	469	119
浙　江	18627	18576	1050	51
安　徽	11992	11925	703	67
福　建	11122	11041	514	81
江　西	10641	10549	511	92
山　东	21332	21315	749	17
河　南	24239	24163	483	76
湖　北	26508	26390	397	118
湖　南	13451	13394	733	56
广　东	20864	20637	1265	227
广　西	12608	12480	1150	128
海　南	3577	3522	323	55
重　庆	7612	7597	1356	15
四　川	31050	30939	2089	111
贵　州	9071	9031	768	40
云　南	17006	16953	665	53
西　藏	801	775	30	26
陕　西	19908	19484	1753	424
甘　肃	9065	9014	439	51
青　海	3439	3388	547	51
宁　夏	2419	2384	211	35
新　疆	7441	7397	636	44

表 3　2009—2016 年测绘资质单位数量、从业人员和服务总值

地　区	2009 年			2010 年			2011 年			2012 年		
	测绘服务总值（万元）	年末单位数量（个）	年末从业人员（人）	测绘服务总值（万元）	年末单位数量（个）	年末从业人员（人）	测绘服务总值（万元）	年末单位数量（个）	年末从业人员（人）	测绘服务总值（万元）	年末单位数量（个）	年末从业人员（人）
合　计	**2969868**	**11657**	**265899**	**3286429**	**11595**	**267188**	**4773424**	**12512**	**290648**	**5302259**	**13261**	**304899**
北　京	396739	238	16558	452150	261	18839	656556	299	21456	667731	311	21667
天　津	135293	100	3961	135295	96	4002	93628	100	4113	95191	104	4259
河　北	108391	627	13155	129337	615	12622	176574	637	13122	174848	682	14917
山　西	55510	408	7321	62884	419	8062	98567	457	9043	112475	498	9854
内蒙古	51394	449	8447	60378	486	7511	100444	499	9400	124471	530	10003
辽　宁	101094	509	11151	163549	585	9631	184395	574	12259	208021	620	13220
吉　林	84338	391	7631	55514	385	6953	84098	415	7036	94357	418	7085
黑龙江	73541	489	9396	90449	499	10228	110824	490	10001	124985	527	10711
上　海	108379	133	5382	103811	124	4911	194267	161	6300	190479	174	6889
江　苏	121184	579	11541	130776	555	10915	224972	594	11558	232556	656	12776
浙　江	128316	473	9686	151316	455	10295	252689	464	10744	279731	487	11800
安　徽	68800	390	7975	79126	412	8386	108267	447	8847	124041	458	9525
福　建	56824	362	5708	80408	355	5761	116397	376	7369	142262	404	7923
江　西	45525	344	6008	48387	332	5645	64966	384	6273	78231	422	6558
山　东	122746	683	12614	136921	669	12937	215049	710	13978	246153	735	15291
河　南	106039	613	14213	109540	606	14257	156020	692	15636	177476	749	17000
湖　北	194691	525	17743	234468	537	17771	351976	536	17771	338840	571	14094
湖　南	132165	566	12019	131092	554	11422	157878	574	11641	169881	569	11673
广　东	140196	581	12819	178219	519	13163	285563	586	14852	356210	591	15555
广　西	59666	376	8636	68747	427	9124	107242	427	8909	102610	465	9271
海　南	15808	94	1669	15099	95	1563	46937	116	2134	32618	130	2441
重　庆	51626	117	3535	67969	117	4321	89023	133	4744	114661	148	5247
四　川	162184	594	14229	171909	606	14575	234323	658	17122	442458	744	18964
贵　州	52229	362	6158	55219	339	6787	77627	371	6696	89049	380	6849
云　南	96719	619	13851	84510	559	12870	172314	672	12370	157293	651	13305
西　藏	2826	31	830	2789	29	730	6197	28	490	4778	31	529
陕　西	192306	267	9404	168130	263	9505	238218	339	11393	194026	387	11681
甘　肃	48210	286	5565	45681	273	5222	48557	292	5930	69963	304	5820
青　海	14722	82	2611	17847	85	2778	28181	88	2781	49150	95	2848
宁　夏	9477	82	1353	10505	68	1303	19699	76	1305	20210	85	1472
新　疆	32929	287	4730	44405	270	5099	71977	317	5375	87506	335	5672

表3　2009—2016年测绘资质单位数量、从业人员和服务总值（续）

地区	2013年			2014年			2015年			2016年		
	测绘服务总值（万元）	年末单位数量（个）	年末从业人员（人）	测绘服务总值（万元）	年末单位数量（个）	年末从业人员（人）	测绘服务总值（万元）	年末单位数量（个）	年末从业人员（人）	测绘服务总值（万元）	年末单位数量（个）	年末从业人员（人）
合　计	**6064551**	**14040**	**328631**	**6799094**	**14510**	**345511**	**8370476**	**15931**	**390146**	**9290390**	**17292**	**424451**
北　京	786993	318	23838	844949	287	24074	1358333	354	24938	1496712	381	28209
天　津	136878	111	4629	178793	117	6148	178629	136	6259	193057	163	6818
河　北	214721	722	16030	261304	748	16583	311753	808	18559	335924	865	19828
山　西	123630	540	10853	135426	517	11038	154773	578	12357	142497	620	12809
内蒙古	130522	569	10557	156961	598	10917	161829	596	10925	163040	633	11723
辽　宁	188683	618	13897	227715	590	13710	224717	603	14348	253136	607	14212
吉　林	100478	430	7568	128698	465	7973	152656	484	8932	150894	513	9385
黑龙江	134671	541	10460	152188	563	10401	170216	599	11479	186680	666	12205
上　海	192904	182	6632	225845	169	6655	307904	189	6962	305141	205	7373
江　苏	271553	703	13639	292589	742	15054	321281	842	17842	401827	949	20935
浙　江	323910	513	12488	336449	546	14587	374269	615	16061	503966	674	18576
安　徽	143393	487	9820	152539	493	9896	160195	556	11033	180634	585	11925
福　建	192821	426	8234	220906	441	8514	259106	493	10140	292106	532	11041
江　西	97934	453	7640	112854	501	8675	114039	536	9720	136627	604	10549
山　东	288712	772	16608	299278	774	17311	353279	870	19620	412432	970	21315
河　南	206718	788	18275	257340	849	19360	336284	925	22847	330190	980	24163
湖　北	429953	612	17398	522612	641	18941	641713	735	24644	663056	825	26390
湖　南	213571	578	11980	217376	558	11549	260647	574	13113	300747	600	13394
广　东	379138	610	16725	423055	622	16982	584381	684	18018	754425	769	20637
广　西	119468	514	9587	130571	539	10166	154515	586	11640	165109	621	12480
海　南	37583	142	2566	42870	164	2795	51863	182	3272	56785	202	3522
重　庆	109307	162	5840	136210	173	6181	135764	198	6915	176208	240	7597
四　川	521376	808	21684	525202	882	24215	669166	1012	27058	648529	1097	30939
贵　州	99742	401	7104	117807	431	7428	142735	447	8232	165560	489	9031
云　南	171115	698	14404	171129	709	13962	193180	760	15943	229848	815	16953
西　藏	7269	31	521	5329	33	578	9357	39	693	13556	40	775
陕　西	195135	433	12569	240064	438	13476	291273	512	18617	297977	551	19484
甘　肃	79604	320	6419	89558	330	7136	104611	380	8004	101366	412	9014
青　海	47239	104	3069	51069	106	2815	45186	118	2939	51921	126	3388
宁　夏	23516	89	1533	34229	99	1943	37435	111	2168	36210	134	2384
新　疆	96016	365	6064	108178	385	6448	109385	409	6868	144231	424	7397

表 4 2009—2016 年测绘地理信息系统服务总值和从业人员

地 区	2009 年		2010 年		2011 年		2012 年	
	测绘服务总值（万元）	年末从业人员（人）	测绘服务总值（万元）	年末从业人员（人）	测绘服务总值（万元）	年末从业人员（人）	测绘服务总值（万元）	年末从业人员（人）
合 计	**450701**	**24726**	**507412**	**25076**	**647882**	**26069**	**749174**	**25839**
北 京	24000	865	25200	919	28540	947	28236	897
天 津	16638	632	17470	647	14766	664	17030	682
河 北	10115	660	12975	651	18423	650	28745	635
山 西	12666	679	15853	704	13900	718	22157	741
内蒙古	10425	684	9031	704	12083	712	18350	741
辽 宁	3347	695	3331	695	9304	692	14383	686
吉 林	11474	655	17300	633	11436	604	8574	594
黑龙江	25892	2202	26447	2235	32325	2103	33754	2046
上 海	14006	373	15060	376	18543	372	21454	361
江 苏	11359	562	11904	562	21463	566	26774	563
浙 江	11914	751	16305	771	19430	799	23905	871
安 徽	6554	572	9427	590	13086	682	16343	658
福 建	8435	433	10351	417	12408	414	15431	435
江 西	6158	546	7781	570	12314	577	20449	535
山 东	10416	778	14173	778	21076	768	22915	764
河 南	8287	792	9022	708	15464	696	14460	689
湖 北	10198	505	12270	516	14409	487	20171	484
湖 南	12083	802	13400	768	19909	748	29182	741
广 东	9773	1040	9179	1039	19415	1002	24028	1021
广 西	17721	1099	16986	1112	23313	1120	20560	1090
海 南	4324	295	4548	317	7876	342	10023	384
重 庆	18711	743	20700	810	14906	899	26190	974
重庆测绘院	6009	360	6710	400	8516	435	9727	474
四 川	22845	1575	25700	1577	36679	1532	39506	1504
贵 州	10510	735	12047	811	18755	801	16078	723
云 南	7299	510	8915	525	12633	553	17989	572
西 藏	1475	43	199	49	576	52	626	56
陕 西	27746	1983	25443	2031	39072	2018	42531	1914
甘 肃	8854	468	7839	463	8477	446	13655	433
青 海	6221	485	9533	451	13961	395	11568	379
宁 夏	2087	255	2599	262	4212	237	5824	254
新 疆	5520	599	9412	579	14788	587	13559	534
青 岛						6		5
大 连					935	62	960	59
宁 波					9079	342	8677	349
深 圳					17215	439	9901	435
厦 门					2512	142	2886	139
中国地图出版集团	63145	524	63083	548	44464	528	43674	447
测绘研究院	15250	401	21003	383	17962	382	15393	384
地理信息中心	6712	146	6961	144	10978	142	13979	149
卫星应用中心			1473	42	2823	66	5271	81
质量检验中心					584	33	1470	47
国家局及其其他直属单位		279		289	9274	309	12788	309

表4 2009—2016年测绘地理信息系统服务总值和从业人员（续）

地 区	2013年		2014年		2015年		2016年	
	测绘服务总值（万元）	年末从业人员（人）	测绘服务总值（万元）	年末从业人员（人）	测绘服务总值（万元）	年末从业人员（人）	测绘服务总值（万元）	年末从业人员（人）
合 计	**835158**	**26155**	**1062585**	**26429**	**1164167**	**27446**	**1120009**	**27487**
北 京	27556	854	31297	843	37792	833	43149	839
天 津	22752	672	34706	665	33882	654	32093	649
河 北	39921	657	61383	662	59198	699	54641	713
山 西	22577	744	25194	729	24004	719	16413	717
内蒙古	22594	724	26279	722	26510	739	22338	730
辽 宁	23509	680	34897	679	23026	676	18976	680
吉 林	13163	604	16249	606	22727	595	22133	602
黑龙江	36963	2050	51671	2020	58397	1933	58300	1958
上 海	19341	358	21796	352	40453	332	29479	312
江 苏	31780	588	28688	594	34234	589	29533	588
浙 江	29162	967	40978	967	41505	902	36482	908
安 徽	20709	654	29354	710	26941	748	25351	770
福 建	17306	437	16481	440	24191	435	20280	453
江 西	19079	546	21770	562	21205	682	16996	603
山 东	25742	777	37268	753	36399	783	22852	761
河 南	18344	714	22826	689	21786	586	20326	559
湖 北	23465	502	29076	503	34164	502	29323	515
湖 南	33947	773	37220	819	39979	842	47095	789
广 东	22364	1025	34326	1125	48778	1121	43236	1088
广 西	24645	1099	45492	1230	49582	1224	48045	1278
海 南	10955	401	12471	426	11993	394	12662	359
重 庆	15987	1003	17056	1025	13453	1059	25582	1072
重庆测绘院	11139	465	10650	306	11933	305	9690	299
四 川	51327	1461	73228	1296	100066	2106	103511	2200
贵 州	22857	700	28005	816	26917	799	27962	808
云 南	20184	594	26170	589	26684	727	30953	718
西 藏	757	60	1004	64	1156	56	1021	56
陕 西	47795	2042	54982	2143	55509	2205	58350	2177
甘 肃	10641	435	12962	434	17617	412	13956	490
青 海	14128	441	16662	598	17946	619	13462	598
宁 夏	8540	250	9458	241	9275	248	10006	246
新 疆	13208	529	22669	520	19047	647	20075	680
青 岛		5		5		5		5
大 连	800	68	900	79	1117	82	1524	91
宁 波	9531	183	13113	192	15614	189	13960	193
深 圳	8436	463	8924	436	15432	419	12489	404
厦 门	2898	147	2889	144	2485	146	2925	142
中国地图出版集团	48028	450	53119	462	54247	476	59835	473
测绘研究院	13691	373	17403	333	19207	281	20127	270
地理信息中心	11437	150	12340	145	15004	179	15245	174
卫星应用中心	5472	88	5489	77	6447	78	10896	80
质量检验中心	1330	50	2304	60	2725	64	2694	65
国家局及其其他直属单位	11099	372	13838	368	15544	356	16042	375

表5 1974—2016年测绘地理信息系统测绘成果提供

年份	地形图（万张）	数字成果（GB）	测绘基准成果（万点）	航摄成果（万片）	航摄成果（平方千米）
1974	33.0		4.6	2.0	
1975	71.7		10.4	5.9	
1976	109.5		14.5	23.1	
1977	108.3		35.4	47.1	
1978	207.8		29.4	68.1	
1979	349.4		35.8	122.8	
1980	215.1		58.6	172.7	
1981	189.6		73.2	142.7	
1982	284.8		56.0	150.1	
1983	238.7		86.6	134.4	
1984	211.8		46.1	149.9	
1985	165.9		32.1	84.4	
1986	291.2		17.5	71.9	
1987	131.7		15.6	71.6	
1988	132.3		27.0	72.0	
1989	120.2		10.2	59.4	
1990	122.3		9.2	40.8	
1991	118.1		9.0	40.7	
1992	160.2		9.0	25.7	
1993	130.1		5.4	6.8	
1994	58.1		4.1	5.2	
1995	58.3		3.9	6.9	
1996	62.4		3.6	6.3	
1997	62.4		4.5	10.1	
1998	43.1		5.6	15.6	
1999	69.2		4.7	10.1	
2000	102.4		5.4	12.8	
2001	80.7		5.4	37.2	
2002	69.6		6.6	30.3	
2003	69.4		14.8	44.7	
2004	79.6		10.1	37.8	
2005	65.9		7.1	35.2	
2006	61.4	10404.0	15.2	52.5	
2007	62.9	10252.6	15.3	36.2	
2008	52.3	48357.8	17.8	46.1	
2009	46.5	17082.5	28.3	70.4	
2010	39.5	47969.6	26.0	63.2	
2011	45.2	38147.5	17.8	51.4	
2012	34.3	63900.0	26.1		3727403
2013	30.3	81005.3	25.8		2588035
2014	29.0	158353.0	14.1		2054585
2015	141.5	289408.9	11.5		1230861
2016	24.8	254719.2	20.5		904223

注：1997、1998年航摄成果含像片图。2012年起航摄成果计量单位改为“平方千米”。

表 6　1974—2016 年测绘地理信息系统地图图书出版

年　份	品种（种）	总印数（万幅/万册）	总定价（万元）
1974	47	3242	563
1975	65	4753	599
1976	76	2690	633
1977	75	2829	818
1978	80	5553	894
1979	117	5171	1566
1980	178	4373	1277
1981	256	4073	1748
1982	211	4069	1692
1983	189	4625	1946
1984	254	5957	3028
1985	262	7895	5274
1986	257	6450	3294
1987	269	8180	4143
1988	364	7877	5305
1989	369	7844	7038
1990	426	10655	9938
1991	611	12543	11119
1992	699	18340	19778
1993	936	16969	23209
1994	970	16712	26992
1995	1027	19793	41708
1996	1264	28718	62149
1997	1429	27602	66819
1998	1584	27914	84501
1999	1847	28604	87377
2000	1621	14800	62453
2001	1586	10818	57996
2002	1947	18432	68063
2003	2040	12587	70093
2004	2297	16241	84872
2005	2266	17657	93139
2006	2433	14963	79591
2007	2331	13199	67724
2008	2291	14297	70730
2009	2519	14626	85427
2010	2917	13762	84090
2011	3912	18356	230803
2012	3685	12156	132878
2013	4337	15863	147953
2014	4195	14866	143765
2015	4380	14919	162418
2016	3631	12745	160642

二、测绘地理信息管理机构

表 7 2016 年末测绘地理信息管理机构设置

地区	地级行政区						
	行政区划总数（个）	设置测绘地理信息管理机构的区划数（个）					从事测绘地理信息管理工作人员数（人）
			按机构隶属关系分		按机构性质分		
			国土资源部门	建设规划部门	行政编制	事业编制	
合　计	**334**	**326**	**247**	**79**	**263**	**63**	**1303**
北　京							
天　津							
河　北	11	11	11		11		63
山　西	11	11	11		8	3	61
内蒙古	12	12	12		12		24
辽　宁	14	14	5	9	7	7	109
吉　林	9	9		9	3	6	23
黑龙江	13	13		13	7	6	45
上　海							
江　苏	13	13	12	1	12	1	44
浙　江	11	11		11	10	1	95
安　徽	16	16	16		16		54
福　建	9	9	9		3	6	40
江　西	11	11	11		10	1	42
山　东	17	17	16	1	16	1	93
河　南	17	17	17		16	1	65
湖　北	13	13	1	12	11	2	41
湖　南	14	14	14		14		43
广　东	21	21	21		21		89
广　西	14	14	14		14		53
海　南	4	3	3		3		5
重　庆							
四　川	21	21	7	14	18	3	76
贵　州	9	9	9		7	2	21
云　南	16	16	16		15	1	53
西　藏	7						
陕　西	10	10	1	9	9	1	34
甘　肃	14	14	14		3	11	64
青　海	8	8	8		2	6	18
宁　夏	5	5	5		5		12
新　疆	14	14	14		10	4	36

注：表中行政区划总数摘自《2017 中国统计摘要》。

表 7 2016 年末测绘地理信息管理机构设置（续）

地 区	县级行政区						
	行政区划总数（个）	设置测绘地理信息管理机构的区划数（个）					从事测绘地理信息管理工作人员数（人）
			按机构隶属关系分		按机构性质分		
			国土资源部门	建设规划部门	行政编制	事业编制	
合 计	**2851**	**2110**	**1684**	**426**	**1322**	**788**	**6031**
北 京	16						
天 津	16	16		16	16		55
河 北	168	148	148		87	61	613
山 西	119	119	119		66	53	342
内蒙古	103	99	99		67	32	206
辽 宁	100	39	16	23	5	34	130
吉 林	60	44		44	29	15	114
黑龙江	128	65		65	8	57	146
上 海	16						
江 苏	96	80	74	6	64	16	231
浙 江	89	69		69	65	4	343
安 徽	105	71	71		67	4	225
福 建	85	62	62		32	30	164
江 西	100	90	90		62	28	226
山 东	137	122	118	4	82	40	462
河 南	158	119	119		63	56	366
湖 北	103	66		66	15	51	168
湖 南	122	95	95		64	31	284
广 东	121	116	116		110	6	311
广 西	111	81	81		49	32	227
海 南	23	16	16		15	1	18
重 庆	38	30		30	22	8	120
四 川	183	117	33	84	76	41	299
贵 州	88	84	84		38	46	179
云 南	129	129	129		119	10	282
西 藏	74						
陕 西	107	19		19	18	1	44
甘 肃	86	75	75		13	62	238
青 海	43	14	14		2	12	32
宁 夏	22	20	20		15	5	44
新 疆	105	105	105		53	52	162

表 8 2016 年末测绘法规

中央法规

计量单位：件

法律	行政法规	部门规章
1	**4**	**6**

地方法规

计量单位：件

地区	地方性法规	地方政府规章		
			#本年新制定	#本年修订
合计	**35**	**89**	**1**	
北京	1			
天津	1	1		
河北	1	9		
山西	1	2		
内蒙古	2			
辽宁	1	5		
吉林	1	6		
黑龙江	1	5		
上海	1	3		
江苏	2	6		
浙江	1	7		
安徽	1	1		
福建	1	3		
江西	1	1		
山东	1	4		
河南	1	1		
湖北	2	6		
湖南	1	2		
广东	1	1		
广西	1			
海南	1	1		
重庆	1	1		
四川	1	5		
贵州	1	2		
云南	1	3		
西藏	1			
陕西	2	2	1	
甘肃	1	4		
青海	1	2		
宁夏	1	3		
新疆	1	3		

表 9　2016 年按类别分行政执法

计量单位：次

指标名称	数量
各级测绘地理信息主管部门组织开展执法检查次数	9750
#双随机方式	2957
1. 测绘资质巡查	2926
#双随机方式	1090
2. 测绘质量监督检查	3267
#双随机方式	1064
3. 涉密测绘成果使用管理检查	3068
#双随机方式	896
4. 其他执法检查	2042
#双随机方式	520

计量单位：件

类别	各级测绘地理信息主管部门立案调查涉嫌违法案件	各级测绘地理信息主管部门做出行政处罚案件
合　计	**687**	**258**
1. 市场准入类	91	41
2. 测绘项目类	116	46
3. 地图类	165	53
#纸质地图	93	43
#导航电子地图	8	1
#互联网地图	61	1
4. 测绘成果类	191	76
#测绘成果质量	137	47
#测绘成果安全	45	37
5. 涉外测绘	10	5
6. 涉军测绘	3	2
7. 测量标志	104	29
8. 其他	7	6

注：表中数据为省级、地级和县级测绘地理信息主管部门汇总数据。

表 10 2016 年按地区分行政执法

地 区	各级测绘地理信息主管部门组织开展执法检查次数（次）		测绘资质巡查（次）		测绘质量监督检查（次）		涉密成果使用管理检查（次）		其他执法检查（次）		各级测绘地理信息主管部门立案调查涉嫌违法案件（件）	各级测绘地理信息主管部门做出行政处罚案件（件）
		#双随机方式		#双随机方式		#双随机方式		#双随机方式		#双随机方式		
合 计	**9750**	**2957**	**2926**	**1090**	**3267**	**1064**	**3068**	**896**	**2042**	**520**	**687**	**258**
北 京	12	11	2	2	1	1	9	9			3	2
天 津	40	28	26	26	1	1	5	1	12		2	1
河 北	534	124	145	54	143	52	211	53	139	23	36	23
山 西	381	44	90	24	109	15	116	19	136	10	11	8
内蒙古	244	54	139	27	49	12	53	19	40	16	72	
辽 宁	175	77	31	16	105	31	51	30	8	4	3	1
吉 林	143	30	41	9	84	15	57	10	12	4	7	1
黑龙江	51	16	17	10	18	9	27	10	11	6		
上 海	126	116	10	10	101	101	15	5				
江 苏	546	216	108	49	191	84	181	66	142	47	12	10
浙 江	224	79	65	18	18	10	63	21	93	34	27	25
安 徽	168	35	34	11	48	16	57	12	43	4	40	0
福 建	198	70	79	38	50	28	42	14	41	7	20	47
江 西	314	141	99	53	135	52	112	54	11	1	0	0
山 东	898	441	282	165	270	147	253	99	194	89	13	5
河 南	477	136	135	56	152	38	138	37	132	39	9	2
湖 北	229	155	81	56	118	100	64	33	18	9	6	3
湖 南	620	123	187	48	316	44	164	23	88	25	62	32
广 东	537	52	55	13	365	25	144	20	57	5		
广 西	400	92	131	25	77	39	201	24	61	9	2	1
海 南	14	5	6	2	1	1	3	1	4	1		
重 庆	245	124	57	36	45	36	92	39	51	20	9	2
四 川	716	202	299	126	227	62	227	80	72	28	115	44
贵 州	638	153	261	55	188	56	183	51	184	50	30	26
云 南	350	77	101	23	115	22	138	37	79	12	5	6
西 藏	20		19				1					
陕 西	301	26	81	12	129	5	96	14	1	1	3	3
甘 肃	503	143	128	46	93	34	142	31	188	44	26	1
青 海	164	85	98	50	8	1	67	51	93	3	165	2
宁 夏	120	46	34	11	29	17	33	13	32	6	4	6
新 疆	362	56	85	19	81	10	123	20	100	23	5	7

注：表中数据为省级、地级和县级测绘地理信息主管部门汇总数据。

表 11　2016 年随机抽查单位数量

计量单位：家

地区/单位	抽查对象名录库单位数量	#实际抽查单位数量	#发现问题单位数量
合　计	**9637**	**1131**	**169**
北　京	15	15	7
天　津	135	24	1
河　北	183	65	13
山　西	620	8	
内蒙古			
辽　宁			
吉　林			
黑龙江	656	70	
上　海			
江　苏	949	76	8
浙　江	655	85	
安　徽			
福　建	117	25	25
江　西	110	43	6
山　东	967	162	
河　南	980	61	23
湖　北	824	88	
湖　南			
广　东			
广　西	831	12	3
海　南	232	69	
重　庆			
四　川	208	63	9
贵　州			
云　南	173	15	1
西　藏			
陕　西	203	20	5
甘　肃	410	65	27
青　海	180	46	12
宁　夏	8	8	3
新　疆	198	40	8
国家测绘地理信息局	983	71	18

表 12 2016 年法制宣传教育活动开展

地区/单位	举办活动次数（次）	设立宣传点（个）	宣传材料发放（份）	经费投入（万元）	宣传覆盖面（万人次）
合 计	**3250**	**6622**	**5879534**	**2670.3**	**12747**
北 京	1	2	20000	2.0	60
天 津	11	114	15460	92.3	21
河 北	166	252	236229	80.3	363
山 西	118	140	389450	51.7	100
内蒙古	70	82	89999	36.2	86
辽 宁	27	65	40880	22.1	97
吉 林	39	79	92960	17.4	64
黑龙江	38	167	122301	27.9	131
上 海	10	50	20000	19.0	2
江 苏	149	448	268942	245.3	1525
浙 江	186	189	243202	202.3	212
安 徽	76	162	111170	40.9	62
福 建	59	70	120070	66.3	101
江 西	121	227	75576	57.6	200
山 东	284	655	471174	176.2	502
河 南	148	405	308371	98.1	280
湖 北	55	183	128400	85.3	76
湖 南	179	310	195704	241.6	754
广 东	186	394	271597	255.5	171
广 西	161	212	410533	81.8	193
海 南	5	24	12000	13.0	22
重 庆	48	67	57250	160.5	243
四 川	158	804	624089	129.0	431
贵 州	231	364	330846	95.4	331
云 南	181	348	239998	104.8	310
西 藏	4	4	5000	1.8	2
陕 西	17	32	85620	37.1	15
甘 肃	223	388	598206	81.5	150
青 海	66	51	46720	48.8	65
宁 夏	59	70	109700	28.7	52
新 疆	171	255	126087	54.0	126
国家测绘地理信息局	3	9	12000	16.0	6000

注：表中各地区数据为省级、地级和县级测绘地理信息主管部门汇总数据。

表13 2016年测绘地理信息质量监督检查

地区/单位	投入资金（万元）	检查测绘单位数（家）		检查项目数（项）	
			#批合格单位数		#批合格项目数
合 计	**3616.3**	**6591**	**6250**	**13494**	**13055**
北 京	9.9	60	57	58	55
天 津					
河 北	205.8	278	253	540	520
山 西	40.1	314	308	515	511
内蒙古	101.3	210	207	619	614
辽 宁	57.1	322	293	585	556
吉 林	23.7	204	186	239	233
黑龙江	34.8	227	185	285	252
上 海	105.0	87	81	107	100
江 苏	113.2	404	391	666	659
浙 江	227.1	224	213	268	254
安 徽	617.7	212	202	311	300
福 建	103.4	145	132	552	540
江 西	104.2	201	194	364	358
山 东	160.4	558	555	1253	1247
河 南	81.5	193	191	357	356
湖 北	72.7	166	160	326	319
湖 南	115.2	366	358	995	978
广 东	228.1	716	700	1386	1249
广 西	52.3	91	87	509	504
海 南	20.0	16	16	16	16
重 庆	105.5	76	76	161	161
四 川	347.1	450	420	1064	1032
贵 州	77.3	290	278	1033	1019
云 南	85.8	191	149	551	541
西 藏					
陕 西	43.2	159	149	125	115
甘 肃	148.9	210	196	368	351
青 海	6.8	34	34	34	19
宁 夏	68.2	36	36	64	64
新 疆	50.0	122	116	114	105
国家测绘地理信息局	210.0	29	27	29	27

注：表中数据包括各级（国家、省级、地级、县级）测绘地理信息主管部门数据，国家测绘地理信息局数据来源于国家测绘产品质量检验测试中心。

三、测绘资质单位

表14　2016年按类别分单位数量和服务总值

类　别	年末资质单位数量（个）							测绘服务总值（万元）
	合计	按资质等级分				按单位性质分		
		甲级	乙级	丙级	丁级	事业单位	企业单位	
合　计	**17292**	**983**	**3607**	**6490**	**6212**	**4012**	**13280**	**9290389.6**
测绘地理信息[①]	234	140	60	12	22	155	79	1035891.7
国土资源	2146	158	445	731	812	1490	656	1106028.5
城乡建设与规划	2508	97	320	765	1326	1352	1156	1129580.1
铁　道	96	23	57	14	2		96	287180.5
交通运输	277	44	100	96	37	109	168	216534.3
水利水电	669	82	178	248	161	374	295	492780.8
电　力	62	10	19	20	13	1	61	71931.3
通　讯	16	6	7	2	1		16	15989.4
石　油	64	10	22	22	10	1	63	63282.1
石　化	13	4	5	2	2	1	12	13126.3
煤　炭	283	23	101	80	79	118	165	158265.4
有　色	143	20	64	35	24	59	84	120715.4
农　业	25	2	12	6	5	16	9	8342.6
林　业	41	3	17	11	10	33	8	19953.1
地　震	16	6	8	2		11	5	22269.7
海　洋	69	6	11	19	33	60	9	18003.2
环　保	4	1	1	1	1	2	2	26421.5
公安武警	2		1	1		1	1	108.0
科教文卫	77	8	39	28	2	42	35	41232.2
航空航天	20	9	10	1		3	17	245492.0
冶　金	113	17	44	31	21	24	89	279294.7
其他系统	980	87	274	286	333	160	820	560381.2
私营企业	9433	226	1812	4077	3318	—	9433	3357185.7
合资合作企业	1	1				—	1	400.0

① 包含测绘地理信息系统单位开办的测绘企业，下同。

表 15　2016 年按地区分单位数量和服务总值

地 区	年末资质单位数量（个）							测绘服务总值（万元）
	合计	按资质等级分				按单位性质分		
		甲级	乙级	丙级	丁级	事业单位	企业单位	
合 计	**17292**	**983**	**3607**	**6490**	**6212**	**4012**	**13280**	**9290389.6**
北 京	381	119	149	60	53	40	341	1496712.4
天 津	163	21	54	74	14	35	128	193056.5
河 北	865	54	146	309	356	144	721	335923.6
山 西	620	26	72	209	313	141	479	142497.3
内蒙古	633	21	153	260	199	114	519	163040.3
辽 宁	607	36	167	223	181	164	443	253135.6
#大 连	85	6	31	40	8	9	76	57490.1
吉 林	513	22	97	137	257	110	403	150894.0
黑龙江	666	35	125	218	288	133	533	186679.5
上 海	205	27	67	68	43	17	188	305141.1
江 苏	949	61	169	464	255	154	795	401826.6
浙 江	674	36	131	208	299	117	557	503966.0
#宁 波	84	4	19	26	35	18	66	61898.1
安 徽	585	24	93	178	290	146	439	180633.8
福 建	532	32	85	218	197	109	423	292106.1
#厦 门	58	9	16	25	8	10	48	96317.1
江 西	604	30	77	170	327	171	433	136626.6
山 东	970	36	140	305	489	158	812	412431.7
#青 岛	115	4	24	41	46	16	99	67900.7
河 南	980	37	302	311	330	180	800	330189.6
湖 北	825	60	246	368	151	282	543	663056.4
湖 南	600	39	103	203	255	371	229	300747.5
广 东	769	63	151	261	294	259	510	754425.5
#深 圳	60	17	28	14	1	3	57	104396.3
广 西	621	19	122	300	180	147	474	165108.7
海 南	202	11	28	85	78	45	157	56785.0
重 庆	240	5	53	163	19	44	196	176208.0
四 川	1097	46	216	544	291	196	901	648528.9
贵 州	489	17	71	210	191	131	358	165560.2
云 南	815	14	172	358	271	204	611	229847.9
西 藏	40	1	16	15	8	16	24	13556.2
陕 西	551	43	181	200	127	98	453	297977.2
甘 肃	412	16	87	132	177	119	293	101366.4
青 海	126	11	30	66	19	33	93	51920.7
宁 夏	134	3	25	54	52	27	107	36209.8
新 疆	424	18	79	119	208	107	317	144230.8

表 16　2016 年按类别分测绘从业人员

计量单位：人

类　别	测绘从业人员年末人数									测绘从业人员年平均人数
	合计	按资质等级分				#测绘作业证持证人数	#年内录用应届毕业生	#获得注册测绘师资格		
		甲级	乙级	丙级	丁级				#注册测绘师	
合　计	**424451**	**134210**	**146332**	**94786**	**49123**	**184078**	**25922**	**11442**	**9477**	**400863**
测绘地理信息	26509	23899	2229	177	204	12511	1138	1508	1294	26026
国土资源	51626	17938	16893	10509	6286	24108	1474	1371	1192	48016
城乡建设与规划	47393	12858	12131	11499	10905	23938	1183	2107	1690	45623
铁　道	9856	4196	5017	602	41	3904	562	240	192	9661
交通运输	12861	4997	5581	1840	443	5636	768	303	266	12042
水利水电	22966	9241	7759	4257	1709	11885	678	811	716	21574
电　力	1798	679	631	263	225	678	49	97	87	1767
通　讯	333	147	124	34	28	27	4	5	5	328
石　油	3476	2038	850	478	110	2102	40	117	102	3368
石　化	768	578	153	16	21	476	4	38	34	762
煤　炭	10574	3485	4912	1377	800	4426	210	232	180	10372
有　色	5251	2072	2265	601	313	2615	179	173	141	4760
农　业	657	126	412	79	40	304	17	11	10	632
林　业	1849	221	1251	229	148	723	32	19	18	1801
地　震	1118	864	237	17		621	37	46	41	1029
海　洋	1324	455	438	230	201	698	31	44	39	1269
环　保	139	94	25	12	8	42	1	6	6	138
公安武警	76		60	16		56	2			56
科教文卫	2323	526	1341	444	12	983	84	80	54	2167
航空航天	2638	1596	1030	12		1203	190	33	31	2485
冶　金	6496	3698	2083	552	163	2666	421	167	144	6346
其他系统	27043	9221	10688	4451	2683	11101	1644	649	513	25156
私营企业	187357	35261	70222	57091	24783	73368	17174	3385	2722	175465
合资合作企业	20	20				7				20

表16　2016年按类别分测绘从业人员（续）

计量单位：人

类别	专业技术人员年末人数									技能人才
	合计	#测绘专业技术人员				#测绘相关专业技术人员				
		小计	#高级	#中级	#初级	小计	#高级	#中级	#初级	
合　计	**344261**	**223881**	**27162**	**70989**	**80778**	**106826**	**16162**	**30367**	**30339**	**36887**
测绘地理信息	21016	18374	3471	5438	6937	1849	245	446	531	3065
国土资源	42296	29027	3996	10238	10780	11652	2096	3946	3403	4840
城乡建设与规划	38358	24887	3078	8486	9187	12179	1687	4144	3921	4537
铁　道	7519	4739	606	1516	1661	1956	397	700	640	3146
交通运输	10177	6222	1294	2223	1721	3750	1235	1266	812	885
水利水电	19718	10226	2058	3474	3188	8883	2453	2926	2326	2742
电　力	1484	807	185	272	241	606	190	156	123	195
通　讯	284	101	9	43	45	180	33	48	33	10
石　油	2467	1708	250	799	530	729	145	358	176	801
石　化	602	353	86	134	104	237	61	116	50	138
煤　炭	7999	4983	734	1783	1972	2810	611	1015	887	1526
有　色	4628	2984	433	1098	1072	1573	401	543	441	280
农　业	639	347	96	148	80	284	98	93	77	49
林　业	1660	925	267	350	208	632	323	205	26	136
地　震	967	744	178	258	228	205	75	67	26	70
海　洋	1201	652	149	274	166	527	166	186	89	20
环　保	127	93	20	34	27	34	2	13	13	12
公安武警	56	40	2	25	13	6		2	4	
科教文卫	2104	1473	590	512	209	590	172	215	104	53
航空航天	1390	750	93	206	388	611	26	204	286	73
冶　金	5093	3501	305	1071	1500	1494	198	483	502	656
其他系统	21257	13287	1697	4223	4678	7333	1318	2131	1963	1824
私营企业	153199	97658	7565	28384	35843	48693	4230	11104	13906	11829
合资合作企业	20					13				

表 17 2016 年按地区分测绘从业人员

计量单位：人

地区	测绘从业人员年末人数									测绘从业人员年平均人数
	合计	按资质等级分				#测绘作业证持证人数	#年内录用应届毕业生	#获得注册测绘师资格		
		甲级	乙级	丙级	丁级				#注册测绘师	
合 计	**424451**	**134210**	**146332**	**94786**	**49123**	**184078**	**25922**	**11442**	**9477**	**400863**
北 京	28209	19585	6577	1314	733	6066	2639	640	552	26649
天 津	6818	2973	2581	1123	141	3034	228	344	248	6611
河 北	19828	6706	5808	4522	2792	7729	994	534	436	19170
山 西	12809	3335	3567	3376	2531	5578	637	235	196	12609
内蒙古	11723	2272	4705	3467	1279	4565	505	191	162	10786
辽 宁	14212	4853	5577	2649	1133	7276	526	317	276	13719
#大 连	2846	1497	886	424	39	1431	88	87	80	2859
吉 林	9385	2322	3337	1804	1922	4053	483	146	114	9257
黑龙江	12205	4203	4093	2320	1589	5035	470	204	149	11720
上 海	7373	2672	2576	1545	580	2375	246	328	295	7204
江 苏	20935	7585	5886	5694	1770	8842	1262	781	694	19350
浙 江	18576	4833	6469	4256	3018	8438	1056	639	592	17902
#宁 波	2123	355	955	469	344	1268	69	114	108	2089
安 徽	11925	2820	3700	2936	2469	5819	776	391	324	11344
福 建	11041	3556	3174	3001	1310	4880	720	303	246	10666
#厦 门	2168	1078	678	353	59	887	128	57	56	2131
江 西	10549	3405	2853	2109	2182	4464	533	277	213	10240
山 东	21315	5832	5698	5215	4570	10132	1070	883	644	20656
#青 岛	2762	705	976	648	433	1665	126	178	143	2660
河 南	24163	4181	12393	4749	2840	12140	1544	553	428	23246
湖 北	26390	9018	11201	5069	1102	9434	1700	695	596	24441
湖 南	13394	4234	4127	2976	2057	6766	612	428	364	12352
广 东	20637	8961	5805	3834	2037	8066	1403	823	752	19532
#深 圳	3908	2623	991	286	8	1347	289	167	146	3759
广 西	12480	3070	4126	3873	1411	6322	724	239	223	11825
海 南	3522	725	950	1168	679	1635	262	48	40	3346
重 庆	7597	1698	2694	2965	240	3034	480	367	282	7088
四 川	30939	9061	10647	8651	2580	16420	2224	590	497	28637
贵 州	9031	2150	2606	2853	1422	4613	712	191	135	8106
云 南	16953	1573	7448	5527	2405	9451	1224	262	204	15541
西 藏	775	32	479	216	48	328	40	14	8	709
陕 西	19484	6908	8797	2685	1094	7905	1593	494	417	17912
甘 肃	9014	2181	3557	1971	1305	4123	614	209	162	7806
青 海	3388	1394	1185	675	134	1637	120	58	52	3116
宁 夏	2384	258	1090	688	348	1225	71	80	50	2282
新 疆	7397	1814	2626	1555	1402	2693	454	178	126	7041

表 17　2016 年按地区分测绘从业人员（续）

计量单位：人

地　区	专业技术人员年末人数									技能人才
	合计	#测绘专业技术人员				#测绘相关专业技术人员				
		小计	#高级	#中级	#初级	小计	#高级	#中级	#初级	
合　计	**344261**	**223881**	**27162**	**70989**	**80778**	**106826**	**16162**	**30367**	**30339**	**36887**
北　京	19062	10607	1485	2880	2916	6477	743	1198	1128	1261
天　津	5543	3685	781	1148	1235	1175	242	388	259	1370
河　北	15690	9952	1140	3256	3586	5303	827	1594	1403	2396
山　西	9131	6319	514	2210	2472	2473	334	830	692	1398
内蒙古	9881	6443	813	2282	2174	3071	591	929	798	934
辽　宁	11926	7969	1074	2970	2619	3735	738	1308	949	761
#大　连	2721	1869	226	584	549	823	139	258	286	46
吉　林	8056	5566	1022	1840	1954	2281	563	638	675	644
黑龙江	10706	7084	1087	2379	2349	3179	640	937	854	687
上　海	6062	3481	512	1091	1190	2378	527	697	682	750
江　苏	17497	11388	1365	3601	3906	5398	873	1518	1650	1770
浙　江	14085	9234	1054	2884	3437	4235	485	1110	1400	1033
#宁　波	1855	1193	163	396	429	594	61	175	231	151
安　徽	9802	6181	695	2012	2139	3272	412	953	937	1034
福　建	9391	6349	737	2159	2424	2769	382	738	869	704
#厦　门	1814	1118	149	400	338	596	96	130	119	116
江　西	8333	5489	622	1671	2170	2568	340	769	956	1204
山　东	17798	11598	1334	3602	4310	5748	719	1516	1857	1169
#青　岛	2367	1461	289	483	455	851	153	244	305	149
河　南	19685	13778	1317	4159	5442	5224	797	1679	1444	2321
湖　北	22021	13599	1828	4737	4353	7668	1108	2197	2305	2568
湖　南	11006	6954	825	2248	2407	3630	620	1228	900	1688
广　东	16094	9807	1202	2731	3126	5832	748	1243	1083	1477
#深　圳	2867	1527	244	353	496	1295	125	195	211	433
广　西	10821	6840	708	2249	2626	3698	550	1180	1086	779
海　南	2812	1821	186	500	711	880	126	236	259	307
重　庆	5694	3761	511	1251	1396	1675	206	512	499	1005
四　川	25803	16695	1357	4809	7363	8273	928	2173	3077	3321
贵　州	7629	5124	680	1638	1847	2204	346	723	603	761
云　南	14384	10087	1222	3205	3443	3712	685	1131	821	1245
西　藏	721	437	58	125	143	264	36	80	70	124
陕　西	15509	10898	1334	3267	4371	4151	569	1291	1434	2326
甘　肃	7608	5005	656	1508	1783	2166	421	621	647	1030
青　海	2914	1990	214	628	899	839	139	286	277	182
宁　夏	1996	1208	145	390	402	654	133	124	192	271
新　疆	6601	4532	684	1559	1585	1894	334	540	533	367

表 18　2016 年主要设备数量

计量单位：台/套

设备名称	年末数量								本年增加数量	本年减少数量
	合计	按质量状况分			按存在状态分		按设备原产地分			
		完好	待修	待废	在用	闲置	国产	进口		
全球导航卫星系统接收机	**89761**	88261	560	940	85862	3899	68674	21087	10123	2077
全站仪	**77830**	76753	504	573	74753	3077	49681	28149	6512	1949
水准仪	**51093**	50599	231	263	48760	2333	38669	12424	3974	1221
天文测量设备	**104**	103		1	98	6	54	50	17	16
重力仪	**439**	427	5	7	422	17	202	237	40	23
基线测量设备	**714**	700	11	3	688	26	591	123	107	61
航摄仪	**1157**	1144	7	6	1091	66	688	469	233	37
无人飞行器系统	**2206**	2185	17	4	2119	87	1914	292	678	40
多镜头多角度倾斜摄影测量系统	**215**	214	1		210	5	156	59	76	1
多角度倾斜摄影真三维处理系统	**875**	875			859	16	799	76	212	4
全数字摄影测量系统	**15587**	15519	12	56	15171	416	14105	1482	1772	112
遥感图像处理系统	**7635**	7629	2	4	7559	76	6635	1000	1255	96
地理信息处理软件	**37202**	37170	1	31	36928	274	34231	2971	4643	233
地理信息系统平台软件	**23678**	23674	2	2	23518	160	21182	2496	2884	147
地面移动测量系统	**1099**	1093	6		983	116	993	106	475	22
测深仪	**7937**	7849	40	48	7469	468	6860	1077	966	165
地下管线探测仪	**9849**	9765	28	56	9501	348	5197	4652	1559	192
手持测距仪	**75912**	75341	245	326	72807	3105	56077	19835	11493	861
声速仪	**1336**	1332	2	2	1261	75	768	568	201	52
水位计	**4253**	4225	4	24	4110	143	2903	1350	625	53
验流计	**1145**	1109	24	12	1066	79	664	481	161	24
浅地层剖面仪	**362**	362			345	17	161	201	36	1
多波束测深系统	**473**	463	7	3	447	26	138	335	48	8
侧扫声呐	**321**	319	1	1	302	19	87	234	38	4
海洋磁力仪	**236**	235	1		226	10	87	149	32	7
图形扫面议	**8960**	8893	31	36	8818	142	6211	2749	706	118
绘图仪	**15645**	15441	97	107	15338	307	9510	6135	1031	249
外业数据采集设备	**16689**	16330	104	255	16092	597	14170	2519	3309	469
导航地图编辑系统	**3217**	3188	18	11	2595	622	3158	59	1749	119
高性能图形编辑计算机	**92652**	92110	120	422	91349	1303	83974	8678	14053	2295
服务器	**42382**	42261	55	66	42257	125	38580	3802	11359	1253
地理信息应急监测车	**68**	67	1		66	2	65	3	16	18

表 19 2016 年末按类别分主要设备（一）

计量单位：台/套

类 别	全球导航卫星系统接收机	全站仪	水准仪	天文测量设备	重力仪	基线测量设备	航摄仪	无人飞行器系统	多镜头多角度倾斜摄影测量系统	多角度倾斜摄影真三维处理系统
合 计	**89761**	**77830**	**51093**	**104**	**439**	**714**	**1157**	**2206**	**215**	**875**
测绘地理信息	7003	4589	1945	13	27	8	126	223	24	55
国土资源	12328	9755	5521	2	139	62	72	310	18	9
城乡建设与规划	7615	8786	5609	7	8	32	32	170	11	12
铁 道	2688	3017	3433		7	62	18	4		4
交通运输	2761	2019	1886			9	3	20		
水利水电	6031	4618	3193	4	1	32	31	91	10	8
电 力	437	386	243				9	5	1	2
通 讯	10	7	5							
石 油	3091	674	249		6		6	8	1	1
石 化	1089	473	117		5			3	1	
煤 炭	1726	1567	1010	1	9	22	19	39	2	1
有 色	1314	1114	621	3	15	30	12	21	2	3
农 业	131	95	62				3	7		
林 业	752	147	141				3	1		
地 震	243	140	237	17	79	18				
海 洋	329	135	173		6	3	10	27	5	8
环 保	21	22	19							
公安武警	20	7	6							
科教文卫	632	894	903	1	5	6	19	27	1	3
航空航天	104	111	84			2	38	17	6	23
冶 金	1331	1463	772	4	6	40	18	27	4	2
其他系统	4710	4388	3014		41	49	91	187	8	4
私营企业	35395	33423	21850	52	85	339	647	1019	121	740
合资合作企业										

表 19 2016 年末按类别分主要设备（二）

计量单位：台/套

类别	全数字摄影测量系统	遥感图像处理系统	地理信息处理软件	地理信息系统平台软件	地面移动测量系统	测深仪	地下管线探测仪	手持测距仪	声速仪	水位计	验流计
合计	**15587**	**7635**	**37202**	**23678**	**1099**	**7937**	**9849**	**75912**	**1336**	**4253**	**1145**
测绘地理信息	3985	1197	4738	1779	54	210	759	2974	33	109	22
国土资源	1366	736	4754	2830	48	687	997	8921	133	235	75
城乡建设与规划	940	244	3514	1629	39	328	978	9822	57	158	31
铁道	204	17	126	50	3	112	90	241	2	14	1
交通运输	109	18	172	145	4	780	109	428	214	490	186
水利水电	585	188	892	441	11	1147	326	1320	119	1110	235
电力	40	34	136	117	3	43	49	178	8	29	17
通讯		8	14	9							
石油	70	32	154	239		116	86	76	30	62	12
石化	16	14	28	23		23	146	99	2	6	1
煤炭	311	157	677	389	25	96	279	1004	12	36	7
有色	128	33	414	276	2	127	244	901	25	68	17
农业	8	29	61	36		18	3	37	2	4	4
林业	10	51	180	62	3	4	9	142			
地震			14	16		8	10	109	1	34	
海洋	5	50	108	68		230	12	41	64	191	172
环保			6	4		1	3	17			
公安武警			4					1			
科教文卫	414	144	522	483	5	79	35	339	14	33	24
航空航天	132	89	79	71	10	7	21	81			
冶金	220	14	541	206		56	559	670	11	30	6
其他系统	989	424	2090	1731	25	523	624	4771	88	305	63
私营企业	6055	4156	17978	13074	867	3342	4510	43740	521	1339	272
合资合作企业											

表 19　2016 年末按类别分主要设备（三）

计量单位：台/套

类　别	浅地层剖面仪	多波束测深系统	侧扫声呐	海洋磁力仪	图形扫描仪	绘图仪	外业数据采集设备	导航地图编辑系统	高性能图形编辑计算机	服务器	地理信息应急监测车
合　计	**362**	**473**	**321**	**236**	**8960**	**15645**	**16689**	**3217**	**92652**	**42382**	**68**
测绘地理信息	4	13	10	9	654	1016	2797	11	13384	4521	28
国土资源	72	39	37	29	1425	2747	1828	9	10189	2014	7
城乡建设与规划	9	7	3	4	800	1842	625	21	7555	1689	3
铁　道	1	4	2	1	130	215	68		150	276	
交通运输	42	100	47	32	162	365	117	9	1226	394	
水利水电	40	65	27	15	511	784	399	1	2635	613	7
电　力	3	3	3	3	64	73	41	1	137	125	
通　讯					32	3	2	2	38	345	
石　油	14	11	14	9	85	144	427		223	67	
石　化	1	1	1		24	21	1		94	22	
煤　炭	3	3	2	2	225	454	130	7	1303	155	
有　色	9	10	6	6	141	257	253		1290	138	1
农　业					29	30	12		148	22	1
林　业					69	93	509	2	764	102	
地　震				4	30	12			60	49	1
海　洋	25	35	32	17	53	56	55	8	213	93	5
环　保					2	4					
公安武警					2	2	2				
科教文卫	8	8	7	4	111	85	140	2	1160	727	1
航空航天					20	10	65	10	523	175	1
冶　金	4	5	4	3	89	292	115		1214	139	
其他系统	24	27	23	14	566	775	623	222	4993	1696	1
私营企业	103	142	103	84	3736	6365	8480	2912	45353	29011	12
合资合作企业										9	

表 20 2016 年末按地区分主要设备（一）

计量单位：台/套

地 区	全球导航卫星系统接收机	全站仪	水准仪	天文测量设备	重力仪	基线测量设备	航摄仪	无人飞行器系统	多镜头多角度倾斜摄影测量系统	多角度倾斜摄影真三维处理系统
合 计	**89761**	**77830**	**51093**	**104**	**439**	**714**	**1157**	**2206**	**215**	**875**
北 京	4416	2863	1867	9	20	12	159	153	31	109
天 津	1622	1520	1753	7	16	1	25	22	3	7
河 北	5513	4096	2379	2	18	11	27	84	2	3
山 西	2604	2265	1550		3	4	40	50	2	1
内蒙古	3018	2243	1804	1	13	41	14	39	4	1
辽 宁	3588	2382	1697	1	5	27	37	53	5	10
#大 连	791	176	184				8			
吉 林	2724	1982	1251	11	9	9	17	37	1	2
黑龙江	2952	2361	1580	3	7	5	21	32	1	2
上 海	1187	1183	1120		3		5	12	3	
江 苏	3717	3839	2640		8	13	50	67	6	5
浙 江	3145	3315	1903	1	10	53	28	107	31	41
#宁 波	417	145	181				2			
安 徽	2454	2421	1586		10	18	5	25	1	2
福 建	2267	2350	1544	2	10	36	26	67	5	17
#厦 门	469	205	98				4			
江 西	1705	2134	1267		4	34	20	51	2	2
山 东	4206	3786	2279	2	5	38	48	84	17	10
#青 岛	609	187	194			8	9			
河 南	4658	5076	3264	3	12	8	80	151	3	3
湖 北	5183	4520	2987	4	79	111	87	153	14	516
湖 南	2987	2669	1448	5	23	39	16	43	5	3
广 东	3275	3397	2052	5	14	24	57	147	12	28
#深 圳	322	150	182				10			
广 西	2720	2492	1513	10	6	14	30	117	9	7
海 南	988	688	419		2	4	8	14		2
重 庆	1433	1597	786		4	9	45	50	3	5
四 川	6583	5574	3157	13	14	36	68	158	10	15
贵 州	2286	1870	1137	3	12	10	34	65	4	9
云 南	4198	3258	2256	11	18	53	55	116	14	7
西 藏	274	175	129		3	2				
陕 西	4246	3738	2895	5	50	50	84	103	6	25
甘 肃	2057	1540	1061	2	21	27	32	108	10	5
青 海	923	652	408		18	9	4	28	3	31
宁 夏	609	408	319	1	7	3	5	17		
新 疆	2223	1436	1042	3	15	13	30	53	8	7

表 20 2016 年末按地区分主要设备（二）

计量单位：台/套

地 区	全数字摄影测量系统	遥感图像处理系统	地理信息处理软件	地理信息系统平台软件	地面移动测量系统	测深仪	地下管线探测仪	手持测距仪	声速仪	水位计	验流计
合 计	**15587**	**7635**	**37202**	**23678**	**1099**	**7937**	**9849**	**75912**	**1336**	**4253**	**1145**
北 京	1149	547	2311	2152	447	185	536	2341	18	91	10
天 津	153	28	206	157	5	264	259	768	93	228	90
河 北	720	274	1505	866	4	340	745	3515	55	141	43
山 西	454	151	706	414	4	86	180	2183		3	
内蒙古	242	98	962	540	11	133	222	1992	2	7	1
辽 宁	997	246	1033	725	12	359	386	2344	86	182	63
#大 连	154	99	189	122	7	133	96	513	38	87	33
吉 林	311	47	579	309	10	113	165	1667		2	1
黑龙江	711	114	872	472	12	176	147	2578	15	44	12
上 海	56	20	168	169	2	322	213	575	90	355	110
江 苏	727	257	1480	994	56	671	725	4906	101	458	139
浙 江	535	181	1681	796	29	556	518	3791	110	421	99
#宁 波	59	34	179	100	5	125	70	502	37	83	45
安 徽	333	108	1243	662	6	233	260	2836	43	56	13
福 建	416	157	922	531	23	374	298	3096	109	210	99
#厦 门	92	18	164	69		88	55	385	19	48	44
江 西	365	163	905	555	44	151	156	2303	11	21	4
山 东	513	182	1578	1174	12	497	699	3996	123	315	100
#青 岛	48	23	135	83	6	127	66	451	40	99	60
河 南	1105	388	2397	1356	28	294	612	4929	12	34	8
湖 北	855	1627	4580	4084	169	511	464	3841	63	335	65
湖 南	437	277	1664	855	5	194	239	2367	35	73	23
广 东	507	324	2740	1732	16	802	660	4106	205	687	168
#深 圳	94	52	635	455	5	107	155	601	26	78	17
广 西	489	360	1050	532	28	234	123	3036	51	100	40
海 南	82	13	168	57	1	133	75	716	37	69	27
重 庆	306	70	766	319	15	144	291	1055	10	163	13
四 川	1176	563	2609	1066	16	328	690	4104	23	52	9
贵 州	331	166	556	417	10	122	113	1843	5	26	1
云 南	389	294	1374	782	63	216	241	3754	25	39	3
西 藏	10		60	8		18	15	171	3	4	1
陕 西	1251	534	1431	1202	33	216	377	3216	6	34	
甘 肃	481	185	489	291	23	90	154	1439	2	82	1
青 海	113	63	534	165	4	33	62	515	2	5	1
宁 夏	46	28	111	65	2	41	58	463		1	
新 疆	327	170	522	231	9	101	166	1466	1	15	1

表 20 2016 年末按地区分主要设备（三）

计量单位：台/套

地 区	浅地层剖面仪	多波束测深系统	侧扫声呐	海洋磁力仪	图形扫描仪	绘图仪	外业数据采集设备	导航地图编辑系统	高性能图形编辑计算机	服务器	地理信息应急监测车
合 计	**362**	**473**	**321**	**236**	**8960**	**15645**	**16689**	**3217**	**92652**	**42382**	**68**
北 京	6	7	5	5	393	451	1556	2352	10629	27168	1
天 津	24	35	25	14	96	228	65		1138	355	2
河 北	19	21	19	11	393	834	204		2438	794	1
山 西	1				255	541	227	1	1924	216	2
内蒙古	1	2			297	562	270	4	2313	432	2
辽 宁	29	31	26	17	295	592	301	4	2853	407	1
#大 连	23	21	20	11	56	128	25		482	71	
吉 林	1		1		140	293	371	2	1669	376	
黑龙江	3	4	3	2	207	420	656	1	2580	365	2
上 海	21	37	29	24	119	193	39	5	1000	395	
江 苏	22	39	20	13	383	716	312	5	5582	1021	1
浙 江	23	41	27	18	339	747	473	12	4882	860	5
#宁 波	5	12	7	6	27	91	12		688	68	1
安 徽		8		3	335	534	312	1	2817	346	
福 建	20	24	22	20	184	390	598	8	1605	491	1
#厦 门	6	7	7	5	31	56	72		430	79	
江 西	2	2	1	1	217	333	356	9	1884	217	1
山 东	41	46	46	31	399	1014	1157	24	4410	820	4
#青 岛	19	19	17	11	73	141	158	11	591	229	3
河 南	4	13	3	4	635	956	588	7	4911	654	
湖 北	32	30	24	16	651	825	702	55	5779	1288	12
湖 南	4	5	2	3	402	602	571	61	2911	578	1
广 东	48	80	48	32	406	850	1120	421	6409	1058	2
#深 圳	9	11	8	8	51	76	118	405	1542	422	
广 西	10	11	9	7	295	550	394	55	2628	421	1
海 南	9	8	4	5	40	93	106		504	162	1
重 庆	31	5	1		143	273	434	1	1169	305	1
四 川	5	2	2	4	712	958	2664	5	4960	774	8
贵 州	1	2			206	381	701	14	2000	269	8
云 南	2	7	1	5	478	752	942	135	3875	792	1
西 藏	1				11	16	17		79	10	
陕 西		2			403	619	648	10	4802	762	2
甘 肃	1	4	2	1	211	330	403	9	2551	416	4
青 海		5			84	121	77		423	74	1
宁 夏		1			50	88	61	8	542	140	
新 疆	1	1	1		181	383	364	8	1385	416	3

四、测绘地理信息系统单位

（一）测绘服务总值

表21　2016年测绘服务总值和劳动生产率

单　位	测绘服务总值（万元）	全员劳动生产率（元/人）
合计/平均值	**1120009.3**	**405830**
北　京	43149.4	521128
天　津	32092.9	495261
河　北	54640.7	766349
山　西	16413.0	228593
内蒙古	22337.9	305999
辽　宁	18975.8	279056
吉　林	22133.4	367665
黑龙江	58300.1	288614
上　海	29479.1	719002
江　苏	29532.6	502254
浙　江	36482.4	403121
安　徽	25351.2	330094
福　建	20280.5	453702
江　西	16995.7	281852
山　东	22852.5	300295
河　南	20326.3	358488
湖　北	29323.4	582971
湖　南	47095.2	659597
广　东	43236.5	391280
广　西	48045.2	368162
海　南	12661.9	349777
重　庆	25581.7	240429
重庆测绘院	9690.3	321937
四　川	103510.8	489181
贵　州	27962.1	348220
云　南	30952.6	413805
西　藏	1021.3	182371
陕　西	58350.2	269516
甘　肃	13956.2	279124
青　海	13462.3	198852
宁　夏	10005.7	406735
新　疆	20074.6	295214
青　岛		
大　连	1524.0	175172
宁　波	13959.7	719570
深　圳	12488.5	303857
厦　门	2925.1	201734
中国地图出版集团	59835.5	1335613
测绘研究院	20126.6	723979
地理信息中心	15244.6	861276
卫星应用中心	10895.6	1415016
质量检验中心	2694.1	420947
国家局及其其他直属单位	16042.3	423281

（二）生产

表 22 2016 年测绘基准建设

单 位	本年卫星定位连续运行基准站建设（座）	#自建（座）	GNSS 大地控制点测量（点）	水准测量		重力测量（点）	本地似大地水准面精化（平方千米）
				点数（点）	水准观测长度（千米）		
合 计	**143**	**58**	**879**	**3668**	**13004**	**55**	**51995**
北 京							
天 津	1	1		60			
河 北							
山 西							
内蒙古			100	100	4000		
辽 宁							
吉 林	4		196	197	2258		
黑龙江			369	2226			
上 海							
江 苏					1300	55	
浙 江	3	3					
安 徽							
福 建	21	21		66	1730		
江 西							
山 东							
河 南	5	5		120	500		
湖 北							
湖 南							
广 东	3			404	2592		
广 西	8						
海 南							
重 庆			120	140	224		
四 川							
贵 州	27	27					
云 南							
西 藏							
陕 西							
甘 肃							
青 海							
宁 夏	1	1	92	213			51995
新 疆	68						
青 岛							
大 连							
宁 波	2		2	142	401		
深 圳							
厦 门							

表 23　2016 年航空摄影

计量单位：平方千米

单　位	合计	按分辨率分		
		0.2 米以内（含）	0.2 米－0.5 米（含）	0.5 米以上
合　计	**1495111.3**	**475557.5**	**821979.8**	**197574.0**
北　京				
天　津				
河　北				
山　西				
内蒙古	36524.0	9409.0	27115.0	
辽　宁	5731.1	584.1		5147.0
吉　林	21000.0			21000.0
黑龙江	89709.0	89659.0	50.0	
上　海	8000.0	8000.0		
江　苏	80780.0	780.0	80000.0	
浙　江	22955.0	20834.0	2121.0	
安　徽	18428.0		18428.0	
福　建	14666.6	1690.6	12976.0	
江　西	355.0	355.0		
山　东	157900.0			157900.0
河　南	3810.9	3228.9	255.0	327.0
湖　北				
湖　南	54484.0	54184.0	300.0	
广　东	491.4	491.4		
广　西	215245.0	215245.0		
海　南	120.0	120.0		
重　庆	1000.0	1000.0		
四　川				
贵　州	43645.0	43645.0		
云　南	4728.0	4728.0		
西　藏				
陕　西				
甘　肃	10421.0	207.0	10214.0	
青　海				
宁　夏				
新　疆	35097.6	2819.0	32278.6	
青　岛	11000.0		11000.0	
大　连				
宁　波	488.1	88.1	400.0	
深　圳				
厦　门	1800.0	1800.0		
地理信息中心	656731.6	16689.4	626842.2	13200.0

表 24 2016 年卫星影像获取

计量单位：平方千米

单位	合计	按分辨率分				
		0.5 米以内(含)	0.5 米 - 1 米(含)	1 米 - 2.5 米(含)	2.5 米 - 10 米(含)	10 米以上
合计	**1250144689.8**	**258708.0**	**1231092.7**	**326525490.1**	**921871499.0**	**257900.0**
北京						
天津						
河北						
山西	25565.0		25565.0			
内蒙古						
辽宁	70119.0		4700.0	65419.0		
吉林						
黑龙江						
上海	16000.0		8000.0	8000.0		
江苏	205200.0				205200.0	
浙江						
安徽	280000.0			140000.0	140000.0	
福建	11950.7		11950.7			
江西	166900.0			166900.0		
山东	370600.0			157900.0	212700.0	
河南	42140.0		42140.0			
湖北						
湖南						
广东	25000.0			25000.0		
广西	621655.4		292152.3	329503.1		
海南						
重庆	214800.0	2000.0	8000.0	40000.0		164800.0
四川						
贵州						
云南	784348.0	16248.0	376800.0	14500.0	376800.0	
西藏	11252.0			11252.0		
陕西						
甘肃	102192.0		36816.0	65376.0		
青海						
宁夏						
新疆	454920.0	227460.0		222860.0	4600.0	
青岛						
大连						
宁波	10000.0	10000.0				
深圳						
厦门	3000.0	3000.0				
地理信息中心	736547.7		424968.7	206280.0	12199.0	93100.0
卫星应用中心	1245992500.0			325072500.0	920920000.0	

表 25 2016 年地理信息数据生产（一）

计量单位：平方千米，幅

单位	数字线划地图（DLG）													
	合计		#1:5 万		#1:1 万		#1:5000		#1:2000		#1:1000		#1:500	
	面积	图幅数	面积	图幅数	面积	图幅数	面积	图幅数	面积	图幅数	面积	图幅数	面积	图幅数
合计	**37981953**	**448892**	**15558389**	**40465**	**2769352**	**103551**	**5527**	**1121**	**128577**	**138375**	**17501**	**68314**	**5826**	**95715**
北京	16695	17823			9140	457			7132	8916			423	8450
天津	12073	19199							11900	15741			173	3458
河北	66477	27448			61625	3054	241	39	569	569	3209	10558	833	13228
山西	15883	1964			15800	632							83	1332
内蒙古	40365	2205			40125	1605			120	120	120	480		
辽宁	32448	2275			30633	1240	1040	260	775	775				
吉林	42370	1803			42370	1803								
黑龙江	9434699	32972	5610700	15588	280777	11666			122	122	495	2063	206	3287
上海	17466	34526			6341	322			7847	9809	2745	13723	534	10672
江苏	48500	12514			47520	176					340	1218	640	11120
浙江	139648	25171			131208	4686			7637	7637			803	12848
安徽	34785	9685			32700	1200	12	4	655	655	1239	4956	179	2870
福建	10985	893			10440	348			545	545				
江西	51	196							8	8	43	188		
山东	157900	6432			157900	6432								
河南	64837	18115			60562	2599	821	162	728	829	2464	10135	262	4390
湖北	10939	2812			9324	342			1390	1390	210	840	15	240
湖南	178318	53374			132844	4606			44900	44900	443	1772	131	2096
广东	282	3876											282	3876
广西	202183	9497			200843	6815			1339	2676	1	6		
海南	6412030	2380	373000	1100	19000	653	110	46	20	48				
重庆	89	1610											89	1610
重庆测绘院	950136	3737	946428	2057	1999	70			286	290	1361	340	62	980
四川	7248634	63252	3511000	8748	1097315	39883			4586	4586	837	3118	417	6665
贵州	96147	6917			95465	3490			499	499			183	2928
云南	70967	2976			70412	2428	89	12	463	485	2	12	1	39
西藏	32500	1120			32500	1120								
陕西	12479989	25716	5115261	12954	57290	2513	40	7	7024	7410	299	1327	75	1185
甘肃	34600	1525			33425	1337	1175	188						
青海	948	722			775	31					173	691		
宁夏	29662	1968			29386	963			33	33			243	972
新疆	27083	1925			27030	1081					0.3	1	53	843
青岛														
大连	13	163							3	3			10	160
宁波	219	1857							73	125	73	385	73	1347
深圳	8009	7876	2000	18	2000	127	2000	403	300	300	1709	7028		
厦门														
中国地图出版集团														
测绘研究院	64024	42368			32603	1872			29624	29904	1739	9473	58	1119
地理信息中心														
卫星应用中心														

表 25　2016 年地理信息数据生产（二）

计量单位：平方千米，幅

单　位	数字高程模型（DEM）													
	合计		#1:5 万		#1:1 万		#1:5000		#1:2000		#1:1000		#1:500	
	面积	图幅数	面积	图幅数	面积	图幅数	面积	图幅数	面积	图幅数	面积	图幅数	面积	图幅数
合　计	**2020800**	**178016**	**1085360**	**2517**	**803105**	**30726**	**23810**	**4891**	**100568**	**100479**	**7326**	**29861**	**632**	**9542**
北　京														
天　津														
河　北	46885	13425			44425	1777			1363	1363	610	2489	487	7796
山　西	900	900							900	900				
内蒙古	39690	2538			39450	1578			120	480	120	480		
辽　宁	11425	1725			10931	451	260	1040	234	234				
吉　林														
黑龙江	453720	6832	312000	780	141720	6052								
上　海	8000	9830							8000	9830				
江　苏														
浙　江	47920	5503			43988	1571			3932	3932				
安　徽	32800	1680			32700	1200					100	480		
福　建	21779	764			21779	764								
江　西	160	250							160	250				
山　东														
河　南	6072	25809									5978	24305	94	1504
湖　北														
湖　南	36767	4859			33650	1142			2917	2917	200	800		
广　东	8100	313			8100	313								
广　西	47992	26267			22492	767			25500	25500				
海　南	18000	650			18000	650								
重　庆	143	572							143	572				
重庆测绘院	320	13			320	13								
四　川	502518	9623	371360	844	127080	4700			4079	4079				
贵　州	47772	1706			47772	1706								
云　南	32744	1111			32744	1111								
西　藏	32500	1120			32500	1120								
陕　西	416678	6049	400000	892	12275	491			4388	4471	4	17	11	178
甘　肃	45300	1953			44125	1765	1175	188						
青　海	23123	2004			22875	915					248	1089		
宁　夏	16625	665			16625	665								
新　疆	27000	1080			27000	1080								
青　岛														
大　连														
宁　波	1300	1507							1300	1507				
深　圳	6000	531	2000	1	2000	127	2000	403						
厦　门														
中国地图出版集团														
测绘研究院	88567	48737			20554	768	20375	3260	47532	44444	66	201	40	64
地理信息中心														
卫星应用中心														

表 25　2016 年地理信息数据生产（三）

计量单位：平方千米，幅

单位	数字栅格地图（DRG）													
	合计		#1:5 万		#1:1 万		#1:5000		#1:2000		#1:1000		#1:500	
	面积	图幅数	面积	图幅数	面积	图幅数	面积	图幅数	面积	图幅数	面积	图幅数	面积	图幅数
合　计	**495109**	**20803**			**493191**	**19048**	**1175**	**188**	**717**	**1491**	**25**	**76**		
北　京														
天　津														
河　北														
山　西														
内蒙古														
辽　宁														
吉　林														
黑龙江	192950	7718			192950	7718								
上　海														
江　苏														
浙　江														
安　徽	17775	660			17775	660								
福　建														
江　西														
山　东														
河　南														
湖　北														
湖　南	82596	2974			82511	2889			85	85				
广　东	93060	3592			93060	3592								
广　西														
海　南														
重　庆														
重庆测绘院														
四　川														
贵　州	20220	722			20220	722								
云　南														
西　藏														
陕　西														
甘　肃	34600	1525			33425	1337	1175	188						
青　海														
宁　夏	53250	2130			53250	2130								
新　疆														
青　岛														
大　连														
宁　波														
深　圳														
厦　门														
中国地图出版集团														
测绘研究院	657	1482							632	1406	25	76		
地理信息中心														
卫星应用中心														

表 25 2016 年地理信息数据生产（四）

计量单位：平方千米，幅

单 位	数字正射影像（DOM）													
	合计		#1:5 万		#1:1 万		#1:5000		#1:2000		#1:1000		#1:500	
	面积	图幅数	面积	图幅数	面积	图幅数	面积	图幅数	面积	图幅数	面积	图幅数	面积	图幅数
合 计	**15042931**	**968618**	**10041805**	**27482**	**3127424**	**157139**	**136460**	**29003**	**401678**	**652084**	**22979**	**66177**	**1986**	**31558**
北 京														
天 津														
河 北	68034	43986			58500	33500			7967	5684	1516	3895	50	907
山 西	34705	12430			29750	1190			4460	4460	95	380	400	6400
内蒙古	41097	4035			40125	1605			486	486	486	1944		
辽 宁	31408	2075			30633	1300			775	775				
吉 林	42370	1804			42370	1804								
黑龙江	838234	31555	721200	1803	94442	4105	160	49	19786	19786	2613	5272	33	540
上 海	8000	9830							8000	9830				
江 苏	337700	16860			337700	16860								
浙 江	346544	29363	139000	331	184920	6408			22624	22624				
安 徽	91409	14464			68150	2534	16814	2491	5575	5575	848	3472	22	392
福 建	16041	4377			15079	529					962	3848		
江 西	40	49							40	49				
山 东	315800	12864			315800	12864								
河 南	132883	29116			127428	4868			1342	5368	3921	15808	192	3072
湖 北	31	31							31	31				
湖 南	188975	67144			132380	4606			54794	54794	1756	7024	45	720
广 东	57841	61067					7434	9741	50358	50346			49	980
广 西	186523	340187			90520	3560	13300	1924	82703	334703				
海 南	374073	1705									73	294		
重 庆	143	16							143	16				
重庆测绘院	1670000	3630	1670000	3630										
四 川	2335416	21041	2238960	5513	72173	2561	17591	2513	6442	6442			251	4012
贵 州	93728	44096			53127	1899			38469	26469	1532	6128	600	9600
云 南	557848	16383			68504	2303	51561	6957	523	645	660	2840		
西 藏	32500	1120			32500	1120								
陕 西	3623058	32854	3565220	8890	48900	1956			7274	16758	1663	5250		
甘 肃	45300	1953			44125	1765	1175	188						
青 海	35580	20178	18	436	22875	915			12439	17738	248	1089		
宁 夏	18985	938			16825	681	290	47	1870	210				
新 疆	1032169	9563	500000	3861	31900	1276							269	4300
青 岛														
大 连														
宁 波	1300	1507							1300	1507				
深 圳	4000	1170			2000	262	2000	908						
厦 门														
中国地图出版集团														
测绘研究院	2481196	131227	1207406	3018	1166699	46668	26135	4185	74276	67788	6605	8933	75	635
地理信息中心														
卫星应用中心														

表 26　2016 年地图编制

单　位	地形图（幅）							专题地图（种）	地图集（种）	电子地图（种）
		#1:5 万	#1:1 万	#1:5000	#1:2000	#1:1000	#1:500			
合　计	**196928**	**27407**	**37145**	**64**	**57864**	**25337**	**47942**	**5139**	**101**	**187**
北　京										
天　津	1298				77		1221	11	9	1
河　北	5624		904		169	1063	3488	5		
山　西	3129		542		327	368	1892	3	1	
内蒙古	2993		443			1358	1192	38	2	
辽　宁	1085		353		732					
吉　林								14	3	1
黑龙江	25649	12102	5031		1344	543	6383	195	6	7
上　海	34530		481		9897	13544	10608		2	
江　苏	801		176			625			4	
浙　江	6671		1039		1932	68	3632	47	10	20
安　徽	1323		300			1023		106		
福　建	3846				10	572	3264	100		
江　西	1146		950		8	188		4		
山　东								150	5	
河　南	7896		1450	64	620	1540	4101	25	3	
湖　北									3	
湖　南	28089		2889		22984	120	2096	33	20	8
广　东	420						420	37	3	2
广　西	4478		1802		2676			10	1	
海　南	727	609					16	132		
重　庆								15	10	123
重庆测绘院	1269	1033			12		224			
四　川	9772	3223	821		1783	20	3779	50		
贵　州	6845	32	5958		855			5	4	
云　南	4115		2478		335	294	1008	31	2	6
西　藏										
陕　西	19510	10408	535		7044	815	708	5	9	
甘　肃	1921		247		790	330		2		
青　海	5686		586		618	2335	2147	21		
宁　夏	1122		646		60		416		1	
新　疆	948		948					4044	2	3
青　岛										
大　连										
宁　波	1857				125	385	1347	11	1	15
深　圳										1
厦　门										
中国地图出版集团								45		
测绘研究院	14178		8566		5466	146				
地理信息中心										
卫星应用中心										
三亚培训中心										

表 27 2016 年界线测绘和工程测量

单位	地籍测绘	房产测绘	行政区域界线测绘	工程测量（项）						
	面积（平方千米）	面积（万平方米）	长度（千米）	合计	20 万以下	20 万（含）-50 万	50 万（含）-200 万	200 万（含）-500 万	500 万（含）以上	1000 万（含）以上
合计	**134250.0**	**7872.0**	**2684.8**	**13196**	**10511**	**2164**	**392**	**97**	**28**	**4**
北京			1891.8	3423	1716	1554	103	45	4	1
天津	479.0	0.01		632	499	80	53			
河北	9177.0	0.01		63	26	11	11	9	5	1
山西										
内蒙古	117.0		1.0	5		3	2			
辽宁	31.7			5	2	2	1			
吉林				1			1			
黑龙江	2120.9	32.9		96	51	12	29	4		
上海				1021	941	53	19	5	2	1
江苏				5	5					
浙江	238.0	3.8		41	12	15	9	3	2	
安徽	110.0	11.6	62.0	10	8		2			
福建		700.0								
江西	55630.0			27	22	5				
山东				11	4	5	2			
河南	550.0			9	3	2	2	1	1	
湖北	82.0									
湖南	98.0	284.5		57	32	9	6	5	5	
广东	28.0	20.0	730.0	25	8	3	8	5	1	
广西	3.6	35.7		20	16	1	3			
海南				21	9	6	3	3		
重庆				6454	6122	253	76	3		
重庆测绘院	48.0			182	145	15	16	3	3	
四川	1794.1	4.0		76	51	11	8	3	2	1
贵州	4136.0	3.5		86	66	14	4	2		
云南	241.3	0.8		27	18	5	4			
西藏				2	1		1			
陕西	4142.4	290.0		85	51	20	11	3		
甘肃	6107.1			7	1	2	3		1	
青海	40138.5	301.8		95	71	18	5		1	
宁夏	1.6			4		1	1	1	1	
新疆				4	4					
青岛										
大连	0.8			22	22					
宁波		100.0		298	250	44	4			
深圳		6083.4		366	351	12	3			
厦门				11	2	7	1	1		
中国地图出版集团										
测绘研究院	8975.0			5	2	1	1	1		
地理信息中心										
卫星应用中心										
三亚培训中心										

表 28 2016 年地理信息系统开发

单 位	系统开发数量（项）			系统开发经费（万元）	
		#基于“天地图”	#基于数字城市	收费金额	免费金额
合 计	**398**	**132**	**185**	**50133.1**	**3493.6**
北 京	12			4325.1	388.0
天 津	4	4	4	1075.7	
河 北	9	7	7	3967.1	
山 西	18	1	17	140.0	550.0
内蒙古	3		2	700.0	
辽 宁					
吉 林	1	1	1		50.0
黑龙江	11	7	8	650.0	
上 海	4	4	4	803.2	
江 苏	9	2	2	7198.6	
浙 江	24	13	14	2262.9	
安 徽	3	2		84.4	
福 建	12	8	6	200.0	75.0
江 西	4	1	2	915.0	20.0
山 东	4		2	68.0	177.0
河 南	25	5	21	732.8	50.0
湖 北	5	2		519.3	
湖 南	21	9	9	333.0	263.0
广 东	52	16	49	2124.5	148.6
广 西	6	3	2	256.1	10.0
海 南	1			1775.0	
重 庆	10	2		433.0	
重庆测绘院	5			109.4	185.0
四 川	43	12		3514.3	30.0
贵 州	12	1	4	5305.0	115.0
云 南	12	1	1	1881.3	
西 藏					
陕 西	16	4	3	3753.4	276.0
甘 肃	13	3	5	2713.5	
青 海	6	5	6	168.0	
宁 夏	8	7	6	319.0	218.0
新 疆	5	2	1	60.0	459.2
青 岛					
大 连	1		1	14.0	
宁 波	4	1	4	139.4	
深 圳	2	1	1	341.0	
厦 门	2	1	2		78.8
中国地图出版集团					
测绘研究院	22	4	1	2752.3	400.0
地理信息中心	9	3		498.8	
卫星应用中心					

表 29 2016 年末全国 1:1 万地图覆盖

计量单位：平方千米，幅

单 位	地形图		数字线划地图（DLG）		数字高程模型（DEM）		数字正射影像（DOM）	
	面 积	图幅数	面 积	图幅数	面 积	图幅数	面 积	图幅数
合 计	**5778585**	—	**5641028**	—	**5292533**	—	**5477310**	—
北 京	16410	933	16410	933	16410	933	16410	933
天 津	11900	700	11900	700	11900	700	11900	700
河 北	188000	8108	188000	8108	138100	5524	188000	8108
山 西	156700	6319	156700	6319	156700	6319	156700	6319
内蒙古	523625	20945	523625	20945	429150	17166	429150	17166
辽 宁	148000	6516	148000	6516	148000	6516	148000	6516
吉 林	187400	8636	187400	8636	130000	6974	176000	8185
黑龙江	454000	21634	454000	21634	269763	12852	454000	21634
上 海	6341	322	6341	322				
江 苏	108600	4290	108600	4290	102600	4131	107736	4258
浙 江	101800	4336	101800	4336	101800	4336	101800	4336
安 徽	139400	5474	139400	5474	139400	5474	139400	5474
福 建	124000	4689	124000	4689	124000	4689	124000	4689
江 西	166900	6197	166900	6197	166900	6197	166900	6197
山 东	157900	6432	157900	6432	157900	6432	157900	6432
河 南	167000	6562	167000	6562	167000	6562	167000	6562
湖 北	145600	5600	183162	6809	185900	7174	185900	7174
湖 南	211800	7834	211800	7834	211800	7834	211800	7834
广 东	179800	6599	179800	6599	179800	6599	179800	6599
广 西	236700	8495	236700	8495	236700	8495	236700	8495
海 南	34000	1854	34000	1854	34000	1854	34000	1854
重 庆	82400	3263	82400	3263	82400	3263	82400	3263
四 川	315900	11932	315900	11932	315900	11932	386000	13700
贵 州	176200	6590	42131	1494	176200	6590	49829	1767
云 南	394135	13878	394135	13878	394135	13878	394135	13878
西 藏	67172	2399	67172	2399	67172	2399	67172	2399
陕 西	205600	8347	205600	8347	202800	8112	151375	6095
甘 肃	280575	11223	280575	11223	304750	12190	303125	12125
青 海	72213	2815	72213	2815	72213	2815	72213	2815
宁 夏	57690	2250	57690	2250	57690	2250	57690	2250
新 疆	660825	26433	619775	24791	511450	20458	520275	20811

表30　2016年末数字城市地理空间框架建设

计量单位：个

单 位	地级行政区			县级行政区			乡镇级行政区		
	总数	#开展建设数字城市	#建成数字城市	总数	#开展建设数字城市	#建成数字城市	总数	#开展建设数字城市	#建成数字城市
合 计	**334**	**334**	**280**	**2851**	**684**	**286**	**39862**	**57**	**13**
北 京				16	5	5	331	2	2
天 津				16			245		
河 北	11	11	11	168	141	12	2255		
山 西	11	11	10	119	17	12	1398		
内蒙古	12	12	6	103	19	3	1014		
辽 宁	14	14	14	100	2	2	1531		
吉 林	9	9	3	60	14	5	910		
黑龙江	13	13	13	128	5		1197	2	
上 海				16			214		
江 苏	13	13	13	96	26	10	1287		
浙 江	11	11	11	89	63	63	1378		
安 徽	16	16	6	105	17		1488		
福 建	9	9	9	85	17	6	1105		
江 西	11	11	11	100	8	2	1555		
山 东	17	17	17	137	94	88	1826		
河 南	17	17	10	158	29	13	2435	53	11
湖 北	13	13	9	103	11	4	1234		
湖 南	14	14	14	122	53	8	1929		
广 东	21	21	21	121	116	34	1600		
广 西	14	14	13	111	4		1246		
海 南	4	4	2	23	8		218		
重 庆				38	6	5	1028		
四 川	21	21	21	183	5	3	4633		
贵 州	9	9	5	88	3		1379		
云 南	16	16	14	129	2	1	1389		
西 藏	7	7	7	74			697		
陕 西	10	10	3	107	4	2	1295		
甘 肃	14	14	12	86	4	4	1352		
青 海	8	8	8	43	1		399		
宁 夏	5	5	3	22	6	1	237		
新 疆	14	14	14	105	4	3	1057		

注：表中行政区划总数摘自《2017中国统计摘要》。乡镇级总数包含河北省、新疆维吾尔自治区的各一个区公所。

表 31 2016 年末智慧城市时空信息云平台建设

计量单位：个

单 位	地级行政区			县级行政区			乡镇级行政区		
	总数	#开展建设智慧城市	#建成智慧城市	总数	#开展建设智慧城市	#建成智慧城市	总数	#开展建设智慧城市	#建成智慧城市
合 计	**334**	**35**		**2851**	**10**		**39862**		
北 京				16	1		331		
天 津				16			245		
河 北	11	1		168			2255		
山 西	11	1		119			1398		
内蒙古	12			103			1014		
辽 宁	14	2		100			1531		
吉 林	9	1		60			910		
黑龙江	13	2		128	1		1197		
上 海				16			214		
江 苏	13	3		96	3		1287		
浙 江	11	2		89	2		1378		
安 徽	16			105			1488		
福 建	9	1		85			1105		
江 西	11	3		100			1555		
山 东	17	4		137	1		1826		
河 南	17	2		158			2435		
湖 北	13	2		103	1		1234		
湖 南	14	2		122			1929		
广 东	21	3		121			1600		
广 西	14	1		111			1246		
海 南	4			23			218		
重 庆				38			1028		
四 川	21	1		183			4633		
贵 州	9			88			1379		
云 南	16			129			1389		
西 藏	7			74			697		
陕 西	10	1		107			1295		
甘 肃	14	2		86			1352		
青 海	8			43	1		399		
宁 夏	5			22			237		
新 疆	14	1		105			1057		

注：表中行政区划总数摘自《2017 中国统计摘要》。乡镇级总数包含河北省、新疆维吾尔自治区的各一个区公所。

（三）测绘成果管理与应用

表 32 2016 年测绘成果类行政审批

计量单位：件

地区	涉密基础测绘成果资料提供使用审批			对外提供我国涉密测绘成果审批		永久性测量标志拆迁审批	
	申请数	批准数		申请数	批准数	申请数	批准数
			#接受国家测绘地理信息局委托				
合 计	**14293**	**13655**	**1042**	**10**	**10**	**58**	**51**
北 京	316	271	40				
天 津	20	20		6	6		
河 北	374	374					
山 西	374	374				10	10
内蒙古	711	711					
辽 宁	282	274				1	
吉 林	508	508					
黑龙江	456	446	367				
上 海	7	7				4	4
江 苏	220	213				6	6
浙 江	154	154	36			3	2
安 徽	440	435				4	4
福 建	320	320	69			2	2
江 西	476	476		1	1	3	3
山 东	557	332	72			2	2
河 南	285	275					
湖 北	557	557					
湖 南	663	663				4	4
广 东	246	189	36				
广 西	843	843	163			4	4
海 南	82	82		1	1	1	1
重 庆	268	262					
四 川	1146	1119				3	3
贵 州	347	286					
云 南	727	576	2	2	2		
西 藏	425	425				1	
陕 西	542	534					
甘 肃	762	751	257				
青 海	336	336					
宁 夏	191	189					
新 疆	953	953				5	1
国家测绘地理信息局	705	700	—			5	5

表 33 2016 年按类别分地形图和专题地图提供

计量单位：张

类 别	地形图			专题地图
	总数	#1:1 万	#1:5 万	
合 计	**247700**	**59849**	**35184**	**25841**
一、按成果领用单位类型	—	—	—	—
1. 党政机关	10364	4226	1826	6340
2. 事业单位	60992	26452	14200	8195
3. 企业	165815	28480	15545	1516
#私营企业	43640	3447	1975	41
#涉外企业	392			
4. 国（境）外组织机构	8			
5. 其他	10521	691	3613	9790
二、按成果应用领域	—	—	—	—
1. 党政领导机关	4545	1530	618	1626
#用于应急保障	47	6	8	239
2. 测绘地理信息	14688	8218	5877	7021
3. 土地	3574	1342	644	106
4. 地矿	11710	5415	5597	27
5. 城乡建设与规划	115765	2612	1169	721
6. 交通运输	32503	20745	8471	1422
#铁道	14546	7551	5370	40
7. 水利水电	11862	8641	1758	25
8. 电力	6276	2822	2059	1682
9. 通讯	387	1	2	83
10. 石油石化	2560	1807	425	2
11. 煤炭	323	205	118	28
12. 农业	436	171	252	
13. 林业	5983	820	593	18
14. 气象	138	127	9	
15. 地震	161		159	6
16. 海洋	29	2	27	15
17. 环保	12201	366	364	1
18. 公安武警	559		291	382
19. 烟草	1			
20. 科教文卫	4576	472	402	474
21. 出版	42			1
22. 民政	291	22	269	84
23. 军队	4252	801	3179	136
24. 航空航天	2141	101	1266	5
25. 信息传输、软件和信息技术服务业	278	2	39	20
#互联网和相关服务	33			1
#软件和信息技术服务业	75		39	
26. 其他	12419	3627	1596	11956
三、按成果使用方式	—	—	—	—
1. 有偿使用	222259	47565	27032	13597
2. 无偿使用	25441	12284	8152	12244

表34　2016年按地区分地形图和专题地图提供

计量单位：张

地区	地形图			专题地图
	总数	#1:1万	#1:5万	
合计	**247700**	**59849**	**35184**	**25841**
北京	6924	276		
天津				
河北	1417	1169	201	
山西	3235	2744	480	1464
内蒙古	8265	3539	4378	
辽宁	1804	1307	494	284
吉林	3769	2389	1380	2146
黑龙江	6461	5110	1210	
上海	131436			373
江苏	2349	2133	214	
浙江	865	519	341	
安徽	3702	3005	695	
福建	4117	1126	2904	5
江西	3532	3078	410	40
山东	860	358	255	
河南	1286	1081	201	4703
湖北	424		424	
湖南	4126	3611	459	
广东	5271	4608	590	
广西	2168	1916	252	122
海南	93	41	20	531
重庆	2250	1899	342	1444
四川	663	379	248	6
贵州	2288	1848	350	
云南	6414	5067	1339	
西藏	1876	72	1634	10259
陕西	5779	5018	654	
甘肃	6875	4930	1931	470
青海	1191	173	970	1458
宁夏	1004	898	104	1286
新疆	6553	1546	4112	1237
青岛	504	9		
大连	32			
宁波	4578			
深圳	990			13
厦门	857			
地理信息中心	13742		8592	

表 35　2016 年按类别分数字测绘成果提供

计量单位：幅，GB

类　别	数字线划地图（DLG）						数字高程模型（DEM）					
	合计		#1:1 万		#1:5 万		合计		#1:1 万		#1:5 万	
	图幅数	数据量	图幅数	数据量	图幅数	数据量	图幅数	数据量	图幅数	数据量	图幅数	数据量
合　计	**348935**	**7080.9**	**181705**	**3326.0**	**50944**	**3008.9**	**226759**	**6157.2**	**180278**	**2887.4**	**33944**	**874.3**
一、按成果领用单位类型	—	—	—	—	—	—	—	—	—	—	—	—
1. 党政机关	83953	1603.5	18502	186.5	26703	1272.7	29853	699.3	14674	152.8	9836	398.3
2. 事业单位	269046	4570.4	151900	2732.2	46502	1409.8	189906	5120.5	151534	2508.7	30569	472.9
3. 企业	80357	583.5	25877	216.6	3651	219.9	6622	180.8	6178	71.3	265	1.1
#私营企业	18815	63.7	7662	47.7	370	5.3	351	2.2	300	2.0	51	0.2
#涉外企业	81	0.1										
4. 国（境）外组织机构												
5. 其他	47147	323.5	9536	190.6	5790	106.7	10646	156.6	10201	154.5	417	2.0
二、按成果应用领域	—	—	—	—	—	—	—	—	—	—	—	—
1. 党政领导机关	11659	63.8	2687	30.9	1001	23.1	3841	522.1	1204	30.0	1060	360.3
#用于应急保障	1030	19.9	13	0.1	934	19.7	1040	3.9	106	1.0	934	2.9
2. 测绘地理信息	183887	2667.2	114419	1950.1	29618	551.4	160099	4804.9	132090	2278.6	21246	401.6
3. 土地	22509	165.9	5873	45.0	1930	48.0	15482	150.0	15056	145.7	239	3.7
4. 地矿	12327	355.5	2902	46.3	9032	305.4	14656	47.4	1759	12.9	12884	34.5
5. 城乡建设与规划	81329	360.4	18008	141.6	536	8.1	5534	18.9	2227	8.1	395	1.9
6. 交通运输	28303	314.3	25431	285.7	1555	26.7	313	1.9	302	1.8	11	0.03
#铁道	7072	59.0	5976	42.9	942	15.9	170	1.1	170	1.1		
7. 水利水电	75795	562.4	16111	137.9	24944	383.6	10628	43.7	9329	39.0	1299	4.7
8. 电力	5457	30.3	4087	27.9	62	1.0	947	5.4	947	5.4		
9. 通讯	1179	12.9	57	0.3								
10. 石油石化	1406	10.7	601	3.2	25	0.1	413	2.1	324	1.7	12	0.04
11. 煤炭	480	10.8	213	4.6	267	6.2	25	0.2	25	0.2		
12. 农业	25315	393.3	56	0.2	24211	371.7	96	0.8	19	0.4		
13. 林业	68769	547.9	11168	130.7	24788	382.1	3018	137.6	1951	22.7	74	0.2
14. 气象	26165	394.7	304	3.8	24182	371.5	1126	14.3	310	8.1		
15. 地震	916	16.4	29	0.4	67	2.9	55	0.1			55	0.1
16. 海洋	8513	13.4	992	3.3	27	0.3	360	0.6	322	0.5		
17. 环保	40999	661.4	13998	228.9	25914	394.2	816	6.3				
18. 公安武警	35179	145.2	4626	114.0	594	12.6	28	0.1				
19. 烟草												
20. 科教文卫	4482	10.5	450	3.7	165	2.2	363	2.1	346	2.0	17	0.1
21. 出版	96	0.3	92	0.3								
22. 民政	1699	13.6	1676	13.5	9	0.1						
23. 军队	43102	211.3	7052	93.1	5175	94.2	22012	335.1	21258	325.9	754	9.2
24. 航空航天	2992	24.8	2619	21.3	131	1.4	608	1.7	12	0.1	596	1.6
25. 信息传输、软件和信息技术服务业	3243	3.4	47	0.2	102	0.3						
#互联网和相关服务	1	0.001										
#软件和信息技术服务业	194	0.5			102	0.3						
26. 其他	22145	90.4	2476	39.1	1197	21.9	4406	61.7	419	4.2	3885	56.3
三、按成果使用方式	—	—	—	—	—	—	—	—	—	—	—	—
1. 有偿使用	79496	809.6	26606	448.7	8284	159.8	32685	1250.5	30133	767.0	2039	372.1
2. 无偿使用	318028	6271.2	164554	2877.3	46864	2849.2	196963	4906.6	152201	2120.4	32650	502.2

表 35　2016 年按类别分数字测绘成果提供（续）

计量单位：幅，GB

类　别	数字栅格地图（DRG）						数字正射影像图（DOM）					
	合计		#1:1 万		#1:5 万		合计		#1:1 万		#1:5 万	
	图幅数	数据量	图幅数	数据量	图幅数	数据量	图幅数	数据量	图幅数	数据量	图幅数	数据量
合　计	**32045**	**1160.3**	**25348**	**1062.3**	**4774**	**85.2**	**537480**	**237475.9**	**166207**	**46843.9**	**43511**	**128571.2**
一、按成果领用单位类型	—	—	—	—	—	—	—	—	—	—	—	—
1. 党政机关	2245	151.9	2174	151.4	62	0.4	110897	35170.3	16666	10708.8	27108	19061.0
2. 事业单位	17412	523.5	12199	452.0	3326	59.7	429331	184306.5	139178	29761.5	39227	100557.5
3. 企业	10990	476.4	9391	450.4	1572	25.1	17399	10380.9	7893	4877.3	1212	5164.2
#私营企业	3510	98.4	2745	80.4	764	18.0	9726	1116.8	1597	401.2	147	406.0
#涉外企业												
4. 国（境）外组织机构												
5. 其他	3087	8.5	3087	8.5			29520	7618.2	17109	1496.2	973	3788.5
二、按成果应用领域	—	—	—	—	—	—	—	—	—	—	—	—
1. 党政领导机关	526	9.0	374	5.3	152	3.7	3262	1024.5	433	249.1	936	276.2
#用于应急保障	6	0.1	6	0.1			983	405.9	49	130.0	934	275.9
2. 测绘地理信息	8988	280.2	5725	263.8	1561	7.1	253432	96255.0	115000	23911.5	17176	57324.1
3. 土地	1294	131.9	1286	131.6	8	0.3	133671	22626.5	6473	1662.0	2150	9947.3
4. 地矿	2223	77.3	1401	65.2	818	12.0	1731	1420.0	347	67.6	1174	1311.4
5. 城乡建设与规划	2430	27.4	2291	26.2	139	1.2	22414	7641.4	2086	449.6	253	20.6
6. 交通运输	6334	321.1	5821	309.2	500	11.8	32	3.2	32	3.2		
#铁道	4016	245.5	3937	245.2	79	0.2						
7. 水利水电	2277	64.8	1805	53.6	356	9.2	14850	2899.8	5120	158.4		
8. 电力	1249	54.3	988	50.0	261	4.4	4519	7773.8	4208	3970.4	311	3803.4
9. 通讯												
10. 石油石化	564	11.7	421	10.7	142	1.0	168	349.7	168	349.7		
11. 煤炭	409	11.1	332	9.7	77	1.4	142	165.4			142	165.4
12. 农业	68	1.5	6	0.1	51	1.2	23287	912.7	149	277.9		
13. 林业	2339	44.4	2103	40.0	171	3.5	42609	25524.6	5777	1755.2	23997	7714.7
14. 气象							23597	6196.0			23597	6196.0
15. 地震												
16. 海洋							10982	1680.2	553	99.3	28	11.9
17. 环保	321	24.3	16	0.5	304	23.7	67433	15991.7	1616	334.4	25423	13051.5
18. 公安武警	763	10.6	704	10.2	59	0.4	3423	1117.8	3360	1115.6		
19. 烟草												
20. 科教文卫	604	45.3	466	44.4	138	0.9	15404	1451.7	293	21.9	170	112.1
21. 出版												
22. 民政	116	7.8	107	7.7	8	0.04	7928	249.0	7928	249.0		
23. 军队	3460	16.4	3460	16.4			39492	16286.4	26688	9682.9	1366	4269.9
24. 航空航天	67	0.8	12	0.2	55	0.6						
25. 信息传输、软件和信息技术服务业							1419	600.3				
#互联网和相关服务												
#软件和信息技术服务业												
26. 其他	896	20.4	723	17.6	164	2.8	18195	27306.4	11751	2486.2	4416	24366.6
三、按成果使用方式	—	—	—	—	—	—	—	—	—	—	—	—
1. 有偿使用	16734	729.0	13714	670.5	2796	55.0	44279	32936.3	7264	5853.0	3850	2611.7
2. 无偿使用	16362	431.3	12685	391.8	1978	30.2	508553	204539.6	163706	40990.9	40231	125959.5

表 36　2016 年按地区分数字测绘成果提供

计量单位：幅，GB

地　区	数字线划地图（DLG）						数字高程模型（DEM）					
	合计		#1:1 万		#1:5 万		合计		#1:1 万		#1:5 万	
	图幅数	数据量	图幅数	数据量	图幅数	数据量	图幅数	数据量	图幅数	数据量	图幅数	数据量
合　计	**348935**	**7080.9**	**181705**	**3326.0**	**50944**	**3008.9**	**226759**	**6157.2**	**180278**	**2887.4**	**33944**	**874.3**
北　京	3173	2.6	63	0.1								
天　津	1908	2.6	173	0.8								
河　北	23427	123.5	13108	100.3	36	0.5	1408	51.3	322	2.7	1086	48.6
山　西	2958	35.9	2631	19.5	327	16.4						
内蒙古	6791	76.0	5293	68.2	1471	7.7	7554	81.9	4046	25.7	3508	56.2
辽　宁	7499	138.1	7306	134.8	193	3.3	10651	55.8	10651	55.8		
吉　林	7962	516.6	7350	470.7	612	45.9	7012	157.1	6400	99.6	612	57.5
黑龙江	21523	231.5	13966	150.0	7428	80.1	8067	23.6	5059	14.8	3008	8.8
上　海	34299	217.4	74	0.4								
江　苏	4241	63.9	4133	63.0	88	0.7	4433	280.4	4097	239.0	336	41.4
浙　江	4650	80.9	4320	79.5	277	1.4	863	9.9	809	9.9	16	0.02
安　徽	4302	30.2	4019	25.1	283	5.0	5561	118.1	5473	117.5	88	0.5
福　建	19783	536.4	4632	509.5	358	8.8	454	32.5	71	0.8	383	31.7
江　西	14152	215.2	14049	211.8	97	3.3	34087	1011.5	32163	909.6	1924	101.9
山　东	8163	51.1	7905	49.3	252	1.7	13587	209.7	13534	209.5	53	0.2
河　南	5621	14.3	5385	12.9	236	1.4	3623	118.2	2551	75.9	1072	42.3
湖　北	16795	86.3	13271	64.8	1053	15.4	25283	78.4	23084	67.6	2199	10.7
湖　南	20601	419.0	19763	245.6	790	172.0	27424	836.5	25125	329.3	720	375.4
广　东	7990	200.8	6564	171.6	1426	29.2	7101	41.7	6545	39.2	556	2.5
广　西	5870	151.0	2384	44.7	2113	33.0	4611	22.9	4332	21.8	66	0.5
海　南	3298	36.0	3096	33.2	118	0.8	667	11.3	667	11.3		
重　庆	6153	44.6	4603	38.9	15	0.3	3980	2173.3	6	0.03		
四　川	2600	123.5	2050	103.8	533	19.5	268	1.1	136	0.7	132	0.4
贵　州	3456	241.3	2514	90.1	934	151.2	6542	61.9	5608	54.9	934	7.1
云　南	12036	253.3	8105	195.0	514	16.8	20968	599.3	17153	516.5	1133	25.2
西　藏	1322	23.7	888	18.2	434	5.5	83	0.5	54	0.3	29	0.2
陕　西	8842	239.7	8211	209.5	596	29.3	6138	45.8	5542	42.5	596	3.2
甘　肃	3930	108.2	3162	92.6	619	12.1	2419	23.6	2108	20.6	167	1.6
青　海	3575	55.6	2977	46.9	498	8.6	3003	10.0	2839	9.5	164	0.5
宁　夏	1042	41.9	863	41.1	179	0.7	18	0.1			18	0.1
新　疆	11268	88.2	4440	29.0	5282	56.0	2191	14.8	1903	12.4	288	2.4
青　岛	12559	58.4										
大　连	61	0.03										
宁　波	12934	5.8	4407	4.8								
深　圳	7328	39.4										
厦　门	11692	23.9					2912	8.9				
地理信息中心	25131	2503.8			24182	2282.0	15851	77.0			14856	55.2

表 36 2016 年按地区分数字测绘成果提供（续）

计量单位：幅，GB

地区	数字栅格地图（DRG）						数字正射影像图（DOM）					
	合计		#1:1 万		#1:5 万		合计		#1:1 万		#1:5 万	
	图幅数	数据量	图幅数	数据量	图幅数	数据量	图幅数	数据量	图幅数	数据量	图幅数	数据量
合 计	**32045**	**1160.3**	**25348**	**1062.3**	**4774**	**85.2**	**537480**	**237475.9**	**166207**	**46843.9**	**43511**	**128571.2**
北 京												
天 津												
河 北							8218	5541.8	7347	2037.8	601	3420.2
山 西	492	5.7	480	3.9	1	0.4						
内蒙古	1113	2.9			1113	2.9	6386	41034.5	2927	54.4	3459	40980.1
辽 宁							5148	139.5	5148	139.5		
吉 林							2301	7347.7	1689	687.5	612	6660.2
黑龙江	4	0.02					15028	5870.3	12262	4789.8	579	226.2
上 海							9977	13534.9				
江 苏	69	3.9	60	3.8	9	0.02	4464	20697.2	4141	9167.2	323	11530.1
浙 江	1268	41.2	1268	41.2			4677	9571.0	4313	8009.3	326	1558.5
安 徽	52	0.4	32	0.3	20	0.1	9572	4522.9	8928	4466.7		
福 建							5059	5332.2	1942	712.8	337	4375.7
江 西	935	4.8	932	4.8	3	0.04	23890	10849.1	13242	4031.7	894	6103.0
山 东	283	0.8			283	0.8	2602	758.8	2598	755.8	4	2.9
河 南							8207	4775.5	7733	1898.1	474	2877.4
湖 北	1091	21.4	1089	21.3	2	0.1	40533	253.4	34436	100.9	1116	6.5
湖 南	6395	245.0	6354	244.5	39	0.4	120111	25935.0	13797	4824.1	2177	12057.1
广 东	455	6.9	455	6.9			17829	1531.6	6493	547.3	1042	204.3
广 西	1731	65.6	1259	53.4	444	11.3	140722	13323.4	5565	1226.8	620	205.9
海 南	2	0.02	2	0.02			21089	1605.4	451	100.9	2	11.1
重 庆	1433	4.0	1433	4.0								
四 川	5728	156.4	4377	119.1	1350	37.2	1618	874.8	1438	368.1	65	352.3
贵 州	5904	544.2	5290	539.4	614	4.8	3144	4001.5	2210	192.2	934	3809.4
云 南	3623	20.1	1777	11.5	159	0.8	29213	9958.2	17637	717.9	2536	1555.5
西 藏	139	1.9	100	1.6	30	0.2	2888	12168.9			2888	12168.9
陕 西							9903	2746.1	4263	1074.1	596	391.2
甘 肃	460	7.0	434	6.4	26	0.6	1319	38.4	1230	36.0	89	2.3
青 海	116	0.3			116	0.3	3017	696.6	2846	168.0	171	528.7
宁 夏	186	24.0	6	0.2	180	23.8	3141	918.9	2687	708.0		
新 疆	309	3.0			128	0.5	953	201.5	884	29.0	69	172.5
青 岛												
大 连												
宁 波												
深 圳												
厦 门							9993	41.0				
地理信息中心	257	0.8			257	0.8	26478	33205.8			23597	19371.2

表 37 2016 年按类别分测绘基准成果、航摄成果和卫星影像提供

类 别	测绘基准成果（点）	航摄成果		卫星影像	
		面积（平方千米）	数据量（GB）	面积（平方千米）	数据量（GB）
合 计	**205487**	**904223**	**260775.4**	**126852513**	**183855.1**
一、按成果领用单位类型	—	—	—	—	—
1. 党政机关	1505	659	2262.8	309744	1012.6
2. 事业单位	142234	692737	237164.3	123347828	176782.1
3. 企业	55908	209207	21343.8	2820942	5530.3
#私营企业	17754	74213	1422.7	2791641	5288.4
#涉外企业				6	0.1
4. 国（境）外组织机构				250000	244.1
5. 其他	5840	1620	4.4	124000	286.0
二、按成果应用领域	—	—	—	—	—
1. 党政领导机关	483	75	22.0	155030	319.7
#用于应急保障	325			126020	75.3
2. 测绘地理信息	78297	728016	241897.4	94463080	140837.6
3. 土地	4190			304343	253.4
4. 地矿	14141	75	4.6	50036	29.3
5. 城乡建设与规划	4913	4891	2408.2	75781	396.2
6. 交通运输	10285	98857	7308.7	72	0.1
#铁道	6555	49277	6371.8		
7. 水利水电	7637	45944	1343.9	17606113	21587.3
8. 电力	2795	2350	81.5	30000	19.5
9. 通讯	81				
10. 石油石化	720				
11. 煤炭	1030				
12. 农业	574			2939	45.1
13. 林业	118			11567354	17209.3
14. 气象	9				
15. 地震	576				
16. 海洋	565			473937	692.0
17. 环保	214			106515	89.7
18. 公安武警	248			133491	391.5
19. 烟草					
20. 科教文卫	70188	23482	7564.1	1627768	1226.5
21. 出版					
22. 民政	8			238211	723.6
23. 军队	1255				
24. 航空航天	260			5000	3.9
25. 信息传输、软件和信息技术服务业	7			11100	21.7
#互联网和相关服务				10000	9.8
#软件和信息技术服务业					
26. 其他	6893	533	145.0	1743	8.6
三、按成果使用方式	—	—	—	—	—
1. 有偿使用	81039	244417	19462.3	53163138	89591.0
2. 无偿使用	124448	659806	241313.2	73689375	94264.1

表 38 2016 年按地区分测绘基准成果、航摄成果和卫星影像提供

地 区	测绘基准成果（点）	航摄成果		卫星影像	
		面积（平方千米）	数据量（GB）	面积（平方千米）	数据量（GB）
合 计	**205487**	**904223**	**260775.4**	**126852513**	**183855.1**
北 京	11003				
天 津	5				
河 北	609	123742	6430.8	190836	2301.8
山 西	1093				
内蒙古	10747	63444	16724.9	7098051	5594.8
辽 宁	1183				
吉 林	6201	42680	2382.8	180000	2628.9
黑龙江	8133				
上 海	6070				
江 苏	2583				
浙 江	1661	35142	27405.6	153729	797.6
安 徽	2299	2350	289.4	889411	5770.9
福 建	1074	29816	11355.6	886655	2487.4
江 西	2395	107643	6741.6		
山 东	669	1160	165.0		
河 南	211	2539	7249.9	977933	1292.4
湖 北	1810	40691	14661.1	185900	585.9
湖 南	1875				
广 东	4306				
广 西	74590			941071	822.1
海 南	1183			111346	724.6
重 庆	155	785	14.4	105	0.3
四 川	777	8829	5.6	56655	74.1
贵 州	13972	265951	3440.2		
云 南	9922			390000	46.4
西 藏	1088				
陕 西	9854	22086	93562.6	226901	1059.5
甘 肃	3282			500192	4873.6
青 海	1219	34060	19099.1	125869	6498.7
宁 夏	250	42430	11530.3	143859	826.4
新 疆	14781	67527	29572.2	22912	3219.8
青 岛	15			191	60.4
大 连					
宁 波	3760	533	145.0	12283	108.2
深 圳	422			9015	205.2
厦 门	115				
地理信息中心	6175	12815	9999.3	79800	3122.8
卫星应用中心				113669800	140753.4

表39 2016年按类别分地理国情数据提供

计量单位：GB

类别	合计	地形地貌数据	遥感影像数据	遥感影像解译样本数据	地表覆盖数据	地理国情要素数据	专题数据	地理国情统计分析数据
合计	**347832.6**	**2505.1**	**334629.1**	**1923.1**	**6708.8**	**1331.8**	**632.3**	**102.4**
一、按成果领用单位类型	—	—	—	—	—	—	—	—
1. 党政机关	14286.0	96.8	14187.6		0.7	0.6		0.2
2. 事业单位	322009.3	2285.8	309049.3	1923.1	6690.1	1326.6	632.2	102.2
3. 企业	682.6	3.8	678.3		0.3		0.1	
#私营企业	2.9		2.9					
#涉外企业								
4. 国（境）外组织机构								
5. 其他	10854.8	118.7	10713.9		17.7	4.6		
二、按成果应用领域	—	—	—	—	—	—	—	—
1. 党政领导机关	2157.1		2156.2		0.9			
#用于应急保障								
2. 测绘地理信息	298336.2	2106.0	286642.9	1923.1	5624.0	1305.5	632.2	102.4
3. 土地	11974.5	226.0	11748.5					
4. 地矿	5.7	5.7						
5. 城乡建设与规划	1074.7	3.5	1068.3		2.0	0.8		
6. 交通运输								
#铁道								
7. 水利水电	4.0	4.0						
8. 电力								
9. 通讯								
10. 石油石化	6.6	1.7				5.0		
11. 煤炭	22.7	10.6			1.0	11.1		
12. 农业	1024.0				1024.0			
13. 林业	1464.8	0.5	1464.3					
14. 气象	24.4	24.1				0.2		
15. 地震								
16. 海洋								
17. 环保	14936.3		14909.4		26.9			
18. 公安武警								
19. 烟草								
20. 科教文卫	0.6		0.6					
21. 出版	2080.0		2080.0					
22. 民政	3806.1		3793.1		8.5	4.6		
23. 军队	10854.5	118.7	10713.9		17.4	4.6		
24. 航空航天	56.2	4.3	51.9					
25. 信息传输、软件和信息技术服务业								
#互联网和相关服务								
#软件和信息技术服务业								
26. 其他	4.3				4.2		0.1	
三、按成果使用方式	—	—	—	—	—	—	—	—
1. 有偿使用	246.1	4.7	241.1		0.4			
2. 无偿使用	347586.5	2500.5	334388.0	1923.1	6708.4	1331.8	632.3	102.4

表40 2016年按地区地理国情数据提供

计量单位：GB

地区/单位	合计	地形地貌数据	遥感影像数据	遥感影像解译样本数据	地表覆盖数据	地理国情要素数据	专题数据	地理国情统计分析数据
合　计	**347832.6**	**2505.1**	**334629.1**	**1923.1**	**6708.8**	**1331.8**	**632.3**	**102.4**
北　京								
天　津								
河　北								
山　西								
内蒙古	62917.5	472.9	61022.0	1345.5	76.2	0.9	0.1	
辽　宁								
吉　林								
黑龙江	171031.9	169.2	169328.4	301.0	24.8	1086.5	20.0	102.0
上　海	0.1					0.1		
江　苏	4355.1	172.3	4166.4		16.4			
浙　江	1466.2		1464.3		1.0	0.7		0.2
安　徽								
福　建	0.8						0.8	
江　西								
山　东	8239.5	959.5	7278.8		1.2	0.02		
河　南	6601.1	15.3	6551.2		18.4	16.2		
湖　北	19536.5	537.3	18734.2		96.1	51.7	117.2	
湖　南								
广　东								
广　西								
海　南	1515.0		490.4	0.6	1024.0			
重　庆								
四　川								
贵　州								
云　南	13593.3		7584.5	108.1	5405.6	0.6	494.3	0.2
西　藏	12168.9		12168.9					
陕　西								
甘　肃								
青　海	7954.1		7911.9		42.2			
宁　夏								
新　疆	38452.6	178.6	37928.0	168.0	3.0	175.1		
青　岛								
大　连								
宁　波								
深　圳								
厦　门								
地理信息中心								

表 41 2016 年测绘成果汇交

地 区	汇交目录（条）	汇交副本（套）
合 计	**24450**	**1911**
北 京	27	
天 津	6	6
河 北		410
山 西		
内蒙古	4	
辽 宁	3975	
吉 林	2949	418
黑龙江	1909	8
上 海		
江 苏	6639	
浙 江	49	73
安 徽		
福 建		46
江 西		
山 东		7
河 南	322	
湖 北		
湖 南	1273	7
广 东		4
广 西		
海 南	1621	41
重 庆	15	356
四 川	10	
贵 州		
云 南	3	3
西 藏	10	10
陕 西		24
甘 肃	2546	317
青 海	420	83
宁 夏		11
新 疆	2616	
青 岛	56	87
大 连		
宁 波		
深 圳		
厦 门		

表 42 2016 年测量标志

计量单位：点

地 区	年内新建	#迁建	年内维护	年内拆除
合 计	**845**	**254**	**5115**	**420**
北 京	233	233	2858	397
天 津				
河 北				
山 西				
内蒙古	100		386	
辽 宁				
吉 林	127		739	
黑龙江				
上 海				
江 苏	56			6
浙 江				2
安 徽	4	4		1
福 建				
江 西	3	3		
山 东	9	9	43	
河 南				
湖 北				
湖 南				
广 东				
广 西				
海 南				
重 庆	260			
四 川				
贵 州				
云 南			189	5
西 藏				
陕 西				
甘 肃	4	4	99	4
青 海				
宁 夏	1		3	
新 疆			110	3
青 岛	1	1		2
大 连				
宁 波	47			
深 圳			688	
厦 门				

（四）地图管理与服务

表43 2016年地图图书出版

出版单位	品种（种）						总印张（千印张）					
	纸质地图				电子地图	图书	纸质地图				电子地图	图书
		新版	重版	再版				新版	重版	再版		
合　计	**1527**	**312**	**1049**	**166**	**82**	**2022**	**49946**	**5408**	**38688**	**5850**		**487831**
黑龙江	166	20	146			70	3900	270	3630			794
福　建	22	6	16			22	453	300	153			853
山　东	100	70	30			7	571	332	239			354
湖　南	47	6	41			10	362	38	325			674
广　东	93	16	1	76		10	674	127	2	546		108
四　川	202	27	175			201	4148	1295	2853			7548
陕　西	82	33		49		123	333	305		28		2441
中国地图出版集团	815	134	640	41	82	1579	39504	2741	31487	5276		475059

表 43　2016 年地图图书出版（续）

出版单位	总印数/总复制数（万幅/万册，万张）						总造货码洋（万元）					
	纸质地图				电子地图	图书	纸质地图				电子地图	图书
		新版	重版	再版				新版	重版	再版		
合　计	**1455**	**221**	**978**	**256**		**11290**	**30747**	**6187**	**22850**	**1711**	**27615**	**102280**
黑龙江	68	5	62			6	2091	497	1594			358
福　建	24	15	9			5	179	109	70			944
山　东	47	27	20			5	609	389	220			364
湖　南	32	4	28			7	272	40	232			379
广　东	40	4		36		1	522	101	7	414		61
四　川	150	30	120			152	3338	928	2410			3905
陕　西	53	19		34		99	998	751		247		6561
中国地图出版集团	1041	117	739	185		11016	22739	3373	18317	1050	27615	89710

表 44 2016 年地图审核

单 位	地图审核（件）			地图内容审查							
	收到送审数	受理审核数	批准通过数	地图（集/册/幅）（幅）	教学教辅地图（幅）	图书报纸期刊插附地图（幅）	进口地图（幅）	地球仪（种）	导航电子地图（件）	互联网地图（件）	其他地图（幅）
合 计	**6434**	**6333**	**5518**	**33512**	**13051**	**73664**	**29025**	**103**	**173**	**410**	**2036**
北 京	30	30	29	23		6					1
天 津	4	4	4	1		3					
河 北	35	35	35	29						6	
山 西	52	52	52	25	22	2				3	
内蒙古	12	12	12	12							
辽 宁	94	82	71	68					1	1	
吉 林	98	98	75	1040	3741	51					
黑龙江	104	104	104	99		2				3	
上 海	98	98	98	430	12	28				5	256
江 苏	101	101	96	77		10				9	
浙 江	302	302	302	1019	66	254				66	64
安 徽	24	24	24	18		2	4				
福 建	126	126	118	37		60				29	
江 西	51	51	51	41						10	
山 东	186	186	186	522		18				28	6
河 南	20	20	18	148	4	17				10	
湖 北	15	15	15	33							
湖 南	114	114	114	249						11	165
广 东	147	147	110	1133		25				57	
广 西	102	102	100	226		202				14	35
海 南	61	61	61	205	10	28				5	
重 庆	113	95	93	374	27					16	2
四 川	110	110	110	465		40				6	1359
贵 州	7	7	7	13							
云 南	50	50	50	3		13			1	3	27
西 藏	15	15	15	4		11					
陕 西	36	36	36	199		119					55
甘 肃	26	26	26	45						4	1
青 海	11	11	11	34		3					
宁 夏	20	20	19	37		307				5	
新 疆	374	374	369	1062		110				9	3
国家测绘地理信息局	3896	3825	3107	25841	9169	72353	29021	103	171	110	62

表45 2016年末“天地图”节点接入

计量单位：个

单 位	省级节点接入主节点	地（市）级			县（市）级		
		行政区划总数	#接入主节点	#接入省级节点	行政区划总数	#接入主节点	#接入省级节点
合 计	31	334	165	200	2851	97	144
北 京	1				16		
天 津	1				16		
河 北	1	11	11	11	168		3
山 西	1	11	2	5	119		
内蒙古	1	12			103		
辽 宁	1	14	8	14	100	1	2
吉 林	1	9	2	2	60		
黑龙江	1	13	9	9	128	1	1
上 海	1				16		
江 苏	1	13	13	13	96	13	13
浙 江	1	11	11	11	89	63	63
安 徽	1	16	7	5	105		
福 建	1	9	7	8	85		4
江 西	1	11	10	10	100	1	2
山 东	1	17	10	17	137	2	27
河 南	1	17	9	9	158	1	1
湖 北	1	13	4	4	103	2	3
湖 南	1	14	11	11	122		
广 东	1	21	6	21	121		2
广 西	1	14	7	7	111	1	1
海 南	1	4	3	2	23	5	5
重 庆	1				38	4	4
四 川	1	21	21	21	183		1
贵 州	1	9			88		
云 南	1	16		2	129		
西 藏	1	7			74		
陕 西	1	10	3	3	107		1
甘 肃	1	14	8	10	86		1
青 海	1	8		1	43		8
宁 夏	1	5	2	2	22		
新 疆	1	14	1	2	105	3	2

注：表中行政区划总数摘自《2017中国统计摘要》。

（五）科技

表46 2016年测绘地理信息系统科技研究

科技活动	研究项目数（项）	#新开项目数	完成项目数（项）	经费投入（万元）				项目人员（人）	
					财政投入	自筹资金	其他资金	总数	#客座人员
合　计	**1009**	**569**	**482**	**54421.7**	**38179.2**	**10519.9**	**5722.5**	**5298**	**1112**
按活动类型分：									
测绘基础研究	111	50	38	8172.3	6025.2	1905.7	241.4	686	168
测绘应用研究	553	330	257	30583.4	22776.5	5049.3	2757.5	3291	693
测绘技术开发	296	164	154	14624.0	8551.5	3368.9	2703.6	1166	225
测绘软科学研究	49	25	33	1042.0	826.0	196.0	20.0	155	26
按计划类型分：									
国家计划	68	25	23	12716.6	10784.4	1932.2		589	210
部门计划	170	90	83	14020.5	12810.5	1199.6	10.5	1232	278
#国家局计划	134	75	70	11446.8	10837.3	609.5		959	255
地方计划	56	28	19	6755.2	4785.8	1958.5	10.9	416	135
省级测绘主管部门计划	245	154	114	8086.7	6236.9	1599.4	250.4	1609	220
国际合作计划	2			282.0	282.0			9	1
单位计划	322	212	175	4738.8	2384.9	2350.9	3.0	1101	180
其他计划	146	60	68	7821.9	894.8	1479.4	5447.7	342	88

表 47 2016 年直属单位科技研究

科技活动	研究项目数（项）	#新开项目数	完成项目数（项）	经费投入（万元）	财政投入	自筹资金	其他资金	项目人员（人）总数	#客座人员
合 计	**555**	**292**	**254**	**37049.8**	**27040.1**	**4628.1**	**5381.6**	**2729**	**675**
按活动类型分：									
测绘基础研究	79	32	28	6068.5	4952.3	916.2	200.0	484	142
测绘应用研究	269	154	124	20600.9	15977.7	2162.2	2461.0	1565	329
测绘技术开发	178	90	80	9627.3	5395.0	1531.7	2700.6	610	185
测绘软科学研究	29	16	22	753.0	715.0	18.0	20.0	70	19
按计划类型分：									
国家计划	62	22	23	12528.6	10597.4	1931.2		557	210
部门计划	144	77	74	12263.7	11597.6	655.6	10.5	1045	242
#国家局计划	112	63	62	10249.0	9649.5	599.5		805	219
地方计划	15	4	5	888.3	553.5	323.9	10.9	92	38
省级测绘主管部门计划	72	41	37	3054.0	2231.3	799.7	23.0	512	87
国际合作计划	2			282.0	282.0			9	1
单位计划	177	111	81	2672.7	1755.0	917.7		405	68
其他计划	83	37	34	5360.4	23.2		5337.2	109	29

表 48 2016 年科技成果

指标名称	计量单位	测绘地理信息系统	
			#直属单位
完成成果	项	**403**	**252**
通过鉴定的成果	项	**79**	**33**
#国家局鉴定	项		
成果登记	项	**60**	**30**
#应用技术成果	项	**36**	**23**
发表论文	篇	**1431**	**436**
1. 国内	篇	**1378**	**385**
#SCI	篇	**54**	**24**
# EI	篇	**57**	**27**
2. 国外	篇	**53**	**51**
#SCI	篇	**20**	**18**
# EI	篇	**16**	**16**
出版科技著作	部	**17**	**13**
专利申请受理	项	**52**	**37**
#发明专利	项	**36**	**24**
专利授权	项	**35**	**24**
#发明专利	项	**28**	**22**
#境外授权	项		
成果获奖	项	**130**	**48**
1. 国际科技奖	项		
2. 国家科技奖	项	**2**	**2**
#国家自然科学奖	项		
#国家技术发明奖	项		
#国家科技进步奖	项	**2**	**2**
3. 省部级科技奖	项	**128**	**46**
技术转让收入	万元	**1532. 0**	**532. 0**
软件著作权数	项	**220**	**133**

表 49　2016 年测绘地理信息标准

计量单位：项

单　位	标准总数	#本年新制定	#本年新修订
合　计	**298**	**35**	
按标准级别统计	—	—	—
国家标准	137	23	
行业标准	150	6	
地方标准	9	6	
其他	2		
按标准功能统计	—	—	—
基础类	34	5	
成果与产品类	50	10	
获取与处理类	81	13	
检验与测试类	32	1	
应用与服务类	62	6	
管理类	2		
其他	37		

注：此表仅包括测绘地理信息国家标准和行业标准。

（六）固定资产

表 50　2016 年主要固定资产投资

计量单位：万元

单　位	房屋					设备			
	年末原值	本年增加原值	#财政拨款	本年减少原值	建筑面积（平方米）	年末原值	本年增加原值	#财政拨款	本年减少原值
合　计	**271965.5**	**105612.9**	**27013.6**	**5968.0**	**1317363.7**	**606814.2**	**95584.2**	**58186.2**	**19875.1**
北　京	3686.4				30650.5	10699.2	674.7		187.9
天　津	1866.0				13931.0	10491.8	1533.9	696.0	
河　北	22346.0	21318.4	1557.0		36667.7	26657.4	3427.8	1058.4	242.4
山　西	3578.1				45259.4	25056.8	262.5	178.2	16.6
内蒙古	2168.1				17250.9	26919.9	2059.3	1938.6	98.9
辽　宁	5933.4	702.6			37492.2	23167.4	1418.9	862.2	241.9
吉　林	548.5			0.5	26311.6	19966.8	2264.8	785.1	243.5
黑龙江	13790.4				144222.9	31476.1	9362.7	2958.3	4461.1
上　海	8563.3				30275.0	9270.4	946.2		77.8
江　苏	579.5				17574.7	16901.8	2384.1	2377.9	397.6
浙　江	1842.8			781.4	7583.6	17726.7	1938.8	1505.4	183.1
安　徽	713.3				16437.2	9909.4	1097.5	899.6	182.3
福　建	932.5				4372.0	13114.7	1568.8	851.3	139.9
江　西	369.8				14187.8	19235.7	1701.7	630.4	188.4
山　东	4553.9				26576.6	24418.9	5024.5	3677.0	499.6
河　南	1095.3				19875.6	13520.5	967.4	173.4	
湖　北	15757.3				47485.1	10515.8	1145.6	1096.1	1133.0
湖　南	2949.9	224.4	245.7		24608.5	21417.1	3729.7	2511.3	344.6
广　东	297.6	19.5	19.5		40.0	17698.5	4750.0	4484.2	782.0
广　西	761.7				15159.4	18920.7	6198.2	1727.3	3899.8
海　南	1045.4			2399.4	8139.4	10705.9	3211.8	1901.6	1045.6
重　庆	7291.9	2666.2			12957.5	9172.3	1227.8		115.6
四　川	9759.3				126853.7	37424.9	6483.2	3804.7	599.7
贵　州	719.4				22456.0	12266.0	1702.4	968.5	
云　南	915.3				19081.7	16564.3	3938.7	2186.9	12.6
西　藏	248.3				3300.0	477.6	4.8		
陕　西	18823.5	116.6	116.6	116.6	203873.9	39037.2	7555.2	5611.3	1591.5
甘　肃	1092.5				18400.0	12609.8	584.9	391.6	
青　海	403.2				4993.4	10892.0	2116.5	288.3	
宁　夏						2618.6	50.2	1.5	134.0
新　疆	4151.6				21497.0	14897.5	1641.1	1622.1	267.9
青　岛									
大　连						931.0			118.5
宁　波	2002.5				2338.4	4310.2	427.0		294.0
深　圳	25.0				297.0	2219.6	160.0		
厦　门	145.9				4065.7	924.3			146.9
中国地图出版集团	36520.2			2670.1	63722.0	2025.2	120.6		222.9
重庆测绘院	2105.8				16198.2	7020.1	1125.8	1095.0	275.1
测绘研究院	25528.3	23702.1			44820.8	17974.6	1115.1	1076.7	829.2
地理信息中心	31113.5	29523.6			87566.2	22166.0	1792.9	1165.4	713.8
卫星应用中心	8719.5	8719.5	8719.5		7682.9	8138.6	7968.9	7874.3	
测绘宣传中心						1066.9	64.4	64.4	
管理信息中心	700.0	700.0	700.0		628.2	902.4	141.1	141.1	
地图审查中心	999.9	999.9	999.9		897.3	1429.3	1162.3	1161.4	13.5
发展研究中心	899.9	899.9			807.6	165.2	24.8		
技能鉴定中心	1100.0	1100.0	1100.0		2243.9	120.8	40.3	40.3	
质量检验中心	2351.9	1400.0	1400.0		11926.3	1458.4	305.1	303.0	
北戴河休养院	179.9				6701.2	279.2	34.8		
测绘学会	1200.0	1200.0	1200.0		1051.0	153.4	1.9		
机关服务中心	1339.1	1339.1			28112.5	240.4	31.2		
三亚培训中心	3895.9	25.6			10958.5	198.8	16.9		
国家局机关	16354.2	10955.4	10955.4		9831.7	1338.4	77.4	77.4	174.1

注：宁夏国土资源厅房屋均由厅机关统一管理，未作统计。

表 51　2016 年主要设备数量

计量单位：台/套

设备名称	年末数量								本年增加数量	本年减少数量
	合计	按质量状况分			按存在状态分		按设备原产地分			
		完好	待修	待废	在用	闲置	国产	进口		
全球导航卫星系统接收机	**7187**	6811	29	347	6814	373	4612	2575	1023	121
全站仪	**4332**	4136	50	146	4098	234	2087	2245	417	79
水准仪	**1742**	1660	10	72	1596	146	873	869	104	38
天文测量设备	**13**	12		1	12	1	6	7	1	
重力仪	**27**	26	1		24	3	2	25	13	
基线测量设备	**9**	9			8	1	6	3	2	
航摄仪	**81**	81			74	7	39	42	13	2
无人飞行器系统	**199**	199			194	5	161	38	66	4
多镜头多角度倾斜摄影测量系统	**22**	22			21	1	13	9	7	
多角度倾斜摄影真三维处理系统	**56**	56			56		47	9	14	
全数字摄影测量系统	**3721**	3677		44	3678	43	3480	241	281	66
遥感图像处理系统	**1122**	1122			1117	5	1006	116	195	
地理信息处理软件	**4594**	4583		11	4576	18	4404	190	854	16
地理信息系统平台软件	**1621**	1621			1621		1533	88	215	6
地面移动测量系统	**37**	37			37		28	9	10	
测深仪	**158**	156	1	1	150	8	128	30	27	
地下管线探测仪	**726**	693		33	693	33	274	452	123	9
手持测距仪	**2623**	2556	6	61	2527	96	1194	1429	304	39
声速仪	**27**	27			24	3	11	16	4	
水位计	**91**	91			81	10	47	44	23	
验流计	**18**	18			16	2	8	10	1	4
浅地层剖面仪	**3**	3			2	1	1	2	1	1
多波束测深系统	**10**	10			7	3	4	6	2	
侧扫声呐	**8**	8			5	3	4	4	3	
海洋磁力仪	**8**	8			7	1	4	4	6	
图形扫面仪	**629**	614	2	13	605	24	453	176	49	11
绘图仪	**979**	948	6	25	953	26	572	407	71	36
外业数据采集设备	**2798**	2705	14	79	2705	93	2349	449	448	79
导航地图编辑系统	**11**	11			11		4	7		2
高性能图形编辑计算机	**12541**	12370	18	153	12368	173	10310	2231	2251	424
服务器	**4462**	4422	2	38	4439	23	3931	531	727	82
地理信息应急监测车	**27**	27			26	1	26	1	5	

表 52　2016 年各单位年末主要设备数量（一）

计量单位：台/套

单　位	全球导航卫星系统接收机	全站仪	水准仪	天文测量设备	重力仪	基线测量设备	航摄仪	无人飞行器系统	多镜头多角度倾斜摄影测量系统	多角度倾斜摄影真三维处理系统
合　计	**7187**	**4332**	**1742**	**13**	**27**	**9**	**81**	**199**	**22**	**56**
北　京	83	118	87					2		
天　津	125	108	97							
河　北	258	412	124				5	10		1
山　西	116	82	47			1	8	3	1	
内蒙古	392	84	45				8	8	1	1
辽　宁	379	159	75				12	9	2	2
吉　林	264	240	82				3	2	1	2
黑龙江	493	295	123	2		4	5	5	1	1
上　海	81	74	40					1		
江　苏	176	61	66					5		
浙　江	175	86	52					7		
安　徽	131	92	55					7		
福　建	172	69	27				2	17		
江　西	224	134	59				4	3	1	1
山　东	180	73	14		1		5	3	1	
河　南	177	206	45				1	13		
湖　北	116	94	24					3		
湖　南	333	147	31				4	10	2	2
广　东	206	128	37	2	4	1	4	4		
广　西	303	198	49					7		5
海　南	136	103	27				2			
重　庆	95	116	14					6		
四　川	614	358	85				3	15	2	1
贵　州	155	98	26				1	14	1	1
云　南	225	93	43	3				13	3	1
西　藏	12	15	9							
陕　西	751	197	135		18	2	2	5	1	1
甘　肃	123	85	21				3	6		
青　海	82	77	41		2			5	1	30
宁　夏	119	33	21			1	1	1		
新　疆	228	87	72				1	7	2	
青　岛										
大　连	15	10	6							5
宁　波	28	39	14					4	1	1
深　圳	16	14	7					3	1	1
厦　门	11	14	6							
中国地图出版集团										
重庆测绘院	114	120	24					1		
测绘研究院	72	6	4	6	2		7			
地理信息中心		1	7							
卫星应用中心		5								
测绘宣传中心										
管理信息中心										
地图审查中心	1									
发展研究中心										
技能鉴定中心										
质量检验中心	6	1	1							
北戴河休养院										
测绘学会										
机关服务中心										
三亚培训中心										
国家局机关										

表 52　2016 年各单位年末主要设备数量（二）

计量单位：台/套

单　位	全数字摄影测量系统	遥感图像处理系统	地理信息处理软件	地理信息系统平台软件	地面移动测量系统	测深仪	地下管线探测仪	手持测距仪	声速仪	水位计	验流计
合　计	**3721**	**1122**	**4594**	**1621**	**37**	**158**	**726**	**2623**	**27**	**91**	**18**
北　京	46	2	1	5	2	3	28	128			
天　津	10					5	79	99			
河　北	172	112	74	19		6	8	99	1	1	1
山　西	129	15	90	8	1	1	1	64			
内蒙古	86	21	215	30			14	71			
辽　宁	301	34	212	99		13	24	83	2	5	2
吉　林	84	2	6		1		26	86			
黑龙江	384	36	181	86	1	10	29	198	2	5	1
上　海	3						26	15			
江　苏	72	24	1		1	15	17	124			
浙　江	157	20	224	34		16	9	91	6	38	3
安　徽	104	46	317	84	1	1	6	127			
福　建	41	32	10	3		9	7	149	4		4
江　西	126	45	268	79	2	4	3	83			
山　东	44	3	103	140	1	9		20	2	9	
河　南	83	5	68	11		3	18	198			
湖　北	71	69	55	98	2		6	74			
湖　南	158	65	239	45	2	8	16	126	2	5	1
广　东	65	15	282	40		13	5	48	3	10	2
广　西	221	236	473	122	1	5	7	98			
海　南	32	12	86	8	1	2	8	17			
重　庆	57	6	34	62		3	70	54			
四　川	354	52	367	2		5	200	74			
贵　州	123	77	126	192	2	5	6	48			
云　南	70	9	133	55	3	1	3	51			
西　藏	10										
陕　西	239	74	269	206	4	2	36	162		3	
甘　肃	65	21	28	3			7	14			
青　海	95	17	335	77	1	2	3	17			
宁　夏	23	9	29	30				25			
新　疆	113	34	50	6			8	39			
青　岛											
大　连	16		10	10	1		3	20			
宁　波	17	4	24	20	3	9	10	21	3	10	3
深　圳	11	2	4	5		4	1	51	2	5	1
厦　门							1	17			
中国地图出版集团											
重庆测绘院	119	1	255	37	1	4	37	17			
测绘研究院	13	5	5		6			7			
地理信息中心	1	2									
卫星应用中心	2	12	6	1							
测绘宣传中心											
管理信息中心											
地图审查中心											
发展研究中心											
技能鉴定中心											
质量检验中心	4	3	14	4			4	8			
北戴河休养院											
测绘学会											
机关服务中心											
三亚培训中心											
国家局机关											

表52 2016年各单位年末主要设备数量（三）

计量单位：台/套

单 位	浅地层剖面仪	多波束测深系统	侧扫声呐	海洋磁力仪	图形扫描仪	绘图仪	外业数据采集设备	导航地图编辑系统	高性能图形编辑计算机	服务器	地理信息应急监测车
合 计	**3**	**10**	**8**	**8**	**629**	**979**	**2798**	**11**	**12541**	**4462**	**27**
北 京					5	27	174	5	72	99	
天 津		1			23	47			379	133	
河 北		1	1		23	43			353	124	1
山 西					17	23	125		277	84	1
内蒙古					21	37	35		329	54	1
辽 宁		1			12	33	100		304	122	
吉 林					8	34			155	56	
黑龙江					38	66	363		1358	160	1
上 海					13	17			580	85	
江 苏					29	31			139	155	1
浙 江	1	1	1	1	27	29	114		372	169	2
安 徽					19	29	40		275	59	1
福 建					8	28		2	143	128	1
江 西					12	16	5		280	65	1
山 东		1	2	2	13	13	120		348	136	
河 南					23	38	30		151	67	
湖 北					9	21	12		169	193	2
湖 南					24	28	165		399	110	1
广 东	1	3	3	1	32	34	495		820	112	
广 西					25	40	105		726	108	1
海 南					7	11	7		101	108	1
重 庆					4	18			216	78	1
四 川					21	65	3		845	159	3
贵 州					4	24	148	1	459	62	1
云 南					34	27	174	3	361	168	1
西 藏						1				4	
陕 西		1			52	57	66		994	188	1
甘 肃					25	24	80		494	161	
青 海					4	18	18		81	32	1
宁 夏					9	9	12		212	23	
新 疆					11	28	204		248	48	3
青 岛											
大 连					3	3			67	11	
宁 波					2	10			56	9	1
深 圳	1	1	1	1	7	6	4		10	14	
厦 门						5				3	
中国地图出版集团					16	7			48	50	
重庆测绘院					2	7	79		32	38	
测绘研究院				3	23	7	92		564	184	
地理信息中心					22	9				638	
卫星应用中心					2	5	20		111	224	
测绘宣传中心										12	
管理信息中心										6	
地图审查中心										3	
发展研究中心											
技能鉴定中心											
质量检验中心						2	8			4	
北戴河休养院											
测绘学会											
机关服务中心											
三亚培训中心						2			13	3	
国家局机关										13	

（七）人事人才

表53　2016 年直属单位人员

计量单位：人

直属单位	年末单位个数	从业人员年末人数					
			#女 性	在岗职工		劳务派遣人员	其他从业人员
					#在编职工		
合　计	**67**	**8430**	**2652**	**6578**	**5102**	**1550**	**302**
陕　西	17	2177	593	2032	1264	111	34
黑龙江	15	1958	596	1826	1227	67	65
四　川	10	2200	654	1140	1119	1010	50
海　南	7	359	124	152	136	199	8
重庆测绘院	1	299	78	219	219	13	67
中国地图出版集团	3	473	212	372	349	95	6
测绘研究院	1	270	97	229	225		41
地理信息中心	1	174	86	142	142	28	4
卫星应用中心	1	80	25	80	80		
测绘宣传中心	1	39	21	36	36	3	
管理信息中心	1	20	7	20	20		
地图审查中心	1	23	12	23	23		
发展研究中心	1	25	11	25	25		
技能鉴定中心	1	18	10	18	18		
质量检验中心	1	65	24	61	61	4	
北戴河休养院	1	25	3	10	10		15
测绘学会	1	16	8	11	11		5
机关服务中心	1	90	45	63	21	20	7
三亚培训中心	1	19	7	19	16		
国家局机关	1	100	39	100	100		

表53 2016年直属单位人员（续）

计量单位：人

直属单位	从业人员年平均人数					年末累计离退休人员		
		在岗职工		劳务派遣人员	其他从业人员		离休人员	退休人员
			#在编职工					
合　计	**8387**	**6605**	**5081**	**1469**	**313**	**4396**	**116**	**4280**
陕　西	2165	2016	1249	108	41	1426	38	1388
黑龙江	2020	1883	1245	71	66	958	16	942
四　川	2116	1131	1110	936	49	881	16	865
海　南	362	152	136	202	8	39		39
重庆测绘院	301	223	223	13	65	200	2	198
中国地图出版集团	448	353	329	89	6	449	12	437
测绘研究院	278	234	229		44	223	13	210
地理信息中心	177	145	145	28	4	82	2	80
卫星应用中心	77	77	77					
测绘宣传中心	39	36	36	3		2		2
管理信息中心	18	18	18			4		4
地图审查中心	22	22	22			2		2
发展研究中心	25	25	25					
技能鉴定中心	19	19	19			1		1
质量检验中心	64	59	59	4	1	12		12
北戴河休养院	25	10	10		15	24		24
测绘学会	16	11	11		5	10		10
机关服务中心	95	71	21	15	9	5		5
三亚培训中心	19	19	16					
国家局机关	101	101	101			78	17	61

表 54 2016 年地方单位人员

计量单位：人

地方单位	年末单位个数	从业人员年末人数					
			#女性	在岗职工	#在编职工	劳务派遣人员	其他从业人员
合 计	**185**	**19057**	**6049**	**16440**	**13240**	**2051**	**566**
北 京	1	839	273	578	578	183	78
天 津	1	649	182	388	388	261	
河 北	9	713	201	667	667	46	
山 西	12	717	294	717	717		
内蒙古	6	730	243	722	538		8
辽 宁	9	680	272	680	680		
吉 林	12	602	153	602	544		
上 海	1	312	88	312	312		
江 苏	10	588	175	588	588		
浙 江	7	908	240	638	477	252	18
安 徽	10	770	228	645	441		125
福 建	5	453	125	453	453		
江 西	10	603	214	573	356		30
山 东	3	761	255	497	497	264	
河 南	10	559	180	559	504		
湖 北	9	515	181	515	515		
湖 南	7	789	328	770	648	18	1
广 东	5	1088	298	1088	467		
广 西	10	1278	471	1277	624	1	
重 庆	2	1072	217	648	259	416	8
贵 州	5	808	200	709	386		99
云 南	10	718	207	578	578	140	
西 藏	2	56	16	50	45		6
甘 肃	7	490	149	415	415	72	3
青 海	5	598	214	478	424	41	79
宁 夏	4	246	59	244	243		2
新 疆	7	680	263	615	541	54	11
青 岛		5	1	5	5		
大 连	1	91	44	37	37	54	
宁 波	2	193	60	193	136		
深 圳	2	404	165	136	117	170	98
厦 门	1	142	53	63	60	79	

注：表中单位个数不包括北京、天津、内蒙古、上海、安徽、山东、湖南、广东、重庆、贵州、宁夏、青岛、大连、宁波、深圳、厦门等测绘地理信息主管部门机关，从业人员中广东包括机关全部人员，其余只包括机关测绘管理部门的工作人员，下同。

表 54 2016 年地方单位人员（续）

计量单位：人

地方单位	从业人员年平均人数					年末累计离退休人员		
		在岗职工		劳务派遣人员	其他从业人员		离休人员	退休人员
			#在编职工					
合　计	**19211**	**16312**	**13337**	**2163**	**736**	**10512**	**194**	**10318**
北　京	828	574	574	184	70	632	7	625
天　津	648	396	396	252		386	1	385
河　北	713	667	667	46		423	12	411
山　西	718	718	718			461	7	454
内蒙古	730	722	538		8	458	10	448
辽　宁	680	680	680			419	17	402
吉　林	602	602	602			448	16	432
上　海	410	323	323	76	11	312	3	309
江　苏	588	588	588			432	8	424
浙　江	905	649	480	238	18	336	14	322
安　徽	768	642	444		126	293	4	289
福　建	447	447	447			445	4	441
江　西	603	573	359		30	277	4	273
山　东	761	497	497	264		408	8	400
河　南	567	567	512			430	8	422
湖　北	503	503	503			397	5	392
湖　南	714	693	693	20	1	565	10	555
广　东	1105	1105	470			541	18	523
广　西	1305	1266	629	1	38	575	5	570
重　庆	1064	635	246	421	8	125	1	124
贵　州	803	704	391		99	414	2	412
云　南	748	589	589	159		456	8	448
西　藏	56	50	45		6			
甘　肃	500	415	415	82	3	376	12	364
青　海	677	478	388	66	133	642	3	639
宁　夏	246	244	243		2	85		85
新　疆	680	545	538	54	81	78	7	71
青　岛	5	5	5			3		3
大　连	87	37	37	50		31		31
宁　波	194	194	138			17		17
深　圳	411	137	118	172	102	23		23
厦　门	145	67	64	78		24		24

表 55　2016 年直属单位从业人员增减变动

计量单位：人

直属单位	年末从业人员	增加从业人员数							减少从业人员数							
		合计	从农村招收人员	从城镇招收人员	录用应届毕业生	复员转业军人安置	调入	其他	合计	退休	退职	开除、除名、辞退	终止、解除合同	死亡	调出	其他
合　计	**8430**	**708**	**5**	**54**	**175**	**3**	**77**	**394**	**665**	**174**	**13**	**7**	**208**	**11**	**87**	**165**
陕　西	2177	185		18	66	2	11	88	213	52	1	3	39	3	14	101
黑龙江	1958	186		8	34		12	132	161	54		3	66	3	10	25
四　川	2200	207		25	44		17	121	113	24	1		48	3	14	23
海　南	359	20			3		6	11	55	3	7	1	33		5	6
重庆测绘院	299	1			1				7	3			2		2	
中国地图出版集团	473	49		1	4		16	28	52	17	3		10		20	2
测绘研究院	270	4			1		2	1	15	7			3		5	
地理信息中心	174	7					1	6	12	2					4	6
卫星应用中心	80	6			4		2		4					1	3	
测绘宣传中心	39	4			1			3	2		1				1	
管理信息中心	20	3			1	1		1								
地图审查中心	23	3			2			1	1	1						
发展研究中心	25	4			3		1		2						2	
技能鉴定中心	18								1						1	
质量检验中心	65	5			3		2		4	1					1	2
北戴河休养院	25								3	3						
测绘学会	16	1					1		2	1				1		
机关服务中心	90	7	5	2					9	3			6			
三亚培训中心	19	10			8			2	1				1			
国家局机关	100	6					6		8	3					5	

表 56 2016 年地方单位从业人员增减变动

计量单位：人

地方单位	年末从业人员	增加从业人员数							减少从业人员数							
		合计	从农村招收人员	从城镇招收人员	录用应届毕业生	复员转业军人安置	调入	其他	合计	退休	退职	开除、除名、辞退	终止、解除合同	死亡	调出	其他
合　计	**19057**	**1572**	**12**	**79**	**479**	**10**	**198**	**794**	**1195**	**450**	**10**	**40**	**427**	**11**	**178**	**79**
北　京	839	58			23	1	3	31	52	27			23	2		
天　津	649	20					2	18	25	11					4	10
河　北	713	33		3	12	6	10	2	19	18					1	
山　西	717	14		1	11		2		16	10			2	3	1	
内蒙古	730	22		3	7	1	4	7	31	22			3	5	1	
辽　宁	680	16			8		4	4	12	6	1		2		2	1
吉　林	602	31		11	3	1	6	10	24	16			2		6	
上　海	312	19			16		3		39	8			6		25	
江　苏	588	22			14		8		23	17	3		1		2	
浙　江	908	106	3	19	69		4	11	100	33	9	15	36		7	
安　徽	770	58						58	36	11	1		22		1	1
福　建	453	37		1	32	2	2		19	7		2	2		8	
江　西	603	13			1	1	9	2	92	18		1			9	64
山　东	761	32			3	1	1	27	50	15	4	31				
河　南	559	3					3		30	24					4	2
湖　北	515	30		4	4	1	13	8	17	5	1				11	
湖　南	789	45		1	17	2	7	18	32	22			2	1	3	4
广　东	1088	80		4	51	5	12	8	113	24	1		83		5	
广　西	1278	160		10	114	1	5	30	106	23	1		70	1	8	3
重　庆	1072	43			19		1	23	30	9			20	1		
贵　州	808	58		30			3	25	49	18			22	1	6	2
云　南	718	20			13		3	4	29	12	2		4	1	9	1
西　藏	56	7			2		2	3	7	4			1		2	
甘　肃	490	103		2	16		7	78	25	12			2	2	9	
青　海	598	16			6	1	3	6	37	11	2		9	1	6	8
宁　夏	246	13			4		1	8	15	13				1	1	
新　疆	680	70		13	28	2	12	15	37	11			16	1	8	1
青　岛	5															
大　连	91	11				1		10	2				2			
宁　波	193	12	2	6	4				8	2			5		1	
深　圳	404	33			5		6	22	48	4			13		3	28
厦　门	142	10		8	2				14	5			8		1	

表 57 2016 年末按年龄分从业人员

计量单位：人

类别 \ 年龄	合 计	30 岁以下	30－40	41－50	51－60	60 岁以上
总　计	**27487**	**7724**	**9997**	**5895**	**3830**	**41**
一、年末机关从业人员	**1282**	112	408	382	378	2
（一）公务员及其他行政人员	**1225**	96	395	368	364	2
（二）工勤技能人员	**24**	2	1	9	12	
（三）其他人员	**33**	14	12	5	2	
二、年末事业单位从业人员	**25332**	7271	9336	5344	3347	34
（一）管理人员	**2893**	132	798	1125	836	2
#具有专业技术任职资格的	**1777**	41	496	779	460	1
1. 厅局级	**62**		1	14	47	
2. 处级	**826**	1	89	362	374	
3. 科级	**1651**	33	570	680	367	1
4. 科级以下	**354**	98	138	69	48	1
（二）专业技术人员	**19205**	5931	7713	3643	1906	12
#同时在管理岗位任职的	**1463**	21	444	628	370	
1. 高级	**3476**	6	1002	1605	858	5
#正高级	**459**	1	26	189	241	2
2. 中级	**5602**	464	3292	1228	617	1
3. 初级	**6727**	3296	2398	648	385	
4. 其他	**3400**	2165	1021	162	46	6
（三）工勤技能人员	**4697**	1229	1269	1204	975	20
1. 高级技师	**53**			5	48	
2. 技师	**362**		9	135	218	
3. 高级工	**998**		71	485	441	1
4. 其他	**3284**	1229	1189	579	268	19
三、年末企业从业人员	**873**	341	253	169	105	5

注：“年末事业单位人员数”等于事业单位中的“管理人员数”＋“专业技术人员数”＋“工勤技能人员数”－“专业技术人员中‘同时在管理岗位任职的人员数’”，专业技术人员指在专业技术岗位上工作的人员，下同。

表 58 2016 年末按学历分从业人员

计量单位：人

类别＼学历	合计	博士研究生	硕士研究生	大学本科	#获得博士学位	#获得硕士学位	大学专科	中专	高中及以下
总计	**27487**	**287**	**3461**	**12933**	**21**	**1217**	**5585**	**2094**	**3127**
一、年末机关从业人员	**1282**	39	319	816	7	148	87	2	19
（一）公务员及其他行政人员	**1225**	38	310	798	7	145	77	1	1
（二）工勤技能人员	**24**			3			7	1	13
（三）其他人员	**33**	1	9	15		3	3		5
二、年末事业单位从业人员	**25332**	241	2987	11701	12	1040	5313	2050	3040
（一）管理人员	**2893**	72	384	1811	5	323	476	64	86
#具有专业技术任职资格的	**1777**	71	259	1191	3	254	213	29	14
1. 厅局级	**62**	13	11	36	1	7	2		
2. 处级	**826**	42	124	583	3	126	74	1	2
3. 科级	**1651**	17	197	1001	1	182	321	49	66
4. 科级以下	**354**		52	191		8	79	14	18
（二）专业技术人员	**19205**	222	2829	10297	9	957	3800	1431	626
#同时在管理岗位任职的	**1463**	53	238	1004	2	243	138	27	3
1. 高级	**3476**	133	500	2533	2	415	280	28	2
#正高级	**459**	50	60	340		68	8	1	
2. 中级	**5602**	69	1077	3176	7	334	971	259	50
3. 初级	**6727**	8	981	3347		173	1471	640	280
4. 其他	**3400**	12	271	1241		35	1078	504	294
（三）工勤技能人员	**4697**		12	597		3	1175	582	2331
1. 高级技师	**53**			6			10	6	31
2. 技师	**362**			32			101	46	183
3. 高级工	**998**			50		1	194	77	677
4. 其他	**3284**		12	509		2	870	453	1440
三、年末企业从业人员	**873**	7	155	416	2	29	185	42	68

表 59　2016 年末按地区（单位）分从业人员

计量单位：人

单　位	年末从业人员总数	机关年末从业人员	事业单位年末从业人员				企业年末从业人员
				#管理人员	#专业技术人员	#工勤技能人员	
合　计	**27487**	**1282**	**25332**	**2893**	**19205**	**4697**	**873**
北　京	839	40	799	115	424	359	
天　津	649	6	643	86	298	322	
河　北	713	54	659	53	479	137	
山　西	717	41	676	142	449	124	
内蒙古	730	5	725	43	528	167	
辽　宁	680	46	634	87	531	44	
吉　林	602	33	569	84	432	53	
黑龙江	1958	49	1877	168	1547	281	32
上　海	312	6	306	64	255	47	
江　苏	588	63	525	96	446	66	
浙　江	908	42	866	39	735	116	
安　徽	770	27	743	74	609	128	
福　建	453	40	413	77	351	46	
江　西	603	35	508	64	416	68	60
山　东	761	12	749	33	706	18	
河　南	559	29	530	45	373	113	
湖　北	515	45	470	71	383	57	
湖　南	789	28	720	67	594	101	41
广　东	1088	152	936	102	796	124	
广　西	1278	26	1252	57	1139	82	
海　南	359	34	325	38	272	37	
重　庆	1072	15	1057	37	598	441	
四　川	2200	47	2153	259	1352	630	
贵　州	808	16	792	25	724	44	
云　南	718	27	538	67	472	28	153
西　藏	56	26	30	6	27	3	
陕　西	2177	59	2058	319	1298	625	60
甘　肃	490	36	454	37	347	81	
青　海	598	36	562	51	536	15	
宁　夏	246	19	227	42	182	35	
新　疆	680	37	643	51	554	53	
青　岛	5	5					
大　连	91	4	87	7	80	1	
宁　波	193	9	130	35	118	8	54
深　圳	404	27	377	33	260	89	
厦　门	142	6	136	22	115	10	
中国地图出版集团	473						473
重庆测绘院	299		299	31	250	18	
测绘研究院	270		270	72	237	8	
地理信息中心	174		174	50	107	17	
卫星应用中心	80		80	25	60		
测绘宣传中心	39		39	12	20	7	
管理信息中心	20		20	11	9		
地图审查中心	23		23	6	17		
发展研究中心	25		25	12	13		
技能鉴定中心	18		18	10	8		
质量检验中心	65		65	21	45	4	
北戴河休养院	25		25	10		15	
测绘学会	16		16	10	1	5	
机关服务中心	90		90	20		70	
三亚培训中心	19		19	7	12		
国家局机关	100	100					

表60 2016年末按地区（单位）分机关从业人员

计量单位：人

单　位	合计	公务员及其他行政人员	工勤技能人员	其他从业人员
合　计	**1282**	**1225**	**24**	**33**
北　京	40	39	1	
天　津	6	6		
河　北	54	42	6	6
山　西	41	39	1	1
内蒙古	5	5		
辽　宁	46	44	2	
吉　林	33	32	1	
黑龙江	49	49		
上　海	6	6		
江　苏	63	62	1	
浙　江	42	41	1	
安　徽	27	25	2	
福　建	40	37	3	
江　西	35	35		
山　东	12	12		
河　南	29	27	2	
湖　北	45	45		
湖　南	28	28		
广　东	152	152		
广　西	26	26		
海　南	34	34		
重　庆	15	15		
四　川	47	47		
贵　州	16	16		
云　南	27	27		
西　藏	26	17	1	8
陕　西	59	57	2	
甘　肃	36	36		
青　海	36	35	1	
宁　夏	19	19		
新　疆	37	37		
青　岛	5	3		2
大　连	4	4		
宁　波	9	6		3
深　圳	27	14		13
厦　门	6	6		
国家局机关	100	100		

注：表中从业人员中广东包括机关全部人员，其余只包括机关测绘管理部门的工作人员，下同。

表61　2016年末按地区（单位）分事业单位人员（一）

计量单位：人

单　位	管理人员					
	合计	#具有专业技术任职资格人数	厅局级	处级	科级	科级以下
合　计	**2893**	**1777**	**62**	**826**	**1651**	**354**
北　京	115	99	3	38	63	11
天　津	86	63	2	32	39	13
河　北	53	10		14	29	10
山　西	142	55		23	74	45
内蒙古	43	22	1	21	10	11
辽　宁	87	31		32	47	8
吉　林	84			34	36	14
黑龙江	168	134		36	130	2
上　海	64	42	2	22	35	5
江　苏	96	84		24	70	2
浙　江	39	21		29	8	2
安　徽	74	68		11	60	3
福　建	77	65		17	52	8
江　西	64	27		9	48	7
山　东	33	5	1	12	14	6
河　南	45	25		11	33	1
湖　北	71	39		25	32	14
湖　南	67	54		24	41	2
广　东	102	68		20	79	3
广　西	57	41		16	38	3
海　南	38	28		13	24	1
重　庆	37	17		5	26	6
四　川	259	237		40	202	17
贵　州	25	8		8	10	7
云　南	67	38		13	49	5
西　藏	6	1		1	5	
陕　西	319	184		50	202	67
甘　肃	37	11		18	7	12
青　海	51	12		10	37	4
宁　夏	42	37		15	27	
新　疆	51	17		22	15	14
青　岛						
大　连	7	3		3	3	1
宁　波	35	31		12	23	
深　圳	33	17		10	8	15
厦　门	22	11		4	8	10
中国地图出版集团						
重庆测绘院	31	29	5	15	9	2
测绘研究院	72	45	7	41	11	13
地理信息中心	50	31	6	33	10	1
卫星应用中心	25	18	9	11	4	1
测绘宣传中心	12		3	8	1	
管理信息中心	11	9	3	6	2	
地图审查中心	6	6	3	3		
发展研究中心	12	10	3	7	2	
技能鉴定中心	10		2	8		
质量检验中心	21	17	6	11	3	1
北戴河休养院	10			2	8	
测绘学会	10		2	3	5	
机关服务中心	20		3	4	11	2
三亚培训中心	7	7	1		1	5
国家局机关						

表61 2016年末按地区（单位）分事业单位人员（二）

计量单位：人

单位	专业技术人员						
	合计	#同时在管理岗位任职的	高级	#正高级	中级	初级	其他
合计	**19205**	**1463**	**3476**	**459**	**5602**	**6727**	**3400**
北京	424	99	94	11	160	81	89
天津	298	63	140	20	111	46	1
河北	479	10	144	13	162	157	16
山西	449	39	49	7	218	175	7
内蒙古	528	13	74	15	145	271	38
辽宁	531	28	164	51	245	117	5
吉林	432		124	6	92	215	1
黑龙江	1547	119	247	11	347	338	615
上海	255	60	65	8	113	67	10
江苏	446	83	130	20	188	114	14
浙江	735	24	124	18	178	303	130
安徽	609	68	72	4	153	201	183
福建	351	61	72	15	111	141	27
江西	416	40	88	5	165	161	2
山东	706	8	86	11	207	139	274
河南	373	1	51	1	123	193	6
湖北	383	41	79	21	136	157	11
湖南	594	42	121	10	194	228	51
广东	796	86	126	7	168	447	55
广西	1139	26	120	4	199	314	506
海南	272	22	25		64	105	78
重庆	598	19	155	48	182	252	9
四川	1352	88	115	11	305	553	379
贵州	724	1	94	5	155	313	162
云南	472	29	88	14	163	174	47
西藏	27	6			4	19	4
陕西	1298	184	230	12	388	560	120
甘肃	347	11	59	4	132	121	35
青海	536	40	45	2	155	300	36
宁夏	182	32	42	14	64	52	24
新疆	554	15	80	10	161	199	114
青岛							
大连	80	1	14	1	18	28	20
宁波	118	31	47	7	63	7	1
深圳	260	5	56	5	71	32	101
厦门	115	11	15		13	5	82
中国地图出版集团							
重庆测绘院	250		18	1	66	85	81
测绘研究院	237	47	133	50	69	9	26
地理信息中心	107		38	9	39	7	23
卫星应用中心	60	5	20	3	22	10	8
测绘宣传中心	20		7	1	7	2	4
管理信息中心	9		2		5	1	1
地图审查中心	17		3		9	4	1
发展研究中心	13		3		2	8	
技能鉴定中心	8				6	2	
质量检验中心	45	5	13	2	23	6	3
北戴河休养院							
测绘学会	1		1	1			
机关服务中心							
三亚培训中心	12		3	1	1	8	
国家局机关							

表61 2016年末按地区（单位）分事业单位人员（三）

计量单位：人

单位	合计	工勤技能人员			
		高级技师	技师	高级工	其他
合 计	**4697**	**53**	**362**	**998**	**3284**
北 京	359			43	316
天 津	322			55	267
河 北	137	6	16	79	36
山 西	124		9	22	93
内蒙古	167	34	52	49	32
辽 宁	44		5	33	6
吉 林	53		21	14	18
黑龙江	281		88	60	133
上 海	47	3	12	20	12
江 苏	66	1	17	21	27
浙 江	116		25	14	77
安 徽	128		2	28	98
福 建	46	1	8	27	10
江 西	68		2	38	28
山 东	18			16	2
河 南	113		25	68	20
湖 北	57		8	42	7
湖 南	101	2	9	58	32
广 东	124		1	22	101
广 西	82		4	13	65
海 南	37	2	1	4	30
重 庆	441				441
四 川	630		2	89	539
贵 州	44		5	18	21
云 南	28		2	11	15
西 藏	3				3
陕 西	625		14	69	542
甘 肃	81		4	19	58
青 海	15			2	13
宁 夏	35		17	6	12
新 疆	53	1	3	12	37
青 岛					
大 连	1				1
宁 波	8		8		
深 圳	89			9	80
厦 门	10			2	8
中国地图出版集团					
重庆测绘院	18			17	1
测绘研究院	8	1	1	2	4
地理信息中心	17			15	2
卫星应用中心					
测绘宣传中心	7		1		6
管理信息中心					
地图审查中心					
发展研究中心					
技能鉴定中心					
质量检验中心	4				4
北戴河休养院	15	2			13
测绘学会	5				5
机关服务中心	70			1	69
三亚培训中心					
国家局机关					

表 62 2016 年末按年龄和学历分特殊专业技术人才

计量单位：人

类别 \ 年龄	合 计	30 岁以下	30－40	41－50	51－60	60 岁以上
省部级及以上专家	**320**		62	91	61	106
#女性	**31**		6	10	2	13
院士	**2**				2	
享受政府特殊津贴专家	**182**		2	20	54	106
#国务院	**163**		1	15	42	105
#省级政府	**19**		1	5	12	1
有突出贡献中青年专家	**25**		2	11	6	6
百千万人才工程国家级人选	**22**		2	10	10	
省部级专家	**120**		57	62	1	
#国家局	**116**		56	59	1	
省级测绘行政主管部门评定的专家	**99**	3	65	25	6	
#女性	**19**	3	13	3		

续表

类别 \ 学历	合 计	博 士研究生	硕 士研究生	大学本科			大学专科	中专	高中及以下
					#获得博士学位	#获得硕士学位			
省部级及以上专家	**320**	59	73	177	1	40	7	3	1
#女性	**31**	4	8	18		2	1		
院士	**2**	1		1					
享受政府特殊津贴专家	**182**	26	24	121	1	13	7	3	1
#国务院	**163**	24	23	105		9	7	3	1
#省级政府	**19**	2	1	16	1	4			
有突出贡献中青年专家	**25**	4	7	14		3			
百千万人才工程国家级人选	**22**	11	5	6		2			
省部级专家	**120**	33	44	43	1	22			
#国家局	**116**	32	44	40	1	20			
省级测绘行政主管部门评定的专家	**99**	6	32	61		30			
#女性	**19**	2	6	11		4			

表63　2016年末按地区（单位）分特殊专业技术人才

计量单位：人

单位	省部级及以上专家									省级测绘行政主管部门评定的专家
		院士	享受政府特殊津贴专家	#国务院	#省级政府	有突出贡献中青年专家	百千万人才工程国家级人选	省部级专家	#国家局	
合　计	**320**	**2**	**182**	**163**	**19**	**25**	**22**	**120**	**116**	**99**
北　京	7		3		3			4	4	
天　津	6		3	3				3	3	26
河　北	9		4	2	2	1		4	2	2
山　西	1							1	1	
内蒙古	7		6		6			1	1	
辽　宁	5						3	2	2	
吉　林	9		3		3	3		3	3	
黑龙江	17		13	11	2		1	4	4	3
上　海	5		2	2		2		2	2	2
江　苏	7		2	2		1		4	4	
浙　江	4							4	4	7
安　徽	2							2	2	
福　建	4						1	3	3	
江　西	4		1		1			3	1	2
山　东	4		2	2				2	2	
河　南	2							2	2	11
湖　北	7					4		3	3	
湖　南	5		2	2				3	3	10
广　东	4		2	2				2	2	
广　西										
海　南	4		3	3				1	1	
重　庆	8		3	3		2	1	2	2	
四　川	17		12	12		1		5	5	8
贵　州	3		1		1			2	2	
云　南	1		1		1					
西　藏										
陕　西	22		14	14			1	7	7	9
甘　肃	4					1		4	4	12
青　海	3							3	3	
宁　夏	2							2	2	
新　疆	4		1	1				3	3	5
青　岛										
大　连										
宁　波	1							1	1	
深　圳	2		2	2						2
厦　门										
中国地图出版集团	30		24	24				6	6	
重庆测绘院	4		1	1				3	3	
测绘研究院	63	1	54	54		9	7	10	10	
地理信息中心	25		16	16		1	6	9	9	
卫星应用中心	8		2	2			1	5	5	
测绘宣传中心										
管理信息中心										
地图审查中心										
发展研究中心	3							3	3	
技能鉴定中心										
质量检验中心	4		2	2			1	2	2	
北戴河休养院										
测绘学会										
机关服务中心										
三亚培训中心										
国家局机关	3	1	3	3						

表 64 2016 年教育培训

指标名称	计量单位	数量
一、参加教育培训人员	—	—
1. 人员数	人	18582
#学历教育	人	1120
（1）管理人员	人	2498
（2）专业技术人员	人	13169
（3）其他人员	人	2915
2. 人次数	人次	84064
#境外培训	人次	154
#党校培训	人次	1183
（1）政治理论培训	人次	18234
（2）业务培训	人次	59469
#测绘成果核心涉密人员培训	人次	2448
#发证人员	人	505
#行政执法人员培训	人次	295
（3）其他培训	人次	6361
二、教育培训经费支出	万元	3651.2
1. 组织培训	万元	1629.5
2. 参加培训	万元	2021.6
三、组织教育培训	次	8127
1. 政治理论培训	次	2198
2. 业务培训	次	5406
#测绘成果核心涉密人员培训	次	611
#行政执法人员培训	次	131
3. 其他培训	次	523

附　　录

全国测绘地理信息系统领导干部名录

国家测绘地理信息局机关司级以上干部名录

局领导

局　长、党组书记	库热西·买合苏提
副局长、党组副书记	王春峰
副局长、党组成员	李维森　宋超智　闵宜仁
副局长	李朋德

局总工程师　　李志刚

办公室

主　任	周远波
副主任	王永梅　宫银勇
副巡视员	李志霞

规划财务司

司　长	张辉峰
副司长	李劲松　王大贺

国土测绘司

司　长	白贵霞
巡视员	辛少华
副司长	陈新湖　田海波　陈　军

法规与行业管理司

司　长	张万峰
巡视员	张卫平
副司长	李维兵　赵　燕
副巡视员	杨忆兰

地理信息与地图司（测绘成果管理司）

司　长	武文忠
副司长	丁明柱　吴剑锋

科技与国际合作司

司　长	李　烨
巡视员	王　倩
副司长	燕　琴　王　伟　姜晓虹

人事司

司长兼直属机关党委副书记	李永春
副司长	雷　斌　庞秋红

直属机关党委（直属机关纪委）

直属机关党委专职副书记、直属机关纪委书记兼人事司副司长	李赤一
直属机关党委副书记、直属机关纪委副书记	雷德容

离退休干部处

副巡视员兼处长	牛　黎

国家测绘地理信息局直属单位、社会团体领导班子成员名录

陕西测绘地理信息局

局　长、党组书记	杨宏山
副局长、党组副书记	王晓国
副局长、党组成员	陈向阳　任振宇　王占宏
党组纪检组组长、党组成员	肖学年

黑龙江测绘地理信息局

局　长、党组书记	徐开明
副局长、党组副书记	裴宝军
党组纪检组组长、党组成员	邢京锁
副局长、党组成员	孔金辉　马林波
巡视员	郝科铭
副巡视员	邢保国

四川测绘地理信息局

局　长、党组书记	马　赟
副局长、党组副书记	杨　升

副局长、党组成员	谢维挺　刘　宇　陈　斌
党组纪检组组长、党组成员	涂　军
副巡视员	曹颖华　燕　希

海南测绘地理信息局

局　长、党组书记	王冬滨
副局长、党组副书记	岳建利
副局长、党组成员	蔺　赞　张　云
党组纪检组组长、党组成员	许　裕

中国地图出版集团

董事长、党委书记	王宝民
副董事长、总经理、党委副书记	倪庆华
副董事长、党委副书记	杨俊岭
董事、副总经理兼总编辑	徐根才
董事、副总经理	陈　平　张学锋　石忠献
监事会主席、纪委书记、党委委员	郭　宝

中国测绘科学研究院

党委书记、副院长	赵继成
院　长、党委副书记	程鹏飞
副院长、党委委员	吴　岚　马宗新　刘纪平　李成名
纪委书记、党委委员	张桂侠

国家基础地理信息中心

党委书记、副主任	叶银虎
主　任、党委副书记	冯先光
总工程师、党委委员	陈　军
纪委书记、党委委员	黄　鹦
副主任	王东华
副主任、党委委员	刘若梅　赵　勇
全国政协委员	李　莉

国家测绘地理信息局卫星测绘应用中心

党委书记、副主任	刘小波
主　任	王　权
副主任、党委委员	孙承志　罗建军　唐新明
纪委书记、党委委员	林振中
总工程师、党委委员	王华斌

中国测绘宣传中心

主　任	周　星
副主任	陈兰芹　赵季青

国家测绘地理信息局管理信息中心

主　任　　王起民
副主任　　程　军　周　伟

国家测绘地理信息局地图技术审查中心

主　任　　张文晖
副主任　　李媛媛　韩权卫

国家测绘地理信息局测绘发展研究中心

主　任　　陈常松
副主任　　徐永清　王久辉

国家测绘地理信息局职业技能鉴定指导中心

主　任　　易树柏
副主任　　吴卫东

国家测绘产品质量检验测试中心

党委书记、副主任　　周德军
主　任、党委副书记　　张继贤
副主任、党委委员　　袁　宏　翟义青
纪委书记、党委委员　　蒋民龙
总工程师、党委委员　　张　莉

国家测绘地理信息局重庆测绘院

党委书记、副院长　　肖　平
院　长、党委副书记　　山　川
副院长、党委委员　　杨　洪　蒋世明
总工程师、党委委员　　何忠焕
纪委书记、党委委员　　方庆春

国家测绘地理信息局机关服务中心

主　任　　吴　松
副主任　　刘勤胜　于建明

国家测绘地理信息局三亚测绘技术开发服务培训中心

主　任　　王冬滨（兼）
副主任　　廖安平

国家测绘地理信息局北戴河休养院

院　长　　张锡浩
副院长　　刘春艳

中国测绘地理信息学会

理事长	李维森（兼）
副理事长、秘书长	彭震中
专职副秘书长	马振福

中国卫星导航定位协会

会　长	张荣久
常务副会长、秘书长	苗前军
专职副秘书长	范京生

各省、自治区、直辖市、计划单列市
测绘地理信息主管部门及有关测绘地理信息单位，
新疆生产建设兵团测绘地理信息主管部门领导班子成员名录

北京市规划和国土资源管理委员会

主　任、党组书记	魏成林
副主任	谢俊奇
副主任、党组成员	周楠森　王　飞　王　玮 曹跃进　师宏亚
党组成员、纪检组组长	赵潮英
党组成员	金兴利
总规划师	施卫良
总工程师	丁　晓
委　　员	周旭峰　张亚芹　陈一昕

北京市勘察设计和测绘地理信息管理办公室

副主任	叶　嘉　李节严　王金坡

北京市测绘设计研究院

院长、党委副书记	温宗勇
党委书记	郝赛英
党委副书记、纪委书记、工会主席	王瑞平
常务副院长	杨伯钢
副院长	陈品祥　程　祥　贾光军
总工程师	贾光军（兼）
总会计师	代　为

天津市规划局

局长、党组书记	严定中
巡视员、常务副局长、党组成员	李春梅

副局长、党组成员	鲁承斌 沈 磊
副局长	霍 兵 师武军
纪检组组长	牛文辉
总建筑师	刘 荣
副巡视员	侯学钢

天津市测绘院

党委书记、副院长	刘俊卫
院长、党委副书记	盛中杰
党委副书记、工会主席	段立凯
纪委书记	仉 明
副院长	韩振镖
总工程师	胡 珂
副院长	史廷玉 刘玉财 杨玉忠

河北省地理信息局

河北省国土资源厅副厅长、党组成员， 河北省地理信息局局长、分党组书记	高献计
总工程师、分党组成员	李爱生
副局长、分党组成员	王明才 吴 京

山西省测绘地理信息局

局长、党组书记	李德胜
副局长、党组成员	孔令礼
总经济师、党组成员	王秀珍
副局长、党组成员	裴彦明
总工程师、党组成员	李晓红

内蒙古自治区国土资源厅

党组书记、厅 长	张利平
党组成员、副厅长	王富友
党组成员、纪检组长	敖 拉
党组成员、副厅长	陈 伟 王 杰 赵大勇
党组成员、总工程师	赵 昉
副巡视员	王剑民 温建华

内蒙古自治区测绘地理信息局

党委书记、局 长	王重明
党委委员、副局长	赵新刚 刘 秀
党委委员、总工程师	杨俊杰

辽宁省测绘地理信息局

辽宁省国土资源厅副厅长、党组成员，

辽宁省测绘地理信息局局长、分党组书记	吴景涛
副局长、分党组成员	李建国　张中凯　于百云　何通海

吉林省测绘地理信息局

局　长、党组书记	张立民
副局长、党组成员	张凤赞　李文忠
纪检组长、党组成员	张文清
副局长、党组成员	吴向东

上海市规划和国土资源管理局

市政府副秘书长、局党组书记、局长	孙继伟
副局长	徐毅松　史家明
市纪委驻局纪检组组长	蒋蔚超
副局长	王训国　岑福康 赵乔贵（挂职）　杨联萍
总工程师	许　健

上海市测绘院

院长、党委副书记	魏子新
党委书记	孙红春
副院长、党委副书记、纪委书记	王正平
总工程师、党委委员	郭容寰
副院长、党委委员	顾建祥　陆伟军
工会主席、党委委员	杨勤华

江苏省测绘地理信息局

江苏省国土资源厅党组成员， 江苏省测绘地理信息局局长、党组书记	施建石
江苏省国土资源厅副巡视员	史照良
副局长、党组成员	谢建平
纪检组组长、党组成员	龚　琴
副局长、党组成员	钱承新　王　祥　岳春山
党组成员、直属机关党委书记	黄建东

浙江省测绘与地理信息局

局长、党委书记	盛乐山
副局长、党委委员、直属机关党委书记	鲍伟民
副局长、党委委员	钱文华　闵建平
党委委员、副巡视员、 直属机关党委副书记、直属机关纪委书记	徐焕凤
副巡视员、办公室主任	王耀宏

安徽省国土资源厅

厅　长、党组书记	孙爱民

副厅长、党组成员	潘海滨 李世蕴 晏 飞
党组成员、纪检组长	汪德满
党组成员、政治部主任	郑春林
副巡视员	董 纯

安徽省测绘局（安徽省测绘总院）

党委副书记、副局长	李传殿（主持工作）
副局长	张耀波
调研员	梁 钧

福建省测绘地理信息局

福建省国土资源厅党组成员、福建省测绘地理信息局局长	陈跃进
党组书记、副局长	林 辉
副局长	林孝文

江西省测绘地理信息局

局长、党委副书记	陈祥云
党委书记	匡 猛
党委委员、副局长	敖颠根 袁仁亮
党委委员、纪委书记	龙 象
党委委员、副局长	焦三梓 李增学
党委委员	陈挺芳
总工程师	甘田红

山东省国土资源厅（山东省测绘地理信息局）

厅长、党组书记	李 琥
巡视员	张庆坤
副厅长、党组副书记	宇向东
副厅长、党组成员	王桂鹏
副厅长	宋守军
副厅长、党组成员	刘 鲁
副巡视员	李克强
测绘地理信息局局长	赵培金
测绘地理信息局副局长	曲伟刚 袁振林

山东省国土测绘院

党委书记、院长	黄兴友
副院长	杨 颖
党委副书记	侯世文
党委委员、第一测绘院院长	杨艳萍
纪委书记	于福来

河南省测绘地理信息局

河南省国土资源厅党组成员，

河南省测绘地理信息局党委书记、局长　刘济宝
党委委员、纪委书记　何　晨
党委委员、副局长　毛忠民　宋新龙

湖北省测绘地理信息局

局长、党组书记　陈文海
副局长、党组成员　何保国　郭建华
总工程师、党组成员　杨建明

湖南省国土资源厅（湖南省测绘地理信息局）

党组书记、厅长　方先知
党组副书记、副厅长　颜学毛
省政协副主席、民盟湖南省委主委、副厅长　杨维刚
党组成员、副厅长　王善明
党组成员、副厅长、总工程师　尹学朗
党组成员、纪检组长　唐新民
党组成员、副厅长　金勇章
巡视员　厉　坤
副巡视员　彭晓玉　李国清

广东省国土资源厅

党组书记　邬公权
党组副书记、厅长　涂高坤
党组成员、副厅长　杨俊波　李俊祥　杨林安
党组成员、纪检组组长　韩建清
党组成员、执法监察局局长　李　师

广西壮族自治区测绘地理信息局

党组书记、局长（正厅长级）　席　扬
党组成员、副局长　卢显泰　李占元　熊　伟
党组成员、总工程师　周　涛

重庆市规划局

局　长、党组书记　曹光辉
副局长、党组成员　张　远
副局长　张　睿
副局长、党组成员　王　岳
党组成员、纪检组长　何桂文
总建筑师、党组成员　曹春华
总规划师、党组成员　余　颖
副局长、党组成员　韩列松
党组成员、规划展览馆馆长　桑东升
党组成员、副巡视员　田茂明

副巡视员	胡旭伟

重庆市测绘地理信息局

局 长	曹春华（兼）
副局长	张治清 陈华刚

贵州省国土资源厅

厅 长、党组副书记	朱立军
党组书记、副厅长	周 文
副厅长、党组成员	周从启 王赤兵
省纪委派驻纪检组组长、党组成员	闫海山
副厅长、党组成员	肖才忠 郭 强
党组成员、总规划师	董晓峰
党组成员、机关党委书记	杨真贵

云南省测绘地理信息局

局 长、党组书记	王卫国
副局长、党组成员	刘继元 邹亚光

西藏自治区测绘局

西藏自治区国土资源厅党组成员、副厅长， 西藏自治区测绘局局长	陈新湖
调研员	扎西多吉
副局长	次仁旺堆

甘肃省测绘地理信息局

党委书记、局 长	缪树德
党委委员、副局长	苗天宝 郭生亮 牟应录

青海省测绘地理信息局

党委书记、局长	董永弘
党委副书记、副局长	唐千里
副局长	卢晓平 郗利华
纪委书记	何莉丽
总工程师	黄伟星

宁夏回族自治区国土资源厅（测绘地理信息局）

党组书记、厅长	王 政
党组副书记、副厅长	徐占海 陆 军
巡视员	马 鑫
党组成员、副厅长	韦晓龙
党组成员、纪检组长	于晓峰
党组成员、总工程师	包 敏

党组成员、副厅长	陈淑惠
党组成员、土地征收储备局局长	杨兴叶
党组成员、总规划师	宋艳萍
党组成员、厅长助理	胡守庚
副巡视员	张　黎　石　新

新疆维吾尔自治区测绘地理信息局

新疆维吾尔自治区国土资源厅党组副书记、副厅长， 新疆维吾尔自治区测绘地理信息局党组书记（厅长级）	平新来
局长、党组副书记	李全战
副巡视员、党组成员、副局长	常戈军
党组成员、副局长	邹辉东
党组成员、人事教育处处长、机关党委书记	张红彦
党组成员、副局长、办公室主任	白友兵
党组成员、纪检组长	阿克班·阿布力孜

新疆生产建设兵团国土资源局

局　长、党组书记	黄国强
副局长、党组成员	闫丽莉　李佼玉　高利民（挂职）

青岛市国土资源和房屋管理局

党委书记、局长	张希田
党委委员、副局长（正局级）	杜本好
党委委员、纪委书记	田忠源
党委委员、副局长	潘思晓
副局长	王咸宁
党委委员、副局长	赵富安　潘　奇

大连市规划局（大连市测绘地理信息局）

大连市规划委员会办公室主任（正局级）， 大连市规划局副局长	张继良
副局长	宋继先
党委副书记、纪委书记	石　山
副局长	陈　艳

宁波市测绘与地理信息局

局　长	王丽萍
党委书记	阮志贤
党委副书记、副局长	郑声轩
总规划师、党委委员	袁朝晖
副局长、党委委员	李明华　陈为民
市纪委驻局纪检组组长、党委委员	金维连
副局长、党委委员	张晓斌　杨　斌

副巡视员	周志刚 金明强

深圳市规划和国土资源委员会（深圳市海洋局）

党组书记、主任（局长）	王幼鹏
党组成员、副主任	王 东
党组成员、副主任（副局长）	薛 峰
党组成员、副主任（副局长）兼市土地整备局局长	刘世会
党组成员、副主任（副局长）	徐 荣
党组成员、市海洋局副局长	李喻春
党组成员、市规划土地监察局（市查处违法建筑和处理农村城市化历史遗留问题领导小组办公室）局长（常务副主任）	覃跃良
巡视员	郭仁忠
市城市更新局局长	王策飞
党组成员、副巡视员	张海鹏
副巡视员	詹有力

厦门市国土资源与房产管理局

局长、党组书记	余江河
副局长、党组成员	郭俊胜
纪检组长、党组成员	王星旦
副局长、党组成员	戴 敏 吴志坚
总规划师、党组成员	卢海林
局长助理	高志松

测绘地理信息人物名录

全国政协委员

徐德明 李朋德 杨维刚 李 莉

院 士

中国科学院

陈俊勇 许厚泽 李德仁 徐冠华 童庆禧 高 俊 杨元喜 郭华东 龚健雅 周成虎

中国工程院

李德仁 刘先林 宁津生 魏子卿 王任享 刘经南 王家耀 张祖勋 许其凤 李建成 郭仁忠

谭述森

国家测绘地理信息局直属单位享受政府特殊津贴人员（1990—2016 年）

刘先林　陈俊勇　杨明辉　顾旦生　田伯键　夔中羽　刘永诺　陈　军　张清浦　杜祥明　毛可标
冯浩鉴　朱德愉　刘四宁　胡建国　田　成　穆宝菡　杨　可　文沃根　邱志成　苗履丰　孙立业
左传惠　徐　善　周英武　徐道盈　楚良才　赵先恒　梁振英　林宗坚　徐国华　徐伯清　王惠民
张书荣　许卓群　朱梅珍　薛　璋　王惠然　王福履　蔡金生　王满英　翟声柱　方　恒　华彬文
文湘北　麦柏楠　郑家声　林天冲　石奉天　陆用森　赵熙林　张武冰　王增藩　张筱荣　张家庆
张伟兼　李道义　邱其宪　周祚域　周祚义　王鸿生　任维春　陈仁恕　何汉启　黄克明　蒋景瞳
戴其潮　钱天久　陈继良　姜翔鸾　张三省　赵一昌　郁期青　席德昆　周光楹　周正谊　潘达忠
吴孟起　龙宗英　端木杰　刘明光　王淑华　金　符　陈振华　黄衍其　秦金泉　干福弟　黄武英
李　莉　李广源　刘凤德　杨　凯　姚绪荣　卢瑞虹　高文朗　沈安生　施品浩　余国珊　彭安仁
余文芳　周　良　张学良　王谭强　吴郁芬　郭锡正　徐承天　李根洪　张燕平　关大任　丘金宏
张　骥　肖国雄　向宗藩　刘纪平　王东华　顾乃福　成燕辉　马林波　张安川　刘若梅　闵宜仁
刘宗杰　苗前军　李绍明　郭春喜　庞尚益　张开昶　王明善　肖学年　张继贤　李英成　孙晓生
程鹏飞　肖　平　李伟建　古一鸣　王　权　徐开明　蒋　捷　周　敏　杨　升　周　社　燕　琴
张江齐　徐根才　李成名　王晓国　商瑶玲　金玉平　周德军　金舒平　黄国满　高锡瑞　唐新明
王小军　党亚民　张　力　张　鹏　孙承志　王　亮　胡兴树　刘云峰　王占宏　程传录　何忠焕
倪庆华　刘建军

海外高层次人才引进计划人选

吴晓良　徐永龙　关鸿亮　单　杰　史文中　萧世伦　周国清　李志林　李荣兴　韩绍伟　朱敦尧
施建成　何宏昌　柳　林

国家高层次人才特殊支持计划人选

张继贤　王东华　刘纪平　李成名　唐新明　施　闯　曹晓航　刘耀林　汤国安　张永生　李建成
童小华　蒋　捷　袁运斌　龚　威　闫浩文

百千万工程领军人才

张继贤　王东华

百千万人才工程国家级人选

张继贤　程鹏飞　陈　军　刘若梅　王东华　蒋　捷　刘纪平　商瑶玲　徐开明　党亚民　张　力
唐新明　张　鹏　李成名　李英成　黄国满　廖安平　程传录

国家创新人才推进计划中青年科技创新领军人才

刘纪平　李成名

国家创新人才推进计划重点领域创新团队

国家测绘地理信息局卫星测绘应用中心卫星测绘关键技术创新团队（团队负责人唐新明）
国家基础地理信息中心国家地理信息公共服务平台天地图技术创新团队（团队负责人蒋捷）

全国新闻出版行业领军人才

徐根才　周　敏　芦仲进　倪庆华　陈　平　赫建忠　路丽华

国家测绘地理信息局科技领军人才

陈　军　李成名　张继贤　郭春喜　王东华　刘纪平　刘耀林　李满春　顾行发　唐新明　程鹏飞
童小华　史文中　刘若梅　许才军　闫　利　张　力　李　霖　党亚民　蒋　捷

国家测绘地理信息局青年学术和技术带头人（2015—2016 年）

冯学军　陈廷武　刘　光　祝晓坤　黄　勇　邓世军　汪　伟　陈永立　王润峰　吴文坛　杨爱民
石建军　丰　勇　徐　婵　王　铮　刘振宇　谢　岩　杨爱玲　张洪文　曲　平　林富明　毛炜青
冯　琰　吴张峰　卢　刚　刘　波　朱风云　沈　飞　刘昱君　楼燕敏　曾文华　李东阳　胡传文
侯恩兵　马卫春　余丽珏　吴铭杰　吴　飞　欧立业　易明华　廖　明　张立国　相恒茂　张　伟
王海银　李国清　卢清国　邱儒琼　段志强　洪　亮　徐之俊　华亮春　肖祥红　刘华光　李成钢
吴永静　钟远军　廖超明　李　毅　黄日娟　王春晓　袁　超　陈良超　明　镜　甘　泉　陈中林
李　冲　刘建川　曹振宇　刘　吉　孙俊英　金宝轩　曹建成　王　斌　张　智　邓国庆　聂建亮
兀　伟　蒋光伟　曹建君　李克恭　吴文魁　周　星　王　苑　许长军　杨鸿海　杨　波　魏　岳
刘　涛　辛海强　宫林成　聂　倩　李兆雄　潘建平　赵礼剑　卜庆华　朱　萌　芦仲进　司连法
余　凡　刘文杰　张　力　刘正军　张永红　张福浩　李海涛　王继周　秘金钟　宁晓刚　张利明

翟　亮　张　鹏　廖安平　周　旭　刘建军　孙占义　黄　薇　李志才　蒋志浩　张元杰　张宏伟
常晓涛　汪汇兵　王华斌　谢俊峰　高小明　刘　利　阮于洲　熊　伟　吉建培　陈海鹏

先进集体和先进个人名录

全国测绘地理信息系统先进集体和先进工作者

全国测绘地理信息系统先进集体（33 家）

北京市测绘设计研究院专业测绘三院
河北省制图院
山西省测绘工程院
内蒙古自治区航空遥感测绘院航测一室
辽宁省地理信息院
吉林省基础测绘院
国家测绘地理信息局第三地形测量队
江苏省测绘工程院
浙江省第一测绘院
安徽省芜湖市国土资源局
江西省测绘成果质量监督检验测试中心
山东省潍坊市国土资源局
河南省遥感测绘院
湖北省武汉市测绘研究院
湖南省第一测绘院
广东省佛山市顺德区测绘地理信息中心
广西壮族自治区地理国情监测院
重庆市勘测院
四川测绘地理信息局测绘技术服务中心应急测绘无人机中队
贵州省第一测绘院
云南省测绘工程院
西藏自治区测绘院
国家测绘地理信息局第一大地测量队
甘肃省基础地理信息中心地理国情监测部
青海省第二测绘院
新疆维吾尔自治区第二测绘院
大连市规划局测绘管理处
厦门市测绘与基础地理信息中心
青岛市勘察测绘研究院
深圳市规划国土房产信息中心
中国地图出版集团地图应急保障服务中心

中国测绘科学研究院国家数字城市/智慧城市创新团队

国家基础地理信息中心网络技术部

全国测绘地理信息系统先进工作者（30 名）

李　光	天津市测绘院测绘八院院长、高级工程师
马威力	河北省第二测绘院第七工程处处长、技师
赵宝安	山西省祁县国土资源局总工程师
柴玉坤（蒙古族）	内蒙古自治区测绘院分院长、工程师
谭吉学	辽宁省摄影测量与遥感院院长、高级工程师
武立军	吉林省地理信息院工程师
王宏伟	黑龙江省鸡西市勘察测绘研究院院长、高级工程师
吴张峰	上海市测绘院基础地理信息中心平台运维室主任、高级工程师
李　钢	江苏省徐州市国土资源局局长、党组书记
张建英（女）	浙江省嘉兴市测绘与地理信息局副局长、高级工程师
马卫春（女）	安徽省基础测绘信息中心系统开发部副主任、高级工程师
余丽钰（女）	福建省基础地理信息中心副主任、高级工程师
方　俊	江西省基础地理信息中心数据管理室副主任、工程师
曲伟刚	山东省测绘地理信息局副局长、国土资源厅国土测绘处处长
郭秋敏（女）	河南省平顶山市测绘地理信息局局长
周星耀	湖南省第三测绘院院长、高级工程师
张惠军	广东省国土资源测绘院地籍测绘队副队长、高级工程师
郭小玉（女）	广西壮族自治区遥感信息测绘院质检科科长、高级工程师
黄克城（壮族）	海南省三亚市国土环境资源信息中心（三亚市地理信息中心）副主任、工程师
应国伟	国家测绘地理信息局第六地形测量队院长助理、高级工程师
申朝永	贵州省第三测绘院（省遥感监测中心）副总工程师、主任助理、航测遥感分院院长、高级工程师
包　堃（女）	云南省航测遥感信息院质量检验处处长、高级工程师
次仁旺堆（藏族）	西藏自治区测绘局副局长
聂建亮	国家测绘地理信息局大地测量数据处理中心四室主任、高级工程师
王　苑	青海省基础地理信息中心副主任、高级工程师
池淑文（女）	宁夏回族自治区国土资源地理信息中心地理信息科科长、高级工程师
邓新安	新疆维吾尔自治区测绘地理信息局国土测绘技术监督处处长
侯建荣	新疆生产建设兵团第八师石河子市国土资源局测绘科科长
聂　倩（女）	宁波市测绘设计研究院副总工程师、高级工程师
罗　甫	国家测绘地理信息局重庆测绘院工程师

全国省级测绘地理信息行政主管部门 2016 年度测绘地理信息工作绩效考核受表彰单位

优秀单位（10 家）

浙江省测绘与地理信息局
山东省国土资源厅（测绘地理信息局）
河北省地理信息局
江苏省测绘地理信息局
四川测绘地理信息局
江西省测绘地理信息局
重庆市规划局（测绘地理信息局）
黑龙江测绘地理信息局
陕西测绘地理信息局
湖南省国土资源厅（测绘地理信息局）

达标单位（21 家）

湖北省测绘地理信息局
广西壮族自治区测绘地理信息局
广东省国土资源厅（测绘局）
甘肃省测绘地理信息局
新疆维吾尔自治区测绘地理信息局
海南测绘地理信息局
辽宁省测绘地理信息局
吉林省测绘地理信息局
福建省测绘地理信息局
云南省测绘地理信息局
山西省测绘地理信息局
贵州省国土资源厅（测绘局）
青海省测绘地理信息局
宁夏回族自治区国土资源厅（测绘地理信息局）
河南省测绘地理信息局
北京市规划和国土资源管理委员会
天津市规划局
上海市规划和国土资源管理局
安徽省国土资源厅
内蒙古自治区国土资源厅
西藏自治区测绘局

突出进步单位（4 家）

广西壮族自治区测绘地理信息局
海南测绘地理信息局
云南省测绘地理信息局
贵州省国土资源厅（测绘局）

特色工作创新单位（5 家）

湖北省测绘地理信息局
福建省测绘地理信息局
天津市规划局
内蒙古自治区国土资源厅
辽宁省测绘地理信息局

国家测绘地理信息局 2016 年度“五型机关”创建活动先进集体和先进个人名单

先进司室（2 个）

办公室
法规与行业管理司

先进处（室）（8 个）

办公室秘书处
规划财务司预算处

国土测绘司遥感信息处（地理国情监测处）
法规与行业管理司法规与行政复议处
地理信息与地图司（测绘成果管理司）地图管理处
科技与国际合作司标准处
人事司教育人才处（社团管理处）
直属机关党委（直属机关纪委）纪检监察室

先进个人（26名）

办公室：宋永刚、田青、高爱梅、张亮
规划财务司：周丽娜、蒋丽华、徐磊
国土测绘司：宋雪生、于德全、杨光
法规与行业管理司：陈静、陈俊余、李倩
地理信息与地图司（测绘成果管理司）：王茜、柏华洁、胡雪霁
科技与国际合作司：郑作亚、刘海岩、张世柏
人事司：杨娉、马林、杜明
直属机关党委（直属机关纪委）：寇京伟、侯冬梅、杜文广
离退休干部处：潘卫

"美丽中国"第三届全国国家版图知识竞赛电视赛获奖名单

一等奖（1名）

贾贞贞

二等奖（1名）

吴泽湘

三等奖（6名）

张钰桦　孙　伟　李四维　游一堃　陈楚越　谭志昌

"美丽中国"第三届全国国家版图知识竞赛网络赛（常规赛）获奖个人名单

小学组（241名）

特等奖（1名）

梁浚莹　　海南省琼海市会山镇中心学校东平小学五年级（三）班

一等奖（5名）

罗羽煊　　江西省赣州市南康区第一小学

滕希羽	山东省日照市东港区新营小学六年级八班
阿淇月	青海省西宁市城西区虎台小学
张子扬	辽宁省鞍山市铁东区山南小学
李子皓	江苏省苏州市太仓市城厢镇第一小学

二等奖（10 名）

徐艺瑄	浙江省金华市浦江县实验小学
黄运平	广西壮族自治区玉林市玉州区第三实验小学
黄良雨	浙江省金华市浦江县
李乃成	江苏省盐城市射阳县射阳外国语学校
张煜卿	江苏省盐城市滨海县实验小学
张　东	江苏省镇江市科技新城实验学校
马欣悦	山东省潍坊市潍城区和平路小学
卜勉旃	湖南省益阳市赫山区梓山苑小学
王文锦	江苏省镇江市镇江新区实验小学
王健旭	辽宁省鞍山市立山区晨光小学

三等奖（50 名）

李宇桐	山东省潍坊市潍城区西园小学
徐晨昕	山东省潍坊市潍城区永安路 8 号
程鸿燕	江西省上饶市婺源县大鄣山乡古坦村
叶展研	浙江省金华市义乌市福田小学
林子雯	辽宁省鞍山市立山区鞍山红拖小学
倪海霖	江苏省盐城市射阳县射阳外国语学校
黄文霞	海南省琼海市会山镇中心学校东平小学四年级（一）班
李鹏宇	山西省长治市郊区长北小学
周　鑫	浙江省丽水市青田县江南实验小学
范文磊	江苏省南通市如皋市开发区实验小学
张傲群	江苏省盐城市射阳县小学
郑　睿	浙江省台州市路桥区路桥实验小学
何娄嘉	浙江省金华市浦江县平安中心小学
施宇阳	江苏省徐州市鼓楼区徐州开发区实验小学
赵小睿	山东省潍坊市昌乐县西湖小学
蒋文皓	浙江省金华市婺城区东苑小学
钱　坤	江苏省盐城市滨海县第二实验小学
付松冉	黑龙江省牡丹江市西安区牡丹江市向阳小学
刘敬怡	辽宁省鞍山市立山区晨光小学
李　杨	江西省南昌市西湖区站前路小学云飞校区
夏静琪	江苏省南通市崇川区南通市八一小学
赵婧涵	辽宁省鞍山市台安县洪家学校
王鑫豪	江苏省南通市如皋市开发区实验小学
罗文利	江苏省南通市崇川区南通市八一小学
毛晓华	海南省海口市第二十六小学五年级二班

漆雨轩	江西省新余市市辖区高新一小
陈　悦	江苏省宿迁市宿城区宿迁市实验小学三棵树分校
计文钰	黑龙江省鸡西市鸡冠区南山小学
王博含	江苏省徐州市鼓楼区徐州开发区实验小学
于文涛	山东省潍坊市昌乐县西湖小学
周一帆	江苏省常州市武进区鸣凰小学
王翔实	山东省潍坊市安丘市实验小学
梁礼轶	广西壮族自治区桂林市龙胜各族自治县龙胜县小学
熊翌涵	江西省九江市浔阳区十里大街 1907 号
孙杨兆华	青海省西宁市城西区虎台小学
李思娴	山东省潍坊市寒亭区实验小学
宫一鸣	山东省潍坊市市辖区高新区东明学校
罗振宇	江西省南昌市西湖区濠上街小学
姜期菲	浙江省嘉兴市秀洲区实验小学
吴静茹	浙江省金华市义乌市义亭镇义亭小学
刘梦琪	山东省潍坊市昌邑市潍水学校
郑语彤	江西省上饶市信州区上饶市教育局直属小学
顾博文	辽宁省鞍山市立山区光明小学
王宇航	山东省潍坊市昌邑市第一实验小学
韦心怡	广西壮族自治区河池市金城江区实验小学（总校）
赵宇航	江苏省苏州市太仓市城厢镇第四小学
易纬杰	江西省宜春市上高县学园路小学
左若男	江西省宜春市高安市第二小学
何明富	江苏省盐城市滨海县第二实验小学城南分校
韩子欣	海南省海口市玉沙实验学校五（4）班

优胜奖（175 名）

陈　晨	江苏省盐城市滨海县第二实验小学
王可馨	江苏省徐州市鼓楼区金山桥实验小学
吕　云	江苏省盐城市滨海县第二实验小学
李　琳	山东省潍坊市昌邑市潍水学校
沈启豪	江苏省无锡市滨湖区无锡市育英锦园实验小学
陈　磊	江苏省盐城市射阳县外国语学校
周子超	江西省九江市浔阳区十里大街 1519 号
欧阳熠	江西省赣州市安远县思源实验学校
董乐康	江苏省苏州市姑苏区江苏省新苏师范学校附属小学
王诗梅	海南省保亭县第二小学
张文博	江苏省淮安市盱眙县官滩中心小学
叶子俊	江西省新余市市辖区高新区第一小学
张艺豪	江苏省徐州市鼓楼区徐州开发区实验小学
张庭玮	山西省晋中市介休市光明小学
吕广泽	辽宁省沈阳市苏家屯区文化路小学
葛佳帅	江苏省南通市崇川区南通市八一小学

刘正英　湖南省常德市武陵区东升小学
孔惟宇　山东省潍坊市昌邑市辛置小学
卢韩韵　江苏省南通市海安县韩洋小学
孙若宸　浙江省宁波市慈溪市宁波杭州湾新区世纪城实验小学
王　瑶　山东省烟台市龙口市红旗小学
乌龙茶　浙江省金华市义乌市义乌小学
朱志伟　江苏省淮安市盱眙县管镇中心小学
王浩宇　山东省潍坊市安丘市新大双语学校
尹文杰　山东省潍坊市昌乐县西湖小学
张思哲　青海省西宁市城西区虎台小学
殷　悦　浙江省丽水市青田县江南实验学校
宋文宇　山东省潍坊市昌乐县昌乐特师附小
金昕炜　浙江省金华市义乌市保联小学
周雨馨　江西省上饶市信州区上饶市实验小学
任伊琳　山东省潍坊市寿光市稻田镇赵庙小学
沈杜轩　江苏省无锡市滨湖区无锡市育英锦园实验小学
樊鹏程　江苏省盐城市滨海县实验小学
侯袁杰　浙江省金华市婺城区东苑小学
佟子豪　黑龙江省牡丹江市绥芬河市第四小学
吴俊璋　浙江省金华市浦江县浦阳第二小学
莫雨霖　青海省西宁市城西区虎台小学
徐慧薇　江西省南昌市西湖区绳金塔小学
杜艳洋　陕西省咸阳市渭城区塔尔坡学校
李珈瑶　江苏省盐城市滨海县实验小学
夏　雪　江苏省淮安市盱眙县黄花塘中心小学
吴　圣　江西省鹰潭市贵溪市第三小学
吴思含　辽宁省鞍山市立山区晨光小学
李姜涵　山东省潍坊市潍城区青年路小学
蔡欣妍　浙江省台州市路桥区路桥街道实验小学
丁汝瑞　山东省潍坊市昌邑市奎聚街道南隅小学
王梦维　江苏省常州市武进区南夏墅中心小学
魏瑞彤　山东省潍坊市昌邑市奎聚街道辛置小学
黄博暄　浙江省金华市浦江县平安中心小学
居哲睿　江苏省无锡市江阴市实验小学
任欣婷　山东省潍坊市昌邑市都昌小学
杨　颖　山东省潍坊市昌邑市奎聚街道辛置小学
孙千惠　辽宁省沈阳市和平区西塔朝鲜族小学
张　凯　浙江省金华市浦江县浦阳一小
王子谦　山东省临沂市郯城县实验一小
汪　悦　江苏省南京市雨花台区江苏第二师范学院附属小学
吴　悠　江西省赣州市安远县东江源小学
贾思琦　湖南省常德市武陵区东升小学
耿国瑜　山东省潍坊市奎文区潍坊市北海学校

侯立扬	山东省潍坊市潍城区和平路小学
龚子杰	海南省海口市寰岛实验小学四年级（5）班
马　超	江苏省盐城市射阳县解放路小学
周晨枫	浙江省金华市浦江县七里中心小学
史振宇	北京市市辖区西城区孙营小学
邱灿沭	江西省上饶市信州区实验小学
丁雨英	山东省潍坊市寒亭区滨海国际学校
尚科宏	江苏省盐城市滨海县实验小学
付祥菲	山东省潍坊市昌邑市奎聚街办李家埠小学
谢　皓	浙江省台州市路桥区下里桥西路206号
李　爽	江苏省盐城市滨海县第二实验小学
蒋嘉祥	浙江省丽水市青田县江南实验学校
冷思瑶	江西省宜春市上高县学园路小学
李倩颖	江苏省盐城市滨海县第二实验小学
何文豪	江西省新余市高新区第一小学
刘栋梁	山东省潍坊市安丘市兴华学校
李　佳	湖北省潜江市广华外国语小学
林珈毅	山东省烟台市龙口市兰高镇大张小学
滕子隆	辽宁省鞍山市立山区晨光小学
王　戈	浙江省金华市婺城区东苑小学
李欣妍	江苏省盐城市滨海县第二实验小学
柳叶青	浙江省金华市浦江县实验小学
胡一凯	浙江省金华兰溪市振兴小学
李嘉豪	山东省潍坊市潍城区健康街小学
王子文	江苏省盐城市滨海县第二实验小学
王子昂	辽宁省沈阳市沈河区文艺路第二小学
韩紫昀	山东省潍坊市昌邑市奎聚石湾小学
王子阳	辽宁省鞍山市立山区中华小学
陈　郝	山东省潍坊市安丘市新大双语学校
朱丽萍	浙江省金华市浦江县金融希望小学
杨程恺	山东省潍坊市潍城区潍坊外国语学校
潘逸轩	浙江省丽水市青田县江南实验学校
钱星月	江苏省无锡市梁溪区通江实验小学
孙　雨	江苏省宿迁市宿城区宿迁市实验小学三棵树分校
王逍凯	江苏省常州市武进区南夏墅中心小学
胡逸轩	江苏省常州市钟楼区常州市西新桥小学
方　镇	青海省西宁市城西区虎台小学
李永钢	江西省南昌市青山湖区玉泉岛校区
高丁浩	江苏省南通市崇川区八一小学
杜晨滢	山东省潍坊市奎文区潍坊高新区东明学校
柯承瑾	江西省上饶市信州区上饶市实验小学
黄兆梁	山东省潍坊市昌乐县第二实验小学
黄妍菲	江西省南昌市西湖区羊子巷小学

朱佳宁 山东省潍坊市昌邑市北孟镇后朱小学
李姿莹 山东省潍坊市市辖区北海学校
刘浩宇 江苏省盐城市滨海县第二实验小学
吴啸天 江西省萍乡市安源区第二学校
邹锦源 江西省宜春市高安市第二小学
陶 嘉 江苏省镇江市姚桥中心小学
唐兴伦 四川省泸州市合江县白沙中心校
王家正 海南省陵水黎族自治县中山小学五年级二班
张成昊 江苏省盐城市射阳县实验小学
陈星宇 江苏省盐城市射阳县人民路小学
魏彦雨 浙江省金华市浦江县浦南街道浦南村
陈炫宇 浙江省绍兴市鉴湖小学
黄浩明 山东省潍坊市昌乐县西湖小学
陆锦业 江苏省盐城市射阳县解放路小学
廖彦朴 江苏省镇江市大港中心小学
蔡奕凡 黑龙江省哈尔滨市平房区机电家园524
李佳玲 山东省潍坊市奎文区清平小学
陈智轩 江苏省淮安市盱眙县三河实验小学
赵文静 浙江省金华市浦江县七里方宅中中心小学
张钰和 江苏省苏州市太仓市城厢镇第一小学
胡圣浩 浙江省金华市婺城区东苑小学
周静怡 江苏省常州市武进区林南小学
陈万丽 湖北省潜江市江汉油田第二实验小学
庄轶麟 江苏省徐州市鼓楼区城东实验小学
蒋 琦 浙江省金华市义乌市苏溪镇新院
朱沐源 浙江省金华市浦江县金融希望小学
韩淇仲 辽宁省沈阳市和平区西塔朝鲜族小学
马誉鑫 江苏省镇江市京口区镇江市丁卯中心小学
寿力冉 浙江省绍兴市越城区鲁迅小学人民路校区
刘佳雯 黑龙江省绥化市海伦市实验小学
马文轩 黑龙江省鸡西市虎林市第三小学
谭美琪 黑龙江省牡丹江市绥芬河市第四小学
李雪缘 山东省潍坊市临朐县东明小学
沈佳平 江苏省南通市崇川区八一小学
刘静怡 山东省潍坊市潍城区西园小学
姜雨臻 辽宁省铁岭市银州区育华小学
周文硕 山东省潍坊市安丘市青云山小学
武 杰 河北省张家口市宣化县炮院小学
陈彦冰 浙江省金华市东苑小学
蒋祖贺 江苏省常州市武进区鸣凰小学
韩锦程 江苏省盐城市射阳县人民路小学
夏雨昕 山东省潍坊市奎文区东明小学
朱欣玉 江苏省盐城市盐都区盐城市楼王小学

李　靖	广西壮族自治区崇左市江南第二小学
黄雁宇	浙江省金华市浦江县平安中心小学
曹子毅	山东省潍坊市安丘市实验小学
陈馨瑜	江苏省苏州市太仓市城厢镇第四小学
梁　宸	江苏省徐州市泉山区淮西小学黄河校区
王浩南	山东省潍坊市安丘市兴华学校
毛柯杨	浙江省台州市温岭市泽国小学
孙　惠	江苏省盐城市射阳县外国语小学
王晓野	黑龙江省绥化市海伦市实验小学
周千惠	河北省沧州市任丘市水电学校
王一如	山东省潍坊市诸城市明诚学校
桂文慧	江西省新余市高新区第一小学
彭家诚	江西省宜春市上高县学园路小学
陈湘瑛	浙江省宁波市江北区洪塘中心小学
刘佳良	山东省潍坊市昌邑市第一实验小学
彭　谦	江西省上饶市信州区上饶市教育局直属小学
沈宇伟	江苏省盐城市滨海县实验小学
杨思城	江西省萍乡市湘东区排上镇桥头小学
王永健	山东省潍坊市潍城区南关大庄子小学
牟晓东	山东省潍坊市安丘市城北小学
徐宇轩	江苏省镇江市科技新城实验学校
邵紫萱	黑龙江省绥化市海伦市实验小学
徐　羿	江苏省无锡市惠山区钱桥中心小学
朱艺珊	山东省潍坊市安丘市实验小学
李　朗	江苏省镇江市石桥中心小学
吴晓烨	海南省海口市第二十六小学五年级四班
孙钧浩	山东省潍坊市寒亭区滨海国际学校
吴泉宁	江西省南昌市西湖区濠上街小学
王　昕	浙江省宁波市镇海区艺术实验小学
宁梦妤	江西省南昌市西湖区云飞路站小学

中学组（151 名）

特等奖（1 名）

陆心蕊	江苏省南通市崇川区跃龙中学

一等奖（5 名）

金　淼	江苏省盐城市射阳县初级中学
孙梦琦	江苏省徐州市丰县华山中学
赵　宇	山西省运城市夏县中学
孙伟智	江苏省连云港市海州区连云港市海州实验中学
张乂爻	黑龙江省齐齐哈尔市昂昂溪区齐市二十三中学

二等奖（10 名）

笪博文　江苏省镇江市镇江科技新城实验学校
陆文昊　江苏省苏州市姑苏区苏州市振华中学
孙思雨　江苏省南通市崇川区跃龙中学
倪景直　江苏省盐城市射阳县初级中学
李慧超　江西省南昌市西湖区北京路学校
曹心雨　浙江省嘉兴市海盐县秦山中学
胡效鑫　江苏省南通市崇川区跃龙中学
李善孙　江苏省连云港市海州区海州实验中学
孙林成　江苏省盐城市射阳县实验初级中学
于　涵　山东省潍坊市安丘市东城双语实验中学

三等奖（50 名）

王欢欢　海南省琼海市塔洋中学七年级 2 班
郭　涛　山东省潍坊市安丘市职业中等专业学校
简玉婧　陕西省渭南市合阳县城关中学
王智颖　山东省潍坊市昌邑市实验中学
刘雪晴　江苏省徐州市丰县中学
王志萌　山东省潍坊市昌邑市文山中学
吴　佳　江西省上饶市万年县中学
许思晗　江苏省苏州市姑苏区胥江实验中学
周必源　浙江省金华市浦江县浦江三中
李文慧　山东省潍坊市潍城区潍坊八中
苏皖康　江苏省苏州市金阊中学
王振涛　浙江省金华市义乌中学
林群山　山东省潍坊市昌邑市文山中学
蔡子宁　海南省万宁中学高一 1 班
吴晋王瑶　江苏省连云港市海州区海州实验中学
田　坤　新疆维吾尔自治区石河子市八中
白正薪　四川省眉山市东坡区象耳镇初级中学
孙祎楠　辽宁省铁岭市清河区清河实验中学
刘思彤　辽宁省沈阳市于洪区沈阳师范大学第二附属学校
张旭莲　江苏省盐城市射阳县实验初级中学
郑文灿　江西省上饶市信州区上饶市一中
李亚鹏　江苏省淮安市清浦区开明中学
营　协　江苏省盐城市射阳县初级中学
梁宇杰　江苏省徐州市丰县中学
于庆龄　江苏省盐城市射阳县实验初级中学
黄金舟　江苏省淮安市盱眙县实验附属中学
毕东辉　浙江省嘉兴市海盐县秦山中学
徐若曦　江苏省苏州市姑苏区振华中学
冯圆媛　浙江省台州市临海市台州学院附属中学

张辉辉	山西省运城市夏县实验中学
张发豪	山东省潍坊市昌邑市文山中学
沈金奇	江苏省盐城市射阳县初级中学
许雪坤	河南省焦作市博爱县泗沟学校
张　硕	江苏省徐州市丰县中学
焦小蓉	江苏省徐州市丰县中学
唐莹佳	陕西省汉中市汉台区第二中学
李梦晴	江苏省徐州市丰县中学
于艳玲	山东省潍坊市北海国际中学
万承鑫	江西省南昌市东湖区心远中学
毛令洪	浙江省金华市浦江县壶江初级中学
黄研捷	福建省南平市延平区南平剑津中学
朱言德	安徽省淮南市田家庵区淮南第十九中学
假　爱	甘肃省庆阳市西峰区庆阳五中
刘玲玲	江西省赣州市寻乌县第二中学
史志豪	江苏省徐州市丰县中学
刘顺航	山东省潍坊市昌邑市宋庄初级中学
唐　悦	江苏省镇江市镇江新区大港中学
邵　奕	江苏省淮安市盱眙县实验初级中学
杨　逸	江苏省镇江市伯先中学
卢伟艳	山东省潍坊市昌邑市北孟镇第一中学

优胜奖（85 名）

徐　驰	江苏省盐城市射阳县实验初级中学
彭智敏	湖南省常德市武陵区常德外国语学校
李　莹	江苏省盐城市射阳县实验初级中学
李双洁	陕西省渭南市合阳县城关中学
周树龙	山东省潍坊市安丘市东城双语实验学校
焦　宇	山东省潍坊市昌邑市文山中学
王靓琳	山东省潍坊市昌邑市文山中学
陈尚琨	山西省运城市盐湖区实验中学
吕木子	江苏省淮安市清河区北京路中学
罗在朗	贵州省黔西南州兴义市王司中学
陈　帅	江苏省徐州市泉山区三十八中
李　润	江苏省盐城市亭湖区盐城市田家炳中学
傅佳欣	山东省烟台市龙口市芦头中学
卫乐乐	浙江省金华市义乌市义驾山东街 17 号
张树杰	山东省潍坊市寒亭区滨海三中
孙玉洁	山东省潍坊市昌邑市文山中学
杨　坤	山东省潍坊市安丘市职业中等专业学校
王　成	山东省临沂市郯城县育才中学
薛欣怡	江苏省苏州市姑苏区苏州市振华中学
王　静	山东省潍坊市昌邑市北孟镇第一中学

白　雯	江苏省连云港市海州区海州实验中学
李仪杰	福建省南平市延平区南平剑津中学
翁钰龙	浙江省宁波市镇海区澥浦初级中学
侯明成	山东省潍坊市寒亭区滨海三中
王心怡	江苏省盐城市射阳县实验初级中学
冉　露	四川省泸州市合江县马街中学
王明宇	山东省潍坊市奎文区潍坊广文中学
童　涛	福建省南平市延平区南平剑津中学
时雨笑	江苏省镇江市伯先中学
张佳茜	山西省运城市盐湖区运城市康杰中学
王凌燕	山东省潍坊市昌乐县及第中学
苏美琪	江西省上饶市信州区上饶市一中
张宇君	江西省上饶市信州区上饶市一中
李　雷	山西省运城市夏县实验中学
汪芊琪	江苏省苏州市工业园区第十中学
高　硕	江苏省徐州市丰县华山中学
姜秋霞	山东省潍坊市昌邑市峻青初中
邵丽爽	黑龙江省鸡西市虎林市迎春林业局第一中学
臧文清	山东省潍坊市安丘市第一中学
邱薪蕊	江苏省盐城市阜宁县益林初级中学
蔡雨恬	江西省上饶市信州区上饶市一中
陈茜雯	江苏省盐城市射阳县初级中学
赵　芬	山西省运城市夏县二中
韩爱丽	山东省潍坊市安丘市第二中学
钱建纲	山东省潍坊市寿光市潍坊外国语学校
杨纪磊	江苏省南通市如东县丰利中学
刘俊宇	福建省南平市延平区南平剑津中学
韦子婷	广西壮族自治区南宁市青秀区南宁市第十七中学
李伶昱	山西省运城市盐湖区运康中学
丁嘉鹏	江苏省南通市崇川区跃龙中学
梁如玉	河北省石家庄市栾城区窦妪镇一中
吴惠敏	江西省新余市渝水区新余一中
靖博然	江苏省徐州市第三十六中学
胡诗雨	辽宁省鞍山市铁东区华育高新区学校
杜林芝	浙江省金华市浦江县职业技术学校
董俊宏	江西省上饶市信州区上饶市一中
黄玉菲	陕西省汉中市汉台区第二中学
彭　展	江苏省淮安市盱眙县淮安市新马高级中学
徐烽凯	山东省潍坊市昌邑市外国语学校
龚　珏	江西省南昌市东湖区南昌市心远中学
王　妍	江苏省镇江市镇江新区大港中学
左亦彤	江苏省盐城市阜宁县益林初级中学
吕　游	陕西省汉中市汉台区汉中市第八中学

王孙艳　　江苏省镇江市镇江新区大港中学
王宸宇　　江西省南昌市东湖区南昌市心远中学
魏裕龙　　江苏省徐州市丰县华山中学
麦尔比耶姆·图尔荪　　江苏省盐城市亭湖区盐城市田家炳中学
李中杰　　浙江省金华市婺城区金华市南苑中学
李向银　　江苏省盐城市射阳县初级中学
彭海洋　　江苏省徐州市丰县中学
孙婷之　　江苏省盐城市射阳县实验初级中学
费新亲　　江苏盐城射阳射阳县实验初中
刘天源　　四川省泸州市泸县得胜中学
魏鲁珊　　山东省潍坊市昌邑市文山中学
章　桥　　四川省泸州市泸县太伏镇初级中学
赵婷婷　　江苏省无锡市梁溪区无锡市山北中学
于经堂　　山东省潍坊市潍城区潍坊市第八中学
张俊鹏　　山东省潍坊市潍城区潍坊市第八中学
王　雅　　海南省琼海市塔洋中学七年级 1 班
赵化茹　　江苏省连云港市海州区海州实验中学
卫宗澜　　江苏省苏州市姑苏区苏州市振华中学
周永方　　广西壮族自治区崇左市宁明县城镇第一中学
熊逸凡　　湖北省潜江市江汉油田广华初级中学
李玉琦　　山东省潍坊市昌邑市文山中学
吴琳璐　　浙江省金华市浦江县堂头中学

成人组（121 名）

特等奖（1 名）

贺　伟　　安徽省滁州市琅琊区滁州学院

一等奖（5 名）

张　欧　　湖南省株洲市株洲县规划勘测局设计院
陈　静　　辽宁省沈阳市和平区南京一校
吴　健　　江苏省泰州市姜堰区经济开发区管委会
崔　岩　　山东省潍坊市市辖区东明小学
孟玲坤　　吉林省辽源市东丰县政法委

二等奖（10 名）

周海涛　　山东省潍坊市潍城区芙蓉小学
张秀娟　　浙江省金华市浦江县实验中学
邓向霞　　江苏省泰州市海陵区泰州市国土资源局
王金鹏　　江苏省南通市港闸区南通开放大学经济管理学院
刘金玉　　山东省潍坊市昌乐县朱刘街道小学
霍凤芹　　黑龙江省绥化市海伦市实验小学
欧阳慧婷　　青海省西宁市湟源县土地局

蔡　明　山东省潍坊市潍城区芙蓉街小学
蒋剑孟　广西壮族自治区贵港市国土资源监察支队
李之文　河北省沧州市南皮县建设测绘队

三等奖（50 名）

叶庆芬　广东省中山市建宙测绘工程有限公司
戴美玉　福建省福州市长乐市第七中学
冯仕杰　新疆维吾尔自治区乌鲁木齐市新市区新疆云鼎勘察测绘有限公司
杨天武　江西省鹰潭市贵溪市第二中学
巫　锐　江苏省镇江市丹徒区江苏中森建筑设计有限公司
宋廷祥　山东省潍坊市安丘市国土资源局
万　洋　江苏省泰州市海陵区泰州市国土资源局
刘荼香　江西省萍乡市安源区第二学校
李　佳　江苏省泰州市靖江市江苏中弘测量技术研究所有限公司
张立照　山东省潍坊市市辖区高新区东明学校
黄凯栋　江苏省南通市启东市邮政银行
何志博　辽宁省沈阳市和平区辽宁万鹏测绘地理信息科技开发有限公司
韩志清　青海省西宁市城西区青海省第二测绘院
白安康　广东省中山市恒宇测绘工程有限公司
刘　慧　青海省西宁市城西区省基础地理信息中心
谭庆祥　河北省沧州市运河区化学工业第一勘察设计院有限公司
朱国栋　安徽省滁州市琅琊区滁州学院地理信息与旅游学院
巴合包力　新疆维吾尔自治区乌鲁木齐市市辖区乌鲁木齐疆域新图测绘有限公司
肖飞飞　山东省潍坊市市辖区高新区东明学校
林军霞　山东省潍坊市市辖区高新区东明学校
杜春苏　浙江省金华市婺城区东苑小学
鄢雁翎　江西省上饶市信州区上饶师范学校
薛克拉提　新疆维吾尔自治区乌鲁木齐市市辖区新疆世纪方园测绘工程有限公司
耿文刚　山东省潍坊市昌邑市文山中学
孙曙光　江苏省无锡市江阴市城市工程勘测院有限公司
潘　俊　湖南省益阳市南县国土局
曹少伟　陕西省西安市未央区西安秦中勘测工程有限公司
夏国平　湖南省益阳市赫山区益阳市国土资源局
郭永平　江西省南昌市青山湖区塘山镇纪委
陈芳菊　湖南省常德市鼎城区国土资源局
陈丽平　福建省福州市长乐市第七中学
任　婧　山西省长治市屯留县国土资源局
韩娜茜　四川省成都市龙泉驿区四川省遥感信息测绘院
刘俊龙　江苏省南通市崇川区南通市政务中心
师俊峰　湖南省长沙市天心区湖南省第二测绘院
李　斌　新疆维吾尔自治区石河子市石河子域新测绘技术服务有限责任公司
沈乐冰　江西省萍乡市安源区江西省煤田地质局二二六队地质队测绘院
高成武　安徽省滁州市琅琊区滁州学院地理信息与旅游学院

唐东平	贵州省黔西南州兴义市兴义万峰电力股份有限公司
贾永强	山西省运城市绛县国土资源局
闻　意	江苏省南通市海安县国土资源局
董蔚平	陕西省宝鸡市金台区宝鸡规划设计院
游佳倩	福建省福州市长乐市第七中学
周亚宁	河北省沧州市任丘市苟各庄第二中心小学
何学明	青海省西宁市城东区昆仑东路 77 号
王　玺	青海省西宁市德令哈路 278 号
喻晓春	浙江省嘉兴市海盐县海盐滨海建设测绘有限责任公司
段保东	山西省长治市城区长治市测绘管理中心
陈依银	福建省福州市长乐市第七中学
王武生	四川省成都市龙泉驿区四川省遥感信息测绘院

优胜奖（55 名）

丁慧敏	河北省张家口市康保县幼儿园
张　慰	浙江省温州市瑞安市住建局
陶　玮	浙江省绍兴市越城区绍兴市规划局
朱　敏	广西壮族自治区防城港市国土资源局
耿德超	吉林省长春市南关区吉林农业大学
姜　涛	山东省德州市武城县房地产测绘中心
山永琼	福建省福州市长乐市第七中学
陈晓兵	新疆乌鲁木齐市沙依巴克区友好北路 728 号明慧园 D 座 2906 室
刘春光	江苏省徐州市丰县国土资源局
张一心	陕西省咸阳市秦都区咸阳市水利水电规划勘测设计研究院
刘　萍	安徽省滁州市南谯区滁州学院
孙月丰	江苏省南通市国土资源局
李倩丽	陕西省西安市碑林区国家测绘地理信息局第一航测遥感院
陈曾燕	江苏省南通市肿瘤医院
顾国峰	江苏省扬州市广陵区江苏智途科技股份有限公司
熊　力	江西省九江市怡美苑 11 栋 1 单元 1104 室
罗　帅	江西省南昌市东湖区南昌市心远中学
艾文辉	江西省抚州市临川区抚州市国土资源局临川分局
羊皮鼠	北京市朝阳区华亭嘉园 D 座 4B
梅芳芳	浙江省宁波市象山县规划局
魏爱英	江西省九江市怡庐苑一期 36 栋 3 单元 201 室
国佳丽	山东省潍坊市寒亭区滨海实验小学
薛二锋	青海省西宁市城西区青海省第二测绘院
欧瑞强	山东省临沂市沂水县国土资源局
曹　振	山东省德州市德城区德州晨图测绘工程有限公司
王哲垟	浙江省宁波市慈溪市宁波市宇科国土勘测规划设计有限公司
桂　杰	江西省九江市浔阳区怡芳苑一期 21 栋 2 单元 2001 室
姜　瑛	山东省潍坊市昌邑市豫园幼儿园
陈丽清	福建省福州市长乐市第七中学

马文祥	青海省西宁市湟中县多巴镇
邹树平	江苏省南京市鼓楼区江苏省测绘地理信息局
钟小玉	广东省河源市源城区河源市神州农业开发有限公司
李心雨	安徽省滁州市琅琊区滁州学院地理信息与旅游学院
詹　锁	安徽省合肥市长丰县滁州学院
孙　彬	江苏省泰州市靖江市江苏中弘测量技术研究所有限公司
顾　敏	浙江省金华市婺城区金华市东苑小学
葛　傲	安徽省蚌埠市怀远县滁州学院
陆皓达	浙江省宁波市江东区宁波天一测绘设计研究有限公司
何建国	江苏省南通市如东县丰利镇人民政府
王　猛	江苏省徐州市睢宁县国土资源局
孟定军	陕西省西安市碑林区国家测绘地理信息局第一航测遥感院
张大学	浙江省金华市浦江县职业技术学校
殷顺洋	江苏省泰州市兴化市白蚁所
王建华	江苏省泰州市海陵区泰州市国土资源局
薛晰露	新疆维吾尔自治区乌鲁木齐市沙依巴克区中国建筑材料工业地质勘查中心新疆总队
张　健	安徽省滁州市琅琊区滁州学院地理信息与旅游学院
卞大亮	江苏省扬州市广陵区扬州市国土资源局
杨国庆	江西省九江市浔阳区怡芳苑一期5栋2单元2101室
吴春玲	江西省南昌市西湖区江西中盛土地规划设计有限公司
张永萍	山东省济南市历下区山东省物化探勘察院
薛婉群	浙江省金华市浦江县金华市教育局
李明空	安徽省宣城市广德县滁州学院
吴春娥	江苏省淮安市清浦区淮安市开明中学
沈文妍	浙江省金华市义乌市义亭小学
陈丽清	福建省福州市长乐市第七中学

“美丽中国”第三届全国国家版图知识竞赛网络赛（常规赛）优胜单位名单（90家）

北京市航天中学
北京市丰台区教委
天津市教育委员会
天津市规划局
沧州市国土资源局（地理信息局）
石家庄市国土资源局（地理信息局）
运城市国土资源局
晋中市国土资源局
晋中市教育局
铁岭市规划局测绘管理办公室
辽宁省教育厅
沈阳市教育局
铁岭市教育局
吉林农业大学园艺学院
绥化市城乡规划局测绘管理站
绥芬河市城乡规划管理局
徐州市教育局
徐州市江苏丰县中学
盐城市射阳县教育局
射阳县人民路小学
射阳县初级中学
苏州市国土资源局
苏州工业园区第十中学
连云港海州实验中学

淮安市国土资源局
南通市八一小学
徐州市国土资源局
江苏第二师范学院附属小学
镇江新区实验小学
江苏省工商管理局
浦江县测绘与地理信息局
宁波市测绘与地理信息局
嘉兴市测绘与地理信息局
台州市测绘与地理信息局
衢州市测绘与地理信息局
金华市教育局
宁波市规划局镇海分局
玉环县测绘与地理信息局
义乌市教育局
磐安县测绘与地理信息局
长乐市第七中学
南平剑津中学
南昌市国土资源局
上饶市国土资源局
赣州市国土资源局
宜春市国土资源局
萍乡市国土资源局
鹰潭市国土资源局
潍坊市国土资源局
潍坊市教育局
东营市国土资源局
聊城市国土资源局
寿光市国土资源局
昌邑市国土资源局
安丘市国土资源局
青岛市勘察测绘研究院
临沂市国土资源局
泰安市国土资源局
昌邑市北孟镇第一中学
安丘市兴华学校
博爱县国土资源局
许昌县邓庄乡大张小学
潜江市测绘地理信息局
宜昌市测绘局
常德市国土资源局
益阳市国土资源局
广东省国土资源厅
广西壮族自治区测绘地理信息局
河池市测绘地理信息局
贵港市测绘地理信息局
柳州市测绘地理信息局
海口市教育局
琼海市教育局
重庆市规划局测绘管理处
眉山市教育体育局
广元市测绘地理信息局
泸州市教育局
巴中市教育局
贵州省铜仁市国土资源局
西藏自治区测绘局
西藏林芝市第二高级中学
咸阳市住房和城乡建设规划局
汉中市测绘地理信息局
庆阳市测绘地理信息局
武威市国土资源局
青海省测绘地理信息局
青海省军区幼儿园
黄南州测绘地理信息局
乌鲁木齐市国土资源局
石河子市国土资源局

“美丽中国”第三届全国国家版图知识竞赛网络赛（挑战赛）获奖名单

闯关成功奖（96 名）

快速判断（32 名）

郭振杰 陈秋成 王淑香 苏艳红 王子康 高生康 罗会渝 卫 星 张 刚 唐名涛 李小伟

季之纤　宋向阳　吴承昊　丁晓珊　季煜东　陆运高　刘浩波　提汝媛　张改荣　卢小芳　陆　辉
吴小花　杜　庚　张洪娣　潘　蕾　崔　艳　项国生　吴呵融　邱程龙　贺瑞梅　杨晓芳

快速答题（24 名）

郭振杰　陆运高　陈彩燕　杜　庚　王　星　张改荣　吴承昊　章　蕾　卢小芳　项晓峰　杜丽君
肖　俊　丁晓珊　邱程龙　杨晓芳　周汝康　郭志豪　姚继兰　邹家燕　刘浩波　项国生　卢锦杏
李文龙　贺瑞梅

疯狂猜词（40 名）

郭振杰　陆　奕　陆运高　张洪娣　何丽娜　黄小燕　彭希玲　邓　睿　陆肖玲　陈　艳　邓裕国
提汝媛　张改荣　吴呵融　吴承昊　吴小花　吴谦诚　崔　艳　肖　媛　杜　庚　陈　萍　陆　辉
刘浩波　潘　蕾　杨晓芳　王子康　崔革英　唐鹏发　许兆钧　刘松溪　章　蕾　李　洁　景　亮
项国生　肖　俊　王　焱　李文龙　江吉标　卢小芳　贺瑞梅

挑战成功奖（10 名）

郭振杰　吴承昊　陆运高　刘浩波　张改荣　卢小芳　杜　庚　项国生　贺瑞梅　杨晓芳

“美丽中国”第三届全国少儿手绘地图大赛优秀作品奖名单

6 岁以下组（51 名）

一等奖（1 名）

我爱我的家乡——大美青海

二等奖（5 名）

共建美丽中国　相亲相爱一家人　地球小窝
地球我的家　环行圣地——大美青海

三等奖（7 名）

生命与水　中国是我家　相亲相爱一家人
梦想中国　相亲相爱　美丽的中国梦
美丽中国

优秀奖（38 名）

地球之花常盛开　年年有余　中华人民共和国地图
夜色　我爱祖国　我爱中国
我爱中国　爱护地球　美丽中国
和平鸽　中国妈妈　好大一棵树
我爱你中国　富饶的祖国　寻宝
我们在家乡等你　美丽的中国·可爱的家乡　我们爱祖国
中国——树妈妈　熊猫开会　美丽中国

蝴蝶武汉
爱我中国
和平中国
祖国光辉下成长
我爱陕西
夜晚陕西美
七彩陕西
我爱祖国 我爱家乡
爱我中国
我给地球洗个澡
避暑天堂——青海
绿色中国
环青海湖
大美青海
大美青海
我的暑假愿望
青藏

6—8 岁组（119 名）

一等奖（1 名）

窗外和平鸽

二等奖（5 名）

锦绣中华
美丽中国
锦绣中华
花样中国
我爱中国

三等奖（25 名）

美丽阳城
东方蛟龙
繁花似锦
中国制造
多彩中国梦
中华美景
形象江苏
五十六个民族一条心
炎黄古国
魅力华夏，多彩中国
魅力华夏
美丽中国
和平友爱
新武汉
武汉吖心中的祖国
我心中的“月亮”
瓷器 · China
炫丽 · 武汉
美食中国
祖国大花园
四川欢迎您
同一个家
手绘成都
美丽中国
爱我中华

优秀奖（88 名）

魅力中华
腾飞的中国
我的家乡
我爱美丽祖国
和乐家园
中国带我行
欢乐世界
最美莆田
环游中国
福建啊福建
武平交通路线图
生态武平
绿色的中国
魅力广东
和平真好
美丽广西壮族三月三等你来
我的世界我的爱
绿色海南
田园城市，幸福琼海
绿色天堂
前赴后继
祖国在我心中
红色两当绿色家园
青花瓷汾酒
手拉手我们都是好朋友
绿色阳城悠然阳城
朔州地貌图
环保山西
共同保护
谁不说俺家乡美
和平一家亲
日出东方 祖国辉煌
美丽中国 魅力辽宁
我爱美丽中国
美丽大中国
爱我中华
我们美丽的中国
富饶的家乡
腾飞中国
我们爱祖国 我们爱和平
七彩中国梦
我们是一家
大好河山
中国给世界带来和平
色彩中国

美丽中国地大物博
心系中华、祈望和平
美丽宿迁，彩色泗阳
小家爱大家
永远的家园
大美中华
爱自然
快乐舞动
武汉，每天不一样
魅力衡阳
手绘家乡地图
我的中国心
陕西地图
美丽中国
金色热贡
美丽中国
五彩地球
美丽中国 美丽家园
萍实之乡
寻找最美地球
四季中国
家
小花伞
了不起的中国
我的中国“芯”
美丽巫山，我的家
美丽中国我的家
欢聚陕西省
我的家乡青海
吉祥中国
中国美丽的家
手拉手·共和谐
美丽中国
我们爱地球
淄博市博山区特产地图
太空
大美武汉，和谐中国
鱼米之乡
美丽中国梦
最忆新都
美丽的祖国
陕西·美食
我的家乡——青海

9—12 岁组（151 名）

一等奖（1 名）

锦绣中华

二等奖（5 名）

色彩中国
美丽的祖国
和之都
美丽中国梦
和谐中国

三等奖（33 名）

我心中的大中国
祖国更美（瓷盘）
壮丽的山河 富饶的祖国
我的中国心
魅力福建
大美江西
家乡指南
富贵东方韵
出棋制胜
美丽重庆我的家
美丽的中国梦
鱼戏荷塘
中国地形图
中国·China·瓷
书写和平
万绿赣江源·百里荷花香
美丽中国
中国乐
最美湖南
百鸟朝凤舞
重庆必去景点
我爱我的祖国
美丽中国（瓷盘）
水墨丹青绘中国
醉美鄞州
美丽中国
祖国颂
“和”世界
鱼戏华夏
富厚中国
美丽中国梦（一带一路 凤凰涅槃）
成都旅游地图
美丽青海

优秀奖（112 名）

转游北京城
京津冀协同发展，我们都是好朋友
祖国在我心中
一方净土
圆明园地图
丰收河南
中国元素
晋善晋美
动力中国
美丽中国欢迎您
中国地图板块（瓷盘）
美丽中国

美丽的沈阳
美丽中国手绘地图
祖国在我心中
美丽中国
美丽中国
爱我中华
美丽中国
起航——中国一块也不能少
欢迎到我“家”来玩
衢州欢迎您
同一个世界，同一个梦想
把陆地都舔掉
美丽江西
月舞中华
中华民族一家亲，同心共筑中国梦
美丽中国
汉江美
世界手
心中美丽的祖国
出水芙蓉 最美湖南
湖南一家亲
中山——美丽的家园
摇篮
热爱和平
我爱我家
手绘荣昌地图
我眼中的南岸
我爱荣昌
欢乐街
美丽地球村
邛崃名胜风景地图
我的家乡——贵州
绿色中国
大美中华
美丽富饶的大中国
我爱祖国
荷塘月色
美丽中国
富饶祖国
大美黑龙江
九州同心
和平之家
美丽西湖
美丽大中国
世界一家亲
天下是食物的
美丽橙乡
爱我中华
日出东方
欢乐中国
和平鸽
世季画笔
中国长大了
我眼中的湖南
美丽广州，我的家
护卫中国
绘我中华
文化崇左
还我本色！
重庆地图
美丽中国，美好重庆
手绘重庆地图
手绘荣昌
美丽中国
魅力沿河
美丽中国
和谐黄南
美丽辽宁
南海是中国的
龙凤吉祥
美丽中国
和平中国
最美中国手绘地图
中国金坛
美丽中国我的家
东海之滨
两岸一家亲
世界葡萄地图
海滨之地
故乡江西
美景美食——西部青岛
美丽中国
我的校园
绘武汉
弄花灯
怀抱
湘文化
大美韶关
美丽汕头·祈福
美丽广西欢迎您
美丽荣昌——手绘地图
重庆红色之旅
火锅之城重庆
重庆老城门
荣昌地图——特产篇
吃在成都
醉美邛崃
欢迎来到多彩贵州
中国——熊猫最喜欢的地方
祖国母亲我爱您

13—15岁组（81名）

一等奖（1名）

民族团结，祖国富强

二等奖（5名）

绚灿山西
筑之美
青山不老
中国·荷
走向世界的高铁

三等奖（12 名）

中国各地常见植物
出彩中国
最美赣州
美丽中国
绿色中国
中国美
爱我中华
美丽中国
锦绣中华
美丽湖南
明灯未来
美丽中国

优秀奖（63 名）

走进黑龙江——画家乡，话家乡
我眼中的中国
津门渡口寄家书
中国·长城
食在中国，“品”行天下
东方大国的崛起
美丽中国
枝繁叶茂
和平永驻
我们祖国像花园
中国花卉地图
舌尖上的中国
璀璨台湾
精彩中国
南京航空航天大学明故宫校区
我的常州
魅力江苏
美丽中国，青春永驻
大美江苏
魅力中国
祖国处处是风景
醉美中国
行走中国
爱我中华
维护祖国统一共建和谐社会
美丽的城市——余姚
和平之鸽环绕世界
绿色中国
美丽中国
中国地图创意画
花开中国
江西姑娘
中国风华
水彩中国
中国财富
吃货的西北行
龙佑中华
美丽武汉
美丽武汉
“荷”天下
东方崛起的巨龙
我们的祖国是花园
仰望世界
我爱中山
保护地球，美丽中国
美丽广西
中国树
富饶海南
唯美团结的大中国
印象四川
和谐中国
魅力铜仁
我们灾后心依然在一起
家
钟灵毓秀
秦人秦地
多彩中国
世界人民大团结
我心中的祖国
神秘的祖国
我的梦想
美丽新疆
丝路源

其他获得省部级表彰的先进集体和先进个人

先进集体

国家测绘地理信息局第一地形测量队（陕西省第二测绘工程院）被中华全国总工会授予“全国五一劳动奖状”

国家测绘地理信息局第一大地测量队第四中队被中华全国总工会授予“全国工人先锋号”称号

先进个人

中国测绘科学研究院印洁被中华全国妇女联合会授予“全国三八红旗手”称号

北京市测绘设计研究院刘宁被人力资源和社会保障部授予“全国技术能手”称号

甘肃省测绘工程院郑三君被甘肃省委评为省级优秀共产党员

科技奖励名单

国家科技奖励

项 目 编 号：J－25201－2－01
项 目 名 称：国家电子政务协同式空间决策服务关键技术与应用
获奖类别及等级：国家科学技术进步奖二等奖
主要完成人：刘纪平、张福浩、郭庆胜、王亮、吴立新、艾廷华、龙毅、董春、张明波、王勇
主要完成单位：中国测绘科学研究院、武汉大学、中国科学院地理科学与资源研究所、东北大学、南京师范大学

项 目 编 号：J－25201－2－04
项 目 名 称：国家地理信息公共服务平台（天地图）研发与系统建设
获奖类别及等级：国家科学技术进步奖二等奖
主要完成人：蒋捷、吴华意、李志刚、龚健雅、黄蔚、翟永、宋爱红、李京伟、张扬、查祝华
主要完成单位：武汉大学、国家基础地理信息中心、天地图有限公司、武大吉奥信息技术有限公司、北京吉威时代软件股份有限公司、国家测绘地理信息局卫星测绘应用中心

省部级科技奖励

项 目 名 称：IMU/GPS 辅助航空摄影技术规范等 8 项标准
获奖类别及等级：2016 年中国标准创新贡献奖标准项目奖一等奖
完 成 人：李英成、张坤、薛艳丽、邓国庆、朱祥娥、赵俊霞、兀伟、丁晓波、马聪丽、曾云、刘小强、张丽娜、郭童英、陈骏、武军郦
完 成 单 位：中测新图（北京）遥感技术有限责任公司、国家测绘地理信息局测绘标准化研究所、中国测绘科学研究院、国家基础地理信息中心、国家测绘地理信息局第一航测遥感院、国家测绘地理信息局第三航测遥感院、国家测绘地理信息局第一大地测量队

项 目 名 称：变形测量成果质量检验技术规程等 13 项标准
获奖类别及等级：2016 年中国标准创新贡献奖标准项目奖三等奖
完 成 人：谭理、李冲、李倩、赵俊霞、汤权、王珊、曾衍伟、余银普
完 成 单 位：四川省测绘产品质量监督检验站、国家基础地理信息中心、上海市测绘产品质量监督检验站、湖北省航测遥感院、武汉大学

项 目 名 称：省市县地理空间框架一体化关键技术研究与应用
获奖类别及等级：2015 年福建省科技进步奖二等奖
完 成 人：袁存忠、余丽钰、邓淑丹、张寿选、陈兴华、吴飞、黄梦龙

完 成 单 位：福建省基础地理信息中心、武大吉奥信息技术有限公司、北京超图软件股份有限公司、厦门精图信息技术股份有限公司

项 目 名 称：秦岭测图工程关键技术研究与集成应用
获奖类别及等级：2016 年度陕西省科学技术奖二等奖
完 成 人：曹建成、邓国庆、田怀启、郭春喜、张庆涛、王佩、申传庆、陈骏、吴满意
完 成 单 位：国家测绘地理信息局陕西基础地理信息中心、国家测绘地理信息局测绘标准化研究所、国家测绘地理信息局第一地形测量队、国家测绘地理信息局大地测量数据处理中心

2016 年测绘科技进步奖名单

（中国测绘地理信息学会组织评选）

特等奖（5 项）

项目编号：2016 - 01 - 00 - 01
项目名称：全国生态环境十年变化（2000—2010 年）遥感调查与评估
完 成 人：王桥、欧阳志云、吴炳方、侯鹏、张峰、郑华、申文明、周伟奇、王业耀、刘高焕、王昌佐、陈利顶、张林波、冯晓明、徐网谷、陈保冬、饶胜、曹巍、杨大勇、于贵瑞、翟俊、肖燚、刘思含、徐卫华、孙中平、李晓松、万华伟、曾源、姚延娟、欧阳芳
完成单位：环境保护部卫星环境应用中心、中国科学院生态环境研究中心、中国科学院数字地球与遥感应用研究所、中国环境监测总站、中国科学院地理科学与资源研究所、中国环境科学研究院、环境保护部南京环境科学研究所、中国科学院动物研究所、环境保护部华南环境科学研究所、环境保护部环境规划院

项目编号：2016 - 01 - 00 - 02
项目名称：全天时高重复频率卫星激光测距系统关键技术及应用
完 成 人：赵春梅、张忠萍、王小亚、徐天河、瞿锋、郭金运、李朴、李谦、陈檬、卫志斌、何冰、曾安敏、程志恩、何正斌、秦显平
完成单位：中国测绘科学研究院、中国科学院上海天文台、西安测绘研究所、山东科技大学、北京工业大学

项目编号：2016 - 01 - 00 - 03
项目名称：首套全国 15 米数字表面模型关键技术研发及产业化
完 成 人：孙承志、徐保龙、张力、谭海、丁勇、周晓青、严冰、雷兵、艾海滨、王霞、张磊、汪汇兵、左志权、倪文辉、徐畅、刘克、周利平、杨本勇、袁继英、周平、甘宇航、樊文锋、司玉琴、胡铁之、王朝霞、王瑜锋、王保前、朱红、郭建华、周星
完成单位：国家测绘地理信息局卫星测绘应用中心、北京四维空间数码科技有限公司、中国测绘科学研究院

项目编号：2016 - 01 - 00 - 04
项目名称：超大规模光学卫星影像无控制高精度区域网平差关键技术与应用

完 成 人：王密、李德仁、徐文、王冰冰、杨博、龙小祥、喻文勇、江万寿、张扬、徐大琦、金淑英、邬晶岫、朱映、范城城、黎珂、常学立、卓慧超、方留杨、李庆鹏、程宇锋、杨郁、雷玉飞、田原、润一、张致齐、李晓进、张云翔、魏纪成、张静、王惠英

完成单位：武汉大学、中国资源卫星应用中心、北京吉威时代软件股份有限公司

项目编号：2016 - 01 - 00 - 05

项目名称：全国水利一张图建设与应用

完 成 人：蔡阳、程益联、曾焱、谢文君、陈德清、付静、陈子丹、王伶俐、詹全忠、张立立、周维续、张泽虹、李晶云、赵凯、张奇为、孟令奎、陈岚、成建国、陈真玄、赵和松、刘丽芬、唐燕、杨旭、赵涛、王位鑫、花基尧、王宁、黄藏青、郝春明、黄锐

完成单位：水利部水利信息中心、北京超图软件股份有限公司、北京吉威数源信息技术有限公司、武汉大学、天地图有限公司

一等奖（13 项）

项目编号：2016 - 01 - 01 - 01

项目名称：地理国情统计分析关键技术与应用

完 成 人：刘耀林、何建华、赵翔、焦利民、叶子伟、文学虎、邹崇尧、刘艳芳、程雄、何力、王晓密、何青松、梁晓瑾、解鹏、彭金金

完成单位：武汉大学、宁波市测绘设计研究院、国家测绘地理信息局第三地理信息制图院、湖北省测绘工程院

项目编号：2016 - 01 - 01 - 02

项目名称：GPS 和 InSAR 联合监测活动断层精细变形的关键技术与应用

完 成 人：许才军、温扬茂、刘经南、江国焰、刘洋、汪建军、乔学军、王华、何平、王乐洋、李陶、丁开华、龙四春、陈庭、张朝玉

完成单位：武汉大学、中国地震局地震研究所

项目编号：2016 - 01 - 01 - 03

项目名称：国产倾斜航空摄影测量装备和系统关键技术研究与应用

完 成 人：李英成、权龙、肖金城、邵建、唐利明、杨伯刚、罗祥勇、王恩泉、方天、陈群国、朱思语、陈永立、刘沛、丁华祥、毕凯

完成单位：中国测绘科学研究院、中测新图（北京）遥感技术有限责任公司、香港科技大学、江苏省测绘地理信息局、北京市测绘设计研究院、广东国土测绘院、河北第一测绘院、浙江中测新图地理信息技术有限公司、武汉中测晟图遥感技术有限公司

项目编号：2016 - 01 - 01 - 04

项目名称：无人机集群灾情地理信息获取系统

完 成 人：马赟、王兵、周社、周兴霞、伍小洁、胡可、苏炯、黄瑞金、张洁、程多祥、徐开明、韩正伟、李涌波、赵桢、范建容

完成单位：四川测绘地理信息局、天津航天中为数据系统科技有限公司、四川测绘地理信息局测绘技术服务中心（四川省测绘地理信息局测绘应急保障中心）、中国科学院电子学研究所、中国人民解放军总参谋部第六十研究所、四川省减灾中心、中国科学院水利部成都山地灾害与环境研究所

项目编号：2016－01－01－05
项目名称：大型复杂文物信息留取与虚拟修复关键技术研究与应用
完 成 人：侯妙乐、吴育华、胡云岗、张向前、张玉敏、宁波、魏利勇、赵江洪、黄明、胡春梅、杨溯、张瑞菊、王国利、刘爱军、陈灿
完成单位：北京建筑大学、中国文化遗产研究院、北京帝测科技股份有限公司、云冈石窟研究院、中国电子科技集团公司第十五研究所

项目编号：2016－01－01－06
项目名称：基于机载 LiDAR 点云的综合测图系统与应用
完 成 人：彭桂辉、宋袁龙、刘敏、段梦琦、杨培义、郭永春、王慧芳、高鹏、姚春雨、代向峰、梁菲、武捷、王召许、李明、花奋奋
完成单位：西安煤航信息产业有限公司

项目编号：2016－01－01－07
项目名称：地物目标识别与三维建模的方法
完 成 人：张立强、康志忠、方天、肖志强、刘素红、刘君、王臻、胡腾
完成单位：北京师范大学、中国地质大学（北京）、香港科技大学

项目编号：2016－01－01－08
项目名称：地理国情普查质量检验关键技术研发与应用
完 成 人：程鹏飞、张莉、赵有松、黄瑞金、马伟、徐永敏、陈海鹏、李冲、毛文娟、章磊、郭婧、尹粟、赵颖、吴璇、闫庆庆
完成单位：国家测绘产品质量检验测试中心

项目编号：2016－01－01－09
项目名称：煤矿区地表环境损伤多尺度立体监测关键技术及应用
完 成 人：胡振琪、汪云甲、程琳琳、王行风、赵艳玲、肖武、李晶、张华、袁军、吕建春、张禾裕、黄翌、田丰、闫世勇、林丽新
完成单位：中国矿业大学（北京）、中国矿业大学、黑龙江省鹤岗市城乡规划局、山东省济宁市土地综合整治中心

项目编号：2016－01－01－10
项目名称：输电线路及走廊动态检测装备及关键技术
完 成 人：张智武、张珂殊、曾德君、汪骏、沈建、曹愈远、王和平、李艳军、杨燕林、郭晓冰、王健、王晓星、任淑娟、张庆祥、李致东
完成单位：北京北科天绘科技有限公司、国网通用航空有限公司、南京航空航天大学

项目编号：2016－01－01－11
项目名称：空间关系理论及其在地图综合和空间数据安全中的应用
完 成 人：闫浩文、刘涛、王中辉、张黎明、杨维芳
完成单位：兰州交通大学

项目编号：2016－01－01－12
项目名称：核安全壳内外观缺陷检查/监测系统研发
完 成 人：徐亚明、邢诚、张涛、黄晶晶、刘冠兰、王震、陈凯、喻爽、束进芳、田鹏、林跃、黎建洲、赵尘衍、周建国
完成单位：武汉大学

项目编号：2016－01－01－13
项目名称：线阵推扫式光学卫星高精度几何处理关键技术
完 成 人：张过、蒋永华、汪韬阳、潘红播、李立涛、张浩
完成单位：武汉大学、中南大学、武汉合力汇华科技有限公司

二等奖（45 项，名单略）

三等奖（62 项，名单略）

2016 年全国优秀测绘工程奖名单

（中国测绘地理信息学会组织评选）

白金奖（10 项）

项目名称：川藏铁路拉萨至林芝段工程测量
完成单位：中铁二院工程集团有限责任公司

项目名称：上海迪士尼园区建设工程测量与空间信息综合服务
完成单位：上海市测绘院

项目名称：坦桑尼亚至赞比亚铁路修复改造工程初测工程测量
完成单位：铁道第三勘察设计院集团有限公司

项目名称：昌平区制止和查处违法用地违法建设信息平台
完成单位：北京市测绘设计研究院

项目名称：2013 年度金沙江下游梯级水电站水文泥沙监测
完成单位：长江水利委员会水文局

项目名称：杭甬客运专线精密测量控制工程
完成单位：中铁第四勘察设计院集团有限公司

项目名称：长江干线宜昌至安庆段航道整治模型试验论证 2014 年度枯季原型观测
完成单位：长江航道测量（武汉）中心

项目名称：川藏联网输变电工程建设测绘地理信息服务工程
完成单位：北京洛斯达数字遥感技术有限公司

项目名称：哈尔滨“智慧管网”项目地下管线数据普查
完成单位：航天恒星科技有限公司黑龙江分公司、国家测绘地理信息局第四地形测量队、黑龙江诠维地理信息有限公司、哈尔滨公众地理信息研究所、正元地理信息有限责任公司、河北九华勘查测绘有限责任公司、保定金迪地下管线探测工程有限公司、四川省第三测绘工程院、黑龙江省煤田地质物测队、哈尔滨测量高等专科学校测量工程公司、南京市测绘勘察研究院有限公司

项目名称：四川省卫星定位连续运行基准站网北斗升级建设项目
完成单位：四川省第一测绘工程院

金奖（21 项）

项目名称：河北省秦皇岛、承德市第一次全国地理国情普查工作
完成单位：河北省第二测绘院

项目名称：重庆市解放碑 CBD 地下交通工程测量
完成单位：重庆市勘测院

项目名称：“数字六合”地形图测量项目
完成单位：南京市测绘勘察研究院有限公司

项目名称：黄陂区国土规划“一张图”基础数据采集
完成单位：湖北省测绘工程院、湖北省航测遥感院、武汉市测绘研究院、长江空间信息技术工程有限公司（武汉）、西安煤航信息产业有限公司

项目名称：国有土地监管数据采集及地理信息系统开发
完成单位：深圳市南湖勘测技术有限公司、广东铂锐数创空间技术有限公司

项目名称：重庆市两江新区三系统控制规划动态信息系统
完成单位：重庆市勘测院、重庆市规划设计研究院

项目名称：浙江省（舟山群岛、三门湾、乐清湾）海洋测绘水下地形测量和深水岸线调查
完成单位：浙江省测绘大队、国家海洋局第二海洋研究所

项目名称：927 一期工程海岛（礁）测绘基准建设与精确定位成果质量控制工程
完成单位：国家测绘产品质量检验测试中心

项目名称：重庆市合川区城乡规划建设一张图测绘
完成单位：重庆市勘测院

项目名称：天津市智慧建设地理信息共享平台建设及应用
完成单位：天津市勘察院、星际空间（天津）科技发展有限公司

项目名称：杭州市萧山区 1∶500 村庄数字地籍调查项目
完成单位：浙江省第二测绘院

项目名称：华南第一高楼——广州东塔施工监测及规划验收测量
完成单位：广州市城市规划勘测设计研究院、武汉大学

项目名称：深圳市坪盐通道工程（一标）工程测量
完成单位：建设综合勘察研究设计院有限公司、深圳市建设综合勘察设计院有限公司

项目名称：深圳市城市轨道交通 7、11 号线工程自动化监测
完成单位：深圳市市政设计研究院有限公司、国家测绘地理信息局第一地形测量队（陕西省第二测绘工程院）

项目名称：深圳市基础地理信息数据更新与维护（1∶1000 地形图及地下管线动态修补测项目）
完成单位：深圳市地籍测绘大队、深圳地质建设工程公司、建设综合勘察研究设计院有限公司、深圳市建设综合勘察设计院有限公司

项目名称：毕节市中心城区基础测绘项目
完成单位：贵州省第一测绘院、国家测绘地理信息局第一大地测量队、国家测绘地理信息局大地测量数据处理中心

项目名称：青海东部城市群建设测绘保障应用工程
完成单位：青海省第二测绘院

项目名称：固原市原州区农村宅基地和集体建设用地使用权确权登记发证项目
完成单位：西安大地测绘股份有限公司

项目名称：青岛市数字化城管基础数据普查和建库项目
完成单位：青岛市勘察测绘研究院

项目名称：长山水道附近海岛礁测量
完成单位：天津海事测绘中心、国家测绘地理信息局第一大地测量队

项目名称：株洲市辖区 1∶500 地形图未覆盖区测绘
完成单位：株洲市规划设计院、株洲市国土资源规划测绘院

银奖（86 项，名单略）

铜奖（168 项，名单略）

2016 年优秀地图作品裴秀奖名单

（中国测绘地理信息学会组织评选）

金奖（16 项）

地图名称：浙江省海洋地图集
编制单位：浙江省第一测绘院

地图名称：黑龙江省地图集（精装版、活页版）
编制单位：国家测绘地理信息局第二地理信息制图院、哈尔滨地图出版社

地图名称：湖北省地图集
编制单位：湖北省地图院

地图名称：美丽地球新视角
编制单位：国家测绘地理信息局卫星测绘应用中心

地图名称：世界标准地名地图集
编制单位：中国地图出版社

地图名称：山西省森林资源地图集
编制单位：山西省综合地理信息中心、山西省林业调查规划院

地图名称：汉文、维吾尔文、哈萨克文版《新疆维吾尔自治区地图集》
编制单位：新疆维吾尔自治区测绘地理信息局

地图名称：人教版高中《历史地图册》必修 1—3 册
编制单位：中国地图出版社、人民教育出版社

地图名称：最美中国——国家地理旅游地图、最美世界——国家地理旅游地图
编制单位：中国地图出版社

地图名称：武汉市地图集
编制单位：武汉市测绘研究院

地图名称：多媒介系列智能交互纸质地图
编制单位：国家测绘地理信息局地图文化与创意工程技术研究中心、青岛市勘察测绘研究院

地图名称：第一次全国水利普查成果图集
编制单位：水利部水文局（水利信息中心）、国信司南（北京）地理信息技术有限公司

地图名称：浙江省生态环境十年变化（2000—2010年）遥感调查与评估地图集
编制单位：浙江省测绘资料档案馆、浙江省环境监测中心、浙江大学

地图名称：福建省情地图集
编制单位：福建省制图院

地图名称：北极航海地图集
编制单位：交通运输部北海航海保障中心

地图名称：济南泉水旅游纪念品
编制单位：济南市勘察测绘研究院

银奖（30项，名单略）

铜奖（59项，名单略）

2016年中国地理信息科技进步奖名单

（中国地理信息产业协会组织评选）

特等奖（1项）

项目名称：卫星测绘遥感影像深化处理与应用技术
完成单位：国家测绘地理信息局卫星测绘应用中心、北京国测星绘信息技术有限公司、上海沃炜信息科技有限公司、江苏省测绘工程院、云南省测绘地理信息局、陕西测绘地理信息局、黑龙江测绘地理信息局、四川测绘地理信息局、海南测绘地理信息局、国家测绘地理信息局重庆测绘院

一等奖（20项）

项目名称：城市运行精细化管理物联网技术与应用
完成单位：北京建筑大学、北京市西城区城市管理监督指挥中心、北京英泰思迪空间信息技术有限公司

项目名称：省级水利地理信息服务平台构建与应用
完成单位：江苏省基础地理信息中心、江苏省水文水资源勘测局

项目名称：智慧重庆地理编码服务平台建设与应用
完成单位：重庆市地理信息中心、重庆知行地理信息咨询服务有限公司、北京理工大学

项目名称：上海迪士尼空间信息集成的关键技术与应用
完成单位：上海市测绘院、北京睿城传奇科技有限公司

项目名称：全景影像三维量测与建模关键技术研究及应用示范
完成单位：首都师范大学、北京智汇盈科信息工程有限公司、北京云通数链科技发展有限公司

项目名称：国家海域动态监视监测管理系统
完成单位：国家海洋环境监测中心、广东蓝图信息技术有限公司、国家海洋技术中心、海南省海洋监测预报中心、江苏省海域使用动态监视监测中心、辽宁省海域和海岛使用动态监视监测中心

项目名称：不动产统一登记信息化标准研究与应用
完成单位：国土资源部信息中心、吉林省国土资源信息中心、上海市房屋土地资源信息中心、重庆市国土资源和房地产信息中心、合肥市国土资源技术发展中心

项目名称：城市多元化测绘地理信息数据动态更新体系
完成单位：北京市测绘设计研究院、北京山维科技股份有限公司、城市空间信息工程北京市重点实验室

项目名称：卫星监测分析与遥感应用系统（SMART）
完成单位：国家卫星气象中心、北京航天宏图信息技术股份有限公司、东华软件股份公司、中科九度（北京）空间信息技术有限责任公司

项目名称：陆表重要生态参数遥感反演关键技术与应用
完成单位：北京大学、环境保护部卫星环境应用中心、北京吉威时代软件股份有限公司、南京坦迪信息技术有限公司

项目名称：内蒙古高精度空间定位和数字高程基准建立的技术及其应用
完成单位：内蒙古自治区测绘地理信息局、武汉大学

项目名称：无人机倾斜摄影设备研制
完成单位：北京数维翔图高新技术股份有限公司

项目名称：云＋端模式的移动警务综合应用管控平台研发和警务生态圈体系应用
完成单位：北京合众思壮科技股份有限公司

项目名称：鲁棒景像匹配辅助导航定位技术
完成单位：北京航空航天大学

项目名称：基于遥感的长江流域多源遥感干旱监测评估关键技术及应用
完成单位：长江水利委员会长江科学院

项目名称：县（市）级矿政管理信息系统建设研究与应用
完成单位：中国地质调查局发展研究中心、湖北省国土资源研究院、重庆市南川区国土资源和房屋管理局、北京超图软件股份有限责任公司、江西地质矿产测绘院、中国煤炭地质总局航测遥感局、吉林大学、福建特力惠信息科技股份有限公司

项目名称：测绘地理信息行业职业技能竞赛信息化评判技术体系构建与应用示范
完成单位：国家测绘地理信息局职业技能鉴定指导中心、四川省测绘产品质量监督检验站、江苏省基础地理信息中心

项目名称：时空地理信息智能管理与按需应用的关键技术研究及产业化
完成单位：武汉市测绘研究院、长沙市规划勘测设计研究院

项目名称：城乡规划决策支持平台
完成单位：北京市城市规划设计研究院、北京城垣数字科技有限责任公司、清华大学、北京湘君齐科技有限公司

项目名称：基于多模式数据互联共享的城乡规划一体化服务平台研究与应用
完成单位：湘潭市规划信息技术研究中心、湘潭市城乡规划局、湖南科技大学

二等奖（65 项，名单略）

三等奖（87 项，名单略）

2016 年中国地理信息产业优秀工程奖名单

（中国地理信息产业协会组织评选）

金奖（87 项）

项目名称：四川省地质灾害防治防治专用图测制与应急保障专项建设工程
完成单位：四川省测绘地理信息局、四川测绘地理信息局测绘技术服务中心（四川省测绘地理信息局测绘应急保障中心）

项目名称：昆明市城市规划建设管理数字化应用
完成单位：昆明市测绘管理中心、九成空间科技有限公司

项目名称：西藏自治区重点地区 1∶10000 基础地理信息数据采集及成图项目（邦达镇—芒康县朱巴龙乡、纳西民族乡测区）
完成单位：西藏自治区测绘局、四川测绘地理信息局测绘技术服务中心

项目名称：西藏自治区重点地区 1∶1 万基础地理信息数据采集及成图（林芝市—八宿县—昌都镇—江达县岗托镇（一）测区）
完成单位：西藏自治区测绘局、四川省遥感信息测绘院

项目名称：面向智慧应用的数字余杭地理空间框架建设
完成单位：杭州市余杭区住房和城乡建设局、陕西天润科技股份有限公司

项目名称：廊坊市公安局治安可视化警务工作平台项目
完成单位：廊坊市公安局治安警察支队、方正国际软件（北京）有限公司

项目名称：无锡市国土资源“一张图”综合监管平台
完成单位：无锡市国土资源局、浙江浙大万维科技有限公司

项目名称：榆林市中心城区大比例尺地形图测绘服务项目
完成单位：榆林市城乡建设规划局、西安煤航信息产业有限公司

项目名称：胶南市农村集体建设用地使用权及宅基地使用权确权登记发证项目
完成单位：青岛市国土资源和房屋管理局黄岛分局、青岛捷利达地理信息集团有限公司

项目名称：泗阳县城区地下管线管理系统
完成单位：泗阳县城乡规划局、江苏北斗地下管线研究院有限公司

项目名称：辽宁省地质环境信息化建设项目
完成单位：辽宁省地质环境监测总站、武汉地大信息工程股份有限公司

项目名称：泰安市规划一张图系统
完成单位：泰安市规划局、上海数慧系统技术有限公司、北京建设数字科技股份有限公司

项目名称：滨海新区行政区划勘界与网格化服务管理平台建设
完成单位：天津市滨海新区民政局、天津市测绘院

项目名称：数字泸州地理信息公共服务平台建设项目
完成单位：泸州市城市建设信息管理中心、国家测绘地理信息局、四川基础地理信息中心

项目名称：天津市滨海新区公安局地理信息平台
完成单位：天津市滨海新区公安局指挥部、天津市滨海新区规划和国土资源地理信息中心、北京广图软件科技有限公司、宁波市安贞信息科技有限公司

项目名称：徐州市基础测绘更新维护——工业企业用地调查建库及系统开发
完成单位：徐州市国土资源局、江苏兰德数码科技有限公司

项目名称：西宁“数字规划”精细化管理平台
完成单位：西宁市城乡规划和建设局、西宁市城市规划编制研究中心、上海数慧系统技术有限公司

项目名称：数字都匀地理空间框架建设项目
完成单位：都匀市国土资源局、贵州省第一测绘院、广州城市信息研究所有限公司

项目名称：乌兰察布市中心城地下管线普查及信息管理系统建设项目
完成单位：乌兰察布市规划局、山东正元地球物理信息技术有限公司、西安煤航信息产业有限公司

项目名称：基于北斗和天地图的海陆空地质调查安全保障平台研发
完成单位：中国地质调查局、中国地质调查局水文地质环境地质调查中心、广州海洋地质调查局、中国地质调查局国土资源航空物探遥感中心

项目名称：武汉市 1∶10000 时空地理信息建设与地形图要素更新工程
完成单位：武汉市国土资源和规划局、武汉市测绘研究院

项目名称：汉文、维吾尔文、哈萨克文版《新疆维吾尔自治区地图集》
完成单位：新疆维吾尔自治区测绘地理信息局、新疆维吾尔自治区第二测绘院

项目名称：数字新泰地理空间框架建设项目
完成单位：新泰市国土资源局、山东省国土测绘院

项目名称：广东省高分辨率测绘航空摄影与正射影像制作（第二分区）
完成单位：广东省国土资源测绘院、中测新图（北京）遥感技术有限责任公司

项目名称：数字淮安地理空间框架
完成单位：淮安市国土资源局、江苏省基础地理信息中心

项目名称：莱芜市科技管矿系统
完成单位：莱芜市国土资源局、正元地理信息有限责任公司

项目名称：徐州市不动产登记信息系统建设与应用
完成单位：徐州市国土资源局、北京中天吉奥信息技术股份有限公司、北京中天博地科技有限公司、武大吉奥信息技术有限公司

项目名称：山东省机载 LIDAR 数据获取及 DEM 制作
完成单位：山东省国土资源厅、山东省国土测绘院

项目名称：五常市农村土地确权登记测绘及耕地经营权调查与土地流转管理平台建设
完成单位：五常市农业局、辽宁宏图创展测绘勘察有限公司

项目名称：苏州市城区水务工程调度控制系统工程
完成单位：苏州古城区河网自流活水工程建设管理处、上海网波软件股份有限公司

项目名称：南京市第一次地理国情普查
完成单位：南京市规划局、南京市测绘勘察研究院有限公司

项目名称：多源遥感协同土壤水分遥感反演系统
完成单位：中国水利水电科学研究院、中国科学院遥感与数字地球研究所

项目名称：宜昌市公安局可视化指挥调度系统
完成单位：宜昌市公安局、武汉中地数码科技有限公司

项目名称：山东省第一次全国地理国情普查数据采集项目（淄博市）
完成单位：山东省第一次全国地理国情普查领导小组办公室、山东明嘉勘察测绘有限公司

项目名称：福州市 1:2000 比例尺电子地图数据生产
完成单位：福州市“数字福州”建设领导小组办公室、福州市勘测院

项目名称：南京市主城四区地下管线普查探测测绘服务项目
完成单位：南京市规划局、南京市城市地下管线数字化管理中心、南京市测绘勘察研究院有限公司

项目名称：惠州市仲恺高新区基本比例尺数字化地形图测绘
完成单位：惠州市国土资源局、仲恺高新技术产业开发区分局、西安煤航信息产业有限公司

项目名称：广州市第一次全国地理国情普查数据采集与整理
完成单位：广州市国土资源和规划委员会（原广州市国土资源和房屋管理局）、广州市房地产测绘院

项目名称：广汉市农村土地承包经营权确权登记项目
完成单位：广汉市农业局、四川空间信息产业发展有限公司

项目名称：北京市第一次地理国情普查
完成单位：北京市第一次地理国情普查领导小组办公室、北京市测绘设计研究院

项目名称：泸县农村土地承包经营权确权登记和管理信息系统建设
完成单位：泸县农业局、四川空间信息产业发展有限公司

项目名称：工程建设征地移民信息采集系统
完成单位：长江勘测规划设计研究有限责任公司、北京超图软件股份有限公司

项目名称：数字东莞地理空间框架三维模型建设项目
完成单位：东莞市国土资源局、湖南省第一测绘院

项目名称：武汉市第一次地理国情普查与成果应用
完成单位：武汉市第一次地理国情普查领导小组办公室、武汉市测绘研究院

项目名称：漳州市数字化城市管理信息系统项目
完成单位：漳州市城市管理行政执法局、北京数字政通科技股份有限公司

项目名称：南京市国土资源“一张图”二期工程
完成单位：南京市国土资源局、南京市国土资源信息中心、北京世纪安图数码科技发展有限责任公司

项目名称：海口市城建基础数据共享平台建设服务项目
完成单位：海口市信息中心、广州奥格智能科技有限公司

项目名称：数字厦门地理空间框架建设项目
完成单位：厦门市国土资源与房产管理局、福建省基础地理信息中心、厦门市测绘与基础地理信息中心、厦门精图信息技术有限公司、福建经纬测绘信息有限公司

项目名称：十堰市数字化城市管理系统建设项目
完成单位：十堰市城市管理综合执法局、十堰市数字化城市管理指挥中心、武大吉奥信息技术有限公司

项目名称：江西共青城不动产统一登记平台建设项目
完成单位：共青城市国土资源局、苍穹数码技术股份有限公司

项目名称：广州市房产测绘信息化建设项目
完成单位：广州开发区房地产管理所、湖南省第一测绘院

项目名称：潍坊市规划管理信息平台
完成单位：潍坊市规划局、广州城市信息研究所有限公司

项目名称：浦东新区地下管线基础信息平台建设与数据采集更新项目
完成单位：上海市浦东新区规划和土地管理局、上海市测绘院

项目名称：数字长兴地理空间框架建设项目
完成单位：长兴县住房和城乡建设局、浙江省地理信息中心

项目名称：陕西省秦岭地区 1∶10000 地形图空白区测图工程
完成单位：陕西省测绘地理信息局、国家测绘地理信息局第一航测遥感院、国家测绘地理信息局第一地形测量队、国家测绘地理信息局第二地形测量队、国家测绘地理信息局第一地理信息制图院

项目名称：数字张家口地理空间框架项目
完成单位：张家口市国土资源局、河北格瑞空间信息技术有限公司

项目名称：西藏自治区重点地区 1∶1 万基础地理信息数据采集及成图项目
完成单位：西藏自治区测绘局、国家测绘地理信息局第三地理信息制图院

项目名称：地图慧大众 DIY 制图平台
完成单位：北京超图软件股份有限公司、成都地图慧科技有限公司

项目名称：浙江省土地变更调查成果核查与实时监管系统
完成单位：浙江省土地调查资源办公室、杭州数维智测科技有限公司

项目名称：呼和浩特市三维数字城市平台
完成单位：呼和浩特市城市规划信息管理中心、伟景行科技股份有限公司

项目名称：北京历史文化地理信息系统（一期）
完成单位：北京市规划委员会、北京市测绘设计研究院

项目名称：基于全生命周期的石家庄三维管线应用及共享平台
完成单位：石家庄市城乡规划局、石家庄市城市规划信息中心、北京超图软件股份有限公司、河北省第三测绘院

项目名称：重庆主城区地下综合信息图编制及管理信息系统建设
完成单位：重庆市规划局、重庆市勘测院

项目名称：“互联网 + 住房保障”信息系统
完成单位：武汉市住房保障和房屋管理局、武汉市房产信息中心、东华软件股份公司

项目名称：重庆全市域多源多尺度三维空间数据建库
完成单位：重庆市规划局、重庆市勘测院

项目名称：数字大同地理空间框架建设项目
完成单位：山西省测绘地理信息局、山西省测绘工程院

项目名称：深圳市居民居住信息 GIS 管理系统建设及应用工程
完成单位：深圳市规划和国土资源委员会（市海洋局）、深圳市房地产评估发展中心

项目名称：红岛经济区全域基础地理信息数字化项目（第二部分）三维模型建设
完成单位：青岛市高新区公用事业服务中心、青岛市勘察测绘研究院

项目名称：赣州市市本级不动产登记信息管理系统
完成单位：赣州市国土资源局、北京超图软件股份有限公司

项目名称：国家帮助西部地区地理国情普查新疆、甘肃测区
完成单位：陕西测绘地理信息局、国家测绘地理信息局第一地形测量队

项目名称：沈阳市城镇土地使用税地理信息管理系统
完成单位：沈阳市地方税务局、沈阳市勘察测绘研究院

项目名称：柳州市地下综合管网信息管理系统
完成单位：柳州市规划局、武汉市测绘研究院

项目名称：干旱预测预警平台
完成单位：国家气候中心、北京超图软件股份有限公司

项目名称：数字北仑地理空间框架建设
完成单位：宁波市规划局北仑分局、宁波市测绘设计研究院

项目名称：汉正街历史街区与建筑保护
完成单位：汉正街控股集团公司、武汉市测绘研究院

项目名称：珠海市“五规融合”服务管理平台建设服务
完成单位：珠海市住房和城乡规划建设局、珠海市城乡规划编审与信息中心、广州奥格智能科技有限公司

项目名称：电网营配调贯通地理信息一体化采录模式研究与实现
完成单位：湖北华中电力科技开发有限责任公司、武大吉奥信息技术有限公司

项目名称：架空输电线路三维协同设计平台
完成单位：中国电力科学研究院、北京国遥新天地信息技术有限公司、浙江国遥地理信息技术有限公司

项目名称：宁波市轨道交通2号线一期及1号线二期精密测量工程
完成单位：宁波市轨道交通集团有限公司、宁波市测绘设计研究院、北京城建勘测设计研究院有限责任公司、中铁工程设计咨询集团有限公司

项目名称：庐江县庐城城区地下管线普查和信息系统建设项目
完成单位：庐江县住房和城乡建设局、广东南方数码科技股份有限公司

项目名称：山西省吕梁市第一次全国地理国情普查
完成单位：山西省测绘地理信息局、山西省基础地理信息院

项目名称：重建长沙市房产地理信息系统工程
完成单位：长沙市房地产测绘队、广东南方数码科技股份有限公司

项目名称：2009年至2012年度深圳市违法建筑变更调查
完成单位：深圳市规划土地监察支队、深圳市规划国土房产信息中心、深圳市中地软件工程有限公司

项目名称：武汉市智慧光谷一张图平台建设
完成单位：武汉东湖新技术开发区政务服务局、武汉市国土资源和规划信息中心

项目名称：新建衢州至宁德铁路（浙江段）土地勘测定界及房籍数据采集
完成单位：九景衢铁路浙江有限公司、浙江省统一征地事务办公室

项目名称：浙江省第一次地理国情普查——平原地区InSAR地面沉降监测
完成单位：浙江省测绘科学技术研究院、浙江省第一测绘院、中国测绘科学研究院

项目名称：地理国情普查质量控制体系建设与实现
完成单位：国家测绘地理信息局、国家测绘产品质量检验测试中心

银奖（178项，名单略）

铜奖（144项，名单略）

2016年卫星导航定位科技进步奖名单

（中国卫星导航定位协会组织评选）

特等奖（5项）

项目名称：大规模卫星导航定位基准站网精密数据处理方法及其应用
完成单位：武汉大学、国家基础地理信息中心、山西省测绘工程院、湖北省测绘工程院、内蒙古自治区测绘院

项目名称：国家高精度北斗坐标框架构建与服务关键技术研究
完成单位：国家基础地理信息中心、武汉大学

项目名称：合众思壮“慧农”北斗导航农机自动驾驶系统
完成单位：北京合众思壮科技股份有限公司

项目名称：景区 BDS/GNSS/伪卫星导航与位置服务系统
完成单位：中国电子科技集团公司第五十四研究所

项目名称：轨道机动状态下北斗卫星动力学与运动学定轨方法研究
完成单位：北京卫星导航中心、中国科学院上海天文台

一等奖（13 项）

项目名称：基于北斗和“云 + 端”架构的警用卫星定位服务平台研发及应用
完成单位：北京合众思壮科技股份有限公司

项目名称：北斗/GNSS 高精度 OEM 板卡关键技术与产业化应用
完成单位：上海司南卫星导航技术股份有限公司

项目名称：箭载 BDS/GPS/GLONASS 四分集导航接收机
完成单位：北京遥测技术研究所

项目名称：GNSS 基准站数据应用研究
完成单位：中国人民解放军 61363 部队

项目名称：全系统多核高精度 GNSS 导航定位芯片（Nebulas - II）
完成单位：和芯星通科技（北京）有限公司

项目名称：基于北斗的多模多频 SoC 芯片
完成单位：武汉梦芯科技有限公司

项目名称：面向开发者的北斗位置服务开放平台
完成单位：北京中科北斗技术研究院、同方工业有限公司、深圳市云海物联网科技有限公司、北京中电华远科技有限公司、北京理工大学、同方电子科技有限公司

项目名称：多模多频导航抗干扰基带处理芯片（Bumbee）
完成单位：和芯星通科技（北京）有限公司、北京北斗星通导航技术股份有限公司

项目名称：导航卫星地面验证系统
完成单位：北京航空航天大学

项目名称：CATON 9001 RBN - DGNSS 差分台站系统关键技术研发与应用
完成单位：北京凯盾环宇科技有限公司

项目名称：渐进式自适应高精度定位导航关键技术及应用
完成单位：中国科学院计算技术研究所、北京四维图新科技股份有限公司、湘潭大学、中科劲点（北京）科技有限公司、长沙学院

项目名称：北斗民用用户管理和基础信息服务平台
完成单位：中国交通通信信息中心、北京卫星导航中心、北京国交信通科技发展有限公司、武汉理工大学、电子科技大学

项目名称：基于 GNSS 高轨道航天器自主导航新技术及应用
完成单位：航天恒星科技有限公司、武汉大学

二等奖（35 项，名单略）

2016 年卫星导航定位优秀工程和产品奖名单

（中国卫星导航定位协会组织评选）

特等奖（3 项）

项目名称：黄岩海底管线 ROV 水下精密导航定位
完成单位：天津水运工程勘察设计院

项目名称：北斗移动通信终端检测标准与系统
完成单位：工业和信息化部电信研究院（中国信息通信研究院）、深圳市赛伦北斗科技有限责任公司

项目名称：支持多系统导航定位的高安全射频基带一体化芯片的研发及应用
完成单位：北京中电华大电子设计有限责任公司

一等奖（8 项）

项目名称：北京市平谷区基础地形图测绘工程
完成单位：北京市测绘设计研究院

项目名称：司南北斗地基增强系统基准站接收机的研制及应用
完成单位：上海司南卫星导航技术股份有限公司

项目名称：FastMap 高鲜度导航电子地图快速采集处理出品服务平台
完成单位：北京四维图新科技股份有限公司

项目名称：面向多坐标系的高精度自适应差分定位网络及其在武器系统中的应用
完成单位：北京理工大学、中国北方工业公司

项目名称：基于北斗及物联网技术的配电网统一平台关键技术应用
完成单位：国网信息通信产业集团有限公司、厦门亿力吉奥信息科技有限公司、安徽继远软件有限公

司、天津市普迅电力信息技术有限公司

项目名称：G10A 星站差分 RTK 接收机
完成单位：北京合众思壮科技股份有限公司、广州吉欧电子科技有限公司

项目名称：导航电子地图智慧生产线及其关键技术
完成单位：易图通科技（北京）有限公司

项目名称：北斗 4G 高清车载终端在智能公交的规模应用
完成单位：武汉长江通信智联技术有限公司

二等奖（20 项，名单略）

甲级测绘资质单位名录

（截至 2016 年底，全国共有甲级测绘资质单位 983 家）

北京市（119 家）

九成空间科技有限公司
北京洛斯达数字遥感技术有限公司
测绘出版社
北京捷泰天域信息技术有限公司
北京图为先科技有限公司
北京三正科技有限公司
北京新浪互联信息服务有限公司
北京中交兴路信息科技有限公司
北京合众思壮科技股份有限公司
中国公路工程咨询集团有限公司
中国测绘科学研究院
北京星天地信息科技有限公司
北京国测信息科技有限责任公司
北京帝测科技股份有限公司
北京新兴华安测绘有限公司
中铁工程设计咨询集团有限公司
中航勘察设计研究院有限公司
中国石油集团工程设计有限责任公司
北京市测绘设计研究院
新华网股份有限公司
北京京昌工程测绘技术有限公司
北京力佳图测绘有限公司
北京灵图软件技术有限公司
北京时正兴测绘工程技术有限公司
北京华星勘查新技术公司
北京数字政通科技股份有限公司
北京威特空间科技有限公司
北京长地万方科技有限公司
北京世纪高通科技有限公司
北京世纪国源科技股份有限公司
北京市房地产勘察测绘所
北京市勘察设计研究院有限公司
北京爱地地质勘察基础工程公司
苍穹数码技术股份有限公司
北京超图软件股份有限公司
国家林业局调查规划设计院
国信司南（北京）地理信息技术有限公司
建设综合勘察研究设计院有限公司
中科宇图科技股份有限公司
中兵勘察设计研究院
北京东方新星石化工程股份有限公司
北京富地勘察测绘有限公司
北京国电经纬工程技术有限公司
北京航天勘察设计研究院有限公司
北京恒华伟业科技股份有限公司
国家基础地理信息中心
北京地星伟业数码科技有限公司
北京九五智驾信息技术股份有限公司
北京奇虎科技有限公司
中国国土资源航空物探遥感中心

北京天元四维科技有限公司
中国科学院遥感与数字地球研究所
北京老虎宝典科技有限责任公司
第一视频通信传媒有限公司
北京地拓科技发展有限公司
天地图有限公司
北京航天世景信息技术有限公司
北京三友宇天测绘有限公司
中国地图出版社
北京市地质工程勘察院
中测新图（北京）遥感技术有限责任公司
北京天下图数据技术有限公司
中国科学院地理科学与资源研究所
北京数字空间科技有限公司
北京地矿工程建设有限责任公司
北京城建勘测设计研究院有限责任公司
北京同创达勘测有限公司
北京四维远见信息技术有限公司
中国电建集团北京勘测设计研究院有限公司
地质出版社
北京四维空间数码科技有限公司
北京国遥新天地信息技术有限公司
人民交通出版社股份有限公司
国家测绘地理信息局卫星测绘应用中心
中石化石油工程地球物理有限公司
易图通科技（北京）有限公司
正元地理信息有限责任公司
北京京东叁佰陆拾度电子商务有限公司
中国电信股份有限公司
中国地质调查局发展研究中心（全国地质资料馆）
伟景行科技股份有限公司
中国电力工程顾问集团华北电力设计院有限公司
中国土地勘测规划院
北京道济测绘有限公司
北京市大地通途信息技术有限公司
北京四维图新科技股份有限公司
微软移动联新互联网服务有限公司
北京中天路通工程勘测有限公司
北京四维益友信息技术有限公司
北京百度网讯科技有限公司
北京车网互联科技有限公司
北京掌城科技有限公司
高德软件有限公司
北京市信息资源管理中心
中国四维测绘技术有限公司
北京搜狗信息服务有限公司
北京东方道迩信息技术股份有限公司
中航四维（北京）航空遥感技术有限公司
中国移动通信集团公司
中交宇科（北京）空间信息技术有限公司
北京鼎春德正测绘中心
北京新兴科遥信息技术有限公司
北京世纪农丰土地科技有限公司
北京辰安科技股份有限公司
北京山维科技股份有限公司
北京中天博地科技有限公司
北京中勘迈普科技有限公司
中建交通建设集团有限公司
北京京密鸿图测绘有限公司
北京瀚博林遥感测图信息工程研究院
北京天目创新科技有限公司
北京国政恒信测绘技术服务有限公司
北京北斗星地科技发展有限公司
中铁第五勘察设计院集团有限公司
北京中农信达信息技术有限公司
中勘天成（北京）科技有限公司
北京吉威数源信息技术有限公司
二十一世纪空间技术应用股份有限公司
国核电力规划设计研究院

天津市（21家）

中科遥感科技集团有限公司
天津市地质工程勘察院
交通运输部北海航海保障中心天津海事测绘中心
中铁隧道勘测设计院有限公司
天津市水利勘测设计院
星际空间（天津）科技发展有限公司
中交天津港航勘察设计研究院有限公司
中交第一航务工程勘察设计院有限公司
天津水运工程勘察设计院
中国地震局第一监测中心
天津市国土资源测绘和房屋测量中心
天津市勘察院
中水北方勘测设计研究有限责任公司
天津市测绘院
天津市市政工程设计研究院

天津金宇信息技术有限公司
天津港湾水运工程有限公司
铁道第三勘察设计院集团有限公司
天津市陆海测绘有限公司
天津市普迅电力信息技术有限公司
天津市津典工程勘测有限公司

河北省（54 家）

中国石油管道局工程有限公司
河北翔通信息技术有限公司
正元地球物理有限责任公司（中国冶金地质总局地球物理勘查院）
河北省保定地质工程勘查院
河北建设勘察研究院有限公司
河北省水利水电勘测设计研究院
保定华北工程勘测设计研究院
河北中核岩土工程有限责任公司
保定金迪地下管线探测工程有限公司
石家庄市勘察测绘设计研究院
中国建筑材料工业地质勘查中心河北总队
邯郸市恒达地理信息工程有限责任公司
河北省煤田地质局物测地质队
河北水文工程地质勘察院
河北省电力勘测设计研究院
河北省第二测绘院
核工业航测遥感中心
中勘冶金勘察设计研究院有限责任公司
承德华勘五一四测绘有限公司
河北省地矿局第三地质大队
化学工业第一勘察设计院有限公司
中国二十二冶集团有限公司
中国石油集团东方地球物理勘探有限责任公司
河北省地球物理勘查院
河北省第一测绘院
河北天元地理信息科技工程有限公司
秦皇岛市测绘大队
河北省地矿局秦皇岛资源环境勘查院
河北省制图院
河北省地矿局石家庄综合地质大队
河北省基础地理信息中心
河北省地质矿产勘查开发局第四地质大队
河北卓尔地理信息技术股份有限公司
河北格瑞空间信息技术有限公司
唐山中地地质工程公司
邢台市勘察测绘院
中国兵器工业北方勘察设计研究院有限公司
河北博翔地理信息技术有限责任公司
河北地矿建设工程集团邯郸公司
河北冀东建设工程有限公司
河北九华勘查测绘有限责任公司（华北地质勘查局五一九大队）
河北省地矿局第十一地质大队
河北省欣航测绘院（河北省地质测绘院）
河北省水利水电第二勘测设计研究院
河北天地资环勘测规划设计有限公司
河北恒华信息技术有限公司
河北中色测绘有限公司（北京中色测绘院有限公司）
河北省北方勘测设计有限公司
河北省第三测绘院
中冀石化工程设计有限公司
中国冶金地质总局一局五二〇队
河北省地矿局第三水文工程地质大队（河北地矿建设工程集团衡水公司）
河北省地矿局第四水文工程地质大队（沧州市海洋环境监测站）
中铁十七局集团第三工程有限公司

山西省（26 家）

山西省交通规划勘察设计院
中国能源建设集团山西省电力勘测设计院有限公司
山西华晋岩土工程勘察有限公司
山西省第二地质工程勘察院
山西省第三地质工程勘察院
山西省勘察设计研究院
山西天昇测绘工程有限公司
山西金瓯土地矿产咨询服务有限公司
东方通用航空摄影有限公司
太原市勘察测绘研究院
中国冶金地质总局第三地质勘查院
中铁十二局集团有限公司
山西地宝能源有限公司
山西省水利水电勘测设计研究院
山西省基础地理信息院
山西省测绘工程院

阳泉新宇岩土工程有限责任公司

山西省地质测绘院（山西省地质勘查局测绘队）

山西省第六地质工程勘察院（山西省地球物理化学勘查院）

山西家豪测绘集团有限公司

山西省煤炭地质物探测绘院（山西省矿山地理信息研究院）

山西省第五地质工程勘察院

大同市勘察测绘院

山西省地图集编纂委员会办公室

山西迪奥普科技有限公司

中铁十七局集团第一工程有限公司

内蒙古自治区（21 家）

内蒙古自治区地图院

内蒙古自治区水利水电勘测设计院

内蒙古电力勘测设计院有限责任公司

内蒙古自治区地质测绘院（内蒙古地质测绘有限责任公司）

包头市测绘院

内蒙古自治区航空遥感测绘院

内蒙古自治区土地调查规划院

包钢勘察测绘研究院

内蒙古乔泰国土勘测技术有限公司

内蒙古申科国土技术有限责任公司

内蒙古自治区测绘院

阿拉善盟国土资源勘测规划院

呼和浩特市勘察测绘研究院

内蒙古自治区煤田地质局勘测队（内蒙古煤炭地质勘查（集团）测绘院有限公司）

内蒙古交通设计研究院有限责任公司

核工业二〇八大队

内蒙古统壹测绘有限责任公司

内蒙古科创测绘设计有限公司

内蒙古兰德瑞规划测绘有限公司

内蒙古精功测绘科技发展有限责任公司

包头市绘宇测绘服务有限责任公司

辽宁省（36 家）

辽宁宏图创展测绘勘察有限公司

大连九成测绘信息有限公司

中国建筑材料工业地质勘查中心辽宁总队

中煤科工集团沈阳设计研究院有限公司

中冶沈勘工程技术有限公司

中油辽河工程有限公司

辽宁地矿测绘院

辽宁有色地质地理信息研究院

中国能源建设集团辽宁电力勘测设计院有限公司

辽宁经纬测绘规划建设股份有限公司

辽宁省城乡建设规划设计院

辽宁省地理信息院

辽宁二四一测绘院

辽宁省化工地质勘查院

辽宁省基础测绘院

辽宁省基础地理信息中心

辽宁省交通规划设计院有限责任公司

辽宁省摄影测量与遥感院

大连市测绘研究院（大连市基础地理信息中心）

辽宁省水利水电勘测设计研究院

辽宁省冶金地质勘查局地质勘查研究院

辽宁达荣科技股份有限公司

大连市勘察测绘研究院有限公司

大连五星测绘科技有限公司

抚顺市勘察测绘院

国家海洋环境监测中心

沈阳地球物理勘察院

沈阳市公路规划设计院

沈阳市勘察测绘研究院（沈阳市地理信息中心）

沈阳美行科技有限公司

沈阳经济技术开发区规划建筑设计有限公司

鞍钢集团工程技术有限公司

辽宁地质海上工程勘察院

辽宁恒睿测绘有限公司

辽宁有色勘察研究院

辽宁国源土地矿业测绘有限公司

吉林省（22 家）

吉林省地矿测绘院

吉林省地理信息院

吉林省航测遥感院

吉林省基础测绘院

吉林省基础地理信息中心

吉林省交通规划设计院

长春五度空间数据有限公司

吉林省水利水电勘测设计研究院

吉林市测绘院

长春市测绘院
吉林省金佰汇测绘有限公司
长春市国土测绘院
四平市地勘测绘院
中国建筑材料工业地质勘查中心吉林总队
中水东北勘测设计研究有限责任公司
中国电力工程顾问集团东北电力设计院有限公司
启明信息技术股份有限公司
吉林省昊远农林规划设计有限公司
吉林省巡遥地理信息有限公司
吉林省国土资源调查规划研究院
吉林威和航空科技有限公司
长春中科测绘地理信息有限公司

黑龙江省（35家）

黑龙江省地质测绘院（黑龙江省地质矿产局测绘院）
齐齐哈尔市国土资源勘测规划设计院有限公司
黑龙江农垦勘测设计研究院
大庆油田工程有限公司
黑龙江龙飞航空摄影有限公司
中国能源建设集团黑龙江省电力设计院有限公司
国家测绘地理信息局第二大地测量队（黑龙江第一测绘工程院）
国家测绘地理信息局第四地形测量队（黑龙江第三测绘工程院）
黑龙江地理信息工程院
黑龙江省水利水电勘测设计研究院
国家测绘地理信息局经济管理科学研究所（黑龙江省测绘科学研究所）
黑龙江文图测绘地理信息有限责任公司
黑龙江中海经测空间信息技术有限公司
齐齐哈尔市勘察测绘研究院
黑龙江省煤田地质物测队
国家测绘地理信息局第二地理信息制图院（黑龙江省第五测绘地理信息工程院）
国家测绘地理信息局第三地形测量队（黑龙江第二测绘工程院）
牡丹江市勘察测绘研究院
双鸭山市国土资源勘测规划院
鸡西市勘察测绘研究院
齐齐哈尔市水利勘测设计研究院有限责任公司
黑龙江省地星测绘科技股份有限公司
黑龙江省国土资源勘测规划院
黑龙江省林业设计研究院
哈尔滨市勘察测绘研究院
黑龙江省海天地理信息技术股份有限公司
黑龙江省航道局
哈尔滨市国土资源勘测规划院
佳木斯市勘察测绘研究院
哈尔滨公众地理信息研究所
哈尔滨地图出版社
国家测绘地理信息局黑龙江基础地理信息中心（国家测绘地理信息局黑龙江测绘资料档案馆）
哈尔滨测量高等专科学校测量工程公司
黑龙江源泉国土资源勘查设计有限公司
黑龙江华睿智慧国土科技开发股份有限公司

上海市（27家）

上海安吉星信息服务有限公司
上海京海工程技术有限公司
上海吉图软件开发有限公司
上海杰图软件技术有限公司
号百信息服务有限公司
上海东海海洋工程勘察设计研究院
上海东亚地球物理勘查有限公司
上海航遥信息技术有限公司
上海市城市建设设计研究总院
中国电力工程顾问集团华东电力设计院有限公司
上海海洋石油局第一海洋地质调查大队
上海市不动产登记事务中心（上海市地籍事务中心）
上海市地质调查研究院
上海市岩土工程检测中心
上海市政工程设计研究总院（集团）有限公司
上海铁新地理信息有限公司
上海岩土工程勘察设计研究院有限公司
中船勘察设计研究院有限公司
中交第三航务工程勘察设计院有限公司
交通运输部东海航海保障中心上海海事测绘中心
上海达华测绘有限公司
上海市测绘院
上海新地海洋工程技术有限公司
中交上海航道勘察设计研究院有限公司
中铁上海设计院集团有限公司
上海市建筑科学研究院

中华地图学社

江苏省（61家）

长江水利委员会水文局长江下游水文水资源勘测局
淮安市水利勘测设计研究院有限公司
徐州市国测测绘信息服务有限公司
江苏省地质调查研究院
盐城市勘察测绘院
长江南京航道局
中国能源建设集团江苏省电力设计院有限公司
徐州市勘察测绘研究院
苏州工业园区测绘地理信息有限公司
南京北极测绘研究院有限公司
江苏科信岩土工程勘察有限公司
江苏兰德数码科技有限公司
江苏省测绘工程院
江苏省地质工程勘察院
江苏省地质勘查技术院
江苏省工程勘测研究院有限责任公司
江苏省金威测绘服务中心
江苏万源测绘地理信息有限公司
江苏新亚勘测设计有限公司
南京捷鹰数码测绘有限公司
南通市测绘院有限公司
南京国图信息产业有限公司
江苏煤炭地质物测队
化学工业岩土工程有限公司
江苏省金威遥感数据工程有限公司
南京市国土资源信息中心
镇江市勘察测绘研究院
江苏连云港地质工程勘察院
江苏智途科技股份有限公司
江苏省水文地质工程地质勘察院
华东有色测绘院
苏州市测绘院有限责任公司
中铁大桥局集团第二工程有限公司
江苏省土地勘测规划院
常州市测绘院
江苏星月测绘科技股份有限公司
天泽信息产业股份有限公司
南京魔盒信息科技有限公司
江苏速度信息科技股份有限公司
江苏南京地质工程勘察院
长江口水文水资源勘测局
南京北斗城际在线信息股份有限公司
神州图骥地名信息技术股份有限公司
苏州海客科技有限公司
苏州数字地图信息科技股份有限公司
无锡市测绘院有限责任公司
南京市房屋产权监理处
江苏苏州地质工程勘察院
常州市新北规划与测绘信息中心
连云港市勘察测绘院有限公司
江苏启航数字科技有限公司
江苏省地质测绘院
江苏易图地理信息科技股份有限公司
淮安市测绘勘察研究院有限公司
江苏省基础地理信息中心
南京市测绘勘察研究院有限公司
南京南大岩土工程技术有限公司
苏州盛景信息科技股份有限公司
江苏建材地质工程勘察院
中设设计集团股份有限公司
江苏省地质矿产局第五地质大队

浙江省（36家）

浙江煤炭测绘院
宁波上航测绘有限公司
宁波市测绘设计研究院
浙江建材测绘院
核工业湖州工程勘察院
浙江华东测绘地理信息有限公司
浙江省测绘大队
浙江省第二测绘院
嘉兴市规划设计研究院有限公司
浙江省第三地质大队
浙江省第一测绘院
浙江有色测绘院
中国水利水电第十二工程局有限公司
丽水市勘察测绘院
杭州市勘测设计研究院
杭州阿拉丁信息科技股份有限公司
浙江省地理信息中心
义乌市勘测设计研究院
浙江省水利水电勘测设计院

中国电建集团华东勘测设计研究院有限公司
阿里云计算有限公司
国家海洋局第二海洋研究所
温州市勘察测绘研究院
浙江省第一地质大队
中国能源建设集团浙江省电力设计院有限公司
浙江省工程勘察院
浙江省河海测绘院
宁波冶金勘察设计研究股份有限公司
浙江省第十一地质大队
浙江合信地理信息技术有限公司
浙江国遥地理信息技术有限公司
浙江华东建设工程有限公司
浙江省工程物探勘察院
浙江中海达空间信息技术有限公司
浙江省国土勘测规划有限公司
杭州经纬信息技术股份有限公司

安徽省（24 家）

中水淮河规划设计研究有限公司
安徽二水测绘院
安徽省第一测绘院
蚌埠市勘测设计研究院
合肥市测绘设计研究院
马鞍山测绘技术院
安徽省煤田地质局物探测量队
中国能源建设集团安徽省电力设计院有限公司
安徽省地矿局安庆测绘技术院
安徽省第三测绘院
华东冶金地质勘查局测绘总队
安徽省地质测绘技术院
安徽省第四测绘院
安徽省水利水电勘测设计院
安徽省基础测绘信息中心（安徽省测绘档案资料馆）
华东冶金地质勘查局物探队
安徽长江河道测绘研究院
芜湖市勘察测绘设计研究院有限责任公司
安徽省第二测绘院
阜阳市测绘院有限责任公司
合肥九华测绘技术院
安徽同绘家园土地信息技术有限公司
安徽中汇规划勘测设计研究院股份有限公司
安徽省城建设计研究总院有限公司

福建省（32 家）

厦门精图信息技术有限公司
福建绎天数字城市信息科技有限公司
福建省基础地理信息中心
厦门银据空间地理信息有限公司
福建省制图院
厦门亿力吉奥信息科技有限公司
福州市勘测院
福建省港航管理局勘测中心
福建省测绘院
福州开睿动力通信科技有限公司
龙岩市勘察测绘大队
厦门地质工程勘察院
漳州市测绘设计研究院
厦门闽矿测绘院
福建省地质测绘院
福建省交通规划设计院
泉州市规划勘测研究院
厦门地震勘测研究中心
福建省国土测绘院
漳州通正勘测设计院有限公司
莆田市城乡勘测设计研究院
福建所思达勘测设计院有限公司
福建省海陆勘测有限公司
福建省水利水电勘测设计研究院
厦门海洋工程勘察设计研究院
龙岩市经纬测绘有限公司
厦门市测绘与基础地理信息中心
泉州市房地产测绘队
福建伟志工程勘测股份有限公司
中化地质矿山总局福建地质勘查院
福建经纬测绘信息有限公司
福建特力惠信息科技股份有限公司

江西省（30 家）

江西省国土资源测绘工程总院
江西省基础测绘院
江西省天久地矿建设工程院
江西省勘察设计研究院
江西省地矿测绘院
九江地质工程勘察院

江西有色地质测绘院
江西省水利规划设计研究院
江西省测绘应急保障服务中心
江西南方测绘院
南昌市测绘勘察研究院
江西省地理国情监测遥感院
核工业赣州工程勘察院
中铁大桥局集团第五工程有限公司
江西省电力设计院
江西省赣西土木工程勘测设计院
江西核工业测绘院
江西省基础地理信息中心
江西省中核测绘院
核工业华东二六七工程勘察院
江西省煤田地质局测绘大队
江西省交通设计研究院有限责任公司
江西省地球物理勘察技术院
江西省地质矿产勘查开发局赣东北大队
江西省瑞华国土勘测规划工程有限公司
江西省国土资源勘测规划院
江西省地质矿产勘查开发局赣西地质调查大队
江西省煤田地质局普查综合大队
中国建筑材料工业地质勘查中心江西总队
江西核工业二六八测绘院

山东省（36 家）

山东省经纬工程测绘勘察院
日照市城乡建设勘察测绘院有限公司
潍坊市勘察测绘研究院
山东正元航空遥感技术有限公司
淄博市勘察测绘研究院有限公司
山东正元地球物理信息技术有限公司
山东省物化探勘查院
山东明嘉勘察测绘有限公司
山东正元数字城市建设有限公司
济南市勘察测绘研究院
青岛海大工程勘察设计开发院有限公司
海天地信科技有限公司
山东省地质测绘院
山东鲁迪测绘有限公司
山东省地图院
煤炭工业济南设计研究院有限公司
中石化石油工程设计有限公司
青岛市勘察测绘研究院（青岛市基础地理信息与遥感中心）
青岛捷利达地理信息集团有限公司
济南市房产测绘研究院
东营市勘察测绘院
山东省国土测绘院
山东省水利勘测设计院
临沂市国土资源局测绘院
山东省地质矿产勘查开发局第四地质大队（山东省第四地质矿产勘查院）
山东省城乡建设勘察设计研究院
山东电力工程咨询院有限公司
山东省地质矿产勘查开发局第五地质大队
山东省圣达地理信息测绘工程有限公司
山东中基地理信息监理有限责任公司
青岛海洋工程勘察设计研究院
山东省鲁南地质工程勘察院
中铁十四局集团有限公司
山东元鸿勘测规划设计有限公司
山东省第八地质矿产勘查院
山东建材勘察测绘研究院

河南省（37 家）

黄河勘测规划设计有限公司
河南省中纬测绘规划信息工程有限公司
河南省交通规划设计研究院股份有限公司
河南中煤测绘公司
方宇勘测有限公司
河南省航空物探遥感中心（河南省地球物理工程勘察院）
河南省焦作地质勘察设计有限公司
中铁大桥局集团第一工程有限公司
小浪底水利水电工程有限公司
信阳公路勘察设计院
郑州中核岩土工程有限公司
河南科普信息技术工程有限公司
河南省地图院
河南省寰宇信息技术股份有限公司
河南省科学院地理研究所
河南省煤田地质局物探测量队
河南省信阳工程地质勘察院有限公司
河南省有色测绘有限公司
河南省啄木鸟地下管线检测有限公司

洛阳市规划建筑设计研究院有限公司
河南中化地质测绘院有限公司
北京华星勘查新技术公司信阳测绘院
河南省电力勘测设计院
郑州市市政工程勘测设计研究院
河南省基础地理信息中心
河南省遥感测绘院
黄河水文勘察测绘局
河南省水利勘测有限公司
郑州市规划勘测设计研究院
河南省基力勘测有限公司
河南省地质矿产勘查开发局测绘地理信息院
河南大地地理信息测绘院
河南省测绘工程院
河南省金地遥感测绘技术有限公司
河南省地质科学研究所
郑州麦普空间规划勘测设计有限公司
河南省有色金属地质矿产局第一地质大队

湖北省（60 家）

飞燕航空遥感技术有限公司
武汉华正空间软件技术有限公司
湖北省水利水电规划勘测设计院
武汉瑞得信息工程有限责任公司
湖北同城一家网络科技有限责任公司
武汉光庭信息技术股份有限公司
中石化节能环保工程科技有限公司
武汉市房产测绘中心
武大吉奥信息技术有限公司
武汉市国土资源和规划信息中心（武汉市地理信息中心）
湖北省神龙地质工程勘察院
湖北省交通规划设计院
中工武大设计研究有限公司
中南勘察设计院（湖北）有限责任公司
长江航道局
中国科学院测量与地球物理研究所
中国电力工程顾问集团中南电力设计院有限公司
中铁第四勘察设计院集团有限公司
湖北省基础地理信息中心（湖北省测绘成果档案馆）
武汉中测晟图遥感技术有限公司
襄阳市测绘研究院
湖北省地图院
立得空间信息技术股份有限公司
湖北省测绘工程院
荆门市规划勘测设计研究院
武汉航天远景科技股份有限公司
中机三勘岩土工程有限公司
湖北省航测遥感院
湖北省地质局第六地质大队
中国地震局地震研究所
长江水利委员会长江科学院
武汉市政工程设计研究院有限责任公司
长江水利委员会水文局
长江三峡勘测研究院有限公司（武汉）
中国长江三峡集团公司
中铁大桥局集团有限公司
武汉市测绘研究院
湖北省电力勘测设计院
湖北省鄂西地质测绘队
武汉科岛地理信息工程有限公司
武汉中地数码科技有限公司
湖北省地质局第一地质大队
湖北省国土测绘院
长江水利委员会水文局长江中游水文水资源勘测局（长江水利委员会水文局长江中游水文水环境监测中心）
中国科学院武汉岩土力学研究所
中交第二公路勘察设计研究院有限公司
中铁大桥勘测设计院集团有限公司
长江岩土工程总公司（武汉）
中交第二航务工程勘察设计院有限公司
长江空间信息技术工程有限公司（武汉）
中冶集团武汉勘察研究院有限公司
湖北地信科技集团股份有限公司
武汉光谷信息技术股份有限公司
葛洲坝测绘地理信息技术有限公司
中交第二航务工程局有限公司
宜昌市测绘大队
武汉永业赛博能规划勘测有限公司
随州市城市规划勘测设计研究院
武汉珞珈德毅科技股份有限公司
武汉市勘察设计有限公司

湖南省（39 家）

衡阳市规划设计院

常德市国土资源规划测绘院
湖南省工程勘察院
湖南省勘察测绘院
湖南省资源规划勘测院
湖南省水利水电勘测设计研究总院
湘潭市勘测设计院
湖南省地质科学研究院（湖南省国土资源规划院）
湖南省交通规划勘察设计院
益阳市国土资源规划设计测绘院
株洲中天高科技勘测工程有限公司
中国水利水电第八工程局有限公司
岳阳市国土资源规划勘测院
长沙市规划勘测设计研究院
长沙市国土资源测绘院
湖南图维依动网络有限公司
湖南省湘南地质勘察院
湖南省第三测绘院
中国有色金属长沙勘察设计研究院有限公司
湖南省国土资源信息中心
湖南省测绘科技研究所
湖南省第一测绘院
湖南有色测绘院有限公司
株洲市规划设计院
湖南省勘测设计院
湖南省水工环地质工程勘察院
中国电建集团中南勘测设计研究院有限公司
湖南省煤田地质局物探测量队
湖南辉达规划勘测设计研究有限公司
湖南科创电力工程技术有限公司
湖南省地质测绘院
湖南省第二测绘院
核工业衡阳第二地质工程勘察院
株洲市国土资源规划测绘院
湖南地图出版社有限责任公司
中国冶金地质总局湖南地质勘查院
湖南省有色地质勘查局二一七队
湖南博通工程技术有限公司
湖南省煤炭地质勘查院

广东省（63家）

深圳市赛格导航科技股份有限公司
广东精一规划信息科技股份有限公司
广州华多网络科技有限公司
广东省地图院
广州欧科信息技术股份有限公司
广东省测绘技术公司
广东省地质测绘院
国家海洋局南海调查技术中心
广东省水利电力勘测设计研究院
交通运输部南海航海保障中心广州海事测绘中心
中水珠江规划勘测设计有限公司
珠海市测绘院
深圳市规划国土房产信息中心
深圳市勘察测绘院有限公司
中国能源建设集团广东省电力设计研究院有限公司
广州奥格智能科技有限公司
深圳市腾讯计算机系统有限公司
广州市四维城科信息工程有限公司
广东省惠州七五六地质测绘工程公司
广州城市信息研究所有限公司
佛山市城市规划勘测设计研究院
深圳市凯立德科技股份有限公司
深圳市长勘勘察设计有限公司
中交广州航道局有限公司
广东省测绘工程公司
广东省核工业地质局测绘院
深圳市勘察研究院有限公司
广东省国土资源技术中心
广东明源勘测设计有限公司
深圳市地籍测绘大队
深圳市车音网科技有限公司
深圳地质建设工程公司
广东邦鑫勘测科技股份有限公司
广东南方数码科技股份有限公司
深圳市水务规划设计院有限公司
深圳市中正测绘科技有限公司
深圳市爱华勘测工程有限公司
中交第四航务工程勘察设计院有限公司
深圳市蓝天鹤测绘有限公司
广东省国土资源测绘院
广州市城市规划勘测设计研究院
广州建通测绘地理信息技术股份有限公司
广州市房地产测绘院
深圳市美赛达科技股份有限公司
深圳中铭勘测股份有限公司

广州绘宇智能勘测科技有限公司
深圳市工勘岩土集团有限公司
广州港工程管理有限公司
广东省地质物探工程勘察院
广东中冶地理信息股份有限公司
广州科测测绘技术有限公司
东莞市测绘院
广东省工程勘察院
广州全成多维信息技术有限公司
佛山市城市地理信息中心
广东省有色地质测绘院
广州中科雅图信息技术有限公司
中山市测绘工程有限公司
广州南方测绘科技股份有限公司
广东置信勘测规划信息工程有限公司
广东广量测绘信息技术有限公司
增城市城乡规划测绘院
广州博瑞信息技术股份有限公司

广西壮族自治区（19 家）

柳州市国土资源信息测绘所
钦州市测绘院
中国能源建设集团广西电力设计研究院有限公司
广西壮族自治区地理国情监测院
广西壮族自治区国土测绘院
广西壮族自治区基础地理信息中心
柳州市勘察测绘研究院
南宁市勘察测绘地理信息院
北海市国土资源信息中心
广西有色勘察设计研究院
桂林市测绘研究院
广西壮族自治区遥感信息测绘院
广西壮族自治区地图院
广西壮族自治区水利电力勘测设计研究院
广西壮族自治区地理信息测绘院
广西壮族自治区交通规划勘察设计研究院
南宁市国土测绘地理信息中心
广西壮族自治区国土资源规划院
广西北斗星测绘科技有限公司

海南省（11 家）

国家测绘地理信息局海南测绘资料信息中心
国家测绘地理信息局海南基础地理信息中心
海南省农垦设计院
海南地质综合勘察设计院
海口市土地测绘院
海口市城市规划设计研究院
国家测绘地理信息局第四航测遥感院
国家测绘地理信息局第七地形测量队
海南天琦测绘信息工程有限公司
海南水文地质工程地质勘察院
海南图语地理信息技术有限公司

重庆市（5 家）

国家测绘地理信息局重庆测绘院
重庆市地理信息中心
重庆市国土资源和房屋勘测规划院
重庆数字城市科技有限公司
重庆市勘测院

四川省（46 家）

四川测绘地理信息局测绘技术服务中心（四川省测绘地理信息局测绘应急保障中心）
四川省地质测绘院
成都市武测地理信息工程有限公司
四川省地质工程勘察院
四川省煤田地质局一三七队
四川省地震局测绘工程院
中国石油集团川庆钻探工程有限公司地球物理勘探公司
中铁八局集团有限公司
四川省水利水电勘测设计研究院
中国建筑西南勘察设计研究院有限公司
四川省交通运输厅公路规划勘察设计研究院
中冶成都勘察研究总院有限公司
四川永鸿测绘有限公司
成都地图出版社
成都市勘察测绘研究院
四川省川核测绘地理信息有限公司
四川省冶金地质勘查局测绘工程大队
成都市国土规划地籍事务中心
四川省冶金地质勘查局六〇一大队
四川省煤田测绘工程院
四川鱼鳞图信息技术股份有限公司
四川省国土勘测规划研究院
四川中测天翔遥感技术有限责任公司

四川省基础地理信息中心（国家测绘地理信息局四川基础地理信息中心）

四川省第二测绘地理信息工程院（国家测绘地理信息局第三地理信息制图院）

四川省第三测绘工程院（国家测绘地理信息局地下管线勘测工程院）（国家测绘地理信息局第六地形测量队）

中铁二院工程集团有限责任公司

中铁二局集团有限公司

四川中水成勘院测绘工程有限责任公司

四川旭普信息产业发展有限公司

四川空间信息产业发展有限公司

四川省交通运输厅交通勘察设计研究院

中国水利水电第七工程局有限公司

四川省第一测绘工程院（国家测绘地理信息局第三大地测量队）

中节能建设工程设计院有限公司

四川省川建勘察设计院

四川省遥感信息测绘院（国家测绘地理信息局第三航测遥感院）

中国建筑材料工业地质勘查中心四川总队

中国电力工程顾问集团西南电力设计院有限公司

四川金土地实业有限公司

四川中地信息工程有限公司

四川省地质矿产勘查开发局四〇五地质队

中国水利水电第五工程局有限公司

四川西南交大铁路发展股份有限公司

四川电力设计咨询有限责任公司

四川煤田一四一建设投资有限公司

贵州省（17 家）

中国建筑材料工业地质勘查中心贵州总队

贵州省水利水电勘测设计研究院

贵州天地通科技有限公司

中国电建集团贵阳勘测设计研究院有限公司

贵州有色地质工程勘察公司

贵州省第一测绘院

贵州省第三测绘院

贵州地矿测绘院

中铁五局（集团）有限公司

贵州千景土地科技有限公司

遵义水利水电勘测设计研究院

贵阳市测绘院

贵州黔美测绘工程院

贵州省地质矿产勘查开发局一〇六地质大队

贵州省地质矿产勘查开发局一〇一地质大队

贵州省第二测绘院

贵州电力设计研究院

云南省（14 家）

国家林业局昆明勘察设计院

云南省水利水电勘测设计研究院

中国电建集团昆明勘测设计研究院有限公司

中国有色金属工业昆明勘察设计研究院

云南省交通规划设计研究院

昆明市测绘研究院

云南省地图院

云南省航测遥感信息院

云南省测绘工程院

西南有色昆明勘测设计（院）股份有限公司

昆明市国土规划勘察测绘研究院

云南省地震局形变测量中心

中国水利水电第十四工程局有限公司

云南省地矿测绘院

西藏自治区（1 家）

西藏自治区测绘院

陕西省（43 家）

西安煤航信息产业有限公司

西安市勘察测绘院

西安中勘工程有限公司

西北综合勘察设计研究院

中交第一公路勘察设计研究院有限公司

国家测绘地理信息局第一地形测量队（陕西省第二测绘工程院）

中国有色金属工业西安勘察设计研究院

中铁第一勘察设计院集团有限公司

宝鸡市勘察测绘院

国家测绘地理信息局陕西基础地理信息中心（国家测绘地理信息局陕西测绘资料档案馆）

中煤西安设计工程有限责任公司

中铁一局集团有限公司

咸阳市勘察测绘院

国家测绘地理信息局第一大地测量队（国家测绘地理信息局精密工程测量院、陕西省第一测绘工

程院）

国家测绘地理信息局第一航测遥感院（陕西省第五测绘工程院）

国家测绘地理信息局大地测量数据处理中心（陕西省第四测绘工程院）

中铁一局集团宝鸡精密测绘工程有限公司

中国水利水电第三工程局有限公司

陕西国土测绘工程院

陕西核工业西北测绘院有限公司

机械工业勘察设计研究院有限公司

陕西天润科技股份有限公司

陕西省煤田物探测绘有限公司

西安华测航摄遥感有限公司

神华神东煤炭集团有限责任公司（地质勘探测量公司）

陕西省交通规划设计研究院

西安建材地质工程勘察院

西安大地测绘股份有限公司

西安西北有色金属测绘院有限公司

西安长庆科技工程有限责任公司

中国地震局第二监测中心

中国电力工程顾问集团西北电力设计院有限公司

国家测绘地理信息局第二地形测量队（陕西省第三测绘工程院）

国家测绘地理信息局第一地理信息制图院（陕西省第六测绘地理信息工程院）

西安地图出版社

西安中飞航空遥感技术有限公司

陕西省水利电力勘测设计研究院

中国水电建设集团十五工程局有限公司

西安中策资讯科技有限责任公司

陕西区域地质矿产研究院

中铁十七局集团第二工程有限公司

陕西秦泰工程勘察设计有限公司

陕西丽达测绘有限公司

甘肃省（16 家）

甘肃省地图院

甘肃省基础地理信息中心

甘肃煤田地质局综合普查队

甘肃省交通规划勘察设计院有限责任公司

兰州市城市建设设计院

甘肃省国土资源规划研究院

甘肃有色工程勘察设计研究院

甘肃省水利水电勘测设计研究院

中国电建集团西北勘测设计研究院有限公司

甘肃省地质矿产勘查开发局测绘勘查院

甘肃省测绘工程院

兰州市勘察测绘研究院

天水三和数码测绘院

甘肃大禹九洲测绘地理信息有限公司

甘肃省核地质二一二大队

甘肃省水利水电工程局有限责任公司

青海省（11 家）

青海省第二测绘院

青海省基础地理信息中心

青海省第一测绘院

青海省水利水电勘测设计研究院

中国水利水电第四工程局有限公司

青海省地矿测绘院

西宁市测绘院

青海煤炭地质局测绘工程院

青海省柴达木综合地质矿产勘查院

青海省核工业地质局

青海天域北斗数码测绘科技有限公司

宁夏回族自治区（3 家）

宁夏回族自治区遥感测绘勘查院（宁夏回族自治区遥感中心）

宁夏回族自治区基础测绘院

宁夏回族自治区国土测绘院

新疆维吾尔自治区（18 家）

库尔勒天拓勘察测绘院

塔城地区国土资源规划研究院

新疆维吾尔自治区第一测绘院

乌鲁木齐市国土资源勘测规划院

乌鲁木齐市城市勘察测绘院（乌鲁木齐市基础地理信息中心）

新疆维吾尔自治区交通规划勘察设计研究院

新疆维吾尔自治区煤田地质局综合地质勘查队

新疆维吾尔自治区国土资源规划研究院

新疆石油工程设计有限公司

新疆维吾尔自治区基础地理信息中心

中国能源建设集团新疆电力设计院有限公司

新疆地矿测绘院

新疆兵团勘测设计院（集团）有限责任公司

水利部新疆维吾尔自治区水利水电勘测设计研究院

巴音郭楞蒙古自治州国土资源勘测规划设计院

新疆维吾尔自治区第二测绘院

新疆疆海测绘院

巴州新矿测绘中心

河南省测绘工程院

河南省测绘工程院前身是1954年组建的国家测绘总局第一地形测量队，2001年更名为河南省测绘工程院。1998年获得“全国测绘质量表彰单位”荣誉称号，2006年、2010年先后获得“全国测绘系统先进集体”荣誉称号，2016年获得“第一次全国地理国情普查劳动竞赛先进单位”荣誉称号、被河南省总工会授予“五一劳动奖状”，连续多年被评为郑州市级文明单位。

团结务实的院领导班子

全院已形成集科技研发和技术应用为一体的强大人才库，依托北斗导航与位置服务河南省工程实验室，以河南省北斗导航定位与服务、PCI GXL卫星遥感影像处理系统、无人机航摄系统、管线探测雷达等技术为核心，形成全面的地上地下三维数字测量、精密工程测量和地下管线探测、遥感影像处理及地理信息系统研建生产规模体系。

在60多年的发展历程中，该院把测绘精神与时代精神相结合，形成其特有的“东帝汶精神”“北京延庆精神”“新疆哈密精神”。多年来，该院高度重视测绘科技研发工作，完成的多个项目获得了省部级奖励，其中获得省部级科技进步奖6项、厅局级测绘科技进步奖20多项、省级优质测绘工程奖30多项。

该院秉承“科技兴院、质量立院、诚信为本、持续改进”的质量方针，以高新技术为先导、以科学管理为基础，建成集新技术、优产品、优服务为一体的科技骨干型测绘队伍，立足河南、面向全国，为中原崛起和国家经济建设提供优质测绘产品和服务。

河南省政府大楼地上地下管线三维测量

法人代表： 肖锋

单位地址： 河南郑州市黄河路8号

电话（经营科）： 0371-65528916

单位网址： www.wech-3s.com

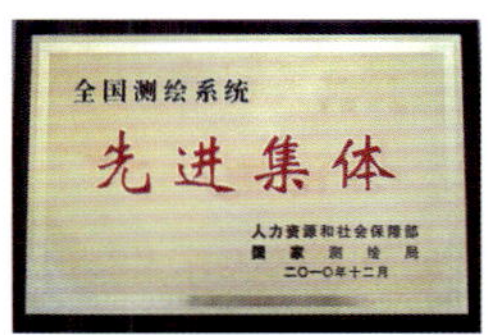

郑州地铁轨道线测量

上海地铁轴线的控制测量

焦裕禄干部学院站基站

2012年国测一大队老同志回院参观

随州市城市规划勘测设计研究院

随州市城市规划勘测设计研究院成立于 1983 年 2 月，是拥有规划、测绘、勘察“三甲”资质的公益二类事业单位。其中工程测量、地籍测绘为甲级，地理信息系统工程为乙级。全院现有专业技术人员 89 人，其中具有高级职称的 18 人，注册测绘师 4 人，注册城市规划师 14 人，注册岩土工程师 5 人，本科及以上学历的占 70% 以上。

多年来，市规划院始终秉承“科学规划，精心勘测，重约守信，创新发展”的办院理念，科学规划城市空间布局，精心服务城市项目建设，团结拼搏、攻坚克难，每年完成各类工程测绘项目 300 多项、规划编制项目 400 多项、工程勘察项目 200 多项。其中随州市曾都区淅河镇府君山村土地整理、随县新街等二镇高标准基本农田土地整理等测绘项目获全国优秀测绘工程奖铜奖，随州市城区 1:500 地形图测量等测绘项目获湖北省优秀测绘工程奖，为全面建成小康社会、建设“圣地车都”和“区域性中心城市”提供了强有力的规划测绘技术支撑。

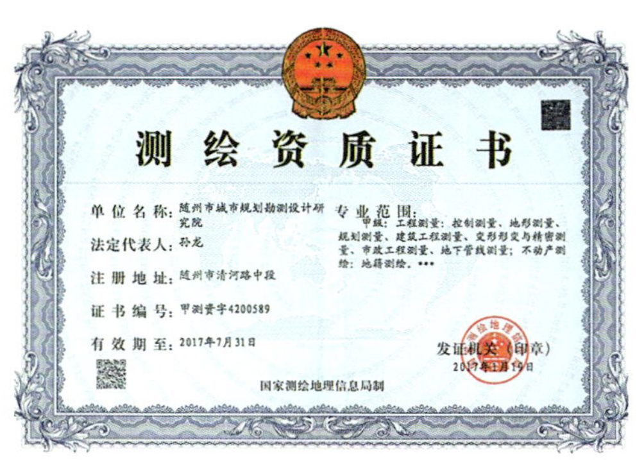

测绘资质证书

单位名称：随州市城市规划勘测设计研究院
法定代表人：孙龙
注册地址：随州市清河路中段
证书编号：甲测资字4200589
有效期至：2017年7月31日

专业范围：
甲级：工程测量：控制测量、地形测量、规划测量、建筑工程测量、变形形变与精密测量、市政工程测量、地下管线测量；不动产测绘：地籍测绘。***

发证机关（印章）
2017年1月19日

国家测绘地理信息局制

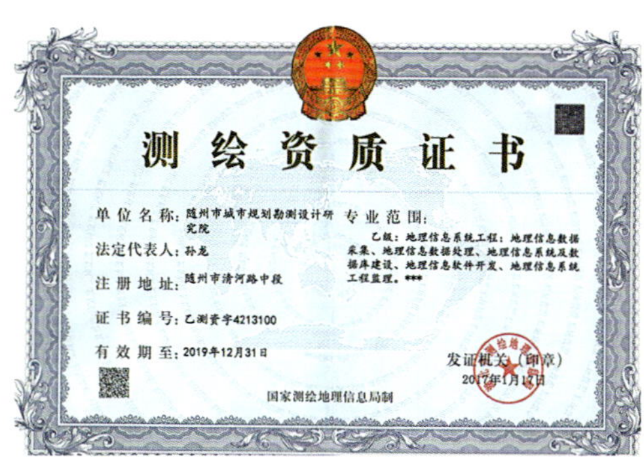

测绘资质证书

单位名称：随州市城市规划勘测设计研究院
法定代表人：孙龙
注册地址：随州市清河路中段
证书编号：乙测资字4213100
有效期至：2019年12月31日

专业范围：
乙级：地理信息系统工程：地理信息数据采集、地理信息数据处理、地理信息系统及数据库建设、地理信息软件开发、地理信息系统工程监理。***

发证机关（印章）
2017年1月17日

国家测绘地理信息局制

武汉永业赛博能规划勘测有限公司

武汉永业赛博能规划勘测有限公司（以下简称赛博能）成立于 2001 年，是国家高新技术企业——永业行评估咨询集团下属的子公司，拥有甲级土地规划资质、甲级测绘资质，并通过了 ISO9001 质量管理体系认证。

秉承专业化服务的思想，赛博能通过十多年的不断耕耘，持续创新，积累了丰富的实践经验，业务涵盖规划设计、测绘信息两大板块，其中规划设计类业务立足于土地资源技术服务领域，从事土地整理规划设计、土地规划修编等；测绘信息类业务包括数据库建设、测绘工程、不动产权籍调查、资源信息化管理系统建设等，取得了众多科研及工程应用成果。自成立以来，公司共完成测绘、数据库建设、不动产登记代理、监理验收、软件开发、规划设计等项目 1000 多项，承接了全国多个地区的农村集体土地所有权（使用权）调查、农村土地承包经营权确权、林地调查、土地利用变更调查、规划设计、规划修编等业务。

赛博能拥有一支具有丰富经验的技术和管理团队，汇聚了测绘、地理信息、遥感、计算机、规划等专业人才 100 多名，其中高级工程师 8 名、工程师 24 名、博士硕士 10 多名。依靠武汉地区学科综合、人才密集、科技力量雄厚等优势，加强与区域内武汉大学、华中农业大学、中国地质大学等院校的合作，建立了大学生实践基地。

公司高管

赛博能一直将创新、研发作为公司生存发展的生命线，以 GIS 技术为核心，结合国土行业的业务，自主开发了土地规划、土地整理、土地评估、土地调查等方面的专业软件，进一步提升了公司的核心竞争力。

未来，赛博能将持续利用人才、技术优势，为政府部门、企事业单位及社会公众提供决策咨询与技术服务，为促进行业及经济社会发展做出积极贡献。

测绘外业

测绘内业

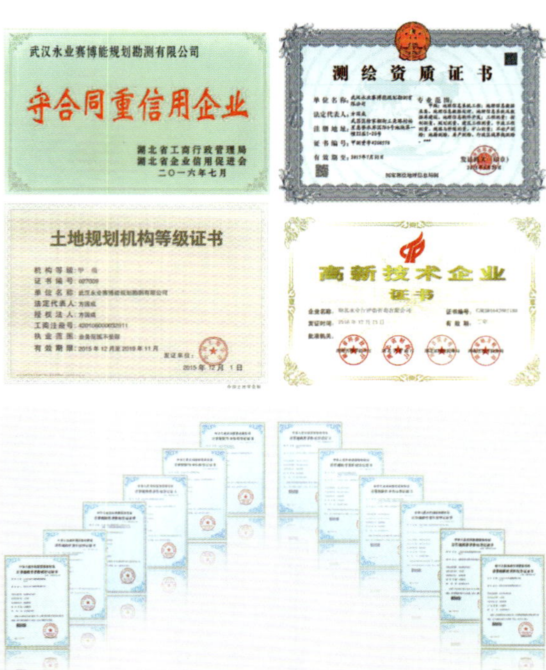

30 项计算机软件著作权

湖南省煤炭地质勘查院

湖南省煤炭地质勘查院位于湖南省省会长沙市，是隶属于湖南省煤田地质局的正处级事业单位，1992 年为适应产业结构调整、做强做大地勘主业汇集全局地质技术精英人才组建而成，是湖南省煤田地质局地质工作的龙头单位。经过 20 多年的发展壮大，现成为一支专业配备全、装备性能优、技术水平高、特色优势新、重点突出强，在全省乃至全国地勘行业具有重大影响力的综合性地质勘查科研机构，站在了全省煤炭、煤层气、页岩气等能源勘查的最前沿，同时实现了测绘工程、非煤地质、水工环地质、矿山设计、物探测井、工程勘察及土地资源等专业全面发展。近年来，找矿成绩斐然，技术质量突出，人才建设取得实效，部省各级领导多次莅临指导，《中国国土资源报》《中国矿业报》、湖南卫视新闻联播、《湖南日报》等重要媒体均在头版头条及重要版面进行了深度报道。

现拥有地质勘查甲级、测绘甲级、地质灾害危险性评估甲级、地质灾害治理工程设计甲级、地质灾害治理工程勘查甲级、地质灾害治理工程施工甲级、工程勘察甲级、冶金矿山设计乙级、煤矿设计乙级、土地规划乙级及国家发展和改革委员会工程咨询丙级等资质证书，通过了在地勘单位最先批次的质量、环境和职业健康安全等认证，是湖南省乃至全国地勘行业资质最全、等级最高的单位之一。

测绘业务范围包括：地理信息系统工程（地理信息数据采集、地理信息数据处理、地理信息系统及数据库建设），工程测量（控制测量、地形测量、规划测量、建筑工程测量、市政工程测量、线路与桥隧测量、地下管线测量、矿山测量、变形形变与精密测量、工程测量监理），不动产测绘（地籍测绘、行政区域界线测绘、房产测绘、不动产测绘监理）。

湖南省煤炭地质勘查院秉承“敬业、创新、和谐、卓越”的“湘煤勘”精神，抢抓机遇、一往无前，以超前的思维、科学的管理、先进的技术、一流的服务为国家多找矿，为广大客户提供优质可靠的技术成果。“十二五”实现多项找矿及科研省内“零突破”，获得中国十大找矿成果奖和湖南省科技进步一等奖。

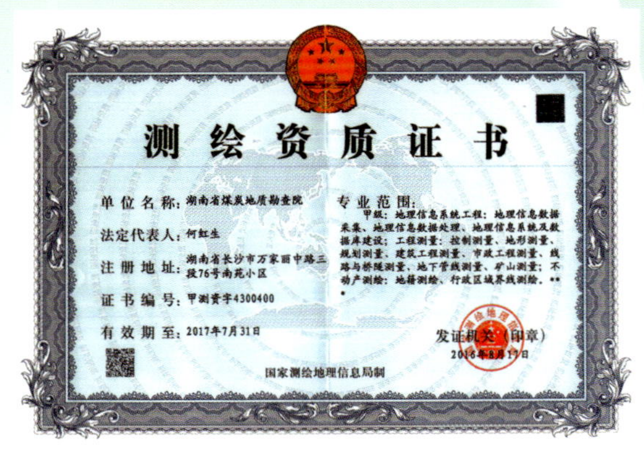

测绘资质证书

单位名称：湖南省煤炭地质勘查院

法定代表人：何红生

注册地址：湖南省长沙市万家丽中路三段76号南苑小区

证书编号：甲测资字4300400

有效期至：2017年7月31日

专业范围：

甲级：地理信息系统工程：地理信息数据采集、地理信息数据处理、地理信息系统及数据库建设；工程测量：控制测量、地形测量、规划测量、建筑工程测量、市政工程测量、线路与桥隧测量、地下管线测量、矿山测量；不动产测绘：地籍测绘、行政区域界线测绘。***

发证机关（印章）

2016年8月17日

国家测绘地理信息局制

湖南省科学技术进步奖

证书

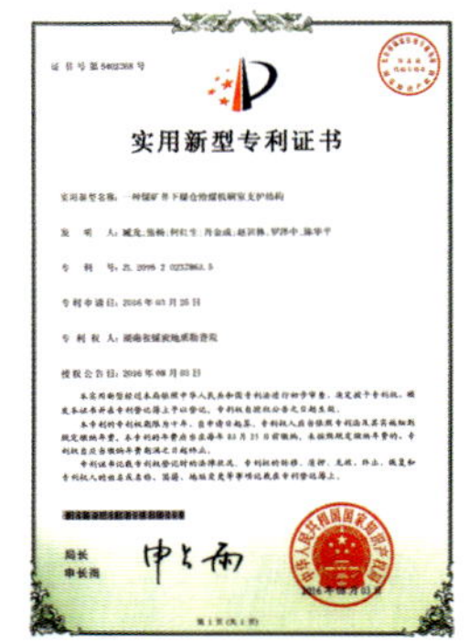

实用新型专利证书

ZK-DZXH2014-D09-01

湖南省煤炭地质勘查院：

你单位完成的“湖南省攸县兰村矿区深部煤炭详查”项目荣获中国地质学会 2013 年度十大地质找矿成果。

特发此证。

二〇一四年一月十九日

地址：湖南省长沙市雨花区万家丽中路三段 76 号

邮编：410014 / **网址：**www.hnmky.cn

电话：0731-84803161 / 传真：0731-85648632

湖南省有色地质勘查局二一七队

湖南省有色地质勘查局二一七队（以下简称二一七队）成立于1955年5月，是一家从事地质勘查、测绘工程、岩心钻探、矿业权经营、矿业开发、水工环地质调查、地质灾害危险性评估及勘查、地质灾害治理工程设计、勘查及施工、工程勘察、地基与基础工程、边坡治理、房屋建筑、市政工程、公路桥梁建设及房地产开发的综合性地勘单位。成立至今赢得了一系列崇高荣誉：1991年被国务院授予“地质勘查功勋单位”荣誉称号，2009年荣获“全国有色金属行业先进集体”，2012年被国土资源部授予“全国模范地勘单位”，2015年4月获“省级文明单位”称号。

二一七队所属的地理信息测绘院是专业从事测绘业务的二级实体，具有甲级测绘资质。现有技术人员70多人，其中中高级技术人员50多人、初级技术人员20多人。近几年，先后在广东、广西、湖南、贵州、青海、内蒙古、云南、河南、新疆等地区完成地形测量、矿山测量、工程测量、土地确权、地名普查、地下管网普查等项目170多项，取得了较好的社会效益和经济效益。测绘科研项目曾获中国测绘地理信息学会测绘科技进步三等奖，“衡南28处宗地测绘项目”“祁东清水塘工程测量项目”及“常宁市龙王山矿区地质测量项目”均获湖南省优秀测绘地理信息工程三等奖，“临武县三十六湾、香花岭地区重金属治理测绘项目”获湖南省有色地质勘查局优秀项目二等奖，在测绘学术刊物上发表论文数十篇，出版专著1部。

展望未来，二一七队将以诚实、守信、高质、高效为宗旨，期待与新老客户长期友好合作！

参加湖南省组织的技能比赛

地名普查外业调查

地名普查项目验收

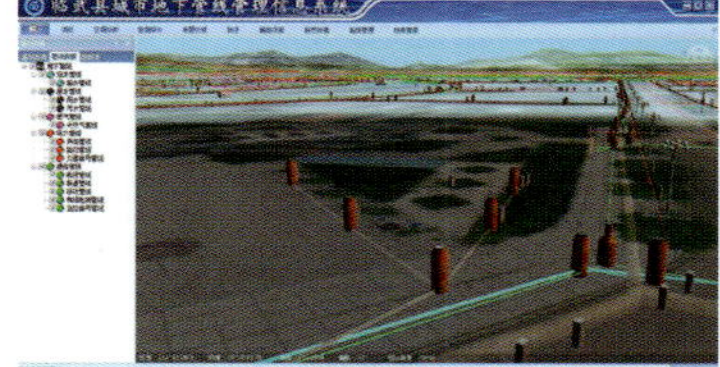
管线普查项目成果展示

乡镇数据采集

土地确权野外调查

野外管线普查

野外控制测量

湖南博通信息股份有限公司

湖南博通信息股份有限公司成立于2006年，总部位于长沙，注册资本3000万元。公司于2017年在新三板挂牌，股票代码871023，成为湖南地信行业首家新三板挂牌民营企业。

公司是专业从事地理信息数据采集、数据处理、信息系统研发的综合服务供应商，市场瞄准国土调查、智慧城市、无人机应用、空间大数据四大板块，业务涵盖国土、农业、规划、住建、交通、城管、市政、水务、电力等领域。公司分支机构遍布于湖北、四川、重庆、贵州、广东等十多个省份。

公司具有工程测量、地理信息系统工程、不动产登记甲级资质，测绘航空摄影、摄影测量与遥感乙级资质，农村土地承包经营权确权登记资质，湖南省软件企业认定证书，ISO9001、ISO14001、OHSAS18001等管理体系认证证书，湖南省AAA信用企业证书。拥有软件著作权6项，获科技进步奖7项。公司是中国地理信息产业协会理事单位，湖南省地理信息产业协会理事单位，湖南省测绘地理信息学会常务理事单位。

2016年，公司成功研发了农经权市县级数据信息平台、智慧城市时空信息应用建设平台。同时，战略发展规划了高新遥感技术——无人机遥感，建立了无人机数据处理技术及团队。获得中国地理信息产业协会“最具活力中小企业奖”，湖南“创新湘商”奖，长沙市雨花区“最佳成长奖”等多个奖项。

地址： 湖南省长沙市雨花区金海路128号国际研创中心A1栋6楼

联系电话： 0731-89855635

网址： http://www.hnbotong.net

邮箱： hnbt@hnbotong.net

博通新三板挂牌

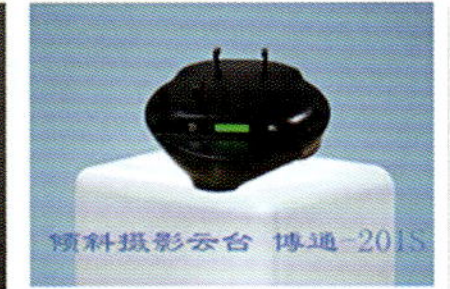

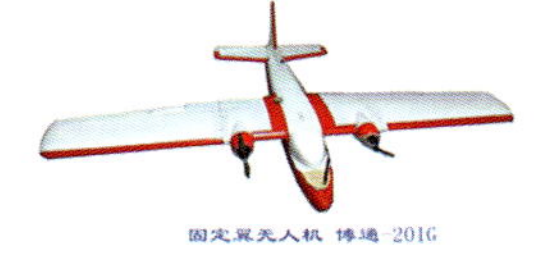

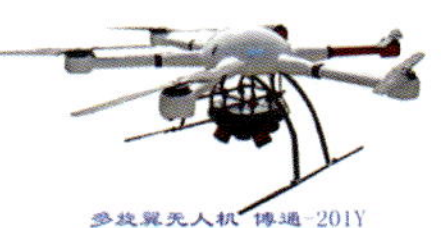

博通无人机硬件系统

博通十周年庆

荣誉墙

博通办公区－生产运营部

领导考察调研桃江农经权试点工作

橘子洲头倾斜摄影三维建模效果图

博通时空信息数据应用平台案例

广东省有色地质测绘院

广东省有色地质测绘院前身是重工业部广州地质测量队，成立于 1962 年，2000 年从中国有色金属工业总公司（部属）划转广东省管理。具有测绘甲级、地质灾害危险性评估和地质勘查等资质，通过了质量管理体系（ISO9001:2008）和 CMA 计量认证，是广东省测绘学会、广州市测绘协会理事单位，中国有色金属建设协会等协会的会员单位。

广东省有色地质测绘院拥有精干的技术人员和先进的仪器设备，主要从事工程测量、不动产测绘、大地测量、摄影测量与遥感、地理信息系统工程、地灾评估等业务。近年来，不仅完成了第二次全国土地调查、农村集体土地所有权确权、农村宅基地使用权和集体建设用地使用权确权等重点工程项目，同时在矿山测量、地形测量、规划测量、基坑支护及主体沉降观测等工作取得优异的成绩，多个项目荣获国家优秀工程勘察奖项。

广东省有色地质测绘院紧跟广东省科学技术发展大局，主动融入经济市场，坚持“服务立院、测绘为本”，实现“有为有位”，拓宽测绘工作服务领域，增强测绘工作服务功能，发挥基础性、公益性的作用，竭诚为社会各界提供优质的测绘成果和服务保障。

地址：广州市越秀区东风东路紫园商务大厦 22 楼西侧 / **邮编：**510080
电话：020-87312611 37816975
传真：020-37816175
电子邮箱：gdysch@163.com
网址：http://www.gdysch.com

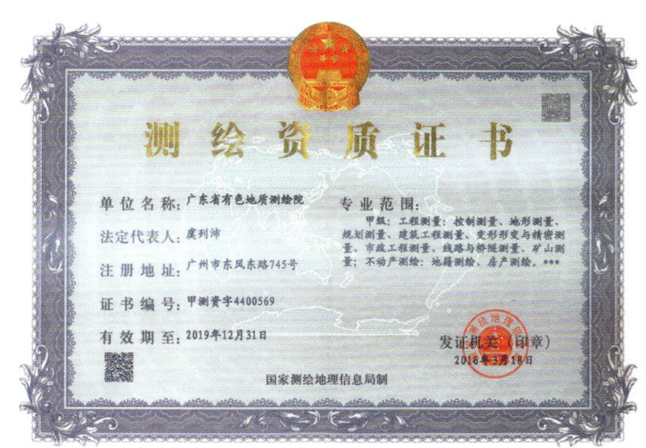
测绘资质证书

单位名称：广东省有色地质测绘院
法定代表人：虞列沛
注册地址：广州市东风东路745号
证书编号：甲测资字4400569
有效期至：2019年12月31日

专业范围：
甲级：工程测量：控制测量、地形测量、规划测量、建筑工程测量、变形形变与精密测量、市政工程测量、线路与桥隧测量、矿山测量；不动产测绘：地籍测绘、房产测绘。***

发证机关（印章）
2016年3月18日

国家测绘地理信息局制

广州船厂精密工程测量

潮州工地沉降监测

举办测绘技能竞赛

深圳中铭勘测股份有限公司

深圳中铭勘测股份有限公司成立于 2008 年 10 月，原名深圳市中铭勘测工程有限公司，注册资金 2186 万元，是一家拥有国家测绘地理信息局颁发的甲级测绘资质单位，同时具有“高新技术企业”及“双软企业”称号。公司主要从事工程测量、不动产测绘、海洋测绘、测绘航空摄影、摄影测量与遥感、地理信息系统工程、地图编制、计算机系统集成等核心业务，先后在广东、上海、广西、江西、福建、浙江、湖北、河南、安徽、新疆、黑龙江等地设立分公司及分支机构 30 多家。

自成立以来，公司先后通过质量、环境、职业健康安全体系和信息安全体系认证，同时连续多年被评为“守合同重信用企业”。公司坚持“以人为本”的用人制度，吸引了大量的高级技术人才和高级管理人才，在测绘地理信息技术方面取得了跨越性的进展。

2016 年，公司倾力打造了智慧社区三维地图服务平台，基于三维 GIS 和倾斜摄影测量技术，将倾斜摄影测量数据中的建筑物单体化分离后，与其他正射影像、高程 DEM、矢量线划等数据一起加载到数字地球仪上，形成于显示景观相近的三维场景，以探索新一代三维 GIS 技术在智能化物业管理、社区管理、土地规划等方面的业务需求和应用。

智慧社区三维地图服务平台

中山市测绘工程有限公司

中山市测绘工程有限公司是专门从事工程测量、大地测量、不动产测绘、地理信息系统工程、摄影测量与遥感等业务的专业化测绘公司，具有甲级测绘资质。公司前身为中山市国土测绘大队，成立于1987年，是中山市国土资源局直属事业单位，2002年改制成有限责任公司。

公司拥有现代化的测绘装备和高素质的专业化技术队伍，装备包括徕卡TS50i、TS30高精度全站仪，徕卡DNA03精密水准仪，SDL30M索佳精密水准仪，GPS接收机及网络版数字化地形、地籍测绘软件系统，网络版房产测绘软件系统。公司具有完整的工程测量、大地测量、不动产测绘、地理信息系统工程、摄影测量与遥感测绘生产能力。

近年来，公司完成了大量的国家和地方重点工程建设测绘项目，包括2008年汶川县漩口镇地震灾后恢复重建项目、国家高速公路珠江三角洲环线广东省中山段工程、珠三角成品油管道工程、中山市地理国情普查及成果应用和监测工程、中山市农村集体土地确权登记发证测绘、中山市地籍调查、中山市各大园区地形图测绘和明星楼盘房产测绘工程等，并获得了一批国家和广东省有关行业组织评定的优质测绘工程奖励，“汶川县漩口镇灾后恢复重建规划测量”工程项目获2009年度全国优秀城乡规划设计奖——城市勘测工程三等奖、“中山市国土资源局农村集体土地权属界线外业勘定及测量”荣获中国测绘地理信息学会全国优秀测绘工程奖银奖、“中山市2011年基础测绘项目（标段一）”荣获广东省优秀测绘地理信息工程奖一等奖。

多年来，公司持续推行ISO9001:2000质量管理体系、OHSMS18001职业健康安全管理体系、ISO14001环境管理体系建设，各项管理工作一直在规范化、系统化轨道上运行。公司长期坚持“管理科学，产品优良，专业高效，顾客满意”的服务宗旨，赢得了良好的社会信誉。

奖　状

中山市测绘工程有限公司：

你单位 汶川县漩口镇灾后恢复重建规划测量 工程项目获2009年度全国优秀城乡规划设计奖-城市勘测工程 三等奖。

项目主要完成人员：陈清华 张 源 叶仁福 万志刚 林超峰 伍宏康 张 康 袁业木 刘 中 邹顺平

为表彰优秀测绘地理信息工程奖获得者，特颁发此证书。

广东省优秀测绘地理信息工程奖

证　书

项目名称：中山市2011年基础测绘项目（标段一）

奖励等级：一等奖

获奖单位：中山市测绘工程有限公司

2013年11月30日

证书号：2013-1-05

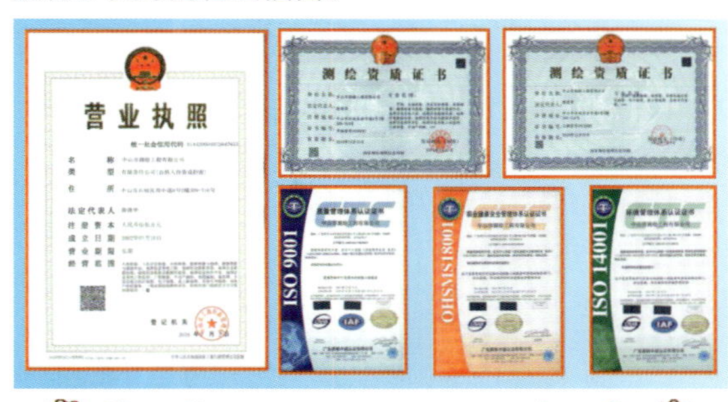

为表彰全国优秀测绘工程奖获得单位，特颁发此证书

全国优秀测绘工程奖

证　书

项目名称：中山市国土资源局农村集体土地权属界线外业勘定及测量

奖励等级：银奖

获奖单位：中山市测绘工程有限公司

2015年9月18日

证书号：2015-03-02-70

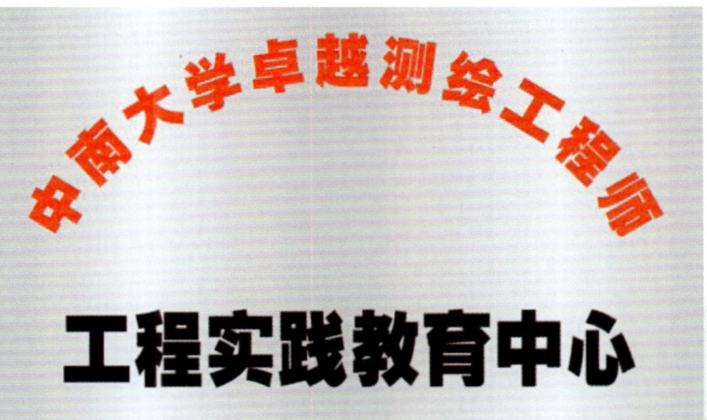

广东广量测绘信息技术有限公司

广东广量测绘信息技术有限公司成立于2010年，是广东省规模最大且技术服务项目综合性最强的测绘公司之一，具有甲级测绘资质，是广东省高新技术企业。公司具有不动产测绘、工程测量、地理信息系统工程甲级资质及地质灾害危害性评估和地质灾害治理工程监理资质；通过了ISO质量管理体系及HSE职业健康、安全、环境三位一体管理体系认证。具备承担大型不动产测绘、地理信息系统工程、三维城市、数字（智慧）城市建设、无人机航摄等项目的能力。

近年来，广东广量测绘信息技术有限公司已成为具有较强区域影响力的综合性测绘公司，是土地调查新技术试点工作单位之一，参与了广东不动产调查、数据整合及监理，地灾监测、评估及监理等大型项目；承担了东莞市企石镇、桥头镇、谢岗镇警用地理信息系统及房屋建筑地址信息采集及数据清洗项目；凤岗镇和清溪镇农村集体土地承包经营权确权颁证项目；大朗镇数字东莞地理空间框架三维城市建设项目；省内多个区、县地名普查项目；东莞市多个镇街“三旧”改造、不动产测绘、地籍调查等项目；协助广东省国土资源测绘院和东莞市测绘院完成东莞市地理国情普查工作等。东莞市颁发第一本《不动产权证书》时，公司提供的不动产权籍调查解决方案得到政府相关部门的认可，助力不动产统一登记制度在东莞全市范围内的实施。

广东广量测绘信息技术有限公司在服务各类客户的同时，积极总结经验，从实际出发，每年投入大量的科研经费，研发出许多优秀的创新型软件产品，目前已取得国家版权局认证颁发的近20项计算机软件著作权登记证书，类型包括数据智能采集、数据批处理、地理信息数据库管理、地质灾害自动监测、数字航测等，在实际应用中，得到社会的一致好评。公司所承担的道滘镇、樟木头镇相关“三旧”改造项目，分别于2015年、2016年获全国优秀测绘工程奖铜奖。同时，公司始终关注行业最新的技术发展，目前已经拥有自己的无人机和飞机师，能够利用无人飞行器航摄技术，为客户提供相关服务。

广东广量测绘信息技术有限公司坚持以“优质、高效、贴心”的服务宗旨及扎实的技术保障，为国家和地方测绘事业做出应有的贡献。

地址：广东省东莞市南城区黄金路1号天安数码城B2栋八楼 / **邮编：**523080

电话：0769-39003333

传真：0769-39003333转8688

网址：www.gdglch.com

E-mail：guangliangcehui@163.com

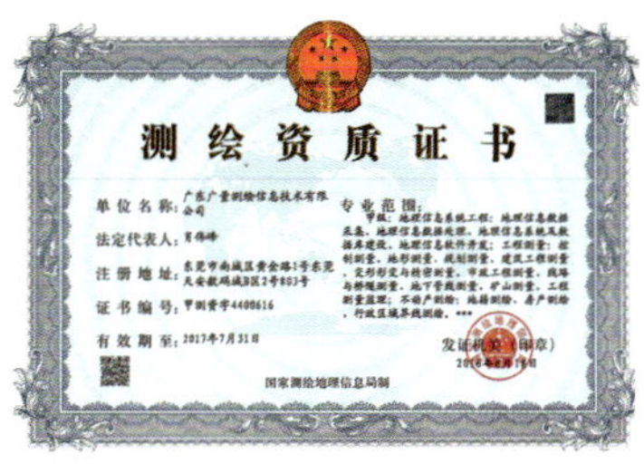

2016六旋翼测绘无人机

成都同飞科技有限责任公司

成都同飞科技有限责任公司自2001年成立以来，一直深耕于城市公用行业的信息化建设，是国家认定的高新技术企业和软件企业，具有甲级测绘资质和系统集成资质。公司秉承“为客户创造价值，与客户睿智同飞”的理念，已经为近200家城市公用行业用户提供专业的信息化服务。

成都同飞科技有限责任公司
CHENGDU TOFLY TECH. CO.,

公司核心业务聚焦在智慧城市体系中“城市建设管理、城市功能提升”方面的智慧管网、智慧燃气、智慧水务，致力于打造“智慧城市、智慧生活”。

主要服务内容：地下管线探测，管线数据库建设，管网GIS系统，管网生产运行监控系统。

典型案例：重庆燃气集团管网地理信息系统、澳门南光天然气管网GIS系统、峨眉山市综合管线普查及综合管网GIS系统、滨州中油燃气管网探测及GIS系统、四川省南部县智慧水务项目、成都市地铁18号线管线探测。

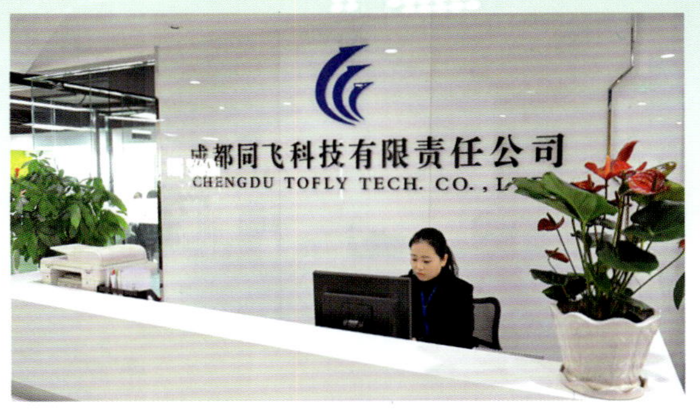

地址： 成都市青羊区光华东三路489号3栋1单元6楼609号 / **网址：** www.tofly.cn

电话： 028-87341180 / **传真：** 028-87348740

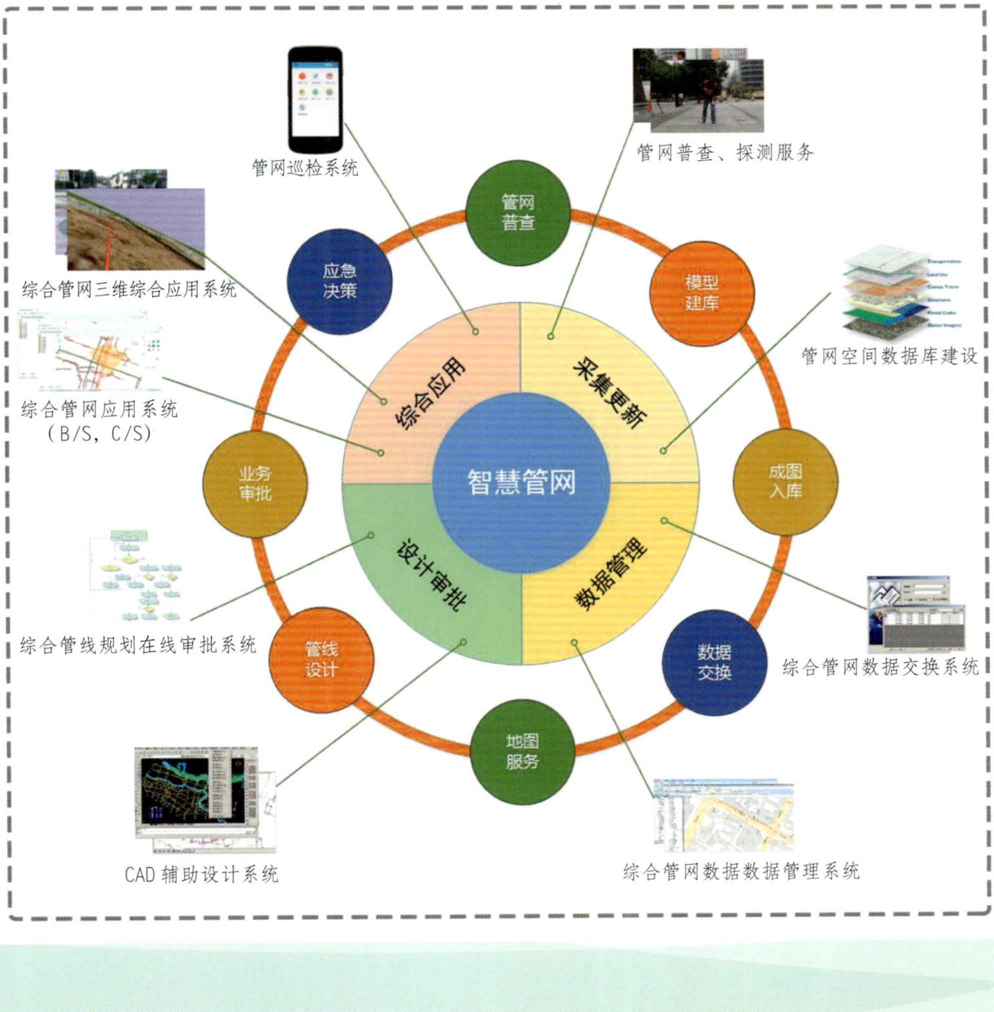

智慧管网
综合应用
采集更新
数据管理
设计审批
管网普查
模型建库
成图入库
数据交换
地图服务
管线设计
业务审批
应急决策
管网巡检系统
管网普查、探测服务
综合管网三维综合应用系统
管网空间数据库建设
综合管网应用系统（B/S，C/S）
综合管线规划在线审批系统
综合管网数据交换系统
CAD辅助设计系统
综合管网数据数据管理系统

四川思明地理信息工程有限公司

四川思明地理信息工程有限公司成立于 2009 年 12 月 29 日，总部现设在成都市，拟于 2017 年底搬迁至四川西部地理信息科技产业园，办公面积约 2700 平方米。公司具有甲级测绘资质，专业从事测绘服务、地理信息软件开发和信息技术服务、工程管理及规划管理等业务，主要涉及国土、规建、民政、广电、房管、交通、农林、水利等政府有关部门采购服务项目。

公司现有在职员工 195 人，其中注册测绘师 5 人、高级工程师 8 人、中级工程师 22 人、地籍、房产测量技术员 98 人。公司高度重视自身建设，严格遵守法律法规，遵循市场竞争规范操作规定，坚持依法经营、按章纳税，坚持规范运行、服务社会，建立健全了一系列规章制度，尤其在质量管控方面，严格做到了产品生产全过程质量控制体系的贯彻落实。创新、改革，激情、发展是思明人的进取精神，公司已经锻造出一支高素质的优秀团队。

2014 年以来，公司进入快速发展阶段，业务拓展范围不断扩大、公司治理逐渐规范、技术服务能力不断提高、质量监管体系日臻完善，已具备雄厚的人财物实力。公司已完全能够全方位、宽领域、多层次为社会提供测绘、国土资源调查、地理信息系统工程建设、土地规划管理、地理信息系统建设、三维建模、智能应用建设、河道勘查定界、遥感影像作业、数字城市建设、生态环境监测、基础设施管理等专业技术服务。2016 年公司年产值超过 5000 万元。

在中长期规划中，公司发展方向主要致力于现代地理信息系统建设、信息数据开发、软件研发等业务。公司在快速扩张发展的同时，更加强化质量过硬是生命线、管理到位是压舱石、规范运行是根本保障的发展理念。一是严格遵守行业法律法规，执行行业技术标准。二是狠抓质量建设，认真贯彻质量第一、注重实效的工作方针，以确保质量为中心，满足客户需求为目标，使公司的质量水平、规范管理再上一个台阶，努力走在行业优异质量的前列，为四川省地理信息产业经济发展添砖加瓦，做出更大贡献。

地址： 四川省成都市金牛区兴盛西路 2 号

电话： 028-87535723

邮箱： scsmsd@scsmcd.com

公司数据处理中心

讨论研究

地理信息制图学习

无人机测试

公司活动

体育活动

四川均辉土地调查整理有限公司

四川均辉土地调查整理有限公司坐落于四川省成都市金牛区天龙大道（西部地理信息科技产业园）1333号5幢，办公面积3000多平方米。公司具有甲级测绘资质，是一家专业从事测绘航空摄影、摄影测量与遥感、地理信息系统工程、工程测量、不动产测绘（地籍测绘、房产测绘）、土地开发整理、土地规划设计、测绘监理、土地调查、智慧城乡建设、草原确权等业务的综合性测绘单位。公司通过了ISO9001:2015质量体系认证、ISO14001:2015环境管理体系认证、OHSAS18001:2007职业健康安全管理体系认证。

公司现有员工150多人，其中高级工程师12人、注册测绘师5人、工程师30人、助理工程师40人。公司拥有先进的垂直起降无人机（CW-20），全数字摄影测量系统（Smart 3D、INPHO、Pix4D、DATMatrix、MapMatrix、EPT），地理信息处理软件（南方CASS、MAPGIS、ARCGIS），测量仪器（全站仪、GPS接收机、手持测距仪、水准仪），高性能数字化图形工作站等。

2016年，公司完成了甘孜州（17个县）农村土地承包经营权确权登记航摄项目，北川县、茂县、江油市房屋确权登记颁证项目，阿坝县、金川县、梓潼县、游仙区、茂县、色达县的农村土地承包经营权确权登记颁证项目。

公司坚持“客户为尊、效益增长、员工满意、永恒创新”的价值观，为客户提供最优质的服务和保障最优质的成果质量。

无人机高原测绘

公司组织参加无人机培训

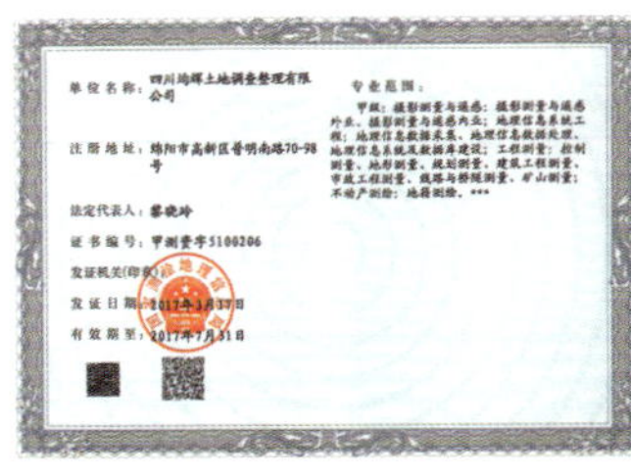

单位名称：四川均辉土地调查整理有限公司

注册地址：绵阳市高新区普明南路70-98号

法定代表人：黎晓玲

证书编号：甲测资字5100206

发证机关（印章）：

发证日期：2017年1月17日

有效期至：2017年7月31日

专业范围：

甲级：摄影测量与遥感：摄影测量与遥感外业、摄影测量与遥感内业；地理信息系统工程：地理信息数据采集、地理信息数据处理、地理信息系统及数据库建设；工程测量：控制测量、地形测量、规划测量、建筑工程测量、市政工程测量、线路与桥隧测量、矿山测量；不动产测绘：地籍测绘。***

单位名称：四川均辉土地调查整理有限公司

注册地址：绵阳市高新区普明南路70-98号

法定代表人：黎晓玲

证书编号：乙测资字5112757

发证机关（印章）：

发证日期：2017年4月1日

有效期至：2017年7月31日

专业范围：

乙级：测绘航空摄影：无人飞行器航摄（影像地面分辨率优于0.2m，1000平方公里以下；0.2m，2000平方公里以下；0.2m~1m，20000平方公里以下。）；摄影测量与遥感：摄影测量与遥感监理；不动产测绘：房产测绘（规划许可证载单栋建筑面积10万平方米以下；单个合同标的不超过建筑面积200万平方米。）。***

农村土地承包经营权确权正射影像图

四川德阳中地测绘规划有限公司

四川德阳中地测绘规划有限公司成立于2002年3月，位于四川省德阳高新技术产业园。历经15载的发展，现已具有土地规划甲级、测绘乙级、秘密载体印制资质。公司通过了ISO9001质量管理体系、OHSAS1800职业健康与安全和ISO1400环境管理体系、3A认证。现为中国土地学会、四川省地理信息产业协会、四川省测绘地理信息学会会员单位，四川省测绘学会理事、德阳市测绘学会常务理事、德阳市旌阳区工商联理事（优秀企业）单位，是成都理工大学地球科学学院测绘实习基地。2015年被中国地理信息产业协会评为“最具活力中小企业”，并连续多年被德阳市人民政府评为“守合同重信用企业”。

近年来，公司承担的农村土地承包经营权确权登记项目，基本农田规划、复垦规划项目，干部档案数字化项目均得到项目所在区域市级以上管理部门的高度评价。

公司秉承“诚信、专业、务实、创新”的理念，竭诚为各级职能部门提供全面、科学、专业、高效的技术服务。

地址：四川省德阳高新技术产业园区贺兰山路北段2号 / **邮编：**618000

电话 / 传真：0838-2802646/2802795

网站：www.dyzdgh.com

电子邮箱：scdyzd@vip.163.com

华蓥市农村土地承包经营权确权登记项目检查验收会

射洪县农村土地承包经营权确权登记颁证检查验收会

南充市永久基本农田划定论证核定工作成果审定暨土地报征工作会

国家测绘地理信息局第一地形测量队

国家测绘地理信息局第一地形测量队（以下简称国测地形一队）成立于1956年，是一支长期从事国家基础测绘任务的骨干队伍。60年来，国测地形一队忠实履行先行者职责，积极投身于经济和社会建设主战场，承担完成了数以千计的重大重点测绘项目，先后完成了中蒙、中巴、中尼等边界测量；国家西部测图工程、第一次全国地理国情普查、国家1:5万基础地理信息数据库更新等一大批国家重大测绘工程；唐山、汶川、玉树、雅安等地震灾后重建测绘保障；大庆油田、长庆油田等建设用图等，为国家经济社会发展做出了突出贡献。如今，伴随着科技进步的时代步伐，国测地形一队人才资源、技术装备焕然一新，测绘方式以“3S”技术和“4D”产品为主导，服务手段不断创新，服务领域不断拓展，综合实力不断提升，保障作用不断彰显。

“十一五”以来，国测地形一队荣获了全国五一劳动奖状、陕西省先进集体、全国模范职工小家、国家西部测图工程先进集体、陕西省测绘地理信息系统先进集体、陕西省工人先锋号、陕西省厂务公开职代会五星级单位等诸多荣誉，有数十项测绘地理信息成果荣获省部级表彰。

2012年，国测地形一队在全国测绘地理信息系统率先开展了标准化测区创建活动。经过5年多的探索与实践，管理方式发生了质的飞跃，科学化、制度化、规范化、精细化的管理举措取得了良好成效，正在行业内发挥着引领示范作用。当前，国测地形一队正在继续深化标准化测区建设，努力构建标准化测区“文化品牌”“形象品牌”“产品品牌”“和谐品牌”，用鲜明的测绘文化和品牌力量打造国家基础测绘队伍新形象、新标杆。

开展第一次全国地理国情普查

开展国家西部测图工程项目

应急测绘保障

玉树地震测绘保障

中国尼泊尔边界第三次联合检查

西安市勘察测绘院

西安市勘察测绘院成立于1950年，隶属于西安市规划局，具有甲级测绘资质和综合类甲级工程勘察资质。全院下设20个部门，经过60多年的开拓发展，现已成为专业类别齐全、业务范围广泛、仪器设备先进、技术力量雄厚、科技创新能力突出、集生产科研于一体的现代化高新技术企业。多次被国家有关部门、西安市委市政府评为先进单位、文明单位，连续十年被西安市规划局评为“先进单位”，连续十五年被地方政府评为“最佳文明单位”。2004年以来，先后通过了ISO9001:2000质量管理体系认证、勘察专业计量认证、测绘专业计量认证和档案目标管理国家二级、省AAA级认证。

全院现有在职职工320人，其中博士研究生4人、硕士研究生52人、大学本科毕业生190人，西安市突出贡献专家5人、西安市学科技术带头人1人，教授级高级工程师7人、高级工程师56人、工程师70人，注册测绘师34人。拥有西安CORS系统和100多台GPS流动站，多台0.5秒级徕卡测量机器人和20台0.3毫米高精度电子水准仪，100多台全站仪和10多台大幅面彩色绘图仪。

1950年建立了西安市唯一的坐标系统—西安市任意直角坐标系，确保了西安城市建设测绘成果的准确性与统一性；2009年完成了“大西安现代测绘基准体系”建设，覆盖面积8000平方千米；2014年建立了覆盖西安市建成区的三维模型数据；2015年自主研发并搭建完成“智慧西安地理空间信息公共服务平台”；2016年完成西安市主要建成区“地下综合管线普查及管线系统建设”项目。

近几年来，西安市勘察测绘院获省部级以上奖励100多项，其中“大西安现代测绘基准体系建设”荣获全国优秀测绘工程奖金奖，“智慧西安地理空间信息公共服务平台”荣获全国测绘科技进步奖二等奖，“面向城市精细化管理的西安市三维数据生产及示范应用工程”荣获全国优秀测绘工程奖银奖，“城市工程测量一体化集成应用平台”荣获全国优秀城市勘测工程一等奖，“西安市基础地理信息系统”“生产与档案管理信息系统”“西安地铁一号线地面控制测量”“西安市影像地图集”等90多个项目获得国家和省部级二、三等奖。

地址： 西安市南二环东段29号

电话： 029-82256958 / 82250013

传真： 029-82258580 / 82258099

邮箱： bgs@xaks.com.cn / **网址：** www.xakc.com.cn

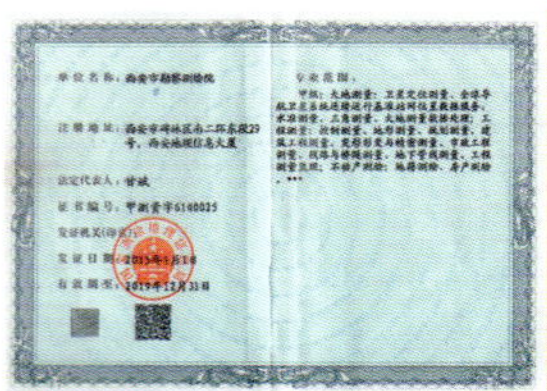

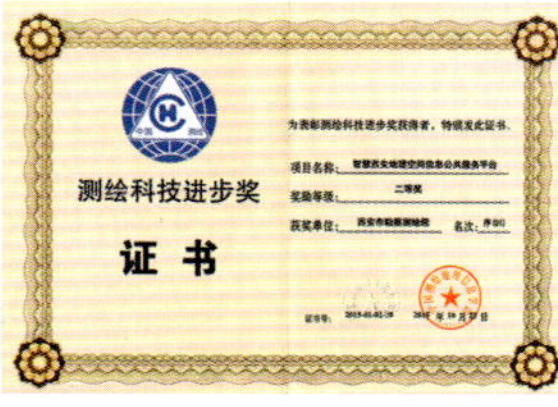

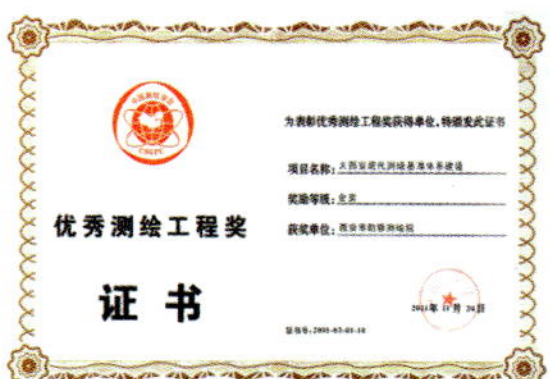

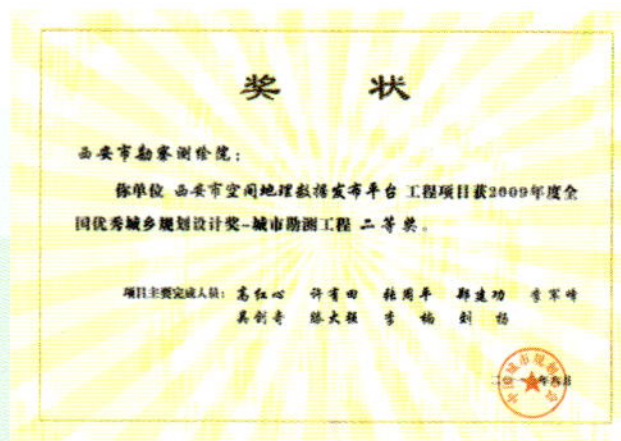

智慧西安地理空间信息公共服务平台

智慧西安地理空间信息公共服务平台

陕西省一八五煤田地质有限公司

陕西省一八五煤田地质有限公司始建于 1958 年 10 月，是一支以地质勘查、地球物理勘探、工程测绘、煤质化验检测、地质灾害防治、地质技术服务、石油煤层气钻井等工程为主营业务的综合性国有地质勘查单位。持有 8 项甲级资质证书，其中测绘资质为甲级。获国家质量、环境、职业健康三标一体认证，具有行业 AAA 信用等级。公司现有职工 901 人，固定资产 9000 多万元、各类设备仪器 870 多台（套）。

近 60 年来，一八五人转战三秦大地，为国探宝。上世纪 80 年代发现并探明的神府煤田，为我国煤炭工业的战略西移和陕西煤炭资源大省地位的确立做出了历史性贡献。1991 年被国务院授予 “全国地质勘查功勋单位”，2012 年荣获国土资源部“全国模范地勘单位”称号。

一八五公司测绘中心现有专业技术人员 70 名，各类先进测绘仪器 115 台（套）。业务范围涵盖工程测量、不动产测绘、摄影测量与遥感、地理信息系统工程的多个专业和分支。多年来，测绘中心承担着陕北城乡建设、能源化工基地建设的测绘业务，长年承担着多个煤矿的储量监测、煤矿采空区、塌陷区的测量工作和煤矿岩移、建筑物形变观测业务，为陕北高端能源化工基地建设提供测量服务，成功完成了多个煤矿的井下大型贯通测量任务。

近年来，测绘中心适应新形势和新任务的要求，开展农村土地确权项目测量，先后承揽了江西省宜丰县、榆林市榆阳区等地的土地确权工作和山西武乡县地理国情普查。测绘产品合格率、合同履约率、顾客满意率等方面赢得了业主的赞誉。

测绘中心秉持“创新、敬业、诚信、奉献”的职业精神和“质量第一，信誉至上”的理念服务社会，多项测绘成果受到表彰奖励。其中“榆树湾煤矿首区地表移动观测”和“柠条塔 S12101 作面井下控制测量工程”获得全国优秀测绘工程奖；“小保当煤矿工业广场控制测量”获陕西省测绘地理信息成果质量奖铜奖；“矿区现代测绘基准及超长井巷贯通测量关键技术与应用研究”获陕西省测绘科学进步一等奖。公司荣获陕西省地理信息产业协会 2014 - 2015 年度十佳测绘企业”称号。

回首往事，激情燃烧，展望未来，使命光荣。在新的历史条件下，一八五公司测绘中心将继续发扬地质行业“三光荣”精神，不忘初心，砥励前行，用一八五人的真诚和奉献书写新的辉煌。

办公楼

陀螺测绘

野外地形图测绘

授予：陕西省煤田地质局一八五队

全国模范地勘单位

国土资源部
二〇一二年十月

荣誉证书

陕西省
测绘科技进步奖

一等奖

证书编号：2014-01-03

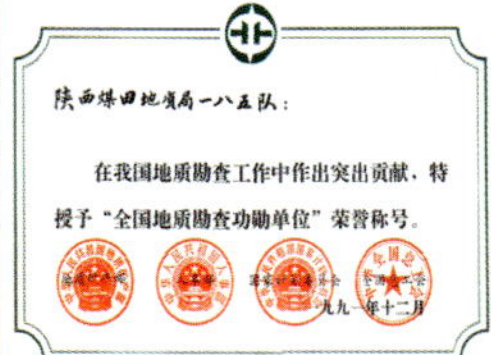
陕西煤田地质局一八五队：

在我国地质勘查工作中作出突出贡献，特授予“全国地质勘查功勋单位”荣誉称号。

一九九一年十二月

2014-2015年度陕西省地理信息产业
十佳测绘地理信息企业

陕西省地理信息产业协会
二〇一五年十二月

宁夏回族自治区国土测绘院

宁夏回族自治区国土测绘院是自治区首批获得甲级测绘资质的单位，现有职工 72 人，其中正高级工程师 5 人、高级工程师 14 人、工程师 20 人，注册测绘师 9 人，国家测绘地理信息局学术技术带头人 2 人。多次获得“全国测绘系统先进集体”荣誉称号，《宁夏第二次土地调查图集》等 12 个项目荣获国家或宁夏测绘工程奖银奖、铜奖，在近几届测绘技能竞赛中连续包揽自治区前两名，2015 年获得全国测绘地理信息技能大赛集体三等奖。

近年来，宁夏国土测绘院更新了宁夏沿黄测区基础测绘 1:1 万 3 D 产品 665 幅，完成了宁夏 6 个县、市、区共 1.35 万平方千米地理国情普查，全区高分卫星影像纠正等工作。相继开展了吴忠、中卫、灵武、中宁、银川等数字城市的地理空间框架建设，2016 年完成 3 个地理国情监测项目，其中“宁夏湿地自然边界确定”为国家级试点项目。

宁夏国土测绘院技术力量雄厚，设备精良，通过引进人才，采购“CIPS 集群”“像素工厂”“采编一体化”等国内外先进的测绘装备，测绘服务能力不断增强，今后将继续遵循“依法测绘、执行规范、诚实守信、保证质量、用户满意”的理念，为保障经济快速发展提供优质可靠的测绘服务。

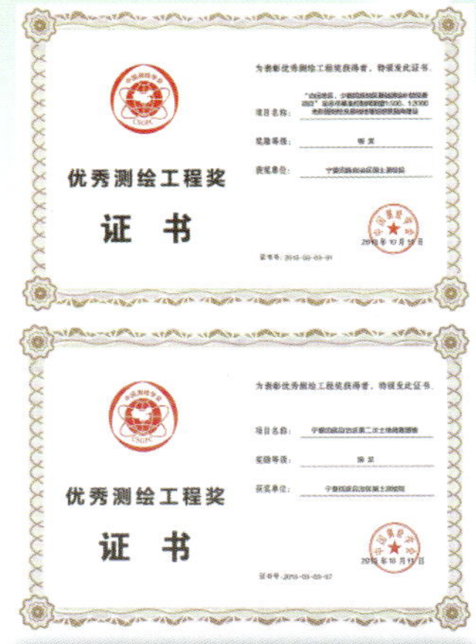

国家测绘地理信息局局长库热西·买合苏提（右三）莅临指导工作

宁夏国土资源厅总工程师包敏（左三）指导国情监测工作

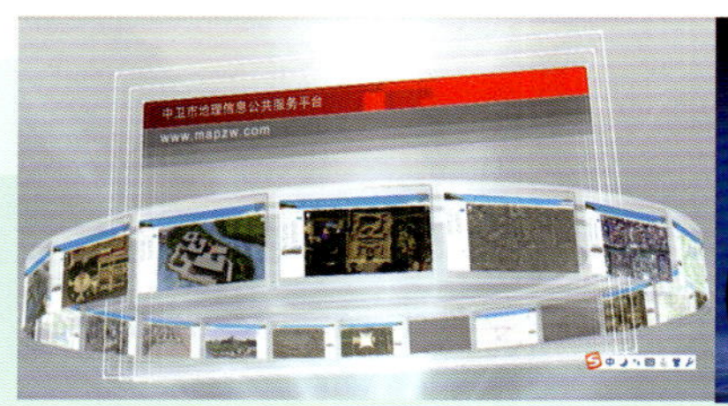

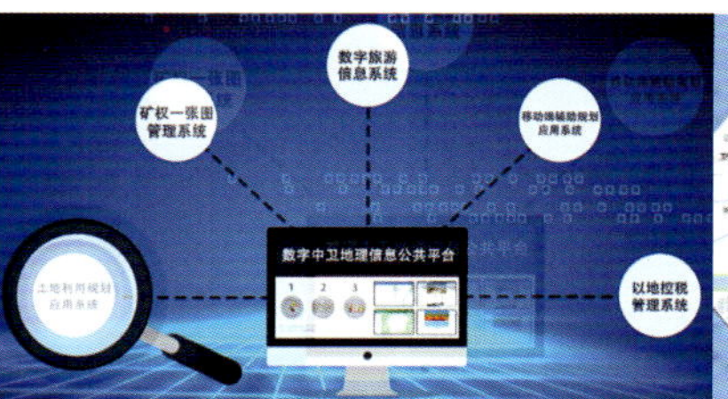

数字中卫地理信息服务平台

乌鲁木齐市国土资源勘测规划院

乌鲁木齐市国土资源勘测规划院是乌鲁木齐市国土资源局直属事业单位，是中国测绘地理信息学会会员单位之一；具有甲级测绘资质、乙级规划资质；通过国家ISO9001质量管理体系认证。主要承担乌鲁木齐市辖区城镇地籍测绘、地形测绘、卫星定位测量、土地勘测定界、工程测量、遥感数据处理及遥感专题图制作、国土资源管理信息系统建设、土地利用总体规划、矿产资源规划修编和设计、国土资源利用现状调查等工作。

乌鲁木齐市国土资源勘测规划院拥有一支技术力量雄厚的专业测绘队伍，现有职工102人，其中高级工程师19人、工程师15人；85%以上人员为大学本科学历，硕士研究生6人，博士生1人。办公面积3000多平方米，拥有天宝GPS、徕卡全站仪、数字水准仪、移动式三维激光扫描车等先进仪器；绘图仪、扫描仪、工程复图机、图形工作站、数字化成图软件、90TB磁盘阵列、千兆网络中心机房等现代化办公设备；同时拥有完善的质量监控体系和测绘成果保密管理制度。

乌鲁木齐市全球导航卫星连续运行参考站系统荣获2011年中国测绘学会优秀测绘工程银奖；乌鲁木齐市国土资源空间信息管理与信息化测绘生产服务平台（二期）荣获2013中国地理信息产业优秀工程金奖；乌鲁木齐市厘米级似大地水准面精化项目荣获2013年新疆维吾尔自治区测绘行业科学技术进步奖一等奖乌鲁木齐市城市建设用地节约集约利用评价项目、乌鲁木齐市农村集体土地所有权确权和登记发证项目均荣获2014年全国优秀测绘工程铜奖；乌鲁木齐市国土资源移动"一张图"系统荣获2015中国地理信息产业优秀工程铜奖；新疆兰新铁路车载移动激光三维扫描测量工程荣获2016年全国优秀测绘工程铜奖。

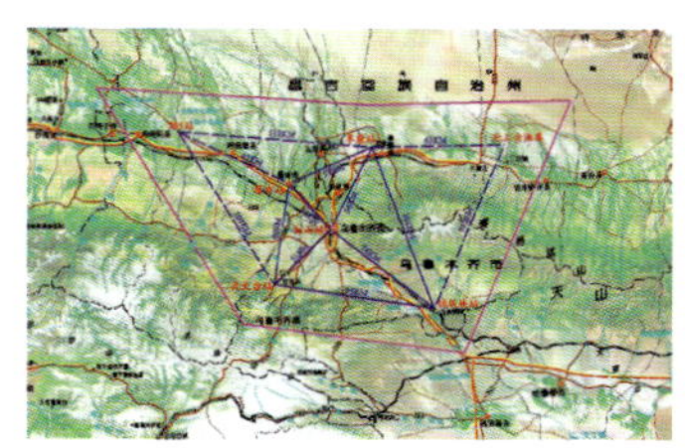

乌鲁木齐市全球导航卫星连续运行参考站系统覆盖范围

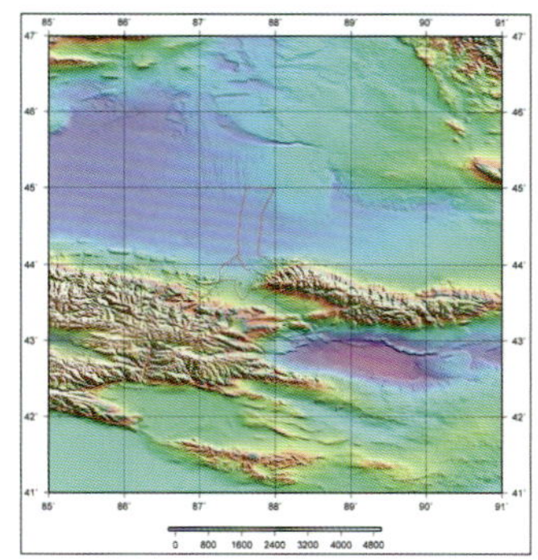

似大地水准面DEM模型

国土资源部副部长王广华一行来院调研

移动三维激光扫描系统兰新铁路测绘

兰新铁路车站三维实景

移动三维激光扫描系统公路测绘

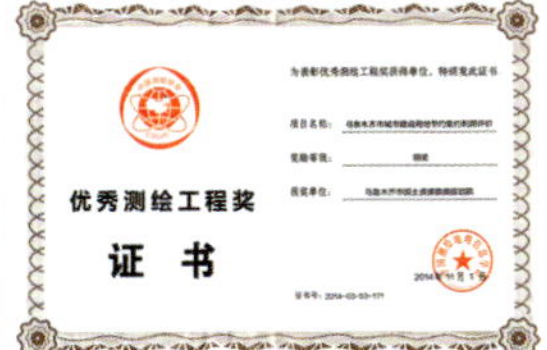

优秀测绘工程奖

证书

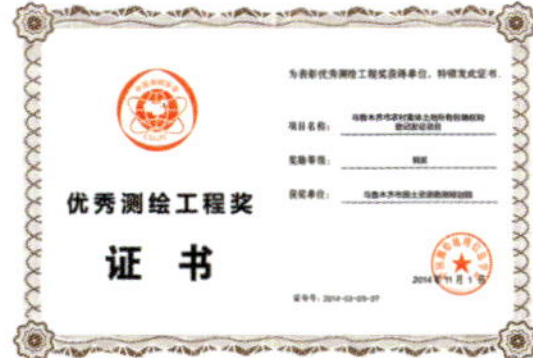

优秀测绘工程奖

证书

证书

贵单位乌鲁木齐市国土资源移动"一张图"系统荣获2015中国地理信息产业优秀工程铜奖。

特颁此证，以资鼓励。

全国优秀测绘工程奖

证书

巴州新矿测绘中心

巴州新矿测绘中心坐落于国内享有盛名的“梨城”——库尔勒，隶属于新疆地矿局第三地质大队，成立于1993年4月，具有独立法人资格，拥有测绘甲级资质，本着“以人为本、安全第一、按劳分配、诚实守信”的经营管理理念，坚持“精心设计、严格作业、细心检查、分析改进”的质量管理方针，提倡“诚信、团结、敬业、奋斗”的企业精神文化，凭借专业技术水平和吃苦精神于1993年至2005年在南疆测绘行业迅速崛起，近十年来已经成为新疆特别是南疆测绘市场影响力较大的一家测绘公司。

公司现有员工100多人，其中专业技术人员数量占公司职工总数的90%以上，拥有高级工程师6人、工程师19人（其中注册测绘师1人）、助理工程师25人。拥有无人机、三维激光扫描仪、GPS、RTK、全站仪、电子水准仪、探地雷达、测深仪、大幅面绘图仪、扫描仪、遥感处理工作站、地理信息软件、计算机、车辆等固定资产约1500多万元，办公面积超过1000平方米。近三年年平均产值2000多万元，完成农经权项目5个县、农村地籍2个县、高速公路1000千米、地下管网普查1200千米、油气管线测量2000千米、1:500地形图测绘100平方千米等。2011年通过ISO9001质量认证和OHSAS职业健康安全认证。

近年来，巴州新矿测绘中心多次获得新疆测绘地理信息局、新疆国土资源厅、新疆地矿局的表彰和奖励，业务遍及新疆、西藏、四川、陕西等地，服务于国土、农业、林业、水利、石油、矿山、交通、电力、城乡建设等诸多行业。

巴州新矿测绘中心愿在测绘行业不断开拓拼搏，为锻造测绘丰碑而永远向前。

联系电话：

经理：吴承兵 / 电话：13309967218

书记：吴　银 / 电话：18799096789

企业信用等级证书

CERTIFICATE OF ENTERPRISE CREDIT GRADE

巴州新矿测绘中心：

中国中小企业协会 对 巴州新矿测绘中心的信用状况进行了评价，结果为AAA级。评价时间:2016年12月23日。特发此证。

证书说明：

Notes:

复审记录：

Re—examination report

中国中小企业协会

使用三维激光扫描仪进行且末县诚义铁矿地形图测绘

温宿县民情图航拍

西藏公路测量

索　引

D

E

F

G

K

L

T

W

Z

图书在版编目（CIP）数据

中国测绘地理信息年鉴. 2017 / 国家测绘地理信息局编.—北京： 测绘出版社, 2017.9
ISBN 978-7-5030-4069-6

Ⅰ. ①中… Ⅱ. ①国… Ⅲ. ①测绘事业—中国—2017—年鉴 Ⅳ. ① P2-54

中国版本图书馆 CIP 数据核字（2017）第 227818 号

责任编辑 余易举 程立海 耿雯 李鹏飞　　**责任校对** 朱力维　　**责任印制** 陈 超

出版发行	测绘出版社		
地　址	北京市西城区三里河路 50 号	电　话	010-68512386（传真）68580735（门市部） 010-63881626 63881647（年鉴编辑部）
邮政编码	100045		
电子邮箱	smp@sinomaps.com	网　址	www.chinasmp.com
印　刷	北京华联印刷有限公司	经　销	中图社（北京）图书发行有限责任公司
成品规格	185mm × 260mm	字　数	1576千字
印　张	52.25	彩　插	76面
版　次	2017 年 9 月第 1 版	印　次	2017 年 9 月第 1 次印刷
印　数	0001—5800	定　价	278.00 元

书　号 ISBN 978-7-5030-4069-6

审 图 号 GS（2017）2186号